HANDBUCH DER PHYSIK

UNTER REDAKTIONELLER MITWIRKUNG VON

R. GRAMMEL-STUTTGART · F. HENNING-BERLIN
H. KONEN-BONN · H. THIRRING-WIEN · F. TRENDELENBURG-BERLIN
W. WESTPHAL-BERLIN

HERAUSGEGEBEN VON

H. GEIGER UND KARL SCHEEL

BAND XXII

ELEKTRONEN · ATOME · MOLEKÜLE

Springer-Verlag Berlin Heidelberg GmbH

ISBN 978-3-642-49645-5   ISBN 978-3-642-49939-5 (eBook)
DOI 10.1007/978-3-642-49939-5

**ALLE RECHTE, INSBESONDERE DAS DER ÜBERSETZUNG
IN FREMDE SPRACHEN, VORBEHALTEN.**

Copyright 1926 by Springer-Verlag Berlin Heidelberg
Originally published by Julius Springer in Berlin 1926
Softcover reprint of thr hardcover 1st edition 1926

ELEKTRONEN ATOME · MOLEKÜLE

BEARBEITET VON

W. BOTHE · W. GERLACH · H. G. GRIMM · O. HAHN
K. F. HERZFELD · G. KIRSCH · L. MEITNER · ST. MEYER
F. PANETH · H. PETTERSSON · K. PHILIPP · K. PRZIBRAM

REDIGIERT VON H. GEIGER

MIT 148 ABBILDUNGEN

Springer-Verlag Berlin Heidelberg GmbH

Inhaltsverzeichnis.

Kapitel 1

Elektronen. Von Professor Dr. WALTHER GERLACH, Tübingen. (Mit 32 Abbildungen.)   1
- A. Die Ladung des Elektrons 2
  - a) Ionen und Elektrizitätsquanten 2
  - b) Die Bestimmung der mittleren Ionenladung 5
  - c) Die Bestimmung der Ladung von Einzelteilchen 11
- B. Die spezifische Ladung des Elektrons 41
  - a) Die Grundlagen der experimentellen Methoden 41
  - b) Experimentelle Bestimmungen der spezifischen Ladung 48
  - c) Präzisionsbestimmungen der spezifischen Ladung für langsame Elektronen . 53
  - d) Die Abhängigkeit der Elektronenmasse von der Geschwindigkeit 61

Kapitel 2

Atomkerne. (Mit 41 Abbildungen.) 83
- A. Kernladung. Von Dr. KURT PHILIPP, Berlin-Dahlem 83
- B. Kernmasse. Von Dr. KURT PHILIPP, Berlin-Dahlem 101
- C. Das α-Teilchen als Heliumkern. Von Professor Dr. OTTO HAHN, Berlin-Dahlem 113
- D. Kernstruktur. Von Professor Dr. LISE MEITNER, Berlin-Dahlem 124
- E. Atomzertrümmerung. Von Dr. HANS PETTERSSON, Göteborg und Dr. GERHARD KIRSCH, Wien 146

Kapitel 3

Radioaktivität. (Mit 33 Abbildungen.) 179
- A. Der radioaktive Zerfall. Von Dr. W. BOTHE, Charlottenburg 179
  - a) Allgemeine Zerfallstheorie 179
  - b) Die wichtigsten Typen von Umwandlungsfolgen 186
  - c) Die experimentelle Prüfung der Zerfallstheorie 191
  - d) Experimentelle Bestimmung von Konstanten radioaktiver Umwandlungen . 202
- B. Die radioaktiven Stoffe. Von Professor Dr. STEFAN MEYER, Wien . . . 222
  - a) Nachweis und Messung von Aktivitäten 222
  - b) Die Radioelemente 235
- C. Die Bedeutung der Radioaktivität für chemische Untersuchungsmethoden. Von Professor Dr. OTTO HAHN, Berlin-Dahlem 278
- D. Die Bedeutung der Radioaktivität für die Geschichte der Erde. Von Professor Dr. OTTO HAHN, Berlin-Dahlem 289

Kapitel 4

Die Ionen in Gasen. Von Professor Dr. KARL PRZIBRAM, Wien. (Mit 18 Abbildungen.) 307
- A. Einleitung 307
- B. Die Ionenbeweglichkeit 312
- C. Diffusion, Wiedervereinigung und Adsorption der Ionen 335
  - a) Diffusion 335
  - b) Wiedervereinigung 340
  - c) Adsorption 346
- D. Kinetische Theorie der Ionenkonstanten 349
  - a) Beweglichkeit 349
  - b) Diffusionskoeffizient und Wiedervereinigung 363

Inhaltsverzeichnis.

E. Die unmittelbaren Eigenschaften der Ionen 366
    a) Die Ladung der Ionen 366
    b) Radius und Masse 369
F. Mechanische und thermodynamische Effekte 379
    a) Der Ionenwind 379
    b) Kondensation von Dämpfen an Ionen 381

Kapitel 5

Größe und Bau der Moleküle. Abschnitt A—E von Professor Dr. K. F. Herzfeld, München, Abschnitt F—G von Professor Dr. H. G. Grimm, Würzburg. (Mit 12 Abbildungen.) 386

A. Allgemeines 386
B. Methoden zur Bestimmung der Größe und des Baues der Moleküle 393
    a) Volummethoden 393
    b) Reibung 402
    c) Energetische Methoden 415
    d) Dünne Schichten 425
C. Größe der Moleküle und Natur der Kräfte. Resultate 434
    a) Größe der Moleküle 434
    b) Die Anziehungskräfte in Kristallen 437
    c) Formales über die elektrischen Kräfte zwischen neutralen Gebilden . . . 440
    d) Die Anziehungskräfte 447
    e) Die Abstoßungskräfte 453
D. Lage der Atomkerne im Molekül 458
    a) Allgemeine Theorie der Dreh- und Schwingungsbewegung in Gasmolekülen 458
    b) Anordnung und Abstand der Kerne aus thermischen Daten 470
    c) Röntgenmessungen 475
    d) Modellberechnungen und Resultate 477
E. Aussagen über den Bau der Elektronenhüllen 480
    a) Drehimpuls der Elektronen 480
    b) Die dielektrischen Eigenschaften von Dipolsubstanzen 482
    c) Asymmetrie der Elektronenhüllen 488
    d) Größe der Elektronenhülle aus optischen und magnetischen Daten . . . 494
    e) Größe der Elektronenhülle aus den Kraftwirkungen nach außen 497
F. Molekularvolumen, Ionengröße und Ordnungszahl 499
    a) Einleitung 499
    b) Berechnung und Schätzung von Ionengrößen 502
    c) Ionengrößen und Ordnungszahl 508
G. Atomvolumen und Atomgröße 513

Kapitel 6

Das natürliche System der chemischen Elemente. Von Professor Dr. Fritz Paneth, Berlin. (Mit 12 Abbildungen.) 520
    a) Periodische und nichtperiodische Eigenschaften im natürlichen System der Elemente 520
    b) Die Isotopie 529
    c) Trennung von Isotopen 535
    d) Häufigkeit der Elemente und Atomarten 542
    e) Natürlicher und künstlicher Atomzerfall 547
    f) Deutung der experimentellen Ergebnisse vom Standpunkt des Rutherford-Bohrschen Atommodells 551

Sachverzeichnis 564

Allgemeine physikalische Konstanten
(April 1926)[1].

Gravitationskonstante	$6{,}6_5 \cdot 10^{-8}$ dyn $\cdot$ cm$^2 \cdot$ g^{-2}
Normale Schwerebeschleunigung	$980{,}665$ cm $\cdot$ sec^{-2}
1 Meterkilogramm (mkg)	$0{,}980665 \cdot 10^8$ erg
Normale Atmosphäre (atm)	$1{,}01325 \cdot 10^6$ dyn $\cdot$ cm^{-2}
Technische Atmosphäre	$0{,}980665 \cdot 10^6$ dyn $\cdot$ cm^{-2}
Maximale Dichte des Wassers bei 1 atm	$0{,}999972$ g $\cdot$ cm^{-3}
Normales spezifisches Gewicht des Quecksilbers	$13{,}5955$
Absolute Temperatur des Eispunktes	$273{,}2_0{}^\circ$
Normales Molvolumen idealer Gase	$22{,}41_4 \cdot 10^3$ cm^3
Gaskonstante für ein Mol	$\begin{cases} 0{,}8204_2 \cdot 10^2 \text{ cm}^3\text{-atm} \cdot \text{grad}^{-1} \\ 0{,}8312_9 \cdot 10^8 \text{ erg} \cdot \text{grad}^{-1} \\ 0{,}8308_7 \cdot 10^1 \text{ int joule} \cdot \text{grad}^{-1} \\ 1{,}985_7 \text{ cal} \cdot \text{grad}^{-1} \end{cases}$
LOSCHMIDTsche Zahl	$6{,}06_1 \cdot 10^{23}$ mol^{-1}
BOLTZMANNsche Konstante k	$1{,}37_1 \cdot 10^{-16}$ erg $\cdot$ grad^{-1}
$1/_{16}$ der Masse des Sauerstoffatoms	$1{,}65_0 \cdot 10^{-24}$ g
Atomgewicht des Sauerstoffs	$16{,}000$
Atomgewicht des Silbers	$107{,}88$
Energieäquivalent der 15°-Kalorie (cal)	$\begin{cases} 4{,}184_2 \text{ int joule} \\ 1{,}1623 \cdot 10^{-6} \text{ int k-watt-st} \\ 4{,}186_3 \cdot 10^7 \text{ erg} \\ 4{,}268_8 \cdot 10^{-1} \text{ mkg} \end{cases}$
1 internationales Ampere (int amp)	$1{,}0000_0$ abs amp
1 internationales Ohm (int ohm)	$1{,}0005_0$ abs ohm
Elektrochemisches Äquivalent des Silbers	$1{,}11800 \cdot 10^{-3}$ g $\cdot$ int coul^{-1}
Faraday-Konstante für die Valenz 1 (gleich Ionisier.-Energie/Ionisier.-Spannung in Volt)	$0{,}9649_4 \cdot 10^5$ int coul $\cdot$ mol^{-1}
Elektrisches Elementarquantum e	$\begin{cases} 1{,}592 \cdot 10^{-19} \text{ int coul} \\ 4{,}77_4 \cdot 10^{-10} \text{ dyn}^{1/2} \cdot \text{cm} \end{cases}$
Masse des Elektrons m	$9{,}0_2 \cdot 10^{-28}$ g
Spezifische Ladung des ruhenden Elektrons e/m	$1{,}76_5 \cdot 10^8$ int coul $\cdot$ g^{-1}
Lichtgeschwindigkeit (im Vakuum)	$2{,}998_5 \cdot 10^{10}$ cm $\cdot$ sec^{-1}
Wellenlänge der roten Kadmiumlinie (in trockener Luft von 15° und 1 atm)	$6438{,}470_0 \cdot 10^{-8}$ cm
RYDBERGsche Konstante für unendl. Kernmasse	$109737{,}1$ cm^{-1}
STEFAN-BOLTZMANNsche Strahlungskonstante σ	$\begin{cases} 5{,}7_5 \cdot 10^{-12} \text{ int watt} \cdot \text{cm}^{-2} \cdot \text{grad}^{-4} \\ 1{,}37_4 \cdot 10^{-12} \text{ cal} \cdot \text{cm}^{-2} \cdot \text{sec}^{-1} \cdot \text{grad}^{-4} \end{cases}$
Konstante des WIENschen Verschiebungsgesetzes	$0{,}288$ cm $\cdot$ grad
WIEN-PLANCKsche Strahlungskonstante c_2	$1{,}43$ cm $\cdot$ grad
Proportionalitätskonstante des PLANCKschen Strahlungsgesetzes	$5{,}89 \cdot 10^{-6}$ erg $\cdot$ cm$^2 \cdot$ sec^{-1}
PLANCKsches Wirkungsquantum h	$6{,}55 \cdot 10^{-27}$ erg $\cdot$ sec
Quantenkonstante für Frequenzen $\beta = h/k$	$4{,}78 \cdot 10^{-11}$ sec $\cdot$ grad

---
[1] Erläuterungen und Begründungen s. ds. Handb. II, Artikel HENNING-JAEGER.

Kapitel 1.

Elektronen.

Von

WALTHER GERLACH, Tübingen.

Mit 32 Abbildungen.

Einem Gase kommt an sich keine elektrische Leitfähigkeit zu, weder metallische noch elektrolytische Leitung kann in einem Gase vorhanden sein. Dennoch zeigt die Erfahrung, daß das Isolationsvermögen eines Gases eine gewisse Maximalgrenze nicht überschreitet, daß also doch eine gewisse Leitfähigkeit vorhanden sein muß. Eine ganz beträchtliche Steigerung dieser Leitfähigkeit tritt ein, wenn das Gas mit Röntgenstrahlen bestrahlt wird. Dabei wird Energie der Röntgenstrahlung verbraucht, „absorbiert". Nach Aufhören der Strahlenwirkung klingt die Leitfähigkeit wieder auf ihren anfänglichen niedrigen Betrag ab. Dieselbe Wirkung ergibt Bestrahlung mit Radiumstrahlen (γ-Strahlen). Die geringe natürliche Leitfähigkeit wird durch Umhüllung des Gasraumes mit dicken Bleiwänden nochmals herabgesetzt, so daß die Annahme berechtigt ist, daß jene durch die radioaktive Strahlung der Umgebung hervorgerufen ist.

Diese Erzeugung der Gasleitfähigkeit nennt man Ionisation; die Stromleitung ist eine elektrolytische, d. h. an Transport von Materie gebunden, ohne daß das OHMsche Gesetz für sie gilt. Typisch für diese Ionisation durch Wellenstrahlung ist, daß gleich viel positive und negative Gasionen entstehen. Die charakteristische Größe für die Ionenleitung in Gasen ist die Beweglichkeit der Ionen; diese ist für positive und negative Ionen etwas verschieden, aber für beide wesentlich kleiner als für das neutrale Gasmolekül.

Aus den beiden Tatsachen, daß gleich viel positive und negative Ionen entstehen, ohne daß der Druck des Gases dabei geändert wird und daß die Ionen, sich selbst überlassen, sich wieder neutralisieren, folgert man, daß keine Elektrizität (oder elektrische Ladung) durch die eingestrahlte absorbierte Energie im Gase erzeugt wird, und daß die Ionenerzeugung nicht in einer Dissoziation der Gasmoleküle — analog der elektrolytischen Dissoziation — zu suchen ist.

Aufklärung über den Ionisationsvorgang erhält man aus einem weiteren Versuch. Führt man die Ionisation durch Röntgenstrahlenabsorption bei vermindertem Drucke aus, so behalten die positiven Ionen ihre normale Beweglichkeit, die Beweglichkeit der negativen Ionen steigt aber zu einer ganz anderen Größenordnung, so daß man sie nicht mehr als materielle Ionen ansehen kann. Diese „negativen Ionen" bezeichnen wir als Elektronen. Während sie eine wesentlich kleinere Masse als die Gasionen haben müssen, ist die Gesamtladung der entstehenden negativen Ionen genau so groß wie die aller positiven Ionen.

Dies führt zu folgendem Ionisierungsmechanismus: die absorbierte Röntgenstrahlung trennt von einem elektrisch neutralen Gasmolekül ein (negatives) Elektron ab, das Gasmolekül bleibt als positives Molekülion zurück. Diese elektrische Dissoziation bezeichnet man als Ionisierung des Moleküls.

Elektronen der gleichen Art sind die Träger des elektrischen Stroms in den Kathodenstrahlen der selbständigen elektrischen Hochvakuumentladung. Elektronen der gleichen Art werden von Metallen bei Bestrahlung mit ultraviolettem oder optischem Lichte emittiert, wobei das Metall sich um die gleiche Ladungsgröße positiv auflädt, welche als negative Ladung in den Elektronen emittiert wird. Und Elektronen gleicher Art werden von — durch Strom oder Wärmeleitung — erhitzten Metallen emittiert.

Da dieser Auflagungsvorgang bzw. die Entziehung von Elektronen unabhängig von der Art der Materie, ihrem chemischen und physikalischen Zustand ist, folgert man weiter: Das Elektron ist ein universeller Bestandteil, einer der Bausteine aller Materie.

Der Bestimmung der elektrischen und materiellen Daten dieser Elektronen sind die folgenden Abschnitte gewidmet.

A. Die Ladung des Elektrons.
a) Ionen und Elektrizitätsquanten.

1. Historische Bemerkung. Die wissenschaftliche Fragestellung nach der Natur der Elektrizität und nach dem Unterschiede zwischen einem elektrisch neutralen und einem „elektrisierten" Körper stammt aus der Mitte des 18. Jahrhunderts. BENJAMIN FRANKLIN ist der Demokrit des elektrischen Atomismus. FRANKLIN würden wir heute einen Experimentalphysiker nennen, wie seinen großen geistigen Nachfolger FARADAY, aber einen Experimentator, der das Bedürfnis hatte, die gefundenen Erscheinungen möglichst einfach mechanisch sich vorzustellen. Er verstand, daß seine Experimente mit einer Welt vereinbar sind, in welcher es nur zwei Urformen gibt: Materie und Elektrizität; die elektrische Materie, die er der damals herrschenden Zweifluida-Theorie entgegensetzte, wird direkt als aus feinen Teilchen bestehend, die sich durch die materielle Materie ungehemmt hindurchbewegen können, bezeichnet. Man darf sich nicht der Illusion hingeben, daß FRANKLIN das Elektron vorgeahnt hat, so wenig, wie jemand DEMOKRIT als Vater der kinetischen Gastheorie anerkennen wird. Kaum einen sichereren Beweis hierfür mag es geben, als die Tatsache, daß weder MICHAEL FARADAY, der die ersten untrüglichen Anzeichen des elektrischen Atomismus entdeckte, noch ein anderer Physiker des 19. Jahrhunderts diesen Atomismus auch erkannte. Selbst für WILHELM WEBER waren offenbar „die elektrischen Teilchen" nicht Atome der Elektrizität — die Atomistik der Materie war eben noch nicht so Gemeingut, daß das Analogon in der Elektrizität den Forschern möglich erschien.

Erst in den 70er und 80er Jahren des letzten Jahrhunderts erwachte die Atomistik der Elektrizität zu neuem Leben: es sind die bekannten Äußerungen von G. J. STONEY und H. HELMHOLTZ, welche aus der Atomistik der Materie in Verbindung mit den FARADAYschen Gesetzen der Elektrolyse auf die Atomistik der Elektrizität schlossen. STONEY schreibt 1881[1]) (16. Februar) — in der Veröffentlichung eines nach Angaben einer Fußnote in der „Section A of the British Association at the Belfast Meeting in 1874" gehaltenen Vortrags —: „Now the whole of the quantitative facts of electrolysis may be summed up in the statement that a definite quantity of electricity traverses the solution for each bond that is separated." Und er bestimmt diese „quantity of electricity" aus dem elektrochemischen Äquivalent und der LOSCHMIDTschen

---
[1]) J. STONEY, Phil. Mag. Bd. 11, S. 384. 1881.

Zahl. Und diese, wie es an einer anderen Stelle heißt, „single definite quantity of electricity" ist „independent of the particular bodies acted on".

H. v. HELMHOLTZ — in seiner FARADAY-Gedächtnisrede am 5. April 1881 zu London — spricht von der „elektrischen Ladung des Ions": „genau dieselbe bestimmte Menge, sei es positiver, sei es negativer Elektrizität, bewegt sich mit jedem einwertigen Ion oder mit jedem Valenzwert eines mehrwertigen Ions, und begleitet es unzertrennlich bei allen Bewegungen, die dasselbe durch die Flüssigkeit macht". Er nennt dann die Präexistenz unzerstörbarer Atome die wenn auch hypothetische, so doch beste Theorie der Materie und fährt fort:

„Auf die elektrischen Vorgänge übertragen, führt diese Hypothese in Verbindung mit FARADAYS Gesetz allerdings auf eine etwas überraschende Folgerung. Wenn wir Atome der chemischen Elemente annehmen, so können wir nicht umhin, weiter zu schließen, daß auch die Elektrizität, positive sowohl wie negative, in bestimmte elementare Quanten geteilt ist, die sich wie Atome der Elektrizität verhalten."

Für die Ladung eines Wasserstoffatoms in der Elektrolyse, die „natural unit of electricity", die „natürliche Einheit der Elektrizität", schuf STONEY 1891[1]) das Wort „Elektron". So vollständig klar uns die atomistische Struktur der Elektrizität heute in diesen Worten und Überlegungen erkannt erscheint, so deutlich muß betont werden, daß selbst STONEY noch nicht einmal an die Möglichkeit dachte, daß dieses „Elektron" etwa ein selbständiges, ein physikalisches Gebilde sein könne, existenzfähig ohne materiellen Träger, ohne Verbundenheit mit einem Atom.

Wir werden im folgenden, dem bei deutschen Physikern allgemein üblichen Brauche folgend, das Wort Elektron stets für das negativ-elektrische Elektrizitätsatom gebrauchen. Für die elektrische Ladung des ruhenden Elektrons gebrauchen wir den Ausdruck „elementare Ladungseinheit" oder „Elementarquantum der Elektrizität".

2. Elektrolyse und Elektron. In den FARADAYschen Gesetzen der Elektrolyse ist folgende experimentell ermittelte und allgemein bestätigte Tatsache enthalten: wird durch verschiedene Elektrolyte dieselbe Elektrizitätsmenge geschickt, so verhalten sich die durch die Elektrolyse an den Elektroden abgeschiedenen Substanzmengen wie die Atomgewichte (bzw. bei Elektrolyten aus mehrwertigen Atomen wie die Äquivalentgewichte). Legen wir die Auffassung der materiellen Atomistik zugrunde, daß sich jede einheitliche, chemisch elementare Substanzmenge aus einander gleichen Atomen aufbaut, so sagt das FARADAYsche Gesetz aus, daß durch die gleiche Elektrizitätsmenge die gleiche Anzahl von Atomen, unabhängig von dem Elementcharakter, sofern sie nur gleichwertig sind, abgeschieden werden. Anders formuliert kann man sagen, daß die gleiche Anzahl von Atomen bei der Elektrolyse die gleiche Elektrizitätsmenge mit sich führt. Es ist also für ein Element stets der Quotient

$$\frac{\Sigma E}{\Sigma M} = \frac{\text{gesamte Elektrizitätsmenge}}{\text{gesamte abgeschiedene Materie}} = \text{Konstante I}.$$

Stellt man sich nun auf den Standpunkt, daß diese Elektrizitätsmenge gleichmäßig auf alle Atome verteilt ist — und zu dieser Extrapolation scheint man berechtigt, weil der Quotient $\frac{\Sigma E}{\Sigma M}$ unabhängig von der Absolutgröße der Elek-

---

[1]) J. STONEY, Proc. Dublin Soc. Bd. 4, S. 563. 1891. Diese Abhandlung hat den Titel „Über die Dublets der Alkalien"; ihr Studium ist äußerst interessant, da die Betrachtungen ganz in der Art der heutigen quantentheoretischen Zahlenbeziehungen angestellt werden.

trizitätsmenge und der Menge der abgeschiedenen Substanz ist —, so ist auch

$$\frac{\text{Kleinste Ladungsgröße}}{\text{Kleinste Massengröße}} = \text{Konstante II}$$

und ferner

$$\text{Konstante I} = \text{Konstante II}.$$

Zahlenmäßig ergibt sich diese Konstante für Silber aus der pro Sekunde durch die elektromagnetisch gemessene Strommenge 1 abgeschiedene Menge von 0,01118 g zu

$$\frac{E}{M_{Ag}} = 89{,}44 \text{ elm. Einh. pro Masseneinheit}$$

oder für Wasserstoff zu

$$89{,}44 \cdot \frac{\text{Atomgewicht von Silber}}{\text{Atomgewicht von Wasserstoff}} = 89{,}44 \frac{107{,}88}{1{,}008} = 9573$$

oder aber für die Einheit m_0 der Atomgewichte, d. h. für $1/16$ Sauerstoffatomgewicht:

$$\frac{e}{m_0} = 9573 \cdot 1{,}008 = 9650 \text{ elm. Einh.}$$

Da dieser Quotient unabhängig von den Absolutgrößen ist, bleibt er ungeändert, wenn man unter e die mittlere Ladung eines einwertigen Ions und unter m_0 den 16. Teil des Gewichtes eines Sauerstoffatoms in Gramm versteht.

Multipliziert man Zähler und Nenner mit N, der LOSCHMIDTschen Zahl, welche die Zahl der im Mol (Grammolekül) enthaltenen Atome angibt, so ergibt sich, da ja definitionsgemäß $N \cdot m_0 = 1$ ist:

$$Ne = 9650 \text{ elm. Einheiten (Faraday-Konstante)}$$
$$= 289{,}50 \cdot 10^{12} \text{ elektrostat. Einheiten.}$$

Wählt man statt N die Zahl n, die Anzahl der Atome in einem Kubikzentimeter von 0° C und 760 mm Hg-Druck (AVOGADROsche Zahl), so ist, da $\frac{N}{n} = 22412$:

$$ne = 1{,}292 \cdot 10^{10} \text{ elektrostat. Einheiten.}$$

Die Elektrolyse vermag also zu liefern die Größe e/m oder die Größe Ne, nicht aber die Ladung des einzelnen Ions allein, also nicht die hier noch hypothetisch eingeführte, für alle einwertigen Ionen gleiche Ladungsgröße. Nun gibt es zwar eine große Zahl von Methoden, die LOSCHMIDTsche Zahl experimentell zu bestimmen; aber alle diese Messungen liefern N nur mit beträchtlicher Unsicherheit, teilweise sogar nur unter Anwendung theoretischer Spekulationen. Mit anderen Worten: Die Elektrolyse liefert weder einen direkten experimentellen Beweis für die Existenz eines Elektrons, d. h. für die Atomistik der Elektrizität, noch — unter Voraussetzung einer solchen — die Größe des Elementarquantums. Dagegen stellt sie nach Erkenntnis der elektrischen Ladungsatomistik und mit Kenntnis des Wertes des Elementarquantums die bisher genaueste Methode zur Bestimmung der AVOGADROSCHEN bzw. LOSCHMIDTschen Zahl dar.

3. Gasentladung und Elektron. Es ist eine heute unbestrittene Tatsache, daß die elektrische Leitfähigkeit der Gase an die Anwesenheit von Gasionen gebunden ist. Die hier in Betracht kommenden Untersuchungen, für welche alle wohl J. J. THOMSONS Ideen grundlegend waren, beziehen sich auf die Bewegung der Ionen in Gasen. Man konnte nämlich eine Beziehung zwischen Ionenbeweglichkeit B und Ionendiffusionskoeffizient D ableiten, welche außer diesen beiden (bei einem Druck P) experimentell bestimmbaren Größen nur noch die Gesamtladung von 1 ccm Ionen unter Atmosphärendruck bei 0° C enthält. Schreibt man jedem Gasion die mittlere Ladung e zu, so ist diese Gesamtladung

$$ne = \frac{B}{D} \cdot P.$$

ne ist aber dieselbe Ladungsgröße, welche die Elektrolyse uns liefert. Es kann hier nicht auf die zahlreichen Ionenuntersuchungsmethoden und Messungen von B und D eingegangen werden, deren Diskussion oft zu erheblichen — vielleicht heute noch nicht restlos geklärten — Meinungsverschiedenheiten zwischen den verschiedenen Forschern, unter denen TOWNSEND an erster Stelle zu nennen ist, geführt hat. Das Ergebnis dieser Messungen ist ein qualitatives: Aus Messungen an negativen Ionen ergibt sich ein mittlerer Wert für die oben definierte Gesamtladung

$$ne = 1{,}23 \cdot 10^{10} \text{ stat. Einh.}$$

oder für das Mol gerechnet

$$Ne = 244 \cdot 10^{12} \text{ elektrostat. Einh.}$$

Dieser Wert liegt in auffälliger Nähe zu dem für einwertige elektrolytische Ionen gefundenen $1{,}292 \cdot 10^{10}$. Die Gesamtladung der positiven Ionen ergab sich in allen Fällen um etwas größer. Jedoch kann heute mit Sicherheit behauptet werden, daß dieses abweichende Verhalten der positiven Ionen nur ein **scheinbares bez. der elektrischen Ladung**, also ein zweifellos durch kinetische Ursachen bedingtes ist. Der Beweis für diese Behauptung ist in den direkten Beobachtungen der Ladungsgrößen der **Einzelionen** enthalten, worüber in späteren Abschnitten näheres zu sagen ist.

b) Die Bestimmung der mittleren Ionenladung.

4. Der Gedanke der Methoden. Während die im vorangehenden Abschnitt beschriebenen Phänomene der Stromleitung durch elektrolytische Ionen und der Wanderung von Gasionen die Gesamtladung pro Mol Ionen $E = Ne$ zu ermitteln gestatten, wenden wir uns nun zu den Versuchen von J. S. TOWNSEND, J. J. THOMSON und H. A. WILSON: Man versuchte die unbekannte Zahl N zu vermeiden durch Zählung der Anzahl der Ladungsträger, welche insgesamt eine bestimmte gemessene Ladung E' transportieren. Da ein Zählen von Atomen bzw. Ionen nicht in Frage kommt, wurden als Träger der Ladungen Flüssigkeitströpfchen gewählt: nämlich die Wassertröpfchen, welche sich an Gasionen kondensieren. Die Zahl dieser Tröpfchen ergibt sich auf die folgende Weise. Man bestimmt die gesamte in der Tröpfchenwolke (Nebelwolke) enthaltene Wassermasse. Sodann bestimmt man aus der Fallgeschwindigkeit (Absink- oder Sedimentationsgeschwindigkeit) der Wolke unter der Wirkung des Erdfeldes den mittleren Radius, also auch die mittlere Masse der Tröpfchen, nach dem STOKESschen Gesetz. Der Quotient von dieser Tröpfchenmasse in die ganze Masse der Wolke gibt die Anzahl der Tröpfchen. **Jedes Tröpfchen wird als Träger einer Ladung angenommen.**

In dieser letzteren Annahme ist bereits eine der wesentlichsten und dazu unbeweisbaren Voraussetzungen des Versuchs enthalten. Die Methode enthält aber auch die Annahme, daß sich an jedem Ion, dessen Ladung doch gemessen war, auch ein Wassertröpfchen anlagert. Macht man diese Annahmen aber, so ist es in der Tat möglich, die mittlere Ladung eines Ions zu bestimmen. Ist die Gesamtladung $E' = n'e$, so ist die einzelne Ionenladung

$$e = \frac{\text{Gesamtladung der Wolke} \cdot \text{mittlere Masse der Einzeltröpfchen}}{\text{Gesamtmasse der Wolke}} = \frac{E' \cdot m}{M},$$

da $\frac{M}{m}$ die Zahl n' der Tröpfchen bzw. der Ionen ist.

Hierin kann die Gesamtladung der Wolke z. B. elektrometrisch, die Gesamtmasse der Wolke durch eine Wägung, und die mittlere Masse der Einzeltröpfchen durch Beobachtung der Absinkgeschwindigkeit, welche nach dem hydrodynamischen Gesetze von STOKES von dem Radius der Teilchen abhängt, bestimmt werden. Eine Prüfung der Voraussetzungen ist aber nicht möglich. Auch die Anwendung des STOKESschen Fallgesetzes enthält an sich eine Unsicherheit. Und schließlich ist es kaum möglich, daß die Fallbewegung, das Absinken der Nebelwolke, ohne irgendwelche die gleichmäßige Bewegung störende Luftströmungen verläuft, welche somit zu unsicheren Sinkgeschwindigkeiten führen. MILLIKAN hat in späteren Jahren [1906[1]); die hier zu beschreibenden Methoden stammen aus den Jahren 1897—1903] all diese Fehlerquellen auch experimentell aufgezeigt. Obwohl also diese Methoden — von J. S. TOWNSEND, J. J. THOMSON und H. A. WILSON — als Elementarquantumbestimmungen heute nicht mehr in Betracht kommen, so sind sie ihrer sinnreichen experimentellen Ausführung und ihrer historischen Bedeutung wegen doch an dieser Stelle einer wenn auch kurzen Darstellung wert.

5. Die Methode der Ionenwolke von TOWNSEND[2]). TOWNSEND benutzt eine lange bekannte Beobachtung, daß die bei Säure- oder Laugeelektrolyse mit starken Strömen entstehenden Gase (Wasserstoff und Sauerstoff) elektrische Ladung tragen. Strömen diese Gase durch eine Waschflasche mit Wasser, so treten sie als geladene Nebel aus. Streichen diese Nebel durch ein Trockenmittel, so wird das Wasser ihnen entzogen und die geladenen Gasmoleküle bleiben allein übrig. Der Ladungsverlust bei der Nebelbildung und dem Wasserentziehungsprozeß hält sich in mäßigen Grenzen (20 bis 25%). Man kann nun messen: 1. die Ladung eines gewissen Gasvolumens mit einem Elektrometer; 2. das Gesamtgewicht des Nebels durch Wägung der Massenzunahme des Trockenmittels. Es fehlt also nur noch die Zahl der Tröpfchen im Nebel und somit die Zahl der Ionen, unter der Annahme, daß sich an jedem einzelnen Ion ein Nebeltröpfchen ansetzt. Die Zahl erhält man aus dem Quotienten von Gesamtmasse durch Masse eines Tröpfchens; und letztere wieder wird ermittelt durch Beobachtung der Fallgeschwindigkeit des Nebels im Erdfeld nach dem STOKESschen Gesetze. TOWNSEND fand für die mittlere Einzelladung 2,4 bis 2,8 bzw. 2,9 bis 3,1 · 10^{-10} stat. Einheiten, je nachdem der Sauerstoff positiv oder negativ geladen war.

6. J. J. THOMSONS Ionennebelmethode[3]). J. J. THOMSONS Methode ähnelt sehr der Methode von TOWNSEND, sie stellt eine Modifikation, aber keineswegs eine Verbesserung derselben dar. THOMSON ionisiert einen Gasraum, welcher durch eine Wasseroberfläche und eine ihr parallele Metallplatte begrenzt ist, durch Röntgenstrahlen. Wasser und Metallplatte dienen als Elektroden, an welche eine Spannung V angelegt wird. Werden pro Kubikzentimeter ν Ionen

---

[1]) Zum Teil publiziert Phys. Rev. Bd. 26, S. 198. 1908.
[2]) J. S. TOWNSEND, Proc. Cambridge Phil. Soc. Bd. 9, S. 244. 1897; Phil. Mag. Bd. 45, S. 125, 469. 1898.
[3]) J. J. THOMSON, Phil. Mag. Bd. 46, S. 528. 1898.

eines Vorzeichens gebildet (d. h. ν positive und ν negative), und ist der Querschnitt des Gasraumes q, so fließt durch ihn ein Strom

$$i = q\nu e(u_+ + v_-)V,$$

wenn u_+ und v_- die Beweglichkeiten der positiven und negativen Ionen bedeuten. Da $u_+ + v_-$ bekannt, q, i und V zu messen sind, erhält man einen Wert der Ladung pro Kubikzentimeter.

Durch Expansion der Ionisationskammeratmosphäre wird eine Kondensation von Wasserdampf bewirkt, welcher sich als Nebeltröpfchen an die Ionen anlagert (WILSON; s. Ziff. 7). Die Masse des Nebels ergibt sich — wenn auch ungenau — aus der Abkühlung bei der Kondensation, die mittlere Masse eines Nebelteilchens durch Beobachtung der Absinkgeschwindigkeit im Erdfelde (also genau wie bei TOWNSENDS Methode). Das Resultat der endgültigen Versuche[1]) ist $\varepsilon = 3{,}4 \cdot 10^{-10}$ stat. Einh.

7. Die Tröpfchenmethode von H. A. WILSON[2]). Die durch plötzliche Expansion einer wasserdampfgesättigten Atmosphäre eintretende Temperaturerniedrigung führt bei Anwesenheit von Staub zu einer Nebelbildung. C. T. R. WILSON[3]) machte die Entdeckung, daß auch Ionen — z. B. durch gleichzeitige Bestrahlung des Expansionsvolumens mit Röntgenstrahlen erzeugt — Kondensationskerne für Nebeltröpfchen darstellen, und zwar negative Ionen allein bei einem Expansionsverhältnis von etwa 1,25 bis 1,3, positive Ionen (und negative dazu) aber erst bei einer stärkeren Übersättigung auftreten. Hiermit war zum ersten Male die Möglichkeit gegeben, Ionen eines Vorzeichens allein herzustellen. Hierauf baut sich H. A. WILSONS Methode auf, welche bereits alle Charakteristika der späteren Methoden enthält.

WILSON zeigte nämlich, daß man die Fallgeschwindigkeit eines solchen Ionennebels beeinflussen kann durch ein elektrisches (vertikal gerichtetes) Feld, indem sich dann zu der Wirkung der Schwerkraft auf die Einzeltröpfchen der Masse m, nämlich mg, noch die Wirkung des an der Tröpfchenladung e angreifenden elektrischen Feldes $\mathfrak{E}$, also $e\mathfrak{E}$, arithmetisch addiert. Ist also v_g die Fallgeschwindigkeit des Nebels im Erdfeld, $v_\mathfrak{E}$ die im elektrischen Feld, so ist nach dem STOKESschen Gesetz (v proportional der wirkenden Kraft unabhängig von der Art der Kraft)

$$\frac{v_g}{v_\mathfrak{E}} = \frac{mg}{mg \pm e\mathfrak{E}},$$

wobei das Vorzeichen entsprechend der Richtung des elektrischen Feldes (parallel oder antiparallel zum Erdfeld) zu wählen ist. Die Masse m des Teilchens ergibt sich aus dem STOKESschen Gesetz

$$mg = (6\pi\mu a)v = \tfrac{4}{3}\pi a^3 \sigma g,$$

worin a der Radius des (kugelförmig angenommenen) Teilchens, σ das spezifische Gewicht des Teilchens und μ der Reibungskoeffizient der Luft ist. Das elektrische Feld wird zwischen zwei horizontalen Metallplatten erzeugt, zwischen welchen der negativ geladene Expansionsnebel erzeugt wird.

Es erübrigt sich, hier auf die Fehlerquellen der Methode einzugehen, sie werden an übersichtlicherer Anordnung in Ziff. 12 u. f. genügend besprochen werden. WILSONS Werte seien noch genannt: für die Ladung der Tröpfchen ergab sich in vielen Versuchen (in 10^{-10} stat. Einheiten):

2,3   2,6   4,4   2,7   3,4   3,8   3,8   3,0   3,5   2,0   2,3

---

[1]) J. J. THOMSON, Phil. Mag. Bd. 5, S. 354. 1903.
[2]) H. A. WILSON, Phil. Mag. Bd. 5, S. 429. 1903.
[3]) C. T. R. WILSON, Proc. Roy. Soc. London (A) Bd. 61, S. 240. 1897.

MILLIKAN und BEGEMAN erhielten mit WILSONS Methode unter etwas günstigeren Versuchsbedingungen Werte zwischen 3,66 und $4,37 \cdot 10^{-10}$.

8. Die α-Teilchen-Methode von RUTHERFORD und GEIGER[1]). Die in den folgenden Abschnitten behandelten Methoden liefern die mittlere Ladung gleichartiger positiver Atomionen, der α-Teilchen der radioaktiven Elemente. Hierin ist bereits ein wesentlicher Unterschied gegenüber den eben beschriebenen Methoden genannt: die einzelnen Atomionen selbst, nämlich die α-Teilchen, werden gezählt, und nicht Konglomerate von einem Ion (oder möglicherweise auch einmal mehreren Ionen) mit Wasser. Die Zählung der Ladungsträger ist hier in besonders zuverlässiger Weise möglich, sie erfolgt teils nach elektrischer Methode (im Versuch von RUTHERFORD und GEIGER), teils durch Beobachtung der Szintillationen fluoreszierender Substanzen, hervorgerufen durch α-Strahlen (Methode von REGENER).

Das Meßprinzip liegt darin, die Zahl n' der von einem Radiumpräparat pro Zeiteinheit ausgesandten α-Teilchen zu zählen und die Ladung E', welche diese n' α-Teilchen transportieren, zu messen. Die mittlere Ladung eines α-Teilchens ergibt sich dann zu

$$e_\alpha = \frac{E'}{n'}.$$

Die Zählung erfolgte so: Man ließ α-Teilchen, welche von einem Präparat in einem kleinen, genau gemessenen räumlichen Winkel ausgehen, in einen Kondensator eintreten; die hierin durch jedes α-Teilchen erzeugte Ionisation wird durch Stoßionisation vervielfacht, so daß sie leicht elektrometrisch (oder auch galvanometrisch) gemessen werden kann. Ist die Schwingungsdauer des Meßinstrumentes genügend kurz, die Aufeinanderfolge der α-Teilchen genügend langsam, so entspricht jeder Stromstoß der Wirkung eines α-Teilchens. Auf diese Weise ergab sich für die Zahl n der pro Sekunde von einem Gramm Radium insgesamt emittierten α-Teilchen $n = 3,4 \cdot 10^{10}$.

Die Gesamtladung der α-Teilchen wurde unter Anwendung weitgehender Vorsichtsmaßregeln gemessen: vor allem mußte jeder negative Ladungsverlust durch die von den α-Teilchen ausgelösten δ-Strahlen, der langsamen Sekundärelektronen, verhindert werden, was durch ein die δ-Strahlen zur Auffangeplatte zurückbiegendes magnetisches Feld gesichert erreicht werden kann. Verwendet wurde ein Präparat von Radium C, das in Radiumeinheiten geeicht wurde. Es ergab sich für die Ladung

$$e_\alpha = 9,3 \cdot 10^{-10}.$$

Dieser Wert der α-Teilchenladung ist etwa das Doppelte des Elementarquantums: das α-Teilchen ist aber in der Tat ein doppelt positiv geladenes Heliumatom, wie man aus anderen Versuchen — $\frac{e}{m}$-Bestimmung und Nachweis der chemischen Natur der neutralisierten α-Strahlen — ermittelt hat.

Für die Grundladung folgt also

$$\varepsilon = \tfrac{1}{2} e_\alpha = 4,65 \cdot 10^{-10} \text{ elektrostat. Einh.}$$

9. E. REGENERS Methode der α-Teilchenzählung[2]). Die eleganteste und direkteste Methode der Zählung der Träger, welche insgesamt eine bestimmte Ladung transportieren, hat E. REGENER ausgeführt. Träger der elektrischen Ladungen sind wieder die α-Teilchen.

---

[1]) E. RUTHERFORD u. H. GEIGER, Proc. Roy. Soc. London (A) Bd. 81, S. 162, 1908; Phys. ZS. Bd. 10, S. 42. 1909.
[2]) E. REGENER, Berl. Ber. 1909, II, S. 948.

REGENERS Methode baut sich auf dem Ergebnis einer vorangehenden Arbeit auf: die beobachtete Zahl der Szintillationen, welche α-Teilchen beim Auftreffen auf einen Leuchtschirm hervorrufen, ist gleich der Anzahl der auftreffenden α-Teilchen; also jedes α-Teilchen erzeugt einen Phosphoreszenzblitz. Als Leuchtschirm werden Kristalldünnschliffe, nämlich Zinkblende oder eine Diamantkristallplatte von 0,1 mm Dicke benutzt — Zinksulfidschirme od. dgl. hätten eine zu grobe Struktur, die die Sicherheit der Beobachtung jeden Aufblitzens herabsetzen würde —, deren Szintillationen mit dem Mikroskop beobachtet werden (Vergr. 170mal, Ap. 1,40). Von einem sehr dünnen Poloniumpräparat (Radium F) gehen die α-Strahlen in einem (Abb. 1) genau bekannten Öffnungswinkel auf den Diamantschliff. Aus der gemessenen Zahl der Szintillationen läßt sich also die Gesamtzahl der vom Präparat in den Kugelraum emittierten α-Teilchen berechnen. Werden auf der Fläche f des Schliffes während t Sekunden n' Szintillationen beobachtet, so ist die Gesamtzahl n der pro Sekunde vom Präparat ausgesandten α-Teilchen

$$n = \frac{n'}{t} \cdot \frac{2\pi R^2}{f},$$

wenn R der Abstand Präparat bis Kristallplatte (127 mm) ist. Darauf wurde die Gesamtladung bestimmt, welche die pro Sekunde vom Präparat ausgehenden α-Teilchen mit sich führen. Aus dem Quotient von Ladung und Zahl ergibt sich die mittlere Einzelladung eines α-Teilchens zu

$$e_\alpha = \frac{3{,}77 \cdot 10^{-4}}{3{,}935 \cdot 10^5} = 9{,}58 \cdot 10^{-10} \text{ stat. Einh.}$$

mit einem Versuchsfehler von — ungünstigstenfalls — 3%. Also ist die mittlere Ladung der Elektrizitätseinheit

$$\varepsilon = \tfrac{1}{2} e_\alpha = 4{,}79 \cdot 10^{-10} \text{ elektrostat. Einh.}$$

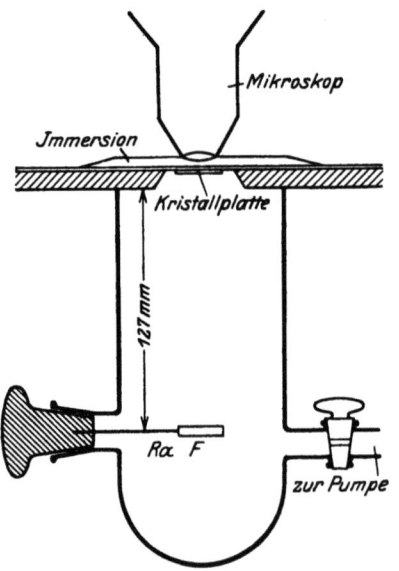

Abb. 1. REGENERS Versuchsanordnung zur Zählung der α-Teilchen.

Wir werden später sehen, daß dieser Wert nur um wenige Promille von dem heute angenommenen ε-Wert entfernt liegt.

Es seien noch einige Versuchsdaten angegeben. Da das Poloniumpräparat mit der Zeit abklingt, mußten Zählungen und Ladungsmessungen aus der Zerfallskonstante des Poloniums auf ein und denselben Tag umgerechnet werden. Gezählt wurden:

I. 11. bis 23. XII. 1908 (umgerechnet auf 21. XII.) 3197 Szintillationen
$n = 8{,}99 \cdot 10^5$.

II. 6. bis 8. I. 1909 (umgerechnet auf 7. I.) 5532 Szintillationen.
$n = 7{,}98 \cdot 10^5$.

I. und II. auf 31. XII. 1908 berechnet $8{,}56 \cdot 10^5$, $8{,}26 \cdot 10^5$, Mittel $8{,}37 \cdot 10^5$.

III. 5. VI. bis 18. VI. 1909 (umgerechnet auf 17. VI.) 8081 Szintillationen
$n = 3{,}405 \cdot 10^5$.

Der Gesamtstrom am 21. V. 1909 war $i = 0{,}000377$ stat. Einh., n für denselben Tag $3{,}935 \cdot 10^5$. Hieraus ist der oben mitgeteilte Wert errechnet.

10. Die Methode der radioaktiven Schwankungen von E. MEYER und E. REGENER[1]). MEYER und REGENER haben experimentell die Gültigkeit des SCHWEIDLERschen Gesetzes der radioaktiven Schwankungen

$$\overline{\delta} = \frac{1}{\sqrt{Z}}$$

bestätigt. Hierin bedeutet $\overline{\delta}$ die mittlere Schwankung des Ionisationsstromes, welcher von den beim Zerfall von Z Atomen emittierten α-Teilchen herrührt (unter der Bedingung, daß für den Zerfall das Exponentialgesetz $n = Ne^{-\lambda t}$ gilt, und daß die Beobachtungszeit τ einer Schwankung klein gegen $1/\lambda$, die mittlere Lebensdauer eines Atoms, ist). Führt man nämlich statt der Zahl Z der zerfallenden Atome den Strom ein, welchen diese pro Sekunde liefern, nämlich $i = Z \cdot 94000 \cdot \varepsilon$, wo 94000 die Zahl der Ionenpaare ist, welche ein α-Teilchen auf seiner Reichweite erzeugt, so folgt für die Beobachtungszeit τ

$$\overline{\delta} = \sqrt{\frac{94000 \cdot 2}{i \cdot \tau}}.$$

Der Versuch lieferte für ε $1{,}3 \cdot 10^{-10}$ stat. Einh., also einen zu kleinen Wert. Allerdings ist auch keine Genauigkeit zu erwarten, da die Frage ungeklärt blieb, über welche Zeit τ das benutzte Elektrometer die Schwankungen der α-Emission integriert. Immerhin ergab sich — mit $\tau = 1$ sec — doch die richtige Größenordnung (vgl. auch Kap. 3 A, Ziff. 13 ff.).

11. Bestimmung des Elementarquantums aus radioaktiven Konstanten. E. RUTHERFORD und H. GEIGER[2]) haben zwei weitere Methoden zur Bestimmung des Elementarquantums angegeben, von denen die eine die Annahme der doppelten Ladung der α-Teilchen enthält; die zweite ist dagegen hiervon unabhängig und benutzt nur die FARADAYsche Konstante der Elektrolyse. Wenn auch beide Methoden nicht hohe Genauigkeit geben, so war doch zur Zeit ihrer Ausarbeitung es wünschenswert, nach möglichst verschiedenartigen Methoden und aus möglichst verschiedenartigen Erscheinungen die Realität einer Grund- oder Einheitsladung sicherzustellen. Und dieser Gesichtspunkt darf auch heute, in der Zeit nach MILLIKANS Präzisionsmessung, nicht unbeachtet bleiben.

Die erste der genannten Methoden verwendet die direkte Messung der beim Zerfall des Radiums auftretenden Wärmemenge, deren weitaus größter Teil der kinetischen Energie der α-Teilchen zuzuordnen ist. Diese ist, wenn m_a ihre Masse, v ihre Geschwindigkeit bezeichnet, $\frac{1}{2} m_a v^2$ oder nach Division und Multiplikation mit der α-Teilchenladung e

$$\frac{m_a v^2}{2e} \cdot e.$$

Die Ablenkung eines α-Teilchens der Geschwindigkeit v in einem senkrecht zur Bewegungsrichtung desselben wirkenden elektrostatischen Feld liefert direkt die Größe $\frac{\frac{1}{2} m_a v^2}{e}$. Es ergab sich die Energie der n α-Teilchen, welche von 1 g Radium (im Gleichgewicht mit seinen Zerfallsprodukten) pro Sekunde ausgesandt werden, zu

$$E = 4{,}15 \cdot 10^4 \cdot n \cdot e \text{ Erg}.$$

hierin ist n also auch die Zahl der pro Sekunde zerfallenden Radiumatome, die zu $3{,}4 \cdot 10^{10}$ bestimmt ist.

---
[1]) E. MEYER u. E. REGENER, Ann. d. Phys. Bd. 25, S. 757. 1908.
[2]) E. RUTHERFORD u. H. GEIGER, Proc. Roy. Soc. London (A) Bd. 81, S. 162. 1908.

Kalorimetrisch ergab sich die Wärmeentwicklung pro Gramm Radium pro Stunde zu 110 cal·g^{-1}·Stunde^{-1} = $\frac{110 \cdot 4{,}19 \cdot 10^6}{3600}$ = $1{,}28 \cdot 10^6$ Erg pro Gramm. Somit ist

$$4{,}15 \cdot 10^4 \, n \, e = 1{,}28 \cdot 10^6$$
$$e = 9{,}1 \cdot 10^{-10} \text{ elektrostat. Einh.}$$

Für die einfache Ladung folgt also $4{,}55 \cdot 10^{-10}$, ein etwas zu kleiner Wert, wie auch aus der Vernachlässigung der Wärmewirkung der β- und γ-Strahlung zu erwarten ist.

Die zweite Methode benutzt die Zerfallskonstante des Radiums. Pro Sekunde zerfallen $n = \lambda N' = 1{,}09 \cdot 10^{-11} N'$ Radiumatome von einer Gesamtheit von N' Radiumatomen. Ist die Masse des Radiums 1 g, so ist die Zahl der Atome im Gramm gleich der AVOGADROSCHEN Zahl N, dividiert durch das Molekulargewicht des Radiums, also die Zahl der pro Sekunde zerfallenden Atome

$$1{,}09 \cdot 10^{-11} \frac{N}{226} = 3{,}4 \cdot 10^{10} \text{ (s. oben)}$$

Die FARADAYsche Konstante liefert

$$Ne = 2{,}89 \cdot 10^{14} \text{ elektrost. Einh.}$$

Aus beiden Gleichungen hebt sich durch Division die AVOGADROSCHE Zahl fort und man erhält für die Grundladung:

$$e = 4{,}1 \cdot 10^{-10} \text{ stat. Einh.}$$

Der zu kleine Wert liegt wohl in Fehlern in der Bestimmung der Größe λ, der Halbwertsperiode des Radiums.

c) Die Bestimmung der Ladung von Einzelteilchen.

12. Prinzip der Ladungsmessung an Einzelteilchen. Zwischen zwei horizontalen Metallplatten, voneinander elektrisch isoliert im Abstande von d cm gehalten, dem „Kondensator", befinde sich ein sehr kleines rundes Teilchen vom Halbmesser a, welches eine elektrische Ladung e C.G.S.-Einheiten hat. Der Kondensator ist mit einem Gase der freien Weglänge λ, der inneren Reibung μ und der Dichte ϱ gefüllt. Das Teilchen habe die Masse $m = \frac{4}{3}\pi a^3 \sigma$. Unter dem Einfluß der Schwerkraft fällt das Teilchen vertikal mit einer konstanten Geschwindigkeit v, welche sich nach dem STOKESschen Gesetze (1) aus Teilchenradius und Reibungskoeffizient (oder Zähigkeitskoeffizient) des Gases ergibt (2):

$$mg = 6\pi\mu a v = \tfrac{4}{3}\pi a^3 (\sigma - \varrho) g, \tag{1}$$

$$v = \frac{2}{9} g \cdot a^2 \frac{\sigma - \varrho}{\mu}. \tag{2}$$

Wird im Innern des Kondensators durch Anlegung einer Potentialdifferenz von V Volt an die Platten des Kondensators ein elektrisches Feld $\mathfrak{E} = \frac{V}{300 \cdot d}$ C.G.S. erzeugt, so greift an der Ladung e des Teilchens eine Kraft $e\mathfrak{E}$ dyn an. Wird Größe und Richtung des elektrischen Feldes so gewählt, daß die an der Ladung angreifende Kraft $e\mathfrak{E}$ gleich und entgegengesetzt gerichtet der an der Masse m angreifenden Schwerkraft ist, so lautet die Bedingung für das schwebende Teilchen:

$$\frac{4}{3}\pi a^3(\sigma - \varrho)g = e\mathfrak{E} = e \frac{V}{300 \cdot d} \tag{3}$$

Diese Spannungsdifferenz V nennt man gewöhnlich kurz die „Schwebespannung" oder das „Haltepotential". Die Gesamtladung des Teilchens läßt sich also experimentell durch Messung von v und $\mathfrak{E}$ gemäß (2) und (3) bestimmen zu:

$$e = 9\sqrt{2} \cdot \pi \frac{\mu^{\frac{3}{2}}}{g^{\frac{1}{2}}(\sigma-\varrho)^{\frac{1}{2}}} \cdot \frac{v^{\frac{3}{2}}}{\mathfrak{E}} = k\frac{1}{\mathfrak{E}}. \tag{4}$$

Erteilt man dem Teilchen nun verschiedene Ladungen $e_1 e_2 \ldots$, während alle anderen Versuchsbedingungen konstant bleiben, so ergeben sich die Ladungsdifferenzen $\Delta e = e_1 - e_2$, $e_1 - e_3$ usw. zu

$$k\left(\frac{1}{\mathfrak{E}_1}-\frac{1}{\mathfrak{E}_2}\right), \quad k\left(\frac{1}{\mathfrak{E}_1}-\frac{1}{\mathfrak{E}_3}\right), \quad k\left(\frac{1}{\mathfrak{E}_2}-\frac{1}{\mathfrak{E}_3}\right) \text{ usw.}$$

Lassen sich alle beobachtbaren, alle überhaupt vorkommenden Δe-Werte als kleine Vielfache ein und derselben Größe darstellen, so liegt hierin ein Hinweis auf die Atomistik der elektrischen Ladung, und der größte gemeinsame Teiler ε, der durch absolute Messung der Konstanten k und der elektrischen Feldstärke erhalten wird, ist die kleinste vorkommende Ladungsgröße.

Ist diese an einem Teilchen ermittelte kleinste Ladungsänderung ε gleich der an anderen Teilchen ermittelten, und sind die Anfangsladungen e ganze Vielfache dieser selben Ladungsgröße ε, so ist diese Größe ε die universelle, die absolut kleinste Ladungsgröße, das Elementarquantum der elektrischen Ladung; und jede andere Ladung e ist ein ganzzahliges Vielfaches dieser Ladungseinheit.

Es entstehen also zwei Aufgaben für die experimentelle Forschung:
I. der Nachweis der atomistischen Struktur der elektrischen Ladung;
II. die absolute Messung der kleinsten Ladungseinheit.

Die hier im Prinzip gekennzeichnete Methode wird bei genauen Messungen meist etwas variiert, und zwar wesentlich deshalb, weil die genaue Schwebespannung nur unsicher ermittelt werden kann, besonders wenn das betrachtete Teilchen so leicht ist, daß es schon BROWNsche Molekularbewegung zeigt. Man wird dann eine — an sich beliebig große — Spannung an den Kondensator anlegen in solcher Richtung, daß die elektrische Kraft auf das Teilchen die Anziehungskraft der Erde überkompensiert. Dann wird das geladene Teilchen im Erdfelde allein mit der Geschwindigkeit v_g fallen, unter gemeinsamer Wirkung von Erdfeld und Kondensatorfeld $\mathfrak{E}$ mit der Geschwindigkeit $v_\mathfrak{E}$ steigen. Unter der Voraussetzung, daß in beiden Fällen, unabhängig von der Art der Kraft, die Geschwindigkeit des Teilchens der gesamten wirkenden Kraft proportional ist, ergibt sich aus

$$\left.\begin{array}{r}mg = k \cdot v_g \\ e\mathfrak{E} - mg = k \cdot v_\mathfrak{E}\end{array}\right\} \tag{5}$$

für die Ladung e

$$e = k' \cdot (v_g + v_\mathfrak{E}) = \frac{mg}{\mathfrak{E} \cdot v_g}(v_g + v_\mathfrak{E}). \tag{6}$$

Nach einer Änderung der Ladung von e zu e' ergibt sich dann aus der geänderten Geschwindigkeit $v'_\mathfrak{E}$ für die Ladungsdifferenz $\Delta e = e' - e$:

$$\Delta e = \frac{mg}{\mathfrak{E} \cdot v_g}(v'_\mathfrak{E} - v_\mathfrak{E}), \tag{7}$$

worin $\left(\dfrac{mg}{\mathfrak{E}\cdot v_g}\right)$ für die gesamte Messung an einem Teilchen konstant ist, so daß nun ebenfalls die Atomistik allein geprüft oder auch — nach Einführung der Gleichung (1) — der Absolutwert der Ladungsänderung und der Gesamtladung gemessen werden kann. Statt (4) würde sich z. B. ergeben:

$$e = 9\sqrt{2}\cdot\pi\cdot\frac{\mu^{\frac{3}{2}}}{g^{\frac{1}{2}}(\sigma-\varrho)^{\frac{1}{2}}}\cdot\frac{(v_g+v_{\mathfrak{E}})\,v_g^{\frac{1}{2}}}{\mathfrak{E}}. \qquad (8)$$

Während die Methode zum Nachweis des atomistischen Aufbaus der Elektrizität keine anderen Gesetze enthält, als daß die Geschwindigkeit proportional der wirkenden Kraft ist — eine Annahme, deren Berechtigung sich durch Variation der Größe des elektrischen Feldes leicht prüfen ließ —, stecken in der Methode zur Absolutbestimmung der Teilchenladungen oder -umladungen das STOKESsche Gesetz und der Reibungskoeffizient der Luft. Letzterer ist mehrfach neu bestimmt worden und darf wohl mit großer Sicherheit als bekannt angesehen werden. MILLIKAN verwendet für ihn den Wert $\mu_{230} = 0{,}0001822_6$, VOGEL hält ihn für etwas zu klein (um einige Promille). Von ihm ist die Ladungsgröße erheblich abhängig, da μ in der $^3/_2$-Potenz eingeht.

Über das Fallgesetz der Teilchen wird an verschiedenen Stellen zu sprechen sein; deshalb begnügen wir uns hier mit den allgemeinen Gültigkeitsgrenzen desselben. Das Fallgesetz von STOKES ist ein hydrodynamisches Gesetz, welches voraussetzt, daß das fallende Teilchen in einem unbegrenzten Kontinuum sich befindet und selbst starr und vollkommen glatt ist. Weiter ist angenommen, daß an der Grenze Kugel—Medium keine Gleitung stattfindet und daß die fallende Kugel keine Energie zum Fortschieben von Teilen des umgebenden Mediums abgibt. Die erste Grundvoraussetzung, die der Homogenität des umgebenden Mediums, ist aber schon nicht erfüllt. Die verwendeten Teilchen sind von der Größenordnung der freien Weglänge. Für diesen Fall hat CUNNINGHAM eine kinetisch berechnete Korrektur eingeführt, nach welcher das Gesetz lautet:

$$K = 6\pi\mu a v\left(1 + A\frac{\lambda}{a}\right)^{-1}, \qquad (9)$$

worin A eine Konstante und λ die freie Weglänge des umgebenden Mediums bedeutet. Prüfungen eines solchen Gesetzes — auch an makroskopischen Körpern — liegen in großer Zahl vor. Es ergab sich, daß diese Korrektur im allgemeinen nicht genügt, sondern daß ein Fallgesetz der Form[1])

$$v = \frac{K}{6\pi\mu a}\left(1 + A_1\frac{\lambda}{a} + A_2\frac{\lambda}{a}e^{-A\frac{\lambda}{a}}\right) \qquad (10)$$

für alle Teilchen bestimmt werden muß. Alle hiermit zusammenhängenden theoretischen Fragen müssen hier übergangen werden, was um so leichter fällt, als sich genügend Methoden finden ließen, die individuellen Fallgesetze experimentell — wenn erforderlich von Teilchen zu Teilchen — zu bestimmen: hierbei wird dann gleichzeitig auch eine weitere Unsicherheit, die in der oft fraglichen Kugelgestalt der Teilchen liegt, herabgesetzt.

13. Das Prinzip der Versuchsanordnung. Ein Rahmen JJ aus Isoliermaterial, z. B. Hartgummi (Abb. 2), konstanter Dicke trägt die beiden Metallplatten P_1P_2, deren Innenflächen eben geschliffen sind, den „Kondensator".

---

[1]) Z. B.: M. KNUDSEN u. S. WEBER, Ann. d. Phys. Bd. 36, S. 981. 1911. Gesamte Literatur s. bei E. MEYER u. W. GERLACH, Elster-Geitel-Festschrift 1915, S. 196 (Verlag Vieweg & Sohn).

Die obere Platte hat zentrisch eine sehr feine Durchbohrung O. K ist eine Kammer, in welcher die Teilchen erzeugt werden. Diese fallen durch O in den Kondensator. Zu ihrer Beobachtung werden sie durch das in den Isolierrahmen gebohrte Fenster F_1, das mit einer Glasplatte verkittet ist, beleuchtet, und senkrecht zur Beleuchtungsrichtung durch das Fenster F_3 mit Hilfe eines Mikroskopes anvisiert. Dies entspricht also der Methode der Beobachtung im Ultramikroskop.

An die Platten $P_1 P_2$ können die Pole einer Batterie (VV) angelegt werden, um den Bewegungszustand des elektrisch geladenen Teilchens zu beeinflussen.

Das Fenster F_2 hat doppelte Bedeutung: einmal dient es dazu, das bei F_1 eintretende konzentrierte Beleuchtungslichtbündel L aus dem Kondensator wieder austreten zu lassen, um eine ungleichmäßige Erwärmung des Kondensators zu vermeiden, welche Luftbewegungen und damit Störungen der Eigenbewegung des Teilchens verursachen würde. Dann aber auch dient es zur Zulassung der Strahlungen, welche, z. B. durch Ionisation des Gases im Kondensator, die Umladung des Teilchens bewirken sollen.

Von Apparatkonstanten ist nur der Abstand der Platten $P_1 P_2$ zu messen.

Zur Beobachtung werden je nach Größe der Teilchen Fernrohr oder Mikroskop verwendet. Die Fallgeschwindigkeitsmessung verlangt Marken bekannten Abstandes im Gesichtsfeld. Als solche dienen Okularfadenmikrometer, Fadenkreuze oder in das Beobachtungssystem hineingespiegelte Skalen.

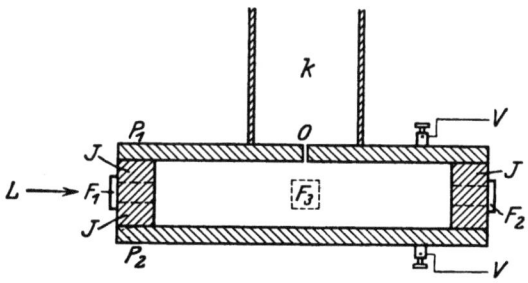

Abb. 2. Querschnitt durch den Versuchskondensator (schematische Anordnung) zur Messung an Einzelteilchen.
$P_1 P_2$ Kondensatorplatten, JJ Isolierrahmen, $F_1 F_2 F_3$ Fenster, O Öffnung zum Eintritt der in Kammer k erzeugten Teilchen.

14. Zwischenbemerkung. Über die Frage nach der Existenz und Größe des Elementarquantums der Elektrizität sind im Laufe der letzten 15 Jahre unter Anwendung der Methode der Einzelteilchen eine solche Menge von Abhandlungen erschienen, daß allein die Aufzählung der Titel Bogen füllen würde. Auf den ersten Blick mag es auch oft den Anschein haben können, als ob die ganze Frage heute noch ungelöst sei. Denn die Ergebnisse, zu welchen die beiden „Parteien", die um R. A. MILLIKAN und die um F. EHRENHAFT, gekommen sind, widersprechen sich in auffälligster Weise; und nicht nur dies: mehr als einmal wurden die in den Abhandlungen niedergelegten Versuchsprotokolle von der Gegenpartei gerade als Beweis für ihre Ansicht angesprochen! Bei eingehender Würdigung aller pro et contra Elementarquantum vorgebrachten Versuchsergebnisse — und es sei betont, daß es sich fast ausschließlich um Meinungsverschiedenheiten in rein experimentellen, also eben doch prüfbaren Fragen handelt — dringt aber doch mehr und mehr die Überzeugung durch, daß R. A. MILLIKANS Versuche sowohl die Existenz als auch die zahlenmäßige Größe der elektrischen Einheitsladung endgültig sichergestellt haben. Es steht außer Frage, daß die Versuche EHRENHAFTS und seiner Schüler eine ernste Würdigung verdienen; denn die gerade von ihm aufgeworfenen zweifelnden Fragen und ihre von anderen Forschern — wie wir glauben — im MILLIKANschen Sinne gegebene Beantwortung zeigen die überaus sichere experimentelle Fundierung dieses Ergebnisses. Jedoch werden wir manche dieser Experimente, die mit der Elektronenfrage nur noch in allzu losem Zusammenhange stehen, in der folgenden

Diskussion übergehen müssen. Es sind dies vor allem zahlreiche Abhandlungen, welche sich mit verschiedenartigen Methoden der Größenbestimmung ultramikroskopischer Teilchen befassen. Die theoretische und experimentelle Diskussion dieser Fragen hat, wie EHRENHAFT es einmal sehr treffend kennzeichnet, die „Physik des millionstel Millimeter" begründet, aber zur Elektronenfrage eben doch nur recht wenig erfolgreiche Beiträge geliefert. Das will sagen: je mehr man die Fehler erkannte, welche bei der Extrapolation von makroskopischen auf mikroskopische oder submikroskopische Größenordnungen ursprünglich begangen wurden, je mehr man die richtigen Gesetze experimentell ermitteln lernte, desto mehr erkannte man die Berechtigung der MILLIKANschen Methode und seiner Resultate.

An der Existenz einer Einheitsladung oder — will man ganz vorsichtig sein — einer Ladungsgröße, welcher bei allen Ionisationsvorgängen die ausschlaggebende Bedeutung zukommt, kann man (wollte man selbst EHRENHAFTS Einwände gegen die absolute Größenbestimmung nicht übergehen) schlechterdings nicht mehr zweifeln. Verf. stellt sich daher im folgenden auf den Standpunkt, daß R. POHLS Urteil aus dem Jahre 1911, „daß einstweilen kein Grund vorliegt, ε nicht als Naturkonstante anzusehen", trotz und wegen der Erweiterung der Versuche und Verbreiterung der Versuchsbasis auch heute noch volle Gültigkeit beanspruchen darf.

15. Das Material und die Erzeugung der Teilchen. Man verwendete für die oben beschriebene „Methode der Einzelteilchen" feste Teilchen und Flüssigkeitsteilchen, und zwar

metallische feste Teilchen,
feste Teilchen aus Isolatoren (u. a. Schwefel, Selen, Paraffin, Kolophonium, Schellack),
metallische Flüssigkeitströpfchen (Quecksilber),
Flüssigkeitströpfchen aus Isolatoren (Öle, Glyzerin).

Es seien hier allgemeine Bemerkungen über Verhalten und Geeignetheit der Partikel aus den verschiedenen Materialien zusammengefaßt, besonders aber über die hiermit eng verbundene Frage nach den Methoden für die Herstellung der Teilchen. Die festen Metallpartikel werden ausnahmslos durch Zerstäubung im elektrischen Bogen oder Funken erzeugt. Entweder ist dieser so angeordnet, daß die Teilchen direkt in den Kondensator fallen können; oder ein Gasstrom bläst die Teilchen aus dem Bogen oder Funken in eine über dem Kondensator befindliche Kammer, aus welcher sie dann in den Kondensator fallen. Man hat in manchen Versuchen viel Sorgfalt darauf verwendet, die Teilchen in vollständig indifferenter Atmosphäre zu erzeugen, um Bildung von Metalloxyden, Metallnitriden u. dgl. zu vermeiden. Doch muß man gegenüber der Versicherung der Herstellung chemisch reiner Metallteilchen sehr skeptisch sein, da die Elektroden wohl stets genügend Gase enthalten, um Metallverbindungen zu bilden. Abgesehen von dieser Unsicherheit, welche sich in einer anderen Dichte der Partikel als sie dem festen Material zukommt, bemerkbar macht, ist es a priori unwahrscheinlich — und auch in Versuchen genügend widerlegt —, daß solche Teilchen kompakt und kugelförmig sind.

Die festen Teilchen aus Isolatoren sind meist durch mechanische Zerstäubung der geschmolzenen Substanzen gewonnen. Auch bei ihnen ist die Frage, in welcher Form sie erstarren, nicht geklärt.

Quecksilbertröpfchen können auf verschiedene Weise hergestellt werden. Nach der einen Methode wird Quecksilber in einem Ansatzgefäß verdampft, der Dampf wird durch ein Rohr geleitet, welches in einem über dem Kondensator angebrachten Gefäß mündet; in dem Rohr kondensieren die Teilchen, und ergebnisse von MILLIKAN und vielen anderen auf der einen, F. EHRENHAFT und seinen Schülern auf der anderen Seite. Vor allem die Anlagerung von Ionen ist nach der oben gegebenen Darstellung ein sich im Gase abspielender Vorgang, bei dem das Teilchen nur der „Zeiger" ist, und es kann eigentlich nicht zweifelhaft sein, daß dieser Vorgang unabhängig von der Größe des „Zeigers" sein muß.

Zum Schlusse müssen wir noch fragen, woher die Anfangsladung der Teilchen stammt, welche auf so verschiedene Weise — elektrisch oder mechanisch — hergestellt sind. Die bei der Funken- oder Bogenzerstäubung entstehenden Teilchen sind grobe, hocherhitzte Metallpartikel, welche bei dem explosiven Entladungsvorgang neben dem einatomigen Metalldampf entstehen; dies kann man durch spektroskopische Untersuchung des Funkens feststellen. Daneben sind in der Entladungsbahn Metallionen und Ionen der Gasmoleküle oder -atome der Atmosphäre vorhanden, in welcher die elektrische Entladung übergeht. Durch Anlagerung solcher Ionen an die gröberen Metallteilchen entsteht deren positive oder negative Ladung. Ganz anders bei den mechanisch zerstäubten Flüssigkeitsteilchen. Hier handelt es sich um reibungselektrische Vorgänge, welche die Ladung hervorbringen, möglicherweise auch um solche Prozesse, wie sie LENARD bei dem Zerspritzen von Flüssigkeitströpfchen nachgewiesen hat. Diese Feststellungen sind von Wichtigkeit im Hinblick auf die Universalität des Ladungsaufbaus, der allgemeinen Gleichheit der Ladungsquanten, unabhängig von ihrer „Erzeugung".

17. Die atomistische Struktur der Elektrizität. Als Beispiel für die allgemeine Atomistik der Elektrizität, nämlich für den atomistischen Charakter der elektrischen Umladung bei Ionenanlagerung und für die Gleichheit von Umladungsgröße und Einheit der Gesamtladung, geben wir zunächst ein MILLIKANsches Messungsresultat an. MILLIKAN mißt die Bewegung des Tröpfchens im Erdfeld allein (Fallgeschwindigkeit v_g) und im elektrischen Feld ($v_\mathfrak{E}$), dessen Größe und Richtung für alle Messungen einer Reihe konstant und so gerichtet ist, daß das Teilchen stets steigt (Geschwindigkeit des Steigens bei den verschiedenen Ladungen $e, e' \ldots v_\mathfrak{E}, v'_\mathfrak{E} \ldots$). Nach den Grundgleichungen (7) und (6) ist dann die Ladungsänderung gegeben durch

$$\Delta e = k' \cdot (v'_\mathfrak{E} - v_\mathfrak{E})$$

und die Gesamtladung durch

$$e = k'(v_g + v_\mathfrak{E}).$$

Statt der Geschwindigkeiten werden nur die gemessenen Fall- und Steigzeiten und die Differenzen ihrer Reziproken gegeben, da die stets konstante Beobachtungsstrecke — gleich groß für Fall- und Steigbewegung — in die Konstante einbezogen werden kann.

Das Verfahren des Versuchs ist das folgende: Es wird die Fallzeit im feldfreien Raum über eine bestimmte Strecke gemessen, sodann die Steigzeit im Felde $\mathfrak{E}$ für dieselbe Strecke, sodann wieder die Fallzeit im feldfreien Raum, wieder die Steigzeit im gleichen Felde $\mathfrak{E}$ für die gleiche Strecke. Die Zeitmessung erfolgt mit registrierendem Chronographen. t_g in Tabelle 1 (und damit v_g) ergibt sich für die ganze Messungsdauer konstant: d. h. das Teilchen änderte seine Masse nicht. $t_\mathfrak{E}$ dagegen ändert sich gelegentlich sprunghaft: nämlich dann, wenn die Ladung des Teilchens sich während des Fallens im feldfreien Raum geändert hat. Wenn die Umladung in atomistischen Quanten erfolgt, so müssen nach obiger Gleichung alle $(v'_\mathfrak{E} - v_\mathfrak{E})$- bzw. $\left(\dfrac{1}{t'_\mathfrak{E}} - \dfrac{1}{t_\mathfrak{E}}\right)$-Werte Viel-

Schwerkraft langsam fällt, so wird es auf seinem Wege Gasionen treffen, welche nun ohne die Einwirkung des Kondensatorfeldes nur ihre normale Molekularbewegung ausführen. Ob sich Ionen an das Probeteilchen angelagert haben, erkennt man sofort daran, daß bei Wiederanlegung des ursprünglichen Potentials an den Kondensator das Gleichgewicht zwischen elektrischer Kraft $e\mathfrak{E}$ und Schwerkraft mg nicht mehr vorhanden ist. Für die Richtigkeit dieser Vorstellung der Anlagerung von Gasionen sprechen auch MILLIKANS Versuche, daß bei vermindertem Druck im Kondensator entsprechend der dabei kleineren Anzahl der gebildeten Ionen auch die Ladungsaufnahme durch ein Teilchen sehr viel seltener erfolgt. Andererseits weist K. WOLTER darauf hin, daß bei einem Druck von 9 Atmosphären die Teilchen sich bei Feldabnahme außerordentlich leicht umladen, auch ohne daß eine äußere Ionisierungsquelle wirkt.

Die lichtelektrische Aufladung erfolgt so, daß das in Schwebe gehaltene Teilchen bestrahlt wird, z. B. durch ultraviolettes Licht oder durch Röntgenstrahlen, wobei nun darauf geachtet wird, daß keine Strahlung etwa auf die Platten des Kondensators auffällt. Diese photoelektrische Methode führt stets zu einer positiven Aufladung der Teilchen. Die Ablösung von Ladung vom Teilchen führt jedoch nicht unbedingt jedesmal auch zu einer beobachtbaren Ladungsänderung desselben; denn die abgelöste Ladung wird sich schon in unmittelbarer Umgebung mit einem Gasmolekül vereinigen, und dieses Ion kann mit dem Teilchen sich durch die elektrostatische Anziehung wiedervereinigen, ehe die vorübergehende Ladungsabspaltung durch eine Störung des Schwebegleichgewichtes beobachtet werden konnte. Nur wenn das Ion durch das äußere Kondensatorfeld weggeführt wird, tritt eine dauernde Aufladung des Probeteilchens ein. Diese Vorgänge sind von E. MEYER und W. GERLACH[1]) eingehend experimentell untersucht und theoretisch geklärt worden; wesentlich bemerkt sei, daß entsprechend dieser Vorstellung des endgültigen Ladungsverlustes unter im übrigen ganz gleichen Versuchsbedingungen die lichtelektrische Aufladung bei niederem Gasdruck im Kondensator schneller erfolgt als bei hohem Druck: Die lichtelektrisch ausgelöste Ladung lagert sich bei größerer freier Weglänge erst in größerer Entfernung an ein Gasmolekül an, in welcher die elektrostatische Rückziehungskraft kleiner ist.

Beachtung verdient die Frage, wie sich an ein — sagen wir — positiv geladenes Probeteilchen trotz der elektrostatischen Abstoßung positive Gasionen anlagern können — oder wie trotz der elektrostatischen Anziehung die durch Licht abgelöste negative Ladung (bzw. das sich mit dieser bildende Gasion) der rückziehenden Kraft des durch den Verlust negativer Ladung positiv gewordenen Probeteilchens entgehen kann. Beides ist leicht einzusehen durch Betrachtung der kinetischen Energie der Molekularbewegung der Gasionen.

Fassen wir die Vorgänge der Ladungsänderung eines kleinen Teilchens zusammen, so ergeben sich folgende Möglichkeiten:

A. Ladungsänderung durch Anlagerung von Ionen.

Die Ladung der Partikel nimmt zu: Einfang eines Ions gleicher Ladung.

Die Ladung der Partikel nimmt ab: Einfang eines Ions entgegengesetzter Ladung.

B. Ladungsänderung durch lichtelektrischen Effekt.

Die Partikel ist anfangs positiv geladen: die positive Ladung nimmt zu.

Die Partikel ist anfangs negativ geladen: die negative Ladung nimmt ab, die Partikel wird nach genügend langer Belichtung positiv geladen.

Man muß sich über diese Verhältnisse und ihre Einfachheit vollkommen klar sein bei der Beurteilung der sich anscheinend widersprechenden Versuchs-

---

[1]) E. MEYER u. W. GERLACH, Ann. d. Phys. Bd. 45, S. 177. 1914; Bd. 47, S. 227. 1915.

Feld entgegen der Richtung der Schwere angreift. Teilchen mit entgegengesetzter Ladung werden dann bei Anlegung des Feldes schneller fallen als ohne Feld. Man hat es nun in der Hand, ein bestimmtes Teilchen allein im Gesichtsfeld zu halten, indem man dieses zum Schweben bringt und wartet, bis alle anderen Teilchen sich an die Kondensatorplatten angelagert haben.

Auch die durch mechanische Zerstäubung erzeugten Flüssigkeitströpfchen, z. B. Öl oder Quecksilber, sind zu einem großen Teile elektrisch geladen; um ein bestimmtes Teilchen dieser Substanzen zur Beobachtung zu isolieren, verfährt man also in gleicher Weise wie bei den Metallteilchen.

Verhältnismäßig wenig geladene Teilchen sind in einer durch Kondensation eines Dampfstrahls ohne mechanische Zerstäubungs- oder Einblasevorrichtung erzeugten Wolke vorhanden; um sie zu laden, muß man eine der gleich zu besprechenden künstlichen Aufladungsmethoden verwenden.

Wie bei der Darlegung des Prinzips der Ladungsmessung gezeigt wurde, ist zur Feststellung der atomistischen Struktur der Ladung erforderlich, die Ladung eines Probeteilchens zu verändern, um die kleinsten überhaupt vorkommenden Ladungsänderungen zu finden. Ladungsänderungen sind nach zwei verschiedenen Methoden ausführbar:

Zuführung von elektrischer Ladung zu dem Teilchen und
Abspaltung von elektrischer Ladung von dem Teilchen.

Für beide Methoden benutzt man Vorgänge, welche in den letzten 20 bis 30 Jahren der Mittelpunkt zahlreicher Forschungen waren: die Anlagerung von Ionen, d. h. elektrisch-positiv oder elektrisch-negativ geladenen Molekülen (oder Atomen) an das Teilchen, oder die lichtelektrische Abspaltung von negativer Ladung, welche somit zu einer positiven Aufladung des Partikels führt. Wie in Abschnitt a ausgeführt wurde, geben Versuche mit Gasionen keinen Aufschluß über die Ladung des einzelnen Ions, sondern nur die Möglichkeit, die Größe Ne, die gesamte Ladung eines Mols von Ionen zu bestimmen. Auch die Untersuchungen des lichtelektrischen Effekts führten nur zur Feststellung des Verhältnisses von Ladung zur Masse der durch elektromagnetische Wellen von der Materie abgetrennten negativen Ladungen; sie lehrten so zwar die Atomistik der Elektrizität, aber nicht die Einheitsladung selbst kennen. Erst die Vereinigung von lichtelektrischem Effekt mit der Methode der Ladungsmessung an Einzelteilchen führte zu einem unmittelbaren Ergebnis (A. JOFFÉ, E. MEYER und W. GERLACH). Ebenso konnte MILLIKAN den Nachweis der gleichen Ladung aller Gasionen erbringen.

Der Vorgang der Zuführung von Ladung zu dem einzelnen Teilchen geht durch Anlagerung von Gasionen vor sich, welche sowohl positiv als auch negativ elektrisch sein können. Die heute allgemeine Erkenntnis, daß „positive Aufladung" eines Moleküls, also die Bildung eines positiven Ions, durch Abspaltung eines Elektrons vom neutralen Molekül, die Bildung eines negativen Ions dagegen durch Anlagerung eines Elektrons an ein neutrales Molekül vor sich geht, ist für unser Problem ohne Bedeutung. Dagegen liefert es einen unmittelbaren Beweis für die Gleichheit der beiden Ionenladungen. Diese Ionen werden im Gase des Kondensators erzeugt, wenn dasselbe mit Röntgenstrahlen oder γ-Strahlen durchstrahlt wird. Durch geeignete Bleiblenden kann dabei direkte Strahlung von dem Teilchen selbst abgehalten werden. Solange das geladene Teilchen durch das elektrische Feld in der Schwebe gehalten wird, tritt eine Anlagerung an Ionen nur selten ein, da diese durch das elektrische Feld sofort an die Platten des Kondensators transportiert werden. Schaltet man aber einen Augenblick das Feld ab, so daß das Teilchen also unter der nun allein wirkenden je nach seiner Länge, der Verdampfungstemperatur und der Geschwindigkeit des Dampfstromes werden Teilchen verschiedener Größe durch die kleine Öffnung des oberen Kondensators in diesen hineinfallen. Die zweite Methode besteht in dem Einblasen eines Luftstromes durch den dichten Dampf siedenden Quecksilbers in den Kondensator oder ein über dem Kondensator angebrachtes Gefäß, aus welchem dann die Wolke der Teilchen in den Kondensator niederfällt. Bei einer dritten Methode wird Quecksilber mittels mechanischer Zerstäubung durch einen Gasstrom fein verteilt in den Meßapparat geblasen.

Auf die gleiche Weise werden die Ölteilchen erzeugt. Die Anordnung des Zerstäubers und die Überführung der Teilchen aus dem Zerstäubungsraum in den Kondensator ist aus der nachher (s. S. 23, Abb. 3) zu besprechenden MILLIKANSCHEN Versuchsanordnung zu ersehen.

Die Verwendung von Flüssigkeitströpfchen, vor allem von Quecksilber, verlangt beim Versuch besondere Aufmerksamkeit wegen der allmählichen Verdampfung dieser Teilchen. Dennoch ist deren Verwendung zur absoluten Messung der Ladungseinheit unbedingt der Vorzug zu geben, da bei ihnen die runde Form mit einiger Sicherheit anzunehmen ist; auch wird die Dichte dieser Teilchen gleich der Dichte des kompakten Materials sein.

Es scheint ferner, daß manchmal nicht genügend Sorgfalt darauf verwendet wurde, Staubteilchen aus dem Kondensator fernzuhalten, und MILLIKAN hat, auf eigene Erfahrungen gestützt, wiederholt darauf hingewiesen, daß gerade bei Verwendung kleinster (leichter) Teilchen solche Staubpartikel äußerst gefährlich werden können: sei es nun, daß man überhaupt Staubteilchen beobachtet statt der gesuchten Partikel aus definiertem Material, sei es, daß die Staubteilchen sich bei der Zerstäubung an Öltröpfchen anlagern und dadurch deren Form verändern, sei es, daß sie sich an die Flüssigkeitströpfchen oder Metallteilchen anhängen und dadurch deren Form verändern und ihre Dichte herabsetzen. Die von F. EHRENHAFT vorgenommene Prüfung von Quecksilberteilchen auf Reinheit (und auf Kugelgestalt) kommt für den Versuch selbst in Betracht, weil er die Prüfung an um einige Größenordnungen größeren Teilchen vornahm, als er sie nachher zu seinen Versuchen verwendete.

Über die genaue Größe der Teilchen ist an anderer Stelle zu sprechen. Hier sei nur deren Größenordnung erwähnt. MILLIKANS Öl- und Quecksilbertröpfchen liegen in dem Bereich von 10^{-4} bis $2 \cdot 10^{-5}$ cm Radius, während EHRENHAFT bis zu einigen 10^{-6} cm hinuntergeht — vorausgesetzt, daß seine Größenbestimmung dieser Teilchenradien wenigstens annähernd richtig sind. Fast alle anderen Autoren nehmen Teilchenradien von 10^{-4} bis 10^{-5} cm.

16. Ladung und Umladung der Partikel. Ein großer Teil der Teilchen, welche nach den in vorstehender Ziffer beschriebenen Methoden hergestellt werden, sind elektrisch geladen. Bringt man z. B. eine Wolke von Metallteilchen, welche aus einem elektrischen Funken stammen, in den Kondensator, so beobachtet man, daß alle Teilchen fallen, je nach ihrer Größe mehr oder weniger schnell. Legt man nun ein elektrisches Feld an, so wird man im allgemeinen eine Dreiteilung der Wolke beobachten: ein Teil der Teilchen steigt, ein anderer fällt, und einige wenige werden fast oder vollständig schweben. Für diese letzteren sind die an Masse und an Ladung angreifenden Kräfte einander gleich und entgegengesetzt gerichtet, die Resultante R wird null:

$$R = mg - e\,\mathfrak{E} = 0.$$

Man sieht, daß je nach dem Überwiegen der mechanischen oder der elektrischen Kraft die Resultante positiv oder negativ sein, das Teilchen fallen oder steigen kann, wenn die Ladung des Teilchens solches Vorzeichen hat, daß das elektrische fache einer Einheit sein. Wenn auch die Anfangsladung der Teilchen aus gleichen Quanten besteht, so müssen die $(v_g + v_\mathfrak{E})$- bzw. $\left(\dfrac{1}{t_g} + \dfrac{1}{t_\mathfrak{E}}\right)$-Werte Vielfache der gleichen Einheit sein. In der Tabelle 1 müssen also die

Tabelle 1.
MILLIKANS Messungen über die Atomistik des elektrischen Umladungsvorganges (aus Phys. ZS. Bd. 14, S. 798. 1913).

Fallzeit im Erdfeld t_g	Steigzeit im elektr. Feld $t_\mathfrak{E}, t'_\mathfrak{E}$	Differenz der reziproken Steigzeiten (prop. v) nach Umladung $\dfrac{1}{t'_\mathfrak{E}} - \dfrac{1}{t_\mathfrak{E}}$	Vielfaches der Umladung n'	Relative Einheit der Umladung $\dfrac{1}{n'}\left(\dfrac{1}{t'_\mathfrak{E}} - \dfrac{1}{t_\mathfrak{E}}\right)$	Summe der reziproken Fall- und Steigzeiten $\left(\dfrac{1}{t_g} + \dfrac{1}{t_\mathfrak{E}}\right)$	Vielfaches der Ladung n ($\pm n'$)	Relative Einheit der Gesamtladung $\dfrac{1}{n}\left(\dfrac{1}{t_g} + \dfrac{1}{t_\mathfrak{E}}\right)$
11,848	80,708				0,09655	18	0,005 366
11,890	22,366	0,032 34	6	0,005 390		+6	
11,908	22,390				0,128 87	24	0,005 371
11,904	22,368	0,037 508	7	0,005 358		−7	
11,882	140,565				0,091 38	17	0,005 375
		0,005 348	1	0,005 348		+1	
11,906	79,600				0,096 73	18	0,005 374
11,838	34,748	0,016 16	3	0,005 387		+3	
11,816	34,762				0,112 89	21	0,005 376
11,776	34,846					+1	
11,840	29,286				0,118 33	22	0,005 379
11,904	29,236	0,026 872	5	0,005 375		−5	
11,870	137,308				0,091 46	17	0,005 380
		0,021 572	4	0,005 393		+4	
11,952	34,638				0,113 03	21	0,005 382
11,860		0,016 23	3	0,005 410		+3	
11,846	22,104				0,129 26	24	0,005 386
11,912	22,268	0,043 07	8	0,005 384		−8	
11,910	500,1				0,086 19	16	0,005 387
		0,048 79	9	0,005 421		+9	
11,918	19,704				0,134 98	25	0,005 399
11,870	19,668	0,037 94	7	0,005 420		−7	
11,888	77,630				0,097 04	18	0,005 390
						+2	
11,894	77,806	0,010 79	2	0,005 395	0,107 83	20	0,005 392
11,878	42,302						

Werte der 5. und 8. Vertikalreihe einander gleich sein, und die n'-Werte der 4. Spalte müssen die Differenzen zweier aufeinanderfolgender Werte der 7. Spalte sein. Die Tabelle gibt einen Auszug aus MILLIKANS Meßresultaten. Man sieht, wie außerordentlich gut die Konstanz der relativen Ladungseinheiten ist, wie sicher aus diesen, von allen Annahmen über die Struktur der Elektrizität, über die Struktur der Teilchen, über das Fallgesetz freien Versuchen die Atomistik der elektrischen Ladung folgt. Einzig und allein die Annahme steckt darin, daß die Geschwindigkeit der Teilchen stets proportional der wirkenden Kraft ist.

Eine besonders sorgfältige Untersuchung über die Atomistik der Umladungen hat R. BÄR[1]) ausgeführt. Niedrig geladene Aluminiumteilchen werden — durch Ionenfang und lichtelektrischen Effekt — wiederholt aufgeladen und entladen. Bleibt ihre Masse während der Meßreihe konstant, so gilt für das Produkt

---
[1]) R. BÄR, Ann. d. Phys. Bd. 57, S. 161. 1918.

Haltepotential V_i Volt (d. h. die Spannung, welche ein Feld erzeugte, das das Teilchen in der Schwebe hielt) und Teilchenladung e_i die Beziehung:

$$mg = e_i \frac{V_i}{300d}$$

(mg Gewicht des Teilchens, d Abstand der Kondensatorplatten). Sind alle Ladungen e_i Vielfache n_i einer Einheitsladung e_0, so ist für ein Teilchen

$$\frac{300 \cdot dmg}{e_0} = n_i V_i = \text{konst.}$$

Durch Prüfung dieser Konstanz hatten MEYER und GERLACH[1]) sowie A. JOFFÉ[2]) die Atomistik der lichtelektrischen Aufladung sichergestellt. BÄR geht sorgfältiger vor, indem er statt des ja immer nur unsicher zu bestimmenden Haltepotentials (oder Schwebepotentials) nach EHRENHAFTS Vorschlag zwei Potentiale $\underline{V_i}$ und $\overline{V_i}$ bestimmt, bei welchen noch gerade eine Steig- bzw. eine Fallbewegung konstatierbar war („Gabelungsverfahren"). Es werden dann Zahlen n_i so gewählt, daß $n_i \underline{V_1}$ und $n_i \overline{V_i}$ nahe konstant sind, dann werden aus dem Generalmittel aller $n_i V_i$-Werte $= C_0$ durch Division mit den einzelnen n_i die Haltepotentiale V_i^0 berechnet, welche innerhalb der Genauigkeit der Bewegungsabschätzung zwischen der gemessenen $\underline{V_i}$ und $\overline{V_i}$ liegen.

Hier einige Zahlen aus einer großen Tabelle:

Tabelle 2.
Atomistik des Umladungsvorganges nach R. BÄR.

$\underline{V_i}$	$\overline{V_i}$	n_i	$n_i \underline{V_i} = \underline{C}$	$n_i \overline{V_i} = \overline{C}$	V_i^0
470	479	2	940	958	472,5
310	318	3	930	954	315
186	191	5	930	955	189
118	122	8	944	976	118
156	159	6	936	954	157,5
311	318	3	933	954	315
943	948	1	943	948	945
470	480	2	940	960	472,5
930	955	1	930	955	945
153	160	6	918	960	157,5
155	160	6	930	960	157,5

$\underline{C} = 944,\quad \overline{C} = 946,\quad C_0 = 945.$

Die Konstanz der C ist augenfällig, es ist keine Frage, daß die n_i-Werte die Anzahl der diskreten freien Ladungen auf dem Teilchen sind, daß alle Ladungen aus n-Vielfachen derselben Einheitsladung bestehen.

Es liegen noch mannigfache Nachprüfungen dieser Atomistik des Umladungsvorganges vor. Erwähnt seien nur die Messungen von K. WOLTER sowie von B. DERIEUX: ersterer hat bei einem Druck von 9 Atmosphären, letzterer — ebenso wie MEYER und GERLACH — bei niederen Drucken die Atomistik der elektrischen Ladung festgestellt. Einzig und allein EHRENHAFT widerspricht, nachdem er anfangs noch die Atomistik wenigstens an ein und demselben Teilchen gefunden hatte, wenn auch mit Absolutwerten für die Ladungseinheit, welche von Teilchen zu Teilchen variierten.

---

[1]) E. MEYER u. W. GERLACH, Ann. d. Phys. Bd. 56, S. 177. 1914; erste Mitt.: Arch. sc. phys. et nat. Bd. 35, S. 398. 1913.
[2]) A. JOFFÉ, Münchener Ber. 1913, S. 19.

R. Bär[1]) hat einen bestimmten Fall der „fehlenden" Atomistik in einer (unter F. Ehrenhafts Leitung) durch J. Parankiewicz[2]) ausgeführten Untersuchung kritisch nachgeprüft. Ein Ölteilchen vom Radius $\sim 4 \cdot 10^{-5}$ cm hatte folgende Ladungszahlen nach 3maliger Umladung durch Ionenfang ergeben: 12:63:22:23. Gemessen war nach dem Gabelungsverfahren. Bär zeigt nun, daß die Brownsche Molekularbewegung eines solchen Teilchens schon so groß ist, daß bei den außerordentlich kleinen Meßstrecken des Ehrenhaftschen Kondensators (gesamter Plattenabstand um wenige Millimeter!) eine Einengung des Schwebepotentials nur auf einige Prozent genau möglich ist. Es ist also zwanglos statt 12:63:22:23 zu setzen 1:6 (oder 5?):2:2. Bemerkenswerterweise erhält man mit diesen Ladungszahlen auch den richtigen Wert des Elementenquantums, nämlich rund $5 \cdot 10^{-10}$ (statt $0,45 \cdot 10^{-10}$, wie Parankiewicz aus ihren großen Ladungszahlen berechnet). Nach allen Erfahrungen — und das ist auch ein gewichtiger Einwand gegen die Ehrenhaft-Parankiewiczsche Ansicht — ist es auch absolut nicht einzusehen, wie ein Fang von 40 bis 50 Ionen bei einer Umladung zustande kommen soll. Es muß als Überschätzung der Meßgenauigkeit bezeichnet werden, wenn Ehrenhaft dem Sinne nach schreibt, daß ein Verhältnis zweier Ladungen nach mehrfacher Messung von 0,9999 bis 1,0001 zu 2,0293 bis 2,0299 nicht gleich 1:2, sondern gleich 34:69 zu setzen ist; eine solche Genauigkeit ist bei dem Ausschweben überhaupt nicht zu erreichen. Mit einwandfreier Apparatur und geeigneten Verhältnissen zur Feststellung der Atomistik — wie Bär zahlenmäßig belegt — hat auch Ehrenhaft[3]) 1914 die Atomistik bei niedrigen Umladungszahlen (2:3:2:1:—2:—3:—1:—2:—1) bestätigt gefunden.

Wir konstatieren also, daß alle beobachteten Umladungen eines Teilchens — durch Photoeffekt oder Ionenfang — sich als Anlagerung oder Abgabe streng atomistischer, unter sich gleicher Ladungseinheiten darstellen.

18. Die Versuchsanordnung von R. A. Millikan[4]). Die Versuchsanordnung, mit welcher R. A. Millikan seine wohl als Präzisionsmessung zu bezeichnenden endgültigen Versuchsreihen ausführte, soll an Hand der von Millikan selbst gegebenen Apparatzeichnung (Abb. 3) erläutert werden.

Im Innern von D erkennt man den bei der Darstellung des Prinzips der Messung beschriebenen Kondensator. MN sind die aufs äußerste eben geschliffenen metallischen Kondensatorplatten von 22 cm Durchmesser, c Ebonitstreifen, an welchen die Metallplatten in unveränderlichem Abstand angeschraubt sind, und welche die drei erforderlichen Öffnungen: für Beleuchtung, Beobachtung und Umladung des Teilchens haben. Das Kupfergefäß D ersetzt z. T. die in Abb. 2 gezeichnete Kammer K zur Erzeugung der Versuchsteilchen. In der vorliegenden Abbildung ist die Zerstäubungsvorrichtung A eingezeichnet, welche zur Herstellung der Ölteilchen diente. Der Zerstäuber wird betätigt durch einen mit größter Sorgfalt getrockneten und entstaubten Luftstrom, welcher bei Hahn r eingeleitet werden kann. Durch das kleine in M eingebohrte Loch fällt das Teilchen in den eigentlichen Versuchsraum zwischen M und N (in der Abbildung durch p markiert). Der Kupferkasten D ist sehr massiv und vollständig abdichtbar, um den Druck des Gases im Kondensator variieren zu können. Bei e kann eine Pumpe zur Erhöhung oder Verminderung des Druckes im Konden-

---

[1]) R. Bär, Ann. d. Phys. Bd. 67, S. 157. 1922.
[2]) J. Parankiewicz, Ann. d. Phys. Bd. 53, S. 551. 1917.
[3]) F. Ehrenhaft, Wiener Ber. (2a) Bd. 123, S. 140. 1914.
[4]) R. A. Millikan, Phys. Rev. Bd. 2, S. 136. 1913; vgl. auch: Das Elektron. Vieweg-Verlag 1922.

sator, dessen Größe am offenen Quecksilbermanometer m ablesbar ist, angeschlossen werden.

Die Erzeugung des elektrischen Feldes im Kondensator geschieht so: die untere Kondensatorplatte N ist stets mit den übrigen Metallteilen, ausgenommen die Platte M, verbunden und geerdet. Die Spannung liefert eine Hochspannungsbatterie B, von der mit Hilfe des Kommutators C der eine oder andere Pol über den Schlüssel S an die obere Platte M angelegt werden kann, während der andere Pol der Batterie ebenfalls geerdet ist. Die Zuführung zu M ist durch D isoliert und gedichtet geleitet. Der Schlüssel S hat noch einen anderen Zweck: Soll das Feld vom Kondensator abgeschaltet werden, so erdet S (in der Abbildung dann

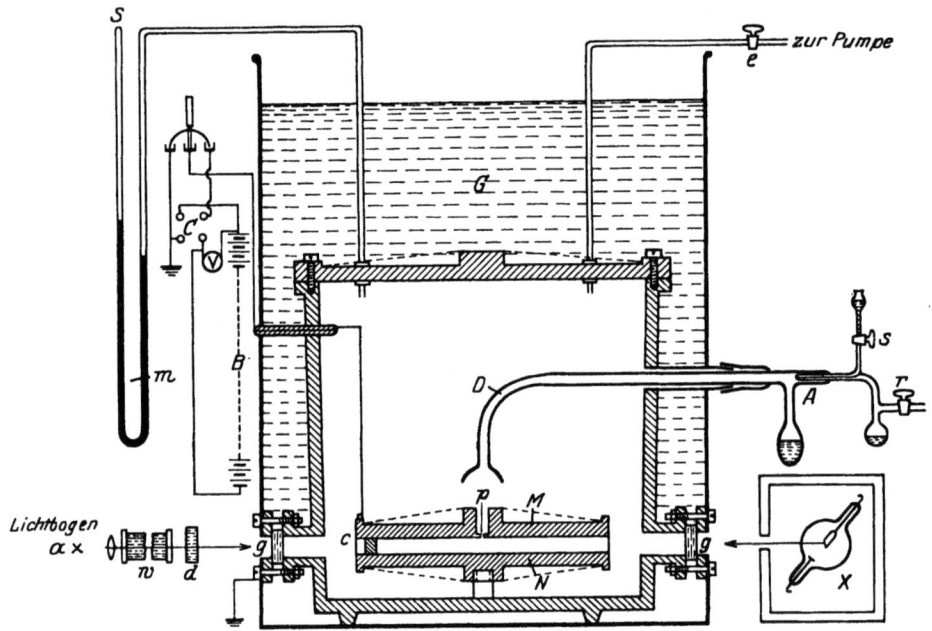

Abb. 3. R. A. MILLIKANS endgültige Versuchsanordnung.
MN Kondensator. AD Zerstäuber. G Ölbad. $awdg$ Beleuchtung des Teilchens.

nach links gelegt) auch die obere Kondensatorplatte M. Mit dem Voltmeter V wird die Feldspannung gemessen.

Die Anordnung des Kondensators NM in dem Gefäße D garantiert, daß sich bei Veränderung des Gasdrucks die Platten M und N nicht gegeneinander verbiegen, das elektrische Feld $\mathfrak{E} = \dfrac{V}{300\,d}$ also sicherlich unabhängig vom Druck ist. d, der Abstand der Platten MN wird von MILLIKAN zu 14,9174 mm angegeben — mit 0,01% Sicherheit.

Das Kupfergefäß D befindet sich in einem großen Ölbad G (Ölvolumen etwa 40 l), welches eine weitgehende Temperaturkonstanz sichert. Es ist so gebaut, daß die Durchblicke zu den drei Fenstern in dem Ebonitrahmen des Kondensators ölfrei sind; ihnen gegenüber hat es Abschlußplatten gg. (Das — in der Abbildung nicht sichtbare, nach vorne liegende — Beobachtungsfenster ist bei MILLIKAN nicht wie in der schematischen Abbildung rechtwinklig, sondern um 60° geneigt zur Beleuchtungsrichtung angebracht.)

a ist der als Beleuchtungsquelle dienende Lichtbogen, w und d sind dicke Filter zur Abhaltung der Wärmestrahlen (w 80 cm Wasserschicht, d Kupfersalzbad); schließlich ist X eine Röntgenröhre zur Ionisation des Kondensatorgases oder zur lichtelektrischen Aufladung des Teilchens.

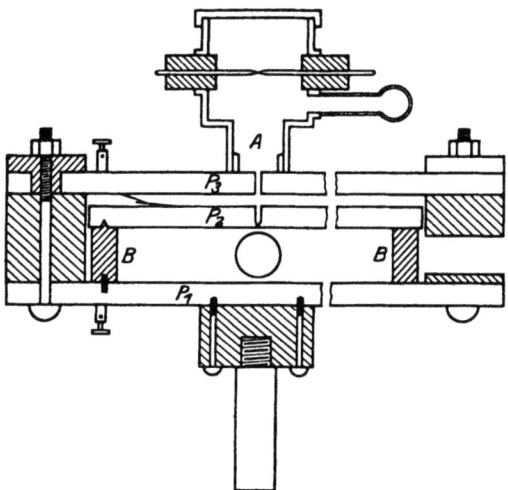

Beobachtet wird von MILLIKAN mit einem kurzbrennweitigen Fernrohr (Vergrößerung der Größenordnung 10 bis 100), welches in dem Okular eine Skala hat, um die Geschwindigkeit der Teilchenbewegung zu messen. Zur Zeitmessung dienen Stoppuhr oder Chronograph.

EHRENHAFTS Versuchsanordnung unterscheidet sich in einem Punkte — scheinbar nur äußerlich, aber doch prinzipiell — von der MILLIKANS: der Kondensator ist wesentlich kleiner, die Beobachtung erfolgt mit stark vergrößernden Mikroskopen, da für viele seiner Untersuchungen ganz wesentlich

Abb. 4. Kondensator nach R. BÄR (Ann. d. Phys. Bd. 57 S. 161. 1918).

kleinere Teilchen verwendet werden. Hiermit können nur sehr kleine Fallstrecken der Partikel beobachtet werden, so daß in vielen Messungen die BROWNsche Bewegung so groß ist, daß die Fallbeobachtungen unsicher, Ausschwebungsversuche aber überhaupt illusorisch werden.

Alle anderen Autoren haben ähnliche Versuchsanordnungen verwendet. Für die Versuche von MEYER, GERLACH, BÄR u. a., die z. T. auch zu Messungen bei niederen Drucken verwendet wurden, waren oft auch einfachere Anordnungen hinreichend zuverlässig. Eine solche — nach R. BÄR — stellt die Abb. 4 dar: $P_1 P_2$ ist der Kondensator, der oberen Platte wird von der äußeren Platte P_3 über eine Feder die Spannung zugeführt. Die Platte P_2 ruht auf vier, exakt 10 mm langen, Bernsteinstiften B, auf Spitzen derselben leicht aufgelegt. Eine evakuierbare Apparatur stellt Abb. 5 dar, ebenfalls nach R. BÄR. Die Evakuierung erfolgte durch zehn in die untere Kondensatorplatte horizontal eingebohrte Löcher L von 1 mm Durchmesser und ein 0,2 mm weites Loch l, das zentrisch in die obere Platte gebohrt war. Mit

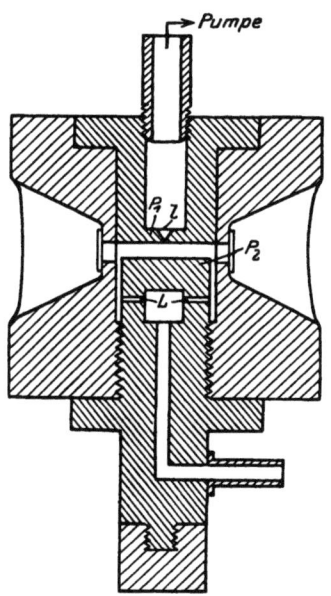

Abb. 5. Evakuierbarer Kondensator mit großer Temperaturkonstanz nach R. BÄR (Ann. d. Phys. Bd. 67, S. 157. 1922).

einer solchen Anordnung ließ sich die Evakuierung am sichersten ausführen, ohne daß durch seitliche Strömungen das Teilchen aus dem Beobachtungsbereich gezogen wurde.

19. MILLIKANS Methode der Präzisionsmessung. Nachdem MILLIKAN den Nachweis geliefert hatte, daß die Umladungen ein und desselben Teilchens streng atomistisch erfolgten, ergab sich, daß die Gesamtladungen aller Teilchen nicht Vielfache des gleichen Einheitswertes waren, daß allerdings alle diese speziellen Einheitswerte für die verschiedenen Teilchen doch ziemlich nahe beieinander lagen. Aus systematischer Darstellung der Versuche ergab sich die folgende Abb. 6. Hier sind die an den einzelnen Teilchen ermittelten Grundladungen (Ordinaten) dargestellt als Funktion der Fallgeschwindigkeit der entsprechenden Teilchen im Erdfeld, eine Größe, welche nach dem unkorrigierten STOKESschen Gesetze ein relatives Maß für den Radius, also die Größe des Teilchens sein soll. Man sieht, daß alle Teilchen oberhalb einer gewissen Geschwindigkeit, d. h. einer bestimmten Teilchengröße, denselben Wert der Einheitsladung geben, unterhalb aber mehr und mehr zunehmende Abweichungen zeigen. Hierin sah MILLIKAN einen Beweis dafür, daß das zugrunde gelegte einfache STOKESsche Gesetz falsch sein muß. Denn die Atomistik der Umladung war auch für die kleinsten Teilchen (kleinste Fallgeschwindigkeit) erwiesen, und der Mechanismus der Umladung — Anlagerung von Gasionen — war für die großen Teilchen und die kleinsten Teilchen genau derselbe.

MILLIKAN erdachte deshalb ein graphisches Verfahren zur Eliminierung des unbekannten Fallgesetzes. Wie oben gezeigt, ist die STOKESsche Formel zu korrigieren, weil die grundlegende hydrodynamische Bedingung der Homogenität des reibenden Mediums für kleine Teilchen sicher nicht erfüllt sein kann. Maßgebend für die Größe der Korrektur ist der Quotient freie Weglänge λ zu Teilchenradius $a \frac{\lambda}{a}$ oder, da λ umgekehrt proportional des Druckes p des reibenden Mittels ist, $c \cdot \frac{1}{pa}$. Es ist also in den grundlegenden Formeln, die sich der Gleichung (1) bedienen, statt v_g zu setzen [vgl. (9)]

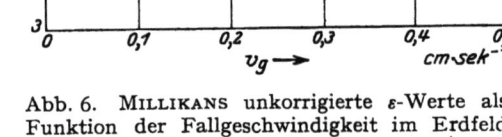
Abb. 6. MILLIKANS unkorrigierte ε-Werte als Funktion der Fallgeschwindigkeit im Erdfeld (i. e. Teilchenradius).

$$\frac{v_g}{1 + A' \frac{1}{p \cdot a}}, \qquad (11)$$

was in den Endformeln für die Ladung, da in ihnen $v^{\frac{3}{2}}$ vorkommt, zu dem korrigierten Ladungswert e_0 statt des nach Gleichung (6) ermittelten e führt:

$$e_0 = \frac{e}{\left(1 + A' \frac{1}{pa}\right)^{\frac{3}{2}}},$$

oder

$$e^{\frac{2}{3}} = e_0^{\frac{2}{3}} \left(1 + A' \frac{1}{pa}\right). \qquad (12)$$

Diese lineare Beziehung führt für $\frac{1}{p} = \lambda = 0$ oder für $a = \infty$ zu $e = e_0$, d. h. für die Fälle, in welchen der Teilchenradius unendlich groß gegen die freie Weglänge ist, also für die rein hydrodynamische Bewegungsbedingung.

Sowohl p als auch a wurden variiert[1]), und die direkt berechneten $e^{2/3}$-Werte als Funktion von $\frac{1}{pa}$ aufgetragen. Die Abb. 7 und die Tabelle 3 gibt die von

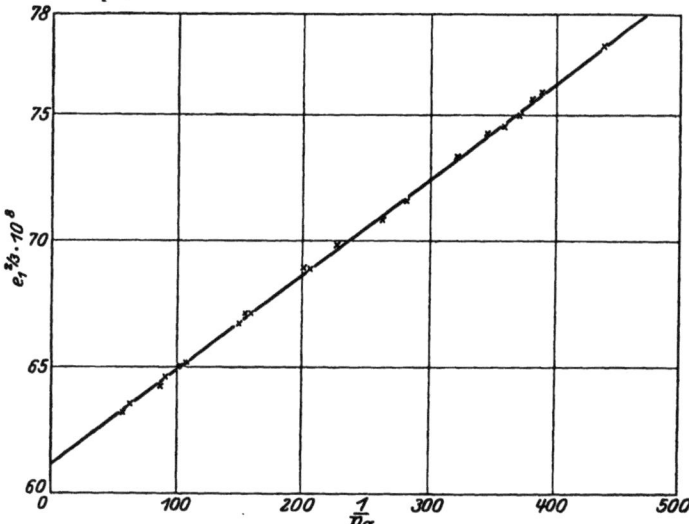

Abb. 7. MILLIKANS endgültige Messungen; empirische Korrektion der Abhängigkeit vom Teilchenradius. Ölteilchen in Luft.

Tabelle 3.
Auszug aus MILLIKANS letzter Bestimmung der Elementarladung. Ölteilchen in Luft (nach Phil. Mag. Bd. 34, S. 1. 1917).

Nr.	Spannungs-unterschied (Volt)	t_g Sek.	v_g cm/Sek.	n	$a \cdot 10^5$	p cm Hg	$\frac{1}{pa}$	$\frac{\lambda}{a}$	$e^{2/3} \cdot 10^8$	$e_0^{2/3} \cdot 10^8$
1	6650	16,50	0,06194	7—13	23,40	74,49	57,45	0,04111	63,21	61,03
2	6100	16,76	0,06099	8—11	23,22	75,00	57,5	0,04115	63,204	61,03
3	5308	19,73	0,05180	7—15	21,34	74,49	63,0	0,04509	63,54	61,16
4	4132	37,82	0,02703	4—6	15,33	75,37	86,7	0,06205	64,27	60,97
5	4661	40,09	0,02521	3—6	14,84	75,00	90,6	0,06484	64,63	61,21
6	4111	51,53	0,01983	3—4	13,05	75,77	101,3	0,06502	65,02	61,19
7	5299	51,48	0,01985	2—5	13,05	74,98	102,4	0,07329	65,07	61,20
8	6661	56,06	0,01823	2—3	12,50	75,40	106,3	0,07608	65,13	61,11
9	6082	59,14	0,01728	1—4	12,17	75,04	109,7	0,07850	65,19	61,05
10	4077	57,46	0,01779	3—8	12,34	75,67	107,3	0,07680	65,21	61,16
11	4663	16,58	0,06165	10—12	22,72	29,26	150,6	0,1078	66,70	61,01
12	4661	29,18	0,03502	5—7	17,08	36,61	160,1	0,1146	67,12	61,07
13	4687	18,81	0,05432	8—10	21,26	30,27	155,6	0,1114	67,14	61,26
14	4651	47,65	0,02145	2—7	13,20	36,80	206,4	0,1477	68,90	61,11
15	4648	32,72	0,03129	4—6	15,92	31,35	200,7	0,1437	68,97	61,39
16	3393	18,34	0,05572	12—16	21,11	20,58	227,8	0,1630	69,88	61,27
17	4669	46,82	0,02294	2—4	13,12	29,10	262,4	0,1878	70,85	60,94
18	4691	26,62	0,03819	5—7	17,32	20,54	281,4	0,2014	71,60	60,98
19	3339	14,10	0,07249	15—19	23,00	13,24	321,4	0,2297	73,34	61,20
20	4682	39,24	0,02605	3—5	14,00	20,72	345,4	0,2472	74,27	61,22
21	3350	18,30	0,05585	10—13	20,47	13,62	359,1	0,2570	74,54	60,97
22	3370	43,88	0,02329	3—6	13,17	20,47	371,5	0,2659	75,00	60,97
23	3381	46,90	0,02179	3—6	12,69	20,74	380,6	0,2724	75,62	61,24
24	3345	19,65	0,05201	9—12	19,65	13,12	388,5	0,2781	75,92	61,24
25	3344	26,76	0,03819	6—9	16,57	13,80	438,3	0,3137	77,74	61,18

[1]) Jedoch wurde noch nicht die Methode angewendet, dasselbe Teilchen bei verschiedenen Drucken zu untersuchen. Bezüglich solcher Versuche s. die folgenden Ziffern über die Versuche von E. MEYER, W. GERLACH, R. BÄR, MATTAUCH.

MILLIKAN als endgültig bezeichneten Messungsergebnisse von Ölteilchen in Luft, und die Abb. 8 analoge Messungen von

Öl in Luft (I) und Wasserstoff (II) nach MILLIKAN,
Quecksilber in Luft (III) nach J. B. DERIEUX,
Schellack in Luft (IV) nach L. Y. LEE.

Während die Neigungen dieser letzten Kurven gegen die $\frac{1}{pa}$-Achse für die verschiedenen Materialien und Gase verschieden sind, laufen sie doch für $\frac{1}{pa} = 0$ streng in denselben Punkt der Ordinate ein, d. h. welches auch das Fallgesetz ist, die korrigierte Einheitsladung ergibt sich als von ihm gänzlich unabhängig.

Das Ergebnis aller Messungen der Größe des Elementarquantums ist

$$\varepsilon = (4{,}774 \pm 0{,}005) \cdot 10^{-10} \text{ elektrostatische Einheiten.}$$

ε dürfte die zahlenmäßig am sichersten bekannte atomistische Konstante sein.

Zu dieser graphischen Methode MILLIKANS müssen noch einige Worte gesagt werden. Sie verlangt die Kenntnis des Radius des Teilchens a. Dieser Radius wurde zunächst aus dem unkorrigierten STOKESschen Gesetz gemäß Gleichungen (1) und (2) durch Messung der Fallgeschwindigkeit des Teilchens im Erdfeld v_g berechnet. Dann liefert die benutzte Darstellung von $\varepsilon^{\frac{2}{3}}$ und $\frac{1}{pa}$ in ihrer Neigung einen ersten Wert für die Korrektionskonstante im STOKESschen Gesetze, d. h. für A' in Gleichung (12). Jetzt erhält man einen endgültigen Wert des Teilchenradius a_0, berechnet nach der experimentell ermittelten Beziehung,

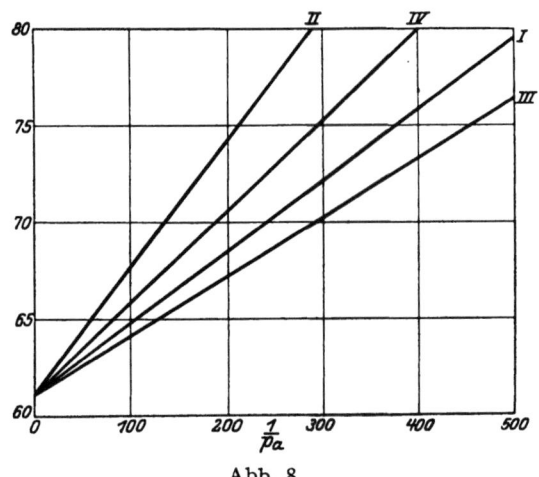

Abb. 8.
I. Ölteilchen in Luft (nach MILLIKAN).
II. Ölteilchen in Wasserstoff (nach MILLIKAN).
III. Quecksilberteilchen in Luft (nach DERIEUX).
IV. Schellackteilchen in Luft (nach LEE).

welche aber keine Annahme über die Struktur der elektrischen Ladung noch über ihre Größe enthält, nämlich nach

$$v_g = \frac{2}{9} g \cdot a_0^2 \frac{(\sigma - \varrho)}{\mu} \cdot \left\{ 1 + A' \cdot \frac{1}{pa} \right\}.$$

Ergänzend sei noch eines bemerkt: Nachdem einmal durch diese Methode die Existenz und die Größe des elektrischen Elementarquantums sichergestellt war, wurde auch die Möglichkeit gegeben, das Fallgesetz für jedes beliebige Teilchen zu ermitteln. MILLIKAN hat auch diese Berechnungen ausgeführt. Das korrigierte STOKESsche Gesetz ist nach ihnen zu ersetzen[1] durch eine — vorerst nur formale Bedeutung besitzende — Beziehung:

$$B = \frac{1}{6\pi\mu a}\left[1 + \frac{\lambda}{a}\left(0{,}864 + 0{,}290\, e^{-1{,}25\frac{a}{\lambda}}\right)\right]$$

---

[1] R. A. MILLIKAN, Phys. Rev. Bd. 1, S. 218. 1913.

für Öltröpfchen in trockener Luft, wenn man mit B die Beweglichkeit, die Geschwindigkeit unter der Kraft 1 bezeichnet. Die Form dieses Fallgesetzes ist offenbar eine universelle, jedoch hängen die Zahlenfaktoren sowohl von dem Material des Teilchens als auch des reibenden Mediums ab. Hierzu vergleiche man die verschiedene Neigung der Kurven in Abb. 8. Es sei noch bemerkt, daß M. KNUDSEN und S. WEBER[1]) genau das gleiche Gesetz fanden für makroskopische Kugeln, nämlich für das Korrektionsglied:

$$1 + \frac{\lambda}{a}\left(0{,}68 + 0{,}35\, e^{-1{,}25\frac{a}{\lambda}}\right),$$

worin die freie Weglänge λ als $\sqrt{\dfrac{\pi}{8}} \cdot \dfrac{1}{0{,}2097} \cdot \dfrac{\mu}{p\sqrt{\varrho}}$ zu setzen ist[2]).

Wir können das Ergebnis der bisherigen Betrachtungen nunmehr zusammenfassen. Während man den Nachweis der Atomistik der Elektrizität aus allen Versuchen — auch aus F. EHRENHAFTS Experimenten trotz dessen Widerspruch — herauslesen muß, führen die absoluten Ladungsmessungen nur dann zu derselben atomistischen Einheit, wenn besondere Prüfung bzw. individuelle Bestimmung des Bewegungsgesetzes des Teilchens vorgenommen wird. Im folgenden werden wir uns mit umfassenden Versuchen über diese Fragen zu beschäftigen haben, die auch Aufschluß über den Bau kleinster Teilchen zu geben scheinen.

20. Die Untersuchungen von E. MEYER und W. GERLACH[3]). Einen neuen Gesichtspunkt, der in der Folgezeit von verschiedenen Seiten verwendet wurde, brachten die Untersuchungen von E. MEYER und W. GERLACH. Der Ausgangspunkt ihrer Experimente war die Untersuchung des lichtelektrischen Effekts an ultramikroskopischen Metallteilchen. In der Tat stellt ja der Millikan-Kondensator das empfindlichste Elektrometer dar, indem er gestattet, die Auslösung eines einzigen Elektrons durch Licht aus einem Metallteilchen zu erkennen. Die zeitliche Beobachtung der lichtelektrischen Aufladung eines Metallteilchens — im Mittel von der Größenordnung 10^{-5} cm Radius — ergab eine stoßweise Aufladung um Beträge, welche kleine Vielfache einer Einheit waren, deren absolute Größe von der Größenordnung des MILLIKANschen Elementarquantums war[4]). Die Atomistik des lichtelektrischen Aufladungsvorganges (oder der Abgabe der lichtelektrischen Elektronen) folgte aus diesen Versuchen mit großer Sicherheit, indem die $n_i V_i$-Werte sowohl nach jeder lichtelektrischen Aufladung als auch nach zwischendurch zufällig vorkommendem Ionenfang für jedes Teilchen (gemäß Ziff. 17) konstant waren. Zum gleichen Ergebnis gelangte A. JOFFÉ.

Aber die absolute Größe dieser bei einem lichtelektrischen Elementarprozeß von dem Metallpartikel weggehenden negativen Ladung war bei verschiedenen Teilchen gleichen Materials und gleicher Herstellungsart verschieden groß. Dabei war die Methode der absoluten Ladungs- bzw. Ladungsänderungsbestimmung im Prinzip dieselbe, welche MILLIKAN und EHRENHAFT verwendeten, indem die

---

[1]) M. KNUDSEN u. S. WEBER, Ann. d. Phys. Bd. 36, S. 981. 1911.
[2]) ϱ ist das spezifische Gewicht des Gases bei dem Druck von 1 dyn · cm^{-2}, p der Druck des reibenden Mediums.
[3]) E. MEYER u. W. GERLACH, Elster-Geitel-Festschrift 1915, S. 196 (Verlag Vieweg); vgl. auch Ann. d. Phys. Bd. 45, S. 177. 1914.
[4]) In einer Besprechung dieser Versuche durch R. A. MILLIKAN scheint ein Mißverständnis enthalten zu sein. MILLIKAN glaubt, daß das „gleichzeitige" Entweichen mehrerer Elektronen bei der Bestrahlung ein wesentliches Ergebnis dieser Versuche sei. Hiervon ist aber gar nicht die Rede, vielmehr wurde gezeigt, daß die Schnelligkeit des Elektronenverlustes von der Intensität des Lichtes, der Größe und der Ladung des Teilchens und dem Druck des umgebenden Gases abhängt; vgl. E. MEYER u. W. GERLACH, Ann. d. Phys. Bd. 45, S. 177. 1914, und besonders die zweite Abhandlung Ann. d. Phys. Bd. 47, S. 227. 1915.

Größe der Teilchen nach dem STOKESschen Gesetz bestimmt wurde. Zur genauen Untersuchung des lichtelektrischen Vorgangs — zunächst nicht etwa zum Zwecke einer ε-Bestimmung — wurde eine Methode ausgearbeitet, **welche die Untersuchung eines Teilchens bei verschiedenen Drucken gestattete.** Der Millikankondensator wurde so modifiziert, daß aus ihm die Luft ausgepumpt werden konnte, während das Teilchen der Größenordnung 10^{-5} cm im Gesichtsfeld blieb. Es ergab sich nun, daß die Atomistik der lichtelektrischen Aufladung — wie zu erwarten war — auch bei niederen Drucken gefunden wurde, jedoch war die absolute Größe der kleinsten Ladungsänderung vom Drucke des umgebenden Gases abhängig. Diese beiden Ergebnisse: verschiedene Ladungsquanten bei verschiedenen Teilchen und — bei demselben Teilchen — bei verschiedenen Drucken wurde so gedeutet, daß eines der anderen in die ε-Berechnung eingehenden Gesetze oder Annahmen ungültig ist. Als solches kam zunächst das Fallgesetz, aus welchem die Größe des Radius des Teilchens ermittelt wurde, in Betracht.

Nimmt man als selbstverständlich an, daß die Größe der lichtelektrisch ausgelösten Einheitsladung unabhängig vom umgebenden Gasdruck ist, so kann man nach einem Fallgesetze suchen, welches eine solche Abhängigkeit für die Bewegung des betrachteten Teilchens von dem Druck des umgebenden Gases gibt, daß der absolute Wert der Ladungseinheit unabhängig vom Drucke wird. Es wurden auf diese Weise acht theoretische Fallgesetze geprüft, aber **keines** für die verwendeten Teilchen aus Platin, durch Funkenelektrodenzerstäubung gewonnen, gültig gefunden. Die nach dem STOKESschen Gesetz mit den verschiedenartigsten einfachen Korrektionen (REINGANUM, CUNNINGHAM, KNUDSEN u. a.) berechneten Radien nahmen mit abnehmendem Drucke ab. Dagegen war es möglich, Druckunabhängigkeit zu finden, wenn man statt des spezifischen Gewichts 21,4 des kompakten Platins den Wert 11,56 einsetzte, z. B. gerechnet nach STOKES-CUNNINGHAM ($A = 1,63$):

Teilchen Nr. 602	685 mm	111 mm	30 mm
Spez. Gew. 21,4	$a = 5,75$	5,27	4,99
Spez. Gew. 11,56	$a = 12,7$	12,9	12,8

Ausgebaut wurde diese Methode im Züricher Institut von E. MEYER, BÄR, LUCHSINGER u. a. Speziell R. BÄR, neuerdings auch J. MATTAUCH in Wien, haben sie zu exakten Bestimmungen des Elementarquantums an beliebigen Teilchen, für deren jedes das Fallgesetz (bzw. Dichte und Korrektionskonstante) individuell bestimmt wurde, verwendet (s. die folgenden Abschnitte). Eine interessante Notiz von R. BÄR sei noch erwähnt: er fand Beispiele, in welchen 2 Teilchen bei Atmosphärendruck gleiche Fallgeschwindigkeiten hatten, bei niedrigem Druck sich aber wesentlich unterschieden. Es ist einleuchtend, daß man dann aus der Messung bei Atmosphärendruck allein für beide nicht die gleiche Elektronenladung erwarten kann, daß der Grund hierfür aber wohl kaum in der Nichtexistenz einer Elementarladung zu suchen ist!

Im Zusammenhang mit den Versuchen, welche zeigen, daß die Metallteilchen, welche im elektrischen Bogen oder Funken durch Zerstäubung der Elektroden erzeugt sind, eine geringere Dichte als die des Elektrodenmaterials haben, müssen kurz Versuche von E. WEISS[1] (auf A. EINSTEINS Veranlassung ausgeführt) sowie von SCHIDLOF und TARGONSKI[2] erwähnt werden. Die Unterschreitungen der normalen Dichte sind nur durch nicht kompakte Struktur

---
[1] E. WEISS, Wiener Ber. (2a) Bd. 120, S. 1021. 1911.
[2] A. SCHIDLOF u. A. TARGONSKI, Phys. ZS. Bd. 17, S. 376. 1916.

dieser Teilchen verständlich: solche Teilchen werden dann aber auch sicher nicht kugelförmig sein. In den genannten Experimenten hat man daher den interessanten Versuch gemacht, die Teilchen nach ihrer Erzeugung nochmals umzuschmelzen. Die Anordnung war dabei so getroffen, daß dasselbe Teilchen vor und nach dem Umschmelzen untersucht werden konnte, oder daß zerstäubtes geschmolzenes Metall sich rasch oder langsam abkühlte. Man fand tatsächlich eine beträchtliche Dichtevergrößerung, wobei die Dichte rückwärts aus der Ladungseinheit bestimmt wurde. So fanden SCHIDLOF und TARGONSKI z. B. für Teilchen aus Zinn: für zerstäubtes geschmolzenes Metall abgeschreckt die scheinbare Dichte 1,6, nach langsamer Abkühlung dagegen 2—4,2 (statt 7 normal).

21. Die Untersuchungen von E. MEYER und R. BÄR. Im Verfolg der von MEYER und GERLACH erhaltenen Resultate, daß kleine Metallteilchen eine andere Dichte als das kompakte Material, aus dem sie erzeugt werden, haben, sind in Zürich umfangreiche Versuche verschiedenster Art zur allgemeinen Aufklärung dieser Frage gemacht worden. Den Schlußstein setzte die im folgenden zu besprechende Untersuchung von R. BÄR[1]). Die von ihm vorgelegte Frage (zuerst von BÄR und LUCHSINGER diskutiert) ist die: Wird die Massenbestimmung der Teilchen falsch durch Ungültigkeit des Widerstandsgesetzes von STOKES oder durch abnorme Dichte der Teilchen?

Wir gehen wieder von STOKES' Gesetz aus, in der von CUNNINGHAM korrigierten Form:

$$K = mg = 6\pi\mu a v \left(1 + A\frac{\lambda}{a}\right)^{-1} = \frac{4}{3}\pi a^3 \sigma g.$$

Durch Messung der Fallgeschwindigkeit v ein und desselben Teilchens bei verschiedenen freien Weglängen (verschiedenen Drucken im Kondensator) läßt sich diese darstellen als

$$v = \alpha + \beta \cdot \lambda,$$

worin

$$\alpha = \frac{2\sigma a^2 g}{9\mu}, \qquad \beta = \frac{2\sigma a g}{9\mu} A.$$

Der Quotient $\dfrac{\beta^2}{\alpha}$ ergibt sich als unabhängig vom Radius a, nämlich zu

$$\frac{\beta^2}{\alpha} = \frac{2}{9}\frac{g}{\mu}\sigma A^2 = C.$$

Die Konstante ist somit für jedes Material berechenbar, sobald die Dichte σ und die Korrektionskonstante im Fallgesetz als bekannt angenommen werden — ganz unabhängig von der Größe des Teilchens.

Der Versuch, der in Messung von v als Funktion von λ besteht, ergab nun für größere Teilchen in der Tat $\dfrac{\beta^2}{\alpha} =$ konst. Aber mit abnehmendem Radius ergaben sich zunehmende Abweichungen, $\dfrac{\beta^2}{\alpha}$ nahm dauernd zu, die Beziehung zwischen v und λ war nicht mehr als $v = \alpha + \beta\lambda$ darzustellen. Diese Zunahme kann aber nur darin begründet sein, daß A in obiger Gleichung, die CUNNINGHAMsche Korrektionskonstante, mit abnehmenden Drucken größer wird, denn σ kann niemals größere, nur kleinere Werte als das kompakte Material haben. Die Abb. 9 gibt in der Kurve C graphisch die Ergebnisse einer solchen Beobachtungsreihe der Fallgeschwindigkeit eines Teilchens unveränderlicher Masse als Funktion des Druckes oder der freien Weglänge. Man erhält aus ihr

---

[1]) R. BÄR, Ann. d. Phys. Bd. 67, S. 157. 1922; R. BÄR u. F. LUCHSINGER, Phys. ZS. Bd. 22, S. 225. 1921.

die richtigen Werte für α und β, wenn man die Tangente in P_0 anlegt, dagegen falsche Werte α' β', wenn man etwa durch 2 gemessene Punkte P' P'' eine Gerade legt. Will man das Ergebnis durch eine Formel darstellen, so muß statt der „Korrektionskonstanten" A gesetzt werden:

$$A = A_1 + A_2 e^{-A_3 \frac{a}{\lambda}},$$

wie das auch im MILLIKANschen Fallgesetz geschehen ist, das auf ähnliche Weise, nur nicht durch Messung der λ-Abhängigkeit am gleichen Teilchen, gewonnen wurde.

Es sind auch Fälle beobachtet, in welchen $\left(\frac{\beta^2}{\alpha}\right)_{\text{ber.}}$ kleiner war als der aus der v, λ-Kurve bestimmte Wert. Dann ist es mindestens wahrscheinlich, daß das Teilchen eine kleinere Dichte als das kompakte Material hat.

Stets verschwanden bei Verwendung der experimentell ermittelten α, β-Werte die Unterschreitungen der Elektronenladung. Selbst bei für Präzisionsmessungen ganz ungeeigneten Teilchen — nicht kugelförmig und von Teilchen zu Teilchen variierende Dichte, also verschiedene Struktur — ergeben sich nach BÄRS Methode der A- bzw. σ-Bestimmung für jedes Teilchen annähernd MILLIKANsche Elementarquanten.

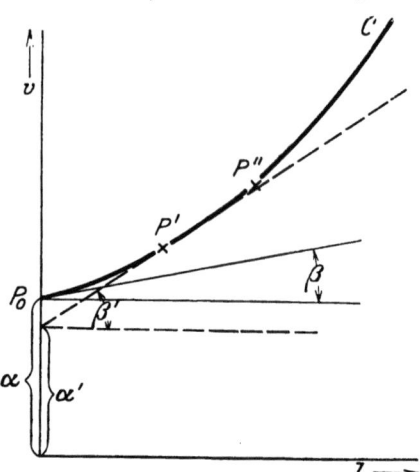

Abb. 9. R. BÄRS Methode zur experimentellen Ermittlung von Fallgesetz und Dichte jedes einzelnen Teilchens.

22. Die Untersuchungen von J. MATTAUCH[1]). Eine — sowohl als Erweiterung wie Bestätigung der MILLIKANschen Ergebnisse gleich wertvolle — Untersuchung über die Korrektion des STOKESschen Fallgesetzes stammt von J. MATTAUCH. Es wird die Beweglichkeit von Öl- und Quecksilbertröpfchen von rund 4 bis $12 \cdot 10^{-5}$ cm Radius (a) in Stickstoff und Kohlensäure so bestimmt, daß ein und dasselbe Teilchen (nach dem Vorgang von E. MEYER und W. GERLACH) unter verschiedenen Drucken (Atmosphäre bis ca. 20 mm, Variation der freien Weglänge von $1 \cdot 10^{-5}$ bis $32 \cdot 10^{-5}$ cm) beobachtet wird, aber sowohl in Stickstoff als auch in Kohlensäure. Ist B die Beweglichkeit (Geschwindigkeit unter der Kraft 1), so ist, wenn v_g und $v_\mathfrak{E}$ (wie oben) die Geschwindigkeiten des Teilchens vom Radius a und der Gesamtladung e im Erdfeld (Fall) und elektrischem Feld $\mathfrak{E}$ (Steigen) bezeichnen,

$$\frac{v_g + v_\mathfrak{E}}{\mathfrak{E}} = e \cdot B = u,$$

worin B für die allgemeine Form des STOKESschen Gesetzes gesetzt ist

$$B = \frac{1}{6\pi\mu a} f\left(\frac{\lambda}{a}\right)^{2)}.$$

Man mißt nun
$$u = eB = u_0 + \beta \cdot \lambda + \gamma \lambda^2 \ldots$$

als Funktion der freien Weglänge λ, erhält durch Extrapolation der Kurve zu $\lambda = 0$, u_0 und damit einen ersten angenäherten Wert des Radius des Teilchens

---

[1]) J. MATTAUCH, ZS. f. Phys. Bd. 32, S. 439. 1925.
[2]) MILLIKAN verwendet statt der freien Weglänge den Druck: $f\left(\frac{b}{p \cdot a}\right)$.

aus $eB = u_0$. Dieser sei a'. Die Abb. 10 gibt diese Messungen an einer Anzahl von Ölteilchen. Für jedes Teilchen wird die Funktion $u = u_0 + \beta\lambda + \gamma\lambda^2$ berechnet, also gewissermaßen für jedes Teilchen ein individuelles Fallgesetz bestimmt. Daß die Näherungswerte a' für den Radius eines Teilchens in N_2 und CO_2 übereinstimmen, zeigen die Zahlen:

Nr. des Teilchens	$a' \cdot 10^5$ in N_2	$a' \cdot 10^5$ in CO_2	Differenz
125	10,960	11,047	$+\ 0{,}8\%$
126	7,885	7,924	$+\ 0{,}5\%$
127	10,309	10,251	$-\ 0{,}6\%$

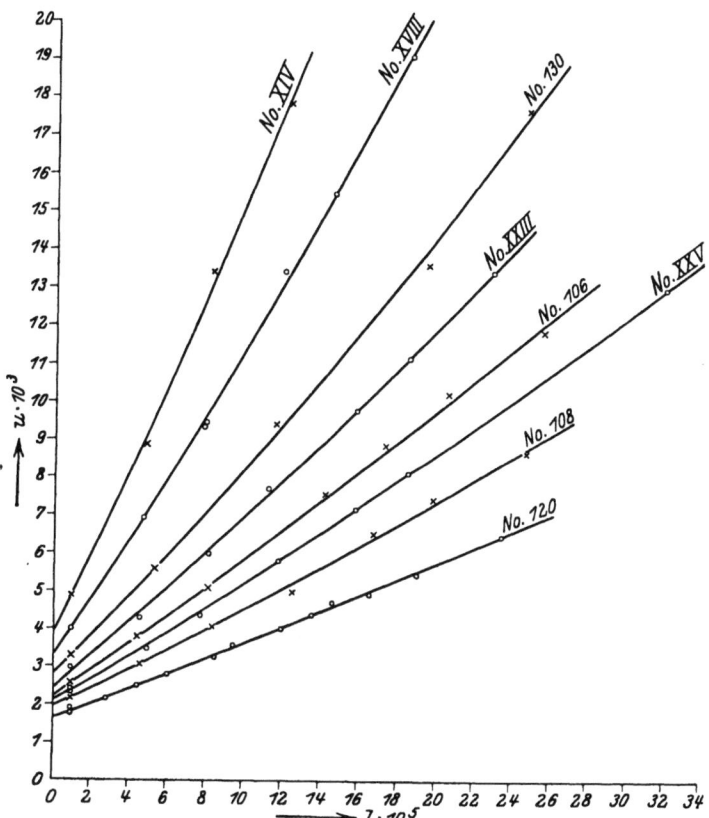

Abb. 10. Messungen von J. MATTAUCH: Beweglichkeit als Funktion der freien Weglänge für verschiedene Teilchen.

Nun muß die Funktion $f\left(\dfrac{\lambda}{a}\right)$ ermittelt werden. Man bildet für jeden Punkt der Abb. 10 $\dfrac{u}{u_0}$ und $\dfrac{\lambda}{a'}$ und erhält hiermit die Kurve Abb. 11. Diese Kurve enthält bereits das wichtige Resultat: einmal zeigt sie, daß es ein allgemeines, für alle Ölteilchen in Stickstoff und in Kohlensäure gültiges Fallgesetz zieht; und zweitens ist der Verlauf der Kurve ganz entsprechend dem, welchen MILLIKAN für seine Ölteilchen fand.

Ziff. 22. Die Untersuchungen von J. Mattauch.

Das Fallgesetz hat also entsprechend der schwachen Krümmung der Kurve die Form

$$f\left(\frac{\lambda}{a}\right) = 1 + \frac{\lambda}{a}\left(A + B e^{-c\frac{a}{\lambda}}\right),$$

deren Konstanten sich nun durch Ausgleichsrechnung[1]) aus allen Punkten der Abb. 11 ergeben (für $\frac{\lambda}{a}$ zwischen 0,1 und 5):

	Mattauch (Öl in N_2 und CO_2)	Millikan (Öl in Luft)
A	0,898	0,864
B	0,312	0,290
C	2,37	1,25

Mattauch dehnt seine Versuche auch auf Quecksilberteilchen aus, die durch Verdampfung hergestellt sind. Hier ergibt sich das überraschende Resultat, daß eine Anzahl von Teilchen (××) dasselbe Fallgesetz wie die Ölteilchen haben (in der Abb. 12 die ausgezogene Kurve), eine andere Gruppe aber ein gänzlich anderes. Diesen letzten ist offenbar ein viel geringeres spezifisches Gewicht eigen als den anderen, normal wie Öl sich verhaltenden (etwa $\sigma' = 1$ bis 2).

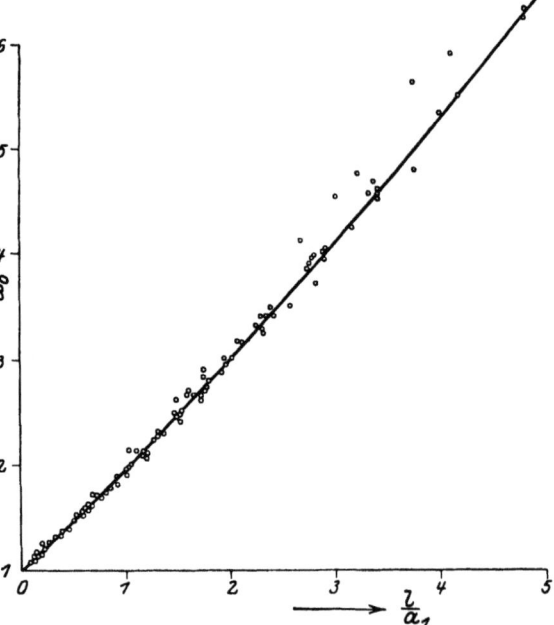

Abb. 11. Universelles Fallgesetz aller Ölteilchen in CO_2 und N_2 (Messung n. J. Mattauch).

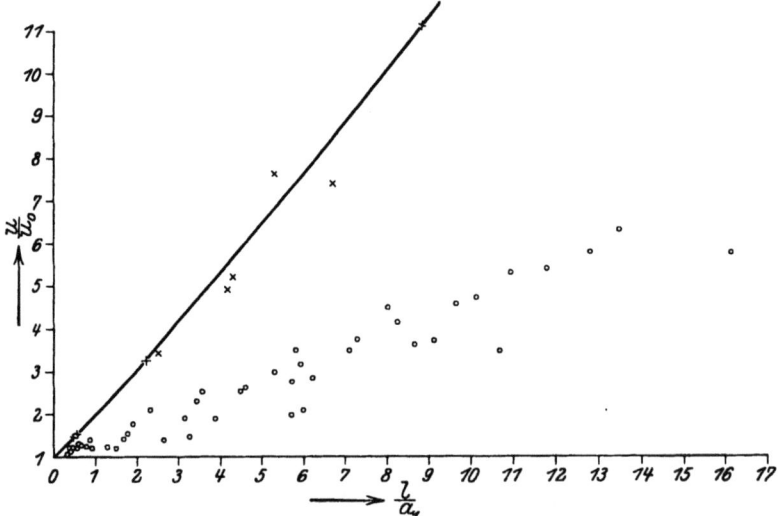

Abb. 12. Fallgesetz von Ölteilchen (ausgezogene Kurve), normalen Quecksilberteilchen (Kreuze), anormalen Quecksilberteilchen (Kreise).

---

[1]) Unter Zuhilfenahme der Gleichung von Knudsen-Weber (bezüglich der Konstanten B und C).

Aus den Ölversuchen wird ein sicherer Wert für das Elementarquantum erhalten, nämlich

$$\varepsilon = 4{,}758 \cdot 10^{-10} \text{ stat. Einh.}$$

aus 21 Teilchen bei mittleren Abweichungen von rund $\pm 1\%$. Dieser Wert ist in sehr guter Übereinstimmung mit dem Wert von MILLIKAN, nämlich nur 0,34% kleiner. Die innere Übereinstimmung ist bei MILLIKAN besser, so daß man dem MILLIKANschen Wert 4,774 wohl vorerst den Vorzug geben wird.

Der soeben erwähnte Befund des Vorkommens von 2 Gruppen von Quecksilberteilchen mit vollständig verschiedenem Verhalten scheint in der nun folgenden Untersuchung von REGENER und SANZENBACHER überraschend schnell seine Aufklärung zu finden.

23. Die Untersuchungen von E. REGENER. REGENER, der aus älteren Elementarquantenbestimmungen[1]) nach der MILLIKANschen Methode Erfahrungen gesammelt hatte, legte sich die Frage vor, woher die offensichtlich falschen Massebestimmungen der kleinsten Teilchen kommen, besonders im Hinblick darauf, daß die Fehler um so größer werden, je kleiner die Teilchen sind. Seine Grundidee[2]) ist die: aus mannigfachen Untersuchungen an makroskopischem Material kennt man die erheblichen Dicken adsorbierter Gasschichten; sie können von der Größenordnung der Durchmesser der Teilchen sein, mit welchen das Elementarquantum bestimmt wird. Die Massenbestimmungen nach dem Gesetz von STOKES müssen dann falsch werden, weil die mittlere Dichte eine andere ist, weil für die Reibung im Gase ein anderer Durchmesser in Betracht kommt, als das feste Teilchen hat. Es ist ferner nicht möglich die Größe abzuschätzen, welche durch eine Wechselwirkung zwischen Gasschicht und umgebendem Gas in das Fallgesetz eintritt.

REGENER ließ darauf durch RADEL[3]) und KÖNIG[4]) Untersuchungen ausführen über die Abhängigkeit der „Ladungseinheit" von der Größe der Teilchen und der Natur des Gases. Es ergab sich als allgemeines Resultat, daß — von größeren Teilchen angefangen — die Einheit der Ladung unabhängig von der Teilchengröße war, dagegen unterhalb einer kritischen Teilchengröße, deren Absolutbetrag bei gleichem Teilchenmaterial von der Natur des Gases abhing, kontinuierlich kleiner wurde. Als typisches Beispiel sei in der Abb. 13 eine Messung angegeben, die von M. KÖNIG mit Hg-Teilchen in Luft und Kohlensäure ausgeführt wurde. Der „kritische Radius", bei welchem die Unterschreitungen beginnen, liegt bei der stärker adsorbierbaren Kohlensäure höher als bei Luft.

Versuche bei höheren Drucken — K. WOLTER[5]) ging bis zu 9 Atmosphären Kohlensäure — an Teilchen aus Öl, Metall und Quecksilber ergaben dasselbe Resultat wie die Versuche bei Atmosphärendruck. Dies spricht aber absolut nicht gegen die REGENERsche Gasadsorptionshypothese. Zunächst zeigen die Versuche, daß die zugrunde gelegten Beweglichkeitsformeln unabhängig vom Drucke sind. Sodann aber steht die Unabhängigkeit vom Drucke durchaus nicht im Widerspruch zu anderen, makroskopischen Adsorptionserscheinungen: man könnte die oft gemachte Annahme heranziehen, daß die Schichtdicke der absorbierten Schicht sich bei höherem Drucke nur noch wenig ändert, also auch der

---

[1]) E. REGENER, Phys. ZS. Bd. 12, S. 135. 1911.
[2]) E. REGENER, Berl. Ber. 1920, S. 632.
[3]) E. RADEL, ZS. f. Phys. Bd. 3, S. 63. 1920.
[4]) M. KÖNIG, ZS. f. Phys. Bd. 11, S. 253. 1922; vgl. auch E. WASSER, ebenda Bd. 27, S. 226. 1924.
[5]) K. WOLTER, ZS. f. Phys. Bd. 6, S. 339. 1921.

Radius des Teilchens nicht. Was zunimmt, ist lediglich die Besetzungsdichte der Adsorptionsschicht. Hierbei bleibt die Größe des Teilchens und seine Reibung im Gase unverändert, und die geringe adsorbierte Gasmasse ändert die Dichte zu wenig, als daß es in den Versuchen von WOLTER zum Ausdruck kommen könnte.

Ergebnisse von ganz besonderer Bedeutung hat im REGENERschen Institute kürzlich SANZENBACHER erhalten. Er untersuchte in einem kleinen Kondensator Teilchen aus Quecksilber in Kohlensäure, Wasserstoff und Luft. In allen drei Gasen wurden die Teilchen durch Verdampfen hergestellt. Außerdem wurde Funkenzerstäubung in Kohlensäure und mechanische Zerstäubung von Hg in Luft angewandt.

Schon mehrfach wurde — genannt sei besonders eine umfassende Untersuchung von TARGONSKI[1]) — festgestellt, daß „Quecksilberteilchen" von verschiedener Art sich bilden können: solche, welche dauernd und kontinuierlich

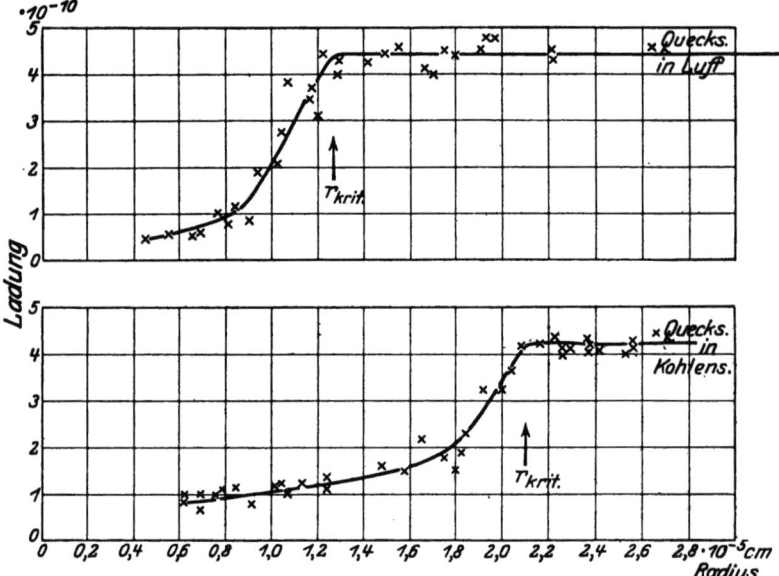

Abb. 13. Abhängigkeit des Wertes des Elementarquantums vom Radius. (Scheinbare Abhängigkeit.)   (Messungen von M. KÖNIG.)

an Masse verlieren, also verdampfen, und solche, deren Masse beliebig lange Zeit konstant bleibt. Es wurden auch schon die Fälle erwähnt, daß Quecksilberteilchen, welche zu Anfang verdampfen oder ganz schwach wachsen[2]), nach einiger Zeit eine konstante Endmasse annehmen. Der Schluß auf die Konstanz oder Nichtkonstanz der Masse der Teilchen geschieht dabei meist aus der Konstanz oder Nichtkonstanz der Fallzeiten t_g im feldfreien Raum (quantitative Berechnungen erfolgen nach dem STOKESschen Gesetz in der CUNNINGHAM-MILLIKANschen Form für gasförmige Medien), bei Teilchen, deren Masse sich besonders schnell ändert, gelegentlich auch aus kontinuierlichen Veränderungen des Haltepotentials. TARGONSKIS Ergebnisse[3]) lassen sich so zusammenfassen:

---

[1]) A. TARGONSKI, Arch. de Genève Bd. 41. 1916; Bd. 43. 1917.
[2]) Z. B.: SOPHIE TAUBES, Ann. d. Phys. Bd. 76, S. 629. 1925.
[3]) Vgl. auch von SCHIDLOF u. KARPOWICZ, Arch. de Genève Bd. 9. 1916.

Quecksilber

mechanisch zerstäubt	elektrisch zerstäubt
Kleinste Ladungseinheit $4,68 \cdot 10^{-10}$, unabhängig von den Dimensionen der Teilchen	Subelektronen, Unterschreitung des normalen Wertes um so größer, je kleiner das Teilchen
Veränderliche Masse	Unveränderliche Masse
Radien nach STOKES-CUNNINGHAM gleich Radien nach der BROWNschen Bewegung	Kein Zusammenhang zwischen der Größebestimmung nach ST.-C. und der BROWNschen Bewegung
Die Beweglichkeit der Teilchen nimmt (normal) mit abnehmender Größe zu	Die Beweglichkeit der Teilchen nimmt mit abnehmender Größe ab.

Es ist für das Folgende sehr wichtig, daß auch EHRENHAFT und seine Schüler Quecksilberteilchen etwa gleicher Herstellung verwendet haben, und zwar gerade bei den Arbeiten, welche den Beweis dafür enthalten sollen, daß man überhaupt keinen experimentellen Nachweis einer Atomistik der Elektrizität erbringen könne. In den früheren Arbeiten der Wiener Schule ist nichts davon erwähnt, daß bei diesen Untersuchungen Quecksilberteilchen mit veränderlicher Masse beobachtet worden wären. Als Grund hierfür hat EHRENHAFT in einer Diskussionsbemerkung (1920 Nauheim) Zusatz von Blei zum Quecksilber angegeben. Aber es läßt sich wohl aus anderen Angaben in EHRENHAFTS Arbeiten ebenfalls auf Massenänderungen der beobachteten Teilchen schließen. So gibt er an, daß frisch zerstäubte Goldteilchen direkt nach der Herstellung eine viel größere BROWNsche Bewegung, also größere Beweglichkeit zeigen, als nach einer halben Stunde. Das sieht aber ganz so aus, als ob die wirksame Dicke der Teilchen zunimmt, also z. B. durch Adsorption von Gas im REGENERschen Sinne. Über besonderes Verhalten von Quecksilberteilchen hat EHRENHAFT keine ähnlichen Angaben gemacht. Das jetzt Folgende vorwegnehmend, würde das heißen, daß er seine Hg-Teilchen nicht genügend schnell nach der Herstellung untersuchte oder Teilchen mit sichtbaren Masseänderungen überhaupt ausließ. Erst in der kürzlich erschienenen Arbeit von MATTAUCH — in der aber auch der MILLIKANsche Wert erhalten wird — ist auf Verdampfungserscheinungen an Quecksilberpartikeln geachtet. Dieser Punkt ist im Hinblick auf die nun zu besprechenden Versuche von REGENER und SANZENBACHER im Auge zu behalten.

In diesen Experimenten[1]) wurde die Elementarladung in erster Linie an **verdampfenden Quecksilberpartikeln** bestimmt. Über die Versuchsanordnung ist noch zu sagen, daß die Vernebelung möglichst nahe bei der Beobachtungskammer erfolgte, wodurch die Beobachtung der Partikel möglichst bald nach ihrer Erzeugung beginnen konnte. Im Gegensatz zu früheren Arbeiten, wo hauptsächlich sehr langsam fallende Teilchen beobachtet wurden, die durch schwache Erhitzung hergestellt waren, wurde hier der Hauptwert auf Messungen an solchen Teilchen gelegt, welche durch mehr oder weniger starkes Erhitzen des Quecksilbers erzeugt waren und sich durch **starke Verdampfung auszeichneten**. Diese Partikeln waren zu Anfang der Beobachtung meist relativ groß. Die der Berechnung zugrunde liegenden Formeln waren: für die mittlere freie Weglänge λ

$$\lambda = \frac{32}{5\pi} \cdot \frac{\mu}{\sigma \cdot c},$$

für den CUNNINGHAMschen Faktor A der konstante Wert 0,815 bei den Messungen in Kohlensäure und Wasserstoff, dagegen bei den Messungen in Luft der veränderliche Wert

$$A = 1,00 + 0,45 \cdot \lambda^{-0,34 \frac{a}{\lambda}}.$$

---

[1]) Die noch unveröffentlichten Protokolle haben Herr E. REGENER und Herr SANZENBACHER dankenswerterweise zur Verfügung gestellt.

Bei den Luftversuchen ergab sich sofort, daß bei Verwendung von $A =$ konst. der Elementarquantwert mit abnehmendem a (bei konstantem λ) merklich anwachsen würde. Dieser Befund steht in bester Übereinstimmung mit den Arbeiten der MILLIKANschen Schule und der oben erwähnten Veröffentlichung von MATTAUCH. Die angegebene Formel wurde empirisch dadurch ermittelt, daß für einige Teilchen geprüft wurde, wie A verlaufen muß, wenn ε etwa den MILLIKANschen Wert ergeben soll.

In Kohlensäure war die Verdampfung stets am Anfang am stärksten und hörte asymptotisch auf. Verdampfende Teilchen ergaben in jedem Stadium bis $a = 8 \cdot 10^{-6}$ cm normale ε-Werte bis auf einen Fall unter etwa 60 Teilchen, wo ein Herabsinken der Elementarladung bis auf $2,5 \cdot 10^{-10} \cdot e^{t}s^{t}E$ beobachtet wurde (berechneter Radius am Schluß $6,4 \cdot 10^{-6}$ cm). Die Ladungen auf Teilchen mit konstanter Masse ergaben dagegen in Übereinstimmung mit den Befunden von KÖNIG und WASSER unterhalb von ungefähr $a = 2 \cdot 10^{-5}$ cm Unterschreitungen des Elementarquantums. Auch bei Anwendung von Funkenzerstäubung in Kohlensäure gelang es gelegentlich, verdampfende Teilchen zu finden, welche normale ε-Werte ergaben, während EHRENHAFT und TARGONSKI hierbei nur stabile Teilchen und mit ihnen „Subelektronen" erhielten.

In der Abb. 14 ist als Beispiel ein Hg-Teilchen enthalten, das durch Verdampfen hergestellt war. Die Kurve gibt Radius und Ladung in Abhängigkeit von der Beobachtungszeit wieder. Wie man sieht, hat das Teilchen innerhalb einer halben Stunde 98% seiner Masse verloren, die Ladung bestand zuerst aus zwei Elementarquanten, später aus einem einzigen. Wie man sieht, bleibt die Elementarladung während der Massenänderung vollkommen konstant.

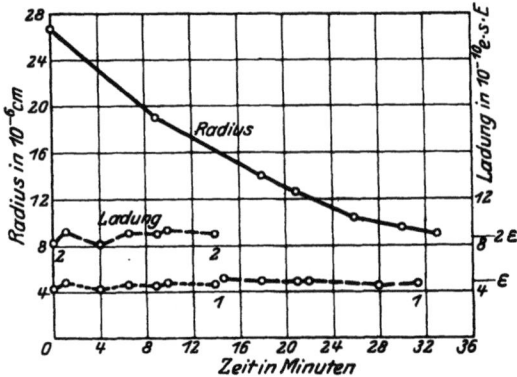

Abb. 14. Messung des Elementarquantums am verdampfenden Quecksilbertröpfchen in Kohlensäure (nach REGENER u. SANZENBACHER).

In Wasserstoff wurde bei der benutzten Versuchsanordnung kein Teilchen beobachtet, das nicht mindestens am Anfang eine Spur von Massenänderung gezeigt hätte. Es konnten Teilchen beobachtet werden, welche zu Anfang so stark verdampften (bis 50% Massenverlust in 45 Sekunden), daß sie nur nach der Schwebemethode beobachtbar waren. Gewöhnlich näherte sich die Masse asymptotisch einem konstanten Endwert. In Wasserstoff traten an langsamer verdampfenden Teilchen ebenfalls Unterschreitungen des Elementarquantums auf: die Ladung nimmt dabei mit dem Radius kontinuierlich ab. Normale ε-Werte wurden meist nur an sehr stark verdampfenden Partikeln gefunden. Besonders erwähnt sei auch ein Teilchen, dessen Halbmesser in 6 Minuten von $21,6 \cdot 10^{-6}$ cm auf $36,4 \cdot 10^{-6}$ cm anwuchs. Dieses lieferte nahezu normale ε-Werte. Vielfach wurden Teilchen beobachtet, welche anfangs schwach wuchsen und dann verdampften.

In Luft wurden ausgeprägte Verdampfungserscheinungen, denen häufig starkes Wachsen voranging, beobachtet. Es ergaben sich normale ε-Werte. Die Verdampfung hörte nur in wenigen Fällen asymptotisch auf. Meist verdampfte das Teilchen geradeswegs bis zum völligen Verschwinden. Auch an mechanisch zerstäubtem Quecksilber konnten Verdampfungserscheinungen beobachtet werden. Der Grad der Verdampfung war jedoch sehr verschieden.

Die Abb. 15 enthält das Meßergebnis an einem Hg-Teilchen in Luft, das in der ersten Viertelstunde anwuchs, dann stark verdampfte. Die Ladung lag zwischen dem drei- und dem fünffachen Werte der Elementarladung. Letztere erwies sich über die ganze Zeit des Wachsens und Verdampfens als vollkommen konstant.

Durch diese Versuche erhält die von REGENER vertretene Arbeitshypothese, daß nämlich die Ursache für die Unterschreitungen der Elementarladung in der Oberfläche der Quecksilberteilchen zu suchen ist, eine neue Stütze. Es mag dahingestellt bleiben, ob es eine adsorbierte Gasschicht ist, welche die wirksame Dichte des Teilchens und seinen Gesamtradius so verändert, daß die Unterschreitungen der Elementarladung vorgetäuscht werden, oder ob andere Eigenschaften der Kapillarschicht da mitspielen. Nach den oben dargestellten Ergebnissen treten diese störenden Wirkungen der Oberflächenschicht nicht in Erscheinung, mit anderen Worten: es werden auch bei kleinsten Teilchen normale ε-Werte erhalten, wenn eine dauernde rasche Erneuerung der Oberflächenschicht (durch Verdampfen oder Kondensieren) aufrechterhalten wird. Der Umstand, daß in Wasserstoff die Verhältnisse insofern anders

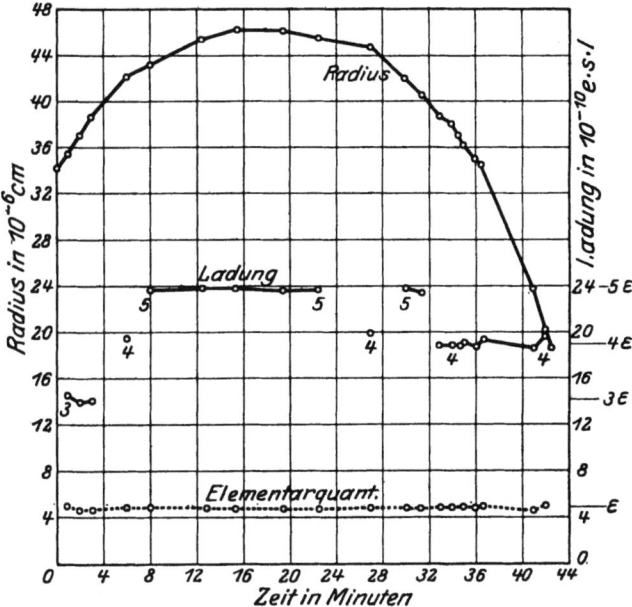

Abb. 15. Quecksilber in Luft (nach REGENER und SANZENBACHER).

sind, als hier nur bei sehr schnell verdampfenden Teilchen normale ε-Werte gefunden werden, ist kein Widerspruch zu dieser Deutung der Erscheinungen; man kann annehmen, daß in Wasserstoff, dem Gase mit der größten Moleculargeschwindigkeit, die störende Oberflächenschicht sich am schnellsten ausbildet und nur durch eine sehr schnelle Verdampfung beseitigt werden kann. Dies spricht dafür, daß die Störungsschicht in keinem einfachen Adsorptionsvorgang ihre Ursache hat, da man nach anderen Erfahrungen annehmen könnte, daß Kohlensäure leichter adsorbiert wird als Wasserstoff. Hier müssen erst weitere Versuche in anderen Gasen abgewartet werden, welche uns hoffentlich der Erkenntnis der Natur der Oberflächenschicht näherbringen werden.

Was die Ursache des Wachsens und Verdampfens der Teilchen betrifft, so ist dafür zum großen Teil die Änderung des Dampfdruckes mit dem Radius verantwortlich zu machen. Je nachdem noch größere oder kleinere Teilchen außer den beobachteten in der Kammer sind, wird Verdampfen oder Wachsen der Teilchen vorherrschen.

Durch diese neueren Versuche finden manche Unstimmigkeiten in früheren Arbeiten ihre Aufklärung. Die früheren Beobachter hatten selten auf das Alter der Teilchen geachtet, so daß alte und neue Teilchen durcheinander beobachtet wurden. „Alte Teilchen" sind aber nach dem Vorstehenden meist stabile Teilchen, bei welchen die Oberflächenschicht ausgebildet ist (wenn sie nicht überhaupt Staub sind) und die infolgedessen, wenn sie genügend klein sind (nur dann spielt ja nach Aussage des Experiments die Oberflächenschicht die störende Rolle), Unterschreitungen der Elementarladung geben, **während bei frischen, schnell verdampfenden Teilchen aller Größen normale ε-Werte erhalten werden.**

Vor allem aber haben die REGENER-SANZENBACHERschen Versuche zum ersten Male den Nachweis erbracht, daß man den Wert der Elementarladung, welchen man aus allen Versuchen mit größeren Teilchen ganz beliebigen Materials erhält, auch bei den kleinsten Teilchen findet, wenn deren Material und Konstitution — hier nach der Verdampfung beurteilt — gleicher Art ist wie bei den großen Teilchen. Damit scheidet die Frage nach dem Elementarquantum hier aus und die Effekte werden ein weiteres Forschungsgebiet der „Physik des millionstel Millimeters" bilden, die mit Hilfe der bekannten Ladungseinheit nunmehr experimentell angreifbar wird.

24. Brownsche Bewegung geladener Teilchen. Es war bereits an anderer Stelle darauf hingewiesen worden, daß die kleineren (und leichteren) Teilchen, mit welchen nach der Einzelteilchenmethode das Elementarquantum bestimmt wurde, BROWNsche Bewegung zeigen. Die Messung der BROWNschen Bewegung eines einzelnen Teilchens liefert nun nicht nur die Möglichkeit, das molekulare Bewegungsgesetz, welches EINSTEIN gegeben hat, experimentell zu prüfen, sondern auch die Ladung des Teilchens zu messen. Allerdings liefert ein solches Experiment nicht die Ladung direkt, sondern nur das Produkt Ne. Von den früher genannten Versuchen zur Bestimmung von Ne unterscheidet sich diese Methode dadurch, daß e wirklich die Ladung jedes einzelnen Teilchens ist, nicht ein Mittelwert der Ladungen sehr vieler Teilchen.

Die EINSTEINsche Formel für die BROWNsche Bewegung lautet für das mittlere Verschiebungsquadrat $\overline{\triangle x^2}$ in einer Richtung während der Zeit τ:

$$\overline{\triangle x^2} = \frac{2RT}{N} \cdot \mathfrak{B} \cdot \tau.$$

Hierin bedeuten R die Gaskonstante (pro Mol), T die absolute Temperatur und $\mathfrak{B}$ die Beweglichkeit des Teilchens, also die Geschwindigkeit unter Wirkung der Kraft 1. Setzt man hierfür das STOKESsche Gesetz ein, so ergibt sich mit

$$\mathfrak{B} = \frac{v}{K} = \frac{1}{6\pi\mu a}$$

$$\overline{\triangle x^2} = \frac{RT}{N} \frac{\tau}{3\pi\mu a}.$$

Statt des einfachen STOKESschen Gesetzes ist unter Umständen das korrigierte Gesetz zu verwenden. Diese Beziehung wird zur Prüfung des Gesetzes der BROWNschen Bewegung benutzt. Auf Grund zahlreicher Untersuchungen kann an ihrer Richtigkeit nicht gezweifelt werden[1]). Für N erhält z. B.

---

[1]) Vgl. den ausführlichen Bericht von R. FÜRTH, Jahrb. d. Radioakt. Bd. 16, S. 219. 1920, über neuere Versuche auf dem Gebiete der BROWNschen Bewegung. Die Mehrzahl der Arbeiten, auch wenn sie die Ermittlung der Elementarladung betreffen, haben für diese Frage geringere Bedeutung als für die Theorie der Molekularbewegung.

FLETSCHER[1]) $(60{,}3 \pm 1{,}2) \cdot 10^{22}$ unter Verwendung des MILLIKANschen Fallgesetzes. Da dieser Wert dem wahrscheinlichen N-Wert sehr nahe liegt, kann diese Untersuchung auch als eine direkte Bestätigung des MILLIKANschen Widerstandsgesetzes für Ölteilchen vom Radius $2{,}79 \cdot 10^{-5}$ bis $4{,}1 \cdot 10^{-5}$ cm in Luft angesehen werden.

Andererseits kann man nach der Formel für die BROWNsche Bewegung die Beweglichkeit experimentell ermitteln zu

$$\mathfrak{B} = \frac{N}{2RT} \frac{1}{\tau} \cdot \overline{\triangle x^2}$$

und aus einem Widerstandsgesetz — hier sei nur das einfache STOKESsche Gesetz als Beispiel verwendet — den Radius des Teilchens ermitteln:

$$a = \frac{1}{6\pi\mu} \frac{1}{\mathfrak{B}} = \frac{RT}{N} \frac{\tau}{3\pi\mu} \frac{1}{\overline{\triangle x^2}}.$$

Zur Ermittelung der Elementarladung ist die BROWNsche Bewegung erstmalig von DE BROGLIE[2]) herangezogen worden. Doch ist seine Untersuchung nur historisch von Bedeutung. DE BROGLIE mißt außer $\overline{\triangle x^2}$ noch die Beweglichkeit geladener Teilchen im elektrischen Felde, dessen Kraftlinien horizontal verliefen. Die Bewegungsgleichung

$$\mathfrak{E} e = \frac{1}{\mathfrak{B}} v$$

wird mit der EINSTEINschen $\overline{\triangle x^2}$-Formel kombiniert, wobei die Beweglichkeit $\mathfrak{B}$ eliminiert wird. Man erhält durch Multiplikation

$$N \cdot e = \frac{2RT}{\mathfrak{E}} \cdot v \frac{\tau}{\overline{\triangle x^2}}.$$

Erst die Ausarbeitung der Methode der Einzeltröpfchen gestattete diese Methode weiter zu vervollkommnen. Nach Gleichung (6) (S. 12) ist nämlich für ein Teilchen mit der Ladung e

$$e = \frac{mg}{\mathfrak{E} \cdot v_g}(v_g + v_{\mathfrak{E}}) = \frac{1}{\mathfrak{B}\mathfrak{E}}(v_g + v_{\mathfrak{E}}),$$

wenn das Teilchen im Erdfeld mit der Geschwindigkeit v_g, im Erdfeld plus elektrischem Feld mit $v_{\mathfrak{E}}$ sich bewegt. v_g und $v_{\mathfrak{E}}$ können also gemessen werden. Durch Kombination mit der EINSTEINschen Formel ergibt sich

$$Ne = \frac{2RT}{\mathfrak{E}}(v_g + v_{\mathfrak{E}}) \cdot \frac{\tau}{\overline{\triangle x^2}}.$$

Hierin ist nur das mittlere Verschiebungsquadrat zu messen, dessen Bestimmung mit einiger Sicherheit möglich ist, wenn ein schwebendes Teilchen beobachtet wird; denn dessen BROWNsche Bewegung läßt sich über eine sehr lange Zeit messend verfolgen. Man erhält also Ne, wobei e die Ladung gerade des Einzelteilchens ist, dessen $\overline{\triangle x^2}$ gemessen wurde, was bei DE BROGLIE nicht der Fall war. Dieser Ne-Wert ist unabhängig von der Größe des Teilchens und von dem Gesetze, nach welchem das Teilchen sich im Gase bewegt. Hat man durch

---

[1]) Zum Vergleich z. B.:
  NORDLUND (ZS. f. phys. Chem. Bd. 81, S. 40. 1914) $N = 5{,}91 \cdot 10^{23}$.
  WESTGREN (Dissert. Upsala 1915) $N = 6{,}05 \cdot 10^{23}$
[2]) L. DE BROGLIE, C. R. Bd. 148, S. 1316. 1909.

Untersuchung der Atomistik des Umladungsvorganges bei verschiedenen Ladungen $e_1 e_2 \ldots$ (gleich $n_1 \varepsilon$, $n_2 \varepsilon \ldots$) $\frac{v_g + v_\mathfrak{E}}{n} = (v_g + v_\mathfrak{E})_0$ bestimmt, so liefert die Methode das Produkt $N\varepsilon$, wo ε das Elementarquantum ist.

Die genauesten Messungen scheinen die — in MILLIKANS Laboratorium — von FLETSCHER[1]) ausgeführten zu sein, deren Ergebnis allein hier genannt sei. Er erhielt für das Produkt $\sqrt{N\varepsilon} \cdot 10^7$ die Zahlen: 1,68, 1,67, 1,645, 1,695, 1,73, 1,65, 1,66, 1,785, 1,85, im Mittel 1,698 als für $N\varepsilon$

$$N\varepsilon = 2{,}88 \cdot 10^{14} \text{ elektrostat. Einh.}$$

während die Elektrolyse für ein einwertiges Ion $2{,}895 \cdot 10^{14}$ elektrostat. Einh. liefert[2]). Mit dem MILLIKANschen ε-Wert ergibt sich hieraus die LOSCHMIDTsche Zahl zu $N = 6{,}03 \cdot 10^{23}$ Moleküle pro Mol. Wir begnügen uns hier mit diesen kurzen Bemerkungen der in vielfacher Wiederholung ausgeführten Versuche. Denn die Ausführung dieser Methode leidet wesentlich an drei Punkten. Zunächst ist es schwierig, an einem Einzelteilchen genügend viel Messungen des $\dfrac{\overline{\triangle x^2}}{\tau}$ auszuführen. In der Tat ist dieser Einwand auch — bes. von R. FÜRTH — gegen eine ganze Reihe von Untersuchungen berechtigt erhoben worden. Sodann hat MILLIKAN darauf hingewiesen, daß kleinste Massenänderungen — z. B. durch Verdampfen — beträchtliche Änderungen des $\overline{\triangle x^2}$ hervorrufen. Und schließlich wird durch die Komponente der BROWNschen Bewegung senkrecht zur Meßebene, also in der Beobachtungsrichtung, die Einstellschärfe des Teilchens dauernd verändert, so daß nur dann das exakte $\overline{\triangle x}$ gemessen wird, wenn das Teilchen genau in der Einstellebene sich bewegt.

Immerhin ist das positive Ergebnis zu verzeichnen, daß auch diese Methode Resultate gibt, welche mit der Existenz des Elementarquantums und dem MILLIKANschen Wert vollkommen übereinstimmen.

25. Die LOSCHMIDTsche Zahl. Die Kombination des aus der Elektrolyse folgenden Wertes für $N\varepsilon$ mit dem MILLIKANschen ε-Werte ergibt für die LOSCHMIDTsche Zahl, die Zahl der Moleküle im Mol, den Wert

$$\boxed{N = 6{,}06 \cdot 10^{23}}$$

Dieses ist der sicherste Wert für N, so daß die Untersuchung über die Atomistik der Elektrizität außer der Grundgröße der elektrischen Ladungsatomistik auch die wichtigste Konstante der materiellen Atomistik liefert.

B. Die spezifische Ladung des Elektrons.
a) Die Grundlagen der experimentellen Methoden.

26. Die Bestimmung der Elektronenmasse. Unter der spezifischen Ladung des Elektrons versteht man das Verhältnis der Ladung des Elektrons, des Elementarquantums der Elektrizität, ε zu seiner Masse μ_0. Während eine direkte Messung der Ladung ε eines Elektrons, wie im vorangehenden Abschnitt gezeigt wurde, möglich ist, hat eine direkte Bestimmung der Masse μ eines Elektrons

---

[1]) H. FLETSCHER, Le Radium Bd. 8, S. 279. 1911; Phys. Rev. Bd. 33, S. 107. 1911.
[2]) Zu der gleichen Zeit und unabhängig von MILLIKAN wurde diese Methode auf A. EINSTEINS Veranlassung von E. WEISS ausgearbeitet; er erhielt (Wiener Ber. Bd. 120, S. 1021. 1911.) $N\varepsilon = 3{,}21 \cdot 10^{14}$ elektrostat. Einheiten.

bisher nicht erdacht werden können. Dagegen gelingt es, das Verhältnis von Ladung zu Masse experimentell zu bestimmen.

Die Methode der lichtelektrischen Elektronenemission an ultramikroskopischen Teilchen (Ziff. 16) stellt die einzig direkte Ladungsmessung des Elektrons dar: der Verlust eines Elektrons ändert die Ladung der Partikel um eine Einheit, während der mit dem Weggang des Elektrons verbundene Massenverlust unmerklich klein ist: die Fallgeschwindigkeit desselben Teilchens im feldfreien Raum bei verschieden starker Aufladung ist unabhängig von der Größe dieser Ladung. Deshalb ist die schwere Masse des Elektrons mit dieser Methode weder wahrnehmbar noch bestimmbar.

Erteilt man aber dem Elektron eine Geschwindigkeit — etwa unter der Einwirkung eines elektrischen Feldes —, so ist die träge Masse des Elektrons wirksam, wenn der Bewegungszustand des Elektrons durch äußere Kräfte geändert wird. Als solche Kräfte kommen elektrische und magnetische Kräfte in Betracht. Alle Methoden, welche auf diese Weise die träge Masse des Elektrons zu bestimmen ermöglichen, enthalten aber stets das Verhältnis von Ladung zu Masse $\dfrac{\varepsilon}{\mu_v}$, wo μ_v die träge Masse des Elektrons bei der Geschwindigkeit v bezeichnet (μ_0 nennt man die „Ruhemasse" des Elektrons); denn die Bewegungsgleichung des Elektrons, welche die Beschleunigung des Elektrons mit den beschleunigenden elektrischen und magnetischen Kräften verbindet, lautet

$$\mu \frac{d\mathfrak{v}}{dt} = \varepsilon \mathfrak{E} + \frac{\varepsilon}{c}[\mathfrak{v} \cdot \mathfrak{H}],$$

oder

$$\frac{d\mathfrak{v}}{dt} = \frac{\varepsilon}{\mu} \mathfrak{E} + \frac{\varepsilon}{\mu} \frac{1}{c}[\mathfrak{v} \cdot \mathfrak{H}].$$

Hierin bedeuten

ε, μ Ladung und Masse des Elektrons,
$\mathfrak{v}$ die Geschwindigkeit des Elektrons,
$\mathfrak{E}, \mathfrak{H}$ die elektrische bzw. magnetische Feldstärke,
c die Lichtgeschwindigkeit.

Weiterhin ist zu bemerken, daß es nicht möglich ist, den Bewegungszustand eines einzelnen Elektrons zu verfolgen: alle Wirkungen eines einzigen Elektrons sind zu klein, als daß sie in einer der im folgenden zu besprechenden Methoden sich nachweisen ließen. Man ist daher darauf angewiesen, die mittlere Wirkung einer großen Anzahl von Elektronen mit unter sich möglichst gleicher Geschwindigkeit zu messen.

Dies gilt auch für die Messung des Impulses und der Energie eines Elektrons: es ist nur möglich, die kinetische Energie einer großen Zahl von Elektronen zu bestimmen, ohne daß es gelingt, diese Zahl direkt zu messen, wie etwa die Zahl der α-Teilchen durch Szintillationen[1]). Nur unter Zuhilfenahme der Kenntnis des Wertes der Ladung eines Elektrons ist aus dem Gesamtbetrag der Ladung eines Elektronenstroms $E = n\varepsilon$ die Zahl n, und dann aus der kinetischen Energie des gleichen Elektronenstroms $K = \frac{1}{2}n\mu v^2$ und der Geschwindigkeit v die Masse μ zu berechnen: aber in dieser Berechnung

$$\mu = \frac{2K}{nv^2} = \frac{2K\varepsilon}{Ev^2}$$

---

[1]) Stoßionisation und GEIGERsche Zählkammer, welche ebenfalls eine Zählung von Elektronen gestatten, sind für solche Messungen bislang nicht verwertet.

ist eben wieder das gleiche Verhältnis $\frac{\varepsilon}{\mu}$ enthalten:

$$\frac{\varepsilon}{\mu} = \frac{E v^2}{2 K}. \qquad (1)$$

27. Die theoretischen Grundlagen der $\frac{\varepsilon}{\mu}$-Bestimmungen. In einem feldfreien Raume befinde sich ein ruhendes Elektron der Ladung ε und der Masse μ. Wird in diesem Raum über eine Strecke l ein elektrisches Feld $\mathfrak{E}$ erzeugt, so wird das Elektron beschleunigt. Nachdem es die Strecke l des Feldes durchlaufen hat, besitzt es eine Geschwindigkeit $\mathfrak{v}$ in Richtung des Feldes, welche durch die Energiegleichung

$$\varepsilon \mathfrak{E} l = \tfrac{1}{2} \mu \mathfrak{v}^2 = \varepsilon V \qquad (2)$$

gegeben ist; V nennt man kurz das beschleunigende Potential.

Hatte das Elektron bereits eine Geschwindigkeit $\mathfrak{v}_0$ in Richtung des anzulegenden Feldes (man nennt das „longitudinales elektrisches Feld"), so gilt die entsprechende Gleichung

$$\tfrac{1}{2} \mu (\mathfrak{v}^2 - \mathfrak{v}_0^2) = \varepsilon \mathfrak{E} l = \varepsilon (V - V_0),$$

wenn statt des Feldes $\mathfrak{E}$ die Potentialdifferenz $V - V_0$ eingeführt wird. Die spezifische Ladung ist also

$$\frac{\varepsilon}{\mu} = \frac{\mathfrak{v}^2 - \mathfrak{v}_0^2}{2 (V - V_0)}. \qquad (2a)$$

Tritt das durch ein elektrisches Feld auf die Geschwindigkeit $\mathfrak{v}$ beschleunigte Elektron aus dem beschleunigenden elektrischen Felde in ein homogenes Magnetfeld ein, dessen Kraftlinien senkrecht zu $\mathfrak{v}$ sind, so wird nur die Richtung der Geschwindigkeit, nicht aber ihre Größe geändert. Die Richtungsänderung ist solcher Art, daß die Bewegungsrichtung stets senkrecht zu den magnetischen Kraftlinien bleibt; die auf das Elektron wirkende elektromagnetische Kraft $\varepsilon \cdot \mathfrak{v} \cdot \mathfrak{H}$ ist somit konstant, die Bahn des Elektrons also ein Kreis, dessen Krümmung $\varrho \left(= \frac{1}{R}; R = \text{Radius der Kreisbahn} \right)$ sich aus der Bedingung für die Kreisbahn, nämlich Zentrifugalkraft gleich elektromagnetische Kraft, ergibt zu

$$\varrho = \frac{\varepsilon \mathfrak{H}}{\mu \cdot \mathfrak{v}} \qquad (3)$$

oder

$$\frac{\varepsilon}{\mu} = \frac{\varrho \mathfrak{v}}{\mathfrak{H}}.$$

$\mathfrak{H} \cdot R$ bezeichnet man als die „Steifigkeit", $\frac{1}{\mathfrak{H} R} = \frac{\varrho}{\mathfrak{H}}$ als die „Ablenkbarkeit" des Elektronenstrahls. Entdeckt wurde die magnetische Ablenkung der Kathodenstrahlen 1869 durch W. HITTORF.

Wirkt auf das mit der Geschwindigkeit $\mathfrak{v}$ bewegte Elektron ein elektrisches Feld, dessen Kraftlinien senkrecht zu der ursprünglichen Richtung von $\mathfrak{v}$ stehen, so bleibt die Geschwindigkeit des Elektrons senkrecht zu den Kraftlinien konstant, in Richtung der Kraftlinien tritt aber eine Beschleunigung auf: das Elektron durchläuft im transversalen elektrischen Feld eine der Wurfbahn analoge gegen die Kraftlinien geneigte Parabel. Die Ablenkung aus der ursprünglichen Richtung ergibt sich zu

$$s = \tfrac{1}{2} b t^2.$$

Die Beschleunigung b ergibt sich aus Kraft (= Feld $\mathfrak{E}$ · Ladung ε) und Masse μ zu $\dfrac{\varepsilon \mathfrak{E}}{\mu}$, die Zeit t aus der Länge des Feldes l und der Geschwindigkeit $\mathfrak{v}$ senkrecht zu den Kraftlinien, d. h. der ursprünglichen Geschwindigkeit $\mathfrak{v}_0$ zu $t = \dfrac{l}{\mathfrak{v}_0}$. Somit folgt

$$s = \frac{1}{2} \frac{\varepsilon}{\mu} \mathfrak{E} \frac{l^2}{\mathfrak{v}_0^2}, \tag{4}$$

also

$$\frac{\varepsilon}{\mu} = \frac{2 \cdot s \cdot \mathfrak{v}_0^2}{l^2 \cdot \mathfrak{E}}.$$

Experimentell gefunden wurde die elektrostatische Ablenkung der Kathodenstrahlen 1876 durch E. GOLDSTEIN, richtig erkannt als solche aber erst 1883 durch HEINRICH HERTZ.

28. Die Erzeugung und Beschleunigung der Elektronen. Die Elektronen, deren spezifische Ladung gemessen wurde, sind auf sehr verschiedene Weisen ausgelöst worden. Die historisch erste Methode verwendet die Kathodenstrahlen einer selbständigen elektrischen Entladung im Hochvakuum. Ein solcher Kathodenstrahl besteht aus Elektronen gleicher Geschwindigkeit, wenn an der Entladungsröhre konstantes Entladungspotential anliegt. Nach Gleichung (2) ist die Geschwindigkeit der Strahlen, welche sie hauptsächlich im Kathodengefälle erhalten, durch Veränderung des Entladungspotentials variierbar, indem sich $\mathfrak{v}$ proportional $\sqrt{V}$[1]) ändert. Verwendet wurden Elektronen bis zu einer Geschwindigkeit von rund ein halb Lichtgeschwindigkeit. Das Verhältnis

$$\frac{\text{Elektronengeschwindigkeit}}{\text{Lichtgeschwindigkeit}} = \frac{\mathfrak{v}}{c}$$

bezeichnet man allgemein mit β.

Es sei gleich hier darauf hingewiesen, daß das beschleunigende Potential V der Gleichung

$$\tfrac{1}{2} \mu \mathfrak{v}^2 = \varepsilon V$$

im Falle der Kathodenstrahlen tatsächlich das Entladungspotential der Hochvakuumentladung ist. W. KAUFMANN[2]) konnte durch Messung des Gesamtentladungspotentials und der Krümmung ϱ der Kathodenstrahlen in einem homogenen Magnetfeld $\mathfrak{H}$ zeigen, daß — gemäß Kombination der Gleichungen (2) und (3) — der Quotient

$$\frac{\varrho \cdot \sqrt{V}}{\mathfrak{H}} = \text{konst.}$$

ist: die Elektronen des Kathodenstrahls werden also offenbar als ruhende Elektronen in unmittelbarer Nähe der Kathode erzeugt und dann durch das Entladungspotential beschleunigt. Das Ergebnis dieser Untersuchung enthält somit auch eine wichtige Tatsache für die Theorie der selbständigen Entladung. KAUFMANN zeigte dann in einer späteren[3]) eingehenderen Untersuchung, daß durch nachträgliche Beschleunigung oder Verzögerung des Kathodenstrahls in einem — in Richtung des Strahles, also „longitudinal", wirkenden — elektrischen Feld ebenfalls der Quotient $\dfrac{\varrho \sqrt{V'}}{\mathfrak{H}}$ konstant bleibt, wenn V' die arithmetische

---

[1]) Aus $\dfrac{\varepsilon}{\mu_0}$ ergibt sich zahlenmäßig: $v = 5{,}9 \sqrt{V} \cdot 10^7$ cm sek^{-1}.
[2]) W. KAUFMANN, Ann. d. Phys. Bd. 61, S. 544. 1897.
[3]) W. KAUFMANN, Ann. d. Phys. Bd. 65, S. 431. 1898.

Summe des Entladungspotentials und des zusätzlichen beschleunigenden (bzw. verzögernden) Potentials darstellt. Zum gleichen Ergebnis kamen u. a. LENARD[1]) und MALASSEZ[2]) auf Grund von Versuchen nach prinzipiell gleicher Methode.

Noch schnellere Elektronen stehen in den β-Strahlen der radioaktiven Substanzen zur Verfügung, jedoch haben diese nicht mehr eine konstante Geschwindigkeit, sondern bestehen aus Elektronen sehr verschiedener Geschwindigkeiten. Um sie zu verwenden, ist also eine Aussonderung homogener Geschwindigkeiten, gewissermaßen eine Monochromatisierung, vorzunehmen. Die benutzten Geschwindigkeiten liegen im Bereich von 0,3 bis zu 0,85 Lichtgeschwindigkeit.

Statt Kathodenstrahlen einer selbständigen Entladung hat man die Kathodenstrahlen verwendet, welche von einer glühenden Elektrode, z. B. Wehnelt-Kathode, ausgehen: „Glühelektronen". Diese Elektronen verlassen die Glühkathode mit einer sehr kleinen Geschwindigkeit von rund $1/100$ bis $1/500$ Lichtgeschwindigkeit. Sie können durch ein elektrisches Feld beschleunigt werden. Auf gleiche Weise werden die Elektronenstrahlen hoher Geschwindigkeit erhalten, welche aus beschleunigten lichtelektrisch ausgelösten Elektronen, den Photoelektronen, bestehen. Aus experimentellen Gründen war eine höhere Geschwindigkeit als etwa $1/2$ Lichtgeschwindigkeit bisher nicht erreichbar.

Die Kathodenstrahlen selbständiger Entladung und die aus der Glühkathode oder der lichtelektrischen Auslösung stammenden Elektronen unterscheiden sich noch dadurch, daß erstere nicht nur sämtlich gleiche Geschwindigkeit, sondern auch gleiche Richtung haben, während letztere aus der Elektrode nach allen Seiten austreten. Da jedoch, wie oben betont, die Austrittsgeschwindigkeit dieser Elektronen sehr klein ist, wird bei hohem beschleunigenden Felde auch eine Parallelisierung der Elektronen eintreten.

Glühelektronen und lichtelektrische Elektronen dienten als Versuchsobjekte auch für die direkte experimentelle Bestimmung des $\dfrac{\varepsilon}{\mu_0}$-Wertes, d. h. der spezifischen Ladung (oder der Masse) **sehr langsam bewegter Elektronen**.

Auch die durch Röntgenbestrahlung von Metallen erzeugten „Sekundärelektronen" — an sich nichts anderes als infolge der auslösenden großen Röntgenstrahlenquanten schnell bewegte Photoelektronen recht verschiedener Geschwindigkeit — wurden zur $\dfrac{\varepsilon}{\mu}$-Bestimmung herangezogen.

29. Die Geschwindigkeitsmessung von E. WIECHERT. Man sieht, daß in allen Fällen die Bestimmung der spezifischen Ladung abhängig ist von der Kenntnis der Geschwindigkeit des Elektrons. Wie sich bei der Besprechung der verschiedenen Methoden zur $\dfrac{\varepsilon}{\mu}$-Messung ergeben wird, kann die Geschwindigkeit durch Kombination je zweier der in Ziff. 26 und 27 genannten Methoden bestimmt bzw. auch eliminiert werden. Jedoch machen diese Methoden von der Annahme Gebrauch, daß die Kathodenstrahlen aus Elektronen bestehen. Daher ist es wichtig, vorab eine Methode zu behandeln, mit welcher die Geschwindigkeit der Kathodenstrahlen unmittelbar ohne jede elektronentheoretische Annahme bestimmt wurde: die Methode[3]) des Vergleichs der Geschwindigkeit der Kathodenstrahlen mit der Fortpflanzungsgeschwindigkeit elektrischer Wellen[4]).

---

[1]) P. LENARD, Ann. d. Phys. Bd. 65, S. 504. 1898.
[2]) M. MALASSEZ, Ann. chim. phys. Bd. 23, S. 231. 1911.
[3]) Zuerst angegeben von TH. DES COUDRES, Verh. d. D. Phys. Ges. Bd. 14, S. 85. 1895.
[4]) E. WIECHERT, Schriften d. Königsb. Ges. Bd. 38. Januar 1897; Wied. Ann. Bd. 69, S. 739. 1899 (auch Göttinger Nachr. 1898, S. 269).

Ein Induktor (Abb. 16) erregt über die Funkenstrecke F gleichzeitig die elektrischen Schwingungskreise S_1 und S_2. S_1 ist gleichzeitig der Primärkreis eines Teslatransformators, dessen Sekundärspule an Kathode K und ringförmiger Anode A einer Geissler-Röhre liegt. S_2 besteht aus zwei symmetrischen Kondensatoren und zwei Drahtwindungen, welche in dem in der Zeichnung angegebenen Sinne um die Geissler-Röhre gelegt sind.

Der Teslatransformator betreibt die Röhre, deren Kathodenstrahlen durch ein senkrecht zur Zeichnungsebene gerichtetes Magnetfeld $\mathfrak{H}$ abgelenkt werden. Gleichzeitig wirkt aber auf die Kathodenstrahlen das magnetische Wechselfeld der Stromschleife M_1. Der Kathodenstrahl wird also durch dieses Feld im Takte der Schwingungen des Schwingungskreises S_2 gehoben oder niedergedrückt. Sind die Feldstärken von $\mathfrak{H}$ und von M_1 entsprechend abgeglichen, so wird der Kathodenstrahl gerade so hoch gehoben, daß er durch die Blende B_1 austreten kann und geradlinig weiter durch die Blende B_2 hindurchläuft. Jetzt tritt er in das Wechselfeld der zweiten Magnetspule M_2. Die Richtung der Ablenkung, welche der Kathodenstrahl in ihr relativ zu der Ablenkung durch M_1 erfährt, hängt ab von der Phase, in welcher M_2 so viel später als M_1 schwingt, als der Kathodenstrahl Zeit gebraucht hat, um von B_1 nach B_2 zu gelangen. Würde z. B. der Kathodenstrahl in einer Zeit von B_1 nach B_2 fliegen, welche sehr klein gegen die Schwingungsdauer des Magnetstroms ist, so käme er hinter B_2 in M_2 in ein Feld gleicher Richtung wie das war, in dem er vor B_1 abgelenkt wurde: der Strahl würde nochmals nach oben abgelenkt werden.

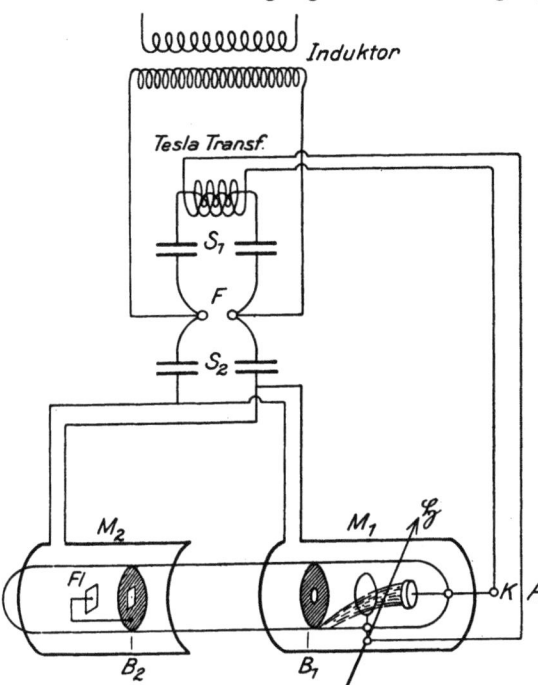

Abb. 16. E. WIECHERTS Methode zur direkten Bestimmung der Kathodenstrahlgeschwindigkeit.

Braucht dagegen der Kathodenstrahl von B_1 zu B_2 eine Zeit, welche gleich einem Viertel der Schwingungsdauer des Kreises S_2 ist, so tritt er in dem Augenblick durch die Blende B_2 in die Spule M_2 ein, in welchem diese stromfrei, also feldfrei ist: Der Kathodenstrahl fällt jetzt auf den kleinen Fluoreszenzschirm Fl und erregt diesen zum Leuchten. Ist der Abstand der Blenden s, so ist die Geschwindigkeit des Kathodenstrahls

$$v = \frac{s}{t} = \frac{4s}{\tau},$$

wenn τ die aus den elektrischen Daten oder durch Vergleich mit einem Wellenmesser zu ermittelnde Schwingungsdauer des Schwingungskreises ist. Da die Schwingungsdauer der Kreise konstant gehalten wurde, mußte die Blende B_2 einschließlich des Fluoreszenzschirmes verschiebbar sein.

Die Dimensionen der Apparatur waren: Glasrohr 40 mm Weite, Kathode K (Hohlspiegelkathode von 10 cm Radius) 20 mm Durchmesser, Blendenöffnungen 4 mm. Der Abstand Kathode bis B_1 8 cm, die Verschiebungsmöglichkeit von B_2 etwa 1 m.

Das Ergebnis der Messungen war, daß die Geschwindigkeit der Kathodenstrahlen in der Tat von der gleichen Größenordnung gefunden wurde, welche die Bestimmung aus dem Entladungspotential liefert. Bezüglich des erhaltenen Wertes für $\dfrac{\varepsilon}{\mu}$ sei auf Ziff. 31 verwiesen.

30. Die Abhängigkeit der Masse von der Geschwindigkeit. Ehe wir zu den experimentellen Methoden übergehen, ist noch ein Wort über die Masse des Elektrons zu sagen. Diese ist definiert durch die mechanische Grundgleichung

$$\mathfrak{K} = \frac{d\mathfrak{G}}{dt},$$

worin $\mathfrak{K}$ die Kraft und $\mathfrak{G}$ die Bewegungsgröße bezeichnen. Letztere setzt sich zusammen aus der mechanischen Bewegungsgröße $\mathfrak{G}_m$ und der elektromagnetischen Bewegungsgröße $\mathfrak{G}_e$ des vom Elektron erzeugten umgebenden elektromagnetischen Feldes. Bezeichnet man mit $\mathfrak{v}$ die Geschwindigkeit des Elektrons, so ist

$$\mathfrak{K} = \frac{d}{dt}(\mathfrak{G}_m + \mathfrak{G}_e) = \mu_m \cdot \frac{d\mathfrak{v}}{dt} + \frac{d\mathfrak{G}_e}{dt},$$

hierin bezeichnet μ_m die „mechanische", d. h. die konstante, von $\mathfrak{v}$ unabhängige träge Masse des Elektrons. Stellt man nun das zweite Glied ebenfalls in der Form eines Produktes $m \cdot \dfrac{d\mathfrak{v}}{dt}$ dar, so kann man setzen

$$\mathfrak{K} = (\mu_m + \mu_e)\frac{d\mathfrak{v}}{dt} = \mu \cdot \frac{d\mathfrak{v}}{dt},$$

μ_e nennt man die elektromagnetische Masse des Elektrons, deren Größe aber nicht konstant ist, vielmehr mit Größe und Richtung von $\mathfrak{G}_e$ und $\dfrac{d\mathfrak{G}_e}{dt}$ variiert. Das heißt aber, daß μ_e abhängig ist von dem Betrag der Geschwindigkeit des Elektrons $\mathfrak{v}$ und von ihrer Richtung zur Kraft $\mathfrak{K}$. Wirkt beispielsweise die Kraft $\mathfrak{K}$ in der Richtung der Geschwindigkeit — man spricht dann von longitudinaler Kraft —, so ergibt sich aus $\dfrac{d\mathfrak{G}_e}{dt}$ ein anderer Faktor μ_e als bei transversaler Kraft ($\mathfrak{v} \perp \mathfrak{K}$). Die Faktoren μ_e nennt man entsprechend longitudinale Masse und transversale Masse des Elektrons.

Die Frage, in welcher Weise die „elektromagnetische Masse" μ_e bzw. μ_{trans} und μ_{long} von der Geschwindigkeit abhängt, ist gleichbedeutend mit der Frage nach der Struktur des ruhenden und des bewegten Elektrons: die Lösung ist abhängig von der Annahme über die Verteilung der Ladung — z. B. räumliche Ladung oder Oberflächenladung — im Elektron, und von der Annahme über die Deformierbarkeit — starres Elektron oder Deformation in Abhängigkeit von der Geschwindigkeit — des Elektrons. Unabhängig von speziellen Annahmen ist nur das Ergebnis, daß die „Masse" μ_e mit zunehmender Geschwindigkeit zunimmt, während μ_m geschwindigkeitsunabhängig ist. Aus KAUFMANNS Versuchen (s. unten) folgerte man erstmalig, daß die Gesamtmasse des Elektrons elektromagnetischer Natur ist, d. h. daß $\mu_m = 0$ zu setzen ist.

Experimentell zu unterscheiden ist zwischen den aus den verschiedenen Theorien sich ergebenden Geschwindigkeitsfunktionen $\mu_v = f(v)$. Da eine ältere durchgearbeitete Theorie von A. H. BUCHERER sich bei der Prüfung derselben durch BUCHERER selbst sofort als nicht berechtigt ergeben hatte, sehen wir von ihrer Diskussion gänzlich ab. Es bleiben damit nur die Theorien von H. A. LORENTZ und von M. ABRAHAM. Letztere führt mit der Annahme des starren Kugelelektrons zu dem Verhältnis von Masse bei der Geschwindigkeit $\mathfrak{v} \mu_v$ zur „Ruhemasse" μ_0

$$\frac{\mu_v}{\mu_0} = 1 + \frac{6}{15}\beta^2 + \frac{9}{35}\beta^4 + \frac{12}{63}\beta^6 + \cdots,$$

und zwar ist μ_v hier die transversale elektromagnetische Masse, welche bei den experimentellen Anordnungen bislang allein in Betracht kommt. Die Energie des bewegten Elektrons ergibt sich nach dieser Theorie zu

$$K = \frac{3}{4}\mu_0 c^2 \left(\frac{1}{\beta}\ln\frac{1+\beta}{1-\beta} - 2\right).$$

β ist stets das Verhältnis $\frac{v}{c}$.

Die Theorie von H. A. LORENTZ sowie die spezielle Relativitätstheorie führen zu dem Verhältnis $\frac{\mu_v}{\mu_0}$ — gleichfalls für die transversale Masse —

$$\frac{\mu_v}{\mu_0} = \frac{1}{\sqrt{1-\beta^2}}{}^{1)}$$

bzw.

$$K = \mu_0 c^2 \left(\frac{1}{\sqrt{1-\beta^2}} - 1\right).$$

Charakteristischerweise nimmt μ mit v so zu, daß für

$$v = c \quad : \quad \mu = \infty$$

wird; für $v = 0$ ist $\mu = \mu_0$, gleich der Ruhemasse des Elektrons. Die Lichtgeschwindigkeit c stellt also die obere Grenze der von den Elektronen erreichbaren Geschwindigkeiten dar.

b) Experimentelle Bestimmungen der spezifischen Ladung.

31. Die Methode von A. SCHUSTER und ihre Ausführungen. Wir besprechen zunächst die älteren Methoden[2]) zur Bestimmung der spezifischen Ladung, welche heute nur noch als Vorarbeiten für die späteren Untersuchungen gewisse Bedeutung haben.

A. SCHUSTER hat zuerst eine solche Methode erdacht (1884)[3]). Ein beschleunigendes Potential V erzeugt Kathodenstrahlen, welche in einem ma-

---

[1]) Für die longitudinale Masse: $\frac{1}{(\sqrt{1-\beta^2})^3}$

[2]) Eine ausführliche und durch ihre kritischen Bemerkungen besonders wertvolle Diskussion der älteren Arbeiten hat A. BESTELMEYER gegeben im Handb. d. Radiol. Bd. V. Literatur bis 1914. Die hier gegebene Darstellung weicht in einzelnen Fragen von der BESTELMEYERschen ab.

[3]) A. SCHUSTER, Proc. Roy. Soc. London (A) Bd. 37, S. 331. 1884; Bd. 47, S. 545. 1890; Wied. Ann. Bd. 69, S. 877. 1898.

Ziff. 31.   Die Methode von A. Schuster und ihre Ausführungen.

gnetischen Felde $\mathfrak{H}$ zu einem Kreise von dem Radius R gekrümmt werden. Aus den Gleichungen

$$\tfrac{1}{2}\mu v^2 = \varepsilon V,$$

$$\frac{\mu v}{\varepsilon} = R\mathfrak{H}$$

ergibt sich Geschwindigkeit v und spezifische Ladung $\dfrac{\varepsilon}{\mu}$ zu

$$v = \frac{2V}{R\mathfrak{H}}; \quad \frac{\varepsilon}{\mu} = \frac{2V}{R^2 \mathfrak{H}^2}.$$

Als beschleunigendes Potential wird in der ersten Untersuchung die Potentialdifferenz zwischen Kathode und einer in den Strahl geführten Sonde angenommen, wobei die Krümmung bis zu dieser Sonde gemessen wird, später das gesamte Entladungspotential. Zu hoher Gasdruck in der Röhre fälschte das Resultat wesentlich. Das Ergebnis war $3,6 \cdot 10^6$ (1890, nach einer Korrektur der Feldmessung 1898) bzw. $1,3$ bis $1,9 \cdot 10^7$ (1898) in absoluten elektromagnetischen Einheiten.

1897 hat E. Wiechert[1]) aus dem Beschleunigungspotential und der magnetischen Ablenkung, also wie Schuster, $\dfrac{\varepsilon}{\mu}$ zu $4 \cdot 10^7$ elm. Einh. ermittelt. (Der Wert stellt die obere Grenze dar. Die Betrachtungen über die untere Grenze sind durch spätere Untersuchungen von Kaufmann irrelevant geworden.)

Das letzte Ergebnis zeigt also eindeutig, daß die Kathodenstrahlen keine Masse haben können, welche auch nur in der Größenordnung vergleichbar ist mit bekannten Atommassen. Denn der größte $\dfrac{e}{m}$-Wert, den die Elektrolyse liefert, war in der Größenordnung 10^4. Also muß die Masse der Kathodenstrahlen noch etwa 2000mal kleiner als die der leichtesten Ionen sein. Diese klare Aussage findet sich zum ersten Male in der zitierten Abhandlung von E. Wiechert. Wiechert stand also damit im Gegensatz zu der damals in Deutschland vorherrschenden Ansicht, daß die Kathodenstrahlen Vorgänge im Äther seien (u. a. Lenard). W. Wien und J. J. Thomson gaben im gleichen Jahre (s. unten) für die Wiechertsche Anschauung neue experimentelle Beweise. Im Jahre 1898 schließt Lenard[2]) sich dieser Anschauung an.

Während in diesen Methoden die Ermittlung von Geschwindigkeit und spezifischer Ladung auf den gleichen Grundannahmen beruhen, hat Wiechert später (1899)[3]) mit der oben näher beschriebenen Methode die Geschwindigkeit der Strahlen direkt gemessen und aus der Ablenkung in einem bekannten Magnetfeld $\dfrac{\varepsilon}{\mu}$ zu $1,01$ bis $1,55 \cdot 10^7$, im Mittel zu $1,26 \cdot 10^7$ elm. Einh. bestimmt. Die Extremwerte sind $0,87$ und $1,84 \cdot 10^7$ elm. Einh.

W. Kaufmann[4]) hat zuerst die Schustersche Methode eingehend kritisch untersucht und mannigfach variiert durchgeführt. Er erhielt für langsame Kathodenstrahlen $\dfrac{\varepsilon}{\mu} = 1,77$ und $1,86 \cdot 10^7$ elm. Einh., S. Simon[5]), der Kaufmanns

---

[1]) E. Wiechert, Schriften d. Königsb. Ges. Bd. 38. 1897 (7. Jan. 1897).
[2]) Ph. Lenard, Ann. d. Phys. Bd. 64, S. 279. 1898.
[3]) E. Wiechert, Ann. d. Phys. Bd. 69, S. 739. 1899; vorl. Mitt. Göttinger Nachr. 1898, S. 269.
[4]) W. Kaufmann, Ann. d. Phys. Bd. 62, S. 569. 1897.
[5]) S. Simon, Ann. d. Phys. Bd. 69, S. 589. 1899.

Versuche fortsetzte, $1{,}865 \cdot 10^7$. LERP[1]) wiederholte später unter geänderten Bedingungen die Versuche nochmals und fand — mit 3% maximalem Fehler — 1,72 für $\dfrac{\varepsilon}{\mu_0}$. Es ist heute nicht mehr zu entscheiden, warum die Ergebnisse so weit auseinanderliegen. BESTELMEYER (l. c.) hat mehrfach mögliche Fehlerquellen in diesen Untersuchungen diskutiert.

LENARD[2]) benutzt 1900 (Abb. 17) ebenfalls die SCHUSTERsche Methode zur Bestimmung der spezifischen Ladung von Photoelektronen. Diese werden durch ein elektrisches Feld $\mathfrak{E}$ beschleunigt und durch ein Magnetfeld $\mathfrak{H}$ so abgelenkt, daß sie auf eine seitliche Auffangeelektrode fallen. Er findet $1{,}16 \cdot 10^7$, unabhängig vom Beschleunigungspotential, das zwischen 600 und 12 000 Volt variierte. REIGER[3]) findet rund $1 \cdot 10^7$ mit gleicher Methode.

Methodisch von Bedeutung ist eine Untersuchung von SEITZ[4]) (1902), in welcher drei verschiedene Methoden zur Bestimmung von $\dfrac{\varepsilon}{\mu}$ miteinander verglichen werden, nämlich die Kombinationen Wärmeenergie und Ladung, Entladungspotential und transversale elektrische Ablenkung und magnetische Ablenkung.

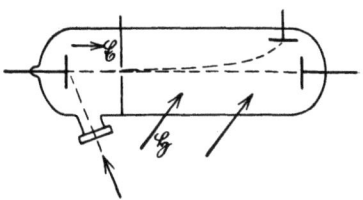

Abb. 17. LENARDS Anordnung zur Bestimmung von $\dfrac{\varepsilon}{\mu}$ von Photoelektronen.

Er fand durch vergleichende Messungen die Berechtigung der den einzelnen Methoden zugrunde liegenden Annahmen.

A. WEHNELT[5]) modifizierte die Methode von SCHUSTER so, daß er die im Magnetfeld abgelenkten langsamen Elektronen einen Kreis durchlaufen läßt; auf dieser Methode bauen sich die später zu besprechenden Untersuchungen von CLASSEN und BESTELMEYER auf. Er findet $\dfrac{\varepsilon}{\mu_0}$ zu 1,3 bis $1{,}8 \cdot 10^7$.

Auf der SCHUSTERschen Methode baut sich auch die von A. BECKER[6]) auf, wenngleich mit einer sehr wichtigen Abänderung. Die im Entladungsraum erzeugten Kathodenstrahlen treten durch ein LENARDsches Fenster in den hochevakuierten Ablenkungsraum ein, wo sie zunächst in einem longitudinalen elektrischen Feld beschleunigt oder verzögert und dann magnetisch abgelenkt werden. Er erhielt ($\beta = 0{,}28$) $\dfrac{\varepsilon}{\mu} = 1{,}747 \cdot 10^7$ mit etwa $\pm 1{,}5\%$ Fehlergrenzen, oder, reduziert nach LORENTZ-EINSTEIN, $\dfrac{\varepsilon}{\mu_0} = 1{,}815 \cdot 10^7$, während für $\beta = 0{,}045$ direkt $1{,}874 \cdot 10^7$ gefunden wurde.

32. Die Methoden von J. J. THOMSON. Zur gleichen Zeit (1897) beginnen die Untersuchungen von J. J. THOMSON[7]), in welchen zum ersten Male die Kombination von elektrischem und magnetischem Ablenkungsfeld durchgeführt wird. Die klassische Anordnung ergibt die folgende Abb. 18. Die Diaphragmen $D_1 D_2$ blenden aus dem von K kommenden Kathodenstrahl ein enges gradliniges Bündel aus, welches zuerst der Ablenkung des elektrischen Feldes, dann der

---

[1]) K. TH. LERP, Diss. Göttingen 1911.
[2]) P. LENARD, Ann. d. Phys. Bd. 2, S. 359. 1900.
[3]) R. REIGER, Ann. d. Phys. Bd. 17, S. 947. 1905.
[4]) W. SEITZ, Ann. d. Phys. Bd. 8, S. 233. 1902.
[5]) A. WEHNELT, Ann. d. Phys. Bd. 14, S. 461. 1904.
[6]) A. BECKER, Ann. d. Phys. Bd. 17, S. 381. 1905.
[7]) J. J. THOMSON, Phil. Mag. Bd. 44, S. 293. 1897.

in der gleichen Richtung wirkenden Ablenkung des magnetischen Feldes ausgesetzt wird. Die Verlagerung des Kathodenstrahldurchstoßungspunktes durch ein transversales elektrisches Feld oder durch ein transversales magnetisches Feld wird an der Verschiebung des Fluoreszenzfleckes an dem Ende der Glasröhre gemessen. LENARD[1]) modifizierte diese Anordnung, indem er den Erzeugungsraum der Kathodenstrahlen von dem Ablenkungsraum durch eine dünne Aluminiumfolie trennte, deren Durchlässigkeit für Kathodenstrahlen von HEINRICH HERTZ entdeckt worden war. Er erhielt $0{,}6 \cdot 10^7$. Mit der gleichen Methode, ebenfalls unter Verwendung eines LENARDschen Fensters, fand W. WIEN[2]) $\frac{\varepsilon}{\mu} = 2 \cdot 10^7$ für Kathodenstrahlen von $1/3$ Lichtgeschwindigkeit.

W. SEITZ[3]) fand $\frac{\varepsilon}{\mu} = 0{,}645 \cdot 10^7$, gleichgültig, ob er die Kathodenstrahlen im Entladungsgefäß oder nach Durchdringung eine Aluminiumfolie (2,18 bzw. 6,24 μ Dicke) verwendete ($\beta = 0{,}23$).

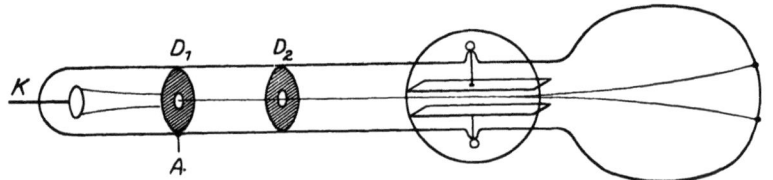

Abb. 18. Prinzip der Methoden von J. J. THOMSON.

REIGER[4]) verwendet Striktionskathodenstrahlen (und findet nach der THOMSONschen Methode $\frac{\varepsilon}{\mu} = 1{,}32 \cdot 10^7$), oder aus der durchlochten Anode nach rückwärts austretende „Anodenkathodenstrahlen", deren $\frac{\varepsilon}{\mu}$ sich zu $1{,}68 \cdot 10^7$ ergibt.

Die zweite von J. J. THOMSON — ebenfalls 1897 — angegebene Methode beruht auf der Messung der von einem Kathodenstrahl mitgeführten Energie und Elektrizitätsmenge in Kombination mit der magnetischen Ablenkung des Kathodenstrahls. Die Energie wird mittels eines in den Strahlengang gesetzten absoluten Bolometers (nach KURLBAUMS Methode zur absoluten Strahlungsmessung) gemessen:

$$W = \tfrac{1}{2} n \mu v^2.$$

n ist die Anzahl der Elektronen, welche sich aus der transportierten Elektrizitätsmenge pro Sek., dem Strom, berechnet:

$$n \varepsilon = i; \quad n = \frac{i}{\varepsilon}$$

Also

$$\frac{W}{i} = \frac{1}{2} \frac{\mu}{\varepsilon} v^2.$$

Durch Verbindung mit dem Radius R der durch das Magnetfeld $\mathfrak{H}$ erzeugten Kreisbahn folgt

$$\frac{\varepsilon}{\mu} = \frac{2W}{i \cdot R^2 \cdot \mathfrak{H}^2}.$$

---

[1]) P. LENARD, Wied. Ann. Bd. 64, S. 279. 1898.
[2]) W. WIEN, Wied. Ann. Bd. 65, S. 440. 1898.
[3]) W. SEITZ, Ann. d. Phys. Bd. 6, S. 1. 1901.
[4]) R. REIGER, Ann. d. Phys. Bd. 17, S. 947. 1905.

Die dritte[1]) Methode J. J. THOMSONS (1899) besteht in der Kombination von longitudinalem elektrischen und transversalem magnetischen Feld. Die Elektronen werden durch ultraviolette Bestrahlung einer Zinkplatte K (Abb. 19) erzeugt und zwischen Zinkplatte und einem Drahtnetz A elektrisch beschleunigt. Das senkrecht zu der elektrischen Kraftrichtung gleichzeitig wirkende magnetische Feld M (Kraftlinien senkrecht zur Zeichenebene) biegt die Bahnen der Elektronen wieder zurück. Durch passende Wahl des elektrischen Beschleunigungsfeldes und des magnetischen Feldes läßt es sich erreichen, daß keine Elektronen auf die Elektrode A gelangen: wenn nämlich der Abstand von Zinkkathode zu Anodennetz d gleich ist

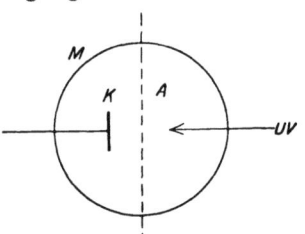

Abb. 19. Schema der dritten Methode von J. J. THOMSON (longitudinales elektrisches Feld und transversales Magnetfeld).

$$d = 2\frac{\mathfrak{E}}{\mathfrak{H}^2} \cdot \frac{\mu}{\varepsilon}.$$

$\mathfrak{H}$ wird konstant gehalten, $\mathfrak{E}$ zunächst groß gewählt. Solange nun $\mathfrak{E}$ größer ist als $\frac{\mathfrak{H}^2 d}{2} \cdot \frac{\varepsilon}{\mu}$, wird stets die gleiche Zahl Elektronen auf das Netz fallen. Sobald aber $\mathfrak{E}$ kleiner als diese Größe wird, kommt (bei gleichmäßiger Geschwindigkeit aller Elektronen) keine negative Ladung mehr auf das Netz A.

Die Ergebnisse der drei THOMSONschen Methoden sind: $\frac{\varepsilon}{\mu}$ etwa gleich $0{,}8 \cdot 10^7$ (erste und dritte Methode) und $2 \cdot 10^7$ elm. Einh. (zweite Methode). Große innere Genauigkeit hat THOMSON in keiner seiner Messungsreihen erreicht.

SEITZ[2]) hat 1902 die THOMSONschen Methoden mit der SCHUSTERschen Methode verglichen und gefunden, daß die Ergebnisse dieser Methoden auf rund 1% übereinstimmen, wenn Elektronengeschwindigkeiten von rund 0,2 Lichtgeschwindigkeit verwendet wurden. Er findet für $\frac{\varepsilon}{\mu}$ bei dieser Geschwindigkeit $1{,}87 \cdot 10^7$ elm. Einh.

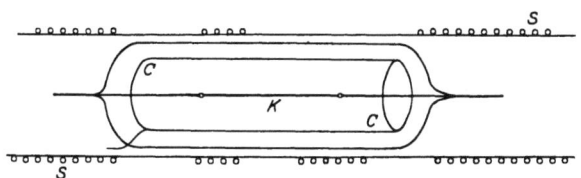

Abb. 20. GREINACHERS Modifikation der dritten THOMSONschen Methode.

GREINACHER[3]) hat THOMSONS dritte Methode sehr vereinfacht, jedoch nicht vollständig durchgeführt. Er verwendet Elektronen von einer drahtförmigen Wehnelt-Kathode K, welche zentrische Innenelektrode eines Zylinderkondensators C ist. Die den Kondensator enthaltende Vakuumröhre befindet sich in einem homogenen Spulenfeld S (s. Abb. 20). Zweifellos hat diese Anordnung Vorteile gegenüber der von THOMSON, da vor allem die Felder viel besser definiert sind. GREINACHER hat die Theorie der Anordnung eingehend entwickelt.

O. W. RICHARDSON[4]) arbeitete eine weitere Modifikation der THOMSONschen Anordnung aus; er wollte das $\frac{\varepsilon}{\mu}$ bzw. $\frac{e}{m}$ der Elektronen bzw. der Ionen be-

---

[1]) J. J. THOMSON, Phil. Mag. Bd. 48, S. 547. 1899.
[2]) W. SEITZ, Ann. d. Phys. Bd. 8, S. 233. 1902.
[3]) H. GREINACHER, Verh. d. D. Phys. Ges. Bd. 14, S. 856. 1912.
[4]) O. W. RICHARDSON, Phil. Mag. Bd. 16, S. 740. 1908.

stimmen, welche von heißen Drähten ausgehen; THOMSON selbst hatte seine Methode ebenfalls schon zur Untersuchung der $\frac{\varepsilon}{\mu}$ der Glühelektronen verwendet.

RICHARDSON erzeugt das beschleunigende elektrische Feld zwischen zwei parallelen Platten. Jede dieser Platten hat einen Schlitz: in dem einen liegt der Glühdraht, in dem anderen ein als Auffänger der Elektronen dienender, mit einem Elektrometer verbundener Draht. Auf die von der Elektronenquelle zum Auffangedraht fliegenden Elektronen wirkt ein Magnetfeld, senkrecht zur elektrischen Feldrichtung; bei hinreichender Stärke desselben kann kein Elektron mehr zum Auffänger kommen. Die Berechnung ist im Prinzip die gleiche wie bei THOMSON. Er findet für $\frac{\varepsilon}{\mu}$ aus glühenden Kohlenfäden bei sehr niederen elektrischen Potentialen Werte um $1,5 \cdot 10^7$ elm. Einh.

33. Die Methode von W. WIEN. Im Jahre 1897 untersucht W. WIEN[1]) die transversale elektrische Ablenkung der Kathodenstrahlen, welche durch eine Aluminiumfolie hindurchgegangen sind. Er will auf diese Weise eine eventuelle Wirkung der Entladung auf die Eigenschaften der Kathodenstrahlen ausschließen, um so die Frage nach der Natur derselben zu klären, besonders die Entscheidung über den Transport von negativer Ladung in dem Kathodenstrahl treffen. Er kommt zu dem gleichen Ergebnis wie PERRIN, WIECHERT, McCLELLAND und THOMSON, jedoch mit jetzt zweifellos besser fundierten Experimenten, daß die Kathodenstrahlen nicht „Vorgänge im Äther" (LENARD) sein können, sondern daß es geladene Teilchen sein müssen, welche „mit den gewöhnlichen chemischen Molekülen nichts zu tun haben". Er mißt die elektrostatische Ablenkung und erkennt die magnetische Ablenkung der Strahlen als Ablenkung der Strombahn, die LENARD für die Folge einer magnetischen Polarisation des Äthers gehalten hatte[2]).

Sodann zeigt W. WIEN, daß man die transversale elektrische Ablenkung der Kathodenstrahlen durch ein gleichzeitig wirkendes, dem elektrischen Feld überlagertes magnetisches Feld geeigneter Stärke und Richtung rückgängig machen, kompensieren kann, wenn nämlich die Richtung der magnetischen Kraftlinien senkrecht zu der der elektrischen Kraftlinien steht. Die Kompensationsbedingung

$$\varepsilon \mathfrak{E} = \varepsilon v \mathfrak{H}$$

liefert die Geschwindigkeit der benutzten Kathodenstrahlen zu $\beta = \frac{1}{3}$; die spezifische Ladung ergibt sich zu $2 \cdot 10^7$ elm. Einh.

Diese Methode der „kompensierten Strahlen" von W. WIEN wird später von BESTELMEYER und BUCHERER verwendet (s. Ziff. 42 u. 43).

c) Präzisionsbestimmungen der spezifischen Ladung für langsame Elektronen.

34. Die erste Präzisionsmessung von $\frac{\varepsilon}{\mu}$ durch J. CLASSEN[3]). Verwendet werden Elektronen, welche von einer Wehnelt-Kathode stammen. Zwischen der Wehnelt-Kathode WK und der Anode A (Abb. 21) liegt eine beschleunigende Spannung der Größenordnung 1000 Volt, welches die Elektronen auf einer

---
[1]) W. WIEN, Verh. d. D. Phys. Ges. 1897, S. 164; 1898, S. 10; Ann. d. Phys. Bd. 65, S. 440. 1898.
[2]) P. LENARD, Ann. d. Phys. Bd. 52, S. 23. 1894.
[3]) J. CLASSEN, Verh. d. D. Phys. Ges. Bd. 10, S. 700. Phys. ZS. Bd. 9, S. 762. 1908.

Strecke von etwa 1 mm beschleunigt. Die Elektronen treten durch eine 1 mm große Öffnung in der Anode A mit der Geschwindigkeit v, gegeben durch

$$\varepsilon V = \tfrac{1}{2}\mu v^2$$

aus. Im Magnetfeld, das von einer Doppelspule M in GAUGAIN-HELMHOLTZscher Anordnung geliefert wird — Kraftlinien senkrecht zur Zeichnungsebene — werden sie zu einem Halbkreis mit dem Radius R gekrümmt und fallen rücklaufend auf eine auf der Anode befestigte photographische Platte P; es wird die gleiche Aufnahme mit kommutiertem Felde wiederholt. Der gesuchte Radius R ist dann gleich dem vierten Teil des Abstandes der beiden Schwärzungspunkte.

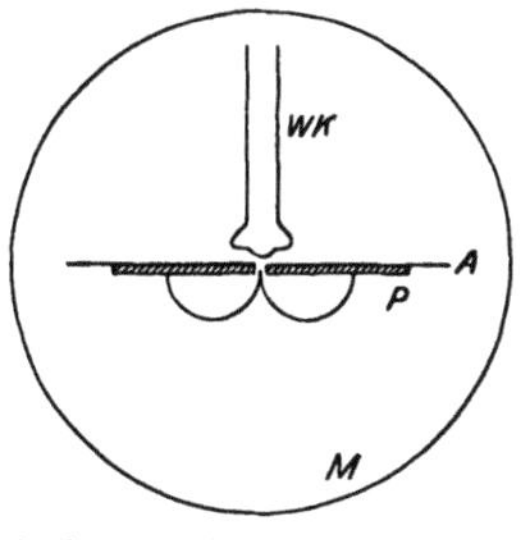

Aus ihm ergibt sich nach

$$\varepsilon v \mathfrak{H} = \mu \frac{v^2}{R}$$

unter Einsetzung von v aus der ersten Gleichung

$$\frac{\varepsilon}{\mu} = \frac{2V}{R^2 \mathfrak{H}^2}.$$

Abb. 21. Anordnung von J. CLASSEN.

Magnetfeld und Krümmungsradius konnten sehr genau gemessen werden. Das Beschleunigungspotential kann nach der Diskussion des Verfassers wenige Volt durch einen evtl. bestehenden Potentialsprung zu hoch sein. Als Ergebnis fand CLASSEN $(1{,}774 \pm 0{,}004) \cdot 10^7$; möglich ist, daß aus dem eben genannten Grunde der Wert um 2 bis 3 ⁰/₀₀ kleiner ist, d. h. 4 bis 5 Einheiten der letzten Stelle.

Dieser Wert wurde für 1000-Volt-Elektronen erhalten. Durch vergleichende Messungen mit 4000-Volt-Elektronen ergab sich das Verhältnis der Massen $\mu_{4000\,\text{Volt}} : \mu_{1000\,\text{Volt}}$ aus verschiedenen Versuchen zu 1,008, 1,010, 1,006, 1,004, im Mittel 1,007, während die Theorie von LORENTZ 1,006 verlangt. Der obengenannte Fehler in V würde das Verhältnis $\frac{\mu_{4000}}{\mu_{1000}}$ auf 1,004 herabsetzen.

Eine Modifikation — besser definiertes Feld und engere Austrittsöffnung in der Anode (0,3 mm) lieferte:

$$\frac{\varepsilon}{\mu_{1000}} = 1{,}7728; \qquad \frac{\mu_{4000}}{\mu_{1000}} = 1{,}004$$

also sehr nahe die gleichen Werte wie die erste Anordnung.

35. Modifikation der CLASSENSchen Methode durch BESTELMEYER. A. BESTELMEYER[1]) verwendete die gleiche Methode, jedoch insofern nicht unwesentlich verbessert, als die Bahn des im Magnetfeld abgelenkten Elektronenstrahls nicht nur über einen Halbkreis, sondern fast über einen Vollkreis ausgemessen wurde. Mit zunehmendem Vakuum ergab sich eine kleine Abnahmekrümmung dieses magnetisch abgelenkten Strahls, ein Beweis dafür, daß bei Anwesenheit von Gasmolekülen die Geschwindigkeit der Elektronen durch „Gasreibung" etwas abnimmt. Hierauf deutet auch die Zunahme der Diffusität des Strahles sowie die Abnahme seiner Helligkeit hin. Auch ergab sich im Magnetfeld kein scharfer, sondern ein verbreiteter Strahl, welcher zeigte, daß im Strahl nicht eine einheitliche Geschwindigkeit v, sondern ein Intervall $v \pm 1{,}4\%$ enthalten ist.

Als Ergebnis für Strahlen von 870-Volt-Geschwindigkeit erhielt BESTELMEYER $1{,}766 \cdot 10^7$ elm. Einh. Würde das wirksame Beschleunigungspotential um 5 Volt von dem gemessenen abweichen, so änderte sich die vorletzte Stelle

---

[1]) A. BESTELMEYER, Ann. d. Phys. Bd. 35, S. 909. 1911; vorl. Mitt. Phys. ZS. Bd. 12, S. 972. 1911.

um eine Einheit. Gerade wegen der Unklarheit über das zugrunde zu legende Potential hält BESTELMEYER die Methode für nicht allzu sicher. Es muß jedoch darauf hingewiesen werden, daß nach CLASSENS Versuchen mit 1000- und 4000-Volt-Strahlen ein Fehler von mehr als einigen Einheiten der letzten Stelle nicht zu erwarten ist, geschweige denn ein Fehler von gar 0,01 oder mehr[1]).

36. Erweiterung der Versuche durch ALBERTI. 1912 verwendet E. ALBERTI[2]) durch ultraviolette Strahlung aus einer Kupferkathode ausgelöste Elektronen, welche durch 15000 bis 21000 Volt — geliefert von einer Influenzmaschine — beschleunigt werden. Hierbei sind die Bedenken von CLASSEN und BESTELMEYER nicht mehr zu beachten, dafür wird aber auch die magnetische Ablenkbarkeit geringer, so daß kein Kreis mehr, sondern nur noch eine kleine Krümmung im Magnetfeld erzielt und gemessen wird. Die Krümmung wird aus der Ablenkung des Auftreffpunktes des Elektronenstrahls auf eine fluoreszierende Platte gemessen. Die aus der Messung folgenden $\frac{\varepsilon}{\mu}$-Werte sind nach der LORENTZ-EINSTEINschen Formel auf die Geschwindigkeit 0 reduziert; die Berechnung nach der ABRAHAMschen Theorie würde alle Werte um $0,001 \cdot 10^7$ vergrößern. Die einzelnen Meßreihen ergaben folgende Mittelwerte für $\frac{\varepsilon}{\mu_0}$: 1,761, 1,754, 1,755, 1,760, 1,757, 1,752, 1,772, 1,757, 1,753, 1,751, 1,756, 1,743, als Mittel (129 Einzelbeobachtungen) $1,756 \cdot 10^7$ elm. Einh.

Aus dem Vergleich des Magnetfeldes mit der Normalspule der Physikalisch-Technischen Reichsanstalt ergibt sich, daß letztere etwas kleinere Felder liefert, als ALBERTI ausgerechnet hatte. Setzt er diesen P-T-R-Wert ein, so folgt als Endergebnis $1,766 \cdot 10^7$.

37. Die Versuche von MALASSEZ und PROCTOR. Langsame Kathodenstrahlen verwendet M. MALASSEZ[3]) 1911 zur $\frac{\varepsilon}{\mu}$-Bestimmung nach der ersten KAUFMANNschen Methode. Wesentlich in dieser Untersuchung ist die nochmalige Kontrolle, daß die Geschwindigkeit der Kathodenstrahlen durch das Entladungspotential gegeben wird. Für $\frac{\varepsilon}{\mu}$ ($\beta = 0,26$; $v = 0,791 \cdot 10^{10}$ cm/sec) ergibt sich auf 1% 1,760, für $\frac{\varepsilon}{\mu_0}$, reduziert nach LORENTZ-EINSTEIN, $1,769 \cdot 10^7$ elm. Einh. Analoge Versuche von C. A. PROCTOR[4]) mit Wehnelt-Strahlen von 10000 Volt lieferten $1,859 \cdot 10^7$, doch scheint dieser Wert weniger sicher, da auch die Messungen des gleichen Verfassers über die Abhängigkeit der Masse von der Geschwindigkeit Resultate geben, welche im Widerspruch zu denen aller anderen Beobachter stehen.

Somit liefern diese Bestimmungen für $\frac{\varepsilon}{\mu_0}$ in elmag. Einh. g^{-1}:

Beobachter	β	$\frac{\varepsilon}{\mu_0} \cdot 10^{-7}$	Methode	
CLASSEN	∞ 0,06	1,77$_3$	elektrische Beschleunigung und magnetische Ablenkung	Wehneltstrahlen
BESTELMEYER	∞ 0,06	1,76$_8$		Wehneltstrahlen
ALBERTI	∞ 0,3	1,766		von Photoelektronen
MALLASSEZ	0,26	1,769 (1%)		Kathodenstrahlen

[1]) In seiner vorläufigen Mitteilung korrigiert BESTELMEYER seinen Wert auf $1,75 \cdot 10^7$, doch hat er diese Änderung in der endgültigen Arbeit nicht erwähnt.
[2]) E. ALBERTI, Ann. d. Phys. Bd. 39, S. 1133. 1912.
[3]) M. MALASSEZ, Ann. chim. phys. Bd. 23, S. 231ff., 397ff., 491ff. 1911.
[4]) C. A. PROCTOR, Phys. Rev. Bd. 30, S. 53. 1910.

38. Die Methode des longitudinalen Magnetfeldes von H. Busch[1]). Wenn auch noch nicht als Präzisionsmethode durchgeführt, so doch ihrem Charakter nach besonders hierzu geeignet ist die Methode des longitudinalen Magnetfeldes von H. Busch. Während in allen bisher besprochenen Methoden die Richtung des ablenkenden magnetischen Feldes senkrecht zur Bewegungsrichtung der Elektronen stand, verwendet Busch die sammelnde, konzentrierende Wirkung, welche ein longitudinales Magnetfeld auf ein divergierendes Elektronenbündel ausübt, d. h. ein Magnetfeld, dessen Richtung in die Achse eines von einer kleinen Fläche ausstrahlenden Elektronenkegels fällt. Ein solches Feld beeinflußt die genau in der Feldrichtung fliegenden Elektronen gar nicht, die schief zur Feldrichtung laufenden Elektronenstrahlen werden zu einer Schraube gekrümmt, deren Achse parallel zur Feldrichtung liegt. Hat ein Elektron in dem Felde eine ganze Umdrehung der Schraube durchlaufen, so befindet es sich in einem Punkte der magnetischen Kraftlinie, welche gerade durch seinen Ausgangspunkt hindurchgeht. Dient als Strahlenquelle ein enges Diaphragma, durch welches von einer Kathode her Kathodenstrahlen kommen, so werden die Elektronen, je nach dem räumlichen Winkel, unter welchem bei dem Austritt aus dem Diaphragma ihre Bewegungsrichtung gegen die Richtung der longitudinalen magnetischen Kraftlinien geneigt ist, Bahnen beschreiben, deren Projektionen auf eine zur Feldrichtung senkrechte Ebene die Kreise in Abb. 22 darstellen. D ist die Projektion der durch das Diaphragma gehenden Kraftlinie. Die Theorie dieser Krümmung zeigt nun, daß die Zeit für das Durchlaufen einer Schraubenumdrehung unabhängig von dem Radius des Kreises, d. h. unabhängig von der Geschwindigkeit der Elektronen und von dem Divergenzwinkel ist, und daß die Lineargeschwindigkeit der Elektronen in der Flugrichtung ebenfalls unabhängig von der Größe der Kreisbahn ist.

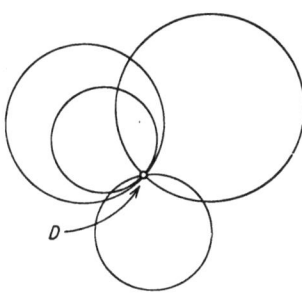

Abb. 22. Projektion der Elektronenbahnen.

Die Kraft auf die mit v cmsec^{-1} bewegte Ladung ε im Magnetfeld $\mathfrak{H}$ ist

oder
$$\varepsilon \mathfrak{H} \cdot v = \mu \omega^2 r$$

$$\varepsilon \mathfrak{H} \cdot \frac{2\pi r}{\tau} = \mu \frac{4\pi^2}{\tau^2} \cdot r,$$

wenn r der Krümmungsradius des Kreises und τ die Umlaufszeit ist. Hieraus folgt

$$\tau = \frac{2\pi}{\frac{\varepsilon}{\mu} \cdot \mathfrak{H}}.$$

Da τ unabhängig von der Longitudinalgeschwindigkeit der Elektronen ist, laufen alle Elektronen zur gleichen Zeit wieder durch die Diaphragmenachse D. Haben aber alle Elektronen die gleiche Lineargeschwindigkeit, so erfolgt dieses gleichzeitige Durchlaufen aller Elektronen durch die D-Achse auch gleich weit von D entfernt. Dieser Abstand l von D ergibt sich aus $l = v\tau$ zu

$$l = \frac{2\pi v}{\frac{\varepsilon}{\mu} \mathfrak{H}}.$$

---

[1]) H. Busch, Phys. ZS. Bd. 23, S. 438. 1922.

Ist die Longitudinalgeschwindigkeit aus dem Entladungspotential V, welches die Kathodenstrahlelektronen beschleunigt hat, bekannt, gemäß

$$\tfrac{1}{2}\mu v^2 = \varepsilon V,$$

so ergibt sich die Beziehung für $\dfrac{\varepsilon}{\mu}$:

$$\frac{\varepsilon}{\mu} = \frac{8\pi^2 V}{\mathfrak{H}^2 \cdot l^2}.$$

Die Anordnung (Abb. 23), welche für die provisorischen Versuche getroffen wurde, ist äußerst einfach: Eine BRAUNsche Röhre wird in ein longitudinales Magnetfeld gesetzt. Die von K kommenden Kathodenstrahlen — das Entladungspotentials wird mit E gemessen — werden durch ein transversales magnetisches Drehfeld M derart divergent gemacht, daß das an sich recht scharfe Kathodenstrahlbündel etwas abgelenkt und rotiert wird, so daß es nacheinander einen Kegelmantel beschreibt. Das Drehfeld wird durch mehrere symmetrisch zur Strahlrichtung gestellte kleine Magnete hergestellt, welche mit Dreiphasenstrom erregt werden. Dann tritt aus dem Diaphragma D ebenfalls ein einen Kegel-

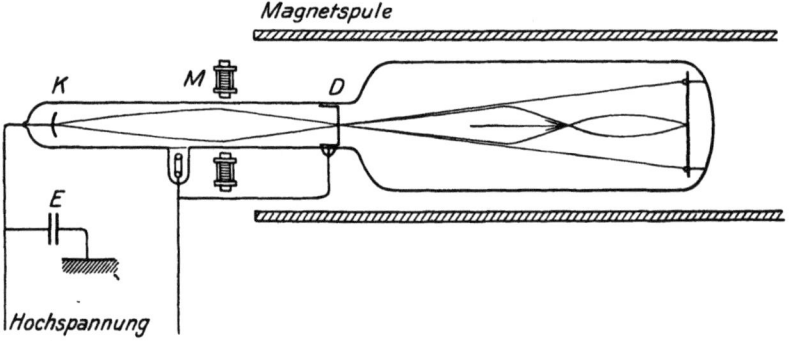

Abb. 23. Anordnung zur $\dfrac{\varepsilon}{\mu}$-Bestimmung nach H. BUSCH.

mantel rotierend durchlaufender Kathodenstrahl aus, welcher auf der im Abstand l von D senkrecht zum Strahl stehenden Fluoreszenzplatte einen Kreis erzeugt. Erregt man nun das longitudinale Magnetfeld, so werden die Elektronenbahnen in oben beschriebener Weise räumlich gekrümmt, der Kreis auf dem Leuchtschirm wird enger und geht bei einer bestimmten Feldstärke $\mathfrak{H}$ in eine Fläche von gleicher Größe wie die des Diaphragmas D über.

Die angegebenen — vorläufigen — Ergebnisse sind in folgenden Zahlen enthalten; die Geschwindigkeit der Kathodenstrahlen lag bei 6,5 bis $7 \cdot 10^9$ cmsec^{-1}, also $\beta = 0{,}22$, die Werte sind auf die Geschwindigkeit 0 korrigiert: $\dfrac{\varepsilon}{\mu_0} \cdot 10^{-7} = 1{,}779$, 1,769, 1,754, 1,762, 1,772, 1,775, 1,763, 1,766, 1,762, 1,772, 1,764, 1,773, 1,773. Mittel 1,768. Dieses Ergebnis ist in vorzüglicher Übereinstimmung mit den vorstehenden von CLASSEN, BESTELMEYER, MALLASSEZ und ALBERTI.

Nach Ansicht des Verfassers dürfte die Methode leicht eine Genauigkeit von 0,1% erreichen lassen, und das mit Mitteln, welche wesentlich kleiner als die bei anderen Methoden erforderlichen sind mit einer Anordnung von bedeutender Übersichtlichkeit.

39. $\frac{\varepsilon}{\mu}$ aus dem Zeeman-Effekt.

Daß an der Emission der Spektrallinien eines Atoms ein Elektron desselben in hervorragendem Maße beteiligt ist, kann durch viele Erfahrungen heute belegt werden. Die klassische Elektronentheorie nimmt an, daß die Ausstrahlung dadurch zustande kommt, daß das im Atom sich bewegende, etwa um den Atomkern kreisende Elektron unmittelbar Bewegungsenergie als elektro-magnetische Schwingung (Strahlungsenergie) mit seiner Umlaufszahl als Schwingungszahl abgibt. Da ein Magnetfeld die Elektronenbewegung insofern modifiziert, als zu der Rotationsbewegung des Elektrons nun noch eine Rotation der ganzen Elektronenbahn um die Richtung des Magnetfeldes hinzukommt (Präzession, Larmor-Rotation), wird auch die elektromagnetische Strahlungsemission bzw. ihre Schwingungszahl modifiziert werden. Die Theorie von H. A. LORENTZ liefert das Resultat, daß eine einfache Spektrallinie im Magnetfeld in 3 Komponenten aufgeteilt wird, eine am Ort der feldlosen Linie und je eine im gleichen Abstand nach langen und kurzen Wellen. Für diese „Zeeman-Aufspaltung des normalen Triplets" findet LORENTZ eine Formel, welche nur von dem Verhältnis von Ladung des Elektrons zu Masse des Elektrons (und natürlich von der Stärke des Magnetfeldes) abhängig ist, und zwar ist die Aufspaltung der Spektrallinie $\Delta \nu = \frac{\Delta \lambda}{\lambda^2}$

$$\Delta \nu = \frac{1}{4\pi c} \cdot \mathfrak{H} \cdot \frac{\varepsilon}{\mu}; \quad \frac{1}{4\pi c} \cdot \frac{\varepsilon}{\mu} = a,$$

worin ε und μ Ladung und Masse des Elektrons, (ε in elektromagnetischen Einheiten gemessen), $\mathfrak{H}$ das Magnetfeld in Gauß und c die Lichtgeschwindigkeit bedeuten. Unter Zugrundelegung dieser Theorie ist also $\frac{\varepsilon}{\mu}$ absolut zu messen aus $\Delta \nu$ und $\mathfrak{H}$.

Leider gibt es nun nur eine recht beschränkte Anzahl von Spektrallinien, welche in „normale Triplets" aufspalten und gleichzeitig für diese Messung geeignet sind. Die weitaus größte Zahl aller Spektrallinien spaltet im Magnetfeld „anormal" auf, d. h. entweder in ein Triplet mit anderen Abständen $\Delta \nu$ oder in eine weitaus größere Zahl von Komponenten als nur drei. Aber auch diese Linien können zur Absolutmessung von $\frac{\varepsilon}{\mu}$ verwendet werden, wenn man das Verhältnis ihrer Aufspaltung zu der des normalen Triplets kennt, was durch relative Messungen erreicht werden kann. Normale Triplets hat nur LOHMANN (auf DORNS Veranlassung) verwendet: 9 Linien des Heliums. Die folgende Tabelle, einer Zusammenstellung von E. BACK[1]) entnommen, gibt die Ergebnisse.

Am höchsten zu werten sind die Messungen von P. GMELIN. Er hat relativ kleine, sehr konstante und genau gemessene Feldstärken verwendet — letztere Messung ist von GANS und GMELIN mit höchster Präzision ausgeführt worden; er hat Spektrallampen mit Linien großer Schärfe und ein ausgezeichnetes Stufengitter verwendet. Auch FORTRATS Wert ist recht sicher begründet, doch ist die Auflösung seines Spektrographen kleiner und die Feldmessung mindestens nicht so sicher fundiert wie die von GMELIN. BABCOCKS Messungen liefern mehr eine Übersicht darüber, daß aus allen Zeeman-Aufspaltungen sich ungefähr das gleiche $\frac{\varepsilon}{\mu}$ ergibt; hierin liegt ihre große Bedeutung. Als Präzisionsmessung stehen sie aber hinter den angegebenen vor allem deshalb zurück, weil BABCOCK Linien mit in die Berechnung eingezogen hat, welche nach BACKS Untersuchungen

---

[1]) Aus: E. BACK u. A. LANDÉ, Zeemaneffekt. Berlin: Julius Springer 1925.

Tabelle 5. Absolute Bestimmungen des Zeeman-Effekts.

	I Beobachter	II Feldstärkebereich in GAUSS	III Der Aufspaltungsmessung zugrunde gelegte Spektrallinie	IV $a \cdot 10^5$ RUNGEsche Zahl	V $\frac{e}{m} \cdot 10^{-7}$ Elm Einh/gr
1.	FÄRBER (Tübingen 1902)	10 bis $12 \cdot 10^3$ u. 21 bis $24 \cdot 10^3$	4680 Zn, 4678 Cd	$4{,}53 \pm 1\%$	1,71
2.	WEISS und COTTON (Zürich 1907)	25 bis $36 \cdot 10^3$	4680; 4722; 4810 Zn	$4{,}687 \pm {}^1/_2\%$	1,767
3.	STETTENHEIMER (Tübingen 1907)	10 bis $34 \cdot 10^3$	4680; 4722; 4810 Zn 4678; 4799 Cd	$4{,}75 \pm {}^1/_2\%$	1,791
4.	LOHMANN (Halle 1908)	8 bis $12 \cdot 10^3$	9 Linien des He (von normaler Aufspaltung)	$4{,}668 \pm {}^1/_2\%$	1,760
5.	GEHRCKE und v. BAYER (Phys.-Techn. Reichsanst.1909)	700 bis 7000	4916; 5769; 5790 Hg	$4{,}80 \pm 2\%$	1,81
6.	GMELIN (Tübingen 1909)	$3{,}5$ bis $10{,}5 \cdot 10^3$	5769; 5790 } Hg 4916; 4358	$4{,}697 \pm 3^0/_{00}$	1,770
7.	FORTRAT (Zürich 1912)	29 bis $35 \cdot 10^3$	4680; 4722; 4810 } Zn 3018; 3036; 3072	$4{,}678 \pm 1{,}5^0/_{00}$ $4{,}680 \pm 3^0/_{00}$	1,763
8.	BABCOCK (Mount Wilson Obs. 1923)	$30 \cdot 10^3$	vgl. Text S. 58	$4{,}673 \pm {}^1/_2{}^0/_{00}$	1,761

Die beobachtete Aufspaltung $\frac{\delta \lambda}{\lambda^2 \mathfrak{H}}$ der anomalen Typen ist in Spalte IV auf Normalaufspaltung umgerechnet.

1. Ann. d. Phys. Bd. 9, S. 886 ff. Feldmessung mittels Wismutspirale, Linienzerlegung mittels Konkavgitters. — 2. C. R. Bd. 144, S. 130f. Induktionsmethode, Konkavgitter. — 3. Dissert. Tübingen 1907. Induktionsmethode, Konkavgitter. — 4. Phys. ZS. Bd. 9, S. 145f. 1908. Induktionsmethode, Stufengitter. — 5. Ann. d. Phys. Bd. 29, S. 941ff. 1909. Induktionsmethode, gekreuzte Lummerplatten (Methode der Interferenzpunkte) — 6. Ann. d. Phys. Bd. 28, S. 1079ff. Induktionsmethode, Stufengitter. — 7. C. R. Bd. 155, S. 1237f. Induktionsmethode, Prismenapparat mit 5 Vollprismen, 1 Halbprisma und rückkehrendem Strahlengang; Flintglas für das sichtbare, Quarz für das ultraviolette Spektrum. — 8. Astrophys. Journ. Bd. 58, S. 149ff. Induktionsmethode, Gitter.

einen anormalen Zeeman-Effekt mit Aufspaltungsfaktoren für die bei BABCOCK offenbar nicht aufgelösten Zeeman-Komponenten haben, die von den mittleren Faktoren BABCOCKS abweichen. Als Mittel aus dieser spektroskopischen Bestimmung ergibt sich somit — GMELINS Ergebnis doppelt, FORTRATS Wert einfach bewertet —

$$\frac{\varepsilon}{\mu} = 1{,}768 \text{ elm. Einh.} \cdot \text{g}^{-1}.$$

Die Unabhängigkeit der Zeeman-Aufspaltungskonstante und damit des $\frac{\varepsilon}{\mu}$-Wertes von dem Atombau — z. B. von der Atomnummer homologer Elemente — beweist, wie zuerst von W. PAULI[1]) erkannt wurde, daß für denselben nur das Leuchtelektron in Betracht kommt. Für die Umlaufsgeschwindigkeit desselben kann man die Größenordnung 10^9 cm sec^{-1} ansetzen, d. h. der ihnen zukommende β-Wert ist etwa 0,03. Der $\frac{\varepsilon}{\mu}$ Wert aus dem Zeeman-Effekt ist somit vergleichbar der Messung von $\frac{\varepsilon}{\mu_0}$ aus den vorstehend beschriebenen Präzisionsmethoden, nämlich 1,76 bis 1,77 · 10^7, in der Tat eine ausgezeichnete Übereinstimmung.

40. PASCHENS spektroskopische Messung aus der BOHR-SOMMERFELDSCHEN Theorie. Die Verwendung der BOHRschen Theorie des Wasserstoff- und Heliumspektrums zur „spektroskopischen Bestimmung" von $\frac{\varepsilon}{\mu}$ wurde von F. PASCHEN[2]) durchgeführt. Bezeichnet man mit H_α, H_β, H_γ, H_δ und He_α, He_β, He_γ, He_δ, die ersten vier Glieder der BALMERschen Wasserstoffserie und der BOHRschen Heliumserie, so ergibt die Theorie von BOHR für das Verhältnis der Wasserstoffmasse (Wasserstoffion) $m^{H^\cdot}$ zur Masse des Elektrons μ

$$\frac{m^{H^\cdot}}{\mu} = \frac{\lambda_H}{\lambda_H - \lambda_{He}} \cdot \frac{2{,}96}{3{,}96} - 1$$

und für $\frac{\varepsilon}{\mu}$

$$\frac{\varepsilon}{\mu} = \frac{N \cdot \varepsilon}{M_H} \cdot \frac{m^{H^\cdot}}{\mu} = \frac{9649{,}4}{1{,}008}\left(\frac{\lambda_H}{\lambda_H - \lambda_{He}} \cdot \frac{2{,}96}{3{,}96} - 1\right),$$

wenn λ die Wellenlängen der Wasserstoff- bzw. der benachbarten Heliumlinie sind. PASCHEN erhält hieraus:

	λ_H	$\lambda_H - \lambda_{He}$	$\frac{\varepsilon}{\mu} \cdot 10^{-7}$
H_α	6562,8	2,667	1,760
H_β	4861,3	1,984	1,753
H_γ	4340,5	1,771	1,753
H_δ	4107,7	1,685	1,741

Diese $\frac{\varepsilon}{\mu}$-Werte sind zwar von der zu erwartenden Größenordnung, zeigen aber einen Gang, dessen Betrag mit der Genauigkeit der spektroskopischen Messung der Differenzen $\lambda_H - \lambda_{He}$ nicht verträglich ist.

---

[1]) W. PAULI, ZS. f. Phys. Bd. 31, S. 373. 1925; über eine Theorie eines variablen $\frac{\varepsilon}{\mu}$-Wertes im Zeeman-Effekt: H. NAGAOKA, Proc. Phys. Soc. London, Bd. 33, II, S. 83. 1921.

[2]) F. PASCHEN, Ann. d. Phys. Bd. 50, S. 901. 1916.

Bekanntlich hat SOMMERFELD gezeigt, daß die einfache Theorie von BOHR durch die Annahme von elliptischen Bahnen, neben den Kreisbahnen, des um den Kern H˙ sich bewegenden Elektrons zu modifizieren ist: Diese Theorie liefert dann die beobachtete Feinstruktur der Balmer-Linien sowohl wie die der BOHRschen Heliumlinien.

Unabhängig hiervon ist der folgende Weg, welcher über die Rydbergkonstante führt, deren Formel nach BOHR $N_\infty = \dfrac{2\pi^2 \varepsilon^4 \mu}{ch^3}$ ist — der Index unendlich bedeutet Annahme sehr großer Kernmasse des strahlenden Atoms. Aus der Rydberg-Konstante der Wasserstoff- und der Heliumserien $N_H = N_\infty \dfrac{m_{H˙}}{m_{H˙} + \mu}$; $N_{He} = N_\infty \dfrac{m_{He˙}}{m_{He˙} + \mu}$ folgt nämlich das oben schon verwendete Massenverhältnis von Proton zu Elektron:

$$\frac{m_{H˙}}{\mu} = \frac{N_{He˙}}{N_{He˙} - N_{H˙}} \cdot \frac{a-1}{a} - 1 .$$

Hierin bedeutet a das Massenverhältnis der beiden Atome

$$a = \frac{4{,}001}{1{,}008} = 3{,}9$$

und somit nach der oben schon gegebenen Formel

$$\frac{\varepsilon}{\mu} = 1{,}7686 \pm 0{,}003 \quad \text{und} \quad \frac{m_{H˙}}{\mu} = 1843{,}7 .$$

Aber auch das Elementarquantum der Elektrizität läßt sich aus der BOHR-SOMMERFELDschen Theorie berechnen, wenn die Feinstruktur der Linien bekannt ist. PASCHEN findet hierfür

$$\varepsilon = \frac{\alpha^3 c^2}{4\pi N_\infty \cdot \dfrac{\varepsilon}{\mu}} = (4{,}776 \pm 0{,}07) \cdot 10^{-10}.$$

Allerdings ist die Genauigkeit dieser letzten Berechnung nicht sehr groß: die Größe a, die sich aus der Feinstruktur nach SOMMERFELDS Theorie ergibt, kann wegen der Kleinheit derselben und der nicht zu vermeidenden Unschärfe der Spektrallinien nur auf 0,63% genau bestimmt werden. Man wird so eben umgekehrt vorgehen und aus dem MILLIKANschen Wert a berechnen und dieses mit dem experimentellen a-Wert vergleichen: dann ergibt sich in der Tat eine glänzende Bestätigung der SOMMERFELDschen Theorie.

Die spektroskopische $\dfrac{\varepsilon}{\mu}$-Bestimmung dagegen ist von hoher Genauigkeit und theoretischer Zuverlässigkeit.

d) Die Abhängigkeit der Elektronenmasse von der Geschwindigkeit.

41. Die Entdeckung der Geschwindigkeitsabhängigkeit durch W. KAUFMANN. Die ersten Versuche zur systematischen Untersuchung der Abhängigkeit der Elektronenmasse von der Geschwindigkeit stammen von W. KAUF-

MANN[1]). Wenn auch die Ergebnisse dieser Untersuchungen heute durch die im Laufe der Jahre wesentlich verbesserte Meßtechnik und Aufklärung von vielerlei Fehlerquellen nicht mehr als gesicherte Resultate in Betracht kommen, so verdient doch diese Pionierarbeit, in der die Abhängigkeit der Elektronenmasse von ihrer Geschwindigkeit entdeckt wurde[2]), eine etwas nähere Behandlung, zumal die KAUFMANNsche Methode später nicht mehr ausgeführt wurde.

Das Charakteristikum der Methode ist, daß eine einzige Aufnahme zur Bestimmung von $\frac{\varepsilon}{\mu}$ diesen Wert für alle die Geschwindigkeiten liefert, welche in dem verwendeten Elektronenstrahl enthalten sind; als Elektronenstrahl wird die β-Strahlung von Radium verwendet, welche Elektronen sehr verschiedener Geschwindigkeiten enthält.

Ein engbegrenzter geradliniger β-Strahl wird in einem elektrischen Feld $\mathfrak{E}$ abgelenkt; gemäß den mit verschiedener Geschwindigkeit hindurchfliegenden β-Strahlen in verschieden starkem Maße, umgekehrt proportional dem Quadrat der Geschwindigkeit, d. h. er wird abgelenkt und dispergiert. Steht der Strahl während der elektrischen Ablenkung auch unter der Wirkung eines magnetischen Feldes $\mathfrak{H}$, dessen Kraftlinien den Kraftlinien des elektrischen Feldes parallel sind, so bewirkt jenes eine Ablenkung senkrecht zu der des elektrischen Feldes. Der bezüglich der Geschwindigkeit der einzelnen Strahlteilchen komplexe Elektronenstrahl wird also zweifach, in aufeinander senkrechten Richtungen dispergiert, in der einen Richtung proportional $1/v^2$, in der anderen proportional $1/v$. Der Querschnitt durch den Strahl — auf einer senkrecht zum Strahl stehenden photographischen Platte fixiert —, welcher beim Eintritt in die Felder kreisrund sein möge und ohne Feld sich in ● abzeichnen würde, sollte unter der Wirkung der beiden Felder die in Abb. 24 gezeichnete Form erhalten.

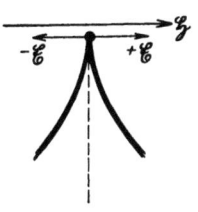

Abb. 24. Querschnitt des abgelenkten β-Strahles im parallelen elektrischen und magnetischen Feld; theoretische Ablenkungskurve.

So sind die beiden Querschnitte gezeichnet, welche sich nach Kommutierung des elektrischen Feldes bei gleichgehaltener Richtung des magnetischen Feldes ergeben. Jedem Punkte der Querschnittskurve entspricht eine andere Geschwindigkeit der Elektronen, deren $\frac{\varepsilon}{\mu}$ sich somit aus einer Kurve für alle Geschwindigkeiten ergibt, allerdings für die schnellsten, am wenigsten abgelenkten Elektronen mit geringerer Genauigkeit als für die langsameren. Die magnetische Krümmung (in der Abbildung nach unten in Richtung der Symmetrietangenten im Ausgangspunkte) ist proportional $\frac{1}{\mu v}$, die elektrische Ablenkung (in der Abbildung nach rechts und — nach Feldumpolung — nach links) $\frac{1}{\mu v^2}$. Wie gezeichnet, sind zwei Parabeln zu erwarten, deren Tangente im Berührungspunkte symmetrisch zu den Kurven liegt. Statt dessen erhält KAUFMANN die in Abb. 25 nach einer Originalaufnahme gezeichnete Ausbreitung des Strahles. S ist der Durchstoßungspunkt der unabgelenkten β-Strahlen, welcher sich automatisch durch die nicht ablenk-

---

[1]) W. KAUFMANN, Ann. d. Phys. Bd. 19, S. 487—553. 1906 (als endgültige Arbeit).
[2]) Erste Publikationen: Göttinger Nachr. 1901, 1902, 1903; ferner Phys. ZS. Bd. 4, S. 55. 1902.

Ziff. 42. Methode der kompensierten Strahlen und Versuche von A. BESTELMEYER.

baren γ-Strahlen des Radiumpräparats bei jedem Ablenkungsversuch mit aufzeichnet. Obwohl nun die Geschwindigkeiten der von dem Präparat ausgehenden β-Strahlen fast bis zur Lichtgeschwindigkeit heranreichen, berühren sich die beiden Kurvenäste keineswegs. Hält man an der gleichen Ladung aller Elektronen fest, so bedeutet dieses Versuchsresultat, daß die Masse μ der Elektronen mit wachsender Geschwindigkeit unbegrenzt zunimmt. Dies ist die wichtige Entdeckung von KAUFMANN.

Obwohl von KAUFMANN in zahlreichen fein durchdachten Experimenten erstrebt, ist es ihm doch nicht gelungen, seine Methode zur quantitativen Verwertung einwandfrei auszuarbeiten: weder der von ihm gefundene $\frac{\varepsilon}{\mu_0}$-Wert hat sich anderen neueren Untersuchungen gegenüber halten können, noch auch lieferten seine Versuche eine Entscheidung zwischen den verschiedenen Theorien der Geschwindigkeitsabhängigkeit der Masse. Wie man auch die Auswertung vornahm[1]), die aus den Experimenten ermittelte Geschwindigkeitsfunktion der Masse zeigte von allen Theorien größere Abweichungen, als nach den von KAUFMANN als möglich erkannten Fehlergrenzen zulässig waren. KAUFMANN selbst deutet seine Versuche als im Widerspruch stehend zu der LORENTZ-EINSTEINschen Theorie.

Nach der KAUFMANNschen Methode hat H. STARKE[2]) Kathodenstrahlen einer selbständigen Vakuumentladung im Geschwindigkeitsbereich β 0,19 bis 0,38 untersucht. Jedoch gaben auch diese Versuche nur das KAUFMANNsche Ergebnis der Geschwindigkeitsabhängigkeit der Masse, nicht aber eine Entscheidung über das quantitative Gesetz derselben.

Abb. 25. KAUFMANNS experimentelle Ablenkungskurve.

42. Die Methode der kompensierten Strahlen und die Versuche von A. BESTELMEYER. Auch die folgenden Versuche von A. BESTELMEYER[3]) brachten keine Entscheidung. Seine Methode, die auf der zuerst von W. WIEN (Ziff. 33) angewendeten gleichzeitigen transversalen parallelen magnetischen und elektrischen Ablenkung aufbaut, wurde grundlegend für die späteren Versuche von BUCHERER, WOLZ und NEUMANN. Man kann sie als die Methode der kompensierten Strahlen bezeichnen. Auch er verwendet eine Elektronenstrahlenquelle mit praktisch kontinuierlichem Spektrum: Elektronen, welche aus einer Metallplatte durch Bestrahlung mit harten Röntgenstrahlen emittiert werden. Für solche „Sekundärstrahlen" hatte O. DORN ein $\frac{\varepsilon}{\mu}$ gefunden, welches seiner Größenordnung nach zeigte, daß diese Emission aus Elektronen bestehen muß. Tritt ein Strahl dieser Elektronen in ein elektrisches Feld ein unter beliebigen Winkeln zur Feldrichtung, so wird die Richtung aller Elektronen in der gleichen Richtung verändert. Wirkt gleichzeitig ein magnetisches Feld, dessen Kraftlinien — im Gegensatz zur KAUFMANNschen Methode — zueinander senkrecht stehen, so wird sich zu der elektrischen Ablenkung die magnetische Ablenkung summieren. Für eine bestimmte Geschwindigkeit tritt gerade Kompensation ein, da die elektrische Kraft unabhängig von der Geschwindigkeit,

---

[1]) Außer KAUFMANN, Ann. d. Phys. Bd. 19, S. 487. 1906, selbst: M. PLANCK, Phys. ZS. Bd. 7, S. 753. 1906; u. A. BESTELMEYER, Ann. d. Phys. Bd. 22, S. 442. 1907.
[2]) H. STARKE, Verh. d. D. Phys. Ges. Bd. 5, S. 241. 1903.
[3]) A. BESTELMEYER, Ann. d. Phys. Bd. 22, S. 429. 1907.

die magnetische Kraft aber proportional der Geschwindigkeit der Elektronen ist: es ist also für gleiche, aber entgegengesetzte Ablenkung

$$\varepsilon \mathfrak{E} = -\varepsilon v \mathfrak{H},$$

oder die Geschwindigkeit der Strahlen, welche den Kondensator nach Einwirkung von $\mathfrak{E}$ und $\mathfrak{H}$ in der ursprünglichen Einfallsrichtung wieder verlassen, ist

$$v = -\frac{\mathfrak{E}}{\mathfrak{H}},$$

während die Elektronen aller anderen Geschwindigkeiten auf die Kondensatorplatten fallen und damit aus dem Strahl ausscheiden.

Nach Austritt aus dem Kondensator bleiben die Elektronen weiterhin der Wirkung des magnetischen Feldes allein unterworfen, so daß sich aus ihrer Krümmung und der bekannten Geschwindigkeit nun ihr $\frac{\varepsilon}{\mu}$ ergibt. Weitere prinzipielle Fragen dieser Methode werden unten bei der Diskussion der Versuche von BUCHERER und NEUMANN behandelt werden.

Die Anordnung der Versuche von BESTELMEYER ergibt sich aus Abb. 26, die nur die wesentlichsten Teile enthält.

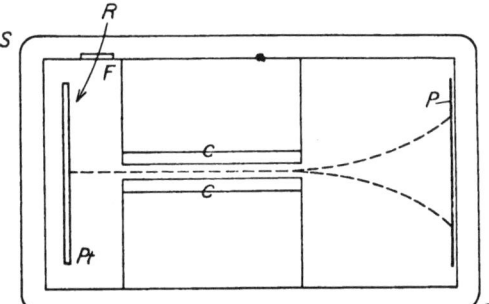

Abb. 26. BESTELMEYERS Anordnung.
CC Kondensator.   SS Magnetspule.   R Röntgenstrahl.
Pt Platinplatte (Elektronenquelle).

CC ist der Kondensator, dessen elektrisches Feld von oben nach unten gerichtet sei. Die Elektronen werden durch Röntgenstrahlenphotoeffekt an der Platinplatte Pt erzeugt, die Röntgenstrahlen treten durch das Fenster F ein. Nach Austritt der Elektronen aus dem Kondensator stehen sie unter der alleinigen Wirkung des magnetischen Feldes der Spule SS, in welche der ganze Apparat hineingesetzt ist. Die magnetischen Kraftlinien verlaufen senkrecht zu den elektrischen Kraftlinien, d. h. in der Zeichnung vertikal zu der Zeichnungsebene. Bei P sitzt eine photographische Platte, auf welcher stets 2 Aufnahmen mit kommutiertem magnetischen Feld gemacht werden. Die Apparatur wird während der Messung auf gutem Hochvakuum gehalten.

Da nicht nur Strahlen einer Richtung, wie in der Abbildung gezeichnet, in den Kondensator eintreten, sondern ein diffuses Strahlenbündel, werden auch solche Strahlen noch aus dem Kondensator austreten, für welche die Kompensation gemäß vorstehender Gleichung nicht streng erreicht ist, es sei denn, daß das Verhältnis von Länge zu Abstand der Kondensatorplatten sehr groß ist, eine aus experimentellen Gründen schwer erfüllbare Bedingung. BESTELMEYER zeigte, daß man den die Meßsicherheit beeinträchtigenden Einfluß dieser „nichtkompensierten Strahlen" wesentlich herabdrücken kann, wenn man die Flugstrecke der Elektronen innerhalb und außerhalb des Kondensators nahe gleich macht. Weiterhin ist eine genaue Kenntnis der Dimensionen der Apparatur und vor allem der örtlichen Variation der Felder nicht erforderlich, wenn man auf die Erreichung absoluter $\frac{\varepsilon}{\mu_0}$-Werte verzichtet und sich auf die Frage der relativen Abhängigkeit der Masse von der Geschwindigkeit beschränkt. Es ergab sich zwar wieder eine Abhängigkeit des $\frac{\varepsilon}{\mu_0}$-Wertes von der Geschwindigkeit in der Art, daß die Masse mit zunehmender Geschwindigkeit wächst. Aber über das Gesetz der Massenveränderung brachten die Messungen keine Entscheidung: im β-Bereich von 0,19 bis 0,32 stellten die ABRAHAMsche und die LORENTZ-EINSTEINsche Formel die Meßergebnisse gleich gut (oder gleich schlecht) dar[1]:

		β	0,322	0,2469	0,1951	extrapoliert 0
beobachtet	$\frac{\varepsilon}{\mu}$		1,673	1,678	1,697	
nach LORENTZ	$\frac{\varepsilon}{\mu}$		1,640	1,679	1,700	$\frac{\varepsilon}{\mu_0} = 1,733$
nach ABRAHAM	$\frac{\varepsilon}{\mu}$		1,687	1,678	1,694	$\frac{\varepsilon}{\mu_0} = 1,720$

Die Genauigkeit des Absolutwertes wird auf 1 bis 2% geschätzt. Doch fehlt hier noch die Diskussion des Streufeldes des Kondensators (vgl. Ziff. 43).

43. Die Versuche von BUCHERER, WOLZ und NEUMANN-SCHAEFER mit β-Strahlen.
A. H. BUCHERER[2]) hat im Jahre 1908 folgende Methode zur $\frac{\varepsilon}{\mu}$-Bestimmung für Elektronen verschiedener Geschwindigkeit angegeben, die ebenfalls auf der WIENschen Methode der gekreuzten magnetischen und elektrischen Felder aufbaut und dieselbe auf β-Strahlen[3]) anwendet: In das homogene elektrische Feld eines Plattenkondensators fliegen Elektronen der Geschwindigkeit v senkrecht zur Richtung der elektrischen Kraftlinien; sie erfahren eine Kraftwirkung $\varepsilon\mathfrak{E}$, wenn $\mathfrak{E}$ die Stärke des Feldes ist, senkrecht zu ihrer Bewegungsrichtung. Dem elektrischen Feld ist ein homogenes magnetisches Feld $\mathfrak{H}$ derart überlagert, daß die magnetischen Kraftlinien senkrecht zu den elektrischen Kraftlinien und damit gleichfalls senkrecht zu der Bewegungsrichtung der Elektronen stehen. Die magnetische Kraft auf ein mit der Geschwindigkeit v bewegtes Elektron ist unter den genannten Bedingungen $\varepsilon \cdot v \cdot \mathfrak{H}$. Ihr entspricht eine Ablenkung der Elektronen in der gleichen Ebene, in welcher die elektrische Ablenkung erfolgt, beide addieren oder subtrahieren sich je nach der Richtung der Felder. Für ein bestimmtes Wertepaar ($\mathfrak{E}$, $\mathfrak{H}$) wird also die Ablenkung gerade Null sein, d. h.

$$\varepsilon\mathfrak{E} = \varepsilon v \mathfrak{H}.$$

Fliegen durch den Kondensator Elektronen verschiedener Geschwindigkeiten, so werden nur diejenigen unabgelenkt aus demselben austreten, deren Geschwindigkeit v_i gegeben ist durch

$$v_i = \frac{\mathfrak{E}_i}{\mathfrak{H}_i}.$$

Wird der Kondensator so gewählt, daß der Abstand seiner Platten sehr klein gegenüber dem Weg der Elektronen im Feld ist, so treten überhaupt nur Elektronen dieser Geschwindigkeit aus ihm heraus, während alle anderen auf die Kondensatorplatten abgelenkt werden.

---
[1]) Eine Modifikation, welche BESTELMEYER angibt, nämlich die Verwendung so starker Felder, daß der Strahl im Magnetfeld allein einen vollen Kreis von einigen Zentimeter Durchmesser beschreibt, scheint bisher nicht zu Ende geführt worden zu sein.
[2]) A. H. BUCHERER, Ann. d. Phys. Bd. 28, S. 513. 1909.
[3]) 1900 hatte H. BECQUEREL zuerst die Natur der β-Strahlen des Radiums aufgeklärt. Aus der magnetischen und elektrischen Ablenkung hat er einen $\frac{\varepsilon}{\mu}$-Wert von der Größenordnung 10^7 elektromagn. Einheiten erhalten.

Steht nun dieser aus dem Kondensator austretende geradlinige, den Platten parallele Elektronenstrom weiterhin unter der alleinigen Wirkung desselben magnetischen Feldes $\mathfrak{H}$, so wird er nun eine Ablenkung in eine Kreisbahn erfahren, deren Krümmung ϱ sich aus

$$\mu v^2 \varrho = \varepsilon v \cdot \mathfrak{H}; \quad \frac{\varepsilon}{\mu} = \frac{\varrho v}{\mathfrak{H}}$$

ergibt, wenn mit μ die transversale Masse bezeichnet wird. Im Abstand a vom Kondensator entfernt steht eine Auffangeplatte, z. B. eine photographische Platte oder ein Fluoreszenzschirm. Die auf ihn fallenden Elektronen erzeugen an der Auftreffstelle Fluoreszenz. Der Abstand des Durchstoßungspunktes des unabgelenkten Elektronenstrahls von dem der magnetisch abgelenkten Strahlen sei z. Dann ergibt sich der Radius der Kreisbahn des Elektronenstrahls im Felde $\mathfrak{H}$

$$\frac{1}{\varrho} = R = \frac{a^2}{2z}\left(1 + \frac{z^2}{a^2}\right),$$

ist also aus direkter Längenmessung von a und z zu bestimmen. Man erhält somit

$$\frac{\varepsilon}{\mu} = \frac{\mathfrak{E}}{\mathfrak{H}^2} \cdot \frac{2z}{(a^2 + z^2)}.$$

Bei dieser Überlegung ist angenommen, daß auf den Elektronenstrom nach seinem Austritt aus dem Kondensator nur noch das magnetische Feld $\mathfrak{H}$ wirkt.

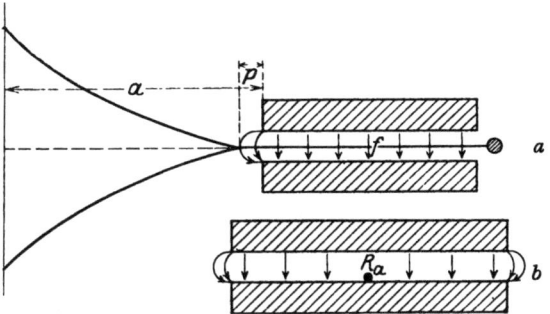

Abb. 27. Anordnung von BUCHERER, bzw. WOLZ und NEUMANN.

Diese Bedingung ist jedoch experimentell nicht realisierbar, weil außerhalb des Kondensators noch eine gewisse Strecke ein elektrisches Rand- oder Streufeld wirkt. In die schematische Skizze (Abb. 27) ist der Verlauf dieser Streukraftlinien eingezeichnet. Dieses Streufeld wirkt so, als ob die Länge des Kondensators um ein Stück p größer wäre, daß also statt des gemessenen Abstandes a vom Rande des Kondensators bis zur Auffangeplatte eine kleinere Strecke $(a-p)$ in vorstehende Gleichung einzusetzen ist. BUCHERER berechnet einen ungefähren Wert von p und findet 0,77 mm auf $a = 40$ mm. Wurde der Kondensator mit Schutzring umgeben, so ermäßigt sich diese p-Korrektion auf 0,47 mm, wie nunmehr durch einen Doppelversuch — mit und ohne Schutzring — festgestellt wurde.

K. WOLZ[1]) sowohl wie G. NEUMANN[2]) haben die Korrektion p experimentell bestimmt, indem sie die Ablenkung des Elektronenstroms für verschiedene Abstände a bestimmten, so daß sie die Beziehungen erhielten

$$\frac{\varepsilon}{\mu} = \frac{\mathfrak{E}}{\mathfrak{H}^2}\frac{2z_1}{(a_1-p)^2 + z_1^2} = \frac{\mathfrak{E}}{\mathfrak{H}^2}\frac{2z_2}{(a_2-p)^2 + z_1^2},$$

---

[1]) K. WOLZ, Ann. d. Phys. Bd. 30, S. 273. 1909.
[2]) G. NEUMANN, Ann. d. Phys. Bd. 45, S. 529. 1914.

Ziff. 43. Die Versuche von BUCHERER, WOLZ und NEUMANN-SCHAEFER mit β-Strahlen.

woraus folgt

$$p = \frac{\varphi a_2 - a_1}{\varphi - 1} - \sqrt{\left(\frac{\varphi a^2 - a_1}{\varphi - 1}\right)^2 + \frac{a_1^2 + z_1^2}{\varphi - 1} - \frac{\varphi (a_2^2 + z_2^2)}{\varphi - 1}},$$

$$\left(\varphi = \frac{z_1}{z_2}\right).$$

WOLZ hat außerdem noch die Form und Größe des Streufeldes dadurch variiert, daß er die metallische Belegung der Stirnseiten des Kondensators, der aus versilberten Glasplatten bestand, in der Höhe variierte. NEUMANN ließ die Stirnseiten unversilbert und achtete auf scharfe Begrenzung der Silberbelegung.

Abb. 27 auf S. 66 gibt eine schematische Zeichnung der Versuchsanordnung. Die Elektronen (hoher Geschwindigkeit) kommen von einem kleinen Radiumpräparat, einem kugelförmigen Körnchen Radiumfluorid von 0,5 mm Durchmesser. Dieses befand sich bei NEUMANNS Versuchen (Abb. 27 a) unmittelbar am einen Ende der rechteckigen Kondensatorplatten, in BUCHERERS Anordnung (Abb. 27 b) im Mittelpunkt der kreisförmigen Kondensatorplatten. Die β-Strahlen des Radiums treten in den Kondensator ein, dessen Kraftlinien von oben nach unten laufen mögen, während das magnetische Feld — in der Abbildung nicht angedeutet — senkrecht zur Zeichnungsebene verlaufen soll und in dieser Ebene kommutiert werden kann. Wir betrachten zunächst nur die β-Strahlen, welche in der Zeichenebene fliegen. Aus dem Kondensator, senkrecht zu $\mathfrak{E}$ und $\mathfrak{H}$, tritt dann ein β-Strahl aus, dessen sämtliche Elektronen die gleiche Geschwindigkeit besitzen und der nun je nach der Richtung des nunmehr allein wirkenden magnetischen Feldes nach oben oder unten abgelenkt wird und auf der photographischen Platte die doppelte Ablenkung $2z$ aufzeichnet. In der Abbildung ist auch die Strecke des Streufeldes p schematisch eingezeichnet. Die ganze Apparatur befand sich in einem sehr hoch zu evakuierenden Gefäße. In beiden Anordnungen fliegen auch solche β-Strahlen durch den Kondensator, deren Bewegungsrichtung zwar auch senkrecht zur Richtung des elektrischen Feldes, nicht aber senkrecht zur magnetischen Feldrichtung ist. Das gilt besonders für BUCHERERS kreissymmetrische Anordnung, wo alle Winkel α zur Messung herangezogen werden können, da Gleichung (1) für die nicht senkrecht zum Magnetfeld verlaufenden Strahlen lautet:

$$\varepsilon \mathfrak{E} = \varepsilon \mathfrak{H} \cdot v \cdot \sin \alpha.$$

M. a. W.: Unter jedem Winkel α wird Kompensation von elektrischer und magnetischer Kraft für eine andere Geschwindigkeit eintreten. Legt man einen Film konzentrisch um die runden Feldplatten, wie BUCHERER das tut, so wird die Ablenkung z der kompensierten Strahlen im Magnetfeld allein am größten sein für die senkrecht $\mathfrak{H}$ fliegenden Elektronen und mit abnehmendem α immer kleiner werden.

Es seien noch einige Angaben über die Dimensionen gemacht. Der Durchmesser der Kondensatorplatten in BUCHERERS Anordnung war 8 cm, der Abstand, durch sehr exakt geschliffene und genau gemessene, zwischen die Kondensatorplatten gelegte Quarzplättchen bewirkt, war 0,25048 mm. Der Weg der Elektronen unter der Einwirkung beider Felder war also 4 cm, der Abstand a etwa 5 cm. WOLZ verwendete rechteckige Kondensatorplatten 49,5 · 30,15 mm im gleichen Abstand, NEUMANN ebenfalls rechteckige Platten von etwa 50 · 30 mm im Abstande 0,2511 mm. Die benutzten Wege a waren bei WOLZ wie bei NEUMANN rund 4 cm und 5 cm. Das Magnetfeld wurde durch eine lange auf wassergekühltem Körper aufgelegte Spule erzeugt, deren Feld im Bereich des Elektronenstrahls durch eine Kompensationsmethode genau gemessen wurde.

Die Spannung am Kondensator war einige hundert Volt, das Magnetfeld rund 100 Gauß, die Ablenkungen z waren von der Größenordnung 10 mm.

Da die Versuche von BUCHERER sowie die folgenden von WOLZ und NEUMANN (letztere unter Leitung von CLEMENS SCHAEFER ausgeführt) Elektronen hoher Geschwindigkeit verwendeten, ist vor Besprechung der Versuchsergebnisse noch die Frage zu behandeln, ob die Abhängigkeit der Masse von der Geschwindigkeit etwa auch bei speziellen Fragen der Versuchsmethodik zu berücksichtigen ist. Das ist in der Tat bei der experimentellen Bestimmung der p-Korrektion der Fall. Da die Masse μ des Elektrons von der Geschwindigkeit abhängt, nämlich nach ABRAHAM

$$\mu = \mu_0 \left(1 + \frac{6}{3 \cdot 5}\beta^2 + \frac{9}{5 \cdot 7}\beta^4 + \cdots\right)$$

und nach LORENTZ-EINSTEIN

$$\mu = \frac{\mu_0}{\sqrt{1-\beta^2}},$$

gehen die oben abgeleiteten Formeln für $\frac{\varepsilon}{\mu}$ über in

$$\frac{\varepsilon}{\mu_0} = \frac{2c \cdot z}{(a^2+z^2)\mathfrak{H}} \operatorname{tang}(\operatorname{arc sin}\beta) \quad \text{(Relativitätstheorie)}$$

bzw.

$$\frac{\varepsilon}{\mu_0} = \frac{2cz}{(a^2+z^2)\mathfrak{H}} \left\{\frac{3}{4\beta} \frac{2\delta - \operatorname{Tang} 2\delta}{\operatorname{Tang} 2\delta}\right\} \quad \text{(Kugeltheorie)},$$

worin $\operatorname{Tang} \delta = \beta$ ist, und c die Lichtgeschwindigkeit. Dann folgt aus 2 Messungen bei verschiedenen Werten a für φ ein Wert, in welchem auch die Massenkorrektionsglieder der beiden Theorien eingehen, indem nach LORENTZ-EINSTEIN

$$\varphi = \frac{z_1 \mathfrak{H}_2 \operatorname{tang}(\operatorname{arc sin}\beta_1)}{z_2 \mathfrak{H}_1 \operatorname{tang}(\operatorname{arc sin}\beta_2)},$$

nach ABRAHAM

$$\varphi = \frac{z_1 \mathfrak{H}_2 \left\{\dfrac{3}{4\beta_1} \dfrac{2\delta_1 - \operatorname{Tang} 2\delta_1}{\operatorname{Tang} 2\delta_1}\right\}}{z_2 \mathfrak{H}_1 \left\{\dfrac{3}{4\beta_2} \dfrac{2\delta_2 - \operatorname{Tang} 2\delta_2}{\operatorname{Tang} 2\delta_2}\right\}}$$

wird; da sich nicht zwei Versuche unter alleiniger Variation von a ohne irgend sonstige Änderung der Versuchsbedingungen ausführen lassen, geht also in die p-Bestimmung (auf Grund der verschiedenen β-Werte) auch die Differenz der beiden Theorien ein. Diese Frage ist besonders sorgfältig von G. NEUMANN diskutiert worden.

Zur Prüfung der Theorien wird so verfahren, daß zunächst aus der Messung der ablenkenden Felder und der Größe der Ablenkung $\frac{\varepsilon}{\mu}$ und v und damit β ermittelt werden. $\frac{\varepsilon}{\mu}$ wird dann nach den beiden Theorien — von LORENTZ-EINSTEIN einerseits, von ABRAHAM anderseits — auf unendlich langsame Geschwindigkeiten reduziert. Offensichtlich ist dann die Theorie die experimentell bestätigte, nach welcher sich aus allen zusammengehörigen Wertepaaren $\left(\frac{\varepsilon}{\mu}, \beta\right)$ das gleiche $\frac{\varepsilon}{\mu_0}$ berechnet.

44. Das Ergebnis der Messungen von Bucherer. Wir besprechen nun die Resultate der drei Untersuchungen. Zunächst die Experimente von Bucherer. Abb. 28 zeigt einen Film, welcher in den oben angegebenen Dimensionen um den kreisförmigen Kondensator, der in seiner Mitte das Radiumpräparat trug, gelegt war. Die horizontale Symmetrielinie stammt von der Belichtung des Films durch die zwischen den Kondensatorplatten hindurchlaufenden γ-Strahlen des Radiumpräparates. Die Variation der Ablenkung mit dem Winkel, unter welchem die β-Strahlen relativ zur Richtung des magnetischen Feldes innerhalb und außerhalb des Kondensators laufen, kann in einer Aufnahme die Abhängigkeit des $\frac{\varepsilon}{\mu}$-Wertes von der Geschwindigkeit der β-Strahlen geben, weil die unter jedem Winkel α gemäß der allgemeinen Gleichung

$$\varepsilon \mathfrak{E} = \varepsilon v \mathfrak{H} \sin \alpha$$

aus den Kondensator austretenden „kompensierten Strahlen" eine andere Geschwindigkeit haben. Jedoch ist die genaue Berechnung für diese schiefen Strahlen so kompliziert, daß sich kaum genügend genaue Ergebnisse erzielen lassen. Daher wurde von Bucherer sowie später von Wolz und von Neumann nur die stärkste Ablenkung zur Messung verwendet.

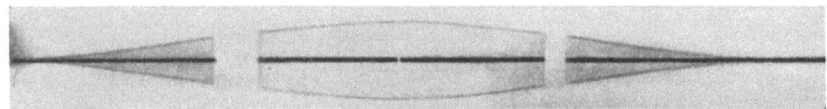

Abb. 28. Zu den Versuchen von Bucherer.

Die folgende Tabelle gibt eine Übersicht über die Resultate. Graphisch sind die Ergebnisse in Abb. 29 eingetragen.

Tabelle 6. Messungen von Bucherer.

Versuch Nr.	$\beta = \frac{v}{c}$	Ablenkung z mm	$\frac{\varepsilon}{\mu_0} \cdot 10^7$ nach Lorentz	$\frac{\varepsilon}{\mu_0} \cdot 10^7$ nach Abraham
10 u. 11	0,3173	16,37	1,752	1,726
8	0,3787	14,45	1,761	1,733
7	0,4281	13,5	1,760	1,723
13	0,5154	10,18	} 1,763	1,706
15	0,5154	10,35		
3[1])	0,6870	6,23	1,767	1,642

Die Absolutwerte sind wegen eines Fehlers in der Feldmessung etwas zu erhöhen, so daß statt des von Bucherer angegebenen Mittelwerts $1{,}763 \pm 1/2\%$ als Endergebnis seiner Messungen zu setzen ist

$$\frac{\varepsilon}{\mu_0} = 1{,}766 \cdot 10^7 \text{ elm. Einh. gr}^{-1}$$

45. Die Ergebnisse der Messungen von Wolz[2]), die im wesentlichen nach Bucherers Methode ausgeführt wurden, sind die folgenden: Die Versuchsreihen wurden zunächst unter der Annahme $p = 0$, d. h. ohne Berücksichtigung des Streufeldes bei verschiedenen Abständen z nach Lorentz-Einstein berechnet.

---

[1]) Mit Schutzringkondensator.
[2]) K. Wolz, Ann. d. Phys. Bd. 30, S. 273. 1909.

Tabelle 7. Messungen von WOLZ.

Nr.	a mm	β	V Volt	$\mathfrak{H}$ Gauß	z mm	$\left(\dfrac{\varepsilon}{\mu_0}\right)(p=0)$
9	40,350	0,51475	492,73	127,29	10,68	$1,7346 \cdot 10^7$
12	50,387	0,50272	411,22	108,86	15,00	$1,7396 \cdot 10^7$
13	50,387	0,50721	490,90	123,91	16,23	$1,7399 \cdot 10^7$

Aus Versuchsreihe 9 und 12 (Tab. 7) wurde p und $\dfrac{\varepsilon}{\mu_0}$ zu

$$p = 0{,}350 \text{ und } \frac{\varepsilon}{\mu_0} = 1{,}7620 \cdot 10^7 \text{ für } \beta = 0{,}5$$

ermittelt. Versuchsreihe 9 und 13 ergab

$$\frac{\varepsilon}{\mu_0} = 1{,}7621 \cdot 10^7 \text{ für } \beta = 0{,}5,$$

gerechnet nach LORENTZ-EINSTEIN. Zusammengefaßt ergab sich:

Reihe I $\begin{cases} \beta = 0{,}5 \quad 0{,}5 \quad 0{,}6 \quad 0{,}7 \\ \dfrac{\varepsilon}{\mu_0} \cdot 10^{-7} = 1{,}7620 \quad 1{,}7621 \quad 1{,}7635 \quad 1{,}7648, \end{cases}$

Reihe II $\begin{cases} \beta = 0{,}5 \quad 0{,}5 \quad 0{,}6 \quad 0{,}7 \\ \dfrac{\varepsilon}{\mu_0} \cdot 10^{-7} = 1{,}7615 \quad 1{,}7614 \quad 1{,}7625 \quad 1{,}7672. \end{cases}$

$\dfrac{\varepsilon}{\mu_0}$ ergab sich nur nach der Theorie von LORENTZ-EINSTEIN konstant, jedoch nimmt mit steigender Geschwindigkeit $\dfrac{\varepsilon}{\mu_0}$ noch um geringe Beträge zu[1]). WOLZ glaubte, daß der Grund hierfür darin zu suchen ist, daß die Streufeldkorrektion nur für kleinere Ablenkungen gilt, bei den Messungen mit kleiner Geschwindigkeit aber die Ablenkungen wesentlich größer waren als bei großen β-Werten. Daher wurden auch Messungen mit kleinen Ablenkungen bei kleinem β vorgenommen, die in der Tat zu dem höheren Wert

$$\frac{\varepsilon}{\mu_0} = 1{,}7676 \cdot 10^7 \text{ für } \beta = 0{,}5$$

führten. Diesen Wert vereinigt WOLZ mit den für $\beta = 0{,}7$ gefundenen $1{,}7672 \cdot 10^7$ zum Mittel $1{,}7674 \cdot 10^7$, der nach NEUMANN wegen eines Fehlers in der Magnetfeldeichung auf

$$\frac{\varepsilon}{\mu_0} = 1{,}7706 \cdot 10^7 \text{ elm. Einh. gr}^{-1}$$

zu korrigieren ist.

46. Fortführung der Versuche nach BUCHERER durch NEUMANN-SCHAEFER. Nicht nur der Zahl nach, sondern auch nach der Art der Kontrollmessungen und der Sorgsamkeit der Diskussion der Versuche und ihrer Fehlerquellen sind die Versuche von G. NEUMANN[2]) die umfangreichsten. Wir besprechen eingehender die Versuchsreihen mit den Aufnahmen 37 bis 40; 41 bis 45; 46, 52 bis 55; 47 bis 49. Sie wurden zunächst berechnet mit $p = 0$, d. h. so, als ob kein elektrostatisches Feld in den magnetischen Ablenkungsraum übergriffe.

---

[1]) Auch die vorstehend mitgeteilten Werte $\dfrac{\varepsilon}{\mu_0}$ nach LORENTZ-EINSTEIN von BUCHERER zeigen den gleichen Gang!
[2]) G. NEUMANN, Ann. d. Phys. Bd. 45, S. 529. 1914.

Ziff. 46. Die Fortführung der Versuche von Bucherer durch Neumann-Schaefer. 71

Man sieht zunächst, daß die nach der Relativitätsformel berechneten $\left(\frac{\varepsilon}{\mu_0}\right)$-Werte völlige Unabhängigkeit von der Geschwindigkeit der β-Strahlen zeigen, ein Ergebnis, welches praktisch unabhängig von der Größe der p-Korrektion ist, wie weiter unten an einem durchgerechneten Beispiel gezeigt werden wird. Die experimentelle Bestimmung der p-Korrektion stieß dagegen auf sehr große Schwierigkeiten, da die p-Werte auf kleinste Versuchsfehler außerordentlich empfindlich sind. Eine relativ sichere Bestimmung war aus Parallelmessungen bei

Tabelle 8. Messungen von Neumann.

Nr.	β	$\left(\frac{\varepsilon}{\mu_0}\right)_{p=0}$ LORENTZ	$\left(\frac{\varepsilon}{\mu_0}\right)_{p=0}$ ABRAHAM
I. α) $a_1 = 4{,}1905$ cm.			
40	0,50732	$1{,}736 \cdot 10^7$	$1{,}682 \cdot 10^7$
39	0,60180	1,721	1,638
38	0,6900	1,722	1,599
(37	0,80085	1,759	1,547) [1]
I. β) $a_1 = 4{,}2013$ cm.			
46[2])	0,3915	$1{,}727 \cdot 10^7$	$1{,}697 \cdot 10^7$
52	0,4871	1,728	1,679
53	0,6098	1,724	1,638
54	0,7183	1,719	1,579
(55	0,8073	1,751	1,534)
II. $a_2 = 4{,}6453$ cm.			
45	0,3918	$1{,}728 \cdot 10^7$	$1{,}698 \cdot 10^7$
44	0,4891	1,728	1,679
43	0,6130	1,732	1,644
42	0,7035	1,756	1,622
41	0,7944	1,719	1,519
III. $a_3 = 5{,}1567$ cm.			
49	0,6104	$1{,}729 \cdot 10^7$	$1{,}642 \cdot 10^7$
48	0,7007	1,729	1,598
(47	0,7906	1,762	1,561)

kürzestem und weitestem Abstand a möglich. Sie ergab aus der Kombination folgender Versuchspaare für p in Zentimeter:

Versuche	53/49	54/48	55/47	25/26
p cm	0,02600	0,05775	0,07148	0,0510

Dagegen lieferten andere Kombinationen mit den Abständen a_1/a_2 und a_2/a_3 Werte zwischen 0,002 und 0,5 cm, und sogar — physikalisch unmögliche — negative p-Werte. Neumann nimmt $p = 0{,}05174$ als wahrscheinlichen Mittelwert, aber es muß wohl doch betont werden, daß hiermit der Absolutwert von $\frac{\varepsilon}{\mu_0}$ eine in ihrer Bedeutung nicht zu unterschätzende Unsicherheit erhält. Wir geben zahlenmäßig die nach Lorentz-Einstein korrigierten Werte aus allen endgültig verwerteten Versuchen:

Nr.	46	45	52	44	63	40	25	12	39
β	0,39152	0,39179	0,48712	0,48913	0,50650	0,50732	0,59059	0,59150	0,60178
$\left(\frac{\varepsilon}{\mu_0}\right)_{\text{Korr}} \cdot 10^{-7}$	1,767	1,763	1,769	1,764	1,755	1,778	1,765	1,751	1,762

Nr.	26	53	49	43	27	28	22	15	38
β	0,60624	0,60979	0,61040	0,61301	0,65308	0,65308	0,65391	0,65426	0,65998
$\left(\frac{\varepsilon}{\mu_0}\right)_{\text{Korr}} \cdot 10^{-7}$	1,765	1,766	1,761	1,769	1,760	1,753	1,754	1,754	1,764

Nr.	48	42	24	54	47*	41	37*	55*	50*
β	0,70065	0,70347	0,70897	0,71830	0,79058	0,79440	0,80085	0,80730	∞ 0,85
$\left(\frac{\varepsilon}{\mu_0}\right)_{\text{Korr}} \cdot 10^{-7}$	1,763	1,795	1,757	1,761	1,765	1,757	1,779	1,766	1,771

---

[1] Die Einklammerung ist hier hinzugesetzt. Diese Versuche sind später nach Cl. Schaefer neu gemessen und diskutiert. Näheres s. unten.

[2] Nr. 46: $a = 4{,}2018$ statt 4,2013.

In der Abb. 29 sind graphisch diese Werte sowie die nach ABRAHAM berechneten eingetragen. Die in vorstehender Tabelle mit einem * bezeichneten Werte sind nachträglich von CLEMENS SCHAEFER[1]) aus sorgfältigen, mit verbesserten photometrischen Hilfsmitteln durchgeführten Neuausmessungen der NEUMANNschen Aufnahmen berechnet worden.

47. Diskussion der Versuche und Ergebnis. BESTELMEYER[2]) hat einen beachtenswerten Einwand gegen die Verwendung von β-Strahlen in der Methode der kompensierten Strahlen gemacht. Die Anwendung der Ausgangsgleichung, in welcher die Kompensation der elektrischen und magnetischen Wirkung auf die β-Strahlen enthalten ist, ist nur berechtigt für die Strahlen, welche den Kondensator exakt parallel zu den Platten verlassen; wir nennen diese Strahlen die „kompensierten Strahlen". Da die Länge des Kondensators nicht unendlich groß gegen den Plattenabstand ist — bei NEUMANN beträgt das Verhältnis Länge zu Abstand der Platten etwa 200 — werden auch Strahlen aus dem Kondensator austreten, für welche die Kompensation nicht vollkommen ist. Diese „nichtkompensierten Strahlen", in denen Elektronen größerer und kleinerer Geschwindig-

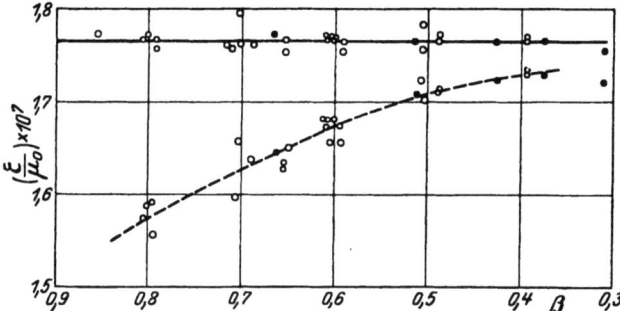

Abb. 29. $\frac{\varepsilon}{\mu_0}$ als Funktion der Geschwindigkeit der β-Strahlen nach NEUMANN-SCHAEFER (o) und BUCHERER (•), gerechnet nach LORENTZ-EINSTEIN —— und ABRAHAM -----.

keit, als die kompensierten Strahlen haben, enthalten sind, werden die Spur der kompensierten Strahlen auf der photographischen Platte beiderseits und annähernd symmetrisch verbreitern. Dies ist an sich nicht bedenklich. Wenn aber z. B. die Intensität der schnelleren Strahlen größer ist als die der langsamen (wie das der Fall ist für das verwendete Radium), so ist mit der Möglichkeit zu rechnen, daß durch die nichtkompensierten Strahlen eine unsymmetrische Verbreiterung, also eine scheinbare Verlagerung des Schwerpunktes der Schwärzung der kompensierten Strahlen eintritt. NEUMANN hat gezeigt, daß für β 0,5 bis 0,7 eine solche Verlagerung größer sein müßte als die beobachtete Breite der Schwärzung, wollte man mit ihr die β-Abhängigkeit von $\frac{\varepsilon}{\mu_0}$ nach der Kugeltheorie von ABRAHAM erklären. Während NEUMANN bei seinen Aufnahmen mit größerer Geschwindigkeit diesen Fehler für möglich hält, hat später CL. SCHAEFER gezeigt, daß NEUMANNS Auswertungen der Messungen mit den höchsten Geschwindigkeiten unzuverlässig sind; verbesserte Photometrierung zeigte, daß die NEUMANNschen Abweichungen nicht reell sind (vgl. oben). Es besteht somit heute kein Grund, an der Richtigkeit der Resultate der Untersuchung von BUCHERER, WOLZ, SCHAEFER und NEUMANN zu zweifeln: daß die experimentell beobachtete Geschwindigkeitsabhängigkeit der Elektronenmasse innerhalb der aus den Fehlerquellen der Methode zu erwartenden Grenzen nur mit der LORENTZ-EINSTEINschen

---

[1]) CL. SCHAEFER, Ann. d. Phys. Bd. 49, S. 934. 1916.
[2]) Diskussionsbemerkung vgl. A. H. BUCHERER, Phys. ZS. Bd. 9, S. 760. 1908.

Theorie des Elektrons in Übereinstimmung ist. Die Messungen umfassen ein Geschwindigkeitsintervall von $\beta = 0,3$ bis $\beta = 0,85$.

Es ist vielleicht angezeigt, einen Punkt noch besonders zu betonen. Bei der Besprechung der Versuchsmethode BUCHERER-WOLZ-NEUMANN war darauf hingewiesen worden, daß der Absolutwert von $\frac{\varepsilon}{\mu_0}$ recht erheblich durch ein etwa noch in den magnetischen Ablenkungsraum hinein wirkendes elektrostatisches Streufeld beeinflußt wird. Unabhängig von der Größe dieses Streufeldes kann dagegen die Abhängigkeit des $\frac{\varepsilon}{\mu_0}$-Wertes von der Geschwindigkeit der Kathodenstrahlen beantwortet werden. BUCHERER hat einige seiner Messungen, in welchen die Streufeldkorrektion $p = 0,47$ betrug, auch mit $p = 0$ gerechnet: der Absolutwert ändert sich, aber die Geschwindigkeitsabhängigkeit ist in gleicher Weise eindeutig die LORENTZ-EINSTEINsche wie mit der p-Korrektion. Die betreffenden Zahlen sind

$\frac{v}{c} = \beta$	$\frac{\varepsilon}{\mu_0} \cdot 10^{-7}$ ($p = 0,47$) nach LORENTZ-EINSTEIN	$\frac{\varepsilon}{\mu_0} \cdot 10^{-7}$ ($p = 0$) nach LORENTZ-EINSTEIN	$\frac{\varepsilon}{\mu_0} \cdot 10^{-7}$ ($p = 0$) nach ABRAHAM
0,3787	1,761	1,701	1,675
0,4281	1,760	1,699	1,663
0,5154	1,763	1,700	1,645
0,678	1,767	1,701	1,58

Aber auch bezüglich der Richtigkeit der p-Korrektion scheinen allzu ernste Bedenken vorerst nicht am Platze, vor allem auf Grund der NEUMANNschen experimentellen Untersuchungen. Somit dürfte die BUCHERERsche Methode auch einen sicheren Absolutwert von $\frac{\varepsilon}{\mu_0}$ liefern, nämlich aus den drei voneinander gänzlich unabhängigen und mit weitgehender Variation der Versuchsausführung durchgeführten Messungen von

BUCHERER 1909   ⎫   ⎧ magnetische und elektrostatische ⎫ 1,766
WOLZ 1910   ⎬ β-Strahlen ⎨ Ablenkung in gekreuzten Feldern. ⎬ 1,770
NEUMANN 1914   ⎪   ⎪ Methode der kompensierten   ⎪
SCHAEFER 1916   ⎭   ⎩ Strahlen   ⎭ 1,765

den Mittelwert

$$\frac{\varepsilon}{\mu_0} = 1,767 \cdot 10^7 \text{ elm. Einh. gr}^{-1}.$$

48. Hupkas relative Messung der spezifischen Ladung als Funktion der Geschwindigkeit. E. HUPKA[1]) erzeugt Elektronenstrahlen einheitlicher, großer Geschwindigkeit durch Beschleunigung von lichtelektrisch ausgelösten Elektronen durch elektrostatische Felder im höchsten Vakuum. Da die Austrittsgeschwindigkeit solcher Elektronen nur wenige Volt beträgt, beschleunigte Potentiale aber zwischen 30000 und 90000 Volt sich als verwendbar erwiesen, so hängt die Genauigkeit der Geschwindigkeitsbestimmung der Elektronen nur ab von der Genauigkeit der Messung der hohen Potentiale. Für diese Messung konnte HUPKA die von C. MÜLLER ausgearbeitete Drehwagenmethode verwenden. Erzeugt wurden die Spannungen wie in C. MÜLLERS Untersuchung mit einer Influenzmaschine, deren Regulierung während der Messung durch einen besonderen

---

[1]) E. HUPKA, Ann. d. Phys. Bd. 31, S. 169. 1910 (Berliner Dissert.).

Spitzennebenschluß erfolgte. Das erforderliche höchste Vakuum wird durch die Absorptionswirkung von mit flüssiger Luft gekühlter Kokosnußkohle erreicht.

Die zwischen der Auslöseplatte K (Abb. 30), welche gleichzeitig die Kathode des statischen Feldes ist, und der Anode A beschleunigten Elektronen treten durch eine enge Öffnung in A in den von elektrischen Feldern freien Raum zwischen A und P ein. Ein Stück ihres Weges stehen sie unter Wirkung eines transversalen magnetischen Feldes $\mathfrak{H}$, welches die Elektronen aus ihrer geraden Bahn ablenkt, so daß sie auf einen Punkt x des Fluoreszenzschirmes P fallen. Im Strahlengang befindet sich, über die Öffnung eines Diaphragmas D gespannt, ein Fadenkreuz aus dünnen Metalldrähten: von ihm entsteht in dem Leuchtfleck auf P ein Schatten. Auf dieses Schattenkreuz wird das Okularfadenkreuz eines Mikroskops eingestellt.

HUPKA hat auf eine absolute Messung von $\dfrac{\varepsilon}{\mu}$ verzichtet und sich auf die Frage beschränkt, nach welcher Theorie $\dfrac{\varepsilon}{\mu_0}$ sich als unabhängig von der Geschwindigkeit ergibt. Hierdurch gelingt es, relativ hohe Genauigkeit zu erzielen, nicht allein deswegen, weil nur 2 Größen, nämlich das Beschleunigungspotential V und das ablenkende Magnetfeld $\mathfrak{H}$ zu messen sind, als vielmehr wesentlich durch den Umstand, daß die großen Unsicherheiten absoluter Feldmessungen und die Schwierigkeiten bei der Vermeidung von Streufeldern wegfallen. Die Theorie seines Versuches ist kurz folgende[1]:

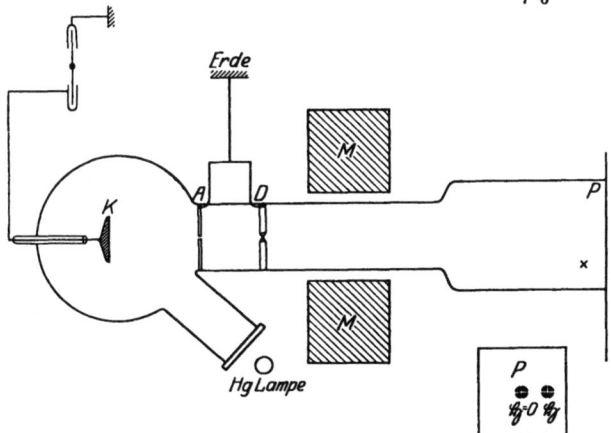

Abb. 30. Anordnung von E. HUPKA.

Ist ε die Ladung des infolge Beschleunigung durch das Potential V Volt sich mit v cm/sek bewegenden Elektrons, E seine kinetische Energie, K sein kinetisches Potential, $p = \dfrac{\partial K}{\partial v}$ der Impulsvektor, so lauten die Grundgleichungen für Energie und Impulsvektor

$$E = \varepsilon \cdot V \cdot 10^8 = p \cdot v - K, \qquad (1)$$

$$p = \varepsilon \mathfrak{H} \cdot r, \qquad (2)$$

r ist der Krümmungsradius der Elektronenbahn im Magnetfeld $\mathfrak{H}$.

Das kinetische Potential K lautet in der „Kugeltheorie" bzw. in der Relativitätstheorie

$$K = -\frac{3}{4}\mu_0 c^2 \left(\frac{c^2 - v^2}{2vc} \ln \frac{c+v}{c-v} - 1 \right) \quad \text{(Kugeltheorie)}, \qquad (3)$$

$$K = -\mu_0 c^2 \left(\sqrt{1 - \frac{v^2}{c^2}} - 1 \right) \quad \text{(Relativitätstheorie)}, \qquad (4)$$

---

[1] M. PLANCK, Phys. ZS. Bd. 7, S. 753. 1906.

wenn man mit c die Lichtgeschwindigkeit und μ_0 die Masse des Elektrons für die Geschwindigkeit 0 setzt (Ruhemasse). Bezeichnet man wie üblich $\beta = \dfrac{v}{c}$, so ergeben (1) und (3) bzw. (1) und (4)

$$V = \frac{27}{4} \cdot 10^{12} \cdot \frac{\mu_0}{\varepsilon} \left(\frac{1}{\beta} \ln \frac{1+\beta}{1-\beta} - 2 \right), \tag{5a}$$

bzw.

$$V = 9 \cdot 10^{12} \cdot \frac{\mu_0}{\varepsilon} \left(\frac{1}{\sqrt{1-\beta^2}} - 1 \right). \tag{5b}$$

Kennt man $\dfrac{\varepsilon}{\mu_0}$, so gestatten diese Gleichungen die Geschwindigkeit $v = \beta c$ zu berechnen, welche die Elektronen durch das Beschleunigungspotential V nach der ABRAHAMschen bzw. nach der LORENTZ-EINSTEINschen Theorie erlangen: man erhält β' aus (5a) und ein anderes β'' aus (5b).

Kombiniert man (2) mit (3) bzw. (4), und setzt für $p = \mu v$, wo dann μ die träge Masse des mit v cm/sek bewegten Elektrons ist, so erhält man

$$\frac{1}{c} \frac{\varepsilon}{\mu_0} \cdot \mathfrak{H} \cdot r = \frac{3}{4\beta'} \left(\frac{1+\beta'^2}{2\beta'} \ln \frac{1+\beta'}{1-\beta'} - 1 \right) \quad \text{für die Kugeltheorie} \tag{6a}$$

bzw.

$$\frac{1}{c} \frac{\varepsilon}{\mu_0} \mathfrak{H} \cdot r = \frac{\beta''}{\sqrt{1-\beta''^2}} \quad \text{für die Relativitätstheorie}. \tag{6b}$$

Tabelle 9. Auswahl aus den Messungen der Abb. 31.

Beschleunigungspotential in Volt	34 690	37 480	40 960	48 850	58 160	64 120
β (μ = konst.)	0,369383	0,383956	0,401382	0,438340	0,478289	0,502200
β (μ_0 ABRAHAM)	0,354880	0,367740	0,382940	0,414552	0,447762	0,467308
β (μ_0 LORENTZ-EINSTEIN)	0,351618	0,364071	0,378858	0,409398	0,441291	0,459817
$C \cdot \dfrac{\varepsilon}{\mu_0}$ (ABRAHAM)	2,6116	2,6111	2,6099	2,6093	2,6071	2,6063
$C \dfrac{\varepsilon}{\mu_0}$ (LORENTZ-EINSTEIN)	2,6204	2,6202	2,6202	2,6211	2,6206	2,6206
Beschleunigungspotential in Volt	68 700	73 500	77 500	79 920	82 780	88 400
β (μ = konst.)	0,519825	0,537675	0,552112	0,560675	0,570612	0,589671
β (μ_0 ABRAHAM)	0,481163	0,495125	0,506278	0,512816	0,520378	0,534559
β (μ_0 LORENTZ-EINSTEIN)	0,473121	0,486399	0,496970	0,503152	0,510305	0,523662
$C \cdot \dfrac{\varepsilon}{\mu_0}$ (ABRAHAM)	2,6045	2,6030	2,6025	2,6022	2,6018	2,6005
$C \dfrac{\varepsilon}{\mu_0}$ (LORENTZ-EINSTEIN)	2,6200	2,6201	2,6204	2,6205	2,6207	2,6206

Da auf der linken Seite außer $\dfrac{\varepsilon}{\mu_0}$ nur meßbare Größen stehen, kann man nun prüfen, ob für alle β' bzw. β'', d. h. für alle Beschleunigungspotentiale $V \dfrac{\varepsilon}{\mu_0}$ nach (6a) oder (6b) konstant, unabhängig von V wird.

In den Versuchen wird r stets konstant gehalten, indem durch Variation von $\mathfrak{H}$ für alle Beschleunigungspotentiale auf die gleiche Ablenkung des Elektronenstrahls eingestellt wird. Somit sind in der Tat nur V und $\mathfrak{H}$ zu messen.

Von den zahlreichen Messungen möge eine Reihe in Abb. 31 gegeben werden. Die Kreuze sind nach der LORENTZ-EINSTEINschen Theorie, die Punkte nach der ABRAHAMschen Theorie berechnet. Als Abszisse sind Kilovolt gemessener Beschleunigungsspannung, als Ordinate relative Werte für $\frac{\varepsilon}{\mu_0}$ aufgetragen. Man sieht in diesen (wie in allen anderen Messungen) die Konstanz von $\frac{\varepsilon}{\mu_0}$ nur für die nach (5b) bzw. (6b) berechneten Werte erfüllt: **die Versuche bestätigen die relativistische Formel für die Abhängigkeit der Masse von der Geschwindigkeit.**

Für die Beurteilung der Sicherheit dieses Ergebnisses ist wichtig, daß der Absolutwert von $\frac{\varepsilon}{\mu_0}$, welcher zur Berechnung von β' bzw. β'' angenommen werden muß, nicht wesentlich das Ergebnis beeinflußt. HUPKA rechnet mit $1{,}77 \cdot 10^7$, teils mit $1{,}80 \cdot 10^7$. Auch ein nicht zu großer, konstanter Fehler in der Spannungsmessung, dem trotz aller Vorsichtsmaßregeln und der Zuverlässigkeit der MÜLLERschen Methode und Messung bedenklichsten Punkt der Methode, kann das Ergebnis nicht leicht ändern. Wenn jedoch ein Fehler solcher Art in der Spannungsmessung liegt, daß sein Betrag eine bestimmte Abhängigkeit von der Spannungshöhe hat, so ist es leicht möglich, daß das Ergebnis der HUPKAschen Versuche ins Gegenteil verkehrt wird.

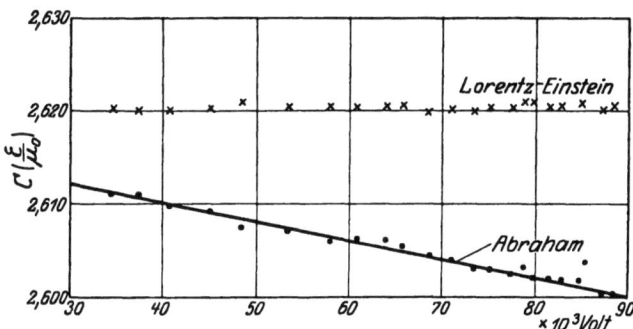

Abb. 31. $\frac{\varepsilon}{\mu_0}$ (Relativmessungen) als Funktion von V nach HUPKA.

Bemerkenswert in dieser Hinsicht dürfte sein, daß die Abweichungen zwischen der LORENTZ-EINSTEINschen Theorie und der ABRAHAMschen Theorie in den NEUMANNschen Versuchen wesentlich größer sind als in den von HUPKA für gleiche Bereiche von β. So ergeben sich folgende Vergleichszahlen:

Abweichung der LORENTZ-EINSTEINschen Theorie gegen die ABRAHAMsche			
für β (ungefähr)	0,4	0,49	0,51
nach NEUMANN	1,7 %	2,87%	3,2 %
nach HUPKA	0,47%	0,67%	0,76%

49. Die Untersuchungen von GUIJE, RATNOWSKI und LAVANCHY[1]) **über das Verhältnis der bewegten Masse zur Ruhemasse des Elektrons.** Dies sind die letzten bisher vorliegenden Untersuchungen über die Abhängigkeit der spezifischen Ladung der Kathodenstrahlen von ihrer Geschwindigkeit. Die — über viele Jahre sich erstreckenden — Versuche brachten das gleiche Ergebnis wie die eben genannten: Das Verhältnis $\frac{\mu_v}{\mu_0}$, welches die Experimente liefern,

---

[1]) CH.-EUG. GUIJE, S. RATNOWSKI u. CH. LAVANCHY, Mém. Soc. Phys. Genève Bd. 39, Fasc. 6, S. 273—364. 1921.

stimmt für alle Geschwindigkeiten im Bereiche $\beta = 0{,}2$ bis $0{,}5$ mit dem aus der Relativitätstheorie folgenden überein, während es von der ABRAHAMschen Theorie systematisch und in einem die Fehlergrenzen weit übersteigenden Maße abweicht.

Diese Versuche sind mit schnellen Kathodenstrahlen ausgeführt, welche bei den ersten Versuchsreihen aus einer mit hochfrequentem gleichgerichtetem Wechselstrom, bei den späteren Versuchsreihen mit Gleichstrom (Influenzmaschine) betriebenen selbständigen Entladung stammen. Wenn sich auch mit ersterer Methode — um das vorwegzunehmen — nicht Kathodenstrahlen völlig einheitlicher Geschwindigkeit herstellen lassen, so ergab sich hierdurch dennoch keine ernstliche Schwierigkeit: die Kapazität der Hochspannungsanordnung war genügend groß, um einen fast gleichstromartigen Betrieb der Röhre zu gewährleisten. Äußerst einheitlich und konstant waren die mit der Influenzmaschine erzeugten Kathodenstrahlen: Die Form des Fluoreszenzfleckes war mit und ohne Ablenkung genau die gleiche, womit übrigens auch der Beweis erbracht ist, daß die Röhre frei war von lokalen statischen Aufladungen, welche die Form des Strahles verzerren. Das Vakuum wurde in der vorher durch Erhitzen entgasten Röhre durch Pumpen konstant gehalten, Dämpfe durch Kühlung mit flüssiger Luft entfernt.

Die Methode, welche sich auf relative Messungen beschränkt, und die von den Verfassern als Methode der „Trajectoires identiques" bezeichnet wird, beruht auf folgender Theorie: Bezeichnet man mit μ und μ' die Massen der Elektronen bei den Geschwindigkeiten v und v' ($v' > v$), und mit $\mathfrak{H}$ und $\mathfrak{H}'$ zwei Magnetfelder, welche senkrecht zur Richtung von v wirkend, den gleichen Krümmungsradius der Kathodenstrahlen v und v' erzeugen (also $\mathfrak{H}' > \mathfrak{H}$), so folgt aus den Grundgleichungen

$$\frac{\mu' v'}{\mu v} = \frac{\mathfrak{H}'}{\mathfrak{H}} = \frac{J'}{J},$$

wenn J' und J die das Feld $\mathfrak{H}'$ bzw. $\mathfrak{H}$ in einer eisenfreien Spule erzeugenden Ströme sind.

Analog gilt für die identische Ablenkung im elektrischen Feld

$$\frac{\mu' v'^2}{\mu v^2} = \frac{\mathfrak{E}'}{\mathfrak{E}} = \frac{V'}{V},$$

wenn V' bzw. V die zur Erreichung gleicher elektrostatischer Ablenkung am Kondensator angelegten Spannungen sind. Hieraus folgt

$$\frac{\mu'}{\mu} = \frac{J'^2 V}{J^2 V'} \quad \text{und} \quad \frac{v'}{v} = \frac{JV'}{J'V}.$$

Zur Beantwortung der gestellten Frage ist also $\dfrac{\mu'}{\mu}$ unmittelbar bestimmbar; dagegen bedarf die absolute Messung der Geschwindigkeit v', deren Einfluß auf das Verhältnis $\dfrac{\mu'}{\mu}$ untersucht werden soll, einer besonderen Diskussion: denn mindestens eine der Geschwindigkeiten v und v' muß absolut bekannt sein.

Dies ist möglich, wenn die Größe $\frac{\varepsilon}{\mu_0}$ selbst bekannt ist. Die elektrische Ablenkung y ist:

$$y = C \cdot \frac{\varepsilon V}{\mu v^2}.$$

Durch Kombination dieser Ablenkungsbeziehung mit der Geschwindigkeitsbeziehung für sehr langsame Strahlen der Voltgeschwindigkeit U

$$U\varepsilon = \frac{1}{2}\mu'' \cdot v^2; \quad v = \sqrt{2U\frac{\varepsilon}{\mu''}}$$

ergibt sich die Ablenkungskonstante C und wieder v:

$$C = 2\frac{U}{V} \cdot \frac{\mu}{\mu''} \cdot y; \quad v = \sqrt{\frac{C}{y}\frac{\varepsilon}{\mu_0} \cdot \frac{\mu_0}{\mu}V}.$$

Es ist also möglich, jedes v absolut zu erhalten, wenn man kennt:

$$U, \quad \frac{\varepsilon}{\mu_0}, \quad \frac{\mu}{\mu''}, \quad \frac{\mu_0}{\mu}.$$

Man bestimmt zunächst C mit langsamen Kathodenstrahlen, welche durch eine sehr exakt gemessene niedere Spannung U ihre Geschwindigkeit erhalten haben. Durch passende Wahl von V, der Ablenkungsspannung, erreicht man es, daß die Bahn der langsamen Strahlen dieselbe ist wie die der schnellen, so daß also die Konstante C wirklich für alle Versuche die gleiche ist. Für diese langsamen Strahlen ist aber nun v berechenbar, denn für sie ist μ'' sehr nahe gleich μ_0, und das Verhältnis $\frac{\mu_0}{\mu''}$ ist nach den beiden zu vergleichenden Theorien nur wenig verschieden. Hat man aber ein v absolut gemessen, so hat man damit jedes andere v' (vgl. oben) auch. Für den Absolutwert von $\frac{\varepsilon}{\mu_0}$ ist anfangs 1,86, später $1,77 \cdot 10^7$ eingesetzt: in der Geschwindigkeitsabhängigkeit macht diese große Differenz der Absolutwerte nur etwa 1 bis 2⁰/₀₀ Unsicherheit aus. Das Experiment liefert also $\frac{\mu'}{\mu} = \frac{\mu'}{\mu_0} \cdot \frac{\mu_0}{\mu} = f(v')$, und somit die Möglichkeit des Vergleiches mit den Theorien von LORENTZ-EINSTEIN

$$\frac{\mu'}{\mu_0} = \frac{1}{\sqrt{1-\beta^2}}$$

bzw. ABRAHAM

$$\frac{\mu'}{\mu_0} = \frac{3}{4\beta^2}\left[\frac{1+\beta^2}{2\beta}\ln\frac{1+\beta}{1-\beta} - 1\right].$$

Bei den endgültigen Versuchen wurde ein wenig abweichend von der vorstehend skizzierten Theorie verfahren: die Einstellung genau gleicher Ablenkungen verbrauchte zu viel Zeit. Daher wurde mit ungefähr gleichen Ablenkungen („trajectoires presque identiques") gearbeitet, nachdem durch Vorversuche die Beziehung zwischen Ablenkung und Feldstärke empirisch ermittelt war; die Unterschiede der Strahlenwege waren dabei stets doch so klein, daß Feldverzerrungen u. dgl. keine besondere Berücksichtigung erforderten.

Die endgültigen — von GUIJE und LAVANCHY ausgeführten — Versuche sind mit einer Röhre folgender Art (Abb. 32) gemacht. K ist eine Aluminiumkathode, A die Anode. Innerhalb der geerdeten Anode befanden sich eine Blende sowie die Platten PP des elektrischen Ablenkungsfeldes. Verschlossen war das Rohr mit einer mit Kalziumwolframat bedeckten Platte F. Die Länge des Rohres war 80 cm, der Durchmesser des Entladungsrohrs 3 cm, der des Ablenkungsrohres 8 cm. Beide waren mit einem Schliff zusammengesetzt. Das ganze Rohr war außen mit geerdeten Metallfolien bedeckt, um jede elektrostatische Beeinflussung zu vermeiden. Die Anordnung saß in einem großen Holzrahmen, welcher geeignete große Spulen trug, um das Erdfeld vollkommen zu kompensieren. Der Fluoreszenzfleck wurde — unter gleichzeitiger Aufnahme von Ausmessungsmarken — photographiert; in 5 Sek. (bei der schnellsten Geschwindigkeit in 10 Sek.) konnten je zwei magnetische und elektrische Ablenkungen photographiert werden, so daß der gesamte Entladungszustand des Kathodenstrahlrohres in dieser Zeit wohl als unverändert anzusehen war.

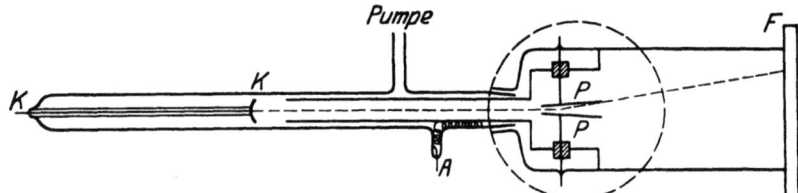

Abb. 32. Entladungsrohr von GUIJE, RATNOWSKI und LAVANCHY.

Die Ergebnisse, die in der folgenden Tabelle enthalten sind, sprechen sehr eindeutig für die LORENTZ-EINSTEINsche und gegen die ABRAHAMsche Theorie. An 200 Aufnahmen mit Geschwindigkeiten bis zu 140 000 Volt wurden ausgewertet:

Tabelle 10. Versuche von GUIJE und LAVANCHY.

Nach LORENTZ-EINSTEIN				nach ABRAHAM			
$\beta' = \dfrac{v'}{c}$	$\dfrac{\mu'}{\mu_0}$ beob.	$\dfrac{\mu'}{\mu_0}$ ber.	Δ	β'	$\dfrac{\mu'}{\mu_0}$ beob.	$\dfrac{\mu'}{\mu_0}$ ber.	Δ
0,2279	—	1,027	—	0,2286	—	1,021	—
0,2581	1,041	1,035	+0,006	0,2588	1,035	1,027	+0,008
0,2808	1,042	1,042	±0,000	0,2816	1,036	1,033	+0,003
0,3029	1,046	1,049	−0,003	0,3038	1,040	1,039	+0,001
0,3098	1,048	1,052	−0,004	0,3107	1,042	1,040	+0,002
0,3159	1,054	1,054	±0,000	0,3168	1,048	1,042	+0,006
0,3251	1,059	1,058	+0,001	0,3260	1,053	1,045	+0,008
0,3302	1,063	1,060	+0,003	0,3311	1,057	1,047	+0,010
0,3356	1,060	1,062	−0,002	0,3365	1,054	1,049	+0,005
0,3433	1,066	1,065	+0,001	0,3443	1,060	1,051	+0,009
0,3462	1,065	1,066	−0,001	0,3472	1,059	1,053	+0,006
0,3551	1,070	1,069	+0,001	0,3561	1,064	1,055	+0,009
0,3630	1,067	1,073	−0,006	0,3640	1,061	1,058	+0,003
0,3813	1,079	1,082	−0,003	0,3824	1,072	1,065	+0,007
0,3894	1,085	1,086	−0,001	0,3905	1,078	1,069	+0,009
0,3972	1,091	1,090	+0,001	0,3985	1,084	1,072	+0,012
0,4044	1,096	1,094	+0,002	0,4055	1,089	1,074	+0,015
0,4097	1,101	1,096	+0,005	0,4108	1,094	1,077	+0,017

Fortsetzung der Tabelle 10.

Nach Lorentz-Einstein				nach Abraham			
$\beta' = \dfrac{v'}{c}$	$\dfrac{\mu'}{\mu_0}$ beob.	$\dfrac{\mu'}{\mu_0}$ ber.	Δ	β'	$\dfrac{\mu'}{\mu_0}$ beob.	$\dfrac{\mu'}{\mu_0}$ ber.	Δ
0,4147	1,100	1,099	+0,001	0,4159	1,093	1,079	+0,014
0,4186	1,100	1,101	−0,001	0,4198	1,093	1,080	+0,013
0,4270	1,110	1,106	+0,004	0,4282	1,103	1,084	+0,019
0,4382	1,114	1,112	+0,002	0,4394	1,107	1,089	+0,018
0,4468	1,120	1,117	+0,003	0,4481	1,113	1,093	+0,020
0,4591	1,122	1,126	−0,004	0,4604	1,115	1,099	+0,016
0,4714	1,137	1'134	+0,003	0,4727	1,130	1,105	+0,025
0,4829	1,139	1,142	−0,003	0,4842	1,132	1,10	+0,021

50. Zusammenfassung der Ergebnisse der $\dfrac{\varepsilon}{\mu}$-Bestimmungen. Die folgende Tabelle gibt — geordnet nach der Methode der Erzeugung der bewegten Elektronen — eine Übersicht über die wesentlichsten Messungen. Darin sind die Werte hervorgehoben, deren Sicherheit besonders groß zu sein scheint. Allerdings ist stets zu beachten, daß keine der Methoden gänzlich frei ist von möglichen kleinen Fehlerquellen.

Da für viele Berechnungen der Wert von $\dfrac{\varepsilon}{\mu_0}$ erforderlich ist, möge empfohlen sein, bis auf weiteres als wahrscheinlichsten Wert anzusetzen

$$\dfrac{\varepsilon}{\mu_0} = 1{,}766 \cdot 10^7 \text{ elm Einh.} \cdot \text{gr}^{-1} = 5{,}298 \cdot 10^{17} \text{ elstat. Einh.} \cdot \text{gr}^{-1}$$

Für das Elementarquantum der Elektrizität wird man zur Zeit wohl den Millikanschen Wert als wahrscheinlichsten Wert anzusehen haben. Aus diesem, $\varepsilon = 4{,}77_4 \cdot 10^{-10}$ elstat. Einh., und dem vorstehenden $\dfrac{\varepsilon}{\mu_0}$-Wert folgt somit die Ruhemasse des Elektrons zu

$$\mu_0 = 9{,}003 \cdot 10^{-28} \text{ gr}.$$

Aus der elektrochemischen Faradaykonstanten $F = 9650$ elm. Einh.[1]) und dem Elementarquantum ε folgt die Zahl der Moleküle pro Mol $N = \dfrac{F \cdot c}{\varepsilon}$

$$N = 6{,}062 \cdot 10^{23}$$

Aus der Loschmidtschen Zahl N folgt die Atomgewichtseinheit, d. h. $1/_{32}$ des Molekulargewichts des Sauerstoffmoleküls, in Gramm

$$m_0 = 1{,}649 \cdot 10^{-24},$$

bzw. das Gewicht des Wasserstoffatoms zu

$$m_H = 1{,}663 \cdot 10^{-24},$$

---

[1]) Für Atomgewicht des Silbers 107,88; für elektrochem. Äquivalent 0,01118 g Silber.

Tabelle 11. Zusammenstellung aller $\frac{\varepsilon}{\mu_0}$-Messungen.

Methode	Verfasser	Ergebnis ($\times 10^{-7}$) elektro-magnet. Einh.	Bemerkungen
β-Strahlen gleichzeitige Ablenkung in gekreuztem elektrischen und magnetischen Feld	W. Kaufmann 1901 1902 1906	$\frac{\varepsilon}{\mu_0} = 1{,}84$ 1,77 nach Abraham 1,823 nach Lorentz 1,660	Abweichungen der Ergebnisse von beiden Theorien größer als die angenommene Meßgenauigkeit
β-Strahlen elektr. u. magnetische Kompensation; magnetische Ablenkung	A. H. Bucherer 1909 K. Wolz 1909 Neumann-Schaefer 1914 1916	nach Lorentz $1{,}766 \pm \frac{1}{2}\%$ nach Abraham 1,701 nach Lorentz $1{,}770 \pm \frac{1}{2}\%$ nach Lorentz $1{,}767 \pm \frac{1}{5}\%$	β-Bereich 0,3 bis 0,5 β-Bereich 0,5 bis 0,7 β-Bereich 0,35 bis 0,85 sehr gute Bestätigung der Lorentz-Einsteinschen Massenabhängigkeit
Zeemaneffekt (vgl. d. vollst. Tabelle S. 59)	Gmelin Fortrat	$1{,}770 \pm 0{,}005$ $1{,}763 \pm 0{,}003$	
Spektroskopisch aus der Rydberg-Konstanten für Wasserstoff und Helium	Paschen (exp.) Bohr-Sommerfeld (Fluor)	$1{,}7686 \pm 0{,}003$	Neu berechn. m. Heliumatomgewicht $4{,}001 \pm 0{,}0017$
Lichtelektrische Elektronen	E. Alberti 1912	(1,7561) 1,766	Eingeklammerter Wert ohne Feldkorrektion nach Normal d. P.T.R. red. nach Lorentz-Einstein
Oxydelektronen	J. Classen 1908	$1{,}773 \pm 0{,}004$	1000- und 4000-Voltstrahlen
,,	A. Bestelmeyer 1911	1,766	870-Voltstrahlen
Langsame Kathodenstrahlen	M. Malassez 1911	1,769	$\beta = 0{,}26$

oder das Verhältnis von Einheits- bzw. Wasserstoffmasse zu Elektronenmasse zu

$$\frac{m_0}{\mu_0} = 1834 \qquad \frac{m_H}{\mu_0} = 1848.$$

Die Abhängigkeit der Elektronenmasse von der Geschwindigkeit, welche sich aus allen Experimenten in ungefähr gleichem Betrage ergibt, stimmt am besten überein mit der von den Theorien von H. A. Lorentz und A. Einstein gegebenen Geschwindigkeitsfunktion.

51. Der Radius des Elektrons der Masse μ_0. Nach dem sog. Äquivalenzsatze besteht zwischen der Masse eines Körpers und seinem Energiegehalte die Beziehung

$$\mu_0 = \frac{E}{c^2}.$$

Wenn das Elektron als eine durchaus gleichmäßige, homogene „Ladungs"kugel der Ladung ε angesehen wird, so ist seine Energie, wenn r der Radius dieses Kugelelektrons ist,

$$\frac{\varepsilon^2}{r}$$

oder seine Masse

$$\mu_0 = \frac{\varepsilon^2}{r \cdot c^2},$$

folglich der „Radius"

$$r = \frac{1}{c^2} \frac{\varepsilon}{\mu_0} \cdot \varepsilon.$$

Mit $\frac{\varepsilon}{\mu_0} = 1{,}77 \cdot 10^7$ elm. Einh. $= 5{,}31 \cdot 10^{17}$ elstat. Einh., $\varepsilon = 4{,}77 \cdot 10^{-10}$ elstat. Einh. und $c = 2{,}998 \cdot 10^{10}$ cm·sec^{-1} ergibt sich

$$r = 2{,}82 \cdot 10^{-13} \text{ cm}.$$

Kapitel 2.

Atomkerne.

Mit 41 Abbildungen.

A. Kernladung.

Von

K. PHILIPP, Berlin-Dahlem.

1. Das THOMSONsche Atommodell. Die Erscheinungen in Entladungsröhren, insbesondere die Entdeckung der Elektronen und der Nachweis, daß ihre Masse viel kleiner ist als die Masse irgendeines bekannten Atoms, sind der Ausgangspunkt der ganzen modernen Atomtheorie gewesen. Denn hier lagen experimentelle Tatsachen vor, die zwingend zu der Annahme führten, daß die Elektronen Bestandteile der Atome, die Atome selbst also noch komplizierte Gebilde sein müssen. Der erste, der diesen Gedanken mit allen Konsequenzen durchführte und auch schon zeigte, daß man durch geeignete Konfigurationen von positiv und negativ geladenen Teilchen die Eigenschaften der wirklichen Atome darstellen könne, war J. J. THOMSON[1]). Er ging dabei von der Annahme aus, daß das Atom aus einer positiv elektrischen Ladung besteht, die eine Kugel vom Durchmesser des Atoms gleichmäßig ausfüllt, und in der eine Anzahl Z von negativen Teilchen von gleicher Gesamtladung eingebettet sind. THOMSON wies auch schon den Weg, der es ermöglichte, die Anzahl der positiv bzw. negativ geladenen Bestandteile in einem Atom abzuschätzen. Von den von ihm für diesen Zweck angegebenen drei Methoden sei hier nur die Methode der Ablenkung der Kathodenstrahlen bei ihrem Durchgang durch Materie angeführt. Die Größe der Ablenkung, welche ein bewegtes negatives Teilchen, das sehr nahe an einem Atom vorbeigeht, erfährt, wird in der THOMSONschen Theorie nur als von den negativen Atombestandteilen herrührend betrachtet. Die unter diesem Gesichtspunkt ausgeführten Streuungsmessungen (s. Ziff. 14) ergaben, daß die Zahl der Elektronen im Atom klein und etwa von der Größenordnung des Atomgewichts sein müsse. Als man aber die Streuungsversuche auch auf α-Strahlen ausdehnte, ergaben sich Resultate, die mit der THOMSONschen Theorie unvereinbar waren. GEIGER und MARSDEN[2]) fanden nämlich im Jahre 1909 bei Streuungsversuchen an α-Strahlen außerordentlich große Ablenkungen, die etwa 90° und darüber betrugen. Das Verhältnis der Zahl dieser reflektierten Teilchen zu der Gesamtzahl der in den Beobachtungsraum fallenden Teilchen war 1:8000. In einer späteren Arbeit von GEIGER[3]) wurde der wahrscheinlichste Ablenkungswinkel unter den verwendeten Bedingungen (Goldfolie von 0,00004 cm Dicke) zu 0,87° bestimmt. Der durchschnittliche Ablenkungswinkel ist nur um

---

[1]) J. J. THOMSON, Phil. Mag. Bd. 11, S. 769. 1906.
[2]) H. GEIGER u. E. MARSDEN, Proc. Roy. Soc. London (A) Bd. 82, S. 495. 1909.
[3]) H. GEIGER, Proc. Roy. Soc. London (A) Bd. 83, S. 492. 1910.

weniges größer. Da die Wahrscheinlichkeit, daß zahlreiche kleine Ablenkungen, wie sie die THOMSONsche Theorie voraussetzt, sich zu einer sehr großen Ablenkung summieren, viel kleiner ist, als die von GEIGER und MARSDEN tatsächlich beobachtete Zahl großer Ablenkungen, so schloß RUTHERFORD[1]), daß derartig große Ablenkungen durch einen einzigen besonders günstigen Zusammenstoß zustande kämen. Die dabei ins Spiel tretenden Kräfte müssen wegen der großen Energie des α-Teilchens außerordentlich groß sein. Setzt man voraus, daß die wirksamen Kräfte Abstoßungskräfte sind, die nach dem COULOMBschen Gesetz wirken, so folgt wegen der positiven Ladung des α-Teilchens, daß seine Ablenkung durch den positiven Atombestandteil erfolgen muß, wobei, um die nötige Größe der abstoßenden Kräfte zu erhalten, α-Teilchen und positiver Atombestandteil einander sehr nahe kommen müssen, d. h. der positive Atomanteil muß innerhalb außerordentlich kleiner Dimensionen konzentriert sein. Auf Grund derartiger Vorstellungen gelangte RUTHERFORD zur Aufstellung seines für die Erforschung des Aufbaus der Materie so grundlegend gewordenen Atommodells.

2. Das RUTHERFORDsche Atommodell. Das RUTHERFORDsche Atommodell ist auf folgenden Annahmen aufgebaut. Das im ganzen elektrisch neutrale Atom besteht aus dem positiv geladenen Kern, der, in einem sehr kleinen Raum konzentriert, Träger der Atommasse ist. Um den Kern sind in Abständen, die den gaskinetischen Atomdimensionen entsprechen, ebenso viele Elektronen angeordnet als der Kern positive Ladungen trägt. Wegen seiner so geringen Ausdehnung kann der Kern als Punktladung betrachtet werden. Das von ihm in der Entfernung r erzeugte elektrische Feld X und das Potential V sind dann durch nachfolgende Gleichungen gegeben, wenn R den gaskinetischen Wirkungsradius des Atoms und $Z \cdot e$ die positive Kernladung (e = elektrisches Elementarquantum) bedeuten.

$$X = Ze\left(\frac{1}{r^2} - \frac{r}{R^3}\right), \quad (1)$$

$$V = Ze\left(\frac{1}{r} - \frac{3}{2R} + \frac{r^2}{2R^3}\right). \quad (2)$$

Stößt nun ein α-Teilchen von der Masse m, der Ladung E und der Geschwindigkeit u mit einem solchen Atom zusammen, so wird es von der positiven Kernladung abgestoßen. Für den Fall, daß der Stoß ein zentraler, d. h. auf den Kern gerichtet ist, ist die Entfernung b vom Kern, in der das α-Teilchen die Geschwindigkeit Null hätte, durch die Bedingung bestimmt

$$\frac{1}{2} m u^2 = E V = Ze E\left(\frac{1}{b} - \frac{3}{2R} + \frac{b^2}{2R^3}\right). \quad (3)$$

Die überaus großen Kräfte, die zur Erzeugung großer Ablenkungen notwendig sind, könnten prinzipiell durch zwei Annahmen erklärt werden:
1. die Kernladung $Z \cdot e$ ist sehr groß;
2. das Teilchen kann dem Kern sehr nahe kommen, die Entfernung b ist also sehr klein, d. h. der Atomkern, der Träger der positiven Ladung, ist von außerordentlich kleinen Dimensionen, welche Voraussetzung ja schon den angegebenen Gleichungen zugrunde liegt.

Wie schon erwähnt, hatte THOMSON bereits 1906 aus Streuungsmessungen an Röntgen- und Kathodenstrahlen nachgewiesen, daß die Zahl der Elektronen von der Größenordnung des Atomgewichtes ist. Die Kernladung $Z \cdot e$ kann

---

[1]) E. RUTHERFORD, Phil. Mag. Bd. 21, S. 669. 1911.

daher nicht sehr groß sein, also muß man sich für die zweite Annahme entscheiden. Nimmt man in Gleichung (3) b als sehr klein verglichen mit R an, so wird

$$b = \frac{Z \cdot e \cdot E}{\frac{1}{2} m u^2}. \qquad (4)$$

Aus dieser Gleichung läßt sich b berechnen. So wird z. B. für den Fall, daß ein α-Teilchen des Radium C mit einer Geschwindigkeit von $u = 1,92 \cdot 10^9$ cm/sek in das Innere eines Atoms mit der Kernladung 100 e eindringt, $b = 3,7 \cdot 10^{-12}$ cm. Dieser Wert stellt zugleich eine obere Grenze für den Kernradius dar. Da der Atomradius von der Größenordnung 10^{-8} cm ist, sieht man, daß das α-Teilchen so nahe an den Kern herankommt, daß der Einfluß der Elektronen auf die Ablenkung vernachlässigt werden kann. DARWIN[1]) hat diesen Einfluß in seiner Theorie der Streuung der α-Teilchen berücksichtigt. Es zeigt sich aber, daß bei Ablenkungen von größer als 1° in erster Annäherung nur die abstoßende Wirkung der positiven Kernladung in Rechnung zu stellen ist.

3. Theorie der Streuung. Durch Heranziehung der obigen Gleichungen konnte RUTHERFORD eine experimentell prüfbare Theorie der Streuung der α-Strahlen entwickeln. Unter der Wirkung der Kernladung eines getroffenen Atoms muß die Bahn des α-Teilchens eine Hyperbel sein, in deren äußerem Brennpunkt der Kern des ablenkenden Atoms sich befindet (s. Abb. 1). Die Bewegungsrichtungen des einfallenden und des abgelenkten α-Teilchens bilden die Asymptoten PO und OP'. Ist nun p das Lot von S auf PN, u die Geschwindigkeit des Teilchens beim Eintritt in das Atom und v

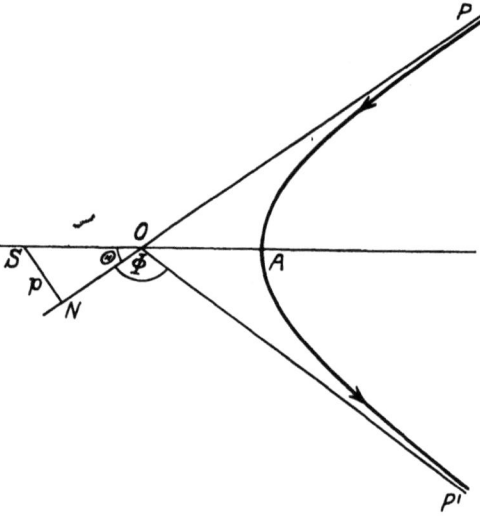

Abb. 1. Ablenkung des stoßenden α-Teilchens durch den getroffenen Atomkern.

die Geschwindigkeit in dem Scheitelpunkte A, so ist nach dem Flächensatz

$$p \cdot u = SA \cdot v. \qquad (5)$$

Nach dem Energiesatz ist

$$\frac{1}{2} m v^2 = \frac{1}{2} m u^2 - \frac{Z e E}{SA}, \qquad (6)$$

wobei $\frac{Z e E}{SA}$ die potentielle Energie des α-Teilchens im Punkte A bedeutet, also ist

$$v^2 = u^2 \left(1 - \frac{b}{SA}\right), \quad \text{wo nach Gleichung (4)} \quad b = \frac{Z e E}{\frac{1}{2} m u^2} \quad \text{ist.} \qquad (7)$$

Da SO die Brennweite und OA die reelle Halbachse der Hyperbel sind, so ergibt sich, wenn man den Asymptotenwinkel POA mit Θ bezeichnet,

$$SA = SO + OA = p \operatorname{cosec} \Theta + p \cdot \operatorname{ctg} \Theta$$
$$= p \operatorname{cosec} \Theta (1 + \cos \Theta) = p \cdot \operatorname{ctg} \frac{\Theta}{2}.$$

---
[1]) C. G. DARWIN, Phil. Mag. Bd. 23, S. 914. 1912.

Aus Gleichung (5) und (7) folgt
$$p^2 = SA(SA - b) = p \operatorname{ctg} \frac{\Theta}{2} \left(p \operatorname{ctg} \frac{\Theta}{2} - b\right),$$
also ist
$$b = 2p \cdot \operatorname{ctg} \Theta.$$
Nun ist der Ablenkungswinkel $\Phi = \pi - 2\Theta$, also ist
$$\operatorname{ctg} \frac{\Phi}{2} = \frac{2p}{b} \qquad (8)$$
und
$$SA = \frac{b}{2 \sin \Phi/2} (1 + \sin \Phi/2).$$

Man sieht aus Gleichung (8), daß der Ablenkungswinkel Φ für gleiche Werte von b nur von der Größe p abhängt und um so größer wird, je kleiner p ist, d. h. je kleiner der Normalabstand des ablenkenden Atomkerns von der ursprünglichen Bahn des α-Teilchens ist. Z. B. wird für p gleich Null Φ gleich 180°. Das ist der größte mögliche Ablenkungswinkel. SA ist der kleinste Abstand vom Kern für jedes Teilchen, das eine Ablenkung um den Winkel Φ erfährt. Für $\Phi = 180°$ wird $SA = b$, d. h. b stellt den Minimalwert der Entfernung dar, bis zu dem ein Teilchen mit vorgegebener Geschwindigkeit, Masse und Ladung sich dem ablenkenden Atomkern nähern kann. Denn die Größe b ist nur durch die Masse, Ladung und Geschwindigkeit des stoßenden Teilchens und die Ladung des ablenkenden Kerns gegeben, also von Φ und p unabhängig.

Nachstehende Zusammenstellung ergibt den Ablenkungswinkel Φ für verschiedene Werte von p/b.

$p/b =$	10	5	2	1	0,5	0,25	0,125
$\Phi =$	5,7°	11,4°	28°	53°	90°	127°	152°

Wir wollen nun ein Bündel α-Teilchen betrachten, das senkrecht auf eine dünne Folie von der Dicke t fällt. Ist λ die mittlere freie Weglänge des α-Teilchens auf seinem Wege t durch die Folie, so ist die Zahl seiner Zusammenstöße $z = t/\lambda$. Aus der kinetischen Gastheorie folgt der Wert $\lambda = \frac{1}{\pi R^2 n}$, wo R den Radius des getroffenen Atomes und n die Zahl der Atome im Einheitsvolumen bedeuten. Es ist also
$$z = \pi R^2 n t. \qquad (9)$$
Die Zahl m der Zusammenstöße, bei denen ein α-Teilchen in ein Atom innerhalb eines Kugelraumes vom Radius p eindringt, wo p wieder der Normalabstand der Einfallsrichtung vom Atomkern sein soll, ist entsprechend
$$m = \pi p^2 n t$$
und die Zahl der Stöße, für die das Eindringungsgebiet gerade zwischen den Radien p und $p + dp$ liegt, ist
$$dm = 2\pi p n t \, dp.$$
Aus Gleichung (8) folgt dann
$$dm = \frac{\pi}{4} \cdot n \cdot t \cdot b^2 \operatorname{ctg} \frac{\Phi}{2} \operatorname{cosec}^2 \frac{\Phi}{2} \, d\Phi. \qquad (10)$$
Der Wert dm gibt also den Bruchteil aller α-Teilchen an, deren Ablenkungswinkel zwischen Φ und $\Phi + d\Phi$ liegen. Den Anteil ϱ, der um einen größeren

Winkel als Φ abgelenkt wird, erhält man durch Integration der Gleichung (10) zwischen den Grenzen Φ und π. Daher ist

$$\varrho = \frac{\pi}{4} \cdot n \cdot t \cdot b^2 \operatorname{ctg}^2 \frac{\Phi}{2} \qquad (11)$$

und entsprechend der Anteil ϱ', der zwischen die Winkel Φ_1 und Φ_2 fällt,

$$\varrho' = \frac{\pi}{4} \cdot n t b^2 \left(\operatorname{ctg}^2 \frac{\Phi_1}{2} - \operatorname{ctg}^2 \frac{\Phi_2}{2} \right). \qquad (12)$$

Die Gleichung (10) läßt sich nun experimentell prüfen. Sie soll jedoch mit Rücksicht auf die Versuchsanordnung in anderer Form geschrieben werden. Beim Experiment fällt ein paralleles α-Strahlenbündel auf eine dünne Folie, die vor der Strahlenquelle angebracht ist. In einer Entfernung r von dieser Streufolie befindet sich ein Zinksulfidschirm. Es werden dann die α-Teilchen gezählt, die auf das konstante Flächenstück auffallen, das durch das Gesichtsfeld des benutzten Mikroskops begrenzt ist. Durch die Lage des Flächenstücks ist immer ein bestimmter Winkel Φ mit der Richtung der auf die Folie auftreffenden α-Teilchen gegeben. Ist nun Q die Gesamtzahl der auf die Folie auftreffenden Teilchen, so ist die Zahl y der auf die Einheitsfläche des Zinksulfidschirms unter einem Ablenkungswinkel Φ fallenden Teilchen

$$y = \frac{Q \, dm}{2 \pi r^2 \sin \Phi \, d\Phi}.$$

Setzt man den Wert für dm nach Gleichung (10) ein, so erhält man nach geeigneter Umformung der Winkelausdrücke

$$y = \frac{n t b^2 Q \operatorname{cosec}^4 \Phi/2}{16 r^2}, \quad \text{wo nach (4)} \quad b = \frac{Z e E}{\frac{1}{2} m u^2}. \qquad (13)$$

Diese Gleichung ist unter der Annahme abgeleitet, daß das streuende Atom sich in Ruhe befindet. Berücksichtigt man jedoch nach DARWIN[1]) die Bewegung des gestoßenen Atoms, so muß $\operatorname{cosec}^4 \Phi/2$ ersetzt werden durch

$$\operatorname{cosec}^4 \frac{\Phi}{2} - 2 \left(\frac{m}{M} \right)^2 + \left(1 - \frac{3}{2} \sin^2 \Phi \right) \left(\frac{m}{M} \right)^4 + \cdots, \qquad (14)$$

wo m = Masse des α-Teilchens und $M > m$ angenommen ist. Es ergibt sich also aus (13), daß die Zahl der Szintillationen pro Einheitsfläche des Zinksulfidschirms in einer gegebenen Entfernung r von der streuenden Folie in erster Annäherung

1. direkt proportional $\operatorname{cosec}^4 \Phi/2$ oder $1/\Phi^4$, wenn Φ klein,
2. ,, ,, der Dicke t der Folie, wenn diese dünn ist,
3. ,, ,, dem Quadrat der Kernladung $Z \cdot e$,
4. umgekehrt proportional der 4. Potenz der Geschwindigkeit, da für die bei α-Teilchen auftretenden Geschwindigkeiten m konstant ist.

Eine notwendige Bedingung für die Gültigkeit der vorstehend gegebenen Berechnung ist die Voraussetzung, daß jedes α-Teilchen innerhalb der Folie nur einen Zusammenstoß erleidet. Man muß daher die Dicke t der Folie so wählen, daß ein zweiter Zusammenstoß äußerst unwahrscheinlich ist. Ist z. B. für ein bestimmtes t die Wahrscheinlichkeit eines Zusammenstoßes $1/1000$, so ist die Wahrscheinlichkeit dafür, daß dasselbe Teilchen bei seinem Durchgang durch diese Folie noch einen zweiten Zusammenstoß erleidet, 10^{-6}.

---

[1]) C. G. DARWIN, Phil. Mag. Bd. 27, S. 499. 1914.

4. Vergleich von Einfach- und Vielfachstreuung. Wie schon erwähnt, ist ja die Grundlage der RUTHERFORDschen Berechnung die Tatsache, daß die Wahrscheinlichkeit für irgendeine gegebene Ablenkung bei einer Einfachstreuung immer erheblich größer ist als bei einer Vielfachstreuung. Der Unterschied ist um so größer, ein je kleinerer Teil der Gesamtzahl der Teilchen um einen gegebenen Winkel abgelenkt wird. Die Verteilung der abgelenkten Teilchen ist bei dünnen Folien daher durch die Gesetze der Einfachstreuung beherrscht. RUTHERFORD zeigt dies sehr übersichtlich durch folgende kleine Rechnung: Aus der THOMSONschen Theorie der Vielfachstreuung[1]) erhält man unter Zugrundelegung des RUTHERFORDschen Atommodells für den durchschnittlichen Ablenkungswinkel bei einem Zusammenstoß den Ausdruck

$$\Theta = \frac{3\pi b}{8 R}$$

und für die durchschnittliche Gesamtablenkung Θ_t beim Durchgang durch eine Folie von der Dicke t [vgl. Gleichung (9)]

$$\Theta_t = \Theta \sqrt{z} = \frac{3\pi b}{8 R}\sqrt{\pi R^2 n t} = \frac{3\pi b}{8}\sqrt{\pi n t}.$$

Ferner ist die Wahrscheinlichkeit p_1, daß eine Ablenkung größer als Φ ist:

$$p_1 = e^{-\Phi^2/\Theta_t^2}. \tag{15}$$

Setzt man den obigen Wert für Θ_t ein, so erhält man

$$\log p_1 = -\frac{64\, \Phi^2}{9\pi^3 b^2 n t}.$$

Andererseits ist nach Gleichung (11) für eine Einfachstreuung die Wahrscheinlichkeit p_2, daß eine Ablenkung größer als Φ ist,

$$p_2 = \frac{\pi}{4} b^2 n t \operatorname{ctg}^2 \frac{\Phi}{2}. \tag{16}$$

Aus den beiden Gleichungen für p_1 und p_2 ergibt sich

$$p_2 \cdot \log p_1 = -0{,}180\, \Phi^2 \operatorname{ctg}^2 \frac{\Phi}{2}.$$

Für kleine Winkel Φ ist $\operatorname{tg} \Phi/2 = \Phi/2$, also erhält man die einfache Beziehung

$$p_2 \cdot \log p_1 = -0{,}721. \tag{17}$$

Für $p_2 = 0{,}1$ folgt hieraus $p_1 = 0{,}0004$, aber für $p_2 = 0{,}5$ ergibt sich $p_1 = 0{,}24$, also ein ziemlich bedeutender Einfluß der Vielfachstreuung. Setzt man in erster Annäherung für die Wahrscheinlichkeit q des kombinierten Effektes

$$q = (p_1^2 + p_2^2)^{1/2},$$

dann ist für $q = 0{,}5$

$$p_1 = 0{,}2.$$
$$p_2 = 0{,}46.$$

5. Vergleich der Theorie mit alten Streuungsmessungen. Schon bei seiner ersten Veröffentlichung konnte RUTHERFORD nachweisen, daß die Folgerungen seiner Theorie vollkommen im Einklang mit den bisherigen Experimenten

---
[1]) J. J. THOMSON, Proc. Cambridge Phil. Soc. Bd. 15, S. 5. 1910.

standen. So hatten bereits H. Geiger und E. Marsden[1]) in ihrer Arbeit „Über die diffuse Reflexion der α-Teilchen" gezeigt, daß die Zahl der um große Winkel abgelenkten Teilchen für verschiedene Dicken eines Materials proportional der Dicke und für verschiedene Metalle proportional dem Atomgewicht wächst. Der Versuch, aus Geigers Messungen der Abhängigkeit des wahrscheinlichsten Winkels der Streuung der α-Teilchen beim Durchgang durch bekannte Dicken verschiedener Substanzen[2]) die Kernladung des Goldes zu bestimmen, führte zu einer Zahl, die dem wahren Wert sehr nahe kam. Rutherford ging hierbei von der oben angegebenen Gleichung (16) aus. Um in dieser $\operatorname{tg} \Phi/2 = \dfrac{1}{\operatorname{ctg} \Phi/2}$ durch $\Phi/2$ ersetzen zu können, was eine beträchtliche Vereinfachung bedeutet, muß auch im Experiment Φ klein gewählt werden. Dann gilt

$$\frac{\Phi \sqrt{p_2}}{\sqrt{\pi n t}} = b = \frac{Z e E}{\tfrac{1}{2} m u^2}.$$

Trägt man nun die Zahl der abgelenkten Teilchen in Abhängigkeit vom Ablenkungswinkel auf, so gibt das Maximum der Kurve den wahrscheinlichsten Streuungswinkel. Dieser ist etwa 20% kleiner als der Winkel, innerhalb dessen gerade die Hälfte der auf die Folie fallenden Teilchen gestreut werden. Bei den vorliegenden Versuchsbedingungen hatte die streuende Goldfolie eine Dicke $t = 0,00017$ cm [etwa 0,7 cm Luftäquivalent[3])] und der wahrscheinlichste Streuungswinkel war 1° 40'. Für den Fall, daß der Anteil der gestreuten Teilchen gleich der Hälfte der einfallenden Teilchen ist, daß also $q = 0,5$, ist der Winkel Φ demnach etwa 2° und nach der Rechnung in Ziff. 4 $p_2 = 0,46$. Rechnet man für diese Bedingungen aus obiger Gleichung Z aus, so ergibt sich ein Wert ($Z = 97$), der etwa gleich dem halben Atomgewicht des Goldes ist. Da nach Geiger der wahrscheinlichste Ablenkungswinkel für ein Atom nahezu proportional seinem Atomgewicht verläuft, folgt auch, daß die Kernladung Z für verschiedene Atome dem Atomgewicht proportional ist.

6. Prüfung der Theorie durch Geiger und Marsden. Abhängigkeit der Streuung vom Winkel. Später haben nun Geiger und Marsden[4]) die Ablenkungen der α-Teilchen um große Winkel noch einmal eingehend untersucht, um die Hauptfolgerungen der Rutherfordschen Theorie experimentell zu prüfen. Es wurden bestimmt

1. die Abhängigkeit der Streuung vom Ablenkungswinkel,
2. die Abhängigkeit der Streuung von der Dicke des streuenden Materials,
3. die Abhängigkeit der Streuung vom Atomgewicht des streuenden Materials,
4. die Abhängigkeit der Streuung von der Geschwindigkeit der einfallenden α-Strahlen,
5. der Anteil der um einen bestimmten Winkel gestreuten Teilchen.

Die Versuche konnten nur nach Szintillationsmethoden ausgeführt werden. Um eine Vorstellung von ihrer Mühseligkeit zu geben, sei erwähnt, daß im Laufe dieser Arbeit über 100 000 Szintillationen gezählt wurden.

Der zu den Messungen benutzte Apparat ist in Abb. 2 dargestellt. Er bestand aus einem starken zylindrischen Metallkasten B, der auf einer mit einer Teilung versehenen kreisförmigen Grundplatte A befestigt war. Der Zinksul-

---
[1]) H. Geiger u. E. Marsden, Proc. Roy. Soc. London (A) Bd. 82, S. 495. 1909.
[2]) H. Geiger u. E. Marsden, Proc. Roy. Soc. London (A) Bd. 83, S. 492. 1910.
[3]) D. i. die Dicke derjenigen Luftschicht, die die Reichweite der α-Strahlen ebenso stark verkürzt wie die benutzte Folie.
[4]) H. Geiger u. E. Marsden, Phil. Mag. Bd. 25, S. 604. 1913.

fidschirm S befand sich an dem mit B fest verbundenen Mikroskop M. Die Grundplatte A konnte im Schliff C gedreht werden. Damit das α-Strahlen aussendende Präparat R und die streuende Folie F stets in derselben Stellung blieben, waren sie unabhängig vom Kasten B an der Röhre T angebracht. Die Glasplatte P verschloß luftdicht den Kasten, der durch T hindurch evakuiert wurde, um die Streuung und Absorption durch die Luft auszuschalten. Mittels einer bei D befindlichen Blende konnte ein senkrecht auf F auffallendes Bündel α-Strahlen ausgeblendet werden. Bei jeder Messung wurde das Mikroskop durch Drehen der Grundplatte auf den zu untersuchenden Ablenkungswinkel Φ eingestellt. Um eine genügende Anzahl abgelenkter Teilchen zu erhalten, mußte zur Untersuchung der großen Winkel Φ ein sehr starkes Radiumpräparat verwandt werden. Bei den kleinen Winkeln war die Zahl der Szintillationen außerordentlich viel größer. Hier wurden dann die Zählungen erst gemacht, wenn das Präparat — Radiumemanation — in passender Weise abgeklungen war. Die in den Spalten 3 und 5 der Tabelle 1 angegebenen Zahlen, die aus zwei getrennten Meßreihen stammen, sind dem bekannten Abfall der Radiumemanation entsprechend korrigiert.

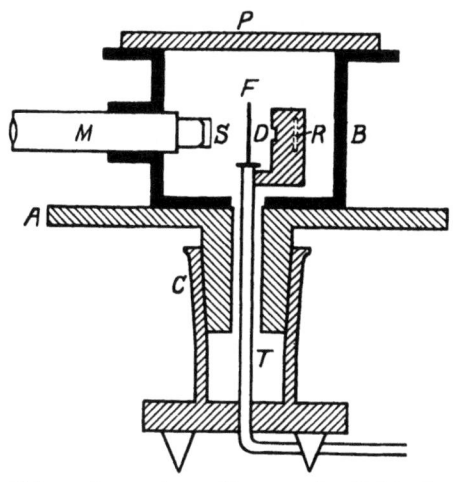

Abb. 2. Apparat zur Messung der Abhängigkeit der Streuung vom Ablenkungswinkel nach GEIGER und MARSDEN.

Tabelle 1. Abhängigkeit der Streuung vom Ablenkungswinkel.

Ablenkungswinkel Φ	$\operatorname{cosec}^4 \frac{\Phi}{2}$ $= \frac{1}{\sin^4 \frac{\Phi}{2}}$	Silber		Gold	
		Zahl der Szintillationen s	$s \cdot \sin^4 \frac{\Phi}{2}$	Zahl der Szintillationen s	$s \cdot \sin^4 \frac{\Phi}{2}$
1	2	3	4	5	6
150°	1,15	22,2	19,3	33,1	28,8
135	1,38	27,4	19,8	43,0	31,2
120	1,79	33,0	18,4	51,9	29,0
105	2,53	47,3	18,7	69,5	27,5
75	7,25	136	18,8	211	29,1
60	16,0	320	20,0	477	29,8
45	46,6	989	21,2	1 435	30,8
37,5	93,7	1 760	18,8	3 300	35,3
30	223	5 260	23,6	7 800	35,0
22,5	690	20 300	29,4	27 300	39,6
15	3 445	105 400	30,6	132 000	38,4
30	223	5,3	0,024	3,1	0,014
22,5	690	16,6	0,024	8,4	0,012
15	3 445	93,0	0,027	48,2	0,014
10	17 330	508	0,029	200	0,0115
7,5	54 650	1 710	0,031	607	0,011
5	276 300	—	—	3 320	0,012

Von der Inhomogenität der Strahlenquelle, die α-Strahlen dreier verschiedener Substanzen, nämlich von RaEm, RaA und RaC, aussendet, ist der Versuch unabhängig, da die α-Strahlen jeder Gruppe nach demselben Gesetz gestreut werden. Ihre Verschiedenartigkeit drückt sich, wie aus Gleichung (13) zu ersehen ist, nur in dem verschiedenen Wert der Konstanten b aus. Als Streufolien wurden Ag-Folien von 0,45 cm und Au-Folien von 0,3 bzw. 0,1 cm Luftäquivalent benutzt. Man ersieht aus Spalte 4 und 6, daß die Werte für $s \cdot \sin^4 \Phi/2$ angenähert konstant sind. Unter Berücksichtigung, daß die Zahl der für die untersuchten Winkel gefundenen Teilchen im Verhältnis 1 : 250 000 variiert, bleiben die Abweichungen wohl innerhalb der experimentellen Fehler. Es ist somit bewiesen, daß die Zahl der abgelenkten Teilchen proportional $\operatorname{cosec}^4 \Phi/2$ ist.

7. Abhängigkeit der Streuung von der Dicke des Materials. Da es bei diesen Versuchen darauf ankam, nur Strahlen einer Geschwindigkeit zu haben, wurde als Strahlenquelle Radium C verwandt. Die benutzte Anordnung geht aus der schematischen Skizze Abb. 3 hervor. A war ein 3,5 cm hoher Messingring von 5,5 cm innerem Durchmesser, der durch 2 Glasplatten B und C luftdicht verschlossen wurde. Zur Vermeidung evtl. störender Emanation befand sich das Radium-C-Präparat R außerhalb des Apparates vor einem dünnen Glimmerfenster E. Die verschiedenen zu untersuchenden Folien F waren auf der mit dem Schliff M verbundenen Scheibe S befestigt. Durch Drehen des Schliffes war es möglich, jede Folie vor die Blende D zu bringen. D hatte den Zweck, die von R ausgehenden α-Strahlen nahezu parallel zu machen. Der ganze Apparat wurde wieder evakuiert und sodann auf dem Zinksulfidschirm Z für jede Folie die Zahl der unter einem konstanten Winkel gestreuten Teilchen bestimmt. Die von den Wänden herrührende Streustrahlung konnte durch eine besondere Blende aufgefangen werden. Zur Untersuchung gelangten Folien von Gold, Zink, Silber, Kupfer und Aluminium, deren Luftäquivalente zwischen 0,1 und 2 cm lagen. In der graphischen

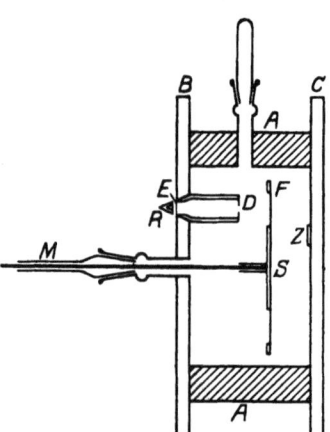

Abb. 3 Apparat zur Messung der Abhängigkeit der Streuung von der Foliendicke nach GEIGER und MARSDEN.

Darstellung der Zahl der abgelenkten Teilchen in Abhängigkeit von der Dicke der Folien ergaben sich für alle Metalle gerade, durch den Nullpunkt gehende Linien. Für kleine Dicken ist also die Streuung proportional der Dicke.

8. Abhängigkeit der Streuung vom Atomgewicht. Mit demselben Apparat wie vorher wurden die in Tabelle 2 aufgeführten Substanzen untersucht. Unter der Annahme, daß die Kernladung proportional dem Atomgewicht A ist, müßte die Streuung durch Folien, die die gleiche Anzahl Atome pro cm² ihrer Fläche enthalten, proportional A^2 sein. Nach BRAGG ist die Zahl der Atome pro Flächen-

Tabelle 2. Abhängigkeit der Streuung vom Atomgewicht.

Substanz	Atomgewicht	Gesamtzahl der für jedes Material gezählten Szintillationen	Verhältnis der Zahl der Szintillationen pro cm Luftäquivalent zu A^2
1	2	3	4
Au	197,2	850	95
Pt	195,2	200	99
Sn	118,7	700	96
Ag	107,9	800	98
Cu	63,6	600	104
Al	27,0	700	110

einheit für Folien mit dem gleichen Luftäquivalent umgekehrt proportional $A^{\frac{1}{2}}$, also muß die Streuung pro cm Luftäquivalent proportional $A^2 \cdot A^{-\frac{1}{2}}$, also proportional $A^{\frac{3}{2}}$ sein.

Die Spalte 4 zeigt eine sehr gute Konstanz der Werte von Gold bis Silber, während die Werte von Kupfer und Aluminium höher liegen. Das kommt, wie wir heute wissen, daher, daß die angenommene Proportionalität zwischen Kernladung und Atomgewicht nur für die leichteren Elemente erfüllt ist. Berücksichtigt man dies, so sprechen die Werte der Spalte 4 durchaus dafür, daß die Streuung dem Quadrat der Kernladung proportional ist.

9. Abhängigkeit der Streuung von der Geschwindigkeit. Auch diese Frage wurde mit dem Apparat Abb. 3 geprüft. Zwischen dem Präparat R und dem Glimmerfenster E konnte eine Scheibe mit Glimmerfolien von verschiedenem Luftäquivalent eingeschaltet werden, um die Geschwindigkeit v der auf die Streufolien (Au- oder Ag-Folien von 3 mm Luftäquivalent) fallenden Strahlen zu variieren. Wenn auch der untersuchte Geschwindigkeitsbereich nur gering ist, so lassen doch die

Tabelle 3.
Abhängigkeit der Streuung von der Geschwindigkeit.

Zahl der Glimmerfolien	Reichweite der auf die Folie fallenden α-Teilchen	Relative Werte von $\frac{1}{v^4}$	Szintillationen s pro Min.	$s \cdot v^4$
1	2	3	4	5
0	5,5	1,0	24,7	25
1	4,76	1,21	29,0	24
2	4,05	1,50	33,4	22
3	3,32	1,91	44	23
4	2,51	2,84	81	28
5	1,84	4,32	101	23
6	1,04	9,22	255	28

annähernd konstanten Werte in Spalte 5 der Tabelle 3 die RUTHERFORDsche Theorie bestätigt erscheinen.

10. Weitere Prüfung der Theorie. Die Bestimmung der absoluten Zahl der um einen bestimmten Winkel gestreuten α-Teilchen war sehr schwierig, weil die Zahl der gestreuten α-Teilchen gegenüber der Zahl der von der Quelle ausgehenden Teilchen außerordentlich gering war. Da beide Zahlen nur getrennt ermittelt wurden, ist das erhaltene Resultat nur auf etwa 20% genau. Bei einer Goldfolie von 1 mm Luftäquivalent ($2,1 \cdot 10^{-5}$ cm Dicke) war der Anteil der unter einem Winkel von 45° gestreuten Teilchen, die auf einem ZnS-Schirm im Abstand von 1 cm von der Streufolie auf einer Fläche von 1 mm² gezählt wurden, $3,7 \cdot 10^{-7}$ der auf die Folie auftreffenden Teilchen. Setzt man diesen Wert in Gleichung (13) ein, so wird wieder die frühere Feststellung bestätigt, daß die Kernladungszahl etwa gleich dem halben Atomgewicht ist.

Auch eine Untersuchung von RUTHERFORD und NUTTALL[1]) über die Streuung der α-Teilchen in leichten Gasen zeigte gute Übereinstimmung mit der Theorie, insbesondere ergab sich, daß die Streuung proportional dem Druck und umgekehrt proportional der vierten Potenz der Geschwindigkeit war. Die Abhängigkeit vom Atomgewicht wurde für Luft, H, He, CH_4 und CO_2 ebenfalls geprüft. Die Messungen führten wieder zu dem Resultat, daß die Kernladungszahl gleich dem halben Atomgewicht ist.

Zum Schlusse soll noch darauf hingewiesen werden, daß durch photographische Aufnahmen der α-Strahlenbahnen nach der WILSONschen Nebelmethode[2]) (s. ds. Handb. XXIV) das Auftreten großer Ablenkungen durch

---
[1]) E. RUTHERFORD u. J. M. NUTTALL, Phil. Mag. Bd. 26, S. 702. 1913.
[2]) C. T. R. WILSON, Proc. Roy. Soc. London (A) Bd. 87, S. 277. 1912.

einen Zusammenstoß — der Ausgangspunkt der RUTHERFORDschen Kerntheorie — direkt sichtbar gemacht werden konnte.

11. CHADWICKS direkte Bestimmung der Kernladungszahl. Wir sahen, daß die RUTHERFORDsche Theorie über die Kernstruktur des Atoms mit sämtlichen zu ihrer Prüfung angestellten Experimenten im Einklang steht. Es konnte aus den Versuchen über die Streuung der α-Strahlen auch die Kernladungszahl annähernd als dem halben Atomgewicht gleich bestimmt werden. Dieser Feststellung ist die Behauptung äquivalent, daß die Zahl der äußeren Elektronen etwa gleich der Hälfte des Atomgewichts ist. Wie sich in den nächsten Abschnitten zeigen wird, hat man dies Ergebnis auch aus Streuungsmessungen an Elektronen- und Röntgenstrahlen erhalten.

VAN DEN BROEK[1] betonte als erster, daß die Zahl der freien positiven Ladungseinheiten des Kernes und folglich die Zahl der äußeren Elektronen eine besonders charakteristische Größe des Atoms sei, die er folgendermaßen definierte: Numeriert man die Elemente entsprechend ihrer Reihenfolge im Periodischen System, dann ist die Nummer eines Elementes, die sog. Ordnungszahl, gleich seiner Kernladungszahl. Zu dieser Definition war er durch die Tatsache geführt worden, daß die Kernladungszahlen von Element zu Element um eine Einheit wachsen, während die Atomgewichte keine so einfache gesetzmäßige Änderung aufweisen. Diese Vorstellung erfuhr eine überraschende Bestätigung durch MOSELEYS Untersuchungen der charakteristischen Röntgenstrahlung verschiedener Elemente (s. Ziff. 16). MOSELEY unternahm seine Versuche direkt in der Absicht, zu entscheiden, ob das Atomgewicht oder ob die Kernladung bestimmend sei für die Frequenz der ausgesendeten charakteristischen Strahlung, und er fand, daß die maßgebende Konstante die Kernladung sei. Mit zunehmender Kernladung werden die einander entsprechenden Linien des charakteristischen Röntgenspektrums gesetzmäßig kurzwelliger. Die Identifizierung der Kernladungszahl mit der Ordnungszahl des Periodischen Systems konnte MOSELEY aber nur durch eine — damals — willkürliche Wahl der in seinen Gleichungen auftretenden Konstanten erreichen. Daher soll hier, bevor näher auf die MOSELEYsche Arbeit eingegangen wird, die direkte Feststellung der Kernladung besprochen werden, die die Streuungsmessungen an α-Strahlen ermöglichen. Man kann wegen der Mühseligkeit solcher Versuche nicht für sämtliche Elemente die Kernladungszahl ermitteln, aber es ist CHADWICK[2] gelungen, recht genaue Bestimmungen der Kernladungszahlen für Platin, Silber und Kupfer durchzuführen. Es sei hier vorausgeschickt, daß er die Werte 77,4, 46,3 und 29,3 erhielt, während die entsprechenden Ordnungszahlen dieser Elemente 78, 47 und 29 betragen. Es folgt hieraus, daß die Kernladungszahl gleich der Ordnungszahl ist

CHADWICK geht von der Gleichung (13) aus:

$$y = \frac{Q\,n\,t\,b^2\,\operatorname{cosec}^4 \Phi/2}{16\,r^2}, \quad \text{wo} \quad b = \frac{Z\,e\,E}{\tfrac{1}{2}\,m\,u^2}.$$

Da bereits für Kupfer, das leichteste der im Experiment verwandten Elemente, bei dem benutzten Ablenkungswinkel $\Phi = 29°$ die Darwinsche Korrektur bezüglich der Mitbewegung des Atomkerns [Gleichung (14)] nur 1 : 20 000 beträgt, kann man sie für die folgende Untersuchung völlig vernachlässigen. Zur Bestimmung der Kernladungszahl Z braucht man also nur die Zahl der unter bekannten geometrischen Bedingungen gestreuten Teilchen und die Zahl der im

---

[1] A. VAN DEN BROEK, Phys. ZS. Bd. 14, S. 32. 1913.
[2] J. CHADWICK, Phil. Mag. Bd. 40, S. 734. 1920.

ursprünglichen Winkel enthaltenen Teilchen zu bestimmen. Beide Bestimmungen wurden nun — und das ist der Fortschritt gegenüber den früheren Messungen von GEIGER und MARSDEN — mit demselben ZnS-Schirm unter denselben sonstigen Bedingungen gemacht. Zur Erzielung einer besseren Ausnutzung des von dem radioaktiven Präparat unter einem bestimmten Winkel ausgesandten Strahlenkegels wird die streuende Folie als ringförmige Fläche ausgebildet. Die Strahlenquelle R (s. Abb. 4) bestimmt mit diesem Ring AA' dann einen Kegel RAA', auf dessen Achse RS im Punkte S senkrecht zur Achse sich der ZnS-Schirm so befindet, daß $RA = AS$. Natürlich ist durch entsprechende Blenden dafür gesorgt, daß nur die unter einem bestimmten Winkel gestreuten Strahlen den ZnS-Schirm erreichen können. Ist der Winkel PRS gleich $\Phi/2$, so ist der räumliche Winkel, unter dem ein durch P gehendes Ringelement von R aus erscheint, gegeben durch

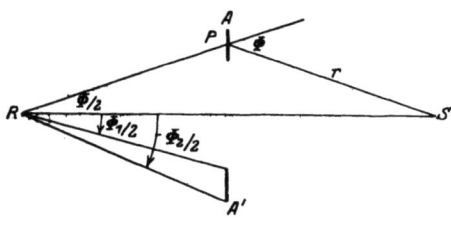

Abb. 4. Diagramm zu CHADWICKS Messung der Streuung der α-Strahlen.

$$2\pi \sin\frac{\Phi}{2} d\frac{\Phi}{2}.$$

Werden von der Quelle in der Sekunde Q α-Strahlen ausgesandt, so ist die Zahl, die pro Sek. auf das Ringelement fällt,

$$\frac{Q}{2} \sin\frac{\Phi}{2} d\frac{\Phi}{2}$$

und die Zahl der gestreuten Teilchen, die pro Sek. auf die Flächeneinheit des ZnS-Schirms fallen,

$$\frac{Q}{2} \sin\frac{\Phi}{2} d\frac{\Phi}{2} \cdot \cos\frac{\Phi}{2} \cdot n \cdot t \cdot \sec\frac{\Phi}{2} b^2 \cdot \frac{\operatorname{cosec}^4 \Phi/2}{16 r^2}.$$

Sind $\Phi_1/2$ und $\Phi_2/2$ die Winkel entsprechend dem äußeren bzw. dem inneren Rand der ringförmigen Folie, so ergibt sich als die Gesamtzahl der von der Folie gestreuten und auf der Einheitsfläche des ZnS-Schirms beobachteten Teilchen

$$\frac{Q n t b^2}{32 \bar{r}^2} \int_{\Phi_1/2}^{\Phi_2/2} \operatorname{cosec}^3 \frac{\Phi}{2} \cdot d\frac{\Phi}{2},$$

wo $\bar{r} = PS$ die mittlere Entfernung der Folie vom Schirm S bedeutet, oder

$$\frac{Q n t b^2}{64 r^2} \left[\log \operatorname{tg} \frac{\Phi_2}{4} - \log \operatorname{tg} \frac{\Phi_1}{4} + \operatorname{ctg}\frac{\Phi_1}{2} \operatorname{cosec}\frac{\Phi_1}{2} - \operatorname{ctg}\frac{\Phi_2}{2} \operatorname{cosec}\frac{\Phi_2}{2}\right].$$

Die Zahl der Teilchen, die pro Sek. direkt auf den Schirm S fallen, ist $\frac{Q}{4\pi l^2}$, wenn $RS = l$.

Da im günstigsten Falle nur etwa $1/500$ bis $1/1000$ der Gesamtzahl Q der Teilchen infolge der Zerstreuung in der Folie auf den Zinksulfidschirm gelangen, so werden bei direkt auffallender Strahlung etwa 20000 Teilchen pro Minute auf den Schirm fallen, wenn man im gestreuten Bündel die Strahlendichte auf den passenden Wert von 30 Teilchen pro Minute einreguliert. Um trotz des gewaltigen Unterschiedes diese beiden Zählungen doch mit derselben Anordnung ausführen zu können, wird bei direkt auffallender Strahlung ein mit einem Schlitz versehenes rotierendes Rad vor dem ZnS-Schirm S (s. die schematische Darstellung der Anordnung in Abb. 4) eingeschaltet.

Durch geeignete Wahl des Schlitzes kann dann die Zahl der direkt auf den Schirm fallenden Teilchen in passender Weise reduziert werden. Da das Auge stets eine gewisse Zeit zum Ausruhen hat, bis der Schlitz wieder vor dem Schirm erscheint und Szintillationen freigibt, kann man mit einiger Übung sogar 100 bis 200 Teilchen pro Minute zählen, während man sonst bei Zählungen höchstens 40 Teilchen genau beobachten kann. Durch diese unter völlig gleichen Bedingungen ausgeführte Zählung der direkten und gestreuten Teilchen gewinnen die Beobachtungen sehr an Sicherheit. Unter der Voraussetzung, daß die streuenden Folien dünn und gleichmäßig sind, so daß die Korrektion für die Geschwindigkeitsänderung beim Durchgang durch die Folie klein ist und genau bestimmt werden kann, hängt die Genauigkeit der Messung nur noch von der Zahl aller gezählten α-Teilchen ab. In Abb. 5 ist D die Ausblendevorrichtung, die durch die ringförmige Öffnung das auf die Folie A fallende konusförmige

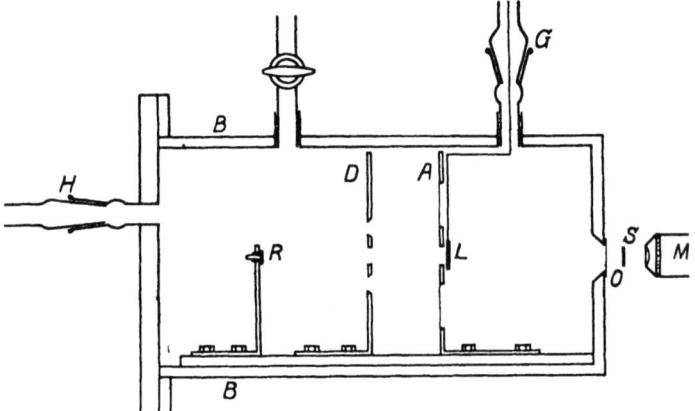

Abb. 5. CHADWICKS Apparat zur Messung der Streuung der α-Strahlen.

Strahlenbündel und durch das kreisförmige Loch das direkt auf den Zinksulfidschirm fallende Bündel ausblendet. Der Folienhalter enthält ebenfalls in der Mitte eine kreisförmige Öffnung, vor der der Bleischirm L mittels des Schliffes G gedreht werden kann, wenn die gestreuten Teilchen gezählt werden sollen. Das Präparat R befindet sich in gleichem Abstand von der Streufolie wie der ZnS-Schirm S. Die Öffnung O am Ende des Messingkastens B ist mit einer Glimmerfolie von 2 cm Luftäquivalent verschlossen. Der ganze Apparat ist evakuierbar. Zur Zählung der gestreuten Teilchen kann eine in dem rotierenden Rad befindliche Öffnung von 1 cm Durchmesser vor O gebracht werden.

12. Die Ergebnisse der Messungen von CHADWICK. Bei den Versuchen mit Platin wurden 10 dünne übereinandergelegte Folien verwandt, um eine möglichst gleichmäßige Schichtdicke zu erzielen. Die Winkel $\Phi_1/2$ und $\Phi_2/2$ waren 10° 54' und 18° 16'. Aus der Zählung von 3700 gestreuten und 8000 direkten Teilchen ergab sich als Mittelwert aus 11 Messungen $Z = 77{,}4$, ein um weniger als 1% geringerer Wert als 78, die Ordnungszahl des Platins. Der Fehler in der Bestimmung von Z, soweit er auf die Wahrscheinlichkeitsschwankungen der gezählten Teilchen zurückzuführen ist, ist ein wenig größer als 1%. Bei Silber wurden 3000 und bei Kupfer 2900 gestreute Teilchen gezählt. Der wahrscheinliche Fehler für Z ist daher für diese beiden Elemente etwa $1\frac{1}{2}\%$. Aus 9 Messungen folgte für Silber $Z = 46{,}3$ (statt 47) und für Kupfer $Z = 29{,}3$ (statt 29).

Damit ist experimentell nachgewiesen, daß die Kernladungszahl durch die Ordnungszahl im Periodischen System gegeben ist.

13. Gleichzeitige Prüfung des Kraftgesetzes. Mit derselben Anordnung konnte CHADWICK auch die Abhängigkeit der Streuung von der Geschwindigkeit prüfen. Es war nur nötig, mittels des Schliffes H Glimmerfolien von verschiedenem Luftäquivalent vor das Präparat R zu bringen. Der Kasten B wurde statt durch die Glimmerfolie O direkt durch den ZnS-Schirm S verschlossen. Als streuende Substanz diente eine dünne Platinfolie von 1,58 mg Gewicht pro cm^2. Die Zahl s der in der Zeiteinheit gestreuten Teilchen wurde für drei Geschwindigkeiten bestimmt, wobei für jede Geschwindigkeit etwa 1600 Teilchen gezählt wurden. Die Ergebnisse sind in folgender Tabelle zusammengestellt.

Glimmerfolien	Relativer Wert von u^4	$s \cdot u^4$
0	1	100
1	0,549	101
2	0,232	103

Die Werte für $s \cdot u^4$ sind innerhalb der Meßgenauigkeit, die CHADWICK auf etwa 4% schätzt, konstant. Nach DARWIN[1]) ist diese Abhängigkeit der Streuung von der Geschwindigkeit ein direkter Beweis für die Gültigkeit der RUTHERFORDschen Annahme, daß die Abstoßung des α-Teilchens vom Atomkern nach dem COULOMBschen Gesetz erfolgt. Allerdings ist dieser Beweis nur für einen Abstand vom Kernmittelpunkt von 10^{-11} cm erbracht, da dieser bei den CHADWICKschen Streuungsversuchen etwa $7 \cdot 10^{-12}$ cm für die schnellen und $14 \cdot 10^{-12}$ cm für die langsamen α-Strahlen betrug. Für bedeutend kleinere Abstände (etwa $3 \cdot 10^{-13}$ cm) ergeben sich nach Streuungsversuchen an leichten Elementen von BIELER Abweichungen vom COULOMBschen Gesetz (vgl. Kap. 2 D).

14. Bestimmung der Kernladungszahl aus der Streuung von Elektronenstrahlen: Wir können uns sehr kurz fassen, da exakte Bestimmungen der Kernladungszahl nicht vorliegen und die theoretischen und experimentellen Untersuchungen der Streuung der Elektronenstrahlen in Bd. XXIV behandelt werden. Es soll hier nur darauf hingewiesen werden, daß RUTHERFORD, der seine Theorie ganz allgemein für den Durchgang geladener Teilchen durch Materie ohne Rücksicht auf das Vorzeichen der Ladung abgeleitet hatte, in dieser Arbeit auch die ersten Messungen von CROWTHER[2]) über die Streuung von β-Teilchen zugunsten seiner Theorie der Einzelstreuung deuten konnte. Die hieraus berechneten Kernladungszahlen waren etwa 30—60% größer als das halbe Atomgewicht. CROWTHER hatte jedoch diese Messungen zur Bestätigung der THOMSONschen Theorie der Vielfachstreuung unternommen und aus ihnen für die Zahl der Elektronen des streuenden Atoms einen Wert erhalten, der das Dreifache des Atomgewichts betrug. Die experimentellen Bedingungen (Messung der Streuung um einen gegebenen Winkel für diejenige Foliendicke t_m, bei der die Hälfte der Gesamtstrahlung über einen Winkel $> \Phi$ gestreut wird) geben eben, wie in Ziff. 4 ausgeführt worden ist, vorzugsweise Einzelstreuung. CROWTHER und SCHONLAND[3]) hofften, in einer späteren Arbeit mit verbesserter Versuchsanordnung und mit einer bedeutend stärkeren Strahlenquelle auch für β-Strahlen in exakter Weise die RUTHERFORDsche Theorie experimentell bestätigen zu können. Wie jedoch BOTHE[4]) nachweisen konnte, fallen ihre Messungen gerade in das Übergangsgebiet der Mehrfachstreuung (zwischen Einfach- und Vielfachstreuung), das der

---

[1]) C. G. DARWIN, Phil. Mag. Bd. 27, S. 499. 1914.
[2]) J. A. CROWTHER, Proc. Roy. Soc. London (A) Bd. 84, S. 226. 1910.
[3]) J. A. CROWTHER u. B. F. J. SCHONLAND, Proc. Roy. Soc. London (A) Bd. 100, S. 526. 1921.
[4]) W. BOTHE, ZS. f. Phys. Bd. 13, S. 368. 1923.

Rechnung noch nicht zugänglich ist. Man müßte mit viel dünneren Folien (bei CROWTHER ist die Wahrscheinlichkeit für eine 2. Ablenkung noch $1/4$) und mit großen Ablenkungswinkeln arbeiten. Die Beantwortung der Frage, warum es so außerordentlich schwierig ist, bei β-Strahlung reine Einzelstreuung beobachten zu können, ergibt sich aus den Darlegungen über Zerstreuung von Elektronen in Bd. XXIV.

Historisch ist noch zu erwähnen, daß THOMSON[1]) bereits 1906 aus Untersuchungen von A. BECKER[2]) über die Absorption von Kathodenstrahlen geschlossen hat, daß die Zahl der Elektronen von derselben Größenordnung wie das Atomgewicht des absorbierenden Materials sein müßte. Dieser Schätzung lag die Annahme zugrunde, daß die Absorption hauptsächlich von der Zerstreuung der Elektronen durch Zusammenstöße mit anderen geladenen Teilchen herrührt.

15. Bestimmung der Kernladungszahl aus der Streuung von Röntgenstrahlen. In der vorstehend zitierten Arbeit hat THOMSON angegeben, wie man aus der Streuung der Röntgenstrahlen die Zahl der Elektronen eines Atoms bestimmen kann. Er geht hierbei von den experimentellen Befunden BARKLAS aus, daß für Elemente mit kleinem Atomgewicht die Härte der gestreuten Strahlen gleich der der Primärstrahlen ist, und daß für solche Elemente das Verhältnis zwischen der Energie der gestreuten und der primären Strahlung, das sog. spezifische Streuungsvermögen S/ϱ (ϱ = Dichte des streuenden Materials), direkt proportional der Dichte der Substanz ist. Dieses Verhältnis ist aber nach der THOMSONschen Theorie der Streuung der Röntgenstrahlen — vgl. ds. Handb. XXIII — gleich $\frac{8\pi N e^4}{3 m^2}$, wo N die Anzahl der Elektronen in der Volumeneinheit und e und m die Ladung bzw. Masse des Elektrons sind. Es muß also die Zahl der Elektronen pro Volumeneinheit (N) der Dichte der streuenden Substanz proportional sein. Da die Dichte gleich dem Produkt aus der Zahl der Atome pro Volumeneinheit (n) und dem Atomgewicht (A) ist, muß auch die Zahl der Elektronen pro Atom (N/n) proportional dem Atomgewicht sein. Es muß also z. B. die Zahl der Elektronen in einem Atom Sauerstoff 16mal so groß als die Zahl der Elektronen in einem Atom Wasserstoff sein. Aus den damals bekannten Daten schloß THOMSON, daß die Zahl der Elektronen gleich dem Atomgewicht der streuenden Substanz ist. Setzt man in dem oben erwähnten Ausdruck für das spezifische Streuungsvermögen den von BARKLA für Gase und leichte Substanzen bis zum Atomgewicht 32 gefundenen Wert $S/\varrho = 0,2$ cm^2/g und die jetzigen Werte für e/m ($1,77 \cdot 10^7$) und e ($1,591 \cdot 10^{-20}$) ein, so ergibt sich für die Zahl der Elektronen in 1g der streuenden Substanz $N = 30,1 \cdot 10^{22}$. Da 1 g Wasserstoff $60,6 \cdot 10^{22}$ Atome enthält, kommen auf jede Atomeinheit einer leichten Substanz $\frac{30,1}{60,6}$ Elektronen, d. h. also, die Zahl der Elektronen ist etwa gleich dem halben Atomgewicht. Dieses Ergebnis ist in guter Übereinstimmung mit den aus den vorher beschriebenen Streuungsmessungen folgenden Werten für die Kernladungszahl, die ja der Elektronenzahl äquivalent ist.

16. Das MOSELEYsche Gesetz. Wie wir bereits in Ziff. 11 erwähnt haben, war es MOSELEY gelungen, die maßgebende Bedeutung der Kernladung für die charakteristische Röntgenstrahlung zu erweisen. Seine Versuche sind schon aus historischen Gründen von sehr großer Bedeutung, denn sie führten ihn zu der

---

[1]) J. J. THOMSON, Phil. Mag. Bd. 11, S. 769. 1906.
[2]) A. BECKER, Ann. d. Phys. Bd. 17, S. 381. 1905.

ersten quantitativen Formulierung eines Zusammenhanges zwischen der Frequenz der Röntgenlinien und der Kernladung des sie aussendenden Elementes. Mit der Ausgestaltung der BOHRschen Atomtheorie ist die von MOSELEY aufgestellte Beziehung eine in allen ihren Konstanten eindeutig festgelegte, aus der Theorie sich notwendig ergebende Gleichung geworden. Die Ausmessung der Röntgenspektren bietet daher heute auch einen einwandfreien Weg zur Bestimmung der Kernladung. Die von MOSELEY verwendete Methode beruht auf der von W. H. und W. L. BRAGG aufgefundenen fundamentalen Beziehung, nach der ein Röntgenstrahl von der Wellenlänge λ, der unter dem Glanzwinkel φ auf eine Kristallfläche, die zugleich Atomebene ist, fällt, dann und nur dann von dieser Fläche reflektiert wird, wenn die Bedingung

$$n\lambda = 2d\sin\varphi \tag{18}$$

erfüllt ist. Hier bedeutet d den Abstand zwischen zwei Atomebenen und n eine kleine ganze Zahl, die die Ordnung des Spektrums angibt. Läßt man daher ein Strahlenbündel auf eine Kristallfläche unter einem bestimmten Winkel auffallen, so wird es durch die Reflexion entsprechend Gleichung (18) spektral zerlegt. Durch Änderung des Einfallswinkels kann man verschiedene Spektralbereiche durch Reflexion aussondern. Nach dieser Methode hat MOSELEY seine berühmten Spektraluntersuchungen durchgeführt[1]). Die erste Untersuchung betraf die Elemente im Periodischen System von Calcium bis Zink mit Ausnahme des Scandiums. Bei sämtlichen Elementen konnten auf der photographischen Platte zwei starke Linien beobachtet werden, deren Wellenlängen in ganz systematischer

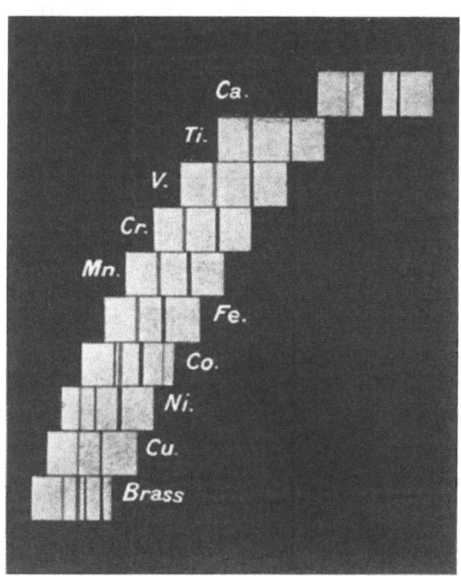

Abb. 6. Röntgenspektren nach MOSELEY.

Weise mit steigender Kernladung abnahmen. Die Wellenlängen wurden nach der obigen Formel (18) aus den gemessenen Glanzwinkeln berechnet. In der Abb. 6 sind die erhaltenen Spektren so angeordnet, daß die gleichen Wellenlängen in derselben Vertikalen liegen. Die starke Linie wird mit K_α, die schwächere mit K_β bezeichnet. Man sieht, wie die Wellenlängen beider Linien in ausgesprochener Regelmäßigkeit sich verschieben. Manche Elemente waren durch andere verunreinigt. So sieht man beim Kobalt die K_α-Linie des Eisens und des Nickels. Messing (brass) gibt die Linien seiner beiden Komponenten Kupfer und Zink. Das fehlende Element Scandium markiert sich durch einen deutlichen Sprung. Ganz besonders interessant ist jedoch, daß in dieser Reihe, die die Elemente nach steigendem Atomgewicht geordnet enthält, die Reihenfolge von Kobalt und Nickel vertauscht ist. Dadurch ergibt sich aber dieselbe Aufeinanderfolge wie im Periodischen System, wo man auch auf Grund des chemischen Verhaltens das Element Kobalt mit dem schwereren Atomgewicht dem leichteren Nickel vorangestellt hat.

---

[1]) H. G. J. MOSELEY, Phil. Mag. Bd. 26, S. 1024. 1913.

MOSELEY konnte nun seine Ergebnisse durch den Ausdruck $Q = \sqrt{\dfrac{\nu}{\frac{3}{4}\nu_0}}$ sehr übersichtlich darstellen, wo ν die Frequenz der K_α-Linie und ν_0 eine Konstante, und zwar die Rydberg-Konstante des Wasserstoffspektrums $\left(\nu_0 = \dfrac{2\pi^2 e^4 m}{h^3}\right)$ bedeuten. Das Wesentliche ist, daß der Wert Q von Element zu Element sich um einen konstanten Betrag, nämlich die Einheit, ändert. Z. B. ist für Silicium Q gleich 13, wenn man für Aluminium den Wert Q gleich 12 annimmt. MOSELEY schloß daraus, daß die charakteristische Größe eines Atoms nicht sein Atomgewicht, sondern seine Kernladung sei. Daß diese identisch ist mit der Ordnungszahl des betreffenden Elementes im Periodischen System, ist schon in den vorhergehenden Abschnitten gezeigt worden. Die der zweiten Arbeit von MOSELEY[1]) entnommene Tabelle 4 läßt auch erkennen, daß für alle dort aufgeführten

Tabelle 4. K_α-Strahlung.

Element	in Å-E.	Q_K	Ordnungszahl Z
Aluminium	8,364	12,05	13
Silicium	7,142	13,04	14
Chlor	4,750	16	17
Kalium	3,759	17,98	19
Calcium	3,368	19	20
Titan	2,758	20,99	22
Vanadium	2,519	21,96	23
Chrom	2,301	28,98	24
Mangan	2,111	23,99	25
Eisen	1,946	24,99	26
Kobalt	1,798	26	27
Nickel	1,662	27,04	28
Kupfer	1,549	28,01	29
Zink	1,445	29,01	30
Yttrium	0,838	38,1	39
Zirkonium	0,794	39,1	40
Niobium	0,750	40,2	41
Molybdän	0,721	41,2	42
Ruthenium	0,638	43,6	44
Palladium	0,584	45,6	46
Silber	0,560	46,6	47

Elemente $Q = Z - 1$ ist. Für die Abhängigkeit der K_α-Strahlung von der Ordnungszahl ergibt sich hieraus die Beziehung

$$\nu = \tfrac{3}{4}\nu_0 (Z-1)^2 \tag{19}$$

oder allgemein ausgedrückt

$$\nu = A \cdot (Z - b)^2. \tag{20}$$

Die Quadratwurzel aus der Frequenz wächst also proportional der um eine Konstante (die im Falle der K-Strahlung den Wert 1 hat) verminderten Kernladungs- oder Ordnungszahl.

Die oben, Gleichung (19), angegebenen Werte der Konstanten gelten nur für die K_α-Strahlung. In seiner zweiten Arbeit hat MOSELEY noch eine weichere Strahlung untersucht, die als L-Strahlung bezeichnet wird. Hier konnte er auch die schwereren Elemente (bis Gold) prüfen. Für die L_α-Strahlung ist $A = \tfrac{5}{36}\nu_0$ und $b = 7,4$. MOSELEY erkannte auch bereits, daß sich die Kon-

---

[1]) H. G. J. MOSELEY, Phil. Mag. Bd. 27, S. 703. 1914.

stante A als Differenz zweier quadratischer Größen darstellen läßt, und zwar ist

für K_α: $A = \left(\dfrac{1}{1^2} - \dfrac{1}{2^2}\right) \cdot \nu_0$,

L_α: $A = \left(\dfrac{1}{2^2} - \dfrac{1}{3^2}\right) \cdot \nu_0$!

Tabelle 5. L_α-Strahlung.

Element	in Å-E.	Q_L	Ordnungszahl Z
Zirkonium	6,091	32,8	40
Niobium	5,749	33,8	41
Molybdän	5,423	34,8	42
Ruthenium	4,861	36,7	44
Rhodium	4,622	37,7	45
Palladium	4,385	38,7	46
Silber	4,170	39,6	47
Zinn	3,619	42,6	50
Antimon	3,458	43,6	51
Lanthan	2,676	49,5	57
Cer	2,567	50,6	58
Praseodym	2,471	51,5	59
Neodym	2,382	52,5	60
Samarium	2,208	54,5	62
Europium	2,130	55,5	63
Gadolinium	2,057	56,5	64
Holmium	1,914	58,6	66
Erbium	1,790	60,6	68
Tantal	1,525	65,6	73
Wolfram	1,486	66,5	74
Osmium	1,397	68,5	76
Iridium	1,354	69,6	77
Platin	1,316	70,6	78
Gold	1,287	71,4	79

Heute wissen wir, daß diese Darstellung der Termdarstellung der Wasserstoffspektren entspricht, und die BOHRsche Theorie hat auch die Gründe erkennen gelehrt, auf die diese Übereinstimmung zurückzuführen ist. Auch in der Tabelle 5, die die Messungsresultate an der L-Serie verschiedener Elemente wiedergibt, ist das systematische Ansteigen von Q bemerkenswert.

Sehr übersichtlich wird die Abhängigkeit der Frequenz von der Ordnungszahl durch die graphische Darstellung der Abb. 7 wiedergegeben, wo als Ordinate die Ordnungszahl Z und als Ab-

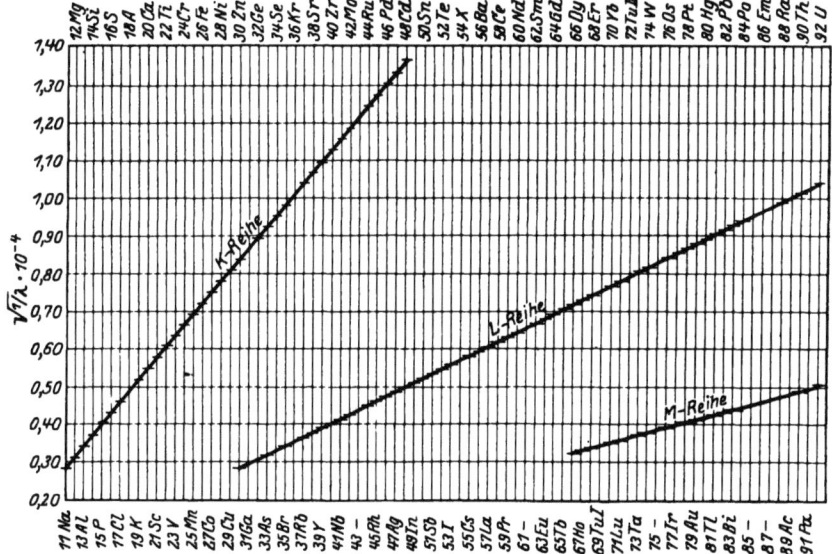

Abb. 7. Zusammenhang zwischen Ordnungszahl und Röntgenspektren der Elemente.

szisse $\sqrt{\nu}$ aufgetragen ist[1]). MOSELEY schrieb bereits in seiner oben zitierten Arbeit, daß Sprünge in dem regelmäßigen Anstieg der Q-Werte auf dazwischenliegende noch nicht entdeckte Elemente hinweisen. So schloß man aus den Röntgenspektren auf 5 noch nicht entdeckte Elemente ($Z = 43, 61, 75, 85$ und 87). [Das Element 72 (Hafnium) wurde damals für eine seltene Erde (Tu II) gehalten.] Tatsächlich ist das MOSELEYsche Gesetz, das seither eine wohlbegründete theoretische Erklärung erhalten hat, auch später ein wertvolles Hilfsmittel bei der Auffindung der neuen Elemente Hafnium (72), Masurium (43) und Rhenium (75) gewesen, da es in einfacher und eindeutiger Weise die Bestimmung der Ordnungszahl aus spektroskopischen Messungen ermöglicht.

B. Kernmasse.
Von
K. PHILIPP, Berlin-Dahlem.

17. Isotopiebegriff. Nach unseren jetzigen Vorstellungen vom Atomaufbau besteht das Wasserstoffatom aus einem positiv geladenen Kern, dem sog. Proton, um den im großen Abstande ein negatives Elektron kreist. Das Heliumatom, das das Atomgewicht 4 und die Kernladungszahl 2 hat, wird aus dem zweifach positiv geladenen Kern, bestehend aus 4 Protonen und 2 Elektronen, den sog. Bindeelektronen, und den zwei äußeren Elektronen gebildet. So fortfahrend könnte man sich die Atome sämtlicher Elemente aufgebaut denken, so daß z. B. das Radiumatom (das 88. Element im Periodischen System; Atomgewicht 226) 226 Wasserstoffkerne und $226 - 88 = 138$ Bindeelektronen enthält, umkreist von 88 äußeren Elektronen. Als notwendige Folge würde sich hierbei, ebenso wie bei der PROUTschen Hypothese, die Ganzzahligkeit der Atomgewichte aller Elemente ergeben. Die immer verfeinerten Atomgewichtsbestimmungen haben jedoch einwandfrei gezeigt, daß nur ein kleiner Teil der Elemente wirklich ganzzahlige Atomgewichte besitzt, und das auch nur, wenn für Sauerstoff das Atomgewicht 16 zugrunde gelegt wird. Das Atomgewicht des Wasserstoffatoms ist dann 1,008. Daß trotzdem das aus 4 Protonen aufgebaute Helium das Atomgewicht 4,0 besitzt, läßt sich vielleicht durch den sog. Packeffekt (Kap. 2 D) erklären. Nimmt man an, daß der mittlere Effekt der Packung in allen Atomen annähernd konstant ist, so würde unter der Annahme des Atomgewichts 16 für Sauerstoff für ein (gepacktes) Proton die Masse 1 folgen, und man könnte so die Ganzzahligkeit einer großen Anzahl von Elementen verstehen. Indes sind Abweichungen von der Ganzzahligkeit zu erwarten, da ein identischer Packungseffekt für alle Atome recht unwahrscheinlich ist. Tatsächlich haben die in diesem Abschnitt zu beschreibenden Untersuchungen ASTONS gezeigt, daß die meisten, bisher auf Grund ihres chemischen Verhaltens für Elemente gehaltenen Stoffe Gemische aus mehreren Atomarten der gleichen Kernladungszahl, aber von verschiedenem, und zwar ganzzahligem Atomgewicht sind. Man hat damit die DALTONsche Anschauung aufgeben müssen, daß Atome eines und desselben Elementes durch ein einheitliches Atomgewicht charakterisiert sind. Für die neue Anschauung war der Boden bereits durch die Ergebnisse der radioaktiven Forschung vorbereitet. Denn eine ganze Reihe radioaktiver Elemente hatte sich, trotz großer Verschiedenheiten in ihrem radioaktiven Verhalten, als chemisch vollkommen identisch erwiesen, wie z. B. Ionium, Thorium

---
[1]) Die Abbildung ist dem Buch von K. FAJANS, „Radioaktivität", Braunschweig 1922, entnommen.

und Radiothor oder Radium und Mesothor 1 oder Blei und Radium D. Ja, wir kennen sogar Elemente mit chemisch völlig gleichem Verhalten, deren Atomgewichte sich um 8 Einheiten unterscheiden, z. B. Radium G und Radium B oder Radium A und Polonium. Aus unserer Kenntnis der radioaktiven Umwandlung und des Aufbaus der Atome können wir jetzt diese Tatsache verstehen. Wir wissen, daß nicht das Atomgewicht, sondern die Kernladungszahl für das chemische Verhalten eines Elementes maßgebend ist, und daß alle Elemente, die die gleiche Kernladung besitzen, im Periodischen System an die gleiche Stelle einzureihen, also chemisch identisch sind. Für solche Elemente hat man auf SODDYS Vorschlag den Namen „Isotope" (d. h. gleichstellige) eingeführt. Isotope sind also Elemente gleicher Kernladungszahl, aber verschiedenen Atomgewichts. Die Kernladungszahl bestimmt auch die Zahl und Anordnung der äußeren Elektronen, also die chemischen und optischen Eigenschaften, die daher notwendigerweise für alle Isotopen gleich sein müssen. Sie unterscheiden sich nur durch die relativ wenigen physikalischen Eigenschaften, die von der Kernmasse abhängen. Bei den radioaktiven Stoffen muß die Aufeinanderfolge von einer α- und zwei β-Strahlenumwandlungen zu einem Isotop des Ausgangselements führen, da die Kernladungszahl sich nicht geändert hat. Umgekehrt gibt es auch Elemente von gleichem Atomgewicht, aber verschiedener Kernladungszahl (also verschiedener chemischer Eigenschaften). Sie haben den Namen „Isobare" erhalten. Jedes Element, das durch eine β-Umwandlung aus dem vorhergehenden entstanden ist, muß mit diesem isobar sein, da es trotz ungeänderter Masse (die Masse der ausgesandten β-Teilchen kann vernachlässigt werden) sich chemisch ganz anders verhält, also an eine andere Stelle im Periodischen System gehört. Von nichtradioaktiven Elementen finden sich bei Argon und Calcium isobare Isotope.

Man hat sehr viel Mühe darauf verwandt, die einzelnen Elemente auf Isotopie zu untersuchen. Bei allen diesen Arbeiten werden naturgemäß irgendwelche von der Masse abhängige Eigenschaften, wie Diffusion und Verdampfung, herangezogen, um die Isotopen zu trennen oder wenigstens ein Isotop anzureichern. Die Anreicherung der einen Atomart muß dann durch eine Dichte- oder Atomgewichtsbestimmung festgestellt werden. Hier wollen wir nun Verfahren betrachten, die es gestatten, in einfacherer Weise durch eine direkte Massenvergleichung die Bestandteile eines Elementengemisches zu ermitteln. Sie beruhen auf den Methoden, die schon vor etwa 20 Jahren für die Erforschung der Kanalstrahlen entwickelt worden sind und die in der Hauptsache in einer e/m-Bestimmung aus der magnetischen und elektrischen Ablenkung der Teilchen bestehen.

18. THOMSONS Untersuchung des Neons. Prinzip der Parabelmethode. Der erste Versuch, bei dem es gelang, Isotope festzustellen, stammt von J. J. THOMSON. Er benutzte seine bekannte „Parabelmethode", deren experimentelle Anordnung in ds. Handb. Bd. XXIV ausführlich beschrieben wird. Ihr Prinzip ist folgendes: Ein Kanalstrahlenbündel, das aus der feinen Kanüle einer etwa 7 cm langen Kathode eines Entladungsrohres austritt, kann gleichzeitig der Wirkung eines elektrischen und eines magnetischen Feldes ausgesetzt werden. Zu diesem Zweck sind die Polschuhe PP' eines starken Elektromagneten durch Glimmerblättchen von den Polen isoliert; sie können daher elektrostatisch aufgeladen werden. Nach Durchgang durch die zwischen PP' herrschenden Felder treten die Strahlen in eine hochevakuierte Kammer und fallen schließlich auf einen Fluoreszenzschirm oder eine photographische Platte. Ist zwischen PP' kein Feld vorhanden, so trifft das schmale Bündel den Schirm in dem sog. unabgelenkten Fleck. Wird nun ein elektrisches Feld der Stärke X zwischen PP' angelegt, so wird ein

Teilchen der Masse m, der Ladung e und der Geschwindigkeit v um eine Strecke

$$x = k \cdot \frac{eX}{mv^2} \tag{1}$$

abgelenkt. Durch ein mit X paralleles Magnetfeld erleidet das Teilchen jedoch eine zu X senkrecht gerichtete Ablenkung von der Größe

$$y = k' \cdot \frac{eH}{mv}. \tag{2}$$

k und k' sind nur von den Dimensionen des Apparates abhängige Konstanten.

Wird der unabgelenkte Fleck als Ursprung eines Koordinatensystems gewählt, dessen x-Achse in Richtung der elektrischen, und dessen y-Achse in Richtung der magnetischen Ablenkung liegt, so trifft das Teilchen unter der Einwirkung beider Felder den Schirm im Punkte (x, y). Aus den obigen Gleichungen folgt, daß y/x ein Maß seiner Geschwindigkeit und y^2/x ein Maß für e/m ist. Unter Berücksichtigung dessen, daß die Kanalstrahlen entweder die elektrische Elementarladung oder ein Vielfaches davon tragen, muß für ein Bündel von verschiedener Geschwindigkeit, aber konstanter Masse, solange die Ladung des einzelnen Kanalstrahlenteilchens ungeändert bleibt, y^2/x konstant sein. Teilchen mit gleichem e/m aber variabler Geschwindigkeit werden sich also auf dem Schirm in einer Parabel abbilden. Für Strahlen von anderer Masse m' ist die Lage der Parabel eine andere, sie wird parallel der y-Achse mehr oder weniger verschoben sein. Da sich die Abstände der Parabelköpfe (Abstand des Parabelanfangs vom unabgelenkten Fleck) von der x-Achse umgekehrt wie die Massen der Teilchen verhalten müssen, kann man durch bloße Längenmessung die Massen miteinander vergleichen. Kennt man die Masse einer Teilchenart, kann man die anderen Massen daraus berechnen. Man muß hierbei aber in Betracht ziehen, daß im Entladungsrohr mehrfache Ionisation auftreten kann, so daß das entstehende Kanalstrahlenteilchen zweifach, dreifach usw. geladen ist. Läuft aber ein doppelt geladenes Teilchen durch die zerlegenden Felder, so wird es den Schirm an derselben Stelle treffen wie ein einfach geladenes Teilchen

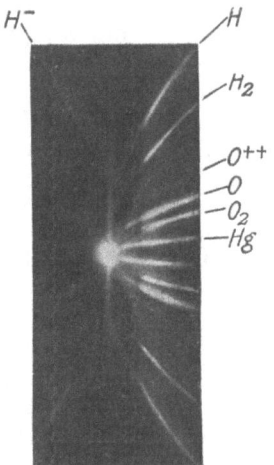

Abb. 8. **Kanalstrahlenparabeln** nach J. J. Thomson.

der halben Masse, ist also von diesem nicht zu unterscheiden. Z. B. verhält sich ein doppelt geladenes Sauerstoffteilchen, das mit O^{++} bezeichnet wird, wie ein einfach geladenes von der Masse 8. Die Abb. 8 zeigt einige typische, von Thomson photographierte Kanalstrahlenparabeln. Hier ist bei den normalen, einfach geladenen Teilchen das Pluszeichen fortgelassen. Man sieht zunächst, daß es definierte, scharfe Parabeln gibt. Diese Tatsache war der erste experimentelle Beweis dafür, daß bei einem nicht aus Isotopen zusammengesetzten Element die einzelnen Atome die gleiche Masse haben. Bei Elementen, die Isotopengemische sind, gilt dasselbe für die Atome jedes einzelnen Isotopes. Der Abstand der Parabelköpfe von der y-Achse ist unabhängig von der Masse der Teilchen und nur gegeben durch die Maximalenergie, die die Teilchen beim Durchfallen des Potentialabfalls in der Entladungsröhre erhalten, und durch die Stärke des zur Ablenkung verwandten elektrischen Feldes. Die Maximalenergie ist wiederum für alle Teilchen gleicher Ladung dieselbe. Die Parabelköpfe der einfach geladenen Teilchen liegen daher auf einer Parallelen zur y-Achse. In der Abbildung sieht man jedoch, daß die dem einfach geladenen Sauerstoffatom zugeschriebene Parabel über diese Parallele um den halben Abstand zwischen der Parallelen und der y-Achse hinausragt. Diese Verlängerung rührt von O^{++}-Atomen her, die ihre doppelte Ladung den ganzen Potentialabfall der Entladung hindurch behielten, also eine doppelt so große Energie erlangt haben wie ein einfach geladenes Sauerstoffatom. Daher liegt auch der Anfangspunkt der zugehörigen Parabel nur halb soweit vom unabgelenkten Fleck entfernt. In dem Kanal der Kathode haben die Atome jedoch ein Elektron eingefangen. Es entstehen so Teilchen von normalem e/m, aber von doppelter Energie als die normalen Kanalstrahlen. Lagern einfach geladene Teilchen im Kanal ein Elektron an, so treffen sie als neutrale Teilchen den unabgelenkten Fleck. Tritt aber noch ein zweites Elektron hinzu, so werden sie zu negativ geladenen Teilchen, die in beiden Feldern eine den normalen Teilchen entgegengesetzte Ablenkung erfahren und daher eine Parabel im entgegengesetzten Quadranten liefern. So rührt die mit H^- bezeichnete Parabel von dem einfach negativ geladenen Wasserstoffatom her. Da die x-Achse nur eine gedachte Linie ist, die auf der photographischen Platte nicht erscheint, polt man das magnetische Feld während des Versuches um und erhält so die gleichen Parabeln wie vorher, aber an der x-Achse gespiegelt. Die Abstände der symmetrisch zur x-Achse gelegenen Parabeln lassen sich leicht und genau bestimmen.

Nach dieser Methode untersuchte nun Thomson die in der Luft enthaltenen Gase. Neben den Parabeln von Helium, Neon und Argon fand er eine Parabel, die einem Atomgewicht 22 zuzuschreiben war. Da sie stets nur mit der Neonparabel auftrat, glaubte man erst an eine Verbindung NeH_2, kam aber dann bald zu der interessanten Annahme, Neon bestehe aus zwei Komponenten mit dem Atomgewicht 20 und 22. Aston versuchte durch Diffusion eine Trennung der beiden Isotope herbeizuführen, aber erst durch den von ihm so erfolgreich durchgeführten Ausbau der Kanalstrahlenmethode gelang der eindeutige Beweis der Isotopie des Neons.

19. Prinzip des Astonschen Massenspektrographen[1]). Das Charakteristische der Astonschen Methode ist die Art der Fokussierung der Teilchen mit gleichem e/m. Man kann bekanntlich nicht erreichen, daß in einem Kanalstrahlenbündel alle Teilchen derselben Masse die gleiche Geschwindigkeit besitzen, da diese von dem Ladungszustand abhängig ist und von dem Potential, das die Teilchen nach ihrem Entstehen im Entladungsgefäß durchlaufen. Könnte man jedoch im Beobachtungsraum auf der photographischen Platte die Teilchen mit gleichem e/m trotz ihrer verschiedenen Geschwindigkeit vereinigen, so würde man beträchtlich an Intensität gewinnen. Dies würde das Arbeiten mit einem engeren Strahlenbündel und dadurch wiederum schärfere Bilder ermöglichen. Die Verwirklichung dieses Gedankens ist Aston durch die in dem Diagramm der Abb. 9 veranschaulichte Methode gelungen.

Das durch S_1 und S_2 ausgeblendete Kanalstrahlenbündel wird im elektrischen Feld zwischen den Platten $P_1 P_2$ zur negativen Platte abgelenkt. Die Ablenkung geschieht wieder nach Gleichung (1), so daß für ein gegebenes Feld für ein Teilchen die Ablenkung um so größer ist, je größer sein Wert für e/mv^2 ist. Die Teilchen mit gleichem e/m werden im elektrischen Feld gemäß ihrer verschiedenen Geschwindigkeit in ein Spektrum ausgebreitet. Aus diesem Spektrum wird durch die Blende D ein Teil ausgeblendet, der nun in einem

---

[1]) F. W. Aston, Isotope. Deutsch von Dr. Else Norst-Rubinowicz. Leipzig 1923. Ferner F. W. Aston, Phil. Mag. Bd. 38, S. 707. 1919; Bd. 39, S. 449, 611. 1920; Bd. 40, S. 628. 1920; Proc. Cambridge Phil. Soc. Bd. 19, S. 317. 1919.

passend gewählten Magnetfeld in der umgekehrten Richtung gemäß Gleichung (2) abgelenkt wird, wobei natürlich das magnetische Feld nicht mehr parallel zum elektrischen Feld orientiert sein kann. Es kann dann erreicht werden, daß die vorher fächerartig ausgebreiteten Teilchen von gleichem e/m, aber verschiedenem v wieder zusammentreffen. Die Fokussierung für Strahlen von variablem v und konstantem e/m längs der Linie GF ist nur erreichbar, wenn Θ ein kleiner Winkel ist (in Abb. 9 übertrieben groß gezeichnet), ZO ist ein um Θ von der ursprünglichen Richtung S_1S_2Z abgelenkter Strahl von bestimmtem e/m und v. Die darüber bzw. darunter gezeichneten punktierten Linien geben die schnellsten bzw. langsamsten Strahlen von gleichem e/m an, die gerade noch durch die Blende D hindurchgelassen werden. Die Blende greift so für die verschiedenen e/m-Werte immer Strahlengruppen mit einem bestimmten Geschwindigkeitsbereich heraus. In der von ASTON und FOWLER[1]) gegebenen Theorie des Massenspektrographen wird nun gezeigt, daß sich die Strahlen einer Gruppe sämtlich in einem Punkte schneiden, und daß für alle Gruppen die Schnittpunkte auf der Geraden ZF liegen. Die Intensität der Strahlen ist hier genügend groß, so daß man auf einer in GF angebrachten photographischen Platte ein deutliches Bild der Schnittpunkte erhält. Jeder Bildpunkt entspricht einem ganz bestimmten e/m-Wert. Teilchen mit verschiedenem e/m erscheinen auch auf der Platte an verschiedenen Stellen. Verhalten sich z. B. die e/m-Werte zweier Teilchenarten wie 1:2, so werden im elektrischen Feld

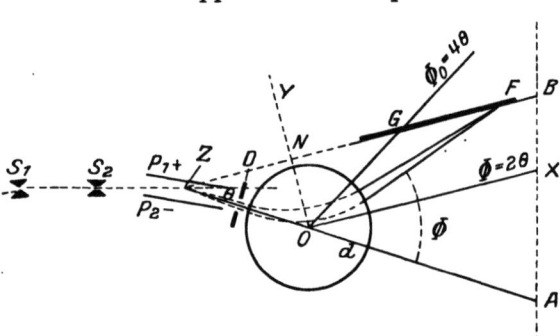

Abb. 9. Diagramm des ASTONschen Massenspektrographen.

durch die Blende D, die nur Teilchen mit einer konstanten mittleren Ablenkung hindurchläßt, diejenigen Teilchen ausgesondert, deren Geschwindigkeiten sich wie $1:\sqrt{2}$ verhalten. Im Magnetfeld werden diese Teilchen aber wieder im Verhältnis ihrer Geschwindigkeiten, also wie $1:\sqrt{2}$ abgelenkt, sie müssen also auf der Platte an verschiedenen Stellen auftreffen. Je größer der Wert für e/m ist, je stärker wird ein Teilchen im Magnetfeld abgelenkt, und um so mehr erscheint es auf der photographischen Platte (Abb. 9) nach links verschoben. Die Lage des Bildpunktes auf der Platte bestimmt allein noch nicht die Masse des Kanalstrahlenteilchens, denn auch bei der ASTONschen Anordnung können mehrfach geladene Teilchen (s. Ziff. 18) entstehen. Ein doppelt positiv geladenes Kohlenstoffatom (C^{++}) ruft z. B. eine Schwärzung hervor an einer Stelle, die einem einfach geladenen Teilchen der Masse 6 entspricht. Die Entscheidung, daß diese Linie tatsächlich von C^{++} herrührt, wird auf Grund rein empirischer Tatsachen getroffen. Da die Anordnung der Bildpunkte auf der photographischen Platte einem optischen Spektrum gleicht, spricht ASTON von einem „Massenspektrum" und bezeichnet seinen Apparat als „Massenspektrograph". Der Einfachheit halber werden die Bildpunkte „Linien" genannt, und zwar Linien erster, zweiter oder höherer Ordnung, je nachdem sie von einfach, doppelt oder mehrfach geladenen Atomen stammen. Die Linie 6, 12 usw. soll ferner der Bildpunkt sein, der einem einfach geladenen Atom der Masse 6, 12 usw. entspricht.

---

[1]) F. W. ASTON u. R. H. FOWLER, Phil. Mag. Bd. 43, S. 514. 1922.

20. Experimentelle Anordnung des Massenspektrographen. Die Anordnung ist durch Abb. 10 und 11 dargestellt. Hier ist A die durch einen 3 mm dicken Al-Draht gebildete Anode im Entladungsgefäß B, das einen Durchmesser von 20 cm hat. Die Al-Kathode C ist 2,5 cm breit und konkav (8 cm Krümmungsradius). Zum Schutze des gegenüberliegenden Teiles der Röhre, der infolge des sehr konzentrierten Kathodenstrahlbündels leicht schmelzen würde, ist ein Quarzkügelchen D als Antikathode angebracht. Die durchbohrte Kathode trägt einen 0,05 mm weiten, 2 mm langen Spalt S_1, dem im Abstande von etwa 10 cm ein gleicher Spalt S_2 folgt, genau parallel mit S_1. Das dadurch ausgeblendete Strahlenbündel passiert nun zwischen zwei parallelen Messingplatten J_1 und J_2, die 5 cm lang und 2,8 mm voneinander entfernt sind und auf etwa 200 bis 500 Volt aufgeladen werden, das elektrische Feld. Hier werden die Strahlen mit gleichem e/m entsprechend ihrer Geschwindigkeit zerlegt. Von ihnen wird ein bestimmter Teil durch das Blendensystem K_1 und K_2 ausgeblendet. Dieser Teil gelangt nach Passieren des Magnetfeldes M in die die photographische Platte enthaltende Kammer N. Von hier laufen die Strahlen dann noch durch zwei vertikale, geerdete, im Abstand von 3 mm aufgestellte Platten ZZ hindurch, die sie vor jedem elektrischen Streufelde schützen sollen.

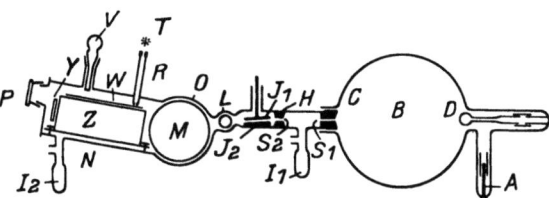

Abb. 10. Der ASTONsche Massenspektrograph.

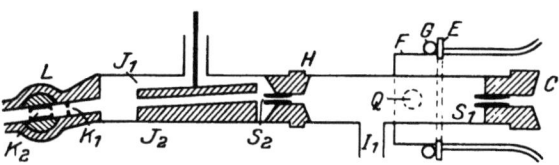

Abb. 11. Montierung der Kathode des Massenspektrographen.

Das zu untersuchende Gas kann durch einen ringförmigen Zwischenraum zwischen der Röhre, die die Kathode trägt, und einem weiteren Rohr F in den Entladungsraum gebracht werden. Die Zufuhr geschieht durch das bei F angebrachte Seitenrohr Q; durch ein zweites Rohr auf der entgegengesetzten Seite kann das Gas wieder abgepumpt werden. Durch diese Anordnung wird verhindert, daß eine Entladung in die Pumpe oder den Gasvorrat schlägt, da der Raum hinter der Kathode kein hohes Potential hat. Die ganze hinter dem Spaltsystem S_1 angeordnete Apparatur wird möglichst hoch evakuiert. Zu diesem Zweck werden die Röhren I_1 und I_2 mit Kohle gefüllt und in flüssige Luft getaucht. Ein Hahn L gestattet, die Kammer N besonders abzuschließen, so daß ein Plattenwechsel ermöglicht ist, ohne in den Entladungsraum Luft hineinzulassen. Der Plattenwechsel geschieht durch Öffnen der Verschlußplatte P. Durch die Röhre R kann mittels einer kleinen Lampe T auf der Platte W eine Nullmarke, der sog. Bezugspunkt, angebracht werden.

21. Bestimmung der Masse aus dem Spektrum. Zur Bestimmung der Massen aus der Lage der Linien kann man mehrere Verfahren anwenden. Zunächst hat man die Möglichkeit, unter Berücksichtigung der Theorie des Massenspektrographen und der Apparatkonstanten die Masse nach den Ablenkungsformeln zu berechnen. Man müßte dann aber die elektrischen und magnetischen Felder sehr genau kennen, was bezüglich des Magnetfeldes einige Schwierigkeiten bietet. Man benutzt daher lieber Bezugslinien, die von Elementen oder Verbindungen geliefert werden, deren Massen genau bekannt sind, wie z. B. Kohlenstoff und Sauerstoff. Diese Elemente befinden sich meist in der Entladungsröhre, da man häufig, um einen glatten Verlauf der Entladung zu unterstützen, CO_2 den zu untersuchenden Gasen beifügt, und durch die Kittungen und Fettungen der Apparatur auch genügend Kohlenwasserstoffe vorhanden sind. Man weiß aus den THOMSONschen Versuchen, daß in einem solchen Gemisch von CO_2 und CH_4 die Linien *6* (C^{++}), *8* (O^{++}), *12* (C), *13* (CH), *14* (CH_2), *15* (CH_3), *16* (O), *28* (CO), *32* (O_2) und *44* (CO_2) auftreten. Trägt man in einer graphischen Darstellung die diesen Linien entsprechenden Massen als Funktion der Entfernung der Linien von dem konstanten Bezugspunkt auf, so erhält man eine Eichkurve, die aber nur durch eine verhältnismäßig kleine Zahl von Punkten gestützt ist und daher nicht die nötige Genauigkeit besitzt. Man kann weitere Punkte der Kurve in folgender Weise erhalten. Man untersucht dieselben Substanzen bei einem anderen Magnetfeld, so daß die zugehörigen Linien andere Entfernungen vom Bezugspunkt aufweisen. Da in die Formeln für die Ablenkungen nur der Ausdruck magnetische Feldstärke:Masse des abgelenkten Teilchens eingeht, so würde man dieselbe Linienverschiebung auch erhalten, wenn man statt der geänderten Feldstärke entsprechend veränderte Massen hätte. Das besagt aber, daß man die im veränderten Magnetfeld erhaltenen Linien in die zuerst erhaltene Eichkurve eintragen kann, wenn man nur, statt der wirklichen Massen, die mit einem Umrechnungsfaktor multiplizierten Massen heranzieht. Man gewinnt auf diese Weise Zwischenwerte zwischen den zuerst erhaltenen Punkten der Eichkurve und kann durch Fortführung dieses Verfahrens dieser Kurve eine erhöhte Genauigkeit verleihen. Es genügt dann die Identifizierung einer einzigen Linie, um die Massen aller anderen Linien aus der Kurve zu entnehmen. Die Resultate können durch eine von der Eichkurve unabhängige Methode kontrolliert werden, bei der man weder theoretisch noch empirisch die Beziehung zwischen der Masse und der gemessenen Ablenkung zu kennen braucht. Angenommen, es soll eine Masse m' mit einer bekannten Masse m verglichen werden. Die photographische Aufnahme ergibt bei einem elektrischen Felde X und einem Magnetfelde H für m eine bestimmte Linie. Durch Ändern der beiden Felder kann man nun die durch m' verursachte Linie an dieselbe Stelle bringen. Da für beide Massen die Ablenkung die gleiche ist, kann man aus den Gleichungen (1) und (2) die Beziehung erhalten

$$\frac{m}{m'} = \frac{X' \cdot H^2}{X \cdot H'^2}. \qquad (3)$$

Läßt man also das eine Feld, z. B. das magnetische, konstant, so braucht man nur das elektrische Feld zu messen. Beispielsweise fällt die zu Kohlenstoff (*12*) bei einem elektrischen Feld von 320 Volt und konstantem Magnetfeld gehörige Linie genau mit der zu Sauerstoff (*16*) bei 240 Volt gehörigen Linie zusammen. Diese Methode der „Koinzidenzen" hat den Vorteil, daß die Bahnen der Strahlen für beide Massen die gleichen sind, und daher Fehler durch Inhomogenität des Feldes fortfallen. Sie ist auch die einzige Methode, die für Elemente anwendbar ist, die auf der Massenskala weit von den Bezugslinien entfernt sind. Bei seinen Messungen hat ASTON sich nicht damit begnügt, aus der bekannten Masse einer einzigen Linie aus der Eichkurve die übrigen Massen zu bestimmen, sondern er hat stets jede unbekannte Linie zwischen zwei Bezugslinien eingeschlossen. Unter diesen Bedingungen schätzt ASTON seine erreichte Genauigkeit auf 1 : 1000. Das Auflösungsvermögen seines Apparates ist etwa 1 : 130.

22. Besprechung einiger Massenspektren. Um eine Vorstellung über die Anwendung der Methoden zur Massenbestimmung zu erhalten, wollen wir einige der in Abb. 12 abgebildeten Massenspektren betrachten. Wir sehen z. B. im

Spektrum V die von den im Entladungsgefäß vorhandenen Atomen und Verbindungen herrührenden Linien *12* (C), *13* (CH), *14* (CH$_2$), *15* (CH$_3$), *16* (CH$_4$ oder O). Spuren von Wasserdampf im Apparat deuten die Linien *17* (OH) und *18* (H$_2$O) im Spektrum I an. Einen zweiten Satz von Bezugslinien bilden die Linien *24, 25, 26, 27, 28, 29, 30*, von denen die Linie *28* (CO oder C$_2$H$_4$) besonders wichtig ist. Die anderen Linien stammen auch von Verbindungen mit 2 Kohlenstoffatomen. Leitet man nun in die Entladungsröhre Neon ein, so treten 2 neue Linien *20* und *22* auf (Spektrum I). Auf der Originalplatte stehen ihre Intensitäten in dem Verhältnis 1 : 9, was in guter Übereinstimmung mit dem Atomgewicht des Gemisches (20,2) steht. Aston erhielt auch das Spektrum zweiter

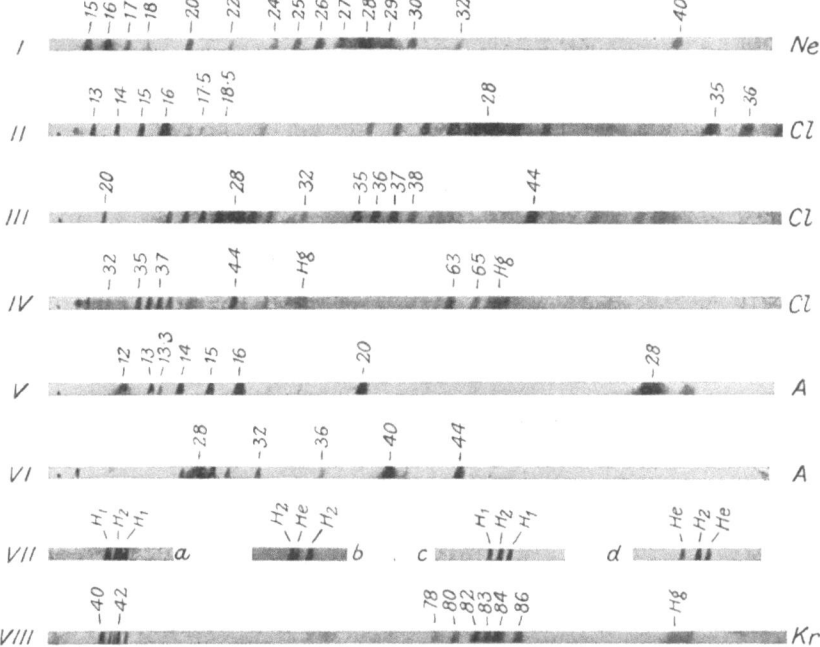

Abb. 12. Massenspektren nach Aston.

Ordnung mit den Linien *10* und *11*. Hiernach ist also das Vorhandensein zweier Isotopen mit verschiedenen Massen als gesichert zu betrachten. Die Spektren II, III, IV geben uns auch den Beweis, daß das Chlor (Atomgewicht 35,46) aus den beiden Isotopen 35 und 37 zusammengesetzt ist. Nach dem Einführen von Cl$_2$ in das Entladungsgefäß traten in Spektrum III 4 deutliche Linien *35, 36, 37* und *38* auf. Im Spektrum II, das mit einem schwachen Magnetfeld aufgenommen worden ist, sieht man auch die Linien *17,5* (Cl^{35++})[1]) und *18,5* (Cl^{37++}). Die Linien *36* und *38* rühren von den Wasserstoffverbindungen der entsprechenden Chlorisotopen her. Daß Chlor ein Gemisch von Cl^{35} und Cl^{37} ist, beweist auch das Spektrum IV, in dem nur die Linien *63* (COCl^{35}) und *65* (COCl^{37}) auftreten. Das gleichzeitige Auftreten einer Linie in drei Ordnungen (*40, 20* und *13,33*) kann man bei der Aufnahme des Argons (Spektrum V und VI) beobachten. Gerade durch die günstige Lage der Linie *13,33* (Ar^{+++}) konnte man die Masse des Argonatoms sehr genau zu 40,00 ± 0,02 bestimmen. Später fand man, daß stets

---
[1]) Die Schreibart Cl^{35} soll veranschaulichen, daß es sich um ein Chloratom mit der Masse 35 handelt.

bei den Argonaufnahmen auch noch eine sehr schwache Linie *36* (Spektrum *VI*) auftrat. Man kann daraus schließen, daß Argon noch ein Isotop Ar^{36} besitzt. Das Vorhandensein dieses Isotopen Ar^{36} ist durchaus mit dem für Ar gefundenen Atomgewicht 39,91 in Einklang, da schon ein Vorhandensein von 3% der leichteren Komponente zur Herabsetzung des mittleren Atomgewichts von 40 auf 39,9 ausreicht. Beim Hg kann man übrigens noch mehr Ordnungen feststellen. In Spektrum *IV* sehen wir eine Hg-Linie 3. und 4. Ordnung. Wie THOMSON gezeigt hat, kann das Hg-Atom sogar 8 Elektronen verlieren.

Zum Schluß wollen wir noch auf die interessante Massenbestimmung des Heliums und Wasserstoffs eingehen. Da die Linien dieser Elemente so weit von den Bezugslinien entfernt liegen, wurde hier die vorher beschriebene Methode der Koinzidenzen allerdings mit einer Abänderung angewandt, weil die Koinzidenz auf der Platte ja nicht festzustellen ist. Ist die Masse des H_2-Moleküls genau doppelt so groß wie die eines Atoms H_1, so muß die bei 250 Volt aufgenommene Linie des H_2 mit der bei 500 Volt aufgenommenen Linie des H_1 nach Gleichung (3) zusammenfallen. Macht man nun von einem Gasgemisch, das Wasserstoffmoleküle und -atome, sowie Helium enthält, bei einem konstanten Magnetfeld hintereinander 3 Aufnahmen mit einem elektrischen Feld von 250, 500 + 12 und 500 − 12 Volt, so muß die Linie H_2 symmetrisch von 2 Linien H_1 eingeschlossen werden. Da dies, wie das Spektrum *VIIa* und *c* zeigt, der Fall ist, folgt, daß innerhalb der experimentellen Fehlergrenzen die Masse des Moleküls tatsächlich doppelt so groß wie die des Atoms ist. Nach der gleichen Methode des „Einschließens" wurden die Linien des Wasserstoffatoms und Heliumatoms verglichen. Die nach einer passenden Änderung des Magnetfeldes aufgenommenen Spektren *VIIb* und *d* zeigen, daß in beiden Fällen, He eingeschlossen von H_2, oder H_2 eingeschlossen von He, die eingeschlossene Linie unsymmetrisch zu den beiden andern liegt. Aus dem Ergebnis folgt, daß die Masse des Heliumatoms kleiner ist als die doppelte Masse des Wasserstoffmoleküls. Die nach diesem Verfahren durchgeführte Massenbestimmung kann natürlich durch die vorher ebenfalls erwähnte direkte Methode aus der Lage der Linien auf der Eichkurve kontrolliert werden. Die nachstehende Tabelle gibt einen Überblick über die mit beiden Methoden erhaltenen Resultate.

Das in der Tabelle aufgeführte H_3 entstand stets, wenn man die beim Bombardement von KOH mit Kathodenstrahlen erzeugten Gase untersuchte. Sein Auftreten hatte bereits THOMSON beobachtet.

Tabelle 6.
Massenbestimmung des Heliums und Wasserstoffs.

Linie	Methode	Bezugsmasse	Abgeleitete Masse
He	eingeschl.	O = 8	3,994 bis 3,996
	direkt	C = 6	4,005 ,, 4,010
H_3	eingeschl.	C = 6	3,025 ,, 3,027
	direkt	He = 4	3,021 ,, 3,030
H_2	eingeschl.	He = 4	2,012 ,, 2,018

Die erhaltenen Massen bestätigen sehr überzeugend die Annahme, daß das diese Linien erzeugende Teilchen ein dreiatomiges Wasserstoffmolekül ist.

23. Massenspektren der Alkalimetalle. Nach dem im vorstehenden geschilderten Verfahren wurden noch zahlreiche andere Elemente untersucht. Die bis jetzt gefundenen Isotopen sind in dem Kapitel über das Periodische System tabellarisch zusammengestellt. Indes ist die angegebene Methode nur für Gase oder Dämpfe brauchbar und versagt daher für Stoffe mit sehr niedrigem Dampfdruck, also für die meisten metallischen Elemente. Bei den Alkalimetallen gelang es ASTON[1]), mittels einer Art „Glühanoden"-Methode, wie sie zuerst von

---

[1]) F. W. ASTON, Phil. Mag. (6) Bd. 42, S. 436. 1921.

GEHRCKE und REICHENHEIM[1]) zur Erzeugung positiv geladener Strahlen verwandt worden ist, die Massenspektren zu erhalten. Die zylindrische Entladungsröhre enthielt eine heizbare Anode aus einer Platinfolie, die im Abstand von 1 cm dem Kanal der Kathode gegenüberstand. Die Platinfolie war an ihrem freien Ende zu einer U-förmigen Rinne gebogen, in der die Salze geschmolzen werden konnten. Bei Anlegen einer hohen positiven Spannung an die Anode erhielt man dann positiv geladene Alkaliatome als Anodenstrahlen, deren Untersuchung teils nach der THOMSONschen Parabelmethode, teils mit dem Massenspektrographen durchgeführt wurde. Danach bestehen Lithium, Kalium und Rubidium aus je zwei verschiedenen Atomarten mit der Masse 6 und 7 bzw. 39 und 41 bzw. 85 und 87. Bei Natrium und Cäsium wurden Isotope nicht gefunden. G. P. THOMSON[2]) hat dann ferner nach der Parabelmethode Beryllium photographiert, aber nur eine einzige Parabel entsprechend einem Atomgewicht 9 erhalten. Beryllium ist daher wahrscheinlich ein einfaches Element.

24. DEMPSTERS Methode der Massenbestimmung. Prinzip und Anordnung. Nach einem völlig anderen Verfahren sind von A. J. DEMPSTER[3]) Massenbestimmungen ausgeführt worden. Das Prinzip, das im wesentlichen mit dem von CLASSEN[4]) zur Bestimmung von e/m für Elektronen angewandten übereinstimmt, ist kurz folgendes. An Stelle von Kanalstrahlen werden die von erhitzten Metallsalzen ausgesandten positiven Ionen untersucht, die im Hochvakuum alle eine bestimmte, gleiche Potentialdifferenz zu durchlaufen haben. Besitzen die Ionen bei ihrer Entstehung nur Geschwindigkeiten, die klein sind gegen die Geschwindigkeit, die sie durch das beschleunigende Potential erhalten, so haben sie sämtlich die gleiche Energie. Eine Fokussierung der Teilchen wie beim Massenspektrographen ist hier also nicht notwendig.

Durch einen Spalt (S_1) wird nun ein enges Bündel ausgeblendet und in einem starken Magnetfeld zu einem Halbkreis gekrümmt. Das Magnetfeld und die Potentialdifferenz werden so gewählt, daß das Bündel durch einen zweiten Spalt (S_2) auf eine mit einem WILSON-Elektroskop verbundene Platte fällt und hier seine Ladung abgibt. Aus den bekannten Gleichungen

$$\frac{1}{2} m v^2 = eV \quad \text{und} \quad \frac{m v^2}{r} = e v H$$

folgt für die Masse m der Teilchen die Beziehung

$$m = \frac{e H^2 r^2}{2V}. \tag{4}$$

Wird das Magnetfeld konstant gehalten, so ist für die zur Messung gelangenden Teilchen, die ja sämtlich Bahnen mit gleichem Krümmungsradius beschreiben, die Masse umgekehrt proportional der Potentialdifferenz, die nötig ist, das Strahlenbündel durch den Spalt S_2 und auf die Auffangplatte zu bringen. Zur Bestimmung der Massen in einem Teilchengemisch braucht man also nur Potentialdifferenzen zu messen.

Die experimentelle Anordnung ist in der Abb. 13 dargestellt. Die positiven Strahlen gehen von der heizbaren Anode G aus. Diese besteht aus einem kleinen Eisenzylinder, der mit dem zu untersuchenden Metallsalz gefüllt werden kann. Um die Entstehung positiver Ionen zu begünstigen, wird mittels einer Wehneltkathode F die Anode mit Elektronen bombardiert, die etwa 30 bis 160 Volt

---

[1]) E. GEHRCKE u. O. REICHENHEIM, Verh. d. D. Phys. Ges. Bd. 8, S. 559. 1906; Bd. 9, S. 76, 200, 374. 1907; Bd. 10, S. 217. 1908.
[2]) G. P. THOMSON, Phil. Mag. Bd. 42, S. 857. 1921.
[3]) A. J. DEMPSTER, Phys. Rev. Bd. 11, S. 316. 1918; Bd. 18, S. 415. 1921; Bd. 20, S. 631. 1922; Bd. 21, S. 209. 1923.
[4]) CLASSEN, Jahrb. d. Hamburg. Wiss. Anst. 1907, Beiheft.

durchlaufen haben. Das beschleunigende Feld liegt zwischen P, einem zylindrischen Eisenschutz, und dem Spalt S_1. P und F haben im allgemeinen gleiches Potential. Das durch S_1 hindurchgelassene Strahlenbündel durchläuft nun in der Zerlegungskammer A das zwischen zwei halbkreisförmigen Eisenplatten (Abstand 4 cm) erzeugte starke Magnetfeld, das es in gewünschter Weise ablenkt. Bei D ist ein Schirm angebracht, um das Eindringen reflektierter Teilchen in den Schlitz zu verhindern. Die ganze Anordnung wird natürlich soweit wie irgend möglich evakuiert. Die Ladungsmessung geschieht mittels einer Nullmethode. Das Elektroskop ist einerseits mit der Auffangplatte, andererseits mit einer Ionisationskammer verbunden, in die durch einen mit einer Mikrometerschraube verstellbaren Spalt die β-Strahlen eines RaE-Präparates fallen. Die Schlitzbreite wird nun so lange verändert, bis der Auflade- und der Ionisationsstrom sich kompensieren. Der letztere ist für alle Schlitzbreiten bekannt (1 mm Schlitzbreite entspricht z. Bp. einem Ionisationsstrom von $6 \cdot 10^{-12}$ Amp.). Das Auflösungsvermögen des Apparates beträgt 1:100 ist aber in einigen Experimenten durch Benutzung engerer Spalte auf das Doppelte vergrößert worden. Ein Vorteil dieser Methode ist die günstige Ausnutzung der erzeugten Ionen und ferner der Umstand, daß die Ladungsmessungen auch gleich die Intensitäten der einzelnen Atomarten liefern. Allerdings ergaben sich hierbei Schwierigkeiten durch die Inkonstanz der Strahlenquelle. Sogar unter

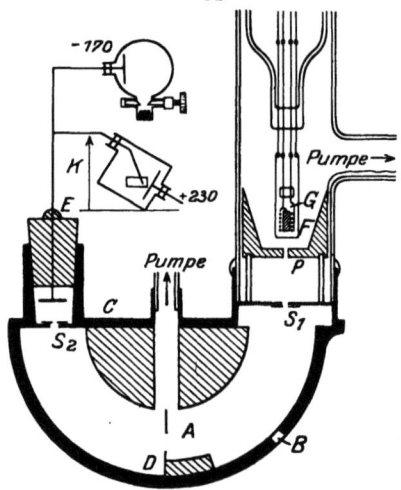

Abb. 13. DEMPSTERS Apparat zur Massenbestimmung.

den besten Bedingungen war es nicht möglich, die Intensität der Strahlen länger als 2 oder 3 Minuten konstant zu halten.

25. DEMPSTERS Ergebnisse. Mit dieser Anordnung gelang es DEMPSTER, das Magnesium in die drei Isotopen 24, 25 und 26 zu zerlegen. In der Abb. 14 sieht man die drei scharfen Maxima. Die Höhe der Ordinaten gibt die Intensitätsverteilung der Linien. Die Komponente 24 ist 6,7mal stärker als die vom Atomgewicht 25, die wiederum 1,04 mal stärker als die dritte Komponente ist. Hieraus ergibt sich ein mittleres Atomgewicht von 24,336 in sehr guter Übereinstimmung mit dem experimentell bestimmten (tatsächlichen) Atomgewicht 24,36. — Im Einklang mit den ASTONSCHEN Messungen fand DEMPSTER ferner je 2 Isotope für Lithium (6 und 7) und Kalium (39 und 41). Bei Calcium wurde neben dem Hauptmaximum bei 40 ein ganz schwaches Maximum ($^1/_{70}$ von Ca^{40}) bei 44 gefunden, woraus sich ein mittleres Atomgewicht von 40,055 (experimentell bestimmtes Atomgewicht 40,07) ergibt. Die Hauptkomponente des Calcium ist also isobar mit der Hauptkomponente des Argon. Mit einer Ca-Anode, der

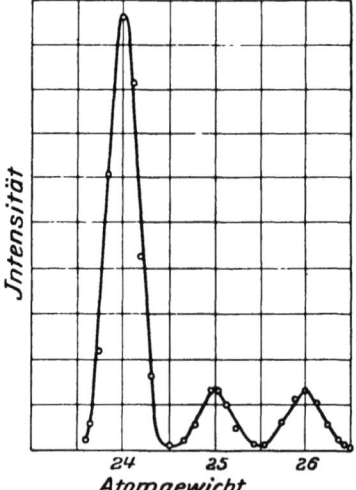

Abb. 14. DEMPSTERS Massenbestimmung des Magnesiums.

etwas Zink beigemischt war, erhielt DEMPSTER dann noch für Zink durch Vergleichung mit dem starken Ca-Maximum 4 Isotope 64, 66, 68 und 70.

26. Absolute Masse des H-Atoms. Die vorstehend beschriebenen Verfahren dienen nur zur relativen Bestimmung der Atommasse. Die Absolutwerte erhält man erst, wenn die absolute Masse einer Atomart, z. B. des Wasserstoffatoms, bekannt ist. Die Konstanten dieses Atoms sind von ganz besonderer Bedeutung, da wir, wie mehrfach erwähnt worden ist, das einfach positiv geladene Wasserstoffatom, das Proton, als einen Grundbaustein der Atome ansehen. Dem Rahmen dieses Kapitels entsprechend interessiert uns hier hauptsächlich die absolute Masse des Wasserstoffatoms. Zur Ermittlung dieser universellen Konstanten verwendet man Methoden, die im allgemeinen entweder auf einer e/m-Bestimmung beruhen oder auf Feststellung der LOSCHMIDTschen Zahl N, die ja gleich der Anzahl der in einem Grammatom, d. h. 1,008 g Wasserstoff, enthaltenen Atome ist.

Die LOSCHMIDTsche Zahl ist auf die verschiedenste Weise[1]) bestimmt worden, z. B. aus der BROWNschen Bewegung, der kinetischen Gastheorie, dem Zerstreuungskoeffizienten des Lichts, der Strahlung des schwarzen Körpers und aus radioaktiven Messungen. Den genauesten Wert erhält man jedoch aus der MILLIKANschen[2]) Präzisionsbestimmung des elektrischen Elementarquantums ($e = 4{,}774 \cdot 10^{-10} \pm 0{,}005$ elektrostatischen Einheiten oder $1{,}591 \cdot 10^{-20}$ elektromagnetischen Einheiten, s. Kap. „Elektronen") unter Zugrundelegung der FARADAYschen Konstante der Elektrolyse F, deren Wert nach Berücksichtigung des jetzt geltenden Atomgewichts des Silbers (107,88) auf 96494 Coulomb = 9649,4 C.G.S.-Einheiten festgesetzt ist. Es ist dann $N = F/e = 60{,}62 \cdot 10^{22} \pm 0{,}006$. Daraus ergibt sich für die Masse des Wasserstoffatoms $m_H = 1{,}008/N = 1{,}662 \cdot 10^{-24}$ g.

Hiermit stimmt sehr gut der Wert $m_H = 1{,}61 \cdot 10^{-24}$ g überein, den RUTHERFORD und GEIGER[3]) bereits 1909 nach der Messung der Ladung eines α-Teilchens erhielten, nach der $e = 4{,}65 \cdot 10^{-10}$ e.s. E. In dieser Arbeit geben die beiden Forscher noch zwei andere Wege zur Berechnung von m_H an. Einmal kombinieren sie den für die Ladung E eines α-Teilchens erhaltenen mit dem von RUTHERFORD für die spezifische Ladung E/m gefundenen Wert. Sie erhalten hieraus zunächst die absolute Masse des Heliumatoms und aus der Beziehung $m_{He} : m_H = 4{,}000 : 1{,}008$ dann die Masse des H-Atoms. Auch wenn man für E das Zweifache des MILLIKANschen Wertes für e einsetzt, ist der Wert für m_H noch 5% kleiner als der oben als der genaueste angegebene, da der E/m-Wert ($5{,}07 \cdot 10^3$ e.m. E.) wegen der Schwierigkeit der exakten Ausmessung der benutzten elektrischen und magnetischen Felder keine große Genauigkeit besitzt. Ein günstigeres Resultat ergibt die zweite in der erwähnten Arbeit angegebene Methode. Man hat experimentell (s. Kap. 3 A und 3 B) die Zerfallskonstante λ des Radiums und die Zahl Z der von einem Gramm Radium pro Sekunde ausgesandten α-Teilchen bestimmt. Ist N die LOSCHMIDTsche Zahl, so sind in einem Gramm Radium (Atomgewicht 226) $N/226$ Atome vorhanden. Da jedes zerfallende Atom ein α-Teilchen aussendet, ist die Zahl der pro Sekunde zerfallenden Radiumatome $\lambda \cdot N/226$ gleich Z, folglich $N = 226 \cdot Z/\lambda$, also

$$m_H = 1{,}008/N = \frac{1{,}008 \cdot \lambda}{226 \cdot Z}.$$

Setzt man hier die jetzt bekannten Zahlen für $Z = 3{,}5 \cdot 10^{10}$ [nach GEIGER[4])] und $\lambda = 1{,}27 \cdot 10^{-11}$ entsprechend einer Halbwertszeit $T = 1730$ Jahren [nach ST. MEYER und E. v. SCHWEID-

---

[1]) LANDOLT-BÖRNSTEIN, Phys.-Chem. Tabellen, 5. Aufl., Berlin 1923.
[2]) R. A. MILLIKAN, Phil. Mag. Bd. 34, S. 1. 1917.
[3]) E. RUTHERFORD u. H. GEIGER, Phys. ZS. Bd. 10, S. 42. 1909.
[4]) H. GEIGER, Verh. d. D. Phys. Ges. (3) Bd. 5, S. 12. 1924.

LER[1])] ein, so wird $m_H = 1{,}63 \cdot 10^{-24}$ g. Hier darf man natürlich nicht den aus Z berechneten Wert von λ einsetzen, sondern man muß die Zerfallskonstante aus einer direkten Bestimmung entnehmen. Diese beiden Methoden sind hier angeführt worden, weil sie völlig unabhängig von der MILLIKANschen e-Bestimmung sind.

Da e sehr gut bekannt ist, folgt die absolute Masse des H-Atoms auch aus den an Wasserstoffkanalstrahlen ausgeführten e/m-Bestimmungen (s. ds. Handb. XXIV). Die hierbei erreichbare Genauigkeit ist jedoch durch die Unsicherheit in der Bestimmung der Geschwindigkeit der Kanalstrahlen aus der Entladungsspannung beeinträchtigt.

C. Das α-Teilchen als Heliumkern.
Von
Otto Hahn, Berlin-Dahlem.

27. Ablenkbarkeit im magnetischen und elektrischen Felde. Von den drei aus den radioaktiven Substanzen emittierten Strahlenarten, den α-, den β- und den γ-Strahlen sind nur die letzteren Wellenstrahlen im eigentlichen Sinne, während die α- und β-Strahlen elektrisch geladene materielle Teilchen sind, die durch ihre große Geschwindigkeit Strahlencharakter vortäuschen.

Der Nachweis ihrer materiellen Natur geschieht mittels magnetischer oder elektrischer Felder, in denen die α- und β-Strahlenteilchen entsprechend ihrer elektrischen Ladung abgelenkt werden. Während dieser Nachweis für die β-Strahlen mit ihrer kleinen Masse sehr leicht zu führen ist, gelingt er für die α-Strahlen viel schwerer, und es bedarf sehr starker Felder, um merkliche Ablenkungen zu erzielen.

Die Abb. 15 zeigt die Anordnung, nach der der Nachweis der magnetischen und elektrischen Ablenkung der α-Strahlen zuerst gelungen ist[2]).

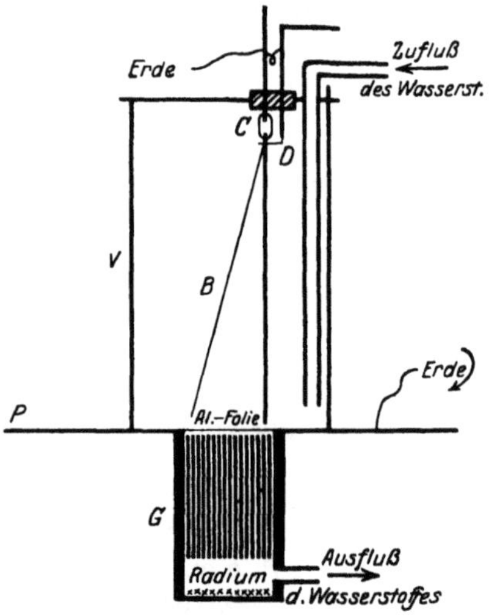

Die Strahlen einer dünnen Schicht eines Radiumpräparats durchsetzten eine Anzahl Schlitze G von je 1 mm Abstand und traten dann durch eine dünne Aluminiumfolie in das Elektroskop V ein. Das magnetische Feld

Abb. 15. Nachweis der Ablenkbarkeit der α-Strahlen.

wirkte senkrecht zur Zeichenebene und parallel mit der Richtung der Schlitze. Ein Wasserstoffstrom wurde durch den Apparat hindurchgeschickt, um Störungen durch Emanation zu vermeiden und die Ionisation der β- und γ-Strahlen herabzudrücken. Durch Anlegen eines Feldes von mehreren tausend Gauß konnte die durch die α-Strahlen hervorgerufene Ionisation auf einen Bruchteil ihres ursprünglichen Wertes herabgedrückt werden. Die α-Strahlen wurden also aus ihrer geraden Bahn abgelenkt und konnten das Elektroskop nicht mehr erreichen.

Zum Nachweis der elektrischen Ablenkung wurden die Platten (G in Abb. 15) voneinander isoliert, eine Platte um die andere miteinander verbunden und mit

---
[1]) St. Meyer u. E. v. Schweidler, Wiener Ber. Bd. 122, S. 1091. 1913
[2]) E. Rutherford, Phys. ZS. Bd. 4, S. 235. 1902/03; Phil. Mag. (6) Bd. 5, S. 177. 1903.

Hilfe einer Hochspannungsbatterie auf ein hohes Potential aufgeladen. Bei Anlegung des elektrischen Feldes ergab sich ebenfalls eine, wenn auch schwache, Verringerung der durch die α-Strahlen verursachten Ionisation.

Um den Richtungssinn der Ablenkung zu bestimmen, wurden bei den Versuchen im Magnetfelde die oberen Enden der schmalen Spalte noch auf der einen Hälfte mit einer Messingplatte bedeckt, wie dies Abb. 16 schematisch wiedergibt.

Wirkte das Magnetfeld so, daß die Strahlen in der Richtung von A nach B abgelenkt wurden, dann war die Entladungsgeschwindigkeit im Elektroskop größer, als wenn die Strahlen im entgegengesetzten Sinne flogen; denn im letzteren Falle wurden sie von den Messingblenden abgefangen.

Auf diese Weise wurde festgestellt, daß die Richtung der Ablenkung derjenigen der Kathoden- und β-Strahlen entgegengesetzt ist. Die α-Strahlen bestehen also aus positiv geladenen Masseteilchen, die augenscheinlich mit großer Geschwindigkeit das radioaktive Atom verlassen. Der Krümmungsradius der α-Strahlen des RaC beträgt bei einem Magnetfelde von 10 000 Gauß noch etwa 40 cm, gegenüber nur wenigen mm für β-Strahlen von 90% Lichtgeschwindigkeit.

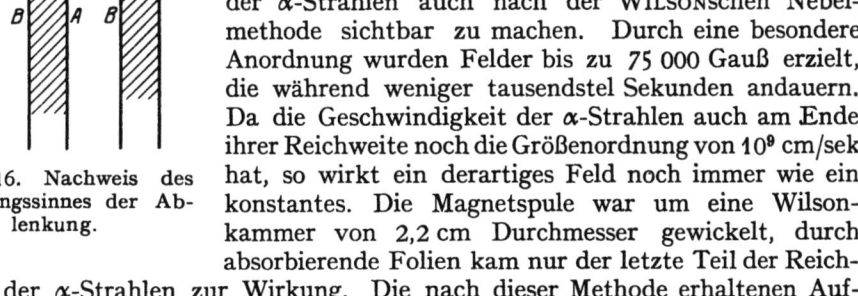

Abb. 16. Nachweis des Richtungssinnes der Ablenkung.

Bei Verwendung stärkster Magnetfelder ist es in jüngster Zeit KAPITZA[1]) gelungen, die Ablenkbarkeit der α-Strahlen auch nach der WILSONschen Nebelmethode sichtbar zu machen. Durch eine besondere Anordnung wurden Felder bis zu 75 000 Gauß erzielt, die während weniger tausendstel Sekunden andauern. Da die Geschwindigkeit der α-Strahlen auch am Ende ihrer Reichweite noch die Größenordnung von 10^9 cm/sek hat, so wirkt ein derartiges Feld noch immer wie ein konstantes. Die Magnetspule war um eine Wilsonkammer von 2,2 cm Durchmesser gewickelt, durch absorbierende Folien kam nur der letzte Teil der Reichweite der α-Strahlen zur Wirkung. Die nach dieser Methode erhaltenen Aufnahmen zeigen deutlich die stark gekrümmten Bahnspuren.

Über die sich aus den Aufnahmen ergebenden Folgerungen über das Verhalten der α-Teilchen am Ende ihrer Reichweite s. ds. Handb. XXIV.

28. Verhältnis von Ladung zur Masse. Allgemeines. Nach dem qualitativen Nachweis, daß die α-Strahlen schnell bewegte Masseteilchen sind, erhebt sich die wichtige Frage nach der Größe dieser Masse, nach ihrem „Atomgewicht". Der Weg zur Beantwortung führt über die quantitative Bestimmung ihrer magnetischen und elektrischen Ablenkung. Die Ablenkung im Magnetfeld gestattet die Bestimmung des Wertes mv/E, die im elektrischen liefert den Wert mv^2/E, wobei m die Masse des α-Partikels, E seine Ladung, v die Geschwindigkeit bedeutet, mit der das α-Teilchen ausgeschleudert wird. Durch Kombination der beiden Beobachtungen lassen sich dann E/m und v bestimmen. Andererseits läßt sich E, die Ladung des α-Teilchens, nach einer von den obigen E/m Bestimmungen unabhängigen Methode finden (Ziff. 33). Aus der Kenntnis von E/m und E erhält man dann m, die gesuchte Masse.

Die Reichweiten der von einer einheitlichen radioaktiven Substanz emittierten α-Strahlen sind unter sich völlig gleich, aber von denen aller anderen Zerfallsprodukte verschieden; genau definiert sind sie nur dann, wenn die radioaktive Substanz in unendlich dünner Schicht vorliegt, so daß alle α-Teilchen mit der gleichen Anfangsgeschwindigkeit nach außen gelangen. Die ersten Versuche

---

[1]) P. KAPITZA, Proc. Cambridge Phil. Soc. Bd. 21, S. 511 bis 516. 1923.

über die magnetische und elektrische Ablenkung der α-Strahlen wurden nun aber mit Radium selbst durchgeführt, das, abgesehen von seiner komplexen α-Strahlung bei genügender Intensität nicht in sehr dünner Schicht erhalten werden kann. Daher konnten diese ersten Versuche keinen Anspruch auf große Genauigkeit machen. Es genügt die Angabe, daß von drei verschiedenen Seiten und nach verschiedenen Methoden Werte von E/m für die α-Strahlen eines Ra-Präparates erhalten wurden, die verhältnismäßig gut übereinstimmten. So fand RUTHERFORD[1]) $6,1 \cdot 10^3$ nach einer Ionisationsmethode, DES COUDRES[2]) $6,4 \cdot 10^3$, der als erster die später fast ausschließlich verwendete photographische Wirkung der α-Strahlen heranzog, MACKENZIE[3]) $4,6 \cdot 10^3$ mittels einer photographischen Methode, bei der die szintillierende Fluoreszenz der α-Teilchen ausgenutzt wurde.

Genaue Messungen sind, wie oben erwähnt, nur möglich bei Verwendung homogener Strahlenquellen in unendlich dünner Schicht. Als solche eignen sich vor allem die „aktiven Niederschläge", die beim Zerfall radioaktiver Emanationen entstehen und auf bequeme Weise in gewichtsloser Menge darstellbar sind. Unter diesen ist der aktive Niederschlag des Radiums in so hohen Konzentrationen zugänglich, daß trotz seiner großen Zerfallsgeschwindigkeit die Intensität ausreicht, um die Ablenkungsversuche im magnetischen Felde mit größter Genauigkeit durchzuführen. Etwa 20 Min. nach Entnahme aus der Emanation enthält der aktive Niederschlag als α-strahlendes Produkt nur noch das RaC; man arbeitet dann also mit einer einheitlichen, homogenen Strahlenquelle.

29. Elektromagnetische Ablenkung. Der aktive, mit RaC in unendlich dünner Schicht bedeckte Draht liegt in der Rille A (Abb. 17), die Strahlen passieren den schmalen Spalt B und fallen dann auf die photographische Platte C. Der Apparat befindet sich in dem Messinggehäuse P, das schnell evakuiert werden kann. Er kommt zwischen die Pole eines starken Elektromagneten, dessen Feld sich parallel zur Richtung des Drahtes und Spaltes möglichst gleichmäßig über die ganze Bahn der Strahlen erstreckt. Durch zeitweises Kommutieren des Feldes erhält man zwei nach entgegengesetzten Seiten von der Nullage abgelenkte α-Strahlenbilder.

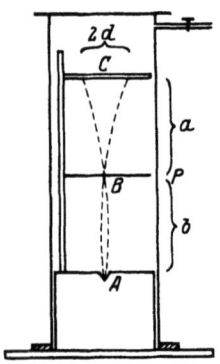

Abb. 17. Magnetische Ablenkung der α-Strahlen.

Ist ϱ der Krümmungsradius des Kreises, der von den α-Strahlen in dem Felde H beschrieben wird, dann ist $H\varrho = mv/E$. Bezeichnen wir ferner mit a den Abstand der photographischen Platte vom Spalt, mit b den Abstand des Spaltes von der Strahlenquelle und mit $2d$ die Entfernung der nach beiden Richtungen abgelenkten Strahlen, dann ist, wenn d klein ist im Verhältnis zu a und b:

$$2\varrho d = a(a+b) \qquad \frac{mv}{E} = H \cdot \varrho = \frac{Ha(a+b)}{2d};$$

a und b ergeben sich aus den Apparatdimensionen, $2d$ wird ausgemessen, H durch besonderen Versuch bestimmt.

Bei den ersten Bestimmungen mit einheitlichen Strahlenquellen waren die Präparate wie das oben erwähnte Radium selbst, noch relativ schwach. Die Apparatdimensionen und die maximale Ablenkung waren daher ziemlich klein. a und b betrug etwa 2 cm, $2d$ 1 bis 2 mm. In einer späteren von RUTHERFORD und ROBIN-

---

[1]) E. RUTHERFORD, Phil. Mag. (6) Bd. 5, S. 177. 1903.
[2]) TH. DES COUDRES, Phys. ZS. Bd. 4, S. 483. 1903.
[3]) A. S. MACKENZIE, Phil. Mag. (6) Bd. 10, S. 538. 1905.

SON[1]) mit allen Vorsichtsmaßregeln durchgeführten Präzisionsarbeit standen dagegen sehr starke RaC-Präparate zur Verfügung (30 mg RaEl) und dementsprechend konnten die Apparatdimensionen größer gewählt werden: a und b je 6,5 cm, $2d = 13,6$ mm.

Besondere Sorgfalt wurde auf die genaue Bestimmung der Feldstärke innerhalb der verschiedenen Teile der Apparatur verwendet und daraus rechnerisch ermittelt, wie man den Einfluß der geringen Veränderlichkeit des Feldes durch Ableitung einer mittleren effektiven Feldstärke $\bar{H}$ in Rechnung ziehen kann. Der Apparat wurde so gestellt, daß der Schlitz genau zwischen den Mittelpunkten der Polschuhe des Magneten lag, wodurch die Korrektur für die Inhomogenität des Magnetfeldes am geringsten wird; H betrug etwa 6000 Gauß. Die Ausmessung von $2d$ geschah nach besonderen Methoden und stimmte für die Einzelmessungen auf $1/1000$ überein. Der Krümmungsradius ϱ wurde nicht nach der obigen Näherungsformel, sondern aus den Größen a, b und d genau berechnet.

Drei Versuche mit verschiedenen RaC-Präparaten ergaben unter vorzüglicher Übereinstimmung einen Wert mv/E für die α-Strahlen von RaC von $(3{,}983 \pm 0{,}005) \cdot 10^5$. Die Verf. schätzen die Genauigkeit dieses Wertes auf $1/400$.

Etwa gleichzeitig mit diesen Bestimmungen wurde von MARSDEN und TAYLOR[2]) im Institut von RUTHERFORD die Ablenkung der α-Strahlen des RaC im Magnetfelde direkt mittels der Szintillationsmethode gemessen und für mv/E der Wert $(4{,}00 \pm 0{,}02) \cdot 10^5$ gefunden.

30. Elektrostatische Ablenkung. Die elektrostatische Ablenkung der α-Strahlen ist schwerer quantitativ zu bestimmen als die magnetische. Den ersten, von RUTHERFORD[3]) für eine Anzahl homogener Strahlenquellen benutzten Apparat zeigt Abb. 18.

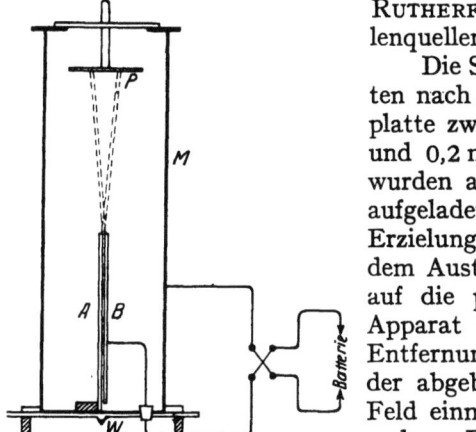

Abb. 18. Elektrische Ablenkung der α-Strahlen.

Die Strahlen des aktiven Drahtes W passierten nach Durchdringung einer dünnen Glimmerplatte zwei parallele Platten A und B, 4 cm hoch und 0,2 mm voneinander entfernt. Die Platten wurden auf die gewünschte Potentialdifferenz Q aufgeladen und dienten außerdem als Spalt für die Erzielung eines schmalen Strahlenbündels. Nach dem Austritt aus dem Felde fielen die Strahlen auf die photographische Platte P. Der ganze Apparat wurde hoch evakuiert. Es sei D die Entfernung zwischen den äußersten Rändern der abgebildeten Bänder, wenn das elektrische Feld einmal in der einen, das andere Mal in der anderen Richtung eingeschaltet war, dann ist

$$\frac{mv^2}{E} = \frac{8Ql^2}{(D-d)^2},$$

wobei E die Ladung des α-Teilchens, m seine Masse, v seine Geschwindigkeit, l der Abstand der photographischen Platte vom Ende der Kondensatorplatten ist, und d der Abstand zwischen diesen. Die Gleichung gilt nur für starke Felder, wo die Ablenkung größer ist als der Abstand der parallelen Platten. Die maximale Ablenkung bei Umkehr des elektrischen Feldes betrug nur 3 mm, die Messung hatte dabei einige Unsicherheit wegen der durch Zerstreuung der Strahlen an den Metallplatten hervorgerufenen Unschärfe der Streifen.

---

[1]) E. RUTHERFORD u. H. ROBINSON, Wiener Ber. (IIa) Bd. 122, S. 1855. 1913.
[2]) J. MARSDEN u. TAYLOR, Proc. Roy. Soc. London (A) Bd. 88, S. 443. 1913.
[3]) E. RUTHERFORD, Radioaktive Substanzen und ihre Strahlungen. S. 90. Leipzig 1913.

Die mit dieser Apparatur erzielten Resultate ergaben in Verbindung mit der magnetischen Ablenkung homogener Strahlenbündel für das Verhältnis von Ladung zu Masse Werte, die für eine Anzahl homogener α-Strahlengruppen gut untereinander übereinstimmten (s. Ziff. 32). Um aber die Genauigkeit zu erzielen, die RUTHERFORD und ROBINSON bei ihren oben beschriebenen Präzisionsuntersuchungen über die magnetische Ablenkung von höchst aktiven RaC-Präparaten erreicht hatten, mußte eine viel größere Apparatur Verwendung finden. Es kam zu diesem Zweck ein dem oben beschriebenen ähnlicher Apparat zur Benutzung[1]), bei dem die Metallplatten A und B 35 cm, die Entfernung vom Ende der Metallplatten zur photographischen Platte 50 cm betrug. Die Ablenkung war hierbei mehr als 1 cm. Auf diesen großen Entfernungen genügten aber selbst 100 mg RaC nicht mehr, um deutlich sichtbare α-Strahlbilder zu ergeben, denn allein das Evakuieren des Apparates erforderte 1 Stunde Zeit, während welcher der aktive Niederschlag großenteils zerfallen ist. Statt RaC wurde daher ein dünnes mit 100 bis 150 Millicurie Emanation beschicktes Glasröhrchen verwendet.

Der Gebrauch eines Emanationsröhrchens als Strahlenquelle ist nicht frei von Nachteilen, weil ja die aus dem Glas austretenden α-Strahlen nicht mehr ganz homogen sind. Aber durch geeignete Wahl der Glasdicke läßt sich eine Art „linsenartiger" Wirkung des Glases derart erzielen, daß ein großer Teil der Strahlen in eine bestimmte sehr scharfe Linie kleinster Ablenkung konzentriert wird. Die inneren Ränder der Spaltbilder sind dadurch außerordentlich scharf definiert — gegenüber den stark verwaschenen äußeren Begrenzungen — und lassen sich mit großer Genauigkeit ausmessen. Die Messungen wurden daher an den inneren Kanten vorgenommen und die wirkliche, normale Ablenkung hieraus berechnet.

Ein Vorteil des Emanationsröhrchens ist der, daß man nicht nur für das RaC, sondern auch für die α-strahlende Emanation und das α-strahlende RaA photographische Spaltbilder erhält.

31. Kombination der elektromagnetischen und der elektrostatischen Ablenkung. Um die nach Ziff. 30 erhaltenen Resultate mit den Ergebnissen der

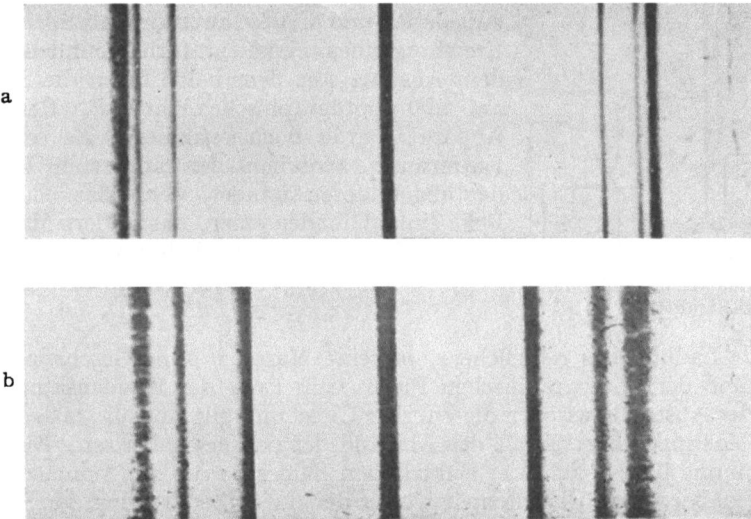

Abb. 19. Ablenkung der α-Strahlen, a im magnetischen Feld; b im elektrischen Feld.

---

[1]) E. RUTHERFORD u. H. ROBINSON, Wiener Ber. (IIa) Bd. 122, S. 1855. 1913.

Tabelle 7. Elektromagnetische und elektrostatische Ablenkung von α-Strahlen.

Versuchsnummer	RaC			RaA			Ra-Emanation		
	$\frac{mv}{E}$	$\frac{mv^2}{E}$	$\frac{E}{m}$	$\frac{mv}{E}$	$\frac{mv^2}{E}$	$\frac{E}{m}$	$\frac{mv}{E}$	$\frac{mv^2}{E}$	$\frac{E}{m}$
1 (Reichweitenverkürzung der Wand des Röhrchens 1,85 cm)	$3{,}605 \cdot 10^5$	$6{,}269 \cdot 10^{14}$	$4{,}824 \cdot 10^3$	—	—	—	—	—	—
2 (Reichweitenverkürzung der Wand des Röhrchens 2,00 cm)	$3{,}555 \cdot 10^5$	$6{,}083 \cdot 10^{14}$	$4{,}813 \cdot 10^3$	$2{,}941 \cdot 10^5$	$4{,}174 \cdot 10^{14}$	$4{,}824 \cdot 10^3$	$2{,}717 \cdot 10^5$	$3{,}560 \cdot 10^{14}$	$4{,}822 \cdot 10^3$
3 (Reichweitenverkürzung der Wand des Röhrchens 2,00 cm)	$3{,}555 \cdot 10^5$	$6{,}100 \cdot 10^{14}$	$4{,}826 \cdot 10^3$	$2{,}941 \cdot 10^5$	$4{,}185 \cdot 10^{14}$	$4{,}837 \cdot 10^3$	$2{,}717 \cdot 10^5$	$3{,}563 \cdot 10^{14}$	$4{,}826 \cdot 10^3$

magnetischen Ablenkung genau vergleichen zu können — die Strahlen erleiden ja beim Durchdringen durch das Glas eine Geschwindigkeitsverringerung —, wurden mit demselben Röhrchen auch Aufnahmen in der oben beschriebenen Apparatur für die magnetische Ablenkung vorgenommen.

Die Abb. 19 zeigt eine Reproduktion der im elektrischen und magnetischen Felde erzielten Aufspaltungen in 4,7facher Vergrößerung. In der Mitte ist der unabgelenkte Strahl, zu beiden Seiten je von innen nach außen liegen die Bahnspuren der α-Teilchen des RaC, RaA und der Emanation.

In der Tabelle 7 sind die, unter Berücksichtigung aller Korrekturen erhaltenen Werte für mv/E, mv^2/E und E/m für alle drei α-Strahler zusammengestellt. Sie sind, wie die Abb. 19, der Arbeit von RUTHERFORD und ROBINSON entnommen.

Die an den α-Strahlen des RaC gemachten Messungen sind am genauesten, weil hier die photographischen Banden am schärfsten definiert waren.

Als Endresultat ergibt sich für den Wert E/m für die α-Strahlen von RaC zwischen den Extremen $4{,}813 \cdot 10^3$ und $4{,}826 \cdot 10^3$ der Mittelwert $4{,}823 \cdot 10^3$ elektromagnetische Einheiten.

32. E/m für andere α-Strahlen. Die im vorigen besprochenen Ergebnisse beweisen, daß E/m für RaEm, RaA und RaC denselben Wert hat. Und dasselbe trifft auch für die α-Strahlen der anderen Radioelemente zu. Es liegen hier eine Anzahl älterer Bestimmungen vor, die nicht mit derselben Präzision durchgeführt werden konnten, weil nicht so starke Präparate zur Verfügung standen; innerhalb der Versuchsfehler ergab sich aber angenähert derselbe Wert, wie die folgende Tab. 8 zeigt.

Die Versuche mit ThC und AcC wurden mit kleinen Bruchteilen von

Tabelle 8.
Verhältnis von Ladung zur Masse für α-Strahlen.

Element	$\dfrac{E}{m}$ in el.-magn. Einheiten	Beobachter
RaF	$4,3 \cdot 10^3$	Huff[1]
AcC	$4,7 \cdot 10^3$	Rutherford und Hahn[2]
ThC	$5,6 \cdot 10^3$	Rutherford[3]

1 mg (auf *RaElement* bezogen) durchgeführt, und die Übereinstimmung ist daher durchaus innerhalb der Fehlergrenzen der damaligen Messungen.

Das Ergebnis dieser Untersuchungen ist also, daß alle untersuchten α-Strahlen das gleiche Verhältnis von Ladung zu Masse besitzen; unterschieden sind sie nur durch ihre verschiedene Anfangsgeschwindigkeit, was sich auch in der für jeden α-Strahler charakteristischen Reichweite zu erkennen gibt.

33. Ladung des α-Teilchens und seine Masse. Vergleicht man den Wert $4,823 \cdot 10^3$ für E/m der α-Strahlen mit dem Wert von e/m des Wasserstoffatoms, so fällt sofort auf, daß er genau halb so groß ist als letzterer, denn e/m für das Wasserstoffatom ist $9,6494 \cdot 10^3$. Hieraus ist der Schluß zu ziehen, daß das α-Teilchen entweder bei einer Ladung $E = 1$ die Masse 2 hat, oder aber, daß es bei einer doppelten Ladung $E = 2$ die Masse 4 hat. Letzteres ist von vornherein sehr viel wahrscheinlicher. Die Masse 2 hat nur das Wasserstoffmolekül, und es kann als ausgeschlossen gelten, daß Wasserstoffmoleküle undissoziiert mit einer Geschwindigkeit von über 10^9 cm/sek aus den radioaktiven Atomen herausgeschleudert werden könnten. Die Entscheidung ergibt sich aus der Bestimmung der Ladung E des einzelnen α-Teilchens. Zu diesem Zweck wird die Gesamtladung gemessen, den eine in ihrer Stärke genau definierte α-strahlende Substanz im Vakuum bei geeigneten Maßnahmen zur Ausschaltung von sekundären β- und δ-Strahlen einer mit dem Elektrometer verbundenen Elektrode übermittelt. Aus der Kenntnis der Stärke des Präparats ergibt sich die Anzahl der von dem Präparat pro Sek. ausgehenden α-Teilchen (s. Kap. 3 A). Aus der Gesamtzahl und ihrer Gesamtladung erhält man die Ladung des einzelnen Teilchens.

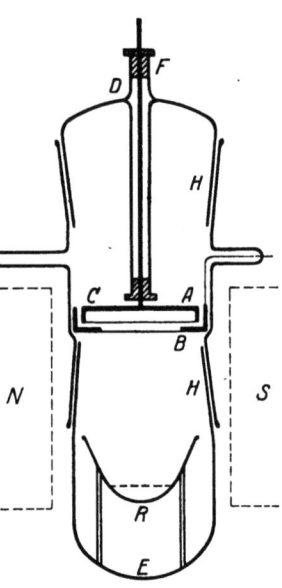

Abb. 20. Bestimmung der Ladung der α-Strahlen.

An Stelle einer von Rutherford zuerst benutzten dünnen Schicht Radium benutzten Rutherford und Geiger[4] RaC als Strahlenquelle. Die Anordnung zeigt Abb. 20. Das RaC ist in unendlich dünner Schicht in R niedergeschlagen. Die α-Strahlen passieren zuerst die dünne Al-folie B und fallen dann auf die Platte CA auf, deren untere Oberfläche ebenfalls mit einer dünnen Al-folie bedeckt ist. Der ganze Apparat befindet sich in einem starken Magnetfeld, das die δ-Strahlen zu ihrem Ausgangspunkt zurückbringt und auch die von RaC

---

[1] W. B. Huff, Phil. Mag. Bd. 10, S. 538. 1905.
[2] E. Rutherford u. O. Hahn, Phil. Mag. Bd. 12, S. 371. 1906.
[3] E. Rutherford, Phil. Mag. Bd. 12, S. 348. 1906.
[4] E. Rutherford u. H. Geiger, Proc. Roy. Soc. London (A.) Bd. 81, S. 162. 1908; Phys. ZS. Bd. 10, S. 42. 1909.

emittierten β-Strahlen vom eigentlichen Meßgefäß abbeugt. Der Apparat wird weitgehend evakuiert und der zwischen CA und B fließende Strom gemessen. Aus der anderweitig bestimmten γ-Aktivität des RaC berechnet sich die Anzahl der auf die Platte auffallenden α-Teilchen.

Bei starkem Magnetfeld war die Wirkung der β- und δ-Strahlen praktisch ausgeschaltet und die obere Platte erhielt eine positive Ladung, gleichgültig, ob B positiv oder negativ geladen war. Die Messung geschah bei einer Ladung der Platte B von $+V$ und einer Ladung $-V$. Bezeichnet man den beobachteten Strom im ersten Falle mit i_1, im zweiten Fall mit i_2 und mit i_0 den Strom, der von der Ionisation der restlichen Gasanteile zwischen den Platten herrührt, dann ist

$$i_1 = nE + i_0$$
$$i_2 = nE - i_0,$$

wobei n die Anzahl der pro Sekunde auf die Platte CA auffallenden α-Teilchen und E die Ladung eines α-Teilchens bedeutet. Durch Addition erhält man $nE = \dfrac{i_1 + i_2}{2}$. Als Mittelwert aus allen Messungen ergab sich, daß ein α-Teilchen von RaC eine positive Ladung von $9{,}3 \cdot 10^{-10}$ el. stat. Einheiten mit sich führt. Als Zahl der α-Strahlen pro Sek. und pro g Ra (ohne Zerfallsprodukte) ist dabei der auf den internationalen Radiumstandard umgerechnete Wert $3{,}57 \cdot 10^{10}$ zugrunde gelegt; (s. Kap. 3 A).

Da aus den E/m Bestimmungen hervorgeht, daß alle α-Strahlen ihrer Natur nach gleich sind, und nur durch ihre Geschwindigkeit verschieden, so ist daraus der Schluß zu ziehen, daß jedes α-Teilchen, von welcher Substanz es auch stammt, die oben angegebene Ladung mit sich führt.

Eine von REGENER[1]) nach einer ähnlichen Methode durchgeführte Bestimmung ergab für die Ladung E des α-Teilchens von Polonium den Wert $9{,}57 \cdot 10^{-10}$ el. stat. Einheiten. Die Bestimmung der Gesamtanzahl der α-Strahlen geschah dabei direkt durch Auszählen der Szintillationen auf einem Zinksulfidschirm. Die gute Übereinstimmung von E für Polonium mit dem Wert von RUTHERFORD und GEIGER für RaC beweist aufs neue die Gleichheit der von verschiedenen radioaktiven Stoffen emittierten α-Teilchen, wie es ja aus den E/m-Bestimmungen zu erwarten war.

Aus dem RUTHERFORD-GEIGERschen Wert E für die Ladung des α-Teilchens ergibt sich, wenn man $E = 2e$, d. h. gleich der doppelten Ladung des Elementarquantums annimmt, $e = 4{,}65 \cdot 10^{-10}$, aus dem REGENERschen Wert entsprechend $e = 4{,}79 \cdot 10^{-10}$ el. stat. Einheiten. Als genauester Wert für die Ladung des Elementarquantums gilt zur Zeit $e = 4{,}774$ el. stat. Einheiten (s. Kap. 1). Es ist also nicht daran zu zweifeln, daß das α-Teilchen zwei positive Ladungseinheiten besitzt. Nun läßt sich die Masse m des α-Teilchens aus den Werten E/m und E sofort bestimmen. Es ist:

$$\frac{E}{m_\alpha} = 4823 \text{ el. magn. Einheiten} = 1{,}4469 \cdot 10^{14} \text{ el. stat. Einheiten.}$$

$$E = 2e = 2 \cdot 4{,}77 \cdot 10^{-10} \text{ el. stat. Einheiten. Daraus folgt:}$$

$$m_\alpha = \frac{2 \cdot 4{,}77 \cdot 10^{-10}}{1{,}4469 \cdot 10^{-14}} = 6{,}6 \cdot 10^{-24} \text{ g}$$

---

[1]) E. REGENER, Sitzungsber. d. preuß. Akad. d. Wiss. Bd. 38, S. 948. 1909.

Andererseits verhält sich bekanntlich das Atomgewicht m_{He} des Heliums zum Atomgewicht m_H des Wasserstoffs wie $\frac{4,00}{1,0077}$. Die Masse m_{He} ist also gleich $\frac{4,00}{1,0077} \cdot m_H$, oder, da $m_H = 1,662 \cdot 10^{-24}$ g:

$$m_{He} = \frac{4,00 \cdot 1,662 \cdot 10^{-24}}{1,0077} = 6,6 \cdot 10^{-24}\,\text{g}.$$

Dies ist derselbe Wert, der oben für die Masse des α-Teilchens gefunden wurde. Also ist $m_\alpha = m_{He}$. Das Atomgewicht des α-Teilchens ist also 4,00.

34. Helium in radioaktiven Mineralien. Der im vorigen gebrachte Nachweis, daß die α-Teilchen doppelt positiv geladene Heliumatome oder Heliumkerne sind, kann noch auf einem anderen, von dem obigen völlig unabhängigen Wege geführt werden.

Da die α-Teilchen schon in Luft nur eine nach Zentimetern zählende Reichweite besitzen, ist ihre Durchdringbarkeit in festen Mineralien nur äußerst gering, für die schnellsten α-Teilchen nur wenige hundertstel Millimeter (s. ds. Handb. XXIV). Die α-Teilchen verlieren also in den Mineralien ihre Geschwindigkeit und damit ihre Ladung und bleiben als gewöhnliche Heliumatome stecken. Helium muß sich daher in radioaktiven Mineralien nachweisen lassen.

In der Tat geschah die Entdeckung des Heliums auf der Erde durch RAMSAY an dem Uranmineral Cleveit, und die späteren ausgedehnten Mineraluntersuchungen haben den sicheren Nachweis erbracht, daß alle radioaktiven, also Uran- und Thormineralien, durch einen Gehalt an Helium ausgezeichnet sind. Wie in Kap. 3 D gezeigt werden wird, kann man heute, wo man die materielle Gleichheit von α-Teilchen mit Heliumatomen kennt, aus dem Gehalt an radioaktiver Substanz die Menge Helium berechnen, die sich in dem Mineral pro Gramm und Jahr ansammeln muß; und aus der tatsächlich gefundenen Heliummenge läßt sich dann die Zeit bestimmen, die zur Aufspeicherung der gefundenen Heliummenge erforderlich war, mit anderen Worten, das Alter des Minerals. Man kennt geologisch alte Mineralien, die pro Gramm einen Heliumgehalt von 10 bis 20 cc aufweisen. Solche Mineralien waren vor der Auffindung der starken Heliumquellen in Nordamerika und Kanada die besten Ausgangssubstanzen für die Gewinnung von Helium im Laboratorium.

35. Bildung von Helium aus Radium und anderen radioaktiven Substanzen. Was in der Natur in schwach aktiven Uran- oder Thormineralien nur sehr langsam vor sich geht, nämlich die Bildung meßbarer Heliummengen als stumme Zeugen Jahrmillionen währender radioaktiver Umwandlungsprozesse, läßt sich aus hochaktiven Radiumpräparaten in Monaten oder noch kürzerer Zeit erzielen. RUTHERFORD und SODDY[1]) waren die ersten, die den radioaktiven Ursprung des Heliums in den Mineralien erkannten, und die Möglichkeit des Nachweises der Bildung von Helium aus Radium ins Auge faßten. Dem ersten qualitativen Nachweis dieser Bildung durch RAMSAY und SODDY[2]) folgte in kürzester Zeit von den verschiedensten Seiten die Bestätigung und die Erkenntnis, daß das Helium in der Tat von allen radioaktiven Substanzen, soweit diese überhaupt α-Strahlen emittieren, erzeugt wird.

Aus der Wesensgleichheit der α-Strahlen mit Heliumatomen läßt sich für jede beliebige radioaktive Substanz die zu erwartende Heliummenge berechnen,

---

[1]) E. RUTHERFORD u. F. SODDY, Phil. Mag. Bd. 4, S. 569. 1902; Bd. 5, S. 441, 561. 1903.
[2]) W. RAMSAY u. F. SODDY, Nature Bd. 68, S. 246. 1903; Proc. Roy. Soc. London (A) Bd. 72, S. 204. 1903.

wenn die Anzahl der pro Zeiteinheit von der Substanz gebildeten α-Teilchen bekannt ist.

1 g Radium emittiert mit seinen ersten drei α-strahlenden Zerfallsprodukten (RaEm — RaC) pro Sekunde $14 \cdot 10^{10}$ α-Teilchen, also ebenso viel Heliumatome. Da in 1 ccm Helium bei 0° und 760 mm Druck $2,78 \cdot 10^{10}$ Atome enthalten sind, so berechnet sich die Heliumproduktion pro Gramm Radium pro Jahr zu 163 cmm. Die quantitativen Bestimmungen, einerseits von DEWAR[1]) mit 70 mg Radiumchlorid, andererseits von BOLTWOOD und RUTHERFORD[2]) mit 192 mg Radiumelement durchgeführt, ergaben, auf gleichen Radiumstandard berechnet, pro Gramm pro Jahr 164 und 156 cmm, Werte, die mit dem berechneten in vorzüglicher Übereinstimmung stehen.

Die Versuche wurden so vorgenommen, daß das vorher von Helium sorgfältig befreite Radiumsalz in einem Pumpensystem eine genau definierte Zeit stehengelassen wurde. Durch mehrfaches Schmelzen des Salzes wurde dann das gebildete Helium aus dem Radium ausgetrieben, sorgfältig von allen anderen gasförmigen Beimengungen gereinigt und in einer geeichten Kapillare bei bekanntem Druck volumetrisch bestimmt.

Auf ähnliche Weise wurde die Bildung des Heliums aus Polonium und Radiumemanation[3])[4]) gemessen und mit dem zu erwartenden Volumen in Übereinstimmung gefunden.

Schließlich wurde von STRUTT[5]) die Erzeugung des Heliums direkt aus Uran- und Thormineralien quantitativ bestimmt, wobei für die Reinigung und Bestimmung der sehr geringen Heliummengen besondere Methoden Verwendung finden mußten.

Tabelle 9 gibt die Resultate (RUTHERFORD, Radioaktive Substanzen S. 504):

Tabelle 9. Heliumerzeugung in radioaktiven Mineralien.

Mineral	Prozentgehalt an		Heliumerzeugung in mm³ pro Jahr und Gramm	
	U_3O_8	ThO_2	beobachtet	berechnet
Thorianit (Galledistrikt) .	24,50	65,44	$3,70 \cdot 10^{-5}$	$4,1 \cdot 10^{-5}$
Thorianit (gewöhnlich) . .	13,10	72,65	$2,79 \cdot 10^{-5}$	$3,2 \cdot 10^{-5}$
Pechblende	37,6	—	$3,16 \cdot 10^{-5}$	$3,5 \cdot 10^{-5}$

Weder die experimentell gefundenen noch die berechneten Werte können auf allzugroße Genauigkeit Anspruch erheben. Die experimentellen nicht, weil bei den großen zur Verwendung gelangenden Mineralmengen die Bestimmung solch kleiner Heliummenge äußerst schwierig ist, die berechneten nicht, weil selbst heute die Anzahl der vom Thor plus seinen Zerfallsprodukten emittierten α-Strahlen nicht genau bekannt ist. Immerhin zeigt die relativ gute Übereinstimmung, daß die Annahme, daß alle α-Strahlen, gleichviel von welchen der zahlreichen α-strahlenden Produkte sie emittiert werden, im neutralen Zustande Heliumatome sind, zu Recht besteht.

36. Direkter Nachweis der Gleichheit von entladenen α-Teilchen und Heliumatomen. An der materiellen Gleichheit von α-Teilchen mit He-Atomen ist also nicht zu zweifeln. Der Unterschied zwischen beiden ist nur der, daß das He-Teilchen das radioaktive Atom als Heliumkern verläßt, also in einem Zustande,

---

[1]) J. DEWAR, Proc. Roy. Soc. London (A) Bd. 81, S. 280. 1908; Bd. 83, S. 404. 1910.
[2]) B. B. BOLTWOOD u. E. RUTHERFORD, Wiener Ber. Bd. 120, S. 313. 1911; Phil. Mag. Bd. 22, S. 586. 1911.
[3]) Mme. CURIE u. A. DEBIERNE, C. R. Bd. 150, S. 386. 1909.
[4]) B. B. BOLTWOOD u. E. RUTHERFORD, Phil. Mag. Bd. 22, S. 586. 1911.
[5]) R. J. STRUTT, Proc. Roy. Soc. London (A) Bd. 84, S. 379. 1910.

wo es seine äußeren Elektronen verloren hat. Dabei ist die Geschwindigkeit, mit der das Teilchen ausgeschleudert wird, so groß, daß es diesen Zustand als freier Heliumkern noch beim Durchfliegen mehrerer Zentimeter Luft oder entsprechender Schichten fester Gegenstände, beibehält. Erst gegen Ende seiner Reichweite fängt es zuerst ein, schließlich zwei Elektronen ein und wandelt sich in das normale Helium um (s. ds. Handb. Bd. XXIV). Als schnell bewegter Heliumkern ist das α-Teilchen daher befähigt, materielle Schichten zu durchdringen, die vom normalen Helium durch Diffusion bei gewöhnlicher Temperatur nicht oder nur in unendlich langer Zeit durchdrungen werden könnten.

Daß dies so ist, haben RUTHERFORD und ROYDS durch folgenden überzeugenden Versuch bewiesen[1]). In der Abb. 21 ist A ein dünnwandiges Glasrohr von weniger als $2/100$ mm Wandstärke. Das Röhrchen war mit einem weiten Rohr T umgeben, das in die Kapillare V ausläuft. In A befanden sich etwa 100 Millicurie Radiumemanation, T war evakuiert. Die α-Strahlen der Emanation und des aktiven Niederschlags flogen durch die dünne Glaswand in das äußere, evakuierte Rohr hinein und blieben in der Oberflächenschicht des Glasrohres T stecken. Von hier diffundierte das Helium allmählich in den Raum zwischen A und T und konnte durch Heben des Quecksilberreservoires zur spektroskopischen Untersuchung in die Kapillare V gepreßt werden. Schon nach zwei Tagen war die gelbe Heliumlinie sichtbar, nach sechs Tagen konnten alle kräftigen Heliumlinien beobachtet werden.

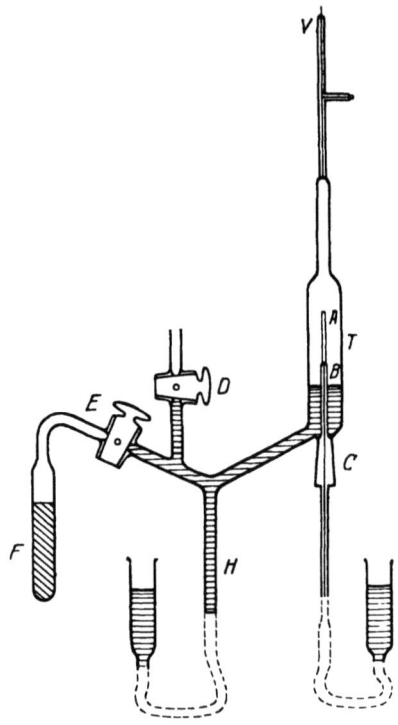

Abb. 21. Nachweis von Helium aus α-Strahlen.

Daß normales Heliumgas bei gewöhnlicher Temperatur aus dem Innern von A nicht durch das Glas diffundiert, wurde durch einen besonderen Versuch gezeigt.

Noch schneller gelang der Versuch, wenn statt des äußeren Glasmantels eine Bleifolie um das Emanationsröhrchen gewickelt wurde. Schon nach einigen Stunden ließ sich die Anwesenheit des Heliums im Blei nachweisen, wobei das Blei selbst vorher auf Abwesenheit von Helium geprüft war. Diese Resultate schließen die Kette der Beweise von der materiellen Gleichheit der α-Teilchen mit Heliumatomen. Es sei noch erwähnt, daß bis heute kein Fall bekannt ist, wo bei einem primären radioaktiven Zerfallsprozeß andere positiv geladene Teilchen als Heliumkerne emittiert würden.

---

[1]) E. RUTHERFORD u. R. T. ROYDS, Phil. Mag. Bd. 17, S. 281. 1909.

D. Kernstruktur.

Von

LISE MEITNER, Berlin-Dahlem.

37. Die α-Strahlen und die Kerndimensionen. Während optische und röntgenspektroskopische Untersuchungen sehr weitgehende quantitative Aussagen über Zahl und Anordnung der in der äußeren Elektronenhülle sich bewegenden Elektronen ermöglicht haben, sind unsere Kenntnisse vom Atomkern sehr qualitativer Natur. Selbst die Kernladungszahl ist keine eindeutige Konstante des Atomkerns; denn sie gibt nur die Differenz zwischen den im Kern enthaltenen positiven und negativen Ladungen an und sagt nichts über den tatsächlichen Aufbau des Kerns aus, was in ihrer Gleichheit für isotope Kerne zum Ausdruck kommt (s. ds. Kap. Ziff. 17 sowie Kap. 6). Sicher ist nur, daß die Kerne der schwereren Elemente sehr komplizierte Gebilde sind, die, wenn man als letzte Bestandteile positive Wasserstoffkerne und negative Elektronen voraussetzt, weit über hundert solcher elementaren Bestandteile enthalten. So muß z. B. der Radiumkern entsprechend seinem Atomgewicht von 226 und seiner Ordnungszahl 88 sich aufbauen aus 226 positiven Wasserstoffkernen und aus 226−88 = 138 Elektronen, also aus 364 Teilchen, während die größte Anzahl äußerer Elektronen nur 92 (Uran) beträgt. Welche Kraftgesetze diese große Zahl von Einzelteilchen innerhalb der winzigen räumlichen Dimensionen, die wir den Kernen zuschreiben müssen, beherrschen, ist eine heute noch nicht beantwortete Frage. Da die Anwendung des COULOMBschen Gesetzes sich für die Aufklärung der äußeren Elektronenanordnung so glänzend bewährt hat, ist auch vielfach versucht worden, mittels dieses Kraftgesetzes Aussagen über den Kern zu machen. Besonders verlockend schien es die Größe der radioaktiven Kerne aus der Geschwindigkeit der emittierten α-Strahlen unter Heranziehung des COULOMBschen Gesetzes zu erschließen, und solche Berechnungen sind auch mehrfach durchgeführt worden. Nimmt man nämlich an, daß die ganze Energie E_α der α-Teilchen (wie man sie außerhalb des radioaktiven Atoms mißt) von der elektrostatischen Abstoßung des restlichen Kerns herrührt, und daß für diese Abstoßung die übrige Kernladung wie eine Punktladung nach dem COULOMBschen Gesetz wirkt, so muß E_α bei einem Kern von der Ordnungszahl Z gegeben sein durch den Ausdruck

$$E_\alpha = \frac{2e \cdot (Z-2)e}{r}, \quad (1)$$

wenn e das elektrische Elementarquantum in elektrostatischen Einheiten und r die Entfernung vom Kernmittelpunkt bedeutet, in der das α-Teilchen die Geschwindigkeit Null hatte, d. h. r ist die untere Grenze für die Kerndimension. Da man die Geschwindigkeiten der zu den verschiedenen radioaktiven Substanzen zugehörigen α-Teilchen kennt, so kennt man auch ihre Energie E_α und kann die entsprechenden Werte für r aus der angegebenen Gleichung berechnen. Setzt man für die Geschwindigkeiten die von GEIGER[1]) gegebenen Werte ein, so erhält man für die Elemente Uran I bis Radium F (Polonium) die nachstehenden Werte für r.

Tabelle 10. Untere Grenze des Kernradius.

Element	UI	UII	Io	Ra	Em	RaA	RaC	RaF
$r \cdot 10^{12}$ cm	6,35	5,82	5,54	5,20	4,46	3,97	3,03	4,45

[1]) H. GEIGER, ZS. f. Phys. Bd. 8, S. 45 bis 57. 1922.

Diese Größe r stellt, wie schon erwähnt, eine untere Grenze für den Radius der betreffenden Atomkerne dar, der Kern kann wohl größer, aber nicht kleiner sein als sich aus dem hier gewonnenen r berechnet. Würde sich ergeben, daß der Kern einen größeren Radius hat als das aus der α-Strahlenenergie berechnete r, so müßte man daraus schließen, daß das α-Teilchen aus einem tiefer im Innern gelegenen Teil des Kerns stammt. Da die Ordnungszahlen aller bekannten α-strahlenden Substanzen zwischen 92 und 84 liegen, so erscheinen die Änderungen der Kernradien im Verhältnis von 2:1, wie sie sich aus den obigen r-Werten ergeben, recht groß, wenn man berücksichtigt, daß der Radius des Heliumkerns mit der Ladung 2 und der Masse 4 aus den Streuungsmessungen der α-Strahlen zu $3 \cdot 10^{-13}$ cm, also nur etwa 10 mal kleiner angenommen wird. Es liegt daher nahe, diese weitgehende Änderung der Größe r dahin zu deuten, daß die Kernradien der α-strahlenden Elemente angenähert gleich groß sind und die Abnahme von r wesentlich dadurch bedingt wird, daß die langsameren α-Strahlen aus peripheren, die schnelleren aus mehr im Zentrum gelegenen Teilen des Kernes stammen. Diese Auffassung würde auch ein gewisses Verständnis anbahnen für die Beziehung zwischen der Geschwindigkeit bzw. der Reichweite eines α-Strahls und der Lebensdauer des den betreffenden α-Strahl emittierenden Elementes, wie sie in der GEIGER-NUTTALLschen Gleichung zum Ausdruck kommt.

38. Beziehung zwischen Zerfallskonstante und Reichweite der α-Strahlen. Zwischen der Zerfallskonstante λ einer radioaktiven Substanz (s. Kap. 2A) und der Geschwindigkeit v der von ihr emittierten α-Strahlung besteht eine empirisch gefundene Beziehung von der Form

$$\log \lambda = A + B \log v \qquad (2)$$

wenn A und B Konstante sind[1]).

Da die Reichweite R der α-Strahlen mit ihrer Geschwindigkeit durch die Gleichung

$$R \infty v^3 \qquad (3)$$

(s. ds. Handb. XXIV) verknüpft ist, so läßt sich die Gleichung (2) auch in der Form schreiben

$$\log \lambda = A + C \log R. \qquad (2a)$$

Die Gleichung bringt zum Ausdruck, daß die Zerfallskonstante einer Substanz um so größer, ihre Lebensdauer also um so kleiner ist, je größer die Geschwindigkeit (und daher auch Reichweite) der von ihr emittierten α-Strahlen ist. Wie gut diese Beziehung experimentell erfüllt ist, zeigt die Abb. 22, die der schon zitierten Arbeit von GEIGER entnommen ist.

Als Abszissen sind die Logarithmen der Reichweiten, als Ordinaten die Logarithmen der Zerfallskonstanten vermehrt um eine additive Konstante eingetragen. Der für die verschiedenen Reichweiten verschieden großen Meßgenauigkeit ist durch die Länge der horizontalen Striche Rechnung getragen. Die lineare Beziehung der Gleichung (2a) ist für alle 3 radioaktiven Reihen (mit Ausnahme des Actinium X, das aus nicht angebbaren Gründen herausfällt) befriedigend bestätigt und die Geraden verlaufen für alle 3 Reihen sehr nahe parallel. Aus den bekannten R- und λ-Werten kann man natürlich die Konstanten A und C bzw. B der Gleichungen (2a) und (2) berechnen. Für die Uran-Radiumreihe lautet die Gleichung (2a), wenn die Reichweiten R_{15} bei 15°C und normalem Druck eingesetzt werden,

$$\log \lambda = -30{,}8 + 55{,}3 \log R.$$

Trotz der so guten Übereinstimmung stellt die Gleichung (2) oder (2a) wahrschein-

---

[1]) H. GEIGER u. J. M. NUTTALL, Phil. Mag. Bd. 22, S. 613. 1911 u. Bd. 23, S. 439. 1912.

lich doch nur eine Näherungsformel vor. Dafür sprechen neuere Versuche über die Zerfallskonstante von RaC'. Es ist ja klar, daß die GEIGER-NUTTALLsche Gleichung, wenn die Konstanten A und C bekannt sind, die Zerfallskonstante λ aus der Reichweite R berechnen läßt, was für sehr kurzlebige und sehr langlebige Substanzen, bei denen eine direkte Messung der Abklingung unmöglich wird, von praktischer Bedeutung ist. Nun müßte RaC' bei seiner großen Reichweite von 6,97 cm nach der Gleichung (2a) eine Zerfallskonstante $\lambda = 5 \cdot 10^7$ sek^{-1} und entsprechend eine Halbwertszeit von $0{,}35 \cdot 10^{-7}$ sek besitzen. In einer neueren Arbeit[1]) ist es durch eine sehr sinnreiche Überlegung gelungen, die Halbwertzeit des RaC' trotz ihrer außerordentlich kurzen Dauer direkt zu messen und so λ experimentell zu bestimmen. Es ergab sich dabei für λ der Wert

$$\lambda_{RaC'} = 8{,}4 \cdot 10^5,$$

also fast hundertmal kleiner als der aus der GEIGER-NUTTALLschen Gleichung berechnete. Das spricht dafür, daß diese Gleichung nur eine allerdings sehr weitgehend gültige Näherungsformel sein dürfte. Berücksichtigt man, daß in der Uranradiumreihe die Zerfallskonstanten im Verhältnis von $1 : 10^{23}$ variieren, so ist es ein sehr großer Erfolg, überhaupt eine Beziehung zu besitzen, die einen so außerordentlich weiten Bereich umfaßt. Es ist auch mehrfach versucht worden, diesen numerischen Zusammenhang zwischen Reichweite bzw. Geschwindigkeit und Lebensdauer theoretisch zu deuten, ohne aber bisher einen wesentlichen Erfolg dabei erzielen zu können.

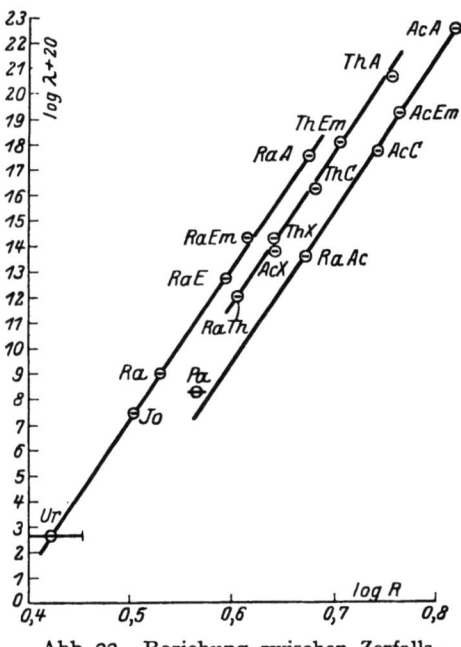

Abb. 22. Beziehung zwischen Zerfallskonstante λ und Reichweite R.

Qualitativ läßt sich die Tatsache, daß das kurzlebige Element α-Strahlen größerer Geschwindigkeit, also größerer Energie emittiert, wohl verständlich machen. Man kann z. B. mit einiger Berechtigung annehmen, daß ein kurzlebiger Atomkern instabiler ist als ein langlebiger, und daß daher bei der Umwandlung eines kurzlebigen Atoms der Kern tiefer greifende Störungen erleidet, so daß das emittierte α-Teilchen mehr aus dem Innern des Kerns stammen und dementsprechend nach Gleichung (1) eine größere Energie besitzen wird. Indes haben neuere Untersuchungen selbst diese rein qualitativen Betrachtungen zweifelhaft gemacht, weil sie zeigen, daß die Gleichung (1) bei sehr kleinen Abständen nicht mehr erfüllt ist (s. Ziff. 39).

39. Gültigkeitsgrenzen des COULOMBschen Gesetzes. Die Voraussetzung der Gültigkeit der Gleichung (1) ist die Punktförmigkeit der aufeinander einwirkenden Ladungen, und diese Voraussetzung wird innerhalb des Kerns bei seinem Aufbau aus mehreren hundert Teilchen wohl nicht mehr zutreffen. Tatsächlich sind solche Abweichungen vom $\frac{1}{r^2}$-Gesetz bei Streuversuchen mit α-Strahlen, die von

---

[1]) M. JACOBSEN, Phil. Mag. Bd. 47, S. 23. 1924.

sehr leichten Atomkernen (Aluminium und Magnesium) gestreut wurden, beobachtet worden[1]). Bei der Streuung durch leichte Atome müssen nämlich die α-Teilchen, die unter großen Winkeln gestreut werden, viel näher dem Atomkern verlaufen als bei der Streuung an schweren Atomen. Während nun die Streuungsversuche (vgl. Kap. 2 A) an Gold und Silber[2]) die RUTHERFORDsche Theorie, derzufolge sich der streuende Atomkern und das von ihm abgelenkte α-Teilchen wie Punktladungen nach dem COULOMBschen Gesetz abstoßen, gut bestätigen, ergaben die Messungen an leichten Atomen eine deutliche Abweichung von den theoretisch berechneten Werten. Diese Abweichung erwies sich um so größer, je größer der Streuungswinkel der α-Strahlen ist, d. h. je näher Kern und α-Teilchen einander kommen. Das weist darauf hin, daß bei großer Annäherung die Ladungen nicht mehr als punktförmig betrachtet werden dürfen. Es ist ferner zu beachten, daß ein α-Teilchen, das sich einem aus positiven und negativen Bestandteilen aufgebauten Atomkern nähert, eine Influenzwirkung in dem Kern hervorrufen muß von der Art, daß die positiven Teile abgestoßen, die negativen angezogen werden. Es könnte also sehr wohl das COULOMBsche Gesetz noch Gültigkeit haben, nur nicht mehr in der einfachen für Punktladungen geltenden Form, sondern unter Berücksichtigung der polarisierenden Wirkung auf den Atomkern. Dieser Standpunkt ist z. B. von H. PETTERSSON vertreten worden[3]), indem er das Annähern eines α-Teilchens in Parallele setzt mit dem Herankommen einer punktförmigen Ladung an einen kugelförmigen mit demselben Vorzeichen geladenen Leiter und die für diesen Fall von MAXWELL entwickelten Gleichungen heranzieht. Es tritt dann zu der in größeren Entfernungen allein wirkenden abstoßenden COULOMBschen Kraft eine durch die Influenz gegebene anziehende Kraft. In einer bestimmten Entfernung R_0 heben sich die beiden Kräfte gerade auf, in Entfernungen kleiner als R_0 überwiegt die anziehende Kraft und variiert angenähert mit der 5. Potenz von R.

Dagegen haben RUTHERFORD und CHADWICK[4]) aus Versuchen über die Zertrümmerung der Atomkerne (s. Kap. 2 E) geschlossen, daß in kleinen Entfernungen an Stelle des COULOMBschen Gesetzes zwischen Ladungen gleichen Vorzeichens eine **anziehende Kraft** wirksam ist, die von der 4. Potenz der gegenseitigen Entfernung R abhängt und auch das Zusammenhalten der gleich geladenen Kernbestandteile innerhalb winziger Dimensionen ermöglicht. Zu demselben Schluß ist auch BIELER auf Grund seiner früher erwähnten Streuungsversuche gekommen. Die kritische Distanz R_0, bei welcher der Vorzeichenwechsel in der wirkenden Kraft eintritt, gibt BIELER für Aluminium und Magnesium zu $3{,}4 \cdot 10^{-13}$ cm an, welche Größe als der Radius der Atomkerne anzusprechen ist. Aber das Potential ist an dieser Stelle keineswegs Null, sondern besitzt hier ein Maximum, d. h. Teilchen, etwa α-Strahlen, die den Kern verlassen sollen, müssen mindestens eine kinetische Energie von der Größe dieses maximalen Potentials besitzen, um wirklich aus dem Kern herauszukommen. Damit wird die früher gegebene Berechnung der Kerndimensionen aus der außerhalb des Atoms gemessenen Geschwindigkeit der α-Strahlen unter Zugrundelegung des COULOMBschen Gesetzes hinfällig. Trotzdem ist es sehr wahrscheinlich, daß die schwereren Kerne Radien von der Größenordnung $5 \cdot 10^{-12}$ cm haben.

40. Gesetzmäßigkeiten des Kernzerfalls und einige Folgerungen daraus. Die radioaktiven Zerfallsprozesse stellen es außer Zweifel, daß die schweren Kerne Heliumkerne und Elektronen als Bestandteile enthalten, die RUTHER-

---

[1]) C. S. BIELER, Proc. Roy. Soc. London (A) Bd. 105, S. 435. 1924.
[2]) E. RUTHERFORD u. J. CHADWICK, Phil. Mag. (6) Bd. 50, S. 889. 1925.
[3]) H. PETTERSSON, Ark. f. Mat., Astron. och Fys. Bd. 19, S. 2. 1925.
[4]) E. RUTHERFORD u. J. CHADWICK, Proc. Phys. Soc. Bd. 36, S. 417. 1924.

FORDschen Zertrümmerungsversuche zeigen, daß aus ihnen Wasserstoffkerne freigemacht werden können. Die Kerne der schwereren Atome bauen sich also aus Wasserstoffkernen, Heliumkernen und Elektronen auf, wobei die Heliumkerne selbst eine besonders stabile Konfiguration von 4 Wasserstoffkernen und 2 Elektronen darstellen.

In einer ganzen Reihe von Arbeiten ist versucht worden, allgemeine, durch das ganze periodische System hindurch brauchbare arithmetische Aufbauformeln der Kerne zu entwickeln[1]), ohne aber im wesentlichen über eine Umschreibung der Atomgewichte und Kernladungszahlen hinauszukommen.

Bei den radioaktiven Elementen weisen Gesetzmäßigkeiten in der Aufeinanderfolge der α- und β-Umwandlungen auf eine gewisse Bindung zwischen Heliumkernen und Elektronen innerhalb der schweren Atomkerne hin[2]). Es ist eine in allen drei radioaktiven Reihen sich wiederholende Erscheinung, daß immer nur zwei β-Umwandlungen hintereinander auftreten, denen entweder eine α-Umwandlung vorangeht oder eine folgt. Verzweigungen, d. h. Stellen in den Reihen, wo ein Teil eines Produktes unter Abspaltung eines α-Teilchens, der andere Teil desselben Produktes unter Aussendung eines β-Strahls sich umwandelt, treten stets nur nach einer β-Umwandlung auf. Formal dargestellt haben wir also die Umwandlungsfolgen

$$\alpha - \beta - \beta, \ \beta - \beta - \alpha \ \text{und} \ \beta \Big\langle \begin{array}{c} \beta - \alpha \\ \alpha - \beta \end{array},$$

außerdem treten noch eine Reihe aufeinanderfolgender α-Umwandlungen auf

$$\alpha - \alpha - \alpha - \alpha.$$

Der Folge $\alpha - \beta - \beta$ entspricht der Anfang der Uran- und Thoriumreihe

$$U\,I^\alpha \ U\,X_1^\beta \ U\,X_2^\beta$$

Verzweigungen bilden alle 3 C-Körper der drei Reihen; als Beispiel seien hier die Verhältnisse in der Thoriumreihe angeführt

$$Th\,B^\beta \ Th\,C \Big\langle \begin{array}{c} \beta \ Th\,C'^\alpha \\ \alpha \ Th\,C''^\beta \end{array}.$$

Das paarweise Auftreten der β-Umwandlungen legt die Annahme nahe, daß innerhalb des radioaktiven Kernes gewisse Heliumkerne besonders eng mit je 2 Elektronen verknüpft sind, also neutralisierte Heliumteilchen bilden. Es ist ja schon zu Eingang dieses Artikels darauf hingewiesen worden, daß jeder Atomkern $A - Z$ (A = Atomgewicht, Z = Ordnungszahl) Elektronen enthalten muß. Nimmt man nun an, daß immer je 4 Wasserstoffkerne plus 2 Elektronen zu einem Heliumkern vereinigt sind, so daß beim Atomgewicht $A = 4n + p$ ($p = 1, 2$ oder 3), n die Zahl der vorhandenen Heliumkerne angibt, p die Zahl etwa vorhandener einzelner Wasserstoffkerne, so ist die Zahl der nicht in die Heliumkerne eingebauten, im Kerne vorhandenen Elektronen offenbar

$$2n + p - Z.$$

Für den Fall des Uran I mit dem Atomgewicht 238 und der Ordnungszahl 92 würde also $n = 59$, $p = 2$
$$238 = 4 \cdot 59 + 2$$

---

[1]) W. Kossel, Phys. ZS. Bd. 20, S. 265. 1919; W. D. Harkins, Phys. Rev. Bd. 15, S. 73. 1920; Bd. 17, S. 386. 1921; Bd. 21, S. 711. 1923; F. Kirchhoff, Phys. ZS. Bd. 21, S. 711. 1920.
[2]) L. Meitner, ZS. f. Phys. Bd. 4, S. 146. 1921.

und die Anzahl der noch im Kern eingebetteten Elektronen

$$2 \cdot 59 + 2 - 92 = 18$$

sein. Die radioaktiven Zerfallserscheinungen machen es nun wahrscheinlich, daß ein Teil dieser Elektronen an gewissen Stellen des Kernes paarweise an einen Heliumkern gebunden ist; wir haben dann zwischen Heliumkernen zu unterscheiden, die zweifach positiv geladen sind, sie seien als α-Teilchen bezeichnet und solchen, die neutralisiert sind, α'-Teilchen.

Es leuchtet ein, daß, wenn beim Zerfall eines Elementes ein α'-Teilchen emittiert worden ist, die 2 Elektronen instabil geworden sind und daher auch mit großer Wahrscheinlichkeit aus dem Kern herausfliegen werden, entsprechend der Folge
$$\alpha' - \beta - \beta.$$

Beginnt der Abbau eines solchen $(\alpha' + 2\beta)$-Komplexes dagegen mit der Aussendung eines β-Teilchens, so bestehen jetzt wohl zwei mögliche Wege; es kann entweder das zweite Elektron und dann das α'-Teilchen, oder umgekehrt erst das α'-Teilchen und dann das β-Teilchen abgegeben werden, entsprechend dem Schema
$$\beta - \beta - \alpha' \quad \text{oder} \quad \beta - \alpha' - \beta.$$

Die erste Folge beobachten wir am Ende der Radiumreihe:

$$\text{RaD}^\beta \, \text{RaE}^\beta \, \text{RaF}^\alpha.$$

Die zweite am Beginn der Actiniumreihe:

$$\text{UY}^\beta \, \text{Pa}^\alpha \, \text{Ac}^\beta.$$

An den schon erwähnten Verzweigungsstellen werden gleichzeitig beide Wege beschritten, aber mit verschiedener Wahrscheinlichkeit, bei dem angeführten Beispiel aus der Thoriumreihe zerfallen 65% aller ThC-Atome nach dem Schema $\beta - \beta - \alpha'$ und 35% nach dem Schema $\beta - \alpha' - \beta$. Beim RaC ist dagegen das Häufigkeitsverhältnis dieser beiden Zerfallswege etwa 10000 : 3. Wenn die hier dargelegten Beziehungen richtig sind, müssen natürlich beide Wege zum selben Endprodukt führen. Eine direkte experimentelle Bestätigung hierfür liegt nicht vor, aber auch nichts, was dagegen sprechen würde.

Ist das emittierte α-Teilchen ein nicht neutralisiertes Heliumteilchen, so kann eine Reihe aufeinanderfolgender α-Umwandlungen eintreten. Der Umstand, daß sowohl in der Uran- wie in der Thoriumreihe der Zerfall durch eine Folge $\alpha' - \beta - \beta$ eingeleitet wird, der sich dann eine Zerfallsfolge $\alpha - \alpha - \alpha - \alpha$ anschließt, könnte dahin gedeutet werden, daß die Elektronen in dem Komplex $(\alpha' + 2\beta)$ auch noch zur Stabilisierung einer Gruppe von α-Teilchen dienen, die nach Entfernung dieses Komplexes instabil und daher emittiert werden. Indes sind alle diese Vorstellungen noch sehr schematisch und die wirklichen Verhältnisse können viel komplizierter liegen.

41. Die primären β-Strahlen. Die neueren Untersuchungen über die β- und γ-Strahlen der radioaktiven Substanzen haben gezeigt, daß man streng unterscheiden muß zwischen primären aus dem Kern stammenden und sekundären durch die γ-Strahlen in der äußeren Elektronenhülle ausgelösten β-Strahlen. Die Kern-β-Strahlen bedingen den radioaktiven Zerfall und müssen ganz ebenso wie die α-Strahlen den Kern mit einer definierten Geschwindigkeit verlassen.

Die γ-Strahlen sind Folgeerscheinungen des radioaktiven Kernzerfalls und treten, wie wir heute wissen, sowohl bei α-strahlenden als bei β-strahlenden Substanzen auf. Sie bewirken in der Elektronenhülle des Kerns, aus dem sie stammen, Photoeffekte, d. h. sie lösen sekundäre β-Strahlen aus, und daher können solche sekundären β-Strahlen sowohl bei α- als bei β-Umwandlungen auftreten. Praktisch wirkt sich dies dahin aus, daß es α-strahlende Substanzen wie Radium, Radioactinium, Actinium X gibt, die auch β-Strahlen emittieren, aber diese β-Strahlen stammen nicht aus dem Kern[1]), sondern sind Photoeffekte der die Kernumwandlung begleitenden γ-Strahlen.

Die primären β-Strahlen besitzen ursprünglich eine für den Kern, aus dem sie stammen, charakteristische Geschwindigkeit. Beim Durchgang vom Atomkern an die Atomoberfläche erleiden sie aber durch sekundäre Prozesse wechselnde Energieverluste, so daß die von derselben radioaktiven Substanz ausgesandten primären β-Strahlen außerhalb des Atoms keine einheitliche Geschwindigkeit zeigen, sondern einen gewissen Geschwindigkeitsbereich erfüllen. Diese sekundären Prozesse werden verschiedener Art sein. Erstens regen die β-Strahlen, wie sich experimentell nachweisen läßt, beim Durchgang durch die äußere Atomhülle die charakteristische Strahlung des Atoms an, und da sie an die dabei herausgeworfenen Elektronen, abgesehen von der Ablösungsarbeit, wechselnde Energiebeträge je nach den zufälligen Stoßbedingungen als kinetische Energie übertragen, so werden sie außerhalb des Atoms kontinuierlich verteilte Geschwindigkeiten aufweisen.

Außerdem aber können, wie ROSSELAND[2]) gezeigt hat, die β-Strahlen im Feld des eigenen Kerns eine Bremsung erfahren, die gleichfalls zu einem Inhomogenwerden der ursprünglich homogenen Geschwindigkeit führen würde. Die dabei abgegebene Energie müßte als Energie einer kontinuierlichen Röntgenstrahlung in Erscheinung treten, für deren Vorhandensein die experimentellen Beobachtungen allerdings bisher keinerlei Anhaltspunkte geliefert haben.

Die primären β-Strahlen sind heute der am wenigsten geklärte Punkt in dem ganzen Problem der unter Strahlenaussendung vor sich gehenden radioaktiven Umwandlung. Diejenigen β-strahlenden Substanzen, die keine γ-Strahlen aussenden, bei denen also nur Kern-β-Strahlen vorhanden sind, zeigen im Magnetfeld nicht eine einzige, scharfe β-Strahlengruppe, sondern ein verwaschenes Band, dessen Zustandekommen eben auf die oben dargelegten sekundären Einflüsse zurückgeführt werden kann. Hierher gehören aus der Uran-Radiumreihe das Thorisotop UX_1, das ein verwaschenes Band zwischen etwa 59,8 und 56% Lichtgeschwindigkeit besitzt[3]) und das Wismutisotop RaE, dessen β-Strahlen sich über den Bereich von 94 bis 75% Lichtgeschwindigkeit erstrecken; aus der Thoriumreihe das Wismutisotop ThC, dessen (primäre) β-Strahlen ein Geschwindigkeitsgebiet von etwa 94,5 bis 95,5% Lichtgeschwindigkeit umfassen[4]).

Bei den gleichzeitig β- und γ-strahlenden Substanzen wissen wir dagegen nicht, in welchem Geschwindigkeitsgebiet die primären β-Strahlen liegen. Es ist in allen Fällen neben den durch die γ-Strahlen erzeugten Photoelektronen definierter Energie ein kontinuierlicher Untergrund von β-Strahlen vorhanden, der C. D. ELLIS[5]) ursprünglich zu der Annahme veranlaßt hatte, daß die primären β-Strahlen schon den Atomkern gar nicht mit einer definierten Geschwindigkeit verlassen, sondern über einen kontinuierlichen Geschwindigkeitsbereich verteilt sind, welche Annahme aber später fallen gelassen wurde[6]). Es ist wohl kein Zweifel, daß der β-Strahlenzerfall ganz analog der α-Strahlen-

---

[1]) O. HAHN u. L. MEITNER, ZS. f. Phys. Bd. 2, S. 260. 1920.
[2]) C. ROSSELAND, ZS. f. Phys. Bd. 14, S. 173. 1923.
[3]) L. MEITNER, ZS. f. Phys. Bd. 17, S. 54. 1923.
[4]) L. MEITNER, ZS. f. Phys. Bd. 11, S. 35. 1922.
[5]) O. v. BAEYER, O. HAHN u. L. MEITNER: Phys. ZS. Bd. 12, S. 378. 1911.
[6]) C. D. ELLIS, Proc. Roy. Soc. London (A) Bd. 99, S. 261. 1921; Bd. 101, S. 1. 1922; C. D. ELLIS u. H. W. B. SKINNER, Proc. Roy. Soc. London (A) Bd. 105, S. 185. 1924.

umwandlung mit der Mitführung einer für die betreffende radioaktive Substanz charakteristischen Energie erfolgt, und daß erst durch sekundäre Prozesse eine Verwaschung dieser Energie eintritt. Außerdem ist auch sicher, daß der beobachtete kontinuierliche Untergrund zumindest zum Teil durch Vorgänge zustande kommt, die gar nichts mit dem Atomzerfall zu tun haben. Hierher gehört die Erzeugung sekundärer β-Strahlen in der Meßapparatur selbst[1]), ferner die mit dem sog. Compton-Effekt verknüpften Streuelektronen (s. ds. Handb. XXIII). A. H. COMPTON[2]) hat nämlich gezeigt, daß, wenn Röntgen- oder γ-Strahlen auf Materie auffallen, ein Teil der Strahlen aus der ursprünglichen Richtung gestreut werden, wobei die gestreute Strahlung eine kleinere Energie und daher eine größere Wellenlänge besitzt als die ursprüngliche. Die Deutung dieses Vorgangs ist die, daß der γ-Strahl, wenn er auf ein streuendes Elektron auftrifft, diesem einen vom Streuungswinkel abhängigen Bruchteil seiner Energie als kinetische Energie überträgt und sich somit mit kleinerer Energie in der veränderten Richtung fortpflanzt. Es resultieren also aus diesem Streuprozeß schnellbewegte Elektronen, d. h. sekundäre β-Strahlen. Der Streueffekt kann aber nur an freien oder sehr lose gebundenen Elektronen eintreten, also wenn die Energie des Wellenstrahls sehr groß gegen die Bindungsenergie des betreffenden Elektrons ist; d. h. er wird gerade im Gebiet der kurzwelligen γ-Strahlen zu erwarten sein, indem die γ-Strahlen von den Elektronen des eigenen Atoms gestreut werden. Da eine Streuung nach allen Richtungen stattfindet, werden auf diese Weise Elektronen mit allen möglichen Geschwindigkeiten von Null bis zu einer Maximalgeschwindigkeit auftreten, also ein kontinuierliches β-Strahlenspektrum entstehen, und zwar mit besonders starker Intensität im Gebiet der β-Strahlen großer Geschwindigkeit[3]). Das entspricht aber gerade den Beobachtungen in den β-Strahlenspektren der radioaktiven Substanzen, die gleichzeitig γ-Strahlen aussenden. Für die Richtigkeit dieser Auffassung lassen sich noch zwei experimentelle Beobachtungen anführen. Die sekundären β-Strahlenspektren von Substanzen, deren Umwandlung unter Aussendung von α-Strahlen erfolgt, zeigen stets auch einen kontinuierlichen Untergrund. Da in diesen Fällen keinerlei Kern-β-Strahlen, dagegen monochromatische γ-Strahlen vorhanden sind, so kommt hier offenbar der Untergrund durch Comptonsche Streuprozesse zustande[4]). Ebenso haben sowohl R. LEDRUS als J. THIBAUD[5]) bei Erregung von sekundären β-Strahlen durch γ-Strahlen an den verschiedensten Substanzen stets neben dem Linienspektrum der Photoelektronen auch ein kontinuierliches Geschwindigkeitsspektrum erhalten, das hier wieder nur von den Streuelektronen herrühren kann.

Es ist nicht möglich, etwas Sicheres über die Energie der primären β-Strahlen auszusagen bei denjenigen Substanzen, die auch γ-Strahlen emittieren. Indes haben wir doch gewisse Anhaltspunkte dafür, in welchem Geschwindigkeitsgebiet die primären β-Strahlen der einzelnen Zerfallsprodukte vermutlich liegen werden. Die β-strahlenden Substanzen, die keine γ-Strahlen aussenden, zeigen nämlich, daß auch bei den β-strahlenden Substanzen ganz analog wie bei den α-strahlenden die Energie der emittierten Korpuskularstrahlung um so größer ist, je kürzer die Lebensdauer des betreffenden Atoms ist. So besitzt ThC eine Halbwertszeit von 60 Minuten, und seine β-Strahlung hat eine Geschwindigkeit von etwa 96% Lichtgeschwindigkeit, RaE, das in 5 Tagen zur Hälfte zerfällt, emit-

---

[1]) W. POHLMEYER, ZS. f. Phys. Bd. 28, S. 216. 1924.
[2]) A. H. COMPTON, Phil. Mag. (6) Bd. 41, S. 749. 1921; Phys. Rev. Bd. 24, S. 483. 1923.
[3]) L. MEITNER, ZS. f. Phys. Bd. 19, S. 307. 1923.
[4]) L. MEITNER, ZS. f. Phys. Bd. 34, S. 807, 1925.
[5]) R. LEDRUS, C. R. Bd. 176, S. 383. 1923; J. THIBAUD, C. R. Bd. 179, S. 165. 1924.

tiert β-Strahlen von 94%, UX$_1$ mit seiner Halbwertszeit von 24 Tagen sendet β-Strahlen von rund 60% Lichtgeschwindigkeit aus. Nimmt man, was naheliegt, an, daß auch bei gleichzeitiger Emission von γ-Strahlen die primären β-Strahlen umso energiereicher sind, je kurzlebiger das betreffende Element ist, so kann man folgern, daß z. B. die primären β-Strahlen von RaB und RaC entsprechend ihren kleineren Halbwertszeiten von 26 bzw. 19 Minuten β-Strahlen größerer Energie aussenden werden, als RaE, also β-Strahlen über 90% Lichtgeschwindigkeit. Es soll weiter unten gezeigt werden, daß diese Folgerung durch Messungen ganz anderer Art sehr gestützt wird, nämlich durch die beobachtete Intensität der Wärmeentwicklung bei den radioaktiven Zerfallsprozessen.

42. Die sekundären β-Strahlen und die γ-Strahlen. Weit genauer unterrichtet ist man über die sekundären β-Strahlenspektren, die bei allen γ-strahlenden Substanzen auftreten, gleichgültig, ob es primäre β-oder α-Strahler sind[1]). Sie werden eben durch Absorption der γ-Strahlen im eigenen Atom hervorgerufen, d. h. sie sind Photoeffekte monochromatischer γ-Strahlen, und das Vorhandensein eines solchen β-Strahlenspektrums gibt den direkten Beweis, daß monochromatische γ-Strahlen emittiert werden und erlaubt auch, die Wellenlängen der γ-Strahlen zu bestimmen.

Um dies klar zu machen, genügt es den Absorptionsprozeß der γ-Strahlen etwas näher zu betrachten. Wenn ein Wellenstrahl beim Durchgang durch Materie absorbiert wird, so erfolgt diese Absorption nach der Quantentheorie in einem einzigen Akt. Der Wellenstrahl überträgt seine gesamte Energie auf ein in den getroffenen Atomen gebundenes Elektron. Das Elektron wird dadurch aus dem Atomverband losgelöst und die Energie des Wellenstrahls E_γ erscheint in der Ablösungsarbeit A und der kinetischen Energie E_β des herausgeworfenen Elektrons, entsprechend der Einsteinschen Gleichung

$$E_\gamma = E_\beta + A. \qquad (3)$$

Für die Größe A sind die zu verschiedenen K-, L-, M- usw. Niveaus zugehörigen Ablösungsarbeiten einzusetzen, die mit K, L, M usw. bezeichnet sein mögen. Es leuchtet unmittelbar ein, daß wegen der Möglichkeit der Absorption in verschiedenen Niveaus der äußeren Elektronenhülle eine einzige monochromatische γ-Strahlung sekundäre β-Strahlengruppen verschiedener Energien erzeugen kann. Aber diese verschiedenen Energien müssen sich um Beträge unterscheiden, die den Energiedifferenzen der K-, L-, M- usw. Niveaus des absorbierenden Atoms entsprechen. Die Richtigkeit dieser Auffassung konnte dadurch geprüft werden, daß man die γ-Strahlen der radioaktiven Elemente auf verschiedene Substanzen auffallen ließ und die in diesen ausgelösten sekundären β-Strahlen im Magnetfeld auf ihre Energie untersuchte. Wenn die radioaktiven Substanzen monochromatische γ-Strahlen aussenden, so müssen in den verschiedenen Substanzen charakteristische β-Strahlengruppen ausgelöst werden, deren Energien Unterschiede aufweisen, die den Differenzen in den Ablösungsarbeiten der betreffenden Substanzen entsprechen. Solche Untersuchungen sind nun tatsächlich mit den γ-Strahlen von RaB von C. D. Ellis und C. D. Ellis und Skinner[2]) und mit den γ-Strahlen von ThB von L. Meitner[3]) durchgeführt worden und sie haben die ausgeführten Überlegungen durchweg als richtig erwiesen. In neuerer Zeit

---

[1]) C. D. Ellis, Proc. Roy. Soc. London (A) Bd. 99, S. 261. 1921; L. Meitner, ZS. f. Phys. Bd. 9, S. 145. 1922 u. Bd. 26, S. 169. 1924.
[2]) C. D. Ellis, Proc. Roy. Soc. London (A) Bd. 99, S. 261. 1921; C. D. Ellis u. H. W. Skinner, Ebenda Bd. 105, S. 165. 1923.
[3]) L. Meitner, ZS. f. Phys. Bd. 9, S. 145. 1922.

Ziff. 43.   β-Strahlspektren.   133

hat J. THIBAUD[1] die γ-Strahlen von Radium $B+C$ und von Mesothor 2 auf eine große Zahl von absorbierenden Materialien, vom Uran bis Kupfer, auffallen lassen und wie zu erwarten, die schon früher gezogenen Schlußfolgerungen restlos bestätigt.

Durch diese Versuche waren zwei sehr wichtige Ergebnisse gewonnen. Erstens war gezeigt, daß die verschiedenen radioaktiven Substanzen monochromatische γ-Strahlen emittieren, deren Energien, also Wellenlängen für das betreffende radioaktive Atom oder richtiger für den Atomkern charakteristisch sind. Und zweitens konnte man folgern, daß die seit langem bekannten z. T. sehr komplizierten magnetischen β-Strahlenspektra verschiedener radioaktiver Elemente auf Photoeffekte der vom Kern emittierten γ-Strahlen in der eigenen Elektronenhülle zurückzuführen seien. Als Beispiele seien 4 β-Strahlenspektra reproduziert, je ein einfaches und ein komplizierteres einer unter β-Strahlen- bzw. α-Strahlenaussendung zerfallenden Substanz.

Abb. 23 zeigt das sehr einfache nur 3 Linien umfassende Spektrum des β-Strahlers RaD. Abb. 24 stellt einen kleinen Teil des sehr linienreichen Spektrums von RaB (β-Strahler) dar und ist der Arbeit von C. D. ELLIS entnommen. Abb. 25 zeigt das aus 3 Linien bestehende sekundäre β-Strahlenspektrum des α-strahlenden Radiums. Abb. 26

Abb. 23. Spektrum von RaD.

Abb. 24. Teil des Spektrums von RaB.

Abb. 25. Spektrum von Radium.

Abb. 26. Teil des Spektrums von Radioactinium.

ist ein Teil des sehr komplizierten Spektrums von Radioactinium (α-Strahler).

43. Tabellen der β-Strahlspektren. In den folgenden Tabellen sind die numerischen Daten für die β-Strahlenspektra der radioaktiven Substanzen, soweit sie neuerlich ausgemessen worden sind, zusammengestellt, und zwar die Intensität der β-Linien, die Geschwindigkeiten gemessen durch $H \cdot \varrho$ (magnetische Feldstärke · Radius der durch das Magnetfeld bedingten Kreisbahn) und die Energien in Erg und Volt. Neben dem Namen des Elements ist in Klammer die die Atomumwandlung bedingende, also aus dem Kern stammende Korpuskularstrahlung (α oder β) angegeben.

Tabelle 11. β-Strahlspektrum des Radiums (α-Strahlen)[2]).

Intensität	$H \cdot \varrho$-Werte	Energie in Erg	Energie in Volt
Stark	1037	$1{,}40 \cdot 10^{-7}$	$0{,}880 \cdot 10^5$
Mittelstark	1508	$2{,}73 \cdot 10^{-7}$	$1{,}72 \cdot 10^5$
Schwach	1575	$2{,}95 \cdot 10^{-7}$	$1{,}85 \cdot 10^5$

[1]) J. THIBAUD, C. R. Bd. 178, S. 1706; Bd. 179, S. 165. 1924.
[2]) O. HAHN u. L. MEITNER, ZS. f. Phys. Bd. 26, S. 161. 1924.

Tabelle 12. β-Strahlspektrum des Radium B (β-Strahlen)[1].

Intensität	$H \cdot \varrho$-Werte	Energie in Erg	Energie in Volt	Intensität	$H \cdot \varrho$-Werte	Energie in Erg	Energie in Volt
8	660,9	$0,5927 \cdot 10^{-7}$	$0,3725 \cdot 10^5$	25	1410	$2,433 \cdot 10^{-7}$	$1,529 \cdot 10^5$
3	667,0	$0,6033 \cdot 10^{-7}$	$0,3792 \cdot 10^5$	6	1496	$2,700 \cdot 10^{-7}$	$1,697 \cdot 10^5$
1	687,0	$0,6389 \cdot 10^{-7}$	$0,4016 \cdot 10^5$	3	1576	$2,959 \cdot 10^{-7}$	$1,860 \cdot 10^5$
6	768,8	$0,7928 \cdot 10^{-7}$	$0,4983 \cdot 10^5$	30	1677	$3,289 \cdot 10^{-7}$	$2,067 \cdot 10^5$
4	793,1	$0,8413 \cdot 10^{-7}$	$0,5288 \cdot 10^5$	8	1774	$3,620 \cdot 10^{-7}$	$2,275 \cdot 10^5$
2	799,1	$0,8536 \cdot 10^{-7}$	$0,5365 \cdot 10^5$	3	1850[2]	$3,885 \cdot 10^{-7}$	$2,442 \cdot 10^5$
1	833,0	$0,9237 \cdot 10^{-7}$	$0,5806 \cdot 10^5$	40	1938	$4,197 \cdot 10^{-7}$	$2,638 \cdot 10^5$
3	838	$0,9342 \cdot 10^{-7}$	$0,5872 \cdot 10^5$	9	2015	$4,493 \cdot 10^{-7}$	$2,824 \cdot 10^5$
1	855,4	$0,9715 \cdot 10^{-7}$	$0,6106 \cdot 10^5$	3	(2064)[3]	$4,655 \cdot 10^{-7}$	$2,926 \cdot 10^5$
3	860,9	$0,9820 \cdot 10^{-7}$	$0,6172 \cdot 10^5$	1	(2110)[3]	$4,825 \cdot 10^{-7}$	$3,033 \cdot 10^5$
1	877,8	$1,020 \cdot 10^{-7}$	$0,6412 \cdot 10^5$	10	2256	$5,376 \cdot 10^{-7}$	$3,379 \cdot 10^5$
1	896,0[2]	$1,061 \cdot 10^{-7}$	$0,6667 \cdot 10^5$	5	2307	$5,572 \cdot 10^{-7}$	$3,502 \cdot 10^5$
2	926,2	$1,129 \cdot 10^{-7}$	$0,7094 \cdot 10^5$	1	2321	$5,626 \cdot 10^{-7}$	$3,536 \cdot 10^5$
2	949,2	$1,182 \cdot 10^{-7}$	$0,7426 \cdot 10^5$	1	2433	$6,060 \cdot 10^{-7}$	$3,809 \cdot 10^5$
2	1155	$1,700 \cdot 10^{-7}$	$1,068 \cdot 10^5$	1	2480	$6,245 \cdot 10^{-7}$	$3,925 \cdot 10^5$
1	1209	$1,846 \cdot 10^{-7}$	$1,160 \cdot 10^5$				

Tabelle 13. β-Strahlspektrum des Radium C (β-Strahlen)[4] [5].

Intensität	$H \cdot \varrho$-Werte	Energie in Erg	Energie in Volt	Intensität	$H \cdot \varrho$-Werte	Energie in Erg	Energie in Volt
1	703	$0,668 \cdot 10^{-7}$	$0,420 \cdot 10^5$	3	5136	$17,714 \cdot 10^{-7}$	$11,134 \cdot 10^5$
2	848	$0,956 \cdot 10^{-7}$	$0,601 \cdot 10^5$	3	5178	$17,908 \cdot 10^{-7}$	$11,256 \cdot 10^5$
2	871	$1,006 \cdot 10^{-7}$	$0,632 \cdot 10^5$	7	5281	$18,376 \cdot 10^{-7}$	$11,550 \cdot 10^5$
1	896	$1,061 \cdot 10^{-7}$	$0,667 \cdot 10^5$	2	5428	$19,044 \cdot 10^{-7}$	$11,970 \cdot 10^5$
3	944	$1,154 \cdot 10^{-7}$	$0,725 \cdot 10^5$	3	5552	$19,612 \cdot 10^{-7}$	$12,327 \cdot 10^5$
1	964	$1,216 \cdot 10^{-7}$	$0,764 \cdot 10^5$	2	5708	$20,293 \cdot 10^{-7}$	$12,755 \cdot 10^5$
1	1379	$2,339 \cdot 10^{-7}$	$1,470 \cdot 10^5$	16	5904	$21,224 \cdot 10^{-7}$	$13,340 \cdot 10^5$
1	1438	$2,517 \cdot 10^{-7}$	$1,582 \cdot 10^5$	2	5948	$21,426 \cdot 10^{-7}$	$13,467 \cdot 10^5$
4	1557	$2,894 \cdot 10^{-7}$	$1,819 \cdot 10^5$	2	6030	$21,803 \cdot 10^{-7}$	$13,704 \cdot 10^5$
2	1586	$2,994 \cdot 10^{-7}$	$1,882 \cdot 10^5$	8	6161	$22,404 \cdot 10^{-7}$	$14,082 \cdot 10^5$
2	1834	$3,828 \cdot 10^{-7}$	$2,406 \cdot 10^5$	4	6212	$22,789 \cdot 10^{-7}$	$14,324 \cdot 10^5$
2	1912	$4,105 \cdot 10^{-7}$	$2,580 \cdot 10^5$	1	6350	$23,275 \cdot 10^{-7}$	$14,629 \cdot 10^5$
6	2085	$4,733 \cdot 10^{-7}$	$2,975 \cdot 10^5$	1	6523	$24,073 \cdot 10^{-7}$	$15,131 \cdot 10^5$
1	2156	$4,999 \cdot 10^{-7}$	$3,142 \cdot 10^5$	1	6656	$24,689 \cdot 10^{-7}$	$15,518 \cdot 10^5$
3	2256	$5,376 \cdot 10^{-7}$	$3,379 \cdot 10^5$	1	6800	$25,356 \cdot 10^{-7}$	$15,937 \cdot 10^5$
1	2390	$5,893 \cdot 10^{-7}$	$3,704 \cdot 10^5$	2	6932	$25,967 \cdot 10^{-7}$	$16,321 \cdot 10^5$
1	2550	$6,523 \cdot 10^{-7}$	$4,100 \cdot 10^5$	2	6998	$26,275 \cdot 10^{-7}$	$16,515 \cdot 10^5$
2	2720	$7,206 \cdot 10^{-7}$	$4,529 \cdot 10^5$	8	7109	$26,789 \cdot 10^{-7}$	$16,838 \cdot 10^5$
1	2840	$7,713 \cdot 10^{-7}$	$4,848 \cdot 10^5$	1	7240	$27,400 \cdot 10^{-7}$	$17,222 \cdot 10^5$
1	2890	$7,899 \cdot 10^{-7}$	$4,965 \cdot 10^5$	3	7380	$28,051 \cdot 10^{-7}$	$17,631 \cdot 10^5$
30	2980	$8,272 \cdot 10^{-7}$	$5,199 \cdot 10^5$	1	7530	$28,748 \cdot 10^{-7}$	$18,069 \cdot 10^5$
5	3145	$8,960 \cdot 10^{-7}$	$5,632 \cdot 10^5$	1	7690	$29,493 \cdot 10^{-7}$	$18,537 \cdot 10^5$
5	3203	$9,204 \cdot 10^{-7}$	$5,785 \cdot 10^5$	1	7974	$30,818 \cdot 10^{-7}$	$19,370 \cdot 10^5$
15	3271	$9,492 \cdot 10^{-7}$	$5,966 \cdot 10^5$	1	8090	$31,359 \cdot 10^{-7}$	$19,710 \cdot 10^5$
5	3307	$9,645 \cdot 10^{-7}$	$6,062 \cdot 10^5$	1	8313	$32,400 \cdot 10^{-7}$	$20,365 \cdot 10^5$
5	3326	$9,726 \cdot 10^{-7}$	$6,113 \cdot 10^5$	3	8617	$33,823 \cdot 10^{-7}$	$21,259 \cdot 10^5$
5	3584	$10,830 \cdot 10^{-7}$	$6,807 \cdot 10^5$	1	8885	$35,077 \cdot 10^{-7}$	$22,047 \cdot 10^5$
5	3824	$11,872 \cdot 10^{-7}$	$7,462 \cdot 10^5$	1	9165	$36,393 \cdot 10^{-7}$	$22,874 \cdot 10^5$
7	4196	$13,506 \cdot 10^{-7}$	$8,489 \cdot 10^5$	1	9425	$37,613 \cdot 10^{-7}$	$23,641 \cdot 10^5$
5	4404	$14,430 \cdot 10^{-7}$	$9,070 \cdot 10^5$	1	9655	$38,693 \cdot 10^{-7}$	$24,320 \cdot 10^5$
13	4866	$16,499 \cdot 10^{-7}$	$10,370 \cdot 10^5$	1	10020	$40,395 \cdot 10^{-7}$	$25,390 \cdot 10^5$
3	4991	$17,098 \cdot 10^{-7}$	$10,747 \cdot 10^5$				

---

[1] C. D. ELLIS u. H. W. B. SKINNER, Proc. Roy. Soc. London (A) Bd. 105, S. 60, 165. 1924.
[2] Die Werte dieser Linien sind weniger genau.
[3] Diese Linien gehören vielleicht nicht dem RaB, sondern dem RaC an.
[4] C. D. ELLIS u. H. W. B. SKINNER, Proc. Roy. Soc. London (A) Bd. 105, S. 60, 165. 1924.
[5] C. D. ELLIS, Proc. Cambridge Phil. Soc. Bd. 22, S. 369. 1924.

Ziff. 43. β-Stahlspektren.

Tabelle 14. β-Strahlspektrum des Radium D (β-Strahlen)[1]).

Intensität	$H \cdot \varrho$-Werte	Energie in Erg	Energie in Volt
Sehr stark........	602	$0{,}497 \cdot 10^{-7}$	$0{,}312 \cdot 10^5$
Stark...........	718	$0{,}686 \cdot 10^{-7}$	$0{,}431 \cdot 10^5$
Schwach..........	741	$0{,}739 \cdot 10^{-7}$	$0{,}465 \cdot 10^5$

Von den Zerfallsprodukten der Thorreihe seien die Spektren von Mesothor 2[2]), von ThB[3]) und ThC″[4])[3]) angeführt.

Tabelle 15. β-Strahlspektrum von Mesothor 2 (β-Strahlen).

Intensität	$H \cdot \varrho$-Werte	Energie in Erg	Energie in Volt	Intensität	$H \cdot \varrho$-Werte	Energie in Erg	Energie in Volt
100	668	$0{,}607 \cdot 10^{-7}$	$0{,}381 \cdot 10^5$	18	1,345	$2{,}240 \cdot 10^{-7}$	$1{,}406 \cdot 10^5$
85	700	$0{,}663 \cdot 10^{-7}$	$0{,}416 \cdot 10^5$	20	1,469	$2{,}622 \cdot 10^{-7}$	$1{,}644 \cdot 10^5$
65	796	$0{,}847 \cdot 10^{-7}$	$0{,}532 \cdot 10^5$	6	1,538	$2{,}842 \cdot 10^{-7}$	$1{,}782 \cdot 10^5$
45	822	$0{,}903 \cdot 10^{-7}$	$0{,}566 \cdot 10^5$	16	1,692	$3{,}341 \cdot 10^{-7}$	$2{,}099 \cdot 10^5$
6	842	$0{,}946 \cdot 10^{-7}$	$0{,}593 \cdot 10^5$	8	1,782	$3{,}649 \cdot 10^{-7}$	$2{,}291 \cdot 10^5$
4	870	$1{,}007 \cdot 10^{-7}$	$0{,}631 \cdot 10^5$	6	2,094	$4{,}765 \cdot 10^{-7}$	$2{,}99 \cdot 10^5$
16	907	$1{,}088 \cdot 10^{-7}$	$0{,}682 \cdot 10^5$	2	2,173	$5{,}068 \cdot 10^{-7}$	$3{,}18 \cdot 10^5$
50	953	$1{,}190 \cdot 10^{-7}$	$0{,}749 \cdot 10^5$	8	2,317	$5{,}612 \cdot 10^{-7}$	$3{,}52 \cdot 10^5$
36	982	$1{,}262 \cdot 10^{-7}$	$0{,}791 \cdot 10^5$	4	2,679	$7{,}038 \cdot 10^{-7}$	$4{,}42 \cdot 10^5$
16	1,077	$1{,}481 \cdot 10^{-7}$	$0{,}929 \cdot 10^5$	2	2,738	$7{,}310 \cdot 10^{-7}$	$4{,}58 \cdot 10^5$
35	1,170	$1{,}745 \cdot 10^{-7}$	$1{,}093 \cdot 10^5$	6	4,035	$12{,}81 \cdot 10^{-7}$	$8{,}04 \cdot 10^5$
25	1,191	$1{,}80 \cdot 10^{-7}$	$1{,}129 \cdot 10^5$	3	4,238	$13{,}72 \cdot 10^{-7}$	$8{,}61 \cdot 10^5$
22	1,257	$1{,}988 \cdot 10^{-7}$	$1{,}245 \cdot 10^5$	2	4,371	$14{,}30 \cdot 10^{-7}$	$8{,}97 \cdot 10^5$
6	1,276	$2{,}039 \cdot 10^{-7}$	$1{,}279 \cdot 10^5$	2	4,555	$15{,}11 \cdot 10^{-7}$	$9{,}49 \cdot 10^5$
4	1,308	$2{,}133 \cdot 10^{-7}$	$1{,}337 \cdot 10^5$	1	6,468	$24{,}88 \cdot 10^{-7}$	$14{,}97 \cdot 10^5$
				1	6,604	$24{,}52 \cdot 10^{-7}$	$15{,}37 \cdot 10^5$

Tabelle 16. β-Strahlspektrum von ThorB (β-Strahlen).

Intensität	$H \cdot \varrho$-Werte	Energie in Erg	Energie in Volt
Sehr stark........	1385	$2{,}33 \cdot 10^{-7}$	$1{,}46 \cdot 10^5$
Schwach..........	1689	$3{,}33 \cdot 10^{-7}$	$2{,}09 \cdot 10^5$
Stark...........	1750	$3{,}53 \cdot 10^{-7}$	$2{,}22 \cdot 10^5$
Sehr schwach......	1809	$3{,}74 \cdot 10^{-7}$	$2{,}35 \cdot 10^5$
Sehr schwach......	2020	$4{,}51 \cdot 10^{-7}$	$2{,}84 \cdot 10^5$

Tabelle 17. β-Strahlspektrum von ThorC + C″ (β-Strahlen).

Intensität	$H \varepsilon \varrho$-Werte	Energie in Erg	Energie in Volt
Schwach..........	4026	$12{,}76 \cdot 10^{-7}$	$8{,}02 \cdot 10^5$
Mittelstark........	3924	$12{,}31 \cdot 10^{-7}$	$7{,}74 \cdot 10^5$
Mittelschwach......	3640	$11{,}07 \cdot 10^{-7}$	$6{,}96 \cdot 10^5$
Mittelstark........	3422	$10{,}13 \cdot 10^{-7}$	$6{,}37 \cdot 10^5$
Mittelstark........	3165	$9{,}04 \cdot 10^{-7}$	$5{,}68 \cdot 10^5$
Mittelschwach......	3039	$8{,}51 \cdot 10^{-7}$	$5{,}35 \cdot 10^5$
Mittelschwach......	2939	$8{,}10 \cdot 10^{-7}$	$5{,}09 \cdot 10^5$
Sehr stark........	2892	$7{,}91 \cdot 10^{-7}$	$4{,}97 \cdot 10^5$
Sehr stark........	2605	$6{,}75 \cdot 10^{-7}$	$4{,}24 \cdot 10^5$

---

[1]) L. Meitner, ZS. f. Phys. Bd. 11, S. 35. 1922.
[2]) D. H. Black, Proc. Roy. Soc. London (A) Bd. 106, S. 632. 1924; D. Yovanovich et I. d'Espine, C. R. Bd. 178, S. 1810 u. Bd. 179, S. 1162. 1924.
[3]) L. Meitner, ZS. f. Phys. Bd. 17, S. 54. 1923.
[4]) C. D. Ellis, Proc. Roy. Soc. London (A) Bd. 101, S. 1. 1922.

Fortsetzung von Tabelle 17.

Intensität	$H \cdot \varrho$-Werte	Energie in Erg	Energie in Volt
Schwach	2462	$6,17 \cdot 10^{-7}$	$3,88 \cdot 10^5$
Schwach	2294	$5,52 \cdot 10^{-7}$	$3,47 \cdot 10^5$
Mittelstark	1970	$4,31 \cdot 10^{-7}$	$2,71 \cdot 10^5$
Mittelstark	1916	$4,12 \cdot 10^{-7}$	$2,59 \cdot 10^5$
Mittelschwach	1850	$3,88 \cdot 10^{-7}$	$2,44 \cdot 10^5$
Mittel	1830	$3,81 \cdot 10^{-7}$	$2,395 \cdot 10^5$
Schwach	1795	$3,69 \cdot 10^{-7}$	$2,32 \cdot 10^5$
Mittelschwach	1703	$3,37 \cdot 10^{-7}$	$2,12 \cdot 10^5$
Stark	1642	$3,169 \cdot 10^{-7}$	$1,992 \cdot 10^5$
Mittelschwach	1600	$3,036 \cdot 10^{-7}$	$1,908 \cdot 10^5$
Sehr stark	1581	$2,974 \cdot 10^{-7}$	$1,869 \cdot 10^5$
Mittel	1480	$2,649 \cdot 10^{-7}$	$1,665 \cdot 10^5$
Mittelstark	1453	$2,568 \cdot 10^{-7}$	$1,614 \cdot 10^5$
Schwach	1398	$2,394 \cdot 10^{-7}$	$1,505 \cdot 10^5$
Mittelstark	1352	$2,261 \cdot 10^{-7}$	$1,421 \cdot 10^5$
Schwach	1258	$1,984 \cdot 10^{-7}$	$1,247 \cdot 10^5$
Mittelstark	1229	$1,904 \cdot 10^{-7}$	$1,197 \cdot 10^5$
Mittel	1138	$1,655 \cdot 10^{-7}$	$1,040 \cdot 10^5$
Schwach	1040	$1,40 \cdot 10^{-7}$	$0,880 \cdot 10^5$
Schwach	949,2	$1,182 \cdot 10^{-7}$	$0,743 \cdot 10^5$
Schwach	820,9	$0,896 \cdot 10^{-7}$	$0,563 \cdot 10^5$
Mittel	696,3	$0,656 \cdot 10^{-7}$	$0,412 \cdot 10^5$
Stark	691,8	$0,646 \cdot 10^{-7}$	$0,406 \cdot 10^5$
Mittel	673,5	$0,616 \cdot 10^{-7}$	$0,387 \cdot 10^5$
Sehr stark	662,9	$0,597 \cdot 10^{-7}$	$0,375 \cdot 10^5$
Mittel	570,1	$0,446 \cdot 10^{-7}$	$0,280 \cdot 10^5$
Stark	550,2	$0,415 \cdot 10^{-7}$	$0,201 \cdot 10^5$
Sehr stark	542,9	$0,404 \cdot 10^{-7}$	$0,254 \cdot 10^5$

Tabelle 18. β-Strahlspektrum des Radioactiniums (α-Strahlen).

Intensität	$H \cdot \varrho$-Werte	Energie in Erg	Energie in Volt	Intensität	$H \cdot \varrho$-Werte	Energie in Erg	Energie in Volt
20	378	$0,1988 \cdot 10^{-7}$	$0,125 \cdot 10^5$	40	996,5	$1,293 \cdot 10^{-7}$	$0,811 \cdot 19^5$
30	407	$0,229 \cdot 10^{-7}$	$0,144 \cdot 10^5$	20	1010	$1,325 \cdot 10^{-7}$	$0,833 \cdot 10^5$
20	429	$0,2548 \cdot 10^{-7}$	$0,160 \cdot 10^5$	50	1075	$1,490 \cdot 10^{-7}$	$0,9365 \cdot 10^5$
50	534,4	$0,3921 \cdot 10^{-7}$	$0,246 \cdot 10^5$	30	1093	$1,535 \cdot 10^{-7}$	$0,965 \cdot 10^5$
20	543	$0,4048 \cdot 10^{-7}$	$0,255 \cdot 10^5$	30	1108	$1,574 \cdot 10^{-7}$	$0,989 \cdot 10^5$
15	551	$0,4170 \cdot 10^{-7}$	$0,262 \cdot 10^5$	20	1132	$1,637 \cdot 10^{-7}$	$1,029 \cdot 10^5$
10	561	$0,4312 \cdot 10^{-7}$	$0,271 \cdot 10^5$	30	1159	$1,709 \cdot 10^{-7}$	$1,074 \cdot 10^5$
25	571	$0,4469 \cdot 10^{-7}$	$0,281 \cdot 10^5$	10	1178	$1,76 \cdot 10^{-7}$	$1,106 \cdot 10^5$
15	580	$0,4608 \cdot 10^{-7}$	$0,290 \cdot 10^5$	10	1195	$1,81 \cdot 10^{-7}$	$1,135 \cdot 10^5$
30	590	$0,4756 \cdot 10^{-7}$	$0,299 \cdot 10^5$	80	1291	$2,077 \cdot 10^{-7}$	$1,305 \cdot 10^5$
20	596	$0,4857 \cdot 10^{-7}$	$0,305 \cdot 10^5$	30	1367	$2,299 \cdot 10^{-7}$	$1,445 \cdot 10^5$
15	611	$0,5094 \cdot 10^{-7}$	$0,320 \cdot 10^5$	60	1396	$2,388 \cdot 10^{-7}$	$1,501 \cdot 10^5$
15	623	$0,5299 \cdot 10^{-7}$	$0,333 \cdot 10^5$	30	1525	$2,792 \cdot 10^{-7}$	$1,753 \cdot 10^5$
40	630	$0,5403 \cdot 10^{-7}$	$0,340 \cdot 10^5$	60	1546	$2,857 \cdot 10^{-7}$	$1,796 \cdot 10^5$
10	652	$0,577 \cdot 10^{-7}$	$0,363 \cdot 10^5$	20	1597	$3,022 \cdot 10^{-7}$	$1,899 \cdot 10^5$
10	675	$0,618 \cdot 10^{-7}$	$0,388 \cdot 10^5$	50	1634	$3,144 \cdot 10^{-7}$	$1,976 \cdot 10^5$
90	707,5	$0,6750 \cdot 10^{-7}$	$0,425 \cdot 10^5$	20	1663	$3,240 \cdot 10^{-7}$	$2,036 \cdot 10^5$
100	732,0	$0,7226 \cdot 10^{-7}$	$0,454 \cdot 10^5$	20	1703	$3,374 \cdot 10^{-7}$	$2,121 \cdot 10^5$
20	759	$0,7734 \cdot 10^{-7}$	$0,486 \cdot 10^5$	20	1745	$3,517 \cdot 10^{-7}$	$2,211 \cdot 10^5$
70	822,5	$0,9014 \cdot 10^{-7}$	$0,566 \cdot 10^5$	10	1773	$3,613 \cdot 10^{-7}$	$2,271 \cdot 10^5$
50	846	$0,9518 \cdot 10^{-7}$	$0,5985 \cdot 10^5$	40	1808	$3,735 \cdot 10^{-7}$	$2,348 \cdot 10^5$
20	876	$1,03 \cdot 10^{-7}$	$0,647 \cdot 10^5$	30	1872	$3,959 \cdot 10^{-7}$	$2,488 \cdot 10^5$
20	912	$1,10 \cdot 10^{-7}$	$0,691 \cdot 10^5$	20	1930	$4,165 \cdot 10^{-7}$	$2,618 \cdot 10^5$
20	951	$1,18 \cdot 10^{-7}$	$0,742 \cdot 10^5$	20	2010	$4,455 \cdot 10^{-7}$	$2,800 \cdot 10^5$
15	982	$1,27 \cdot 10^{-7}$	$0,800 \cdot 10^5$				

Tabelle 19. β-Strahlspektrum des Actinium X (α-Strahlen).

Intensität	$H \cdot \varrho$-Werte	Energie in Erg	Energie in Volt	Intensität	$H \cdot \varrho$-Werte	Energie in Erg	Energie in Volt
20	524	$0,377 \cdot 10^{-7}$	$0,237 \cdot 10^5$	50	1321	$2,159 \cdot 10^{-7}$	$1,355 \cdot 10^5$
80	733	$0,723 \cdot 10^{-7}$	$0,454 \cdot 10^5$	25	1335[2]	$2,204 \cdot 10^{-7}$	$1,385 \cdot 10^5$
10	756	$0,768 \cdot 10^{-7}$	$0,483 \cdot 10^5$	15	1380	$2,358 \cdot 10^{-7}$	$1,482 \cdot 10^5$
100	816,5	$0,889 \cdot 10^{-7}$	$0,559 \cdot 10^5$	15	1402	$2,407 \cdot 10^{-7}$	$1,512 \cdot 10^5$
40	845	$0,950 \cdot 10^{-7}$	$0,595 \cdot 10^5$	100	1502	$2,717 \cdot 10^{-7}$	$1,708 \cdot 10^5$
15	900[1]	$1,047 \cdot 10^{-7}$	$0,660 \cdot 10^5$	25	1527	$2,796 \cdot 10^{-7}$	$1,758 \cdot 10^5$
10	983[1]	$1,26 \cdot 10^{-7}$	$0,792 \cdot 10^5$	15	1547[1]	$2,860 \cdot 10^{-7}$	$1,798 \cdot 10^5$
10	1000[1]	$1,31 \cdot 10^{-7}$	$0,823 \cdot 10^5$	30	1753	$3,545 \cdot 10^{-7}$	$2,228 \cdot 10^5$
10	1140	$1,658 \cdot 10^{-7}$	$1,042 \cdot 10^5$	30	1817	$3,766 \cdot 10^{-7}$	$2,367 \cdot 10^5$
10	1191	$1,796 \cdot 10^{-7}$	$1,13 \cdot 10^5$	30	1880	$3,990 \cdot 10^{-7}$	$2,505 \cdot 10^5$
50	1265	$2,003 \cdot 10^{-7}$	$1,259 \cdot 10^5$				

Tabelle 20. β-Strahlspektrum des Actinium B + C (β-Strahlen).

Intensität	$H \cdot \varrho$-Werte	Energie in Erg	Energie in Volt	Intensität	$H \cdot \varrho$-Werte	Energie in Erg	Energie in Volt
etwa 20	734[3]	$0,725 \cdot 10^{-7}$	$0,456 \cdot 10^5$	50	2418	$5,980 \cdot 10^{-7}$	$3,759 \cdot 10^5$
100	1942	$4,209 \cdot 10^{-7}$	$2,646 \cdot 10^5$	30	2472	$6,213 \cdot 10^{-7}$	$3,905 \cdot 10^5$
35	2184	$5,100 \cdot 10^{-7}$	$3,206 \cdot 10^5$	20	2670	$6,997 \cdot 10^{-7}$	$4,398 \cdot 10^5$
35	2263	$5,399 \cdot 10^{-7}$	$3,394 \cdot 10^5$	15	2772	$7,410 \cdot 10^{-7}$	$4,657 \cdot 10^5$
30	2314	$5,595 \cdot 10^{-7}$	$3,517 \cdot 10^5$				

Vor kurzem hat D. H. BLACK[4] in dem Spektrum des ThC'' eine Linie von etwa $4 \cdot 10^{-6}$ Erg oder fast 2,5 Millionen Volt Energie entsprechend einer Geschwindigkeit von 98,6% Lichtgeschwindigkeit nachgewiesen, die die schnellste bisher mit Sicherheit beobachtete β-Strahllinie darstellt[5].

In der Actiniumreihe sind genauer nur die beiden α-Strahler Radioactinium und Actinium X untersucht. Sie senden sehr komplizierte β-Strahlspektren aus, wie die Abb. 4 erkennen läßt, die einer eben erschienenen Arbeit von HAHN und MEITNER entnommen ist[6].

Zu den Angaben in den Tabellen sei noch bemerkt, daß die angeführten Intensitäten nur rohe Schätzungen darstellen, deren Zahlenwerte nur innerhalb eines und desselben Spektrums auf eine größere oder geringere Stärke der β-Strahlgruppen hinweisen. Dagegen geben sie keinerlei Aufschluß über die relative Intensität der β-Strahlgruppen in verschiedenen Spektren, begreiflicherweise um so weniger, als die verschiedenen Spektren z. T. von ganz verschiedenen Beobachtern aufgenommen worden sind.

44. Berechnung der Wellenlänge der γ-Strahlen aus den β-Strahlspektren.
Wie schon erwähnt, haben direkte Versuche ergeben, daß diese β-Strahlspektra durch die Absorption der vom Kern ausgesendeten γ-Strahlen in der äußeren Elektronenhülle zustande kommen. Es konnte auch gezeigt werden, daß diese Absorption im selben Atom eintritt, dessen Kern die γ-Strahlen emittiert und nicht etwa in den umgebenden Atomen. Um nun die Energie und Wellenlänge der auslösenden γ-Strahlen bei den verschiedenen radioaktiven Substanzen zu bestimmen, ist es gar nicht nötig, diese γ-Strahlen erst auf fremde absorbierende Substanzen auffallen zu lassen und die ausgelösten Photoelektronen auf ihre

---
[1]) Die Ausmessung dieser Linien war ungenauer.
[2]) Ist eine Doppellinie.
[3]) Nur ungenau ausmeßbar.
[4]) D. H. BLACK, Nature Bd. 115, S. 226. 1925.
[5]) S. auch J. D'ESPINE. C. R. Bd. 180, S. 1403. 1925.
[6]) O. HAHN u. L. MEITNER, ZS. f. Phys. Bd. 34, S. 795. 1925.

Energie zu untersuchen, sondern man kann aus den β-Strahlspektren der radioaktiven Substanzen selbst auf die auslösenden γ-Strahlen schließen. Man muß nur jene β-Strahllinien zusammenfassen, deren Energiedifferenzen Niveaudifferenzen $K-L$, $K-M$, $L-M$ entsprechen, denn die von einer und derselben γ-Strahlenenergie E_γ herrührenden β-Strahlgruppen müssen der Gleichung genügen

Da ferner $\quad E_\gamma = E_{\beta_1} + K = E_{\beta_2} + L = E_{\beta_3} + M$ usw.

$$E_\gamma = \frac{hc}{\lambda} \tag{4}$$

ist, wenn h die PLANCKsche Konstante und c die Lichtgeschwindigkeit bedeutet, so erhält man aus E_γ die Wellenlänge λ der γ-Strahlen. Bei Spektren, die nur sehr wenige β-Strahlgruppen aufweisen, wird man durch die angegebene Zusammenfassung zusammengehöriger Gruppen sicher zu den richtigen Zuordnungen und daher auch zu den richtigen Wellenlängen der γ-Strahlen kommen. Bei Spektren mit sehr vielen β-Strahlgruppen, wie sie RaC und ThC'' besitzen, können die Kombinationsmöglichkeiten so groß sein, daß eine eindeutige Zuordnung nicht mehr unbedingt gesichert erscheint. Man hat hier aber als sehr wertvollen Fingerzeig für die vorzunehmende Einordnung die Tatsache, daß die aus dem K-Niveau stammende β-Strahlgruppe stets intensiver ist als die aus dem L-Niveau und diese wieder stärker vertreten ist, als die aus dem M-Niveau ausgelöste usw.

Viel schwieriger hat sich für die Zuordnung eine andere Frage erwiesen. Die γ-Strahlen, die aus dem Kern kommen, werden in der eigenen Elektronenhülle absorbiert; ist dies aber die Elektronenhülle des ursprünglichen oder die des umgewandelten Atoms? Mit anderen Worten, sind für die Ablösungsarbeiten K, L, M die Werte für das zerfallende oder für das entstehende Atom einzusetzen?

Im Gebiet der harten γ-Strahlen reicht im allgemeinen die Meßgenauigkeit nicht aus, diese Frage experimentell zu entscheiden. Denn bei β-Strahlenumwandlungen unterscheidet sich die Kernladung des entstehenden Atoms von der des sich umwandelnden nur um eine Einheit, und die Ablösungsarbeiten benachbarter Elemente variieren nur um wenige Prozent. Wenn nun, wie es im Gebiet der kurzwelligen γ-Strahlen der Fall ist, die Ablösungsarbeiten klein gegenüber den Energien der absorbierten γ-Strahlen sind, so wird die Entscheidung, ob die Messungen mit den Ablösungsarbeiten des entstehenden oder des zerfallenden Atoms in besserer Übereinstimmung sind, unsicher. Besonders weil hier noch ein zweiter Umstand erschwerend hinzutritt. Bekanntlich existieren 3 L-Niveaus, deren Ablösungsarbeiten in abnehmender Größe mit L_I, L_{II} und L_{III} bezeichnet seien. Im Gebiet der schnellen sekundären β-Strahlen treten aber immer nur Photoelektronen aus einem einzigen L-Niveau auf, und man hat jetzt zunächst die Entscheidung zu treffen, in welchem L-Niveau die γ-Strahlen Photoeffekte auslösen. Da die Zuordnung in der Weise geschieht, daß man 2 β-Strahlgruppen als von derselben γ-Strahlenlinie ausgelöst betrachtet, deren Energie E_{β_1} und E_{β_2} der Gleichung entsprechen

$$E_{\beta_1} - E_{\beta_2} = K - L$$

und da die Differenz $K - L$ mit steigender Kernladungszahl Z wächst und die Differenz $K^Z - L_{III}^Z$ der Differenz $K^{Z+1} - L_I^{Z+1}$ sehr nahe kommt, ist die experimentelle Prüfung, in welchem Atom die Absorption der γ-Strahlung erfolgt, noch davon abhängig, welches L-Niveau man heranzieht. In den Absorptionsmessungen mit Röntgenstrahlen, wo die Energie der absorbierten Strahlung mit der Ablösungsarbeit des betreffenden L-Niveaus übereinstimmt, ist bekanntlich die Absorption stets am stärksten im L_{III}-Niveau und am schwächsten im L_I-Niveau. Dagegen hat H. ROBINSON[1]) gezeigt, daß die Intensitätsfolge der 3 L-Niveaus von der Größe der absorbierten Strahlungsenergie relativ zur L-Ablösungsarbeit abhängig ist. Je größer die eingestrahlte Energie im Verhältnis zur L-Energie wird, um so mehr tritt das L_{III}-Niveau hinter dem L_I-Niveau zurück. Daher ist sicher im Gebiet der kurzweiligen γ-Strahlen anzunehmen, daß ihre Absorption nur im L_I-Niveau stattfindet.

45. Werden die γ-Strahlen vor oder nach dem Zerfall des Atoms ermittiert? Die Frage, ob die Auslösung der sekundären β-Strahlen im zerfallenden oder im entstehenden Atom erfolgt, ist von prinzipieller Bedeutung für die Rolle, die man den γ-Strahlen beim Atomzerfall zuschreibt. Denn es ist ja ohne weiteres klar, daß, wenn die Absorption der γ-Strahlen im ursprünglichen, noch nicht umgewandelten Atom vor sich geht, die Emission der γ-Strahlen v o r dem Zerfall, also v o r der Aussendung der Kern-β-Strahlen oder der α-Strahlen stattfinden muß. Wenn dagegen die γ-Strahlen in dem entstehenden Atom absorbiert werden sollen, so müssen sie n a c h dem Zerfall emittiert werden. ELLIS[2]) und ELLIS und SKINNER[3]) haben nur die bei β-strahlenden Substanzen, speziell bei RaB und RaC vorliegenden Befunde diskutiert und folgendes Bild des Zerfallsprozesses gegeben. Der Atomkern ist ähnlich wie die äußere Elektronenhülle verschiedener Quantenzustände fähig, es werden auch im Kern quantenhaft ausgezeichnete Energieniveaus existieren. Findet ein Übergang aus dem einen Quantenzustand in den andern statt, so werden dabei monochromatische γ-Strahlen emittiert. Die Emission solcher γ-Strahlen soll dem Zerfall des Kerns v o r a u s g e h e n. Erst wenn durch einen oder mehrere solcher Quantenübergänge der Kern in einen nicht existenzfähigen Zustand gekommen ist, tritt die Umwandlung des Kerns unter Emission eines primären aus dem Kern stammenden β-Teilchens ein. In notwendiger Konsequenz dieser Auffassung rechnen ELLIS und SKINNER mit den Ablösungsarbeiten des ursprünglichen, nicht umgewandelten Atoms.

Diese Auffassung führt zu großen Schwierigkeiten. Erstens gibt es, wie oben ausgeführt wurde, α- und β-strahlende Substanzen, die keine γ-Strahlen besitzen, ja bei den α-Strahlenumwandlungen ist sogar die gleichzeitige Emission von γ-Strahlen der seltenere Fall. Bei allen diesen Substanzen kann also der Zerfallsprozeß jedenfalls nicht erst durch Quantenübergänge im Kern ausgelöst werden. Zweitens müssen ELLIS und SKINNER, um in Übereinstimmung mit den experimentellen Daten zu bleiben, annehmen, daß, während bis zu Wellenlängen von etwa $2 \cdot 10^{-9}$ cm im Einklang mit den Resultaten von ROBINSON das L_I-Niveau allein absorbierend wirkt, bei noch kurzwelligeren γ-Strahlen wieder das L_{III}-Niveau allein maßgebend werde. Und endlich sind sie genötigt, im Fall der langsamsten γ-Strahlenlinie des RaB, wo noch alle 3 L-Niveaus absorbierend wirken, man es also nicht in der Hand hat, durch Wahl des L-Niveaus die Differenz $K - L$ den Messungen anzupassen, anzunehmen, daß diese langsamste Linie n a c h dem Zerfall emittiert wird.

Man vermeidet diese Schwierigkeiten und kommt zu einem einfacheren und einheitlicheren Bild, wenn man annimmt, daß die γ-Strahlung erst n a c h dem Zerfall emittiert wird, gewissermaßen um den durch die Abspaltung eines α- oder β-Teilchens gestörten Kern wieder zu stabilisieren[4]). Wenn ein α- oder β-Teilchen aus dem Kern herausfliegt, so müssen die restlichen Kernbestandteile sich um-

---

[1]) H. ROBINSON, Proc. Roy. Soc. London (A) Bd. 104, S. 455. 1923.
[2]) C. D. ELLIS, Proc. Roy. Soc. London (A) Bd. 99, S. 261. 1921.
[3]) C. D. ELLIS u. H. W. B. SKINNER, Proc. Roy. Soc. London (A) Bd. 105, S. 185. 1924.
[4]) L. MEITNER, ZS. f. Phys. Bd. 26, S. 169. 1924.

gruppieren, um wieder zu einer existenzfähigen Konfiguration zu kommen. Diese Umgruppierung kann man sich in Analogie mit den Vorgängen bei Ionisationsprozessen auf zweierlei Art vorsichgehend denken. Wenn einem Atom ein äußeres ganz lose gebundenes Elektron entzogen wird, so rücken alle übrigen Elektronen etwas näher an den Kern heran, ohne daß dabei Strahlung emittiert wird. Wenn aber aus dem Atom etwa ein K-Elektron entfernt wird, so werden Quantenübergänge aus dem L-, M- usw. Niveau in das K-Niveau eintreten und die entsprechende K-Strahlung emittiert werden. Überträgt man die Verhältnisse auf den Kern, so besagen sie, daß, wenn durch die Abspaltung eines α- oder β-Teilchens der Kern gestört wird, der restliche Kern entweder strahlungslos in eine stabilisiertere Form sich umordnen wird oder daß hierbei — wenn die Störung tiefgreifender war — Quantenübergänge eintreten werden. Im ersten Fall erfolgt die Umwandlung strahlungslos, im letzteren Fall ist sie von der Emission monochromatischer γ-Strahlen begleitet. Erst nach der Emission dieser Strahlen ist der neuentstandene Atomkern in seinem existenzfähigen Zustand. Auf diese Weise wird es ohne weiteres verständlich, daß sowohl α- wie β-Strahlenumwandlungen von γ-Strahlen begleitet sein oder beide Umwandlungsarten ohne γ-Strahlung vor sich gehen können. Die γ-Strahlung ist danach gewissermaßen ein Maß für die Größe der Störung, die der Verlust eines Korpuskularteilchens in dem Kern bedingt. Ist diese Störung nur gering, so wird die Umordnung der Kernbestandteile strahlungslos verlaufen, die Atomumwandlung ist nicht von γ-Strahlung begleitet. Solche Fälle liegen bei den β-Strahlern UX_1, RaE, ThC und bei vielen α-Strahlern wie Ionium, Polonium, Thorium C' vor. Bei tiefer greifenden Störungen werden Quantenübergänge im Kern eintreten, die Umwandlung wird also unter Emission von γ-Strahlen erfolgen. Das hier entwickelte Bild läßt auch verstehen, daß auseinander entstehende Substanzen sich so ganz verschieden in ihrer γ-Strahlung verhalten, und nicht, wie es im Gebiet der charakteristischen Röntgenstrahlung der Fall ist, irgendeinen erkennbaren Zusammenhang für benachbarte Atomkerne aufweisen. In der Umwandlungsreihe

$$RaB^\beta - RaC^\beta - RaC'^\alpha - RaD^\beta - RaE^\beta - RaF$$

besitzt RaB ein sehr linienreiches γ-Strahlspektrum, RaC ein noch viel komplizierteres und bis zu ganz kurzen Wellenlängen sich erstreckendes, RaD emittiert eine einzige ziemlich langwellige γ-Strahllinie, RaE sendet überhaupt keine γ-Strahlen aus. Die γ-Strahlen vermitteln eben nicht die im stabilisierten Atomkern möglichen Quantenzustände, sondern nur die Übergänge im gestörten Kern, d. h. diejenigen, die von dem einen Kern zum andern führen.

Natürlich muß nach dieser Auffassung die Absorption der γ-Strahlen im entstehenden Atom vorsichgehen, es sind also für die Berechnung der Energien und Wellenlängen der γ-Strahlen die Ablösungsarbeiten des entstehenden Atoms einzusetzen. Nun ist es tatsächlich gelungen (in einer eben erschienenen Arbeit[1]) auch den experimentellen Beweis hierfür zu erbringen, und zwar an den γ-Strahlen des Radioactiniums und Actinium X. Radioactinium ist ein α-Strahler, und das entstehende Produkt hat daher eine um 2 Einheiten kleinere Kernladungszahl. Dieser Umstand, sowie die Tatsache, daß das zugehörige sekundäre β-Strahlspektrum nicht über 75% Lichtgeschwindigkeit hinausreicht, also die Energie der auslösenden γ-Strahlen nicht allzugroß ist, ergibt so günstige Meßbedingungen, daß ganz einwandfrei gezeigt werden konnte, daß die Ablösungsarbeiten des entstehenden Atoms maßgebend sind. Damit ist aber auch zugleich bewiesen, daß, wenn nur ein einziges L-Niveau absorbierend wirkt, es das L_I-Niveau ist.

---

[1] L. MEITNER, ZS. f. Phys. Bd. 34, S. 807. 1925.

46. Wellenlängen der γ-Strahlen. Im folgenden sind die Wellenlängen der verschiedenen γ-Strahlen, soweit sie mit einiger Sicherheit bestimmt werden konnten, zusammengestellt.

Tabelle 21. Wellenlängen der γ-Strahlen.

Radioaktive Substanz	Art des Zerfalles	Wellenlänge der γ-Strahlen in X-Einheiten (10^{-11} cm)	Radioaktive Substanz	Art des Zerfalles	Wellenlänge der γ-Strahlen in X-Einheiten (10^{-11} cm)
Radium	α-Strahlung	66	Thorium C	β-Strahlung	302[1] 220[1] 59,9[1] 49,8[1] 48,6[1] 45,5 43,1[1] 24,3 18,9[1]
Radium B	β-Strahlung	230 51,3 48,0 42,0 35,2			
Radium C	β-Strahlung	209 52,0 49,7 45,3 37,5 32,0 29,0 20,23 13,15 10,95 9,91 8,67 6,95 5,57	Radioactinium	α-Strahlung	390 282 232 201 123 82,8 63,0 48,6 43,8 41,1
Radium D	β-Strahlung	270	Actinium X	α-Strahlung	86 80,4 79 62 46
Mesothorium II	β-Strahlung	213 96,7 67,1 36,5 26,7 13,5 12,7	Actinium C″	β-Strahlung	35 27 25,7
Thorium B	β-Strahlung	52 41,6			

Wie die Zusammenstellung zeigt, gibt es Atomkerne, die recht komplizierte γ-Strahlspektren emittieren. Das ist natürlich so zu verstehen, daß alle Atomkerne derselben Substanz im ganzen den gleichen Energiebetrag ausstrahlen müssen, der aber entweder in einem einzigen (dem maximalen) Quantensprung abgegeben wird oder in verschiedenen kleineren Quantensprüngen; d. h. es müssen sich die einzelnen Linien ganz so wie ein Röntgen- oder optisches Spektrum in ein Seriensystem einordnen lassen. ELLIS[2], der zuerst auf diese Tatsache hingewiesen hat, ELLIS und SKINNER[2], sowie BLACK[2] haben auch versucht, Niveauschemata für die ausgemessenen γ-Strahllinien aufzustellen, aber sie schreiben diesen Versuchen selbst keine sehr große Bedeutung zu. Es ist eine solche Einordnung natürlich erst möglich, wenn man eine recht vollständige Kenntnis der emittierten Linien besitzt und dies dürfte vorläufig noch nicht der Fall sein.

---

[1] Unsicher (ältere Werte).
[2] D. H. BLACK, Nature Bd. 115, S. 226. 1925.

47. Vergleich der γ-Strahlen verschiedener Elemente. Die Tabelle 21 läßt auch die schon besprochenen großen Verschiedenheiten in den γ-Spektren genetisch miteinander verknüpfter Elemente sehr deutlich erkennen. Es sind offenbar in der Emission der γ-Strahlen noch unbekannte Faktoren maßgebend. Betrachtet man z. B. isotope Elemente wie die durchweg β-strahlenden Bleiisotope RaB, ThB, RaD, deren zugehörige Halbwertszeiten 26 Minuten, 10,6 Stunden und 25 Jahre betragen und vergleicht damit die von diesen emittierten kürzesten γ-Strahlenwellenlängen von bzw. $35,2 \cdot 10^{-11}$ cm, $41,6 \cdot 10^{-11}$ cm und $270 \cdot 10^{-11}$ cm ($= X$-Einheiten), so verläuft der Gang der Wellenlängen parallel den Halbwertszeiten[1]), das kurzlebigere Element emittiert die kurzwelligere Strahlung und sendet außerdem die größere Anzahl Linien aus. Bei den Wismutisotopen RaC, ThC und RaE emittiert nun auch das kurzlebigste RaC (Halbwertszeit 19 Minuten) ein äußerst kompliziertes γ-Strahlspektrum, dessen kürzeste Wellenlänge nur $5,57 \cdot 10^{-11}$ cm beträgt, aber das nicht wesentlich langsamer zerfallende ThC (Halbwertszeit 60 Minuten) besitzt gar keine γ-Strahlung und dasselbe trifft für RaE mit seiner Halbwertszeit von 5 Tagen zu. Es ist danach wahrscheinlich ein Zusammenhang zwischen der Lebensdauer eines Atomkerns und der emittierten kurzwelligsten γ-Strahlung vorhanden, aber der Zusammenhang kann nicht sehr einfacher Art sein.

Ebenso scheint die Energie der emittierten γ-Strahlung in keinem direkten Zusammenhang mit der Energie der bei der Umwandlung ausgesandten α- oder β-Strahlung zu stehen. Beispielsweise emittiert ThC' von allen radioaktiven Substanzen die schnellsten α-Strahlen, dagegen keinerlei γ-Strahlen, während Radioactinium bei seinen α-Strahlen mittlerer Geschwindigkeit ein sehr kompliziertes γ-Strahlspektrum besitzt. Ebenso erfolgt der Zerfall von ThC unter Abspaltung sehr schneller primärer β-Strahlen von rund 96% Lichtgeschwindigkeit ohne jede begleitende γ-Strahlung, während z. B. ThB dessen primäre β-Strahlen sicher nicht größere Geschwindigkeiten als 75% Lichtgeschwindigkeit besitzen, zwei monochromatische γ-Strahlen emittiert. Auch diese Tatsachen werden leichter verständlich unter der Annahme, daß die γ-Strahlung eine Folge der Umordnung des Kernes nach dem Zerfall ist.

48. Absorption der β- oder γ-Strahlung im emittierenden Atom selbst: Innere Absorption. Eine besondere Erwähnung verdient noch das Thorisotop UX_1[2]). Wie schon mehrfach angegeben, emittiert es primäre β-Strahlen von etwa 60% Lichtgeschwindigkeit, es besitzt aber außerdem auch ein sekundäres β-Strahlspektrum, das nach neuesten Messungen 4 Geschwindigkeitsgruppen umfaßt. Bei der Umwandlung des UX_1 unter Abspaltung eines β-Strahls entsteht das Protactiniumisotop UX_2. Rechnet man nun aus den sekundären β-Strahllinien die auslösende γ-Strahlung aus, so erhält man genau die beiden K_α-Linien des Protactiniums. Die Erklärung hierfür bietet sich in folgender Weise. Die primären β-Strahlen von UX_1 liegen in ihrer Energie sehr nahe der K-Ablösungsarbeit, infolgedessen werden sie beim Durchgang durch die Atomhülle in dem K-Niveau sehr stark absorbiert, also die K-Strahlung anregen. Diese K-Strahlung wird nur im L-, M-, N-Niveau Elektronen herauswerfen und auf diese Weise die beobachteten β-Strahllinien erzeugen. Daß tatsächlich solche Fälle „innerer" Absorption vorkommen, hat schon M. DE BROGLIE beobachtet[3]), indem er bei Bestrahlung von Kupfer mit der K_α-Strahlung des Rhodiums auch Elektronen erhielt, deren Energie der Energiedifferenz $K_\alpha^{Cu} - L^{Cu}$ entsprach. DE BROGLIE hatte aller-

---

[1]) L. MEITNER, ZS. f. Phys. Bd. 9, S. 131. 1922.
[2]) L. MEITNER, ZS. f. Phys. Bd. 17, S. 59. 1923.
[3]) M. DE BROGLIE, Journ. de phys. et le Radium (6) Bd. 2, S. 265. 1921.

dings angenommen, daß die durch die Absorption der Rhodium-K_α-Strahlung erregte Kupfer-K_α-Strahlung in den umgebenden Atomen des Kupfers absorbiert wird. Aber die Wahrscheinlichkeit der Absorption in umgebenden Atomen ist viel zu klein, um die beobachtete Intensität der Photoelektronen zu erklären, und für die beim UX_1 auftretenden Photoelektronen konnte direkt bewiesen werden, daß die Absorption in demselben Atom vor sich geht, in dem die K_α-Strahlung angeregt wird. Eine sehr einleuchtende Erklärung für diese Vorgänge hat S. ROSSELAND[1]) gegeben. Er zeigt, daß aus thermodynamischen Gründen in einem Atom, das etwa ein K-Elektron verloren hat, folgende Vorgänge mit **endlicher** Wahrscheinlichkeit auftreten müssen. Es springt ein L-Elektron in das K-Niveau, ohne daß die K_α-Strahlung emittiert wird, sondern statt dessen wird ein zweites L-, M- oder N-Elektron mit entsprechender kinetischer Energie herausgeworfen. Diese Vorgänge entsprechen den sogenannten Stößen zweiter Art von KLEIN und ROSSELAND; es geht ein angeregtes Atomsystem **strahlungslos** in einen energieärmeren Zustand über und die überschüssige Energie erscheint als kinetische Energie eines konstituierenden Teilchens (Elektron) des betreffenden Atoms. Man sieht ohne weiteres ein, daß die de BROGLIEschen Resultate und die Ergebnisse beim UX_1 als Spezialfälle dieser ROSSELANDschen Auffassung sehr befriedigend erklärt werden, eine Auffassung, die noch den Vorteil bietet, daß sie das Zwischenstadium der emittierten und im eigenen Atom so stark absorbierten K_α-Strahlung unnötig macht. Daß tatsächlich bei Absorption einer Strahlung, deren $h\nu$ genügt, um die K-Strahlung anzuregen, gleichzeitig zwei Photoelektronen verschiedener Energie (entsprechend $h\nu - K$ und $K_\alpha - L$) ausgelöst werden, hat C. T. R. WILSON[2]) durch Aufnahmen nach der Nebelmethode zuerst gezeigt und seine Ergebnisse sind neuerdings von P. AUGER[3]) bestätigt und erweitert worden.

Vielleicht sind im ROSSELANDschen Sinn auch die Absorptionsprozesse der γ-Strahlen im eigenen Atom zu deuten, auf welche Erklärungsmöglichkeit wohl zuerst A. SMEKAL[4]) hingewiesen hat. Statt anzunehmen, daß der bei der Umordnung des Kerns emittierte γ-Strahl in der eigenen Elektronenhülle absorbiert wird, kann man sich auch vorstellen, daß der betreffende Quantenübergang im Kern strahlungslos erfolgt und dafür ein K-, L-, M-Elektron mit entsprechender Energie herausgeworfen wird. Es würde dies allerdings eine enge Koppelung der Vorgänge im Kern mit denen der äußeren Elektronenhülle voraussetzen, die aber zu keinem Widerspruch mit den bisher vorliegenden Beobachtungen führen würde.

49. Anteil der β- und γ-Strahlung an der Wärmeentwicklung. Die genaue Kenntnis der Wellenlängen der γ-Strahlen ermöglicht eine exakte Berechnung der beim Zerfall eines Atoms frei werdenden Energie, die schließlich in Form von Wärmeenergie erscheinen muß und durch direkte Messung der beim Zerfall auftretenden Wärmeentwicklung vielfach experimentell untersucht worden ist. Die Untersuchung geschieht in der Weise, daß man etwa die von 1 g Radium im Gleichgewicht mit seinen Zerfallsprodukten bis zum RaC inklusive in 1 Stunde entwickelte Wärmeenergie mißt, wenn die ausgesandten Strahlen in passend gewählten Substanzen absorbiert werden (Kap. 3·A). Da man aber die Substanzen nicht so dick wählen kann, daß wirklich alle durchdringenden Strahlen absorbiert werden, so muß man durch Absorptionsmessungen den Anteil der nichtabsorbierten durchdringenden Strahlung

---

[1]) S. ROSSELAND, ZS. f. Phys. Bd. 14, S. 173. 1923.
[2]) C. T. R. WILSON, Proc. Roy. Soc. London (A) Bd. 104, S. 1. 1923.
[3]) P. AUGER, C. R. Bd. 180, S. 65. 1925.
[4]) A. SMEKAL, ZS. f. Phys. Bd. 10, S. 275. 1922 u. Bd. 25, S. 265. 1924.

feststellen und eine entsprechende Korrektur an dem gemessenen Wert anbringen. Man hat weiter aus dem Betrag dieser durchdringenden Strahlung auf den Anteil der β- und γ-Strahlung an der Wärmeentwicklung geschlossen und dabei gefunden, daß der hiernach auf die α-Strahlung entfallende Betrag der Wärmeentwicklung nicht unerheblich größer ist (ca. 7%) als die aus der bekannten Energie der α-Strahlen berechnete Wärmemenge. Diese Abweichung vom berechneten Wert ist vielfach diskutiert worden und hat sogar zu der Hypothese einer noch unbekannten Energieform geführt. Die Erklärung hierfür ist aber sehr einfach[1]). Der Anteil der β- und γ-Strahlen ist erheblich unterschätzt worden und mußte nach der Art seiner Messungsmöglichkeit unterschätzt werden. Es wird ja, wie im vorstehenden gezeigt worden ist, die ursprüngliche aus dem Kern stammende Energie eines β- oder γ-Strahls durch verschiedene Prozesse in zahlreiche kleinere Energiebeträge aufgeteilt. Erstens findet ja schon im Kern statt des maximal möglichen Quantensprunges, der die Emission der kurzwelligsten γ-Linie ergibt, eine Unterteilung in mehrere kleinere Quantensprünge statt, die zur Aussendung weniger durchdringender Strahlen führen. Außerdem wird, wenn ein solcher γ-Strahl etwa im K-Niveau ein Elektron auslöst, ein Teil der Energie als Ablösungsarbeit aufgebraucht, die dann in Form der K-Strahlung emittiert und nochmals durch Absorption in kleinere Energiebeträge bis zu ganz langsamen Elektronen oder sehr wenig durchdringenden Röntgenstrahlen herab zerteilt werden kann.

Dieser in weniger durchdringende bzw. langsame Strahlen verwandelte Anteil der β- und γ-Strahlen wird bei der experimentellen Bestimmung der Wärmeentwicklung notwendig mit den α-Strahlen mitgemessen und bedingt so den scheinbar zu großen Anteil der α-Strahlen an der Wärmeentwicklung. Die Richtigkeit dieser Überlegung kann im Fall des Radiums selbst leicht bewiesen werden. Radium emittiert α-Strahlen von $7{,}72 \cdot 10^{-6}$ Erg Energie und eine einzige monochromatische γ-Strahlung von $2{,}98 \cdot 10^{-7}$ Erg Energie. In dieser Energie ist natürlich die gesamte sekundäre β-Strahlung miteinbegriffen. Hierzu kommt noch die an das entstehende Emanationsatom durch den Rückstoß abgegebene Energie von $1{,}37 \cdot 10^{-7}$ Erg. Im ganzen beträgt daher die beim Zerfall eines Atom Radium abgegebene Energie $8{,}16 \cdot 10^{-6}$ Erg. Beim Zerfall von 1 g Ra (wenn die Zahl der zerfallenden Atome nach GEIGER gleich $3{,}5 \cdot 10^{10}$ pro Sekunde gesetzt wird) werden daher pro Stunde 24,6 cal (Grammkalorien) entwickelt. Der experimentell bestimmte Wert beträgt 25,1 cal pro Stunde, unterscheidet sich von dem berechneten um 2,5%, was durchaus den möglichen Meßfehlern entspricht. Ohne Berücksichtigung der Energie der γ-Strahlung — die bis vor kurzem eben nicht bekannt war — beträgt aber die Abweichung des berechneten und gemessenen Wertes fast 6%.

Da sich die Wärmeentwicklung beim Zerfall eines Atoms aus der Energie der α- bzw. primären β- und γ-Strahlung zusammensetzt, so kann man auch umgekehrt aus der Wärmeentwicklung auf die Energie der Strahlen schließen. Das gibt die Möglichkeit auf die Energie der primären β-Strahlen bei solchen Substanzen zu schließen, die gleichzeitig γ-Strahlen emittieren. In der Reihe vom Radium abwärts bis inklusive RaC emittiert Radium, wie schon angegeben, α-Strahlen von $7{,}72 \cdot 10^{-6}$ Erg Energie und eine einzige γ-Linie von $2{,}98 \cdot 10^{-7}$ Erg. Die folgenden Produkte RaEm und RaA senden α-Strahlen von 8,66 und $9{,}48 \cdot 10^{-6}$ Erg Energie aus. Die 2 nächsten Umwandlungsprodukte RaB und RaC sind β-Strahler, die ein mehrere Linien umfassendes γ-Spektrum aussenden. Es ist aber bereits darauf hingewiesen worden, daß für die Berechnung der beim

---
[1]) L. MEITNER, Naturwissensch. Bd. 12, S. 1146. 1924.

Atomzerfall in Form von γ-Strahlen abgegebenen Energie nur der maximale Quantensprung, also die kurzwelligste Linie maßgebend ist, die zugleich die gesamte Energie der sekundären β-Strahlspektra mitumfaßt. Aus den bei RaB bzw. RaC ausgemessenen kurzwelligsten Linien ergibt sich die Energie zu $5{,}59 \cdot 10^{-7}$ Erg bzw. $3{,}53 \cdot 10^{-6}$ Erg. Endlich emittiert das letzte Produkt der Reihe RaC' α-Strahlen von $1{,}22 \cdot 10^{-5}$ Erg Energie. Man kennt also die ganze von Ra bis RaC bei der Umwandlung in Form von α- und γ- (inklusive sekundären β-Strahlen) abgegebene Energie, die noch um ca. 2% durch die Rückstoßenergie zu erhöhen ist; nicht bekannt ist dagegen die Energie der von RaB und RaC ausgesandten primären β-Strahlen. Die gesamte für die Umwandlung von ein Atom Ra bis RaC emittierte γ-Strahlenenergie ergibt sich zu $4{,}39 \cdot 10^{-6}$ Erg, die gesamte α-Strahlenenergie $+$ Rückstoßenergie zu $3{,}86 \cdot 10^{-5}$ Erg, also zusammen $4{,}24 \cdot 10^{-5}$ Erg und daher für 1 g Ra im Gleichgewicht mit seinen Zerfallsprodukten bis RaC die Energie $14{,}8 \cdot 10^{5}$ Erg/sek. Aus der gemessenen Wärmeentwicklung ergibt sich dagegen die von 1 g Ra $+$ Zerfallsprodukt pro Sekunde entwickelte Energie zu $15{,}8 \cdot 10^{5}$ Erg/sek. Die Differenz von $1 \cdot 10^{5}$ Erg/sek zwischen dem berechneten und dem gemessenen Wert muß der Energie der primären β-Strahlen von RaB und RaC entsprechen und dies ergibt, daß die Geschwindigkeit dieser primären β-Strahlen etwa 94% Lichtgeschwindigkeit betragen muß. In Wirklichkeit wird die Geschwindigkeit der primären β-Strahlen von RaB kleiner, die von RaC größer sein, aber die hier durchgeführte Rechnung weist wenigstens darauf hin, in welchem Geschwindigkeitsgebiet die Strahlen liegen und das Ergebnis steht in guter Übereinstimmung mit dem weiter oben aus ganz andern Überlegungen erschlossenen Wert.

50. Harte γ-Strahlung und Höhenstrahlung. Zum Schluß sei noch darauf hingewiesen, daß der Nachweis so kurzwelliger Strahlen wie sie C. D. ELLIS beim RaC und BLACK beim ThC'' beobachtet hat, deren Wellänge rund $5 \cdot 10^{-11}$ cm beträgt, zeigt, daß die sogenannte durchdringende Höhenstrahlung wohl von den γ-Strahlen der Radium- oder Thoriumprodukte herrühren kann. Absorptionsmessungen an dieser Höhenstrahlung hatten nämlich ergeben, daß ihre Durchdringbarkeit etwa 7 bis 8 mal größer ist als die der γ-Strahlung von RaB $+$ C. Nun wissen wir ja heute, daß die γ-Strahlen von RaB $+$ C sehr komplex sind, und neuere Absorptionsmessungen von AHMAD und STONER[1]) haben ergeben, daß der mittlere Absorptionskoeffizient einer Wellenlänge von $2 \cdot 10^{-10}$ cm entspricht, also einer 4 mal größeren Wellenlänge als die kürzeste wirklich vorhandene. Nimmt man an, daß auch für diese kurzen Wellenlängen λ noch die Abhängigkeit des Absorptionskoeffizienten mit λ^3 gilt, so sieht man, daß noch viel kleinere Absorptionskoeffizienten auftreten können, als sie bei der durchdringenden Höhenstrahlung beobachtet werden. Daß auch diese kurzwellige γ-Strahlung noch wahre Absorption und nicht nur Streuung erleidet, geht aus Beobachtungen von C. BLACK[2]) hervor, der von einer γ-Linie von nur $4{,}8 \cdot 10^{-11}$ cm Wellenlänge noch die im M-Niveau ausgelösten Photoelektronen nachweisen konnte, obwohl hier die Ablösungsarbeit schon 1000 mal kleiner ist als die absorbierte γ-Strahlenenergie. Es ist also nicht nötig, die beobachtete durchdringende Höhenstrahlung auf unbekannte radioaktive Elemente zurückzuführen[3]).

---

[1]) N. AHMAD u. E. C. STONRE: Proc. Roy. Soc. London (A) Bd. 106, S. 8. 1924.
[2]) D. BLACK, Nature Bd. 115, S. 461. 1925.
[3]) G. HOFFMANN, Phys. ZS. Bd. 26, S. 669. 1925.

E. Atomzertrümmerung.

Von

HANS PETTERSSON, Göteborg, und GERHARD KIRSCH, Wien.

51. Vorbemerkung. Die Verwandlung von Elementen durch Atomzertrümmerung ist eine der letzten Errungenschaften des jungen Forschungsgebietes der Kernphysik. Durch Stöße mit schnellen α-Teilchen werden Bruchteile der Atomkerne aus der Mehrzahl der bisher untersuchten Elemente freigemacht und erhalten dabei eine Geschwindigkeit, welche ihre Beobachtung nach den in der Radioaktivität benutzten Methoden ermöglicht. Zur Zeit sind solche Untersuchungen bekanntlich nur in Cambridge und in Wien ausgeführt worden, und zwar beinahe ausschließlich nach der Szintillationsmethode. Die folgende Darstellung des Entwicklungsganges und der jetzigen Lage dieser Arbeiten bezieht sich auf bis Ende Juli 1925 veröffentlichte Untersuchungen sowie auf einige noch nicht abgeschlossene Arbeiten der Verfasser und ihrer Mitarbeiter. Die nach anderen Methoden gemachten Versuche, eine Elementverwandlung zu erzielen, wie z. B. mittels elektrischer Entladungen, fallen außerhalb des Rahmens dieser Darstellung[1].

Den Ausgangspunkt für die Arbeiten über Atomzertrümmerung bildete Sir ERNEST RUTHERFORDS[2] auf experimentellen Untersuchungen von H. GEIGER und E. MARSDEN[3] begründete Nukleartheorie für die Struktur der Atome, welche von C. G. DARWIN weiter ausgebaut wurde, und die daraus entwickelten, von ihm und seinen Mitarbeitern fortgesetzten Versuche über den Verlauf der Kernstöße bei verschiedenen Elementen, ein Thema, worüber in Kap. 2A eingehend berichtet wird[4].

a) Methodik.

52. Das Zählen der Szintillationen von H-Teilchen. Die bis jetzt veröffentlichten Untersuchungen über Atomzertrümmerung sind beinahe ausschließlich nach der Szintillationsmethode ausgeführt worden. Die von den Atomtrümmern (H-Teilchen) erregten Szintillationen sind bedeutend schwächer als die von α-Teilchen. Die Zählung von H-Teilchen stellt deshalb besonders hohe Ansprüche sowohl an die Empfindlichkeit der Beobachter wie auch an die Eigenschaften der zur Zählung verwendeten optischen Hilfsmittel, die Zählmikroskope. Als erschwerender Umstand wirkt das Mitauftreten von durch gestreute α-Teilchen erregten Szintillationen, was eine Trennung nach der Lichtstärke der von α- und H-Teilchen erregten Szintillationen erfordert. Diese Schwierigkeit wird erhöht, wenn man Teilchen von verschiedenen Geschwindigkeiten beobachtet. Die Helligkeit der von α-Teilchen erregten Szintillationen ist für schnelle Teilchen anscheinend unabhängig von der Geschwindigkeit.

---

[1] Zusammenfassende Darstellungen, auf die hier nicht im einzelnen verwiesen wird, sind: A. F. KOVARIK u. L. W. McKEEHAN, Bull. Nat. Res. Counc. Bd. 10, Teil 1, Nr. 51. Washington 1925; ST. MEYER u. E. v. SCHWEIDLER, Radioaktivität, 2. Aufl., Verlag Teubner, Leipzig 1926; H. PETTERSSON u. G. KIRSCH, Atomzertrümmerung, Akad. Verlagsgesellschaft, Leipzig 1926. — Für die Erlaubnis, verschiedene Illustrationen aus ihren Sitzungsberichten zu reproduzieren, sind wir der Wiener Akademie der Wissenschaften zu großem Dank verpflichtet.
[2] E. RUTHERFORD, Phil. Mag. Bd. 21, S. 669. 1911.
[3] H. GEIGER, Proc. Roy. Soc. London (A) Bd. 81, S. 174. 1908; Bd. 83, S. 492. 1910; H. GEIGER u. E. MARSDEN, ebenda Bd. 82, S. 495. 1909.
[4] Allgemeines über den Durchgang von α-Teilchen durch Materie findet sich in ds. Handb. Bd. XXIV.

Wenn die Geschwindigkeit auf etwa $1{,}2 \cdot 10^9$ cm/sek gefallen ist[1]), entsprechend einer restlichen Reichweite von weniger als 2 cm, fängt die Helligkeit der Szintillationen an, anfangs langsam, dann schneller, abzunehmen, bis die Szintillationen bei einer restlichen Reichweite von einigen Zehntel Millimetern praktisch unsichtbar werden. Bei den H-Teilchen bestehen anscheinend ganz analoge Verhältnisse, obschon quantitative Untersuchungen noch fehlen, nur scheint die Abnahme an Helligkeit früher einzusetzen und sich über einen größeren Geschwindigkeitsbereich zu verteilen als bei den α-Teilchen. Vollkräftige H-Szintillationen verhalten sich nach Messungen von E. KARA-MICHAILOVA und H. PETTERSSON[2]) nach einer weiter unten zu erwähnenden Methode zu den von schnellen α-Teilchen erregten Szintillationen wie $1 : 2{,}7$ bis $1 : 3{,}0$. Das Verhältnis an absoluter Lichtstärke ist noch kleiner wegen der bedeutend größeren Flächenausdehnung der α-Szintillationen. Als erschwerender Umstand kommt bei Zählungen von H-Teilchen aus zertrümmerten Atomen noch dazu, daß die als Quelle von primären, die Zertrümmerung bewirkenden α-Teilchen benützten Präparate von Thorium C oder Radium C wegen ihrer durchdringenden β-Strahlung und γ-Strahlung eine sekundäre β- und γ-Strahlung hervorrufen, welche den Szintillationsschirm zu einem diffusen Leuchten anregt. Gegen diesen hellen Hintergrund heben sich die schwächeren Szintillationen nicht genügend ab, um mit Sicherheit gezählt werden zu können. Diese Schwierigkeiten sind die Hauptursache, warum die bisher gewonnenen Resultate über Atomzertrümmerung überwiegend qualitativen Charakter haben und auch, warum die von verschiedenen Forschern gefundenen Zahlenwerte bei denselben Substanzen oft beträchtliche Abweichungen voneinander zeigen.

Bei den Zählungen der lichtschwachen H-Szintillationen werden große Ansprüche an das Sehvermögen der Zähler gestellt. Derartige Zählungen[3]) dürfen deshalb nicht mehr als 1 bis $1\frac{1}{2}$ Stunden dauern und nicht mehr als zwei- bis dreimal in der Woche ausgeführt werden. Jede Zählperiode soll 20, höchstens 30 Sekunden dauern, und es sollen drei bis fünf Zähler abwechselnd beobachten. Um die Unterscheidung von H- und α-Szintillationen zu erleichtern, empfiehlt es sich, Quellen von beiderlei Teilchen in geeigneter Menge in der Versuchsanordnung selbst einzubauen, so daß sie jederzeit abwechselnd mit den unbekannten Teilchen (den Atomtrümmern) auf demselben Szintillationsschirm verglichen werden können. Dieselbe Anordnung dient auch zu einer Eichung der Empfindlichkeit der Zähler. Um das Vorhandensein von Spuren von radioaktiver Verseuchung feststellen zu können, müssen öfters Zählungen mit abgeschirmter Primärstrahlung ausgeführt werden, was ebenso wie die Einstellung auf verschiedene Absorptionen ohne Wissen der Zähler getan werden muß.

Als Schirmsubstanz[4]) sind bisher ausschließlich Sidotblenden, künstliche Zinksulfide verschiedener Zusammensetzung, verwendet worden. Andere Substanzen, wie künstlicher Willemit, natürliches Zinksulfid, Diamanten usw., welche mehrmals versucht worden sind, geben nicht genügend lichtstarke

---

[1]) E. RUTHERFORD, Phil. Mag. Bd. 12, S. 138. 1906; E. KARA-MICHAILOVA u. H. PETTERSSONS, Mitt. Ra.-Inst. Nr. 164; Wiener Ber. (IIa) Bd. 132, S. 163. 1924; E. KARA-MICHAILOVA, Phys. ZS. Bd. 25, S. 595. 1924.

[2]) E. MARSDEN, Phil. Mag. Bd. 27, S. 824. 1914; E. RUTHERFORD, ebenda Bd. 37, S. 537 1919; E. KARA-MICHAILOVA u. H. PETTERSSON, l. c.; Nature Bd. 113, S. 715. 1924; Naturwissensch. Bd. 12, S. 388. 1924.

[3]) E. RUTHERFORD, l. c.; G. KIRSCH u. H. PETTERSSON, Mitt. Ra.-Inst. Nr. 180; Wiener Ber. (IIa) Bd. 134. 1925.

[4]) F. H. GLEW, Arch. Roentgen Ray, Juni 1904; E. REGENER, Verh. d. D. Phys. Ges. Bd. 10, S. 78. 1908; Berl. Ber. Bd. 38, S. 948. 1909; H. GEIGER u. A. WERNER, ZS. f. Phys. Bd. 8, S. 191. 1922; Bd. 21, S. 187. 1923.

Szintillationen. Die Szintillationssubstanzen werden gewöhnlich auf Glasschirme in möglichst gut deckenden, aber dünnen Schichten aufgetragen. Als Bindemittel wird äußerst verdünntes Terpentinöl oder Rizinusöl empfohlen, was zu keinen natürlichen, von Chemo- oder Triboluminiszenz herrührenden Szintillationen Anlaß geben soll. Der Wirkungsgrad eines Szintillationsschirmes, d. i. der Prozentsatz der einfallenden α-Teilchen, auf den er anspricht, wird durch Eichung mittels einer α-Strahlenquelle von genau bekannter Intensität bestimmt und beträgt bei guten, nicht zu dicken, zur Zählung von H-Teilchen geeigneten Schirmen zwischen 60 und 80%. Für die Trennung von H- und α-Teilchen ist es wichtig, festzustellen, daß der Schirm auf α-Teilchen mit gleichmäßig kräftigen Szintillationen anspricht. Schirme, welche dabei mehr als einige Prozent schwache H-ähnliche Szintillationen geben, sind nicht verwendbar.

53. Optische Hilfsmittel. Die zuerst von RUTHERFORD benutzten Zählmikroskope[1]) waren gewöhnlich solche mit schwacher Vergrößerung, welche ein Gesichtsfeld von einigen Quadratmillimetern gaben. Eine wesentliche Verbesserung war die Einführung der sehr lichtstarken „Holoscopic"-Objektive der Firma WATSON. Mit einem derartigen Objektiv n. a. = 0,45, f = 16 mm sind die meisten bisher veröffentlichten Untersuchungen im Cavendish-Laboratorium ausgeführt worden[2]). Um die Ausbeute an H-Teilchen möglichst zu vergrößern, hat man das Objektiv dortselbst mit Okularen besonderer Konstruktion kombiniert, wodurch Gesichtsfelder von 30[3]) resp. von 50[4]) mm² beobachtbar werden. Die dabei unvermeidliche, starke Wölbung des Gesichtsfeldes wird durch die Verwendung von konkav geformten Szintillationsschirmen kompensiert.

Im Wiener Institut für Radiumforschung wurde zuerst auch mit einem solchen Objektiv in Verbindung mit einem Weitwinkelokular von Zeiß gearbeitet (Mikroskop I)[5]), welches ein Gesichtsfeld von etwa 20 mm² gab. Da die damit erhaltenen Bilder erfahrungsgemäß zu lichtschwach waren, um die Szintillationen von H-Teilchen mit kurzer restlicher Reichweite zählen zu können, ist man dortselbst unter Beschränkung des Gesichtsfeldes auf 8 bis 10 mm² zu Holoscopic-Objektiven mit noch größerer numerischer Apertur übergegangen, mit f = 12 mm, n. a. = 0,70 (Mikroskop II)[6]) und in letzter Zeit mit einer Spezialkonstruktion zu einem Objektiv von f = 16 mm, n. a. = 0,80 (Mikroskop III)[7]), wo das Gesichtsfeld nur 3 bis 4 mm² hat. In beiden Fällen wird der Szintillationsschirm mittels einer Zedernölschicht mit der plangeschliffenen Vorderfläche der Frontlinse verbunden, um Reflexionsverluste zu vermeiden. Erst mit einem Mikroskop vom Typus II gelang es, die größtenteils sehr lichtschwachen H-Teilchen aus Kohlenstoff zu beobachten[8]).

Um bei ganz schwarzer oder nur schwach leuchtender Schirmfläche nicht einen Teil des Gesichtsfeldes zu verlieren, bringt man unmittelbar hinter der Okularblende einen schmalen Messingring[9]) an, dessen vordere, für den Beobachter unsichtbare Fläche mit Leuchtfarbe bestrichen ist. Das Licht der Leuchtfarbe wird an einem auf der Okularblende angebrachten Ring von weißem Papier

---

[1]) E. RUTHERFORD, Phil. Mag. Bd. 37, S. 537. 1919.
[2]) E. RUTHERFORD u. J. CHADWICK, Phil. Mag. Bd. 42, S. 809. 1921.
[3]) E. RUTHERFORD u. J. CHADWICK, Phil. Mag. Bd. 44, S. 417. 1922.
[4]) E. RUTHERFORD u. J. CHADWICK, Proc. Phys. Soc. Bd. 36, S. 417. 1924.
[5]) G. KIRSCH u. H. PETTERSSON, Mitt. Ra.-Inst. Nr. 160; Wiener Ber. (IIa) Bd. 132, S. 299. 1923.
[6]) D. PETTERSSON, Mitt. Ra.-Inst. Nr. 163; Wiener Ber. (IIa) Bd. 133, S. 149. 1924.
[7]) G. KIRSCH u. H. PETTERSSON, Mitt. Ra.-Inst. Nr. 180; Wiener Ber. (IIa) Bd. 134, 1925.
[8]) In letzter Zeit sind auch von der Firma C. Zeiß vorzügliche Zählmikroskope herausgebracht worden.
[9]) F. HERSZFINKIEL u. L. WERTENSTEIN, Journ. de phys. et le Radium Bd. 2, S. 31. 1921: D. PETTERSSON, l. c.

diffus reflektiert, so daß das Gesichtsfeld immer von einem schwach leuchtenden Ring umgeben erscheint.

Um eine Trennung von helleren und schwächeren Szintillationen zu erleichtern, können Graugläser von geeigneter Absorption in den Strahlengang des Mikroskopes eingeschaltet werden[1]). Jedes Zählmikroskop muß mittels eines total reflektierenden Prismas rechtwinklig umgebogen sein, damit die direkte Verbindungslinie zwischen Strahlungsquelle und Kopf des Beobachters mit Blei ausgefüllt werden kann, um die schädliche Einwirkung der γ-Strahlen des Präparates auf das Sehvermögen auszuschalten.

54. Die Strahlungsquellen. Versuche über Atomzertrümmerung erfordern sehr intensive Quellen von α-Strahlen, da die Ausbeute an Atomtrümmern weit unter 1 : 1000 der auf die Substanz einfallenden α-Teilchen ausmacht. Als geeignete Strahlungsquellen sind bis vor kurzer Zeit nur Thorium C und Radium C verwendet worden.

Strahlungsquellen von ThC können entweder auf elektrolytischem Wege aus Radiothorlösungen[2]) (Eintauchen einer Nickelscheibe in die warme Lösung) oder zusammen mit ThB aus Thoron[3]) hergestellt werden. In letzterem Falle exponiert man die zu aktivierende Fläche in unmittelbarer Nähe eines stark emanierenden Radiothorpräparates und hält dieselbe auf einer negativen Spannung von einigen 100 Volt. Die Ausbeute ist nicht besonders gut, selten mehr als 25%. Die Thorium-B + C-Präparate haben den Vorteil einer viel langsameren Abklingung (Halbwertzeit 10,6 Stunden) als die ThC-Präparate (1 Stunde). Beide geben eine inhomogene Strahlung (35% α-Teilchen von $R = 4,9$ cm, 65% α-Teilchen von $R = 8,6$ cm). Strahlungsquellen aus RaC können auch elektrolytisch hergestellt werden[4]). Gewöhnlich benutzt man aber die Herstellung direkt aus Radon, wobei man RaB + C erhält. Die α-Strahlung ist praktisch homogen ($R = 6,97$ cm nur 0,03% mit $R \infty 4$ cm). Für die Darstellung aus Radon benutzte man früher ausschließlich die schon beschriebene elektrische Aktivierungsmethode[5]) mit von der Mutterlösung abgetrenntem Radon. Die Ausbeute ist gewöhnlich nicht über 15 bis 20%, die Aktivierungszeit 2 bis 3 Stunden. Seit einigen Jahren benutzt man im Wiener Radiuminstitut die von H. PETTERSSON[6]) angegebene Kondensationsmethode, wo die verfügbare Radonmenge durch Kühlung mit flüssiger Luft (Nickelstahlstöpsel, eingeschliffen in Quarz, oder bei spitzenförmigen oder linearen Strahlungsquellen Platindraht, eingeschmolzen in Glas) auf der zu aktivierenden Oberfläche ausgefroren wird. Die Ausbeute läßt sich leicht auf 50% oder durch Bedecken des gefrorenen Radons mit dünnster Al-Folie noch höher treiben. Die Aktivität wird durch zwei α-Rückstöße fester in die Unterlage eingehämmert als bei der elektrischen Aktivierung.

Die mit RaB + C aus Radon aktivierten Strahlungsquellen müssen sorgfältig von Radon, durch Abwaschen in Alkohol und Erhitzen im Vakuum auf Rotglut bis 15 Minuten, befreit werden. Um die Gefahr eines Aggregatrückstoßes zu vermeiden, empfiehlt es sich, die Oberfläche der Strahlungsquelle abzuputzen und das Ganze durch Eintauchen in eine 1 proz. alkohol-ätherische Lösung von reinem Zelluloid mit einer dünnen Haut von Zelluloid zu über-

---

[1]) E. KARA-MICHAILOVA u. H. PETTERSSON, Mitt. Ra.-Inst. Nr. 164.
[2]) G. v. HEVESY, Phil. Mag. Bd. 23, S. 628. 1912.
[3]) O. HAHN, ZS. f. Elektrochem. Bd. 27, S. 189. 1923; Ann. d. Chem. Bd. 440, S. 121. 1924.
[4]) F. v. LERCH, Wiener Ber. (IIa) Bd. 115, S. 197. 1906.
[5]) G. ELSTER u. H. GEITEL, Phys. ZS. Bd. 3, S. 305. 1902.
[6]) H. PETTERSSON, Mitt. Ra.-Inst. Nr. 155; Wiener Ber. (IIa) Bd. 132, S. 55. 1923; G. ORTNER u. H. PETTERSSON, Mitt. Ra.-Inst. Nr. 166; Wiener Ber. (IIa) Bd. 133, S. 229. 1924.

ziehen[1]). Die Intensität der Strahlungsquelle wird bei RaC (wie bei ThC) durch eine Messung ihrer γ-Strahlung (verglichen mit der eines Radiumstandards) bestimmt. Wegen der Abklingung des Präparates rechnet man immer den beobachteten Effekt auf 1 Milligrammäquivalent Präparatstärke um, was bei RaC 3,7[2]) bzw. 3,45[3]) $\cdot 10^7$ α-Teilchen allseitig pro Sekunde bedeutet.

Bei einigen Untersuchungen hat man Radon als Strahlungsquelle benutzt. Dann treten allerdings die α-strahlenden Folgeprodukte Radium A und Radium C mit ins Spiel, gewöhnlich in erster Linie Radium C wegen der größeren Reichweite seiner α-Teilchen. Entweder wird dabei das Radon in einem Trichter aus Glas[4]), vorne mit einem möglichst dünnen, α-durchlässigen Glimmerblatte verschlossen, oder auch in einem Metallbehälter[5]), der mit einem angelöteten Stück dünner, aber lochfreier Kupferfolie gedichtet ist, oder auch in einer dünnwandigen Glas- oder Quarzkapillare[6]) eingeschlossen. Im ersten Falle treten die α-Teilchen erst durch den Glimmer und fallen dann auf die zu untersuchende Substanz. In den beiden letzten Anordnungen ist die Substanz innen über die Verschlußfolie bzw. die Kapillarenwand[7]) in einer dünnen Schicht verteilt, und nur die austretenden Atomtrümmer gelangen zur Beobachtung. Strahlungsquellen mit Radon müssen vor allem hermetisch verschlossen sein. Mit Glimmerverschluß gelingt dies schwer, am leichtesten sind die Glaskapillaren seuchenfrei zu bekommen.

55. Die direkte Methode. Je nach der Anordnung der drei Bestandteile, Strahlungsquelle, zu bestrahlende Substanz und Szintillationsschirm, unterscheidet man drei wesentlich verschiedene Untersuchungsmethoden: die direkte Methode, wo die drei Bestandteile auf einer geraden Linie liegen, so daß die untersuchte Substanz sich auf der Verbindungslinie Strahlungsquelle-Schirm befindet, die Methode, wo die Flugbahnen der Teilchen und Atomtrümmer einen rechten Winkel bilden, und die retrograde Methode, wo der Winkel beinahe gleich zwei Rechten wird (um 150°), so daß die nahezu nach rückwärts aus der bestrahlten Fläche austretenden Teilchen auf den Szintillationsschirm fallen.

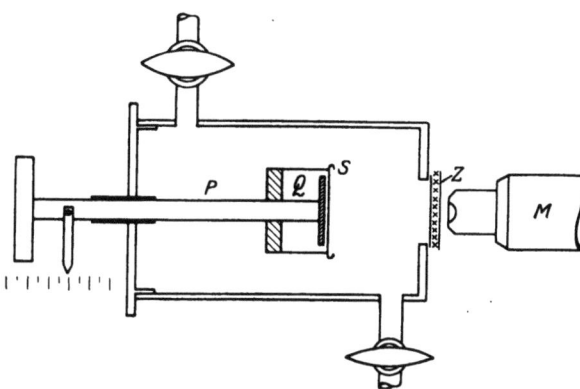

Abb. 27. Zertrümmerungsanordnung nach RUTHERFORD und CHADWICK.

Die ersten Versuche von RUTHERFORD und seinen Mitarbeitern wurden sämtlich nach der direkten Methode ausgeführt. Die dabei meistens benützte Anordnung[8])

---

[1]) G. HOLWECK, Ann. d. phys. Bd. 17, S. 20. 1922; E. S. BIELER, Proc. Roy. Soc. London (A) Bd. 105, S. 434. 1924; E. A. W. SCHMIDT, Mitt. Ra.-Inst. Nr. 178; Wiener Ber. (IIa) Bd. 134. 1925.
[2]) C. V. HESS u. R. W. LAWSON, Mitt. Ra.-Inst. Nr. 105; Wiener Ber. (IIa) Bd. 127, S. 405. 1918.
[3]) H. GEIGER u. A. WERNER, ZS. f. Phys. Bd. 21, S. 187. 1923.
[4]) H. GEIGER, Proc. Roy. Soc. London (A) Bd. 89 A, S. 174. 1908.
[5]) G. KIRSCH u. H. PETTERSSON, Mitt. Ra.-Inst. Nr. 160; Wiener Ber. (IIa) Bd. 132, S. 299. 1923.
[6]) E. RUTHERFORD u. T. ROYDS, Phil. Mag. Bd. 17, S. 281. 1908; C. LIND, Wiener Ber. (IIa) Bd. 120, S. 1709. 1911.
[7]) G. KIRSCH u. H. PETTERSSON, Mitt. Ra.-Inst. Nr. 160, l. c.
[8]) E. RUTHERFORD, Phil. Mag. Bd. 37, S. 537. 1919.

ist aus Abb. 27 ersichtlich. Die Quelle Q ist auf einem beweglichen Träger P befestigt. Die Strahlung durchsetzt die zu untersuchende Substanz S, entweder eine dünne Folie unmittelbar vor der Quelle oder ein durch den Apparat zirkulierendes Gas. Die aus der Substanz austretenden Atomtrümmer dringen durch einen Verschlußglimmer zum Zinksulfidschirm Z und erregen dort Szintillationen, welche mittels des Zählmikroskopes M beobachtet werden. In den Strahlengang können zwischen Verschlußglimmer und Schirm Folien aus dünnem Metall oder Glimmer eingeschaltet werden, um das Durchdringungsvermögen der Teilchen zu bestimmen. Um die den ZnS-Schirm zu diffusem Leuchten anregende β-Strahlung abzulenken, wird gewöhnlich bei der direkten Methode ein zum Strahlengang senkrechtes Magnetfeld angelegt. Wegen der γ-Strahlung, welche dieselbe Wirkung hervorbringt, muß, um ein zu kräftiges Leuchten des Schirmes zu verhindern, ein gewisser, von der Präparatstärke abhängiger Minimalabstand zwischen Strahlungsquelle und Schirm eingehalten werden.

Bei den ersten Versuchen von RUTHERFORD und CHADWICK erwies sich die Komplikation durch H-Teilchen aus Wasserstoffverunreinigungen als eine Fehlerquelle, welche bei den meisten Versuchen Beobachtungen auf Atomtrümmer unterhalb 30 cm Absorption unmöglich machte. Um diese Komplikation zu umgehen, haben KIRSCH und PETTERSSON[1]) Anordnungen verwendet, durch die jede Spur von Wasserstoff vermieden werden konnte; zuerst mit Substanz beschickte, dünnwandige Kapillaren aus Quarz, später, nachdem sich das Silizium im Quarz auch als zertrümmerbar er-

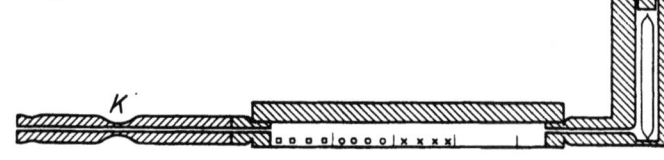

Abb. 28. Atomzertrümmerungsanordnung nach KIRSCH und PETTERSSON (direkte Methode).

wiesen hatte, ein Metallgefäß mit Verschlußfolie aus Kupfer von der in Abb. 28 wiedergegebenen Gestalt. Die an dem innen nur 2 mm weiten und 45 mm langen Messingtrog angelötete Folie aus lochfreiem 10 bis 12 μ dickem entgastem Kupfer ist über drei von insgesamt vier Abteilungen des Troges mit dünnen Schichten aus den zu untersuchenden Substanzen beschickt, die vierte Abteilung ist leer zur Kontrolle. Die Beschickung mit trockenem Radon erfolgt nach vorhergehendem sorgfältigen Austrocknen der Apparatur durch Zerquetschen einer radongefüllten Glaspatrone unter dem quecksilbergedichteten Stempel S, worauf sofort die Zinnkapillare K abgelötet wird, so daß das Radon, hermetisch eingeschlossen, sich über die vier Abteilungen verteilt. Die durch den Kupferboden austretenden H-Teilchen werden im Magnetfeld aus jeder Abteilung getrennt gezählt und mit Absorptionsfolien aus Silber und Glimmer auf ihr Durchdringungsvermögen untersucht.

Bei Arbeiten nach der direkten Methode bildet die Reichweite der tausendmal zahlreicheren primären α-Teilchen eine untere Grenze für die Reichweite der beobachtbaren Atomtrümmer. Mit RaC als Strahlungsquelle würde diese Grenze bei 7 cm Luft liegen, mit ThC bei 8,6 cm. Tatsächlich liegt sie in beiden Fällen um ein paar Zentimeter höher, nachdem Versuche von RUTHERFORD und anderen nachgewiesen haben, daß aus beiden Substanzen außer den

---

[1]) G. KIRSCH u. H. PETTERSSON, Mitt. Ra.-Inst. Nr. 160; Wiener Ber. (II a) Bd. 132, S. 291. 1923.

α-Teilchen normaler Reichweite noch eine Gruppe anderer Teilchen mit übernormaler Reichweite stammen, bei RaC 9,3 cm, bei ThC 11,5 cm (Ziff. 63). Die Zahl der Teilchen ist in beiden Fällen nur ein kleiner Bruchteil von der der normalen α-Teilchen, aber jedenfalls groß genug, um innerhalb der angegebenen Grenzen die Beobachtung der seltenen Atomtrümmer zu vereiteln.

56. Die rechtwinklige Methode. Um Schwierigkeiten seitens der Primärteilchen größtenteils zu entgehen, haben KIRSCH und PETTERSSON[1]) und unabhängig von ihnen RUTHERFORD und CHADWICK[2]) eine indirekte Methode entwickelt, wobei die unter ungefähr 90° gegen die Primärstrahlrichtung austretenden Atomtrümmer zur Beobachtung gelangen. Um der bei dieser Anordnung eintretenden Verschlechterung der Ausbeute zu entgehen, haben KIRSCH und PETTERSSON[3]) der zu bestrahlenden Substanz eine hohlkonische Form gegeben und sowohl die Strahlungsquelle als auch den Schirm auf der Symmetrieachse des Hohlkonus angebracht (Abb. 29). Die Ausnützung der Primärstrahlung kann dadurch auf einen beträchtlichen Wert, bis zu 20%, erhöht werden, so daß eine genügende Anzahl von Atomtrümmern auf den Szintillationsschirm Z gelangt. In ihren Weg können außerhalb des Verschlußglimmers V Absorptionsfolien G eingeschaltet werden. Die direkte Verbindung von der Strahlungsquelle zum Schirm und somit auch die α-Strahlung ist durch eine zentrale Blende B abgeschnitten. Die Dimensionen sind so gewählt, daß kein α-Teilchen von der Quelle unter weniger als 90° an der Substanz S oder 60° in der Gasfüllung gestreut werden kann. Letztere ist reines Helium, in den Apparat unter Gleichdruck eingeleitet. Ein an dessen Atomkernen um 60° abgelenktes α-Teilchen von RaC hat nur eine Reichweite von weniger als 1 cm. Die um 90° an verschiedenen Substanzen abgelenkten α-Teilchen bekommen eine besonders bei den Leichtelementen wesentlich herabgesetzte Reichweite, bei Kohle z. B. nur 2,6 cm, bei Aluminium 4,5 cm. Bei diesen Elementen wird die untere Grenze der Reichweite von noch beobachtbaren Teilchen also gegenüber der direkten Methode um mehrere Zentimeter herabgesetzt. Die Apparatur erlaubt die Beobachtung von Teilchen bis herab zu 1,7 cm Reichweite.

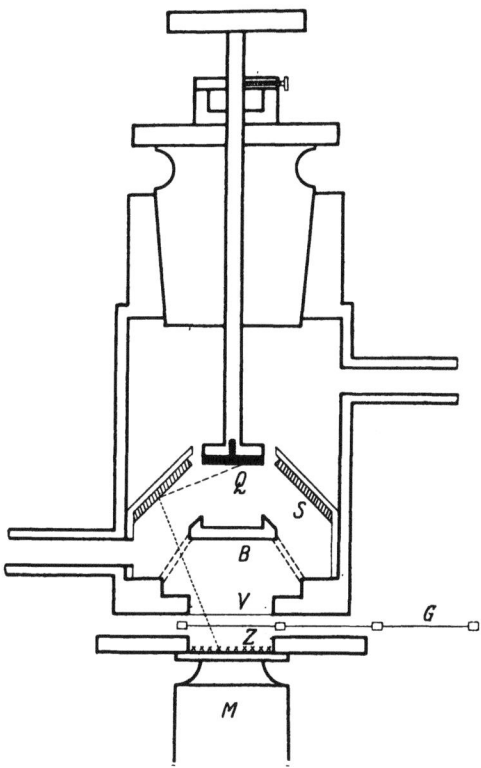

Abb. 29. Atomzertrümmerungsanordnung nach KIRSCH und PETTERSSON (rechtwinklige Methode).

---

[1]) G. KIRSCH u. H. PETTERSSON, Verh. d. D. Phys. Ges. Bd. 25, S. 22. 1924.
[2]) E. RUTHERFORD u. J. CHADWICK, Nature Bd. 113, S. 457. 1924.
[3]) G. KIRSCH u. H. PETTERSSON, Mitt. Ra.-Inst. Nr. 167; Wiener Ber. (IIa) Bd. 133, S. 235. 1924; H. PETTERSSON, Mitt. Ra.-Inst. Nr. 168; Wiener Ber. (IIa) Bd. 133, S. 445. 1924.

Über die von RUTHERFORD und CHADWICK benutzte Anordnung zu Untersuchungen nach der senkrechten Methode werden in den ersten Mitteilungen[1]) keine Einzelheiten angegeben. Nach der veröffentlichten Beschreibung wird ein intensives Bündel von α-Teilchen aus einem RaC-Präparat auf eine Substanzscheibe gerichtet und die um etwa 90° gegen die Primärstrahlenrichtung austretenden H-Teilchen fallen auf einen Szintillationsschirm. Auf dem Wege begegnen die Atomtrümmer Absorptionen (Verschlußglimmer und Gasfüllung), welche die minimale Reichweite, die noch untersucht werden kann, auf 7 cm beschränken. Mit einer abgeänderten Anordnung, wo das Versuchsgefäß evakuiert wird, kann diese Grenze auf 2,6 cm heruntergesetzt werden. Um Verseuchung auszuschließen, ist die Strahlungsquelle mittels einer dünnen Membran aus Kollodium von 3 mm Luftäquivalent von der Versuchsapparatur getrennt, was bei Evakuieren derselben besondere Vorsichtsmaßnahmen zur Verhinderung des Zerreißens der Membran nötig macht. Um die bei einer derartigen unsymmetrischen Anordnung unvermeidliche Verschlechterung der Ausbeute an Atomtrümmern auszugleichen, benützen RUTHERFORD und CHADWICK das oben erwähnte Mikroskop mit dem extrem großen Gesichtsfeld von 50 mm².

57. Die retrograde Beobachtungsmethode. Um die Grenze für die Reichweite der noch untersuchbaren Atomtrümmer weiter herunterzusetzen, hat H. PETTERSSON[2]) eine Anordnung zur Beobachtung der angenähert nach rückwärts austretenden Atomtrümmer ausgearbeitet, die in ihrer letzten von E. A. W. SCHMIDT[3]) gegebenen Gestaltung in Abb. 30 dargestellt ist. Die Strahlungsquelle (in der Abbildung schwarz) besteht aus einem flachen Ring aus Invar P, nach der Kondensationsmethode mit RaB + C oder nach der elektrischen Aktivierungsmethode mit ThB + C oder auch mit Po belegt. Die α-Strahlung tritt aus dem Ring nach oben und fällt auf eine Substanzscheibe S, die auf einem mittels des Schliffes D drehbaren Messingträger zusammen mit zwei bis drei anderen Substanzscheiben angebracht ist. Bei Flüssigkeiten werden entsprechend große Schälchen benutzt und die Anordnung in umgekehrter Lage aufgestellt.

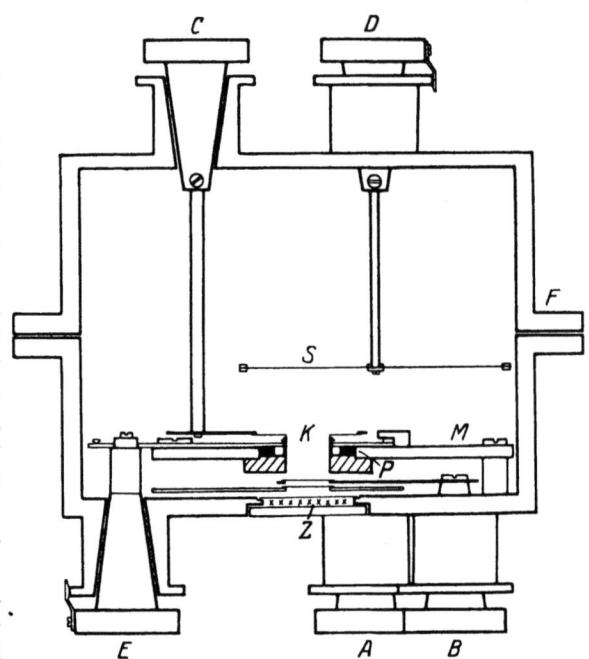

Abb. 30a. Atomzertrümmerungsanordnung nach der retrograden Methode (Vertikalschnitt).

Die aus der Substanz austretenden Atomtrümmer bzw. reflektierten α-Teilchen gelangen zum Teil durch einen zentralen Kanal K hinunter zum Schirm Z, der direkt im Apparatboden eingekittet ist. In den Weg

---

[1]) E. RUTHERFORD u. J. CHADWICK, Nature Bd. 113, S. 457. 1924; Proc. Phys. Soc. Bd. 36, S. 417. 1924.
[2]) H. PETTERSSON, Mitt. Ra.-Inst. Nr. 173; Wiener Ber. (IIa) Bd. 133, S. 573. 1924.
[3]) E. A. W. SCHMIDT, Mitt. Ra.-Inst. Nr. 178; Wiener Ber. (IIa) Bd. 134. 1925.

der Substanzstrahlen können vermittels Drehung von zwei Schliffen A und B dünne Glimmerblätter bekannter Absorption eingeschaltet werden. Mit dem einen wird eine Vollkreisscheibe aus dünnstem Messing gedreht, mit 12 Löchern versehen, welche den Absorptionen 0 bis 10 cm und außerdem einer sehr hohen Absorption entsprechen. Der andere Schliff bewegt eine fächerförmige Scheibe mit 4 Löchern. Eines davon ist mit einem Glimmerblatt von der Absorption 0,5 cm überklebt, eines mit der Absorption 11 cm, und eines ist frei (Absorption gleich Null). Das vierte Loch trägt eine Quelle von H-Teilchen aus Paraffin, indem ein Dünnschnitt aus dieser Substanz unter einem starken Poloniumpräparat und über einem Glimmer mit 4 cm Luftäquivalent angebracht ist. Die durch die α-Teilchen aus dem Polonium in dem Paraffin erregten H-Teilchen fallen bei richtiger Einstellung auf den ZnS-Schirm und erregen Szintillationen, deren Helligkeit mit denen aus den zu untersuchenden Substanzen verglichen werden können. Ein auf dem Träger der Substanzscheiben angebrachtes schwächeres Poloniumpräparat gibt bei richtiger Einstellung mehrere α-Teilchen pro Sekunde. Diese dienen erstens zum Einstellen des Zählmikroskops auf Schärfe, zweitens zu einer Eichung der Empfindlichkeit der Augen durch sukzessive Erhöhung der im Strahlengang vor dem Schirm eingeschalteten Absorptionen. Um auch die Reichweite der Primärstrahlung

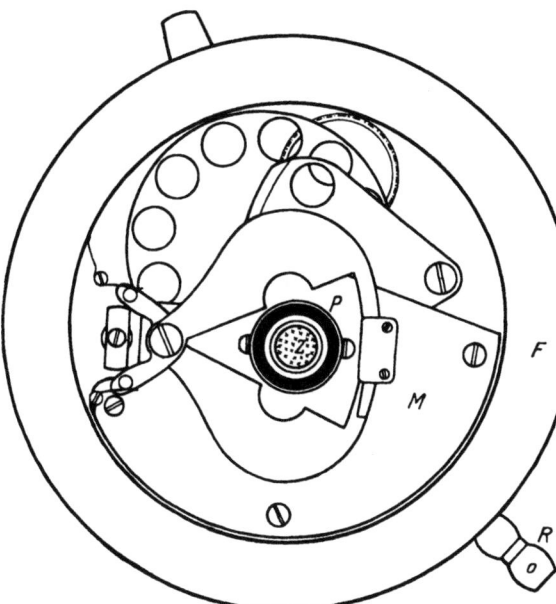

Abb. 30b. Horizontalansicht des geöffneten Apparates.

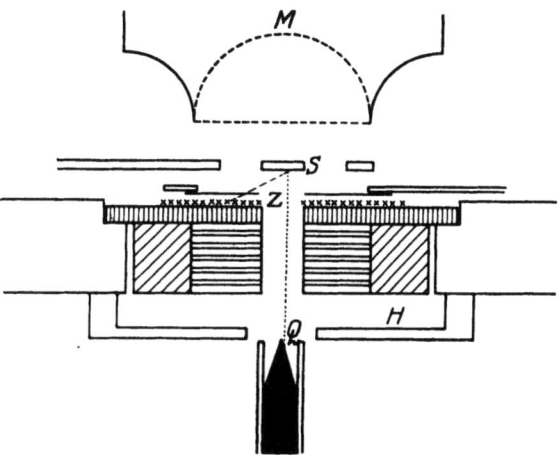

Abb. 31. Atomzertrümmerungsanordnung mit großer Sekundärausbeute.

herunterzusetzen, kann ein Glimmerring mittels Drehung des Schliffes C unmittelbar über der ringförmigen Strahlungsquelle eingeschaltet werden. Sämtliche Schliffe sind mit Einschnappvorrichtungen versehen, um eine Einstellung im Dunkeln zu ermöglichen. Durch das Zuleitungsrohr R kann Vakuum hergestellt bzw. Helium in den Apparat eingeleitet werden.

Sämtliche hier beschriebenen Anordnungen geben eine relativ kleine Zahl von aufgefangenen Sekundärteilchen aus den untersuchten Substanzen, indem von der allseitig aus der Substanz austretenden Strahlung nur der kleine Bruchteil, welcher dem Raumwinkel gegen den Szintillationsschirm entspricht, auf letzterem aufgefangen wird. Um diese Ausbeute zu erhöhen, was besonders wichtig ist zur Entscheidung der Frage, ob aus demselben zertrümmerten Atom nur ein oder mehrere Atomtrümmer kommen, hat H. PETTERSSON[1]) die in der Abb. 31 wiedergegebene Anordnung benutzt. Die Strahlungsquelle besteht aus der mit RaC oder ThC aktivierten Spitze Q eines millimeterdicken Platindrahtes, von welcher die α-Strahlung durch ein Loch in dem undurchsichtigen Szintillationsschirm Z fällt. Im Weg des Strahlenbündels ist die kleine, kaum mehr als 1 mm große Substanzscheibe S, getragen von drei dünnen Speichen, oder auch auf einem dünnen Deckglas, angebracht. Die daraus austretenden Atomtrümmer fallen zu einem beträchtlichen Teil, 15 bis 30%, auf den beobachteten Teil des Szintillationsschirmes. Das Zählmikroskop M von dem in Ziff. 53 geschilderten Typus I ist symmetrisch oberhalb des Schirmes angebracht. Nur der zentrale Teil des Gesichtsfeldes, ca. 10% inklusive das Loch, wird durch die Substanzscheibe abgeschirmt. Mittels Drehung einer Messingscheibe mit Löchern, welche mit Absorptionsglimmern verschiedener Luftäquivalente zugedeckt sind, kann das Durchdringungsvermögen der Atomtrümmer ungefähr bestimmt werden (Aufnahme einer genauen Absorptionskurve ist wegen der schrägen Durchsetzung der Glimmerblätter unmöglich). Zentrale Löcher in den Absorptionsglimmern gestatten der Primärstrahlung den Durchgang. Wegen der großen Ausbeute an Sekundärteilchen ermöglicht diese Anordnung gewisse Untersuchungen über Atomzertrümmerung mit relativ kleiner Präparatstärke, weniger als ein Milligrammäquivalent RaC oder ThC. Dank dem Umstand, daß die Beobachtung von der Schichtseite und nicht wie gewöhnlich von der Rückseite eines Szintillationsschirmes aus Glas erfolgt, ist die Helligkeit der Szintillationen groß genug, um die Beobachtung von H-Teilchen mit dem erwähnten schwächeren Mikroskop I zu gestatten.

58. Szintillationsphotometrie. Um die Helligkeitsverhältnisse verschiedener Szintillationsgattungen quantitativ vergleichen zu können, haben E. KARA-MICHAILOVA und H. PETTERSSON[2]) die in Abb. 32 gegebene Anordnung benutzt. M ist ein Vergleichsokular, womit gewöhnlich die von zwei verschiedenen Mikroskopen gelieferten Bilder miteinander verglichen werden können, und welches hier mit zwei gleichen, lichtstarken Objek-

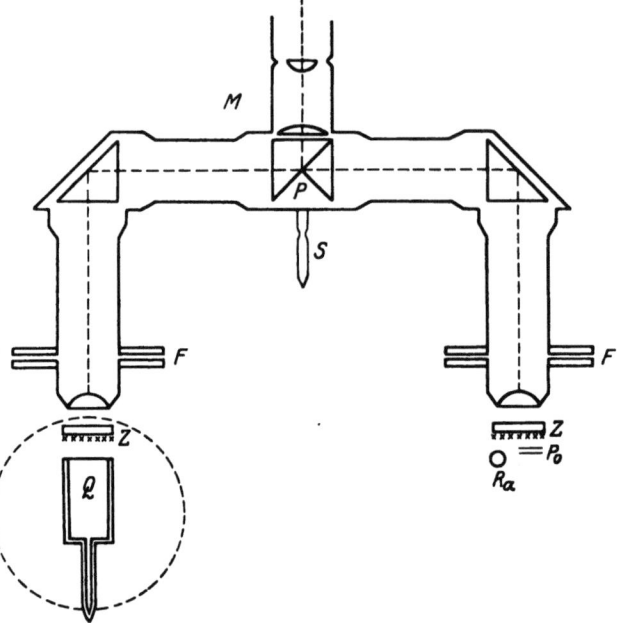

Abb. 32. Szintillationsphotometrie.

---

[1]) H. PETTERSSON, Mitt. Ra.-Inst. Nr. 176; Wiener Ber. (IIa) Bd. 134, S. 45. 1925.
[2]) E. KARA-MICHAILOVA u. H. PETTERSSON, Mitt. Ra.-Inst. Nr. 164; Wiener Ber. (IIa) Bd. 132, S. 291. 1923; vgl. Ziff. 52.

tiven (Watson-Holoscopic f = 16 mm, n. a. = 0,45) kombiniert ist. Unter jedem Objektiv befindet sich ein Szintillationsschirm Z, von denen der eine mit Teilchen bekannter Art, etwa α-Teilchen aus Polonium Po, und der andere mit H-Teilchen aus mit α-Teilchen bestrahltem Wasserstoff Q oder Paraffin oder auch mit den zu identifizierenden Atomtrümmern bestrahlt wird. Durch Verschieben des kleinen Doppelprismas P im Vergleichsokular mittels des Griffes S können die beiden Szintillationsschirme entweder gleichzeitig als Halbfeldbilder oder in rascher Abwechslung nacheinander betrachtet werden. Wenn Unterschiede an Helligkeit bestehen, können in zwei Schlitzen F oberhalb jedes Objektivs Graugläser von bekanntem Absorptionsvermögen eingeschoben werden, bis die Szintillationen auf beiden Schirmen gleich hell erscheinen, bzw. bis sie beide eben unsichtbar werden. Im ersten Falle gibt die Absorption des verwendeten Grauglases, im zweiten Falle das Verhältnis zwischen den beiden Absorptionen einen Wert für das Verhältnis an Flächenhelligkeit zwischen beiden Szintillationsgattungen. Auf dieselbe Weise können auch Szintillationen von α-Teilchen mit herabgesetzter Reichweite mit solchen von schnellen α-Teilchen verglichen werden.

59. Magnetische und elektrische Ablenkung der Atomtrümmer. Die entscheidende Methode zur Identifizierung eines Atombestandteiles ist die Messung seiner magnetischen und elektrischen Ablenkbarkeit. Man erhält daraus zwei Gleichungen, eine für $\dfrac{e}{mV}$ und die andere für $\dfrac{e}{mV^2}$, woraus sowohl $\dfrac{e}{m}$ als V bestimmt werden können. Mit Atomtrümmern sind bis jetzt nur magnetische Ablenkungsversuche ausgeführt worden, und zwar von RUTHERFORD und CHADWICK[1]) mit der in Abb. 33 wiedergegebenen Anordnung. Q ist die Strahlungsquelle, ein mit RaC aktiviertes Scheibchen mit der zu untersuchenden Substanz bestäubt und schräg angeordnet, um als eine angenähert lineare Strahlungsquelle zu wirken. Das Bündel der gegen den Szintillationsschirm austretenden Teilchen wird durch die horizontale

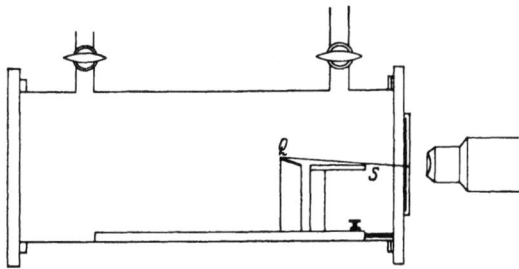

Abb. 33. Anordnung zur magnetischen Ablenkung von Atomtrümmern nach RUTHERFORD und CHADWICK.

Platte S einseitig abgeschirmt, so daß im Gesichtsfeld des Mikroskops eine geradlinige Grenzlinie den bestrahlten (szintillierenden) Teil des Feldes von dem nicht szintillierenden trennt. Mit einem zum Strahlengang und der Figurenebene senkrechten Magnetfeld werden bei einer Feldrichtung die Teilchenbahnen nach oben, bei der anderen Feldrichtung nach unten gebogen, und die Grenze der Szintillationen im Gesichtsfeld verschiebt sich dementsprechend. Durch Zählung der Zahl von sichtbaren Szintillationen in dem einen und in dem anderen Falle bekommt man ein grobes Maß für die Ablenkung. Durch Regelung der Stromstärke durch den Elektromagneten, bis man mit unbekannten Teilchen dasselbe Verhältnis bekommt, wie mit α-Teilchen bekannter Geschwindigkeit, kann man die magnetische Ablenkbarkeit beider Teilchengattungen vergleichen und somit zu einem Näherungswert für die relativen Werte des Koeffizienten $\dfrac{e}{mV}$ oder

---

[1]) E. RUTHERFORD, Proc. Roy. Soc. London (A) Bd. 97, S. 374. 1920; E. RUTHERFORD u. J. CHADWICK, Phil. Mag. Bd. 44, S. 417. 1922.

mit bestimmten Annahmen über V und e zu einem Wert für m kommen. Die Genauigkeit, etwa 20%, ist relativ gering. Neuerdings ist von G. STETTER[1]) eine viel exaktere Anordnung für die direkte Bestimmung von $\frac{e}{m}$ bei Atomtrümmern nach dem Prinzip des Massenspektrographen von ASTON konstruiert worden (Abb. 34). Die Teilchen von einer linearen Strahlungsquelle Q fallen durch ein System von 6 parallelen und nur 0,1 mm weiten Spalten S in ein elektrisches Feld $\mathfrak{E}$, zwei Platten in einem gegenseitigen Abstand von 2 mm, welche auf einem Potentialunterschied von 15 000 Volt gehalten werden. Nach erfolgter Ablenkung in diesem elektrischen Feld geraten die Teilchen durch eine Blende B

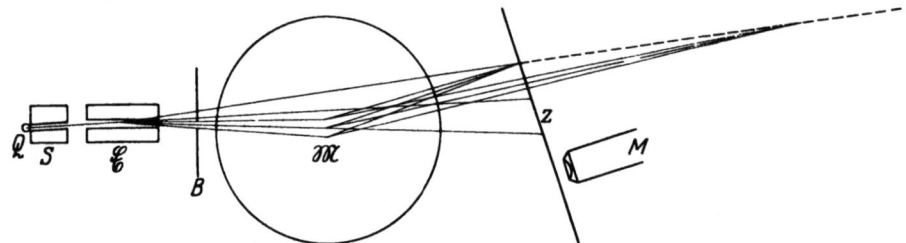

Abb. 34. Massenspektrometer für Atomtrümmer nach STETTER.

in das magnetische Feld $\mathfrak{M}$, wo die entgegengesetzte magnetische Ablenkung erfolgt. Die durch diese beiden Ablenkungen zu einem Massenspektrum fokussierten Teilchen fallen auf einen länglichen Szintillationsschirm Z, längs dessen ein Zählmikroskop M mittels Präzisionsschraube verschiebbar ist. Das Mikroskop, mit einer entsprechenden Okularblende versehen, wird auf das Maximum der erregten Szintillationen eingestellt. Bei zu kleiner Zahl wird die Lage des Maximums durch sukzessive Verstellung des Mikroskops und Bestimmung der Szintillationshäufigkeit bei verschiedenen Ablenkungen festgestellt. Geeicht mit α-Teilchen bekannter Geschwindigkeit leistet die Anordnung bei der Bestimmung von $\frac{e}{m}$ für H-Teilchen eine Meßgenauigkeit von ungefähr 1%, eine Genauigkeit, welche bei einem Vorversuch zwecks Bestimmung der Ablenkbarkeit von H-Teilchen aus Paraffin auch erreicht wurde.

b) Ergebnisse.

60. Die Entdeckung der H-Strahlen. Die von DARWIN[2]) aus RUTHERFORDS Kernhypothese[3]) gezogenen Folgerungen, daß durch zentrale Kernstöße die Atome der leichteren Elemente in schnelle Bewegung versetzt werden können, erhielt durch die Arbeiten von E. MARSDEN[4]) sowie von E. MARSDEN und C. W. LANTSBERRY[5]) eine experimentelle Bestätigung in bezug auf Wasserstoff, wo durch Kernstöße mit α-Teilchen aus Radium C nach der Szintillationsmethode beobachtbare H-Teilchen von etwa der vierfachen Reichweite (28 cm in Luft) als die der α-Teilchen erhalten wurden. Eine Weiterführung dieser Versuche durch RUTHERFORD[6]), die die Abhängigkeit der Zahl und Reichweite der

---

[1]) G. STETTER, ZS. f. Phys. Bd. 34, S. 158. 1925.
[2]) C. G. DARWIN, Phil. Mag. Bd. 27, S. 499. 1914.
[3]) E. RUTHERFORD, Phil. Mag. Bd. 21, S. 669. 1911; Bd. 27, S. 488. 1914.
[4]) E. MARSDEN, Phil. Mag. Bd. 27, S. 824. 1914.
[5]) E. MARSDEN u. W. C. LANTSBERRY, Phil. Mag. Bd. 30, S. 240. 1915.
[6]) E. RUTHERFORD, Phil. Mag. Bd. 37, S. 537. 1919.

H-Teilchen von der Geschwindigkeit der erregenden α-Teilchen näher untersuchte, ergab beträchtliche Abweichungen von der RUTHERFORD-DARWINschen Theorie. Durch magnetische und elektrische Ablenkungsversuche¹) an H-Teilchen aus Paraffin mit der in Abb. 35 gegebenen Anordnung, konnte innerhalb der Versuchsfehler ein mit dem für den Wasserstoff übereinstimmender Wert von $\frac{e}{m}$ ermittelt werden.

Ähnliche Versuche²) mit anderen leichten Elementen in Gasform ergaben mit Stickstoff einen zunächst als „anomal" bezeichneten Effekt, indem auch mit sorgfältig getrockneter Luft oder Stickstoff einige Teilchen, dem Aussehen der Szintillationen nach H-Teilchen, beobachtet wurden, deren Reichweite sich als ungefähr gleich groß mit der von H-Teilchen aus Wasserstoff erwies. Ein Vergleich der magnetischen Ablenkbarkeit dieser Teilchen gab, obschon mit beträchtlicher Unsicherheit, eine Stütze für diese Auffassung, und RUTHERFORD zog aus diesem Versuch den Schluß, daß die beobachteten Teilchen aus den Stickstoffkernen selbst durch eine Atomzertrümmerung abgetrennt würden. Das ist das erste Beispiel einer auf künstlichem Wege erzielten Elementzerlegung und ein Beweis für die Richtigkeit der PROUTschen Hypothese vom Wasserstoff als Urbaustein der anderen Elemente. In einer Weiterführung der Arbeit³) wurden ähnliche Teilchen auch aus festen Stickstoffverbindungen erhalten. Daneben wurden auch andere Elemente wie Bor, Kohlenstoff, Aluminium und Silizium untersucht, zunächst mit negativem Resultat, indem die gefundenen wenigen H-Teilchen auf Verunreinigungen mit Wasserstoff zurückgeführt wurden. Nur mit Bor war das Resultat weniger eindeutig. Außerdem wurde ein etwas genauerer Ablenkungsversuch mit den Teilchen aus Stickstoff als Parazyan ausgeführt, dessen Ergebnis für ihre Natur als Wasserstoffkerne sprach.

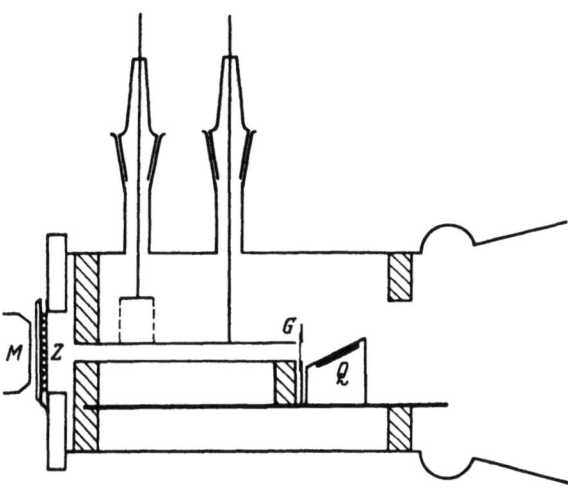

Abb. 35. RUTHERFORDS Anordnung zur Ablenkung von H-Strahlen.

61. Die Zertrümmerungsversuche von RUTHERFORD und CHADWICK. Mit einer wesentlich verbesserten Optik (der in Ziff. 53 beschriebenen) wurden diese Versuche von RUTHERFORD in Zusammenarbeit mit J. CHADWICK⁴) weitergeführt und ergaben für noch fünf andere Elemente, nämlich Bor, Fluor, Natrium, Aluminium und Phosphor positive Resultate. Mit allen diesen, ebenso wie mit Stickstoff, wurden H-Teilchen gefunden, deren maximale Reichweite die von H-Teilchen aus Wasserstoff beträchtlich überstieg, ein entscheidender Beweis, daß dieselben nicht aus okkludiertem Wasserstoff oder Feuchtigkeit herstammen

---

[1]) E. RUTHERFORD, Phil. Mag. Bd. 37, S. 562. 1919.
[2]) E. RUTHERFORD, Phil. Mag. Bd. 37, S. 418. 1919; Nature Bd. 108, S. 415. 1919.
[3]) E. RUTHERFORD, Proc. Roy. Soc. London (A) Bd. 97, S. 374. 1920.
[4]) E. RUTHERFORD u. J. CHADWICK, Phil. Mag. Bd. 42, S. 809. 1921; Bd. 44, S. 417. 1922.

können. Die Abhängigkeit der Zahl und Reichweite der H-Teilchen aus Aluminium und Stickstoff von der Geschwindigkeit der Primärstrahlung wurde untersucht. Die entsprechenden Absorptionskurven, welche die Abnahme der beobachteten Zahl von Szintillationen mit zunehmender Absorption darstellen, wird durch Abb. 36 wiedergegeben. Sowohl die maximale Reichweite als auch die Zahl der Teilchen nimmt mit steigender Geschwindigkeit der erregenden α-Teilchen schnell zu. Mit α-Teilchen von weniger als 4,9 cm Reichweite ließen sich bei Aluminium keine weitreichenden H-Teilchen nachweisen. Mit einer dünnen, aktivierten Silberfolie als Strahlungsquelle, direkt an eine mit der zu untersuchenden Substanz bedeckte Folie angelegt, wurden durch die Silberfolie austretende H-Teilchen beobachtet. Diese, von RUTHERFORD und CHADWICK als „nach rückwärts" ausgesandte H-Teilchen bezeichnet, hatten durchwegs eine kleinere Reichweite als die nach vorwärts ausfliegenden Teilchen (Tab. 22). Auf diese Unterschiede begründeten RUTHERFORD und CHADWICK Berechnungen über die Geschwindigkeit der beiden andern, nicht direkt beobachtbaren Teilchen nach dem Stoß, des α-Teilchens und des Restkernes und erhielten dadurch auch Werte für die Energieumsätze bei der Zertrümmerung. Später hat G. KIRSCH[1]) darauf hingewiesen, daß die bei dieser Anordnung beobachteten H-Teilchen zum größten Teil nicht solche von rückwärtiger Richtung (unter 180° gegen die Primärstrahlenrichtung emittiert) sind, sondern solche, welche unter einem Winkel von etwa 90° hinausfliegen, wodurch die obigen Berechnungen an Bedeutung verlieren.

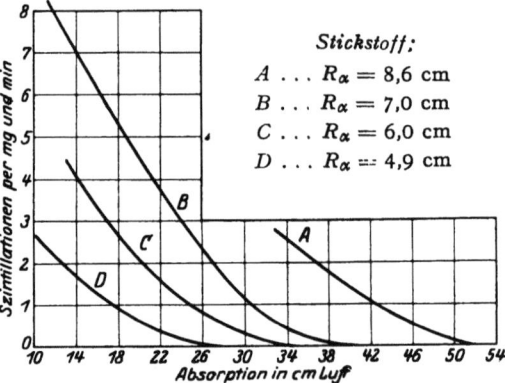

Abb. 36. H-Teilchen aus Stickstoff nach RUTHERFORD und CHADWICK.

In ihrer späteren Arbeit haben RUTHERFORD und CHADWICK die H-Teilchen aus den sechs als zertrümmerbar gefundenen Elementen weiter untersucht und durch magnetische Ablenkungsversuche mit H-Teilchen aus vier von den Elementen den H-Charakter der Atomtrümmer gestützt. Eine größere Zahl von anderen Elementen wurde auch auf H-Teilchen geprüft, aber durchwegs mit negativem Resultate. Aus diesem Umstande, und daraus, daß die Mehrzahl der „aktiven" Elemente Atomgewichte vom Typus $4n + 3$ besitzt, schließen RUTHERFORD und CHADWICK, daß Zertrümmerbarkeit an einen bestimmten Typus der Kernstruktur gebunden ist, und zwar an das Vorhandensein eines äußeren, den Restkern umkreisenden H-Satelliten, worauf im folgenden näher eingegangen wird.

Tabelle 22. Reichweiten von H-Teilchen.

Element	Maximale Reichweite der H-Teilchen in cm Luft	
	nach vorwärts	nach rückwärts[2])
Bor	58	38
Stickstoff	40	18
Fluor	65	48
Natrium	58	36
Aluminium	90	67
Phosphor	65	49

---

[1]) G. KIRSCH, Phys. ZS. Bd. 26, S. 379. 1925.
[2]) Tatsächlich dürfte es sich hier um die Reichweite von H-Teilchen unter rechtem Winkel handeln; vgl. Fußnote 1.

62. Die Zertrümmerungsversuche von KIRSCH und PETTERSSON. Bei den Versuchen von RUTHERFORD und CHADWICK wurde die Mehrzahl der Elemente nur auf H-Teilchen von einer 30 cm übersteigenden Reichweite geprüft. Bei kürzeren Reichweiten waren nach der direkten Methode immer die aus möglicherweise vorkommenden wasserstoffhaltigen Verunreinigungen stammenden H-Teilchen zu befürchten. Um dieser Komplikation zu entgehen, haben G. KIRSCH und H. PETTERSSON[1]) eine Methodik entwickelt, welche jede Verunreinigung mit Wasserstoff ausschloß. Als Strahlungsquelle wurde Radon mit Folgeprodukten benützt, zuerst in dünnwandigen Kapillaren eingeschlossen, deren Innenseite mit den zu untersuchenden Substanzen überzogen war. Nach dieser Methode wurden zunächst Skandium, Vanadium, Kobalt und Arsen auch auf H-Teilchen von viel weniger als 30 cm Reichweite mit negativem Resultat untersucht. Mit dünnwandigen Quarzkapillaren ergab sich dagegen eine beträchtliche Zahl von H-Teilchen mit kürzerer Reichweite, etwa 12 bis 16 cm, welche einer Zertrümmerung der Siliziumatome in der Quarzwand entstammen mußten, nachdem der Sauerstoff auf noch kürzere Teilchen von RUTHERFORD mit negativem Resultat untersucht worden war. Die weiteren Versuche wurden deshalb mit dem in Abb. 28 gegebenen Apparat ausgeführt und ergaben mit drei neuen Elementen, Beryllium, Magnesium und Silizium, positive Resultate. Teilchen in beträchtlicher Zahl und mit einer, die der Primärstrahlung bedeutend übersteigenden Reichweite wurden dabei beobachtet. Abb. 37 gibt die Absorptionskurven einer derartigen Versuchsserie wieder. Bei der Minimalabsorption[2]), etwa 10 cm, war die Zahl der Teilchen aus Be 10, aus Mg und Si je 6 pro Million wirksamer RaC-α-Teilchen. Die als Kontrolle aufgenommene Kurve für die Teilchen aus der leeren Kupferabteilung ergab die unterste Kurve in der Abb. 37, die ihrer Form nach aus Spuren von nicht vollständig entferntem Wasserstoff in der Kupferfolie erklärbar wäre. Ein gegen diese Resultate gemachter Einwand[3]), daß weitreichende α-Teilchen aus der Strahlungsquelle für H-Teilchen aus zertrümmerten Atomen gehalten worden seien, wurde durch weiter unten zu erwähnende Untersuchungen als unrichtig erwiesen.

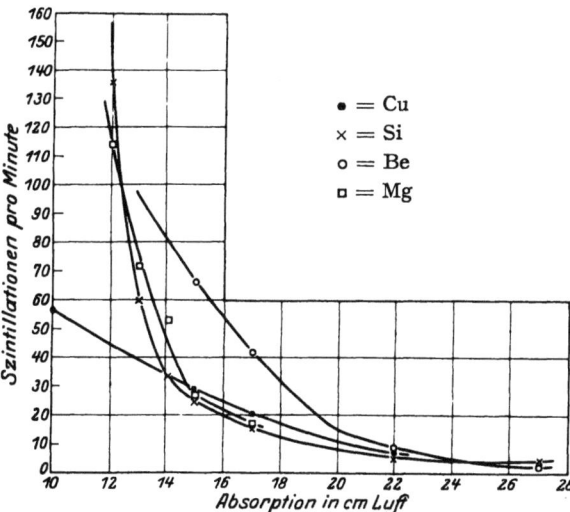

Abb. 37. H-Teilchen aus Cu, Si, Be und Mg nach KIRSCH und PETTERSSON.

63. Die weitreichenden Teilchen aus der Strahlungsquelle. Bei seinen Versuchen, sekundäre durch Kernstöße in schnelle Bewegung versetzte Teilchen bei anderen Elementen als Wasserstoff zu beobachten, fand RUTHER-

---

[1]) G. KIRSCH u. H. PETTERSSON, Nature Bd. 112, S. 394. 1923; Mitt. Ra.-Inst. Nr. 160; Wiener Ber. (IIa) Bd. 132, S. 299. 1923; Phil. Mag. Bd. 47, S. 500. 1924.
[2]) In der Originalmitteilung um 2 cm kleiner angegeben wegen Nichtberücksichtigung der erhöhten Absorption für schnellere Teilchen in Metallfolien.
[3]) L. F. BATES u. J. S. ROGERS, Nature Bd. 112, S. 435. 1923.

FORD[1]) mit RaC als Strahlungsquelle sowohl aus Sauerstoff wie aus Stickstoff Teilchen, welche über die Reichweite der Primärstrahlen bis zu 9 cm Absorption beobachtbar waren und deren Szintillationen an Helligkeit mit den von α-Teilchen erregten ungefähr gleich waren. Die erste Deutung[1]) dieser Teilchen als in schnelle Bewegung versetzte Sauerstoff- bzw. Stickstoffkerne wurde hinfällig, nachdem sich die magnetische Ablenkung[2]) der Teilchen nicht wie erwartet kleiner, sondern eher größer als die von α-Teilchen erwiesen hatte. Dem Resultat dieser Versuche entsprechend wurden die Teilchen als Atomtrümmer von der Masse 3 und der Ladung +2 aus N- und O-Kernen gedeutet und diese „X_3-Teilchen" als Bausteine der Elemente nebst He-Kernen, H-Kernen und Elektronen angesehen. Nachdem genauere Ablenkungsversuche an den ganz analogen, beim Zerfall von ThC entstehenden Teilchen für die Masse 4 sprachen[3]), wurde von RUTHERFORD angenommen[4]), die betreffenden Teilchen stammen aus der Strahlungsquelle selbst und bedeuten sowohl bei RaC wie bei ThC eine neue Art des Zerfalls dieser Substanzen.

In Wien ausgeführte Untersuchungen[5]) schienen zur Zeit für die beim Durchgang von RaC-α-Strahlen durch Luft beobachteten weitreichenden α-Teilchen die Deutung nahezulegen, daß die 9,3 cm-Gruppe auf sekundäre α-Teilchen aus Sauerstoff, die 11,2 cm-Gruppe auf solche aus Stickstoff zurückzuführen sei.

Bei der Fortführung dieser Versuche durch BATES und ROGERS[6]) erhielten diese als Resultat sehr umfassender Messungen mit ThC, RaC und Polonium aus jeder dieser Substanzen nicht weniger als drei deutliche Gruppen von α-Teilchen übernormaler Reichweite, und dazu eine beträchtliche Zahl von weitreichenden H-Teilchen, welch letztere ebenfalls wenigstens teilweise der Strahlungsquelle entstammen sollten. Diese Resultate wurden von verschiedenen Seiten nachgeprüft. D. PETTERSSON[7]) fand mit RaC als Strahlungsquelle und entgasten Metallfolien als Absorption keine α-Teilchen von mehr als 9 cm Reichweite[8]) und keine H-Teilchen. RUTHERFORD und CHADWICK[9]) fanden durch Versuche in verschiedenen Gasen und im Vakuum, daß die erste Gruppe von α-Teilchen aus Radium C vorhanden sei, obschon in kleinerer Zahl als nach BATES und ROGERS. Auch einige Teilchen von der nächst höheren Gruppe wären vorhanden, aber weniger sicher. In Übereinstimmung mit D. PETTERSSON fand in letzter Zeit N. YAMADA[10]) mit komprimierten Gasen als Absorption kein Anzeichen von α-Teilchen mit mehr als 9,3 cm Reichweite aus Radium C und fand für diese Gruppe auch eine wesentlich kleinere Zahl als RUTHERFORD und CHADWICK. Außerdem hat YAMADA[11]) mit ThC sämtliche von BATES und ROGERS gefundenen

---

[1]) E. RUTHERFORD, Phil. Mag. Bd. 37, S. 471. 1919.
[2]) E. RUTHERFORD, Proc. Roy. Soc. London (A) Bd. 97, S. 374. 1920; Nature Bd. 105, S. 500. 1920; Bd. 106, S. 357. 1920.
[3]) E. RUTHERFORD, Phil. Mag. Bd. 41, S. 570. 1921.
[4]) E. RUTHERFORD, Nature Bd. 109, S. 614. 1922; Journ. de phys. et le Radium (6) Bd. 3, S. 145. 1922.
[5]) G. KIRSCH, Mitt. Ra.-Inst. Nr. 169; Wiener Ber. (IIa) Bd. 133, S. 461. 1924; G. KIRSCH u. H. PETTERSSON, Naturwissensch. Bd. 12, S. 495. 1924.
[6]) L. F. BATES u. J. S. ROGERS, Nature Bd. 112, S. 435. 1923; Bd. 112, S. 938. 1923; Proc. Roy. Soc. London (A) Bd. 105, S. 97 u. 360. 1924.
[7]) D. PETTERSSON, Mitt. Ra.-Inst. Nr. 163; Wiener Ber. (IIa) Bd. 133, S. 149. 1924; Nature Bd. 113, S. 641. 1924; Naturwissensch. Bd. 12, S. 389. 1924.
[8]) Wegen Unterschätzung der Absorption der verwendeten Metallfolien in den vorläufigen Mitteilungen zu 7,5 cm angegeben. Vgl. Fußnote 2 auf vorhergehender Seite.
[9]) E. RUTHERFORD u. J. CHADWICK, Phil. Mag. Bd. 48, S. 509. 1924.
[10]) N. YAMADA, C. R. Bd. 181, S. 176. 1925.
[11]) N. YAMADA, C. R. Bd. 180, S. 1591. 1925.

Gruppen mit Ausnahme der ersten α-Teilchengruppe ($R = 11{,}5$ cm) als nicht vorhanden konstatiert, unter Bedingungen, welche die Erregung von Sekundärteilchen aus durchstrahlten Absorptionsfolien ausschließen. Zu ähnlichen Resultaten kamen schon früher K. PHILIPP[1]) und nach der Wilsonmethode L. MEITNER und K. FREITAG[2]). Aus Polonium kommen nach Versuchen von YAMADA[3]) sowie von I. CURIE und YAMADA[4]) keine α-Teilchen von größerer Reichweite als die bekannte 3,93 cm. Von sämtlichen 9 Gruppen weitreichender α-Teilchen, welche aus den drei Elementen nach BATES und ROGERS stammen sollten, sind infolgedessen nur die beiden früher bekannten mit 9,3 cm Reichweite aus RaC und 11,5 cm Reichweite aus ThC vorhanden. Für die Methodik der Atomzertrümmerung sind diese Resultate von Gewicht, indem sie beweisen, daß man nach der direkten Methode und diesen beiden radioaktiven Substanzen als Strahlungsquellen nicht ohne Störung seitens der Primärstrahlung auf Atomtrümmer von kleinerer Reichweite als die oben angegebenen Grenzwerte prüfen kann. Außerdem lassen sich die Resultate von BATES und ROGERS anscheinend nur so erklären, daß die zahlreichen, über 9,3 bzw. 11,5 cm von ihnen beobachteten Teilchen nicht α-Teilchen, sondern H-Teilchen aus zertrümmerten Atomen sein müssen, deren Zahl von der Größenordnung 50 pro Million wäre.

64. Versuche nach der rechtwinkligen Methode. Die positiven Resultate mit drei Elementen von KIRSCH und PETTERSSON ließen es als möglich erscheinen, daß Zertrümmerbarkeit sich als eine viel allgemeinere Eigenschaft der verschiedenen Atomarten erweisen würde, wenn man die Prüfung auf H-Teilchen von geringerer Reichweite ausdehnen könnte[5]). Da dies nach der bis dahin gebrauchten direkten Methode anscheinend unmöglich war, haben dieselben Autoren die schon beschriebene indirekte Methode (s. Ziff. 56) entwickelt, wo die senkrecht zur Primärstrahlung austretenden Atomtrümmer beobachtet werden. Nach dieser Methode gelang es zunächst, die Zertrümmerung von Kohlenstoff nachzuweisen[6]), indem von einem mit reinem Grafit oder Paraffin belegten Hohlkonus unter Ausschluß von gestreuten α-Teilchen (Arbeiten in Helium von Atmosphärendruck) eine beträchtliche Zahl schwacher Szintillationen vom H-Typus beobachtet wurde. Die emittierten Teilchen waren überwiegend von ganz kurzer Reichweite, so daß schon bei einer Gesamtabsorption von 6 bis 8 cm keine zählbare Menge derartiger Szintillationen beobachtet werden konnte. Die Zählung dieser lichtschwachen Szintillationen gelang hauptsächlich dank der großen Lichtstärke des dazu verwendeten Zählmikroskops II. Auch mit Diamantpulver wurden in einer Anordnung, welche die Beobachtung unter etwas größeren Winkeln gegen die Primärstrahlung erlaubte, derartige H-Teilchen gefunden. Gleichzeitig wurden Beryllium und Silizium auch auf H-Teilchen unter demselben Austrittswinkel untersucht, welche in noch größerer Zahl als bei Kohle gefunden wurden. Die maximale Reichweite ergab sich für diese Elemente etwas höher, 9 resp. 11 cm.

65. Versuche von RUTHERFORD und CHADWICK nach der rechtwinkligen Methode. Ungefähr gleichzeitig mit KIRSCH und PETTERSSON sind auch RUTHERFORD und CHADWICK[7]) zu der rechtwinkligen Methode übergegangen und haben danach eine größere Zahl von Elementen auf H-Teilchen von mehr als 7 cm

---

[1]) K. PHILIPP, Naturwissensch. Bd. 12, S. 511. 1924.
[2]) L. MEITNER u. K. FREITAG, Naturwissensch. Bd. 12, S. 634. 1924.
[3]) N. YAMADA, C. R. Bd. 180, S. 436. 1925.
[4]) I. CURIE u. N. YAMADA, C. R. Bd. 180, S. 1487. 1925.
[5]) G. KIRSCH u. H. PETTERSSON, Mitt. Ra.-Inst. Nr. 167; Wiener Ber. (IIa) Bd. 133, S. 235. 1924.
[6]) H. PETTERSSON, Mitt. Ra.-Inst. Nr. 168; Wiener Ber. (IIa) Bd. 133, S. 445. 1924.
[7]) E. RUTHERFORD u. J. CHADWICK, Proc. Phys. Soc. Bd. 36, S. 417. 1924.

Reichweite geprüft. Mit Neon, Schwefel, Chlor, Kalium und Argon wurden H-Teilchen von einer zwischen 16 und 30 cm liegenden Reichweite gefunden, in Mengen, die zwischen $1/3$ und $1/20$ von der mit Aluminium erhaltenen Zahl schwankten. Außerdem wurde die von KIRSCH und PETTERSSON gefundene Zertrümmerbarkeit von Magnesium und Silizium bestätigt. Die folgenden Elemente wurden mit negativem Ergebnis geprüft: H, He, Li, C, O, Ca bis Fe, Ni, Cu, Zn, Se, Kr, Mo, Pd, Ag, Sn, X, Au, U. Es konnten bei Kohle, welches Element auch in einer veränderten Versuchsanordnung auf H-Teilchen von einer 2,6 cm übersteigenden Reichweite geprüft wurde, keine Anzeichen für eine Zertrümmerung gefunden werden. Das oben erwähnte positive Resultat bei Kohle dürfte wohl auf die von den Autoren verwendete wesentlich größere Lichtstärke des Zählmikroskopes zurückzuführen sein. Bei Aluminium, welches bis zu Absorptionswerten von 5 cm hinab untersucht wurde, konnte ein Zuwachs an Zahl der H-Teilchen unter 13 cm Absorption nicht festgestellt werden, welcher Wert deshalb die minimale Reichweite der H-Teilchen aus Aluminium bezeichnen sollte. Bei Schwefel wurde eine ähnliche Grenze bei 15 bis 16 cm gefunden. Für die Ausbeute aus Aluminium wird die Zahl 1 pro 10^6 α-Teilchen aus Radium C angegeben; dieser Wert bezieht sich auf eine Aluminiumschicht von 0,5 cm Luftäquivalent. Da die früher angegebene untere Grenze für die Reichweite eines noch zertrümmerungsfähigen α-Teilchens von 4,9 cm beibehalten wird, ergibt sich daraus für die Totalausbeute der H-Teilchen aus dickem Aluminium der Wert $4 \cdot 10^{-6}$. Versuche mit Beryllium und Lithium gaben keine eindeutigen Resultate.

66. Untersuchungen nach der retrograden Methode. Die Komplikationen seitens der gestreuten Primärstrahlung werden noch weiter vermindert, wenn man die unter wesentlich größerem Ablenkungswinkel als 90° austretenden H-Teilchen beobachtet. Nach dieser Methode hat zuerst H. PETTERSSON[1]) mit einer der in Abb. 30 wiedergegebenen ähnlichen Anordnung die nahezu nach rückwärts unter etwa 150° ausfliegenden H-Teilchen aus Magnesium, Aluminium und Kohle bis zu Reichweiten von einigen Millimetern Luftäquivalent hinab beobachtet (in reinem Helium von Atmosphärendruck). Die dabei erhaltenen Ausbeutezahlen waren bedeutend höher als die nach der direkten Methode oder der senkrechten Methode von RUTHERFORD und CHADWICK ermittelten. Bei Aluminium z. B. ein unterer Grenzwert von 20 pro Million α-Teilchen aus RaC. Die gleichzeitig beobachtete Zahl der reflektierten α-Teilchen war nur ein kleiner Bruchteil davon, während das Umgekehrte hätte der Fall sein müssen, wenn jedes der (allseitig verteilten) H-Teilchen von einem zentral auftreffenden und infolgedessen nach rückwärts reflektierten α-Teilchen ausgelöst worden wäre. Es wurde daraus der Schluß gezogen, daß die zertrümmernd wirkenden α-Teilchen nicht reflektiert werden, und daß sie möglicherweise an dem Kernrest haften bleiben, eine Vermutung, die auch von RUTHERFORD und CHADWICK[2]) ausgesprochen wurde[3]). Um diese Folgerung auch bei einigen schwereren, früher nicht zertrümmerten Elementen zu untersuchen, hat H. PETTERSSON[1]) Kupfer und Nickel auf reflektierte α-Teilchen und H-Teilchen nach der retrograden Methode geprüft. Aus beiden Elementen wurden reflektierte α-Teilchen in einer mit RUTHERFORD-DARWINS Theorie annähernd übereinstimmenden Zahl beobachtet. Die restliche Reichweite erwies sich aber deutlich als kürzer, als nach

---

[1]) H. PETTERSSON, Mitt. Ra.-Inst. Nr. 173; Wiener Ber. (IIa) Bd. 133, S. 573. 1924.
[2]) E. RUTHERFORD u. J. CHADWICK, Proc. Phys. Soc. Bd. 36, S. 417. 1924.
[3]) Schon früher (1921) hatte J. PERRIN diese Ansicht geäußert. (Rapp. et disc. Cons. de phys. de Bruxelles 1923.) Vgl. E. RUTHERFORD, Nature Bd. 115, S. 493. 1920.

der Theorie vorauszusehen war. Bei Kupfer ergab sich ein Defizit an reflektierter Reichweite von wenigstens 1 cm, bei Nickel von wenigstens 0,5 cm. Außerdem war bei Kupfer eine beträchtliche Anzahl von Teilchen mit Szintillationen von H-Charakter vorhanden, welche zum Teil eine größere Reichweite als die der reflektierten α-Teilchen hatten. Mit Nickel war das Resultat, was solche H-Teilchen betrifft, weniger eindeutig.

Eine größere Zahl von mittelschweren und schweren Elementen, Ti, V, Cr, Mn, Fe, Ni, Co, Zn, Se, Br, Zr, Ag, Jn, Sn, Sb, Te, J, W, Os, Pt, Au, Hg, Tl, Pb, Bi und U, wurde später von KIRSCH und PETTERSSON[1]) auf reflektierte α-Teilchen und nach rückwärts austretende H-Teilchen, z. T. nach derselben Methode, z. T. mit einem dem in Abb. 30 ähnlichen, aber unsymmetrischen Apparat untersucht. Die reflektierten Teilchen, welche mit sämtlichen Elementen von Titan aufwärts gefunden wurden, hatten durchwegs eine kleinere Reichweite als die berechnete. Mit Radium C als Strahlungsquelle betrug das Reichweitedefizit von 0,5 bis 1,5 cm. Mit Thorium C, womit einzelne Elemente untersucht wurden, war das Defizit noch größer, bis zu 2,5 cm. Mit Polonium-α-Teilchen ließ sich eine derartige Unterschreitung der theoretischen Reichweite nicht feststellen, könnte aber in der Mehrzahl der Fälle in der Größe von einigen Millimetern vorhanden sein. Die Zahl der reflektierten α-Teilchen wurde im allgemeinen in relativ guter Übereinstimmung mit der von RUTHERFORDS Theorie geforderten gefunden. Die Schwierigkeiten einer exakten Ausbeuteberechnung machten die ermittelten experimentellen Werte der Teilchenzahlen relativ unsicher. Bei mehreren Elementen wurden aber außer unzweifelhaften α-Teilchen auch eine beträchtliche Zahl von viel schwächeren Szintillationen beobachtet, welche allem Anschein nach von H-Teilchen herrühren. Diese Szintillationen mit eingerechnet, wird die Gesamtausbeute an Teilchen bei mehreren Elementen bedeutend größer, bis zu einem Vielfachen von dem theoretischen Wert für reflektierte α-Teilchen. Außerdem ließen sich bei einigen Elementen die H-Teilchen weit außerhalb des Absorptionsbereiches der reflektierten α-Teilchen verfolgen. Die aus diesen beiden Gründen als sicher H-Teilchen gebend, d. h. als zertrümmerbar anzusehenden Elemente sind neben den früher angeführten: Ti, Cr, Fe, Cu, Se, Br, Zr, Sn, Te und J.

Eine eindeutige Feststellung von H-Teilchen in einem Gemisch von zahlreichen Teilchen beider Gattungen und verschiedener Reichweiten läßt sich nur schwer durch subjektive Trennung der beiden Szintillationsgattungen der Lichtstärke nach ausführen, um so mehr, als das bei den schwereren Elementen verstärkte Hintergrundsleuchten des Szintillationsschirmes eine derartige Trennung ebenso wie das Erfassen von ganz schwachen Szintillationen überhaupt wesentlich erschwert. Bei keinem der bis jetzt untersuchten Elemente sprechen die experimentellen Ergebnisse gegen die Möglichkeit einer Emission von H-Teilchen nach rückwärts in beträchtlicher Zahl. Eine definitive Entscheidung kann wahrscheinlich nur durch Ablenkungsversuche oder direkte Massenbestimmung wie mit dem in Abb. 34 dargestellten Apparat von STETTER erzielt werden.

67. Untersuchungen von Leichtelementen auf retrograde Teilchen. Aus sämtlichen nach der retrograden Methode bisher untersuchten Leichtelementen sind H-Teilchen in beträchtlicher Zahl beobachtet worden. So mit Lithium, Beryllium, Bor, Kohlenstoff, Sauerstoff, Magnesium, Aluminium, Phosphor, Schwefel und Chlor.

---

[1]) G. KIRSCH u. H. PETTERSSON, Wiener Anz. Nr. 6 (Mitt. Ra.-Inst. Nr. 176a). 1925; Mitt. Ra.-Inst. Nr. 180; Wiener Ber. (IIa) Bd. 134. 1925.

Aluminium ist von E. A. W. SCHMIDT[1]) einer eingehenden Untersuchung mit dem in Abb. 30 dargestellten Apparat unterworfen worden. Versuche mit Radium C als Strahlungsquelle ergaben mit dünnen Aluminiumfolien (in diesem Falle war der Apparat mit einem zylindrischen Oberteil versehen, innen paraffiniert, um den Apparateffekt, retrograde H-Teilchen aus dem Kohlenstoff im Paraffin, möglichst herunterzusetzen) pro 1 cm Luftäquivalent eine Ausbeute bei minimaler Absorption, ca. 0,1 cm Luft, von 30 H-Teilchen pro Million α-Teilchen. Mit doppelt so dickem Aluminium war die Ausbeute beinahe die doppelte, mit dickem Aluminium stieg die Ausbeute auf 80 pro Million. Die Kurve in Abb. 38 gibt das Resultat einer Versuchsserie mit 1 cm Luftäquivalent Aluminium und mit dickem Aluminium wieder. Die Zunahme an H-Teilchen gegen die Minimalabsorption ist sehr auffallend bei Absorptionswerten von mehr als 5 cm verläuft die Kurve annähernd achsenparallel, so daß man wohl aus Messungen, die nicht unter diesen Absorptionswert herabreichen, auf das Vorhandensein einer minimalen Reichweite bei noch höheren Absorptionswerten schließen könnte. Bei der Messung mit dickem Aluminium ist zu berücksichtigen, daß die Absorption in der Substanz selbst die in etwas tiefer liegenden Schichten erregten H-Teilchen, besonders solchen von kürzerer Reichweite, welche die zahlreich-

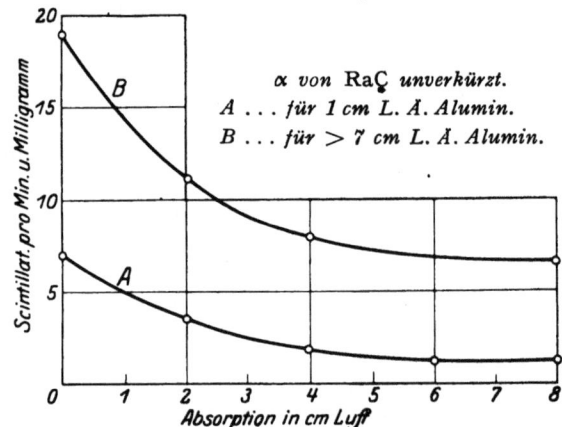

Abb. 38. Retrograde H-Teilchen aus Aluminium nach E. A. W. SCHMIDT.

sten sind, größtenteils zurückhalten muß. Könnte diese Selbstabsorption eliminiert werden, würde die Ausbeute bedeutend höhere Werte zeigen und sicherlich über 100 pro Million steigen. Dafür sprechen auch ebenfalls von SCHMIDT ausgeführte Versuche mit α-Teilchen von herabgesetzter Reichweite. Mit solchen von 4,2 und sogar 1,3 cm restlicher Reichweite wurden bei minimaler Absorption noch beträchtliche Mengen von H-Teilchen beobachtet, wogegen solche von größerer Reichweite als ein paar Zentimeter nur spärlich vertreten sind. Diese Resultate widersprechen den von RUTHERFORD und CHADWICK angegebenen, wonach α-Teilchen von weniger als 4,9 cm restlicher Reichweite nicht mehr zertrümmernd wirken sollen. Allerdings bezieht sich ihre Angabe auf H-Teilchen von bedeutend größerer Reichweite. Es sei schließlich hervorgehoben, daß die zitierten Werte von SCHMIDT Mittelwerte aus den mit mehreren verschieden guten Zählern erhaltenen Resultaten sind. Die von besonders guten Zählern unter optimalen Bedingungen an Sichtbarkeit der Teilchen erhaltenen Höchstwerte würden zu beträchtlich höheren Ausbeuteziffern führen, weshalb die hier angegebenen Zahlen als untere Grenzwerte betrachtet werden müssen, die mit jeder methodischen Verbesserung in die Höhe gehen werden. Auch sprechen noch nicht abgeschlossene Versuche mit α-Teilchen aus Polonium als Primärstrahlung, wo also das Hintergrundsleuchten des Schirmes wegfällt, für höhere Ausbeutezahlen. Die Resultate von SCHMIDT lassen sich so zusammenfassen:

---

[1]) E. A. W. SCHMIDT, Mitt. Ra.-Inst. Nr. 178; Wiener Ber. (II a) Bd. 134. 1925.

1. keine minimale Reichweite der retrograden Atomtrümmer aus Aluminium ist feststellbar;

2. α-Teilchen von weniger als 2 cm Restreichweite wirken noch zertrümmernd;

3. die Ausbeute aus dickem Aluminium nähert sich 100 pro Million α-Teilchen.

Versuche von H. PETTERSSON[1]) mit der in Abb. 31 dargestellten Anordnung an Aluminium lassen aus der praktischen Abwesenheit von gleichzeitigen Szintillationen darauf schließen, daß aus jedem zertrümmerten Aluminiumkern nur ein H-Teilchen emittiert wird[1]).

Versuche mit Kohlenstoff wurden nach der retrograden Methode von H. PETTERSSON weitergeführt und ergaben durchwegs eine beträchtliche Zahl von H-Teilchen größtenteils kürzerer Reichweite. Abb. 39 gibt eine Absorptionskurve mit RaC als Strahlungsquelle und einer entgasten Scheibe von Achesongraphit als Substanz. Die Ausbeute bei minimaler Absorption ist etwa 60 pro Million α-Teilchen. Mit Diamant (größere Diamantsplitter auf Paraffin als Unterlage) ergaben sich ähnliche Resultate, sowohl mit RaC als auch mit Polonium als Strahlungsquelle. Die Ausbeute im letzteren Falle ist weniger sicher wegen der Schwierigkeiten, die Zahl der α-Teilchen aus einer Poloniumquelle von der benutzten Form exakt zu ermitteln, liegt aber auch um 60 pro Million. Die Höchstwerte von den besten Zählern geben allerdings Werte, die über 100 pro Million liegen.

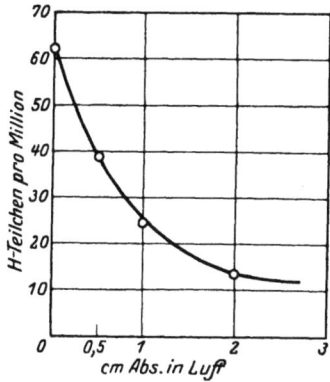

Abb. 39. Retrograde H-Teilchen aus Kohlenstoff nach PETTERSSON.

Zusammenfassend kann man sagen, daß die retrograde Methode, welche eine Untersuchung auf Atomtrümmer von kurzer Reichweite ermöglicht, bis jetzt bei sämtlichen damit untersuchten Leichtelementen[2]) und einer beträchtlichen Zahl von mittelschweren Elementen das Vorhandensein von nach rückwärts ausgesendeten H-Teilchen bestätigt hat, deren Zahlen, insoweit sie mit einiger Genauigkeit festgestellt worden sind, Ausbeutewerte von der Größenordnung 100 pro Million mit RaC-α-Teilchen ergeben.

68. Versuche über Atomzertrümmerung nach anderen Methoden. Bisher ist außer der Szintillationsmethode nur die Wilson-Methode zur Sichtbarmachung der Bahnspuren von schnellen Korpuskularstrahlen (als Nebelstreifen, gebildet durch adiabatische Abkühlung von feuchten Gasen), wenn auch bis zur Zeit in sehr geringem Ausmaße, benutzt worden. Die relative Seltenheit der Atom-

---

[1]) H. PETTERSSON, Mitt. Ra.-Inst. Nr. 176; Wiener Ber. (IIa) Bd. 134, S. 45. 1925.
[2]) Die Zertrümmerung von Lithium unter Abgabe von H-Teilchen retrograder Richtung ist sichergestellt durch eine noch nicht abgeschlossene Untersuchung von E. KARA-MICHAILOVA. Die Absorptionskurve fällt noch rascher als bei Kohle, so daß die Mehrzahl der Teilchen schon bei Absorptionen von 1,5 cm nicht mehr beobachtbar ist. Die Ausbeute an H-Teilchen bei der Minimalabsorption wurde mit Kohle als Referenzsubstanz bestimmt und gab ein Verhältnis von 5:8, also wenn für Kohle die Ausbeute 60 angenommen wird, wäre sie bei Lithium rund 40 pro Million α-Teilchen. — Auch mit Sauerstoff (als Wasser mit 1% Gelatine fixiert) sind H-Teilchen retrograder Richtung in einer noch im Gang befindlichen Untersuchung von G. KIRSCH nachgewiesen. Dasselbe gilt für Magnesium, über dessen retrograde H-Teilchen nur orientierende Versuche vorliegen. Auch Schwefel, Phosphor und Chlor geben H-Teilchen retrograder Richtung, aber die fraglichen Versuche sind wenig zahlreich und haben nur einen qualitativen Charakter.

zertrümmerung erfordert eine Massenbeobachtung, die aber nunmehr durch die Konstruktion von repetierenden Wilson-Kammern durch SHIMIZU und BLACKETT erreicht worden ist. Mit derartigen Massenaufnahmen behaupteten HARKINS und RYAN[1]), unter 16000 Spuren in Luft eine dreigegabelte Bahn erhalten zu haben, welche sie als eine Zertrümmerung eines Stickstoffatomes auffaßten.

Große Vorteile bietet die Wilson-Methode dadurch, daß sie photographische Aufnahmen der Bahnspuren gestattet und somit jede Subjektivität einer visuellen Beobachtung ausschließt. Besonders wertvoll ist dabei die Möglichkeit, die Bahnspuren unter zwei aufeinander senkrechten Richtungen aufzunehmen, eine Methodik, welche zuerst von SHIMIZU[2]) angegeben und später von P. M. S. BLACKETT[3]) und von KINOSHITA, IKEUTI und AKIYAMA[4]) in allen Einzelheiten ausgearbeitet worden ist. Durch die Ausmessung der Winkel zwischen den verschiedenen Bahnspuren ebenso wie ihrer Länge erreicht man die Möglichkeit, direkte Aufschlüsse über die Kinetik des zur Zertrümmerung führenden Stoßes zu erhalten.

BLACKETT[5]) hat durch Massenaufnahmen von Bahnspuren in Luft mit α-Teilchen aus Thorium C unter 270000 Bahnspuren von den schnelleren α-Teilchen (Reichweite = 8,6 cm) 8 deutliche H-Teilchenbahnen als dünne Nebelstreifen abzweigend von einer α-Teilchenbahn photographiert. Auffallend war dabei, daß keine Dreigabelung vorkam, sondern daß α-Teilchen und Kernrest anscheinend weiter zusammen fliegen, eine Bestätigung der früher erwähnten Annahme einer Synthese bei der Zertrümmerung. Außer den Protonenbahnen sollen 8 Bahnspuren mit elastischer Reflexion des α-Teilchens ohne sichtbare Emission eines H-Teilchens unter den Aufnahmen vorkommen, während die Kernstoßtheorie von RUTHERFORD nur 1 bis 2 solche zentrale Kernstöße (anstatt 8 elastische + 8 Zertrümmerungen) voraussehen läßt. Wenn man die gefundenen 8 Protonenbahnen auf die 270000 längeren α-Teilchen bezieht, kommt man zu einer Ausbeute von 30 pro Million. Berücksichtigt man dazu, daß die Fälle von Zertrümmerung angeblich nur mit α-Teilchen zwischen 6 und 8 cm restlicher Reichweite erreicht wurden, so kommt man zu einer Ausbeute pro Wegzentimeter der α-Teilchenbahn von 15 pro Million, d. i. 7,5mal mehr als der von RUTHERFORD und CHADWICK für Aluminium angegebene Ausbeutewert.

Es ist aber höchst wahrscheinlich, daß die Wilson-Methode ebenso wie die Szintillationsmethode nur einen unteren Grenzwert für die tatsächlich vorhandene Zahl von Atomtrümmern gibt. Die Schwierigkeit, die sehr dünnen Nebelstreifen, welche die Protonenbahnen markieren, mit Sicherheit neben den viel zahlreicheren und deutlicheren α-Bahnspuren zu erfassen, besonders wenn die ersteren Bahnen von H-Teilchen mit relativ kurzer Reichweite markieren sollen (bei BLACKETTS Versuchen wurde keine H-Bahn mit weniger als 19cm Reichweite beobachtet), spricht für die Wahrscheinlichkeit, daß eine gewisse Zahl von H-Teilchen übersehen worden ist. Es liegt jedenfalls in der Wilson-Methode eine außerordentlich vielversprechende Möglichkeit, Näheres über den Verlauf der Atomzertrümmerung zu erfahren.

---

[1]) W. D. HARKINS u. R. W. RYAN, Nature Bd. 112, S. 154. 1923; Phys. Rev. (2) Bd. 23, S. 308. 1924.
[2]) T. SHIMIZU, Proc. Roy. Soc. London (A) Bd. 99, S. 425. 1921.
[3]) P. M. S. BLACKETT, Proc. Roy. Soc. London (A) Bd. 102, S. 294. 1922.
[4]) S. KINOSHITA, H. IKEUTI u. M. AKIYAMA, Proc. Phys. Soc. Math. Japan (3) Bd. 3, S. 121. 1921.
[5]) P. M. S. BLACKETT, Proc. Roy. Soc. London (A) Bd. 107, S. 349. 1925.

Versuche, die photographischen Wirkungen von H-Teilchen nachzuweisen, wie es für die α-Teilchen durch Versuche von W. MICHL und anderen[1]) gemacht wurde, sind im Wiener Institut für Radiumforschung von M. BLAU[2]) ausgeführt worden. Punktreihen, die Bahn von einzelnen H-Teilchen in der photographischen Schicht markierend, sind zuerst mit H-Teilchen aus Paraffin unter Bestrahlung mit α-Teilchen aus Polonium erhalten worden, ebenso eine Schwärzung bei längerer Exposition. Auch mit Aluminium unter Polonium-α-Bestrahlung sind deutliche Punktreihen, welche wahrscheinlich den Weg der Atomtrümmer markieren, erhalten worden. Die Verwendung der photographischen Methode zur Erforschung der Atomzertrümmerung stößt aber auf die große Schwierigkeit, die Effekte korpuskularer oder Hochfrequenzstrahlung sekundären Ursprungs, auf welche die Platten mit allgemeiner Schwärzung bzw. willkürlich verteilten Punkten ansprechen, auszuschließen. Zunächst sind nur Versuche mit Poloniumpräparaten aussichtsreich wegen ihrer Freiheit von durchdringender Primärstrahlung. Mit ThC oder RaC erscheinen die Versuche aussichtslos, da man aus Intensitätsgründen nicht zu einer Trennung der Strahlungsarten durch magnetische Ablenkung schreiten kann.

Tabelle 23. Die mit Sicherheit H-Teilchen gebenden Elemente.
(Abkürzungen: R = retrograd, D = direkt, RW = rechtwinklig.)

Element	Atomnummer	Beobachtungsmethode	Beobachter
Lithium	3	R	KARA-MICHAILOVA
Beryllium	4	D, RW u. R	KIRSCH und PETTERSSON
Bor	5	D u. RW	RUTHERFORD und CHADWICK
Kohlenstoff	6	D, RW u. R	PETTERSSON
Stickstoff	7	D u. RW	RUTHERFORD und CHADWICK
Sauerstoff	8	D u. R	KIRSCH
Fluor	9	D u. RW	RUTHERFORD und CHADWICK
Neon	10	D u. RW	,, ,, ,,
Natrium	11	D u. RW	,, ,, ,,
Magnesium	12	D u. R	KIRSCH und PETTERSSON
Aluminium	13	D u. R	RUTHERFORD und CHADWICK
Silizium	14	D u. RW	KIRSCH und PETTERSSON
Phosphor	15	D u. RW	RUTHERFORD und CHADWICK
Schwefel	16	RW	,, ,, ,,
Chlor	17	RW	,, ,, ,,
Kalium	18	RW	,, ,, ,,
Argon	19	RW	,, ,, ,,
Titan	22	R	KIRSCH und PETTERSSON
Chrom	24	R	,, ,, ,,
Eisen	26	R	,, ,, ,,
Kupfer	29	R	,, ,, ,,
Selen	34	R	,, ,, ,,
Brom	35	R	,, ,, ,,
Zirkon	40	R	,, ,, ,,
Zinn	50	R	,, ,, ,,
Tellur	52	R	,, ,, ,,
Jod	53	R	,, ,, ,,

---

[1]) E. MICHL, Wiener Ber. (IIa) Bd. 121, S. 1431. 1912; E. MÜHLESTEIN, Arch. sc. phys. et nat. (5) Bd. 4, S. 38. 1922.
[2]) M. BLAU, Mitt. Ra.-Inst. Nr. 179; Wiener Ber. (IIa) Bd. 134. 1925.

c) Theoretische Ansätze auf Grund von Beobachtungen über Atomzertrümmerung.

69. Die Bestandteile der Atomkerne. Für die zusammengesetzten Atomkerne wird jetzt allgemein angenommen, daß sie aus Wasserstoffkernen oder Protonen und Kernelektronen bestehen. Außerdem wird öfters angenommen, daß die Protonen und die Kernelektronen weitgehend zu Heliumkernen zusammengefügt sind, so daß ein beliebiger Atomkern, dessen Masse A ist, $\frac{A-p}{4}$ He-Kerne und nur p freie Protonen enthält, wo p von 0 bis 3 schwanken kann. Für die Anwesenheit von präformierten He-Kernen im Atomkern spricht die Emission von α-Teilchen aus den radioaktiven Kernen. Als indirekter Beweis dafür wird außerdem die auffallende Häufigkeit von Elementen mit dem Wert $p = 0$ oder $A = 4n$, also von reinen Heliummultiplen in der Natur angeführt[1]).

Durch Atomzertrümmerung ist bis jetzt nur die Abspaltung von H-Teilchen erwiesen, Atomtrümmer von größerer Masse, wie X_3-Teilchen oder sekundäre α-Teilchen, sind mehrfach vermutet worden, aber bis jetzt nicht eindeutig erwiesen. Daß nunmehr aus reinen isotopenlosen He-Multiplen, wie Kohlenstoff, Sauerstoff und Schwefel, die Abspaltung von H-Teilchen festgestellt worden ist, spricht gegen die Annahme, daß sie aus lauter He-Kernen aufgebaut sein können. In diesem Falle wäre nämlich ihre Zertrümmerung äquivalent mit der eines He-Kernes selbst, was sowohl aus energetischen Gründen als wegen der erwiesenen hohen Stabilität des α-Teilchens für unwahrscheinlich gehalten wird. Ferner wäre die Stabilität derselben Elemente schwer zu erklären, wenn der vorhandene Packungseffekt bereits restlos auf die Bildung von He-Kernen als Unterbestandteile verbraucht wäre, so daß kein Energiebetrag für das Zusammenhalten dieser Unterbestandteile zu einem stabilen Kern übrigbliebe. Der sehr beträchtliche Raum, der nach Messungen von Chadwick und Bieler[2]) einem α-Teilchen zukäme, läßt sich schließlich mit den zur Zeit vorherrschenden Vorstellungen über die relativ kleine Ausdehnung der zusammengesetzten Atomkerne schwer vereinigen.

Zusammenfassend kann man sagen, daß die Annahme von Protonen und Kernelektronen als Bestandteile der zusammengesetzten Elemente sehr wahrscheinlich ist. Ob dieselben zu untergeordneten Einheiten in größerem oder kleinerem Ausmaß gruppiert sind, läßt sich zur Zeit nicht entscheiden. Daß bei den schwersten Atomkernen He-Teilchen als solche vorkommen, erscheint wahrscheinlich, oder man muß annehmen, daß das α-Teilchen erst im Moment des radioaktiven Zerfalls gebildet wird[3]). Bei den leichteren Elementen liegen aber keine direkten Beweisgründe vor, eine weitgehende Gruppierung der Protonen und Elektronen zu Heliumkernen vorauszusetzen.

70. Aufbau oder Abbau der Atomkerne bei der Zertrümmerung. Über die Verteilung der Massen nach einem mit Zertrümmerung verbundenen Kern-

---

[1]) W. D. Harkins, Phil. Mag. Bd. 42; S. 305. 1921. Siehe auch ds. Bd. Kap. 6.
[2]) J. Chadwick u. E. S. Bieler, Phil. Mag. Bd. 42, S. 923. 1922.
[3]) Für einen weitgehenden bzw. reinen Heliumaufbau haben sich Kirsch[4]) auf Grund von Betrachtungen über die Lindemannsche Interpretation der Geiger-Nuttallschen Gleichung, L. Meitner[5]) auf Grund von Betrachtungen über die Reihenfolge von α- und β-Strahlern bei dem radioaktiven Zerfall sowie schon früher W. Kossel[6]) ausgesprochen.
[4]) G. Kirsch, Phys. ZS. Bd. 21, S. 452. 1920.
[5]) L. Meitner, ZS. f. Phys. Bd. 4, S. 146. 1921.
[6]) W. Kossel, Phys. ZS. Bd. 20, S. 265. 1919.

stoß lagen bis vor kurzer Zeit keine experimentellen Tatsachen vor, da nur die emittierten H-Teilchen direkt beobachtbar waren. Gewöhnlich nahm man an, daß nur ein H-Teilchen emittiert wird, und daß der Restkern und das α-Teilchen nach dem Stoß auseinanderfliegen. Für die Annahme, daß nur ein H-Teilchen emittiert wird, sprechen sowohl energetische Betrachtungen, restlose Übertragung der Mehrenergie eines schnellen α-Teilchens über einen gewissen Schwellenwert auf das H-Teilchen[1]) wie direkte Beobachtungen über das Fehlen von Zwillingsszintillationen aus zertrümmertem Aluminium bei vergrößerter Ausbeute an Sekundärteilchen. Auch der von H. PETTERSSON gefundene große Überschuß an nach rückwärts emittierten H-Teilchen aus Aluminium über die nach derselben Richtung austretenden reflektierten α-Teilchen wurde von ihm als Beweis für ein mögliches Haftenbleiben des α-Teilchens im getroffenen Atomkern angesehen. In neuester Zeit von BLACKETT veröffentlichte Wilson-Photographien mit Protonenbahnen aus zertrümmerten Stickstoffatomen bestätigen diese Annahme für Stickstoff.

Das Resultat der Zertrümmerung eines Stickstoffatomes wäre somit nicht ein Abbau zu einem Kohlenstoffisotop von der Masse 13, sondern ein Aufbau zu einem Sauerstoffisotop von der Masse 17 (N + He − H = O_{17}). Die Lebensdauer dieses synthetisierten Atomkernes scheint nach BLACKETTS Resultaten jedenfalls 0,001 Sekunden zu übersteigen. Es ist allerdings wichtig, hierzu zu bemerken, daß das Endergebnis einer derartigen Atomsynthese ganz verschieden ausfällt, wenn außer den bis jetzt beobachtbaren Körpern H-Teilchen und α-Teilchen plus Kern noch ein oder mehrere Teilchen hinzutreten, die den Restkern verlassen und die wegen ihrer zu kleinen Geschwindigkeit bis jetzt unbeobachtbar geblieben sind, seien es Kernelektronen, andere Protonen oder noch größere Atomfragmente. Endgültige Entscheidungen über diese Frage lassen sich wohl nur durch massenspektrometrische Untersuchungen über den Wert von $\frac{e}{m}$ bei den Restkernen erzielen.

71. Energieverhältnisse bei der Atomzertrümmerung. Auf Grund von gewissen Annahmen über die Energieverteilung auf die beteiligten Körper nach einer Zertrümmerung versuchten RUTHERFORD und CHADWICK, die Energiebilanz bei der Atomzertrümmerung zu berechnen, mit Resultaten, welche in mehreren Fällen die Entwicklung von außerordentlich großen Energiemengen aus den zertrümmerten Elementen ergaben[2]). Allerdings erscheinen nach der in Ziff. 61 erwähnten Bemerkung von KIRSCH die Voraussetzungen der Berechnungen fraglich. Außerdem zeigen die neuesten Resultate über das Haftenbleiben des α-Teilchens an dem Kernrest, daß die die Berechnung stützenden Voraussetzungen nicht zutreffen. Legt man die letzterwähnte Tatsache einer Neuberechnung der Energieverhältnisse bei einer Zertrümmerung zugrunde, so findet man, daß eine Geschwindigkeit der nach vorwärts emittierten H-Teilchen, welche nahezu der doppelten α-Teilchengeschwindigkeit und also einer Reichweite von mehr als 50 cm in Luft entspricht, ohne jegliche Energieentwicklung aus dem zertrümmerten Kern erklärbar ist. Tatsächlich wird dieser Grenzwert nur im Falle von drei untersuchten Elementen wesentlich überschritten. Man findet z. B. für die allerweitreichendsten H-Teilchen aus Aluminium einen Energieüberschuß nach dem Stoß von ca. 40% der Anfangsenergie des α-Teilchens, der aus dem Aluminiumkern stammen muß. Berücksichtigt man aber die relativ

---

[1]) G. KIRSCH, Phys. ZS. Bd. 261, S. 457. 1925; Mitt. Ra.-Inst. Nr. 169; Wiener Ber. (IIa) Bd. 133, S. 461. 1925.
[2]) E. RUTHERFORD u. J. CHADWICK, Phil. Mag. Bd. 44, S. 417. 1922.

sehr kleine Zahl von H-Teilchen mit so großer Reichweite, so erkennt man, daß auch bei Aluminium die Zertrümmerung in der überwiegenden Mehrzahl der Fälle unter Aufwand einer beträchtlichen Energiemenge stattfindet. Bei den anderen bisher untersuchten Elementen mit Ausnahme von Bor, Stickstoff, Natrium, Fluor, Aluminium und Phosphor ist der obenerwähnte Grenzwert für die Reichweite der H-Teilchen bei einer energielosen Zertrümmerung nicht einmal angenähert erreicht. Wenn aber die kinetische Energie des α-Teilchens in dem gegebenen Ausmaß für die Zertrümmerung verwendet wird, so findet man, daß dieser Vorgang außer in den seltenen Ausnahmsfällen der weitreichendsten Teilchen aus den drei erwähnten Elementen ein endothermer und kein exothermer Prozeß sein muß. Nur wenn man annimmt, daß nach den Zertrümmerungen, welche zu den zahlreichen retrograden H-Teilchen führen, die α-Teilchen noch einen wesentlichen Teil ihrer Geschwindigkeit beibehalten, indem sie am Atomkern nur streifend vorbeifliegen, ließe sich die Erregung dieser langsamen H-Teilchen als ein ohne beträchtlichen Energieaufwand verlaufender Vorgang erklären.

72. Die Dimensionen der Atomkerne. Von den drei der RUTHERFORD-DARWINschen Stoßtheorie[1]) zugrunde liegenden Annahmen: Gültigkeit des Energiesatzes, des Impulssatzes und des COULOMBschen Gesetzes, setzt die letzte voraus, daß die elektrischen Ladungen von sowohl Atomkern als α-Teilchen in ihren geometrischen Zentren konzentriert angenommen werden können und einander mit einer dem Quadrat des Abstandes umgekehrt proportionalen Kraft abstoßen. Abweichungen zwischen Theorie und Experiment hat man gewöhnlich darauf zurückgeführt, daß die letzterwähnte Annahme unrichtig wäre und daß bei genügend kleinem Abstand die Kraft einem anderen Gesetz folgt. Umgekehrt kann man aber daraus schließen, daß der Übergang zu einem anderen Kraftgesetz stattfindet, wenn die Abstände mit den Dimensionen der Atomkerne selbst vergleichbar werden. Man kann also die untere Grenze des Abstandes zwischen α-Teilchen und Atomkern, wo ihre gegenseitige Bewegung dem einfachen COULOMBschen Gesetze noch gehorcht, als eine obere Grenze für die Summe ihrer Kernradien ansehen.

Experimentelle Untersuchungen über Kernstöße in Wasserstoff[1]), von RUTHERFORD, MACAULAY, CHADWICK und BIELER ausgeführt, ebenso wie die theoretische Bearbeitung desselben Problems durch DARWIN[2]) haben beträchtliche Abweichungen zwischen beobachteten und berechneten Werten nachgewiesen. Unter Annahme einer bestimmten Gestalt des α-Teilchens — der Wasserstoffkern wird aus anderen Gründen als verschwindend klein angesehen —, nämlich der eines flachen Rotationsellipsoides mit der Rotationsachse in der Bewegungsrichtung, kürzere Halbachse gleich $4 \cdot 10^{-13}$ cm und dem Äquatorialradius gleich $8 \cdot 10^{-13}$ cm, läßt sich die Streuung bis zu Apsidendistanzen von derselben Größe mit dem COULOMBsche Gesetz vereinbaren. Bei noch kleineren Abständen muß ein schneller Zuwachs der abstoßenden Kräfte angenommen werden. Versuche von E. BIELER[3]) mit über große Winkel, bis zu Mittelwerten von 80°, gestreuten α-Teilchen an Aluminium- und Magnesiumkernen zeigten auch beträchtliche Abweichungen von der einfachen Stoßtheorie. Diese sucht BIELER[4]) durch die Annahme einer rein hypothetischen, anziehenden Kraft in unmittelbarer Nähe des Atomkernes als Zusatzglied zu dem COULOMBschen

---

[1]) E. RUTHERFORD, Phil. Mag. Bd. 37, S. 537ff. 1919; A. L. McAULAUY, Phil. Mag. Bd. 42, S. 892. 1921; J. CHADWICK u. E. S. BIELER, Phil. Mag. Bd. 42, S. 923. 1922.
[2]) C. G. DARWIN, Phil. Mag. Bd. 41, S. 486. 1921.
[3]) E. S. BIELER, Proc. Roy. Soc. London (A) Bd. 105, S. 434. 1924.
[4]) E. S. BIELER, Proc. Cambridge Phil. Soc. Bd. 21, S. 686. 1923.

Glied in dem Kraftgesetz zu erklären. Diese anziehende Kraft soll nach BIELERS Berechnungen umgekehrt proportional der vierten Potenz des Abstandes zunehmen, und wäre also schon bei Abständen von $3 \cdot 10^{-12}$ cm vom Kernzentrum kaum mehr bemerkbar, d. h. weniger als 1% der COULOMBschen Kraft, käme aber in einem Abstand von $3,44 \cdot 10^{-13}$ cm vom Zentrum der letzteren gleich, so daß innerhalb dieses kritischen Abstandes, den BIELER gleich dem Kernradius setzt, anziehende anstatt abstoßende Kräfte bestehen sollen. Nach einer unten zu erwähnenden, von H. PETTERSSON[1]) vorgeschlagenen Erklärung ließe sich das Vorhandensein von anziehenden Kräften gegenüber einem sich annähernden α-Teilchen in unmittelbarer Nähe eines Atomkernes unter Berücksichtigung von rein COULOMBschen Kräften zwischen dem α-Teilchen und den Teilladungen im Kern als ein durch elektrische Induktion hervorgebrachter Sekundäreffekt erklären. Der von BIELER definierte kritische Abstand wäre nach dieser Deutung nicht gleich dem Radius des Kernes selbst, sondern um einen von Element zu Element verschiedenen Faktor größer, bei Aluminium z. B. durch 1,22 zu dividieren, um den Kernradius zu erhalten.

Schließlich haben RUTHERFORD und CHADWICK[2]) einen vorläufigen Bericht von Versuchen über Streuung von α-Teilchen über größere Winkel (um 135°) an Aluminium, Gold und Uran in dünnen Schichten veröffentlicht. Die beobachteten Zahlen von gestreuten α-Teilchen fallen für Aluminium beträchtlich unter die nach der Stoßtheorie zu erwartenden und zeigen außerdem eine recht verwickelte Abhängigkeit von der Energie der α-Teilchen. Für Gold und Uran sollen die beobachteten Zahlen innerhalb der Messungsfehler mit den theoretisch erhaltenen Werten übereinstimmen. Der berechnete Minimalabstand zwischen den Mittelpunkten des α-Teilchens und des Uranatomes wäre dabei etwa $3 \cdot 10^{-12}$ cm.

Die erhaltenen Zahlenwerte für die obere Grenze der Kerndurchmesser zeigen überraschend kleine Werte, besonders wenn man das Resultat mit Helium als richtig ansieht und die anderen Atomkerne als hauptsächlich aus Heliumkernen aufgebaut ansieht.

Nimmt man an, daß ein zentraler Kernstoß notwendig ist, um eine Atomzertrümmerung hervorzurufen, so kann man auch aus den bei verschiedenen Elementen gefundenen Ausbeutezahlen an Atomtrümmern entsprechende Werte für die Wahrscheinlichkeit eines Kernstoßes berechnen und damit auf ganz anderem Wege zu einem Näherungswert für die Kerndimensionen gelangen. Die von RUTHERFORD und CHADWICK gefundenen Ausbeutezahlen für Aluminium, etwa 1 H-Teilchen pro Million α-Teilchen mit Radium C aus 0,5 cm Luftäquivalent Aluminiumfolie, würde einem etwas kleineren Kernradius als dem von BIELER berechneten entsprechen, indem sein Kernradius einer Treffwahrscheinlichkeit in Aluminium gleicher Dicke von 1,4 pro Million erfordert. Die Ausbeutezahlen von RUTHERFORD und CHADWICK beziehen sich nur auf H-Teilchen größerer Reichweite. Berücksichtigt man aber die von E. A. W. SCHMIDT nach der retrograden Methode gefundenen viel höheren Ausbeutewerte an H-Teilchen (solche von kürzester beobachtbarer Reichweite mit einbegriffen, gleichmäßige Emission nach allen Richtungen vorausgesetzt), so erhält man eine mehr als 10fach größere Treffwahrscheinlichkeit und damit auch einen 10^{-12} cm übersteigenden Wert für den Kernradius, wenn man auch in diesem Falle einen

---

[1]) H. PETTERSSON, Mitt. Ra.-Inst. Nr. 172; Wiener Ber. (IIa) Bd. 133, S. 509. 1924; Ark. f. Mat., Astron. och Fys. Bd. 19 B, Nr. 2. 1925.
[2]) E. RUTHERFORD, Weekly Meeting of the Roy. Inst., 6. April 1925. Anm. bei der Korr.: Inzwischen erschien auch die ausführliche Veröffentlichung von RUTHERFORD und CHADWICK, Phil. Mag. Bd. 50, S. 889. 1925.

zentralen Kerntreffer als Vorbedingung für eine Zertrümmerung ansieht. Läßt man andererseits diese Voraussetzung fallen und berechnet nach der Stoßtheorie die Apsidendistanz, welche einer solchen Zahl von getroffenen Kernen entspricht (minimale Ablenkung des α-Teilchens etwa 20°), so ergibt sich ein Kernradius von $6 \cdot 10^{-13}$ cm.

Weiter kann man aus der minimalen Geschwindigkeit eines α-Teilchens, das eben noch zertrümmerungsfähig ist, die Apsidendistanz bei ganz zentralem Stoß ausrechnen. Nach den Angaben von RUTHERFORD und CHADWICK wäre der betreffende Grenzwert etwa $1,7 \cdot 10^9$ cm/sec entsprechend einer Reichweite von 4,9 cm, und die dazu gehörige Apsidendistanz wäre $6 \cdot 10^{-13}$ cm, berechnet nach BIELERS Kraftgesetz. Andererseits hat E. A. W. SCHMIDT gefunden, daß α-Teilchen, welche nur eine Geschwindigkeit von $1,1 \cdot 10^9$ cm/sec haben, noch fähig sind, H-Teilchen nach rückwärts aus Aluminium zu erregen und die entsprechende Apsidendistanz, nach demselben Gesetz berechnet, gibt einen bedeutend höheren Wert, $1,4 \cdot 10^{-12}$ cm.

Unter der Annahme, daß die Geschwindigkeit der H-Teilchen durch das Potentialgefälle von der Kernoberfläche erworben ist, berechnen RUTHERFORD und CHADWICK auf Grund der von ihnen gefundenen Minimalreichweite für H-Teilchen aus Aluminium (13 bis 14 cm) den Kernradius zu $6 \cdot 10^{-13}$ cm. Da eine ähnliche Minimalreichweite für die retrograden H-Teilchen in SCHMIDTS Versuchen nicht feststellbar war, so würde, abgesehen von dem Unterschied in der Beobachtungsrichtung, ein bedeutend geringerer Wert für das Potentialgefälle und ein entsprechend höherer für den Kernradius aus seinen Messungen folgen. Allerdings kann gegen ähnliche Berechnungsmethoden der Einwand erhoben werden, daß sie ein symmetrisches Feld um den Atomkern im Moment der größten Annäherung des α-Teilchens voraussetzen, was aller Wahrscheinlichkeit widerspricht.

Schließlich sei erwähnt, daß für Uran ein Wert des Kernradius berechnet werden kann, wenn man die für diesen Fall weit eher berechtigte Annahme macht, daß die α-Teilchen aus Uran I ihre ganze Geschwindigkeit, $1,3 \cdot 10^9$ cm/sec, dem Fallen durch das abstoßende Potentialgefälle verdanken, welches die Kernladung des Urans (92) auf eine sphärische Oberfläche von dem unbekannten Radius R verteilt ergeben würde. Der so ermittelte Kernradius von Uran beträgt $7 \cdot 10^{-12}$ cm oder mehr als das Doppelte von dem aus RUTHERFORD und CHADWICKS Streuungsversuchen berechneten Wert.

Es besteht somit eine Diskrepanz zwischen dem aus Streuungsversuchen berechneten Wert des Radius der Sphäre, über welche die effektive Kernladung verteilt sein kann, und den aus den neuesten Resultaten über Atomzertrümmerung oder aus den radioaktiven Tatsachen berechneten Werten. Die letzteren sind durchwegs bedeutend höher. Um diesen Unterschied zu erklären, kann man annehmen, daß der Kern aus verschiedenen Niveaus oder Schichten besteht, und daß bei der Streuung von schnellen α-Teilchen unter großen Winkeln ein inneres Kernniveau wirksam ist, mit kleinerem Radius als die Kernniveaus, in welchen eine Zertrümmerung unter Emission von langsamen H-Teilchen erregt wird. Eine derartige Struktur haben RUTHERFORD und CHADWICK[1]) später auf Grund ihrer erwähnten Streuungsversuche vorgeschlagen (Abb. 40). Sie nehmen nunmehr an, daß das innere Niveau, das bei der Streuung um große Winkel wirksam ist, eine Hauptmenge der überschüssigen Protonen enthält, während ein äußeres, relativ leichter durchdringbares Kernniveau eine Art von Satelliten enthält,

---

[1]) E. RUTHERFORD u. J. CHADWICK, Vortrag von E. RUTHERFORD, ref. in Engineering. Bd. 119, S. 437. 1925; vgl. auch Fußnote 2 auf vorhergehender Seite.

von denen jeder aus Kernelektron und ein oder zwei damit verbundenen Protonen besteht, eine Vorstellung, die beträchtlich von der früher vorgeschlagenen, unten zu erwähnenden Satellithypothese abweicht.

Zu einer ähnlichen Vorstellung von verschiedenen in energetischer Hinsicht differenzierten Kernniveaus ist auch unabhängig KIRSCH[1]) auf Grund von Betrachtungen über die Gestalt der Absorptionskurven von H-Teilchen aus Stickstoff und Aluminium gekommen.

Zusammenfassend darf man sagen, daß die experimentellen Ergebnisse der letzten Jahre eher für größere Kerndimensionen sprechen, als man früher an-

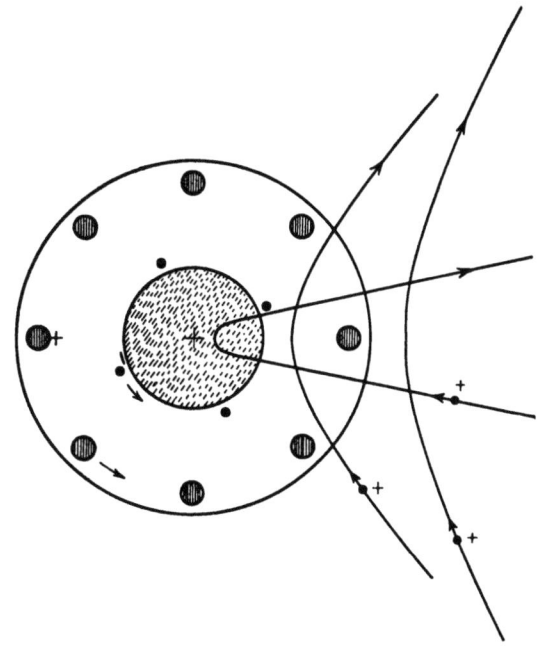

Abb. 40. Kernmodell von RUTHERFORD und CHADWICK (nach dem Referat in Engineering Bd. 119, S. 437. 1925).

nahm, und daß auch bei den leichteren Elementen der Wert des Kernradius wahrscheinlich nicht unter dem Wert von 10^{-12} cm liegt und für die schwereren Elemente bei noch höheren Werten. Die inneren Kernniveaus von kleinerem Durchmesser treten bei der Reflexion von schnellen zentral auftreffenden α-Teilchen in Funktion, wahrscheinlich auch bei der Emission von sehr schnellen H-Teilchen in den seltenen Fällen einer exotherm verlaufenden Atomzertrümmerung.

73. Die Satellithypothese von RUTHERFORD und CHADWICK. Die ersten sechs von RUTHERFORD und CHADWICK zertrümmerten Elemente hatten Atomgewichte von dem Typus $A = 4n + 3$, mit Ausnahme allein von Stickstoff, für welches $A = 4n + 2$ ist. Dieser Umstand schien zunächst darauf hinzudeuten, daß eine bestimmte Struktur des Atomkernes eine Vorbedingung für seine Zertrümmerbarkeit wäre. Ebenso schien es naheliegend, die überraschend große Geschwindigkeit der weitreichendsten Atomtrümmer sowie die Abhängigkeit der Geschwindigkeit von der des stoßenden α-Teilchens auf Struktureigen-

---

[1]) G. KIRSCH, Phys. ZS. Bd. 26, S. 457. 1925.

schaften der Atome zurückzuführen. Um diese und andere von ihren Resultaten zu erklären, haben RUTHERFORD und CHADWICK[1]) eine eigenartige Vorstellung über die Struktur von zertrümmerbaren Atomkernen und über den Verlauf der Zertrümmerung entwickelt, welche kurzweg als Satellithypothese bezeichnet werden kann.

Sie nehmen an, daß bei den fraglichen Elementen ein H-Kern, nur äußerlich an den Atomkern gebunden, denselben in einem gewissen Abstand wie ein Satellit umkreist. Die Abtrennung dieses H-Kernes bei der Zertrümmerung sollte durch einen direkten Stoß vom α-Teilchen ohne wesentliche Einwirkung auf den Restkern erfolgen. Nur solche Atomkerne, welche einen Satelliten in genügend großem Abstand von dem Restkern besitzen, um eine derartige selektive Übertragung von Bewegungsgröße des α-Teilchens auf denselben zu erlauben, wären zertrümmerbar. Je nach der Lage des Satelliten in seiner Bahn bei dem Stoß würde er nach vorwärts (Abb. 41 a) oder nach rückwärts (Abb. 41 b) hinausgeworfen, und seine Geschwindigkeit wäre sowohl von der des Teilchens wie von seiner Bahngeschwindigkeit vor dem Stoß abhängig.

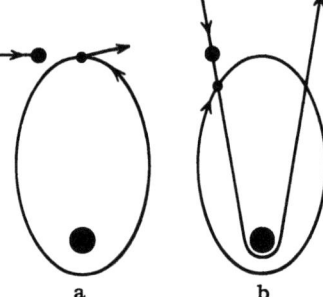

Abb. 41. Satellitvorstellung von RUTHERFORD und CHADWICK.

Als Voraussetzung für die Satellithypothese nehmen RUTHERFORD und CHADWICK an, daß positiv geladene Körper bei den in Frage kommenden kleinen Abständen einander anziehen, anstatt abstoßen, daß also ein Zeichenwechsel in dem elektrostatischen Kraftgesetz eintrete. Auch das Zusammenhalten der Atomkerne erklären sie durch derartige anziehende Kräfte zwischen den Protonen.

Das seinerzeit vorliegende Beobachtungsmaterial wurde von der Satellithypothese anscheinend zwanglos erklärt. Das negative Ergebnis von Zertrümmerungsversuchen mit gewissen Elementen konnte auf die Abwesenheit eines abtrennbaren H-Satelliten zurückgeführt werden. Auch die relativ kleine Ausbeute an H-Teilchen aus zertrümmertem Stickstoff (etwa $\frac{1}{12}$ von der Zahl der aus Wasserstoff erhaltenen H-Teilchen) erschien durch die bedeutend kleinere Wahrscheinlichkeit eines Satellittreffers gegenüber der eines Kerntreffers leicht verständlich.

Die obenerwähnten Versuche von KIRSCH und PETTERSSON, bei welchen auch Atomtrümmer von wesentlich kürzerer Reichweite beobachtet wurden, bewiesen aber, daß wenigstens drei weitere Elemente auch H-Teilchen abspalten können und somit zertrümmerbar sind, obschon ihr Atomgewicht nicht mit dem oben angegebenen Typus übereinstimmt. Eine bestimmte Struktur wäre somit für Zertrümmerbarkeit nicht notwendig, wie die Satellithypothese voraussetzt. Unter der entgegengesetzten Vermutung, daß nämlich Zertrümmerbarkeit eine allgemein verbreitete Eigenschaft ist, hat H. PETTERSSON eine von der Satellithypothese wesentlich abweichende Erklärung für den Vorgang bei der Zertrümmerung vorgeschlagen, welche kurzweg als Explosionshypothese bezeichnet werden kann.

74. Die Explosionshypothese. Nach der Explosionshypothese[2]) wird angenommen, daß die Zertrümmerbarkeit keine spezielle Struktur des Atomkernes voraussetzt, sondern daß sie, bei genügend intensivem Stoß gegen den Atomkern als Ganzes, bei allen Elementen möglich ist. Es wird dabei eine

---

[1]) E. RUTHERFORD u. J. CHADWICK, Phil. Mag. Bd. 42, S. 809. 1921; Bd. 44, S. 417. 1922.
[2]) H. PETTERSSON, Proc. Phys. Soc. Bd. 36, S. 194. 1924.

Instabilität des Kernes hervorgerufen, welche zu der Emission eines H-Teilchens führt, in Analogie mit der Emission eines α-Teilchens aus einem radioaktiven Atomkern. Dabei wird den vom zertrümmernden α-Teilchen ausgehenden elektrostatischen Kräften eine bedeutsame Einwirkung auf die Verteilung der Einzelladungen beider Vorzeichen im Kern beigemessen. Die Kernelektronen bekämen dadurch eine Tendenz zur Annäherung an das α-Teilchen, die Protonen eine Tendenz entgegengesetzter Art. Es wird also angenommen, daß elektrostatische Kräfte mit unverändertem Vorzeichen auch bei den in Frage kommenden kleinen Abständen wirksam sind. Dasselbe gilt auch für das Kerninnere, und der Zusammenhalt der Kerne wird auf die „Kittwirkung" der immer in einer Mindestzahl von $\frac{1}{2}A$ (A = Atomgewicht) anwesenden Kernelektronen zurückgeführt. Relative Verschiebungen der Kernelektronen aus ihrer normalen Lage oder aus ihren Bahnen, wie sie durch die elektrostatischen Kräfte des herannahenden α-Teilchens hervorgerufen werden, können deshalb leicht eine Instabilität des Kernes herbeiführen.

Die Unterschiede an Geschwindigkeit zwischen den unter verschiedenen Winkeln zu der Primärstrahlung austretenden H-Teilchen wären größtenteils, wenn nicht ausschließlich, durch die Eigengeschwindigkeit des Systems Kern + α-Teilchen im Augenblick der Emission erklärbar, die mit der engsten Annäherung während des Stoßes zusammenfallen soll.

Mehrere experimentelle Erfahrungen scheinen gegen die Richtigkeit der Satellithypothese in ihrer ursprünglichen Form zu sprechen. Erstens ist es tatsächlich erwiesen, daß wenigstens unter den Leichtelementen Zertrümmerbarkeit eine allgemeine Eigenschaft aller Atomarten ist, ohne an einen bestimmten Typus von Atomgewicht gebunden zu sein. Ferner ist die Ausbeute an H-Teilchen bei den bisher am eingehendsten untersuchten Elementen keineswegs kleiner als die nach RUTHERFORD-DARWINS Theorie zu berechnende Zahl von zentralen Kernstößen, sondern bedeutend größer. Ebenso ist sie bedeutend größer als die Zahl von beobachtbaren reflektierten α-Teilchen. Schließlich spricht die zuerst von H. PETTERSSON sowie von KIRSCH gezogene Folgerung aus experimentellen Befunden, später von BLACKETT nach der Wilson-Methode bestätigt, daß das zertrümmernd wirkende α-Teilchen mit dem Restkern verbunden bleibt, gegen eine selektive Stoßübertragung auf einen H-Satelliten.

Dagegen scheint die Explosionshypothese wohl eine weitere Vertiefung zu erfordern, um den experimentellen Befunden völlig zu entsprechen. So scheint die anfänglich gemachte Annahme, daß die Emission von H-Teilchen aus einem getroffenen Atomkern nach allen Richtungen gleich wahrscheinlich ist und mit derselben Geschwindigkeit relativ zum Kern vor sich geht, nicht mit Sicherheit zuzutreffen, nachdem die Untersuchungen nach der retrograden Methode die Emission einer beträchtlichen Zahl von H-Teilchen ganz kurzer Reichweite festgestellt hat. Es ist sehr wohl möglich, besonders für schwerere Elemente, daß die Emission von H-Teilchen aus den in unmittelbarer Nähe des herannahenden α-Teilchens befindlichen Teil des Atomkernes begünstigt ist, so daß die Zertrümmerung in gewisser Hinsicht ein in dem betreffenden Kernteil lokalisierter Vorgang sein kann.

75. Elektrostatische Induktion bei dem Kernstoß. Die obenerwähnten Versuche von BIELER über die Zahl der um große Winkel an Aluminium- und Magnesiumkernen gestreuten α-Teilchen wurden von ihm durch die Annahme eines anziehenden Kraftfeldes in unmittelbarer Nähe des Atomkernes gedeutet. Das von BIELER angenommene Zusatzglied in dem elektrostatischen Kraftgesetz hat die Form $\frac{G}{R^4}$ und entbehrt jeder physikalischen Interpretation.

Indessen hat H. PETTERSSON[1]) gezeigt, daß sich, wenn man eine Verschiebbarkeit der Teilladungen beiderlei Vorzeichens in dem Atomkern unter Einwirkung der elektrostatischen Kräfte des herannahenden α-Teilchens annimmt, das Vorhandensein eines anziehenden Kraftfeldes in unmittelbarer Nähe des Atomkernes mittels rein COULOMBscher Kräfte erklären läßt. Macht man die mehr spezialisierte Annahme, daß die Einwirkung des α-Teilchens auf den Atomkern mit der einer positiven Punktladung auf eine positiv geladene Sphäre vergleichbar ist, so reduziert sich das Problem auf die schon von MAXWELL behandelte elektrostatische Induktion. Die Kraft zwischen Punktladung und Sphäre wird gegeben durch die Gleichung

$$F = \frac{e}{R^2} \left[E - e \frac{2b^2 - 1}{b(b^2-1)^2} \right],$$

wo E die Ladung auf der Sphäre und a ihren Radius, e die Punktladung und R ihren Abstand vom Mittelpunkt der Sphäre bedeutet und $b = \frac{R}{a}$. Bei einem gewissen kritischen Abstand $R_0 = a b_0$, gegeben durch die Gleichung

$$b_0^5 - 2 b_0^3 - \frac{2}{c} b_0^2 + b_0 + \frac{1}{c} = 0, \quad \text{worin} \quad c = \frac{E}{e}$$

ist, wird die Kraft gleich Null und geht bei weiterer Verkleinerung von R in eine anziehende über. Die Resultate stimmen qualitativ mit den von BIELER gefundenen überein. Nur ist hier der kritische Radius nicht gleich dem Kernradius, sondern gleich letzterer Größe multipliziert mit b_0, welches für verschiedene Werte der Kernladung verschiedene Werte besitzt. So findet man mit Aluminium, wo $E = 13$ ist, $b_0 = 1,22$, durch welche Zahl der aus Streuungsversuchen zu ermittelnde kritische Radius zu dividieren wäre, um den Kernradius zu erhalten. Nach dieser Auffassung erzeugt das herannahende α-Teilchen gewissermaßen selbst das anziehende Feld und braucht nur innerhalb des durch den kritischen Radius gegebenen Abstandes zu kommen, um dauernd an dem Atomkern haften zu bleiben.

Auch für die zum Kern selbst gehörigen Protonen läßt sich auf analoge Weise der kritische Radius berechnen, welcher nach dieser Auffassung den Maximalwert des Abstandes vom Kernzentrum angibt, bis zu welchem sich ein H-Kern entfernen kann, ohne ausgestoßen zu werden. Diese Werte sind durchwegs noch kleiner als die für das α-Teilchen berechneten, was ebenso wie die von BIELER gefundenen Werte des kritischen Radius gegen die Satellithypothese spricht.

Für die Annahme einer relativen Verschiebung der Teilladungen im Kern unter der Einwirkung eines stoßenden α-Teilchens sprechen folgende experimentelle Tatsachen. Erstens hat SLATER[2]) gefunden, daß unter der Einwirkung von intensiver α-Bestrahlung Zinn ebenso wie Blei eine Art durchdringender γ-Strahlung analog der Strahlung aus radioaktiven Substanzen aussendet. Diese erklärt er als eine durch zentrale Stöße hervorgerufene Verschiebung von Kernelektronen, welche bei ihrer Rückkehr in ihre Normallage Schwingungen erregen. Schließlich wäre eine derartige durch von außen kommende α-Teilchen erregte Kernstrahlung vollkommen analog mit der Emission von γ-Strahlung

---

[1]) H. PETTERSSON, Mitt. Ra.-Inst. Nr. 172; Wiener Ber. (IIa) Bd. 133, S. 509; Ark. f. Mat., Astron. och Fys. Bd. 19 B, Nr. 2. 1925.
[2]) F. P. SLATER, Phil. Mag. Bd. 42, S. 904. 1921; vgl. auch J. CHADWICK, ebenda Bd. 25, S. 193. 1913; J. CHADWICK u. A. S. RUSSELL, Proc. Roy. Soc. London (A) Bd. 88, S. 217. 1913.

aus den β-strahlenden und gewissen α-strahlenden Substanzen, welche von L. MEITNER[1]) auf eine Reorganisation der durch die α- oder β-Emission gestörten Kernelektronen in dem neugebildeten Atomkern zurückgeführt wird. Zweitens läßt sich der von KIRSCH und PETTERSSON[2]) gefundene Energieverlust bei zentralen Kernstößen gegen eine Zahl von mittelschweren Elementen anscheinend am einfachsten durch die Annahme einer zeitlich verzögerten elektrostatischen Induktion auf den getroffenen Atomkern erklären, wodurch das abstoßende Feld beim Herannahen des α-Teilchens weniger abgeschwächt wird als in der zweiten Phase des Stoßes, während sich das α-Teilchen entfernt.

Durch Berücksichtigung der elektrostatischen Einwirkung des α-Teilchens auf die Teilladungen im getroffenen Atomkern erscheinen die Vorgänge bei den Kernstößen mit oder ohne Zertrümmerung verständlich, ohne daß man zu einem hypothetischen Zeichenwechsel in dem elektrostatischen Kraftgesetz zu greifen braucht.

---

[1]) L. MEITNER, ZS. f. Phys. Bd. 9, S. 145. 1922.
[2]) G. KIRSCH u. H. PETTERSSON, Mitt. Ra.-Inst. Nr. 180; Wiener Ber. (IIa) Bd. 134. 1925.

Kapitel 3.

Radioaktivität.

Mit 33 Abbildungen.

A. Der radioaktive Zerfall.

Von

W. BOTHE, Charlottenburg.

a) Allgemeine Zerfallstheorie.

1. Wesen und Grundgesetz des radioaktiven Zerfalls.[1]) Die Eigentümlichkeit der radioaktiven Atome besteht darin, daß ihre Kerne spontan unter Emission von α-, β- oder γ-Strahlen zerfallen; die als kurzwellige Röntgenstrahlen aufzufassenden γ-Strahlen treten nie allein auf, sondern stets in Verbindung mit α- oder β-Strahlen (vgl. Kap. 2 D); die α-Strahlen bestehen aus Heliumkernen (Kap. 2 C), die β-Strahlen aus Elektronen. Da sich entsprechend der Ladung und Masse der abgestoßenen Kernbestandteile die Kernladung und die Masse des Atoms ändern, hat das neu entstehende Atom gegenüber dem ursprünglichen andere chemische Eigenschaften und eine andere Stellung im periodischen System der Elemente (Kap. 6). Die Art dieser Änderungen wie auch direkte Befunde aus Zählversuchen zeigen zwingend, daß jeder zerfallende Atomkern entweder ein α-Teilchen oder ein β-Teilchen aussendet (vgl. Ziff. 22 und 23). Es sind auch einzelne radioaktive Umwandlungen bekannt, welche ohne nachweisbare Strahlenemission verlaufen (z. B. Ac→RaAc); in solchen Fällen hat man eine sehr weiche β-Strahlung anzunehmen. Meist ist das entstandene Atom wieder radioaktiv, so daß eine gegebene Menge eines reinen radioaktiven Elementes im Laufe der Zeit eine ganze „Zerfallsreihe" durchläuft, bis sie schließlich vollständig in das stabile Endprodukt dieser Reihe umgewandelt ist. Solcher Zerfallsreihen sind drei bekannt: die Uran-Radium-Reihe, die Actinium-Reihe und die Thorium-Reihe, wobei die Actinium-Reihe als eine Abzweigung der Uran-Radium-Reihe aufzufassen ist. Ein Schema der Zerfallsreihen findet sich auf S. 221.

Das einfache Grundgesetz, aus welchem sich der vollständige zeitliche Ablauf der Zerfallsvorgänge in einem beliebigen Gemisch radioaktiver Elemente bei beliebig gegebenem Anfangsstadium herleiten läßt, kann folgendermaßen ausgesprochen werden: Die Wahrscheinlichkeit, daß ein Atom in einem gegebenen Zeitelement dt zerfällt, ist unabhängig von der Zeit, welche das Atom bereits existiert; man kann diese Wahrscheinlichkeit also gleich λdt setzen, wo λ eine für das betreffende Radioelement charakteristische Konstante, die „Zerfalls-

---

[1]) ELSTER u. GEITEL, Wied. Ann. Bd. 69, S. 88. 1899; E. RUTHERFORD u. F. SODDY, Phil. Mag. Bd. 4, S. 370, 569. 1902; Bd. 5, S. 177, 441, 561, 576. 1903. — Bezüglich älterer Vorstellungen über das Wesen radioaktiver Vorgänge vgl. die Darstellung bei ST. MEYER u. E. v. SCHWEIDLER, Radioaktivität. Leipzig 1926.

konstante" ist. Man kann auch kurz sagen: der Zerfallsvorgang trägt den Charakter eines zufallsmäßigen Ereignisses[1]).

Eine völlig offene Frage ist es heute noch, ob diese Zufallsmäßigkeit als „Zufälligkeit" im Sinne einer wirklichen Aufhebung der Kausalität aufzufassen ist, oder ob sie etwa eine Folge der Kompliziertheit der Bedingungen ist, welche die beständig wechselnde Konstellation der Atombestandteile erfüllen muß, damit der Zerfall eintritt (vgl. etwa die zufallsmäßige Verteilung der Ziffern in den 10. Dezimalen einer Logarithmentafel[2]). Man hat sich heute an diese Ungewißheit gewöhnt, besonders seit man weiß, daß es sich hier nicht um eine Eigentümlichkeit des Atomkernes handelt, sondern daß ganz ähnliche Verhältnisse in der äußeren Elektronenhülle bestehen. Die Analogie zwischen dem Elementarprozeß der Lichtemission und dem radioaktiven Zerfall ist zuerst von EINSTEIN[3]) hervorgehoben worden. Später hat ROSSELAND einen eingehenderen Versuch unternommen, auf Grund der weitgehend bekannten Quantenprozesse in der Elektronenhülle eine Deutung des radioaktiven Zerfallsvorganges zu geben[4]). Folgender Prozeß ist einem $\beta\gamma$-Zerfall vollkommen analog: Ein Atom sei in der K-Schale angeregt; ein L-Elektron gehe in die K-Schale über, und das dabei entstehende Kα-Strahlungsquant werde sogleich in einer der übrigen Elektronenschalen des gleichen Atoms absorbiert, indem es dort ein Photoelektron auslöst; anschließend wird dann noch eine weitere Umgruppierung der Elektronen erfolgen, welche mit Strahlungsemission, möglicherweise auch mit weiterer Elektronenemission verbunden ist[5]).

2. Das Exponentialgesetz des freien Abfalls. Der einfachste Fall einer radioaktiven Umwandlung ist der eines Radioelementes, welches von allen seinen Vorfahren in der Zerfallsreihe abgetrennt ist, so daß es beständig verschwindet, ohne neu zu entstehen. Bezeichnet $N(t)$ die zur Zeit t vorhandene (sehr große) Zahl der Atome, so ist die Abnahme derselben $(-dN)$ in dem Zeitelement dt gleich $N\lambda dt$, so daß für N die Differentialgleichung gilt:

$$dN/dt = -N\lambda,$$

deren Lösung lautet:
$$N = N_0 e^{-\lambda t}. \qquad (1)$$

Hierin bedeutet N_0 die Zahl der Atome zur Zeit 0. Dieses Exponentialgesetz ist so eng mit dem Grundgesetz verknüpft, daß es direkt als ein anderer Ausdruck desselben anzusehen ist (historisch ist es die ursprüngliche Form des Grundgesetzes). Es liefert die meistbenutzte Methode zur experimentellen Bestimmung der Zerfallskonstanten λ. Während λ von der Dimension einer reziproken Zeit ist, ist es oft bequemer, die Zerfallsgeschwindigkeit durch eine Zeitgröße selbst zu messen. Solcher Zeitgrößen sind zwei in Gebrauch: die „mittlere Lebensdauer" τ und die „Halbwertzeit" T. Von den N_0 ursprünglich vorhandenen Atomen haben $N(t)\lambda dt$ eine Lebensdauer, die zwischen t und $t+dt$ liegt; daher ist die mittlere Lebensdauer:

$$\tau = \frac{1}{N_0}\int_0^\infty t N(t)\lambda dt = \int_0^\infty t e^{-\lambda t}\lambda dt = \frac{1}{\lambda}.$$

---

[1]) Diese Formulierung des Grundgesetzes, welche vom logischen Standpunkt als die primäre anzusehen ist, ist wohl erstmalig von v. SCHWEIDLER ausgesprochen worden (Premier Congr. internat. de Radiologie, Liège 1905).
[2]) S. ROSSELAND (Nature Bd. 111, S. 357. 1923) hält es nicht für ausgeschlossen, daß diejenigen Elektronen der Hülle, welche auf ihrer Bahn dem Kern sehr nahe kommen, den Zerfall beeinflussen.
[3]) A. EINSTEIN, Phys. ZS. Bd. 18, S. 121. 1917.
[4]) S. ROSSELAND, ZS. f. Phys. Bd. 14, S. 173. 1923.
[5]) Solche Prozesse sind keineswegs hypothetisch, sie sind sogar recht häufig, wie direkte Versuche von P. AUGER erweisen (C. R. Bd. 180, S. 65. 1925).

Die Halbwertzeit T ist definiert als diejenige Zeit, innerhalb welcher die Menge der Substanz auf die Hälfte abfällt:

$$N_0 e^{-\lambda T} = \frac{N_0}{2},$$

woraus sich ergibt:

$$T = \frac{\ln 2}{\lambda} = \frac{0,6931\cdots}{\lambda}.$$

3. Zerfallsstatistik. Das Exponentialgesetz (1) gibt den Verlauf des radioaktiven Zerfalls nur „im großen" wieder, d. h. soweit man den Vorgang als kontinuierlich ansehen kann. Geht man aber auf den diskreten Charakter der Einzelprozesse ein, so ergeben sich weitere Folgerungen aus dem Grundgesetz durch Anwendung der Wahrscheinlichkeitsrechnung. Zwar kann wegen des Zufallscharakters der Elementarakte niemals der Verlauf eines Zerfallsvorganges bis in alle Einzelheiten vorausgesagt werden, wohl aber kann für jeden bestimmten Ablauf ein Wahrscheinlichkeitsausdruck hergeleitet werden, welcher durch häufig wiederholte Versuche nachgeprüft werden kann.

Wir betrachten zunächst eine einheitliche radioaktive Substanz während einer so kurzen Zeit t, daß sich innerhalb derselben die Substanzmenge nicht merklich ändert. N sei die Anzahl der Atome, so daß die durchschnittliche Anzahl der pro Sekunde zerfallenden Atome (die „Aktivität")

$$A = N\lambda$$

ist. Wir wollen die Wahrscheinlichkeit p_n berechnen, daß in der Zeit t eine vorgegebene Zahl n von Atomen zerfällt. Die durchschnittliche Zahl m der in dieser Zeit zerfallenden Atome ist:

$$m = N\lambda t.$$

Wir denken uns nun das Zeitintervall t in sehr viele (k) Abschnitte eingeteilt. Diese Zeitabschnitte sollen so klein sein, daß auch die Wahrscheinlichkeit sehr klein ist, daß in einem bestimmten von ihnen ein Atom zerfällt; für diese Wahrscheinlichkeit können wir dann den Ausdruck $\frac{m}{k}$ annehmen, also für die „Gegenwahrscheinlichkeit", daß in einem bestimmten Abschnitt kein Atom zerfällt, den Ausdruck $1 - \frac{m}{k}$. Wählen wir daher von den k Abschnitten n bestimmte aus und verlangen, daß in diesen, und nur in diesen, sich je ein Zerfallsprozeß abspielt, so ist die Wahrscheinlichkeit hierfür:

$$\left(\frac{m}{k}\right)^n \left(1 - \frac{m}{k}\right)^{k-n}.$$

Die Auswahl der n Abschnitte kann auf $\left|\begin{matrix}k\\n\end{matrix}\right|$ verschiedene Arten erfolgen. Daher ist die totale Wahrscheinlichkeit, daß n Prozesse sich in der Zeit t abspielen:

$$p_n = \left|\begin{matrix}k\\n\end{matrix}\right| \left(\frac{\frac{m}{k}}{1-\frac{m}{k}}\right)^n \left(1 - \frac{m}{k}\right)^k.$$

Lassen wir jetzt noch k über alle Grenzen wachsen, so wird

$$\left|\begin{matrix}k\\n\end{matrix}\right| \to \frac{k^n}{n!}; \quad \left(1 - \frac{m}{k}\right)^k \to e^{-m},$$

und es ergibt sich: **Die Wahrscheinlichkeit, daß in einem bestimmten Zeitintervall genau n Atome zerfallen, ist**

$$p_n = \frac{m^n}{n!} e^{-m}, \qquad (2)$$

wo m die mittlere Zahl der in dieser Zeit zerfallenden Atome bedeutet. Diese Formel ist in der Wahrscheinlichkeitstheorie bekannt als das POISSONsche Gesetz[1]). Von v. SMOLUCHOWSKI[2]) wurde sie für die räumliche Verteilung der Molekeln in einem idealen Gase hergeleitet; es ist leicht einzusehen, daß dieses Problem formal mit dem unseren identisch ist. Mit Hinblick auf die radioaktive Zerfallswahrscheinlichkeit wurde die Formel von BATEMAN[3]) begründet. Ist die mittlere Zahl m sehr groß, so geht das POISSONsche Gesetz in das GAUSSsche Fehlergesetz über[4]):

$$p_n = \frac{1}{\sqrt{2\pi m}} e^{-\frac{(n-m)^2}{2m}}. \qquad (3)$$

Die Gleichungen (2) und (3) besagen, daß die Zerfallsgeschwindigkeit, und damit auch die Strahlungsintensität zeitlichen Schwankungen um ihren Mittelwert unterliegt [„SCHWEIDLERsche Schwankungen"[5])]. Der quadratische Mittelwert Δ_n der Abweichungen $(n-m)$ vom Mittel (die „mittlere absolute Schwankung") ergibt sich aus (2) zu:

$$\Delta_n = \sqrt{\sum (n-m)^2 p_n} = \sqrt{\sum n^2 p_n - m^2} = \sqrt{m}\ ^{6}); \qquad (4)$$

die „mittlere relative Schwankung" ist:

$$\varepsilon_n = \frac{\Delta_n}{m} = \frac{1}{\sqrt{m}}. \qquad (5)$$

Setzt man in (2) $n = 0$, so erhält man **die Wahrscheinlichkeit p_0, daß von irgendeinem Zeitpunkt ab während der Zeit t kein Zerfall erfolgt:**

$$p_0 = e^{-m} = e^{-At}. \qquad (6)$$

Verlangt man, daß in dem auf t folgenden Zeitelement dt ein Atom zerfällt, so ist die Wahrscheinlichkeit hierfür $A\,dt$; also ist **die Wahrscheinlichkeit $p_t dt$, daß von irgendeinem Zeitpunkt ab der nächste Zerfall in dem Zeitelement $t \cdots t + dt$ erfolgt:**

$$p_t\,dt = A e^{-At} dt. \qquad (7)$$

Wir haben hierbei den Anfangspunkt der Zeit ganz willkürlich belassen. Nichts hindert jedoch, ihn mit einem tatsächlichen Zerfallsprozeß zusammenfallen zu lassen; dann gibt Gleichung (6) **die Wahrscheinlichkeit, daß der zeitliche Abstand zweier aufeinanderfolgender Prozesse $> t$**

---

[1]) S. z. B. R. GREINER, ZS. f. Math. u. Phys. Bd. 57, S. 150, 1909.
[2]) v. SMOLUCHOWSKI: Boltzmann-Festschrift. Leipzig 1904.
[3]) H. BATEMAN, Phil. Mag. Bd. 20, S. 704. 1910; Bd. 21, S. 745. 1911; s. auch L. v. BORTKIEWICZ, Die radioaktive Strahlung als Gegenstand wahrscheinlichkeitstheoretischer Untersuchungen. Berlin 1913.
[4]) Vgl. z. B. E. CZUBER, Wahrscheinlichkeitsrechnung. Bd. I. 3. Aufl., S. 135. Leipzig 1914.
[5]) E. v. SCHWEIDLER, Premier Congres internat. de Radiologie, Liège 1905.
[6]) Die hierbei benutzte Reihe:

$$\sum n^2 \frac{m^n}{n!} = (m + m^2) e^m$$

wird durch Reihenentwicklung der Exponentialfunktion leicht bestätigt.

ist, Gleichung (7) die Wahrscheinlichkeit, daß dieser Abstand zwischen t und $t+dt$ liegt.

Da bei einem Präparat von gegebener Anfangsmenge N_0 die Zahl der in bestimmter Zeit t zerfallenden Atome statistischen Schwankungen unterworfen ist, muß dasselbe auch für die verbleibende Substanzmenge N gelten, so daß Gleichung (1) streng genommen nur den Mittelwert von N liefert. Diese Gleichung besagt, daß die Wahrscheinlichkeit für ein einzelnes Atom, die Zeit t zu überleben,

$$p = \frac{N}{N_0} = e^{-\lambda t}$$

ist. Nach einem bekannten Theorem der Wahrscheinlichkeitsrechnung[1]) ist nun die „mittlere absolute Schwankung" in N:

$$\Delta_N = \sqrt{N_0 p(1-p)} = \sqrt{N_0 e^{-\lambda t}(1-e^{-\lambda t})} = \sqrt{N\left(1-\frac{N}{N_0}\right)},$$

also die „mittlere relative Schwankung":

$$\varepsilon_N = \frac{\Delta_N}{N} = \sqrt{\frac{1}{N} - \frac{1}{N_0}}.$$

Man sieht, daß die relativen Schwankungen von N sehr klein sind, solange N sehr groß ist. Eine Anwendung haben diese letzten beiden Gleichungen bisher nicht gefunden; wir sehen deshalb im folgenden von diesen Schwankungen ab und verstehen unter der Zahl N stets deren Mittelwert.

4. Allgemeine Umwandlungstheorie für unverzweigte Reihen[2]). Wir behandeln folgendes allgemeine Problem: Zur Zeit 0 sei ein bestimmtes Gemisch verschiedener Radioelemente gegeben, welche sämtlich derselben Zerfallsreihe angehören; wir fragen nach der Zusammensetzung des Gemisches zu irgendeiner Zeit t. Von dem höchsten in dem Gemisch vertretenen Element anfangend numerieren wir die Elemente dieser Zerfallsreihe und ihre Konstanten mit unteren Indizes; mit $N_1^0 \cdots N_k^0 \cdots$ bezeichnen wir die anfänglichen Atomzahlen. Das höchste Element wird, da es nicht neu entsteht, exponentiell abklingen. Dagegen wird eines der folgenden, etwa das k-te Element im Zeitabschnitt dt nicht nur um den Betrag $\lambda_k N_k(t) dt$ abnehmen, sondern es wird gleichzeitig aus dem vorhergehenden ($k-1$-ten) zu einem Betrage $\lambda_{k-1} N_{k-1}(t) dt$ nachgeliefert werden. Der ganze Vorgang wird also beschrieben durch folgendes System von Differentialgleichungen:

$$\left.\begin{aligned}\frac{dN_1}{dt} &= -\lambda_1 N_1, \\ \frac{dN_2}{dt} &= \lambda_1 N_1 - \lambda_2 N_2, \\ \cdots & \cdots \cdots \cdots \cdots \cdots \\ \frac{dN_k}{dt} &= \lambda_{k-1} N_{k-1} - \lambda_k N_k.\end{aligned}\right\} \quad (8)$$

Für die Lösung machen wir folgenden Ansatz:

$$N_k = \sum_{i=1}^{k} a_k^i e^{-\lambda_i t}, \tag{9}$$

---

[1]) E. Czuber, Wahrscheinlichkeitsrechnung, S. 145.
[2]) J. Stark, Jahrb. d. Radioakt. Bd. 1, S. 1. 1904; E. Rutherford, Phil. Trans. Bd. 204, S. 169. 1904; P. Gruner. Ann. d. Phys. Bd. 19, S. 169. 1906.

wo die a_k^i unabhängig von der Zeit sein sollen. Da von vornherein zu erwarten ist, daß die auf das k-te folgenden Elemente ohne Einfluß auf N_k sind, braucht die Summation nur bis $i = k$ erstreckt zu werden. Durch diesen Ansatz wird das Gleichungssystem identisch erfüllt, wenn zwischen den a_k^i die Beziehungen gelten:

$$-\lambda_i a_k^i = \lambda_{k-1} a_{k-1}^i - \lambda_k a_k^i.$$

Hieraus folgt für die Koeffizienten die Rekursionsformel:

$$a_k^i = \frac{\lambda_{k-1}}{\lambda_k - \lambda_i} a_{k-1}^i. \tag{10}$$

Diese Formel vermag zwar nicht die Koeffizienten der Form a_k^k zu liefern, doch ergeben sich diese aus den Anfangsbedingungen:

$$N_k^0 = \sum_{i=1}^{k} a_k^i. \tag{11}$$

Die Gleichungen (9), (10), (11) enthalten die vollständige Lösung des Problems. Wir wollen diese hier nicht in voller Allgemeinheit explizite hinschreiben, da sie recht kompliziert ist; w. u. (Ziff. 7 bis 11) werden einige wichtige Spezialfälle genauer behandelt werden.

5. Aktivitäts- und Ionisationskurven; radioaktives Gleichgewicht. Die Zahl N der in einem Präparat enthaltenen Atome einer Art ist meist nicht direkt zu bestimmen, wohl aber oft die Zahl der pro Zeiteinheit zerfallenden Atome (z. B. durch α-Teilchenzählung). Diese Zahl, die kurz als die „Aktivität" A des Präparates bezeichnet werden kann (nach STARK auch „Wandlungsstärke"), ist

$$A = N\lambda. \tag{12}$$

Die Aktivität ist also stets proportional der vorhandenen Menge, die „Aktivitätskurven" sind den „Mengenkurven" ähnlich.

Eine anschauliche Bedeutung erhält die Aktivität, wenn man fragt, was aus einem Gemisch wird, wenn es sehr lange sich selbst überlassen bleibt. Es sei das l-te Element das langlebigste von allen in Betracht kommenden, d. h. λ_l sei die kleinste der Zerfallskonstanten. Dann werden für genügend große t von den Gliedern der Ausdrücke N_k [Gleichung (9)] allein diejenigen mit λ_l übrigbleiben, also

$$N_k = 0 \quad \text{für} \quad k < l;$$
$$N_k = a_k^l e^{-\lambda_l t} \quad \text{für} \quad k \geq l.$$

Es sind also alle Elemente verschwunden, welche in der Zerfallsreihe vor dem langlebigsten stehen, während die übrigen sämtlich mit der Zerfallskonstante λ_l abnehmen, das langlebigste Element zwingt im Laufe der Zeit seine eigene Zerfallsgeschwindigkeit allen folgenden Elementen auf. Von da ab ändert sich dann das Mengenverhältnis der Elemente nicht mehr. Man bezeichnet diesen Zustand, welchem sich jedes Gemisch radioaktiver Elemente mit der Zeit asymptotisch nähert, als das „radioaktive Gleichgewicht". Für die „Gleichgewichtsmengen" liefert unsere Rekursionsformel (10) die Gleichung:

$$N_k = \frac{\lambda_{k-1}}{\lambda_k - \lambda_{k-1}} N_{k-1}$$

woraus folgt:

$$N_k = \frac{\lambda_l \lambda_{l+1} \cdots \lambda_{k-1}}{(\lambda_{l+1} - \lambda_l)(\lambda_{l+2} - \lambda_l) \cdots (\lambda_k - \lambda_l)} N_l \tag{13}$$

Von besonderem Interesse ist noch der Fall, daß λ_l s e h r klein ist gegenüber den übrigen Zerfallskonstanten, dann wird nämlich einfach

$$N_k \lambda_k = N_l \lambda_l, \tag{14}$$

die Mengen der einzelnen Elemente verhalten sich umgekehrt wie ihre Zerfallskonstanten. In diesem Falle spricht man von „dauerndem (säkularem) Gleichgewicht", in dem anderen Falle, daß die λ von der gleichen Größenordnung sind, von „laufendem Gleichgewicht". Führt man noch die Aktivitäten statt der Mengen ein, so gehen die Gleichungen (13) und (14) über in:

$$A_k = \frac{\lambda_{l+1}}{\lambda_{l+1} - \lambda_l} \cdot \frac{\lambda_{l+2}}{\lambda_{l+2} - \lambda_l} \cdots \frac{\lambda_k}{\lambda_k - \lambda_l} A_l \quad \text{(laufendes Gleichgewicht)} \quad (15)$$

$$A_k = A_l \quad \text{(dauerndes Gleichgewicht)}. \quad (16)$$

Im dauernden Gleichgewicht sind also die Aktivitäten der einzelnen Elemente gleich. Im laufenden Gleichgewicht ist die Aktivität eines Folgeproduktes stets größer als die eines seiner Vorfahren; die Zerfallsprodukte folgen also in diesem Falle nicht augenblicklich, sondern mit einer gewissen Verzögerung dem Abfall der Muttersubstanz.

Gewöhnlich dient als Maß für die Stärke eines Präparats seine Ionisationswirkung. Bezeichnet k_i die Ionisation, welche die beim Zerfall eines Atoms der i-ten Art ausgesandten Strahlen hervorrufen, so ist die Ionisationswirkung J des Gemisches pro Sekunde:

$$J = \sum_i k_i A_i \quad (17)$$

Die Werte der k_i und damit der zeitliche Verlauf der Ionisation hängen stark von den Versuchsbedingungen ab, man kann z. B. die den α-Strahlern entsprechenden k_i ganz zum Verschwinden bringen, indem man das Präparat mit einer α-strahlenabsorbierenden Folie bedeckt. Ähnliches wie für die Ionisation gilt auch für andere Strahlenwirkungen (z. B. die Wärmewirkung), wobei dann die Koeffizienten k_i im allgemeinen wieder andere Werte haben.

6. Der duale Zerfall[1]). Es sind Fälle bekannt, wo aus einer Muttersubstanz sich zwei Tochtersubstanzen entwickeln, wo also eine Zerfallsreihe sich an einer bestimmten Stelle verzweigt (vgl. das Zerfallsschema am Ende dieses Abschnittes). Hierfür erscheinen von vornherein zwei Deutungen möglich: Man kann annehmen, daß der Kern des Mutteratoms nicht nur einen Elementarbestandteil ausstößt, sondern in zwei komplexe Atomkerne auseinanderbricht; dann müßte wenigstens eine der beiden Tochtersubstanzen ein viel kleineres Atomgewicht und kleinere Kernladung besitzen als die Muttersubstanz, und dies ist durch das beobachtete chemische Verhalten der Tochterelemente ausgeschlossen. Dagegen ist eine widerspruchsfreie Einordnung dieser Zerfallstypen in die allgemeine Theorie möglich, indem man annimmt, daß das Mutteratom zwei verschiedene Möglichkeiten der Umwandlung hat, wobei jede von dem normalen (α- oder β-) Typus ist. Diesen beiden Umwandlungsmöglichkeiten entsprechen zwei Zerfallskonstanten λ' und λ'', so daß die Wahrscheinlichkeit einer Umwandlung nach dem einen oder anderen Zweig für das Zeitelement dt gleich $\lambda' dt$ bzw. $\lambda'' dt$ ist. Wovon es abhängt, welche der beiden Umwandlungen wirklich eintritt, ist heute noch genau so rätselhaft wie das Grundgesetz selbst. Die „Zerfallskonstante" der Muttersubstanz schlechthin, welche z. B. die Geschwindigkeit ihres Mengenabfalls bestimmt, ist natürlich $\lambda = \lambda' + \lambda''$, entsprechend dem Additionstheorem der Wahrscheinlichkeitsrechnung. Das Mengenverhältnis der gebildeten Tochtersubstanzen ist $\lambda' : \lambda''$. Wir bezeichnen λ'/λ und λ''/λ als die „Abzweigungsverhältnisse" der beiden Zweigprodukte.

Der in Ziff. 5 ausgesprochene Satz von der Gleichverteilung der Aktivitäten im dauernden Gleichgewicht ist, wie man leicht erkennt, für eine verzweigte Reihe

---

[1]) F. Soddy, Phil. Mag. Bd. 18, S. 739. 1909.

dahin zu ergänzen, daß die Aktivität in der Stammreihe sich auf die Zweigreihen nach den Abzweigungsverhältnissen verteilt.

Noch nicht völlig geklärt ist die Frage, ob auch die Umkehrung einer Verzweigung vorkommt, d. h. der Fall, daß zwei verschiedene Produkte in dieselbe Tochtersubstanz zerfallen. Es steht wohl fest, daß die Tochtersubstanzen der drei C'-Produkte mit denjenigen der entsprechenden C''-Produkte das Atomgewicht und die Kernladung gemein haben müssen, doch schließt dies nicht aus, daß die aus C' und C'' entstehenden D-Produkte verschiedene Kernstruktur haben, was sich etwa in einer verschiedenen Zerfallskonstante dieser beiden Produkte äußern könnte. Man kann solche Substanzen, welche sowohl isotop als isobar sind, aber verschiedene Zerfallsgeschwindigkeit besitzen, als „Isotope höherer Ordnung" bezeichnen[1]. Experimentell läßt sich die Entscheidung in keinem der drei Fälle erbringen, denn in der Ra-Reihe geht nur ein äußerst geringer Bruchteil der Umwandlung über den C''-Zweig, während in der Ac- und Th-Reihe wieder die D-Produkte nicht merklich aktiv sind[1]. Für das UII sind die Verhältnisse noch zu wenig geklärt. Jedenfalls steht einstweilen nichts der Annahme entgegen, daß es sich in den erwähnten Fällen um eine vollkommene Wiedervereinigung der beiden Zweige und nicht nur um Isotope höherer Ordnung handelt. Allerdings wäre allgemein mit der Möglichkeit von Isotopen höherer Ordnung zu rechnen, wenn die in Ziff. 29 angegebenen Zerfallsschemata sich endgültig als richtig erweisen ($UX_2 - UZ$; $UY - Io$; RaC', D, E, F $-$ AcA, B, C, C').

b) Die wichtigsten Typen von Umwandlungsfolgen.

Die allgemeinen Betrachtungen von Ziff. 4 sollen jetzt auf einige typische und praktisch wichtige Fälle angewandt werden[2]. Es sei zuvor noch bemerkt, daß man für jede Folge von Umwandlungen leicht ein hydrodynamisches Modell angeben kann, welches die teilweise etwas verwickelten Verhältnisse anschaulicher machen kann. Man kann z. B. die Menge jedes vorkommenden Elementes durch die Höhe des Flüssigkeitsstandes in einem Gefäß darstellen, während mehr oder weniger enge Verbindungsröhren zwischen den einzelnen Gefäßen die kleinere oder größere Geschwindigkeit der Einzelumwandlungen zur Anschauung bringen; der stationäre Strömungszustand entspricht dem radioaktiven Gleichgewicht[3].

7. Die aktiven Niederschläge der Thor- und Actiniumemanation. Für den Fall, daß nur zwei konsekutive Radioelemente in Betracht kommen, von denen das Mutterelement das langlebigere ist, liefern unsere allgemeinen Gleichungen (9), (10), (11) die Werte der Koeffizienten:

$$a_1^1 = N_1^0; \qquad a_2^1 = \frac{\lambda_1}{\lambda_2 - \lambda_1} N_1^0; \qquad a_2^2 = N_2^0 - \frac{\lambda_1}{\lambda_2 - \lambda_1} N_1^0.$$

Das Mutterelement fällt also mit seiner eigenen Zerfallskonstante ab. Bezüglich der Mengenänderung des Tochterelementes sind zwei Fälle zu unterscheiden: $a_2^2 \lessgtr 0$.

$a_2^2 < 0$; das Tochterelement ist in geringerem als dem laufenden Gleichgewichtsbetrage vorhanden. Wie sich leicht zeigen läßt, kann in diesem Falle durch eine Rückverlegung des Anfangspunktes der Zeit stets erreicht werden, daß für $t = 0$ auch $N_2 = 0$ wird; nach dieser Normierung nimmt der Ausdruck für N_2 die einfache Form an:

$$N_2 = a_2 \left(e^{-\lambda_1 t} - e^{-\lambda_2 t}\right). \tag{18}$$

---
[1] ST. MEYER, Wiener Ber. Bd. 127, S. 1283. 1918.
[2] Die Werte der Zerfallskonstanten finden sich in der Tabelle auf S. 274 u. f.
[3] Vgl. auch P. LUDEWIG, Phys. ZS. Bd. 17, S. 145. 1916.

Ziff. 7. Umwandlungsfolgen. 187

Diese Funktion ist in Abb. 1, Kurve I zur Darstellung gebracht. Sie besitzt ein Maximum bei

$$t = t_m = \frac{1}{\lambda_2 - \lambda_1} \ln \frac{\lambda_2}{\lambda_1}.$$

Für Zeiten, welche größer als t_m sind, verliert der zweite Summand in N_2 bald an Bedeutung, der Abfall erfolgt dann praktisch mit der Periode der Muttersubstanz.

Dieser Fall ist praktisch verwirklicht bei den aktiven Niederschlägen, welche die Thor- und Actiniumemanation absetzen. Zwar besteht in Wirklichkeit jeder dieser Niederschläge aus drei Komponenten A + B + C, doch sind die beiden A-Produkte relativ so kurzlebig, daß sie sehr kurze Zeit nach der Entfernung des Niederschlages aus der Emanation praktisch verschwunden sind, so daß dann B das höchste vorhandene Produkt ist. In Abb. 1 sind die Verhältnisse für ThB + C dargestellt. Von der Expositionszeit hängt es ab, welches Mengenverhältnis B : C ursprünglich herrscht, also auch bei welchem Punkt die Kurve I als beginnend anzusehen ist. Bei sehr kurzer Exposition ist sofort nach dem Entfernen der Emanation nur ThB vorhanden, da das ThC noch keine Zeit hatte, sich zu bilden; die Kurve wird daher von Anfang an durchlaufen. Da-

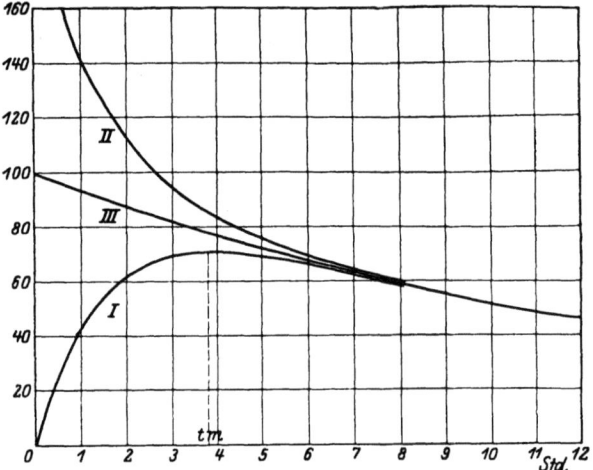

Abb. 1. Mengenkurven für ThC bei Gegenwart von ThB.
I ThC unter Gleichgewichtsbetrag.
II ThC über Gleichgewichtsbetrag.
III ThC im Gleichgewichtsbetrag.

gegen wird die größtmögliche relative Menge ThC mit einer konstant gehaltenen Emanationsmenge bei sehr langer Exposition erhalten; in diesem Falle besteht im Augenblick des Unterbrechens der Exposition das dauernde Gleichgewicht zwischen B und C, daher wird die Kurve jetzt vom Punkte t_m ab durchlaufen. Bei beliebiger Expositionszeit liegt der Anfangspunkt der C-Kurve zwischen 0 und t_m. Diese Verhältnisse können leicht messend verfolgt werden, da die C-Produkte α-Strahlen, die B-Produkte dagegen nur die weit schwächer ionisierenden β-Strahlen aussenden.

$a_2^0 > 0$; das Tochterelement ist im Überschuß über den laufenden Gleichgewichtsbetrag vorhanden. In diesem Falle läßt sich durch eine ähnliche Normierung der Zeit erreichen, daß der Ausdruck für die zeitliche Änderung der Tochtersubstanz die Form annimmt:

$$N_2 = a_2 (e^{-\lambda_1 t} + e^{-\lambda_2 t}). \tag{19}$$

Diese Funktion, welche für ThB + C in Kurve II der Abb. 1 dargestellt ist, ist beständig abnehmend und verschwindet für keinen endlichen Wert der Zeit. Der Fall läßt sich nicht durch einfache Aktivierung mittels ThEm realisieren; dennoch ist er nicht ohne praktische Bedeutung, er kann z. B. eintreten, wenn man ThB + C als „radioaktive Indikatoren" benutzt (vgl. Kap. 3 C) und dabei ThC gegenüber ThB anreichert.

Der Grenzfall $a_2^2 = 0$ tritt ein, wenn

$$N_2^0 = \frac{\lambda_1}{\lambda_2 - \lambda_1} N_1^0$$

ist, d. h. wenn von Anfang an beide Substanzen im laufenden Gleichgewicht sind [s. Gleichung (13)]. Dieser Grenzfall wird durch die Kurve III der Abb. 1 dargestellt, das ist die reine Abfallskurve der Muttersubstanz.

Zur experimentellen Festlegung der Kurven I, II oder III bei unbekannten Ausgangsmengen sind zwei Messungen zu verschiedenen Zeiten erforderlich.

8. Anstieg der Emanationen aus ihren Muttersubstanzen. Der in Ziff. 7 betrachtete Fall zweier konsekutiver Zerfallsprodukte gestaltet sich besonders einfach, wenn die Muttersubstanz sehr langlebig im Vergleich zur Tochtersubstanz ist. Setzt man in der Gleichung (18) $\lambda_1 \ll \lambda_2$, so geht sie über in:

$$N_2 = N_2^\infty (1 - e^{-\lambda_2 t}). \quad (20)$$

Hierbei ist die Zeit von dem Augenblick an gerechnet, wo die Muttersubstanz frei von der Tochtersubstanz war. N_2^∞ stellt die Menge dar, welche die Tochtersubstanz für sehr große Zeiten, also im dauernden Gleichgewicht erreicht (Abb. 2); natürlich gilt die Gleichung nicht mehr für Zeiten, welche mit der Halbwertzeit der Muttersubstanz vergleichbar sind.

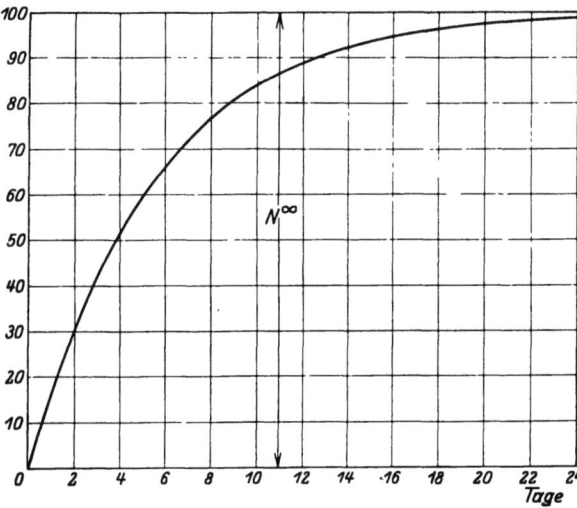

Abb. 2. Anstieg der Radiumemanation aus Radium.

Der Fall ist z. B. verwirklicht bei der Entstehung der radioaktiven Emanationen und ist von praktischer Wichtigkeit für das Anwachsen der RaEm aus dem Ra. Die Bestimmung einer Ra-Menge geschieht nämlich stets durch Messung der Gleichgewichtsmenge an Emanation (oder an dem mit ihr im laufenden Gleichgewicht stehenden RaC); es ist hierbei nicht nötig, das Gleichgewicht zwischen Ra und RaEm abzuwarten, sondern man kann aus zwei in bestimmtem Zeitabstand vorgenommenen Messungen an Hand der Kurve Abb. 2 auf den Gleichgewichtswert extrapolieren[1]).

9. Abklingen des aktiven Niederschlages der Radiumemanation. Wir gehen zu dem Fall dreier aufeinanderfolgender Zerfallsprodukte über und unterscheiden zwei Grenzfälle, zwischen welchen sich die praktisch vorkommenden Verhältnisse bewegen.

α) Zur Zeit 0 ist nur das Element 1 vertreten, 2 und 3 fehlen ($N_2^0 = N_3^0 = 0$). Unsere allgemeinen Gleichungen (9) (10) (11) liefern:

$$\left.\begin{array}{l} N_1 = N_1^0 e^{-\lambda_1 t}; \qquad N_2 = N_1^0 \dfrac{\lambda_1}{\lambda_2 - \lambda_1} (e^{-\lambda_1 t} - e^{-\lambda_2 t}) \\[2mm] N_3 = N_1^0 \lambda_1 \lambda_2 \left\{ \dfrac{e^{-\lambda_1 t}}{(\lambda_2 - \lambda_1)(\lambda_3 - \lambda_1)} + \dfrac{e^{-\lambda_2 t}}{(\lambda_3 - \lambda_2)(\lambda_1 - \lambda_2)} + \dfrac{e^{-\lambda_3 t}}{(\lambda_1 - \lambda_3)(\lambda_2 - \lambda_3)} \right\} \end{array}\right\} \quad (21)$$

---

[1]) Über graphische Extrapolationsverfahren für die Fälle Ziff. 7 u. 8 vgl. STÄHLERS Handb. d. Arbeitsmeth. in d. anorg. Chem. Bd. II, S. 1044ff. 1925, sowie OSTWALD-LUTHER, Hand- u. Hilfsbuch z. Ausführ. physikochem. Mess., 4. Aufl., S. 654ff. 1925.

In Abb. 3 sind diese Verhältnisse für das System RaA + B + C zur Darstellung gebracht. Die RaB-Kurve entspricht vollständig der ThC-Kurve Abb. 1, nur mit dem Unterschied, daß jetzt der Endabfall durch die Periode der Tochtersubstanz selbst, nicht die der Muttersubstanz bestimmt ist, da letztere die kurzlebigere ist. Dagegen zeigt die RaC-Kurve einen neuen Typ insofern, als sie im Anfang die Neigung 0 gegen die Zeitachse hat. Man kann diese Kurven bis zu einem gewissen Grade verfolgen mit einem Präparat, welches man durch sehr kurzes Exponieren eines Drahtes o. dgl. mit RaEm erhält. Die RaC-Kurve erhält man z. B., indem man den Verlauf der γ-Strahlung verfolgt, wobei durch 2 bis 3 cm dicke Bleifilter die weichere γ-Strahlung des RaB auszuschalten ist. Durch Zählung der α-Strahlen erhält man die Summe

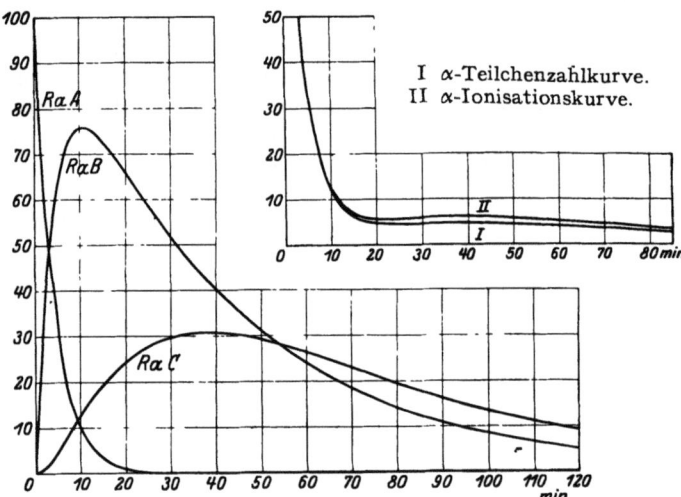

Abb. 3. Mengenkurven für RaA + B + C, kurze Exposition; $N^0_{RaA} = 100$ gesetzt.

der Aktivitätskurven von RaA + C (d. h. $N_1 \lambda_1 + N_3 \lambda_3$), welche ebenfalls in Abb. 3 eingetragen ist[1]). Mißt man dagegen die Ionisationswirkung der α-Strahlen, so ist zu beachten, daß ein α-Teilchen des RaC 1,27 mal so stark ionisiert als eines des RaA. Daher ist die Ionisationskurve (II) etwas von der Teilchenzahlkurve (I) verschieden [s. Gleichung (17)].

β) Zur Zeit 0 sind die drei Elemente im dauernden Gleichgewicht:

$$N_1^0 \lambda_1 = N_2^0 \lambda_2 = N_3^0 \lambda_3 = A^0.$$

Man findet aus den allgemeinen Gleichungen (9) (10) (11):

$$N_1 = \frac{A^0}{\lambda_1} e^{-\lambda_1 t}; \quad N_2 = \frac{A^0}{\lambda_2 - \lambda_1}\left(e^{-\lambda_1 t} - \frac{\lambda_1}{\lambda_2} e^{-\lambda_2 t}\right)$$
$$N_3 = \frac{A^0}{\lambda_3}\left\{\frac{\lambda_2 \lambda_3 e^{-\lambda_1 t}}{(\lambda_2 - \lambda_1)(\lambda_3 - \lambda_1)} + \frac{\lambda_3 \lambda_1 e^{-\lambda_2 t}}{(\lambda_3 - \lambda_2)(\lambda_1 - \lambda_2)} + \frac{\lambda_1 \lambda_2 e^{-\lambda_3 t}}{(\lambda_1 - \lambda_3)(\lambda_2 - \lambda_3)}\right\} \quad (22)$$

Die hiernach berechneten Mengenkurven für den kurzlebigen Radiumniederschlag zeigt Abb. 4. Sie geben den Fall wieder, daß man einen Draht mindestens 4 Stunden in einer konstant gehaltenen Emanationsmenge aktiviert. Exponiert man beliebige Zeiten, so erhält man Kurven, welche zwischen denen der Abb. 3 und 4 verlaufen. Experimentell sind die Ionisationskurven für eine Reihe solcher Zwischenfälle u. a. von H. W. Schmidt aufgenommen worden[2]). Beachtenswert ist, daß die RaC-Kurven sich nicht mehr normieren lassen, wie es bei der RaB-

---

[1]) Man kann so rechnen, als ob die α-Strahlen des RaC' vom RaC herrührten, da RaC' wegen seiner außerordentlich kurzen Lebensdauer stets im dauernden Gleichgewicht mit RaC ist und das Abzweigungsverhältnis für RaC'' sehr klein ist.

[2]) H. W. Schmidt, Ann. d. Phys. Bd. 21, S. 662. 1906.

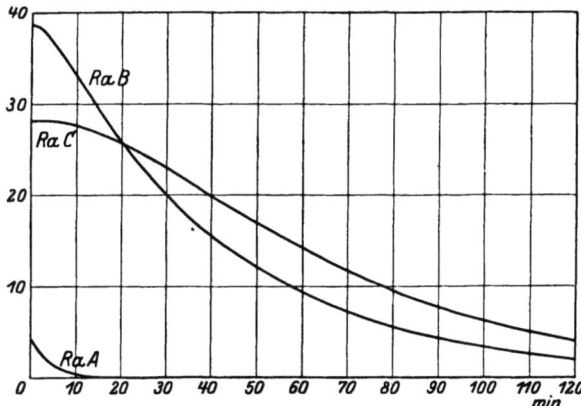

Abb. 4. Mengenkurven für RaA + B + C, lange Exposition; $A^0 = 1\,\text{min}^{-1}$ gesetzt.

und der ThC-Kurve der Fall ist, d. h. die Form der RaC-Kurve ändert sich je nach den Anfangsmengen der drei Elemente.

Ganz analoge Verhältnisse bestehen bei dem langlebigen Niederschlag der Radiumemanation (RaD + E + F), nur mit dem Unterschied, daß hier das erste Produkt RaD das langlebigste ist und daher den Endabfall bestimmt.

10. Mehr als drei konsekutive Produkte. Mit zunehmender Zahl der beteiligten Elemente werden die Verhältnisse immer komplizierter. Wir beschränken uns deshalb auf den praktisch wichtigsten Fall, daß im Anfangszustand nur ein Element vorhanden ist ($N_2^0 = N_3^0 = \ldots = 0$) und verfolgen den Anstieg der verschiedenen Folgeprodukte nur für eine kurze Zeit. Aus den Differentialgleichungen (8) leiten wir für diesen Fall leicht die Differentialquotienten der N_k zur Zeit 0 ab:

$$\left(\frac{dN_k}{dt}\right)^0 = \cdots = \left(\frac{d^{k-2}N_k}{dt^{k-2}}\right)^0 = 0; \qquad \left(\frac{d^{k-1}N_k}{dt^{k-1}}\right)^0 = \lambda_1 \lambda_2 \cdots \lambda_{k-1} N_1^0.$$

Entwickelt man nun N_k in eine Potenzreihe nach t und bleibt bei dem ersten nicht verschwindenden Gliede stehen, so ergibt sich:

$$N_k = N_1^0 \frac{\lambda_1 \lambda_2 \cdots \lambda_{k-1}}{(k-1)!} t^{k-1}. \qquad (23)$$

Diese Gleichung zeigt, daß der Initialanstieg des k-ten Produktes mit der $(k-1)$-ten Potenz der Zeit erfolgt. Beispiele hierfür bietet schon die Abb. 3: RaB steigt anfangs linear, RaC quadratisch an. Ebenso ist der Anstieg von Ra aus reinem U quadratisch, woraus unzweideutig hervorgeht, daß zwischen U und Ra noch ein langlebiges Zwischenprodukt (Io) existiert[1]).

11. Zusammenhang zwischen Abfall und Anstieg. Die große Mannigfaltigkeit nicht nur der möglichen, sondern auch der praktisch vorkommenden Fälle von sukzessiven Umwandlungen läßt sich durch eine einfache Regel etwas reduzieren. Wir denken uns eine Substanz im dauernden oder laufenden Gleichgewicht mit ihren Folgeprodukten. Entfernen wir dann eines oder mehrere der Folgeprodukte, so ist allerdings das Gleichgewicht gestört, wenn man von der Existenz des abgetrennten Teiles ganz absieht; faßt man aber den abgetrennten und den zurückbleibenden Teil zusammen als ein System auf, so besteht in diesem das Gleichgewicht ungestört weiter. Daraus folgt, daß in jedem Augenblick nach der Abtrennung die Menge jedes der abgetrennten Produkte sich mit der bei der Muttersubstanz vorhandenen zur Gleichgewichtsmenge ergänzen muß.

Die Gültigkeit dieser Regel ist ohne weiteres evident bei dem obigen Fall. Ziff. 8: die Anstiegskurve der Emanation ist die Umkehrung der Abfallskurve. Ebenso ist in Abb. 1 die Differenz der ThC-Kurve I oder II gegen III die Abfalls-

---

[1]) F. SODDY u. A. F. R. HITCHINS, Phil. Mag. Bd. 30, S. 209. 1915.

kurve für ThC. Ferner erlaubt diese Regel, in sehr einfacher Weise aus der Abb. 4 den Anstieg von RaA, B und C abzulesen, wie er sich auf einem Draht vollzieht, der mit einer konstant gehaltenen Menge von RaEm in Berührung gebracht wird: die Differenz der Ordinate gegen ihren Anfangswert ($t = 0$) gibt direkt die zu irgendeiner Zeit auf dem Draht niedergeschlagene Menge, die Anstiegskurven sind die Spiegelbilder der Abfallskurven. Man braucht also zum praktisch vollständigen Ansammeln des aktiven Niederschlages die gleiche Zeit (3—4 Stunden), die der abgetrennte Niederschlag zum praktisch vollständigen Abklingen braucht. Entsprechendes gilt auch für den Anstieg des langlebigen Radiumniederschlages in einem Radiumpräparat; man kann hierbei wegen der großen Lebensdauer des RaD von dem kurzlebigen Niederschlag ganz absehen und so rechnen, als ob RaD direkt aus Ra entstünde.

c) Die experimentelle Prüfung der Zerfallstheorie.

12. Die Konstanz der Umwandlungsgeschwindigkeit. Das Exponentialgesetz (1) des freien radioaktiven Zerfalls ist der sichtbare Ausdruck des Grundgesetzes, daß die Zerfallswahrscheinlichkeit eines Atomes unabhängig von dessen Alter ist. Das Exponentialgesetz mit allen seinen Konsequenzen hat sich bisher ausnahmslos bewährt; wenn auch gelegentlich Abweichungen vom exponentiellen Abfall einer isolierten Substanz vermutet wurden, haben doch gerade die genauesten Messungen dieses Gesetz bestätigt. Die schärfste Prüfung konnte an der Radiumemanation vorgenommen werden, weil diese sich nach verschiedenen Methoden in sehr weit differierenden Größenordnungen messen läßt (vgl. Ziff. 20). Nach Messungen von RUTHERFORD[1]) bleibt die Zerfallskonstante der Radiumemanation über einen Zeitraum von 100 Tagen mindestens innerhalb $1/2\%$ konstant; nach dieser Zeit ist die Emanation auf etwa 10^{-8} ihres Anfangswertes abgeklungen. Nach POOLE[2]) hat RaEm auch schon in den ersten Sekunden nach ihrer Bildung aus Ra die gleiche Zerfallsgeschwindigkeit. M. CURIE[3]) beobachtete zwar bei jungen RaEm-Präparaten kleine Abweichungen vom exponentiellen Abfall, die sich jedoch später als scheinbar herausstellten, sie waren vorgetäuscht durch Änderungen in der räumlichen Verteilung des aktiven Niederschlages[4]). RUTHERFORD[1]) fand die Zerfallskonstante des Ra und der RaEm auch unabhängig von der Konzentration, die z. B. bei der RaEm im Verhältnis 1 : 2000 geändert wurde. Dies zeigt, daß die elementaren Zerfallsprozesse in vollkommener Unabhängigkeit voneinander ablaufen, eine Beeinflussung von Atom zu Atom besteht nicht. Für die Zerfallskonstante des Poloniums wurden von verschiedenen Autoren ziemlich abweichende Werte angegeben; darin sah W. KUTZNER[5]) eine Stütze seiner Ansicht, daß die Zerfallskonstante des Poloniums von physikalischen Bedingungen, wie der Konzentration abhängt. Doch spielen gerade beim Polonium eine Reihe von Sekundäreinflüssen eine große Rolle, wie Eindringen in die Unterlage des Präparates, Oberflächenveränderungen und Aggregatrückstoß; hierdurch dürften die Abweichungen voll zu erklären sein. Auch nach einem Einfluß des Druckes ist wiederholt gesucht worden, ebenfalls mit negativem Ergebnis[6]); nach SCHUSTER ändert sich z. B. die Strahlung eines Radiumpräparates nicht merklich, wenn man es unter 2000 at Druck setzt. Ein Temperatureinfluß, der sich bei Erwärmung des aktiven Radiumnieder-

---

[1]) E. RUTHERFORD, Wiener Ber. Bd. 120, S. 303. 1911.
[2]) H. H. POOLE, Phil. Mag. Bd. 27, S. 714. 1914.
[3]) M. CURIE, Le Rad. Bd. 7, S. 33. 1910.
[4]) F. BÉHOUNEK, Journ. de Phys. et le Radium Bd. 4, S. 77. 1923.
[5]) W. KUTZNER, ZS. f. Phys. Bd. 21, S. 296. 1924.
[6]) A. SCHUSTER, Nature Bd. 76, S. 269. 1907; A. S. EVE u. F. D. ADAMS, ebenda.

schlages über 1000° C geltend machen sollte, wurde anfangs mehrfach behauptet, bis insbesondere H. W. SCHMIDT und P. CERMAK[1]) nachwiesen, daß die beobachteten Effekte sich durch sekundäre Vorgänge erklären lassen, vor allem wieder durch Änderungen der räumlichen Verteilung des aktiven Niederschlags durch Verdampfung u. dgl. Bei entsprechend abgeänderter Versuchsanordnung ergab sich bis zu etwa 1300° C herauf völlige Konstanz der Umwandlungsgeschwindigkeit. Andererseits konnte RUTHERFORD[2]) die Temperaturunabhängigkeit der Aktivität von RaEm bei tiefen Temperaturen bis zu derjenigen der flüssigen Luft, M. CURIE und KAMERLINGH ONNES[3]) sogar bis zu der des flüssigen Wasserstoffes nachweisen. Auch die Wärmewirkung des Radiums erleidet bei Abkühlung auf die Temperatur des flüssigen Wasserstoffes keine Änderung[4]). Für Uran wurden entsprechende Versuche zwischen 0° und 1000° C von R. W. FORSYTH[5]) gemacht, mit dem gleichen negativen Resultat. Auch die stärksten mit heutigen Mitteln herstellbaren Magnetfelder sind ohne merkliche Wirkung auf die Zerfallsvorgänge, wie WEISS und PICCARD[6]), sowie PICCARD und VOLKART[7]) zeigten; die letzteren Verfasser konnten an einem ThB-Präparat, welches 20—30 Stunden sich in einem Magnetfeld von 83 000 Γ befunden hatte, keine Änderung der Zerfallskonstante nachweisen. Ebenso fanden PICCARD und STAHEL[8]) an vier UX-Präparaten, welche sich je in 500, 680 und 3500 m Seehöhe und unter einer 2200 m dicken Gneisschicht befanden, nach 2 Monaten keine merkliche Änderung der relativen Aktivitäten. Ein Einfluß der Bestrahlung mit Kathodenstrahlen beim Uran ist bisher nicht nachgewiesen worden[9]). Auch γ-Bestrahlung ändert nach v. HEVESY die Aktivität von Uran und RaD nicht, selbst wenn man 800 mg Ra mehrere Wochen lang wirken läßt[10]). Schließlich prüften MARCKWALD[11]), sowie BRUNER und BEKIER[12]) die Frage, ob der α-Zerfall der RaEm etwa dadurch umkehrbar ist, daß man dem Zerfallsprodukt einen großen Überschuß von Helium darbietet. BRUNER und BEKIER ließen durch ein RaEm-He-Gemisch elektrische Entladungen hindurchgehen; irgendeine Änderung der Aktivität zeigte sich nicht. MARCKWALD verfolgte 25 Tage lang die Aktivität eines RaEm-He-Gemisches, indem er dessen Strahlung mit derjenigen eines RaEm-Luft-Gemisches verglich; das Aktivitätsverhältnis der beiden Präparate blieb auf weniger als 1% konstant.

Das Resultat aller dieser Versuche ist, daß die Zerfallswahrscheinlichkeit eines radioaktiven Atoms sich nicht nur bei konstant gehaltenen physikalischen und chemischen Bedingungen zeitlich nicht ändert, sondern sich auch durch keine äußere Einwirkung irgendwelcher Art bisher merklich hat beeinflussen lassen. Hierin liegt die stärkste Stütze für die Ansicht, daß der Zerfallsprozeß sich in einer Teilregion des Atoms abspielt, welche von gewöhnlichen physikalischen und chemischen Vorgängen nicht betroffen wird; hierfür kommt nach den RUTHERFORD-BOHRschen Vorstellungen vom Atombau nur der Atomkern in Frage.

---

[1]) H. W. SCHMIDT u. P. CERMAK, Phys. ZS. Bd. 9, S. 816. 1908; Bd. 11, S. 793. 1910.
[2]) E. RUTHERFORD, Wiener Ber. Bd. 120, S. 303. 1911.
[3]) M. CURIE u. H. KAMERLINGH ONNES, Comm. Leiden Nr. 139. 1913; Le Rad. Bd. 10, S. 181. 1913.
[4]) P. CURIE u. DEWAR, Proc. Roy. Inst. 1904.
[5]) R. W. FORSYTH, Phil. Mag. Bd. 18, S. 207. 1909.
[6]) P. WEISS u. A. PICCARD, Arch. sc. phys. et nat. Bd. 31, S. 554. 1911.
[7]) A. PICCARD u. G. VOLKART, Arch. sc. phys. et nat. Bd. 3, S. 542. 1921.
[8]) A. PICCARD u. E. STAHEL, Arch. sc. phys. et nat. Bd. 3, S. 542. 1921.
[9]) Vgl. Chem. Zentralbl. 1907, I, S. 1773; II, S. 1221; 1909, I, S. 62.
[10]) G. v. HEVESY, Nature Bd. 110, S. 216. 1922.
[11]) W. MARCKWALD, Phys. ZS. Bd. 15, S. 440. 1914.
[12]) L. BRUNER u. E. BEKIER, Phys. ZS. Bd. 15, S. 240. 1914.

Über erzwungene Kernumwandlungen durch Bombardement mit Korpuskularstrahlen vgl. Kap. 2E. Es wurde auch untersucht, ob etwa im Anschluß an eine Atomzertrümmerung durch α-Strahlenbombardement ein weiterer spontaner Atomzerfall eintritt; das Ergebnis war negativ[1]).

13. Schweidlersche Schwankungen. Die Diskontinuität in dem Umwandlungsprozeß eines radioaktiven Präparates bedingt, wie in Ziff. 3 ausgeführt, zeitliche Schwankungen in der Intensität der ausgesandten Strahlung, deren Größe und Verteilungsfunktion sich aus dem Grundgesetz von der Zufallsmäßigkeit der Einzelakte berechnen läßt. Um diese Konsequenz der Zerfallstheorie nachzuprüfen, kann man in zweierlei Weise vorgehen: Man benutzt etwa für den Nachweis der Strahlen eine der gewöhnlichen Meßanordnungen (Ionisationskammer in Verbindung mit Elektrometer); diese sind im allgemeinen so unempfindlich, daß sie auf einen einzelnen Elementarakt, z. B. ein α- oder β-Teilchen nicht ansprechen[2]) und daher nur Schwankungen zu messen erlauben, welche sich um eine größere Zahl von Elementarakten vom Mittelwert entfernen; die so gemessenen Schwankungen, welche man etwa als „integrale" bezeichnen kann, haben dann scheinbar kontinuierlichen Charakter. Der zweite Weg besteht darin, daß man sich einer Zählmethode bedient, welche direkt die Einzelakte aufzuzeichnen gestattet. Es ist leicht einzusehen, daß diese „differentialen" Schwankungsbeobachtungen im Prinzip einfacher auszuführen sind und auch exaktere Resultate liefern können als die „integralen", und in der Tat haben Zählversuche mehrfach dazu gedient, das vollständige theoretische Verteilungsgesetz [Gleichung (2)] für die Abweichungen vom Mittelwert exakt nachzuprüfen, während nach der Integralmethode bisher fast ausschließlich das „mittlere Schwankungsquadrat" gemessen wurde (s. w. u.).

14. Integrale Schwankungsmessungen. Bezeichnet m die mittlere Zahl der von einer konstanten Strahlenquelle in einer bestimmten Zeit gelieferten Strahlenteilchen, so ist nach Gleichung (5) die mittlere relative Abweichung von dieser Zahl

$$\varepsilon_n = \frac{1}{\sqrt{m}}, \qquad (5)$$

d. h. je größer m, um so kleiner sind die relativen Schwankungen. Will man also mit der für Ionisationsmessungen üblichen einfachen Einrichtung die Schwankungen nachweisen, so muß das Elektrometer empfindlich genug sein, um auf eine nicht zu große Zahl von Strahlenteilchen meßbar anzusprechen. Solche Versuche, bei welchen einfach die Schwankungen in der Ablaufzeit des Elektrometers gemessen wurden, sind von KOHLRAUSCH und v. SCHWEIDLER angestellt worden[3]). Deutlichere Effekte erzielt man durch Anwendung von Kompensationsmethoden; hierbei wird die mittlere Ionisationswirkung eliminiert, so daß das Instrument nur noch die Schwankungen um den Mittelwert anzuzeigen hat. Zur Kompensation kann entweder ein konstanter Strom dienen, oder aber man schaltet zwei gleichartige Ionisationskammern, welche mit entsprechend abgeglichenen Präparaten bestrahlt werden, derart gegeneinander, daß ihre mittleren Ionisationsströme sich ungefähr aufheben, während die Schwankungen sich verstärken.

---

[1]) A. G. SHENSTONE, Phil. Mag. Bd. 43, S. 938. 1922.
[2]) Vgl. jedoch K. W. F. KOHLRAUSCH und E. v. SCHWEIDLER (Phys. ZS. Bd. 13, S. 11. 1912), sowie G. HOFFMANN (ZS. f. Phys. Bd. 7, S. 254. 1921), welche die unverstärkte Ionisationswirkung einzelner α-Teilchen nachzuweisen vermochten.
[3]) KOHLRAUSCH u. v. SCHWEIDLER, Phys. ZS. Bd. 13, S. 11. 1912. — Bei genauen Messungen kleiner Mengen von RaEm machen sich diese Schwankungen in unerwünschter Weise bemerkbar (W. BOTHE, ZS. f. Phys. Bd. 16, S. 266. 1923).

Die erstere Art der Kompensation benutzten E. MEYER und REGENER[1]), deren Versuchsanordnung in Abb. 5 skizziert ist. Die Ionisationskammer ist halbkugelförmig und so dimensioniert, daß die Reichweite der von dem Poloniumpräparat ausgehenden α-Strahlen voll ausgenutzt wird. An der zentralen Elektrode liegt genügend hohe Spannung, um praktisch Sättigungsstrom zu gewährleisten, während die periphere Elektrode mit einem Quadrantenpaar eines Elektrometers verbunden ist. Dieses Quadrantenpaar ist gleichzeitig über einen „Bronson-Widerstand", d. h. eine durch sehr intensive α-Strahlen ionisierte Luftstrecke an Erde gelegt. Die periphere Elektrode mit dem angeschlossenen Quadrantenpaar lädt sich im Mittel so weit auf, bis der durch den Bronsonwiderstand gehende Strom gleich dem Ionisationsstrom ist; dies ist wegen der starken Ionisation im Bronson schon bei so niedrigen Potentialen erreicht, daß der

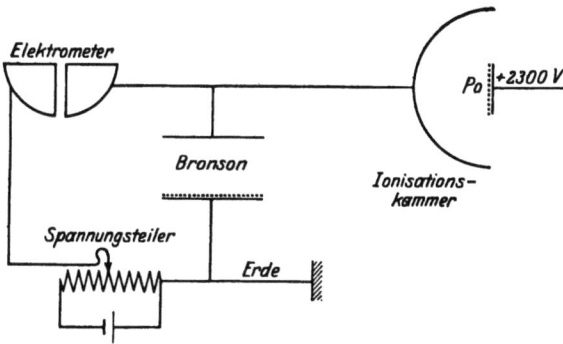

Abb. 5. Messung SCHWEIDLERscher Schwankungen, Methode MEYER-REGENER.

Strom im Bronson noch weit von der Sättigung entfernt ist, also im „Ohmschen" Gebiet der Charakteristik liegt. Dies ist erforderlich, damit der Kompensationsstrom im Bronson auch wirklich als kontinuierlich im Vergleich zu dem Strom in der Kammer angesehen werden kann. Wegen des starken Sättigungsmangels ist nämlich die Wirkung eines α-Teilchens im Bronson sehr klein, daher setzt sich der Strom im Bronson aus einer viel größeren Zahl m von Elementarakten der Ionisation zusammen als der gleich große Strom in der Kammer, mithin sind nach Gleichung (5) auch die Schwankungen im Bronson klein gegen die in der Kammer. Andererseits ist der Widerstand (bzw. die Kapazität) groß genug, daß während der Relaxationszeit eine sehr große Zahl von α-Teilchen die Ionisationskammer durchsetzt. An das zweite Quadrantenpaar des Elektrometers wird ein Potential gelegt, welches mittels eines Spannungsteilers so bemessen werden kann, daß die Elektrometernadel im Mittel die Ruhelage einnimmt. In Wirklichkeit führt die Nadel unregelmäßige Schwingungen um ihre Ruhelage aus, welche eben herrühren von den Schwankungen der zeitlichen Dichte der α-Teilchen in der Ionisationskammer. MEYER und REGENER messen nur die Elongationen in den Umkehrpunkten und bilden aus diesen das quadratische Mittel.

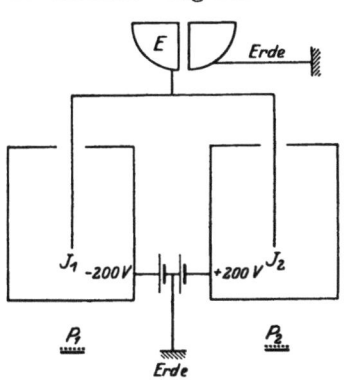

Abb. 6. Messung SCHWEIDLERscher Schwankungen, Methode KOHLRAUSCH-GEIGER.

Das Verfahren der Gegeneinanderschaltung gleichartiger Ionisationskammern ist an Hand der schematischen Abb. 6 leicht verständlich. Die beiden Kammern $J_1 J_2$ werden auf entgegengesetzt gleiches Potential gebracht, während die beiden

---

[1]) E. MEYER u. E. REGENER, Verh. d. D. Phys. Ges. Bd. 10, S. 1. 1908; Ann. d. Phys. Bd. 25, S. 757. 1908.

Innenelektroden mit dem gleichen Quadrantenpaar eines Elektrometers verbunden sind. Die beiden Kammern werden mit α-Strahlen möglichst gleicher Intensität bestrahlt, so daß die Ionisationsströme sich in ihrer Wirkung auf das Elektrometer im Mittel ungefähr aufheben. Den mittleren Strom in einer Kammer, dessen Kenntnis zur Berechnung der relativen Schwankung nötig ist, erhält man z. B. durch Abschalten der einen Kammer und Messung der Aufladegeschwindigkeit durch die andere, oder durch Anlegen gleichen Potentials an beide Kammern.

Nach diesem Verfahren hat K. W. F. KOHLRAUSCH[1]) die ersten Schwankungsmessungen angestellt; der Vergleich seiner Resultate mit der Theorie wird u. a. dadurch erschwert, daß er größtenteils mit viel zu niedrigen Spannungen arbeitete, um Sättigungsströme zu erhalten. Fast die gleiche Versuchsanordnung benutzte unabhängig GEIGER[2]), der bei annähernder Sättigung arbeitete. Die Ableitung der mittleren Schwankung aus der Bewegung des Elektrometers ist bei GEIGER ähnlich wie bei MEYER und REGENER; Beispiele seiner experimentellen Resultate sind in Abb. 7 wiedergegeben. Von besonderem Interesse ist ein Versuch GEIGERS, welcher den Nachweis erbrachte, daß die angegebene Deutung dieser Elektrometerschwankungen die richtige war: Die beiden Ionisationsräume der Abb. 6 wurden so angeordnet, daß sie nur durch eine dünne Alumi-

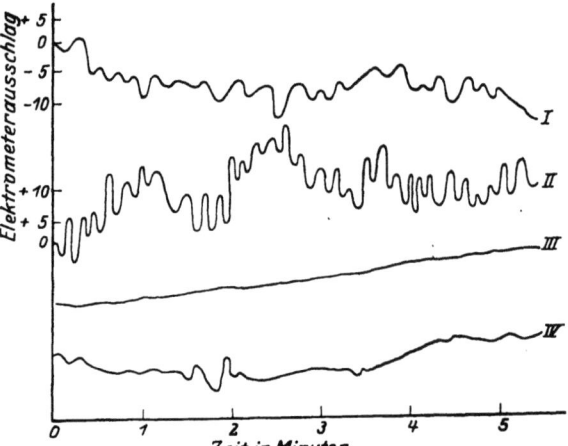

Abb. 7. I: α-Strahlen; 7500 Teilchen pro Minute in jeder Kammer. II: α-Strahlen; 24000 Teilchen pro Minute in jeder Kammer. III: β-Strahlen; Intensität = derjenigen der α-Strahlen bei I. IV: β-Strahlen; Intensität = derjenigen der α-Strahlen bei II.

niumfolie getrennt waren. Die Bestrahlung erfolgte mit einem einzigen Präparat in der Weise, daß jeder α-Strahl beide Kammern durchsetzte und in jeder von ihnen etwa die gleiche Ionisation hervorbrachte. In diesem Falle müssen sich offenbar nicht nur die mittleren Ionisationsströme, sondern auch die beiderseitigen Schwankungen aufheben. In der Tat waren zwar wegen der nicht ganz gleichmäßigen Aufteilung der Einzelionisationen auf beide Kammern die Schwankungen nicht ganz verschwunden, aber auf einen kleinen Bruchteil herabgedrückt.

Mit der KOHLRAUSCH-GEIGERschen Anordnung wurden noch Versuche angestellt von ERNST[3]), von MUSZKAT und WERTENSTEIN[4]) und von E. BORMAN[5]); besonders die letzteren sind bemerkenswert, da sie besser als die früheren eine quantitative Auswertung im Sinne der exakten Theorie (Ziff. 15) zulassen.

Bei der Deutung der älteren Versuche dieser Art wurde meist weniger der Absolutwert der Schwankungen, als die Art ihrer Abhängigkeit von den Ver-

---

[1]) K. W. F. KOHLRAUSCH, Wiener Ber. Bd. 115, S. 673. 1906; s. auch E. MEYER, Jahrb. d. Radioakt. Bd. 5, S. 423. 1908; Bd. 6, S. 242. 1909.
[2]) H. GEIGER, Phil. Mag. Bd. 15, S. 539. 1908.
[3]) A. ERNST, Ann. d. Phys. Bd. 48, S. 877. 1915.
[4]) A. MUSZKAT u. L. WERTENSTEIN, Journ. de Phys. et le Rad. Bd. 2, S. 119. 1921.
[5]) E. BORMAN, Wiener Ber. Bd. 127, S. 2347. 1918.

suchsbedingungen in den Vordergrund gestellt. Die Zahl der Teilchen pro Zeiteinheit sei A, die Ionisationswirkung eines Teilchens k, die Beobachtungsdauer T, so daß $m = AT$ die mittlere Zahl der beobachteten Teilchen und

$$J = km = kAT$$

die mittlere beobachtete Ionisation ist. Dann gilt nach Gleichung (5) für die mittlere relative Schwankung ε_J der Ionisation:

$$\varepsilon_J = \varepsilon_n = \frac{1}{\sqrt{m}} = \sqrt{\frac{k}{J}}.$$

Diese Beziehung ist nach folgenden Richtungen hin nachzuprüfen. Mit wachsender mittlerer Ionisation J nimmt die relative Schwankung ε_J ab wie $J^{-1/2}$, während die absolute Schwankung $J\varepsilon_J$ wie $\sqrt{J}$ zunimmt. Diese Beziehung fand sich bestätigt; die Variation von J geschah durch Änderung der Stärke oder der Entfernung des benutzten α-Strahlenpräparates. Vergleicht man ferner verschiedene Strahlarten, so geben bei gleicher Ionisation diejenigen Strahlen die größeren Schwankungen, welche die größere Ionisationswirkung k pro Teilchen besitzen. GEIGER verglich α- und β-Strahlen, für deren Ionisierungsvermögen k er ein Verhältnis 25 : 1 schätzte, so daß bei gleicher Ionisation die Schwankungen sich wie 5 : 1 verhalten sollten. In der Tat waren im Falle der β-Strahlen die Schwankungen wesentlich kleiner als bei α-Strahlen gleicher Intensität (Abb. 7). Endlich kann man bei Kenntnis von k auch den Absolutwert von ε_J berechnen und mit dem experimentell gefundenen vergleichen. In diesem Punkte sind die älteren Messungen am wenigsten befriedigend, sie ergaben stets nur die Größenordnung der Schwankungen in Übereinstimmung mit der Theorie. Dies hat seinen Grund nicht nur in der Unsicherheit der eingehenden Konstanten, sondern vor allem darin, daß die Beobachtungszeit T nicht einfach definiert ist. Die exakte Theorie dieser Versuche ist später von N. CAMPBELL[1]) gegeben worden und fand sich durch die Messungen von BORMAN[2]), sowie MUSZKAT und WERTENSTEIN[3]) gut bestätigt. Da die Anwendungsmöglichkeiten dieser Theorie bisher kaum erschöpft sein dürften, soll sie in folgender Ziff. in vereinfachter Form wiedergegeben werden.

15. Auswertung integraler Schwankungsmessungen. Der Potentialverlauf am Elektrometer bei der Anordnung von MEYER und REGENER ist in Abb. 8 schematisch dargestellt. Um die Bewegung der Elektrometernadel unter dem Einfluß eines derart veränderlichen Potentials zu berechnen, betrachten wir zunächst die Wirkung eines einzelnen α-Teilchens. Diese besteht darin, daß das Elektrometer plötzlich, etwa zur Zeit $t = 0$, auf ein Potential V aufgeladen wird, worauf die Ladung nach einem Exponentialgesetz durch den Bronsonwiderstand wieder abfließt. Es sei γ die Abklingungskonstante des Bronson, also $\frac{1}{\gamma}$ seine Relaxationszeit, ferner K das Trägheitsmoment, p die Dämpfungskonstante, D die Direktionskraft der Elektrometernadel; eine Auflagung auf ein Potential V rufe ein Drehmoment EV hervor. Für die Elongation φ gilt dann die Differentialgleichung:

$$K\ddot{\varphi} + p\dot{\varphi} + D\varphi = EVe^{-\gamma t}.$$

Die Lösung lautet:

$$\varphi = Pe^{-\alpha t} + Qe^{-\beta t} + Re^{-\gamma t} \equiv f(t) \tag{24}$$

---
[1]) N. CAMPBELL, Proc. Cambridge Phil. Soc. Bd. 15, S. 117. 1909; ebenda S. 316; E. SCHRÖDINGER, Wiener Ber. Bd. 127, S. 237. 1918.
[2]) E. BORMAN, Wiener Ber. Bd. 127, S. 2347. 1918.
[3]) A. MUSZKAT u. L. WERTENSTEIN, Journ. de Phys. et le Rad. Bd. 2, S. 119. 1921.

mit den Abkürzungen:

$$\left.\begin{array}{ll} \alpha = \dfrac{p - \sqrt{p^2 - 4KD}}{2K}; & P = \Phi \dfrac{\alpha \beta}{(\alpha - \beta)(\alpha - \gamma)}; \\[1ex] \beta = \dfrac{p + \sqrt{p^2 - 4KD}}{2K}; & Q = \Phi \dfrac{\alpha \beta}{(\beta - \alpha)(\beta - \gamma)}; \\[1ex] \Phi = \dfrac{EV}{D}; & R = \Phi \dfrac{\alpha \beta}{(\gamma - \alpha)(\gamma - \beta)}. \end{array}\right\} \quad (25)$$

Φ ist der Dauerausschlag, welchen der Durchgang eines Strahlenteilchens bei Abschalten des Bronson hervorrufen würde. Die Koeffizienten α und β sind komplex, wenn das Elektrometer periodisch, reell, wenn es überaperiodisch gedämpft ist. Die Integrationskonstanten sind gleich so gewählt, daß für $t = 0$: $\varphi = 0$ und $\dot{\varphi} = 0$ sind. Wenn daher zu den verschiedenen Zeiten t_ν je ein Teilchen die Ionisationskammer durchsetzt, so ist zu dem späteren Zeitpunkt T die Elongation:

$$\varphi = \sum_\nu f(T - t_\nu),$$

d. h. die Beiträge, welche die einzelnen Strahlenteilchen zur Elongation im Zeitpunkt T beisteuern, addieren sich einfach wie unabhängige Fehler; dies folgt aus der Linearität der Differentialgleichung. Wir denken uns nun eine große Zahl gleichartiger Versuche ausgeführt, bei welchen jedesmal nach Ablauf der Zeit T nach dem Anschalten die Elektrometerstellung abgelesen wird. A sei die in allen Versuchen

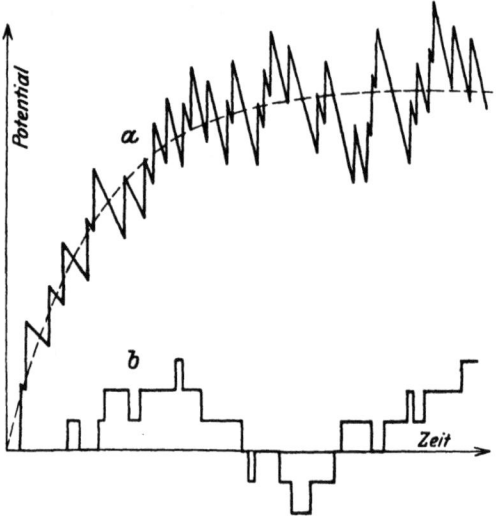

Abb. 8. Potentialverlauf am Elektrometer; a) Methode MEYER-REGENER, b) Methode KOHLRAUSCH-GEIGER.

gleiche mittlere Zahl der Teilchen pro Zeiteinheit. Den Zeitabschnitt 0 bis T denken wir uns in so kleine Intervalle τ eingeteilt, daß die Wahrscheinlichkeit $A\tau$, das in ein Intervall τ der Durchgang eines Strahlenteilchens fällt, äußerst gering ist. Dann ist der mittlere Beitrag $\delta\overline{\varphi}$, welchen ein bestimmtes Intervall τ, das beiderseits des Zeitpunktes t liegt, zur Elongation im Zeitpunkt T liefert,

$$\delta\overline{\varphi} = A\tau f(T - t), \quad (26)$$

also die ganze mittlere Elongation:

$$\overline{\varphi} = \sum A\tau f(T - t) = A \int_0^T f(T - t)\, dt.$$

Wir wählen nun:

$$T \gg \left| \frac{1}{\alpha}, \frac{1}{\beta}, \frac{1}{\gamma}, \frac{1}{\alpha + \beta}, \frac{1}{\alpha + \gamma}, \frac{1}{\beta + \gamma} \right|, \quad (27)$$

was praktisch immer möglich ist; es wird sich zeigen, daß dies das Abwarten des stationären Zustandes bedeutet (vgl. Abb. 8a). Dann ergibt nämlich die einfache

Auswertung des Integrals:

$$\overline{\varphi} = A\left(\frac{P}{\alpha} + \frac{Q}{\beta} + \frac{R}{\gamma}\right) = \frac{A\Phi}{\gamma}, \qquad (28)$$

also unabhängig von T. Um nun die mittlere Schwankung ε_φ von φ zu berechnen, greifen wir auf Gleichung (26) zurück. Der hierdurch angegebene mittlere Beitrag eines Intervalls τ wird in keinem Falle genau eintreten, denn entweder fällt ein Teilchen in dieses Intervall, dann ist der Beitrag des Intervalles: $f(T-t)$, oder es fällt kein Teilchen in dieses Intervall, dann ist der Beitrag 0; im ersteren Falle, der die Wahrscheinlichkeit $w_1 = A\tau$ besitzt, beträgt die Abweichung η_1 vom Mittel:

$$\eta_1 = f(T-t) - A\tau f(T-t),$$

im zweiten Falle mit der Wahrscheinlichkeit $w_2 = 1 - A\tau$ beträgt die Abweichung:

$$\eta_2 = -A\tau f(T-t).$$

(Die Möglichkeit, daß mehrere α-Teilchen in das Intervall τ treffen, kann wegen der Kleinheit von τ außer Betracht bleiben.) Somit ist das mittlere Quadrat dieser Abweichung:

$$\overline{\eta^2} = w_1 \eta_1^2 + w_2 \eta_2^2 = \{(1-A\tau)^2 A\tau + (A\tau)^2(1-A\tau)\} f^2(T-t),$$

oder bei Unterdrückung höherer Potenzen von $A\tau$:

$$\overline{\eta^2} = A\tau f^2(T-t).$$

Betrachten wir diese Größe als mittleres Fehlerquadrat, so können wir den bekannten Satz anwenden, daß die mittleren Quadrate unabhängiger Fehler sich additiv zusammensetzen; indem wir über alle Intervalle τ summieren, erhalten wir also für das mittlere absolute Schwankungsquadrat Δ_φ^2 der Elongation zur Zeit T:

$$\Delta_\varphi^2 = \sum \overline{\eta^2} = A \int_0^T f^2(T-t)\, dt.$$

Mit der obigen Festsetzung (27) über die Größe von T ergibt die einfache Ausführung der Integration:

$$\Delta_\varphi^2 = A\left(\frac{P^2}{2\alpha} + \frac{Q^2}{2\beta} + \frac{R^2}{2\gamma} + \frac{2QR}{\beta+\gamma} + \frac{2RP}{\gamma+\alpha} + \frac{2PQ}{\alpha+\beta}\right),$$

oder nach Einsetzen der Werte für P, Q, R und nach einigen Umrechnungen:

$$\Delta_\varphi^2 = A\Phi^2 \frac{\alpha\beta(\alpha+\beta+\gamma)}{2\gamma(\alpha+\beta)(\beta+\gamma)(\gamma+\alpha)}. \qquad (29)$$

Die mittlere relative Schwankung ε_φ berechnet sich hieraus mit Gleichung (28) zu:

$$\varepsilon_\varphi = \frac{\Delta_\varphi}{\overline{\varphi}} = \sqrt{\frac{1}{2A} \frac{\alpha\beta\gamma(\alpha+\beta+\gamma)}{(\alpha+\beta)(\beta+\gamma)(\gamma+\alpha)}}. \qquad (30)$$

Der Ausdruck ist, wie zu erwarten, unabhängig von der Beobachtungszeit T. Man erkennt, was auch ohne weiteres plausibel ist, daß sich für die Versuche am besten ein Instrument mit möglichst rascher Einstellung eignet (z. B. Fadenelektrometer), denn wenn $|\alpha|$, $|\beta|$ und $|\alpha+\beta|$ groß gegen γ sind, so wird:

$$\Delta_\varphi^2 = A\frac{\Phi^2}{2\gamma}; \qquad \varepsilon_\varphi = \sqrt{\frac{\gamma}{2A}}.$$

Eine ganz analoge Berechnung läßt sich für die KOHLRAUSCH-GEIGERsche Versuchsanordnung anstellen. Der Potentialverlauf am Elektrometer ist für diesen Fall in Abb. 8b schematisch dargestellt. Denken wir uns zunächst nur die eine Kammer bestrahlt, so unterscheidet sich der Fall von dem MEYER-REGENERschen nur dadurch, daß $\gamma = 0$ ist; damit muß die vereinfachende Voraussetzung $T \gg \dfrac{1}{\gamma}$ aufgegeben werden, wohl aber können wir weiter

$$T \gg \left| \frac{1}{\alpha}, \frac{1}{\beta}, \frac{1}{\alpha+\beta} \right| \tag{31}$$

annehmen. Es wird also jetzt:

$$\Delta_\varphi^2 = A \int_0^T f_1^2(T-t)\,dt, \text{ wo } f_1(t) = P_1 e^{-\alpha t} + Q_1 e^{-\beta t} + R_1$$

$$P_1 = \Phi \frac{\beta}{\alpha-\beta}; \qquad Q_1 = -\Phi \frac{\alpha}{\alpha-\beta}; \qquad R_1 = \Phi.$$

Dies ergibt:

$$\Delta_\varphi^2 = A \left(\frac{P_1^2}{2\alpha} + \frac{Q_1^2}{2\beta} + R_1^2 T + 2\frac{P_1 R_1}{\alpha} + 2\frac{Q_1 R_1}{\beta} + 2\frac{P_1 Q_1}{\alpha+\beta} \right)$$

$$= A \Phi^2 \left(T - \frac{3\alpha^2 + 5\alpha\beta + 3\beta^2}{2\alpha\beta(\alpha+\beta)} \right).$$

Der Bruch in der Klammer ist von der Größenordnung $\left|\dfrac{1}{\alpha+\beta}\right|$, daher wird schließlich nach (31)

$$\Delta_\varphi^2 = A \Phi^2 T. \tag{32}$$

Ebenso findet man den mittleren Ausschlag $\overline{\varphi}$ bei Bestrahlung einer Kammer:

$$\varphi = A \int_0^T f_1(T-t)\,dt = A \Phi T,$$

so daß

$$\varepsilon_\varphi = \frac{1}{\sqrt{A T}}. \tag{33}$$

Werden beide Kammern bestrahlt, so ist das Schwankungsquadrat doppelt so groß.

Das Resultat wird also bei der Methode von KOHLRAUSCH-GEIGER für genügend große Beobachtungszeiten vollständig unabhängig von den Elektrometerkonstanten, dafür geht aber jetzt die Beobachtungszeit T ein, die Schwankungen streben keinem Grenzwert zu. Man hat also hier jedenfalls auch einen Weg, um die SCHWEIDLERschen Schwankungen zu messen; in der Praxis werden allerdings die Verhältnisse dadurch kompliziert, daß Sättigungsmangel, Isolationsverluste usw. die absolute Schwankung Δ_φ nicht unbegrenzt wachsen lassen ($\gamma \neq 0$), so daß für genügend große Beobachtungszeiten kein Unterschied gegen den MEYER-REGENERschen Fall mehr besteht. Diese Verhältnisse wurden eingehend diskutiert von CAMPBELL[1], ERNST[2], V. SCHWEIDLER[3], BORMAN[4] und SCHRÖDINGER[5].

Es ist noch zu erwähnen, daß bei GEIGER die Auswertung der Versuchsergebnisse in anderer Weise als hier beschrieben geschah, denn GEIGER bezieht die Elektrometerausschläge nicht auf die eigentliche Nullage, sondern gewissermaßen auf eine langsam veränderliche Gleichgewichtslage; damit schaltet er ge-

---

[1] N. CAMPBELL, Proc. Cambridge Phil. Soc. Bd. 15, S. 134. 1909.
[2] A. ERNST, Ann. de Phys. Bd. 48, S. 877. 1915.
[3] E. v. SCHWEIDLER, Ann. d. Phys. Bd. 49, S. 594. 1916.
[4] E. BORMAN, Wiener Ber. Bd. 127, S. 2347. 1918.
[5] E. SCHRÖDINGER, Wiener Ber. Bd. 127, S. 237. 1918; Bd. 128, S. 177. 1919.

rade die hier berechneten, mit der Zeit systematisch anwachsenden Schwankungen aus und rechnet nur mit den darüber gelagerten schnelleren Elektromotorschwingungen. Auch hieraus läßt sich im Prinzip der Absolutwert der Schwankungen exakt ableiten, ebenso auch nach den Ableseverfahren von KOHLRAUSCH und MEYER und REGENER, wenn man von einer von SCHRÖDINGER[1]) angegebenen Vervollständigung der CAMPBELLschen Theorie Gebrauch macht, doch ist dies nachträglich nicht mehr durchführbar. Dagegen konnten BORMAN sowie MUSZKAT und WERTENSTEIN[2]) direkt die CAMPBELLsche Theorie quantitativ bestätigen und außerdem noch zeigen, daß die Schwankungen nach dem GAUSSschen Fehlergesetz verteilt sind, wie es Gleichung (3) fordert.

Wir haben oben so gerechnet, als ob jedes Strahlenteilchen bei seinem Durchgang durch die Ionisationskammer genau die gleiche Elektrizitätsmenge auslöste. Dies ist zwar sicher nicht genau der Fall, aber die hierdurch bedingte Korrektion ist doch in praktischen Fällen zu vernachlässigen, solange man mit homogenen Strahlen und unter voller Ausnutzung ihrer Reichweite arbeitet. Bezeichnet nämlich ε_0 die mittlere relative Schwankung des Ionisierungsvermögens eines Teilchens um den Mittelwert, so zeigt eine einfache Betrachtung, daß an ε_φ ein Korrektionsfaktor $\sqrt{1 + \varepsilon_0^2}$ anzubringen ist[3]), der unter den angegebenen Bedingungen sehr wenig von 1 verschieden ist. Dieser Faktor fällt jedoch stark ins Gewicht, wenn die α-Strahlen infolge Absorption in der eigenen Substanz inhomogen werden oder ihre Reichweiten nicht nach allen Richtungen gleichmäßig ausgenutzt werden[1]).

Über den grundsätzlichen Wert integraler Schwankungsmessungen ist zu sagen, daß sie nicht nur zur Prüfung der Zerfallstheorie, sondern sehr wohl auch zur Bestimmung der von einem Präparat ausgesandten Teilchenzahl und des Ionisierungsvermögens eines Teilchens dienen können[4]).

Zu erwähnen ist schließlich noch, daß Schwankungsmessungen mit den hier beschriebenen Versuchsanordnungen nicht nur an α- und β-Strahlen, sondern auch an γ-Strahlen und Licht ausgeführt worden sind, mit dem Ziel, die Struktur dieser Strahlen zu ermitteln.

16. Schwankungsmessungen durch Teilchenzählung. Einfacher als nach den oben beschriebenen Methoden läßt sich die Zufallsmäßigkeit des radioaktiven Zerfalls durch Zählversuche nachprüfen. Ein wesentlicher Unterschied liegt dabei darin, daß für Zählungen nur sehr kleine Strahlenintensitäten benutzt werden können, so daß hinsichtlich des Verteilungsgesetzes für die Schwankungen statt der Näherungsformel (3) die strenge Formel (2):

$$p_n = \frac{m^n}{n!} e^{-m} \qquad (2)$$

herangezogen werden muß. Exaktere Versuche zur Nachprüfung dieser Gleichung wurden zuerst von RUTHERFORD und GEIGER[5]) unternommen. Die α-Teilchen wurden dabei mittels Szintillationen gezählt und auf einem gleichmäßig bewegten, mit Zeitmarken versehenen Papierstreifen von Hand registriert. Der ganze Streifen wurde in Abschnitte von bestimmter Länge, z. B. $1/8$ min geteilt und die Zahl der Teilchen in jedem Abschnitt ermittelt. Eine der erhaltenen Kurven stellt Abb. 9 dar, wo die Zahl der Abschnitte mit einer bestimmten Teilchenzahl

---
[1]) E. SCHRÖDINGER, Wiener Ber. Bd. 128, S. 177. 1919.
[2]) A. MUSZKAT u. L. WERTENSTEIN, Journ. de Phys. et le Rad. Bd. 2, S. 119. 1921.
[3]) N. CAMPBELL, Phys. ZS. Bd. 11, S. 826. 1910; E. v. SCHWEIDLER, ebenda S. 614.
[4]) K. W. F. KOHLRAUSCH u. E. v. SCHWEIDLER, Phys. ZS. Bd. 13, S. 11. 1912; E. BORMAN, Wiener Ber. Bd. 127, S. 2347. 1918.
[5]) E. RUTHERFORD u. H. GEIGER, Phil. Mag. Bd. 20, S. 698. 1910.

als Ordinate gegen die Teilchenzahl als Abszisse aufgetragen ist. Die nach obiger Gleichung berechnete Kurve ist in die Abbildung eingetragen, und man sieht, daß die Übereinstimmung durchaus zufriedenstellend ist. Eine noch eingehendere Prüfung an Hand eines sehr umfangreichen Materials hat später W. Kutzner[1]) angestellt, indem er den Geigerschen Spitzenzähler (s. ds. Handb. Bd. XXIV) in Verbindung mit automatischer (photographischer) Registrierung anwandte. Diese mit Poloniumpräparaten angestellten Versuche ergaben zwar gewisse systematische Abweichungen gegen die theoretische Gleichung (2), doch scheint uns der Nachweis nicht erbracht, daß die Unstimmigkeit auf Rechnung der Theorie und nicht des Experiments zu setzen ist. Kutzner findet nämlich, daß das Maximum der experimentellen Verteilungskurven etwas schmaler ist, als es die Gleichung (2) fordert, d. h. daß die Schwankungen kleiner sind, als theoretisch zu erwarten. Hierbei ist aber ein Umstand unbeachtet geblieben, auf den schon von früheren Autoren hingewiesen worden ist[2]). Derartige Zählanordnungen, wie sie Kutzner benutzt, haben notwendigerweise nur ein begrenztes Auflösungsvermögen. Dies kann sich z. B. darin äußern, daß, nachdem der Apparat ein Teilchen registriert hat, eine gewisse Zeit τ verstreichen muß, ehe er auf ein weiteres Teilchen in beobachtbarer Weise anzusprechen vermag. Man erkennt leicht, daß hierdurch eine Ausgleichung der Zeitabstände entsteht; betrachtet man z. B. den extremen Fall, daß das kritische Zeitintervall τ sehr groß gegen den wahren mittleren Abstand aufeinanderfolgender Teilchen ist, so werden praktisch nur Abstände beobachtet werden, welche gleich τ oder wenig

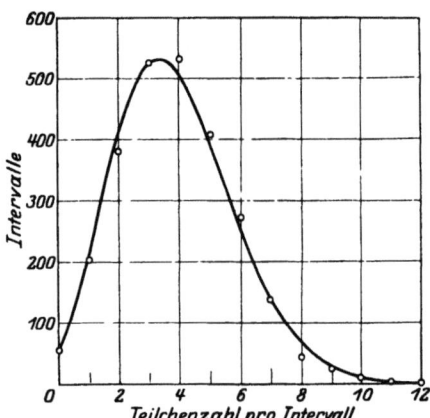

Abb. 9. Szintillationsschwankungen.

größer sind[3]). Dies bedeutet aber eine scheinbare Verringerung der Schwankungen der Teilchendichte, wie sie Kutzner beobachtet hat. Diese scheinbaren Abweichungen von den theoretischen Verhältnissen werden offenbar mit der Teilchendichte wachsen, und in der Tat ist in Kutzners Ergebnissen ein Gang in diesem Sinne deutlich erkennbar.

Derartige Zählreihen lassen sich auch noch in anderer Weise auswerten: man kann die Verteilung der zeitlichen Abstände aufeinanderfolgender Teilchen aufnehmen. Theoretisch ist die Wahrscheinlichkeit eines zwischen t und $t+dt$ gelegenen Abstandes nach Gleichung (7):

$$p_t dt = A e^{-At} dt, \qquad (7)$$

wo A wieder die mittlere Teilchenzahl pro Zeiteinheit ist. Diese Gleichung wurde von Marsden und Barratt[4]), sowie von M. Curie[5]) verifiziert. Marsden und Barratt benutzten die Szintillationsmethode, M. Curie die elektrische Zähl-

---

[1]) W. Kutzner, ZS. f. Phys. Bd. 21, S. 281. 1924.
[2]) Siehe z. B. E. Marsden u. T. Barratt, Phys. ZS. Bd. 13, S. 193. 1912; M. Curie, Journ. de Phys. et le Rad. Bd. 1, S. 12. 1920.
[3]) Bei Zählversuchen, welche H. Geiger und der Ref. gelegentlich anstellten, wurden Versuchsbedingungen gefunden, unter denen in der Tat die Zählerausschläge in fast regelmäßigen Abständen aufeinanderfolgten.
[4]) E. Marsden u. T. Barratt, Proc. Phys. Soc. Bd. 24, S. 50. 1911; Phys. ZS. Bd. 13, S. 193. 1912.
[5]) M. Curie, Journ. de Phys. et le Rad. Bd. 1, S. 12. 1920.

methode. Die Gleichung (7) fand sich innerhalb der recht engen Fehlergrenzen bestätigt, wenn man wieder von den sehr kleinen Zeitintervallen absieht, welche der Beobachtung entgehen können.

Es ist vielleicht nicht überflüssig, hervorzuheben, daß die Gleichungen (2) und (7) trotz ihrer verschiedenen Form inhaltlich völlig identisch sind, ihre Bestätigung also gleich schwer zugunsten der Theorie wiegt.

THE SVEDBERG[1]) hat sich bemüht, in den von radioaktiven Lösungen erzeugten Szintillationen die Überlagerung der SCHWEIDLERschen Schwankungen mit den flüssigkeitskinetisch zu erwartenden Konzentrationsschwankungen zu erkennen, indessen wurde von verschiedenen Seiten der Nachweis erbracht, daß die Konzentrationsschwankungen zu geringfügig sind, um sich neben den viel größeren Zerfallsschwankungen bemerkbar zu machen [2]).

Das Gesamtresultat der bisher ausgeführten Schwankungsmessungen läßt sich dahin aussprechen, daß diese mit der Grundannahme der Zufallsmäßigkeit des radioaktiven Zerfalls im Einklang sind; jedenfalls liefern sie keinen Grund, an der Richtigkeit dieser Annahme ernstlich zu zweifeln. Man kann sogar sagen, daß die Zerfallstheorie heute so weit gesichert ist, daß man in den Umwandlungsprozessen in einem radioaktiven Präparat ein Vorbild zufallsmäßiger Ereignisse hat, wie es in dieser Reinheit sonst schwer zu finden sein dürfte. Eines Vorbehaltes muß jedoch bezüglich der Schlüssigkeit von Schwankungsmessungen noch gedacht werden: Ein Teil der angeführten Untersuchungen wurde mit Strahlenbündeln von sehr geringer Öffnung durchgeführt; unter diesen Verhältnissen wäre praktisch Zufallsverteilung auch dann zu erwarten, wenn die elementaren Zerfallsvorgänge nicht unabhängig voneinander wären und nur die Richtung des ausgesandten Teilchens dem Zufall unterläge. Solche Versuche mit kleinen Öffnungswinkeln können also nur die Zufallsmäßigkeit e n t w e d e r des Zerfalls selbst o d e r der Emissionsrichtung beweisen.

d) Experimentelle Bestimmung von Konstanten radioaktiver Umwandlungen.

17. Allgemeine Methoden zur Messung der Zerfallskonstanten[3]). Der einfachste und direkteste, jedoch nicht immer gangbare Weg zur experimentellen Bestimmung der Zerfallskonstanten eines Radioelementes besteht darin, daß man den freien exponentiellen Abfall der Substanz verfolgt und λ aus Gleichung (1) berechnet. Dies ist ohne weiteres möglich, wenn die Substanz nicht zu schnell oder zu langsam zerfällt und selbst eine meßbare Strahlung besitzt, welche von den Strahlungen der allmählich sich bildenden Folgeprodukte zu trennen ist (RaC, RaE, RaF). Statt dessen kann aber der Abfall auch mittels der Strahlung eines im Gleichgewicht befindlichen Folgeproduktes beobachtet werden (RaD-RaF, UX_1-UX_2, RaEm-RaC).

Statt der Abfallskurve ist gelegentlich auch die im wesentlichen mit ihr identische Anstiegskurve aus der langlebigen Muttersubstanz (s. Ziff. 11) benutzt worden, wie beim RaE[4]). Die Benutzung der Anstiegskurve ist sogar vorzuziehen bei sehr langlebigen Substanzen, da besonders beim Initialanstieg die r e l a t i v e

---

[1]) THE SVEDBERG, ZS. f. phys. Chem. Bd. 74, S. 738. 1910; Phys. ZS. Bd. 14, S. 22. 1913.
[2]) M. v. SMOLUCHOWSKI, Phys. ZS. Bd. 13, S. 1069. 1912; E. v. SCHWEIDLER, ebenda Bd. 14, S. 198. 1913; T. EHRENFEST, ebenda Bd. 14, S. 675. 1913; THE SVEDBERG, ebenda Bd. 15, S. 512. 1914.
[3]) In Ziff. 17 bis 19 werden in der Hauptsache nur die Methoden besprochen; betreffs der Zahlenwerte der Zerfallskonstanten vgl. Kap. 3B.
[4]) G. N. ANTONOFF, Phil. Mag. Bd. 19, S. 825. 1910.

Mengenänderung viel größer ist als beim Abfall. So konnte λ_{Ra} bestimmt werden aus der Geschwindigkeit der Ra-Entwicklung aus Io[1]). Ein Io-Präparat habe zur Zeit t nach seiner Abtrennung eine Ra-Menge entwickelt, welche $A\alpha$-Teilchen pro Sekunde emittiert (die α-Emission der Zerfallsprodukte nicht mitgerechnet). Das Io-Präparat selbst gebe A_∞ α-Teilchen pro Sekunde; dies ist gleichzeitig die Gleichgewichtsaktivität des sich nachbildenden Radiums. Daher liefert die Anstiegsgleichung (20) für kleine Werte von t:

$$A = A_\infty \lambda t,$$

woraus λ zu berechnen ist. Die Gleichgewichtsaktivität A_∞ kann auch direkter aus dem Radiumgehalt des als Ausgangsmaterial für die Ioniumgewinnung benutzten Minerals ermittelt werden, sofern man sicher ist, daß in diesem das Ra mit dem Io im Gleichgewicht ist.

Auch die Ionisationskurven einer größeren Zahl aufeinanderfolgender Zerfallsprodukte können zur Bestimmung der Zerfallskonstanten herangezogen werden, wenn auch natürlich mit wachsender Zahl der Elemente die Verhältnisse immer komplizierter werden. So läßt sich z. B. die experimentell gefundene RaC-Kurve der Abb. 3 oder 4 in der Weise analysieren, daß man sie als Summe dreier Exponentialkurven darstellt, entsprechend der Gleichung (9) der allgemeinen Umwandlungstheorie. Durch Analyse der Abklingungskurven (Ionisationskurven) für die verschiedenen Strahlungen des Ra-Niederschlages ist es RUTHERFORD[2]) u. a. gelungen, die Zahl der Komponenten des Niederschlages und deren Zerfallskonstanten zu bestimmen. Eine prinzipielle Schwierigkeit dieses Verfahrens besteht jedoch darin, daß die Zuordnung der Zerfallskonstanten zu den verschiedenen Folgeprodukten nicht immer in eindeutiger Weise möglich ist, denn wir sehen aus den Gleichungen (21) und (22), daß der Ausdruck für die RaC-Aktivität ($N_3\lambda_3$) symmetrisch ist in $\lambda_1, \lambda_2, \lambda_3$. Nun zeigt zwar die α-Strahlenkurve Abb. 3 eindeutig, daß dem ersten Produkt die größte der drei Zerfallskonstanten zuzuordnen ist, doch ist bezüglich der beiden anderen eine Entscheidung nicht ohne weiteres möglich, da das zweite Produkt keine genügend charakteristische Strahlung besitzt. In der Tat konnte die richtige Zuordnung erst erfolgen, als es gelang, RaB und RaC zu trennen und die freie Abfallskurve des RaC direkt zu beobachten[3]). Ganz ähnlich liegen die Verhältnisse bei dem aktiven Niederschlag der ThEm und bei RaAc und seinen Zerfallsprodukten. In einem Falle hat auch eine Anstiegskurve höheren Grades zur λ-Bestimmung gedient: SODDY hat aus dem beschleunigten Anstieg des Ra aus U (vgl. Ziff. 10) auf die Lebensdauer des Zwischenproduktes Io geschlossen[4]).

18. Messung sehr kleiner Zerfallskonstanten. Die soeben angegebenen Methoden sind unbequem oder ganz undurchführbar bei denjenigen Elementen, welche so langlebig sind, daß ihr Abfall oder Anstieg nicht direkt beobachtet werden kann. In solchen Fällen hat man auf die Definition der Zerfallskonstanten zurückgegriffen, nach welcher λ der pro Zeiteinheit zerfallende Bruchteil der Atome ist. Da gerade die langlebigen Elemente (namentlich UI, Ra, Th kommen in Frage) verhältnismäßig leicht in wägbaren Mengen zugänglich sind, kann man die Zahl der in einem Präparat vorhandenen Atome aus dem absoluten Gewicht,

---

[1]) B. B. BOLTWOOD, Sill. Journ. Bd. 25, S. 493. 1908; Science Bd. 42, S. 851. 1915; ST. MEYER, u. E. v. SCHWEIDLER, Wiener Ber. Bd. 122, S. 1091. 1913; E. GLEDITSCH, Sill. Journ. Bd. 41, S. 111. 1916; vgl. auch ST. MEYER u. R. W. LAWSON, Wiener Ber. Bd. 125, S. 723. 1916.
[2]) E. RUTHERFORD, Phil. Trans. Bd. 204, S. 169. 1905.
[3]) BRONSON, Phil. Mag. Bd. 11, S. 143. 1906.
[4]) F. SODDY, Phil. Mag. Bd. 16, S. 632. 1908; Bd. 18, S. 846. 1909; Bd. 20, S. 340, 1910; F. SODDY, u. A. F. R. HITCHINS, Phil. Mag. Bd. 30, S. 209. 1915.

dem Atomgewicht und der LOSCHMIDTschen Zahl ermitteln. Schwierigkeiten treten aber da auf, wo das fragliche Element nur in Mischung mit einem Isotop erhältlich ist, wie beim Ionium, welches stets mit Thor zusammen vorkommt. Hier mußte der Th-Gehalt des Präparates besonders bestimmt werden, was z. B. aus dem Betrage des nachgebildeten MsTh oder dem mittleren Atomgewicht des Präparates geschehen kann[1]). Die Zahl der pro Sekunde zerfallenden Atome kann durch α-Strahlenzählung ermittelt werden.

In einigen Fällen lassen sich Beziehungen zwischen den Zerfallskonstanten aufeinanderfolgender Elemente auf Grund der allgemeinen Umwandlungstheorie aufstellen, so daß man aus der Zerfallskonstante einer Substanz auf diejenige ihrer Mutter- oder Tochtersubstanz schließen kann. So kennt man aus Mineralanalysen das Gewichtsverhältnis von Ra : UI (genauer UI + UII) im dauernden Gleichgewicht (BOLTWOODsche Konstante $= 3,3 \cdot 10^{-7}$). Daraus findet man durch Division mit dem Verhältnis der Atomgewichte das Gleichgewichtsverhältnis der Atomzahlen, und dieses ist, nach Anbringung einer Korrektion für die Abzweigung der Actiniumreihe, das Verhältnis der Zerfallskonstanten von UI : Ra [s. Gleichung (14)]; ist λ_{Ra} bekannt, so kann λ_{UI} hiernach berechnet werden. In ähnlicher Weise sind Schätzungen für die Zerfallskonstante des Io versucht worden[1]).

Andere Relationen lassen sich aufstellen, wenn umgekehrt das in Frage stehende Element ein Folgeprodukt eines viel kurzlebigeren ist, wie es beim RaD der Fall ist. Man habe z. B. ein RaC-Präparat, welches A_C α-Teilchen pro Sekunde emittiert. Man läßt das Präparat vollständig abklingen und bestimmt an dem so entstandenen RaD-Präparat die Zahl A_D der pro Sekunde zerfallenden RaD-Atome, indem man etwa die α-Emission des im Gleichgewicht befindlichen RaF ermittelt. Da die Zahl der ursprünglichen RaC-Atome gleich derjenigen der entwickelten RaD-Atome ist, so ist nach Gleichung (12) $A_C : A_D = \lambda_C : \lambda_D$; statt des RaC kann man (praktischer) auch die RaEm benutzen; auch einen β-Strahlenvergleich zwischen RaC und RaE kann man zu dem gleichen Zwecke vornehmen, doch ist dieser Weg weit weniger zuverlässig, da Schlüsse aus β-Strahlenmessungen auf die Aktivität recht unsicher sind[2]).

Endlich ist eine Schätzung sehr kleiner Zerfallskonstanten bei α-Strahlern noch möglich mittels des Zusammenhanges zwischen der Reichweite der α-Strahlen und der Lebensdauer (GEIGER-NUTTALLsche Beziehung, vgl. Kap 2D). Da es sich hier stets um eine Extrapolation aus einer nicht streng gültigen empirischen Beziehung handelt und außerdem das Resultat sehr empfindlich ist auf kleine Änderungen im experimentellen Wert der Reichweite, so kann auf diese Weise wohl immer nur eine rohe Schätzung der Zerfallskonstanten vorgenommen werden, die aber doch von erheblichem Wert sein kann, wo andere Methoden versagen, wie etwa beim UII.

19. Messung sehr großer Zerfallskonstanten. Auch bei sehr kurzlebigen Substanzen erfordert die Bestimmung der Zerfallskonstanten besondere Methoden. Bei den Gasen ThEm[3]) ($T = 54,5$ sek) und AcEm[4]) ($T = 3,9$ sek) hat man sich mit Erfolg eines Strömungsverfahrens bedient, welches durch die schematische Abb. 10 erläutert wird. Luft wird durch Überleiten über ein gleichmäßig emanierendes Präparat oder Durchperlenlassen durch eine emanierende Lösung mit

---

[1]) Vgl. MEYER u. v. SCHWEIDLER, Radioaktivität.
[2]) E. RUTHERFORD, Proc. Roy. Soc. London (A) Bd. 73, S. 493. 1904; ST. MEYER u. E. v. SCHWEIDLER, Wiener Ber. Bd. 115, S. 697. 1906; Bd. 116, S. 701. 1907; Phys. ZS. Bd. 8, S. 457. 1907.
[3]) E. RUTHERFORD, Phil. Mag. Bd. 49, S. 1. 1900.
[4]) A. DEBIERNE, C. R. Bd. 136, S. 446. 1903.

einem konstanten Betrag von Emanation versetzt und dann mit konstanter Geschwindigkeit und wirbelfrei durch eine röhrenförmige Ionisationskammer geleitet; diese hat mehrere Innenelektroden in bestimmten Abständen, welche einzeln mit einem Elektrometer verbunden werden können. Gemessen wird das Verhältnis der Ionisationswirkungen an den verschiedenen Elektroden. Sind die Elektrodenabstände und die Strömungsgeschwindigkeit bekannt, so kann man in leicht ersichtlicher Weise die Zerfallskonstante der Emanation berechnen. Eine andere, von MACHE ausgearbeitete Strömungsmethode[1]) besteht darin, daß man diejenige Strömungsgeschwindigkeit v_m ermittelt, für welche im gegebenen Abstande x von der Emanationsquelle das Maximum der Ionisationswirkung ein tritt; man findet leicht $\lambda = \dfrac{v_m}{x}$.

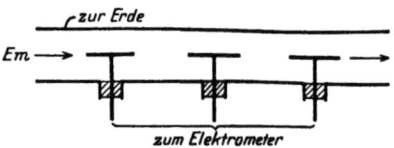

Abb. 10. Strömungsmethode zur Messung von λ_{ThEm} und λ_{AcEm}.

Ein analoges Verfahren fand Anwendung bei den festen Substanzen ThA[2]) ($T = 0{,}14$ sec) und AcA[2]) ($T = 0{,}002$ sec), den Tochtersubstanzen der beiden Emanationen. Eine rotierende Scheibe oder ein in sich geschlossenes Band passiert durch schmale Schlitze eine im übrigen geschlossene Kammer, welche ein konstant emanierendes Präparat enthält. Der während des Durchganges abgesetzte Niederschlag wird dann in zwei nacheinander durchlaufenen Ionisationskammern gemessen. Die Berechnung ist dieselbe wie bei der Strömungsmethode.

Bei dem noch sehr viel schneller zerfallenden RaC' ist es neuerdings J. C. JACOBSEN gelungen, die soeben beschriebene Methode in eleganter Weise zu modifizieren, indem er für die nötige große Transportgeschwindigkeit den β-Rückstoß nutzbar machte, welchen das RaC'-Atom bei seiner Entstehung aus dem RaC erfährt[3]). Die Versuchsanordnung zeigt Abb. 11. Von dem RaC'-Präparat P geht ein Bündel von RaC'-Rückstoßstrahlen durch das evakuierte Rohr R. In verschiedenen Entfernungen vom Präparat werden durch seitliche Schlitze S die vom RaC' ausgesandten α-Teilchen gezählt. Die Rückstoßgeschwindigkeit wird aus der größten bekannten β-Strahlengeschwindigkeit von RaC nach dem Impulssatz berechnet. Aus der Abnahme der α-Teilchenzahl mit zunehmender Entfernung vom Präparat findet JACOBSEN die Zerfallskonstante des RaC' zu $8{,}4 \cdot 10^5$, während die GEIGER-NUTTALLsche Beziehung etwa den Wert $5 \cdot 10^7$ liefern würde. Man sieht, daß Extrapolationen nach dieser empirischen Beziehung nur mit großem Vorbehalt auszuführen sind. Ganz auf solche Extrapolationen angewiesen ist man bisher noch beim ThC' und AcC'.

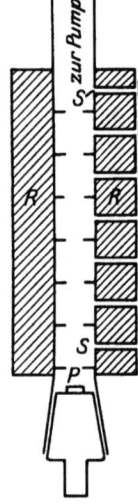

Abb. 11. Anordnung zur Bestimmung der Zerfallskonstanten von RaC'.

Es braucht überhaupt wohl kaum hervorgehoben zu werden, daß die Messung extrem großer und kleiner Zerfallskonstanten bei weitem nicht mit der Genauigkeit durchführbar ist, die sich bei Substanzen mittlerer Lebensdauer erreichen läßt.

20. Die Zerfallskonstante der Radiumemanation. Von besonderer meßtechnischer Bedeutung und daher am genauesten bestimmt ist die Zerfallskon-

---

[1]) Vgl. R. SCHMID, Wiener Ber. Bd. 126, S. 1065. 1917.
[2]) H. G. J. MOSELEY u. K. FAJANS, Phil. Mag. Bd. 22, S. 629. 1911.
[3]) J. C. JACOBSEN, Phil. Mag. Bd. 47, S. 23. 1924.

stante der Radiumemanation. Für sie liegen die Verhältnisse insofern besonders günstig, als die beiden hier anwendbaren Meßmethoden, die γ-Strahlen- und die weit empfindlichere Emanationsmethode, zusammen einen sehr großen relativen Meßbereich (etwa 10^{10}) umfassen. Man kann daher den Abfall der Emanation bis zu einem äußerst kleinen Bruchteil der Anfangsaktivität messend verfolgen, was natürlich für die Genauigkeit der Messung sehr wesentlich ist.

Die genauesten Messungen wurden im Prinzip in der Weise gemacht, daß man ein Emanationspräparat von mehreren Millicurie mit γ-Strahlen maß, hierauf eine bestimmte Zeit sich selbst überließ, so daß es auf etwa 10^{-6} Millicurie abfiel und dann die verbleibende Emanation im Emanationselektrometer bestimmte. Das Verhältnis der beiden Elektrometerempfindlichkeiten wurde ermittelt, indem man ein Ra-Präparat am γ-Strahleninstrument bestimmte, dann auflöste, einen bekannten Bruchteil (etwa 10^{-6}) der Lösung entnahm und am Emanationsinstrument bestimmte; statt des Radiumpräparates wurde auch ein zweites Emanationspräparat benutzt, welches nach erfolgter γ-Strahlenmessung in einer Gaspipette in passendem Verhältnis unterteilt wurde[1]).

Eine große Zahl von Bestimmungen, besonders älteren, wurde auch mit Benutzung nur eines der beiden erwähnten Instrumente ausgeführt. Die Emanationsmethode hat den Vorteil, daß man von dem Versuchspräparat fortlaufend bestimmte Bruchteile abzapfen und messen kann, wobei man durch beständige Vergrößerung dieser Proben die Emanationsmessungen möglichst gleichartig machen kann. Andererseits ist die γ-Strahlenmethode einfacher und weniger Fehlerquellen unterworfen; die Meßgenauigkeit kann bei dieser Methode leichter gesteigert werden durch Häufung der Einzelmessungen und durch Kompensationsschaltungen. I. CURIE und C. CHAMIÉ[2]) benutzten im Prinzip zwei gleich starke Emanationspräparate und maßen die Zeit, innerhalb welcher beide zusammen auf den ursprünglichen Wert des einen abgeklungen waren. Nach derselben Methode arbeitete L. BASTINGS[3]).

Die drei zuletzt ausgeführten Bestimmungen ergaben folgende Werte[4]):

BOTHE 1923 . . . . 0,1812 Tage^{-1} ± 0,1 %
CURIE u. CHAMIÉ 1924 . . . . 0,1813 ,, ± 0,05 ,,
BASTINGS 1925 . . . . 0,1808 ,, ± 0,2 ,,

Das Mittel aus diesen drei Werten ist:

$$\lambda = 0{,}1811 \text{ Tage}^{-1} = 2{,}096 \cdot 10^{-6} \text{ sek}^{-1};$$
$$T = 3{,}827 \text{ Tage.}$$

21. Bestimmung von Abzweigungsverhältnissen. Der Weg zur Ermittlung eines Abzweigungsverhältnisses ist im Prinzip in Ziff. 6 vorgezeichnet: Man bestimmt in einem Präparat im Zustand des radioaktiven Gleichgewichtes die Aktivität einerseits der dual zerfallenden Substanz selbst (oder einer vorhergehenden), andererseits des einen Zweigprodukts (oder eines seiner Folgeprodukte); das Verhältnis der zweiten zur ersten Zahl gibt unmittelbar das Abzweigungsverhältnis für den betrachteten Zweig. So wurde das Abzweigungsverhältnis für UY und die anschließende Actiniumreihe (3 bis 4%) ermittelt, indem man aus genügend alten Uranpräparaten (Erzen) das Ac[5]), Pa[6]) oder UY[7]) chemisch abtrennte

---

[1]) Siehe z. B. W. BOTHE, ZS. f. Phys. Bd. 16, S. 270. 1923.
[2]) J. CURIE u. C. CHAMIÉ, Journ. de Phys. et le Rad. Bd. 5, S. 238 u. 384. 1924.
[3]) L. BASTINGS, Proc. Cambridge Phil. Soc. Bd. 22, S. 562. 1925.
[4]) Zusammenstellung älterer Resultate bei MEYER u. v. SCHWEIDLER, Radioaktivität.
[5]) RUTHERFORD, Radioact. Subst. 1913, S. 523.
[6]) O. HAHN u. L. MEITNER, Phys. ZS. Bd. 20, S. 529. 1919.
[7]) G. KIRSCH, Wiener Ber. Bd. 129, S. 309. 1920; ST. MEYER, ebenda S. 483.

und seine Aktivität mit derjenigen des U oder UX verglich. Die sichersten Resultate erhält man in solchen Fällen durch α-Strahlenvergleich; aus dem Intensitätsverhältnis verschiedenartiger β-Strahlen kann nur mit gewisser Annäherung auf das Verhältnis der Aktivitäten geschlossen werden, da weder die Zahl der β-Teilchen pro zerfallendes Atom (Ziff. 23) noch die Ionisationswirkung eines β-Teilchens für die verschiedenen Substanzen genau bekannt ist. In analoger Weise wurde das Abzweigungsverhältnis für UZ zu etwa 0,35% gefunden[1]).

Im Falle des RaC, wo RaC″ in einem Verhältnis von 0,04% abzweigt, ist im Prinzip das gleiche Verfahren angewandt worden, nur mit dem Unterschied, daß das Zweigprodukt nicht chemisch, sondern durch α-Rückstoß abgetrennt wurde. RaC″ wurde durch seine β-Strahlung gemessen[2]).

Dagegen konnten beim ThC weit genauere Resultate ohne irgendeine Trennung der Substanzen dadurch erzielt werden, daß man das Zahlenverhältnis der α-Strahlen in beiden Zweigen nach der Szintillationsmethode bestimmte. Dies Verfahren wäre beim RaC nicht durchführbar, da die kürzeren α-Strahlen, das sind die vom RaC selbst bei seiner Umwandlung nach RaC″ ausgesandten, in so kleinem Prozentsatz vertreten sind, daß sie unter den längeren des RaC′ ganz verschwinden. Dagegen ist die Trennung möglich im Falle des ThC, wo die 4,8 cm langen α-Teilchen, welche das ThC selbst aussendet, 35%, die 8,6 cm langen des ThC′ 65% der gesamten Emission ausmachen (Abb. 12). Danach beträgt das Abzweigungsverhältnis für ThC″ 35%[3]).

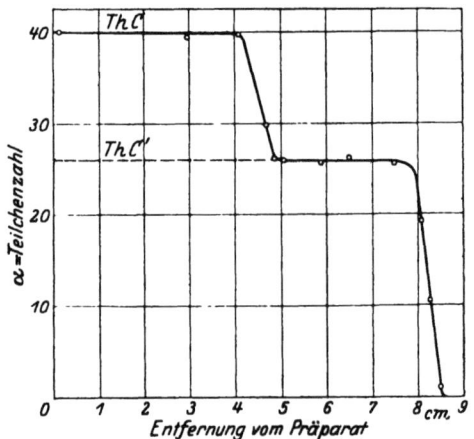

Abb. 12. Abnahme der α-Teilchenzahl von ThC + C′ in Luft.

Schwieriger ist dies Verfahren beim AcC[4]), da hier der Reichweitenunterschied zwischen den beiden α-Strahlengruppen bei weitem nicht so ausgeprägt ist wie beim RaC und die längeren α-Strahlen nur einen sehr geringen Bruchteil ausmachen. Beim AcC wurde auch das oben für RaC beschriebene Rückstoßverfahren angewendet[5]); dieses kann hier kaum zu genauen Resultaten führen, da das Abzweigungsverhältnis für AcC″ fast 100% (nämlich 99,8%) beträgt, so daß schon sehr kleine Fehler in diesem Wert das komplementäre Abzweigungsverhältnis für AcC′ vollkommen ändern.

22. Zahl der α-Teilchen pro Sekunde von 1 g Ra, U und Th. Die Zahl Z der α-Teilchen, welche 1 g Ra oder die äquivalente Menge eines anderen Radioelementes pro Sekunde aussendet, ist eine fundamentale Konstante. Ihre Kenntnis ist z. B. nötig, um die Wärmewirkung (Ziff. 27) und die Heliumentwicklung (vgl. Kap. 2C) des Radiums theoretisch ermitteln und mit den experimentellen Werten

---

[1]) O. HAHN, ZS. f. phys. Chem. Bd. 103, S. 461. 1923.
[2]) K. FAJANS, Phys. ZS. Bd. 12, S. 369. 1911; Bd. 13, S. 699. 1912; E. ALBRECHT, Wiener Ber. Bd. 128, S. 925. 1919.
[3]) E. MARSDEN u. C. G. DARWIN, Proc. Roy. Soc. London (A) Bd. 87, S. 17. 1912; E. MARSDEN u. T. BARRATT, Proc. Phys. Soc. Bd. 24, S. 50. 1911; Phys. ZS. Bd. 13, S. 193. 1912.
[4]) E. MARSDEN u. P. B. PERKINS, Phil. Mag. Bd. 27, S. 690. 1914; R. W. VARDER u. E. MARSDEN, Phil. Mag. Bd. 28, S. 818. 1914.
[5]) E. ALBRECHT, Wiener Ber. Bd. 128, S. 925. 1919.

vergleichen zu können. Will man ferner gewisse Eigenschaften eines einzelnen α-Teilchens erforschen, wie die Ladung[1]) und das Ionisierungsvermögen[2]), so muß man wissen, wieviel α-Teilchen das benutzte Präparat aussendet. Schließlich besteht auch ein einfacher Zusammenhang zwischen der Zahl der ausgesandten α-Teilchen und der Zerfallsgeschwindigkeit des Radiums, so daß man durch Teilchenzählung die Zerfallskonstante des Radiums (Ziff. 18) und das mit 1 g Ra im Gleichgewicht befindliche Emanationsvolumen ermitteln kann. Es müssen nämlich alle zur Beobachtung gelangenden α-Teilchen aus dem Atomkern stammen, da die äußere Hülle des Atoms nur Elektronen enthält. Da nun die von einem Atomkern abgegebene elektrische Ladung die Änderung der Kernladung und damit der chemischen Eigenschaften des Atoms bestimmt, die Erfahrung aber lehrt, daß aus einem einheitlichen Radioelement stets wieder ein solches entsteht (abgesehen von den Fällen des dualen Zerfalls), so muß von einem zerfallenden Atom stets eine ganz bestimmte Zahl von α-Teilchen ausgestoßen werden. Diese Zahl kann für alle bekannten α-Strahler nur 1 sein, wie der radioaktive Verschiebungssatz (vgl. Kap. 6), die Homogenität der α-Strahlung und die nach anderen Methoden gefundenen Größenordnungen der Zerfallsgeschwindigkeit schon erweisen. Vor allem aber ergaben auch direkte Szintillationszählungen, daß die α-Teilchen von einer einzigen Substanz nie zu mehreren gekoppelt auftreten. Bei der Aktiniumemanation wurden zwar Doppelszintillationen beobachtet[3]), diese sind aber nach späteren Befunden nicht so zu erklären, daß jedes zerfallende AcEm-Atom zwei α-Teilchen aussendet, sondern das α-strahlende Folgeprodukt der AcEm, das AcA, ist so kurzlebig, daß die beiden α-Teilchen von einem AcEm-Atom und dem daraus entstandenen AcA-Atom für das Auge nicht zeitlich zu trennen sind[4]). Ähnlich lagen die Verhältnisse beim Uran. BOLTWOOD[5]) stellte fest, daß die α-Strahlen von einem Gramm Uran etwa doppelt so intensiv sind wie die von der Gleichgewichtsmenge an Radium ausgesandten; die Erklärung fand sich darin, daß das chemische Element Uran aus zwei genetisch zusammenhängenden Isotopen UI und UII besteht. Von den α-Strahlen großer Reichweite, welche einzelne Substanzen außer ihren normalen aussenden, kann hier abgesehen werden, denn wenn auch ihre Deutung noch nicht einwandfrei gelungen ist, treten sie doch in so geringer Zahl auf, daß man jedenfalls praktisch stets die Zahl der α-Teilchen gleich derjenigen der zerfallenden Atome annehmen kann.

Die erste genauere Bestimmung von Z wurde von RUTHERFORD und GEIGER[6]) nach der von ihnen ausgearbeiteten elektrischen Zählmethode ausgeführt. Für derartige Messungen wäre es unzweckmäßig, das Radium selbst als Strahlenquelle zu benutzen, wegen der starken Absorption der α-Strahlen in der eigenen Substanz. Man bedient sich deshalb entweder des RaC, dessen Menge unwägbar klein ist im Vergleich zur äquivalenten Radiummenge, oder der gasförmigen RaEm im Gleichgewicht mit dem kurzlebigen Niederschlag. Im letzteren Falle erhält man, da drei im Gleichgewicht befindliche α-Strahler in Wirkung treten (RaEm + A + C), zunächst $3Z$. Das Radiumäquivalent wird in beiden Fällen durch γ-Strahlenmessung bestimmt. Wegen der anzubringenden Korrektionen für die Umrechnung vom „laufenden" auf das „dauernde" Gleichgewicht vgl. Ziff. 5. Man

---

[1]) E. RUTHERFORD u. H. GEIGER, Proc. Roy. Soc. London (A) Bd. 81, S. 162. 1908; E. REGENER, Berl. Ber. Bd. 38, S. 948. 1909.
[2]) E. RUTHERFORD, Phil. Mag. Bd. 10, S. 193. 1905; H. GEIGER, Proc. Roy. Soc. London (A) Bd. 82, S. 486. 1909; H. FONOVITS-SMEREKER, Wiener Ber. Bd. 131, S. 355. 1922.
[3]) H. GEIGER u. E. MARSDEN, Phys. ZS. Bd. 11, S. 7. 1910.
[4]) H. GEIGER, Phil. Mag., Juli 1911.
[5]) B. B. BOLTWOOD, Sill. Journ. Bd. 25, S. 269. 1908.
[6]) E. RUTHERFORD u. H. GEIGER, Proc. Roy. Soc. London (A) Bd. 81, S. 141. 1908; Phys. ZS. Bd. 10, S. 1. 1909.

zählt die durch ein gut evakuiertes Rohr von bestimmter Länge in ein Diaphragma von bestimmter Fläche gesandten α-Teilchen und rechnet dann auf den vollen Raumwinkel 4π um. RUTHERFORD und GEIGER erhielten mit RaC als Strahler $Z = 3,4 \cdot 10^{10}$, ein Wert, welcher später von RUTHERFORD durch Umrechnung auf den internationalen Radiumstandard auf $3,57 \cdot 10^{10}$ erhöht wurde. Die Gesamtzahl der beobachteten Teilchen betrug 874, so daß die durch die statistischen Schwankungen bedingte Unsicherheit im Z-Wert nach Gleichung (5) etwa 3% ausmachte. Mit einer anderen elektrischen Zählanordnung[1]) arbeiteten HESS und LAWSON[2]), auch benutzten sie anstatt des trägen Quadrantelektrometers ein Fadenelektrometer, welches wegen seiner kurzen Einstelldauer bessere Gewähr dafür bot, daß kurz aufeinanderfolgende Ausschläge getrennt wahrgenommen wurden. Das Resultat war $Z = 3,72 \cdot 10^{10}$. Insgesamt zählten HESS und LAWSON rund 80 000 Teilchen, so daß der den statistischen Schwankungen zuzuschreibende mittlere Fehler etwa 0,4% beträgt. Doch scheint nach den Abweichungen, welche die Zählungen zweier Beobachter teilweise gegeneinander aufwiesen, eine gewisse Unsicherheit in der Zählweise bestanden zu haben. Weiter wurden dann ausgedehnte Zählversuche von GEIGER und WERNER[3]) angestellt (gesamte Teilchenzahl etwa 30 000), die sich der Szintillationsmethode bedienten. Da diese Methode dem Einwand ausgesetzt ist, daß die Szintillationen wegen ihrer Lichtschwäche nicht vollzählig zur Beobachtung gelangen könnten, wurden durch zwei Beobachter die unabhängig voneinander auf dem gleichen Zinksulfidschirm gezählten Szintillationen auf dem gleichen Morsestreifen, aber voneinander getrennt, registriert und durch einen einfachen Wahrscheinlichkeitsansatz für die Zahl der übersehenen Szintillationen korrigiert. Bezeichnen nämlich für eine Versuchsreihe N_1 und N_2 die Gesamtzahlen der von jedem Beobachter gezählten Szintillationen, N_{12} die Zahl der zeitlich koinzidierenden Marken in den beiden Zählreihen, so ist die wirkliche Zahl der aufgetretenen Szintillationen:

$$N = \frac{N_1 N_2}{N_{12}},$$

vorausgesetzt, daß die Wahrscheinlichkeiten des Übersehens für beide Beobachter unabhängig sind. GEIGER und WERNER gelangten zu dem Wert: $Z = 3,40 \cdot 10^{10}$. Gegen diese Versuche haben HESS und LAWSON[4]) mehrere Einwände erhoben. Inzwischen haben GEIGER und WERNER weitere Versuchsreihen angestellt, bei welchen der GEIGERsche Spitzenzähler mit photographischer Registrierung benutzt wurde[5]). Die Einwände von HESS und LAWSON, sollten sie für die Szintillationsversuche z. T. berechtigt sein, treffen für diese Versuche nicht zu. Da der Nachweis erbracht wurde, daß der Zähler auf alle eintretenden α-Teilchen anspricht, dürfte diese Methode als die zuverlässigste anzusehen sein. Diese Versuche führten zu $Z = 3,48 \cdot 10^{10}$. Als wahrscheinlichster Wert kann daher zur Zeit wohl angesehen werden:

$$Z = 3,5 \cdot 10^{10}.$$

Dieser Wert ist mit der experimentell bestimmten Wärmeentwicklung des Radiums gut verträglich (Ziff. 27). Hieraus berechnet sich die Zerfallskonstante des Radiums zu $1,305 \cdot 10^{-11}$ sec^{-1}, seine Halbwertzeit zu 1680 Jahren, die Heliumentwicklung von 1 g Ra im Gleichgewicht mit RaEm und dem kurz-

---

[1]) E. RUTHERFORD u. H. GEIGER, Phil. Mag. Bd. 24, S. 618. 1912.
[2]) V. F. HESS u. R. W. LAWSON, Wiener Ber. Bd. 127, S. 405. 1918.
[3]) H. GEIGER u. A. WERNER, ZS. f. Phys. Bd. 21, S. 187. 1924.
[4]) V. F. HESS u. R. W. LAWSON, ZS. f. Phys. Bd. 24, S. 402. 1924.
[5]) Tätigkeitsber. d. Phys.-Techn. Reichsanstalt 1924, S. 47.

lebigen Niederschlag zu 164 mm³ im Jahr, die Menge RaEm, welche mit 1 g Ra im Gleichgewicht steht („1 Curie"), zu $6,1 \cdot 10^{-6}$ g $= 0,62$ mm³.

Von GEIGER und RUTHERFORD[1]) wurden auch absolute α-Strahlenzählungen an Uranoxyd, Pechblende und Thoroxyd nach der Szintillationsmethode ausgeführt. Es ergab sich, daß 1 g Th im Gleichgewicht mit seinen Zerfallsprodukten $2,7 \cdot 10^4$, 1 g UI + UII $2,37 \cdot 10^4$ α-Teilchen pro Sekunde aussendet. Die letztere Zahl ist in guter Übereinstimmung mit dem Wert, welcher sich aus dem Gleichgewichtsverhältnis Ra : U (BOLTWOODsche Konstante $B = 3,33 \cdot 10^{-7}$) und der Zahl Z für Ra berechnet, nämlich $2BZ = 2,33 \cdot 10^4$. Dabei ist allerdings die Verzweigung in der Zerfallsreihe zwischen U und Ra noch nicht in Betracht gezogen, wodurch sich der theoretische Wert noch um einige Prozent erhöhen kann. Die genaue Berechnung wird erst möglich sein, wenn der Ursprung der Aktiniumreihe besser geklärt ist. Man kann diese Zahl auch aus der Ionisationswirkung von 1 g U bestimmen, da man die Wirkung eines α-Teilchens aus seiner Reichweite berechnen kann[2]). Auch für die α-Emission von 1 g U im Gleichgewicht mit seinen sämtlichen Zerfallsprodukten (Pechblende) erhielten GEIGER und RUTHERFORD einen plausiblen Wert ($9,6 \cdot 10^4$ α-Teilchen pro Sekunde).

Ein ThC-Präparat, dessen γ-Strahlung, durch 3 mm Blei gemessen, derjenigen von 1 g Ra äquivalent ist, emittiert nach SHENSTONE und SCHLUNDT[3]) $3,07 \cdot 10^{10}$ langreichweitige (ThC'-) α-Teilchen, wenn man für die Teilchenzahl des Ra den HESS-LAWSONschen Wert zugrunde legt. Auf den hier angenommenen Z-Wert bezogen wird diese Zahl $2,89 \cdot 10^{10}$, daraus berechnet sich die Gesamtzahl der α-Teilchen (ThC + C') mit Berücksichtigung des Abzweigungsverhältnisses 0,65 für ThC' zu $4,4 \cdot 10^{10}$ pro Gramm Ra-Äquivalent und Sekunde; dies ist demnach auch die Zahl der zerfallenden ThC-Atome.

23. Zahl der β-Teilchen pro zerfallendes Atom. Fragt man nach der Zahl der β-Teilchen, welche ein gegebenes Präparat in bestimmter Zeit aussendet, so trifft man auf ganz andere experimentelle und theoretische Verhältnisse als bei den α-Strahlen. Direkte Zählungen sind erst in jüngster Zeit versucht worden, meist wurde der Ladungstransport durch die β-Strahlen im Vakuum gemessen und daraus erst die Teilchenzahl mit dem bekannten Wert der Elementarladung errechnet. Beträchtlich unsicherer ist die Berechnung aus der in Luft erzeugten β-Ionisation und dem gesondert bestimmten Ionisierungsvermögen eines einzelnen β-Teilchens. Vom theoretischen Standpunkt aus liegt ein wichtiger Unterschied gegenüber den α-Strahlen darin, daß nicht angenommen werden kann, daß jedes zerfallende Atom genau ein β-Teilchen entsendet. Zwar ist als sicher anzusehen, daß der Atomkern bei seinem Zerfall ein, und nur ein Elektron ausstößt (Ziff. 1), doch kann die den β-Zerfall oft begleitende γ-Strahlung weitere Elektronen von beträchtlicher Geschwindigkeit aus der Hülle des Atoms auslösen[4]). Das Studium der β-Strahlenspektren hat in letzter Zeit sogar gelehrt, daß diese Sekundärelektronen einen wesentlichen Teil der gesamten β-Emission ausmachen können (vgl. Kap. 2D). Über Einzelheiten dieser Sekundärvorgänge kann man Aufschlüsse erwarten, wenn man die durchschnittliche Zahl der von einem zerfallenden Atom insgesamt ausgesandten β-Teilchen kennt. Die Fragestellung ist also hier die umgekehrte wie bei der α-Strahlenzählung: Man kennt die Zahl der zerfallenden Atome in einem Präparat (z. B. durch α-Strahlenzählung) und schließt von der totalen β-Emission des Präparates auf diejenige eines einzelnen zerfallenden Atoms. Leider sind derartige Messungen mit mannigfaltigen er-

---

[1]) H. GEIGER u. E. RUTHERFORD, Phil. Mag. Bd. 20, S. 691. 1910.
[2]) MEYER u. v. SCHWEIDLER, Radioaktivität.
[3]) A. G. SHENSTONE u. H. SCHLUNDT, Phil. Mag. Bd. 43, S. 1038. 1922.
[4]) E. MARSDEN, Jahrb. d. Radioakt. Bd. 11, S. 262. 1914.

heblichen Schwierigkeiten verbunden, daher sind die bisher gewonnenen Resultate noch recht unbestimmt.

Die von W. WIEN[1]), PASCHEN[2]), RUTHERFORD[3]), MAKOWER[4]) und MOSELEY[5]) benutzten Versuchsanordnungen sind einander sehr ähnlich. Das Präparat (Ra bei WIEN, RaB + C bei RUTHERFORD, RaEm + A + B + C bei MAKOWER und MOSELEY) ist in eine α-strahlenabsorbierende Hülle eingeschlossen und isoliert im Innern eines Auffangegefäßes angebracht, dessen Wände genügende Dicke haben, um praktisch alle β-Strahlen zu absorbieren; die ganze Vorrichtung befindet sich im Vakuum. Es wird entweder die positive Selbstaufladung des Präparates gemessen oder die negative Aufladung des Auffangegefäßes. Es zeigte sich, daß die Größe der Aufladung abhing von dem Vorzeichen eines zwischen Präparat und Gefäß angelegten Potentials; dies erklärt sich aus der Wirkung der langsamen Sekundärelektronen (δ-Strahlen), welche die β-Strahlen sowohl bei ihrem Austritt aus dem Präparat als auch beim Auftreffen auf die Gefäßwand erzeugen. In der richtigen Wahl des Mittelwertes zwischen den beiden so erhaltenen Aufladungen liegt die erste Unsicherheit derartiger Messungen; eine eingehendere Berechnung der δ-Strahlenkorrektion wurde nur von MOSELEY versucht. Eine weitere Unsicherheit liegt in folgendem Umstand begründet: Die β-Strahlen erleiden (im Gegensatz zu den α-Strahlen) beim Durchgang durch Materie eine stetige Verminderung ihrer Zahl, so daß für die Absorption der β-Strahlen in dem Präparat und seiner Umhüllung zu korrigieren ist. Dabei darf die Umhüllung nicht dünner sein als zur vollständigen Absorption der α-Strahlen nötig ist, und zwar weniger wegen der Störungen durch die α-Strahlen selbst, als wegen der sehr intensiven δ-Strahlung, welche diese bei ihrem Austritt erzeugen und welche den zu messenden Effekt vollkommen zudecken würde. Die Ermittelung dieser Absorptionskorrektion, welche bei den sorgfältigen Messungen von MOSELEY immer noch etwa 20% betrug, kann durch Aufnahme der Absorptionskurve und Extrapolation auf die Schichtdicke 0 erfolgen (Abb. 13), doch setzt eine solche Extrapolation voraus, daß die β-Strahlen nicht allzu heterogen sind, denn es würde z. B. eine β-Strahlengruppe, deren Durchdringungsvermögen wesentlich kleiner als das der α-Strahlen ist, der Beobachtung vollkommen entgehen; in der Tat enthält z. B. das Geschwindigkeitsspektrum der β-Strahlen von RaB derartig weiche Gruppen[6]). Eine dritte Schwierigkeit liegt in der Trennung des gesamten Ladungstransportes in die beiden Anteile, welche von RaB und RaC herrühren. Diese Trennung führte MOSELEY in der Weise aus, daß er ein reines RaB-Präparat in die Apparatur einbrachte und die zeitliche Änderung des Ladungstransportes infolge des Abklingens des RaB und der Neubildung des RaC verfolgte; die Analyse der so erhaltenen Kurve liefert die Anteile des RaB und des RaC an der Gesamtwirkung. Die Abb. 13 stellt die so gewonnenen Resultate dar. Die durch die Versuchspunkte gelegten Absorptionskurven führen bei Extrapolation auf die Schichtdicke 0 zu dem Ergebnis, daß ein Atom RaB und RaC beim Zerfall durchschnittlich je 1,1 β-Teilchen aussenden. Dabei ist die Zahl der pro Sekunde zerfallenden Atome aus der γ-Ionisation des Präparates und dem RUTHERFORD-GEIGERschen Wert $Z = 3,4 \cdot 10^{10}$ berechnet. Dies Ergebnis ändert sich nicht wesentlich, wenn man die heutigen genaueren Werte für die benutzten Konstanten einführt, so daß man sagen kann, daß durchschnittlich für jedes

---

[1]) W. WIEN, Phys. ZS. Bd. 4, S. 624. 1903.
[2]) F. PASCHEN, Ann. d. Phys. Bd. 14, S. 389. 1904.
[3]) E. RUTHERFORD, Phil. Mag. Bd. 10, S. 193. 1905.
[4]) W. MAKOWER, Phil. Mag. Bd. 17, S. 171. 1909.
[5]) H. G. MOSELEY, Proc. Roy. Soc. London (A) Bd. 87, S. 230. 1912.
[6]) Vgl. Kap. 2 D.

zerfallende RaB- oder RaC-Atom ein oder etwas mehr als ein β-Teilchen emittiert wird. Dagegen ergab sich für RaE merklich weniger als ein Teilchen pro Atomzerfall; eine genauere Messung war hier durch verschiedene Umstände erschwert, auch ging die selbst heute noch ziemlich unsichere Zerfallskonstante des RaD wesentlich in das Resultat ein.

Zu etwas abweichenden Resultaten gelangten DANYSZ und DUANE[1]), die eine andere Versuchsanordnung benutzten, welche unmittelbar den Ladungstransport durch β-Strahlen mit dem durch α-Strahlen zu vergleichen gestattete. Zur Ausschaltung der δ-Strahlen dienten nicht nur elektrische, sondern auch magnetische Felder, welche die δ-Strahlen zu ihrem Ursprung zurückbogen. Dies hat den Vorteil, daß auch die intensive, von den α-Strahlen erzeugte δ-Strahlung ganz unterdrückt wird; daher konnte die Umhüllung des Emanationspräparates so dünn gewählt werden, daß die Korrektur für die Absorption der β-Strahlen in der Umhüllung sehr klein wurde. Die Messungen ergaben, daß von einem Atom RaB und RaC zusammen 3 β-Teilchen ausgesandt werden.

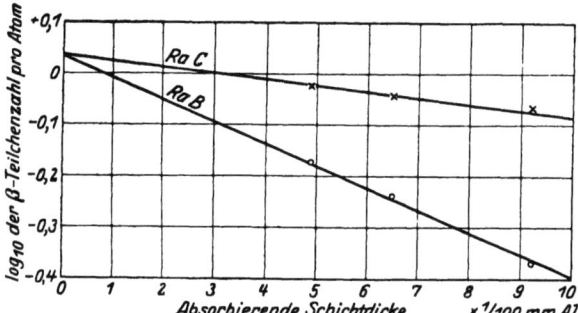

Abb. 13. Ermittlung der β-Teilchenzahl pro Atom aus der Absorptionskurve.

GEIGER und KOVARIK[2]) maßen die differentiale Ionisationswirkung der beim Zerfall eines Atoms der verschiedenen Substanzen ausgesandten β-Teilchen; das Resultat deutete darauf hin, daß im allgemeinen zwei, beim RaE und UX jedoch nur ein β-Teilchen von jedem zerfallenden Atom ausgesandt werden. Hierbei wurde jedoch noch nicht berücksichtigt, daß das Ionisierungsvermögen der β-Strahlen von deren Geschwindigkeit oder Absorbierbarkeit abhängt. Diese Abhängigkeit wurde erst von MOSELEY[3]) untersucht, indem er an β-Strahlenbündeln verschiedener Absorbierbarkeit einerseits die zeitliche Dichte der Teilchen aus dem Ladungstransport im Vakuum, andererseits den in Luft erzeugten Ionisationsstrom ermittelte. Da die Absorbierbarkeit der von den verschiedenen Substanzen ausgesandten β-Strahlen bekannt ist, kann durch Kombination der Messungen von GEIGER und KOVARIK und MOSELEY die Zahl der β-Teilchen pro zerfallendes Atom berechnet werden. Die Resultate zeigt die folgende Tabelle.

Substanz	RaB	RaC	RaE	AcC''	ThC + C''	UX
β-Teilchen pro Atomzerfall	0,81	1,08	0,61	1,39	0,82	0,965

In Anbetracht der vielen Unsicherheiten, welche die Inhomogenität der Strahlung und die komplizierten Verhältnisse bei der Ionisation und Absorption mit sich bringen, scheint sich auch auf diese Weise zu zeigen, daß jedenfalls in roher Näherung ein β-Teilchen von jedem zerfallenden Atom ausgesandt wird. Immerhin dürften die wirklichen Zahlen eher größer als kleiner sein.

Der auffällig kleine Wert für die β-Teilchenzahl von RaE, den MOSELEY sowohl aus Ladungs- wie Ionisationsmessungen fand, ist nicht im Einklang mit

---
[1]) J. DANYSZ u. W. DUANE, C. R. Bd. 155, S. 500. 1912; Sill. Journ. Bd. 35, S. 295. 1913.
[2]) H. GEIGER u. A. F. KOVARIK, Phil. Mag. Bd. 22, S. 604. 1911.
[3]) H. G. J. MOSELEY, Proc. Roy. Soc. London (A) Bd. 87, S. 230. 1912.

direkten Zählungen, welche kürzlich EMELÉUS[1]) mit Hilfe des Spitzenzählers ausgeführt hat. Als Strahlenquelle diente dabei RaD + E + F im Gleichgewicht, auf Glas niedergeschlagen. EMELÉUS fand 1,10 β-Teilchen des RaE auf je ein α-Teilchen des RaF, also ebensoviel auf jedes zerfallende RaE-Atom. Korrektionen waren dabei anzubringen für die Absorption der Strahlen vor ihrem Eintritt in den Zähler und vor allem für die Rückdiffusion von β-Strahlen aus der Unterlage des Präparates. Die Genauigkeit schätzt der Verfasser auf 10%.

24. Zahl der γ-Strahlen pro zerfallendes Atom. Von ähnlichem theoretischem Interesse wie die Zahl der β-Teilchen ist auch die Zahl der γ-Strahlen, welche ein Atom beim $\beta\gamma$-Zerfall aussendet; unter einem γ-Strahl ist dabei gemäß der Vorstellung der quantenhaften Energieemission ein Strahlungsquant von der Wellenlänge λ und der Energie $\dfrac{hc}{\lambda}$ zu verstehen, wo h die PLANCKsche Konstante und c die Lichtgeschwindigkeit ist. Die durchschnittliche Zahl der γ-Strahlen pro Atomzerfall läßt sich bisher ebensowenig vorausberechnen wie die Zahl der β-Teilchen. Nach den Vorstellungen, die sich in letzter Zeit herausgebildet haben (vgl. Kap. 2D), kann die Umgruppierung des Atomkernes, durch welche die γ-Emission verursacht wird, entweder in einem einzigen Energiesprunge erfolgen oder durch sukzessives Nachrücken der einzelnen Kernbestandteile; im ersten Falle ist ein einziger harter γ-Strahl, im zweiten sind mehrere weichere γ-Strahlen von derselben Gesamtenergie zu erwarten.

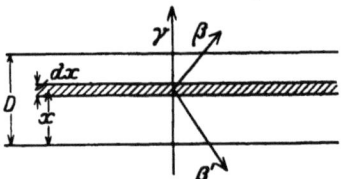

Abb. 14. Prinzip der γ-Strahlenzählung.

Eine exakte Zählung von γ-Strahlen begegnet noch weit größeren Schwierigkeiten als eine β-Teilchenzählung. Die γ-Strahlen geben sich ausschließlich durch die von ihnen bei der Absorption und Streuung erzeugten Korpuskularstrahlen (Photoelektronen und Rückstoßelektronen; vgl. ds. Handb. Bd. XXIII) zu erkennen, und zwar kann als gesichert gelten, daß mit der Auslösung eines sekundären β-Teilchens das Ausscheiden genau eines Strahlungsquants aus dem Primärbündel verbunden ist. Daher kann für eine Zählung der γ-Strahlen folgendes Prinzip benutzt werden (Abb. 14). Eine Metallplatte von der Dicke D werde senkrecht von γ-Strahlen getroffen. μ_γ und μ_β seien die Schwächungskoeffizienten der γ-Strahlen und der sekundären β-Strahlen in dem Material der Platte. Wir bezeichnen mit N_γ die Zahl der γ-Strahlen, welche pro Zeiteinheit die Flächeneinheit der Platte treffen, und berechnen die Zahl N_β der sekundären β-Teilchen, welche pro Zeit- und Flächeneinheit die Platte nach der Austrittsseite der Primärstrahlung verlassen. In einer Tiefe x ist die Intensität der γ-Strahlen $N_\gamma e^{-\mu_\gamma x}$, in dieser Tiefe werden daher durch eine Schicht von der Dicke dx

$$N_\gamma e^{-\mu_\gamma x} \mu_\gamma dx$$

γ-Strahlen in Elektronen umgesetzt. Bezeichnet p den Bruchteil dieser Elektronen, welcher in den vorderen Halbraum gerichtet ist, so gelangt ein Bruchteil $pe^{-\mu_\beta(D-x)}$ nach vorn zum Austritt; daher erhält man durch Integration über die ganze Plattendicke:

$$N_\beta = \int_0^D p N_\gamma e^{-\mu_\gamma x - \mu_\beta(D-x)} \mu_\gamma dx = p N_\gamma \frac{\mu_\gamma}{\mu_\beta - \mu_\gamma} (e^{-\mu_\gamma D} - e^{-\mu_\beta D}).$$

---

[1]) K. G. EMELÉUS, Proc. Cambridge Phil. Soc. Bd. 22, S. 400. 1924.

Eine analoge Rechnung gibt für die Zahl N'_β der pro Zeit- und Flächeneinheit nach **rückwärts** ausgesandten β-Teilchen (β', Abb. 14) den Wert:

$$N'_\beta = (1-p)N_\gamma \frac{\mu_\gamma}{\mu_\beta + \mu_\gamma}(1 - e^{-(\mu_\beta+\mu_\gamma)D}).$$

Bestimmt man also N_β oder N'_β nach einer der in Ziff. 23 angeführten Methoden, so kann man N_γ berechnen. Die Schwächungskoeffizienten, die hier offenbar eine etwas unbestimmte Bedeutung haben, können aus der Variation von N_β oder N'_β mit der Plattendicke D bestimmt werden.

Derartige Messungen sind von MOSELEY[1]), HESS und LAWSON[2]) sowie KOVARIK[3]) unternommen worden. MOSELEY führte Ladungsmessungen mit der oben (Ziff. 23) bereits beschriebenen Anordnung aus, wobei das Präparat zwecks Absorption der primären β-Strahlen mit 2,5 mm dickem Blei umgeben war. Er fand, daß ein Atom RaC rund zwei γ-Strahlen aussendet. Nach HESS und LAWSON, welche den RUTHERFORD-GEIGERschen Halbkugelzähler[4]) benutzten, beträgt die Zahl der γ-Strahlen pro Gramm Ra-Äquivalent und Sekunde für RaC $1{,}43 \cdot 10^{10}$, für RaB $1{,}49 \cdot 10^{10}$. KOVARIK endlich findet mit dem GEIGERschen Spitzenzähler für RaB + C zusammen $7{,}28 \cdot 10^{10}$ γ-Strahlen pro Gramm Ra-Äquivalent und Sekunde[5]). Die Schwierigkeit solcher Messungen liegt u. a. darin, daß γ-Strahlen außerordentlich schwer sauber auszublenden sind, und daß daher schwer zu übersehen ist, von welchem Bereich der Apparatur die Sekundärstrahlen mitgemessen werden; der GEIGERsche Spitzenzähler hat z. B. nur einen verhältnismäßig kleinen räumlichen Bereich, in welchem er β-Strahlen zählt, in diesen Bereich können aber β-Strahlen aus verhältnismäßig weit entlegenen Teilen der Apparatur gelangen. Man kann daher aus den bisherigen Resultaten kaum mehr entnehmen, als daß sich eine Zahl von der Größenordnung der α-Teilchenzahl Z ergibt, d. h. daß von jedem zerfallenden Atom RaB oder C ein oder wenige γ-Strahlen ausgesandt werden.

25. Wärmeentwicklung radioaktiver Substanzen; Methodisches. Es wurde frühzeitig erkannt, daß stark radioaktive Körper beständig Wärme an ihre Umgebung abgeben und diese Wirkung mit der Absorption der von den radioaktiven Elementen ausgehenden Strahlungen in Zusammenhang gebracht. Wird ein radioaktives Präparat mit einer genügend starken Hülle umgeben, welche keine Strahlung nach außen durchläßt, so kann kein Zweifel darüber bestehen, daß die ganze Strahlenenergie, in welcher Form sie auch zunächst auftritt, sehr rasch in Wärme übergeführt wird. Dagegen ist es nicht von vornherein sicher, ob auch umgekehrt die ganze zu beobachtende Wärmewirkung auf Rechnung der bekannten Strahlenarten zu setzen ist, oder ob das zerfallende Atom noch Energie in anderer Form nach außen abgibt. Daher ist die Messung der Wärmewirkung und ihr Vergleich mit der zu berechnenden Energie der absorbierten Strahlen ein wichtiges Mittel, die Energiebilanz der Zerfallsvorgänge zu kontrollieren.

Die Wärmeentwicklung eines stärkeren Radiumpräparates läßt sich leicht thermometrisch nachweisen[6]). Zur Messung lassen sich Eis- und Dampfkalorimeter verwenden. BUNSENsche Eiskalorimeter von spezieller Form benutzten

---

[1]) H. G. MOSELEY, Proc. Roy. Soc. London (A) Bd. 87, S. 230. 1912.
[2]) V. F. HESS u. R. W. LAWSON, Wiener Ber. Bd. 125, S. 585. 1916.
[3]) A. F. KOVARIK, Proc. Nat. Acad. Amer. Bd. 6, S. 105. 1920; Phys. Rev. Bd. 23, S. 559. 1924.
[4]) E. RUTHERFORD u. H. GEIGER, Phil. Mag. Bd. 24, S. 618. 1912.
[5]) Ein Fehler in KOVARIKS Berechnung besteht darin, daß $p = 1$ angenommen wird, als ob keine Elektronen nach rückwärts ausgelöst würden; berücksichtigt man dies, so erhöht sich der angegebene Wert wesentlich.
[6]) P. CURIE u. A. LABORDE, C. R. Bd. 136, S. 673. 1903; F. GIESEL, Chem. Ber. Bd. 36, S. 2368. 1903.

CURIE, PASCHEN, PRECHT und POOLE[1]), während CURIE und DEWAR[2]) das Präparat in ein verflüssigtes Gas (Wasserstoff, Sauerstoff, Stickstoff, Äthylen) einbrachten und die pro Zeiteinheit bei Siedetemperatur verdampfte Gasmenge bestimmten; hierbei stellten sie fest, daß die Wärmeentwicklung in weiten Grenzen unabhängig ist von der Temperatur des Präparates. Die genaueren Absolutmessungen wurden jedoch nach Differential- und Kompensationsmethoden ausgeführt.

Ein sehr einfaches, von RUTHERFORD und BARNES[3]) benutztes Differentialkalorimeter besteht aus zwei in einem Wasserbad befindlichen geschlossenen Glasgefäßen G (Abb. 15), zwischen denen sich ein mit Xylol gefülltes Manometer M befindet. Bringt man ein Radiumpräparat P in das eine Gefäß, so zeigt das Manometer die durch die Erwärmung hervorgerufene Ausdehnung der Luft an. Die Eichung geschieht durch Einbringen einer Heizspule mit bekanntem Wattverbrauch. Sehr empfindlich ist eine ähnliche Einrichtung, welche von DUANE[4]) angegeben wurde. Hier sind die beiden Gefäße nicht mit Luft, sondern zum Teil mit Äther gefüllt, dessen Dampfdruckänderung an der Bewegung einer Luftblase in dem ebenfalls mit Äther gefüllten Verbindungsrohr erkannt wird. Statt die Erwärmung durch ein eingebrachtes Präparat direkt zu messen, schlägt DUANE vor, sie durch den Peltiereffekt in meßbarer Weise zu kompensieren. Besonders bewährt hat sich die zuerst von ÅNGSTRÖM[5]), später von V. SCHWEIDLER und HESS[6]), ST. MEYER und HESS[7]), sowie HESS[8]) benutzte Kompensationsmethode (Abb. 16). Sie besteht im wesentlichen darin, daß man von zwei möglichst gleichartigen Metallkalorimetern KK das eine mit dem zu messenden Präparat, das andere mit einer Heizspule H beschickt; den Wattverbrauch der Heizspule reguliert man in genau meßbarer Weise ein, so daß die beiden gegeneinander

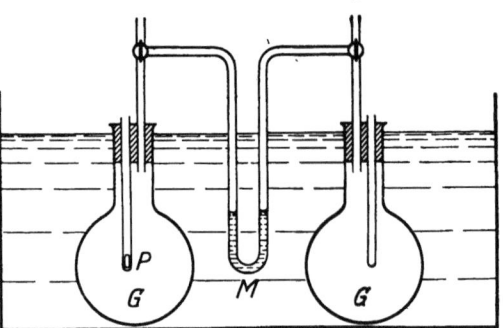

Abb. 15. Differentialkalorimeter nach RUTHERFORD und BARNES.

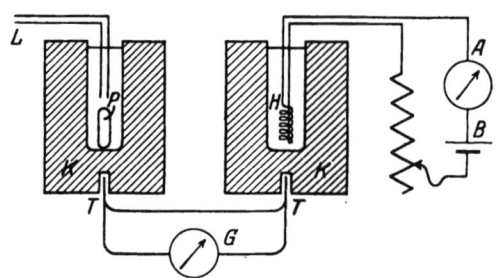

Abb. 16. Kompensationsmethode von ÅNGSTRÖM; L Blindleitungen zur thermischen Kompensation der Zuleitungen zu H. A Amperemeter, B Batterie, G Galvanometer.

---

[1]) M. CURIE, Radioaktivität 1912; F. PASCHEN, Phys. ZS. Bd. 5, S. 563. 1904; Bd. 6, S. 97. 1905; J. PRECHT, Ann. d. Phys. Bd. 21, S. 595. 1906; H. H. POOLE, Phil. Mag. Bd. 19, S. 314. 1910; Bd. 21, S. 58. 1911; Bd. 23, S. 183. 1912.
[2]) P. CURIE u. J. DEWAR, Proc. Roy. Inst. 1904; Journ. chim. phys. Bd. 1, S. 409. 1903.
[3]) E. RUTHERFORD u. H. T. BARNES, Phil. Mag. Bd. 7, S. 202. 1904.
[4]) W. DUANE, C. R. Bd. 148, S. 1448, 1665. 1909; Bd. 151, S. 379., 471, 1910; Sill. Journ. Bd. 31, S. 257. 1911.
[5]) K. ÅNGSTRÖM, Phys. ZS. Bd. 6, S. 685. 1905.
[6]) E. v. SCHWEIDLER u. V. F. HESS, Wiener Ber. Bd. 117, S. 879. 1908.
[7]) ST. MEYER u. V. F. HESS, Wiener Ber. Bd. 121, S. 603. 1912.
[8]) V. F. HESS, Wiener Ber. Bd. 121, S. 1419. 1912.

geschalteten Thermoelemente TT, welche in die Kalorimeter eingelassen sind, keinen Strom zeigen. WERTENSTEIN und HERSZFINKIEL[1]) benutzen eine ähnliche Anordnung, bei welcher die Temperaturdifferenz zwischen den beiden Kalorimetern nicht kompensiert, sondern direkt gemessen wird. Die endgültigen Ablesungen erfolgen bei diesen Methoden allgemein erst, wenn die Temperatur der Kalorimeter einen konstanten Wert angenommen hat. Da dieser stationäre Zustand sich verhältnismäßig langsam einstellt (z. B. bei MEYER und HESS erst nach mehreren Stunden), so ist es mit der Anordnung Abb. 16 nicht möglich, raschen Änderungen der Wärmeentwicklung, wie sie z. B. der aktive Radiumniederschlag aufweist, zu folgen. Für diesen Zweck haben RUTHERFORD und BARNES[2]) statt der schweren Kalorimetergefäße zwei gleich dimensionierte Spulen aus dünnem Platindraht verwendet, deren Temperaturunterschied dadurch gemessen wird, daß sie als Zweige in eine WHEATSTONEsche Brückenanordnung geschaltet und ihre Widerstände verglichen werden. Die Einstellzeit beträgt bei dieser „Schnellmethode" wenige Minuten.

26. Die gemessene Wärmeentwicklung des Radiums und seiner Zerfallsprodukte. Über die Wärmeentwicklung des Radiums im Gleichgewicht mit seiner Emanation und dem kurzlebigen Niederschlag liegen zahlreiche Messungen vor, von denen jedoch die älteren unter dem Mangel leiden, daß der Radiumgehalt der benutzten Präparate nur ungenau bekannt war; auch wurde anfangs die Schwierigkeit zu wenig beachtet, daß es nicht möglich ist, die von RaB + C ausgehenden γ-Strahlen vollständig zur Absorption zu bringen, da hierzu Kalorimetergefäße von außerordentlich großer Wärmekapazität benutzt werden müßten; es sind daher stets Korrekturen anzubringen für die nicht in Wärme umgesetzte γ-Strahlenenergie[3]).

Die genauesten direkten Messungen der Wärmeentwicklung von Radium im Gleichgewicht mit Radiumemanation und dem kurzlebigen Niederschlag wurden von MEYER und HESS[4]) angestellt. Die Versuchsbedingungen waren derartig, daß alle α- und β-Strahlen und etwa 18% der γ-Strahlen im Kalorimeter absorbiert wurden (berechnet aus den Kalorimeterabmessungen und dem Absorptionskoeffizienten der γ-Strahlen). Die Wärmeentwicklung ergab sich zu 132,3 cal pro Gramm Ra und Stunde. Diese Zahl ist noch zu korrigieren für die nicht absorbierten 82% der γ-Strahlen; auch ist es von Interesse zu wissen, wieviel von der gemessenen Wärmewirkung auf die β-Strahlen entfällt. Die direkte Messung der Wärmewirkung der β- und γ-Strahlen ist schwierig, weil die viel stärkere Wirkung der gleichzeitig vorhandenen α-Strahlen dabei sehr stört. Daher ist von EVE[5]), sowie von MOSELEY und ROBINSON[6]) der Anteil der β- und γ-Strahlen an der gesamten Strahlenenergie in der Weise ermittelt worden, daß sie die totale Ionisationswirkung für die drei Strahlenarten getrennt bestimmten und ihr Verhältnis gleich demjenigen der Energien setzten. Hierbei ist die ziemlich unsichere Voraussetzung gemacht, daß alle Strahlen dieselbe Energie zur Erzeugung eines Ionenpaares brauchen. Nach EVE beträgt die Energie der β-Strahlen 1,93%, die der γ-Strahlen 4,35% der α-Strahlenenergie; MOSELEY und ROBINSON geben die entsprechenden Wärmewirkungen zu 5,06 bzw. 6,4 cal pro Gramm Ra und Stunde an.

---

[1]) L. WERTENSTEIN, Journ. de Phys. et le Rad. Bd. 1, S. 126. 1920; H. HERSZFINKIEL u. L. WERTENSTEIN, ebenda S. 143; S. a. TIAN, C. R. Bd. 178, S. 707; 1924; D. YOVANOVITCH, C. R. Bd. 179, S. 160. 1924.
[2]) RUTHERFORD u. BARNES, Phil. Mag. Bd. 7, S. 202. 1904.
[3]) Zusammenstellung der älteren Resultate bei MEYER u. v. SCHWEIDLER, Radioaktivität.
[4]) MEYER u. HESS, Wiener Ber. Bd. 121, S. 603. 1912.
[5]) A. S. EVE, Phil. Mag. Bd. 27, S. 394. 1914.
[6]) G. H. J. MOSELEY u. H. ROBINSON, Phil. Mag. Bd. 28, S. 327. 1914.

Diese Werte sind in gutem Einklang mit den direkten kalorimetrischen Messungen, welche RUTHERFORD und ROBINSON[1]) unter Variation der Wandstärke des Kalorimeters ausgeführt hatten, und welche zu den Werten 4,7 bzw. 6,4 cal führten. Schließlich haben vor kurzem noch ELLIS und WOOSTER[2]) die γ-Wärmewirkung nach einer besonderen Methode bestimmt. Sie benutzten ein zylindrisches Kalorimetergefäß, von welchem ein Sektor aus Aluminum, ein anderer aus Blei bestand. Die beiden Sektoren hatten gleiche äußere Dimensionen und gleiche Wärmekapazität. In der Zylinderachse lag das RaEm-Präparat, umgeben von einem Kupferrohr, welches die α- und β-Strahlen absorbierte. Die von diesem Rohr ausgehende Wärmestrahlung erwärmte die beiden Sektoren gleichmäßig, so daß der gemessene Temperaturunterschied zwischen den Sektoren ein Maß gab für die γ-Energie, welche im Bleisektor mehr absorbiert wurde als im Aluminiumsektor. Mittels der bekannten Absorptionskoeffizienten der γ-Strahlen in Blei und Aluminium konnte daraus die ganze γ-Wärmewirkung berechnet werden; sie ergab sich etwas höher als früher angenommen, nämlich zu 8,6 cal pro Gramm Ra und Stunde. Dieser Wert für die γ-Wärme dürfte bisher der zuverlässigste sein. Nimmt man für die β-Wärme den Wert von MOSELEY und ROBINSON an, so erhält man die folgende Verteilung der Wärmewirkung auf die drei Strahlenarten:

Strahlen	Kalorien pro Stunde und Gramm Ra-RaC'
α	125,7
β	5,06
γ	8,6
Summe	139,4

Mit der von MEYER und HESS benutzten Apparatur bestimmte HESS[3]) auch die Wärmewirkung des von seinen Zerfallsprodukten befreiten Radiums, sowie diejenige der Radiumemanation im Gleichgewicht mit ihrem kurzlebigen Niederschlag. Die Wärmewirkung des ursprünglich reinen Radiums stieg mit der Zeit genau so an, wie es wegen der allmählichen Neubildung der Emanation zu erwarten war; durch Rückextrapolation aus der Anstiegskurve der Wärmewirkung konnte geschlossen werden, daß 1 g reines Ra in der Stunde 25,2 cal, die mit 1 g Ra im Gleichgewicht befindliche Menge RaEm—C' 107,1 cal unter den angegebenen Versuchsbedingungen entwickelt; die letztere Zahl erhöht sich durch Korrektion für die nicht absorbierten γ-Strahlen auf rund 114 cal; die Summe der beiden Zahlen ist in absoluter Übereinstimmung mit MEYER und HESS. In befriedigendem Einklang hiermit sind auch die von RUTHERFORD und ROBINSON[1]) nach einer anderen, nämlich der RUTHERFORD-BARNESschen Schnellmethode (s. o. Ziff. 25) ausgeführten Messungen; diese ergaben für RaEm im Gleichgewicht mit dem kurzlebigen Niederschlag den Wert 109,6 cal bei Absorption aller γ-Strahlen; die β- und γ-Strahlenkorrektion wurde dabei besonders bestimmt (s. o.), sie dürfte nach dem Obigen etwas zu klein ausgefallen sein.

Nach derselben Methode gelang RUTHERFORD und ROBINSON auch die Trennung der Wärmewirkungen von RaEm und den einzelnen Folgeprodukten. Die Emanation wurde zunächst bis zum Eintritt des Gleichgewichts im Kalorimeter belassen, hierauf rasch abgepumpt und der Abfall der Wärmewirkung des zurückbleibenden Niederschlages verfolgt. Durch Analyse der so erhaltenen „Abklingungskurve" wurden die prozentualen Anteile der einzelnen Zerfallsprodukte an der gesamten Wärmeentwicklung ermittelt. Dabei konnte eine Beteiligung des $\beta\gamma$-strahlenden RaB nicht festgestellt werden, und es wurde geschlossen, daß dieses Produkt nicht mehr als 5% zur gesamten Wärmewirkung beitragen

---

[1]) E. RUTHERFORD u. H. ROBINSON, Wiener Ber. Bd. 121, S. 1491. 1912.
[2]) C. D. ELLIS u. W. A. WOOSTER, Proc. Cambridge Phil. Soc. Bd. 22, S. 595. 1925; Phil. Mag. Bd. 50, S. 521. 1925.
[3]) V. F. HESS, Wiener Ber. Bd. 121, S. 1419. 1912.

218 Kap. 3, A. W. BOTHE: Der radioaktive Zerfall. Ziff. 27.

kann[1]). Die γ-Wärme des RaB schätzen ELLIS und WOOSTER auf 0,86 cal, so daß 7,7 cal auf die γ-Wärme des RaC entfallen. Die Einzelresultate sind in der folgenden Tabelle mit denen von MEYER und HESS zusammengestellt.

Tabelle 1.
Wärmewirkung des Radiums und seiner kurzlebigen Zerfallsprodukte.

Substanz	RUTHERFORD und ROBINSON				MEYER u. HESS	HESS	Theoretisch (nach L. MEITNER)			
	α	β	γ[2])	$\alpha+\beta+\gamma$	$\alpha+\beta+\gamma$[2])	α	α	β_{prim}	$\beta_{\text{sek}}+\gamma$	$\alpha+\beta+\gamma$
Ra . . .	25,1			25,1	25,2		23,2		0,9	24,1
RaEm . .	28,6			28,6			26,5			26,5
RaA. . .	30,5			30,5	} 114,2		29,0			29,0
RaB . . .	} 39,4	} 4,7	0,86	} 52,7			} 37,7	} 8,9 b. 10,8	1,7	} 58,9 b. 60,8
RaC + C'			7,7						10,6	
Summe .	123,6	4,7	8,6	136,9	139,4	139,4	116,4	8,9 b. 10,8	13,2	138,5 b. 140,4

27. Vergleich mit der berechneten Wärmewirkung. Um zunächst die von der α-Emission herrührende Wärmewirkung zu errechnen, muß man berücksichtigen, daß das α-strahlende Atom einen Rückstoß erleidet. Bezeichnen m und v_1 die Masse und Geschwindigkeit des α-Teilchens, M_1 und V_1 die entsprechenden Größen für das Rückstoßatom, so ist nach dem Impulssatz:

$$m v_1 = M_1 V_1,$$

daher wird die ganze bei einem Emissionsprozeß freiwerdende Energie:

$$E_1 = \frac{1}{2}(m v_1^2 + M_1 V_1^2) = \frac{1}{2} m v_1^2 \left(1 + \frac{m}{M_1}\right).$$

Es sei Z die Zahl der pro Sekunde zerfallenden Atome eines α-Strahlers im Gleichgewicht mit 1 g Ra, dann ist die von ihm in der Stunde entwickelte Wärmemenge:

$$W_1 = \frac{1800 Z m v_1^2}{J}\left(1 + \frac{m}{M_1}\right),$$

wo J das mechanische Wärmeäquivalent bedeutet. Die hiernach für die vier α-Strahler (RaEm, A, B, C) berechneten Werte sind in die 8. Spalte der obigen Tabelle eingetragen; für Z wurde der Wert $3,5 \cdot 10^{10}$ benutzt (Ziff. 22), für die v_1 die von GEIGER[3]) aus den Reichweiten berechneten Werte, ferner $m = 6,65 \cdot 10^{-24}$; $J = 4,186 \cdot 10^7$, für das Atomgewicht des Radiums 226. Von der Verzweigung der Zerfallsreihe nach RaC" kann praktisch abgesehen werden. Die so berechnete Wärmewirkung der α-Strahlen ist wesentlich kleiner als die experimentell gefundene; in Anbetracht der Übereinstimmung zwischen MEYER und HESS einerseits und RUTHERFORD und ROBINSON andererseits ist es durchaus unwahrscheinlich, daß dieser Unterschied auf Meßfehler zurückzuführen ist. Es ist daher verschiedentlich die Ansicht ausgesprochen worden, daß die radioaktiven Elemente noch Energie in bisher unbekannter Form abgeben[4]). HESS und LAWSON dagegen glauben

---

[1]) HERSZFINKIEL und WERTENSTEIN finden die Wärmewirkung des RaB sogar kleiner als 2% derjenigen des RaC, doch ist es schwer zu ersehen, welcher Bruchteil der β- und γ-Strahlen dabei zur Absorption gelangte.
[2]) Korrigiert nach ELLIS u. WOOSTER.
[3]) H. GEIGER, ZS. f. Phys. Bd. 8, S. 45. 1921.
[4]) MEYER u. v. SCHWEIDLER, Radioaktivität; H. GEIGER u. A. WERNER, ZS. f. Phys. Bd. 21, S. 187. 1924.

durch den hohen experimentellen Wert der Wärmeentwicklung ihren Z-Wert gestützt, welcher wesentlich größer ist als der hier angenommene (s. Ziff. 22).

Andererseits erscheint aber die experimentell gefundene β- und γ-Wärmewirkung überraschend klein. Von den γ-Strahlen des RaC hat z. B. ein erheblicher Teil so kleine Wellenlänge λ, daß die Energie $\frac{hc}{\lambda}$ eines solchen γ-Strahles von der gleichen Größenordnung wie die eines α-Strahles ist, und ähnliches gilt für die β-Strahlen. Da es nun naheliegt anzunehmen, daß jedes zerfallende RaC-Atom den gleichen Energiebetrag aussendet, so wäre zu erwarten, daß die Wärmewirkung der β- und γ-Strahlen des RaC derjenigen eines α-Strahlers näherkommt, als die Versuche tatsächlich ergeben haben.

Erst in letzter Zeit haben sich nun die Vorstellungen über den Mechanismus der Zerfallsvorgänge so weit präzisiert, daß mit einiger Aussicht auf Erfolg eine Berechnung der beim $\beta\gamma$-Zerfall freiwerdenden Energie versucht werden konnte. Nach L. MEITNER[1]) stellen sich die Verhältnisse etwa so dar. Die härteste von einem Element ausgesandte γ-Strahlung gibt die γ-Energie an, welche j e d e r zerfallende Atomkern emittiert. Diese Energie braucht aber nicht stets in einem einzigen γ-Strahl aufzutreten, sie kann auch in mehrere Quanten zersplittert werden, welche dann natürlich entsprechend der BOHRschen Frequenzbedingung größere Wellenlänge, also auch größere Absorbierbarkeit besitzen (vgl. die Verhältnisse in der Elektronenhülle, wo z. B. bei K-Anregung sowohl die härteste K-Linie allein, als auch aus jeder der Serien KLM usw. je eine Linie emittiert werden kann). Es kann auch ein γ-Strahl schon im Ursprungsatom wieder absorbiert oder gestreut werden, indem er ein Photo- oder Rückstoßelektron auslöst. So kompliziert diese Vorgänge im einzelnen sind, führen sie doch alle dahin, daß die Energie in immer weniger durchdringungsfähige Formen übergeführt wird, so daß es denkbar ist, daß ein merklicher Bruchteil schon innerhalb der Reichweite der α-Strahlen völlig absorbiert wird; dieser geht dann für die gemessene $\beta\gamma$-Wärme verloren und wird bei der α-Wärme mitgemessen. So kommt z. B. die $\beta\gamma$-Strahlung des reinen Radiums bei den Messungen gar nicht als solche zum Ausdruck, obwohl sie die theoretische Wärmewirkung des reinen Radiums um etwa 4% erhöht. Auf diese Weise würde sich also ohne weiteres erklären, daß die α-Wärme größer, die $\beta\gamma$-Wärme kleiner gefunden wurde als theoretisch zu erwarten. Die ausführlichen Berechnungen MEITNERS scheinen diese Ansicht zu stützen (vgl. die Tabelle in Ziff. 26). Berechnet man für RaB und RaC die pro Atom ausgesandte γ-Energie aus der härtesten bekannten Linie des γ-Strahlenspektrums, so ergibt sich nach MEITNER die von 1 g (Ra bis RaC') ausgesandte γ-Energie zu 13,2 cal/Std.; hierin ist die Energie der von den γ-Strahlen ausgelösten sekundären β-Strahlen eingerechnet. Die Energie der primären (Kern-) β-Strahlen beträgt nach MEITNERS Schätzung 8,9 bis 10,8 cal/Std. Die ganze von 1 g (Ra bis RaC') pro Stunde ausgesandte Energie berechnet sich daraus zu 138,5 bis 140,4 cal/Std.; die Übereinstimmung mit den experimentell gefundenen Werten ist hiernach wohl zufriedenstellend.

Zu ähnlich guter Übereinstimmung gelangte später J. THIBAUD[2]), doch erscheint seine Berechnungsweise weniger einwandfrei, da die experimentell gesicherten Zusammenhänge zwischen β- und γ-Strahlen dabei außer Acht gelassen wurden.

---

[1]) L. MEITNER, Naturwissensch. Bd. 12, S. 1146. 1924.
[2]) J. THIBAUD, C. R. Bd. 180, S. 1166. 1925.

28. Wärmewirkung von Uran und Thor. Die Wärmeentwicklung durch sehr langlebige Substanzen wie Uran und Thor, läßt sich weit weniger genau messen, da man sehr große Substanzmengen (Größenordnung 1 kg) anwenden muß, um meßbare Effekte zu erhalten. An Uranerzen sind Messungen von POOLE[1]), an Thoroxyd von PEGRAM und WEBB[2]) ausgeführt worden. In beiden Fällen befand sich die Substanz in einem Vakuummantelgefäß, und es wurde mit passend verteilten Thermoelementen der Temperaturüberschuß der Substanz gegenüber der Umgebung im stationären Zustand bestimmt; die Eichung geschah wieder durch meßbare Zufuhr JOULEscher Wärme. Für 1 g Thoroxyd mit Zerfallsprodukten ergab sich eine Wärmeproduktion von $2,1 \cdot 10^{-5}$ cal/Std., also $2,4 \cdot 10^{-5}$ cal/Std. für 1 g Thor mit Zerfallsprodukten. Für 1 g Uran in Form von Pechblende, also im Gleichgewicht mit sämtlichen Zerfallsprodukten, wurde eine Wärmeentwicklung von $1 \cdot 10^{-4}$ cal/Std. gefunden. Das Erz Orangit ergab eine weit stärkere Wärmeentwicklung als seinem Gehalt an Uran und Thor entsprechen würde, was vermutlich auf langsam verlaufende chemische Prozesse zurückzuführen ist.

Theoretisch entwickelt eine Menge Uran, welche mit 1 g Ra und mit allen Zerfallsprodukten im Gleichgewicht ist, etwa 250 cal/Std. (zu Ra-RaC' mit 139 cal/Std. kommen noch die α-Strahler UI, UII, Io, RaF und die β-Strahler UX_1, UX_2, RaD, RaE hinzu). Diese Uranmenge beträgt $3 \cdot 10^6$ g, so daß für die Wärmeentwicklung von 1 g U mit Zerfallsprodukten etwa $8,3 \cdot 10^{-5}$ cal/Std. zu erwarten sind; die in der Pechblende enthaltenen Ac-Produkte sind hierbei noch nicht eingerechnet, sie erhöhen den Wert noch um einige Prozente. Die Übereinstimmung mit dem experimentellen Wert kann wohl als zufriedenstellend angesehen werden.

Für 1 g Th im Gleichgewicht mit seinen fünf α-strahlenden Zerfallsprodukten [RaTh, ThX, ThEm, ThA, Th (C + C')] fanden RUTHERFORD und GEIGER[3]) die Zahl der pro Sekunde ausgesandten α-Teilchen zu $2,7 \cdot 10^4$; daraus berechnet sich mit GEIGERS Reichweitewerten[4]) die von den α-Strahlen und zugehörigen Rückstoßstrahlen herrührende Wärmewirkung zu $2,2 \cdot 10^{-5}$ cal/Std. Der Anteil der zum Teil sehr intensiven β- und γ-Strahlung ist bisher noch nicht berechnet worden, jedenfalls besteht aber auch hier ungefähre Übereinstimmung mit dem gemessenen Wert $2,4 \cdot 10^{-5}$.

29. Die Zerfallsreihen. Das Schema der drei Zerfallsreihen, wie es heute als das wahrscheinlichste angesehen werden kann, ist nebenstehend wiedergegeben (s. auch Kap. 3B). Ein schraffierter Kreis bedeutet α-Strahler, ein leerer Kreis β-Strahler; die Kreisradien sind proportional $\lambda^{-1/20}$ gewählt, so daß sie ein qualitatives Bild für die Lebensdauer der Substanzen abgeben. Ein Verbindungsstrich nach unten bedeutet α-Zerfall, nach rechts β-Zerfall. Die angegebenen Atomgewichte sind für die Actiniumreihe noch sehr hypothetisch.

Von mehr oder weniger hypothetischen Ergänzungen dieses Schemas sind folgende zu erwähnen. Für die Actiniumreihe hat RUSSELL[5]) ein erweitertes Schema vorgeschlagen, welches nur noch eine Abweichung von der empirischen „FAJANSschen α-Strahlenregel" aufweist, während das übliche Schema deren drei enthält (vgl. Kap. 6). Ferner ist bei der Thorreihe zu bemerken, daß

---

[1]) H. H. POOLE, Phil. Mag. Bd. 23, S. 183. 1912.
[2]) G. B. PEGRAM u. H. WEBB, Phys. Rev. Bd. 27, S. 18. 1908; Le Rad. Bd. 5, S. 271. 1908.
[3]) Siehe Ziff. 22.
[4]) H. GEIGER, ZS. f. Phys. Bd. 8, S. 45. 1921.
[5]) A. S. RUSSELL, Nature Bd. 111, S. 703. 1923.

G. Kirsch[1]) als Muttersubstanz des Thors ein α-strahlendes Uranisotop „Thoriumuran" annimmt, dessen Halbwertzeit er aus dem Verhältnis von Th : U in Mineralien zu $6{,}3 \cdot 10^7$ Jahren bestimmt. Schließlich glaubten Piccard und Stahel[2]) ein neues Thorisotop in der Uranreihe nachgewiesen zu haben, welches sie „UV" nannten; nach Hahn[3]) liegen jedoch keinerlei Anhaltspunkte für die Existenz eines solchen Produktes vor. Die zeitweilig diskutierte Annahme eines dualen Zerfalls beim Ra ist hinfällig, nachdem sichergestellt ist, daß die β-Strahlen des Ra nicht aus dem Kern stammen[4]). Die Möglichkeit einer vierten Zerfallsreihe diskutieren Widdowson und Russell[5]).

Das Zerfallsschema Abb. 17 läßt schon deutlich erkennen, daß zwischen den drei Reihen sehr auffällige Analogien bestehen. Die drei C-Produkte sind Ver-

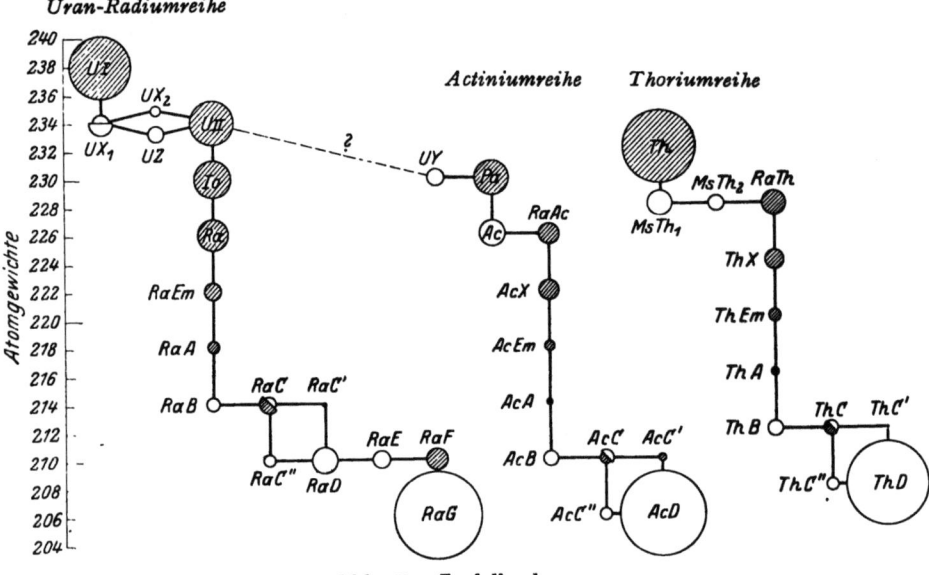

Abb. 17. Zerfallsschema.

zweigungsstellen, die D-Produkte Wiedervereinigungsstellen; ferner sind die D-Produkte relativ langlebig; die fünf Glieder vor der Verzweigungsstelle zeigen in allen drei Reihen den gleichen (α- oder β-) Zerfallstypus; die Lebensdauern der α-Strahler bis zum A-Produkt nehmen in jeder Reihe ausnahmslos ab. Auch die Beziehungen zwischen Reichweiten und Lebensdauern der α-Strahler weisen interessante Analogien auf (vgl. Kap. 2D). Ihre eigentliche Bedeutung erhalten diese und andere Regelmäßigkeiten erst im Zusammenhang mit der Stellung der Radioelemente im periodischen System. Hierauf wird in Kap. 6 näher eingegangen.

---

[1]) G. Kirsch, Wiener Anz. Bd. 20, S. 185. 1922; Verh. d. D. Phys. Ges. Bd. 3, S. 73. 1922; Naturwissensch. Bd. 11, S. 372. 1923.
[2]) A. Piccard u. E. Stahel, Phys. ZS. Bd. 23, S. 1. 1922; Bd. 24, S. 80. 1923.
[3]) O. Hahn, Phys. ZS. Bd. 23, S. 146. 1922; Phys. Ber. Bd. 4, S. 647. 1923.
[4]) O. Hahn u. L. Meitner, ZS. f. Phys. Bd. 26, S. 161. 1924.
[5]) W. P. Widdowson u. A. S. Russell, Phil. Mag. Bd. 48, S. 293. 1924.

B. Die radioaktiven Stoffe.

Von

STEFAN MEYER, Wien.

a) Nachweis und Messung von Aktivitäten.

Alle Eigenschaften der radioaktiven Substanzen, wie die photographische Wirkung, die Lumineszenzerregung, speziell für α-Strahlung die Szintillationen, die Wärmeentwicklung, die Heliumproduktion und die ionisierenden Wirkungen können zu Meßzwecken herangezogen werden. Im allgemeinen sind die Methoden nicht prinzipiell verschieden von den Meßverfahren auf anderen Gebieten und nur den besonderen Problemen und Intensitäten angepaßt und, mit Rücksicht auf die zeitliche Veränderung der Substanzen, umgearbeitet. Im Detail sind die photographischen Wirkungen, die Szintillationen und Stoßionisationswirkungen in ds. Handb. Bd. XXIV besprochen. Näheres über Wärmeentwicklung findet man in Kap. 3A, über Heliumproduktion in Kap. 2C des vorliegenden Bandes.

Einfache orientierende Bestimmungen der Aktivitäten erfolgen zunächst durch Vergleiche mit Uran- oder Radiumeinheiten. Durch Absorptions- und Ablenkungsversuche im Magnetfeld wird der Charakter der Strahlung, α- oder β- oder γ-Strahlung, festgestellt. Entsprechend der Ionisationswirkung kann auch der Druck des Ionenwindes zur Messung dienen. Für quantitative Messungen und Eichungen wurden die im nachstehenden angeführten Einheiten eingeführt und für die Gehaltsbestimmungen an Radiumemanation, Radium und Mesothor sind besondere Meßverfahren eingebürgert, die im folgenden näher besprochen werden.

Ausführlichere Anweisungen für die verschiedenen Meßmethoden finden sich im Artikel H. GEIGERS in F. KOHLRAUSCHS Lehrb. d. prakt. Physik (B. G. Teubner); bei W. MAKOWER und H. GEIGER, Practical Measurements in Radioactivity, (Longmans Green and Co, London), deutsche Ausgabe (F. Vieweg & Sohn, 1920) in der Sammlung „Die Wissenschaft". Bd. 65; sowie bei ST. MEYER und E. SCHWEIDLER, Radioaktivität (B. G. Teubner) Kap. V, 2. Aufl. 1926.

30. Maßeinheiten. Je nach der zu lösenden Aufgabe werden zum Vergleich verschiedene Einheiten zugrunde gelegt, sofern man sich nicht mit der Angabe des durch die Strahlung erzeugten Sättigungsstromes begnügt. Handelt es sich bloß um den Nachweis der „Aktivität" eines Minerales oder anderweitiger Proben, so werden häufig „Uraneinheiten" angegeben; genauere Untersuchungen beziehen sich auf den jeweiligen Gehalt an Ra, Radiumemanation, Polonium, Thor oder Actinium bzw. deren Zerfallsprodukten.

α) **Uraneinheit.** Metallisches Uran ist nicht leicht rein zu erhalten. Man zieht deshalb Proben von Uranoxyd, genauer U_3O_8 vor, die als feiner Pulverschlamm auf Bleche oder flache Schälchen aufgetragen und sorgfältig getrocknet werden. Reines U_3O_8 ist grauschwarz und beständig bis über 1000°; olivengrüne Proben enthalten variable Mengen von UO_3, die sich mit der Zeit an Luft verändern können, wodurch öfters beobachtete Schwankungen der Radioaktivität erklärbar werden; UO_2 ist maronibraun; das schwarze U_2O_5 nicht so gut in seiner Oxydationsstufe definiert. Die Schichtdicke ist so groß zu wählen, daß vom Untergrund keine α-Teilchen mehr herauskommen können (α-satt); etwa 15 bis 20 mg U_3O_8 pro 1 cm^2 sind entsprechend; größere Dicken sind wegen der sonst ins Gewicht fallenden β-Strahlung des UX zu vermeiden. 1 cm^2 solcher Schicht liefert durch seine α-Strahlen einen Ionisationsstrom von $1{,}73 \cdot 10^{-3}$ stat. Einheiten

($5{,}78 \cdot 10^{-13}$ Ampere). Die „McCoysche Zahl", welche das Verhältnis der allseitigen Strahlung sämtlicher α-Teilchen aus 1 g U zu der einseitigen Oberflächen-Strahlung von 1 cm² U_3O_8 angibt, beträgt etwa 790.

b) **Radiumeinheit.** Reines $RaCl_2$ wurde zuerst 1911 von M. CURIE und von O. HÖNIGSCHMID hergestellt. Aus diesen Materialien wurden durch gewichtsmäßige Einfüllung in Glasröhrchen der Wandstärke von 0,27 mm Etalons gemacht. Die offiziellen primären Standards befinden sich in Paris und Wien und enthielten (1911) 21,99 bzw. 31,17 mg $RaCl_2$. Dem spontanen Zerfall des Ra gemäß ist für den zeitlichen Abfall der ursprüngliche Wert entsprechend nachstehenden Faktoren zu verkleinern

	nach 1	5	10	15	20 Jahren
für $\lambda_{Ra} = 4{,}38 \cdot 10^{-4} a^{-1}$	0,99956	0,99781	0,99563	0,99345	0,99128
(„ $\lambda_{Ra} = 4{,}06 \cdot 10^{-4} a^{-1}$	0,99959	0,99800	0,99595	0,99396	0,99187).

Sekundäre Standardpräparate, die zum Teil noch Barium (aber nicht mehr als 10%) enthalten dürfen, wurden dann im Wiener Radiuminstitut hergestellt und nach γ-Strahlenmethoden mit den primären geeicht; die meisten Staaten besitzen zur Zeit derartige „Normale".

Diese Radiumetalons dienen zur Eichung stärkerer Präparate mittels der γ-Strahlung. Für schwache Präparate kann evtl. auch die α-Wirkung unbedeckter kleiner Mengen herangezogen werden; der Sättigungsstrom, unterhalten von sämtlichen α-Partikeln aus 1 g Ra ohne Folgeprodukte, entspräche $2{,}41 \cdot 10^6$ stat. Einh. (0,804 Milliampere). Doch ist hierbei immer das von Salzart, Temperatur, Druck, Feuchtigkeit abhängige Emanierungsvermögen zu berücksichtigen.

c) **Emanationseinheiten.** Die mit 1 g Ra im Gleichgewicht stehende Radiumemanationsmenge nennt man nach einem 1910 in Brüssel gefaßten Beschluß „ein Curie". Gelten als Zerfallskonstanten $\lambda_{Ra} = 1{,}39\ (1{,}29) \cdot 10^{-11}$ sek^{-1}; $\lambda_{Em} = 2{,}097 \cdot 10^{-6}$ sek^{-1}, so stehen mit 1 g Ra im Gleichgewicht (bei 0° und 760 mm) 0,66 (0,61) mm³ oder $6{,}51\ (6{,}04) \cdot 10^{-6}$ g Emanation. 10^{-10} Curie werden nach einem Übereinkommen von 1921 (Freiberg i/S) „ein Eman" genannt.

Da die kleinen Emanationsmengen gewichtsmäßig nicht bestimmt werden können, benützt man meist das elektrische Stromäquivalent. Zur Vergleichung werden von der Physikalisch-Technischen Reichsanstalt Charlottenburg seit 1921 „Normallösungen" mit einem Radiumgehalt von $3{,}33 \cdot 10^{-9}$ g Ra ausgegeben.

Die vorhandene Emanation läßt sich aber auch direkt durch den Sättigungsstrom messen, den sie ohne Zerfallsprodukte in Luft zu unterhalten vermag, wobei unter geeigneter Wahl der Meßgefäße ein von Temperatur und Druck unabhängiges Maß gewonnen werden kann. Diejenige Emanationsmenge, die allein, ohne Zerfallsprodukte, bei voller Ausnützung ihrer Strahlung einen Sättigungsstrom von 10^{-3} stat. Einh. zu unterhalten vermag, heißt eine „Mache-Einheit" (M.-E.). Man verwendet diese Einheit zumeist als Konzentrationseinheit für den Emanationsgehalt in 1 Liter.

Ein Curie (ohne Zerfallsprodukte) vermag durch die α-Strahlung einen Sättigungsstrom von $2{,}75 \cdot 10^6$ stat. Einh. (0,92 Milliampere) zu unterhalten. 1 M.-E. entspricht $3{,}64 \cdot 10^{-10}$ Curie/Liter.

d) **Thoreinheit.** Thor ist zu Eichzwecken nur dann verwendbar, wenn es entweder so alt ist, daß es mit seinen Zerfallsprodukten (Mesothor, Radiothor und Folgeprodukte) im Gleichgewicht steht, was praktisch nur für Thorerze zutrifft, oder wenn es bezüglich seines Gehaltes an diesen Zerfallsprodukten zeitlich genau definiert werden kann, was bei käuflichen Thorsalzen nicht der

Fall zu sein pflegt. Für Thor-Emanationsgehaltsbestimmungen sind gleichwohl „Normalpräparate" unerläßlich.

Für Actiniumgehaltsbestimmungen kann man die aus einer bestimmten Menge definierten Uranpecherzes gewinnbaren Ac- oder Ac-Em-Mengen heranziehen, wobei die Konstanz des Verhältnisses Ac : U in natürlichen primären Erzen vorausgesetzt werden darf.

Für Polonium benützt man die Stromäquivalentseinheit. Eine stat. Einh. aus einseitiger Poloniumstrahlung entspricht $1{,}65 \cdot 10^{-10}$ g Po.

31. Emanationsmeßmethoden. Für die Bestimmung der vorhandenen Mengen von Radiumemanation hat man die Fälle zu unterscheiden, ob sich dieselbe in kleinen Mengen (etwa 10^{-14} bis 10^{-4} Curie) oder größeren (etwa 10^{-4} bis mehrere Curie) vorfinden. In ersterem Falle benützt man die Wirkung der α-, in letzterem die der γ-Strahlung zur Gehaltsermittlung. Die letzteren Methoden decken sich mit denjenigen, welche für γ-Eichungen von Radium selbst in Gebrauch sind und werden weiter unten besprochen.

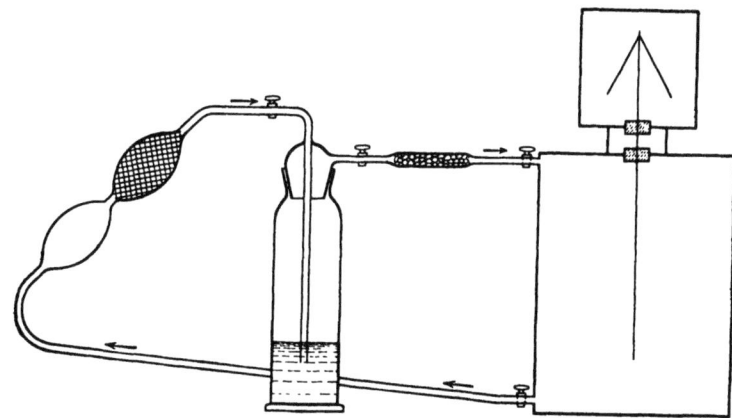

Abb. 18. Bestimmung des Emanationsgehaltes einer Flüssigkeit nach der Zirkulationsmethode.

Messungen mittels der α-Wirkung. Radiumemanation ist ein inertes Gas; es besteht daher zunächst die Aufgabe, dieses Gas quantitativ oder in berechenbarem Verhältnis zur ganzen vorhandenen Menge in einen passenden Meßraum zu bringen. Als Meßgefäße dienen zumeist Zylinder- oder Plattenkondensatoren. Die Überführung in diese Behälter erfolgt in verschiedener Weise, je nachdem die RaEm in einem Gase, einer Flüssigkeit oder in festen Körpern vorhanden ist. In ersterem Falle genügt das Einströmenlassen in ein vorher evakuiertes Meßgefäß oder Überführung mittels Gebläses in einem geschlossenen Kreisstrom, Abb. 18, wobei die Zirkulation bis zur gleichmäßigen Verteilung durchzuführen ist. Die Verteilung entspricht dem Verhältnis des Volumens des Meßgefäßes zum Gesamtvolum (Meßgefäß, Vorratsraum, Quetschballen, Verbindungsstücke). Befindet sich die Emanation in einer Flüssigkeit gelöst, so kann sie aus dieser durch Auskochen oder auch praktisch vollständig durch Quirlung und Ausschütteln bei Verwendung des Zirkulationsverfahrens ausgetrieben und in obiger Weise in den Meßraum gebracht werden. Für minder genaue Messungen genügt auch gründliches Ausschütteln einer am Boden einer Meßkanne befindlichen Flüssigkeit, wie bei manchen sog. Fontaktometern. Auch das Zerstäuben oder Zertropfen der Flüssigkeit findet Anwendung (Tropfemanoskope). Für die Verteilung ist die in den Flüssigkeiten zurückbleibende Emanation entsprechend den Löslichkeitsverhältnissen (vgl. Ziff. 43) zu berücksichtigen. Aus festen Körpern, sofern sie schmelzbar sind, kann man bei hinreichend hoher Temperatur die Emanation befreien und im übrigen wie oben behandeln. Andernfalls müssen feste Materialien chemisch aufgeschlossen und tunlichst quantitativ in Lösung gebracht werden, wobei man in der Regel mindestens eine saure und eine alkalische Lösung erhält, von denen erstere gewöhnlich den überwiegenden Anteil des Ra enthalten wird. Kleine unaufgeschlossene Rückstände von Kieselsäure sind ziemlich unschädlich, da sie nur sehr wenig RaEm zurückhalten.

Aus der Emanation beginnt sich unmittelbar im Meßraum der aktive Niederschlag zu bilden, so daß zur α-Strahlung der RaEm noch diejenige von RaA und RaC hinzutritt. Dieser Niederschlag setzt sich zum Teil an den Gefäßwänden ab, zum Teil bleibt er im Luftraum schweben. Um definierte Zustände zu erzielen, empfiehlt es sich, den Mittelstift des Zylinderkondensators (bzw. die eine Platte eines Plattenkondensators) konstant aufzuladen, um gleichartige Ablagerung des aktiven Niederschlages zu erhalten; dann kommt nur die Hälfte der α-Strahlung von RaA und RaC zur Wirkung im Meßraum. Umladungen bewirken Verlagerungen des aktiven Niederschlages und Unsicherheiten des Meßverfahrens, wegen der verschiedenen Ausnützung der einzelnen α-Strahlen.

Bei der Angabe des Sättigungsstromwertes wird immer diejenige der α-Wirkung der Emanation allein, ohne den Beitrag aus den Zerfallsprodukten verlangt. Für rasche, minder genaue Messungen kann man hierzu so vorgehen, daß man die Wirkung bald nach dem Eintritt der Emanation in den Meßraum feststellt, sodann die RaEm rasch gründlich ausbläst und anschließend die Restwirkung des verbliebenen aktiven Niederschlages zeitlich verfolgt und aus dem Verlauf auf den Augenblick der Abtrennung von der RaEm zurückextrapoliert. Dieses Verfahren birgt jedoch ziemlich große Unsicherheiten. Es empfiehlt sich deshalb mehr, den Gleichgewichtszustand zwischen RaEm und den entstehenden Zerfallsprodukten RaA-RaC abzuwarten, der sich nach etwa 3 bis 4 Stunden einstellt, wobei dann natürlich in Rechnung zu ziehen ist, daß innerhalb 3 Stunden von der Em selbst bereits 2,1%, nach 4 Stunden 3% zerfallen sind.

Je kleiner die Gefäße sind, desto unvollständiger wird die Ausnützung der α-Bahnen zur Ionisierung, insbesondere an den Rändern und Ecken der Behälter. Für zylindrische Gefäße angenähert quadratischen Querschnittes haben W. DUANE und A. LABORDE[1]) eine empirische Korrektur angegeben. Bezeichnet O die Oberfläche, V das Volumen des Meßzylinders, so gilt für die Stromwirkung der RaEm + RaA + RaC $J' = C' \left(1 - 0{,}572 \cdot \frac{O}{V}\right)$; für RaEm ohne Zerfallsprodukte $J = C \left(1 - 0{,}517 \cdot \frac{O}{V}\right)$. Da die Wirkung von Druck und Temperatur abhängig sein muß, kann aber diese Korrektur nicht genau sein.

Für 1 Curie Emanation gilt: $C' = 6{,}2 \cdot 10^6$ stat. Einh.; $C = 2{,}75 \cdot 10^6$ stat. Einh.

Genaue Berechnungen wurden für große Schutzring-Plattenkondensatoren[2]) von L. FLAMM und H. MACHE durchgeführt und von G. RICHTER und L. SIEGL ergänzt. Ist Z die Zahl der α-Teilchen, die von einem Curie Emanation ausgesendet werden, R deren Reichweite, so wird $Z \int_0^R f(x)\,dx$ das Stromäquivalent des

---

[1]) W. DUANE u. A. LABORDE, C. R. Bd. 150, S. 1421. 1910.
[2]) L. FLAMM u. H. MACHE, Wiener Ber. Bd. 121, S. 227. 1912; Bd. 122, S. 535, 1539. 1913; L. FLAMM, Phys. ZS. Bd. 14, S. 1122. 1913; E. v. SCHWEIDLER, Phys. ZS. Bd. 14, S. 505. 1913; G. RICHTER, Wiener Ber. Bd. 128, S. 539. 1919; L. SIEGL, Wiener Ber. Bd. 134, S. 11. 1925.

Curie. Darin bedeutet $f(x)$ die BRAGGsche Ionisationskurve. Weiter sei z die Zahl der α-Partikeln, die aus einer Säule von 1 cm² Querschnitt zwischen den Platten des Kondensators von jeder der im Gleichgewicht befindlichen Substanzen pro Sekunde ausgesendet werden. Dann ergibt sich der Sättigungsstrom pro Quadratzentimeter für die Emanation bei der Plattendistanz d zu:

$$j = z \left\{ \int_0^d f(x)\,dx - \frac{1}{2d}\int_0^d x f(x)\,dx + \frac{d}{2}\int_0^R \frac{f(x)}{x}\,dx \right\}.$$

Für $d \geqq R$ vereinfacht sich der Ausdruck zu: $j = z\left\{\int_0^R f(x)\,dx - \frac{1}{2d}\int_0^R x f(x)\,dx\right\}.$

Für den „aktiven Belag" ergibt sich die Stromdichte, wenn man jetzt unter R die jeweiligen Reichweiten dieser Substanzen (RaA, RaC) versteht:

$$i = \frac{z}{2}\left\{\int_0^d f(x)\,dx + d\int_d^R \frac{f(x)}{x}\,dx\right\} \quad \text{und für } d \geqq R \quad i = \frac{z}{2}\int_0^R f(x)\,dx.$$

Nach dieser Methode wurde der oben angeführte Wert für das Stromäquivalent des Curie $C = 2{,}75 \cdot 10^6$ stat. Einh. gewonnen.

Hat man eine verbürgt verläßliche Normallösung zur Verfügung, so kann man natürlich in beliebig gestalteten Gefäßen Eichungen vornehmen, wenn nur stets die gleichen Versuchsbedingungen eingehalten werden. Für Messungen kleiner Wirkungen empfehlen sich Auflademethoden besser als Entladungsmessungen; bei Mengen kleiner als 10^{-12} Curie, wie sie bei Untersuchungen des Gehaltes in Meteoren u. dgl. von Wichtigkeit sind, versagen jedoch die üblichen Verfahren, weil während der langen Auflade- und Wartezeiten Nullpunktverschiebungen im Elektrometer, Änderungen der Spannung der Aufladebatterie, Änderung der natürlichen Zerstreuung in der Ionisationskammer und der OHMschen Zerstreuung in Zuleitung und Instrument zu Störungen Anlaß geben können. Nach H. MACHE und G. HALLEDAUER[1]) geht man dann so vor, daß man die Ionisationskammer während der Aufladezeit ganz vom Elektrometer trennt und erst zum Schluß zur Messung des auf der Elektrode erzielten Potentials ganz kurz mit ihm in Verbindung bringt und daneben in einer zweiten völlig gleichgebauten und von derselben Batterie aufgeladenen Ionisationskammer gleichzeitig die Zerstreuung mißt. So gelang es noch Emanationsmengen von 10^{-14} Curie mit Sicherheit zu bestimmen.

Da derzeit der Radiumemanationsgehalt natürlicher Quellen vielfach zur Charakteristik ihres Heilwertes herangezogen wird, wurden für die Praxis eine größere Anzahl von Konstruktionen sog. Fontaktometer[2]) durchgeführt, deren einige auch zu Präzisionsmessungen Verwendung finden können (Abb. 19 u. 20). Sie dienen alle dazu, in zylindrischen Gefäßen oder Kannen die Emanation durch

---

[1]) G. HALLEDAUER, Mitt. Ra.-Inst. 175; Wiener Ber. Bd. 134, S. 39. 1925.
[2]) C. ENGLER u. H. SIEVEKING, Phys. ZS. Bd. 6, S. 700. 1905; H. W. SCHMIDT, Phys. ZS. Bd. 6, S. 561. 1905; H. MACHE u. ST. MEYER, Phys. ZS. Bd. 10, S. 860. 1909; J. v. WESZELSKY, Congr. Brüssel S. 684. 1911; A. BECKER, Congr. Brüssel, S. 536. 1911; ZS. f. Instrkde. Bd. 30, S. 301. 1910; Heidelberg. Ber. A. 25. Abh. 1914; Strahlentherapie Bd. 15, S. 365. 1923; ZS. f. Phys. Bd. 21, S. 304. 1924; W. HAMMER, Phys. ZS. Bd. 13, S. 943. 1912; Bd. 14, S. 451. 1913; A. LABORDE, Méthodes de mesures, S. 157. 1910.

Ausschütteln oder Ausquirlen aus Wasserproben aufzunehmen und die α-Strahlung elektrometrisch auszuwerten und bieten in ihrer Einfachheit den Vorteil der Benützbarkeit an Ort und Stelle auch im Freien. Bei den feiner konstruierten Emanometern A. BECKERS wird die in einem Vorraum gesammelte Emanation zu bestimmter Zeit in den vorher evakuierten Meßraum eingeführt und nach vorgeschriebener Zeit die Messung gemacht, so daß die Korrekturen für die Beiträge aus entstehenden Zerfallsprodukten vorbestimmt werden können; solche Instrumente eignen sich jedoch besser für Laboratoriumsmessungen. Alle derartigen Instrumente können natürlich mittels Emanation aus Normallösungen geeicht werden.

Da die Kapazität derartiger Vorrichtungen meist von der Größenordnung 10 cm ist, ein Skalenteil gewöhnlicher Elektrometer etwa 5 bis 10 Volt entspricht, erhält man günstige Ablesezeiten für schwach aktive Quellen bei

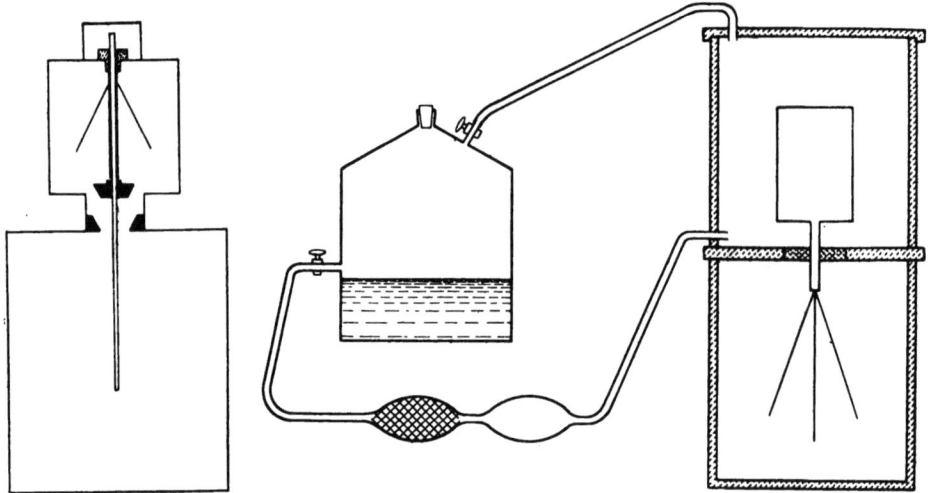

Abb. 19. Fontaktometer nach H. MACHE und ST. MEYER.

Abb. 20. Fontaktometer nach H. W. SCHMIDT.

Verwendung von rund 1 l Quellwasser. Für stärkere Quellen sind geringere Mengen zu wählen, für ganz starke, wie Gastein (bis etwa 1000 Eman) oder St. Joachimsthal, Brambach, Ober-Schlema u. a., die noch fast um eine Zehnerpotenz höhere Werte liefern, darf man demgemäß nur wenige Kubikzentimeter nehmen. Ganz schwache Wirkungen verlangen entsprechend empfindliche Elektrometer.

Nebst der bereits erwähnten Korrektur für die Volumsverteilung ist natürlich immer auf den Moment der Probenentnahme gemäß dem Zerfall der RaEm (vgl. die Tabelle 9 in Ziff. 43) zu reduzieren und der natürlichen Zerstreuung Rechnung zu tragen.

Gilt es geringe Mengen an Radiumemanation (z. B. aus der Atmosphäre) zu konzentrieren, so kann die große Löslichkeit in geeigneten Substanzen, wie Toluol, Kohle u. dgl. (vgl. Ziff. 43) dazu benützt werden, mittels Durchsaugens, womöglich bei tiefen Temperaturen, eine Anreicherung vorzunehmen. Für die Überführung in den Meßraum ist dann nur für quantitative Austreibung aus den Lösungsmitteln zu sorgen.

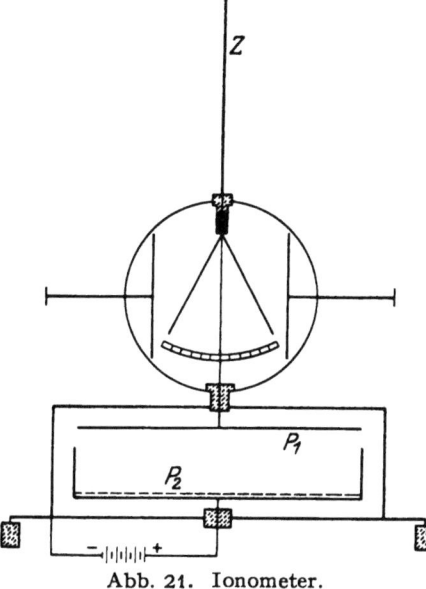

Abb. 21. Ionometer.

Zur Bestimmung des Emanationsgehaltes der Luft in Räumen, wie z. B. in zu Heilzwecken eingerichteten „Emanatorien", dienen Ionometer[1]), wie sie von H. GREINACHER, M. SALOMON, L. H. CLARK beschrieben wurden, oder es werden Methoden konstanter Ablenkung unter Benützung großer Flüssigkeitswiderstände wie von V. F. HESS benützt. Bei derartigen Ionometern, wie in Abb. 21, wirkt der Aufladung durch ein geeignetes Präparat, z. B. Uranoxyd in P_2 gegen die Platte P_1, die Entladung von Z durch die diesen Stift (oder eine Scheibe) umspülende Radiumemanation des Versuchsraumes entgegen und die Wirkung läßt sich an der geeichten Skala unmittelbar ablesen.

32. Messungen der Thor- und Actiniumemanationen. Wegen der Kurzlebigkeit dieser Produkte kann hierfür nicht das gleiche Verfahren wie für RaEm eingeschlagen werden. Man arbeitet entweder nach Methoden konstanter Ablenkung, wie M. S. LESLIE, P. B. PERKINS, R. SCHMID oder verwendet Strömungsmethoden[2]).

Die die Emanation liefernde Flüssigkeit F (Abb. 22) wird dabei in ihrer Wirkung mit der einer geeichten Normalflüssigkeit verglichen. Für Actinium kann man sich Normallösungen aus Uranerzen herstellen, da die Konstanz Ac : U

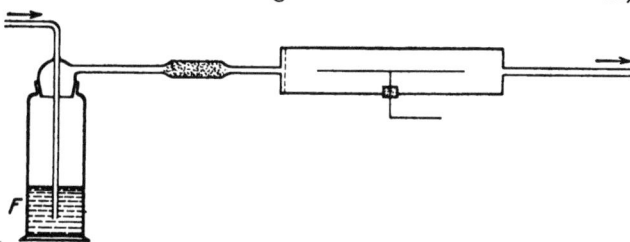

Abb. 22. Strömungsmethode zum Nachweis der kurzlebigen Emanationen.

gesichert erscheint. Für Thor-Normale wäre es erforderlich zu wissen, inwieweit Th mit seinen langlebigen Folgeprodukten MsTh und RdTh im Gleichgewicht steht, was bei aufgeschlossenen Erzen wohl, aber nicht bei käuflichen Salzen im allgemeinen möglich ist. Bei Rückschlüssen aus dem ThEm-Gehalt auf den von Vorprodukten ist daher größte Vorsicht geboten. So kann man z. B. aus dem ThEm-Gehalt des Meerwassers nicht ohne weiteres auf den Th-MsTh-Gehalt schließen, da MsTh durch die vorhandenen Schwefelbakterien ausgefällt sein kann.

Sind in einer zu untersuchenden Lösung gleichzeitig Ra-, Th- und Ac-Produkte vorhanden, so empfiehlt es sich statt der Emanationen die beim Vorbeistreichen

---

[1]) H. GREINACHER, Phys. ZS. Bd. 15, S. 410. 1914; Phys. Ges. Zürich, Nr. 19, S. 36. 1919; Bull. Schweiz. Elektrotechn. Ver. 13, S. 356. 1922; M. SALOMON, C. R. Bd. 173, S. 34. 1921; L. H. CLARK, Journ. Scient. instr. Bd. 1, S. 37. 1924; V. F. HESS, Phys. ZS. Bd. 14, S. 1135. 1913.
[2]) M. S. LESLIE, Phil. Mag. (6) Bd. 24, S. 637. 1912; P. B. PERKINS, Phil. Mag. (6) Bd. 27, S. 720. 1914; R. SCHMID, Wiener Ber. Bd. 126, S. 1065. 1917.

der strömenden Gase auf geeignete Metallstreifen gesammelten aktiven Niederschläge zur Messung zu verwenden[1]). Abb. 23.

Man entledigt sich zunächst der RaEm, indem man die am besten schon vorher ausgequirlte Lösung noch gründlich auf dem Wege über Hahn Nr. 3 (H_3) entemaniert und läßt sodann durch bestimmte Zeiten den Gasstrom durch den Kondensator K fließen. (Die Kammer K ist in Abb. 23 relativ übertrieben groß gezeichnet.) Im Hinblick auf die großen Unterschiede der Halbierungszeiten von AcB (36 Min.), ThB (10,6 Stdn.), weiter von AcEm (3,9 Sek), ThEm (54,5 Sek.), RaEm (3,825 Tage), kann man bei geeigneter Wahl von Strömungs-(Anhäufungs-)zeit und Strömungsgeschwindigkeit z. B. die Actiniumwirkung gegenüber der von Th und Ra in passender Weise bevorzugen. Die Platte P ist leicht austauschbar und wird unmittelbar zur Untersuchung gebracht.

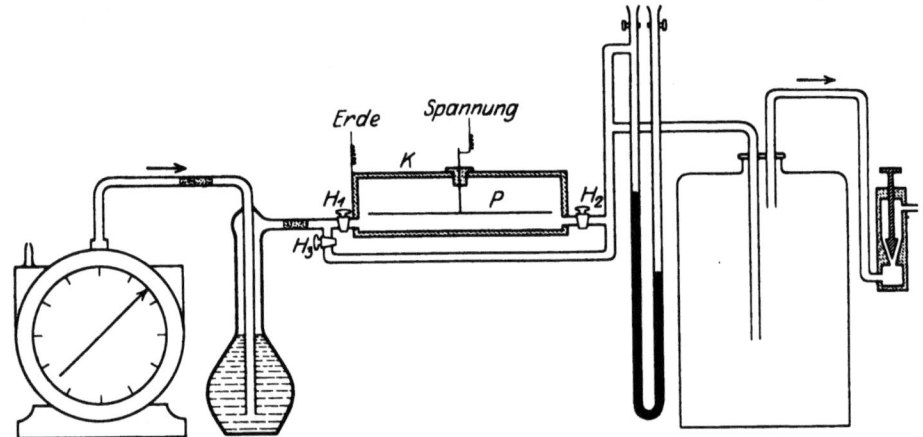

Abb. 23. Strömungsverfahren zur Ansammlung aktiven Niederschlages.

33. Gehaltsbestimmung von Radium- und Mesothorpräparaten. In gleicher Weise wie für die Emanationsmessungen muß hierbei in verschiedener Weise vorgegangen werden, je nachdem man es mit kleinen Mengen oder stärkeren Präparaten zu tun hat. Für kleine Radiummengen beschränkt man sich darauf, die damit im Gleichgewicht befindlichen Emanationsbeträge durch ihre α-Strahlenwirkung festzustellen und daraus auf den Radiumgehalt des untersuchten Materiales Rückschlüsse zu ziehen. Die Methoden decken sich daher mit den im vorigen Absatz besprochenen. Erforderlich ist bloß die quantitative Austreibung der Emanation aus der Probe. Handelt es sich um Gesteine, so kann dies entweder durch Schmelzen, eventuell unterstützt durch Durchquirlung der Schmelze, erfolgen oder, wie dies zumeist geschieht, indem man das Material chemisch vollständig aufschließt und in eine oder mehrere Lösungen bringt. Da in letzterem Fall ein undefinierter Teil der Emanation während der Operationen entweicht, wird man zu gegebener Zeit die Lösungen völlig entemanieren und danach während eines bestimmten Zeitintervalles die neugebildete Emanation in geschlossenem Gefäße aufspeichern. Nach 12 Stunden sind 8,66%; nach 1 Tag 16,6%; nach 4 Tagen 53% nachgebildet, entsprechend den Zerfalls- bzw. Nachbildungsverhältnissen, wie sie aus der Tabelle 9 in Ziff. 43 entnommen werden können.

Messungen aus der γ-Strahlung. Da Radium selbst keine durchdringenden Strahlen aussendet, sondern erst sein Zerfallsprodukt RaC, muß

---
[1]) ST. MEYER u. V. F. HESS, Wiener Ber. Bd. 128, S. 909. 1919.

hierfür Gleichgewicht mit diesem (oder ein definierter Bruchteil desselben), das heißt indirekt mit dem längstlebigen Zwischenprodukt, der RaEm, abgewartet werden. 15 Tage nach dem Abschluß fehlen noch 6,6%, nach 1 Monat 4,4 Promille, nach 2 Monaten nur mehr 0,02 Promille auf den Sattwert. Für stärkere Präparate bedient man sich dabei zweckmäßig galvanometrischer Verfahren, für schwächere elektrometrischer. Es seien im folgenden einige typische Meßanordnungen angeführt. Verglichen wird mit Radium-Standardpräparaten, womöglich in gleicher Packung; ist letzteres nicht möglich, so muß der Absorption durch die Wände des Einschlußgefäßes, und bei größeren Mengen auch der Absorption im eigenen Salz, Rechnung getragen werden. (Angaben für bezügliche Korrekturen vgl. bei ST. MEYER und E. SCHWEIDLER, Radioaktivität, 1926; Kap. V 3.) Immer muß natürlich auf die natürliche Zerstreuung Bedacht genommen und weiter für alle γ-Strahlenmessungen die Abhängigkeit von Druck und Temperatur nach der Gleichung $J_0 = J_{p,t} \cdot \frac{760}{p}\left(1 + \frac{t}{273}\right)$ berücksichtigt werden. Als Einheit für die γ-Strahlenintensität schlug V. F. HESS[1] „ein Eve" vor, das ist die Ionisationswirkung von γ-Strahlen aus punktförmigem RaC im Gleichgewicht mit 1 g Ra in Distanz 1 cm. (Entsprechend: Milli-Eve; Mikro-Eve.)

a) Die Kugelanordnung[2]. Abb. 24. Das Präparat befindet sich im Zentrum der starkwandigen Bleikugel, die aus zwei gut anschließenden Halbkugeln zusammengesetzt ist. Ionisiert wird der Hohlraum zwischen der Bleikugel und einer wiederum aus zwei gut aneinander passenden Halbkugeln bestehenden großen Kupferkugel, die auf etwa 1000 V aufgeladen wird. Radius der Innenkugel etwa 6 cm; Radius der Außenkugel 15 bis 30 cm. Galvanometrisch können so direkt bequem Ströme von etwa 1 bis 200 stat. Einh. gemessen werden; bei Anwendung ballistischer Verfahren herunter bis zu etwa 0,005 stat. Einh., was einem Meßbereich von etwa 2 g bis herunter zu 0,05 mg Radium entspricht. Für schwache Ströme bis etwa 10^{-4} stat. Einh. können auch Gitter-Elektronenröhren[3] benützt werden.

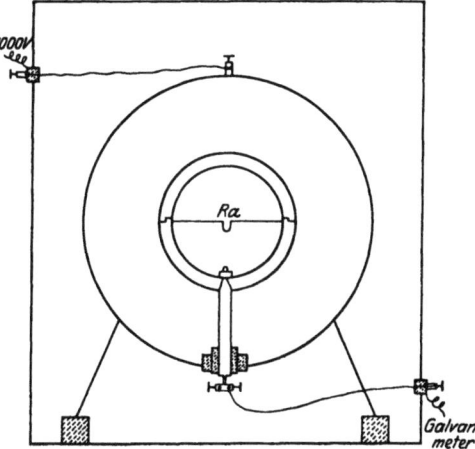

Abb. 24. Kugelanordnung zur Gehaltsbestimmung von Radiumpräparaten.

Statt der Kugelanordnungen können auch Zylinderanordnungen Verwendung finden, doch ist die Durchstrahlung der Wände des Innenzylinders besonders am Boden und in den Ecken keine gleichförmige; es kommt daher stark auf die Stellung und Dimension der Präparate im Zylinder an, was Störungen verursachen kann. Für schwache Präparate hat speziell W. BOTHE[4] eine derartige Apparatur durchgearbeitet und die erforderlichen Korrekturen angegeben; N. E. DORSEY hat hierzu noch Verbesserungen vorgeschlagen.

---

[1] V. F. HESS, Phys. Rev. (2) Bd. 19, S. 75. 1922.
[2] ST. MEYER u. V. F. HESS, Wiener Ber. Bd. 121, S. 603. 1912.
[3] J. C. M. BRENTANO, Nature Bd. 108, S. 532. 1921; H. GREINACHER u. H. HIRSCHI, Schweiz. Min. u. Petrogr. Mitt. Bd. 3, S. 153. 1923; V. F. HESS, Radiology Bd. 2, S. 100. 1924.
[4] W. BOTHE, Phys. ZS. Bd. 16, S. 33. 1915; N. E. DORSEY, Journ. Opt. Soc. Amer. Bd. 6, S. 633. 1922.

Für Erze oder schwache Präparate, die in großen Mengen vorhanden sind, empfiehlt V. F. HESS[1]) umgekehrt ein kugelförmig eingeschlossenes Elektrometer, das konzentrisch rings von der strahlenden Masse umgeben ist.

b) **Der große Plattenkondensator.** Abb. 25. Derartige Anordnungen wurden von M. CURIE[2]) verbunden mit einem Piezo-Quarzkompensator oder von ST. MEYER angeschlossen an ein Wulf-Elektrometer od. dgl. angegeben. Die flache zylindrische Ionisationskammer, Radius etwa 15 cm, ist durch Bleiplatten der Dicke von 5 mm aufwärts (bis etwa 25 mm) gedeckt. Da das meiste Blei spurenweise aktiv ist, wird noch zweckmäßig eine Zinkplatte von etwa 2 mm untergeschoben, um die Eigenstrahlung des Pb auszuschalten. Die in tunlichst gleiche Röhrchen eingeschlossenen Präparate werden zentral auf die Platten unmittelbar aufgelegt. Da nur der zentrale Strahlenkegel wesentlich zur Wirkung kommt, stören kleine seitliche Verschiebungen oder Ausbreitung des Präparates die Messung nicht. Es können auch mehrere nebeneinander liegende Röhrchen gleichzeitig gemeinsam geeicht werden.

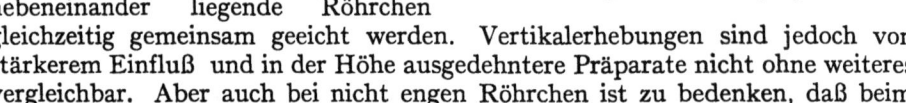

Abb. 25. Plattenkondensator zur Gehaltsbestimmung von Radiumpräparaten.

Vertikalerhebungen sind jedoch von stärkerem Einfluß und in der Höhe ausgedehntere Präparate nicht ohne weiteres vergleichbar. Aber auch bei nicht engen Röhrchen ist zu bedenken, daß beim Umlegen und Ausbreiten des Inhaltes das RaC zum Teil an der abgewendeten Glasseite angelagert sein kann, und es ist vorsichtiger, die Präparate vor endgültigen Messungen eine Zeitlang (Neuausbildung des RaC) in gleicher Lage auf der Unterlage zu belassen. Präparate in Kapseln, wie sie früher mehr in Verwendung standen, aber auch noch jetzt medizinisch benützt werden, etwa mit Glimmerabschluß und Metallboden, können, falls sie mit der Schichtseite aufgelegt werden, wegen der „reflektierten" Sekundärstrahlen aus dem Metallboden zu große Intensitäten vortäuschen.

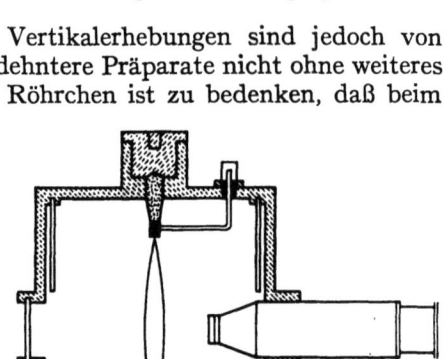

Abb. 26. Eichapparat nach T. WULF und V. F. HESS.

c) **Präparate in einiger Entfernung von einer starkwandigen Ionisationskammer.** Hierzu kann irgendein kugelförmiges oder zylindrisches Ionisationsgefäß, verbunden mit einem Elektrometer, dienen. Stehende Zylinder sind günstigere Formen als liegende, wegen mangelhafter Sättigung in den Ecken bei letzteren. Der WULFsche Zweifadenapparat verbunden mit vertikalem Zylinder aus Messing der Wandstärke 3 mm, Volumen 968 cm³ wurde speziell von V. F. HESS[3]) durchgearbeitet und mit Radiumpräparaten geeicht,

---

[1]) V. F. HESS, Meeting Electrot. Soc. Baltimore Nr. 19, Trans. Bd. 41, S. 287, 301. 1922; V. F. HESS u. E. DAMON, Phys. Rev. (2) Bd. 19, S. 530. 1922; Bd. 20, S. 59. 1922.
[2]) M. CURIE, Journ. de Phys. et le Radium (5) Bd. 2, S. 795. 1912; ST. MEYER, Strahlentherapie Bd. 2, S. 536. 1912.
[3]) V. F. HESS, Phys. ZS. Bd. 14, S. 1135. 1913.

derart, daß gleichgebaute Instrumente auch ohne den Besitz von Radium-Normalen zur Gehaltsbestimmung verwendet werden können (Abb. 26). Für die genannte Type erzeugen 100 mg Ra in Distanz zwischen Mitte des Apparates und Präparates von   50   100   200   400 cm
einen Sättigungsraum von 108,6   26,78   6,66 $1{,}77 \cdot 10^{-3}$ stat. Einh.

Sehr wichtig ist bei solchen Messungen, daß Präparate und Apparate hinreichend weit (mindestens 1 m) von Wänden oder allgemeiner irgendwelchen Körpern aufgestellt sind, die Sekundärstrahlen ausgeben können, da anderseits „reflektierte" Strahlen die Meßgenauigkeit wesentlich beeinträchtigen. Hat man beispielsweise Apparat und Präparat in Distanz von 1 m auf einem großen Holztische aufgestellt, so ist die γ-Strahlung in obigem Instrument bereits um 7% größer, als wenn die beiden jedes frei auf kleinen Stativtischen 1 m über dem Erdboden stehen. Aus diesem Grunde sind auch Laufschienen aus massivem Material zu vermeiden, wenn nicht in nahe gleicher Distanz nahe gleich starke Präparate verglichen werden sollen.

d) RUTHERFORD - CHADWICKS Kompensationsverfahren[1]). Abb. 27. Die γ-Strahlung des Radiumpräparates wird hierbei durch die α-Strah-

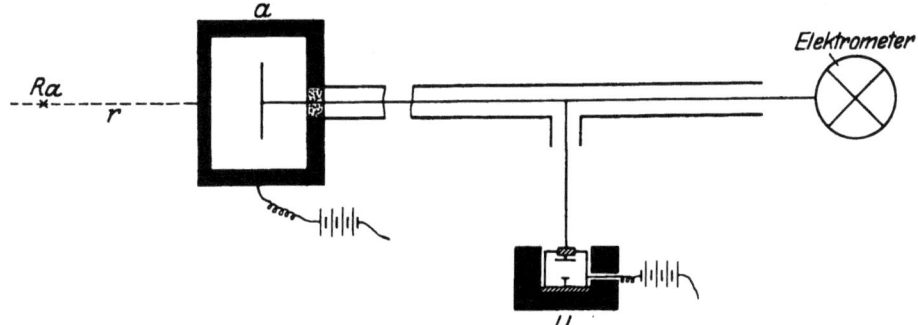

Abb. 27. Kompensationsverfahren nach E. RUTHERFORD und J. CHADWICK.

lung eines Uranoxydpräparates kompensiert. Für Strahlenkompensation verhalten sich dann zwei Präparate P_1 und P_2 in der Entfernung r_1 und r_2, wenn die Kammerbreite (a) berücksichtigt wird, wie $\dfrac{P_1}{P_2} = e^{-\mu(r_1-r_2)} \cdot \dfrac{r_2(r_2+a)}{r_1(r_1+a)}$. Die Wahl des Absorptionskoeffizienten (μ) in Luft ist für enge Räume (Röhren) eine andere als für freie Umgebung. In ersterem Falle wäre nach J. CHADWICK[2]) $\mu_{15°}^{760}=6{,}0 \cdot 10^{-5}$cm^{-1} einzusetzen, im zweiten nach V. F. HESS[3]) $\mu_{15°}^{760} = 4{,}64 \cdot 10^{-5}$cm^{-1}. So bestechend derartige Kompensationsverfahren erscheinen, so können sie hier nur zu verläßlichen Vergleichungen führen, wenn die Präparate nahegleich stark und demnach r_1 nahegleich r_2 sind, da aus den im Beispiel c erwähnten Gründen verschiedene Längen der Laufschiene, auf der die Präparate verschoben werden, und Einwirkung sekundärer Strahlung aus verschiedener Entfernung große Fehler bedingen können.

e) Methoden konstanter Ablenkung. Hierbei wird die Auflading, die durch einen von der γ-Strahlung nach Durchsetzen einer Bleischicht von etwa 5 mm in einem Plattenkondensator oder dergleichen hervorgerufen wird,

---

[1]) E. RUTHERFORD u. J. CHADWICK, Proc. Phys. Soc. Bd. 24, S. 141. 1912.
[2]) J. CHADWICK, Proc. Phys. Soc. Bd. 24, S. 152. 1912.
[3]) V. F. HESS, Wiener Ber. Bd. 120, S. 1205. 1911.

teilweise durch einen großen Widerstand W zur Erde abgeleitet. In ähnlicher Weise können die bereits Ziff. 31 erwähnten Ionometer benützt werden, wenn an Stelle des herausragenden Stiftes eine Plattenkondensator-Büchse, etwa wie die der Abb. 28, angebracht wird.

f) **Wärmemeßmethoden.** Eichungen von Radiumpräparaten von etwa 10 mg aufwärts können auch durch empfindliche Kalorimeter mittels ihrer Wärmewirkungen vorgenommen werden, doch ist dieses Verfahren im allgemeinen umständlicher und minder genau als die γ-Meßmethoden. Für die Kalorimetrie der Radiumpräparate ist zu beobachten, daß, während die γ-Strahlung dem Zerfall des Ra entsprechend mit den Jahren abnimmt, die Wärmeentwicklung mit dem gleichzeitigen Anwachsen der Zerfallsprodukte RaD-RaE-RaF ansteigt. Exakte Bestimmungen der γ-Strahlung und der Wärmeentwicklung ermöglichen demnach zusammen Altersbestimmungen der Präparate. Derartige Vergleiche zwischen γ- und Wärmewirkung gestatten auch die Feststellung, ob man es mit Radium und seinen Zerfallsprodukten oder mit anderen Stoffen, wie Mesothor und seinen Abkömmlingen, zu tun hat, da in ersterem Falle nur die eine γ-Strahlung des RaC der α-Wirkung aller vorhandenen Glieder der Radiumfamilie, im letzteren zwei γ-Strahler, aus $MsTh_2$ und ThC'', den α-strahlenden Familienmitgliedern gegenüberstehen.

Mikrokalorimetrische Methoden sind am Platze für sehr starke α-Strahler, z. B. starke Präparate von Polonium, für welche Sättigungsstrom auch nicht annähernd erzielt werden kann.

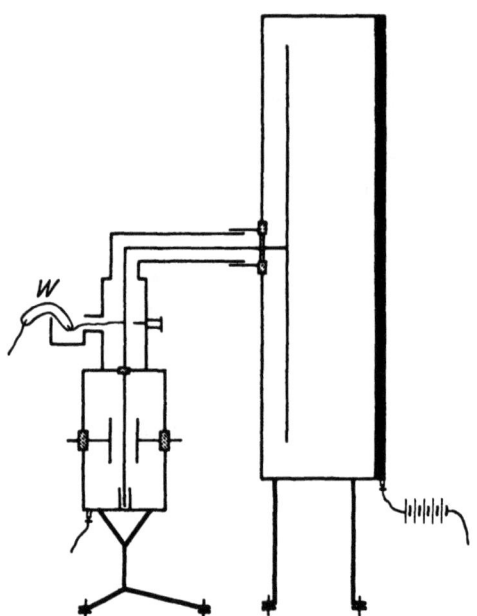

Abb. 28. Eichverfahren nach Methode konstanter Ablenkung mit Einfadenelektrometer.

34. Eichungen von Mesothorpräparaten. Wegen der Isotopie zwischen Ra und $MsTh_1$ ist zu erwarten, daß, wenn im Ausgangserz U und Th vorkamen, das erhaltene Radiumpräparat nicht frei von Mesothor, das MsTh vermischt mit Ra vorhanden sein werde. Da $MsTh_1$ mit einer Halbierungszeit von $T = 6,7$ Jahren zerfällt, werden sich solche Präparate allmählich an Ra relativ anreichern. Im allgemeinen wird man sich deshalb vergewissern müssen, ob „Radium"-präparate praktisch mesothorfrei sind, wofür in einzelnen Fällen schon die Herkunft zeugt (St. Joachimsthal, Katanga, belgisch Kongo usw.); radiumfreies Mesothor kann aus Erzen überhaupt nicht gewonnen werden, da völlig uranfreie Thorerze nicht bekannt sind, sondern nur aus schon einmal von MsTh-Ra früher befreitem Th.

Die Konstatierung der Anwesenheit von MsTh und seinen Folgeprodukten kann am einfachsten erfolgen, wenn das Präparat geöffnet werden darf, indem aus ThEm und aktivem Niederschlag, die sich leicht von den entsprechenden Radiumzerfallsprodukten unterscheiden lassen, Rückschlüsse gezogen werden. Betrifft es eingeschmolzene Proben, so gestatten obige Wärmemessungen eine Diagnose, man kann aber auch aus dem Verhalten der γ-Strahlen direkt erfahren, um welche Produkte es sich handelt.

Stehen die Präparate längere Zeit zur Verfügung, oder kann in Zwischenräumen mehrerer Monate und Jahre die Messung wiederholt werden, so genügt es, die zeitlichen Veränderungen der γ-Strahlung festzustellen, um aus dem Gang schließen zu können, ob neben Ra auch Mesothor, und in welchem Betrag und Alter es vorhanden ist. Da die Lebensdauern von $MsTh_1$ und RdTh gegenüber allen anderen Zerfallsprodukten dieser Reihe groß sind, kann für die gesamte Veränderung mit der Zeit von den kurzlebigen Produkten abgesehen werden, wenn die γ-Wirkungskurve betrachtet wird und die γ-Strahlung des $MsTh_2$ mit $MsTh_1$, die des ThC'' mit RdTh verknüpft gedacht werden (vgl. Ziff. 56). Die γ-Strahlung des ThC'' ist härter als die des $MsTh_2$. (Die γ-Strahlung von RaC steht an Härte zwischen den beiden.) Unmittelbar nach der Abscheidung ist bloß Mesothor vorhanden; während es abfällt, entsteht Radiothor. Der Stromwert $J = \lambda_M M + k \lambda_R R$ wird daher vom Alter der Proben und vom Werte k abhängen; letzterer wesentlich von der Meßanordnung, Dicke der absorbierenden Schichten und verschiedenartigen Filterung der Strahlen.

Für eine Anordnung Type c, Ziff. 33, wobei das Präparat eingeschlossen ist von einem Bleizylinder der Wandstärke a_1 und die Wandstärke der Ionisationskammer der Meßanordnung $a_2 = 3,3$ mm Pb betrug, erhielt O. HAHN[1]) die relativen γ-Wirkungen:

Tabelle 3.
Absorbierbarkeit der γ-Strahlung von Radium-, Mesothor- und Radiothorpräparaten nach HAHN.

$a_1 + a_2$ in mm Blei	Ra	Mesothor „neu"	Mesothor 2 Jahre alt	Neues radiumfreies Mesothor	Radiothor
5	100	100	100	100	100
10	68,1	70,0	70,3	69,7	72,7
15	49,7	50,7	52,2	49,4	54,2
20	37,3	37,0	38,8	36,1	42,3
25	28,7	27,3	29,5	26,1	33,5
30	22,0	20,4	22,7	19,1	26,8
35	16,9	15,5	17,7	14,0	21,7
40	13,4	11,4	13,8	10,5	17,6
45	10,6	8,65	10,7	7,8	14,3

Für eine Anordnung Type b, Ziff. 33, hat im Vergleiche mit der γ-Wirkung des Radiums ST. MEYER für verschiedene Plattendicken die Relation der γ-Wirkung verschieden alter Mesothorpräparate in nachstehender Zusammenstellung angegeben, wobei betont sei, daß es sich hier wesentlich um den Gang und nicht so

Tabelle 4.
Relative Wirkung der γ-Strahlung von Mesothorpräparaten verschiedenen Alters nach ST. MEYER.

d cm Pb	Alter in Jahren								
	0	1	2	3	4	5	6	8	10
0	0,853	1,090	1,204	1,241	1,226	1,181	1,116	0,966	0,813
0,5	0,777	1,041	1,175	1,225	1,218	1,179	1,117	0,971	0,818
1,0	0,719	1,006	1,154	1,214	1,214	1,180	1,121	0,976	0,825
1,5	0,673	0,978	1,139	1,207	1,212	1,180	1,124	0,981	0,830
2,0	0,631	0,953	1,124	1,200	1,210	1,181	1,127	0,986	0,835
2,5	0,589	0,927	1,110	1,193	1,208	1,183	1,130	0,991	0,840
3,0	0,556	0,909	1,103	1,192	1,211	1,188	1,137	0,998	0,847
4,0	0,494	0,879	1,091	1,194	1,220	1,203	1,154	1,016	0,864
5,0	0,448	0,857	1,087	1,200	1,233	1,219	1,172	1,035	0,881

---

[1]) O. HAHN, Strahlentherapie Bd. 4, S. 154. 1914.

sehr um die Absolutwerte handelt. Sowohl bei jungen wie bei alten Mesothorpräparaten wird MsTh gegenüber Ra unterschätzt, bei jungen mit der durchstrahlten Schichtdicke in steigendem, bei alten in geringerem Maße; zwei- bis sechsjährige Präparate werden dagegen überschätzt, in der Abhängigkeit von der Schichtdicke zeigt sich bei drei- bis fünfjährigen ein Minimum.

Aus dem Vorstehenden ergibt sich, daß das „γ-Äquivalent" zu 1 mg Ra, wie es gewöhnlich angegeben wird (vgl. Ziff. 54), nur eindeutig bestimmt werden kann, wenn die Meßvorrichtung und die absorbierende Bleischicht genau mitgeteilt werden; für verschiedene Apparaturen und Bleidicken können dagegen die Bewertungen in ziemlich weiten Grenzen differieren. Anderseits kann bei Beobachtung unter variablen Bedingungen nach obigen Angaben auf Alter und Radiumgehalt zurückgeschlossen werden.

b) Die Radioelemente[1]).

Unter den chemischen Elementen ist eine bestimmte kleine Anzahl durch die Eigenschaft ausgezeichnet, in merklicher Weise instabil zu sein und von selbst unter Aussendung von Becquerelstrahlen zu zerfallen. Es sind dies die Stoffe mit den größten Verbindungsgewichten, Uran, Thor, Protactinium und deren Abkömmlinge mit den Atomnummern zwischen 92 und 81. Weiter ist es nur noch von den Elementen K (19) und Rb (37) nachgewiesen, daß sie spontan Elektronenstrahlen aussenden, während für alle anderen chemischen Grundstoffe zur Zeit angenommen werden muß, daß ihr Gefüge so fest ist, ihre Zerfallswahrscheinlichkeit so gering, daß wenigstens mit den jetzt zur Verfügung stehenden Mitteln nicht erwiesen werden konnte, daß sie analoge Wirkungen zeigen. Im folgenden sei eine kurze Zusammenstellung des wichtigsten Vorkommens der Uran- und Thorminerialien und eine Charakteristik der einzelnen radioaktiven Stoffe gegeben.

35. Vorkommen radioaktiver Stoffe. Der mittlere Gehalt der Erdatmosphäre in Erdnähe beträgt etwa $1,3 \cdot 10^{-16}$ Curie/cm^3 an Radiumemanation. Nach den Berechnungen von V. F. HESS und W. SCHMIDT[2]) über den Austausch bei der ungeordneten Bewegung in freier Luft darf angenommen werden, daß die Halbwertshöhe, das ist die Höhe, in welcher der Gehalt auf die Hälfte des Betrages am Erdboden gesunken ist, unter Berücksichtigung des Zerfalles rund 1200 m beträgt. Nehmen wir dementsprechend für eine Einschätzung an, Radiumemanation sei in obigem konstantem Ausmaß bis etwa in 1,7 km Höhe vorhanden, so verlangte dies für die gesamte Erdoberfläche (angenähert $5 \cdot 10^8$ km^2) einen Gehalt an etwa 10^8 Curie oder ein Mindestmaß von etwa 10^5 kg Radium, um diese Radiumemanation im Gleichgewicht zu erhalten. Freilich ist für die Bereiche der Erdoberfläche über den Ozeanen und über dem Festland ein verschiedener Betrag für die Emanationsabgabe vorhanden, doch müssen auch im Meerwasser beträchtliche Radiummengen gelöst sein. Nach S. J. MAUCHLY[3]) ist der Durchschnittsgehalt von Seeluft über Ozeanen $2,6 \cdot 10^{-18}$ Curie/cm^3. Es müssen daher sehr große Radiummengen in feinverteilter Form in der äußeren Erdkruste (sowie im Meere) vorhanden sein, und da zu 1 g Ra rund $3 \cdot 10^6$ g Uran gehören, dementsprechend mehr an Uran.

---
[1]) Ausführlichere Angaben und vollständige Literaturnachweise sowie Tabellen über das Entstehen und Verschwinden der einzelnen Stoffe im Zusammenhang vgl. bei ST. MEYER und E. SCHWEIDLER, Radioaktivität. 2. Aufl. B. G. Teubner 1926.
[2]) V. F. HESS u. W. SCHMIDT, Phys. ZS. Bd. 19, S. 109. 1918.
[3]) V. F. HESS, Wiener Ber. Bd. 127, S. 1297. 1918; S. J. MAUCHLY, Terr. Magn. Bd. 29, S. 187. 1924.

Für Thor und Actinium läßt sich aus deren Emanationen wegen ihrer Kurzlebigkeit dies nicht so leicht berechnen. Nach den Daten von V. F. HESS und W. SCHMIDT sind die „Halbwertshöhen" für ThEm und ThA nur rund 2 bis 3 m; für ThB und Folgeprodukte etwa 100 bis 150 m; für AcEm und AcA 0,5 bis 1 m; für AcB und Folgeprodukte 10 bis 20 m.

Der mittlere Radiumgehalt der festen Erdkruste wird zu etwa 2 bis $2{,}6 \cdot 10^{-12}$ eingeschätzt, was einem relativen Urangehalt von 6 bis $8 \cdot 10^{-6}$ entspricht. Unter den Gesteinsarten sind die Eruptivgesteine radiumreicher als die sedimentären, unter den ersteren die sauren etwa dreimal aktiver als die basischen. Der durchschnittliche Thorgehalt der Gesteine ist etwas größer, aber von derselben Größenordnung wie der an Uran. Für saure Eruptivgesteine wurden Gehalte bis etwa $4 \cdot 10^{-5}$, für basische 0,5 bis $1{,}3 \cdot 10^{-5}$ angegeben; unter den Sedimenten sind Tone mit 1,1 bis $1{,}40 \cdot 10^{-5}$ am reichsten, Sandsteine haben

Abb. 29. Geographische Verteilung der wichtigsten Vorkommen radioaktiver Erze.

nur etwa die Hälfte bis ein Drittel, Kalk und Dolomit sind sehr arm (Gehalt geringer als $0{,}1 \cdot 10^{-5}$).

Gehäuftes Vorkommen radioaktiver Stoffe ist im allgemeinen nur an jenen Stellen der Erde vorhanden, wo Uran- oder Thorerze auftreten. Von U und Th freies Vorkommen von Radium, Mesothor und deren Zerfallsprodukten findet sich nur an Orten, wo durch sekundäre Prozesse eine Auslaugung der Mineralien, konvektive Fortführung und Wiederablagerung, vorhanden sein kann, also z. B. bei den Sedimenten aus Quellen, die beim Durchströmen der Gesteinsspalten diese Stoffe aufgenommen hatten, wie beim Reissacherit von Gastein, den Radiobaryten und dergleichen.

Die geographische Verteilung der wichtigsten bisher bekannt gewordenen Fundstellen von Uran- und Thormineralien ist aus der obigen in Anlehnung und Ergänzung nach B. SZILARD[1]) entworfenen Abb. 29 zu ersehen.

Natürlich ist zu erwarten, daß bei weiterer Durchforschung der Gebiete sich noch andere zahlreiche Fundstellen werden finden lassen.

36. Uranmineralien. Da die Uranmineralien auch in größerem oder geringerem Ausmaß Thor enthalten, die Thormineralien auch Uran, so ist eine strenge Scheidung nicht möglich, doch kann man nach dem Überwiegen des einen oder anderen Stoffes gleichwohl eine Klassifikation versuchen.

---

[1]) B. SZILARD, Le Rad. Bd. 6, S. 233. 1909.

a) Oxyde: Hierbei handelt es sich zumeist um verschiedene Oxydationsgemische, wobei als Grenzfälle reines UO_2 und UO_3 zu betrachten wären. Nach G. Kirsch[1]) lassen sich die ersteren Vorkommen als „Ulrichit" zusammenfassen. Hierher gehören das kristallisierte Vorkommen von Morogoro, Bröggerit, zum Teil Cleveit und Nivenit. Neben UO_2 enthalten diese Erze noch UO_3 (bis zu 35%), PbO (bis über 11%), ThO_2 (bis 12%, Bröggerit, Thoruranin), seltene Erden (bis 12%), etwas (Fe Ca)O, SiO_2 usw. Sehr rein ist z. B. das Branchvilleerz. Dagegen sind die eigentlichen „Pechblenden", Uranpecherz, Nasturan, Uraninit, zum Teil Cleveit, Nivenit und andere nicht kristallisiert; sie kommen teils spaltenfüllend in Adern im Gestein, teils in nierenförmiger und krummschaliger Struktur vor. Ihre Zusammensetzung entspricht Zwischenformen obiger zwei Oxydationsstufen, am häufigsten in der Relation U_2O_5 oder U_3O_8. Reines U_2O_5 ist schwarz, U_3O_8 grau-schwarz, UO_3 hellolivengrün, UO_2 maronibraun. Die Pechblenden und verwandten Mineralien, zu denen noch Varietäten wie Uranospinit, Pittinit, Corazit, sowie zahlreiche sekundäre Mineralien vom belgisch Kongo, wie Curit, Kasolit, gezählt werden, enthalten als Verunreinigungen eine große Zahl von Elementen, wie Si, Fe, Ca, Mg, Sb, As, V, Cu, Tl, Bi, gewöhnliches Pb neben RaG und ThD, seltene Erden. Für die Radiumgewinnung sind besonders die Vorkommen der Uranpecherze von St. Joachimsthal und von Katanga (belgisch Kongo) von Bedeutung geworden.

b) Hydratische Zersetzungsprodukte: Als solche gelten: Gummit, Eliasit, Becquerelit ($UO_3 \cdot 2H_2O$); Uranosphärit ($BiO_2 \cdot U_2O_7 + 3 H_2O$); Pilbarit (31,34 ThO_2; 29 UO_3, 13 SiO_2, 17 PbO, 8 H_2O).

c) Sulfate: Johannit, Uranvitriol, Uraconit, Zipperit, Medjidit, Uranochalcit, Uranophylit, Voglianit.

d) Phosphate: Uranit, Kalkuranglimmer, Autunit [Ca$(UO_2)_2 P_2O_8 + 8 H_2O$], Uranocircit (in letzter Formel Ba statt Ca); Fritzscheit (Mn statt Ca), Cuprouranit, Torbernit, Chalkolith (Cu statt Ca) Phosphoruranylit, Xenotim, Castelnaudit, Stasit, Dewindtit, Dumontit, Parsonsit.

Tabelle 5.
Chemische Analyse verschiedener Pechblenden nach Ulrich.

	St. Joachimsthal	Katangapechblende	Grünes Material	Gelbes Material
U_3O_8	76,34	85,51	45,31	54,80
PbO	2,93	5,75	8,24	27,87
ThO_2 + seltene Erden	0,7	0,53	4,56	1,60
(Fe, Al)$_2O_3$	3,31			
Bi_2O_3	0,7	Spur	—	—
As_2O_3	1,0	—	—	—
Sb	Spur	—	—	—
CuO	Spur	Spur	5,42	0,54
ZnO	0,3	—	—	—
MnO	0,1	—	—	—
CaO	3,0	0,25	0,12	0,11
MgO	0,05	0,06	0,51	0,16
K_2O	0,2	—	—	—
Na_2O	1,1	—	—	—
P_2O_5	—	0,01	12,03	0,99
$BaSO_4$	Spur	Spur	Spur	0,10
SO_3	3,7	0,33	0,28	0,37
SiO_2	5,17	1,02	9,51	6,67
H_2O	2,84	4,10	Glühverlust: 11,7	5,18
Ag	Spur	nicht geprüft	nicht geprüft	nicht geprüft
CO_2	0,3	,, ,,	,, ,,	,, ,,

---

[1]) G. Kirsch, Festschr. f. F. Becke. 1925.

e) **Arsenate**: Trögerit, Walpurgin (Wismut-Uran-Arsenat), Uranospinit (Ca-U-Arsenat), Zeunerit (Cu-U-Arsenat).

f) **Vanadate**: Carnotit [$K_2O \cdot 2(UO_3)V_2O_5 + 3 \cdot H_2O$], das wichtigste amerikanische Mineral, aus dem die dortige Radiumproduktion unterhalten wird; Tjuiamunit, Ferghanit.

g) **Niobate, Tantalate, Titanate**: Pyrochlor, Plumboniobit, Blomstrandin, Priorit, Koppit, Hatchettolith, Samarskit, Annerodit, Nohlit, Fergusonit, Yttrotantalit, Hjelmit, Kochelit, Polychras, Mikrolith, Yttrocasit, Ampangabeit, Euxenit, Polykras, Blomstrandit, Betafit, Katafit, Samiresit aus Madagaskar, Mendelejevit aus Transbeikalien, Wijkit und Loranskit.

k) **Urankalziumkarbonate**: Uranothallit, Liebigit, Voglit, Schröckingerit, Rutherfordin, Randit.

i) **Uransilikate**: Pillinit [$(Pb, Ca, Ba) U_3 SiO_{12} + 6 H_2O$], Uranophan-Uranotil ($CaU_2Si_2O_{11} \cdot 5 H_2O$), Lambertit, Naegit, Soddit, Sklodowskit.

k) **Uranführende Kohle**: Kolm

Für Pechblenden seien einige Analysenresultate C. ULRICHS zur Charakteristik angeführt. Aus Katanga kommen auch sekundäre Mineralien, Pb-U-Phosphate und Silikate zur Radiumverarbeitung, sie sind als „grünes" und „gelbes" Material angeführt (siehe Tabelle 5).

Beachtenswert ist, daß in den beiden letztgenannten sehr bleireichen Mineralien das Blei praktisch reines RaG (206) ist, sonach aus dem primären Erz stammt und nahezu kein gewöhnliches Pb (207) eingetreten ist.

Tabelle 6. **Thor- und Urangehalt verschiedener Erze.**

Erze	U %	Th %
1. Oxyde:		
Thorianit	9 bis 28	52 bis 69
Thorit	0,2 „ 9	45 „ 65
Orangit	1	66
Uranothorit	1 bis 10	35 bis 46
Bröggerit	ca. 66	ca. 14
Cleveit	„ 60	„ 6
2. Zersetzungsprodukte:		
Calciothorit 5 ($ThSiO_4$) · 2 (Ca_2SiO_4) · 10 H_2O	—	52,2
Freyalith	—	25
Eukrasit $SiThO_2 \cdot 2 H_2O$	—	32
Thorogummit $UO_2 \cdot 3 ThO_2 \cdot 3 SiO_2 \cdot 6 H_2O$	ca. 20	36,4
Mackintoshit 3 Si · 4 (U, 3 Th)O_{14} inklusive C_2O_3	„ 20	42
Auerlith $ThO_2(SiO_2 \cdot {}^1/_3 P_2O_5) \cdot 2 H_2O$	—	63
Yttrialith ⎫	0,7 bis 1,4	ca. 10
Karyocerit ⎪	Spur	„ 12
Tritomit ⎬ Silikate	—	„ 8
Erdmannit ⎪	—	„ 9
Orthit, Allanit ⎭	0 bis 4	3 bis 5 bis 9
Pyrochlor ⎫	2,4 „ 4	3,8 bis 6,7
Blomstrandit, Betafit, Samiresit ⎪	ca. 23	1,1
Aeschynit ⎬ Niobate	0,25	ca. 15
Euxenit, Polykras ⎪	10 bis 17	„ 3
Blomstrandin, Priorit ⎪	bis 4,8	bis 6,8
Wiikit, Loranskit ⎭	„ 6,2	„ 4,8
Cyrtholith	—	ca. 13
Samarskit	3 bis 15	4
Fergusonit, Tyrit	1,5 „ 6	1 bis 3
Xenotim	0,5 „ 3	0,5 „ 3
Ancylit	—	0,17
Monazit, massiv	0 bis 0,8	bis 24,8
Monazitsand	Spur	1,1 bis 8

37. Thormineralien[1]). Wie bereits erwähnt, enthalten alle Thormineralien auch Uran in wechselndem Betrage. Wegen der Bedeutung, die der relative Urangehalt für das Mischungsverhältnis der aus solchen Erzen gewonnenen Mesothor-Radiumprodukte besitzt, sei in Tabelle 6 der angenäherte Gehalt an U und Th angeführt.

Das für die Technik wichtigste Vorkommen ist der Monazitsand, der in wechselnder Zusammensetzung angenähert der Formel

$$x(La, Ce, Nd, Pr)_4(PO_4)_4 \cdot y(Th_3PO_4)_4$$

entspricht.

α) Die Uran-Familie.

38. Uran. Unter dem Sammelnamen „Uran" ist im Sinne der radioaktiven Erkenntnisse der folgende Komplex zu verstehen:

$$U_I \xrightarrow{\alpha} UX_1 \begin{array}{c} \xrightarrow{\beta} UX_2 \xrightarrow{\beta} \\ \searrow_{\beta} UZ \nearrow_{\beta} \\ 3{,}5^0/_{00} \end{array} U_{II} \xrightarrow{\alpha}$$

Hierzu kommen eventuell noch andere Uranarten, d. h. Isotope zu U_I und U_{II} als Stammeltern der Actinium- und der Thorfamilie und das mit UX_1 isotope UY, das der Ac-Reihe angehört.

Gewichtsmäßig ist dabei U_I (vgl. Tab. S. 274) in überwiegender Weise vorherrschend, so daß es für den Chemiker allein in Betracht kommt. Uran wurde 1799 von W. H. KLAPROTH als Oxydul isoliert, 1840 von E. M. PÉLIGOT als Metall dargestellt. Sein Atomgewicht wurde als unabhängig von Herkunft und geologischem Alter 1913/14 von O. HÖNIGSCHMID[2]) zu 238,18 bestimmt. Über die chemischen Eigenschaften vgl. die Handbücher der Chemie z. B. R. ABEGG und F. AUERBACH (bei S. Hirzel in Leipzig) oder R. J. MEYER und O. HAUSER (bei F. Enke in Stuttgart). Von der „chemischen" Reinigung des Materiales ist die „radioaktive" zu unterscheiden, d. h. die Abtrennung aller anderen wenn auch gewichtsmäßig nur spurenweise vorhandenen Produkte als U_I und U_{II}, die sich freilich zum Teil entsprechend ihrer Halbierungszeiten bald wieder nachbilden. Durch sukzessiven Zusatz und Wiederabscheidung von kleinen Mengen von Th, Pb, Bi und Ba wird dies sachgemäß erreicht. Mit dem Th muß das RdTh, Io, Ac, RdAc und UX entfernt werden, mit Pb und Bi das Radioblei und Polonium, mit dem Ba das Radium, Mesothor, ThX, AcX und nachgebildetes UX.

39. Uran I und Uran II. (Atomnummer 92.) Die gegenüber den anderen α-Strahlen relativ nahezu doppelt große Aktivität von U in Uranmineralien, in denen es im Gleichgewicht mit Io, Ra, RaEm, RaA, RaC und Po stehen soll, sowie die Form der Ionisationskurven der α-Strahlen von U, die sich durch Übereinanderlagerung zweier α-Strahler verschiedener Reichweite deuten ließ, brachten die Erkenntnis, daß dem Uran zwei α-Strahler zukommen, wenn den genannten Folgeprodukten einer zugehört. Dabei konnte es sich entweder um simultane Ausschleuderung zweier α-Teilchen beim Zerfall eines Uranatomes oder um Folgeprodukte handeln. E. MARSDEN und T. BARRATT[3]) haben durch Szintillations-

---

[1]) Vgl. C. DOELTER, Handbuch der Mineralchemie, bei Th. Steinkopf. R. W. LAWSON, Wiener Ber. Bd. 126, S. 721. 1917; Naturwissensch. Bd. 5, S. 429. 1917.
[2]) O. HÖNIGSCHMID, Wiener Anz. 22. I. 1914; Wiener Ber. Bd. 123, S. 1635. 1914. O. HÖNIGSCHMID u. ST. HOROVITZ, Wiener Ber. Bd. 124, S. 1089. 1915.
[3]) E. MARSDEN u. T. BARRATT, Proc. Phys. Soc. Bd. 23, S. 367. 1911.

Tabelle 7. Übersicht über die radioaktiven Elemente.

Atom-gewicht			Atom-gewicht		Atom-gewicht
238,2	U_I		(239 ± 1)		(236?) (ThU?)
ca. 234	$UX_1 \rightleftarrows {UX_2 \atop UZ} \rightarrow U_{II}$		(235 ± 1)		
„ 230	↓ Io	$UY \rightarrow Pa$	231 ± 1		232,1 Th ↓
226,0	↓ Ra	$Ac \rightarrow RdAc$	227 ± 1		ca. 228 $MsTh_1 \rightarrow MsTh_2 \rightarrow RdTh$ ↓
222	RaEm	↓ AcX	223 ± 1		224 ThX ↓
218	Aktiver Nieder-schlag $\begin{cases} RaA \\ \downarrow \\ RaB \rightarrow RaC \twoheadrightarrow RaC' \end{cases}$	↓ AcEm ↓ AcA ↓	219 ± 1		220 ThEm ↓
214		AcB → AcC → AcC'	215 ± 1		216 ThA ↓
210	$RaC'' \rightarrow RaD \rightarrow RaE \rightarrow RaF$ ↓	$AcC'' \twoheadrightarrow AcD$	211 ± 1		212 ThB → ThC → ThC' ↓ ThC'' → ThD
206,0	RaG (bleiartiges Endprodukt)		207 ± 1		208

Abkürzungen und Symbole: Uran U   Radium Ra   Protactinium Pa   Thorium Th
                          Brevium UX_2 (Bv)   Emanation Em   Actinium Ac   Mesothorium MsTh
                          Ionium Io   Polonium RaF (Po)   Radioactinium RdAc   Radiothorium RdTh

beobachtungen 1911 das letztere als richtig erwiesen. Man unterscheidet demnach heute U_I und U_{II}. Der besonders durch die Verschiebungsregeln gesicherten Einordnung im periodischen System entsprechend sind diese beiden Stoffe isotop und chemisch untrennbar. Beide sind reine α-Strahler mit den Reichweiten nach H. GEIGER[1]) (1921) $R_0 = 2{,}53$ und $2{,}91$ cm in Luft. B. GUDDEN[2]) erhielt durch Ausmessung pleochroitischer Höfe die abweichenden Werte für $U_I \cdots R_0 = 2{,}68$ cm, für $U_{II} \cdots R_0 = 2{,}76$ cm.

Szintillationszählungen ergaben nach H. GEIGER und E. RUTHERFORD[3]) $Z = 2{,}37 \cdot 10^4$ α-Teilchen pro Sekunde aus 1 g $(U_I + U_{II})$. Setzt man den gesamten von 1 g Uran durch seine α-Partikeln unterhaltenen Strom $i = 1{,}37$ stat. Einh. $= Z(k_I + k_{II}) \cdot e$, worin die k-Werte die von einem α-Teilchen aus U_I bzw. U_{II} erzeugten Ionenpaare (1,16 bzw. $1{,}27 \cdot 10^5$) bedeuten, $e = 4{,}77 \cdot 10^{-10}$ stat. Einh. ist, so erhält man praktisch den gleichen Wert $2{,}36 \cdot 10^4$ α/sek. Diese Angabe muß aber als untere Grenze gewertet werden.

Die Zerfallskonstante für U_I läßt sich entweder aus dem Quotienten: Anzahl der pro Zeiteinheit zerfallenden Atome durch Anzahl der vorhandenen Atome, bestimmen oder aus der Gleichgewichtsbedingung $\lambda_{U_I} = \frac{238}{226}\lambda_{Ra}$ Ra (im Gewichtsmaß, für $U = 1$ g) berechnen, wenn die Konstanten für Radium und das Verhältnis $\frac{Ra}{U}$ bekannt sind.

Der erstere Weg ergibt, wenn die Zahl der von 1 g Uran $= (U_I + U_{II})$ emittierten α-Teilchen pro Sekunde $2Z = 2{,}4 \cdot 10^4$ angenommen wird, also von 1 g U_I (U_{II} kann daneben gewichtsmäßig vernachlässigt werden) $Z = 1{,}2 \cdot 10^4$ α/sek $= 3{,}8 \cdot 10^{11}$ α/Jahr gilt; weiter die LOSCHMIDTsche Zahl pro 1 Mol $= 6{,}06 \cdot 10^{23}$ ist, und demnach 1 g U_I $2{,}54 \cdot 10^{21}$ Atome (N) enthält, in Jahren: $\frac{Z_a}{N} = \lambda = 1{,}5 \cdot 10^{-10} a^{-1}$; $\tau = 6{,}7 \cdot 10^9 a$; $T = 4{,}7 \cdot 10^9 a$.

Im zweiten Falle erhält man, wenn für Radium $\lambda_{Ra} = 4{,}4 \cdot 10^{-4} a^{-1}$ und für $\frac{Ra}{U} = 3{,}4 \cdot 10^{-7}$ gewählt wird (ohne Berücksichtigung der Abzweigung in die Actiniumfamilie), $\lambda = 1{,}6 \cdot 10^{-10} a^{-1}$; $\tau = 6{,}3 \cdot 10^9 a$; $T = 4{,}4 \cdot 10^9 a$.

Die Zerfallskonstante von U_{II} läßt sich derzeit nur aus der GEIGER-NUTTALLschen Beziehung zwischen λ und Reichweite einschätzen (s. Kap. 2 D). Legt man den obigen Wert H. GEIGERS[4]) für R zugrunde, so ergibt sich die Halbierungszeit rund $T = 10^6 a$, wählt man die Angabe B. GUDDENS[5]), so erhielte man dagegen etwa $10^8 a$.

40. Uran X. W. CROOKES[6]) war es 1900 gelungen, durch chemische Operationen den β-strahlenden Bestandteil aus Uran abzutrennen. Er nannte das erhaltene Produkt UX. 1913 haben K. FAJANS und O. GÖHRING[7]) hiervon das „Ekatantal" UX_2 (zeitweise auch „Brevium" genannt) abgetrennt; 1921 gelang O. HAHN[8]) die weitere Abtrennung von UZ (vgl. das Schema, Ziff. 38). 1911

---

[1]) H. GEIGER, ZS. f. Phys. Bd. 8, S. 45. 1921.
[2]) B. GUDDEN, ZS. f. Phys. Bd. 26, S. 110. 1924.
[3]) H. GEIGER u. E. RUTHERFORD, Phil. Mag. (6) Bd. 20, S. 691. 1910.
[4]) H. GEIGER, a. a. O.
[5]) B. GUDDEN, a. a. O.
[6]) W. CROOKES, Proc. Roy. Soc. London (A) Bd. 66, S. 409. 1900.
[7]) K. FAJANS u. O. GÖHRING, Naturwissensch. Bd. 1, S. 339. 1913; Phys. ZS. Bd. 14, S. 877. 1913.
[8]) O. HAHN, Naturwissensch. Bd. 9, S. 84, 236. 1921; Chem. Ber. Bd. 54, S. 1131. 1921; Festschr. Kaiser Wilhelm-Inst. S. 102. 1921; Phys. ZS. Bd. 28, S. 146. 1922; ZS. f. phys. Chem. Bd. 103, S. 461. 1923.

hatte G. N. ANTONOFF[1]) eine Begleitsubstanz des UX im UY festgestellt. Alle diese Substanzen sind β-Strahler.

a) UX_1 und UY (Atomnummer 90) sind Thorisotope. Ihr chemisches Verhalten und die Vorschriften zur Abtrennung von Uran und anderen Stoffen ist daher durch die chemischen Reaktionen des Thor gegeben. Allerdings können prinzipiell gewisse Reaktionen durch die Strahlungswirkung und Ionisation unter Einfluß der radioaktiven Stoffe zuweilen beeinflußt werden — eine Bemerkung, die überhaupt für die Übertragung der chemischen Eigenschaften inaktiver auf isotope aktive Substanzen gilt.

Die Halbierungszeit von UX_1 beträgt rund 24 Tage. G. KIRSCH[2]) fand 23,8 d (1920); A. PICCARD und E. STAHEL[3]) $T = 24,5\,d$ (1921). Der entsprechende Wert von UY beträgt nach O. HAHN und L. MEITNER[4]) (1914) $T = 25,5\,h$; nach G. KIRSCH[2]) $T = 24,6\,h$ (1920); nach W. G. GUY und A. S. RUSSELL[5]) (1923) $T = 27,8\,h$.

Um UY nahe frei von UX_1 erhalten zu können, muß, wegen ihrer chemischen Untrennbarkeit, aus einem Uranpräparat zuerst das UX_1 abgetrennt und möglichst bald danach, ehe UX_1 sich in größerer Menge nachbilden konnte, in gleicher Weise, nach einer Thorreaktion, eine neuerliche Abscheidung durchgeführt werden. (Kleine- unvermeidliche- Beimengungen von UX_1 können leicht die Halbierungskonstante des UY zu groß erscheinen lassen, weshalb oben den kleineren Werten der Vorzug zu geben ist.)

Das Verhältnis UY : UX_1 erwies sich für Uranmaterial mannigfachster Herkunft und verschiedensten geologischen Alters als konstant[6]) und ebenso groß als dasjenige zwischen den Actiniumprodukten und denen der Radiumfamilie in natürlichen Erzen[7]). Man schließt daraus, daß eine Verzweigung des Uranzerfalles derart eintritt, daß der überwiegende Anteil (etwa 97%) der Uranatome sich in die Ionium-Radiumfamilie verwandelt, während etwa 3% über UY in Protactinium und dessen Abkömmlinge übergehen[8, 5]). Damit ist die genetische Verknüpfung der Actiniumfamilie mit der Uranfamilie sehr wahrscheinlich gemacht, jedoch enthält dies keine Aussage darüber, ob als unmittelbarer Stammvater des UY sei es U_I oder U_{II} oder ein noch nicht näher erkanntes anderes Uranisotop zu gelten habe. Das vom Wert 238 um einen die Beobachtungsfehler merklich übersteigenden Betrag abweichende Verbindungsgewicht (238,18) läßt von vornherein „Uran" als ein Mischelement mehrerer Isotope ansehen und legt die Annahme nahe, daß ein Ac-Uran, etwa mit dem Atomgewicht 239, in konstantem Ausmaße das Uran, das der Stammvater der Ionium-Radiumreihe ist, begleite.

---

[1]) G. N. ANTONOFF, Phil. Mag. (6) Bd. 22, S. 419. 1911; Bd. 26, S. 1058. 1913; Le Rad. Bd. 10, S. 406. 1913; F. SODDY, Phil. Mag. (6) Bd. 27, S. 215. 1914; O. HAHN u. L. MEITNER, Phys. ZS. Bd. 15, S. 236. 1914; E. RÓNA, Ber. d. ungar. Akad. Bd. 32, S. 350. 1914.
[2]) G. KIRSCH, Wiener Ber. Bd. 129, S. 309. 1920.
[3]) A. PICCARD u. E. STAHEL, Arch. sc. phys. et nat. (5) Bd. 3, S. 541. 1921; Phys. ZS. Bd. 23, S. 1. 1922.
[4]) O. HAHN u. L. MEITNER, Phys. ZS. Bd. 15, S. 236. 1914.
[5]) W. G. GUY u. A. S. RUSSELL, Journ. chem. Soc. Bd. 123, S. 2618. 1923.
[6]) G. KIRSCH, Wiener Ber. Bd. 129, S. 309. 1920.
[7]) ST. MEYER u. V. F. HESS, Wiener Ber. Bd. 128, S. 909. 1919.
[8]) O. HAHN u. L. MEITNER, Phys. ZS. Bd. 20, S. 529. 1919; Naturwissensch. Bd. 7, S. 611. 1919; Chem. Ber. Bd. 52, S. 1812. 1919; Bd. 54, S. 69. 1921; ZS. f. Phys. Bd. 8, S. 202. 1922; ST. MEYER, Wiener Ber. Bd. 129, S. 483. 1920; E. RÓNA, Chem. Ber. Bd. 55, S. 294. 1922; A. PICCARD u. E. KESSLER, Arch. sc. phys. et nat. (5) Bd. 5, S. 491. 1923.

b) UX_2 und UZ (Atomnummer 91) nehmen im periodischen System die Stelle des Homologen zum Tantal (Ekatantal) ein und werden chemisch am besten mit Tantal abgeschieden. Die Halbierungszeit von UX_2 beträgt nach K. FAJANS und O. GÖHRING[1]) $T = 1,15\,m$ (1913); nach O. HAHN und L. MEITNER[2]) $T = 1,17\,m$ (1913); nach W. G. GUY und A. S. RUSSELL[3]) $T = 1,175\,m$ (1923). Für UZ erhielt O. HAHN[4]) (1921) $T = 6,7\,h$; W. G. GUY und A. S. RUSSELL[3]) (1923) $T = 6,69\,h$. Da das Verhältnis $UX_1 : UZ$ sich als konstant erweist, ist anzunehmen, daß UX_1 dual unter Emission je eines β-Teilchens zerfällt, derart, daß nach O. HAHN[4]) 0,35% der UX_1-Atome sich in UZ, der überwiegende Teil sich in UX_2 verwandeln. W. G. GUY und A. S. RUSSELL[3]) fanden das Abzweigungsverhältnis 0,33%. Es ist dies der bisher einzige bekannte Fall eines gegabelten Zerfalles, beide Male unter Emission von Elektronen.

Die Existenz anderer Uranprodukte, wie das von A. PICCARD und E. STAHEL angegebene UV, Isotop zu UX_1 mit $T = 48\,h$ wurde von O. HAHN als unwahrscheinlich befunden.

Unregelmäßigkeiten in der Strahlung frisch auskristallisierten Uranylnitrates, Absinken der β-Aktivität in den ersten Tagen, lassen sich durch einen diffusionsartigen Vorgang des an UX_1 reicheren Kristallwassers erklären[5]). E. MÜHLESTEIN[6]) findet bei frischen Uranylnitratkristallen die radioaktiven Atome nach den Kristallrichtungen orientiert; die Zahl der emittierten α-Teilchen nach Basis-Prismen-Pinakoidenflächen steht im Verhältnis $1 : 1,09 : 0,68$.

β) Die Ionium-Radiumfamilie.

Während das Uran als Stammvater sowohl der Radium- als der Actiniumfamilie zu gelten hat, möglicherweise sogar, indem nicht nur ein isotopes Actinium-Uran, sondern vielleicht auch ein Thor-Uran existieren kann, das „Mischelement" Uran als gemeinsamer Vorfahre aller radioaktiven Reihen angesehen werden könnte, darf das Ionium als die Ausgangssubstanz der einheitlichen Radiumfamilie betrachtet werden. Die Zerfallsreihe lautet:

$$\text{Io} \xrightarrow{\alpha} \text{Ra} \xrightarrow{\alpha} \text{RaEm} \xrightarrow{\alpha} \text{RaA} \xrightarrow{\alpha} \text{RaB} \xrightarrow{\beta} \text{RaC} \underset{\underset{99,96\%}{\beta\,\text{RaC}'\,\alpha}}{\overset{\overset{0,04\%}{\alpha\,\text{RaC}''\,\beta}}{\lessgtr}} \text{RaD} \xrightarrow{\beta} \text{RaE} \xrightarrow{\beta} \text{RaF} \xrightarrow{\alpha} \text{RaG}.$$

41. Ionium. (Atomnummer 90; entsteht durch α-Emission aus U_{II}). B. B. BOLTWOOD[7]) gelang 1906 die Abscheidung einer stark α-strahlenden Sub-

---

[1]) K. FAJANS u. O. GÖHRING, Naturwissensch. Bd. 1, S. 339. 1913; Phys. ZS. Bd. 14, S. 877. 1913.
[2]) O. HAHN u. L. MEITNER, Phys. ZS. Bd. 14, S. 758. 1913.
[3]) W. G. GUY und A. S. RUSSELL, Journ. chem. Soc. Bd. 123. 1923.
[4]) O. HAHN, Naturwissensch. Bd. 9, S. 84, 236. 1921; Chem. Ber. Bd. 54, S. 1131. 1921; Festschr. Kaiser Wilhelm-Inst. S. 102. 1921; Phys. ZS. Bd. 28, S. 146. 1922; ZS. f. phys. Chem. Bd. 103, S. 461. 1923.
[5]) ST. MEYER u. E. SCHWEIDLER, Wiener Ber. Bd. 113, S. 1057. 1904; T. GODLEWSKI, Phil. Mag. (6) Bd. 10, S. 45. 1905; M. LEVIN, Phys. ZS. Bd. 7, S. 692. 1906; Bd. 8, S. 129. 1907; M. LA ROSA, Cim. (6) Bd. 5, S. 73. 1913; J. KORCZYN, Wiener Ber. Bd. 133, S. 225. 1924.
[6]) E. MÜHLESTEIN, Arch. sc. phys. et nat. (5) Bd. 2, S. 240. 1920.
[7]) B. B. BOLTWOOD, Sill. Journ. Bd. 22, S. 537. 1906; Nature Bd. 75, S. 54. 1906; Phys. ZS. Bd. 7, S. 915. 1906; Sill. Journ. Bd. 24, S. 370. 1907; Phys. ZS. Bd. 8, S. 884. 1907; Nature Bd. 76, S. 293, 544, 579. 1907; Sill. Journ. Bd. 25, S. 269, 365, 493. 1908; O. HAHN, Nature Bd. 77, S. 30. 1907; Chem. Ber. Bd. 40, S. 4415. 1908; W. MARCKWALD u. B. KEETMAN, Chem. Ber. Bd. 41, S. 49. 1908.

stanz aus Uranerzen, die den Thorreaktionen gehorchte. Er gab ihr den Namen Ionium (Io). Es ist isotop mit Th. O. HÖNIGSCHMID und ST. HOROVITZ[1]) haben 1916 aus Material von St. Joachimsthal (Th-Io-Gemische aus der Pechblende) das Verbindungsgewicht 231,51 erhalten, das sich von dem des reinen Th (232,12) deutlich unterscheidet. Hieraus ließ sich ableiten, daß dieses Gemisch rund 70% Th neben 30% Io enthielt. Da die Abscheidungen des Io vollkommen parallel mit denen des Th gehen, war zu erwarten, daß alle Produkte aus gleichem Ausgangsmaterial den gleichen Prozentsatz aufweisen. St. MEYER und C. ULRICH[2]) fanden jedoch für Material, das gleichfalls aus St. Joachimsthal, wenn auch aus anderen Stollen stammte, Io-Th-Gemische mit 50% Io-Gehalt und auch F. SODDY und A. F. R. HITCHINS[2]) erhielten für Proben gleicher Herkunft das Verhältnis Io:Th wie 1:0,9. Die von letzteren geäußerte Vermutung, daß bei der ersten Wiener Verarbeitung Verunreinigungen mit gewöhnlichem Th stattgefunden haben können, ist unbegründet. Das Verhalten deutet eher darauf hin, daß in der Pechblende gewöhnliches Th akzessorisch in verschiedenem Betrage auftreten kann. Da in geologisch älteren Formationen die Uranerze einen größeren Prozentsatz von Th besitzen, ist das thorärmste Ionium in den relativ jungen Pechblenden, zu denen das Vorkommen in St. Joachimsthal zählt, zu erwarten. Das Atomgewicht des reinen Io ist mit 230 (= 226 + 4) anzunehmen, wenn die Berechnung sich auf das Atomgewicht des Radiums stützen darf. Neben seiner α-Strahlung ist eine schwache γ-Strahlung nachgewiesen, deren Konstanten in der Tab. 11, S. 275, angegeben sind.

Die Zerfallskonstante läßt sich aus der allmählichen Entwicklung von Radium berechnen, indem die in der Zeit t erzeugte Menge Ra $= \frac{1}{2} t^2 \lambda_{Io} \cdot \lambda_{Ra}$ Ra ist. Setzt man für U $= 1$ g, Ra$_0 = 3,4 \cdot 10^{-7}$ g und $\lambda_{Ra} = 4,4 \cdot 10^{-4} a^{-1}$, so wird Ra $= 7,5 \cdot 10^{-11} t^2 \cdot \lambda_{Io}$. F. SODDY[3]) hat durch Versuche, die er nahezu 2 Dezennien fortführte, aus der so erhaltenen Abweichung vom geradlinigen Anstieg der Ra-Entwicklung auf eine mittlere Lebensdauer des Io von etwa 100 000 Jahren schließen können, was er als Minimalwert ansieht. ST. MEYER[4] hat aus Strahlungsvergleichungen den Wert 130 000 Jahre erhalten, wobei für die mittlere Lebensdauer des Ra 2280 Jahre zugrunde gelegt ist. Aus der GEIGER-NUTTALLschen Beziehung erhält man bei Verwendung der Gleichung $\log \lambda = -41,5 + 60 \log R_0$ und H. GEIGERs Wert der Reichweite $R_0 = 3,02$ ebenfalls rund $\tau = 130\,000$ Jahre (s. Kap. 2 D).

42. Radium (Atomnummer 88, entsteht durch α-Emission aus Io). P. und M. CURIE haben 1898 unter Mitarbeit von G. BÉMONT[5]) mit dem Barium aus der Pechblende das Radium abgetrennt und es benannt. Abgesehen von der in ganz geringen Mengen gewinnbaren Radiumemanation ist Ra unter allen neuentdeckten radioaktiven Substanzen das einzige Element, das in wägbaren Mengen chemisch isoliert und rein dargestellt werden konnte, was diesem Stoffe seine besondere Stellung gibt. Als Ausgangsmaterial für die fabrikmäßige Gewinnung kamen bisher die Pechblenden in St. Joachimsthal in Böhmen in Betracht.

---

[1]) O. HÖNIGSCHMID, ZS. f. Elektrochem. Bd. 22, S. 21. 1916; O. HÖNIGSCHMID u. ST. HOROVITZ, Wiener Ber. Bd. 125, S. 179. 1916.
[2]) ST. MEYER u. C. ULRICH, Wiener Ber. Bd. 132, S. 279. 1923; F. SODDY u. A. F. R. HITCHINS, Phil. Mag. (6) Bd. 47, S. 1148. 1924.
[3]) F. SODDY, Phil. Mag. (6) Bd. 16, S. 632. 1908; Bd. 18, S. 846. 1909; Bd. 20, S. 340 1910; F. SODDY u. A. F. R. HITCHINS, Phil. Mag. (6) Bd. 30, S. 209. 1915; F. SODDY, Phil. Mag. (6) Bd. 38, S. 483. 1919.
[4]) ST. MEYER, Wiener Ber. Bd. 125, S. 191. 1916; Bd. 128, S. 897. 1919.
[5]) P. u. M. CURIE u. G. BÉMONT, C. R. Bd. 127, S. 1215. 1898.

Autunite und verwandte portugiesische Erze in Frankreich, Carnotite in den Vereinigten Staaten von Nordamerika, in Orange, Pittsburgh, Denver, in geringen Mengen Vanadate aus Ferghana in Rußland und seit 1922 insbesondere Pechblenden und deren mineralogische Derivate aus Katanga (belgisch Kongo) in Oolen, Belgien. Die Gesamtproduktion an Radium kann bis 1916 mit etwa 50 g, bis 1918 etwa 100 g, bis 1925 etwa 350 g eingeschätzt werden. Bei voller Ausnützung der Betriebe in U. S. A. und Belgien könnten derzeit leicht jährlich 100 g erzeugt werden.

Technische Darstellung[1]). Das wichtigste Problem der Radiumgewinnung ist die erstmalige Überführung des Ra-Gehaltes der Erze in eine Lösung. Die Schwierigkeiten dieser Aufgabe hängen von der Natur des Ausgangsmaterials ab. Wo die Auflösung schon bei erster Einwirkung von Säure erfolgt, wie bei den Carnotiten, ist das Verfahren relativ einfach, da man dann durch eine gewöhnliche Bariumsulfatfällung bereits zu jenen Konzentraten gelangt, welche in der Technik als „Rohsulfate" bezeichnet werden. Bei Erzen vom Typus der St. Joachimsthaler Pechblende kann dieses Produkt erst nach einer Reihe vorbereitender Prozesse erreicht werden; die nach der Uranextraktion verbleibenden „Rückstände", das Ausgangsmaterial für die Radiumgewinnung, haben als durchschnittliche Zusammensetzung: $Fe_2O_3 = 27\%$; $PbO = 10\%$; (ZnO, MnO, Bi_2O_3, CuO, NiO, Ag_2O) $= 2,5\%$; $BaO = 0,3\%$; $CaO = 9\%$; $SiO_2 = 34\%$; $SO_3 = 16\%$; seltene Erden $= 1,5\%$; $Ra = 4,3 \cdot 10^{-5}\,\%$ (C. ULRICH). Für Chalkolith geben E. EBLER und W. BENDER für sulfatische Rückstände an: $BaSO_4 = 37,1\%$; $SiO_2 = 21,8\%$; $H_2SO_4 = 23,9\%$; $V_2O_5 = 1,3\%$; $Ra = 2,73 \cdot 10^{-6}\,\%$; neben Fe, Al, Ca. Derartige Rückstände lassen sich nicht so leicht behandeln wie obige Rohsulfate, und die Praxis muß für jedes Material differenzieren, um jeweils die passendste Weiterbehandlung herauszufinden. Zwei Wege kommen in Betracht; entweder die Trennung der geringen Ra-Mengen vom Rohmaterial durch ein spezifisches Lösungsmittel zu erzielen, während die Hauptmenge ungelöst bleibt, oder die Hauptmenge wegzulösen unter Zurücklassung des Ra. Der erste Fall könnte unter Verwendung ganz konzentrierter H_2SO_4 Verwirklichung finden, wenn nicht, worauf speziell C. ULRICH hinwies, Urannitratlösungen sehr beträchtliche Mengen von Radium-, Barium- und Bleisulfaten in sich zu lösen vermöchten. (100 cm³ Urannitratlösung mit 9% U_3O_8 lösen bei Zimmertemperatur 10 mg $BaSO_4$; 174 mg $PbSO_4$; ebensoviel einer 17,8 proz. Urannitratlösung 23 mg $BaSO_4$.) Um den unlöslichen Sulfatkomplex in radiumhaltigen Rückständen in Lösung zu bringen, werden gegenwärtig zwei Methoden benützt: die eine führt über das Karbonat, die andere über das Sulfid oder die Verwendung von Soda oder von Reduktionsmitteln. Die Einwirkung ist um so vollständiger, je weniger die Sulfatpartikeln mit mineralischen Bestandteilen umhüllt, d. h. je besser sie „aufgeschlossen" sind. Schmelzende Soda wäre an sich wohl sehr günstig, wegen der gründlichen Verwandlung der Sulfate in Karbonate, kann aber nur für kleine Substanzmengen in Betracht kommen; das Schmelzprodukt, im Tiegel oder Muffelofen gewonnen, bildet nämlich kompakte Massen, die beim Auslaugen nur sehr schwer mit mechanischer Nachhilfe zerfallen; auch Vermahlen vor dem Auslaugen versagt, wegen des Zusammenbackens. Es ist deshalb empfehlenswerter nach dem Vorschlag von M. CURIE und A. DEBIERNE zur Umsetzung kochende Sodalösung zu verwenden, wenn auch das Verfahren wegen mangelhafter Vollständigkeit derartigen Aufschlusses wiederholt werden muß. Diesem Prozeß muß jedoch eine Vorbehandlung vorausgehen, die in St. Joachimsthal in Aufschlußverfahren mittels 15proz. kochender Ätzkalilösung besteht. Die

---

[1]) C. ULRICH, ZS. f. angew. Chem. Bd. 36, S. 41, 49. 1923.

Ätzlauge nimmt vorhandenes Bleisulfat auf, im ganzen mehr als 90% der vorhandenen Schwefelsäure, sowie Kieselsäure, während in den Rückständen an Stelle basischer Sulfate Hydroxyde zurückbleiben. Nach Abtrennen der Ätznatronkochlauge wird mit verdünnter HCl behandelt. Durch diese alkalische und saure Vorbehandlung werden rund 40% der Rückstände in Lösung gebracht. Die Ätznatronlauge enthält Radioblei, der Rohsalzsäureauszug Polonium, Actinium, Ionium und Pb, das sich aus der heiß abgezogenen Flüssigkeit als $PbCl_2$ nadelförmig abscheidet. Für radiumarme Erze empfiehlt E. EBLER ein Verfahren unter Zumischung von Chlorkalzium, Chlornatrium und gepulvertem Kalkstein; Kochen der erkalteten Masse unter Zusatz von Soda und $1/1000$ Natriumsulfat und danach Ausziehen mit schwefelhaltiger Salzsäure. Die Umsetzung des Sulfatkomplexes in Karbonate kann nach einem von C. ULRICH angegebenen Verfahren auch so erfolgen, daß Soda in fester Form und bei der Temperatur der Rotglut zur Reaktion gebracht wird, jedoch sind die Mengenverhältnisse so zu wählen, daß es nicht zur Bildung einer eigentlichen Schmelze kommt. Ein vorübergehendes Zusammenbacken kann mechanisch leicht beseitigt werden. Infolge der großen Oberfläche der getrenntgebliebenen Teilchen erfolgt die Lösung der Hauptmenge der Alkalisalze sehr rasch. Aus den schwefelsäurefrei gewaschenen karbonathaltigen Rückständen wird das Ra in gleicher Weise wie beim Kochverfahren durch reine HCl in Lösung gebracht. Zur Verwandlung in Sulfide wurden als Reduktionsmittel Kohle und Kalziumhydrid empfohlen; Kohle hat den Vorzug, daß sie im Zuge der Reaktion aus dem Gemisch verschwindet, während Kalziumverbindungen die Quantität des Materiales vermehren.

Die Fällung des Rohsulfates aus den sauren Lösungen ist der nächste Schritt zur Radiumgewinnung. Zuweilen ist die im Erz vorhandene Ba-Menge nicht ausreichend und es muß zur Erzielung von Vollständigkeit noch Ba zugesetzt werden. Bleisulfat, ein ständiger Begleiter des Rohsulfates, kann in der Hauptmenge durch Ätznatron oder NaCl-Lösung entfernt werden; die letzte Reinigung geschieht vorteilhaft erst in einem späteren Stadium der Ra-Reindarstellung. Die Umsetzung der gefällten Rohsulfate in Chloride begegnet keinen technischen Schwierigkeiten. Bei den Carnotitverarbeitungen geschieht sie meist nach Reduktion mit Kohle. Die erhaltenen Produkte werden als Chloride oder Bromide fraktioniert kristallisiert; wenn auch dieses Verfahren oft wiederholt werden muß, so ist doch keine andere Methode betreffs Ausbeute und Einfachheit diesem Vorgang vorzuziehen. Die fraktionierte Kristallisation kann aber auch durch fraktionierte Fällung der betreffenden Chlorid-Bromid-Nitrat-Lösung durch Vergrößerung der Konzentration des Anions ersetzt werden [W. CHLOPIN[1])]. F. TÖDT[2]) zeigte, daß man Ra von Ca trennen könne, wenn der in HCl gelöste Chromatniederschlag unter Einleiten von CO_2 elektrolysiert wird, wobei sich Ra kathodisch abscheidet.

Wesentlich für die radioaktive Reinheit der erhaltenen Produkte ist der Gehalt des Ausgangsmateriales an Thor, der die Vermengung des Ra mit dem isotopen Mesothor bedingt. Die Pechblenden von St. Joachimsthal und Katanga enthalten zu 1 g U rund $5 \cdot 10^{-5}$ g Th; die Carnotite etwa die zehnfache Menge; kristallisierte Pechblende aus Morogoro rund $5 \cdot 10^{-3}$ g. Diese Beimengungen an Mesothor sind, da zu 1 g Th nur rund $4 \cdot 10^{-10}$ g Mesothor im Gleichgewicht stehen, trotz der mehrhundertfachen Intensitätswirkung der Strahlungen desselben, nicht von störendem Belang.

---

[1]) W. CHLOPIN, ZS. f. anorg. Chem. Bd. 143, S. 97. 1925.
[2]) F. TÖDT, ZS. f. phys. Chem. Bd. 113, S. 329. 1924.

Das Verhältnis $Ra:U$[1]) sollte für geologisch alte Erze (Alter groß im Vergleich zur mittleren Lebensdauer des Zwischengliedes Io, also von mindestens etwa 10^6 Jahren) dem Gleichgewichtsverhältnis entsprechend konstant sein. Es fanden B. B. Boltwood $Ra:U = 3{,}4 \cdot 10^{-7}$; F. Soddy und R. Pirret $3{,}15 \cdot 10^{-7}$; E. Gleditsch $3{,}22 \cdot 10^{-7}$ und an Bröggeriten Werte zwischen $3{,}33$ und $3{,}29 \cdot 10^{-7}$; W. Marckwald mit A. S. Rusell und B. Heimann an Mineralien, deren Gehalt zwischen 9 und 71% U schwankte, $3{,}32$ bis $3{,}34 \cdot 10^{-7}$; A. Becker und P. Jannasch an St. Joachimsthaler Pechblende $3{,}38$ bis $3{,}42 \cdot 10^{-7}$; S. C. Lind und L. D. Roberts $(3{,}40 \pm 0{,}03) \cdot 10^{-7}$. In jungen Bildungen, wie Autuniten, ist dieser Gleichgewichtszustand nicht vorhanden, und in sekundären Mineralien kann er gestört sein, und in solchen Fällen wurde mehrfach ein geringerer Radiumgehalt festgestellt.

Chemische Eigenschaften des Radiums. Das Atomgewicht des reinen Radiums wurde am genauesten 1911/12 von O. Hönigschmid[2]) bestimmt. Er fand $225{,}97 \pm 0{,}012$, wenn für Ag $107{,}88$, für Cl $35{,}457$ und für Br $79{,}916$ als Verbindungsgewichte zugrunde gelegt sind. Zur Zeit wird daher der Wert **226,0** gewählt. E. Haschek und O. Hönigschmid konnten für das zur Atomgewichtsbestimmung verwendete Material beweisen, daß es nicht mehr als 0,002% Ba enthielt. Metallisches Radium wurde von M. Curie und A. Debierne[3]) durch Elektrolyse mit Hg-Kathode als Amalgam erhalten und bei 400 bis 700° in Wasserstoffatmosphäre von Hg befreit. Es ähnelt dem Barium, schmilzt bei etwa 700° und ist an der Luft sehr unbeständig. Die Dichte kann mit etwa 6 angenommen werden.

Wie F. Giesel[4]) zeigte, wird die nichtleuchtende Bunsenflamme durch Ra-Salze karminrot gefärbt. Die stärksten Linien im Bogenspektrum liegen nach Aufnahmen von F. Exner und E. Haschek[5]) in Å. E. bei $3814{,}61$; $4340{,}81$; $4533{,}53$; $4682{,}41$; $4826{,}10$; im Funkenspektrum bei $3814{,}61$; $4682{,}41$; $4826{,}10$, die erste und letzte Linie sind auch bei Aufnahmen an Präparaten mit bloß 0,001% Ra noch sehr deutlich erkennbar. Nach Messungen von P. Curie und C. Chéneveau[6]) ist Ra schwach paramagnetisch, während Ba sich als diamagnetisch erweist.

Am üblichsten ist die Darstellung als Chlorid, Bromid, Karbonat oder Sulfat. Die Salze verfärben sich unter der Einwirkung der eigenen Strahlung allmählich; speziell werden Chloride gelb bis braun, Bromide sehr dunkelbraun bis schwarz. Bei Luftzutritt verwandeln sich Chloride und Bromide allmählich in Oxydsalze, Oxyde und Superoxyde. Die Aufbewahrung geschieht am besten in zugeschmolzenen Glasröhrchen, in welche zur Ableitung der auftretenden elektrischen

---

[1]) B. B. Boltwood, Phil. Mag. (6) Bd. 9, S. 599. 1905; E. Rutherford u. B. B. Boltwood, Sill. Journ. Bd. 22, S. 1. 1906; F. Soddy u. R. Pirret, Phil. Mag. (6) Bd. 20, S. 345. 1910; Bd. 21, S. 652. 1911; E. Gleditsch, C. R. Bd. 148, S. 1451. 1909; Bd. 149, S. 267. 1919; Le Rad. Bd. 8, S. 256. 1911; Arch. f. Mat. og Nat. Bd. 36, S. 18. 1919; F. Soddy, Phil. Mag. (6) Bd. 38, S. 483. 1919; W. Marckwald u. A. S. Russell, Jahrb. d. Radioakt. Bd. 8, S. 457. 1911.; B. Heimann u. W. Marckwald, Phys. ZS. Bd. 14, S. 303. 1913; A. Becker u. P. Jannasch, Jahrb. d. Radioakt. Bd. 12, S. 31. 1915; S. C. Lind u. C. F. Whittemore, Journ. Amer. Chem. Soc. Bd. 36, S. 2066. 1914; S. C. Lind u. L. D. Roberts, Journ. Amer. Chem. Soc. Bd. 42, S. 1170. 1920.

[2]) O. Hönigschmid, Wiener Ber. Bd. 120, S. 1617. 1911; Bd. 121, S. 1973. 1912; E. Haschek u. O. Hönigschmid, Wiener Ber. Bd. 121, S. 2119. 1912.

[3]) M. Curie u. A. Debierne, C. R. Bd. 151, S. 523. 1910; Le Rad. Bd. 7, S. 309. 1910.

[4]) F. Giesel, Phys. ZS. Bd. 3, S. 578. 1912.

[5]) F. Exner u. E. Haschek, Wiener Ber. Bd. 110, S. 964. 1901; Bd. 120, S. 967. 1911; C. Runge u. J. Precht, Ann. d. Phys. (4) Bd. 2, S. 742. 1900; Bd. 12, S. 407. 1903; Bd. 14, S. 418. 1904.

[6]) P. Curie u. C. Chéneveau, Soc. Franç. de phys. Nr. 195, S. 1. 1903.

Selbstladung Pt-draht eingeschmolzen wird. Gegen letzteres eingewandte Bedenken, wegen Verminderung der Glasfestigkeit an den Einschmelzstellen, werden nicht allgemein geteilt. Strenge ist dabei auf sorgfältige vorherige Trocknung zu achten, da durch die Strahlen Wasser in Knallgas verwandelt wird und hierdurch Explosionen verursacht werden können. Geschmolzener Quarz eignet sich nicht für dauernde Aufbewahrung, da unter dem Bombardement der α-Strahlen in demselben zahlreiche feine Haarrisse entstehen.

Strahlung. Radium, befreit von seinen Zerfallsprodukten, sendet wesentlich α-Strahlen aus, aber auch, wie O. HAHN und L. MEITNER sowie L. KOLOWRAT fanden, eine weiche β-Strahlung. Eine zugehörige γ-Strahlung haben A. S. RUSSELL und J. CHADWICK festgestellt, mit einer Intensität, die etwa 1 bis $1^1/_2\%$ der γ-Wirkung von Ra $\rightarrow$ RaC beträgt. Wäre die β-Strahlung als aus dem Atomkern des Radiums entstammend anzusehen, so müßte an einen dualen Zerfall gedacht und das Auftreten eines Produktes der III. Valenzgruppe (Atomnummer 89) erwartet werden. O. HAHN und L. MEITNER konnten aber ebensowenig als K. FAJANS und F. PANETH einen solchen Stoff auffinden[1]). Die β-Strahlung des Ra dürfte daher nicht aus dem Kern herrühren, sondern vielmehr über α-γ-Strahlung aus der Elektronenhülle ausgelöst werden.

Die Zahl der pro Sekunde emittierten α-Teilchen[2]) ist zuerst von E. RUTHERFORD und H. GEIGER für 1 g Ra $Z = 3,4 \cdot 10^{10}$ angegeben, später von ersterem auf $3,58 \cdot 10^{10}$ korrigiert worden. 1918 bestimmten sie V. F. HESS und R. W. LAWSON zu $Z = 3,72 \cdot 10^{10}$ α/sek. 1924 haben H. GEIGER und A. WERNER wiederum $3,4 \cdot 10^{10}$ bzw. $3,48 \cdot 10^{10}$ gefunden, gegen welche Zahl allerdings Einwände erhoben wurden.

1 g Radium unterhält durch seine α-Strahlung einen Gesamt-Sättigungsstrom von $2,41 \cdot 10^6$ stat. Einh. (einseitig gemessen $1,2 \cdot 10^6$ stat. Einh.).

Bestimmung der Zerfallskonstanten von Radium. a) Radiumentwicklung aus Ionium[3]). Kennt man das „Radiumäquivalent" (Q) der Strahlung des betreffenden Ioniumpräparates und das Verhältnis der Ionisierungen der α-Partikeln von Ra und Io, so gestattet die Beziehung $Q = q\tau$, worin τ die mittlere Lebensdauer des Ra, q die in der Zeiteinheit entwickelte Radiummenge bedeuten, die Berechnung der Zerfallskonstanten. B. B. BOLTWOOD hat in dieser Weise die Halbierungszeit $T = 2000\,a$ gefunden; E. GLEDITSCH $T = 1640$ bis $1836\,a$; B. KEETMAN $T = 1800\,a$; ST. MEYER und E. SCHWEIDLER $T = 1730\,a$; E. GLEDITSCH (1919) $T = 1642$ bis $1698\,a$; R. W. LAWSON und ST. MEYER $T = 1730\,a$; letzteres aus der γ-Wirkung.

b) Berechnung aus der Beziehung $Z = \lambda N$. Nimmt man an, 1 g Radium entsende pro Sekunde $3,72 \cdot 10^{10}$ ($3,45 \cdot 10^{10}$) α/sek; also $11,74 \cdot 10^{17}$ ($10,89 \cdot 10^{17}$) α/a, so zerfallen in gleicher Zeit ebensoviele Atome. Da 1 g Ra $2,68 \cdot 10^{21}$ Atome enthält, wird $\lambda = 11,74 \cdot 10^{17}/2,68 \cdot 10^{21} = 4,4 \cdot 10^{-4}\,a^{-1}$ (bzw. $= 10,89 \cdot 10^{17}/2,68 \cdot 10^{21} = 4,06 \cdot 10^{-4}\,a^{-1}$) und $\tau = 2280\,(2460)\,a$; $T = 1580$ $(1700)\,a$.

---

[1]) O. HAHN u. L. MEITNER, ZS. f. Phys. Bd. 2, S. 60. 1920; K. FAJANS u. F. PANETH, Wiener Ber. Bd. 123, S. 1627. 1914.

[2]) E. RUTHERFORD, Rad. Subst. Cambridge S. 132. 1913; V. F. HESS u. R. W. LAWSON, Wiener Ber. Bd. 127, S. 405, 462, 536, 599. 1918; ZS. f. Phys. Bd. 24, S. 402. 1924; Phil. Mag. (6) Bd. 48, S. 200. 1924; H. GEIGER u. A. WERNER, ZS. f. Phys. Bd. 21, S. 187. 1924; H. GEIGER, Verh. d. D. Phys. Ges. (3) Bd. 5, S. 12. 1924; R. W. LAWSON, Nature Bd. 116, S. 897. 1925.

[3]) B. B. BOLTWOOD, Sill. Journ. Bd. 25, S. 493. 1908; B. KEETMAN, Jahrb. d. Radioakt. Bd. 6, S. 271. 1909; ST. MEYER u. E. SCHWEIDLER, Wiener Ber. Bd. 122, S. 1091. 1913; B. B. BOLTWOOD, Science Bd. 42, S. 851. 1915; E. GLEDITSCH, Sill. Journ. Bd. 41, S. 111. 1916; Arch. f. Mat. og Nat. Bd. 36, S. 1. 1919; R. W. LAWSON u. ST. MEYER, Wiener Ber. Bd. 125, S. 723. 1916.

c) Die Gleichung $\lambda_1 N_1 = \lambda_2 N_2$ für im Gleichgewicht befindliche Substanzen würde einen dritten Weg zur Berechnung der Zerfallskonstanten liefern. Als Vergleichssubstanzen kämen nur Radiumemanation in Frage, deren Menge aber nicht mit hinreichender Genauigkeit festgestellt werden könnte, oder Uran, dessen Konstanten aber eher umgekehrt aus denen von Ra berechnet zu werden pflegen und für welches der duale Zerfall in die Actiniumfamilie, von welchem man nicht weiß, ob er bei U_I oder U_{II} einsetzt, gewisse Unsicherheiten mit sich bringt.

Energiegehalt. Die Wärmeentwicklung von 1 g Ra ohne seine Zerfallsprodukte beträgt stündlich 25,2 cal. Die totale Energie beträgt sonach bei einer mittleren Lebensdauer von 2280 (2500) Jahren $5,0\ (5,5) \cdot 10^8$ cal oder $2,1\ (2,3) \cdot 10^{16}$ Erg.

43. Radiumemanation. (Atomnummer 86, entsteht durch α-Emission aus Ra.) Dieses Gas wurde 1900 von E. DORN[1]) im Anschluß an die Untersuchungen E. RUTHERFORDS entdeckt. Es schließt sich seiner chemischen Natur nach an die Edelgase He, Ne, Ar, Kr, X als nächstes Homologes an. Neben dem Namen Radiumemanation (RaEm) war zeitweise die von W. RAMSAY vorgeschlagene Bezeichnung „Niton" (Nt) in Gebrauch; seit 1918 wird mehrfach nach C. SCHMIDTS[2]) Vorschlag im Anklang an die Namen der Edelgase das Wort „Radon" (Rn) benützt und seit 1923 durch die „Tables internationales des isotopes et des corps radioactifs" empfohlen.

Die mittlere Lebensdauer von $5,5\,d$ ist hinreichend groß, damit die RaEm auch getrennt von Ra in Wässern und Luft, worin sie konvektiv geführt wird, sich findet. So kann z. B. Gasteiner Wasser pro Liter RaEm im Gleichgewichtsverhältnis zu etwa 10^{-9} g Ra enthalten; atmosphärische Luft enthält im Durchschnitt das Äquivalent zu 10^{-10} g pro Kubikmeter. Wenngleich dies in der ganzen Atmsphäre das Vorhandensein des Äquivalentes der Größenordnung von 10^4 bis 10^5 kg Ra voraussetzt, so ist dennoch die technische Gewinnbarkeit von RaEm aus der Luft wegen ihres spontanen Zerfalles in nützlicher Menge aussichtslos.

Über die Einheiten vgl. Ziff. 30.

Technische Gewinnung. Aus Radiumsalzen, in denen RaEm aufgespeichert ist, befreit man dieselbe durch Erhitzung, Schmelzung oder, wenn das Präparat in Lösung gebracht werden kann, durch Ausschütteln, Durchquirlen oder Auskochen und Abpumpen. Das abgetrennte Gas enthält außer der RaEm noch Knallgas, im Überschuß Wasserstoff, kleine Mengen Kohlensäure, eventuell je nach der Radiumsalzart aus der es stammt, Chlor oder Brom sowie andere Verunreinigungen aus Hahnfett usw. Knallgas wird zunächst durch Funkenentladung beseitigt, sodann H_2O und CO_2 wegabsorbiert und nach den üblichen chemischen Verfahren weitergereinigt.

Steht flüssige Luft zur Verfügung, so ist wiederholtes Ausfrieren bei Abpumpen der übrigen Gasreste das einfachste Verfahren. Sollen aus der RaEm starke Folgeprodukte (RaC) gewonnen werden, so empfiehlt sich ganz besonders das von H. PETTERSSON[3]) ausgearbeitete Verfahren zu lokalem Ausfrieren der Em auf geeignet gestalteten Unterlagen.

Das Abpumpen von RaEm und Einführung in kleine Glasröhrchen oder Kapillaren ist vielfach üblich geworden, um statt des kostspieligen Ra selbst Rn, das in seinen Folgeprodukten die gleiche β-γ-Wirkung liefert als Ra, ver-

---

[1]) E. DORN, Abh. Naturf. Ges. Halle a. d. S. Bd. 22, S. 155. 1900.
[2]) C. SCHMIDT, ZS. f. anorg. Chem. Bd. 103, S. 97. 1918.
[3]) H. PETTERSSON, Wiener Ber. Bd. 132, S. 55. 1923; G. ORTNER u. H. PETTERSSON, Wiener Ber. Bd. 133, S. 229. 1924.

wenden und versenden zu können, wobei gleichsam unter Wahrung des „Kapitals" nur die „Zinsen" weggegeben werden. Natürlich müssen wegen des relativ raschen Zerfalls der RaEm solche Röhrchen genau datiert sein.

Eigenschaften. RaEm ist chemisch inert. Ihr **Atomgewicht** ist angenähert mittels Mikrowage von W. RAMSAY und R. WHYTLAW-GRAY[1]) bestimmt und zwischen 218 und 227 gefunden worden. Die sehr kleinen Mengen, das sukzessive Verschwinden durch Zerfall und komplizierte Adsorptionserscheinungen an den Gefäßwänden erschweren solche Messungen außerordentlich. Man kann jedoch, wenn das Atomgewicht des Ra gleich 226,0 gesetzt wird, für RaEm $226 - 4 = 222$ mit hinreichender Sicherheit als gegeben erachten.

Das **Spektrum**[2]) zeigt eine große Anzahl von Linien (zur Zeit etwa 140 gemessen) zwischen 3005,8 und 7440,5 Å. E., die jedoch nicht von allen Beobachtern gleichmäßig beobachtet werden konnten; insbesondere die Intensitätsangaben schwanken zuweilen recht erheblich. Die stärksten Linien liegen in Å. E. bei: 3612,2; 3664,6; 3739,9; 3753,6; 3957,5; 3971,9; 3982,0*; 4018,0; 4114,9; 4166,6**; 4203,7; 4308,3; 4350,3*; 4435,7; 4460,6; 4509,0; 4578,7; 4609,9; 4625,9; 4644,7; 4681,1; 4979,0; 55,82,2; 5716,1; 5888,6 (die allerstärksten sind durch * bezeichnet).

Siedepunkt und Schmelzpunkt[3]). Bei sehr geringen Substanzmengen, bei denen von ausgebildeten Oberflächen oft nicht mehr die Rede sein kann, ist die Definition der Umwandlungspunkte unscharf. E. RUTHERFORD und F. SODDY erhielten für kleine Mengen noch einen merklichen Dampfdruck bei $-155°$. Nach S. LORIA beginnt die Verflüchtigung bei $-165°$, bei $-158°$ sind 50%, bei $-155°$ 90% verdampft, und bei $-145°$ fand er praktisch keine Kondensation mehr. Für größere Mengen fanden E. RUTHERFORD, R. W. BOYLE, R. WHYTLAW-GRAY und W. RAMSAY beträchtlich höhere Werte für den Siedepunkt. Er kann bei 76 cm Druck mit -65 bzw. $-62°$ angenommen werden. Bei $-71°$ gefriert die Emanation, was durch plötzliche Farbenänderung erkannt werden kann. Als **kritische Temperatur** wurde 104,5° berechnet. Die **Dichte** der flüssigen Emanation wird mit 5,7 angegeben; diejenige der festen bei $-273°$ mit 8,04.

Die **Diffusionskonstante**[4]) in Wasser beträgt nach E. RÓNA bei 18° $D = 0,99$ cm²/Tag; in Äthylalkohol 2,32; in Benzol 2,04; in Toluol 2,31; E. RAMSTEDT fand bei 14° für Wasser 0,820, bei 18° 0,918 cm²/Tag; A. JAHN bei 16° in 10% Gelatine 0,199; in 2,5% Gelatine 0,401.

Löslichkeit in Flüssigkeiten[5]) Hierunter wird das Konzentrationsverhältnis in Flüssigkeit und Luft verstanden $\alpha' = \dfrac{Em_F \cdot v_L}{Em_L \cdot v_F}$ (worin Em die

---

[1]) R. WHYTLAW-GRAY u. W. RAMSAY, Proc. Roy. Soc. London (A) Bd. 84, S. 536. 1911.
[2]) E. RUTHERFORD u. T. ROYDS, Phil. Mag. (6) Bd. 16, S. 313. 1908; Proc. Roy. Soc. London (A) Bd. 82, S. 22. 1909; T. ROYDS, Phil. Mag. (6) Bd. 17, S. 202. 1919; H. E. WATSON, Proc. Roy. Soc. London (A) Bd. 83, S. 50. 1909; S. C. LIND, R. B. MOORE u. R. E. NYSWANDER, Phys. Rev. (2) Bd. 15, S. 239. 1920; Astrophys. Journ. Bd. 54, S. 285. 1921; Chem. News Bd. 123, S. 7. 1921.
[3]) E. RUTHERFORD u. F. SODDY, Phil. Mag. (6) Bd. 5, S. 561. 1903; R. W. BOYLE, Phil. Mag. (6) Bd. 20, S. 955. 1910; A. LABORDE, Le Rad. Bd. 6, S. 289. 1909; Bd. 7, S. 294. 1910; E. RUTHERFORD, Phil. Mag. (6) Bd. 17, S. 723. 1909; R. WHYTLAW-GRAY u. W. RAMSAY, Proc. Chem. Soc. Bd. 26, S. 82. 1909; A. FLECK, Phil. Mag. (6) Bd. 29, S. 337. 1915; S. LORIA, Wiener Ber. Bd. 124, S. 829. 1915.
[4]) E. RÓNA, ZS. f. phys. Chem. Bd. 92, S. 213. 1917; E. RAMSTEDT, Medd. fr. k. Vetenskapakad. Nobelinst. Bd. 5, Nr. 5. 1919; A. JAHN, Diss. Halle 1914.
[5]) R. HOFMANN, Phys. ZS. Bd. 6, S. 340. 1905; E. RAMSTEDT, Le Rad. Bd. 8, S. 253. 1911; ST. MEYER, Wiener Ber. Bd. 122, S. 1281. 1913; M. KOFLER, Wiener Ber. Bd. 121, S. 2169. 1912; Bd. 122, S. 1473. 1913; Phys. ZS. Bd. 9, S. 6. 1908; G. HOFBAUER, Wiener Ber. Bd. 123, S. 2001. 1914; A. SCHULZE, ZS. f. phys. Chem. Bd. 95, S. 257. 1920.

Emanationsmengen in Flüssigkeit, F, und Luft, L, v die entsprechenden Volumina bedeuten). Für Wasser ergibt sich

ϑ = Temperatur in Celsiusgrade	0	5	10	20	30	40	50	60	70	80	90	100
α'	$0,51_0$	$0,42_0$	$0,35_0$	$0,25_5$	$0,20_0$	$0,16_0$	$0,14_0$	$0,12_7$	$0,11_8$	$0,11_2$	$0,10_9$	$0,10_7$

Die Werte lassen sich durch die empirische Formel

$$\alpha' = 0{,}105 + 0{,}405\, e^{-0{,}0502\,\vartheta}$$

wiedergeben. Zwar sollte der Gang ein Minimum bei etwa 93° aufweisen[1]), doch sind hier die Abweichungen von obiger Formel so gering, daß dies praktisch nicht von Belang ist. Auch für andere Lösungsmittel ist die Formel $\alpha' = A + B \cdot e^{-\nu\vartheta}$ verwendbar, wenn als ϑ korrespondierende Zentigrade, Hunderstel des Intervalles Schmelzpunkt-Siedepunkt, gewählt werden (Tab. 8). Der Wert von ν kann allgemein für alle Substanzen in erster Annäherung gleich 0,05 gesetzt werden.

Tabelle 8. Zur Löslichkeit der Radiumemanation in Flüssigkeiten.

Substanz des Lösungsmittels	Schmelzpunkt	Siedepunkt	A	B	ν
Schwefelkohlenstoff CS_2	$-110°$	$+46,3°$	13	900	0,054
Äthyläther $C_4H_{10}O$	$-117,6$	$+34,6$	10	700	0,055
Toluol C_7H_8	$-92,4$	$+110,7$	2	125	0,045
Chloroform $CHCl_3$	$-63,2$	$+61,2$	9,5	90	0,043
Äthylalkohol C_2H_6O	$-117,6$	$+78,4$	2,5	86	0,046
Azeton $C_4H_8O_2$	$-94,6$	$+56,1$	4	68	0,046
Äthylazetat $C_4H_8O_2$	$-83,8$	$+77$	4	66	0,048
Xylol C_8H_{10}	-55	$+139$	1	68	0,045

Öle, Petroleum, Paraffin usw. haben Werte von α' zwischen 10 und 30 bei Zimmertemperatur. Daraus folgt, daß Schmiermittel bei Hähnen für Abdichtungen von emanationshaltigen Gefäßen schädlich sind.

Bei Zusatz von Salzen in Wasser nimmt der Absorptionskoeffizient in erster Annäherung proportional der Zahl der gelösten Mole ab. So hat z. B. Meerwasser bei 18° die Löslichkeit $\alpha' = 0{,}165$. Die Löslichkeit in Blut[2]) ist etwas größer als in Wasser, nach H. MACHE und E. SUESS bei Körpertemperatur $\alpha' = 0{,}42$, nach C. RAMSAUER und H. HOLTHUSEN 0,31; was für medizinische Anwendungen in Betracht kommen kann.

Bei Ausfällung aus emanationshaltigen Metallsalzlösungen wird ein Teil der Emanation mit dem Niederschlag mitgerissen.

Okklusion in festen Körpern[3]). Viele feste Substanzen, wie Wachs, Paraffin, Kautschuk, dann auch zum Teil Metalle, wie Pt und Pd, nehmen Emanationen in sich auf; Glas sehr wenig. Besonders wichtig ist das Verhalten von Kohle in dieser Hinsicht, das zuerst L. BUNZL beobachtet hat und das von

---

[1]) G. JÄGER, Wiener Ber. Bd. 124, S. 287. 1915; M. SZEPAROWITZ, Wiener Ber. Bd. 129, S. 437. 1920.

[2]) H. MACHE u. E. SUESS, Wiener Ber. Bd. 121, S. 171. 1912; C. RAMSAUER u. H. HOLTHUSEN, Sitzungsber. Heidelb. Akad. Ber. Nr. 2. 1913.

[3]) P. CURIE u. J. DANNE, C. R. Bd. 136, S. 364. 1903; A. LABORDE, C. R. Bd. 148, S. 1592. 1909; J. ELSTER u. H. GEITEL, Phys. ZS. Bd. 5, S. 321. 1904; Bd. 6, S. 67. 1905; L. BUNZL, Wiener Ber. Bd. 115, S. 21. 1906; E. RUTHERFORD, Nature Bd. 74, S. 634. 1906; Manch. Proc. Bd. 53, S. 38. 1908; Chem. News Bd. 99, S. 76. 1909; R. W. BOYLE, Phil. Mag. (6) Bd. 17, S. 389. 1909; R. WACHSMUTH u. M. SEDDIG, Elster-Geitel-Festschr., S. 479. 1915; W. MOHR, Ann. d. Phys. (4) Bd. 51, S. 549. 1916, W. BOTHE, Phys. ZS. Bd. 16, S. 266. 1923.

E. RUTHERFORD genauer erforscht wurde. Speziell Pflanzenkohlen (Kokosnuskohle) absorbieren schon bei Zimmertemperatur die RaEm sehr stark, bei niedriger Temperatur vollständig. Diese Eigenschaft kann dazu verwendet werden, Em in Kohle absorbiert zu versenden, zu verteilen und bei starker Erhitzung, vollständig erst bei Verbrennung, an geeigneten Orten auszutreiben und zu benützen.

Von Bedeutung ist die Okklusion im Radiumsalz selbst, bzw. das Emanierungsvermögen[1]) der Salze. Die Emanationsabgabe hängt von der Natur des Salzes, Größe der Stücke oder Körner, dem eventuellen Kristallhabitus, Dicke der Schicht, Feuchtigkeit, Temperatur usw. stark ab. Normales Radium-(Barium)-Chlorid gibt bei mehrstündigem Erhitzen auf 150 bis 180° etwa 50% der Em ab; vorher über 300° erhitztes unter Umständen bei 150° in 48 Stunden kaum mehr als 1%. Oxyde, Hydroxyde, Chloride, Bromide emanieren, be-

Tabelle 9. Zerfall der Ra-Emanation.

t	$e^{-\lambda t}$	t	$e^{-\lambda t}$	t	$e^{-\lambda t}$	t	$e^{-\lambda t}$
0	1,000	37 h	0,7560	4 d + 12 h	0,4424	12,5	0,1038
0,5 h	0,9962	38	0,7504	16	0,4293	13 d	9,481·10⁻²
1	0,9925	39	0,7448	20	0,4165	13,5	8,660·10⁻²
2	0,9850	40	0,7391	5 d	0,4041	14	7,910·10⁻²
3	0,9786	41	0,7336	+ 4	0,3921	14,5	7,225·10⁻²
4	0,9703	42	0,7282	8	0,3804	15	6,599·10⁻²
5	0,9629	43	0,7225	12	0,3691	15,5	6,027·10⁻²
6	0,9557	44	0,7171	16	0,3581	16	5,505·10⁻²
7	0,9485	45	0,7117	20	0,3475	16,5	5,028·10⁻²
8	0,9413	46	0,7064	6 d	0,3371	17	4,592·10⁻²
9	0,9343	47	0,7010	+ 4	0,3271	17,5	4,195·10⁻²
10	0,9272	2 d = 48	0,6960	8	0,3174	18	3,831·10⁻²
11	0,9203	2 d + 2 h	0,6865	12	0,3079	18,5	3,499·10⁻²
0,5 d = 12	0,9134	4	0,6750	16	0,2988	19	3,196·10⁻²
13	0,9064	6	0,6651	20	0,2899	19,5	2,919·10⁻²
14	0,8996	8	0,6561	7 d	0,2812	20	2,667·10⁻²
15	0,8929	10	0,6451	+ 4	0,2729	20,5	2,436·10⁻²
16	0,8861	12	0,6357	8	0,2648	21	2,225·10⁻²
17	0,8795	14	0,6272	12	0,2569	21,5	2,032·10⁻²
18	0,8729	16	0,6165	16	0,2492	22	1,856·10⁻²
19	0,8662	18	0,6075	20	0,2418	22,5	1,695·10⁻²
20	0,8597	20	0,5994	8 d	0,2346	23	1,548·10⁻²
21	0,8533	22	0,5892	+ 6	0,2242	23,5	1,414·10⁻²
22	0,8468	3 d	0,5806	12	0,2143	24	1,292·10⁻²
23	0,8405	+ 2	0,5729	18	0,2048	25	1,078·10⁻²
1 d = 24	0,8343	4	0,5631	9 d	0,1957	26	8,989·10⁻³
25	0,8278	6	0,5549	+ 6	0,1871	27	7,499·10⁻³
26	0,8216	8	0,5476	12	0,1788	28	6,256·10⁻³
27	0,8155	10	0,5381	18	0,1709	29	5,219·10⁻³
28	0,8093	12	0,5303	10 d	0,1633	30	4,354·10⁻³
29	0,8032	14	0,5234	+ 6	0,1561	35	1,760·10⁻³
30	0,7973	16	0,5142	12	0,1491	40	7,111·10⁻⁴
31	0,7911	18	0,5068	18	0,1425	45	2,873·10⁻⁴
32	0,7852	20	0,5002	11 d	0,1362	50	1,161·10⁻⁴
33	0,7793	22	0,4914	+ 6	0,1302	60	1,896·10⁻⁵
34	0,7734	4 d	0,4844	12	0,1244	70	3,096·10⁻⁶
35	0,7676	+ 4	0,4696	18	0,1189	80	5,056·10⁻⁷
1,5 d = 36	0,7620	8	0,4557	12 d	0,1136	90	8,255·10⁻⁸

---

[1]) H. MACHE u. ST. MEYER, Phys. ZS. Bd. 6, S. 8. 1905; B. B. BOLTWOOD, Phys. ZS. Bd. 7, S. 489. 1908; ST. MEYER u. V. F. HESS, Wiener Ber. Bd. 121, S. 619. 1912; H. HOLTHUSEN, Sitzungsber. Heidelb. Akad. 20. Juli 1912; L. KOLOWRAT, Le Rad. Bd. 4, S. 317. 1907; Bd. 6, S. 321. 1909; Bd. 7, S. 266. 1910; O. HAHN, ZS. f. Elektrochem. Bd. 29, S. 189. 1923; Naturwissensch. Bd. 12, S. 1141. 1924; Chem. Ber. 1925, S. 276.

sonders im feuchten Zustande, viel stärker als Karbonate oder Sulfate. O. HAHN hat das Emanierungsvermögen verschiedener Hydroxyde und Oxyde genauer studiert. Stark geglühte Oxyde emanieren praktisch nicht, besser tun dies schwach geglühte, aber noch schwach gegen nicht erhitzte, bei Zimmertemperatur getrocknete. Er untersuchte die Hydroxyde und Oxyde von Be, Al, Ti, Fe, Co, Ni, Zr, Ce, Th und fand für alle ein allmähliches Altern (Abnahme des Emanierungsvermögens), am wenigsten bei Eisen. Es ist ihm dabei gelungen, feste Radiumpräparate herzustellen, die bis 99% emanieren, was für die Technik der Emanationsgewinnung von großer Wichtigkeit ist.

Radon ist ein α-Strahler. Die Reichweite in Luft beträgt $R_0 = 3{,}907$ cm (nach H. GEIGER 1921); die Anfangsgeschwindigkeit der α-Teilchen $v = 1{,}61 \cdot 10^9$ cm/sek.

Zerfallskonstanten[1]). Die ersten Angaben stammen von P. CURIE (1902), der $T = 3{,}99\,d$ fand; dem folgten zahlreiche Messungen verschiedener Forscher, die Werte zwischen $T = 3{,}7$ und $3{,}9\,d$ erhielten; 1910 bekam M. CURIE $T = 3{,}85\,d$ und 1911 E. RUTHERFORD den Wert 3,846 Tage. Neuerdings bestimmten W. BOTHE und G. LECHNER (1921) $T = 3{,}811\,d$; W. BOTHE (1923) $T = 3{,}825\,d$; I. CURIE und C. CHAMIÉ (1924) $T = 3{,}823\,d$; L. BASTINGS (1924) $T = 3{,}833\,d$.

Der vorstehenden Tabelle ist zugrunde gelegt: $T = 3{,}825\,d$; $\tau = 5{,}518\,d$; $\lambda = 0{,}18122\,d^{-1} = 2{,}097 \cdot 10^{-6}\,s^{-1}$.

44. Aktiver Niederschlag der Radiumemanation. Unter diesem Namen oder dem der kurzlebigen „induzierten Aktivität" versteht man zusammenfassend die Produkte

$$\text{RaA} \xrightarrow{\alpha} \text{RaB} \xrightarrow{\beta} \text{RaC} \underset{\beta}{\overset{\alpha\ 0{,}04\%}{\lessgtr}} \begin{matrix}\text{RaC}'' \xrightarrow{\beta}\\ \text{RaC}' \xrightarrow{\alpha}\end{matrix}.$$

RaA ($N = 84$) entsteht durch α-Emission aus RaEm, erzeugt α-strahlend RaB ($N = 82$); durch β-Emission entsteht daraus RaC ($N = 83$), das dual unter Aussendung von α-Teilchen in RaC''($N = 81$), durch β-Strahlung in RaC' ($N = 84$) verwandelt wird. Die induzierte Aktivität wurde 1899 von P. und M. CURIE[2]) entdeckt, das ganze Verhalten 1905 von E. RUTHERFORD[3]) durch Annahme dreier Folgeprodukte RaA, RaB, RaC zuerst richtig gedeutet.

Das chemisch-physikalische Verhalten ist in erster Linie durch die Atomnummern der Produkte bestimmt. RaA und RaC' gehören der VI. Gruppe als „Ekatellur" (Polonium) an; RaB ist eine Bleiart, RaC ein Wismuthisotop, RaC'' ein Thalliumisotop. Im einzelnen ergeben sich aber gewisse Verschiedenheiten z. B. bei der Verdampfung usw. je nach der Art, in der der aktive Niederschlag gewonnen wurde. Wird derselbe durch Eindampfen aus einer Lösung oder elektrolytisch auf ein Blech niedergeschlagen, so dringen die Partikeln in die Unterlage nicht merklich ein. Wird jedoch „induziert", das heißt auf einem negativ geladenen Metall aus RaEm zunächst RaA niedergeschlagen, aus dem sukzessive die Folgeprodukte entstehen und aus den α-Strahlern in das Innere der Unter-

---

[1]) P. CURIE, C. R. Bd. 135, S. 857. 1902; E. RUTHERFORD u. F. SODDY, Phil. Mag. (6) Bd. 5, S. 445. 1903; H. A. BUMSTEAD u. L. P. WHEELER, Sill. Journ. Bd. 17, S. 97. 1904; O. SACKUR, Chem. Ber. Bd. 38, S. 1753. 1905; H. MACHE u. ST. MEYER, Phys. ZS. Bd. 6, S. 696. 1905; G. RÜMELIN, Phil. Mag. (6) Bd. 14, S. 550. 1907; M. CURIE, Le Rad. Bd. 7, S. 33. 1910; E. RUTHERFORD, Wiener Ber. Bd. 120, S. 303. 1911; W. BOTHE u. G. LECHNER, ZS. f. Phys. Bd. 5, S. 335. 1921; W. BOTHE, ZS. f. Phys. Bd. 16, S. 226. 1923; I. CURIE u. C. CHAMIÉ, C. R. Bd. 178, S. 1808. 1924; Journ. de phys. (6) Bd. 5, S. 238. 1924; L. BASTINGS, Cambr. Proc. Bd. 22, S. 561. 1924.

[2]) P. u. M. CURIE, C. R. Bd. 129, S. 714. 1899.

[3]) E. RUTHERFORD, Phil. Trans. (A) Bd. 204, S. 169. 1905.

lage vermöge des Rückstoßes hineingeschlagen werden, oder wird RaEm lokal kondensiert und nunmehr durch doppelten Rückstoß bei der α-Emission aus RaEm und derjenigen aus RaA der aktive Niederschlag in die Unterlage hineingehämmert, so entstehen andere Verhältnisse, da nunmehr RaA, RaB, RaC in verschiedene Tiefe unter die Oberfläche geraten müssen, auch Legierungsbildungen oder anderweitige Veränderungen eintreten können. Es wird auch zumeist nicht hinreichend beachtet, daß unter Wirkung der Strahlung in ionisierter Umgebung die sehr dünnen Substanzschichten Verbindungen eingehen müssen und man selten in der Lage sein wird, angeben zu können, ob die Produkte als Metalle, Oxyde oder überhaupt in welcher Verbindungsform sie vorliegen.

Daß die „induzierte Aktivität", zunächst RaA, positiv geladen ist und daher auf negativ geladenen Trägern stärker abgelagert wird als auf ungeladenen, haben J. ELSTER und H. GEITEL[1]) zuerst beobachtet, und darauf wurde meist die Methode der Gewinnung des aktiven Niederschlages gegründet. Bei Anwesenheit großer Mengen von Emanation, starker Ionisierung des Gases, überwiegen jedoch andere Erscheinungen, wie die des Ionenwindes, und die Ausbeute an den negativ geladenen Elektroden wird relativ zur gesamten vorhandenen Oberfläche immer geringer. Die RaA-Atome sind unmittelbar nach ihrer Entstehung nach G. ECKMANN[2]) positiv geladen, werden aber nach Zusammenstößen mit den Gasmolekeln zum Teil neutralisiert und können sogar negative Ladung annehmen. Außer den geladenen RaA-Atomen sind immer auch ungeladene vorhanden.

Radium A ist ein α-Strahler der Reichweite $R_0 = 4{,}47_6$ mit der Anfangsgeschwindigkeit seiner α-Teilchen $v = 1{,}689 \cdot 10^9$ cm/sek. Seine Halbierungskonstante[3]) gab P. CURIE (1902) mit $2{,}9\,m$ an; H. L. BRONSON fand $T = 3{,}0\,m$ (1905), den gleichen Wert H. W. SCHMIDT (1905). E. RUTHERFORD und H. ROBINSON ermittelten (1912) $T = 3{,}05\,m$, und M. BLAU hat (1924) den letzteren Wert gesichert.

Radium B, das zuerst als strahlenlos galt, ist ein β-Strahler. Seine Halbierungszeit[4]) wurde an chemisch abgetrenntem Material von F. LERCH zu $T = 26{,}7\,m$ gefunden (1906); M. CURIE und E. RUTHERFORD berechneten aus den Zerfallskurven von RaA-RaB-RaC $T = 26{,}8\,m$.

Radium C hat eine Halbierungszeit nach H. L. BRONSON von $T = 19\,m$; F. LERCH bestimmte (1906) an elektrochemisch abgetrenntem Material $T = 19{,}5\,m$. Es sendet α-, β- und γ-Strahlen aus, doch kommen die direkt gemessenen α-Strahlen, genauer definiert, erst dem RaC' zu, während die dem eigentlichen RaC angehörigen α-Teilchen nur approximativ mit einer Reichweite von etwa 4 cm eingeschätzt werden können.

Im Jahre 1909 war es O. HAHN und L. MEITNER[5]) nach der Rückstoßmethode gelungen, einen Stoff RaC'' aus RaC zu erhalten, der mit $T =$ etwa $1\tfrac{1}{2}\,m$

---

[1]) J. ELSTER u. H. GEITEL, Phys. ZS. Bd. 3, S. 305. 1902.
[2]) G. ECKMANN, Jahrb. d. Radioakt. Bd. 9, S. 157. 1912; A. DEBIERNE, Le Rad. Bd. 4, S. 97. 1907; E. M. WELLISCH, Proc. Roy. Soc. London (A) Bd. 82, S. 500. 1909; Verh. d. D. phys. Ges. Bd. 13, S. 159. 1911; Sill. Journ. Bd. 36, S. 315. 1913; Bd. 38, S. 283. 1914; Phil. Mag. (6) Bd. 28, S. 417. 1914; G. H. BRIGGS, Phil. Mag. (6) Bd. 41, S. 357. 1921.
[3]) P. CURIE, C. R. Bd. 135, S. 857. 1902; P. CURIE u. J. DANNE, C. R. Bd. 138, S. 683, 748. 1904; H. L. BRONSON, Sill. Journ. Bd. 20, S. 60. 1905; Phil. Mag. (6) Bd. 12, S. 73. 1906; H. W. SCHMIDT, Phys. ZS. Bd. 6, S. 897. 1905; Ann. d. Phys. (4) Bd. 21, S. 609. 1906; E. RUTHERFORD u. H. ROBINSON, Wiener Ber. Bd. 121, S. 1500. 1912; M. BLAU, Wiener Ber. Bd. 133, S. 17. 1924.
[4]) P. CURIE u. J. DANNE, H. L. BRONSON wie [3]); F. LERCH, Wiener Ber. Bd. 115, S. 197. 1906.
[5]) O. HAHN u. L. MEITNER, Phys. ZS. Bd. 10, S. 697. 1909; K. FAJANS, Phys. ZS. Bd. 12, S. 369, 378. 1911; Bd. 13, S. 699. 1912; E. ALBRECHT, Wiener Ber. Bd. 128, S. 925. 1919.

zerfiel. Spätere Messungen ergaben für die Halbierungszeit von RaC'' $T = 1{,}38\,m$ bzw. (E. ALBRECHT, 1919) $T = 1{,}32\,m$. K. FAJANS[1]) hat die Verhältnisse durch Annahme eines gegabelten Zerfalles von RaC geklärt. Nach der hierfür von F. SODDY ausgearbeiteten Theorie ist, wenn die Zerfallswahrscheinlichkeiten für den durch β- bzw. α-Emission aus RaC mit λ_x und λ_y bezeichnet werden,

$$\frac{1}{\lambda} = \frac{1}{(\lambda_x + \lambda_y)} = 28{,}1\,m.$$

Für das Verzweigungsverhältnis setzt K. FAJANS $\dfrac{C''}{C'} = \dfrac{3}{10\,000}$ an [E. ALBRECHT[3]) fand $\dfrac{C''}{C'} = 0{,}0004$]. Demnach wäre

$$0{,}9997\,\lambda_0 = \lambda_x = 5{,}928 \cdot 10^{-4}\,\text{sek}^{-1}; \quad 0{,}0003\,\lambda_0 = \lambda_y = 1{,}78 \cdot 10^{-7}\,\text{sek}^{-1}.$$

Die überwiegende Menge des RaC verwandelt sich danach in RaC', dessen α-Strahlen die Reichweite $R_0 = 6{,}60_0$ cm Luft haben. Aus der GEIGER-NUTTALLschen Beziehung, von der es freilich nicht feststeht, daß sie für gegabelten Zerfall unverändert anwendbar bleibt, ergäbe sich für die Halbierungszeit ein Wert von etwa 10^{-8} sek. Experimentelle Untersuchungen J. C. JACOBSENS[2]) aus der Geschwindigkeit der Rückstoßatome lieferten ihm den größeren Wert $T = $ ca. $8 \cdot 10^{-7}$ sek.

Daß RaC nicht nur dual, sondern multipel[3]) zerfalle, wurde in Analogie zu Angaben für ThC zuerst von E. RUTHERFORD für möglich gehalten, der Teilchen mit Reichweiten von 9,3 cm auffand. L. F. BATES und J. ST. ROGERS haben dann mitgeteilt, daß aus RaC für je 10^7 α-Teilchen der Reichweite 6,97 cm in Luft oder CO_2 einerseits 160 Protonen, anderseits 380 α-Teilchen mit 9,3; 125 dergleichen mit $R = 11{,}2$ und 64 mit $R = 13{,}3$ cm vorhanden sein sollen. D. PETTERSSON konnte die Existenz der weitreichenden Strahlen und der H-Strahlen nicht bestätigen. Weitere Versuche E. RUTHERFORDS und J. CHADWICKS bestätigten das Fehlen der Protonen und der α-Reichweiten von 13,3 cm; die Zahl der Teilchen mit 11,2 cm erschien verringert, die Reichweite von 9,3 cm fand sich aber in verschiedenen Gasen und unter variierten Bedingungen wieder. N. YAMADA fand nur $R = 9{,}3$ cm bestätigt. Die Erkenntnis der Zertrümmerbarkeit der Atome der Unterlagen und der Aussendung von Atomfragmenten nach rückwärts durch G. KIRSCH und H. PETTERSSON sowie analoge Untersuchungen N. YAMADAS und I. CURIES mit Polonium lassen die Herkunft der weitreichenden α-Strahlen aus RaC selbst noch nicht als gesichert gelten.

45. Radium D, Radium E, Radium F (Polonium). Diese Stoffe wurden zuerst als „Restaktivitäten" oder „langsam veränderliche induzierte Aktivität" bezeichnet, da sie nach dem Absterben von RaA-RaC sich durch das allmähliche Anwachsen der Poloniumstrahlung erkennbar machten.

Radium D ist ein Bleiisotop ($N = 82$). Es entsteht einerseits aus der Hauptmenge von RaC über RaC' durch α-Emission, anderseits muß auch aus RaC'' durch β-Strahlung ein Bleiisotop entstehen, das zudem das gleiche Atom-

---

[1]) Siehe Anm.[5]) auf vorhergehender Seite.
[2]) J. C. JACOBSEN, Phil. Mag. (6) Bd. 47, S. 23. 1924.
[3]) E. RUTHERFORD, Phil. Mag. (6) Bd. 37, S. 571. 1919; Journ. de phys. (6) Bd. 3, S. 133. 1922; L. F. BATES u. J. ST. ROGERS, Nature Bd. 112, S. 435. 1923; Proc. Roy. Soc. London (A) Bd. 105, S. 97. 1924; G. KIRSCH u. H. PETTERSSON, Nature Bd. 112, S. 687. 1923; D. PETTERSSON, Wiener Ber. Bd. 133, S. 149. 1924; Nature Bd. 113, S. 641. 1924; Naturwissensch. Bd. 12, S. 389. 1924; E. RUTHERFORD u. J. CHADWICK, Phil. Mag. (6) Bd. 48, S. 509. 1924; H. PETTERSSON, Wiener Ber. Bd. 133, S. 573. 1924; Bd. 134, S. 45. 1925; G. KIRSCH u. H. PETTERSSON, Wiener Anz. Bd. 62, 19. Febr. 1925; N. YAMADA, C. R. Bd. 180, S. 436. 1925; Bd. 181, S. 176. 1925; I. CURIE u. N. YAMADA, C. R. Bd. 180, S. 1487. 1925.

gewicht wie das Folgeprodukt aus RaC' hat. Wohl besteht prinzipiell die Möglichkeit, daß solche „Isotope höherer Ordnung" mit gleichem AG und gleichem N sich durch verschiedene Stabilität ihres Aufbaus unterscheiden könnten, doch ist bisher kein Fall erwiesen, in dem derartiges tatsächlich eintritt. Wir haben demnach die beiden Folgeprodukte aus RaC' und RaC'' als identisch (RaD) anzusehen. Ist es, wie in natürlichen Mineralien, gemengt mit gewöhnlichem Blei vorhanden, so kann es im allgemeinen davon nicht abgetrennt werden. Anreicherungen nach dem Isotopentrennungsverfahren G. v. HEVESYs sind zwar möglich, doch bisher nicht von praktischer Bedeutung. Aus zerfallener RaEm kann es jedoch rein (d. h. nur vermischt mit kleinen Spuren von RaG) erhalten werden, und G. v. HEVESY und F. PANETH[1]) ist die elektrolytische Abscheidung als gelbbrauner Superoxydbeschlag an der Anode (1914) gelungen

RaD galt anfangs als strahlenlos, ist aber ein β-γ-Strahler; allerdings entsendet es die weichste bisher bekannte Kern-β-Strahlung. Die Zerfallskonstante kann entweder durch Vergleich der β-Strahlung der Gleichgewichtsmengen von RaC und RaE (ziemlich unsicher) oder besser durch denjenigen der α-Strahlung von RaC und RaF, das sich aus einer bestimmten Menge RaC in gegebener Zeit gebildet hat, gewonnen werden. Auch aus der Zeitlage des Maximums der Strahlung von RaF, das sich aus RaD entwickelt und sich bei ca. 800 Tagen einstellt, kann der Wert berechnet werden, doch gestattet die Flachheit dieses Maximums keine sehr genaue Bestimmung. Die letzten Angaben rühren von G. N. ANTONOFF (1910) mit $T = 16^{1}/_{2} a$ und von R. THALLER (1914) mit $T = 15,8 a$ her; so daß $T = 16$ Jahre derzeit gewählt wird[2]). Aus der mit dem Anwachsen von RaD—RaE—RaF ansteigenden Wärmeentwicklung alternder Präparate bestimmten M. CURIE und D. K. YOVANOVITCH[2]) T-Werte zwischen 16 und $20 a$; Th. KAUTZ[2]) analog solche von 14 bis 16 Jahren.

Radium E. Das durch β-Strahlung aus RaD entstehende Wismutisotop $N = 83$ ist selbst wieder ein β-Strahler. Das magnetische Spektrum ist hier durch ein Band charakterisiert gegenüber den Linienspektren der meisten anderen β-Strahler. Wie K. G. EMELÉUS[3]) nachwies, entsendet RaE im Gleichgewicht ebensoviel β-Teilchen als Polonium α-Partikeln emittiert.

Die Angaben für die Halbierungszeit[4]) schwankten anfangs zwischen 6 und 4,5 Tagen; G. N. ANTONOFF erhielt (1910) $T = 5 d$; den gleichen Wert fand L. MEITNER (1911); R. THALLER ermittelte $T = 4,85 d$ (1912); L. BASTINGS (1924) $T = 4,985 d$; G. FOURNIER (1925) wiederum $T = 4,85 d$.

Radium F = Polonium ($N = 84$). Dieser α-strahlende Stoff war 1898 als erste stark aktive Substanz von P. und M. CURIE[5]) aufgefunden und nach der Heimat MARYA CURIES geb. SKLODOWSKA benannt worden. Es ist ein „neues" Element, das heißt, es besetzt eine bis dahin freie Stelle des periodischen Systems, die als Isotope noch die A-Produkte und C'-Produkte der drei radioaktiven Familien umfaßt. Da Po unter diesen Stoffen der langlebigste ist, können die Studien der chemisch-physikalischen Eigenschaften dieses Elementes Nr. 84 am besten mit ihm vorgenommen werden.

---

[1]) G. v. HEVESY u. F. PANETH, Wiener Ber. Bd. 123, S. 1909. 1914; Chem. Ber. Bd. 47, S. 2784. 1914.

[2]) G. N. ANTONOFF, Phil. Mag. (6) Bd. 19, S. 825. 1910; R. THALLER, Wiener Ber. Bd. 123, S. 157. 1914; M. CURIE und D. K. YOVANOVITCH, Journ. de phys. (6) Bd. 6, S. 33. 1925; Th. KAUTZ, Mitt. Wien. Ra.-Inst. Nr. 183. 1926.

[3]) K. G. EMELÉUS, Cambr. Proc. Bd. 22, S. 400. 1924.

[4]) G. N. ANTONOFF, Phil. Mag. (6) Bd. 19, S. 825. 1910; R. THALLER, Wiener Ber. Bd. 121, S. 1611. 1912; M. CURIE, Le Rad. Bd. 8, S. 853. 1911; L. MEITNER, Phys. ZS. Bd. 12, S. 1094. 1911; L. BASTINGS, Phil. Mag. (6) Bd. 48, S. 1075. 1924; G. FOURNIER, C. R. Bd. 181, S. 502. 1925.

[5]) P. u. M. CURIE, C. R. Bd. 127, S. 175. 1898.

Die Identifizierung von RaF mit Polonium war 1905 ST. MEYER und E. SCHWEIDLER gelungen[1]).

Chemische Darstellung. Ausgangsmaterial ist naturgemäß alles, was RaD enthält, also entweder die Fraktionen der Radiumdarstellung aus den Erzen, die das Blei enthalten, oder aus RaEm im Verlaufe längerer Zeiten entstandene Zerfallsprodukte und alte Radiumpräparate, aus denen man RaF, sei es allein, sei es zusammen mit RaD-RaE abzuscheiden vermag. Im ersteren Fall erhält man das RaD beschwert mit viel Ballast an gewöhnlichem Blei. Da es sich mit Wismut und Tellur abscheidet, werden auch die diese Elemente enthaltenden Fraktionen der Erzverarbeitungen herangezogen und sind die folgenden Verfahren empfohlen worden. 1. Sublimation der Sulfide der Bi-enthaltenden Substanzen im Vakuum; das Po-Sulfid ist der flüchtigere Bestandteil. 2. Fraktionierte Fällung der salzsauren Lösung mit H_2S; Po-Sulfid ist minder löslich als Pb- und Bi-Sulfid. 3. Fällung salpetersaurer Lösung mit H_2O; das zuerst ausfallende Subnitrat ist Po-reicher. 4. Fällung mit Zinnchlorür aus salzsaurer Lösung des Roh-Wismutoxychlorides; sich ausscheidende schwarze Flocken enthalten das Po. 5. Spontaner Niederschlag des Po auf in die Lösung getauchte Stückchen von Cu, Ni, Ag, Bi. 6. Behandlung der „Rückstände" der Urandarstellung mit konzentrierter heißer HCl; sodann Niederschlagen von Cu, Pb, Bi, As, Sb und Po auf Eisenbleche; neuerliche Ablösung mit HCl, Niederschlag auf Cu-Blech und Weiterbehandlung nach Methode 4. Weiter sind zahlreiche Mitreißverfahren angegeben worden. Anreicherungen des Po aus Radiobleilösungen, besonders

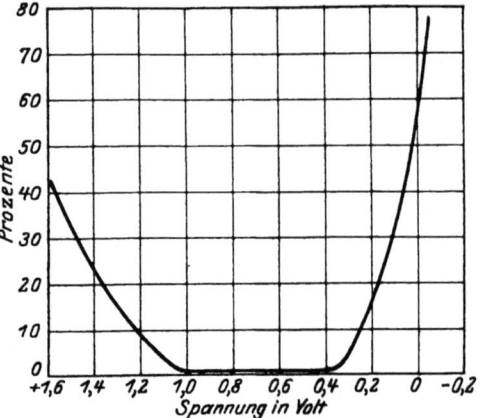

Abb. 30. Elektrolyse von Poloniumnitrat.

aus Nitrat- oder Azetatlösungen, erhält man durch sukzessives Eindampfen und Auskristallisieren der Bleisalze; die Mutterlauge enthält das Po im Überschuß. Da weiter Po, sowie Bi und Te, in neutraler oder schwach saurer Lösung im Gegensatz zu Pb Kolloide bildet, gelingt eine Anreicherung auch durch Dialyse. Zur Reindarstellung empfiehlt sich in erster Linie die Elektrolyse, die besonders von F. PANETH und G. V. HEVESY[2]) durchgearbeitet wurde. Die Verhältnisse sind aus Abb. 30 zu entnehmen, die für 0,1 norm. salpetersaure Lösung gilt. Man erkennt, daß man das Po sowohl kathodisch als anodisch erhält, in letzterem Falle tritt das Po als Superoxyd auf. Neuerdings hat F. PANETH[3]) auf die Zwitternatur von Po hingewiesen; bei der Elektrolyse von Po auf Au in verdünnter Natronlauge geht es an beiden Elektroden in Lösung. Als Elektroden verwendet man Pt oder Au. Von ersterem Metall läßt sich das Po jedoch nicht so gut durch Säuren wieder ablösen als von Au. Die Verhältnisse sind noch dadurch kompliziert, daß, wie R. W. LAWSON zuerst zeigte und F. PANETH durch eine Reingewinnung nachwies, ein Poloniumwasserstoff[4]) existiert, dessen

---

[1]) ST. MEYER u. E. SCHWEIDLER, Wiener Anz., 1. Dez. 1904; Wiener Ber. Bd. 114, S. 387, 1196. 1905; Bd. 115, S. 63. 1906; Jahrb. d. Radioakt. Bd. 3, S. 381. 1906.
[2]) G. v. HEVESY u. F. PANETH, Wiener Ber. Bd. 123, S. 1619. 1914.
[3]) F. PANETH, Naturwissensch. Bd. 13, S. 639. 1925; ZS. f. Elektrochem. Bd. 31, S. 572. 1925.
[4]) R. W. LAWSON, Wiener Ber. Bd. 124, S. 509. 1915; F. PANETH, Wiener Anz. Bd. 55, S. 33, 35. 1918; Wiener Ber. Bd. 127, S. 1729. 1918.

Okklusion in Pt oder Pd eine wesentliche Rolle spielen kann. Möglicherweise ist auch noch an Legierungsbildungen zu denken. Auch sind die Adsorptionserscheinungen zu beachten.

Zerfallskonstante des Po[1]). Die ersten verläßlicheren Angaben schwankten für T zwischen 134,5 und 148 Tagen. Neuere Messungen ergaben: E. REGENER (1911) 136 d; E. SCHWEIDLER (1912) aus Beobachtungen über 2200 Tagen $T = 136,5\ d$; R. GIRARD (1913) 135,6 d; M. CURIE (1920) $T = 140\ d$; ST. MARACINEANU (1923) $T = 139,5\ d$. Bei den Messungen würde T verlängert erscheinen bei Anwesenheit kleiner Spuren von RaD, sowie bei ungleicher Annäherung an den Sättigungszustand. T verkürzend würde wirken: Aggregatrückstoß, auf dessen große Bedeutung hierfür sowie für Verseuchungen besonders R. W. LAWSON[2]) hinwies; Diffusion ins Innere der Unterlage, speziell Pt, sei es durch Bildung eines Hydrides oder von Legierungen; Oxydation der Grundplatte oder sonstiger allmählicher Überzug über die Po-Schicht.

Maßeinheit für Polonium. Die Gewichtsmengen an Polonium, die gewonnen werden können, sind zu geringfügig, als daß Gewichtseinheiten unmittelbar herangezogen werden könnten. Es empfiehlt sich deshalb die Verwendung eines Stromäquivalentes und die Angabe in elektrostat. Einheiten. 1 g Ra vermag durch seine α-Strahlen einen Sättigungsstrom von $2,41 \cdot 10^6$ stat. Einh. (allseitig) zu unterhalten; es steht im Gleichgewicht mit $2,19 \cdot 10^{-4}$ g Po; die Ionisierung durch die α-Teilchen dieser beiden Stoffe verhält sich wie $1,36 : 1,50$. Daher ist 1 g Ra α-strahlenäquivalent mit $1,99 \cdot 10^{-4}$ g Po. Bei allseitiger Ausnützung seiner α-Strahlen würde 1 g Po $1,22 \cdot 10^{10}$ stat. Einh. liefern (für den normalen Fall, Po auf einer Unterlage niedergeschlagen, also einseitige Strahlung, sind zur Erreichung des gleichen Stromes 2 g Po erforderlich). **1 stat. Einh. aus einseitiger Poloniumstrahlung entsprechen daher $1,65 \cdot 10^{-10}$ g Polonium.**

46. Radium G. Polonium ist das letzte radioaktive Produkt der Ionium-Radiumfamilie. Aus ihm entsteht durch α-Strahlung ein anscheinend stabiles Endprodukt der Atomnummer 82, also ein Blei-Isotop, des Atomgewichtes 206. Der experimentelle Nachweis seiner Existenz[3]) gelang zuerst O. HÖNIGSCHMID und ST. HOROVITZ (1914), sowie M. E. LEMBERT, der auf Veranlassung von K. FAJANS bei T. W. RICHARDS das Blei aus Uranerzen untersuchte. Sind im Erz primär noch andere Bleiarten, gewöhnliches Blei (207,2), Thorblei (208) vorhanden, so ist das aufgefundene Bleigemisch mit einem Verbindungsgewicht zwischen 206 und 208 zu erwarten, und tatsächlich wurden in der Folge zahlreiche Zwischenstufen aufgefunden. Die reinsten Produkte erhielten O. HÖNIGSCHMID und ST. HOROVITZ aus kristallisierter Pechblende von Morogoro (1914) mit 206,046 und O. HÖNIGSCHMID und L. BIRKENBACH[4]) an Material von Katanga (belgisch Kongo) (1923) mit 206,048 sowie T. W. RICHARDS (1919) aus reinster australischer Pechblende mit 206,08. Man darf sonach annehmen, daß das wahre Atomgewicht

---

[1]) E. REGENER, Verh. d. D. Phys. Ges. Bd. 13, S. 1027. 1911; E. SCHWEIDLER, Verh. d. D. Phys. Ges. Bd. 14, S. 536. 1912; R. GIRARD, Le Rad. Bd. 10, S. 195. 1913; M. CURIE, Journ. de phys. (6) Bd. 1, S. 12. 1920; ST. MARACINEANU, C. R. Bd. 176, S. 1879. 1923.

[2]) R. W. LAWSON, Wiener Ber. Bd. 128, S. 795. 1919; L. WERTENSTEIN u. H. DOBROWOLSKA, Journ. de phys. (6) Bd. 4, S. 324. 1923; ST. MARACINEANU, C. R. Bd. 177, S. 1215. 1923.

[3]) O. HÖNIGSCHMID u. ST. HOROVITZ, Bunsen-Ges., 23. Mai 1914; Wiener Anz. Bd. 51, S. 318. 1914; Wiener Ber. Bd. 123, S. 2407. 1914; T. W. RICHARDS u. M. E. LEMBERT, Journ. Amer. Chem. Soc. Bd. 36, S. 1329. 1924; ZS. f. anorg. Chem. Bd. 88, S. 429. 1914; K. FAJANS, Sitzungsber. Heidelb. Akad. Abh. 11. 1914.

[4]) O. HÖNIGSCHMID u. L. BIRKENBACH, Chem. Ber. Bd. 56, S. 1837. 1923; T. W. RICHARDS, Nature Bd. 103, S. 74. 1919; T. W. RICHARDS u. J. SAMESHIMA, Journ. Amer. Chem. Soc. Bd. 42, S. 928. 1920.

des RaG nahezu $226 - 5 \cdot 4 = 206$ beträgt, entsprechend den 5 α-Strahlern zwischen Ra und RaG. Dieses Endprodukt muß, auch wenn das Ausgangserz ganz frei von Thor und gewöhnlichem Blei (207,2) war, aber noch das Endprodukt der Actiniumzerfallsreihe, etwa im Ausmaß von 3% enthalten; sein Atomgewicht wird zur Zeit mit 206 oder 207 angenommen, im ersteren Fall wäre es einflußlos, im zweiten würde ein Verbindungsgewicht des Gemisches von 206,03 resultieren. Bemerkenswert ist, daß die sekundären Uranmineralien, die sich in Katanga oberhalb der massiven Pechblende finden, Bleigehalte bis über 25% haben und daß dieses Blei sich als praktisch reines RaG (206) erweist; da ein dementsprechendes hohes geologisches Alter nicht angenommen werden kann und die primären massiven Erze der Gegend auch nur einen normalen wesentlich geringeren Pb-Gehalt haben, muß daraus geschlossen werden, daß das RaG sich in diesem Falle durch sekundäre mineralogisch-chemische Prozesse in den oberen Schichten anzureichern vermochte ohne dabei gewöhnlichem Blei zu begegnen und sich mit solchem zu vermischen. Dieses in großer Menge vorhandene Material ist demnach die vorzüglichste Quelle für reines RaG. Freilich müßte bei der technischen Abscheidung darauf gesehen werden, daß nicht gewöhnliches Blei aus der technischen Schwefelsäure, Gefäßen usw. hineingetragen werde.

γ) Die Actiniumfamilie.

Wie bereits erwähnt, darf aus der Konstanz des Verhältnisses der Produkte dieser Reihe zu denen der Ionium-Radium-Reihe geschlossen werden, daß die Genesis der Actiniumfamilie auf ein Uranprodukt zurückgeht. Dabei bleibt die Frage offen, ob das gleiche U-Produkt durch dualen Zerfall die beiden Ketten liefert, oder ob ein Uranisotop existiert, das als Ac-U Stammvater dieser Familie ist. In letzterem Falle könnte angenommen werden, daß auch noch zu UX_1 UX_2 und U_{II} Isotope vorhanden sein könnten, und A. S. RUSSELL[1]) hat, gestützt auf Zahlenbeziehungen der radioaktiven Konstanten, den Anfang der Reihe wie folgt angesetzt:

$$AcU_I \xrightarrow{\alpha} UY_1 \xrightarrow{\beta} UY_2 \xrightarrow{\beta} AcU_{II} \xrightarrow{\alpha} \text{Vater des Pa} \xrightarrow{\beta} Pa \xrightarrow{\alpha} Ac.$$

Vorläufig fehlt hierfür aber eine experimentelle Begründung, und es ist als erstes der neuen Familie zugehöriges Glied nur das UY bekannt, über das schon in Ziff. 40 berichtet ist. Aus diesem β-strahlenden Stoff der Atomnummer 90 muß ein Element mit $N = 91$, ein „Ekatantal", entstehen. Als dieses wird das Protactinium betrachtet, das 1918 von O. HAHN und L. MEITNER und nahezu gleichzeitig von F. SODDY und J. A. CRANSTON entdeckt wurde[2]).

47. Protactinium. $(N = 91)$ (Pa). Pa ist in den schwerst löslichen Bestandteilen der Radiumfabrikation aus Uranerzen enthalten, bei den Pechblendeverarbeitungen in den sog. „Rückrückständen". O. HAHN und L. MEITNER haben die Darstellung in dreifacher Weise durchgeführt: 1. durch Aufschluß mit Natriumbisulfat; 2. durch direkte Zersetzung mittels Flußsäure plus Schwefelsäure; 3. durch Auflösung in Salpetersäure. Im ersten Fall findet sich Ta + Pa im ungelösten Teil, im zweiten in der Lösung, im dritten zwischen Lösung und Rückstand verteilt. Die bisher gewonnenen Präparate sind noch nicht reine Pa-Oxyde, sondern enthalten noch vor allem Erdsäuren, doch ist prinzipiell die Reinigung von Ta usw. durchführbar. Die vorhandene Menge an Pa ist durch

---

[1]) A. S. RUSSELL, Phil. Mag. (6) Bd. 46, S. 642. 1923.
[2]) O. HAHN u. L. MEITNER, ZS. f. Elektrochem. Bd. 24, S. 169. 1918; Naturwissensch. Bd. 6, S. 324. 1918; Phys. ZS. Bd. 19, S. 208. 1918; F. SODDY u. J. A. CRANSTON, Proc. Roy. Soc. London (A) Bd. 94, S. 384. 1918.

das Abzweigungsverhältnis gegen die Io-Ra-Familie und durch die Zerfallskonstante gegeben.

Als Abzweigungsverhältnis[1]) galt zuerst nach B. B. BOLTWOODS Schätzungen der Wert von 8%. Später haben O. HAHN und L. MEITNER und andere niedrigere Werte, zumeist ca. 3% gefunden, A. PICCARD und E. KESSLER allerdings (1923) wieder den etwas höheren Betrag von 5%.

Pa ist ein α-Strahler mit der Reichweite $R_0 = 3,48$ cm. Aus der Beziehung zwischen Reichweite und Zerfallswahrscheinlichkeit ließ sich zunächst die Größenordnung der Halbierungszeit einschätzen. O. HAHN und L. MEITNER[2]) haben sodann den Pa-Gehalt in betreffs ihres verschiedenen Alters gut definierten Uranpräparaten untersucht, die um so mehr Pa enthalten mußten, je älter sie waren und gelangten so zu einem Wert von $T = 12000$ Jahre. Zu nahe dem gleichen Betrag $T = 12500 a$ führte J. H. MENNIE[2]) der Vergleich des im Erze vorhandenen Io und Pa unter Voraussetzung des Gabelungsverhältnisses von 3%.

Danach wären zu 1 Tonne Uran etwa 72 mg Protactinium zu erwarten.

48. Actinium. ($N = 89$.) Ac wurde von A. DEBIERNE und F. GIESEL[3]) entdeckt. Zur Zeit, als A. DEBIERNE (1899/1900) seine ersten Abtrennungen mit seltenen Erden machte, war das Ionium noch nicht bekannt und er hatte daher ein Gemisch von Io und Ac; F. GIESEL hat (1902) dann das reinere Ac, das sich durch sein besonders großes Emanierungsvermögen auszeichnete und das er deshalb zuerst „Emanium" nannte, gewonnen.

Die chemische Charakteristik des Ac ist bisher nur unvollständig bekannt. Dem periodischen System der Elemente folgend wären als nächste Homologe La und Cp anzusehen, als zweitnächstes Yttrium, sodann Skandium. F. GIESEL fand bei seinen Abtrennungsversuchen Lanthan als das dem Ac verwandteste Element; C. AUER-WELSBACH[4]) stellte die Basizität des Ac nach den bei der Trennung der seltenen Erden gemachten Erfahrungen zwischen Lanthan und Kalzium. Nach Versuchen von ST. MEYER und C. ULRICH steigt bei Fraktionierung der Magnesiumdoppelnitrate der seltenen Erden die Radioaktivität vom La über Pr und Nd und erreicht ihr Maximum beim Samarium, um von da gegen die Yttererden rasch abzufallen. Danach würde sich das Ac vielleicht gerade dem noch unbekannten Element Nr. 61 anschließen und die Besonderheit des Ac sich je nach der verwendeten Trennungsmethode an wechselnder Stelle einzuordnen, könnte auch eine Deutung für die Schwierigkeit der Auffindung von Nr. 61 beinhalten. C. AUER-WELSBACH hat die stärksten Präparate erhalten, indem er von den Oxalaten ausgehend zuerst durch Ammonoxalat das Th-Io entfernte und die restierenden Erden weiter fraktionierte. Er bekam starke Ac-Präparate aus den Lanthanfraktionen durch Fällung mit Kieselfluorwasserstoffsäure; weiter aber auch in gleicher Weise aus den Endlaugen einer Ceri-

---

[1]) B. B. BOLTWOOD, Sill. Journ. Bd. 25, S. 269. 1908; O. HAHN u. L. MEITNER, Phys. ZS. Bd. 20, S. 529. 1919; G. N. ANTONOFF, Phil. Mag. (6) Bd. 26, S. 1058. 1913; ST. MEYER, Wiener Ber. Bd. 129, S. 483. 1920; G. KIRSCH, Wiener Ber. Bd. 129, S. 309. 1920.; O. HAHN u. L. MEITNER, Chem. Ber. Bd. 54, S. 69. 1921; ZS. f. Phys. Bd. 8, S. 202. 1922; E. RÓNA, Chem. Ber. Bd. 55, S. 294. 1922; W. G. GUY u. A. S. RUSSELL, Journ. Chem. Soc. Bd. 123, S. 2618. 1923; A. PICCARD u. E. KESSLER, Arch. sc. phys. et nat. (5) Bd. 5, S. 491. 1923.

[2]) O. HAHN u. L. MEITNER, Phys. ZS. Bd. 20, S. 127. 1919; ZS. f. Phys. Bd. 8, S. 202. 1922; O. HAHN, Phys. ZS. Bd. 21, S. 591. 1920; J. H. MENNIE, Phil. Mag. (6) Bd. 46, S. 675. 1923.

[3]) A. DEBIERNE, C. R. Bd. 129, S. 593. 1899; Bd. 130, S. 906. 1900; Phys. ZS. Bd. 7, S. 14. 1906; F. GIESEL, Chem. Ber. Bd. 35, S. 3608. 1902; Bd. 36, S. 342. 1903; Bd. 37, S. 1696, 3963. 1904; Bd. 38, S. 775. 1905.

[4]) C. AUER-WELSBACH, Wiener Ber. Bd. 119, S. 1. 1910; E. DEMARÇAY, C. R. Bd. 130, S. 1019. 1910.

ammonnitratreihe, in der Y vorhanden war, jedoch das La fehlte. Bemerkenswert ist auch die spontane Abscheidung stark Ac-haltiger Kalziummanganite aus Endfraktionen.

Zur radioaktiven Reinigung muß Ac von seinen Folgeprodukten Radioactinium und Actinium X befreit werden, eventuell noch von AcB; die übrigen Folgeprodukte sind so kurzlebig, daß sie von selbst sehr rasch verschwinden, wenn ihre Stammsubstanz fehlt. Dies bedeutet chemische Abtrennung von Th, Ba und Pb, die eventuell eigens hierzu als Ballast, um wägbare Mengen zu erhalten, beigemischt werden müssen. Zu beachten ist die Adsorption des Ac am AcX, die durch geringe Zusätze von Ba zurückgedrängt werden kann, besonders wenn das RdAc mit Natriumthiosulfat abgetrennt wurde und das Ac aus dem Filtrat durch Ammoniakfällung erhalten wird.

Eine Strahlung des reinen Ac konnte bisher nicht festgestellt werden. Nach den Verschiebungsregeln muß es jedoch den β-Strahlern zugerechnet werden. Ob die Kernelektronen, die es aussenden soll, so geringe Wirkungen haben, daß sie sich bisher der Beobachtung entzogen, oder ob sie nur bis in die äußerste Elektronenschale gelangen und die eigentliche Atmsphäre nicht verlassen, ist unentschieden.

Das Atomgewicht des Ac ist experimentell noch nicht bestimmt. Stammt die Reihe direkt von U_{II} ab, so ist nach der Zahl der auftretenden α-Strahler ein solches von 226 zu erwarten. [230 bei direkter Herleitung von U_I ist auszuschließen, da dann 3% AcD (210) dem Uranblei (206) einen Zusatz brächte, der das Verbindungsgewicht auf 206,12 erhöht, während tatsächlich niedrigere Werte sichergestellt sind.] Zahlenbeziehungen der radioaktiven Konstanten veranlaßten zuerst K. FAJANS[1]) zur Annahme des Atomgewichtes 227, das seither vielfach (z. B. von A. S. RUSSELL[2]) beibehalten wurde. Dies würde die Existenz eines AcU (239) voraussetzen.

Die mittlere Lebensdauer[3]) wurde zuerst als sehr lange angenommen. M. CURIE fand jedoch eine Abnahme der β-Aktivität (der im Gleichgewicht stehenden Folgeprodukte) die eine Halbierungszeit $T = 30$ Jahre erwarten ließ. O. HAHN und L. MEITNER sowie ST. MEYER erhielten bei ihren Beobachtungen noch kleinere Werte, und es gilt derzeit $T = $ ca. 20 Jahre.

49. Radioactinium. RdAc. ($N = 90$). Dieses Produkt wurde 1906 von O. HAHN[4]) entdeckt und benannt. Mit ihm beginnt eine Reihe von Zerfallsprodukten, die in voller Analogie zur Ionium-Radiumfamilie steht, jedoch bereits bei dem bleiartigen D-Produkt sein stabiles Ende zu erreichen scheint.

$$\text{Io} \xrightarrow{\alpha} \text{Ra} \xrightarrow{\alpha} \text{RaEm} \xrightarrow{\alpha} \text{RaA} \xrightarrow{\alpha} \text{RaB} \xrightarrow{\beta} \text{RaC} \begin{smallmatrix} \beta \nearrow \text{RaC}' \searrow \alpha \\ \alpha \searrow \text{RaC}'' \nearrow \beta \end{smallmatrix} \text{RaD}.$$

$$\text{RdAc} \xrightarrow{\alpha} \text{AcX} \xrightarrow{\alpha} \text{AcEm} \xrightarrow{\alpha} \text{AcA} \xrightarrow{\alpha} \text{AcB} \xrightarrow{\beta} \text{AcC} \begin{smallmatrix} \beta \nearrow \text{AcC}' \searrow \alpha \\ \alpha \searrow \text{AcC}'' \nearrow \beta \end{smallmatrix} \text{AcD}.$$

Die chemische Charakteristik dieser Stoffe ist durch diejenige der Isotopen der Io-Ra-Reihe gegeben, insoweit nicht durch die andere Zerfallsgeschwindigkeit,

---
[1]) K. FAJANS, Phys. ZS. Bd. 14, S. 950. 1913.
[2]) A. S. RUSSELL, Phil. Mag. (6) Bd. 46, S. 642. 1923.
[3]) M. CURIE, Le Rad. Bd. 8, S. 353. 1911; O. HAHN u. L. MEITNER, Phys. ZS. Bd. 19, S. 208. 1918; Bd. 20, S. 127. 1919; ST. MEYER, Wiener Ber. Bd. 129, S. 483. 1920.
[4]) O. HAHN, Phil. Mag. (6) Bd. 12, S. 244. 1906; Bd. 13, S. 165. 1907; Phys. ZS. Bd. 7, S. 855. 1906.

die für die Actiniumprodukte durchwegs größer ist, als für die analogen obiger Reihe, weitergehende Beeinflussung der Umgebung und vielleicht kleine Veränderungen der Reaktionen bedingt werden können. Im folgenden ist daher nur auf jene Besonderheiten hingewiesen, die nicht schon in den früher gemachten Angaben implizite enthalten sind.

Radioactinium ist ein typischer α-Strahler. Im Unterschied zu Io sendet es aber auch β-Teilchen aus. Käme diese β-Emission aus dem Atomkern, so hätte man es mit einem dualen Zerfall zu tun und es müßte aus dem β-strahlenden Bestandteil ein Folgeprodukt der Atomnummer 91 (ein Protactiniumisotop) erwartet werden. Trotz sorgfältigen Suchens ist O. HAHN und L. MEITNER[1]) die Auffindung eines solchen Stoffes nicht gelungen, und man nimmt daher an, daß ebenso wie im Falle des Radiums es sich bei den ausgeschleuderten Elektronen um Teilchen handelt, die sekundär der Atomhülle entstammen. Die Halbierungszeit hat zuerst O. HAHN[2]) mit $T = 19,5\,d$ bestimmt; H. N. McCoy und E. D. LEMAN (1914) haben dann darauf hingewiesen, daß aus dem Kurvenverlauf unter Berücksichtigung des „laufenden" Gleichgewichtes zwischen RdAc und AcX richtiger $T = 18,88$ zu setzen ist. ST. MEYER und F. PANETH bestimmten 1918 ebenfalls $T = 18,9$ Tage[3]).

RdAc hat für seine α-Strahlung in Luft eine Reichweite $R_0 = 4,43$ cm. Sein Folgeprodukt, AcX, das eine kürzere mittlere Lebensdauer besitzt, hingegen $R_0 = 4,14$ cm. Es ist dies eine sehr auffallende Ausnahme gegenüber der sonst allgemein gültigen Regel, daß größeren Zerfallswahrscheinlichkeiten, größere Anfangsgeschwindigkeiten und größere Reichweiten der α-Strahlen zugehören und enthält einen Hinweis darauf, daß hier spezielle Stabilitätsprobleme oder das Insspieltreten anderer Korpuskularstrahlen vorhanden sein könnten.

50. Actinium X. ($N = 88$). AcX wurde 1904 von F. GIESEL entdeckt und unabhängig 1905 von T. GODLEWSKI aufgefunden[4]). Wegen seiner großen Emanierungsfähigkeit hatte F. GIESEL diesen Stoff zuerst als „Emanationskörper" bezeichnet. Als Isotop des Radiums folgt es dessen Reaktionen. Schwierigkeiten bringt nur die völlige Trennung von Ac selbst. Am besten gelingt die Reindarstellung, wenn aus der Ac-Lösung zunächst das RdAc actiniumfrei abgeschieden wird, was mit Natriumthiosulfat oder Wasserstoffsuperoxyd geschehen kann, und dann erst das nachgebildete AcX durch eine Ammoniak- oder H_2O_2-Fällung ins Filtrat gebracht wird. In sehr reinem Zustand läßt es sich durch Rückstoß aus RdAc gewinnen.

Für die Halbierungszeit gaben 1904/1905 F. GIESEL und T. GODLEWSKI[4]) zuerst $T = 10,2\,d$ an; ST. MEYER und E. SCHWEIDLER erhielten (1907) an Rückstoßrestaktivitäten, die sich dann als AcX erwiesen, $T = 11,8\,d$; O. HAHN und M. ROTHENBACH (1913) $T = 11,6\,d$; H. N. McCoy und E. D. LEMAN[5]) (1913) $T = 11,4\,d$; endlich ST. MEYER und F. PANETH[3]) (1918) $T = 11,2$ Tage.

„Meso"-Produkte nach Art der Stoffe zwischen Th und ThX konnten nicht aufgefunden werden.

51. Actiniumemanation. ($N = 86$.) AcEm seit 1918 auch „Actinon" (oder „Acton") (An) genannt, wurde von A. DEBIERNE und F. GIESEL gleichzeitig

---

[1]) O. HAHN u. L. MEITNER, ZS. f. Phys. Bd. 2, S. 60. 1920.
[2]) Siehe Fußnote 4, S. 261.
[3]) H. N. McCoy u. E. D. LEMAN, Phys. Rev. (2) Bd. 4, S. 409. 1914; ST. MEYER u. F. PANETH, Wiener Ber. Bd. 127, S. 147. 1918.
[4]) F. GIESEL, Jahrb. d. Radioakt. Bd. 1, S. 345. 1905; T. GODLEWSKI, Phil. Mag. (6) Bd. 10, S. 35. 1905.
[5]) O. HAHN u. M. ROTHENBACH, Phys. ZS. Bd. 14, S. 409. 1913; H. N. McCoy u. E. D. LEMAN, Phys. ZS. Bd. 14, S. 1280. 1913.

mit Ac entdeckt[1]). Die Halbierungszeit wurde (1903) von A. DEBIERNE, (1905) von O. HAHN und O. SACKUR mit $T = 3{,}9$ sek angegeben und (1912) von M. S. LESLIE, (1914) von P. B. PERKINS, (1917) von R. SCHMID nach verschiedenen Beobachtungsmethoden übereinstimmend zu $T = 3{,}92$ sek gefunden[2]).

Eine eigenartige Erscheinung beobachtet man, wenn ein Ac-Präparat im Dunkeln nahe über einen Sidotblendenschirm gebracht wird. Durch Luftbewegung (Anblasen) wird die Leuchterscheinung hin und herbewegt, wie ein Schwaden schweren Gases. Die materielle Natur des AcEm-Gases kann hierfür wegen der enormen Verdünnung nicht verantwortlich sein, sie ist wohl auf die Kurzlebigkeit der AcEm und die des positiv geladenen Folgeproduktes AcA zurückzuführen.

52. Aktiver Niederschlag. Unter diesem Sammelnamen oder auch unter dem der „induzierten Actiniumaktivität" versteht man den Komplex AcA, AcB, AcC, AcC′, AcC″.

Actinium A. 1911 hat H. GEIGER[3]) nachgewiesen, daß der Stoff, der bis dahin einheitlich als AcEm angesehen worden war, zwei α-Strahler enthalte und angenommen, daß ein Zwischenprodukt zwischen AcEm und dem damals bekannten aktiven Niederschlag (heute AcB-AcC′ genannt) existiere. Im gleichen Jahre ist H. G. Moseley und K. FAJANS[3]) die Abtrennung des sehr kurzlebigen AcA gelungen, indem sie es auf einer rotierenden negativ geladenen Scheibe auffingen, die mit einem Segment durch den Schlitz eines Ac-Em-haltigen Raumes zieht. Indem die außerhalb des Em-haltigen Raumes sich bewegenden Scheibenteile an zwei Meßkammern vorbeigeführt werden, kann das rasche Abklingen messend verfolgt werden. Es ergab sich eine Halbierungszeit von bloß $T = 0{,}002$ sek. H. IKEUTI fand 1925 $T = 0{,}0015$ sek.

Actinium B. Das Bleiisotop AcB wurde von A. DEBIERNE entdeckt; es entsendet weiche β-Strahlen. Seine Halbierungszeit[4]) beträgt nach Messungen von A. DEBIERNE (1903, 1904) $T = 40\,m$; H. T. BROOKS (1904) $T = 41\,m$; J. ELSTER und H. GEITEL (1905) $T = 34{,}4\,m$; ST. MEYER und E. SCHWEIDLER (1905) $T = 35{,}8\,m$; H. L. BRONSON (1905) $T = 35{,}7\,m$; O. HAHN und O. SACKUR[5]) (1905) $T = 36{,}4$; T. GODLEWSKI[6]), (1905) $T = 36\,m$; V. F. Hess (1907) $T = 36{,}07\,m$; H. N. MCCOY und E. D. LEMAN[7]) (1913) $T = 36{,}2\,m$; ST. MARACINEANU (1923) $T = 36{,}0\,m$. Die ersten Messungen könnten durch Anwesenheit von Spuren von ThB gestört gewesen sein; sieht man von den beiden ersten ab, so ergibt sich als Mittelwert $T = 36{,}0\,m$.

Actinium C. Das Wismutisotop AcC wurde 1904 von H. T. BROOKS und E. RUTHERFORD[8]) gefunden. H. L. BRONSON bestimmte (1905) $T = 2{,}15\,m$; den gleichen Wert erhielten O. HAHN und L. MEITNER[9]) (1908 und 1911);

---

[1]) Siehe Fußnote 3, S. 260.
[2]) A. DEBIERNE, C. R. Bd. 136, S. 446. 1903; O. HAHN u. O. SACKUR, Chem. Ber. Bd. 38, S. 1943. 1905; M. S. LESLIE, Phil. Mag. (6) Bd. 24, S. 637. 1912; P. B. PERKINS, Phil. Mag. (6) Bd. 27, S. 720. 1914; R. SCHMID, Wiener Ber. Bd. 126, S. 1065. 1917.
[3]) H. GEIGER, Phil. Mag. (6) Bd. 22, S. 201. 1911; H. G. J. MOSELEY u. K. FAJANS, Phil. Mag. (6) Bd. 22, S. 629. 1911; H. IKEUTI, Festschr. für H. NAGASKA, Tokio, S. 295. 1925.
[4]) A. DEBIERNE, C. R. Bd. 136, S. 671. 1903; Bd. 138, S. 411. 1904; H. T. BROOKS, Phil. Mag. (6) Bd. 8, S. 373. 1904; J. ELSTER u. H. GEITEL, Arch. sc. phys. et nat. (4) Bd. 19, S. 18. 1905; ST. MEYER u. E. SCHWEIDLER, Wiener Ber. Bd. 114, S. 1147. 1905; H. L. BRONSON, Sill. Journ. Bd. 19, S. 185. 1905; V. F. HESS, Wiener Ber. Bd. 116, S. 1157. 1907; ST. MARACINEANU, C. R. Bd. 177, S. 1215. 1923.
[5]) Siehe in Fußnote 2, oben. [6]) Siehe Fußnote 4, S. 262. [7]) Siehe Fußnote 5, S. 262.
[8]) E. RUTHERFORD, Phil. Trans. (A) Bd. 204, S. 169. 1904.
[9]) H. L. BRONSON, Sill. Journ. Bd. 19, S. 185. 1905; O. HAHN u. L. MEITNER, Phys. ZS. Bd. 9, S. 649. 1908; L. MEITNER, Phys. ZS. Bd. 12, S. 1094. 1911.

St. Meyer und F. Paneth[1]) fanden $T = 2,16\,m$. Ebenso wie RaC zerfällt AcC dual unter Aussendung von α- und β-Strahlen. Im Unterschied zu RaC ist hier aber die α-Verwandlung nach dem C''-Produkt (Thalliumisotop $N = 81$) die vorwiegende. Nach R. H. Wilson, E. Marsden und P. B. Perkins sowie R. W. Varder (1914) zerfallen nur 0,15 bis 0,2% der AcC Atome durch β-Strahlung in das Poloniumisotop AcC'; E. Albrecht (1919) findet das Verhältnis der Stoffe AcC''/AcC' = 99,84; L. F. Bates und J. St. Rogers geben dafür 99,68 an (1924)[2]).

Da AcC bei höherer Temperatur verdampft als AcB kann ein „induziertes" Blech durch Erhitzen auf Rotglut von AcB befreit und dann AcC rein gewonnen werden.

Actinium C'. Das Poloniumisotop ($N = 84$) AcC' kommt in so geringem Abzweigungsverhältnis vor, daß sein Studium bisher nur in sehr unvollkommener Weise möglich war. Es gilt als α-Strahler mit einer Reichweite von $R_0 =$ ca. 6 cm, einer Halbierungszeit von etwa $T =$ ca. $5 \cdot 10^{-3}$ sek.

Actinium C''. Das Thalliumisotop ($N = 81$) AcC'' (früher AcD genannt), ein β-Strahler, wurde 1908 von O. Hahn und L. Meitner[3]) nach dem Rückstoßverfahren aus AcC erhalten. Seine Halbierungszeit wurde von ihnen zu $T = 5,1\,m$ bestimmt; A. F. Kovarik[3]) fand (1911) $T = 4,71\,m$; E. Albrecht[2]) (1919) $T = 4,76\,m$.

AcC' und AcC'' sind die letzten nachweislich radioaktiven Stoffe der Actiniumfamilie. Wie dies für die analogen Produkte der Radiumfamilie gesagt wurde, müssen beide sich in Bleiarten verwandeln, für welche bei gleichem Atomgewicht und gleicher Ordnungszahl, wenn sie stabil sind, eine Unterscheidungsmöglichkeit nicht besteht. Man nimmt daher ein gemeinsames Endprodukt Actinium D ($N = 82$) an. Wie S. 259 und 262 erwähnt, muß das Atomgewicht des AcD als nicht stark von 206 verschieden angesehen werden, doch würde der Wert von 207 sich noch mit den experimentellen Befunden am Uranblei (RaG + AcD) vertragen.

σ) Die Thoriumfamilie.

Die natürlichen Mineralien zeigen keine Konstanz des Verhältnisses Thor zu Uran, wie dies für die Actinium- und Radiumprodukte festgestellt wurde. Auffallend ist aber, daß mit steigendem geologischen Alter eine Zunahme von Th/U in den Erzen gefunden wird. G. Kirsch[4]) hat deshalb die Annahme gemacht, daß ein genetischer Zusammenhang mit dem Uran vorhanden sei und versucht die Thoriumfamilie von einem Uranisotop, Thoruran, herzuleiten. Solch ein ThU sollte das Atomgewicht 236 haben; aus dem Verhältnis Th/U zu „Pb"/U in den bestbestimmten Erzen verschiedenen geologischen Alters gewinnt er dafür eine Halbierungszeit $T =$ ca. $6 \cdot 10^7$ Jahre. Dieses ThU, das schneller abstirbt als das U selbst, würde danach im Verlaufe geologischer Zeiten allmählich verschwinden und so das Anwachsen des Th in älteren Erzen verständlich machen. Zutreffendenfalls würden dann alle bekannten radioaktiven Zerfallsreihen von Uranisotopen ihren Ausgang nehmen. Weder 3% eines AcU

---

[1]) Siehe Fußnote 3, S. 262.
[2]) E. Marsden u. R. H. Wilson, Nature Bd. 92, S. 29. 1913; E. Marsden u. P. B. Perkins, Phil. Mag. (6) Bd. 27, S. 690. 1914; R. W. Varder u. E. Marsden, Phil. Mag. (6) Bd. 28, S. 818. 1914; E. Albrecht, Wiener Ber. Bd. 128, S. 925. 1919; L. F. Bates u. J. St. Rogers, Proc. Roy. Soc. London (A) Bd. 105, S. 97. 1924.
[3]) O. Hahn u. L. Meitner, Phys. ZS. Bd. 9, S. 649. 1908; A. F. Kovarik, Phys. ZS. Bd. 12, S. 83. 1911.
[4]) G. Kirsch, Wiener Ber. Bd. 131, S. 551. 1922; Naturwissensch. Bd. 11, S. 372. 1923.

(239) noch die Anwesenheit von ThU(236) vermöchten jedoch das Verbindungsgewicht des Uran mit 238,18 (statt 238) aufzuklären. Wollte man dieses als Mischelement aufdeuten, so müßte noch ein weiteres Uranisotop mit höherem Atomgewicht existieren.

53. Thorium. ($N = 90$.) Th wurde 1822 von J. J. v. BERZELIUS entdeckt, seine Radioaktivität gleichzeitig von G. C. SCHMIDT und M. CURIE[1]) (1898) aufgefunden. Sein Atomgewicht beträgt nach O. HÖNIGSCHMID und ST. HOROVITZ[2]) (1916) 232,12. Es ist der Stammvater einer Zerfallsreihe, als deren Anfangsglieder die folgenden erkannt sind:

$$\text{Thor} \xrightarrow{\alpha} \text{Mesothor 1} \xrightarrow{\beta} \text{Mesothor 2} \xrightarrow{\beta} \text{Radiothor} \xrightarrow{\alpha}.$$

Während die Anfangsglieder sich ihrer Natur nach von denjenigen der Uran- und der Actiniumfamilie unterscheiden, herrscht vom Radiothor beginnend ein voller Parallelismus mit den analogen Stoffen der anderen beiden Reihen ausgehend von Io bzw. RdAc bis zu den D-Produkten. Da nach der Verwandlungsfolge α-β-β vom Th her, RdTh istop mit Th sein muß, ist die radioaktive Reinheit des Th selbst sehr schwer zu erzielen; sie kann nur dadurch zustande kommen, daß durch lange Zeit ständig das Mesothor abgeschieden wird, so daß dem Radiothor die Möglichkeit gegeben ist, spontan abzusterben. Aus mesothorfreigehaltenem Thor wäre RdTh nach ca. 13 Jahren auf 1%, nach ca. 19 Jahren auf 1 Promille abgesunken. Die Angaben über die Reichweite der α-Strahlen des Th selbst, die Zahl der von ihm in der Zeiteinheit ausgeschleuderten Korpuskeln und die mittlere Lebensdauer sind aus diesem Grunde noch mit gewissen Unsicherheiten verbunden.

Als Reichweite wurde (1921) von H. GEIGER $R_0 = 2,75$ cm Luft angegeben. Die Zahl der pro Sekunde von 1 g Th im Gleichgewicht mit allen seinen Folgeprodukten emittierten α-Teilchen fanden H. GEIGER und E. RUTHERFORD[3]) (1910) zu $2,7 \cdot 10^4$. Da es sich dabei um 6 α-Strahler in der ganzen Reihe handelt, so sollte 1 g Th allein $4,5 \cdot 10^3$ α/sek aussenden. Analog wie in Ziff. 39 für das U gezeigt wurde, läßt sich daraus die Zerfallswahrscheinlichkeit berechnen und liefert eine Halbwertszeit $T = 1,28 \cdot 10^{10}$ Jahre. H. N. MC COY[4]) hat (1913) aus dem Gesamtstrom, den die α-Teilchen zu unterhalten vermögen, $T = 1,78 \cdot 10^{10} a$ abgeleitet; B. HEIMANN[4]) hat an sehr altem Thoroxyd in ähnlicher Weise $T = 1,5 \cdot 10^{10} a$ bekommen (1914). L. MEITNER[4]) ermittelte die Gewichtsmenge Th, die gleich viel α-Strahlen entsendet wie 10^{-6} g Ra und fand, wenn $T_{Ra} = 1580 a$ gewählt wird, für Thor $T = 2,2 \cdot 10^{10} a$. Ist das Verhältnis der Endprodukte RaG : ThD und das des Th : U in einem Erz bekannt, so läßt sich daraus gleichfalls eine Berechnung durchführen. G. KIRSCH[5]) fand in dieser Weise $T = 1,65 \cdot 10^{10}$ Jahre (1922). Die GEIGER-NUTTALLsche einfache Beziehung zwischen Zerfallskonstante und Reichweite würde für T nur die Größenordnung $10^8 a$ liefern, wenn obiges R als gesichert gelten kann.

54. Mesothor 1. ($N = 88$.) MsTh$_1$ wurde 1907 von O. HAHN[6]) nach dem Radiothor entdeckt und seiner Zwischenstellung gemäß benannt. Es ist „strahlenlos" im selben Sinne wie Actinium, das heißt, es bewirkt nur β-Emissionen

---

[1]) G. C. SCHMIDT, Ann. d. Phys. (3) Bd. 65, S. 141. 1898; M. CURIE, C. R. Bd. 126, S. 1101. 1898.
[2]) O. HÖNIGSCHMID u. ST. HOROVITZ, Wiener Ber. Bd. 125, S. 149. 1916.
[3]) H. GEIGER u. E. RUTHERFORD, Phil. Mag. (6) Bd. 20, S. 691. 1910.
[4]) H. N. MC COY, Phys. Rev. (2) Bd. 1, S. 403. 1913; B. HEIMANN, Wiener Ber. Bd. 123, S. 1369. 1914; L. MEITNER, Phys. ZS. Bd. 19, S. 257. 1918.
[5]) Siehe Fußnote 4, S. 264.
[6]) O. HAHN, Chem. Ber. Bd. 40, S. 1462. 1907; Phys. ZS. Bd. 8, S. 277. 1907; Bd. 9, S. 392. 1908.

aus dem Kern, die entweder in der Elektronenhülle selbst verbleiben oder bei eventuellem Austritt nur sehr geringe Wirkung haben. Seine Halbierungszeit wurde von O. Hahn[1]) sowie H. N. Mc Coy und W. H. Ross[2]) (1907) mit $T = 5{,}5$ Jahren angegeben; L. Meitner[3]) bestimmte (1918) den Wert $T = 6{,}7$ a.

MsTh$_1$ ist isotop mit Ra, mit AcX und ThX; bei allen Abscheidungen, in denen einer dieser Stoffe anwesend sein kann, erfolgt die Abtrennung gemeinsam. Da AcX in etwa 4 Monaten, überschüssiges ThX schon nach rund 5 Wochen bis auf ein Promille absterben, so verbleibt im wesentlichen das Gemisch MsTh$_1$ + Ra. Das Mischungsverhältnis hängt von der Natur des Ausgangsmateriales bzw. dessen Gehalt an Uran (Io) und Thor ab. Da Ra/U $= 3{,}4 \cdot 10^{-7}$ angesetzt werden kann, MsTh$_1$/Th $=$ ca. $4 \cdot 10^{-10}$, folgt, daß selbst aus uranarmen Erzen, wie dem Monatzitsand, in den meisten Mesothorpräparaten gewichtsmäßig mehr Radium als Mesothor enthalten sein muß. Da weiter MsTh$_1$ viel schneller abstirbt als Ra, verschiebt sich das Gewichtsverhältnis im Verlaufe der Zeit immer mehr zugunsten des Ra. Radiumfreies Mesothor kann nur aus Thorpräparaten gewonnen werden, aus denen bereits früher einmal das MsTh$_1$ + Ra abgeschieden war; ein geringer Ioniumgehalt des Th ist dabei, wegen der Langsamkeit des Anwachsens von Ra daraus, nicht störend. Als solches Ausgangsmaterial kommen alte Glühkörperrückstände in Betracht.

Als Einheit ist in der Praxis die unpräzise Bezeichnung „1 mg Mesothor" für jene Mesothormenge eingeführt worden, die nach ihrer γ-Strahlung (aus den beiden Folgeprodukten MsTh$_2$ und ThC'') unter Voraussetzung gleicher Absorptionsverhältnisse einer Menge von 1 mg Radium äquivalent ist. Da hierbei dem einen γ-Strahler RaC zwei γ-strahlende Substanzen MsTh$_2$ und ThC'', die in ihrer Durchdringlichkeit nicht gleichwertig sind, gegenüberstehen, die Relation der Wirkungen der beiden Produkte der Thoriumreihe überdies vom Alter des Präparates abhängig ist, folgt, daß die Angaben für verschiedene Versuchsanordnungen nicht übereinstimmen müssen. Wären alle drei γ-Strahlenarten gleichwertig, so würde gleiches Gewicht von MsTh rund 470mal so aktiv sein als Ra.

Genauer berechenbar ist das α-Strahlenäquivalent für im Gleichgewicht mit den Zerfallsprodukten stehende Präparate. Die Ionisierungen, hervorgerufen durch die Gleichgewichtsfolgen RdTh, ThX, ThEm, ThA, ThC + ThC' einerseits, von den α-Strahlern Ra, RaEm, RaA, RaC' anderseits, verhalten sich wie $1{,}335$; die Relation der mittleren Lebensdauern von Ra/MsTh$_1$ $= 2280/9{,}7 = 235$ mit obiger Zahl multipliziert ergibt 314 und besagt, daß für gleiche α-Wirkung rund 300mal gewichtsmäßig so viel Ra erforderlich ist als Mesothor.

55. Mesothor 2. ($N = 89$.) Das β-strahlende Actiniumisotop MsTh$_2$ wurde 1908 von O. Hahn[4]) entdeckt. Ist schon die Darstellung des Ac mit Schwierigkeiten verbunden, so gilt dies um so mehr bei dem relativ kurzlebigen MsTh$_2$. Bei Abscheidung des RdTh vom MsTh wird MsTh$_2$ mitgenommen, wenn Zirkonhydroxyd mit Ammoniak aus der Thorlösung ausgefällt wird. Ebenso geht es mit Aluminiumhydroxyd, und da es sich rasch nachbildet, kann es bei wiederholter Fällung derart frei von RdTh gewonnen werden. Zusatz von Eisenhydroxyd gestaltet die Fällung noch vollständiger. L. Meitner[5]) wies nach, daß

---

[1]) Siehe Fußnote 6, S. 265.
[2]) H. N. Mc Coy u. W. H. Ross, Sill. Journ. Bd. 21, S. 433. 1906; Journ. Amer. Chem. Soc. Bd. 29, S. 1709. 1907.
[3]) Siehe Fußnote 4, S. 265.
[4]) O. Hahn, Phys. ZS. Bd. 9, S. 246. 1908.
[5]) L. Meitner, Phys. ZS. Bd. 12, S. 1094. 1911; F. Tödt, ZS. f. phys. Chem. Bd. 113, S. 329. 1924.

man es aus neutraler Lösung nach vorangegangener elektrolytischer Abscheidung des Fe und des ThB (Pb) rein auf einer Silberkathode abscheiden kann. Nach Angaben F. TÖDTS[1]) kann man kathodisch Ausbeuten von 60 bis 70% erhalten, wenn $MsTh_2$ mit $FeCl_3$ von seiner Muttersubstanz getrennt wird, das gegen $FeCl_3$ doppelte Gewicht an $BaCl_2$ zugefügt und bei 0,1 bis 0,05 normaler HCl-Lösung unter CO_2-Einleitung elektrolysiert wird.

Die Halbierungszeit wurde 1908 von O. HAHN[2]) mit $T = 6,2\,h$ angegeben; H. N. Mc COY und C. H. VIOL[3]) fanden $T = 6,14\,h$ (1913); W. P. WIDDOWSON und A. S. RUSSELL[4]) erhielten (1925) $T = 5,95$ Stunden.

56. Radiothor. ($N = 90$.) RdTh wurde von O. HAHN[5]) 1905 aufgefunden. Als Thorisotop kann es frei von Th nur aus reinem Mesothor gewonnen werden; dann aber nach den üblichen Thorabtrennungsverfahren.

RdTh entsendet sowohl α- wie β-Strahlen. Da aber kein Folgeprodukt der Atomnummer 91 aufgefunden werden konnte, nimmt man hier ebenso wie bei Ra und RdAc keinen gegabelten Zerfall an, sondern sucht den Ausgang der β-Teilchen nicht im Kern, sondern in sekundären Vorgängen. Für die Halbierungskonstante gab O. HAHN[5]) (1905) $T = 2$ Jahre an; G. L. BLANC $2,02\,a$; M. S. LESLIE fand (1912) nahezu $2\,a$; ST. MEYER und F. PANETH (1916), B. WALTER (1917) und L. MEITNER (1918) fanden hingegen übereinstimmend den kleineren Wert $T = 1,9$ Jahre[6]).

$MsTh_1$ und RdTh haben gegenüber den anderen Zerfallsprodukten dieser Reihe so lange mittlere Lebensdauern, daß die Gesamtverwandlung durch diese beiden Produkte beherrscht wird, und wenn zur Kennzeichnung des ersteren der Buchstabe M für das letztere R gewählt wird, die Stromwirkung gegeben ist durch $J = \lambda_M M + k \lambda_R R$, wobei $M = M_0 e^{-\lambda_M t}$;

$$R = \frac{M_0 \lambda_M}{\lambda_R - \lambda_M} (e^{-\lambda_M t} - e^{-\lambda_R t}).$$

Für die γ-Strahlenwirkung gibt dabei k das Verhältnis der Ionisationen von ThC'' zu $MsTh_2$ an; für α-Strahlenwirkungen verschwindet der erste Summand. Beginnt man die Betrachtungen mit von RdTh befreitem MsTh, so ist die Zeit t für die maximale Wirkung bei verschiedenem k gegeben in Jahren durch:

$k =$	0,282	0,4	0,6	0,8	1,0	1,2	1,5	2	3	4	∞
$t_{max} =$	0,00	0,91	1,83	2,39	2,76	3,04	3,34	3,66	4,01	4,20	4,83

Der erste Wert entspricht $k = \dfrac{\lambda_M}{\lambda_R}$; der letzte gilt für die α-Wirkung.

Die für viele Zwecke hinreichend lange Lebensdauer des RdTh, verbunden mit dem Umstand, daß dieses Produkt mit seinen Abkömmlingen die gleiche α-Wirkung hat wie $MsTh_1$ und seine Deszendenz und wenigstens die Hälfte der γ-Wirkung, bildet in der Praxis den Anlaß, daß vielfach statt des Mesothor, Radiothor zum Verkauf gelangt, das man sukzessive immer wieder vom verbleibenden bzw. langsamer absterbenden Mesothor abscheiden kann.

---

[1]) Siehe Fußnote 5, S. 266.
[2]) Siehe Fußnote 4, S. 266.
[3]) H. N. Mc COY u. C. H. VIOL, Phil. Mag. (6) Bd. 25, S. 350. 1913.
[4]) W. P. WIDDOWSON u. A. S. RUSSELL, Phil. Mag. (6) Bd. 49, S. 137. 1925.
[5]) O. HAHN, Proc. Roy. Soc. London (A) Bd. 76, S. 115. 1905; Jahrb. d. Radioakt. Bd. 2, S. 233. 1905; Phil. Mag. (6) Bd. 12, S. 82. 1906.
[6]) ST. MEYER u. F. PANETH, Wiener Ber. Bd. 125, S. 1253. 1916; B. WALTER, Phys. ZS. Bd. 18, S. 584. 1917; L. MEITNER, Phys. ZS. Bd. 19, S. 257. 1918.

57. Thor X. ($N = 88$.) Die Abtrennung des ThX gelang E. RUTHERFORD und F. SODDY[1]) 1902. Damals noch in Unkenntnis der Zwischenprodukte und der Verschiebungsregeln wurde die Bezeichnung in Analogie zu UX gewählt, ebenso wie später die Benennung AcX. Man weiß jetzt, daß ThX und AcX Isotope des Ra sind, während UX_1 ein Thorisotop darstellt, und man darf erwarten, daß diese Bezeichnungen noch eine regulierende Abänderung erfahren werden. Da es demnach auch isotop mit $MsTh_1$ ist, kann seine Abtrennung nur aus RdTh vorgenommen werden, wobei man sich an die Reaktionen des Ra oder praktisch schon an die des Ba halten kann. Es wird medizinisch speziell zu Injektionszwecken herangezogen; dabei ist zu beachten, daß zu den Fällungen Zusätze von Ba genommen zu werden pflegen, um wägbare Mengen zu erhalten, und dieser Bariumballast darf in seinen Eigenwirkungen nicht außer acht gelassen werden. ThX ist ein α-Strahler. Da aber seine nächsten Zerfallsprodukte außerordentlich kurzlebig sind, hat man bei seiner Gesamtstrahlung naturgemäß auch die Mitwirkung seiner Folgeprodukte zu berücksichtigen.

Die Halbierungszeit wurde 1902 von E. RUTHERFORD und F. SODDY[1]) mit $T = $ ca. 4 Tagen angegeben. F. LERCH bestimmte (1905) $T = 3,64 d$; M. LEVIN (1906) $T = 3,65 d$; J. ELSTER und H. GEITEL (1906) $3,6 d$; H. N. MC. COY und C. H. VIOL[2]) (1913) $T = 3,64$ Tage in Bestätigung des F. LERCHschen Wertes[3]).

Es hat sonach eine ähnliche Lebensdauer wie RaEm und kann betreffs seiner Strahlenwirkung in ähnlicher Weise verwertet werden.

58. Thoremanation. ($N = 86$.) ThEm, seit 1918 auch „Thoron" (Tn) genannt, wurde 1899/1900 als erstes radioaktives Gas von E. RUTHERFORD und R. B. OWENS[4]) aufgefunden. Der Isotopie mit RaEm und AcEm entsprechend können die für diese Stoffe angegebenen Eigenschaften für obiges Produkt im allgemeinen übernommen werden; so das Spektrum, Schmelz- und Siedepunkt, Diffusionskonstanten und Löslichkeiten usw. Die infolge der anderen Werte der Zerfallskonstanten veränderten Größen der Rückstoßphänomene, die gegenüber RaEm viel stärker in Erscheinung treten, können jedoch kleine Modifikationen veranlassen.

Als Halbierungskonstanten bestimmten E. RUTHERFORD[4]) (1900) $T = 1 m$; C. LE ROSSIGNOL und C. T. GIMINGHAM (1904) $T = 51 s$; H. L. BRONSON (1905) $T = 54 s$; O. HAHN (1905) $T = 53,3^5)$; M. S. LESLIE (1912) $T = 54,3 s$; P. B. PERKINS (1924) $T = 54,53 s$; R. SCHMID (1917) $T = 54,5 s^6)$.

ThEm ist ein α-Strahler; da jedoch ihr nächstes Folgeprodukt ThA eine Lebensdauer besitzt, die nur Bruchteile einer Sekunde beträgt, so ist das Mitspielen dieses Körpers analog wie bei AcEm und AcA immer vorhanden. Die kurze Lebensdauer bedingt es, daß ThEm abgetrennt von ihren Stammsubstanzen konvektiv nicht weit fortgeführt werden kann und demnach sein Vorkommen in natürlichen Quellen oder aufsteigenden Gasen ein beschränktes ist.

---

[1]) E. RUTHERFORD u. F. SODDY, Phil. Mag. (6) Bd. 4, S. 370. 1902.
[2]) Siehe Fußnote 3, S. 267.
[3]) F. LERCH, Wiener Ber. Bd. 114, S. 553. 1905; Jahrb. d. Radioakt. Bd. 2, S. 471. 1905; M. LEVIN, Phys. ZS. Bd. 7, S. 515. 1906; J. ELSTER u. H. GEITEL, Phys. ZS. Bd. 7, S. 455. 1906.
[4]) R. B. OWENS, Phil. Mag. (5) Bd. 48, S. 360. 1899; E. RUTHERFORD, Phil. Mag. (5) Bd. 49, S. 1. 1900.
[5]) Siehe Fußnote 5, S. 267.
[6]) C. LE ROSSIGNOL u. C. T. GIMINGHAM, Phil. Mag. (6) Bd. 8, S. 107. 1904; H. L. BRONSON, Sill. Journ. Bd. 19, S. 185. 1905; M. S. LESLIE, Phil. Mag. (6) Bd. 24, S. 637. 1912; P. B. PERKINS, Phil. Mag. (6) Bd. 27, S. 720. 1914; R. SCHMID, Wiener Ber. Bd. 126, S. 1065. 1917.

59. Aktiver Niederschlag des Thor. Völlig konform zu den entsprechenden Zerfallsprodukten der Radium- und der Actiniumfamilie werden hierunter die Substanzen ThA, ThB, ThC, ThC', ThC'' verstanden, auch wird dieser Komplex noch, wie im Beginn der radioaktiven Forschung, als „induzierte Aktivität" bezeichnet.

Die Zerfallskonstanten der analogen α-strahlenden Produkte liegen für die Thorfamilie zwischen denen der Radium- und Actiniumreihe.

Thor A. ($N = 84$.) Nachdem H. GEIGER, zum Teil gemeinsam mit E. MARSDEN und mit E. RUTHERFORD (1910/1911), festgestellt hatte, daß der „ThEm" zwei α-Strahler zugehören und auf die Existenz eines kurzlebigen Folgeproduktes geschlossen worden war, gelang (1911) H. G. J. MOSELEY und K. FAJANS die Abtrennug des ThA so wie die des AcA. Als Halbierungszeit fanden sie $T = 0,145\ s$[1]).

Thor B. ($N = 82$.) Dieses (bis 1911 als „ThA" bezeichnete) Bleiisotop wurde 1904 von E. RUTHERFORD[2]) entdeckt. Es ist ein β-Strahler. Die Halbierungszeit wurde (1905) von F. LERCH und (1913) von H. N. Mc COY und C. H. VIOL gleichermaßen mit $T = 10,6\ h$ bestimmt; J. E. SHRADER fand (1915) $T = 10,4\ h$[3]).

ThB ist sonach unter den B-Körpern das längstlebige Produkt, und diese Eigenschaft macht es besonders geeignet zu Untersuchungen nach der Methode der Indikatoren sowie auch zur Bestimmung der Verdampfungstemperatur und anderer Eigenschaften. Nach S. LORIA[4]) verdampft von aus ThEm auf Pt niedergeschlagenem ThB bei

650°	700°	750°	800°	900°	1000°	1100°
0	8	40	73	90	97	100%

Es ist dabei zu bedenken, daß es sich hier nicht einfach um „Blei" handelt, sondern um Substanzen in „unendlich" dünner Schichtdicke, im allgemeinen so dünn, daß nicht einmal die ganze Oberfläche gleichförmig mit einer Molekeldicke bedeckt werden könnte.

Thor C. ($N = 83$.) Das Wismutosotop ThC (bis 1911 ThB genannt) wurde zugleich mit dem voranstehenden Körper 1904 von E. RUTHERFORD[2]) aufgefunden; seine Halbierungszeit berechnete er mit $T = 55\ m$; G. B. PEGRAM fand (1903) $T = 1\ h$; F. LERCH (1903, 1905, 1907) erhielt $T = 60,4\ m$; H. N. Mc COY und C. H. VIOL[5]) fanden (1913) $T = 60,8\ m$; F. LERCH (1914) $T = 60,48\ m$[3]). Da ThC bei höherer Temperatur verdampft als ThB, läßt es sich durch Glühen eines Bleches, auf dem es niedergeschlagen ist, leicht von ThB befreien. Die einfachste Darstellung ist durch spontanen elektrolytischen Niederschlag auf Nickel zu erzielen.

Die Verdampfungstemperatur ist von der Entstehungsgeschichte abhängig. „Induziertes" ThC, das heißt durch Rückstoß in die Pt-Unterlage hineingehämmertes Material, verdampft früher als elektrolytisch auf Pt niedergeschlagenes.

---

[1]) H. GEIGER, u. E. MARSDEN, Phys. ZS. Bd. 11, S. 7. 1910; H. GEIGER, Phil. Mag. (6) Bd. 22, S. 201. 1911; H. GEIGER u. E. RUTHERFORD, Phil. Mag. (6) Bd. 22, S. 621. 1911; H. G. J. MOSELEY u. K. FAJANS, Phil. Mag. (6) Bd. 22, S. 629. 1911.
[2]) E. RUTHERFORD, Phil. Trans. (A) Bd. 204, S. 169. 1904.
[3]) G. B. PEGRAM, Phys. Rev. Bd. 17, S. 424. 1903; F. LERCH, Wiener Ber. Bd. 114, S. 553. 1905; Bd. 116, S. 1443. 1907; Bd. 123, S. 699. 1914; J. E. SHRADER, Phys. Rev. (2) Bd. 6, S. 292. 1915.
[4]) S. LORIA, Wiener Ber. Bd. 124, S. 567. 1077. 1915; Phys. ZS. Bd. 17, S. 6. 1916; Krakauer Anz. (A) Nr. 8/10, S. 260. 1917.
[5]) Siehe Fußnote 3, S. 267.

Aus S. LORIAS[1]) Angaben sei die verdampfte Menge bei verschiedenen Temperaturen für die beiden Fälle in Prozenten angeführt:

	700°	750°	800°	850°	900°	950°	1000°	1050°	1100°	1150°	1200°	1300°
induziert	0	15	21	27	33	40	70	90	95	98	100	—
elektrolytisch	0	0	0	0	5	20	32	40	70	85	93	98

Es ergibt sich auch noch eine Abhängigkeit von der Natur des Grundbleches, und man muß wohl entweder an die Bildung von Verbindungen oder Legierungen denken. Einerseits kann das Hineinhämmern Legierungsbildungen begünstigen, andererseits kann der metallische Charakter der dünnen Schichten in der durch die Strahlung stark ionisierten Umgebung kaum aufrecht bleiben und müssen Oxydationen u. dgl. eintreten.

Dualer Zerfall[2]). Thor C sendet α- und β-Strahlen aus, die beide als kernecht angesehen werden, was zur Annahme eines gegabelten Zerfalles führt. Während aus RaC der weitaus überwiegende Teil der Atome sich durch β-Verwandlung in RaC' umsetzt, aus AcC die größte Zahl der Atome durch α-Zerfall in AcC'' übergeht, sind die aus ThC entstehenden Produkte ThC' ($N = 84$) und ThC'' ($N = 81$) in gleicher Größenordnung vorhanden. O. HAHN hatte 1906 im ThC zwei α-Strahler mit den Reichweiten bei Zimmertemperatur von 8,6 cm und ca. 5 cm festgestellt; E. MARSDEN und T. BARRATT konnten das Zahlenverhältnis der beiden α-Typen mit 65% für die längere und 35% für die kürzere Reichweite bestimmen (1911). Für dieses Verzweigungsverhältnis

$$\text{ThC} \genfrac{}{}{0pt}{}{\xrightarrow{65\%\,\beta}\text{ThC}'\xrightarrow{\alpha}}{\xrightarrow[35\%]{\alpha}\text{ThC}''\xrightarrow{\beta}}$$

ergibt sich die Gesamtzerfallswahrscheinlichkeit von ThC:

$$\lambda_c = \lambda_x + \lambda_y = 1,9 \cdot 10^{-4}; \quad \lambda_x = 1,235 \cdot 10^{-4}; \quad \lambda_y = 0,665 \cdot 10^{-4}\,s^{-1}.$$

wobei λ_x der β-Wahrscheinlichkeit, λ_y der α-Wahrscheinlichkeit zugeordnet ist.

Thor C'. ThC', der im Ausmaß von 65% durch β-Strahlung entstehende Körper der Atomnummer 84, also ein Poloniumisotop, muß entsprechend der großen Reichweite seiner α-Strahlen $R_0 = 8,17$ cm in Luft eine sehr kleine Lebensdauer besitzen. Ihre Größe läßt sich derzeit nur vermittels der GEIGER-NUTTALLschen Beziehung einschätzen, falls man dieselbe auch für einen gegabelten Zerfall als gültig ansieht. Es ergibt sich so eine Halbierungszeit der Größenordnung von 10^{-11} s, als kleinster Wert für alle bisher bekannten radioaktiven Stoffe.

Thor C''. ThC'' (früher ThD genannt), das durch die 35% unter α-Emission zerfallenden ThC-Atome gebildet wird, ist ein β-Strahler. O. HAHN und L. MEITNER gelang 1909 die Abscheidung dieses Produktes aus ThC nach dem Rückstoßverfahren. Die Halbierungszeit dieses Thalliumisotops beträgt nach O. HAHN und L. MEITNER (1909) $T = 3,1\,m$; F. LERCH und E. WARTBURG gaben (1909) $T = 3,0\,m$ an; E. ALBRECHT erhielt (1919) $T = 3,20\,m$[3]).

---
[1]) Siehe Fußnote 4, S. 269.
[2]) O. HAHN, Phil. Mag. (6) Bd. 11, S. 793. 1906; E. MARSDEN u. T. BARRATT, Proc. Phys. Soc. London Bd. 24, S. 50. 1911.
[3]) O. HAHN u. L. MEITNER, Verh. d. D. Phys. Ges. Bd. 11, S. 55. 1909; F. LERCH u. E. WARTBURG, Wiener Ber. Bd. 118, S. 1575. 1909; E. ALBRECHT, Wiener Ber. Bd. 128, S. 925. 1919.

Multipler Zerfall[1]). E. RUTHERFORD und A. B. WOOD fanden 1916 aus ThC bei Verwendung sehr starker Präparate noch Korpuskeln mit Reichweiten von 10,2 und 11,3 cm, die sie als α-Teilchen ansprachen; 1921 haben sie die Existenz der letzteren bestätigt. L. F. BATES und J. ST. ROGERS gaben (1923/24) an, daß dreierlei weitreichende α-Teilchen vorhanden sein sollen, und zwar zu je einer Million α-Teilchen der Reichweite 8,6 cm noch 220 Teilchen mit $R = 11,5$ cm; 47 Teilchen mit $R = 15,0$ cm; 55 Teilchen mit $R = 18,4$ cm. Das Vorhandensein von α-Partikeln mit Reichweiten von über 11,5 cm konnte bisher anderweitig nicht bestätigt werden. L. MEITNER und K. FREITAG erhielten nach der Methode C. T. R. WILSONS Nebelbahnenstriche, die neben $R = 4,8$ und 8,6 cm auch solche von 11,3 cm und auch einzelne von 9,3 cm (wie sonst für RaC angegeben) erkennen lassen, mit ThC als Strahlenquelle. Weder die Natur dieser weitreichenden Korpuskeln (ob α- oder andersartige Teilchen) noch ihre Herkunft (ob aus dem ThC bzw. dessen Umgebung oder Unterlage) sind zur Zeit so gut gesichert, daß weitergehende Schlüsse aus obigen Angaben vorläufig möglich wären.

60. Thor D. ($N = 82$.) Sowohl aus dem α-strahlenden ThC' wie aus dem β-strahlenden ThC'' muß ein Bleiisotop entstehen. Es blieb nur die Frage, ob die beiden derartig erzeugten Substanzen trotz gleicher Atomnummer und gleichen Atomgewichtes etwa durch verschiedene Zerfallswahrscheinlichkeit unterschieden wären.

Tatsächlich dachte man zeitweise an eine Weiterverwandlung eines oder beider dieser Produkte durch β- eventuell mit nachfolgender α-Strahlung, veranlaßt besonders durch die Tatsache, daß sich in vielen Thoriten Wismut und Thallium fand und daß das „Thorblei" in Thormineralien nicht wie das RaG in Uranmineralien mit steigendem geologischen Alter zunimmt. Dann konnte nach A. HOLMES und R. LAWSON für ThD an eine Halbierungszeit von etwa 10^6 Jahren gedacht werden. Sorgfältige Analysen ließen aber erkennen, daß Tl als Endprodukt nicht in Frage kommen kann, da es z. B. in Monaziten vollkommen fehlte. Auch widersprach dieser Auffassung die Tatsache, daß es F. SODDY und O. HÖNIGSCHMID gelang, aus sehr uranarmen Thoriten Thorblei abzuscheiden, dessen Verbindungsgewicht bis zu 207,9 reichte, also Werte, die dem erwarteten von ca. 208, wenn es als $232 - 6 \times 4$ entsprechend 6 α-Strahlern in der ganzen Thorzerfallsreihe berechnet wird, sehr nahe kommen und durch die unvermeidlichen Beimengungen von etwas RaG (206) in völlige Übereinstimmung zu bringen sind. Die Existenz dieses stabilen Produktes beweist, daß zumindest eines der Produkte, das aus ThC' oder das aus ThC'' entstehende, als Endprodukt anzusehen ist. F. SODDY und A. HOLMES versuchten dann das Vorhandensein dieses stabilen ThD in Einklang mit dem obenerwähnten Befund, daß die Zunahme an Blei mit dem Alter nicht erfüllt ist, zu bringen, indem sie annahmen, daß nur die über ThC'' entstehenden Atome stabil seien, die 65% über ThC' aber sich in Analogie zu RaD weiterverwandeln. Es könnten aus diesem ThD' dann entweder durch α-Strahlen ein Hg, oder durch eine β- und dann α-Verwandlung ein Tl; oder durch zwei aufeinanderfolgende β-Umsetzungen ein stabiles Poloniumisotop; endlich durch zwei β- und eine α-Verwandlung ein Bleiisotop ThG entstehen. Alle diese Möglichkeiten wurden überprüft, konnten aber nicht bekräftigt werden, und es ist anzunehmen, daß die beiden ThD-Arten nicht nur

---

[1]) E. RUTHERFORD u. A. B. WOOD, Phil. Mag. (6) Bd. 31, S. 379. 1916; E. RUTHERFORD, Phil. Mag. (6) Bd. 41, S. 570. 1921; A. B. WOOD, Phil. Mag. (6) Bd. 41, S. 575. 1921; L. F. BATES u. J. ST. ROGERS, Proc. Roy. Soc. London (A) Bd. 105, S. 97. 1924; K. PHILIPP, Naturwissensch. Bd. 12, S. 511. 1924; L. MEITNER u. K. FREITAG, Naturwissensch. Bd. 12, S. 634. 1924; N. YAMADA, C. R. Bd. 180, S. 1591. 1925.

gleiches Atomgewicht und gleiche Kernladung besitzen, sondern überhaupt identisch sind[1]). Die Schwierigkeit betreffs der mangelnden Zunahme an ThD mit steigendem geologischen Alter hat dann G. KIRSCH[2]) durch die Annahme der Existenz eines Thorurans mit einer Halbierungszeit der Größenordnung 10^7 bis 10^8 Jahre zu deuten versucht (vgl. S. 264). Die Abweichung des Verbindungsgewichtes des Th (232,12) von der Ganzzahligkeit läßt nach den allgemeinen Ergebnissen F. W. ASTONS überdies die Vermutung zu, daß man es hier mit einem Mischelement zu tun habe, also die Möglichkeit, daß sowohl ein primäres Th als ein aus Thoruran entstehendes gemischt vorhanden sein könnten.

Es wurde auch die Frage aufgeworfen, ob das gewöhnliche Blei (207,2) als ein Gemisch von RaG und ThD aufzufassen sei, also eigentlich gar keine primären Atome mit dem Atomgewicht 207 vorhanden wären. Die Tatsache, daß heute RaG und ThD getrennt in verschiedenen Mischungsverhältnissen zwischen 206 und 208, und nur an Orten, an denen ihre Stammsubstanzen vorhanden sind, auftreten, während alles übrige von Th- und U-Vorkommen unabhängige Pb immer das gleiche Verbindungsgewicht (207,2) zeigt, ist dazu nicht in prinzipiellem Widerspruch, denn es könnte das bereits in der Sonne vor der Abtrennung der Erde vorhandene RaG-ThD-Gemisch anläßlich der Bildung der Erde schon mitgegeben worden sein. Hierüber könnten Untersuchungen nach dem Verfahren F. W. ASTONS Antwort geben, die zutreffendenfalls eben nur die beiden Isotope (206 und 208) und keine Atommasse (207) erbringen würden.

ε) Andere radioaktive Elemente.

61. Kalium und Rubidium. Nachdem die Radioaktivität der Uran- und Thor-Produkte erkannt war, wurden alle Elemente des periodischen Systems daraufhin untersucht, ob ihnen nicht analoge Eigenschaften zukämen. Bisher konnte jedoch mit Sicherheit nur an den beiden Elementen K ($N = 19$) und Rb ($N = 37$) eine Strahlung nachgewiesen werden, die sich als β-Emission erwies. Sie wurde als unabhängig von der Natur der Verbindung, als Atomstrahlung erkannt.

Der Absorptionskoeffizient nimmt mit der Dicke der durchstrahlten Schicht im allgemeinen ab; für Stanniol als Absorbens wurde bei K von N. R. CAMPBELL und A. WOOD für wachsende Stannioldicke $\dfrac{\mu}{\varrho}$ von 27,2 bis 10,6 angegeben; E. HENRIOT fand $\dfrac{\mu}{\varrho} = 11,3$. Die β-Strahlung ist der Härte nach vergleichbar mit der des UX_2[3]).

Für Rb erhielten zuletzt O. HAHN und M. ROTHENBACH[4]) den Absorptionskoeffizienten in Aluminium $\mu = 347$ cm^{-1}, die Halbierungsdicke $D = 0,0020$ cm gegenüber der von Radium $D = 0,0022$ und der für UX_1 $D = 0,0015$ cm. G. HOFFMANN[5]) nimmt daneben noch die Existenz einer weicheren Strahlung mit $\mu = 900$ cm^{-1} Al an. Die Aktivität von Rb bezogen auf vergleichbare Strahlung von U verhält sich für gleiche Mengen von Rb und U wie 1:15.

---

[1]) ST. MEYER, Wiener Ber. Bd. 127, S. 1286. 1918; ZS. f. phys. Chem. Bd. 95, S. 407. 1920.
[2]) Siehe Fußnote 4, S. 264.
[3]) N. R. CAMPBELL u. A. WOOD, Proc. Cambridge Phil. Soc. Bd. 14, S. 15. 1906; N. R. CAMPBELL, Proc. Cambridge Phil. Soc. Bd. 14, S. 211. 1907; Bd. 14, S. 557. 1908; Bd. 15, S. 11. 1908; E. HENRIOT, C. R. Bd. 150, S. 1750. 1910; Bd. 152, S. 851. 1384. 1911; Ann. chim. phys. Bd. 26, S. 71. 1912.
[4]) O. HAHN u. M. ROTHENBACH, Phys. ZS. Bd. 20, S. 194. 1919.
[5]) G. HOFFMANN, ZS. f. Phys. Bd. 25, S. 177. 1924.

Danach ließ sich für Rb eine Halbierungszeit der Größenordnung 10^{11} Jahre einschätzen und in analoger Weise für K eine rund 3 bis 7 mal so hohe. G. HOFFMANN[1]) fand das Verhältnis der Wirkungen von Rb zu K wie 4,1 : 1.

Wie S. GEIGER[2]) feststellte, ist die Rubidiumstrahlung von Temperaturänderungen im Intervall $+ 20°$ bis $- 190°$ unabhängig, was dagegen spricht, daß die ausgeschleuderten Elektronen der äußeren Elektronenhülle des Atoms entstammen.

Handelte es sich um eine β-Emission aus dem Kern der Atome, so waren nach den Verschiebungsregeln Kalzium- bzw. Strontiumisotope als Verwandlungsprodukte zu erwarten. Solche Produkte konnten bisher nicht nachgewiesen werden. Der Gang der Atomgewichte für K ($N = 19$) 39,1; Ca ($N = 20$) 40,1; Sc ($N = 21$) 45,1 mit dem großen Sprung zwischen Ca und Sc, der sonst nicht vorkommt und nur einmal im periodischen System (bei Sb 121,8 und Te 127,5) übertroffen wird, ist gewiß auffallend; F. W. ASTON hat aber als Isotope für K bloß 39 und 41, für Ca 40 und 44 gefunden, es könnte daher ein Kalziumisotop, aus K stammend, nur in sehr geringer Menge vorhanden sein und für die Kleinheit des Atomgewichtes von Ca nicht ins Gewicht fallen.

S. ROSSELAND[3]) dachte an die Möglichkeit des Austausches eines kernfremden Elektrons mit einer Kern-β-Partikel, was ohne notwendige Bildung eines Isotopes der nächsthöheren Valenzgruppe vor sich gehen könnte; die Herkunft der K- und Rb-Strahlung ist aber noch ungeklärt. Die Fälle der β-Strahlung von Ra, RdAc, RdTh, bei denen auch keine den Verschiebungsregeln entsprechende Verwandlungsprodukte festgestellt werden konnten, bieten keine vollkommene Analogie, da bei diesen Stoffen auch noch α-Emissionen vorhanden sind.

62. Hypothetische Elemente. J. JOLY[4]) hat bei der Ausmessung pleochroitischer Höfe besonders im Material von Ytterby Reichweiten gefunden, die in Luft bloß 1 cm entsprächen. Er schließt daraus auf die Existenz eines α-Strahlers, der nach der Beziehung zwischen Reichweiten und Zerfallskonstanten noch viel langlebiger sein sollte als Th oder U, und gab diesem hypothetischen, anderweitig nicht gesicherten Element den Namen „Hibernium".

Der Vollständigkeit halber sei noch angeführt, daß P. LOISEL[5]) aus Quellen und Quellsedimenten eine Emanation mit $T = 22\,m$ zu finden vermeinte, die er einer neuen radioaktiven Familie, der „Emilium"-Reihe, zuordnet.

ζ) Radioaktive Tabellen.

Im folgenden bedeuten T die Halbierungszeit, λ die Zerfallskonstante, τ die mittlere Lebensdauer (a = Jahre; d = Tage; h = Stunden; m = Minuten; s = Sekunden); v die Anfangsgeschwindigkeit der Korpuskeln, wobei für die β-Strahlen nur die Extreme angegeben sind; R_0 die Reichweite bei 0° C und 760 mm; k die Zahl der von einer α-Partikel auf ihrer Bahn in Luft erzeugten Ionenpaare; μ den Absorptionskoeffizienten im allgemeinen für Aluminium (wo Pb als Absorbens gewählt ist, wurde dies beigefügt); D die Halbierungsdicke. γ-Strahlung muß zwar zu allen Korpuskularstrahlen vorhanden sein, sie ist jedoch nur angeführt, wo derzeit Konstanten dafür angebbar sind.

---

[1]) Siehe Fußnote 5, S. 272.
[2]) S. GEIGER, Wiener Ber. Bd. 132, S. 69. 1923.
[3]) S. ROSSELAND, ZS. f. Phys. Bd. 14, S. 173. 1923.
[4]) J. JOLY, Nature Bd. 109, S. 517, 578, 711. 1922: Bd. 114, S. 160. 1924; Proc. Roy. Soc. London (A) Bd. 102, S. 682. 1923.
[5]) P. LOISEL, C. R. Bd. 173, S. 1098. 1921; Bd. 179, S. 533. 1924.

Tabelle 10. Radioaktive Konstanten des „Uran".

Substanz	Symbol, Atomgewicht, Ordnungszahl	T	λ	τ	Strahlen	v in cm/sek	R_0 in cm Luft	$k \cdot 10^{-8}$	μ in cm^{-1} Al	D in cm Al	Im Gleichgewicht vorhandene Gewichtsmenge
Uran I	U_I 238,18 92	$4,5 \cdot 10^9\ a$ $1,4 \cdot 10^{17}\ s$	$1,5 \cdot 10^{-10}\ a^{-1}$ $4,8 \cdot 10^{-18}\ s^{-1}$	$6,5 \cdot 10^9\ a$ $2 \cdot 10^{17}\ s$	α — —	$1,40 \cdot 10^9$ — —	2,53 — —	1,16 (1,25) — —	— — —	— — —	1,00
Uran X_1	UX_1 234 90	$23,8\ d$ $2,06 \cdot 10^5\ s$	$2,90 \cdot 10^{-2}\ d^{-1}$ $3,37 \cdot 10^{-7}\ s^{-1}$	$34,4\ d$ $2,97 \cdot 10^5\ s$	— β γ	— $1,44 - 1,77 \cdot 10^{10}$	— —	— —	— 460 24; 0,7	— $1,5 \cdot 10^{-3}$ $2,9 \cdot 10^{-2}$; 0,99	$1,5 \cdot 10^{-11}$
Uran X_2 (Brevium ca. 99,65%)	UX_2 234 91	$1,17\ m$ 70 s	$0,59\ m^{-1}$ $9,9 \cdot 10^{-3}\ s^{-1}$	$1,69\ m$ 101 s	β γ	$2,46 - 2,88 \cdot 10^{10}$ —	— —	— —	18 0,14	$3,8 \cdot 10^{-2}$ 4,95	$5 \cdot 10^{-16}$
Uran Z (ca. 3,5%)	UZ ? 91	$6,7\ h$ $2,4 \cdot 10^1\ s$	$0,103\ h^{-1}$ $2,87 \cdot 10^{-5}\ s^{-1}$	$9,7\ h$ $3,5 \cdot 10^1\ s$	β	?	—	—	$170 - 58$	$4 \cdot 10^{-3} - 1,2 \cdot 10^{-2}$	ca. $6 \cdot 10^{-16}$
Uran II	U_{II} 234 92	ca. $10^6\ a$ ca. $3,5 \cdot 10^{13}\ s$	ca. $6 \cdot 10^{-7}\ a^{-1}$ „ $2 \cdot 10^{-14}\ s^{-1}$	ca. $1,5 \cdot 10^6\ a$ „ $5 \cdot 10^{13}\ s$	α	$1,46 \cdot 10^9$	2,91	1,27 (1,37)	—	—	ca. $2,5 \cdot 10^{-4}$
Uran Y (ca. 3%)	UY 230 90	$24,6\ h$ $8,86 \cdot 10^5\ s$	$2,82 \cdot 10^{-2}\ h^{-1}$ $7,81 \cdot 10^{-6}\ s^{-1}$	$35,5\ h$ $1,28 \cdot 10^5\ s$	β	—	—	—	ca. 300	ca. $2,3 \cdot 10^{-3}$	ca. $2 \cdot 10^{-14}$

Tabelle 11. Radioaktive Konstanten der Ionium-Radium-Familie.

Substanz	Symbol, Atomgewicht, Ordnungszahl	T	λ	τ	Strahlen	v in cm/sec	R_0 in cm Luft	$k \cdot 10^{-5}$	μ in cm Al	D in cm Al	Im Gleichgewicht vorhandene Gewichtsmenge
Ionium	Io 230 90	$9 \cdot 10^4 a$ $2{,}8 \cdot 10^{12} s$	$7{,}7 \cdot 10^{-6} a^{-1}$ $2{,}4 \cdot 10^{-13} s^{-1}$	$1{,}3 \cdot 10^5 a$ $4{,}1 \cdot 10^{12} s$	α	$1{,}48 \cdot 10^9$	3,03	1,31 (1,41)	—	—	58
Radium	Ra, 226,0 88	$1580 a$ $4{,}99 \cdot 10^{10}$	$4{,}38 \cdot 10^{-4} a^{-1}$ $1{,}39 \cdot 10^{-11} s^{-1}$	$2280 a$ $7{,}21 \cdot 10^{10} s$	α γ β γ	$1{,}51 \cdot 10^9$ $1{,}56 \cdot 10^{10}; 2{,}05 \cdot 10^{10}$	3,21	1,36 (1,47)	312 $354; 16{,}3; 0{,}27$	$2{,}22 \cdot 10^{-3}$ $1{,}96 \cdot 10^{-3}; 4{,}25 \cdot 10^{-2}; 2{,}55$	1,00
Radiumemanation (Radon)	RaEm (Rn) 222 86	$3{,}825 d$ $3{,}305 \cdot 10^5 s$	$0{,}1812 d^{-1}$ $2{,}097 \cdot 10^{-6} s^{-1}$	$5{,}518 d$ $4{,}768 \cdot 10^5 s$	α	$1{,}61 \cdot 10^9$	3,91	1,55 (1,67)	—	—	$6{,}5 \cdot 10^{-6}$
Radium A	RaA 218 84	$3{,}05 m$ $183 s$	$0{,}227 m^{-1}$ $3{,}78 \cdot 10^{-3} s^{-1}$	$4{,}40 m$ $264 s$	α	$1{,}69 \cdot 10^9$	4,48	1,70 (1,83)	—	—	$3{,}54 \cdot 10^{-9}$
Radium B	RaB 214 82	$26{,}8 m$ $1{,}61 \cdot 10^3 s$	$2{,}59 \cdot 10^{-2} m^{-1}$ $4{,}31 \cdot 10^{-4} s^{-1}$	$38{,}7 m$ $2{,}32 \cdot 10^3 s$	β γ	$1{,}08 - 2{,}41 \cdot 10^{10}$	—	—	890; 77; 13,1 230; 40; 0,57	$8 \cdot 10^{-4}; 4{,}9 \cdot 10^{-3}; 5{,}3 \cdot 10^{-2}$ $3 \cdot 10^{-3}; 1{,}73 \cdot 10^{-2}; 1{,}22$	$3{,}05 \cdot 10^{-8}$
Radium C	RaC 214 83	$19{,}5 m$ $1{,}17 \cdot 10^3 s$	$3{,}55 \cdot 10^{-2} m^{-1}$ $5{,}93 \cdot 10^{-4} s^{-1}$	$28{,}1 m$ $1{,}69 \cdot 10^3 s$	α β γ	$(1{,}57 \cdot 10^9)$ $1{,}33 - 2{,}994 \cdot 10^{10}$	(3,6)?	1,47? (1,58?)	50; 13,5 0,23; 0,127	$1{,}39 \cdot 10^{-2}; 5{,}13 \cdot 10^{-2}$ 3,0; 5,5	$2{,}22 \cdot 10^{-8}$
Radium C' (99,96%)	RaC' 214 84	ca. $0{,}9 \cdot 10^{-8} s$ $(8{,}3 \cdot 10^{-7} s)$	ca. $7{,}7 \cdot 10^7 s^{-1}$ $(8{,}4 \cdot 10^4 s^{-1})$	ca. $1{,}3 \cdot 10^{-8} s$ $(1{,}2 \cdot 10^{-6} s)$	α	$1{,}922 \cdot 10^9$	6,60	2,20 (2,37)	—	—	ca. $5 \cdot 10^{-18}$
Radium C'' (0,04%)	RaC'' 210 81	$1{,}32 m$ $79{,}2 s$	$0{,}525 m^{-1}$ $8{,}7 \cdot 10^{-3} s^{-1}$	$1{,}90 m$ $115 s$	β γ	—	—	—	1,49; 0,533 Pb	0,47; 1,30 Pb	$6 \cdot 10^{-13}$
Radium D (Radioblei)	RaD 210 82	$16 a$ $5{,}05 \cdot 10^8 s$	$4{,}33 \cdot 10^{-2} a^{-1}$ $1{,}37 \cdot 10^{-9} s^{-1}$	$23 a$ $7{,}3 \cdot 10^8 s$	β γ	$9{,}9 \cdot 10^8; 1{,}21 \cdot 10^{10}$	—	—	5500 45; 0,99	$1{,}26 \cdot 10^{-4}$ $1{,}54 \cdot 10^{-2}; 0{,}70$	$9{,}4 \cdot 10^{-9}$
Radium E	RaE 210 83	$4{,}85 d$ $4{,}19 \cdot 10^5 s$	$0{,}143 d^{-1}$ $1{,}66 \cdot 10^{-6} s^{-1}$	$7{,}0 d$ $6{,}05 \cdot 10^5 s$	β γ	um $2{,}31 \cdot 10^{10}$	—	—	43 (45; 0,99)	$1{,}6 \cdot 10^{-2}$ $(1{,}54 \cdot 10^{-2}; 0{,}70)\ 2{,}89$	$7{,}8 \cdot 10^{-6}$
Radium F (Polonium)	RaF (Po) 210 84	$136{,}5 d$ $1{,}18 \cdot 10^7 s$	$5{,}08 \cdot 10^{-3} d^{-1}$ $5{,}88 \cdot 10^{-8} s^{-1}$	$197 d$ $1{,}70 \cdot 10^7 s$	α γ	$1{,}59 \cdot 10^9$	3,72	1,50 (1,62)	0,24 585	$1{,}18 \cdot 10^{-3}$	$2{,}19 \cdot 10^{-4}$
Radium G (Uranblei)	RaG 206,0 82	—	stabil	—	—	—	—	—	—	—	—

Tabelle 12. Radioaktive Konstanten der Actinium-Familie.

Substanz	Symbol, Atomgewicht Ordnungszahl	T	λ	τ	Strahlen	v in cm/sek.	R_0 in cm Luft	$k \cdot 10^{-6}$	μ in cm Al	D in cm Al	Im Gleichgewicht zu Ra = 1 vorhandene Gewichtsmenge
Protactinium	Pa 231±1 91	$1{,}2 \cdot 10^4 \, a$ $3{,}8 \cdot 10^{11} \, s$	$6 \cdot 10^{-4} a^{-1}$ $1{,}9 \cdot 10^{-12} s^{-1}$	$1{,}7 \cdot 10^4 \, a$ $5{,}4 \cdot 10^{11} \, s$	α	$1{,}55 \cdot 10^9$	3,48	1,44 (1,55)	—	—	ca. 0,2
Actinium	Ac 227±1 89	ca. 20 a $6{,}3 \cdot 10^8 \, s$	$3{,}4 \cdot 10^{-2} a^{-1}$ $1{,}08 \cdot 10^{-9} s^{-1}$	ca. 29 a $9{,}2 \cdot 10^8 \, s$	β	—	—	—	—	—	$4 \cdot 10^{-4}$
Radioactinium	Rd Ac 227±1 90	18,9 d $1{,}63 \cdot 10^6 \, s$	$3{,}66 \cdot 10^{-2} d^{-1}$ $4{,}24 \cdot 10^{-7} s^{-1}$	27,3 d $2{,}36 \cdot 10^6 \, s$	α β γ	$1{,}68 \cdot 10^9$ $1{,}14; 1{,}26; 1{,}47; 1{,}95 \cdot 10^{10}$	4,43	1,69 (1,82)	175 25; 0,19	$4 \cdot 10^{-3}$ 2,77·10⁻²; 3,65	10^{-6}
Actinium X	Ac X 223±1 88	11,2 d $9{,}7 \cdot 10^5 \, s$	$6{,}17 \cdot 10^{-2} d^{-1}$ $7{,}14 \cdot 10^{-7} s^{-1}$	16,2 d $1{,}40 \cdot 10^6 \, s$	α	$1{,}65 \cdot 10^9$	4,14	1,61 (1,74)	—	—	$6 \cdot 10^{-7}$
Actiniumemanation (Aktinon)	AcEm (An) 219±1 86	3,92 s	0,177 s^{-1}	5,66 s	α	$1{,}81 \cdot 10^9$	5,49	1,95 (2,10)	—	—	$2{,}4 \cdot 10^{-12}$
Actinium A	Ac A 215±1 84	$1{,}5 \cdot 10^{-3} s$	$4{,}7 \cdot 10^2 s^{-1}$	$2{,}1 \cdot 10^{-3} s$	α	$1{,}89 \cdot 10^9$	6,24	2,12 (2,28)	—	—	$0{,}8 \cdot 10^{-15}$
Actinium B	Ac B 211±1 82	36,0 m $2{,}16 \cdot 10^3 s$	$1{,}93 \cdot 10^{-2} m^{-1}$ $3{,}21 \cdot 10^{-4} s^{-1}$	51,9 m $3{,}12 \cdot 10^3 s$	β γ	—	—	—	groß 120; 31; 0,45	klein 5,77·10⁻³; 2,33·10⁻²; 1,54	$1{,}3 \cdot 10^{-9}$
Actinium C	Ac C 211±1 83	2,16 m 130 s	$0{,}321 \, m^{-1}$ $5{,}35 \cdot 10^{-3} s^{-1}$	3,12 m 187 s	α β	$1{,}78 \cdot 10^9$	5,22	1,88 (2,03)	—	—	$7{,}5 \cdot 10^{-11}$
Actinium C' (0,32%)	Ac C' 211±1 84	ca. $5 \cdot 10^{-3} s$	ca. 140 s^{-1}	ca. $7 \cdot 10^3 s$	α	$(1{,}9 \cdot 10^9)$	(6,1?) 2,1?	(2,25?)	—	—	ca. $6 \cdot 10^{-15}$
Actinium C'' (99,68%)	Ac C'' 207±1 81	4,76 m 286 s	$0{,}146 \, m^{-1}$ $2{,}43 \cdot 10^{-3} s^{-1}$	6,87 m 412 s	β γ	1,8; 1,98; 2,22; 2,73·10¹⁰	—	—	28,5 0,198	$2{,}4 \cdot 10^{-2}$ 3,5	$1{,}6 \cdot 10^{-10}$
Actinium D (Actiniumblei)	Ac D 207±1 82	—	stabil (?)	—	—	—	—	—	—	—	—

Tabelle 13. Radioaktive Konstanten der Thorium-Familie.

Substanz	Symbol, Atomgewicht, Ordnungszahl	T	λ	τ	Strahlen	v in cm/sec	R_0 in cm Luft	$k \cdot 10^{-5}$	μ in cm^{-1} Al	D in cm Al	Im Gleichgewicht vorhandene Gewichtsmenge
Thorium...	Th 232,12 90	1,65·10^{10} a 5,2·10^{17} s	4,2·10^{-11} a^{-1} 1,3·10^{-18} s^{-1}	2,4·10^{10} a 7,5·10^{17} s	α	1,44·10^9	2,75	1,23 (1,32)	—	—	2,6·10^9
Mesothor 1.	MsTh$_1$ 228 88	6,7 a 2,1·10^8 s	0,103 a^{-1} 3,26·10^{-9} s^{-1}	9,7 a 3,05·10^8 s	β	—	—	—	—	—	1,00
Mesothor 2.	MsTh$_2$ 228 89	5,95 h 2,14·10^4 s	0,118 h^{-1} 3,28·10^{-5} s^{-1}	8,47 h 3,05·10^4 s	β γ	1,10–2,994·10^{10}	—	1,53 (1,64)	40–20 26; 0,116 Al; 0,64 Pb	3,4·10^{-2}–1,8·10^{-2} 0,027; 5,98 Al; 1,1 Pb	1,01·10^{-4}
Radiothor..	RdTh 228 90	1,90 a 6,0·10^7 s	0,365 a^{-1} 1,16·10^{-8} s^{-1}	2,74 a 8,65·10^7 s	α β	1,60·10^9 1,41·10^{10}; 1,53·10^{10}	3,81	1,61 (1,73)	groß	klein	0,28
Thor X...	ThX 224 88	3,64 d 3,14·10^5 s	0,190 d^{-1} 2,20·10^{-6} s^{-1}	5,25 d 4,54·10^5 s	α	1,64·10^9	4,13	1,61 (1,73)	—	—	1,46·10^{-3}
Thoremanation... (Thoron)	ThEm (Tn) 220 86	54,5 s	1,27·10^{-2} s^{-1}	78,7 s	α	1,73·10^9	4,80	1,78 (1,92)	—	—	2,48·10^{-7}
Thor A...	ThA 216 84	0,14 s	4,95 s^{-1}	0,20 s	α	1,80·10^9	5,39	1,92 (2,07)	—	—	6,24·10^{-10}
Thor B...	ThB 212 82	10,6 h 3,82·10^4 s	6,54·10^{-2} h^{-1} 1,82·10^{-5} s^{-1}	15,3 h 5,51·10^4 s	β γ	1,89·10^{10}; 2,31·10^{10}	—	—	153 160; 32; 0,36	4,5·10^{-3} 4,3·10^{-3}; 2,2·10^{-2}; 1,9	1,67·10^{-4}
Thor C...	ThC 212 83	60,5 m 3,63·10^3 s	1,15·10^{-2} m^{-1} 1,91·10^{-4} s^{-1}	87,3 m 5,24·10^3 s	α β	1,70·10^9 0,87·10^{10}; 2,997·10^{10}	4,53	1,71 (1,85)	14,4	4,8·10^{-2}	1,60·10^{-5}
Thor C'... (65%)	ThC' 212 84	ca.10^{-11} s	ca. 10^{11} s^{-1}	ca.10^{-11} s	α	2,06·10^9	8,17	2,54 (2,73)	—	—	ca. 10^{-20}
Thor C''... (35%)	ThC'' 208 81	3,20 m 192 s	0,217 m^{-1} 3,61·10^{-3} s^{-1}	4,62 m 277 s	β γ	0,87·10^{10}; 2,52·10^{10}	—	—	21,6 0,096 Al; 0,46 Pb	3,2·10^{-2} 7,22 Al; 1,5 Pb	2,88·10^{-7}
Thor D.. Thoriumblei)	ThD 208 82	—	stabil	—	—	—	—	—	—	—	—

277

C. Die Bedeutung der Radioaktivität für chemische Untersuchungsmethoden.

Von

Otto Hahn, Berlin-Dahlem.

a) Der typische Unterschied zwischen chemischen und radioaktiven Untersuchungsmethoden.

63. Nur die Atomumwandlung wird gemessen. Die Entdeckung der Radioaktivität geschah an dem chemischen Element Uran. Bald darauf zeigten sich dieselben Erscheinungen an dem Thorium. Nun sind Uran und Thorium seit über 100 Jahren dem Chemiker durchaus vertraute Stoffe; ihre Chemie bildete genau so einen Bestandteil der anorganischen und analytischen Chemie, wie die Chemie der anderen Elemente; die Methoden ihrer Untersuchung waren rein chemische. Nach der Entdeckung ihrer Eigenschaft, ionisierende Strahlen auszusenden, kamen zu den bekannten chemischen, radioaktive Untersuchungsmethoden hinzu. In ihrem Wesen sind nun diese beiden Untersuchungsmethoden völlig verschieden voneinander. Bei den chemischen Methoden werden die gewöhnlichen, stabilen, sich nicht umwandelnden Atome zur Untersuchung verwendet. Bei den radioaktiven werden im Gegensatz dazu die Strahlen untersucht, die aus den instabilen, im Augenblick der Untersuchung zerfallenden Atomen herausgeschleudert werden. Die während der Untersuchung stabilen Atome sind gewissermaßen nur ein Ballast, es kommt lediglich auf die Zahl der zerfallenden Atome an. Da der Prozentsatz der in der Zeiteinheit zerfallenden Atome immer und unbeeinflußbar proportional der Anzahl der insgesamt vorhandenen Atome ist, so hängt es lediglich von diesem Prozentsatz, der Zerfallskonstante des betr. Radioelements, ab, wie groß die Mengen sein müssen, um radioaktiv nachweisbar zu sein.

64. Der radioaktive Nachweis ist unabhängig von der Gewichtsmenge. Uran und Thor sind schwach aktiv, der in der Zeiteinheit zerfallende Bruchteil der Atome im Vergleich zu den vorhandenen ist sehr gering. Die Umwandlungsgeschwindigkeit ist klein, die Lebensdauer groß. Dies ist der Grund, daß Uran und Thor in solcher Menge vorhanden sind, daß es zu ihrer Entdeckung und Untersuchung radioaktiver Methoden nicht bedurft hat. Bei allen anderen Radioelementen ist dies anders (vom Kalium und Rubidium soll hier abgesehen werden, da ein Atomzerfall bei diesen Elementen noch nicht nachgewiesen ist). Nehmen wir z. B. das Radium[1]). Es entsteht über Zwischenstufen aus dem Uran, ist daher in allen Uranmineralien enthalten. Aber sein Gehalt in einer guten Pechblende beträgt nur wenig mehr als $1/100000$ Gewichtsprozent. Eine solch geringe Menge hätte man auf rein chemischem Wege niemals entdeckt. Diese kleine Gewichtsmenge befindet sich in dem Mineral im radioaktiven Gleichgewicht mit der sehr viel größeren des Urans; beide Stoffe senden in der

---

[1]) Wegen der allgemeinen Gesetze der radioaktiven Umwandlungen und der Eigenschaften der radioaktiven Substanzen sei auf Kap. 3A und 3B verwiesen. Literaturangaben finden sich außerdem sehr vollständig bis zum Jahre 1916 in dem Lehrbuch der Radioaktivität von St. Meyer und E. v. Schweidler (Leipzig: B. G. Teubner 1916), von 1916 bis 1922 in dem Lehrbuch der Radioaktivität von G. v. Hevesy und F. Paneth (Leipzig: J. A. Barth 1923). In diesem Kapitel werden daher im allgemeinen nur neuere Arbeiten zitiert.

gleichen Zeit gleich viele α-Teilchen aus. Auf die gleiche Gewichtsmenge bezogen ist die Strahlenemission beim Radium also sehr viel, und zwar dreimillionenmal größer. Zum radioaktiven Nachweis genügt also beim Radium eine dreimillionenmal kleinere Menge als beim Uran. In Wirklichkeit ist der Nachweis des Radiums sogar noch empfindlicher, weil aus ihm eine ganze Anzahl weiterer Radioelemente entstehen, die im radioaktiven Gleichgewicht mit dem Radium bei der Untersuchung des Minerals mitgemessen werden. Aus diesem Grunde ist z. B. die Pechblende um ein Mehrfaches stärker aktiv als eine ebenso große Menge Uran, und diese Erkenntnis bot ja auch Frau CURIE den Schlüssel zur Entdeckung und Anreicherung des Radiums.

Bei dieser Anreicherung wurde wie in der gewöhnlichen analytischen Chemie verfahren, aber die Kontrolle geschah lediglich nach radioaktiven Methoden: die Intensität der Strahlung war der Wegweiser, der zeigte, wo die radioaktive Substanz sich anreicherte. Allmählich konnten dann auch die üblichen chemischen oder physikalischen Kontrollmethoden (Atomgewicht und Spektrum) herangezogen werden, und schließlich hatte man in dem reinen Radium ein neues chemisches Element vor sich, das sich jetzt genau so der rein chemischen Untersuchung darbot wie irgendein anderes chemisches Element.

Was bei dem Radium noch gelingt, die Herstellung in wägbaren, auch der rein chemischen Untersuchung zugänglichen Mengen, gelingt für die meisten anderen Radioelemente nicht mehr. Wird radioaktives Gleichgewicht zwischen verschiedenen, in direkter genetischer Beziehung zueinander stehenden Radioelementen vorausgesetzt, dann sind die Gewichtsmengen der einzelnen Produkte umgekehrt proportional ihrer Zerfallswahrscheinlichkeit, oder direkt proportional ihrer „Halbwertszeit".

Die aus dem Radium entstehende Radiumemanation hat eine Halbwertszeit von 3,83 Tagen gegenüber der des Radiums von 1700 Jahren: Einem Gramm Radium entsprechen also $\frac{3,83}{1700 \cdot 365}$ g $= 6,2 \cdot 10^{-6}$ g Emanation. Hier gelang es nur besonderer Experimentierkunst, die Emanation aus sehr starken Radiumpräparaten in einer Menge anzureichern, daß ihr Spektrum und Volumen noch gerade zu bestimmen war. Entstände die Emanation ohne das Zwischenprodukt Radium direkt aus dem Uran, so würde dieser spektrographische Nachweis nie gelingen. Die zu 1 g Radium gehörenden $6,2 \cdot 10^{-6}$ g Em, als Volumen etwa 0,6 mm^3, entsprechen $3 \cdot 10^6$ g Uran. Die Herstellung und Reinigung aus einer derart großen Uranmenge würde so lange dauern, daß dann von der Gleichgewichtsmenge nur noch ein verschwindend kleiner Bruchteil übrig wäre.

65. Relative Gewichtsmengen der Radioelemente. In der letzten Spalte der bereits S. 274ff. mitgeteilten Tabelle sind die Gleichgewichtsmengen der einzelnen radioaktiven Elemente angegeben, wobei das Gewicht des Radiums bzw. Mesothors $= 1$ gesetzt ist. Aus diesen Tabellen sieht man, daß die Anzahl der in wägbaren Mengen zugänglichen Radioelemente in der Tat sehr klein ist. Dies ist besonders in der Thorium- und Actiniumreihe der Fall.

Zur Herstellung von 1 g Radium bedarf es 3 Tonnen Uran oder etwa 4 bis 5 Tonnen Uranpecherz, zur Herstellung von 1 g Mesothor bedürfte es aber 3000 Tonnen Thorium oder etwa 60 bis 70 000 Tonnen Monazitsand; allerdings wäre dann dieses 1 g Mesothor ohne sein Zerfallsprodukt Radiothor so stark aktiv wie 156 g Radium[1]). In der Praxis bewertet man daher das Mesothor, ebenso wie das Radiothor, nach Radiumeinheiten, indem man die durch eine bestimmte Bleidicke hindurchgegangene γ-Strahlung des Mesothors oder Radiothors mit

---

[1]) H. N. McCoy u. L. M. HENDERSON, Journ. Americ. Chem. Soc. Bd. 40, S. 1316. 1918.

der einer gewogenen Menge Radium vergleicht. Ein Mesothorpräparat von der γ-Strahlung eines Gramms Radiums heißt daher auch kurz 1 g Mesothor, obgleich sich in dem fraglichen Präparat gewichtsmäßig nur einige Milligramm Mesothor befinden.

Das Gewicht spielt eben bei den radioaktiven Stoffen keine wesentliche Rolle, sondern die Anzahl der in der Zeiteinheit zerfallenden Atome, und diese ist, wie aus Tabelle 11, S. 275, ersichtlich, beispielsweise in $2 \cdot 10^{-8}$ g RaC ebenso groß wie in 1 g Radium.

Aus der Tatsache, daß man in zahlreichen Vertretern radioaktiver Substanzen chemische Atomarten zur Verfügung hat, die sich in praktisch unendlich geringen Mengen leicht quantitativ bestimmen lassen, ergeben sich Untersuchungsmöglichkeiten, die sowohl für die Radiochemie als auch für die allgemeine Chemie von weittragender Bedeutung waren. Nur hingewiesen sei hier auf die Entdeckung und den experimentellen Nachweis der Isotopie, der bei den Radioelementen erbracht worden ist und zu einer ganz neuen Auffassung über das Wesen der chemischen Elemente geführt hat (s. Kap. 6).

66. Verschiedene Gruppen radioaktiver Substanzen. Alle radioaktiven Substanzen befinden sich im natürlichen System der Elemente an den Stellen vom Uran (Ordnungszahl 92) abwärts bis zum Thallium (Ordnungszahl 81). Mit Ausnahme der überhaupt noch leeren Plätze 85 und 87 sind alle mit einigen oder einer ganzen Anzahl radioaktiver Atomarten besetzt, die also innerhalb einer und derselben Gruppe miteinander isotop sind. Sieht man sich die Tabelle des natürlichen Systems (Kap. 6, Ziff. 6) genauer an, so erkennt man, daß sich an einer Anzahl Plätzen außer den radioaktiven Substanzen inaktive chemische Elemente befinden. Es sind dies das Thallium, Blei und Wismut; an anderen Stellen befinden sich solche radioaktive Stoffe, die, was die chemische Untersuchungsmöglichkeit anbelangt, den gewöhnlichen Elementen gleich zu rechnen sind, nämlich das Thor und Uran. Die Stellen Polonium, Emanation, Radium, Actinium und Protactinium sind dagegen nur mit neu entdeckten Radioelementen besetzt, inaktive Isotope sind von ihnen nicht bekannt.

Jeder dieser Gruppen von Radioelementen kommt für die Chemie eine besondere Bedeutung zu. Es soll versucht werden, sie im folgenden kurz darzulegen.

b) Radioelemente, von denen es keine inaktiven und keine äußerst langlebigen Isotope gibt.

Es sind dies in der Radiumreihe die Elemente Radium, Emanation und Polonium, in der Actiniumreihe das Protactinium und Actinium, wobei zu jedem einzelnen dieser Elemente noch ein oder mehrere kurzlebige Isotope hinzukommen. Hier handelt es sich also um neue Elemente, welche bisherige Lücken im natürlichen System der Elemente besetzen.

67. Radium, Emanation und Polonium. Das weitaus wichtigste unter diesen Elementen ist das Radium. Es läßt sich leicht gewinnen, weil es als Homologes des Bariums dessen wohldefinierte chemische Eigenschaften teilt, mit diesem aus den Mineralien leicht von allen anderen Elementen abgeschieden und vom Barium seinerseits wieder unschwer durch fraktionierte Kristallisation befreit werden kann. Das Radium verdankt seinen großen Wert seinen besonders günstig liegenden Stabilitätsbedingungen. Einerseits ist es mehrere millionenmal instabiler als das Uran, also entsprechend mehrere millionenmal stärker aktiv als dieses, andererseits ist seine Halbwertszeit von 1700 Jahren doch so groß, daß es für praktische Zwecke als konstant aktiv angesehen werden und auch als neues chemisches Element in leicht zugänglichen Gewichtsmengen dargestellt werden kann. Dabei bildet es in Form seiner Emanation und dem aktiven Niederschlag in kurzer Zeit eine ganze Reihe von Zerfallsprodukten nach, die alle ihre besonderen Strahlengruppen aussenden, so daß man in einem einen Monat alten Radiumpräparat die verschiedensten Strahlenarten in praktisch konstanter Intensität zur Verfügung hat.

Etwas ungünstiger liegen die Verhältnisse bei dem Radiumisotop Mesothor, dessen Darstellung auf dieselbe Weise wie beim Radium durchgeführt wird. Da es keine ganz uranfreien Thormineralien gibt, enthält das technische Mesothor immer beträchtliche Mengen Radium, normalerweise mindestens 20%, berechnet auf die beiderseitige γ-Aktivität. Um ein radiumfreies Mesothor zu gewinnen, muß man einen Umweg einschlagen: Zuerst Herstellung des gewöhnlichen Thoriums, frei von Radium und Mesothor. Beim Lagern bildet sich das Mesothor zurück, das dann nach Zugabe von Bariumsalz sich leicht vom Thorium trennen läßt. Alte Glühstrumpfaschen bilden daher ein geeignetes Ausgangsmaterial für radiumfreies Mesothor.

Bei der Radiumemanation gelingt es nur mit sehr großen Mengen ihrer Muttersubstanz, dem Radium, dies Edelgas als neues Element in reiner Form herzustellen. Die Zerfallsgeschwindigkeit ist schon so groß, daß die absolute Gewichtsmenge, in der man es erhalten kann, wie schon erwähnt, äußerst klein ist (s. Tabelle 11, S. 275).

Auch das dritte neue Element der Radiumreihe, das Polonium, ist im Verhältnis zum Radium nur in sehr geringen Mengen zugänglich, und mehr als Bruchteile eines Milligramms sind bisher nicht dargestellt worden. Immerhin ist hier die Herstellungsmöglichkeit erleichtert durch seinen elektrochemisch recht edlen Charakter, der es erlaubt, das Polonium in radioaktiv völlig reinem Zustande aus Radioblei- oder Radium-D-Lösungen abzuscheiden. Solche Präparate, aus genügender Menge Ausgangsmaterial bereitet, sind durch ihre äußerst intensive α-Strahlung ausgezeichnet; durch diese Strahlung geleitet, gelang auch die präparative Herstellung einer wohl charakteristischen gasförmigen Verbindung Poloniumwasserstoff, deren radioaktiver Nachweis absolut eindeutig geführt werden konnte, obgleich die Gewichtsmengen sicher nicht über 10^{-11} g betrugen[1]).

68. Actinium und Protactinium. Sehr viel schwieriger als die Darstellung der Elemente Radium, Emanation und Polonium, gestaltet sich die Anreicherung der beiden anderen neuen Elemente, des Actiniums und Protactiniums. Das Actinium ist ein Homologes des Lanthan, ähnelt in seinen chemischen Eigenschaften den seltenen Erden, die an sich schon sehr schwer voneinander zu trennen sind. Beim Actinium kommt die äußerst kleine Gewichtsmenge erschwerend hinzu, denn 1 g Radium entsprechen nur 0,4 mg Actinium. Ein sicher zum Ziele führender Fraktionierungsmechanismus ist daher bis heute nicht bekannt.

In noch stärkerem Maße trifft dies für das Protactinium zu.

In einem Mineral, das 1 g Radium enthält, sind über 200 mg Gewicht Protactinium enthalten[2]), und seine Reindarstellung wäre wissenschaftlich von erheblichem Interesse, weil sie das zwischen Uran und Thor stehende Element mit der Ordnungszahl 91 auch für chemische Untersuchungen zugänglich machen würde.

Eine Bestimmung seines Atomgewichts würde auch die noch immer nicht einwandfrei geklärte Stellung der Actiniumreihe zur Uranreihe festlegen und hiermit zur Klärung der Frage beitragen, ob in dem Uran vom Atomgewicht

---

[1]) F. PANETH, Wiener Ber. Bd. 127 [2a], S. 1729. 1918.
[2]) O. HAHN u. L. MEITNER, Chem. Ber. Bd. 54, S. 69. 1921.

238,2 ein bisher unbekanntes Uranisotop von höherem Atomgewicht enthalten sei. Die Existenz eines solchen Körpers würde ihrerseits die Diskrepanz zwischen dem Atomgewicht des Urans und dem des Radiums aufklären[1]). Aber das Protactinium besitzt als Homologes des Tantals dessen unerquickliche chemische Eigenschaften augenscheinlich in ganz besonderem Grade. Neben die Stelle normaler chemischer Fällungs- und Austauschreaktionen treten kolloide Fällungen, Peptisationen und nicht genügend geklärte Adsorptionsreaktionen. Dazu kommt die im Vergleich zu den begleitenden Elementen Tantal, Niob, Titan, Zirkon u. a. immerhin sehr kleine Menge, so daß es bisher nicht gelungen ist, das Protactinium in hochkonzentrierter Form zu gewinnen.

c) Radioelemente, von denen es inaktive oder äußerst langlebige radioaktive Isotope gibt.

69. Die Isotopen des Bleis, Wismuts und Thalliums. Hierher gehören einerseits die radioaktiven Isotopen des Bleis, Wismuts und Thalliums, andererseits die Isotopen des Thors und Urans. Es handelt sich also nicht um neue Elemente mit einem eigenen Platz im Periodischen System; die Chemie dieser Substanzen ist seit langem bekannt. Ihre Bedeutung liegt darin, daß sie das Studium der Eigenschaften der inaktiven Elemente — mit Ausnahme des Urans — bis zu Gewichtsmengen herunter erlauben, die um viele Zehnerpotenzen unterhalb der chemischen Nachweisbarkeit dieser Grundstoffe liegen.

Besonders einfach ist das Arbeiten mit den Isotopen des Bleis, Wismuts und Thalliums, denn diese bilden die sogenannten B-, C- und C''-Glieder der aktiven Niederschläge, denen sich in der Radiumreihe noch die Zerfallsprodukte RaD als Blei-, Radium E als Wismutisotope anschließen. Alle diese, mit Ausnahme der beiden letzteren, äußerst kurzlebigen Zerfallsprodukte lassen sich aus den radioaktiven Emanationen mit größter Leichtigkeit in hochaktiver Form in unendlich geringer Gewichtsmenge gewinnen. Der Nachweis, daß es sich bei diesen aktiven Niederschlägen um Gemische genau definierter chemischer Individua handelt, gelingt leicht, wenn man den unsichtbaren Mengen etwa vom Radium B und Radium C sichtbare Mengen ihrer Isotopen Blei und Wismut zufügt.

Die quantitative, nach bekannten Reaktionen der analytischen Chemie vorgenommene Trennung dieser Elemente voneinander ergibt zwangsläufig die quantitative Trennung der radioaktiven Atomarten Radium B und Radium C voneinander. Daß das längerlebige Bleiisotop RaB sein Zerfallsprodukt RaC auch während und nach der Trennung dauernd nachbildet, so daß man es also praktisch niemals ganz frei von RaC erhalten kann, liegt im Wesen der radioaktiven Umwandlungsgesetze und hat mit den chemischen Eigenschaften nichts zu tun.

Will man die einzelnen Bestandteile des aktiven Niederschlags in gewichtsloser Form untersuchen, so darf man natürlich nicht ihre inaktiven Isotopen zugeben; rein chemische Fällungsreaktionen sind dann nicht mehr zulässig. Innerhalb gewisser Grenzen wird der Zweck erreicht durch kurzes Erhitzen auf bestimmte hohe Temperatur. Die einzelnen Bestandteile sind je nach ihrer chemischen Natur und je nach der chemischen Bindung, in der sie vorliegen, verschieden flüchtig und ermöglichen so auch einen direkten Schluß auf das Verhalten ihrer inaktiven Isotopen.

---

[1]) D. PICCARD, Arch. sc. phys. et nat. Bd. 44, S. 161. 1917; A. S. RUSSELL, Phil. Mag. Bd. 46, S. 642. 1924; O. HAHN, ZS. f. anorg. Chem. Bd. 147, S. 16. 1925.

Quantitativer verlaufen die Trennungen auf elektrochemischem Wege und beweisen, daß auch die speziellen elektrochemischen Eigenschaften der Elemente bei den höchsten Verdünnungen genau dieselben sind wie in chemisch nachweisbaren Konzentrationen.

Abgesehen von ihrer Bedeutung als intensive Strahlungsquellen beanspruchen die kurzlebigen Isotope, besonders des Bleis und Wismuts, unser Interesse bei der radioaktiven Indikatorenmethode, worauf in Ziff. 75 u. f. noch eingegangen werden soll.

Mit einem Wort sei hingewiesen auf die Herstellung radioaktiver Zerfallsprodukte nach der sog. Rückstoßmethode, die in einfachster Weise die Reinherstellung einzelner radioaktiver Atomarten erlaubt. Die Substanzen ThC″ und AcC″ wurden auf diese Weise entdeckt.

70. Die Isotopen des Thors und Urans. Das außer dem eigentlichen Thorium stabilste Thorisotop, das Ionium, ist in Uranmineralien in 58 mal größerer Gewichtsmenge enthalten als das Radium. Dennoch gelingt es nicht, es in chemisch reinem Zustand als neue Atomart herzustellen, weil es keine ganz thorfreien Uranmineralien gibt und daher bei der Gewinnung des Ioniums das Thorium zwangsläufig mitgewonnen wird. An Strahlungsintensität kommt dieses Thorium bei seiner 200 000 mal größeren Lebensdauer gegenüber dem Ionium absolut nicht in Betracht; aber in Gewichtsprozenten besteht das Ionium, selbst wenn es aus den thorärmsten Mineralien hergestellt wird, doch noch zu 50% aus Thorium[1]). Die Atomgewichtsbestimmungen ergeben daher Mittelwerte zwischen denen des Thors und des Ioniums.

Beim Radiothor, einem anderen Thorisotop, gelingt die Herstellung in radioaktiv reinem Zustande auf einem Umweg. Man stellt aus dem Thorium das Radiumisotop Mesothor her. Dieses bildet bei seinem Zerfall das Radiothor, und zwar in zwei Jahren die Hälfte seiner Gleichgewichtsmenge. Aus dem gealterten radiothorhaltigen Mesothor läßt sich das Radiothor durch eine einfache Ammoniakfällung abtrennen, das Mesothor bleibt im Filtrat.

Von den noch instabileren Thorisotopen hat das β-strahlende Uran X eine gewisse Bedeutung für Indikatorenversuche mit Radioelementen. Es läßt sich leicht herstellen, hat die für radioaktive Messungen angenehme Halbwertszeit von 24 Tagen und eine charakteristische β-Strahlung, die sich sehr bequem messen läßt.

Während wir beim Thorium die mannigfachsten isotopen Atomarten kennen, die sich für vielerlei radiochemische und chemische Zwecke verwenden lassen, haben wir beim Uran außer der Muttersubstanz Uran I nur das Uran II, und dieses wird man auf chemischem Wege niemals getrennt vom Uran I gewinnen. Seine Halbwertszeit ist zu groß, als daß man es aus seiner direkten Muttersubstanz, dem Uran X, etwa so, wie das Radiothor aus dem Mesothor, in nachweisbarer Menge erhalten könnte. Die Möglichkeit des Arbeitens mit äußerst geringen, aber dennoch leicht meßbaren Gewichtsmengen fällt also beim Uran, als einzigem unter allen Radioelementen, fort.

d) Indirekte Analyse.

71. Bestimmung von Radium, Uran und Thor. Wird ein starkes Radiumpräparat mit Hilfe der γ-Strahlen gemessen, so dienen die durchdringenden Strahlen des Wismutisotops RaC zur quantitativen Bestimmung des dem Barium homologen Radiums.

---

[1]) ST. MEYER u. C. ULRICH, Wiener Ber. Bd. 132 [2a], S. 279. 1924.

Werden schwache Präparate gemessen, so dienen die α-Strahlen der Emanation und des aktiven Niederschlags zur quantitativen Bestimmung der Radiummenge. Sowohl qualitativ wie quantitativ kann man Analysen von Radioelementen durchführen, wenn man statt der häufig schwer zu bestimmenden Muttersubstanzen ihre leichter meßbaren Zerfallsprodukte heranzieht. Die Kenntnis der Umwandlungsprozesse dient dabei als Richtschnur. Früher wurde der brasilianische Monazitsand für uranfrei gehalten. Der Radiumgehalt des aus ihm hergestellten Mesothors beweist nicht nur die Anwesenheit des Urans, sondern erlaubt auch seine quantitative Bestimmung. Ganz allgemein werden heute Urananalysen, besonders in uranarmen Mineralien, durch Feststellung ihres Radiumgehalts vorgenommen. Ist der Radiumgehalt durch die Emanation bestimmt, so erhält man den Urangehalt durch Multiplikation mit $3 \cdot 10^6$. In allen gewöhnlichen Gesteinen der festen Erdkruste läßt sich die Emanation des Radiums und des Thoriums nachweisen. Die mit der nötigen Sorgfalt durchgeführten Messungen ergeben den genauen Uran- und Thorgehalt dieser Gesteine. Die absoluten Uran- und Thormengen sind dabei so klein, daß sie sich mit rein chemischen Methoden nie bestimmen ließen. Für die Berechnung des Wärmehaushalts der festen Erdkruste sind aber diese Bestimmungen von prinzipieller Bedeutung (s. Kap. 3 D).

Auf weitere Fälle braucht nicht eingegangen zu werden. Das Prinzipielle der Methode geht aus den obigen Beispielen hervor.

e) Austauschreaktionen und Fällungsvorgänge.

72. Kinetischer Austausch isomorpher Verbindungen. Schüttelt man Bariumsulfat mit einer Radiumbariumsalzlösung, so tritt an dem Ionengitter des Bariumsulfats eine typische Austauschreaktion statt. Radiumionen gehen aus der Lösung an die feste Kristalloberfläche und werden dort eingebaut, Bariumionen gehen in Lösung. Dabei findet wegen der geringeren Löslichkeit des Radiumsulfats gegenüber dem Bariumsulfat sogar eine Anreicherung des Radiums in der festen Phase statt. Die früher übliche Erklärung einer Adsorption für diesen Vorgang besteht nicht zu Recht. Gerade solche Faktoren, die eine Adsorption stark begünstigen — neutrale Lösung und gewöhnliche Temperatur — sind für die Anreicherung des Radiums wirkungslos, während die entgegengesetzten Bedingungen — saure Lösung bei erhöhter Temperatur — eine starke Anreicherung ergeben[1]).

Ganz ähnlich liegen die Verhältnisse bei der fraktionierten Kristallisation der Bariumradiumsalze. Wie die Sulfate sind auch die leichter löslichen Bromide und Chloride des Bariums und Radiums untereinander isomorph. Verläuft die Kristallisation genügend langsam, dann ist die Anreicherung des schwerer löslichen Radiums am größten, weil dann der kinetische Austausch zwischen den Ionen des sich bildenden Kristallgitters und denen der Lösung ungehindert stattfinden kann[2]). Bei unvollständigen Fällungen, etwa von Bariumradiumchlorid mit Schwefelsäure tritt dagegen eine Anreicherung nicht ein, weil die Zeit zum kinetischen Austausch des schwerer löslichen Radiums an Stelle des leichter löslichen Bariumions nicht ausreicht[3])[1]). Daß der Isomorphismus die notwendige Voraussetzung zu derartigen Austauschreaktionen ist, beweisen Kristallisationsversuche mit anderen Salzen und Radioelementen, die nicht miteinander isomorph sind; hier liegen die Verhältnisse völlig anders. Wird

---
[1]) H. A. DOERNER u. WM. M. HOSKINS, Journ. Amer. Chem. Soc. Bd. 47, S. 662. 1925.
[2]) F. PANETH u. W. THIEMANN, Chem. Ber. Bd. 55, S. 1215. 1924.
[3]) E. EBLER u. VAN KLEYN, Chem. Ber. Bd. 54, S. 2896. 1921.

Uranylnitrat aus Wasser umkristallisiert, so bleibt, wie seit langem bekannt ist, das Thorisotop Uran X in der Lauge. Dasselbe Ergebnis wird aber auch erzielt, wenn man Uranylsulfat zum kristallisieren bringt. Das hydratisierte Thorsulfat ist sicher schwerer löslich als das Uranylsulfat, trotzdem kann man durch langsames Kristallisieren erreichen, daß die zuerst herauskommenden Uransalzkristalle praktisch frei sind von Uran X[1]).

Analoge Verhältnisse beobachtet man beim Umkristallisieren des Radiobleinitrats. Das mit dem RaD zusammen in dem Radioblei vorkommende Wismutisotop RaE und das Polonium bleiben in schwach salpetersaurer Lösung im Filtrat, so daß sich aus diesem Verhalten eine Anreicherung des Poloniums ergibt[2]).

Zur Mischkristallbildung muß nicht nur der chemische Bautypus gleich sein, es sind auch gleicher Gittertypus und ähnliche Ionenabstände nötig[3]). Für die Salze des Bariums und Radiums treffen diese Bedingungen zu, für die letztgenannten Beispiele nicht.

73. Die Fällungsregel. Wie diese typischen Austauschreaktionen lassen sich auch Adsorptions- und Fällungsvorgänge mittels radioaktiver Stoffe besonders einfach studieren, weil der Nachweis radioaktiver Atomarten mit Gewichtsmengen geführt werden kann, die in manchen Fällen um viele Zehnerpotenzen kleiner sind, als sie zu gewöhnlichen chemischen Nachweisreaktionen erforderlich sind.

Was derartige Adsorptions- und Fällungsreaktionen anbelangt, so hat sich hier eine empirische Gesetzmäßigkeit aufstellen lassen, die man als die sog. Fällungsregel bezeichnet, und die die vielen Erfahrungen über das chemische Verhalten der kurzlebigen, in höchster Verdünnung vorkommenden Radioelemente unter einem einheitlichen Gesichtspunkt zusammenfaßt. Sicher gilt dieser Satz nicht nur für die Radioelemente, sondern für alle anderen Elemente auch. Er besagt: Ein Kation wird dann von einem schwer löslichen Salz adsorbiert, wenn es mit dem Anion des adsorbierenden Salzes eine in dem betreffenden Lösungsmittel schwer lösliche Verbindung bildet[4]). Je schwerer die betr. Verbindung und je schwerer das Adsorbens löslich ist, um so stärker ist die Adsorption. Diese auf den ersten Blick selbstverständliche, bei näherem Zusehen aber recht auffallende Erfahrungsregel harrt noch einer befriedigenden Erklärung.

Ein Teil der Erscheinungen läßt sich verständlich machen unter Heranziehung gewisser Gesetzmäßigkeiten, die bei der Adsorption von Radioelementen an Silberhalogenidsolen gewonnen wurden[5]).

Silberhalogenidsole, die mit einem Überschuß von Halogenionen hergestellt werden, adsorbieren beim Schütteln mit einer ThB-Lösung dieses radioaktive Bleiisotop, und zwar steigt der Grad der Adsorption mit der Konzentration der überschüssigen Halogenionen. Dagegen adsorbieren solche Sole, die mit einem Überschuß von Silberionen dargestellt werden, das ThB nicht merklich. Im ersteren Falle sind durch die an der Oberfläche der Solteilchen herausragenden Teilvalenzen[6]) negative Halogenionen an dem Sol adsorbiert worden, haben diesem eine negative Ladung erteilt und ihrerseits das positive ThB adsorbiert. Im letzten Falle erhält das Sol durch die überschüssigen Ag-Ionen eine positive Aufladung, die positiven ThB-Ionen werden dann nicht mehr adsorbiert[7]).

---

[1]) Unveröffentlichte Versuche des Verf.
[2]) F. PANETH u. G. v. HEVESY, Wiener Ber. Bd. 122, S. 1049. 1913.
[3]) H. GRIMM, ZS. f. Elektrochem. Bd. 30, S. 467. 1924.
[4]) G. v. HEVESY u. F. PANETH, Lehrbuch der Radioaktivität, S. 102; s. daselbst auch die spezielle Literatur über diesen Gegenstand.
[5]) K. FAJANS u. K. v. BECKERATH, ZS. f. phys. Chem. Bd. 97, S. 478. 1921.
[6]) F. HABER, ZS. f. Elektrochem. Bd. 20, S. 521. 1924.
[7]) S. auch A. LOTTERMOSER u. A. KOTHE, ZS. f. phys. Chem. Bd. 62, S. 359. 1908.

Die Radioelemente liegen in ihren Lösungen — mit Ausnahme der Polonium- und Protactiniumisotope — im allgemeinen in Form positiver Metallionen vor. Die analytischen Fällungen schwer löslicher Metallverbindungen geschehen immer mit einem Überschuß des Fällungsmittels, also des Anions der betr. Verbindung. Nach den obigen Erfahrungen bei Silbersalzsolen — die bei Silbersalzfällungen mit demselben Ergebnis wiederholt worden sind — werden daher die radioaktiven Metallionen an den überschüssigen negativen Anionen adsorbiert. Bildet nun das radioaktive Ion mit dem Anion des Niederschlags eine schwer lösliche Verbindung, dann wird an der Grenzfläche das Löslichkeitsprodukt überschritten — auch wenn es in der Lösung bei weitem nicht erreicht zu sein braucht —, das Radioelement fällt aus.

Die in der folgenden Tabelle[1]) wiedergegebenen Versuche sind mit den Salzen des ThB, also einem Bleiisotop, durchgeführt.

Tabelle 14. Zur Fällungsregel.

Ausgefällte Verbindung	Löslichkeit des entsprechenden Bleisalzes in g pro 100 g Wasser	Betrag der Fällung des ThB
Wismutsulfid	Bleisulfid $8,6 \cdot 10^{-5}$	vollständig
Mangankarbonat	Bleikarbonat $1,1 \cdot 10^{-4}$	fast vollständig
Bariumsulfat	Bleisulfat $4 \cdot 10^{-3}$	fast vollständig
Silberjodid	Bleijodid $6 \cdot 10^{-2}$	unvollständig und wechselnd
Silberchlorid	Bleichlorid $9 \cdot 10^{-1}$	unvollständig und wechselnd
Nitronnitrat	Bleinitrat $30,8$	keine Fällung

In den Fällen, wo das Anion des Niederschlags ein sehr schwer lösliches Salz bildet, ist die Fällung des ThB praktisch vollständig, in den Fällen mittlerer Löslichkeit wie bei den Chloriden und Jodiden ist sie unvollständig, beim Nitronnitrat, dem schwer löslichen Nitrat einer komplizierten organischen Verbindung, bleibt das ThB im Filtrat, weil das Bleinitrat leicht löslich ist.

Während die Verhältnisse bei den extremen Fällen durchaus klarliegen, hängt in den Fällen mittlerer Löslichkeit die Adsorption des Radioelements stark von den Fällungsbedingungen ab, wobei die weiter oben geschilderten Ladungserscheinungen wahrscheinlich eine große Rolle spielen.

74. Einfluß der Oberflächengröße auf die Ausfällung. Außerdem tritt hier aber noch ein sehr wichtiger Faktor hinzu: die Größe der Oberfläche des Niederschlags. Je größer diese bei sonst gleicher Masse ist, desto stärker wird das Radioelement adsorbiert. So fällt ein Gemisch von Barium- und Radiumfluorid mit einem Überschuß von Lanthanfluorid quantitativ aus, obgleich es nach dem Grade seiner Löslichkeit nicht vollständig ausfallen dürfte[2]).

Bei oberflächenreichen Adsorbentien ist die Gleichheit des Anions vom Adsorbens und Adsorbat nicht mehr notwendig. Eisenhydroxyd fällt Radiumsulfat und Radiumkarbonat unterhalb ihres Löslichkeitsproduktes quantitativ aus, obgleich Radiumhydroxyd ein verhältnismäßig leicht löslicher Körper ist[2]). Dasselbe ist der Fall bei der Ausfällung vom Uran X mittels Eisenhydroxyd. Diese praktisch quantitativ verlaufende Fällung ist eine viel verwendete Methode zur Trennung des Uran X vom Uran mittels Ammonkarbonat, obgleich das Uran X als Thorisotop ein lösliches komplexes Karbonat bildet. Werden dagegen die in dem oberflächenreichen Eisenhydroxyd wirksamen Adsorptionskräfte

---
[1]) Nach FAJANS u. RICHTER, Chem. Ber. Bd. 48, S. 700. 1915.
[2]) F. HEIDENHAIN, Diss. Berlin 1924.

durch andere Moleküle oder Ionen ähnlicher chemischer Eigenschaften abgesättigt, so wird die Adsorption des Uran X zurückgedrängt: bei Anwesenheit geringer Mengen von Thor- oder Zirkonsalzen gelingt die obenerwähnte Abtrennung des Uran X vom Uran nicht mehr. Genau dasselbe wie beim Eisen sehen wir bei der oberflächenreichen Adsorptionskohle: starke Adsorption des Uran X bei Abwesenheit von Thor oder ähnlichen Elementen; sind diese vorhanden, so hört die nachweisbare Adsorption des Uran X auf, die statt dessen in ebenso großer Menge adsorbierten inaktiven Moleküle entziehen sich dem Nachweis[1]).

f) Indikatorenmethode.

75. Wesen der Indikatorenmethode. In den Tabellen 11 u. 13 (S. 275 ff.) wurden die Gewichtsmengen radioaktiver Atomarten angegeben, die sich mit 1 g Radium oder 1 g Mesothor im radioaktiven Gleichgewicht befinden, also in der Zeiteinheit ebenso viele Strahlen emittieren als jene. Da der radioaktive Nachweis nur von der in der Zeiteinheit emittierten Strahlenmenge abhängt, sieht man, daß die Bestimmung von $2 \cdot 10^{-8}$ g RaC ebenso empfindlich ist wie die von 1 g Radium oder der Nachweis von $2 \cdot 10^{-4}$ g ThB so empfindlich wie der von $3 \cdot 10^9$ g Thorium.

Von dieser Erkenntnis läßt sich Gebrauch machen, wenn man das Verhalten von Elementen, von denen kurzlebige radioaktive isotope Atomarten bekannt sind, in solch geringen Konzentrationen studieren will, daß sie zum gewöhnlichen analytisch chemischen Nachweis nicht hinreichen. Als solche Elemente kommen, wie aus Kap. 6, Tabelle 4, ersichtlich, vor allem das Blei, Wismut, Thallium und Thorium in Frage. Die Strahlung des leicht nachweisbaren radioaktiven Isotops dient also als Indikator für das in der betreffenden Verdünnung nicht oder nur schwer nachweisbare Versuchselement[2]).

76. Bedeutung für die Radiochemie. Einige Fälle aus der praktischen Radiochemie seien zuerst kurz erwähnt. Das sehr durchdringende β-Strahlen emittierende Uran X eignet sich vorzüglich zum Nachweis für das mit ihm isotope α-strahlende Thorium. Will man z. B. die Wirksamkeit einer Thoriumtrennung von anderen Elementen studieren, so gibt man der zu untersuchenden Substanz eine dosierte Menge Uran X zu, macht die Trennung und prüft, wie sich das leicht nachweisbare Uran X auf Niederschlag und Filtrat verteilt hat. Das Ergebnis ergibt zwangsläufig die entsprechende Verteilung des viel schwerer nachweisbaren Thoriums.

Durch Verwendung von Uran X, zuerst allein und dann mit immer steigenden Thoriumzugaben, konnte die Adsorptionsisotherme dieser isotopen Elemente an Eisenhydroxyd innerhalb eines Konzentrationsbereiches von $1 : 10^{10}$ aufgenommen werden, wobei sich zeigte, daß die bekannte Adsorptionsformel von FREUNDLICH[3]), zwar innerhalb kleiner Konzentrationsintervalle strenge Gültigkeit beanspruchen kann, für solche große Konzentrationsunterschiede aber nicht mehr genau zutrifft[4]).

Zuweilen kann auch ein langlebiges Radioelement als Indikator für ein schwer nachweisbares kurzlebiges verwertet werden. So ließen sich gelegentlich einer Untersuchung über die direkte Muttersubstanz des nur in äußerst geringer Strahlungsstärke im Uran vorkommenden UZ sichere Ergebnisse erst dann er-

---

[1]) H. FREUNDLICH u. M. WRESCHNER, ZS. f. phys. Chem. Bd. 106, S. 366. 1923.
[2]) Eine ausführliche Literaturübersicht über die hierhergehörigen Arbeiten findet sich bei F. PANETH, ZS. f. angew. Chem. Bd. 35, S. 549. 1922.
[3]) H. FREUNDLICH, Kapillarchemie, 2. Aufl., S. 151.
[4]) A. CH. BROWN, Journ. chem. soc. Bd. 121, S. 1736. 1922.

zielen, als der sehr schwankende Betrag der Abtrennung des UZ nach Zugabe des mit ihm isotopen Protactiniums jedesmal quantitativ bestimmt werden konnte[1]).

Soll aus einem gealterten Radiumpräparat das RaD, etwa durch Schwefelwasserstoffällung oder Elektrolyse abgetrennt werden, so gibt man der Lösung zweckmäßig das mit dem RaD isotope ThB oder RaB hinzu, deren Bestimmung sehr viel leichter ist, als die des RaD. Der Prozentsatz des abgeschiedenen RaD ergibt sich aus dem der abgeschiedenen kurzlebigen Isotopen.

77. Bedeutung für die allgemeine Chemie. Von allgemeinerem Interesse ist die Anwendung der Indikatormethode für Fragen der analytischen und allgemeinen Chemie, von denen einige typische Fälle erwähnt seien. Die Löslichkeit schwer löslicher Salze, wie Bleichromat und Bleisulfid ließ sich durch Zugabe von mit dem Blei isotopen ThB und dessen Messung in der Lösung sehr viel leichter als nach den bisher üblichen Methoden bestimmen. Der Unterschied in der Austauschbarkeit zwischen den in elektrolytisch leitenden Flüssigkeiten frei beweglichen Bleiionen gegenüber dem in den Lösungen gewisser organischer Bleiverbindungen fest an den Kohlenstoff gebundenen Blei, ließ sich durch Austauschreaktionen zwischen inaktiven und radioaktiv induzierten Bleiverbindungen in prägnanter Weise demonstrieren und damit der Nachweis führen, daß der intermolekulare Atomaustausch an das Vorliegen einer elektrolytischen Dissoziation gebunden ist. Ein sehr schöner Erfolg der Indikatorenmethode ist die Auffindung des Wismutwasserstoffs und des Bleiwasserstoffs und die Aufklärung ihrer besten Darstellungsbedingungen, so daß, nachdem diese mittels radioaktiver Methoden erkannt waren, auch die Herstellung der früher vergeblich gesuchten inaktiven Verbindungen gelang.

Ein weiteres Beispiel der Fruchtbarkeit der Methode ist die experimentelle Verfolgung der sog. Selbstdiffusion, die an metallischem Blei und an Bleisalzen unter den verschiedensten Bedingungen studiert werden konnte.

In Ziff. 72 wurde auf die kinetischen Austauschreaktionen hingewiesen, die zwischen gelösten radioaktiven Salzen und mit diesen isomorphen kristallisierten Salzen stattfinden. Findet dieser kinetische Austausch zwischen isotopen Atomarten statt, von denen die gelöste radioaktiv, die feste inaktiv ist, so läßt sich aus dem Verhältnis der nach dem Schütteln an der festen Phase adsorbierten aktiven Atomart zu dem in der Lösung verbliebenen Anteil ein Rückschluß auf die Größe der Oberfläche der festen Phase ziehen[2]). Unter Berücksichtigung der bei diesen Indikatorversuchen erhaltenen Resultate, daß die Adsorption nur in einfach molekularer Schicht erfolgt, ließ sich die Versuchsbasis wesentlich erweitern und ließen sich die spezifischen Oberflächen einer Reihe oberflächenreicher Substanzen wie Kunstseide, Adsorptionskohle u. a. bestimmen, deren einwandfreie Bestimmung auf anderem Wege bisher nicht möglich war[3]).

g) Die Emanierungsmethode.

78. Oberflächenstudien aus dem Emanierungsvermögen. Die im vorigen Abschnitt besprochene Indikatormethode verwendet immer feste radioaktive Atomarten, von denen es inaktive isotope Elemente gibt, um letztere durch erstere nach radioaktiven Methoden zu bestimmen. Die hier noch kurz zu erwähnende Emanierungsmethode zieht immer eine Emanation, also ein radio-

---

[1]) O. HAHN, ZS. f. phys. Chem. Bd. 103, S. 461. 1923.
[2]) F. PANETH u. W. VORWERK, ZS. f. phys. Chem. Bd. 101, S. 445. 1922.
[3]) F. PANETH u. W. THIMANN, Chem. Ber. Bd. 57, S. 1215. 1924; F. PANETH u. A. RADU, Chem. Ber. Bd. 57, S. 1221. 1924.

aktives Edelgas als Mittel zur Untersuchung heran[1]). Es handelt sich dabei vor allem um die Prüfung der Oberfläche und Oberflächenänderung feinverteilter Stoffe unter verschiedenen Bedingungen der Herstellung und Aufbewahrung. Die zu untersuchende Substanz wird mit einer kleinen Menge einer eine Emanation gebenden radioaktiven Substanz aus gemeinsamer Lösung ausgefällt. Es ist nun eine Frage der inneren Oberflächenausbildung des Niederschlags, ob die Emanation nach außen abgegeben wird oder in der Substanz steckenbleibt. Ist die innere Oberfläche groß, so zeigt die Substanz ein hohes „Emanierungsvermögen", ändert sich etwas an der Struktur oder Oberfläche des Körpers, etwa durch Kristallwachstum, Schrumpfung oder Austrocknung, so ändert sich das Emanationsvermögen, und diese Änderung der Emanationsabgabe läßt sich ohne irgendwelche Eingriffe in die Substanz durch einfache Aktivitätsmessungen verfolgen[2]). Die bisher an einer Reihe von Beispielen erprobte Methode läßt die Erwartung begründet erscheinen, daß sich auch die Emanierungsmethode für eine ganze Reihe allgemein chemischer Fragen mit Vorteil verwenden läßt.

D. Die Bedeutung der Radioaktivität für die Geschichte der Erde.

Von

OTTO HAHN, Berlin-Dahlem.

79. Alle Begleiterscheinungen radioaktiver Prozesse sind für geologische Fragen von Bedeutung. Das Wesen aller radioaktiven Prozesse ist die freiwillige, von äußeren Bedingungen des Druckes, der Temperatur und der chemischen Bindungsart unabhängige Atomumwandlung.

Die Elemente Uran und Thor sind die Anfangsglieder der großen radioaktiven Zerfallsreihen; durch stufenweisen Abbau, unter Emission von α-Strahlen, entstehen aus ihnen allmählich die stabilen Endprodukte der Reihen, das Uranblei und das Thorblei.

Die bei den radioaktiven Prozessen emittierten Strahlen ionisieren die Materie, durch die sie hindurchfliegen; schließlich wird die gesamte kinetische Energie der Strahlen in Wärme umgewandelt.

Alle diese bei den radioaktiven Umwandlungen ablaufenden Vorgänge können für geologische Fragen herangezogen werden und erweisen sich für diese von prinzipieller Bedeutung.

Die Wärmewirkung liefert uns plausible Daten über den Wärmehaushalt der Erde. Die α-Teilchen bleiben als Helium in den Mineralien stecken und dienen zur Feststellung der Dauer radioaktiver Prozesse in der festen Erdkruste, und mit noch größerer Sicherheit trifft dies zu für die Endprodukte Uranblei und Thorblei, die sich in Uran- oder Thormineralien ansammeln und aus deren Menge man sozusagen das Geburtsdatum des betr. Minerals ablesen kann.

Schließlich lassen sich die ionisierenden Wirkungen der α-Teilchen in der Form pleochroitischer Höfe für Altersschätzungen von Mineralien mit Erfolg verwerten.

Im folgenden sollen diese Punkte im einzelnen etwas näher besprochen werden.

---

[1]) O. HAHN u. O. MÜLLER, ZS. f. Elektrochem. Bd. 27, S. 189. 1923.
[2]) O. HAHN, Liebigs Ann. Bd. 440, S. 121. 1924; Naturwissensch. Bd. 12, S. 1140. 1924.

a) Wärmehaushalt der Erde[1]).

80. Die Diskrepanz zwischen dem von Kelvin berechneten und dem von der Geologie und Paläontologie geforderten Alter der Erdkruste. Unter der Voraussetzung, daß die Erdoberfläche früher feurig-flüssig war, und daß sie sich allmählich durch Ausstrahlung in den kalten Weltenraum auf die heutige an der Erdoberfläche herrschende Temperatur abgekühlt hat, läßt sich unter Berücksichtigung der „geothermischen" Tiefenstufe und der mittleren Wärmeleitfähigkeit der Gesteine die Zeit berechnen, die notwendig war, um diese Abkühlung vom feurig-flüssigen auf den heutigen Zustand zu bewirken. Lord Kelvin, der sich als erster mit diesen Fragen ausführlich beschäftigte, kam nach ursprünglich höheren Werten in seinen letzten Arbeiten auf solche, die zwischen 20 und 40 Millionen Jahren schwankten, wobei er selbst den niedrigeren Wert für den wahrscheinlicheren hielt. Die Richtigkeit der Kelvinschen Berechnung werden bestätigt in einer neueren theoretischen Arbeit von Ingersoll und Zobel[2]), die unter Einsetzung einer ursprünglichen Oberflächentemperatur von 1000° und **unter Ausschluß anderer in der Erde wirksamer Wärmeenergien ein Alter von 22 Millionen Jahren** für die Erreichung des heutigen Zustandes errechnen.

Dieses aus rein physikalischen Daten berechnete Alter der festen Erdkruste stand nun im Widerspruch zu den Zeiten, die die Geologie für das Alter der festen Erdkruste heranziehen mußte. Die Geologie wählt den Beginn der Entstehung der ozeanischen Gesteinsablagerungen und den Beginn der Kochsalzzufuhr der Flüsse zum Meere als Ausgang ihrer Zeitrechnung. Es werden die in einer gegebenen Zeit, etwa einem Jahre, von den Flüssen dem Meere zugeführten unlöslichen Gesteinsfragmente bestimmt, die sich als Sedimentärschichten am Boden der Ozeane ablagern, und die Mächtigkeit aller ozeanischen Sedimentschichten geschätzt, die sich von Anfang an bis heute gebildet haben. Hieraus ergibt sich die Zeit, die nötig war, diese Gesamtmenge der Sedimente abzulagern. Auf ähnliche Weise wird aus der Salzzufuhr zum Meere und dem Gesamtsalzgehalt der Ozeane die Dauer dieses Prozesses ermittelt.

Nach beiden Methoden ergaben sich Alterswerte von rund 100 Millionen Jahren. Dabei haben neuere kritische Untersuchungen gezeigt, daß diese Altersschätzungen aus mehrfachen Gründen um ein Vielfaches zu niedrig sind[3]).

Noch größere Zeitperioden fordert die Paläontologie, um die gewaltige Stufenleiter organischen Lebens auf den heutigen Entwicklungszustand zu bringen. Werte von mindestens 1000 Millionen Jahren werden hier als untere Grenze angegeben.

81. Die Verbreitung vom Uran und Thor in der festen Erdkruste. Mit der Entdeckung der radioaktiven Substanzen und der Erkenntnis, daß diese Substanzen eine dauernde Wärmequelle darstellen, kam ein völlig neuer Faktor in die Berechnungen der Abkühlungszeit, und wir werden sehen, daß mit dieser neuen Erkenntnis die großen Widersprüche zwischen den Kelvinschen und den anderen Methoden zur Altersbestimmung verschwinden. Die radioaktiven Elemente sind in der Erde weitgehend verbreitet. Kennt man die Konzentration, in der sie vorkommen, so läßt sich aus den bekannten Daten

---

[1]) Zusammenfassende Bearbeitungen hierhergehöriger Fragen finden sich in J. Joly, Radioactivity and Geology, London 1909; A. Holmes, The Age of the Earth, London 1913.
[2]) L. R. Ingersoll u. O. J. Zobel, Journ. Geology 1911, S. 686, besprochen bei A. Holmes, Geolog. Mag. (6) Bd. 2, S. 106. 1915.
[3]) Vgl. hierzu T. C. Chamberlin, Smithonian Inst. Annual Report. 1922, S. 241.

der Energieentwicklung bei radioaktiven Umwandlungen der Betrag an Wärme berechnen, der von den Radioelementen der festen Erdkruste zugeführt wird.

Eine große Anzahl von Untersuchungen typischer Gesteinsarten von allen möglichen Teilchen der Erde hat das Resultat ergeben, daß alle untersuchten Gesteine sowohl Uran als auch Thorium enthalten. Im allgemeinen sind die Eruptivgesteine stärker aktiv als die Sedimente, und auch innerhalb dieser Hauptgruppen finden sich noch Abstufungen.

In der Tabelle 15 ist der Radiumgehalt und der sich durch Multiplikation mit $3 \cdot 10^6$ ergebende Urangehalt für die wichtigsten Gesteinsarten zusammengestellt, immer auf 1 g Gestein bezogen (HOLMES).

Tabelle 15. Radium- und Urangehalt einiger Gesteinsarten.

Eruptivgesteine	Gehalt an Ra g	Gehalt an U g	Sedimentärgesteine	Gehalt an Ra g	Gehalt an U g
Saure Gesteine (Granit u. a.)	$2,9 \cdot 10^{-12}$	$8,7 \cdot 10^{-6}$	Tone	$1,5 \cdot 10^{-12}$	$4,5 \cdot 10^{-6}$
Zwischenformen (Syenit, Porphyr, Trachyt)	$2,0 \cdot 10^{-12}$	$6 \cdot 10^{-6}$	Sandsteine	$1,4 \cdot 10^{-12}$	$4,2 \cdot 10^{-6}$
Basische Gesteine (Basalt, Diabas, Gabbro)	$1,0 \cdot 10^{-12}$	$3 \cdot 10^{-6}$	Kalk	$0,9 \cdot 10^{-12}$	$2,7 \cdot 10^{-6}$

Die Zahlen sind Durchschnittswerte für eine sehr große Anzahl von Gesteinen der verschiedensten Teile der Erde.

Der höhere Durchschnittswert der Eruptivgesteine rührt wohl zum Teil daher, daß bestimmte Gesteinsarten, wie Granite, Quarzporphyre u. a. durch einen besonders hohen Radiumgehalt ausgezeichnet sind, der das Mittel hebt; zum anderen Teil wird bei der Entstehung der Sedimente ein Teil des Uran-Radiums im Meere verbleiben, diesem seinen tatsächlich gefundenen Radiumgehalt erteilen und die Aktivität der Sedimente herabsetzen.

Für den Gehalt an Thorium liegen nicht so zahlreiche Messungen vor, sie sind auch schwerer auszuführen. Sie ergeben aber ein dem Radiumvorkommen ähnliches Bild für die Verteilung. Die Tabelle 16 bringt dies zum Ausdruck (HOLMES).

Tabelle 16. Thorgehalt einiger Gesteinsarten.

Eruptivgesteine	Thorgehalt pro g Substanz g	Sedimentgesteine	Thorgehalt pro g Substanz g
Saure Gesteine	$29 \cdot 10^{-6}$	Tone	$11 \cdot 10^{-6}$
Zwischenformen	$17 \cdot 10^{-6}$	Sandsteine	$5 \cdot 10^{-6}$
Basische Gesteine	$5 \cdot 10^{-6}$	Kalk und Dolomit	$< 1 \cdot 10^{-6}$

Der durchschnittliche Gehalt an Thor ist also etwas größer als der an Uran, und der Parallelismus ihres Vorkommens läßt auf ähnliche Abscheidungsbedingungen der beiden Elemente Uran und Thorium schließen. Dies ist verständlich, wenn man die kristallographischen Eigenschaften analoger Uran- und Thorverbindungen ins Auge faßt. Sowohl Urandioxyd und Thoriumdioxyd sind miteinander isomorph, als auch z. B. die typischen primären Uranmineralien Bröggerit und Cleveit mit dem Thorianit[1]). Aus den Gesteinsschmelzen werden

---
[1]) V. M. GOLDSCHMIDT u. L. THOMASSEN, Skrifter Kristiania 1923, Nr. 2.

sie sich also als isomorphe Mischungen entsprechend ihrem gegenseitigen Mengenverhältnis ausscheiden, und das konstante Verhältnis in ihrem Vorkommen hat daher nichts Wunderbares, sondern ist sogar zu erwarten.

82. Wärmeentwickelung der radioaktiven Mineralien und Wärmeverlust durch Ausstrahlung. Aus dem hier zusammengestellten mittleren Gehalt der festen Erdkruste an radioaktiven Stoffen läßt sich nun leicht die Wärme berechnen, die der Erde durch die radioaktiven Prozesse dauernd zugeführt wird[1]).

1 g Uran im Gleichgewicht mit allen seinen Zerfallsprodukten liefert $2{,}5 \cdot 10^{-8}$ cal/sek.
1 g Thor „ „ „ „ „ „ $0{,}68 \cdot 10^{-8}$ cal/sek.
Mittlerer Urangehalt = $6 \cdot 10^{-6}$ Gehalt von 1 cm³ $16{,}2 \cdot 10^{-6}$ g U/cm³
(spez. Gew. = 2,7)
Mittlerer Thorgehalt = $20 \cdot 10^{-6}$ Gehalt von 1 cm³ $54 \cdot 10^{-6}$ g Th/cm³
Wärmeproduktion in 1 cm³ Gestein durch Uran = $40{,}5 \cdot 10^{-14}$ cal/cm³-Sek.
„   „ 1 „   „   „ Thorium = $36{,}7 \cdot 10^{-14}$ „
Uran + Thor = $\overline{77{,}2 \cdot 10^{-14}\text{ cal/cm}^3\text{-Sek.}} = W.$

Der Gesamtwärmeverlust Q, den die feste Erdoberfläche durch Ausstrahlung in den Weltraum erleidet, berechnet sich aus der Formel

$$Q = 4\pi r^2 \cdot K \cdot \frac{dQ}{dx}.$$

Hierin ist r der Radius der Erde, also $4\pi r^2$ ihre Oberfläche.

K ist die mittlere Wärmeleitfähigkeit der Gesteine, $\frac{dQ}{dx}$ der Temperaturgradient von außen nach der Tiefe, die „geothermische Tiefenstufe".

$$4\pi r^2 = 5{,}1 \cdot 10^{18}\text{ cm}^2$$

K schwankt etwas, je nach der Gesteinsart, es ist hier mit 0,004 cal/cm³-Sek. Grad angenommen.

$$\frac{dQ}{dx} \text{ ist } 3{,}2 \cdot 10^{-4} \text{ Grad/cm}$$

Unter Einsetzung der Werte erhält man für $Q = 6 \cdot 10^{12}$ cal/sek.

Um diesen Wärmeverlust zu decken, sind z. B. $\dfrac{6 \cdot 10^{12}}{2{,}5 \cdot 10^{-8}} = 2{,}4 \cdot 10^{20}$ g Uran erforderlich, denn 1 g Uran liefert ja $2{,}5 \cdot 10^{-8}$ cal/sek.

Nimmt man nun an, daß der mittlere Urangehalt der sauren Gesteine der äußersten Erdkruste für das Material des ganzen Erdballs gelte, so erhält man für die in der Erde mit der Masse $6 \cdot 10^{27}$ g vorhandene Uranmenge den Betrag von $3{,}6 \cdot 10^{22}$ g. Dieser Wert ist 150 mal größer als die Menge, die notwendig ist, den gesamten Strahlungsverlust der Erde nach außen zu kompensieren.

Macht man die entsprechende Rechnung für das Thorium, so erhält man für die zur Kompensation notwendige Menge Thorium den Wert $9 \cdot 10^{20}$ g gegenüber einem Gesamt-Thoriumgehalt von $12 \cdot 10^{22}$, also den 130fachen Betrag.

83. Ausbreitung der radioaktiven Substanzen nach der Tiefe. Man kann aus diesen Zahlen den absolut sicheren Schluß ziehen, daß der mittlere Uran- und Thorgehalt, so wie er in der äußersten Erdkruste beobachtet wird, sich keinesfalls sehr tief in das Innere der Erde erstrecken kann. Es würde ja sonst die Erde mit Riesenschritten dem feurigflüssigen Zustand entgegeneilen; schon in einer Million Jahre würde sie sich um etwa 40° erwärmen.

---

[1]) Nach St. Meyer u. E. v. Schweidler, Lehrbuch der Radioaktivität, S. 444. 1916.

Um den durch Ausstrahlung in den Weltenraum verlorengehenden Betrag an Erdwärme zu kompensieren, bedarf es des Gesteinsvolumens $\frac{Q}{W} = \frac{6 \cdot 10^{12}}{7{,}7 \cdot 10^{-13}} =$ $8 \cdot 10^{24}$ cm³. Bei einem Gesamtvolumen der Erde von 10^{27} cm³ entspricht jener Betrag einer Rindenschicht von 16 km Dicke. Bei gleichmäßiger Verteilung der radioaktiven Stoffe in den Konzentrationen, wie sie experimentell in den äußersten Oberflächenschichten der Erde beobachtet sind, würde also eine Schicht von 16 km Tiefe genügen, um die Erde im thermischen Gleichgewicht zu halten. Würde man die geringere Aktivität der basischen Gesteine der Rechnung zugrunde legen, so käme man auf eine Schicht von ca. 35 km Tiefe.

Da die Geschwindigkeit radioaktiver Prozesse von Temperatur und Druck — soweit solche im Innern der Erde herrschen können — völlig unabhängig ist, kann man nicht etwa an eine Verzögerung oder Umkehr der radioaktiven Umwandlungen in tieferen Erdschichten denken; für das Vorhandensein größerer Uran- und Thormengen als der eben berechneten Schichtdicke entspricht, ist also kein Platz.

Dagegen ist es im höchsten Grade unwahrscheinlich, daß das Uran- und Thor wirklich etwa auf dieser 16-km-Zone gleichmäßig verteilt sind. Eine ganze Reihe von Tatsachen spricht vielmehr gegen eine solche Annahme. Aus der Wärmeleitfähigkeit der Gesteine und der Wärmeentwicklung der radioaktiven Substanzen läßt sich berechnen, daß an der Sohle der gleichmäßigen 16-km-Schicht die Temperatur rund 250° höher sein müßte als an der Oberfläche (HOLMES). Da die in den 16 km als vorhanden angenommene Menge an radioaktiven Stoffen aber hinreicht, den gesamten Strahlungsverlust der Erde nach außen zu decken, so bleibt für die tieferen Schichten keine genügende Wärmequelle mehr übrig, um die in tieferen Schichten tatsächlich vorhandenen viel höheren Temperaturen zu erklären. Der Vulkanismus lehrt uns ja in drastischer Weise, daß in tieferen Schichten Temperaturen herrschen müssen, die den Schmelzpunkt der Gesteine erreichen, Temperaturen, die unter den gegebenen Bedingungen des Druckes mindestens 1100 bis 1300° betragen müssen. Hinzu kommt, daß die aus den tieferen Schichten der Erdkruste durch vulkanische Tätigkeit nach außen gelangenden Basaltlaven alle einen gewissen Gehalt an radioaktiven Substanzen aufweisen[1]). Um also die ermittelte Menge an Uran und Thor mit den Tatsachen des Vulkanismus und dem Radiumgehalt solcher durch vulkanische Tätigkeit an die Oberfläche gelangenden Gesteine in Einklang zu bringen, muß man annehmen, daß die Konzentration der Radioelemente in den äußeren Erdschichten keine konstante ist, sondern nach der Tiefe zu ziemlich schnell abnimmt. Dies stimmt auch mit der Erfahrung, daß die stark aktiven und die Wärme besser leitenden sauren Gesteine auf die äußersten kontinentalen Schichten beschränkt sind und nach der Tiefe zu bald von basischen abgelöst werden, deren mittlere Wärmeleitfähigkeit und deren Radiumgehalt geringer sind.

Man gelangt auf diese Weise zu Temperaturen, die mit den aus dem Vulkanismus gewonnenen in viel besserer Übereinstimmung stehen, als die obigen Zahlen, und zwar vor allem dann, wenn außer der radiothermischen Energie auch noch ein gewisser Prozentsatz ursprünglicher Wärmeenergie angenommen wird (Ziff. 85).

Ein genaues Gesetz der Verteilung der radioaktiven Substanzen kann man natürlich nicht angeben; man kommt den beobachteten Erscheinungen rechnerisch am nächsten, wenn man eine exponentiale Abnahme des Gehaltes mit der

---

[1]) J. JOLY, Phil. Mag. Bd. 48, S. 819. 1924.

Tiefe ansetzt[1]). Dabei ist nach einer unlängst erschienenen Berechnung die Tiefe, bei der der Gehalt an radioaktiven Stoffen auf $\frac{1}{e}$ abgenommen hat, also auf 37% des Wertes an der Oberfläche gleich 13 km. Bei 26 km ist also der Gehalt nur noch $\frac{1}{e^2}$ und so fort[2]).

84. Chemische Gründe für die Anwesenheit von Uran und Thor in der äußeren Kruste. Es mag auf den ersten Blick seltsam erscheinen, daß die Verbindungen der Elemente mit dem höchsten Atomgewicht, das Uran und das Thor, sich gerade an der äußeren Peripherie der Erde angereichert haben sollen und nicht, ihrem hohen spez. Gewicht entsprechend, nach der Tiefe gesunken sind. Die Untersuchungen von V. M. GOLDSCHMIDT über die geochemischen Verteilungsgesetze der Elemente geben auf diese Frage Antwort[3]). Unter dem Einfluß der Abkühlung hat sich die ursprünglich gasförmige oder schmelzflüssige Erde in drei flüssige Hauptphasen geschieden; den innersten Metallschmelzfluß, den mittleren Sulfidschmelzfluß und den äußeren Silikatschmelzfluß. Nur die letztgenannte Phase ist experimenteller Untersuchung zugänglich, und der Verfasser studiert die Verteilung der Elemente dieser Silikatschmelze, wenn diese unter dem Einfluß allmählicher Abkühlung zur Kristallisation gebracht wird. Diese geschieht ihrerseits wieder in drei Untergruppen, den Erstkristallisationen, den Hauptkristallisationen und den Restkristallisationen. Zu den letzten gehören die mit den Hauptelementen der Silikathülle nicht mehr isomorphen Elemente: u. a. Erdsäuren, seltene Erden, Uran und Thor. Nach dem Verfasser ist es unbestritten, daß diese Elemente sich in den Restschmelzen anreichern, gerade weil die Schwere oder Größe der Atome das isomorphe Eintreten in die gewöhnlichen Mineralien der Silikathülle erschwert, und daß dann gerade diese schweren Atomarten, weil sie in der relativ leichten Restschmelze (die reich an Kieselsäure und Wasser ist) gelöst bleiben, mit diesen aufsteigen. Durch den Mangel an Isomorphie mit den Hauptelementen der Silikathülle erklärt sich also das Vorkommen von Uran und Thor in den äußersten Schichten der Erde, durch den Isomorphismus der Thor- und Uranverbindungen untereinander erklärt sich das konstante Verhältnis der beiden in den untersuchten Gesteinsproben (Ziff. 81).

85. Einfluß der radiothermischen Energie auf die Abkühlungszeit der Erde. In der radiothermischen Energie hat man also eine Wärmequelle, die das von Lord KELVIN berechnete Alter der festen Erdkruste um ein vielfaches verlängern muß. Nach Lord KELVIN ist der Temperaturgradient $\frac{d\Theta}{dx}$ umgekehrt proportional der Quadratwurzel der Abkühlungszeit t, also $\frac{d\Theta}{dx} \infty \frac{1}{\sqrt{t}}$. Wird nun das Temperaturgefälle zum größeren Teil von der radiothermischen Energie bestritten, so wächst die Abkühlungszeit schnell auf hohe Werte an. Wenn in der obigen Formel z. B. nur ein Sechstel des Temperaturgradienten von dem ursprünglichen Wärmevorrat der Erde herrührt, so steigt die Zeit auf das 36fache. Statt 22 Millionen Jahre erhalten wir dann 800 Millionen Jahre für das Alter der festen Erdkruste. Eine von INGERSOLL und ZOBEL[4]) durchgeführte Berech-

---

[1]) A. HOLMES, Geolog. Mag. (6) Bd. 2, S. 67. 1915.
[2]) H. JEFFREYS, Nature Bd. 115, S. 878. 1925.
[3]) V. M. GOLDSCHMIDT, Geochemische Verteilungsgesetze, Skrifter, Kristiania, Nr. 1 und Nr. 2, 1923 und 1924.
[4]) L. R. INGERSOLL u. O. J. ZOBEL, zitiert auf S. 290.

nung unter Heranziehung einer nach dem Innern zu exponential abfallenden Verteilung der radioaktiven Elemente zeigt, daß der Einfluß der radioaktiven Substanzen auf die Abkühlungszeit der Erde sogar noch beträchtlich größer ist, als sich aus der obigen einfachen Formel ergab. Unter der Annahme einer ursprünglichen Oberflächentemperatur von 1000° und einem Alter der festen Erdkruste von 1600 Millionen Jahren, einem Wert, der der Wahrheit wohl ziemlich nahekommt (Ziff. 92), finden die Verfasser, daß drei Viertel des derzeitigen Temperaturgradienten von der Radioaktivität, ein Viertel von dem normalen Abkühlungsprozeß herrührt. Dabei ist der in diesen langen Zeiten durchaus nicht zu vernachlässigende Zerfall der Elemente Uran und Thor nicht berücksichtigt. Eine Berücksichtigung würde entweder das Alter der Erde erhöhen oder den Anteil der radiothermischen Energie noch etwas herabsetzen.

Zu gleicher Zeit haben die Verfasser für die verschiedenen Tiefen der festen Erdkruste die aus der ursprünglichen und der radiothermischen Temperatur sich ergebende Gesamttemperatur berechnet und finden Werte, die mit den geologischen Erfahrungen und den Erscheinungen des Vulkanismus in sehr guter Übereinstimmung stehen. Auf der anderen Seite würden weder für den Fall, daß die Erdwärme nur von den radioaktiven Substanzen ohne ursprüngliche Eigenwärme, noch für den anderen Fall, daß keinerlei radiothermische Energie wirksam wäre, sondern nur noch der Rest der ursprünglichen Erdwärme, Temperaturen zu erwarten seien, die den Schmelzpunkt der Tiefengesteine erreichten[1]).

86. Die JOLYschen Erdrevolutionen. Es steht außer Frage, daß die Erdoberfläche im Laufe der verschiedenen geologischen Epochen starken vertikalen und horizontalen Verschiebungen ausgesetzt war.

Zu gewissen Zeiten haben die Ozeane große Gebiete von Festland überschwemmt; zu anderen Zeiten haben sich sekundäre Meeresablagerungen zu gewaltigen Gebirgsketten erhoben; wie wir es in eindringlicher Form z. B. an unseren Alpen erkennen, die zum großen Teil aus Sedimentgesteinen bestehen.

Ein im Verlaufe vieler Jahrmillionen sich abspielender Kreisprozeß scheint in regelmäßiger Folge an der Erdoberfläche vor sich zu gehen, nach JOLY[2]) etwa in folgender Weise:

1. Störungen innerhalb der Erdoberfläche, die zu zeitweiligen Überflutungen durch die Meere führen;

2. stärkere und permanente Überflutung großer Festlandstreifen mit der Bildung neuer Sedimentärlagerstätten;

3. Erhebung und Wiederherstellung der früheren kontinentalen Erhebungen.

JOLY glaubt vier bis sechs derartige Erdrevolutionen im Verlaufe der Erdgeschichte feststellen zu können und schreibt ihre Entstehung im wesentlichen radioaktiven Ursachen zu. Voraussetzung dabei ist eine aus Basaltmagma bestehende „isostatische Schicht", auf der die Kontinente schwimmen und der Boden des Meeres aufliegt. Alle durch den Vulkanismus an die Oberfläche der Erde gekommenen Basaltlaven, soweit sie bisher untersucht sind, enthalten eine kleine, aber sicher feststellbare Menge radioaktiver Substanz. Aus ihrem Gehalt an Uran und Thor läßt sich (nach Ziff. 82) die Wärme berechnen, die diese Elemente in der Zeiteinheit entwickeln. Über diesen schwach aber deutlich radioaktiven basischen Gesteinen lagern als oberste kontinentale Schichten die stärker radioaktiven sauren Gesteine. Ihre Aktivität reicht hin, um die durch Ausstrahlung

---

[1]) Zu ähnlichen Resultaten gelangt auch SOKOLOW, Journ. de Phys. et le Rad. (6) Bd. 5, S. 153. 1924.
[2]) J. JOLY, Phil. Mag. Bd. 45, S. 1167. 1923; Bd. 46, S. 170, 1025. 1923; Nature Bd. 111, S. 603. 1923; J. R. COTTER, Phil. Mag. Bd. 48, S. 458. 1924; J. H. POOLE, Phil. Mag. Bd. 46, S. 406. 1923.

über den Kontinenten verlorengehende Wärme zu kompensieren; ihre Bodentemperatur ist gleich der der unter ihnen liegenden Basaltschichten. Der Temperaturgradient in den kontinentalen Schichten wird danach also nur von der eigenen radioaktiven Wärme aufrechterhalten. Es folgt hieraus, daß die radioaktive Wärme, die unmittelbar unter diesen kontinentalen Schichten in den Basaltgesteinen erzeugt wird, keinen Abfluß nach oben hat. Das Magma muß sich erwärmen. Ist dieses Gesteinsmagma nahe an seinem Schmelzpunkt, so wird allmählich die latente Schmelzwärme nachgeliefert, das ursprünglich feste Magma beginnt zu schmelzen, aus dem festen Magma entstehen viele Kilometer tiefe geschmolzene Lavamassen.

Ist dieser Fall eingetreten, so gehen große Veränderungen an der Erdoberfläche vor. Das Volumen der leichtflüssigen Basaltlava ist etwa 10% größer als das der festen Gesteine, das spezifische Gewicht ist also geringer. Die aus höher schmelzendem Gestein bestehenden Kontinente sinken in die Flüssigkeit tiefer ein, die Meere überfluten die tiefergelegenen Teile des Festlandes.

Andererseits wird nun aber das durch größere Wärmeleitfähigkeit ausgezeichnete und der Anziehung der Himmelskörper unterliegende leichtbewegliche geschmolzene Magma seine Wärme den unter dem Boden des Ozeans liegenden kälteren Teilen abgeben. Die Temperatur unter den kontinentalen Massen sinkt hierdurch, die Lava erstarrt, ihre Dichte wird größer, die Kontinente werden wieder herausgehoben, und der ursprüngliche Zustand wird wiederhergestellt. Hand in Hand mit diesen der Hauptsache nach vertikalen Bewegungen gehen horizontale Veränderungen einher. Im geschmolzenen Zustande werden die leichtbeweglichen und spez. schweren Lavameere Flut- und Präzessionswirkungen erleiden, gegen die die entsprechenden Wirkungen der Weltmeere gering zu achten sind. Die geschmolzenen Massen wirken der Erdrotation wie eine starke Bremse entgegen und können dadurch zu Verschiebungen und Zerreißungen der Anlaß sein, wie sie auch von WEGENER in seinem Werk über die Entstehung der Kontinente und Ozeane beschrieben werden.

Die Dauer einer solchen hier kurz geschilderten Erdrevolution, also die Vorbereitung, die Entwicklung, den Höhepunkt und die Wiederherstellung des ursprünglichen Zustandes, schätzt JOLY auf etwa 40 bis 50 Millionen Jahre. Allerdings nimmt er dabei für das Alter der festen Erdkruste einen Wert von nur etwa 200 Millionen an, eine Schätzung, die vermutlich beträchtlich zu niedrig ist (s. Ziff. 80 u. 85).

b) Altersbestimmungen von Mineralien.

87. Die stabilen Endprodukte Helium und Blei. Die stabilen Umwandlungsprodukte aller radioaktiven Zerfallsprozesse sind einerseits das Helium, das als schnell bewegtes α-Teilchen von den Radioelementen emittiert wird und nach Durchlaufen seiner „Reichweite" in dem radioaktiven Mineral stecken bleibt, andererseits die Endprodukte der Uran- und Thorreihe, das Uranblei und das Thorblei. Sowohl aus dem Heliumgehalt als auch aus dem Bleigehalt eines radioaktiven Minerals läßt sich daher die Zeit berechnen, die zur Ansammlung der betreffenden Umwandlungsprodukte vergangen sein muß. Mit dem auf diese Weise ermittelten Alter des Minerals erhält man das Alter der geologischen Formation, innerhalb welcher das Mineral aufgefunden wurde, vorausgesetzt, daß es sich um einen primären Bestandteil des Gesteins der betreffenden Formation handelt.

Altersbestimmungen aus dem Heliumgehalt[1]).

88. Heliummenge in den Mineralien. Die α-Strahlen **aller radioaktiven Substanzen** sind Heliumkerne, so daß sich aus der Anzahl der pro Zeiteinheit in einem beliebigen Mineral emittierten α-Strahlen, die sich in einer beliebigen Zeit ansammelnde Heliummenge berechnen läßt.

Die Anzahl der α-Strahlen ergibt sich aus dem Uran bzw. Thorgehalt des Minerals: 1 g Uran mit seinen Zerfallsprodukten emittiert pro Sekunde rund $9 \cdot 10^4$ α-Teilchen; also im Jahr $2{,}8 \cdot 10^{12}$. Da 1 cm³ Helium $2{,}7 \cdot 10^{19}$ Atome enthält, entsprechen diese $2{,}8 \cdot 10^{12}$ Heliumatome rund 10^{-7} cm³. In einem Uranmineral bildet sich also pro Gramm Uran in rund 10 Millionen Jahren 1 cm³ Helium. Das Alter eines Uranminerals, aus der Heliummenge bestimmt, ergibt sich daher aus dem Volumen Helium in Kubikzentimeter pro Gramm Uran durch Multiplikation mit 10 Millionen.

In Thormineralien verläuft die Heliumbildung wegen der geringeren Umwandlungsgeschwindigkeit des Thors und der kleineren Anzahl α-strahlender Umwandlungsprodukte mehr als dreimal so langsam. Ist daher in einem Mineral sowohl Uran als Thor enthalten, so rechnet man bezüglich seiner Heliumbildung zweckmäßig mit Uranäquivalenten U_m, wobei 1 g Thor = 0,3 g Uran gesetzt wird. Das Alter ist dann gegeben durch $\dfrac{\text{He (cm}^3)}{U_m} \cdot 10$ Millionen Jahre, worin also $U_m = 1\,U + 0{,}3\,Th$ ist.

Die Tabelle 17, die (gekürzt und etwas anders berechnet) der Zusammenstellung von LAWSON[2]) entnommen ist, gibt für eine Anzahl Mineralien aus den verschiedensten geologischen Epochen das gefundene Heliumverhältnis $\dfrac{\text{He cm}^3}{U_m}$ und das daraus berechnete Alter des betreffenden Minerals.

Tabelle 17. **Altersbestimmung von Mineralien nach der „Helium"methode.**

Geologischer Zeitabschnitt	Mineral	Fundort	Helium-verhältnis	Alter in Millionen Jahren
Pliozän	Zirkon	Campbell-Insel N. Z.	0,146	1,5
Miozän	,,	Expailly, Auvergne	0,57	5,7
Oligozän	Siderit	Niederpleis, Rheinprovinz	0,70	7
Perm (?)	Zirkon	Nordost-Tasmanien	3,80	3,8
Obercarbon	Limonit	Wald von Dean	12,8	128
Devon	Hämatit	Caen	11,2	112
Silur (?)	Thorianit	Ceylon (Sab.-Prov.)	22,6	226
,,	,,	Ceylon (Galle-Prov.)	21,2	212
Ober-Präkambrium	Zirkon	Ceylon	25,0	250
Mittel- ,,	Sphen	Arendal, Norwegen	32,9	330
,, ,,	,,	Tweederstrand, Norwegen	38,2	385
Unter- ,,	Zirkon	Renfrew Co., Ontario, Canada	54,3	550
,, ,,	Sphen	,, ,, ,, ,,	56,1	570

Wie man sieht, kommt man zu Alterswerten, die für die ältesten Sedimentgesteine bis gegen 600 Millionen Jahre betragen.

89. Fehlerquellen. Die Frage ist nun, sind diese Zahlen untere oder obere Grenzen für das wahre Alter. Der Wert würde zu hoch gefunden, wenn ein Teil

---

[1]) Außer den schon genannten Werken von JOLY (Radioactivity and Geology) und von HOLMES (The Age of the Earth) sei hier besonders eine zusammenfassende Mitteilung von R. W. LAWSON genannt: Über absolute Zeitmessung in der Geologie auf Grund der radioaktiven Erscheinungen. Naturwissensch. Bd. 5, S. 429, 452. 1917. Hier findet sich auch ein vollständiges Literaturverzeichnis aller einschlägigen Arbeiten bis zum Jahre 1917.

[2]) LAWSON, Naturwissensch. l. c.

des Heliums gar nicht aus der im Mineral umgewandelten aktiven Substanz stammt, sondern schon bei dem Auskristallisieren des Minerals okkludiert wurde. Eine solche Annahme ist äußerst unwahrscheinlich, denn die gewöhnlichen Gesteine und Mineralien enthalten nur verschwindend geringe Mengen Helium, und auch diese kann man durch einen Gehalt an Uran oder Thor erklären. Bei stark radioaktiven Mineralien überwiegt die in dem Mineral während geologischer Zeiten gebildete Heliummenge die eventuell ursprünglich okkludierten Spuren derart, daß die letzteren absolut zu vernachlässigen sind.

Viel wahrscheinlicher ist dagegen die Annahme, daß ein Teil des in dem Mineral gebildeten Heliums im Laufe der Jahrmillionen aus dem Mineral herausdiffundiert ist.

Befindet sich ein solches Mineralstück an der offenen Luft, so ist das Entweichen von Helium experimentell festgestellt; beim Pulverisieren verliert es sogar bis zu 30%. Wenn nun auch im Erdinnern ein Herausdiffundieren unwahrscheinlicher ist als an der Oberfläche, so ist hierzu zu sagen, daß uns primäre Mineralien aus dem Erdinnern kaum zur Verfügung stehen, sondern die zur Untersuchung gelangenden sind gerade solche, die an die Oberfläche gelangten und hier sicher einen Teil ihres Heliums verloren haben. Aber auch unter der Erdoberfläche kommen augenscheinlich solche Diffusion vor, etwa an Stellen, wo das hocherhitzte Gestein an irgendwelche Spalten oder Hohlräume angrenzt, die nach außen keinen Abfluß haben. Die großen bei manchen amerikanischen und kanadischen Petroleum- und Erdgasquellen auftretenden Heliummengen sind ohne Zweifel auf solche Weise entstanden. Sie sind radioaktiven Ursprungs. Millionen von Jahren haben sie das Helium aus den Gesteinen ihrer Umgebung angesammelt; durch irgendeinen Anlaß wird der Hohlraum mit der Außenwelt in Verbindung gebracht, das Helium entweicht. Es ist daher mit Sicherheit zu erwarten, daß sich diese Heliumquellen an den betr. Fundorten allmählich erschöpfen.

Wie die Vergleiche mit den in dem folgenden Abschnitt beschriebenen Altersbestimmungen nach der Bleimethode ergeben, muß man annehmen, daß in den untersuchten heliumreichen Mineralien nur höchstens die Hälfte des entstandenen Heliums in dem Mineral verblieben ist, so daß das wahre Alter der betreffenden Mineralien mindestens doppelt so hoch anzusetzen ist, als in der Tabelle angegeben.

Altersbestimmungen aus dem Bleigehalt.

90. Uranmineralien. Das stabile Endprodukt der Uranreihe ist das Uranblei mit dem Atomgewicht 206,0. Kennt man den Urangehalt eines Minerals, so läßt sich unter Zuhilfenahme der Zerfallsgeschwindigkeit des Urans ($\lambda = 1,4 \cdot 10^{-10}$ Jahre^{-1}) die pro Jahr gebildete Uranbleimenge berechnen. 1 g Uran (Atomgewicht 238) bildet im Jahre $1,4 \cdot 10^{-10} \cdot \frac{206}{238} = 1,2 \cdot 10^{-10}$ g Uranblei. Für Zeiten, die gegenüber der Umwandlungsgeschwindigkeit des Urans klein sind, ergibt sich also das Alter eines Minerals direkt durch Division der pro 1 g Uran gefundenen Bleimenge durch $1,2 \cdot 10^{-10}$ g, oder durch Multiplikation mit 8200 Millionen, also $t = \frac{\text{Pb}}{\text{U}} \cdot 8200$ Millionen Jahre. Bei geologisch älteren Mineralien muß man aber den Zerfall des Urans berücksichtigen, denn die heute in einem derartigen Mineral gefundene Uranmenge ist ja kleiner als die ursprüngliche. Die genaue Berechnung geschieht in folgender Weise:

Von der ursprünglichen Zahl von N_0 Uranatomen sind in der Zeit t noch $N_0 \cdot e^{-\lambda t}$ Atome vorhanden; zerfallen sind also $N_0 (1 - e^{-\lambda t})$ Atome, und ebenso-

Tabelle 18. Altersbestimmungen an Uranmineralien nach der „Blei"methode.

Serie	Mineral	Fundort	Pb/U-Verhältnis		Mittleres Alter in Millionen Jahren ($= Pb/Um \cdot 8200$) Geologische Epoche und sonstige Bemerkungen
I	Uraninit ,, ,, ,, ,,	Glastonbury, Conn., U. S. A. ,, ,, ,, ,,	0,041 0,043 0,040 0,042 0,040	Mittel = 0,041	Carbon: 335 Millionen Jahre
II	Uraninit ,, ,, ,, Zirkon ,,	Spruce, Pine, Nordkarolina ,, Marietta, S. C. ,, Nordkarolina ,,	0,051* 0,055* 0,049* 0,046 0,047 0,042	Mittel = 0,048	Kambrium bis Tertiär (?): 380 Millionen Jahre. Ursprüngliches Blei berücksichtigt = 270 Millionen Jahre. * Atomgewicht des Bleis: 206,4 (RICHARDS u. LEMBERT)
III	Zirkon ,, Pyrochlor Biotit Zirkon	Brevig, Kristiania-Gegend, Norweg. ,, ,, ,, ,,	0,040 0,046 0,048 0,044 0,041		Davon (wahrscheinlich Mittel): 350 Millionen Jahre Thorblei berücksichtigt = 300 Millionen Jahre
IV	Uraninit ,, Annerödit Uraninit ,, ,, ,, Bröggerit ,,	Anneröd, Norwegen ,, ,, ,, ,, Elvestad, ,, ,, ,, Skaartorp, ,, Huggenäskilen,, ,, ,, Moos, ,, ,, ,,	0,13 0,12 0,15 0,14 0,14 0,135 0,13 0,12 0,13* 0,13	Mittel = 0,13	Mittel-Präkambrium (Prä-Jatulian): 1050 Millionen Jahre. * Atomgewicht des Bleis = 206,06. (HÖNIGSCHMID u. ST. HOROVITZ)
V	Cleveit Uraninit ,, ,, Xenotim	Arendal, Norwegen ,, ,, ,, ,, ,, ,, Naresto, ,,	0,19* 0,18 0,17 0,17 0,21	Mittel = 0,18	Mittel-Präkambrium (Prä-Jatulian): 1350 Million. Jahre * Atomgewicht des Bleis = 206,08 (RICHARDS u. WADSWORTH)
VI	Fergusonit Gadolinit	Ytterby, Schweden ,, ,,	0,17 0,15	Mittel = 0,16	Mittel-Präkambrium (Serarchäische Granite): 1150 Millionen Jahre
VII	Uraninit	Villeneuve, Quebec, Ontario	0,17		Mittel-Präkambrium: 1250 Millionen Jahre
VIII	Uraninit ,,	Morogoro, Deutsch-Ostafrika ,,	0,094* 0,092	Mittel = 0,093	Geologisches Alter unbestimmt: Jedenfalls jünger als IX u. X, 730 Millionen Jahre * Atomgew. des Bleis = 206,05 (HÖNIGSCHMID u. ST. HOROVITZ)
IX	Zirkon ,, Biotit	Nrassi-Bassin, Mozambique Monapo-Fluß, Mozambique Ligonia, Zambesia	0,17 0,15 0,14	Mittel = 0,15	Geologisches Alter unbekannt: Jedenfalls jünger als X. 1150 Millionen Jahre
X	Zirkon	Mozambique	0,21		Geologisches Alter unbekannt: Von den ältesten gneisähnlichen Graniten. 1600 Millionen Jahre.

viele Bleiatome haben sich gebildet. Unter Berücksichtigung des Atomgewichts des Urans 238 und des Uranbleis 206 besteht also die Gleichung

$$\frac{\text{Uranblei}}{\text{Uran}} = 0{,}87 \cdot \frac{N_0(1-e^{-\lambda t})}{N_0 \cdot e^{-\lambda t}} = 0{,}87 \cdot (\lambda t + 1/2 \lambda^2 t^2 + \cdots).$$

Innerhalb der Zeiten, die für das Alter geologischer Formationen auf der Erde überhaupt in Betracht kommen können, kann man nach HOLMES für die Altersbestimmung eine einfachere empirische Gleichung verwenden, indem man die mittlere, der Berechnung zugrunde zu legende Uranmenge $U_m = \dfrac{U_0 + U_t}{2}$ setzt. U_t wird experimentell ermittelt, U_0 berechnet sich aus $U_0 = U_t + 8\,\text{He} + \text{Pb}$; dem Gewicht nach gibt dies $U_0 = U_t + 1{,}16\,\text{Pb}$; also ist

$$U_m = \frac{U_t + 1{,}16\,\text{Pb} + U_t}{2} = U_t + 0{,}58\,\text{Pb}.$$

Das Alter ergibt sich dann also zu $t = \dfrac{\text{Pb}}{U_t + 0{,}58\,\text{Pb}} \cdot 8200$ Millionen Jahre.

Für thorfreie Uranmineralien läßt sich auf diese Weise durch Analyse des Uran- und Uranbleigehalts das Alter direkt ermitteln. Eine Komplikation ergibt sich, wenn das Mineral gewöhnliches nicht erst aus dem Uran entstandenes Blei enthält. Eine Atomgewichtsbestimmung des Bleis gibt hierüber Aufschluß, denn das gewöhnliche Blei hat ja das Atomgewicht 207,2, das Uranblei 206,0. Ist nicht zuviel gewöhnliches Blei vorhanden, so läßt sich aus dem gefundenen Atomgewicht der Bleimischung der Gehalt an Blei 206 ermitteln, und die Methode führt auch dann noch zum Ziel.

Tabelle 18 gibt eine von LAWSON[1]) nach Befunden von HOLMES ausgerechnete Zusammenstellung der wichtigsten hierhergehörigen Bestimmungen. Die Werte sind mit dem Faktor 8200 Millionen (s. oben) statt mit dem bei LAWSON verwendeten von 7900 Millionen berechnet.

Aus der Tabelle erkennt man, daß die Bleimethode wesentlich höhere Werte für das Alter geologischer Formationen ergibt, als die Heliummethode. Aus den weiter oben (Ziff. 89) dargelegten Gründen können diese Werte aber einen größeren Anspruch auf Richtigkeit machen, als die niedrigeren, nach der Heliummethode erhaltenen.

Tabelle 19. Verhältnis von Blei zu Uran in norwegischen Bröggeriten.

Beobachter	Uran	Blei	Blei/Uran
HILLEBRAND XII	69,30	8,77	0,118
,, XIII	66,14	9,38	0,132
,, XIV	66,48	9,39	0,131
,, XV	66,34	8,92	0,125
,, XVI	68,10	8,8	0,120
GLEDITSCH I	63,36	8,88	0,130
,, II	64,39	8,93	0,129
,, III	66,14	9,25	0,130
,, IV	66,13	9,27	0,130
,, V	66,58	9,23	0,129
,, VI	66,34	9,25	0,130
,, VII	61,67	8,64	0,130

---

[1]) R. W. LAWSON, Naturwissensch. Bd. 5, S. 429, 452. 1917.

Handelt es sich um gut definierte, kristallisierte Mineralien ein und derselben geologischen Formation, so ist die Übereinstimmung in den Resultaten so gut, daß es schwer fällt, an einen irgendwie erheblichen Fehler zu glauben. In Tabelle 19 findet sich z. B. eine Zusammenstellung des Gehaltes von Uran und Blei in einer größeren Anzahl kristallisierter norwegischer Bröggerite[1]). Die Analysen stammen teils von HILLEBRAND, teils von E. GLEDITSCH.

Eine von RICHARDS ausgeführte Atomgewichtsbestimmung des Bleis ergab den Wert 206,12, also 90% Uranblei und 10% gewöhnliches Blei. Nimmt man diesen Wert für alle untersuchten Proben als richtig an, dann berechnet sich hieraus ein Alter der Bröggerite von ungefähr 950 Millionen Jahren; bemerkenswert ist, daß die den geringsten Bleiwert zeigenden Mineralien XII und XVI den höchsten Urangehalt aufweisen. Diese Mineralproben waren also vermutlich die reinsten, und daher ist wohl auch das Blei vielleicht noch reineres Uranblei als das der Durchschnittsproben. Trifft dies zu, dann ergibt sich auch für diese Mineralien trotz des geringen Bleigehalts derselbe Alterswert wie für die anderen Proben, und die Übereinstimmung wird vorzüglich.

91. Typische Thormineralien. Im Prinzip ist die Altersbestimmung für Thormineralien nach der Bleimethode ganz dieselbe wie für Uranmineralien. In der Praxis sind die Bestimmungen aber viel schwerer durchzuführen und weniger einwandfrei. Dies rührt daher, daß praktisch uranfreie primäre Thormineralien kaum bekannt sind, und daß die Menge des Thorbleis wegen der geringeren Umwandlungsgeschwindigkeit des Thors gegenüber dem Uran immer relativ klein ist. Bei einem auch nur geringen Urangehalt fällt daher dessen schnellere Bleiproduktion immer ins Gewicht, und die Menge an möglicherweise vorhandenem gewöhnlichen Blei ist in diesem Isotopengemisch nicht leicht eindeutig zu bestimmen. Dies ist auch der Grund dafür, daß man lange Zeit hindurch das Thorblei als instabil und als stabiles Endprodukt der Thorreihe das Wismut angesprochen hat[2]). Erst durch Atomgewichtsbestimmungen von Blei aus sehr uranarmen Thormineralien[3]) wurden Werte für das Thorblei erhalten, die sich von dem zu erwartenden Atomgewicht 208 für reines Thorblei nur wenig unterschieden, und damit der Nachweis erbracht, daß auch in der Thorreihe der Zerfall beim Blei ein Ende hat. Unter Berücksichtigung ihres Thor- und Bleigehaltes hat LAWSON Altersbestimmungen an einer größeren Anzahl geologisch definierter Gruppen von Thormineralien durchgeführt, die zu bemerkenswerten Ergebnissen geführt haben[4]). Aus den radioaktiven Daten der Thorreihe gegenüber der Uranreihe ergibt sich, daß, wenn 1 g Uran pro Jahr $1,2 \cdot 10^{-10}$ g Uranblei bildet, die entsprechende Menge Thorblei aus 1 g Thor nur 0,384 dieses Wertes beträgt. Für die Altersbestimmung eines neben dem Thorium auch Uran enthaltenden Minerals nach der Bleimethode ergibt sich daher die angenäherte

Formel $t = \dfrac{\text{Pb}}{\text{U} + 0{,}384 \, \text{Th}} \cdot 8200$ Millionen Jahre. Für die genauere Berechnung muß wieder der Zerfall des Urans (plus dem Uranäquivalent 0,384 Th) seit der Bildung des Minerals in Rücksicht gezogen werden (s. Ziff. 90).

LAWSON fand nun bei gleichem geologischen Fundort das Alter von Thormineralien um so niedriger, je höher der Thorgehalt gegenüber dem Urangehalt

---

[1]) E. GLEDITSCH, Bull. Soc. Chim. (4) Bd. 31, S. 353. 1922.
[2]) Literatur hierüber s. unter R. W. LAWSON, Wiener Ber. Bd. 126, S. 721. 1917.
[3]) F. SODDY, Nature Bd. 94, S. 615. 1915; Bd. 98, S. 469. 1917; O. HÖNIGSCHMID, ZS. f. Elektrochem. Bd. 23, S. 161. 1917; Bd. 25, S. 91. 1919; K. FAJANS, ZS. f. Elektrochem. Bd. 24, S. 163. 1918.
[4]) R. W. LAWSON, Wiener Ber. Bd. 126, S. 721. 1917.

war. Werte, die mit solchen von Uranmineralien gleichen geologischen Vorkommens im ungefähren Einklang standen, wurden nur erzielt, wenn das Verhältnis Th : U kleiner als 3 war.

So ergibt eine Zusammenstellung einer Reihe von Thormineralien aus dem Mitteldevon von BREVIG in Norwegen Alterswerte, die zwischen 10 Millionen und 300 Millionen Jahre schwanken. Die niedrigsten Werte wurden mit Mineralien erhalten, bei denen das Verhältnis Th : U um 100 herum liegt, also ein großer Überschuß von Thor vorhanden ist. Diese Mineralien, wie Freyalith, Tritomit, manche Thorite, sind sämtlich amorph und augenscheinlich sekundären Ursprungs. Von Wert für die Altersbestimmung einer geologischen Formation sind natürlich nur solche Mineralien, deren Entstehung zeitlich mit der Ablagerung der betr. Formation ungefähr zusammenfällt.

Bei den amorphen Mineralien können übrigens auch Auslaugungsprozesse eine große Rolle gespielt haben, die das Blei (und das Helium) zum größten Teil entfernten und hierdurch ein geringeres Alter der Mineralien vortäuschen, als ihnen wirklich zukommt. Eine Reihe von Beobachtungen spricht für eine solche Vermutung. Nur zwei seien erwähnt:

Ein kristallisierter Ceylonthorianit enthielt die aus seinem geologischen Vorkommen zu erwartende Menge Blei und Helium; bei einem an gleicher Fundstelle vorkommenden (amorphen) Thorit wurde kein Blei und augenscheinlich auch kein Helium nachgewiesen[1]).

Auch eine Beobachtung von MARCKWALD am Rutherfordin, einer äußerlich zu Urankarbonat verwitterten kristallisierten Pechblende, stützt diese Vermutung. Er fand, daß das Verhältnis Pb : U in der verwitterten (amorphen) Hülle des Kristalls kleiner war als das entsprechende Verhältnis im kristallisierten Kern[2]).

Zusammenfassend kann man sagen, daß die amorphen uranarmen Thormineralien ein für Altersbestimmungen sehr wenig geeignetes Material darstellen. Wir kennen nicht die Zeit ihrer Bildung und wissen nicht, bis zu welchem Grade sekundäre Einflüsse, wie Verwitterungs- und Auslaugungsprozesse ihre Zerfallsprodukte Blei und Helium entfernt haben. Die mit Hilfe dieser Zerfallsprodukte ermittelten Altersangaben werden also in den meisten Fällen viel zu niedrig ausfallen.

92. Uran und Thor enthaltende Mineralien. Das Atomgewicht des Uranbleis ist 206, das des Thorbleis 208. Macht man nun Atomgewichtsbestimmungen des Bleis an Mineralien, die diese beiden Bleiisotope enthalten, so bekommt man Mittelwerte, aus denen man nicht ohne weiteres erkennen kann, ob in dem Mineral ursprünglich auch gewöhnliches Blei (Atomgewicht 207,2) enthalten war. Unter gewissen Bedingungen lassen sich aber auch solche Mineralien mit Vorteil zu Altersbestimmungen heranziehen und ergeben Werte, die mit denen aus thorfreien oder thorarmen Mineralien in guter Übereinstimmung stehen.

So wurden in jüngster Zeit von ELLSWORTH[3]) eine größere Anzahl Altersbestimmungen an geologisch gut definierten uran- und thorhaltigen Mineralien durchgeführt und für geologisch gleiche Fundorte ausgezeichnete Übereinstimmung in den Resultaten erzielt. In der Tabelle 20 ist als Beispiel eine Zusammenstellung der Ergebnisse an einer Reihe kanadischer präkambrischer Uraninite wiedergegeben. Die Altersberechnungen erfolgten unter Berücksichtigung des Uranzerfalls (s. oben).

---

[1]) B. BOLTWOOD, Sill. Journ. Bd. 23, S. 77. 1907.
[2]) W. MARCKWALD, Landw. Jahrbuch Bd. 38, Erg.-Bd. V, S. 423. 1909.
[3]) H. V. ELLSWORTH, Sill. Journ. Bd. 9, S. 1127. 1925.

Tabelle 20. Alter präkambrischer Uraninite.

Fundort	U	Th	Pb	$\frac{Pb}{U+0{,}384\,Th}$	Alter, auf Uranzerfall korrigiert
Villeneuve, Queb.[1])	64,74	6,41	10,46	0,156	1189 Millionen Jahre
Parry Sound Ont.[2])	69,19	2,83	10,83	0,154	1179 ,, ,,
Parry Sound, Ont.[2])	66,12	2,94	9,76	0,145	1115 ,, ,,
Butt township, Ont.[2]) . . .	66,02	1,08	9,82	0,148	1130 ,, ,,
Butt towsnhip, Ont.[2]) . . .	64,24	0,71	9,62	0,149	1143 ,, ,,
Cardiff township, Ont.[2]) . .	55,26	11,92	10,25	0,171	1299 ,, ,,

Diese hier gefundenen Werte für das Alter des Präkambriums stimmen mit denen in der Tabelle 18 gebrachten recht gut überein.

Es kann kaum einem Zweifel unterliegen, daß diese Altersbestimmungen nach der Bleimethode, wenn das Material gut ausgesucht und geologisch eindeutig definiert ist, wenn außerdem wirklich genaue Analysen des Urans, des Bleis und gegebenenfalls des Thors vorliegen, an Zuverlässigkeit von keiner andern Methode geologischer Altersbestimmungen erreicht wird. Für das Präkambrium muß man also sicher ein Alter von über 1000 Millionen Jahre annehmen, und der in der Tabelle angegebene Wert von 1600 Millionen für einen Zirkon aus ältesten gneisähnlichen Graniten dürfte dann der Wahrheit wohl auch ziemlich nahe kommen.

Hingewiesen sei in diesem Zusammenhang noch auf eine Abhandlung von KIRSCH[3]), der aus dem ständigen Vorkommen von Thor in Uranmineralien — und zwar mit steigendem geologischen Alter in steigender Menge — einen genetischen Zusammenhang zwischen einem verhältnismäßig kurzlebigen Uranisotop, Thoriumuran und dem Thorium vermutet. Auf die Gründe, die für und wider diese Hypothese sprechen, kann hier nicht eingegangen werden.

Altersschätzung aus pleochroitischen Höfen.

93. Pleochroitische Höfe. In Dünnschliffen gewisser Mineralien (gewissen Glimmerarten, Thurmalin) beobachtet man zuweilen unter dem Mikroskop

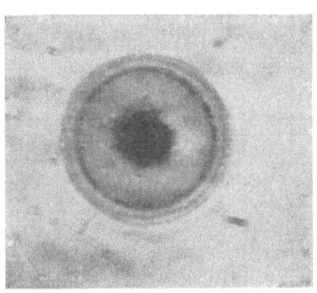

Abb. 31. Pleochroitische Ringe von Uran bis Radium C.

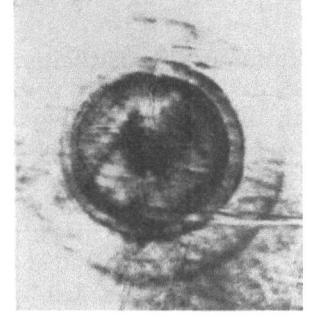

Abb. 32. Pleochroitische Ringe von Polonium bis Radium C.

kleine gefärbte kreisrunde Gebilde, die im polarisierten Licht die Eigenschaft des „Pleochroismus" zeigen, und die man daher als pleochroitische Höfe bezeichnet.

---

[1]) Analyse von HILLEBRAND.
[2]) Analysen von ELLSWORTH.
[3]) G. KIRSCH, Wiener Ber. Bd. 131 [2a], S. 551. 1922; s. auch W. RISS, Wiener Ber. Bd. 133 [2a], S. 91. 1924.

Die Aufklärung über den Ursprung dieser den Geologen seit langem bekannten Erscheinung geschah gleichzeitig von MÜGGE[1]) und von JOLY[2]): es handelt sich um die Verfärbung des Minerals durch die α-Strahlen winziger radioaktiver Einschlüsse. Ist dieser Einschluß genügend klein, dann ist die Ausbildung des Hofes im Mineral genau kugelförmig, im Spaltungsstück konzentrisch, und zwar lassen sich häufig verschieden stark gefärbte kreisrunde Zonen erkennen. Der Radius der äußersten Zone beträgt für uranhaltige Kerne in Glimmer 0,033 mm, für thorhaltige Kerne maximal 0,040 mm. Diese Radien entsprechen den Reichweiten der schnellsten α-Strahlen der Uran- bzw. Thorreihe, die Radien der inneren Ringe den Reichweiten der langsameren Strahlen. Die Umrechnung aus der Reichweite in Luft geschieht mit Hilfe einer von BRAGG und KLEEMAN aufgefundenen empirischen Beziehung zwischen Reichweite, Dichte und Molekulargewicht des durchqueren Materials.

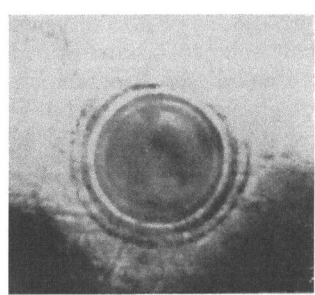

Abb. 33. Pleochroitische Ringe von Uran bis Radium.

In neuester Zeit sind von GUDDEN und SCHILLING[3]) auch am sog. Wölsendorfer Flußspat derartige Höfe vorgefunden worden, und zwar zeigen diese die konzentrischen Zonen mit einer derartigen Schärfe, daß sich daraus die Reichweiten aller α-Strahlen der Uranreihe mit großer Genauigkeit bestimmen ließen, die kurzen Reichweiten das Uran I und Uran II sogar viel sicherer als nach den bisherigen Methoden. In den Abbildungen sind drei Mikrophotographien derartiger Höfe wiedergegeben.

Abb. 31 zeigt die Ringe vom Uran bis zum Radium C (letzteres gerade angedeutet), Abb. 32 die vom Polonium bis Radium C, Abb. 33 die vom Uran bis Radium[4]).

94. Altersschätzungen. Es ist klar, daß die Stärke der Verfärbung von der Anzahl der α-Teilchen abhängt, die aus dem radioaktiven Kern in das umgebende Mineral eingetreten sind. Diese Anzahl ist gegeben einerseits durch den Gehalt des Einsprenglings an radioaktiver Substanz, denn hieraus ist die in der Zeiteinheit emittierte Anzahl von α-Strahlen bekannt; andererseits sind sie bestimmt durch die Dauer der Einwirkung, also durch das Alter des Minerals.

Wenn man nun experimentell ermittelt, wieviel α-Teilchen in dem betreffenden Mineral eine der Schwärzung des Hofes entsprechende Verfärbung hervorrufen, dann läßt sich unter Kenntnis des Uran- oder Thorgehaltes des Kernes die Zeit berechnen, die notwendig war, um die Schwärzung hervorzurufen, also das Alter des Minerals ermitteln.

JOLY und RUTHERFORD[5]) haben eine solche Untersuchung vorgenommen, und zwar benutzten sie dazu eine dem Unterdevon angehörige Glimmerart, die reich an gut ausgebildeten Höfen ist. Spaltungsstückchen dieses Glimmers wurden durch Bestrahlung mittels starker α-strahlender Präparate künstlich verfärbt, und zwar wurde durch verschiedene Dauer der Einwirkung der strahlenden Substanz eine verschieden starke Verfärbung erzielt. Es wurde hierdurch eine Vergleichsskala gewonnen, mit der die Schwärzung der natürlichen Höfe geeicht werden konnte. Aus der Versuchsanordnung und der Stärke des

---

[1]) B. MÜGGE, Zentralbl. f. Min. 1907, S. 397; 1909, S. 65, 113, 142.
[2]) J. JOLY, Phil. Mag. (6) Bd. 13, S. 381. 1907; Bd. 19, S. 327, 630. 1910.
[3]) B. GUDDEN, ZS. f. Phys. Bd. 26, S. 110. 1924.
[4]) Die Abbildungen sind der unter [3]) zitierten Arbeit von GUDDEN entnommen.
[5]) J. JOLY u. E. RUTHERFORD, Phil. Mag. Bd. 25, S. 644. 1913.

zur Bestrahlung verwendeten Präparats kennt man die Anzahl der α-Teilchen, die dem Glimmer eine bestimmte Färbung erteilt haben; ein natürlicher Hof derselben Färbung rührt also von der Einwirkung der gleichen Anzahl α-Teilchen her. Zur Altersbestimmung ist jetzt noch die Kenntnis der Größe des Kerns und sein Gehalt an radioaktiver Substanz notwendig. Die Größe wurde durch mikroskopische Ausmessung der Kerndimensionen geschätzt, für den Gehalt an aktiver Substanz die etwas willkürliche Annahme gemacht, daß die den Kern bildenden Zirkone etwa 10% Uran enthalten. Da der Urangehalt solcher Zirkone im allgemeinen beträchtlich kleiner ist als 10%, so ergibt sich aus dieser Annahme eine untere Grenze des Alters. Die auf diese Weise erhaltenen Werte schwankten bei dreißig verschiedenen Proben desselben Glimmermaterials zwischen 20 und 470 Millionen Jahren. Es ist naheliegend, den Grund für diese großen Unterschiede in einem wechselnden Urangehalt der Zirkonkerne zu suchen. Der Urangehalt solcher Zirkone schwankt nach Ergebnissen von STRUTT sehr stark, und bei der Annahme von 1% Urangehalt statt 10% fände man z. B. für die Probe, die 20 Millionen Jahre ergeben hat, einen Wert von 200 Millionen.

Bemerkenswert ist immerhin, daß die zuverlässigeren höheren Werte mit dem aus der Bleimethode gefundenen Alter für das Unterdevon gut übereinstimmen.

Immerhin kann diese Methode der Färbung pleochroitischer Höfe nicht den Anspruch von Genauigkeit machen, die man der Bleimethode zuerkennen muß. GUDDEN[1]) weist in einer eingehenden Untersuchung auf die Fehlermöglichkeiten hin, die jener Methode anhaften. Erwähnt sei der Einfluß der thermischen Rückbildung der Verfärbung, die bei den kurzdauernden Versuchen über künstliche Verfärbung vernachlässigbar klein ist, während geologischer Zeiträume aber durchaus ins Gewicht fallen kann. Versuche über die thermische Ausbleichung solcher Höfe bei erhöhter Temperatur[1]) lassen den Schluß zu, daß Höfe, wie sie etwa in den obigen Glimmerarten beobachtet werden, sicher während Hunderten von Millionen Jahren keinen wesentlich höheren Temperaturen ausgesetzt gewesen sein können, als wir sie jetzt an der Erdoberfläche beobachten.

Die an sich schon so empfindliche Methode des elektroskopischen Radiumnachweises wird bei weitem in den Schatten gestellt von der Empfindlichkeit des Radiumnachweises in pleochroitischen Höfen. Durch Vergleich der photographischen α-Strahlen-Wirkung isolierter Zirkonkerne aus natürlichen Glimmern mit der Wirkung minimaler Pechblendemengen (etwa 10^{-9} g) ließ sich berechnen, daß Kerne mit weniger als 10^{-11} g Uran, also weniger als 10^{-17} g Radium, hinreichen, um in den Glimmern des Devons einen deutlichen Hof zu erzeugen[2]). Eine solch winzige Menge radioaktiver Substanz emittiert pro Jahr weniger als 30 α-Teilchen.

95. JOLYs abweichende Ansichten über das Alter der festen Erdkruste. In den vorliegenden Abschnitten wurde die Ansicht vertreten, daß die Altersbestimmungen aus dem Uran-Bleigehalt kristallisierter Uranmineralien allen anderen Methoden der Altersbestimmung geologischer Formationen überlegen sind, und daß wir daher mit einem Alter der festen Erdkruste von über 1000 Millionen Jahren mit Sicherheit rechnen müssen. Dabei besteht allerdings die schon diskutierte Schwierigkeit, daß der Salzgehalt der Ozeane und die Denudationsgeschwindigkeit der Gesteine, so wie wir sie heute beobachten, wesentlich niedrigere Alterswerte ergibt. JOLY glaubt nun umgekehrt, daß die Werte aus dem Uranbleigehalt um ein mehrfaches zu hoch sind, und weist den ältesten geologischen Formationen ein Alter von nur 150 bis 200 Millionen Jahren[3]) zu.

---

[1]) B. GUDDEN, Pleochroitische Höfe. Diss. Göttingen 1919.
[2]) B. GUDDEN, ZS. f. Phys. Bd. 26, S. 110. 1924.
[3]) J. JOLY, Nature Bd. 109, S. 480. 1922.

Die Gründe für diese Ansicht sind folgende: 1. Der Salzgehalt der Ozeane und die Denudationsgeschwindigkeit sprechen für den niedrigeren Wert. 2. Die Bleibestimmungen aus den meisten Thormineralien ergeben viel niedrigere Werte als die aus Uranmineralien. 3. Die pleochroitischen Höfe, die durch uranhaltige Kerne hervorgerufen sind, scheinen Schwankungen in der Reichweite des Urans zu zeigen, derart, daß das Uran in geologisch alten Mineralien durchschnittlich eine größere α-Strahlenreichweite zeigt, als das aus jüngeren. Wenn man den äußerst unwahrscheinlichen Schluß einer Änderung der Zerfallsgeschwindigkeit des Urans im Laufe geologischer Zeiten ablehnt, dann muß man nach JOLY aus dessen Befunden den Schluß ziehen, daß in den alten Uranmineralien beträchtliche Mengen kürzerlebige — jetzt zerfallene — Uranisotope vorhanden waren, die ebenso wie das gewöhnliche Uran Blei gebildet haben, das sich dem gewöhnlichen Uranblei zugemengt hat und dessen Betrag um ein mehrfaches erhöht. Es ist klar, daß durch diesen Vorgang die Altersbestimmung von Uranmineralien nach der Blei- und aus der Heliummethode zu hohe Werte ergäbe.

Zu diesen Punkten ist folgendes zu sagen:

a) Der Salzgehalt der Ozeane und die Denudationsgeschwindigkeit sind keine unabhängigen Bestimmungsmethoden. Falls in unserer Zeit eine stärkere Abtragung der Gebirge statthat als im Durchschnitt der geologischen Zeiten, dann geben Altersbestimmungen, die die heutige hohe Denudationsgeschwindigkeit als die normale zugrunde legen, zu niedrige Werte für das Alter der Erde.

b) Es wurde schon darauf hingewiesen, daß sich Thormineralien für Altersbestimmungen wegen ihrer häufig amorphen Beschaffenheit viel weniger eignen als Uranmineralien. Kristallisierte Thormineralien, wie Thorianit, thorhaltige Uraninite geben Werte, die mit denen aus Uranmineralien durchaus vergleichbar sind. Die von JOLY herangezogenen Thorite fallen augenscheinlich in die erstere Gruppe.

c) Die Bestimmung des Durchmessers der Höfe an den üblichen, bisher untersuchten Mineralien kann genau nur für die äußerste Zone, also dem Wirkungsbereich des Radium C, durchgeführt werden[1]). Am Radium C hat JOLY keine Änderungen und Verwaschungen der Reichweite festgestellt. Genaue Reichweitebestimmungen der langsamen α-Strahlen der Uranreihe lassen sich nur an den unlängst aufgefundenen Flußspathöfen durchführen, weil der Flußspat, im Gegensatz zu dem Glimmer und anderen Mineralien, augenscheinlich nur das äußerste Ende jeder Reichweite „aufzeichnete". Aus diesen Flußspathöfen, die sicher auch von geologisch alter Lagerstätte herrühren, wurde aber keinerlei Anomalie in den Reichweiten des Urans beobachtet, vielmehr waren auch die Uranhöfe so scharf definiert, daß sie genauere Reichweitebestimmungen ermöglichten, als bisher nach irgendeiner Methode möglich war.

Es scheint daher aus dem Obigen der Schluß berechtigt, daß die JOLYschen Anschauungen nicht überzeugend genug sind, die in dem vorhergehenden Abschnitten gefolgerten Schlüsse über das Alter der festen Erdkruste umzustoßen.

---

[1]) Siehe B. GUDDEN, ZS. f. Phys. Bd. 26, S. 110. 1924.

Kapitel 4.

Die Ionen in Gasen.
Von
KARL PRZIBRAM, Wien.
Mit 18 Abbildungen.

A. Einleitung.

1. Die älteren Versuche über Elektrizitätszerstreuung in Gasen. Während die Erforschung der leuchtenden elektrischen Entladungen von den ersten Entdeckungen GUERICKES, WALLS und HAUKESBEES an bis in das letzte Jahrzehnt des 19. Jahrhunderts ein gewaltiges Tatsachenmaterial zutage gefördert hatte, bildete im selben Zeitraume die unscheinbarere „Zerstreuung" der Elektrizität in Gasen den Gegenstand nur vereinzelter Untersuchungen, deren Ergebnisse einander überdies noch vielfach widersprachen. Schon CANTON und BECCARIA[1]) wußten, daß eine elektrische Ladung von Leitern auf die Luft übergehen könne. Die Gesetze des Elektrizitätsverlustes isoliert aufgestellter Leiter in Luft hat zuerst COULOMB[2]) 1785 in seinen klassischen Untersuchungen mit der Drehwage zu ermitteln versucht. Er konnte zeigen, daß bei entsprechender Wahl der isolierenden Stützen der Elektrizitätsverlust im wesentlichen durch die Luft erfolgt, und fand, daß der Ladungsabfall nach einem Exponentialgesetz verläuft und daß daher die in der Zeiteinheit zerstreute Ladung der auf dem Leiter sitzenden Ladung proportional sei. Letzteres kann allerdings, wie wir heute wissen, nur für kleine Feldstärken bzw. große Luftvolumina gelten.

MATTEUCCI[3]) fand die in der Zeiteinheit zerstreute Ladung in kleineren geschlossenen Gefäßen vom Betrage der Ladung auf dem Leiter in weiten Grenzen unabhängig, eine Beobachtung, die WARBURG[4]) bestätigen konnte, während dieser Forscher die Angabe MATTEUCCIS, die Zerstreuung sei in Luft, Kohlensäure und Wasserstoff gleich groß, dahin berichtigte, daß dies nur für die erstgenannten zwei Gase annähernd gelte, daß die Zerstreuung im Wasserstoff aber nur etwa halb so groß sei als in jenen. Übereinstimmung herrscht auch in betreff der Abnahme der Zerstreuung mit abnehmendem Luftdrucke. WARBURG fand die Zerstreuung unabhängig von der Feuchtigkeit der Luft.

Die Schwierigkeit dieser Untersuchungen ist bedingt durch die Kleinheit des Effektes, der überdies noch von meteorologischen Bedingungen abhängt. Ein rascherer Fortschritt konnte erst erzielt werden, wenn es gelang, die geringe natürliche Leitfähigkeit der Gase durch Mittel zu steigern, die die Erscheinungen im übrigen nicht wesentlich veränderten. Nun war seit langem bekannt, daß

---
[1]) Vgl. J. PRIESTLEY, Geschichte und gegenwärtiger Zustand der Elektrizität. Deutsch von G. KRÜNITZ. I. Teil, S. 130. Berlin u. Stralsund 1772.
[2]) S. die deutsche Ausgabe in OSTWALDS Klassikern der exakten Naturwissenschaften.
[3]) MATTEUCCI, Ann. chim. phys. Bd. 28, S. 390. 1850.
[4]) E. WARBURG, Pogg. Ann. Bd. 145, S. 578. 1872.

die Flammengase die Elektrizität gut leiten [DU FAY[1])]. Als daher W. GIESE[2]) 1882 quantitative Versuche über die Elektrizitätsleitung in Flammen anstellte, wurde er nicht nur zu einer Reihe wichtiger Gesetzmäßigkeiten geführt, sondern er gelangte wohl als erster zur Hypothese, die Leitung in Gasen werde ebenso wie in den Elektrolyten durch „Ionen" besorgt. Er sagt wörtlich: „Man nimmt für sie" (nämlich die Elektrolyte) „an, daß es einzelne schon vor Eintritt der elektrischen Vorgänge im Elektrolyten vorhandene Atome oder Atomgruppen, welche für sich keine geschlossenen Moleküle bilden, die sog. Ionen seien, welche den Vorgang der Stromleitung vermitteln, indem sie sich in Richtung der Kraftlinien fortbewegen und dabei elektrische Ladungen mit sich führen. Im ersten Anschluß an diese Vorstellung soll angenommen werden, daß auch in den Gasen das Leitungsvermögen an das Vorhandensein von Ionen in dem soeben definierten Sinne gebunden sei". GIESE merkt hierzu noch an: „Die Definition weicht insofern von der üblichen ab, als man unter Ionen gewöhnlich Bestandteile eines Salzmoleküls versteht."

Im allgemeinen neigte man aber damals zu der Meinung, die Elektrizitätszerstreuung in Gasen sei durch Staub bedingt.

2. Die Entwicklung der Ionentheorie seit der Entdeckung der Röntgenstrahlen. Die endgültige Klärung trat erst ein, als mit der Entdeckung der Röntgenstrahlen dem Physiker ein Mittel in die Hand gegeben wurde, die Leitfähigkeit eines Gases bedeutend und in quantitativ leicht reproduzierbarer Weise zu erhöhen. Schon das Jahr 1896 brachte die bahnbrechende Arbeit von J. J. THOMSON und E. RUTHERFORD[3]) über den Durchgang der Elektrizität durch Gase, die Röntgenstrahlen ausgesetzt sind, in welcher unter ausdrücklicher Betonung der Analogie mit sehr verdünnten Elektrolyten der Grund der Ionentheorie der Elektrizitätsleitung in Gasen gelegt wird und der eine Reihe weiterer Publikationen aus dem Cavendish-Laboratorium in Cambridge folgten. Im Jahre 1898 konnte J. J. THOMSON in Buchform einen ersten Überblick über die Arbeiten seiner Schule geben. 1902 veröffentlichte J. STARK (Göttingen) sein Buch „Die Elektrizität in Gasen", in welchem zum erstenmal die Begriffe der Ionentheorie an die Spitze gestellt und als leitendes Prinzip für das Gesamtgebiet der Leitung und Entladung in Gasen benutzt werden. Die von STARK geschaffene Terminologie hat sich vielfach durchgesetzt, wie denn überhaupt dieses Buch viel zur Verbreitung und Förderung der Ionentheorie beigetragen hat. J. J. THOMSONS Standardwerk folgte 1903 in 1.[4]), 1906 in 2. Auflage. Seither sind noch verschiedene zusammenfassende Bearbeitungen des im vorliegenden Abschnitte behandelten Stoffes erschienen, so von R. SEELIGER in GRÄTZ' Handbuch der Elektrizität und des Magnetismus und von G. S. TOWNSEND, „Electricity in Gases", deutsch in MARX' Handbuch der Radiologie Bd. 1. Zusammenfassende Bearbeitungen einzelner Gebiete sind weiter unten in den zugehörigen Literaturverzeichnissen angeführt.

Gegenwärtig gibt die Ionentheorie ein sehr befriedigendes einheitliches Bild der Elektrizitätsleitung in Gasen. Inwieweit der Vergleich zwischen Theorie und Erfahrung zu Schlüssen auf die Natur der Gasionen berechtigt, wird sich im folgenden zeigen[5]).

---

[1]) Vgl. PRIESTLEY, I. Teil, S. 33.
[2]) W. GIESE, Wied. Ann. Bd. 17, S. 1, 236, 519. 1882.
[3]) J. J. THOMSON u. E. RUTHERFORD, Phil. Mag. (5) Bd. 42, S. 392. 1896.
[4]) Deutsch von E. MARX, 1906.
[5]) Vorboten der Ionentheorie der Elektrizitätsleitung in Gasen finden sich noch in folgenden Arbeiten: A. SCHUSTER, Proc. Roy. Soc. London (A) Bd. 37, S. 317. 1884; Bd. 47, S. 526. 1890; S. ARRHENIUS, Wied. Ann. Bd. 32, S. 565. 1887; Bd. 33, S. 638. 1888; A. FÖPPL, ebenda Bd. 34, S. 222. 1888; ELSTER u. GEITEL, ebenda Bd. 37, S. 315. 1889.

3. Ionisierung. Nach den der Ionentheorie zugrunde liegenden Anschauungen leitet ein aus lauter elektrisch neutralen Molekeln bestehendes Gas überhaupt nicht. Träger der Elektrizitätsleitung sind kleine elektrisch geladene Teilchen, die Ionen, welche auf verschiedenen Wegen durch verschiedene „Ionisatoren" dem Gase zugeführt und aus ihm wieder entfernt werden können. Gegen die Bezeichnung Ionen ist eingewendet worden, daß die elektrisch geladenen Teilchen in Gasen außer ihrer Ladung mit den elektrolytischen Ionen nichts gemeinsam haben, und LENARD bevorzugt deshalb den allgemeineren Ausdruck Elektrizitätsträger. Doch hat sich die Bezeichnung Ion nun schon so eingebürgert, daß es kaum angezeigt scheint, von ihr abzugehen. Die Ionen können entweder im Gase selbst erzeugt werden dadurch, daß auf einzelne Gasmolekel durch Absorption von elektromagnetischer Strahlung (kurzwelliges Ultraviolett, Röntgen- oder Gammastrahlung) oder von korpuskularer Strahlung (α- und β-Strahlen, sowie rasch bewegter Ionen überhaupt), durch den Stoß hochtemperierter neutraler Molekel (thermische Ionisation) oder durch chemische Einwirkung eine Energiemenge übertragen wird, die zur Trennung elektrisch entgegengesetzt geladener Bestandteile hinreicht; sie kann aber auch von festen oder flüssigen Oberflächen unter der Einwirkung hoher Temperaturen, wahrscheinlich auch hoher elektrischer Feldstärken, des Lichtes, der mechanischen Zerreißung von Oberflächenschichten und von chemischen Prozessen an das Gas abgegeben werden. In den zuerst genannten Fällen bleibt das Gas als Ganzes elektrisch neutral, in den in zweiter Linie genannten Fällen nimmt das Gas im allgemeinen dadurch, daß mehr Ionen des einen Vorzeichens als des anderen abgegeben werden, im ganzen eine Ladung an. STARK spricht in letzteren Fällen von Elektrisierung und nur in ersteren von Ionisierung. Im allgemeinen wird hier aber nicht streng unterschieden und jedes ionenhältige Gas als ionisiert bezeichnet.

Wie immer auch die Ionen erzeugt werden, so zeigt ein ionisiertes Gas ohne Rücksicht auf den Ionisator eine Reihe charakteristischer Eigenschaften.

4. Eigenschaften eines ionisierten Gases. α) Beginnt der Ionisator zu wirken, so steigt die bei kleinsten Feldstärken gemessene (vgl. unter δ) Leitfähigkeit in meist leicht beobachtbaren Zeiten allmählich an, um schließlich einen konstanten Endwert zu erreichen.

β) Wird der Ionisator abgestellt, so fällt die Leitfähigkeit nicht sofort auf Null, sondern klingt wieder leicht beobachtbar allmählich ab.

γ) Die nach Abstellung des Ionisators verbleibende Leitfähigkeit klingt rascher ab, wenn durch Anlegen eines elektrischen Feldes ein Strom durch das Gas geschickt wird, und kann durch ein hinreichend starkes elektrisches Feld praktisch momentan zum Verschwinden gebracht werden. Sie verschwindet auch, wenn das ionisierte Gas durch Wattepfropfen, durch Flüssigkeiten od. dgl. gezogen wird.

δ) Bei konstantem Ionisator, der homogen auf das ganze Gasvolumen wirkt — man denke etwa an ein paralleles Röntgenstrahlenbündel, das den Querschnitt ganz erfüllend zwischen den Platten eines Luftkondensators hindurchgeht —, ergibt sich folgender Zusammenhang zwischen Stromstärke und Spannung als Charakteristik der Elektrizitätsleitung in einem homogen ionisierten Gase: Mit von Null an wachsender Spannung steigt die Stromstärke erst der Spannung proportional an — OHMscher Strom —, dann langsamer und erreicht schließlich einen von der Spannung unabhängigen Grenzwert: Sättigungsstrom.

ε) Der Sättigungsstrom wächst einerseits mit der Intensität des Ionisators, andererseits mit dem Abstand zwischen den Kondensatorplatten.

ζ) Im ionisierten Gase bleibt beim Stromdurchgang das Feld im Plattenkondensator nicht homogen, es bildet sich vielmehr an den Elektroden ein stärkerer Potentialabfall aus als in der Mitte.

η) Bei Überschreitung einer gewissen Feldstärke steigt die Strom-Spannungskurve wieder und zwar rapid an, bis „Entladung" eintritt; dieses Stadium kann unter Umständen vor Erreichung eines Sättigungsstromes eintreten.

ϑ) Mit der Elektrizitätsströmung im ionisierten Gase ist im allgemeinen auch eine materielle Strömung verbunden (Ionenwind).

ι) In einem ionisierten, von groben Kondensationskernen freien Gase genügt eine geringere Übersättigung in ihm vorhandener Dämpfe zur Erzielung regenartiger Kondensation als in einem nicht ionisierten.

Damit sind die Eigenschaften eines ionisierten Gases natürlich nicht erschöpft, s. z. B. die Wirkung auf die Ausbreitung elektrischer Wellen (ds. Handb. XV).

5. Die ionentheoretische Deutung. Die Ionentheorie nimmt nun an, ein mit der Ladung e behaftetes Ion führe, sich selbst überlassen, eine ungeordnete Molekularbewegung im Gase aus, bis es bei dieser Bewegung so nahe an ein anderes Ion von entgegengesetztem Vorzeichen gelangt, daß es sich infolge der elektrostatischen Anziehung mit diesem zu einem neutralen Komplex vereinigt und so für Leitungszwecke verlorengeht oder in den Anziehungsbereich der Wände oder anderer fester und flüssiger Teile kommt und von ihnen adsorbiert wird. Zunächst werde die Wiedervereinigung betrachtet. Die auf die Volumeinheit bezogene Zahl der in der Zeiteinheit durch Wiedervereinigung verlorengehenden Ionen eines Vorzeichens ist proportional der jeweils in der Volumeinheit vorhandenen Anzahlen der Ionen beider Vorzeichen n_1 und n_2, also gleich $\alpha n_1 n_2$, wo α der Wiedervereinigungskoeffizient ist. Erzeugt der Ionisator in der Sekunde und im Kubikzentimeter des Gases q Ionen des einen und gleich viele des anderen Vorzeichens, so ist die zeitliche Änderung der Ionenzahlen

$$\frac{dn_1}{dt} = \frac{dn_2}{dt} = q - \alpha n_1 n_2.$$

Ist von Anfang an $n_1 = n_2$, d. h. das Gas als Ganzes ungeladen, so bleibt es auch dabei, und die Gleichung kann geschrieben werden

$$\frac{dn}{dt} = q - \alpha n^2.$$

Das Integral ist, wenn $n = 0$ für $t = 0$ und $\frac{q}{\alpha} = k^2$ gesetzt wird und e die Basis der natürlichen Logarithmen ist:

$$n = k \frac{e^{2k\alpha t} - 1}{e^{2k\alpha t} + 1}.$$

Diese Gleichung gibt also den Anstieg der Ionenzahl mit der Zeit (vgl. Ziff. 4. α).

Der nach dieser Formel für großes t erreichte Grenzwert $n_\infty = k = \sqrt{\frac{q}{\alpha}}$, der sich auch aus der Gleichung $0 = q - \alpha n^2$ (stationärer Zustand) ergibt.

Wird der Ionisator abgestellt, also $q = 0$, so ist

$$\frac{dn}{dt} = -\alpha n^2 \quad \text{und} \quad n = \frac{n_0}{1 + n_0 \alpha t},$$

wo n_0 die Ionenzahl im Augenblick des Abstellens des Ionisators gibt (vgl. Ziff. 4. β).

Wird ein elektrisches Feld im ionisierten dichten Gase erzeugt, so wandern die Ionen als kraftgetriebene Teilchen im widerstehenden Mittel schon nach sehr kurzer Zeit mit einer konstanten, der Feldstärke proportionalen Geschwindigkeit $u\mathfrak{E}$, wo u die Ionenbeweglichkeit bezogen auf die Feldstärke 1 ist. Die Ionenwanderung repräsentiert dann einen Strom von der Stromdichte

$$i = (n_1 u_1 + n_2 u_2) e \mathfrak{E},$$

wo der Index 1 sich auf die positiven, der Index 2 auf die negativen Ionen bezieht, oder, wenn $n_1 = n_2 = n$,
$$i = n(u_1 + u_2) e \mathfrak{E}.$$

Nun entzieht ein Strom von der Stromdichte i dem Gase $\dfrac{i}{e}$ Ionen pro Sek. durch Abscheiden an der Flächeneinheit der Elektroden oder, wenn der Abstand zwischen den Kondensatorplatten d ist, $\dfrac{i}{de}$ per Volumeinheit (vgl. Ziff. 4. γ).

Die Gleichung für den stationären Zustand wird jetzt

$$0 = q - \alpha n^2 - \frac{i}{de}, \quad \text{und da} \quad n = \frac{i}{(u_1 + u_2) e \mathfrak{E}} \quad \text{ist} \quad q - \frac{\alpha i^2}{(u_1 + u_2)^2 e^2 \mathfrak{E}^2} - \frac{i}{de} = 0;$$

daher für großes $\mathfrak{E}$ $i = deq$.

Der Sättigungsstrom ist daher ein Maß für die Ionisierungsstärke q. Für sehr kleine Spannungen, durch welche n noch nicht merklich verändert wird, ist i proportional $\mathfrak{E}$, es gilt das OHMsche Gesetz (vgl. Ziff. 4. δ).

Es sind bei diesen Erörterungen mehrere komplizierende Faktoren nicht berücksichtigt worden. So bleibt das elektrische Feld im Kondensator infolge der Ionenverschiebung nicht homogen, und es läßt sich experimentell und theoretisch zeigen, daß der Potentialabfall an den Kondensatorplatten größer wird als in den mittleren Partien des Gases. Für die Feldstärke an der positiven Elektrode gilt die Gleichung

$$\mathfrak{E}_1 = \mathfrak{E}_0 \left\{ 1 + \frac{4 \pi e}{\alpha} \frac{u_1}{u_2} (u_1 + u_2) \right\}^{\frac{1}{2}},$$

wo $\mathfrak{E}_0$ der konstante Wert der Feldstärke in einiger Entfernung von den Elektroden ist. Dieselbe Gleichung gilt mit vertauschten Indizes für die negative Elektrode (vgl. Ziff. 4. ζ).

Ferner ist die Diffusion nicht berücksichtigt. Die Molekularbewegung der Ionen bringt es mit sich, daß sie im Durchschnitt von Stellen größerer zu Stellen geringerer Ionenkonzentration wandern, ein Vorgang, auf den ohne weiteres die bekannten Diffusionsgleichungen angewandt werden können. Im eindimensionalen Problem ist also $\dfrac{dn}{dt} = D \dfrac{d^2 n}{dx^2}$ die Zunahme der Ionen eines Vorzeichens in der Zeiteinheit und Volumeinheit infolge der Diffusion bei einem Ionenkonzentrationsgefälle von $\dfrac{dn}{dx}$. Infolge der Diffusion wandern die Ionen auch nach den Wänden, wo sie adsorbiert werden; daher die Möglichkeit, die Ionen aus dem Gase herauszufiltrieren (vgl. Ziff. 4. γ).

Die Theorie der Elektrizitätsleitung in ionisierten Gasen bietet beträchtliche mathematische Schwierigkeiten; sie wird in ds. Handb. Bd. XIV behandelt. Hier genügt es, auf die Grundzüge hinzuweisen und festzustellen, daß die Theorie mit gewissen für das ionisierte Gas charakteristischen Konstanten operiert. Es sind dies die Ionenbeweglichkeiten, der Wiedervereinigungskoeffizient und der Diffusionskoeffizient. Ferner tritt die Ionenladung auf, von welcher gezeigt werden wird, daß sie in den meisten Fällen mit einer universellen Konstanten, dem Elementarquantum, identisch ist, in anderen aber auch ein Vielfaches desselben betragen kann.

6. Die Abgrenzung des Gebietes. Die unter Zugrundelegung der oben angeführten Konstanten aufgestellten Differentialgleichungen der Elektrizitätsleitung in Gasen lassen sich wenigstens mit gewisser Annäherung in einigen praktisch wichtigen Fällen lösen. Aber selbst bei vollständiger Lösung bliebe noch ein weiteres Problem bestehen, d. i. die Zurückführung der charakteristischen Konstanten auf die unmittelbaren Eigenschaften der Ionen, ihre Ladung, Größe und Masse, d. h. es hat zu den Konstanten der Theorie auch eine Theorie der Konstanten zu treten. Mit dieser Theorie der Konstanten, mit der experimentellen Bestimmung der Konstanten und mit den aus dem Vergleich zwischen Theorie und Experiment zu ziehenden Schlüssen auf die unmittelbaren Eigenschaften der Ionen in Gasen beschäftigt sich der vorliegende Abschnitt. Es wird zu untersuchen sein, wie die in der Theorie als konstant auftretenden Größen sich mit den Versuchsumständen: Druck, chemische Natur und Temperatur des Gases, evtl. auch mit der elektrischen Feldstärke ändern; doch bleiben hierbei gewisse extreme Fälle, wie sehr niedrige Drucke und sehr hohe Feldstärken, einem anderen Abschnitte vorbehalten, da sich hier die Erscheinungen des Elektrizitätsüberganges vollständig ändern und der Strahlencharakter in den Vordergrund tritt. Ebenso findet die Elektrizitätsleitung in Flammen an anderer Stelle ihre Behandlung, da hier bei den herrschenden hohen Temperaturen, durch das Mitspielen chemischer Prozesse sowie vielfach auch von Vorgängen an den heißen Elektroden zum Teil sehr komplizierte Verhältnisse herrschen, deren Erforschung ein umfangreiches Beobachtungsmaterial zutage gefördert hat. Auch das unter Ziff. 4. η erwähnte Ansteigen des Stromes bei Überschreitung einer gewissen Spannung, das seine Ursache darin hat, daß die erzeugten Ionen jetzt hinreichend lebendige Kraft gewinnen, um selbst wieder als Korpuskularstrahlung neue Ionen zu erzeugen (Ionenstoß), wird an anderer Stelle behandelt. Im wesentlichen beschäftigt sich also vorliegender Abschnitt mit den Ionen geringerer Geschwindigkeit in dichten kalten Gasen, wobei nur fallweise die Veränderungen in ihrem Verhalten beim Übergang in andere Gebiete (Flammengase, Ionenstoß) in Betracht gezogen werden. Die sog. Restionisation, die bei tunlichster Ausschaltung aller künstlicher Ionisatoren im Gase verbleibt und die von unvermeidlichen Spuren radioaktiver Stoffe sowie von einer durchdringenden Strahlung noch nicht ganz aufgeklärten Ursprunges herrührt, bleibt, als von meteorologischen und kosmischen Einflüssen abhängig, besser dem Kapitel über atmosphärische Elektrizität überlassen.

B. Die Ionenbeweglichkeit[1]).

7. Definition. Wie schon unter Ziff. 5 bemerkt, wird unter Ionenbeweglichkeit u in einem Gase die konstante Endgeschwindigkeit verstanden, die ein Ion im elektrischen Feld von der Stärke 1 erlangt, im elektrostatischen Maße also die Geschwindigkeit im Felde von einer statischen Einheit pro cm. Meist wird aber die Beweglichkeit auf ein Feld von 1 Volt pro cm bezogen, und die im folgenden angegebenen Zahlen haben, wenn nicht ausdrücklich vermerkt, diese Bedeutung. Zum Umrechnen auf elektrostatische Einheiten sind sie mit 300 zu multiplizieren. Allgemein bezeichnet man als Beweglichkeit eines kraftgetriebenen Teilchens im widerstehenden Mittel oft die konstante Endgeschwindigkeit unter der Wirkung der Kraft 1; um diese Beweglichkeit, die man etwa als Kraftbeweglichkeit B jener oben definierten Feldbeweglichkeit gegenüberstellen könnte, aus der Feldbeweglichkeit u zu erhalten, hat man diese durch die Ionenladung zu dividieren: $B = \dfrac{u}{e}$.

---

[1]) Einen Bericht über diesen Gegenstand hat J. FRANCK im Jahre 1912 im Jahrb. d. Radioakt. Bd. 9, S. 235 erstattet.

Vom Standpunkte der kinetischen Gastheorie ist die konstante Endgeschwindigkeit der Ionen im elektrischen Felde nur als eine mittlere Wanderungsgeschwindigkeit zu betrachten. Es überlagern sich zwei Bewegungen: die ungeordnete Molekularbewegung, die das Ion infolge der Zusammenstöße mit den thermisch bewegten Gasmolekeln erfährt, und die gleichmäßig beschleunigte Bewegung des Ions in der Feldrichtung zwischen je zwei Zusammenstößen, also auf seiner freien Weglänge. Bei der Häufigkeit der molekularen Zusammenstöße in dichten Gasen kann man für alle praktischen Zwecke die gerichtete Geschwindigkeit der Ionen im homogenen, konstanten elektrischen Felde als konstant betrachten; es gilt dies aber nicht in sehr verdünnten Gasen, in denen die Bewegung der Ionen im Felde allmählich den Charakter einer Korpuskularstrahlung annimmt: gleichförmig beschleunigte Bewegung im homogenen Felde, gleichförmige Bewegung im feldfreien Raume.

Nach der Definition der Beweglichkeit u ist die Geschwindigkeit eines Ions im Felde

$$w = u\mathfrak{E}.$$

In den meisten Fällen ist hierbei u von der Feldstärke in weiten Grenzen unabhängig, allgemein darf dies aber nicht vorausgesetzt werden; der Begriff der Beweglichkeit verliert aber dann seine einfache Bedeutung.

8. Methoden zur Messung der Ionenbeweglichkeit. Die Messung erfolgt durch Bestimmung der Geschwindigkeit, die die Ionen in einem elektrischen Feld von gegebener Stärke erlangen. Unmittelbar ließe sich diese Bestimmung durchführen, wenn die Ionen sichtbar gemacht werden könnten. Nun besteht ein anscheinend kontinuierlicher Übergang von den kleinen Ionen von molekularen Dimensionen bis zu Elektrizitätsträgern, die im Ultramikroskop, im Mikroskop, ja bei passender Beleuchtung mit freiem Auge sichtbar sind, wie sie etwa beim Zerstäuben von Flüssigkeiten entstehen. An solch großen Elektrizitätsträgern kann die Geschwindigkeit ohne weiteres gemessen werden, indem man die Zeit zwischen dem Passieren zweier Marken mißt [DE BROGLIE[1]), EHRENHAFT[2])]. Aber auch jene kleinen molekularen Ionen können nach der C. T. R. WILSONschen Expansionsmethode durch Kondensation von Wasserdampf als Nebeltröpfchen sichtbar gemacht werden. Eine Messung der Geschwindigkeit ließe sich nun so durchführen, daß man eine dünne Schichte des Gases ionisiert, ein elektrisches Feld senkrecht zu dieser Schichte wirken läßt und nach einer bestimmten Zeit expandiert; aus dem Abstande des Nebenstreifens von der Stelle, von der die Ionisation stattgefunden hat, ergäbe sich die Geschwindigkeit der Ionen. Auf manchen Bildern C. T. R. WILSONS[3]) ist ja die Verschiebung der Ionen durch ein elektrisches Feld deutlich zu erkennen. In Flammen kann auch das charakteristische Leuchten von Salzionen zur Beobachtung der Bahn derselben benutzt werden [LENARD[4])]. A. LAFAY[5]) benutzt zum Zwecke der Beweglichkeitsbestimmung die LICHTENBERGsche Bestäubungsmethode zum Nachweis der auf einer Harzplatte auftreffenden Ionen, nachdem schon A. RIGHI[6]), der als einer der ersten die konvektive Natur der Elektrizitätsleitung in Gasen erkannte, die Bewegung der Ionen in Gasen mittels dieser Bestäubungsmethode durch einige schöne Demonstrationsversuche illustriert hatte.

---

[1]) H. DE BROGLIE, C. R. Bd. 146, S. 1010. 1908; Le Radium Bd. 6, S. 203. 1909.
[2]) F. EHRENHAFT, Wiener Ber. Bd. 118, S. 321. 1909.
[3]) Vgl. etwa Jahrb. d. Radioakt. Bd. 10, S. 34. 1913, Tafel II, Fig. 10, Tafel IV, Fig. 18.
[4]) P. LENARD, Ann. d. Phys. (4) Bd. 9, S. 642. 1902.
[5]) A. LAFAY, C. R. Bd. 173, S. 75. 1921.
[6]) Zusammengefaßt in „Die Bewegung der Ionen bei der elektrischen Entladung". Deutsch von M. IKLÉ, 1907.

Dank der elektrischen Ladung der Ionen ist es aber gar nicht nötig, sie sichtbar zu machen. Die Ankunft der Ionen an einer Metallplatte macht sich durch den Ausschlag am Elektrometer, das mit dieser Platte verbunden ist, bemerkbar. Mittels Verstärkerröhren läßt sich die Wirkung einzelner Ionen bemerkbar machen[1]); prinzipiell ließen sich daher Beweglichkeitsmessungen an einzelnen Ionen durchführen. Die meisten praktisch durchgeführten Meßmethoden benutzen die Ladungsänderung eines Elektrometersystems. Sie zerfallen prinzipiell in zwei Gruppen: 1. Strömungsmethoden, bei welchen die Geschwindigkeit der Ionen im elektrischen Felde verglichen wird mit der Geschwindigkeit eines Gasstromes, und 2. Methoden mit ruhendem Gas und Unterbrechung bzw. Kommutierung des Feldes. Schließlich gibt es noch einige mehr indirekte Methoden, wie die Berechnung der Ionenbeweglichkeit aus der Charakteristik der unselbständigen Strömung, aus der Stärke des elektrischen Windes, aus dem Halleffekt usw.

9. Strömungsmethoden. Strömungsrichtung des Gases und Richtung des elektrischen Feldes fallen zusammen [J. Zeleny[2])]. Ein Gasstrom wird durch zwei parallele Drahtnetze geblasen, von denen das eine durch die Batterie B auf Spannung gehalten wird, während das andere mit dem Elektrometer E verbunden ist (Abb. 1). Der Raum zwischen den Netzen wird ionisiert. Das Netz N_1 wird nur dann eine Ladung empfangen, wenn die Geschwindigkeit der Ionen, die sie durch das Feld erlangen, größer ist als die Geschwindigkeit des Gasstromes. Empfängt das Elektrometer etwa bei konstanter Strömungsgeschwindigkeit W und einer bestimmten Feldstärke $\mathfrak{E}$ gerade noch keine Ladung, wohl aber bei einer etwas größeren Feldstärke, so gilt $u = \dfrac{W}{\mathfrak{E}}$.

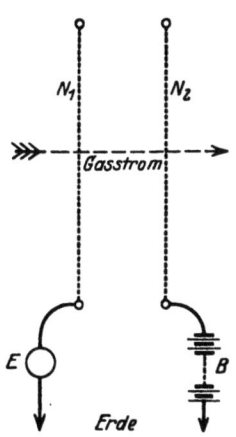

Abb. 1. Zelenys Netzkondensatormethode zur Messung der Ionenbeweglichkeit.

Die Methode ließ keine sehr genauen Messungen zu, gestattete aber Zeleny doch, die erste Feststellung der verschiedenen Beweglichkeit der positiven und negativen Ionen. Bei der Benützung dieser Methode begnügte sich Zeleny mit der Bestimmung des Verhältnisses beider Beweglichkeiten. Die Methode wurde auch von Lenard[3]) zur Beweglichkeitsmessung in durch ultraviolettes Licht ionisierter Luft angewandt.

10. Die Bewegung eines Ions in einem gasdurchströmten Zylinderkondensator. Es sei a der Radius des inneren, b der Radius des äußeren koaxialen Zylinders, V die Potentialdifferenz der beiden Zylinder, W die zunächst über den ganzen Querschnitt konstant gedachte Strömungsgeschwindigkeit des Gases (Abb. 2). Das Gas werde in der punktiert angedeuteten dünnen Schicht AC dauernd ionisiert, etwa durch ein schmales Röntgenstrahlbündel, das senkrecht zur Zylinderachse einfällt, oder es trete mit gleichförmiger Volumionisation durch diese Ebene in den Kondensator ein. Das radiale Feld im Zylinderkondensator im Abstande r von der Achse ist abgesehen von allfälligen Störungen durch die Ionen gegeben durch die Gleichung

$$\mathfrak{E}_r = \frac{V}{r \ln \dfrac{b}{a}}.$$

---

[1]) H. Greinacher, ZS. f. Phys. Bd. 23, S. 361. 1924.
[2]) J. Zeleny, Phil. Mag. Bd. 46, S. 120. 1898.
[3]) P. Lenard, Ann. d. Phys. Bd. 3, S. 298. 1900; ferner W. Altberg, ebenda (4) Bd. 37, S. 849. 1812.

Die Bahn, die ein mit dem Außenzylinder gleichnamiges Ion unter der kombinierten Wirkung von Gasströmung und radialem Felde beschreibt, hat etwa die in der Abb. 2 gezeichnete Gestalt AB.

Die radiale Geschwindigkeit des Ions in der Entfernung r von der Achse ist gegeben durch

$$u\mathfrak{E}_r = \frac{uV}{r \ln \frac{b}{a}},$$

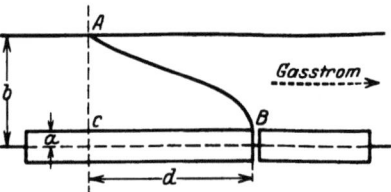

Abb. 2. Bewegung eines Ions im Zylinderkondensator.

die Geschwindigkeit in der Richtung x längs des Rohres ist gleich der Gasströmungsgeschwindigkeit W, daher ist die Gleichung für die Ionenbahn

$$\frac{dx}{dr} = \frac{W}{u\mathfrak{E}_r} = \frac{Wr}{uV} \ln \frac{b}{a}.$$

Der Abstand $CB = d$ des Punktes B, in welchem das Ion die innere Elektrode erreicht, von der Ausgangsebene AC ist demnach:

$$d = \frac{\ln \frac{b}{a}}{uV} \int_a^b W r \, dr,$$

und da $2\pi \int_a^b W r \, dr$ das Gasvolumen Q ist, das in der Zeiteinheit den Querschnitt passiert, so ist auch

$$d = \frac{\ln \frac{b}{a} \cdot Q}{2\pi u V} \qquad (1)$$

und daher

$$u = \frac{\ln \frac{b}{a} Q}{2\pi V d}. \qquad (2)$$

Alle in einem kleineren Abstand von der Achse als b die Ausgangsebene verlassenden Ionen erreichen die Innenelektrode naturgemäß in Abständen kleiner als d; jenseits von d kommen also keine Ionen mehr an die Innenelektrode.

Die Zeit, die das Ion braucht, um von A nach B zu gelangen, ist

$$\int_a^b \frac{dr}{u\mathfrak{E}_r} = \frac{\ln \frac{b}{a}}{uV} \int_a^b r \, dr = \frac{\ln \frac{b}{a}}{2uV}(b^2 - a^2) = \pi \frac{(b^2 - a^2)d}{Q}. \qquad (3)$$

Geht das Ion nicht von A, sondern von einem Punkte im Abstande r von der Achse aus, so tritt in der Gleichung an Stelle von b jener Abstand r zum Quadrat:

$$t = \frac{r^2 - a^2}{2uV} \ln \frac{b}{a}. \qquad (4)$$

Wird ionisierte Luft durch einen Zylinderkondensator von der Länge l geblasen, so werden alle Ionen des Vorzeichens des weiteren Zylinders von der inneren Elektrode abgefangen, die beim Eintritt einen Abstand von der Achse haben, der kleiner ist als das durch Gleichung (4) gegebene r, wenn t die Zeit bedeutet, die das Gas zur Durchstreichung der Länge l braucht.

Gleichförmige Ionenverteilung vorausgesetzt, verhält sich die Zahl der abgefangenen Ionen zur Gesamtzahl der eintretenden Ionen wie die Querschnitte

$$2\pi(r^2 - a^2) : 2\pi(b^2 - a^2);$$

für dieses Verhältnisses q findet man durch Einsetzen des Wertes von r aus Gleichung (4)

$$q = \frac{2uVt}{(b^2 - a^2)\ln\frac{b}{a}} \tag{5}$$

und

$$u = \frac{q(b^2 - a^2)\ln\frac{b}{a}}{2Vt}. \tag{6}$$

Ist n die Zahl der Ionen des betreffenden Vorzeichens im Kubikzentimeter, e die Ladung eines Ions, so ist die ohne elektrisches Feld den Querschnitt passierende Elektrizitätsmenge $= Qne$; unter Wirkung des elektrischen Feldes fließt ein Strom i_1 zur Innenelektrode nach Gleichung (5), wobei $t = \frac{l}{W} = \frac{l}{Q}\pi(b^2 - a^2)$ zu setzen ist,

$$i_1 = \frac{2\pi n e l u V}{\ln\frac{b}{a}}, \tag{7}$$

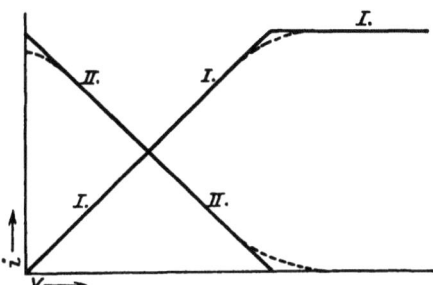

Abb. 3. Strom-Spannungskurven im Zylinderkondensator.

also ein linearer Anstieg des Stromes mit der Spannung, der allerdings nur gilt, bis V so groß geworden ist, daß alle Ionen abgefangen werden, ein Wert V, der sich aus Gleichung (1) bestimmt; von da ab ändert sich der Strom nicht mehr mit wachsender Spannung. Die Charakteristik ist also durch Kurve I (Abb. 3) gegeben. Die bei der Spannung V dem Abgefangenwerden entrinnenden Ionen, die man etwa in einem hinter dem ersten aufgestellten zweiten Zylinderkondensator auffangen kann, liefern bei hinreichender Spannung im zweiten Kondensator einen Strom

$$i_2 = neQ - i_1 = \pi n e W \left(b^2 - a^2 - \frac{2uVl}{W\ln\frac{b}{a}}\right), \tag{8}$$

(s. Abb. 3, Kurve II).

Sind Ionen von verschiedener Beweglichkeit vertreten, so muß sich dies durch Auftreten weiterer Knicke in den Linienzügen I und II äußern; besteht ein kontinuierlicher Übergang zwischen verschiedenen Beweglichkeiten, so ergeben sich statt der geknickten Geraden Kurvenzüge, die im Falle I gegen die Spannungsachse konkav, im Falle II konvex sind. Eine Verwischung der Knicke tritt aber auch als Folge von Wiedervereinigung und von Diffusion auf. Auch die Änderung der Potentialverteilung durch die Ionen kann von Einfluß sein. Die Forderung einer gleichförmigen Gasströmungsgeschwindigkeit über dem

Querschnitt des Kondensators ist, wie A. BECKER zeigt, nicht erforderlich, wenn die Ionisation von der Geschwindigkeit unabhängig ist. Dies ist aber nicht der Fall, wenn die Luft am Ionisator laminar mit ungleichförmig verteilter Geschwindigkeit vorbeistreicht, da sich dann die Ionendichte im Querschnitt umgekehrt wie die Geschwindigkeit ändert [K. W. F. KOHLRAUSCH[1])]. Nun herrscht in Rohren von den meist benutzten Dimensionen nach KOHLRAUSCH eine der POISEUILLEschen ähnliche Verteilung; dann ist die Benützung der hier abgeleiteten Formeln nicht zulässig, bzw. es treten bei ihrer Benützung zur Beweglichkeitsberechnung Anomalien auf, die aber verschwinden, wenn durch Steigerung der Strömungsgeschwindigkeit oder der Rohrweite Turbulenz eintritt.

11. Die Methoden mit gekreuzter Feld- und Strömungsrichtung. RUTHERFORD[2]) hat als erster die Beweglichkeit aus dem Einfluß eines Gasstromes senkrecht auf die Stromrichtung zu 1 cm per Sek. geschätzt und dann die Beziehung (6) zur Bestimmung der Beweglichkeit benützt, allerdings nur zu Relativmessungen: es wurde Luft durch ein Rohr getrieben, in welchem hintereinander zwei axiale Elektroden angebracht waren. Die Luft wurde entweder mit Uran oder mit Röntgenstrahlen ionisiert. An der zweiten Elektrode wurde bei Sättigungsspannung elektrometrisch die Zerstreuung gemessen, wenn einmal die erste Elektrode geerdet, das andere Mal auf eine bekannte Spannung gebracht wurde. Aus diesen Angaben ließ sich der Quotient q Gleichung (5) bestimmen und ergab sich für beide Ionisatoren gleich.

H. GERDIEN[3]) hat nach prinzipiell gleicher Methode den EBERTschen Ionenaspirator zur Messung der Beweglichkeit der Ionen in der freien Atmosphäre ausgestaltet: Es wird zunächst bei hoher Spannung die Zerstreuung im luftdurchströmten Zylinderkondensator gemessen, hierauf bei niedriger Spannung, bei der nicht alle Ionen abgefangen werden. H. MACHE[4]) benützte wieder ähnlich wie RUTHERFORD zwei hintereinander geschaltete Zylinderkondensatoren. An den ersten wird eine variable Hilfsspannung angelegt, am zweiten wird bei genügend hoher Spannung, um Sättigung zu erzielen, die Zerstreuung gemessen. Aus dem Werte der Hilfsspannung, bei der der durch Extrapolation des linearen Teiles der Kurve II gefundene Schnitt mit der V-Achse eintritt, wird nach Gleichung (8) die Ionenbeweglichkeit zu

$$u = \frac{(b^2 - a^2) W \ln \frac{b}{a}}{2Vl}$$

berechnet. Die wirklich erhaltenen Kurven zeigen nämlich den in der Abb. 3 punktiert bezeichneten Verlauf. Die Abweichung bei kleinen Hilfsspannungen bei a kann auf Rechnung der Wiedervereinigung gesetzt werden, die bei b wohl auf Diffusion, sofern nicht Ionen geringerer Beweglichkeit mit vorhanden sind. Andere Anomalien: Abhängigkeit der scheinbaren Beweglichkeiten von der Strömungsgeschwindigkeit und vom Ladungssinne im Vorkondensator lassen sich wohl durch den Zusammenhang von Ionendichte und Geschwindigkeitsverteilung über dem Rohrquerschnitt deuten (vgl. K. W. F. KOHLRAUSCH). A. BECKER[5]) benützt die Beziehung (7) zu ausgedehnten Untersuchungen. I. ZELENY benützt bei den Versuchen, in denen er zuerst Absolutwerte der Ionenbeweglichkeiten bestimmte, folgende Anordnung: die Innenelektrode eines Zylinder-

---

[1]) K. W. F. KOHLRAUSCH, Wiener Ber. (IIa) Bd. 123, S. 1929. 1914.
[2]) E. RUTHERFORD, Phil. Mag. Bd. 43, S. 249. 1897; Bd. 47, S. 109. 1899.
[3]) H. GERDIEN, Phys. ZS. Bd. 4, S. 632. 1903.
[4]) H. MACHE, Phys. ZS. Bd. 4, S. 717. 1903.
[5]) A. BECKER, Ann. d. Phys. (4) Bd. 31, S. 98. 1910; Bd. 36, S. 209. 1911.

kondensators ist an einer Stelle durch eine Unterbrechung von $1/2$ mm in zwei gegeneinander isolierte Teile geteilt; der eine ist geerdet, der andere mit einem Quadrantelektrometer verbunden. Der äußere Zylinder wird auf veränderliche Spannung gebracht. Ionisiert wird mittels eines schmalen Bündels Röntgenstrahlen wie in Abb. 2. Man denke sich etwa bei B den trennenden Schnitt durch den inneren Zylinder geführt. Die Spannung wird nun von einem hohen Wert, der noch keine Ionen rechts von B gelangen läßt, so lange erniedrigt, bis Ionen auch über B hinausgelangen und das Elektrometer infolgedessen sich aufzuladen beginnt. Ist diese Spannung bestimmt, so ergibt sich die Beweglichkeit aus Gleichung (2), wobei d den Abstand des Trennungsschnittes von der Ebene der Ionisation bedeutet. Infolge der Diffusion, zum Teil auch infolge der Selbstabstoßung der Ionen, gelangen aber schon bei Spannungen, die noch genügen sollten, alle Ionen links von B abzufangen, Ionen auch noch rechts von B, die Beweglichkeit erscheint dadurch erniedrigt. Diese Erniedrigung wird um so größer sein, je längere Zeiten T die Ionen brauchen, um vom äußeren Zylinder zum inneren zu gelangen, je kleiner also die Strömungsgeschwindigkeit des Gases ist. In der Tat zeigte es sich, daß die scheinbaren Beweglichkeitswerte mit abnehmender Zeit T annähernd linear zunehmen; die wahren Beweglichkeiten wurden durch Extrapolation auf $T = 0$ gewonnen.

Eine Modifikation der ZELENYschen Methode ist die von H. A. ERIKSON[1]), bei welcher statt des Zylinderkondensators ein Plattenkondensator benützt

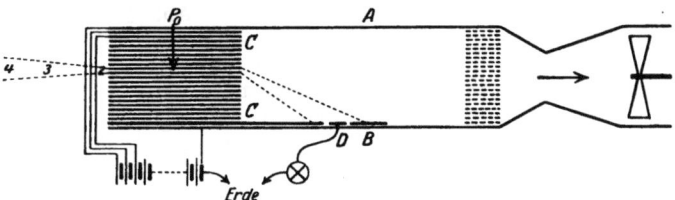

Abb. 4. Beweglichkeitsmessung nach ERIKSON.

wird. Die Anordnung ist in der Abb. 4 skizziert: AB sind zwei Kondensatorplatten, zwischen denen ein Feld hergestellt wird. Die Platten C sind durch Verbindung mit Zwischenpunkten der Batterie auf stufenweise abnehmendes Potential gebracht. Dieser Kunstgriff, der wohl zuerst von TOWNSEND eingeführt worden ist, aber in zylindrisch symmetrischer Anordnung, soll das Feld zwischen A und B tunlichst homogen erhalten; zu diesem Zwecke verlaufen parallele Drähte von den Platten C beiderseits des Luftstromes durch den ganzen Kondensator. Bei P wird eine dünne Schichte des Gases ionisiert. Der Luftstrom geht von links nach rechts. Die Stelle, an welcher die abgelenkten Ionen auf B auftreffen, wird mittels eines verschiebbaren, gegen B isolierten Metallstreifens D, der mit einem Elektrometer verbunden ist, aufgesucht. Bei Verschiebung von D ergibt sich ein mehr oder weniger scharfes Maximum der Aufladegeschwindigkeit des Elektrometers, aus dem die Beweglichkeit leicht berechnet werden kann. Ein ähnliches Verfahren ist auch von A. M. TYNDALL und G. C. GRINDLEY[2]) benutzt worden.

Den Luftstrom ersetzt LAFAY[3]) bei seinen Versuchen auch durch Rotation der Harzplatte, auf der die Ionen aufgefangen und durch Bestäubung nach-

---

[1]) H. A. ERIKSON, Phys. Rev. (2) Bd. 17, S. 400. 1921; Bd. 18, S. 100. 1921; Bd. 19, S. 275. 1922; Bd. 23, S. 110. 1924; Bd. 24, S. 502. 1924.
[2]) A. M. TYNDALL u. G. C. GRINDLEY, Phil. Mag. (6) Bd. 47, S. 689. 1924; Bd. 48, S. 711. 1924.
[3]) A. LAFAY, C. R. Bd. 173, S. 75. 1921.

gewiesen werden. Mittels rotierender Zahnräder nach Analogie der FIZEAUschen Methode zur Messung der Lichtgeschwindigkeit versucht LAPORTE[1]) die Ionenbeweglichkeit zu bestimmen.

12. Methoden mit Unterbrechung bzw. Kommutieren des Feldes. Methode von RUTHERFORD[2]). Mittels Röntgenstrahlen kann der Raum zwischen den Kondensatorplatten nur bis zu einem bestimmten Abstand von der einen Platte ionisiert werden, die andere Platte kann mit einem Elektrometer verbunden werden. Ein Pendelunterbrecher läßt in meßbaren Zeitabständen nacheinander die Röntgenröhre einschalten und das Elektrometer mit der Platte verbinden. Der Zeitabstand wird variiert, bis das Elektrometer gerade Auflading anzuzeigen beginnt. Der Abstand der Ionisierungsgrenze von der Platte dividiert durch dieses Zeitintervall gibt die Geschwindigkeit der Ionen des zum Elektrometer wandernden Vorzeichens.

Die Methode von LANGEVIN[3]). Das Gas zwischen den Platten eines Kondensators wird durch Röntgenstrahlen, die von einem einzigen Schlag eines Induktors erregt werden, ionisiert. Im selben Augenblick wird ein Feld angelegt, das die Ionen beider Vorzeichen im entgegengesetzten Sinne gegen die Platten zu verschiebt. Nach einer variierbaren Zeit T wird die Feldrichtung kommutiert und so lange belassen, daß alle Ionen entfernt werden. Dann beginnt das Spiel von neuem.

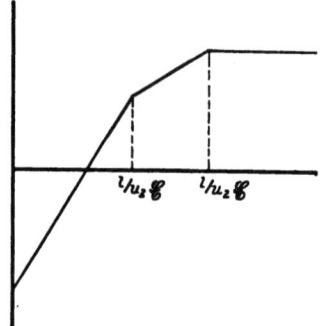

Abb. 5. Zu LANGEVINS Bestimmung der Ionenbeweglichkeit.

Aufgenommen wird die Abhängigkeit der Auflading einer Platte von der Zeit T. Bezeichnet Q die von der Platte während eines Spieles aufgenommene Ladung, $\mathfrak{E}$ die Feldstärke, l den Plattenabstand, n wieder die Zahl der Ionen eines Vorzeichens im Kubikzentimeter im Augenblicke, wenn die Strahlung abgeschnitten wird, so ergibt sich

$$Q = neu_1 \mathfrak{E} T - ne(l - u_2 \mathfrak{E} T) = ne(u_1 + u_2)\mathfrak{E} T - nel,$$

für $u_1 \mathfrak{E} T$ und $u_2 \mathfrak{E} T$ größer als l, $T > \dfrac{l}{u_1 \mathfrak{E}}$, $T > \dfrac{l}{u_2 \mathfrak{E}}$.

Wenn T gleich der kleineren dieser Größen wird, etwa $T = \dfrac{l}{u_2 \mathfrak{E}}$,

so gilt $$Q = neu_1 \mathfrak{E} T,$$

und wenn schließlich $T = \dfrac{l}{u_1 \mathfrak{E}}$ wird, so gilt $Q = nel$.

Man erhält demnach einen Zug gerader Linien mit zwei Knickpunkten (vgl. Abb. 5). Aus der Lage der Knickpunkte sind die Beweglichkeiten ohne weiteres aus obigen Beziehungen zu ermitteln. Sind mehr als zwei Ionenarten zugegen, so erhöht sich dementsprechend die Zahl der Knicke. In Wirklichkeit werden die geraden Stücke infolge Wiedervereinigung und Ungleichförmigkeiten der Ionisierung gekrümmt und die Knickpunkte weniger eindeutig festgelegt sein. Eine Modifikation beschreibt J. J. THOMSON[4]). Unter Benutzung zweier Ioni-

---

[1]) LAPORTE, C. R. Bd. 172, S. 1028. 1921.
[2]) E. RUTHERFORD, Phil. Mag. Bd. 44, S. 422. 1897.
[3]) P. LANGEVIN, Ann. chim. phys. (7) Bd. 28, S. 433. 1903.
[4]) J. J. THOMSON, Conduction of Electricity through Gases, 2. Aufl., S. 67. 1906.

sationskammern konnte WELLISCH[1]) das Verfahren zu einer Null-Methode ausgestalten.

13. Die Wechselfeldmethode. Im Gegensatze zu den eingangs (Ziff. 11) angeführten ersten RUTHERFORDschen Versuchen, denen nur mehr historisches Interesse zukommt, hat sich seine auch schon im Jahre 1898 angegebene Wechselfeldmethode als sehr fruchtbar erwiesen[2]). Sie wurde von RUTHERFORD benutzt zur Bestimmung der Beweglichkeit der negativen Ionen, die beim Auffallen von ultraviolettem Licht auf eine Metallplatte im Gas erzeugt werden. Verwendet wird ein Plattenkondensator, dessen eine Platte beleuchtet wird, so daß sich an ihrer Oberfläche eine Ionisierungsschichte ausbildet, der Idealfall einer Oberflächenionisierung. Die unbelichtete Platte wird mit dem einen Pol einer Wechselstrommaschine von der Periodenzahl ν verbunden, deren anderer geerdet ist; die belichtete ist über ein Elektrometer geerdet. Der Plattenabstand kann verändert werden. Die an der belichteten Platte erzeugten negativen Ionen wandern während einer Halbperiode von der Platte weg, werden nach dem Polwechsel wieder zurückgeholt, so daß die Platte keine negative Ladung verliert, sich also nicht positiv auflädt. Sie wird dies erst tun, wenn die Ionen während einer Halbperiode bis zur anderen Platte gelangen und dort abgefangen werden. Maximale Spannung V und Plattendistanz d werden so eingestellt, daß dies gerade der Fall ist; dann ist

$$u = \frac{\nu \pi d^2}{V}.$$

Die Anwendungsmöglichkeiten dieser Methode sind wesentlich erweitert worden durch J. FRANCK[3]) und J. FRANCK und R. POHL[4]). Die bei der Wechselfeldmethode erforderliche Oberflächenionisation wird dadurch hergestellt, daß das Gas in einem Hilfskondensator ionisiert wird, in welchem die Ionen eines Vorzeichens durch ein konstantes elektrisches Feld gegen die aus einem Drahtnetz bestehende eine Platte des Meßkondensators getrieben werden (Abb. 6). Diese Ionen treten mit ganz kleiner Geschwindigkeit durch die Öffnungen des Drahtnetzes und werden jenseits vom Wechselfelde erfaßt. Statt eines sinusoidalen Wechselstromes, wie er meist benutzt wird, kann auch eine durch einen rotierenden Kommutator in regelmäßigen Intervallen rasch kommutierte Gleichstromspannung verwendet werden [LATTEY[5])]. Dieses Verfahren wird insbesondere dann vorzuziehen sein, wenn das Verhalten des Ions sich mit der Feldstärke ändert, in welchem Falle die Wechselstrommethode unübersichtlich wird, worauf neuerdings V. A. BAILEY[6]) aufmerksam gemacht hat. L. L. BOWMAN[7]) hat eine Methode ausgearbeitet, um eine derartige kommutierende Gleichstromspannung von Radiofrequenz herzustellen (rechteckige Welle), Resultate liegen aber noch nicht vor. Eine Fehlerquelle der FRANCKschen Form der RUTHERFORD-

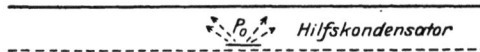

Abb. 6. Wechselfeldmethode von FRANCK und POHL zur Bestimmung der Ionenbeweglichkeit.

---

[1]) E. M. WELLISCH, Phil. Trans. (A) Bd. 209, S. 249. 1909.
[2]) E. RUTHERFORD, Proc. Cambridge Phil. Soc. Bd. 9, S. 401. 1898.
[3]) J. FRANCK, Ann. d. Phys. Bd. 21, S. 972. 1906.
[4]) J. FRANCK u. R. POHL, Verh. d. D. Phys. Ges. Bd. 9, S. 69. 1907.
[5]) T. LATTEY, Proc. Roy. Soc. London (A) Bd. 84, S. 173. 1910.
[6]) V. A. BAILEY, Phil. Mag. (6) Bd. 46, S. 213. 1923.
[7]) L. L. BOWMAN, Phys. Rev. (2) Bd. 24, S. 31. 1924.

schen Methode ist bedingt durch den „Durchgriff" des Feldes durch das Drahtnetz, das den Ionisationsraum vom Meßraum trennt [vgl. L. B. LOEB[1]) und CHARLOTTE ZIMMERSCHIED[2])].

14. Ionenbeweglichkeit bestimmt aus der Stromspannungskurve. Die Stromdichte durch ein Gas mit homogener Volumionisation in homogenem Felde ist

$$i = n e (u_1 + u_2) \mathfrak{E}.$$

Man mißt diesen Strom, hierauf stellt man den Ionisator ab und treibt durch Anlegen einer hohen Spannung alle Ionen eines Vorzeichens an eine der Platten, deren Aufladung man mißt. Dies gibt ne. Aus i, ne und der bekannten Feldstärke $\mathfrak{E}$ ergibt sich die Summe der Beweglichkeiten (RUTHERFORD).

Für den Fall reiner Oberflächenionisation (z. B. photoelektrischer Effekt) gilt

$$i = \frac{u}{4\pi} \frac{9(bd)^3}{8[(1+bd)^{\frac{3}{2}}-1]^2} \cdot \frac{V^2}{d^3},$$

wo d der Plattenabstand, b eine durch die Grenzbedingungen gegebene Konstante und V die Spannung ist. Wenn der Strom sehr klein, d. h. von der Sättigung weit entfernt ist, wird

$$i = \frac{9u}{32\pi} \frac{V^2}{d^3},$$

[SCHWEIDLER[3]), RUTHERFORD[4]), J. J. THOMSON[5])]. BUISSON[6]) hat die Beziehung von i und V zur Bestimmung der Beweglichkeit der in Luft durch die Belichtung einer Metallplatte erzeugten Ionen benützt, wobei er für den Potentialverlauf eine Funktion 2. Grades des Abstandes von der belichteten Platte annimmt, die indes nur eine Annäherung bedeuten kann, und das Potential an einem Punkte in der Mitte zwischen den beiden Platten mittels einer Tropfelektrode bestimmt; Messungen nach der genaueren obigen von SCHWEIDLER angegebenen Formel sind von R. GROSELJ[7]) ausgeführt worden.

Eine sehr einfache Methode, die anwendbar ist, wenn in einem Gasvolumen Ionen überwiegend eines Vorzeichens vorhanden sind, hat TOWNSEND[8]) zur Bestimmung der geringen Ionenbeweglichkeit in frisch bereiteten Gasen benützt. Er zeigt, daß die Geschwindigkeit, mit der die Ladungsdichte in dem sich selbst überlassenen Gase durch Wanderung der Ionen nach den Wänden unter dem Einflusse ihrer wechselseitigen Abstoßung abnimmt, von den Dimensionen des Gefäßes unabhängig ist, sofern man von der Diffusion absehen kann. Es gilt die Beziehung

$$\frac{1}{\varrho} - \frac{1}{\varrho_0} = 4\pi u t,$$

wo ϱ_0 die anfängliche Ladungsdichte, ϱ die Ladungsdichte nach Ablauf der Zeit t ist.

15. Magnetische Ablenkung der Ionen. Auf ihrer freien Weglänge müssen die Ionen wie eine Korpuskularstrahlung durch ein senkrecht zur Bewegungsrichtung wirkendes Magnetfeld abgelenkt werden, und dies muß dann auch für einen Ionenschwarm im ganzen gelten. J. S. TOWNSEND gibt eine eingehende Behand-

---

[1]) L. B. LOEB, Journ. Frankl. Inst. Bd. 196, S. 771. 1923.
[2]) CH. ZIMMERSCHIED, Phys. Rev. (2) Bd. 21, S. 721. 1923.
[3]) E. v. SCHWEIDLER, Wiener Ber. (IIa) Bd. 108, S. 899. 1899; Bd. 113, S. 1120. 1904.
[4]) E. RUTHERFORD, Phys. Rev. Bd. 13, S. 321. 1901.
[5]) J. J. THOMSON, Conduction of electricity through Gases, 2. Aufl., S. 101.
[6]) BUISSON, C. R. Bd. 127, S. 224. 1898.
[7]) R. GROSELJ, Wiener Ber. (IIa) Bd. 113, S. 1131. 1904.
[8]) J. S. TOWNSEND, Phil. Mag. (5) Bd. 45, S. 471. 1898.

lung dieses Falles in seinem Buche Electricity in Gases S. 96ff. Er hat gemeinsam mit H. T. TIZARD[1]) den Effekt gemessen und zur Bestimmung der Geschwindigkeit der Ionen im elektrischen Felde benützt. Der Apparat (Abb. 7) bestand aus einem Plattenkondensator, in den ein an A photoelektrisch ausgelöster Ionenschwarm durch eine Öffnung in der einen Platte B eintreten konnte; die andere Platte R_0 war durch parallele Schlitze in drei Teile geteilt, die getrennt mit einem Elektrometer verbunden werden konnten. Zur Homogenisierung des elektrischen Feldes war ein System von ringförmigen Platten RR eingebaut, die auf abgestuften Potentialen gehalten wurden. Ein Magnetfeld konnte parallel zu den Schlitzen erregt werden. Magnetische und elektrische Feldstärke können so gewählt werden, daß der Streifen C_1 ebensoviel Ladung erhält wie die Streifen C_2 und

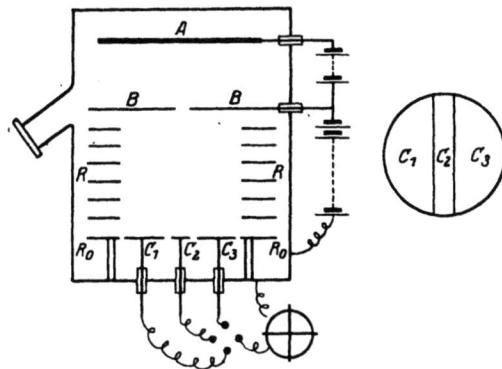

Abb. 7. Magnetische Ablenkung der Ionen nach TOWNSEND.

C_3 zusammen; dann ist die Mitte des Ionenschwarmes, der ohne Magnetfeld auf die Mitte des mittleren Streifens 2 auffiel, gerade auf den Spalt zwischen 1 und 2, also um die halbe Breite des Streifens 2 $\left(=\dfrac{a}{2}\right)$ abgelenkt. Es ergibt sich nach TOWNSEND hieraus die Geschwindigkeit w des Ions im elektrischen Feld $\mathfrak{E}$ aus der Beziehung

$$\frac{\mathfrak{H}w}{\mathfrak{E}} = \frac{a}{2l},$$

wo l der Abstand zwischen den Kondensatorplatten ist. Diese Methode ist nur bei Drucken von etwa 20 mm Hg abwärts anwendbar und wurde hauptsächlich dazu benutzt, den Übergang des negativen Ions in den freien Elektronenzustand bei abnehmendem Verhältnisse $\dfrac{\mathfrak{E}}{p}$ zu studieren.

Hierher gehören auch die Untersuchungen über den Halleffekt in Flammen, sofern sie zu Schlüssen auf die Ionenbeweglichkeit führen [E. MARX[2]), H. A. WILSON[3])].

16. Methode des Ionenwindes. Wie in einem späteren Kapitel auseinandergesetzt wird, übertragen die Ionen bei ihrer Wanderung im elektrischen Feld Bewegungsgröße an das Gas, die sich im freien Gas als Strömung desselben oder auch als Druckdifferenz längs der Bahn der Ionen nachweisen läßt. Die Druckdifferenz hat CHATTOCK benutzt, um die Beweglichkeit der in der Spitzenentladung auftretenden Ionen zu messen. Es treten hier nur Ionen eines Vorzeichens auf, die durch das Feld der elektrisierten Spitze abgestoßen werden. Sie wandern nach einem der Spitze gegenüberstehenden Ring, der als zweite Elektrode dient. Es wird die Druckdifferenz im Rohr, das die Elektroden enthält, zwischen einem Punkte hinter der Spitze und einem hinter dem Ringe mittels einer Drucklibelle gemessen. Ist d der Elektrodenabstand, Δp die gemessene Druckdifferenz und i die ebenfalls gemessene elektrische Stromstärke zwischen

---

[1]) J. S. TOWNSEND u. H. T. TIZARD, Proc. Roy. Soc. London (A) Bd. 88, S. 336. 1913.
[2]) E. MARX, Ann. d. Phys. (4) Bd. 2, S. 198. 1900.
[3]) H. A. WILSON, The electric properties of flames, 1912.

den Elektroden, so ist die Ionengeschwindigkeit

$$w = \frac{id}{\Delta p}.$$

Eine Korrektur ist anzubringen wegen des vom Ring aufgenommenen Anteiles des Druckes [CHATTOCK[1]), CHATTOCK, WALKER u. DIXON[2])]. MOORE[3]) mißt den Reaktionsdruck eines elektrischen Windrädchens; die berechneten Beweglichkeitswerte sind absolut beträchtlich zu hoch aus verschiedenen Ursachen, die Relativwerte sind aber brauchbar. Die Messung des Ionenwinddruckes, der durch radioaktive Substanzen im elektrischen Feld erzeugt wird, mittels einer Drehwage, hat V. F. HESS[4]) zu einer Methode der Bestimmung einer „mittleren" Ionenbeweglichkeit ausgearbeitet; bei dieser Methode kommen besonders die langsamen Ionen zur Geltung, die von HESS erhaltenen Beweglichkeitswerte sind daher klein, von der Größenordnung 10^{-2} cm-sek/Volt-cm.

17. Ionenbeweglichkeit in reiner atmosphärischer Luft und anderen Gasen. Die folgende Tabelle 1 zeigt, inwieweit von einer unter normalen Versuchsbedingungen — zu denen auch nicht zu hohe Feldstärke gehört — von einer definierten, von der Meßmethode und dem Ionisator unabhängigen Beweglichkeit der Ionen in Luft gesprochen werden kann.

Tabelle 1.
Ionenbeweglichkeit in Luft bei Atmosphärendruck und Zimmertemperatur.

Beobachter	Ionisator	Methode	Beweglichkeit in cm-sek/Volt-cm		Verhältnis $\frac{u_2}{u_1}$
			Positive Ionen u_1	Negative Ionen u_2	
ZELENY[5])	Röntgenstrahlen	Strömung	1,36	1,87	1,375
CHATTOCK[6])	Spitzenentladung	Ionenwind	1,32	1,80	1,364
LANGEVIN[7])	Röntgenstrahlen	eigene	1,40	1,70	1,214
J. FRANCK[8])	,,	Wechselfeld	1,34	1,79	1,335
FRANCK u. POHL[9])	α-Strahlen	,,	1,37	1,80	1,314
BLANC[10])	Röntgenstrahlen	,,	1,26	2,00	1,587
KOVARIK[11])	Photoel. Effekt	,,	—	2,06	—
,, 1912[12])	α-Strahlen	,,	1,35	1,89	1,400
ROTHGIESSER[13])	,,	,,	1,33	1,93	1,451
WELLISCH 1909[14])	Röntgenstrahlen	modif. LANGEVIN	1,54	1,78	1,156
,, 1915[15])	,,	,, ,,	1,23	1,93	1,569
LOEB 1923[16])	Photoel. Effekt	Kommut. Feld	—	2,18	—
,, 1924[17])	nicht angegeben	,, ,,	1,60	1,85	1,156
Mittel			1,372	1,890	1,377

[1]) A. P. CHATTOCK, Phil. Mag. (5) Bd. 48, S. 401. 1899.
[2]) CHATTOCK, WALKER u. DIXON, Phil. Mag. (6) Bd. 1, S. 79. 1901.
[3]) E. J. MOORE, Phys. Rev. Bd. 34, S. 81. 1912.
[4]) V. F. HESS, Wiener Ber. (II a) Bd. 129, S. 565. 1920.
[5]) J. ZELENY, Phil. Trans. (A) Bd. 195, S. 193. 1900.
[6]) CHATTOCK, Phil. Mag. (5) Bd. 48, S. 401. 1899; CHATTOCK, WALKER u. DIXON, Phil. Mag. (6) Bd. 1, S. 79. 1901.
[7]) P. LANGEVIN, Ann. chim. phys. Bd. 28, S. 289. 1903.
[8]) J. FRANCK, Ann. d. Phys. Bd. 31, S. 972. 1906.
[9]) J. FRANCK u. R. POHL, Verh. d. D. Phys. Ges. Bd. 9, S. 69. 1907.
[10]) A. BLANC, Bull. Soc. Franç. de phys. 1908, S. 64.
[11]) A. F. KOVARIK, Phys. Rev. Bd. 30, S. 415. 1910.
[12]) A. F. KOVARIK, Proc. Roy. Soc. London (A) Bd. 86, S. 154. 1912.
[13]) G. ROTHGIESSER, Diss. Freiburg i. B. 1913.
[14]) E. M. WELLISCH. Phil. Trans. (A) Bd. 209, S. 249. 1909.
[15]) E. M. WELLISCH, Sill. Journ. (4) Bd. 39, S. 583, 1915.
[16]) L. S. LOEB, Journ. Frankl. Inst. Bd. 196, S. 537. 1923.
[17]) L. S. LOEB u. M. F. ASHLEY, Proc. Nat. Acad. Amer. Bd. 10, S. 351. 1924.

Tabelle 2.

Ionenbeweglichkeiten in Gasen und Dämpfen bei atmosphärischem Druck und Zimmertemperatur bzw. beim Siedepunkt.

Gas	u_1	u_2	$\frac{u_2}{u_1}$	Beobachter	Gas	u_1	u_2	$\frac{u_2}{u_1}$	Beobachter
Wasserstoff[1]	6,70	7,95	1,186	ZELENY	Methylen	—	0,91	—	WAHLIN
"	6,02	7,68	1,275	FRANCK und POHL	Pentan	0,36	0,35	0,972	WELLISCH 1909
"	5,4	7,43	1,375	CHATTOCK	"	$0,38_2$	$0,45_1$	1,171	K. L. YEN[4]
"	5,33	10,00	1,876	BLANC	Methylalkohol 66°	0,37	0,38	1,027	PRZIBRAM[9] 1909
"	6,20	8,19	1,321	KOVARIK	Äthylalkohol	0,34	0,27	0,794	WELLISCH 1909
"	5,91	8,26	1,397	ROTHGIESSER[2]	"	0,39	0,41	1,051	" 1917
Helium[1]	5,09	6,31	1,240	FRANCK und POHL	"	$0,36_3$	$0,37_3$	1,027	K. L. YEN[4]
Argon[1]	1,37	1,70	1,241	FRANCK	" 79°	0,34	0,35	1,029	PRZIBRAM[9] 1909
Stickstoff[1]	1,27	1,84	1,449	ZELENY	Propylalkohol 97°	0,22	0,21	1,00	"
Sauerstoff	1,36	1,80	1,323	CHATTOCK	Isobutylalkohol 105°	0,21	0,21	1,00	"
"	1,30	1,85	1,433	FRANCK	Isoamylalkohol 130°	0,19	0,23	1,21	"
Ammoniak	1,29	1,79	1,387	WELLISCH	Äthylformiat	0,30	0,31	1,033	WELLISCH 1909
"	0,74	0,80	1,081	LOEB[3]	Methylazetat	0,33	0,36	1,091	"
Stickoxydul	0,56	0,66	1,178	WELLISCH	" 58°	0,19	0,24	1,263	PRZIBRAM
Kohlenoxyd	0,82	0,90	1,097	"	Äthylazetat	0,31	0,28	0,903	WELLISCH
Kohlendioxyd	1,10	1,14	0,965	"	"	$0,22_6$	$0,24_7$	1,093	K. L. YEN
"	0,76	0,81	1,066	"	" 77°	0,16	0,19	1,187	PRZIBRAM
"	0,83	0,92	1,108	ZELENY	Propylazetat 100°	0,15	0,17	1,133	"
"	0,86	0,90	1,046	CHATTOCK	Aldehyd	0,31	0,30	0,968	WELLISCH
"	0,81	0,85	1,049	LANGEVIN	"	$0,30_7$	$0,33_3$	1,078	K. L. YEN
"	0,83	1,02	1,229	WELLISCH	Azeton	0,31	0,29	0,935	WELLISCH
Schwefeldioxyd	0,76	0,99	1,303	BLANC	"	0,236	0,247	1,047	K. L. YEN
"	0,44	0,41	0,932	ROTHGIESSER	Äthyläther	0,29	0,31	1,069	WELLISCH 1909
"	0,41	0,41	1,000	WELLISCH 1909	"	0,27	0,35	1,296	" 1917
"	$0,41_3$	$0,41_4$	1,005	" 1917	Äthylchlorid	0,19	0,22	1,158	LOEB[10]
Chlor	Mittel aus u_1 und u_2 ca. 1			RUTHERFORD[5]	"	0,33	0,31	0,939	" 1909
"			$\frac{u_2}{u_1} < 1$	FRANCK[6]	"	$0,30_4$	$0,31_7$	1,043	K. L. YEN
"	—	—	—	WAHLIN[7]	Methylbromid	0,29	0,28	0,965	WELLISCH 1909
"	Mittel aus u_1 und u_2 ca.1,27			RUTHERFORD[5]	Methyljodid	0,21	0,22	1,048	"
Chlorwasserstoff	—	0,73	0,864	PRZIBRAM[8] 1912	"	0,24	0,23	0,958	" 1917
Wasser 100°	1,1	0,95	—	WAHLIN[7]	Äthyljodid	0,17	0,16	0,941	" 1909
Äthan	—	1,30	—		Tetrachlorkohlenstoff	$0,18_1$	$0,18_1$	1,000	K. L. YEN
						0,30	0,31	1,033	WELLISCH 1909

[1] Die Werte von u_2 in diesen Gasen beziehen sich auf nicht sehr sorgfältig gereinigte Gase, die noch Spuren von elektronegativen Stoffen (O_2 usw.) enthalten; vgl. den Einfluß kleiner Verunreinigungen auf die Bewegung der Elektronen in diesen Gasen.
[2] G. ROTHGIESSER, Diss. Freiburg 1913.
[3] L. S. LOEB u. M, F. ASHLEY, Proc. Nat. Acad. Amer. Bd. 10, S. 351. 1924.
[4] K. L. YEN, Proc. Nat. Acad. Amer. Bd. 4, S. 106. 1918.
[5] E. RUTHERFORD, Phil. Mag. Bd. 44, S. 422. 1897.
[6] J. FRANCK, Jahrb. d. Radioakt. Bd. 9, S. 235. 1912.
[7] H. N. WAHLIN, Phys. Rev. (2) Bd. 19, S. 173. 1922.
[8] K. PRZIBRAM, Verh. d. D. Phys. Ges. Bd. 14, S. 709. 1912.
[9] K. PRZIBRAM, Wiener Ber. (IIa) Bd. 118, S. 331. 1909.
[10] L. B. LOEB, Proc. Nat. Acad. Amer. 11, S. 428. 1925.

Die nebenstehende Tabelle 2 gibt die unter ähnlichen Bedingungen gewonnenen Werte für andere Gase und Dämpfe. Zum Vergleiche sind auch die von K. PRZIBRAM nach der Strömungsmethode von MACHE in gesättigten Dämpfen bei ihrem Siedepunkte erhaltenen Werte eingetragen. Die Werte von WELLISCH sind aus Beobachtungen an ungesättigten Dämpfen bei Zimmertemperatur auf Atmosphärendruck umgerechnet.

18. Abhängigkeit der Ionenbeweglichkeit vom Druck. Die Ionenbeweglichkeit ist innerhalb weiter Grenzen dem Gasdrucke umgekehrt proportional. Nach KOVARIK[1]) gilt das Gesetz $pu = $ konst. in Luft und Wasserstoff bis hinauf zu 75 Atm. Bei diesen hohen Drucken konnte KOVARIK die RUTHERFORDsche Gleichung für Oberflächenionisation zur Bestimmung der Beweglichkeit benützen, indem er auf eine Kondensatorplatte etwas Ionium brachte, dessen α-Strahlen bei den hohen Drucken eine so geringe Reichweite haben, daß praktisch Oberflächenionisation herrscht, und den Strom im Kondensator maß. In feuchtem Kohlendioxyd nahm pu oberhalb 40 Atm. ab. A. J. DEMPSTER[2]) maß bis 100 Atm. und fand up für die positiven Ionen konstant, für die negativen eine etwas langsamere Abnahme, als dieser Konstanz entspräche. J. C. MCLENNAN und D. A. KEYS[3]) haben die Beweglichkeiten bis zu 181 Atm. gemessen und angenähert $\frac{1}{p}$ proportional gefunden. Doch nehmen die Beweglichkeiten nicht ganz so rasch ab, als der Konstanz von up entsprechen würde. Auch meinen die genannten Autoren, daß die Beweglichkeiten der positiven und negativen Ionen einander bei hohen Drucken nähern, doch scheinen die Zahlen nicht zwingend dafür zu sprechen. In Helium erhielten J. C. MCLENNAN und E. EVANS[4]) bei 81 Atm. $u_1 = 2{,}52 \cdot 10^{-2}$, $u_2 = 4{,}26 \cdot 10^{-2}$ cm-sek/Volt-cm; dies bedeutet ebenfalls eine Abweichung von u prop. $\frac{1}{p}$.

Schon RUTHERFORD (1898) und LANGEVIN (1902) haben aber gefunden, daß bei tiefen Drucken die Beziehung $pu = $ konst. für negative Ionen nicht mehr gilt; das Produkt pu steigt, wenn der Druck etwa unter 100 mm sinkt, stark an. Nach KOVARIK[5]) ist pu nur bis etwa 200 mm konstant, von da an steigt es, und von 100 mm an verraschert sich das Tempo des Anstieges. In Kohlendioxyd scheint der Anstieg bei etwas höheren Drucken zu beginnen (Abb. 8). MOORE[6]) findet mit seinem elektrischen Windrädchen bei verschiedenen Drucken von 200 mm an rascheren Anstieg als $up = $ konst. entspräche.

Nachdem TOWNSEND 1908 bei seinen Versuchen zur Bestimmung von Ne der Gasionen gefunden hatte, daß die weiter unten geschil-

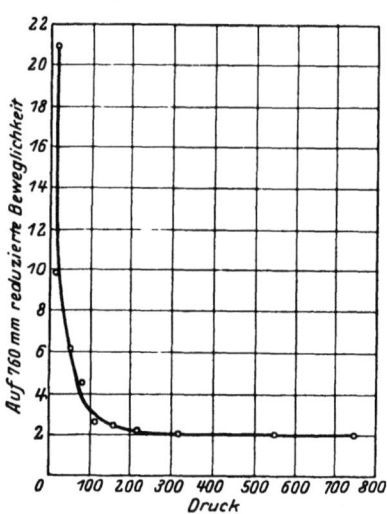

Abb. 8. Zunahme der Beweglichkeit der negativen Ionen mit abnehmendem Druck nach KOVARIK.

---

[1]) A. F. KOVARIK, Proc. Roy. Soc. London (A) Bd. 86, S. 154. 1912.
[2]) A. J. DEMPSTER, Phys. Rev. Bd. 34, S. 53. 1912.
[3]) J. C. MCLENNAN u. D. A. KEYS, Phil. Mag. (6) Bd. 30, S. 484. 1915.
[4]) J. C. MCLENNAN u. E. EVANS, Proc. Roy. Soc. Canada Bd. 14, S. 19. 1921; nach Science Abstr. Bd. 24, S. 713. 1921.
[5]) A. F. KOVARIK, Phys. Rev. Bd. 30, S. 415. 1910.
[6]) E. J. MOORE, Phys. Rev. Bd. 34, S. 81. 1912.

derte Methode für die negativen Ionen bei tiefen Drucken und hohen Feldstärken in trockenen Gasen versagt, hat R. T. LATTEY[1]) 1910 die Änderung der Beweglichkeit der negativen Ionen nach einer Kommutiermethode unter sorgfältiger Trocknung bei niedrigen Drucken gemessen und festgestellt, daß die Beweglichkeit nicht nur rascher wächst, als dem reziproken Drucke entspricht, sondern auch von der Feldstärke abhängt, derart, daß die Geschwindigkeit der Ionen eine rascher als proportional ansteigende Funktion von $\frac{\mathfrak{E}}{p}$ ist. Dieser raschere Anstieg macht sich von $\frac{\mathfrak{E}}{p}$ etwa $= 0{,}05$ aufwärts bemerkbar ($\mathfrak{E}$ in Volt, p in Millimeter Hg; vgl. auch die Versuche von LOEB, Ziff. 22).

Für die positiven Ionen gilt nach allen bisherigen Versuchen die Konstanz von up bis herab zu Drucken von wenigen Millimetern [vgl. z. B. TODD[2]) und RATNER[3]), die mittels des Ionenwindes bis herab zu 5 mm keine Anomalie der positiven Beweglichkeit finden]. Bei noch tieferen Drucken hat TODD[4]) die Beweglichkeit der positiven Ionen, die durch erhitztes Aluminiumphosphat in Luft gebildet werden, gemessen. Sie sind bei hohen Drucken mit den Beweglichkeiten der durch Röntgenstrahlen erzeugten Ionen praktisch identisch; die Benützung von Aluminiumphosphat als Ionisator hat vor den Röntgenstrahlen den Vorteil, daß bei ersterem die Ionisation vom Gasdrucke nicht wesentlich abhängt. Es zeigte sich auch für die positiven Ionen eine Zunahme von up mit abnehmendem Drucke, wenn dieser unter einem vom Gase abhängigen Wert fiel, und zwar in Wasserstoff unter 12 mm, in CH_4 unter 2 mm, Luft unter 1 mm, CO_2 unter 1 mm, SO_2 unter 0,5 mm. Diese Drucke stehen angenähert im Verhältnisse der Dichten der Gase beim entsprechenden Drucke.

19. Abhängigkeit der Ionenbeweglichkeit von der Temperatur. Die Abhängigkeit der Beweglichkeit von der Temperatur hat zuerst P. PHILLIPS[5]) nach der LANGEVINschen Methode untersucht, und zwar zwischen 209° und 411°

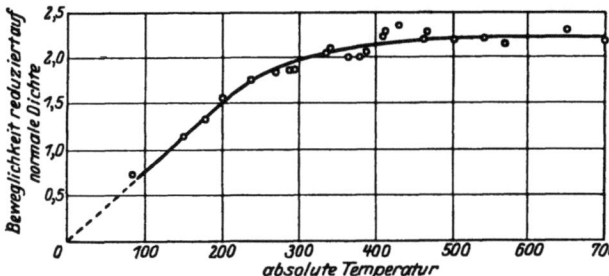

Abb. 9. Beweglichkeit und Temperatur nach KOVARIK.

absolut. Er arbeitete bei konstantem Drucke und erhielt ein Ansteigen der Beweglichkeiten beider Vorzeichen mit der Temperatur, der sich gut durch Gerade darstellen ließ, deren Verlängerungen durch den Ursprung des Koordinatensystems gehen. Nur bei 94° abs. wurde die Beweglichkeit wesentlich kleiner, nur etwa halb so groß als der linearen Beziehung entspricht, und für beide Vorzeichen gleich. KOVARIK[6]) erhielt ebenfalls eine lineare Beziehung zwischen Beweglichkeit und Temperatur, die Verlängerung der Geraden schneidet aber die Temperaturachse deutlich vor dem Nullpunkt. Auf gleiche Dichte der

---

[1]) R. T. LATTEY, Proc. Roy. Soc. London (A) Bd. 84, S. 173. 1910.
[2]) G. W. TODD, Proc. Cambridge Phil. Soc. Bd. 16, S. 21. 1910; vgl. auch J. CABRERA FELIPE, R. Acad. Ciencias Madrid Bd. 17, S. 64. 1920, nach Journ. de phys. et le Radium Bd. 2, S. 17d. 1921.
[3]) S. RATNER, Phil. Mag. (6) Bd. 32, S. 441. 1916.
[4]) G. W. TODD, Phil. Mag. (6) Bd. 22, S. 791. 1911; Bd. 25. S. 163. 1912.
[5]) P. PHILLIPS, Nature Bd. 74, S. 627. 1906; Proc. Roy. Soc. London (A) Bd. 78, S. 167. 1906.
[6]) A. F. KOVARIK, Phys. Rev. Bd. 30, S. 415. 1910.

Luft umgerechnet, unter der Annahme, die Beweglichkeit sei der Dichte umgekehrt proportional, ergibt sich die Kurve der Abb. 9.

Direkt bei konstanter Dichte hat H. A. ERIKSON[1]) gemessen. Er verwendet Polonium und eine Wechselfeldmethode und erhielt folgende Zahlen:

$t°$ C	−180	−21	0	24	33	45	63
$\vartheta°$ abs.	93	252	273	297	306	318	336
u_1	1,20	1,321	1,361	1,364	1,326	1,278	1,207
u_2	1,24	1,596	1,522	1,693	1,777	1,809	1,729

also namentlich bei den positiven Ionen ein flaches Maximum in der Gegend der Zimmertemperatur.

Bei hohen Temperaturen treten wieder bei den negativen Ionen hohe Beweglichkeiten auf, worüber das Weitere im Abschnitte über Flammenleitung (ds. Handb. XIV) zu finden ist.

20. Abhängigkeit der Beweglichkeit in Dämpfen vom Sättigungsgrad. Verschiedene Beobachtungen deuten darauf hin, daß mit Annäherung an den Sättigungszustand die Beweglichkeit unverhältnismäßig stark abnimmt. Hierher gehört die unter Ziff. 19 angeführte starke Abnahme der Beweglichkeit der Luftionen bei der Temperatur der flüssigen Luft, die Abnahme von up in CO_2 bei Zimmertemperatur oberhalb von 40 Atm., die Angabe von WELLISCH über die Abnahme von up in Chloräthyl bei Drucken über 200 mm und der aus dem Vergleich der Messungen von WELLISCH und PRZIBRAM sich ergebende Befund, daß die beim Siedepunkt der betreffenden Substanz in nahezu gesättigtem Dampfe bestimmten Beweglichkeitswerte merklich niedriger sind als die bei Zimmertemperatur im ungesättigten Dampf gemessenen (vgl. die Zahlen für Methylazetat und Äthylazetat in der Tabelle 2, Ziff. 17 und ebenda die Messungen PRZIBRAMS in Äthylalkohol mit den neueren Messungen von WELLISCH).

21. Abhängigkeit von der Feldstärke. Daß in verdünnten Gasen die Beweglichkeit der negativen Ionen mit der Feldstärke wächst, ist schon Ziff. 18 erwähnt worden. Nach TOWNSEND und seinen Mitarbeitern ist die Geschwindigkeit der Ionen eine Funktion von $\frac{\mathfrak{E}}{p}$ derart, daß sie für große Werte von $\frac{\mathfrak{E}}{p}$ rascher als proportional ansteigt, und es sollte daher auch bei Atmosphärendruck bei hinreichend hoher Feldstärke diese Abhängigkeit bestehen. Allerdings gibt TOWNSEND[2]) selbst an, daß die Ionengeschwindigkeit auf Verminderung des Druckes stärker reagiert als auf eine entsprechende Erhöhung der Feldstärke, so daß, da TOWNSENDS Versuche bei Drucken unter 30 mm angestellt wurden, auf Atmosphärendruck kaum extrapoliert werden kann.

Auch MOORE erhielt bei seinen Messungen im Spitzenstrom höhere Beweglichkeitswerte, während CHATTOCK, wie oben erwähnt, auch in diesem Falle normale Beweglichkeiten erhielt.

Auf andere Weise hat J. FRANCK[3]) die Beweglichkeit in dichten Gasen bei hohen Feldstärken gemessen. Er erzeugt die Ionen durch eine Spitzenentladung zwischen einem dünnen Draht und einem koaxialen Zylinder und mißt die Beweglichkeit im Felde der Entladung selbst mittels einer Modifikation der Strömungsmethode von ZELENY. Er findet für Luft im Mittel $u_1 = 3,22$,

---

[1]) H. A. ERIKSON, Phys. Rev. (2) Bd. 3, S. 151. 1914; Bd. 6, S. 345. 1915.
[2]) J. S. TOWNSEND, Electricity in Gases, S. 117. Da die an sich sehr wichtigen Arbeiten TOWNSENDS und seiner Mitarbeiter, die bei relativ niedrigen Drucken ausgeführt wurden, den Rahmen dieses Abschnittes überschreiten, mögen folgende Hinweise genügen: Proc. Roy. Soc. London Bd. 88, S. 336. 1913; Phil. Mag. (6) Bd. 40, S. 505. 1920; Bd. 42, S. 873. 1921; Bd. 43, S. 593. 1922; Bd. 44, S. 1033. 1922; Bd. 46, S. 657. 1923.
[3]) J. FRANCK, Ann. d. Phys. (4) Bd. 21, S. 972. 1906.

$u_2 = 12,26$, in N_2 $u_1 = 9,2$, u_2 so groß, daß es mit der benützten Anordnung nicht mehr gemessen werden konnte.

LAFAY[1]) fand bei seinen Versuchen mit der durch Spitzenstrom elektrisierten Harzplatte normale Beweglichkeiten ($u_1 = 1,59$, $u_2 = 1,65$), wenn er aber dieselbe Methode auf die bei höherer Spannung auftretenden positiven Büschelentladung anwandte, die auf der Harzplatte die bekannten LICHTENBERGschen Sternfiguren liefert, 30 bis 100 mal so große Beweglichkeiten. Indessen sind die Verhältnisse hier, wo sicher längst der ganzen Entladungsbahn Stoßionisation stattfindet, sehr unübersichtlich.

RATNER[2]) fand mittels einer Ionenwindmethode (Ionisator: glühendes Platin) bei positiven Ionen keine Abweichung, bei negativen bei Atmosphärendruck einen Anstieg der Beweglichkeit bei Feldstärken von etwa 2000 V aufwärts. Bei einer höheren Feldstärke schien die Beweglichkeit der negativen Ionen wieder konstant zu werden.

LOEB[3]) maß Ionenbeweglichkeiten nach der Wechselstrommethode unter Benützung eines Resonanzkreises von 7666 Perioden per Sek. und Maximalfeldern bis gegen 10000 Volt/cm und erhielt durchwegs normale Werte ohne Anzeichen eines Ansteigens mit zunehmender Feldstärke. KIA LOK YEN[4]) bestätigt dieses Resultat.

Weitere Untersuchungen, bei denen insbesondere die Wirkung der gesteigerten Feldstärke von der der Verkürzung der Lebensdauer der Ionen getrennt werden müßte, wären sehr angezeigt. FRANCK erklärt die Diskrepanz zwischen seinen und CHATTOCKS Ergebnissen durch das verschiedene Lebensalter der in beiden Fällen zur Beobachtung gelangenden Ionen: bei seinen Versuchen haben sie nur 0,7 cm, bei CHATTOCK 4 bis 5 cm zu durchlaufen. Weiteres hierüber vgl. den Absatz über das „Altern" der Ionen.

22. Abnorm große Ionenbeweglichkeiten bei Atmosphärendruck, Zimmertemperatur und niedrigen Feldstärken. Während es nach Ziff. 21 noch nicht als sichergestellt betrachtet werden kann, daß in Luft und anderen nicht besonders sorgfältig gereinigten Gasen, auch bei Atmosphärendruck und Zimmertemperatur abnorm hohe Beweglichkeiten etwa durch Verwendung hoher Feldstärken zur Beobachtung gelangen können, ist das Auftreten abnorm hoher Beweglichkeiten der negativen Ionen für gewisse sehr sorgfältig gereinigte Gase geradezu charakteristisch. FRANCK[5]) hat zuerst gezeigt, daß in sorgfältig von Sauerstoffspuren gereinigtem Argon bei Atmosphärendruck und Feldern von wenigen Volt pro Zentimeter, Beweglichkeiten der negativen Ionen von über 200 cm auftreten, während sich die positiven Ionen durchaus normal verhalten ($u_1 = 1,37$). 1% Sauerstoff setzt die Beweglichkeit der negativen Ionen auf normale Größenordnung herab ($u_2 = 1,70$). In einer weiteren Arbeit findet FRANCK[6]) dasselbe Verhalten in sorgfältig gereinigtem Stickstoff. Die Beweglichkeit der negativen Ionen wird bis gegen 150 cm gefunden, sinkt bei geringem Sauerstoffzusatz auf den normalen Wert 1,84. In reinem Helium [FRANCK und GEHLHOFF[7])] wurden negative Beweglichkeiten bis zu 500 cm erhalten gegen 6,31 cm in schwach

---

[1]) A. LAFAY, C. R. Bd. 177, S. 28. 1923.
[2]) S. RATNER, Phil. Mag. (6) Bd. 32, S. 441. 1916.
[3]) L. B. LOEB, Proc. Nat. Acad. Amer. Bd. 2, S. 345. 1916; Phys. Rev. (2) Bd. 8, S. 633. 1916.
[4]) KIA LOK YEN, Phys. Rev. (2) Bd. 11, S. 337. 1918; Proc. Nat. Acad. Amer. Bd. 4, S. 91. 1918.
[5]) J. FRANCK, Verh. d. D. Phys. Ges. Bd. 12, S. 291. 1910.
[6]) J. FRANCK, Verh. d. D. Phys. Ges. Bd. 12, S. 613. 1910.
[7]) J. FRANCK u. GEHLHOFF, vgl. J. FRANCK, Jahrb. d. Radioakt. Bd. 9, S. 250. 1912.

verunreinigtem Helium [FRANCK und POHL[1])]. HAINES[2]) bestätigt die FRANCKschen Beobachtungen in reinem Stickstoff und findet überdies abnorme Beweglichkeiten in sorgfältig gereinigtem Wasserstoff, wobei er aus den Knicken in den Aufladekurven (er arbeitet mit der FRANCKschen Wechselstrommethode) auf 3 verschiedene deutlich getrennte Arten von negativen Ionen schließt: nämlich solche mit $u_2 p = 6047$, 12060 und 30840 entsprechend einer Beweglichkeit bei Atmosphärendruck von 8 bzw. 15 und 40.

CHATTOCK und TYNDALL[3]) hatten bei ihren Messungen der Beweglichkeit nach der Windmethode in reinem Wasserstoff bei negativer Spitzenentladung auffallend kleine Windstärken, also große Beweglichkeiten, etwa 230 cm gefunden, deuteten aber diese Ergebnisse als vorgetäuscht durch eine Änderung im Entladungscharakter. Nach der Entdeckung freier Elektronen in Argon und Stickstoff hat aber TYNDALL[4]) darauf aufmerksam gemacht, daß jene Beobachtungen auch auf das Vorhandensein freier Elektronen in reinem Wasserstoff deuten könnten. Auch CHATTOCK und TYNDALL stellten die stark erniedrigende Wirkung geringer Sauerstoffspuren auf diese hohen Beweglichkeiten fest.

KIA LOK YEN[5]) findet mit der Wechselstrommethode ebenfalls abnorm große Beweglichkeiten der negativen Ionen in reinem N_2 und H_2, in letzterem Gase aber im Gegensatze zu HAINES keine Anzeichen von Gruppen mit verschiedenen Beweglichkeiten. Die Knicke, aus denen HAINES auf diese Gruppen schließt, seien zu wenig scharf, um ihre Deutung als zufällige Schwankungen auszuschließen. J. J. NOLAN[6]) glaubt mit RUTHERFORDS Wechselfeldmethode unter den durch den photoelektrischen Effekt an Metallplatten in Luft erzeugten negativen Ionen getrennte Gruppen von verschiedener Beweglichkeit feststellen zu können, die er wieder aus Knicken in der Stromspannungskurve erschließt. Er findet so folgende kritische Spannungen und entsprechende Beweglichkeiten:

V	u
317	2,24
327	2,17
337,5	2,10
348	2,04
358,5	1,98
368,5	1,93
378,5	1,87

ferner Beweglichkeiten 11,5, 7,5 und 6. In H_2 findet er auch wieder HAINES Beweglichkeit 40,6. Er glaubt auch, LOEBS Kurven, aus denen dieser keine Zwischenstufen herauslesen konnte, in seinem Sinne deuten zu können. Bei der Betrachtung der NOLANschen Kurven kann man sich jedoch des Verdachtes nicht erwehren, daß hier die Möglichkeiten der Methode überspannt und die Suche nach Beweglichkeitsgruppen auf Grund nur angedeuteter Knicke ad absurdum geführt wird. BLACKWOOD[7]) bestreitet auch die Richtigkeit der Resultate NOLANS.

LOEB[8]) erhält auch hohe Beweglichkeiten der negativen Ionen in reinem Stickstoff und Wasserstoff. In diesen Gasen ist auch bei hohen Drucken die

---

[1]) J. FRANCK u. R. POHL, Verh. d. D. Phys. Ges. Bd. 9, S. 194. 1907.
[2]) W. B. HAINES, Phil. Mag. (6) Bd. 30, S. 503. 1915; Bd. 31, S. 339. 1916.
[3]) A. P. CHATTOCK u. A. M. TYNDALL, Phil. Mag. (6) Bd. 19, S. 449. 1910.
[4]) A. M. TYNDALL, Nature Bd. 84, S. 530. 1910; Phil. Mag. (6) Bd. 30, S. 743. 1915.
[5]) K. L. YEN, Phys. Rev. (2) Bd. 11, S. 337. 1918.
[6]) J. J. NOLAN, Phys. Rev. (2) Bd. 24, S. 16. 1924.
[7]) O. BLACKWOOD, Phys. Rev. (2) Bd. 19, S. 281. 1922; Bd. 20, S. 499. 1922. Siehe auch L. B. LOEB, Phys. Rev. (2) Bd. 25, S. 101. 1925.
[8]) L. B. LOEB, Phys. Rev. (2) Bd. 23, S. 157. 1924.

Beweglichkeit eine Funktion der Feldstärke (vgl. Ziff. 55) und läßt sich durch die empirischen Formeln ausdrücken:

in N_2 $u_2 = 3,637 \cdot 10^5 / \left(11,9 + \mathfrak{E}_0 \dfrac{760}{p}\right)$; für verschwindende Feldstärke $u = 30500$,

in H_2 $u_2 = 4,32 \cdot 10^5 / \left[55,2 + \mathfrak{E}_0 \left(\dfrac{760}{p}\right)^{\frac{1}{2}}\right]$; ,, ,, ,, $u = 7800$,

in He $u_2 = \left[7,57 \cdot 10^8 / \left(1,56 + \mathfrak{E}_0 \dfrac{760}{p}\right)\right]^{\frac{1}{2}}$; ,, ,, ,, $u = 22000$.

Diese Beziehungen dürften aber wesentlich von der benützten Methode abhängen. Insbesondere BAILEY hat darauf hingewiesen, daß bei der Deutung der nach der Wechselfeldmethode erhaltenen Resultate Vorsicht geboten ist, worüber Näheres weiter unten.

WAHLIN[1]) erhält als ,,Beweglichkeit" der Elektronen in reinem Stickstoff bei Atmosphärendruck und kleinen Feldstärken den Wert 18000 cm, auch nach seinen Versuchen nimmt sie ab mit wachsender Feldstärke. Bei niedrigen Feldstärken läßt sich die Änderung durch die von COMPTON theoretisch abgeleitete Gleichung ausdrücken:

$$u = \dfrac{a}{[1 + (1 + B\mathfrak{E}^2)^{\frac{1}{2}}]^{\frac{1}{2}}}.$$

23. Ionenbeweglichkeit in Gasgemischen. Es sind hier 4 verschiedene Erscheinungsgruppen zu behandeln. a) Gasgemische mit sozusagen gleichberechtigten Komponenten, in denen sich die Beweglichkeit der normalen Ionen nach einer Mischungsformel berechnen läßt; b) Gemische, in denen dies nicht mehr gilt, insbesondere die starke Wirkung geringer Mengen gewisser Dämpfe auf die Beweglichkeit der normalen Gasionen; c) die Beimischung der Ionen eines Gases zu einem anderen Gas, also die Beweglichkeit artfremder Ionen; d) die Wirkung von Spuren elektronegativer Gase auf die abnorm hohen negativen Beweglichkeiten.

a) A. BLANC[2]) mißt nach einer Wechselfeldmethode die Beweglichkeiten in Gemischen von Luft und CO_2 und von Wasserstoff und CO_2. Beispiele aus dem erhaltenen Zahlenmaterial finden sich weiter unten bei der Besprechung der Mischungsformeln, ebenso einige von WELLISCH bestimmte Werte in Gemischen. WELLISCH[3]) untersuchte Gemische von SO_2 und O_2, Äthyläther und Luft, Jodäthyl und Wasserstoff, G. ROTHGIESSER[4]) Gemische von CO_2 und H_2. LOEB und ASHLEY[5]) haben neuerdings die Beweglichkeiten in Luft-Ammoniakgemischen gemessen.

b) Die Wirkung von geringen Mengen gewisser Dämpfe auf die Beweglichkeit ist frühzeitig erkannt worden. ZELENY beobachtete schon in seiner grundlegenden Arbeit den Einfluß der Feuchtigkeit auf die Beweglichkeit: die Beweglichkeit der negativen Ionen wird durch Feuchtigkeit erniedrigt, und zwar stärker als die der positiven, bei denen in manchen Fällen sogar eine Erhöhung einzutreten scheint. In feuchtem CO_2 sind die negativen Ionen sogar weniger beweglich als die positiven[6]). RUTHERFORD[7]) fand, daß auch Alkohol und in

---
[1]) H. B. WAHLIN, Phys. Rev. (2) Bd. 23, S. 169. 1924.
[2]) A. BLANC, Bull. Soc. Franç. de phys. 1908, S. 156.
[3]) E. M. WELLISCH, Proc. Roy. Soc. London (A) Bd. 82, S. 500. 1909.
[4]) G. ROTHGIESSER, Diss. Freiburg 1913.
[5]) L. B. LOEB u. M. F. ASHLEY, Proc. Nat. Acad. Amer. Bd. 10, S. 351. 1924.
[6]) Vgl. auch ROTHGIESSER, l. c.
[7]) E. RUTHERFORD, Phil. Mag. (6) Bd. 2, S. 219. 1901.

geringerem Maße Ätherdampf auf die Beweglichkeit der Ionen verringernd einwirkt. Die Wirkung einer größeren Zahl von Dämpfen hat K. PRZIBRAM[1]) untersucht. Zur Untersuchung gelangten außer Wasser eine Reihe von Alkoholen, Fettsäuren, Azeton, einige Fettsäure-Ester, Halogenverbindungen der Paraffine und einige Kohlenwasserstoffe. Die Beobachtungen wurden auf folgende Weise verwertet. Die in reiner Luft gemessenen Werte wurden unter der Annahme, die Beweglichkeiten seien der Quadratwurzel des Molekulargewichtes umgekehrt proportional, auf das mittlere Molekulargewicht des Gemisches umgerechnet. Von der so berechneten Beweglichkeit im Luft-Dampfgemisch wurde die beobachtete Beweglichkeit subtrahiert. Diese Differenz Δu wurde durch das Molekulargewicht des Dampfes M dividiert. Es zeigt sich, daß $\frac{\Delta u}{M}$ am größten ist für Wasser, dann folgen die Alkohole, wobei die relative Erniedrigung in der homologen Reihe mit zunehmendem Molekulargewicht abnimmt, dann die Fettsäuren, Azeton, Chloroform, die Ester; für CCl_4, Jodäthyl und die Kohlenwasserstoffe ist die Wirkung so gering, daß sie kaum mehr als sicher betrachtet werden kann. Im ganzen wächst die relative Erniedrigung durch den Dampf einer Flüssigkeit mit wachsender Assoziation dieser Flüssigkeit. Wenn man die relative Erniedrigung nicht in der geschilderten Weise, sondern unter Zuhilfenahme einer Mischungsformel für die Beweglichkeit im Gemische berechnet, so erhält man nicht wesentlich andere Resultate. Im Gegensatze zu Wasser, den Alkoholen und Fettsäuren wirken die Fettsäureester stärker auf die positiven Ionen. MARIA BĚLAŘ[2]) hat unter Variation der Versuchsbedingungen die Resultate PRZIBRAMS für Methyl- und Äthylalkohol sowie für Äthylazetat bestätigt und überdies eine starke Wirkung von Formaldehyd und Proprionaldehyd, die infolge der Neigung dieser Substanzen zur Polymerisation erwartet worden war, auf die negativen Ionen festgestellt; Ammoniak wirkte stärker auf die positiven Ionen. Es scheint nach den Versuchen von M. BĚLAŘ auch gleichgültig zu sein, ob die Ionen im Luftdampfgemisch gebildet werden oder ob der Dampf erst der schon ionisierten Luft zugeführt wird.

Das Auftreten zweier, den beiden Komponenten zuzuschreibenden Beweglichkeiten in einem Gemische ist nie festgestellt worden. WAHLIN[3]) allerdings glaubt in Gemischen von Chloräthyl mit N_2 und H_2 und von N_2 mit H_2 zwei verschiedene Beweglichkeiten der „ungealterten" positiven Ionen feststellen zu können, die sich umgekehrt wie die Quadratwurzeln aus dem Molekulargewichten der beiden Komponenten verhalten.

c) **Artfremde Ionen.** A. BLANC hat wohl als erster Ionen untersucht, die in einem Gas erzeugt werden und in ein zweites hineinwandern, in welchem ihre Beweglichkeit gemessen wird. Er benutzte ein mit Kohlendioxyd gefülltes offenes Glasgefäß, in dem die Ionisation stattfand. Ein elektrisches Feld zieht die Ionen aus diesem Gefäß in die Luft, wo ihre Beweglichkeit nach der Wechselfeldmethode bestimmt wird. Die Beweglichkeit war ganz dieselbe wie die von Ionen, die direkt in Luft gebildet werden. WELLISCH mißt die Beweglichkeit in einem Gemisch von 754 mm Wasserstoff und 6 mm Methyljodid, das durch kurz dauernde Röntgenstrahlung ionisiert wird. Kontrollversuche ergaben, daß in Wasserstoff vom Atmosphärendruck unter den angewandten Versuchsbedingungen die Ionisation kaum merklich, in Methyljodid von 6 mm jedoch gut meßbar war. In dem Gemische entstammen daher die Ionen ganz über-

---

[1]) K. PRZIBRAM, Wiener Ber. (IIa) Bd. 118, S. 1419. 1909.
[2]) M. BĚLAŘ, Wiener Ber. (IIa) Bd. 130, S. 373. 1921.
[3]) H. B. WAHLIN, Phys. Rev. (2) Bd. 25, S. 630. 1925.

wiegend dem Methyljodid. Trotzdem ergaben sich Beweglichkeiten, die denen der Wasserstoffgasionen in reinem Wasserstoff sehr nahekommen. G. ROTHGIESSER fand, daß Ionen, die in CO_2 gebildet wurden, in H_2 nur etwa die halbe Beweglichkeit der H_2-Ionen aufwiesen; umgekehrt waren in H_2 gebildete Ionen in CO_2 etwas rascher als die in CO_2 gebildeten. G. C. GRINDLEY und A. M. TYNDALL[1]) maßen die Beweglichkeit in Luft von Ionen, die in H_2, NH_3, CO_2, Äther und Chloroform erzeugt wurden, nach einer Strömungsmethode in Luft und finden gegenüber den in Luft erzeugten nur Abweichungen von weniger als 1% [vgl. auch ERIKSON[2])].

Hierher gehören auch die Versuche über die Beweglichkeit radioaktiver Restatome in Gasen. RUTHERFORD[3]) bestimmte die Beweglichkeit der Zerfallsprodukte der Radium- und Thoriumemanation in Luft und fand sie gleich 1,3 cm, also nahezu gleich der der positiven Luftionen. H. W. SCHMIDT[4]) schließt ebenfalls auf gleiche Beweglichkeit der radioaktiven Restatome und der Ionen in Luft. Genauere Messungen hat FRANCK[5]) erst allein, dann gemeinsam mit LISE MEITNER[6]) angestellt. Es wurde mit den Atomen von Thorium C'' gearbeitet (damals Thorium D genannt), deren Beweglichkeit in verschiedenen Gasen nach der Wechselfeldmethode gemessen wurde. Es ergab sich in Luft 1,56, in Stickstoff 1,54, in Wasserstoff 6,21. Später wurde eine Strömungsmethode mit dem gleichen Ergebnisse verwendet. H. A. ERIKSON[7]) findet nach seiner Methode für die Atome der aktiven Niederschläge des Aktiniums zwei verschiedene Beweglichkeiten: 4,35 und 1,55, von denen letztere etwas größer als die der normalen positiven Luftionen und erstere wesentlich größer als die von ERIKSON aus seinen Beweglichkeitsmessungen erschlossenen „jungen" Luftionen (vgl. Ziff. 62) ist; die Größenordnung ist auch hier dieselbe. Die Versuche zeigen also, daß Teilchen mit Atomgewichten von über 200 in einem Gase Beweglichkeiten von nahezu gleicher Größe haben wie die Ionen dieses Gases selbst.

d) **Wirkung kleiner Beimengungen elektronegativer Substanzen auf die abnorm hohen negativen Beweglichkeiten.** Daß die abnorm hohen Beweglichkeiten sehr von der Reinheit des Gases abhängen, ist schon unter Ziff. 22 gesagt worden. Maßgebend sind insbesondere die elektronegativen Beimengungen in der Reihenfolge zunehmender Wirksamkeit nach FRANCK: Sauerstoff, Stickoxyd, Wasserdampf, Chlor. Die Wirksamkeit nimmt nach TOWNSEND und seinen Mitarbeitern mit abnehmendem Drucke und zunehmender Feldstärke ab, und TOWNSEND meint [vgl. BAILEY[8])], daß der starke Einfluß von Sauerstoffspuren bei FRANCKS Versuchen auf die Verwendung der Wechselfeldmethode zurückzuführen sei, bei der die Ionen verhältnismäßig lange Zeit nur schwachen Feldstärken unterworfen sind; bei niedrigen Drucken und dauernd hohen Feldstärken treten auch in reinem Sauerstoff hohe Beweglichkeiten (freie Elektronen) auf (vgl. auch die Bemerkungen über TOWNSENDS Untersuchungen unter Ziff. 21).

24. Abnorm kleine Beweglichkeiten. Außer den bisher behandelten „normalen" Ionen mit Beweglichkeiten der Größenordnung 1 cm treten unter gewissen häufig zutreffenden Bedingungen Ionen von weit geringerer Beweglich-

---

[1]) G. C. GRINDLEY u. A. M. TYNDALL, Phil. Mag. (6) Bd. 48, S. 711. 1924.
[2]) H. A. ERIKSON, Phys. Rev. (2) Bd. 24, S. 502. 1924.
[3]) E. RUTHERFORD, Phil. Mag. (6) Bd. 5, S. 95. 1903.
[4]) H. W. SCHMIDT, Phys. ZS. Bd. 9, S. 184. 1908.
[5]) J. FRANCK, Verh. d. D. Phys. Ges. Bd. 11, S. 397. 1909.
[6]) J. FRANCK u. L. MEITNER, Verh. d. D. Phys. Ges. Bd. 13, S. 671. 1911.
[7]) H. A. ERIKSON, Phys. Rev. (2) Bd. 24, S. 622. 1924.
[8]) A. BAILEY, Phil. Mag. (6) Bd. 46, S. 213. 1923.

keit auf. Das erste Beispiel boten die von TOWNSEND[1]) untersuchten, auf elektrolytischem Wege frisch hergestellten Gase. Bei Trocknung dieser Gase mit Schwefelsäure ergaben sich immer noch Beweglichkeiten von nur $2 \cdot 10^{-4}$ cm, und ohne Trocknung wachsen diese Teilchen bis zu sichtbaren Tröpfchen an. Kleine Beweglichkeiten in frisch bereiteten Gasen hat auch E. BLOCH[2]) gemessen. Die Ionisation dieser frisch bereiteten Gase hängt sicher mit dem Zerstäuben der Flüssigkeiten, die bei der Gasentwicklung stattfindet, zusammen [Wasserfallelektrizität nach LENARD; vgl. W. KÖSTERS[3])], und so erhält man denn auch Ionen derselben Eigenschaften durch bloßes Zerstäuben ohne chemische Wirkung, zuerst von K. KÄHLER[4]) für die Wasserfallelektrizität nachgewiesen [vgl. auch ASELMANN[5]), L. BLOCH[6]), A. BECKER[7]) (Quecksilberfallelektrizität), W. BUSSE[8])].

Der zweite Fall langsamer Ionen wurde von MCCLELLAND[9]) in den Gasen, die einer Flamme entströmen, gefunden. MCCLELLAND konnte auch feststellen, daß die Beweglichkeit dieser Ionen mit ihrer Entfernung von der Flamme und somit sinkender Temperatur rasch abnimmt, z. B.

Abstand von der Flamme in cm	Temperatur in °C	Beweglichkeit in cm-sek./Volt-cm
5,5	230	0,23
10	160	0,21
14,5	105	0,04

Ähnliche Resultate erhielt E. BLOCH[10]), der feststellte, daß die Beweglichkeit der der Flamme entstammenden Ionen in 15 bis 20 Minuten von 0,1 auf 0,001 cm sinkt. M. DE BROGLIE[11]) hat die Bedingungen für die Entstehung der langsamen Ionen in Flammen näher untersucht. Er findet in der Kohlenoxydflamme, die keine festen oder flüssigen Reaktionsprodukte liefert, nur normale Gasionen und konnte später[12]) sogar in anderen Flammen, die sonst langsame Ionen liefern, wie den Flammen von Wasserstoff, Äther usw. durch Verdünnung mit Stickstoff, Verwendung sehr kleiner Flammen sowie Vermeidung jeder plötzlichen Expansion des Gases, die Bildung der langsamen Ionen unterdrücken. Er stellte ferner das Vorhandensein neutraler Kerne in den Flammengasen fest[13]) und zeigte, daß man diese sowie die langsamen Ionen, die auf verschiedenen Wegen erzeugt werden, ultramikroskopisch sichtbar machen kann[14]).

Die bei der langsamen Oxydation des Phosphors erzeugten Ionen wurden von F. HARMS[15]), E. BLOCH[16]) u. a. untersucht; auch sie gehören zu den langsamen Ionen. Ebenso ein Teil der von glühenden Metallen [MCCLELLAND[17]), RUTHER-

---

[1]) J. S. TOWNSEND, Phil. Mag. (5) Bd. 45, S. 125. 1898.
[2]) E. BLOCH, Ann. chim. phys. Bd. 4, S. 25. 1905.
[3]) W. KÖSTERS, Wied. Ann. Bd. 69, S. 12. 1899.
[4]) K. KÄHLER, Ann. d. Phys. Bd. 12, S. 1119. 1903.
[5]) E. ASELMANN, Ann. d. Phys. Bd. 19, S. 960. 1906.
[6]) L. BLOCH, C. R. Bd. 145, S. 54. 1907; Bd. 149, S. 278. 1909; Bd. 150, S. 694, 967. 1910; Le Radium Bd. 7, S. 354. 1910.
[7]) A. BECKER, Ann. d. Phys. (4) Bd. 31, S. 98. 1910.
[8]) W. BUSSE, Ann. d. Phys. (4) Bd. 76, S. 493. 1925.
[9]) J. A. MCCLELLAND, Phil. Mag. (5) Bd. 46, S. 29. 1898.
[10]) E. BLOCH, C. R. Bd. 140, S. 1327. 1905.
[11]) M. DE BROGLIE, C. R. Bd. 144, S. 563. 1907.
[12]) M. DE BROGLIE, Le Radium Bd. 8, S. 106. 1911.
[13]) M. DE BROGLIE, C. R. Bd. 144, S. 1153. 1907.
[14]) M. DE BROGLIE, C. R. Bd. 146, S. 624, 1010. 1908.
[15]) F. HARMS, Habilitationsschrift, Würzburg 1904.
[16]) E. BLOCH, Ann. chim. phys. Bd. 4, S. 25. 1905.
[17]) J. A. MCCLELLAND, Proc. Cambridge Phil. Soc. Bd. 10, S. 241. 1899.

FORD[1]), TYNDALL und GRINDLEY[2])], von einem Nernststift in Luft erzeugten Ionen [L. BLOCH[3])], ferner die aus dem Lichtbogen [McCLELLAND[4])] oder dem elektrischen Funken stammenden [DE BROGLIE[5])].

Sehr eingehend sind die langsamen, in Luft durch ultraviolettes Licht erzeugten Ionen untersucht worden, die LENARD[6]) zuerst beobachtet hat. LENARD und RAMSAUER[7]) haben gezeigt, daß ultraviolettes Licht in sehr sorgfältig gereinigter Luft (Kältereinigung und Asbestfilter) keine langsamen Ionen gibt, daß die Bildung derselben vielmehr an die Anwesenheit von neutralen Kernen gebunden ist, die entweder als feiner Staub im Gase schon enthalten sind oder durch die Wirkung des ultravioletten Lichtes auf spurenweise Verunreinigungen (Wasser und andere Dampfspuren) gebildet werden. Die Kernbildung durch ultraviolettes Licht war schon im Jahre 1889 von LENARD und M. WOLF[8]) beobachtet, damals aber als Zerstäubung fester Körper durch das Licht gedeutet worden; später haben C. T. R. WILSON[9]) und LENARD ihre Entstehung im Gase selbst festgestellt und LENARD hat ihre Beziehung zu den langsamen Ionen erkannt. Über diese Kerne vgl. auch S. SACHS[10]) sowie J. A. McCLELLAND und J. J. McHENRY[11]). A. BECKER und H. BÄRWALD[12]) fanden langsame Ionen auch bei Ionisierung durch Kathodenstrahlen. Über langsame Ionen bei Ionisation mit α-Strahlen vgl. V. F. HESS Ziff. 65.

In der freien Atmosphäre sind die langsamen Ionen von LANGEVIN[13]) entdeckt worden, weshalb sie häufig als Langevinionen bezeichnet werden. Von den zahlreichen Arbeiten, die sich mit diesen Ionen in der Atmosphäre beschäftigen, seien hier nur die prinzipiell wichtigen von J. A. POLLOCK[14]) angeführt, in denen gezeigt wird, daß die Beweglichkeit dieser Ionen mit wachsender Feuchtigkeit abnimmt, und daß sie sich in staubfreier Luft nicht bilden bzw. nicht von selbst regenerieren. Im übrigen sei auf das Kapitel über Luftelektrizität (ds. Handb. XIV) verwiesen.

Es werden manchmal zwischen die normalen Ionen und die langsamen Ionen noch Ionen mittlerer Beweglichkeit (Intermediate Ions nach POLLOCK) als gesonderte Gruppe eingeschaltet. Mc CLELLAND und NOLAN[15]) glauben sogar eine ganze Reihe diskreter Gruppen von Beweglichkeiten gefunden zu haben. O. BLACKWOOD[16]) findet aber mit einer Apparatur, die eine noch größere Auflösung etwa vorhandener Gruppen gestattet, keine Spur von Gruppenbildung, sondern einen praktisch kontinuierlichen Übergang der Beweglichkeitswerte; die Ionen wurden hierbei durch Wasserzerstäubung oder durch Glühdraht in feuchter Luft erzeugt. Es zeigt sich wieder eine Abnahme der Beweglichkeit mit der Zeit.

---

[1]) E. RUTHERFORD, Phys. Rev. Bd. 13, S. 321. 1901.
[2]) A. TYNDALL u. G. C. GRINDLEY, Phil. Mag. (6) Bd. 47, S. 689. 1924.
[3]) L. BLOCH, C. R. Bd. 143, S. 213. 1906.
[4]) J. A. McCLELLAND, Proc. Cambridge Phil. Soc. Bd. 10, S. 241. 1899.
[5]) M. DE BROGLIE, C. R. Bd. 146, S. 624. 1908.
[6]) P. LENARD, Ann. d. Phys. Bd. 3, S. 298. 1900.
[7]) P. LENARD u. C. RAMSAUER, Heidelb. Ber. 1910, 31. u. 32. Abh.; 1911, 16. Abh.
[8]) P. LENARD u. M. WOLF, Ann. d. Phys. Bd. 37, S. 443. 1889.
[9]) C. T. R. WILSON, Phil. Trans. Bd. 192, S. 403. 1899.
[10]) S. SACHS, Ann. d. Phys. Bd. 34, S. 469. 1911.
[11]) J. A. McCLELLAND u. J. J. McHENRY, Proc. Roy. Soc. Dublin Bd. 16, S. 282. 1921.
[12]) A. BECKER u. H. BÄRWALD, Heidelb. Ber. 1909, 4. Abh.
[13]) P. LANGEVIN, C. R. Bd. 140, S. 232. 1905.
[14]) J. A. POLLOCK, Le Radium Bd. 6, A. 129. 1909; Phil. Mag. (6) Bd. 29, S. 514, 636. 1915; Nature Bd. 95, S. 286. 1915.
[15]) J. A. McCLELLAND u. J. J. NOLAN, Proc. Roy. Irish Acad. (A) Bd. 33, S. 29. 1916; Bd. 35. 1919; NOLAN, ebenda Bd. 33, S. 10. 1916.
[16]) O. BLACKWOOD, Proc. Nat. Acad. Amer. Bd. 6, S. 253. 1920; vgl. auch W. BUSSE, Ann. d. Phys. (4) Bd. 76, S. 493. 1925.

Zusammenfassend kann wohl gesagt werden, daß die langsamen Ionen an das Vorhandensein irgendwelcher größerer neutraler Kerne in Gasen gebunden sind, die sich durch Anlagerung normaler Gasionen eben in langsame Ionen verwandeln.

C. Diffusion, Wiedervereinigung und Adsorption der Ionen.

a) Diffusion.

25. Allgemeines. Der Diffusionskoeffizient der Ionen. Da die Ionen in Gasen an der Molekularbewegung teilnehmen, müssen sie wie artfremde Molekeln in dem Gase die Erscheinung der Diffusion zeigen, d. h. sie bewegen sich im Mittel in größerer Zahl von Stellen größerer Ionenkonzentration zu Stellen geringerer Konzentration als in der entgegengesetzten Richtung. Die Ionen haben daher das Bestreben, Konzentrationsunterschiede auszugleichen, und es kann ihnen ein Partialdruck zugeschrieben werden in demselben Sinne, wie vom Partialdrucke eines dem Gase beigemischten zweiten Gases gesprochen wird. Die bekannten Grundgleichungen der Diffusion lassen sich ohne weiteres auch auf die Ionen eines Gases übertragen. Ist n die Zahl der Ionen im Kubikzentimeter (Konzentration), so ist der Überschuß der Anzahl der in der Richtung sinkender Konzentration über die Anzahl der in entgegengesetzter Richtung im Zeitelement dt durch die Querschnittseinheit wandernden Ionen

$$d\nu = -D \frac{\partial n}{\partial x} dt,$$

wo D der Diffusionskoeffizient ist. Die zeitliche Änderung der Konzentration infolge der Diffusion allein ist

$$\frac{\partial n}{\partial t} = D \left(\frac{\partial^2 n}{\partial x^2} + \frac{\partial^2 n}{\partial y^2} + \frac{\partial^2 n}{\partial z^2} \right).$$

wo n auch durch den Partialdruck p ersetzt werden kann.

Im allgemeinen wird in ionisierten Gasen n sich noch aus anderen Gründen als der Diffusion allein ändern. Wirken Ionisatoren auf das Gas ein, so erzeugen sie neue Ionen. Anderseits gehen, wenn beide Vorzeichen vorhanden sind, Ionen durch Wiedervereinigung verloren. Ferner liegen die Verhältnisse bei den Ionen insofern anders als bei der Diffusion neutraler Molekel, als bei ersteren abstoßende Kräfte im Sinne einer Beschleunigung der Diffusion zwischen den diffundierenden Teilchen wirken. Nur wenn die Ionendichte gering ist, wird man von diesen Kräften absehen können[1]. Auf alle diese Umstände ist bei der experimentellen Bestimmung des Diffusionskoeffizienten zu achten. Zum Zwecke dieser Bestimmung ist eine Anordnung zu wählen, deren Grenzbedingungen die Lösung der Differentialgleichung der Diffusion gestatten. Bisher wurde nur eine direkte Methode zur Bestimmung von D benützt, die Durchströmungsmethode von TOWNSEND, während andere von TOWNSEND und von LANGEVIN angegebenen Methoden den Vergleich des Diffusionskoeffizienten mit der Beweglichkeit gestatten.

26. TOWNSENDS Durchströmungsmethode[2]. Das zunächst gleichmäßig ionisierte Gas ströme in der Z-Richtung durch ein zylindrisches Rohr vom Radius a

---

[1] Über Ionendiffusion bei gleichzeitiger Einwirkung elektrischer Kräfte s. W. SCHOTTKY u. J. v. ISSENDORFF, ZS. f. Phys. Bd. 31, S. 174. 1925.
[2] J. S. TOWNSEND, Phil. Trans. (A) Bd. 193, S. 129. 1899.

(Abb. 10). Die auf die Rohrwand auftreffenden Ionen werden festgehalten, so daß in der Schichte unmittelbar an der Wand eine Verarmung an Ionen eintritt. Durch Diffusion tritt infolgedessen eine Wanderung der Ionen von der Achse des Rohres, wo die Konzentration größer ist, gegen die Wand ein, und es wird dem Gas dadurch eine gewisse Anzahl von Ionen entzogen, die außer von den Dimensionen des Rohres und der Geschwindigkeit des Gasstromes W vom Diffusionskoeffizienten abhängen wird. Es gelten dann, wenn die Geschwindigkeitskomponenten der Ionen nach den Achsenrichtungen u, v, w sind, folgende Gleichungen:

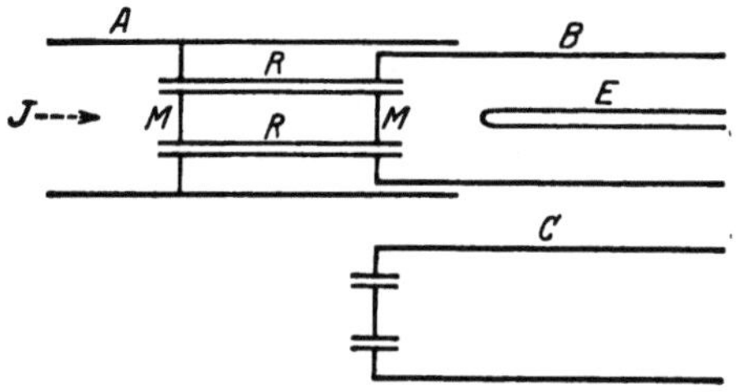

$$\frac{1}{D}(nu) = -\frac{dn}{dx}, \quad \frac{1}{D}(nv) = -\frac{dn}{dy},$$

$$\frac{1}{D}n(w-W) = -\frac{dn}{dz}.$$

Die Kontinuitätsgleichung lautet:

$$\frac{d(nu)}{dx} + \frac{d(nv)}{dy} + \frac{d(nw)}{dz} = 0.$$

Abb. 10. TOWNSENDS Diffusionsapparat.

Bei den Versuchen wird W groß gegen $\frac{D}{n}\frac{dn}{dz}$ gewählt, so daß nach den obenstehenden Gleichungen für die Z-Komponente der Ionengeschwindigkeit $w = W$ gesetzt werden kann. Dann wird die Kontinuitätsgleichung

$$D\left(\frac{d^2n}{dx^2} + \frac{d^2n}{dy^2}\right) - W\frac{dn}{dz} = 0$$

und bei Einführung von Zylinderkoordinaten und der POISEUILLEschen Geschwindigkeitsverteilung

$$\frac{D}{r}\frac{d}{dr}\left(r\frac{dn}{dr}\right) - \frac{2V}{a^2}(a^2-r^2)\frac{dn}{dz} = 0, \quad (1)$$

wo V die mittlere Strömungsgeschwindigkeit des Gases ist, die sich aus der in der Zeiteinheit hindurchfließenden Gasmenge Q nach der Beziehung $V = \frac{Q}{\pi a^2}$ ergibt.

TOWNSEND ist es gelungen, eine brauchbare Lösung dieser Differentialgleichung zu finden [vgl. TOWNSEND oder J. J. THOMSON[1])]. Es ergibt sich nach ziemlich umständlicher Rechnung, daß das Verhältnis der Anzahl der Ionen, die in der Entfernung z vom Anfang der Röhre durch den Querschnitt hindurchgehen, zur Anzahl der Ionen, die den Anfangsquerschnitt $z = 0$ passieren, gleich ist

$$4\left(0{,}1952\,e^{-\frac{7{,}313\,Dz}{2a^2V}} + 0{,}0243\,e^{-\frac{44{,}5\,Dz}{2a^2V}} + \cdots\right).$$

Vergleicht man nicht einen Querschnitt im Abstande z mit dem Anfangsquerschnitt, sondern, was praktisch leichter durchführbar ist, zwei Querschnitte in den Abständen z_1 und z_2 vom Anfang des Rohres miteinander, so wird das Verhältnis der durch diese beiden Querschnitte gehenden Ionenzahlen gleich

$$\frac{0{,}1952\,e^{-\frac{7{,}313\,Dz_1}{2a^2V}} + 0{,}0243\,e^{-\frac{44{,}56\,Dz_1}{2a^2V}} + \cdots}{0{,}1952\,e^{-\frac{7{,}313\,Dz_2}{2a^2V}} + 0{,}0243\,e^{-\frac{44{,}56\,Dz_2}{2a^2V}} + \cdots}.$$

---

[1]) J. S. TOWNSEND, Electricity in Gases, S. 138 ff.; J. J. THOMSON, Conduction of Electricity through Gases, 2. Aufl., S. 32 ff.

Ist dieses Verhältnis experimentell bestimmt, so läßt sich daraus D graphisch ermitteln. Um die Verluste durch Wiedervereinigung zurückzudrängen, muß der Querschnitt des Diffusionsrohres möglichst klein genommen werden; um trotzdem leicht meßbare Ionenmengen zu erhalten, schaltet man zweckmäßigerweise mehrere enge Röhrchen parallel. Die Wiedervereinigung kann aber auch dadurch ausgeschaltet werden, daß man das ionisierte Gas durch zwei hintereinander gestellte Drahtnetze hindurchbläst, zwischen denen ein genügend starkes Feld wirkt, um die Ionen des einen Vorzeichens aufzuhalten, wie dies FRANCK und WESTPHAL[1]) getan haben.

Zur Messung diente TOWNSEND[2]) ein Metallrohr (Abb. 10), das aus zwei ineinander schiebbaren Teilen AB bestand. In dem einen wurde das durchströmende Gas etwa bei J ionisiert, der andere, in welchen eine mit einem Elektrometer verbundene Elektrode E hineinragt, ist an dem in den ersten Teil hineingesteckten Ende durch eine Metallplatte M verschlossen. Diese trägt 24 in einem Kreise angeordnete Löcher, in welcher die Diffusionsröhrchen R von 4 cm Länge und 1 mm lichter Weite eingelötet sind. Eine zweite ähnliche Platte M dient zur besseren Führung der Röhrchen. Die Röhre wird auf Spannung gehalten und die Aufladung des Elektrometers beobachtet. Der Teil B kann gegen ein ähnliches Rohrstück C ausgewechselt werden, das aber nur 0,5 cm lange Diffusionsröhrchen trägt. Bei gleichbleibender Ionisation bei J wird die Aufladegeschwindigkeit des Elektrometers einmal bei Einschaltung der langen Röhrchen, das andere Mal der kurzen Röhrchen gemessen und so das Verhältnis der in beiden Fällen hindurchgehenden Ionenzahlen bestimmt. Die Anwendung der obigen Formel liefert den Diffusionskoeffizienten.

27. Zahlenwerte für den Diffusionskoeffizienten. TOWNSEND erhielt Werte für D, die von der Art des Ionisators unabhängig waren, z. B. in trockener Luft:

Ionisator	D_1	D_2
Röntgenstrahlen . . .	0,028	0,043
Becquerelstrahlen . . .	0,032	0,043
Ultraviolett	—	0,043

D ist unabhängig vom Material der Diffusionsröhren, wie SALLES[3]) für Neusilber, Messing und Stahl festgestellt hat. Er vereinfachte das Arbeiten mit dem TOWNSENDschen Apparat, indem er die Röhrchensätze durch eine Revolvervorrichtung vertauschbar machte, ohne daß ein Zerlegen des Apparates erforderlich wäre und findet folgende Zahlen für Luft:

Material	D_1	D_2
Neusilber	0,031	0,041
Messing	0,031	0,041
Stahl	0,032	0,043

E. HENSEL[4]) fand keinen Unterschied in den durchgelassenen Ionenzahlen, wenn die Röhrchen aus den folgenden Stoffen bestanden: Al, Fe, Pb, Messing, Gips, Holz, Glas, Hartgummi; also wirken Nichtleiter ebenso wie Leiter.

Folgende Tab. 3 enthält die für verschiedene Gase gefundenen Werte.

---

[1]) J. FRANCK u. W. WESTPHAL, Verh. d. D. Phys. Ges. Bd. 11, S. 146, 276. 1909.
[2]) J. S. TOWNSEND, Phil. Trans. (A) Bd. 193, S. 129. 1899; Bd. 195, S. 259. 1900.
[3]) E. SALLES, C. R. Bd. 147, S. 627. 1908; Bd. 151, S. 712. 1910; Ann. chim. phys. (9) Bd. 2, S. 273. 1914.
[4]) E. HENSEL, Phys. ZS. Bd. 13, S. 666. 1912.

Tabelle 3. Die Diffusionskoeffizienten.

Gas	D_1	D_2	Beobachter
Luft, trocken	0,028	0,043	TOWNSEND
,, ,,	0,032	0,042	SALLES
,, ,,	0,029	0,045	FRANCK und WESTPHAL
Luft, feucht	0,032	0,035	TOWNSEND
Sauerstoff, trocken	0,025	0,0396	TOWNSEND
,, ,,	0,030	0,041	SALLES
Sauerstoff, feucht	0,0288	0,0358	TOWNSEND
Kohlendioxyd, trocken	0,023	0,026	TOWNSEND
,, ,,	0,025	0,026	SALLES
,, feucht	0,0245	0,0255	TOWNSEND
Wasserstoff, trocken	0,123	0,190	,,
,, feucht	0,128	0,142	,,
Stickstoff, trocken	0,029	0,0414	SALLES

Zwischen 200 und 772 mm fand TOWNSEND den Diffusionskoeffizient für beide Vorzeichen dem Drucke umgekehrt proportional. SALLES findet folgende Werte (Tab. 4) bei verschiedenen Drucken, also auch angenäherte Proportionalität von D und $\frac{1}{p}$.

Messungen bei verschiedenen Temperaturen fehlen.

Tabelle 4. Diffusionskoeffizienten bei verschiedenen Drucken nach E. SALLES.

Gas	Druck in mm Hg	D_1	$p \cdot D_1$	D_2	$p \cdot D_2$
Luft	758	0,032	23,2	0,042	31,8
,,	1028	0,022	21,4	0,027	30,4
Stickstoff	760	0,029	21,8	0,041	31,1
,,	1000	0,023	23	0,028	31,3
,,	1120	0,020	22,4	—	—
,,	1302	—	—	0,026	33,9

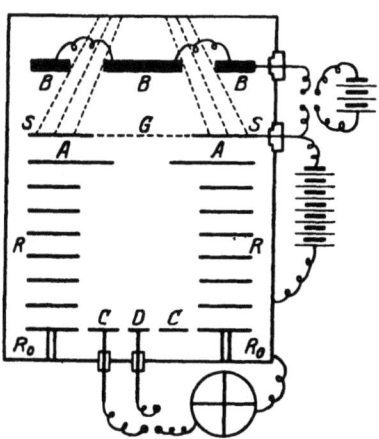

Abb. 11. $\frac{u}{D}$-Bestimmung nach TOWNSEND.

28. TOWNSENDS[1]) **Methode zur Bestimmung von $\frac{u}{D}$.** Diese Methode beruht auf der Messung der Verbreiterung, die ein im homogenen Feld wandernder Ionenschwarm infolge der Diffusion senkrecht zur Feldrichtung erfährt. Die Abb. 11 zeigt schematisch die Versuchsanordnung. Im Raume von B wird das Gas ionisiert. Die Ionen eines Vorzeichens werden durch ein elektrisches Feld durch das Netz G getrieben. Hier gelangen sie in ein elektrisches Feld, welches zwischen der auf Spannung gehaltenen Platte S und dem geerdeten System R_0CD herrscht. Die Ringe R, die durch gleiche hohe Widerstände untereinander und mit S bzw. R verbunden sind, dienen zur Homogenisierung des Feldes. Die Scheibe D und der sie umgebende Ring C können getrennt

---

[1]) J. S. TOWNSEND, Proc. Roy. Soc. London (A) Bd. 80, S. 207. 1908.

oder vereinigt mit einem Elektrometer verbunden werden. Bestimmt wird das Verhältnis der in gleichen Zeiten von D und $D + C$ aufgenommenen Ionenmengen n_1 und $n_1 + n_2$. Fände keine Diffusion statt, so würde nur D Ladung empfangen; je größer der Diffusionskoeffizient, desto kleiner wird jenes Verhältnis. Das Verhältnis wächst aber auch, je länger die Zeit ist, die die Ionen zur Durchwanderung der Strecke AD brauchen, also bei gleichbleibender Feldstärke, je kleiner ihre Beweglichkeit ist. Jenes Verhältnis ist eine Funktion des Quotienten $\dfrac{u}{D}$. Aus den Diffusionsgleichungen berechnet TOWNSEND unter den hier gegebenen Grenzbedingungen das Verhältnis R der von D zu der von $D + C$ aufgenommenen Ladung zu

$$R = \frac{n_1}{n_1 + n_2} = \frac{a\left[\dfrac{J_1^2(\mu_1 a)e^{-\vartheta_1 z}}{x_1^2 J_1^2(\mu_1 b)} + \dfrac{J_1^2(\mu_2 a)e^{-\vartheta_2 z}}{x_2^2 J_1^2(\mu_2 b)} + \cdots\right]}{b\left[\dfrac{J_1(\mu_1 a)e^{-\vartheta_1 z}}{x_1^2 J_1(\mu_1 b)} + \dfrac{J_1(\mu_2 a)e^{-\vartheta_2 z}}{x_2^2 J_1(\mu_2 b)} + \cdots\right]}.$$

Hier ist a der Radius der Öffnung in A, b der Radius der Öffnungen in den Homogenisierungsringen, z der Abstand zwischen den Platten A und G, $\mathfrak{E}$ die elektrische Feldstärke, die J sind BESSELsche Funktionen, die

$$\vartheta_s = \sqrt{\frac{1}{4}\frac{u^2}{D^2}\mathfrak{E}^2 + \frac{x_s^2}{b^2}} - \frac{1}{2}\frac{u}{D}\mathfrak{E},$$

die x_s die Wurzeln der Gleichung $J_0(x) = 0$ und $\mu_s = \dfrac{x_s}{b}$. R läßt sich somit als Funktion von $\dfrac{u}{D}\mathfrak{E}$ darstellen. C. HASELFOOT[1]) hat R für verschiedene Werte von $\dfrac{u}{D}\mathfrak{E}$ ausgerechnet unter Zugrundelegung der Dimensionen des TOWNSENDschen Apparates: $a = 1,5$ cm, $b = 5$ cm, $z = 7$ cm und gibt die in Abb. 12 dargestellte Kurve: Ordinaten sind R, Abszissen die Werte $\dfrac{n e}{p}\mathfrak{E}$ (e in stat. Einh., $\mathfrak{E}$ in Volt), wo nach Ziff. 47

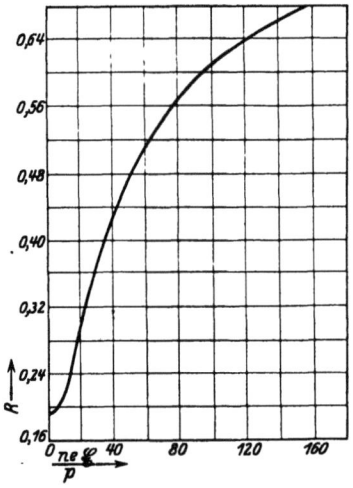

Abb. 12. Zu TOWNSENDS $\dfrac{u}{D}$-Bestimmung. Kurve von HASELFOOT.

$\dfrac{n e}{p} = \dfrac{u}{D}$ ist. Eine Korrektur ist wegen der Selbstabstoßung der Ionen anzubringen. Die Methode eignet sich für Messungen bei Drucken von etwa 25 mm abwärts; ihre Bedeutung liegt in dem erwähnten Zusammenhange des Quotienten $\dfrac{u}{D}$ mit der Ionenladung.

29. LANGEVINS[2]) Methode. Wird das Gas zwischen zwei Kondensatorplatten, deren Abstand a sehr klein ist, gleichmäßig ionisiert, so ist der Ionenverlust durch Wiedervereinigung klein gegen den Verlust durch Diffusion nach den Platten. Maßgebend ist für das Verhältnis der Verluste aus beiden Ursachen, wie LANGEVIN zeigt, der Ausdruck

$$\frac{\alpha q a^4}{D^2}.$$

---

[1]) C. HASELFOOT, Proc. Roy. Soc. London (A) Bd. 87, S. 350. 1912.
[2]) P. LANGEVIN, Le Radium Bd. 10, S. 113. 1913.

Im stationären Zustande gilt dann $D_1 \frac{d^2 n_1}{dx^2} = -q$ für das eine Vorzeichen und eine analoge Gleichung für das andere Vorzeichen und $n_1 = \frac{q}{2D_1} x(a-x)$; die Ionendichten sind in jedem Punkte dem Diffusionskoeffizienten umgekehrt proportional. Wird eine kleine Spannung an den Kondensator angelegt, so daß die Ionenverteilung nicht wesentlich geändert wird, so ist die Stromdichte $(n_1 u_1 + n_2 u_2) e \mathfrak{E}$, und da die n proportional $\frac{1}{D}$ sind, sieht man, daß der Strom vom Quotienten $\frac{u}{D}$ abhängen wird. Eine genauere Analyse gibt für das Verhältnis des Stromes i bei der Potentialdifferenz V zum Sättigungsstrom J

$$\frac{i}{J} = \frac{e^{m_2}}{e^{m_2}-1} + \frac{e^{-m_1}}{1-e^{-m_1}} - \frac{1}{m_2} - \frac{1}{m_1}, \quad \text{wo} \quad m = \frac{uV}{D} \text{ ist.}$$

Für den Fall, der immer zutrifft, solange man es mit normalen einwertigen Gasionen zu tun hat, daß $m_1 = m_2$ ist, wird

$$\frac{i}{J} = \frac{e^m + 1}{e^m - 1} - \frac{2}{m}.$$

Es läßt sich also durch einfache Strommessungen im Plattenkondensator bei genügend kleinem Plattenabstand der Quotient bestimmen. Derartige Messungen hat SALLES[1]) ausgeführt. Die Resultate werden wieder im Zusammenhang mit der Frage nach der Valenz der Gasionen unter Ziff. 50 behandelt werden.

b) Wiedervereinigung[2]).

30. Allgemeines. In einem ionisierten sich selbst überlassenen Gase ist die Änderung der Ionendichte mit der Zeit gegeben durch die Gleichung

$$\frac{dn}{dt} = -\alpha n^2. \tag{1}$$

Der Koeffizient α heißt Wiedervereinigungskoeffizient, wohl auch Molisierungskoeffizient. Seine Dimension ist $[\alpha] = \frac{1}{t}$. Da die Messung stets Elektrizitätsmengen und nicht Ionenzahlen gibt, so wird nicht α, sondern $\frac{\alpha}{e}$ gemessen, wo e die Ladung eines Ions bedeutet. Solange diese nicht genügend sicher bekannt war, war es üblich, nicht α, sondern $\frac{\alpha}{e}$ anzugeben. Heute kann $e = 4{,}77 \cdot 10^{-10}$ stat. Einh. gesetzt werden. Im folgenden sind stets die direkt beobachteten Werte $\frac{\alpha}{e}$ und die mit $e = 4{,}77 \cdot 10^{-10}$ berechneten Werte von α selbst angegeben.

Unter den Meßmethoden können wieder direkte und indirekte unterschieden werden. Bei den direkten wird die in einer bestimmten Zeit durch Wiedervereinigung allein erfolgte Abnahme der Ionendichte bestimmt. Die indirekten benützen die Abhängigkeit der bei einer bestimmten Spannung durch ein ionisiertes Gas gehenden Ströme von der Wiedervereinigung u. dgl. Bei allen Versuchen zur Bestimmung von α ist Sorge zu tragen, daß der Ionenverlust durch Diffusion gegen den Verlust durch Wiedervereinigung möglichst zurück-

---

[1]) E. SALLES, Le Radium Bd. 10, S. 119. 1913.
[2]) Eine Übersicht nach dem Stande von 1906 hat F. HARMS, Jahrb. d. Radioakt. Bd. 3, S. 321. 1906 gegeben.

gedrängt wird. Die das Gas enthaltenden Gefäße, Kondensatoren, Rohre usw. haben daher möglichst weit zu sein, ferner kann die Anwesenheit von Staub u. dgl. den scheinbaren Wiedervereinigungskoeffizienten wesentlich erhöhen, weil die sich an die Staubteilchen ansetzenden Ionen infolge ihrer außerordentlich herabgesetzten Beweglichkeit bei vielen der üblichen Anordnungen nicht mehr mitgemessen und daher einen erhöhten Verlust durch Wiedervereinigung vortäuschen werden. Darauf, daß letzterer Vorgang für das Verschwinden der normalen Ionen in der freien Atmosphäre fast ausschließlich maßgebend ist, hat SCHWEIDLER[1]) aufmerksam gemacht.

Eine Messung des Koeffizienten α ist nur dann möglich, wenn sich ein bestimmter Wert für die Ionendichte n angeben läßt, wenn also diese Dichte zwar nicht unbedingt räumlich konstant, aber doch eine Funktion des Abstandes von einer der Elektroden ist. Dies ist aber nicht mehr der Fall bei der Ionisation durch α-Strahlen, da hier die Ionen außerordentlich dicht längs der Bahnen der einzelnen α-Teilchen liegen. Eine Bestimmung der Ionendichte in einem von α-Strahlen durchsetzten Volumen gibt ein ganz falsches Bild von der Ionenverteilung und kann daher auch zu ganz falschen α-Bestimmungen führen. Diese Anomalien bei Ionisation durch α-Strahlen haben sich zuerst durch die außerordentliche Schwierigkeit bemerkbar gemacht, in diesem Falle Sättigung zu erzielen, zu deren Erklärung W. H. BRAGG und R. D. KLEEMAN[2]) eine besondere Art von anfänglicher Wiedervereinigung (Initial recombination) der frischgebildeten Ionen annahmen, während LANGEVIN und MOULIN[3]) und JAFFÉ[4]) die Erscheinung durch die Ionisation in Kolonnen erklärten (ds. Handb. XXIV). Einwendungen gegen letztere Deutung geben OGDEN[5]) u. a. In geringerem Maße macht sich Kolonnenionisation bei Ionisierung durch β-Strahlen bemerkbar und, da bei Ionisation durch Röntgen- und γ-Strahlen stets auch sekundäre Elektronenstrahlen auftreten, kann hier dasselbe gelten.

31. Direkte Methoden zur Bestimmung der Wiedervereinigung. Strömungsmethode [RUTHERFORD[6]), TOWNSEND[7])]. Ein Gasstrom streicht mit gemessener Geschwindigkeit durch ein Rohr. An einer Stelle des Rohres wird er der Wirkung eines Ionisators ausgesetzt und gelangt von da nach Durchlaufen einer veränderlichen Strecke d zu einem Drahtnetz und durch das Drahtnetz zu einer axialen Elektrode, deren Auf- oder Entladung elektrometrisch gemessen wird. Das Drahtnetz dient dazu, das Feld, unter dessen Einfluß die Ionen nach der Elektrode wandern, schärfer zu begrenzen. Die von der Elektrode in einer bestimmten Zeit aufgenommene Ladung Q wird für zwei verschiedene Abstände d_1 und d_2 gemessen. Aus der Gleichung (1), Ziff. 30 folgt

$$\frac{1}{Q_2} - \frac{1}{Q_1} = \frac{\alpha}{e} t, \tag{2}$$

wenn t die Zeit ist, die das Gas zur Durchmessung der Strecke d_2 weniger d_1 braucht. Ist W die Geschwindigkeit des Gasstromes, so ist

$$t = \frac{d_2 - d_1}{W} \quad \text{und} \quad \frac{\alpha}{e} = \left(\frac{1}{Q_2} - \frac{1}{Q_1}\right) \frac{W}{d_2 - d_1}.$$

---

[1]) E. SCHWEIDLER, Wiener Ber. (IIa) Bd. 127, S. 953. 1918; Bd. 128, S. 947. 1919. Vgl. auch A. D. POWER, Journ. Frankl. Inst. Bd. 196, S. 327. 1923 (nach Science Abstracts Bd. 27, S. 42. 1924).
[2]) W. H. BRAGG u. R. D. KLEEMAN, Phil. Mag. (6) Bd. 11, S. 466. 1906.
[3]) M. MOULIN, Ann. chim. phys. Bd. 21, S. 550. 1910; Bd. 22, S. 26. 1911.
[4]) G. JAFFÉ, Ann. d. Phys. (4) Bd. 42, S. 303. 1913; Phys. ZS. Bd. 15, S. 353. 1914.
[5]) H. OGDEN, Phil. Mag. (6) Bd. 26, S. 991. 1913.
[6]) E. RUTHERFORD, Phil. Mag. (5) Bd. 44, S. 422. 1897.
[7]) J. S. TOWNSEND, Phil. Trans. (A) Bd. 193, S. 129. 1900.

Mit dem Pendelunterbrecher [RUTHERFORD[1]), R. K. McCLUNG[2])].
Das Gas zwischen zwei Elektroden wird durch Röntgenstrahlen ionisiert. Ein Pendel unterbricht zunächst ($t = 0$) den Strom durch das Induktorium, das die Röntgenröhre speist. Hierauf verbindet es nach einer bestimmten Zeit $t = \tau$, die variiert werden kann, die eine Elektrode mit einer Spannungsquelle, so daß alle Ionen eines Vorzeichens in ganz kurzer Zeit an die andere Elektrode getrieben werden. Die Ladung Q dieser Elektrode wird mit dem Elektrometer gemessen, und zwar für zwei verschiedene Werte von t, τ_1 und τ_2; α berechnet sich dann aus Gleichung (2), wo $t = \tau_2 - \tau_1$ zu setzen ist.

Eine Modifikation dieser Methode hat McCLUNG angewendet. Es wird die nach Erreichung des stationären Zustandes unmittelbar nach Abstellung der Röntgenstrahlung abscheidbare Ladung $Q = n_0 e$ bestimmt und außerdem die Sättigungsstromstärke während der Wirkung der Röntgenstrahlen, für welche die Beziehung gilt (vgl. Ziff. 5) $i = e q d$, wo d die Distanz zwischen den Elektroden (Plattenkondensator) und $q = \alpha n^2$ ist. Es ist also

$$\frac{\alpha}{e} = \frac{i}{dQ^2}.$$

Man versichert sich durch Variation der Zeit, während welcher der Ionisator wirkt, daß bei dem Versuche wirklich der stationäre Zustand schon eingetreten ist.

G. RÜMELIN[3]) verfolgt den Anstieg der Ionisation nach der Gleichung (s. Ziff. 5) $n = k \dfrac{e^{2k\alpha t} - 1}{e^{2k\alpha t} + 1}$, wo $k = \sqrt{\dfrac{q}{\alpha}}$ ist. Statt den Ionisator ein- und auszuschalten, wird ein starkes Feld zwischen den Elektroden aus- und eingeschaltet. Das Ausschalten wird in bezug auf die Ionisation wie ein Inbetriebsetzen des Ionisators wirken; es wird ebenso wie die Verbindung einer Elektrode mit dem Elektrometer durch einen rotierenden Kommutator bewirkt.

32. Indirekte Methoden zur Bestimmung der Wiedervereinigung. Messung des Stromes bei niedriger Feldstärke und bei hoher Feldstärke. Diese Methode ist als erste von J. J. THOMSON und RUTHERFORD[4]) in ihrer grundlegenden Arbeit benützt worden. Es gilt nach Ziff. 5 für den stationären Zustand die Gleichung

$$q - \frac{\alpha i^2}{(u_1 + u_2)^2 e^2 \mathfrak{E}^2} - \frac{i}{ed} = 0.$$

Die Spannung bzw. die Stromdichte ist hierbei so klein zu wählen, daß die Feldverteilung nicht merklich gestört wird, so daß $\mathfrak{E} = \dfrac{V}{d}$ ist, wo V die Potentialdifferenz der Platten, d ihr Abstand ist. Die Sättigungsstromdichte J ist anderseits gleich qed, so daß

$$\frac{\alpha}{e} = \frac{J - i}{i^2} \frac{(u_1 + u_2)^2 \mathfrak{E}^2}{d},$$

wofür, da i klein gegen J ist, auch gesetzt werden kann

$$\frac{\alpha}{e} = \frac{J}{i^2} \frac{(u_1 + u_2)^2 V^2}{d^3}.$$

---

[1]) E. RUTHERFORD, l. c.
[2]) R. K. McCLUNG, Phil. Mag. Bd. 3, S. 283. 1902.
[3]) G. RÜMELIN, Ann. d. Phys. (4) Bd. 43, S. 821. 1914.
[4]) J. J. THOMSON u. E. RUTHERFORD, Phil. Mag. (5) Bd. 42, S. 392. 1896.

Für den Fall, daß i nicht klein gegen J ist, tritt nach E. RIECKE[1]) an Stelle obiger Gleichung

$$\frac{\alpha}{e} = \frac{J-i}{i^2} \frac{(u_1+u_2)\mathfrak{E}^2}{d}\left(1 - 0{,}20\,\frac{J-i}{i}\right).$$

Diese Beziehung hat RETSCHINSKY[2]) benützt. Über die Anwendung der Theorie von R. SEELIGER s. H. SEEMANN[3]), über den Einfluß der Diffusion auf die Leitung im Plattenkondensator s. G. JAFFÉ[4]).

LANGEVINS[5])Methode. Das Gas zwischen zwei Platten wird durch eine kurzdauernde Röntgenbestrahlung ionisiert. Hierauf wird eine Spannung an die Platten angelegt und die Aufladung einer Platte in ihrer Abhängigkeit von der Spannung gemessen. Es gelten die Gleichungen

$$\frac{dn}{dt} = -\alpha n^2 - \frac{i}{ed}; \quad i = (u_1+u_2)en\mathfrak{E},$$

also

$$\frac{dn}{dt} = -\alpha n^2 - \frac{(u_1+u_2)n}{d}\mathfrak{E}. \tag{1}$$

Die von der Flächeneinheit der Elektrode im ganzen aufgenommene Ladung ist

$$Q = \int_0^\infty i\,dt = e(u_1+u_2)\mathfrak{E}\int_0^\infty n\,dt.$$

Für großes $\mathfrak{E}$ wird

$$Q_\infty = e n_0 d.$$

Durch Einsetzung des aus Gleichung (1) folgenden Wertes von n und Integration ergibt sich

$$Q = \frac{e(u_1+u_2)}{\alpha}\mathfrak{E}\ln\left(1 + \frac{Q_\infty}{\frac{e(u_1+u_2)}{\alpha}\mathfrak{E}}\right), \tag{2}$$

woraus sich $\dfrac{\alpha}{e}$ graphisch oder durch ein Näherungsverfahren bestimmt. LANGEVIN führt statt $\mathfrak{E}$ die Flächendichte der Elektrizität $\sigma = \dfrac{\mathfrak{E}}{4\pi}$ ein, und Gleichung (2) nimmt dadurch die Form an

$$\frac{\varepsilon Q}{\sigma} = \ln\left(1 + \frac{\varepsilon Q_\infty}{\sigma}\right), \quad \text{wo} \quad \varepsilon = \frac{\alpha}{4\pi(u_1+u_2)e}.$$

LANGEVINS Koeffizient ε ist ein von Gas zu Gas verschiedener echter Bruch.

E. BLOCH[6]) wendet die LANGEVINsche Methode auf ein strömendes Gas im Zylinderkondensator an und ermöglicht so die Verwendung eines beliebigen Ionisators. Die Gleichung (2) ist ohne weiteres anwendbar, nur bedeutet Q jetzt die pro Längeneinheit der Zylinderelektrode aufgenommene Ladung.

33. Zahlenwerte für den Wiedervereinigungskoeffizienten. Nachdem die ersten Versuche von J. J. THOMSON und RUTHERFORD die Gültigkeit des fundamentalen Gesetzes $\dfrac{dn}{dt} = -\alpha n^2$ für normale Luft ergeben hatten, konnte McCLUNG die Gültigkeit für Luft bei Drucken zwischen 0,125 und 3 Atm. und

---

[1]) E. RIECKE, Ann. d. Phys. Bd. 12, S. 814, 820. 1903.
[2]) RETSCHINSKY, Ann. d. Phys. Bd. 17, S. 518. 1905.
[3]) H. SEEMANN, Ann. d. Phys. Bd. 38, S. 781. 1912.
[4]) G. JAFFÉ, Ann. d. Phys. (4) Bd. 43, S. 249. 1914; Bd. 75, S. 391. 1924.
[5]) P. LANGEVIN, Thès. Paris 1902.
[6]) E. BLOCH, Thès. Paris 1904.

bei Temperaturen zwischen 15° und 300°C, sowie in Wasserstoff und Kohlendioxyd feststellen. Für einige Dämpfe hat K. Przibram dasselbe gefunden. Die bisher vorliegenden Absolutbestimmungen von α sind in folgender Tabelle 5 zusammengestellt.

Tabelle 5.
Wiedervereinigungskoeffizient in verschiedenen Gasen bei Atmosphärendruck und Zimmertemperatur.

Gas	$\frac{\alpha}{e}$	$\alpha \cdot 10^6$	Beobachter
Luft	3420	1,631	Townsend[1]
,, ...	3384	1,614	McClung[2]
,, ...	3200	1,526	Langevin[3]
,, ...	3300	1,574	Hendren[4]
,, ...	3500	1,669	Erikson[5]
,, ...	3500	1,669	Thirkill[6]
,, ...	3220	1,536	Seemann[7]
Luft, Mittel	3361	1,603	
Sauerstoff	3380	1,612	Townsend
Kohlendioxyd	3500	1,669	,,
,, ...	3492	1,661	McClung
,, ...	3440	1,641	Thirkill
Wasserstoff	3020	1,440	Townsend
,, ...	2938	1,401	McClung
Schwefeldioxyd (680 mm) .	2740	1,307	Thirkill
Kohlenoxyd	1820	0,868	,,
Stickoxydul	2830	1,350	,,
Wasserdampf bei 100° . .	ca. 1800	ca. 0,86	K. Przibram[8]
Äthylalkohol bei 78° . .	ca. 700	ca. 0,33	,,

Abhängigkeit vom Druck. Während McClung aus seinen Versuchen Unabhängigkeit des Wiedervereinigungskoeffizienten vom Drucke folgerte, fand Langevin, daß α unterhalb einer Atmosphäre dem Drucke proportional sei. Das abweichende Ergebnis McClungs führt er auf ungenügende Berücksichtigung der namentlich bei niedrigen Drucken beträchtlichen Diffusionsverluste zurück. L. L. Hendren findet nach einer Modifikation der Methode von McClung unter Benützung von Radium als Ionisator ebenfalls eine Abnahme von α mit sinkendem Drucke bis herab zu 10 mm, aber keine so rasche wie Langevin. Die Diffusionsverluste werden bestimmt und in Rechnung gesetzt, dagegen mag die Verwendung von α-Strahlen Störungen wegen Kolonnenionisation bewirkt haben. Retschinsky findet, daß α zwischen 760 und 200 mm für je 100 mm Druck um etwa 300 sinkt. G. Rümelin findet nur eine ganz geringe Abnahme mit sinkendem Drucke. Thirkill findet dagegen in Übereinstimmung mit Langevin für Luft nahezu proportionale Abnahme bis herab zu 197 mm; er gibt auch Messungsergebnisse ähnlicher Art für CO_2, CO, SO_2 und NO an. Auch Plimpton[9] findet Abnahme von α mit sinkendem Drucke. Die proportionale Abnahme mit sinkendem Druck ist theoretisch die plausibelste und die sie ergebenden Messungen dürften die zuverlässigsten sein. Es muß aber betont

---

[1] J. S. Townsend, Phil. Trans. (A) Bd. 193, S. 157. 1900.
[2] R. K. McClung, Phil. Mag. (6) Bd. 3, S. 283. 1902.
[3] P. Langevin, Ann. chim. phys. (7) Bd. 28, S. 433. 1903.
[4] L. L. Hendren, Phys. Rev. Bd. 21, S. 314. 1905.
[5] H. A. Erikson, Phil. Mag. (6) Bd. 18, S. 320. 1909.
[6] Thirkill, Proc. Roy. Soc. London (A) Bd. 88, S. 488. 1913.
[7] H. Seemann, Ann. d. Phys. Bd. 38, S. 781. 1912.
[8] K. Przibram, Wiener Ber. (IIa) Bd. 118, S. 331. 1909.
[9] Plimpton, Phil. Mag. (6) Bd. 25, S. 65. 1913.

werden, daß die richtige Abschätzung der Diffusionsverluste, der Rolle der Kolonnenionisation und verwandter Erscheinungen recht schwierig ist. Bei hohen Drucken nimmt nach LANGEVIN α mit wachsendem Drucke wieder zu.

Abhängigkeit von der Temperatur. McCLUNG hatte ein starkes Ansteigen von α mit der Temperatur beobachtet. Dieses Resultat ist aber denselben Einwendungen ausgesetzt, wie seine Beobachtungen bei verschiedenem Luftdruck. H. A. ERIKSON[1]) hat unter tunlichster Ausschaltung jener Fehlerquellen Messungen bei verschiedenen Temperaturen ausgeführt und findet Abnahme von α mit steigender Temperatur; die Dichte, nicht der Druck des Gases, ist hierbei konstant. PHILLIPS[2]) mißt bei konstantem Druck und findet für Luft folgende Zahlen in relativem Maß:

Abs. Temperatur	289°	373°	428°	449°	546°
α	1,0	0,500	0,399	0,360	0,178

Unter der Annahme, daß α der Dichte der Luft proportional ist, lassen sich diese Zahlen auf konstante Dichte umrechnen und mit denen von ERIKSON vergleichen (Tab. 6).

Tabelle 6.
Wiedervereinigungskoeffizient für Luft bei verschiedenen Temperaturen.

Abs. Temperatur	ERIKSON	PHILLIPS
94°	4,3	—
205°	3,25	—
285°	2,00	—
289°	—	1,55
337°	1,33	—
373°	1,00	1,00
428°	0,80	0,91
449°	—	0,86
546°	—	0,52

Tabelle 7.
Wiedervereinigungskoeffizient für Kohlensäure und Wasserstoff bei verschiedenen Temperaturen.

CO_2		H_2	
$t°C$	α	$t°C$	α
100	2,68	23	4,23
68	3,17	−64	7,10
52	3,66	−179	40,08
23	4,65		
0	5,48		
−18	5,44		
−24	5,89		

In CO_2 und in H_2 findet ERIKSON in Tabelle 7 folgende Zahlen bei konstanter Dichte in willkürlichen Einheiten:

PLIMPTON fand, daß α von der Zeit (dem Alter der Ionen) abhängt, wie folgende Tabelle zeigt:

Tabelle 8.
Abhängigkeit der Wiedervereinigungskoeffizienten vom Alter der Ionen.

Zeit nach Schluß der Ionisierung	Luft		CO_2	
Sek.	768 mm	411 mm	760 mm	382 mm
0,00 bis 0,05	11540	7150	10000	7500
0,05 ,, 0,15	6100	4580	7100	6100
0,15 ,, 0,25	4680	3280	6700	5610
0,25 ,, 0,35	4600	2820	6500	5310
0,35 ,, 1,06	3960	—	4880	—

Ähnliches geht auch aus den Versuchen von RÜMELIN hervor. Es ist jedoch wahrscheinlich, daß hier Kolonnenionisation mitspielt, die anfangs besonders ausgeprägt sein, mit der Zeit aber infolge des Verschwimmens der Kolonnen durch Diffusion verschwinden wird, wie PLIMPTON dies auch im Falle der Ionisation

---
[1]) H. A. ERIKSON, Phil. Mag. (6) Bd. 18, S. 328. 1909.
[2]) P. PHILLIPS, Proc. Roy. Soc. London (A) Bd. 83, S. 246. 1910.

mit Röntgenstrahlen (sekundäre β-Strahlen) auseinandersetzt. Für diese Deutung sprechen die Beobachtungen von PLIMPTON, daß ein während der Ionisation wirkendes elektrisches Feld die hohe scheinbare Anfangswiedervereinigung erniedrigt, da ja im Felde die Ionen aus den Kolonnen herausgezogen werden, daß ferner die Abnahme der hohen Anfangswiedervereinigung in CO_2 langsamer erfolgt als in Luft mit dem größeren Diffusionskoeffizienten.

c) Adsorption.

34. Das Wesen der Ionenadsorption. Treffen Ionen auf die unelektrische Oberfläche eines festen oder flüssigen Körpers auf, so werden sie daselbst, von allfälligen Molekularkräften ganz abgesehen, durch die elektrostatische Anziehung (Bildkraft) festgehalten. Diese Kraft wird die Ionen schon aus einer gewissen Entfernung zur Oberfläche heranziehen. Allerdings sind die in Betracht kommenden Entfernungen sehr klein, worauf EBERT[1]) in seinem Bericht über Ionenadsorption hinweist. Ist e die Ladung eines Ions, a der Abstand des Ions von der Oberfläche, so ist die senkrecht zur Oberfläche wirkende Anziehungskraft seitens der Oberfläche gleich $\frac{e^2}{4a^2}$. Unter dem Einflusse dieser Kraft bewegt sich das Ion mit seiner bekannten Beweglichkeit. Befindet sich das Ion im Abstand $a = 0,1$ cm von der Oberfläche, so ist seine Geschwindigkeit von der Größenordnung 10^{-6} cm/sek. Ist der Abstand aber nur 10^{-4} cm, so ist die Geschwindigkeit schon von der Größenordnung 1 cm/sek. Die Zeiten, in denen ein negatives Ion aus einer Entfernung von 0,1 und 10^{-4} cm an die Wand herangezogen wird, findet EBERT zu 2 Stunden 25 Min. bzw. $8,7 \cdot 10^{-6}$ Sek. Im ersteren Falle genügt die leiseste Luftströmung, um das Ion von der Wand wegzutreiben. Die Adsorption beschränkt sich daher auf eine sehr dünne Schichte in nächster Nähe der Wand. Ihre Wirkung erstreckt sich aber weiter in das Innere des Gases dank der Diffusion, welche die durch Adsorption bewirkte Verarmung an Ionen an der Wand wieder auszugleichen sucht. Diffusion und Adsorption hängen auf das innigste zusammen.

Quantitativ hat E. RIECKE[2]) die Adsorption zu fassen gesucht durch den Ansatz $\nu = \varkappa V n$. Hier ist ν die in der Zeiteinheit von der Flächeneinheit der Oberfläche adsorbierte Ionenanzahl, V die mittlere molekulare Geschwindigkeit des Ions, n die räumliche Ionendichte, $\varkappa$ ist der Adsorptionskoeffizient. Alle angeführten Größen können für die Ionen beider Vorzeichen verschiedene Werte haben. Weiter ausgearbeitet ist die Theorie bisher nicht. Eine Abhängigkeit des Adsorptionskoeffizienten vom Material der Wand scheint kaum zu bestehen. Eine solche hätte sich bei den Diffusionsversuchen durch Röhrchen aus verschiedenem Material bemerkbar machen müssen (vgl. Ziff. 27). Der von RIECKE eingeführte Adsorptionskoeffizient enthält also keine charakteristische Materialkonstante der adsorbierenden Oberfläche.

Da im allgemeinen die Beweglichkeit der negativen Ionen größer ist als die der positiven, werden in der Zeiteinheit bei gleicher Ionendichte beider Vorzeichen mehr negative Ionen adsorbiert werden als positive, was zu mannigfachen Aufladeerscheinungen Veranlassung gibt. Voraussetzung für den ungestörten Verlauf der Adsorptionsvorgänge ist freilich die sofortige Ableitung der der Oberfläche durch überwiegende Adsorption eines Vorzeichens zugeführten Ladung, da durch die Aufladung selbst abstoßende Kräfte auf die Ionen des betreffenden Vorzeichens und anziehende Kräfte auf die Ionen des anderen Vorzeichens ge-

---

[1]) H. EBERT, Jahrb. d. Radioakt. Bd. 3, S. 61. 1906.
[2]) E. RIECKE, Göttinger Nachr. 1903, S. 83.

weckt werden, die den Unterschied in der Adsorptionsgeschwindigkeit ausgleichen und eine weitere Aufladung verhindern. Ferner kommt es nur dann zum Auftreten freier Ladungen an der adsorbierenden Oberfläche, wenn dafür gesorgt wird, daß der Überschuß der Ionen, die langsamer adsorbiert werden (der positiven), der sich durch die raschere Adsorption der Ionen des anderen Vorzeichens in der Nähe der Oberfläche einstellt und eine Art Doppelschichte bildet, weggeschafft wird, etwa durch einen Luftstrom. Aufladungen infolge von Kontaktpotentialen — zwei Metallplatten in einem ionisierten Gase wirken wie ein galvanisches Element — haben mit der hier besprochenen Ionenadsorption eigentlich nichts zu tun.

35. Elektrisierung durch Ionenadsorption. ZELENY[1]) hat als erster derartige Aufladungen beobachtet. Er schickte einen Luftstrom durch ein Metallrohr; an einer Stelle des Rohres wurde die Luft durch Röntgenstrahlen ionisiert und gelangte dann weiter durch die engen Zwischenräume eines zusammengerollten Blechstreifens und schließlich durch ein isoliertes zweites Rohrstück, das einen Glaswollepfropfen enthielt und mit einem Elektrometer verbunden werden konnte. Es zeigte sich hier ein Überwiegen der positiven Ionen. E. VILLARI[2]) erhielt je nach den Versuchsbedingungen bald positive, bald negative Elektrisierung und glaubte eine Mitwirkung von Reibungselektrizität zwischen Luft und Metall annehmen zu müssen. ZELENY[3]) zeigte aber, daß auch VILLARIS Ergebnisse durch Ionenadsorption zu erklären sind, und erörtert zu diesem Zwecke den Vorgang eingehender. Er denkt sich das ionisierte Gas durch eine lange dünne Röhre (Abb. 13) strömen. Durch die raschere Adsorption der negativen Ionen wird der Teil AB der Röhre einen Überschuß an negativer Ladung erhalten. Durch das Verschwinden eines Teiles der negativen

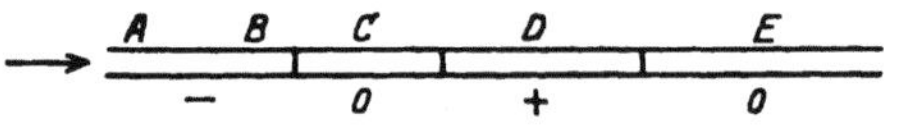

Abb. 13. Zur Elektrisierung durch Ionenadsorption.

Ionen wird aber das Überwiegen der negativen Adsorption über die positive allmählich ausgeglichen, und es wird eine Stelle der Röhre, etwa C, geben, wo gleichviel positive und negative Ionen adsorbiert werden, also keine Ladung zugeführt wird. Weiter hinaus, etwa bei D, wird die positive Elektrisierung überwiegen, und schließlich, wenn das Rohr lang genug ist, werden etwa bei E gar keine Ionen mehr vorhanden sein und es wird daher auch keine Ladung der Rohrwand zugeführt werden. Denkt man sich das Rohr in gegeneinander isolierte Abschnitte AB, C, D und E geteilt, so muß sich, auf den Ladungszustand geprüft, AB negativ, D positiv geladen, C und E ungeladen zeigen. ZELENY[4]) konnte dieses Verhalten durch Versuche nachweisen. Bei komplizierteren Rohrleitungen, Filtern u. dgl. läßt sich a priori kaum aussagen, wie sich ein gegebenes Stück der Apparatur aufladen wird. Gestützt wird die Erklärung durch die Tatsache, daß der Aufladungssinn sich umkehrt, wenn an Stelle von Luft feuchte Kohlensäure verwendet wird, in welcher die negativen Ionen schwerer beweglich sind als die positiven.

Statt das ionisierte Gas durch ein ruhendes Rohr zu schicken, kann man Tropfen durch das ionisierte Gas fallen lassen. So erhielt A. SCHMAUSS[5]) und, wenn auch in viel geringerem Maße, R. SEELIGER[6]) negative Ladung auf Wasser-

---

[1]) J. ZELENY, Phil. Mag. (5) Bd. 46, S. 134. 1898.
[2]) E. VILLARI, Phys. ZS. Bd. 2, S. 178. 1900.
[3]) J. ZELENY, Phys. ZS. Bd. 4, S. 667. 1903.
[4]) Vgl. auch E. DORN, Phys. ZS. Bd. 2, S. 239. 1900.
[5]) A. SCHMAUSS, Ann. d. Phys. Bd. 9, S. 224. 1902.
[6]) R. SEELIGER, Ann. d. Phys. Bd. 31, S. 500. 1910.

tröpfchen, die durch ionisierte Luft fielen, G. C. SIMPSON[1]) in ähnlicher Weise auf Sandkörnern. R. LEHNHARDT[2]) konnte bei derartigen Versuchen mit Tropfen und Stahlkugeln feststellen, daß die Adsorption der Beweglichkeit der Ionen proportional ist.

Seit man dank der EHRENHAFT-MILLIKANschen Methode der Beobachtung an Einzelteilchen in der Lage ist, Ladungsänderungen durch einzelne Ionen feststellen zu können, kann die Ionenadsorption wesentlich exakter untersucht werden. So fand MILLIKAN[3]), daß seine kleinen Öltröpfchen durch Ionisierung der Luft aufgeladen werden, daß z. B. negative geladene Tropfen weiter negative Ionen aufnehmen, daß die Ladung aber einen gewissen Wert nicht übersteigen kann. So beobachtete er und sein Mitarbeiter H. FLETCHER ein Tröpfchen einmal 4 Stunden lang, das 126 bis 150 negative Elementarquanten trug und in der langen Beobachtungsdauer nur einmal ein negatives Ion einfing, während niedriger geladene Tröpfchen bei gleicher Ionisierung sehr häufig negative Ladungen aufnahmen. Die Erklärung ist die, daß die Arbeit, welche zur Annäherung des Ions an den Tropfen gegen die Abstoßung seiner gleichnamigen Ladung durch die Molekularbewegung des Ions geleistet werden muß, eine Ionenaufnahme also nur so lange erfolgen kann, als die potentielle Energie der Abstoßung kleiner ist als die mittlere kinetische Energie eines Ions oder einer Molekel, bis also $\dfrac{ne^2}{r} = \dfrac{\overline{mc^2}}{2}$, wo n die Zahl der Elementarquanten auf dem Tröpfchen, r sein Radius ist. In der Tat findet MILLIKAN im Falle jenes lange beobachteten Tröpfchens

$$\dfrac{ne^2}{r} = 4,6 \cdot 10^{-14} \text{ bis } 5,47 \cdot 10^{-14} \text{ Erg, während } \dfrac{\overline{mc^2}}{2} = 5,76 \cdot 10^{-14} \text{ erg.}$$

Man ist hier also tatsächlich an der Grenze der Aufladungsmöglichkeit.

Hierher gehören auch die Versuche von F. HAUER[4]), der die Bewegung von Rauchteilchen u. dgl. in einem Kondensator mit ionisierter Luft beobachtete. Er führt die Aufladung der Teilchen ebenfalls auf die Molekularbewegung des Gases zurück und kann die Tatsache, daß sich ein Teilchen in der Nähe einer Elektrode dieser entgegengesetzt auflädt (infolge des Überwiegens der einen Ionenart), auch an größeren an Fäden aufgehängten Probekörpern nachweisen. W. DEUTSCH[5]) hat im Anschluß an HAUER diese Überlegungen auf die Auflagung von Teilchen in einem Zylinderkondensator mit Stoßionisation angewendet und kommt zu dem Resultat, daß Teilchen mit Radien von 10^{-6} bis 10^{-3} cm sich so aufladen, daß ihre Beweglichkeit fast unabhängig von ihrem Radius von der Größenordnung 1 cm/sek wird[6]).

Auf die Rolle der Adsorption bei der Bildung der langsamen Ionen wurde schon hingewiesen. Einen rechnerischen Ansatz hat C. BARUS[7]) gemacht und E. v. SCHWEIDLER[8]) ausführlich diskutiert. SCHWEIDLER findet, daß in der freien

---

[1]) G. C. SIMPSON, Phil. Mag. (6) Bd. 6, S. 589. 1903.
[2]) R. LEHNHARDT, Ann. d. Phys. (4) Bd. 42, S. 45. 1913.
[3]) R. A. MILLIKAN, Phys. ZS. Bd. 11, S. 1102. 1910.
[4]) F. v. HAUER, Ann. d. Phys. (4) Bd. 61, S. 303. 1920.
[5]) W. DEUTSCH, Ann. d. Phys. (4) Bd. 68, S. 335. 1922; siehe auch P. ARENDT und H. KALLMANN, ZS. f. Phys. Bd. 35, S. 421. 1926.
[6]) Auf ein ähnliches Verhalten von Teilchen in Wasser hat G. v. HEVESY aufmerksam gemacht, Jahrb. d. Radioakt. Bd. 11, S. 419. 1914; Bd. 13, S. 271. 1916.
[7]) C. BARUS, Ann. d. Phys. (4) Bd. 24, S. 225. 1907.
[8]) E. v. SCHWEIDLER, Wiener Ber. (IIa) Bd. 127, S. 953. 1918; Bd. 128, S. 947. 1919; vgl. auch A. D. POWER, Journ. Frankl. Inst. Bd. 196, S. 327. 1923 (nach Science Abstracts Bd. 27, S. 42. 1924); W. SCHLENK, Wiener Ber. (IIa) Bd. 133, S. 29. 1924; J. J. NOLAN, R. K. BOYLAN u. G. P. DE LACHY, Nature Bd. 115, S. 589. 1925.

Atmosphäre die Anlagerung von Ionen an Kerne die Wiedervereinigung weit überwiegt, so daß das Verschwinden der normalen Ionen nicht so sehr durch αn^2 als durch bn gegeben ist, wo b, der „Verschwindungskoeffizient", von der Zahl der vorhandenen Kerne abhängt. Über die Bedeutung der Ionenadsorption für die atmosphärische Elektrizität vgl. H. EBERTS Bericht[1]); praktisch wird sie bei der Rauch- und Staubbekämpfung durch Spitzenentladung ausgenützt.

D. Kinetische Theorie der Ionenkonstanten.
a) Beweglichkeit.

36. Allgemeines. Das allgemeine Problem, das hier vorliegt, ist die Zurückführung der Konstanten der Ionentheorie der Elektrizitätsleitung in Gasen: Beweglichkeit, Diffusionskoeffizient und Wiedervereinigungskoeffizient auf die unmittelbaren Eigenschaften der Ionen (Radius, Masse, Ladung) und auf Größen, die das Gas, in dem sich die Ionen bewegen, charakterisieren. Für die Beweglichkeit eines Ions wird die Reibung maßgebend sein, die es in dem betreffenden Gase erfährt, und man könnte versuchen, die innere Reibung des Gases zur Berechnung der Beweglichkeit heranzuziehen unter Verwendung der bekannten Gesetze, welche die Hydrodynamik für die Bewegung eines Körpers im widerstehenden Mittel angibt. Allein die Teilchen, mit denen man es hier zu tun hat, haben, wie sich zeigen wird, wenigstens im Falle der normalen Ionen, molekulare Dimensionen. Für solche gelten aber in einem Gase die Gesetze, die für ein hydrodynamisches Kontinuum aufgestellt werden, nicht mehr. Man muß zur kinetischen Gastheorie greifen, und als für das Gas charakteristische Größen sind dementsprechend die molekularen Dimensionen, Geschwindigkeiten usw. einzuführen.

Was speziell die Beweglichkeit betrifft, so gestaltet sich die Bewegung eines elektrisch geladenen Teilchens unter der Wirkung eines elektrischen Feldes in einem Gase nach dem molekularkinetischen Bilde folgendermaßen: Das Teilchen besitzt zunächst dank seiner Molekularbewegung eine beliebige, nach dem MAXWELLschen Verteilungsgesetze aber von der wahrscheinlichsten in nur sehr seltenen Fällen um ein Vielfaches abweichende Geschwindigkeit in einer gegen die Feldrichtung beliebig geneigten Richtung. Unter der Einwirkung des Feldes wird es eine parabolische Bahn beschreiben, bis es so nahe an eine Molekel des Gases herankommt, daß seine Bahnrichtung und -geschwindigkeit eine plötzliche, meist unter dem Bilde des elastischen Stoßes veranschaulichte Veränderung erfährt. Auf der nächsten freien Weglänge beschreibt das Teilchen wieder eine Parabel, und das Ergebnis während einer längeren Zeit kann man auffassen als Übereinanderlagerung der ungeordneten Molekularbewegung und einer fortschreitenden Bewegung in der Feldrichtung. Die konstante, bei Beobachtung über eine Zeit, die groß ist gegenüber der Zeit zwischen zwei Stößen, sich ergebende Wanderungsgeschwindigkeit in der Feldrichtung ist aufzufassen als ein Mittelwert der mittleren Geschwindigkeiten der gleichförmig beschleunigten Bewegungskomponenten in der Feldrichtung über eine große Zahl von freien Weglängen. Die Einstellung eines konstanten Mittelwertes der Geschwindigkeit in der Feldrichtung rührt daher, daß das Ion bei seinem Zusammenstoß mit den Molekeln diesen von seiner im elektrischen Felde empfangenen Bewegungsgröße abgibt. Der erreichte konstante Mittelwert bedeutet, daß im Mittel so viel Bewegungsgröße an die Molekeln abgegeben wird, als das Ion auf seiner freien Weglänge durch das elektrische Feld empfängt. Es handelt sich darum, diese abbremsende Wirkung der Molekularstöße auf das im Feld bewegte Ion zu berechnen.

---

[1]) H. EBERT, Jahrb. d. Radioakt. Bd. 3, S. 61. 1906.

37. Theorien ohne Berücksichtigung der Persistenz der Bewegung.
Eine Gruppe von Theorien nimmt an, daß das Ion bei einem einzigen Stoß sofort vollständig abgebremst wird. Es besteht keine Tendenz, trotz des Stoßes einen Rest des im Felde erlangten Geschwindigkeitszuwachses in der Feldrichtung beizubehalten. Die in diesem Fall gültigen Formeln sind aus der Elektronentheorie der metallischen Leitung übernommen worden, wo sie von E. RIECKE[1]) und P. DRUDE[2]) unter verschiedener Mittelwertbildung abgeleitet worden sind.

Für die Beweglichkeit ergibt sich nach RIECKE der Ausdruck $\frac{2}{3}\frac{e\lambda}{mV}$, nach DRUDE $\frac{1}{2}\frac{e\lambda}{mV}$, wo e die Ladung des Elektrons, m seine Masse, V die mittlere Geschwindigkeit seiner ungeordneten Bewegung und λ seine mittlere freie Weglänge ist. Auf Ionen in Gasen hat P. LANGEVIN[3]) diese Überlegungen angewendet und findet unter Berücksichtigung der Ungleichheiten der freien Weglängen $u = \frac{e\lambda}{mV}$. Die Ableitung gestaltet sich folgendermaßen. Das Ion fliegt während der Zeit $\frac{x}{V}$ (x freie Weglänge, V Geschwindigkeit des Ions) zwischen zwei Stößen frei unter dem Einflusse des Feldes $\mathfrak{E}$ und legt daher in der Richtung des Feldes die Strecke

$$l = \frac{1}{2}\frac{\mathfrak{E}e}{m}\cdot\frac{x^2}{V^2}$$

zurück. Die Wahrscheinlichkeit, daß eine Weglänge zwischen x und $x + dx$ beträgt, ist aber $e^{-\frac{x}{\lambda}}dx$. Die Zahl der Stöße pro Sek. ist $\frac{V}{\lambda}$, die Zahl jener Stöße pro Sek., die nach Durchlaufung einer Weglänge zwischen den Grenzen x und $x + dx$ erfolgen, ist daher $\frac{V}{\lambda}e^{-\frac{x}{\lambda}}dx$. Die Wanderungsgeschwindigkeit unter Berücksichtigung der Ungleichheiten der einzelnen von 0 bis ∞ reichenden Weglängen wird

$$w = \frac{\mathfrak{E}e}{2mV^2}\int_0^\infty x^2\cdot\frac{V}{\lambda}e^{-\frac{x}{\lambda}}dx = \frac{\mathfrak{E}e\lambda}{mV},$$

woraus sich, da $w = u\,\mathfrak{E}$ ist, der obige Ausdruck ergibt.

J. J. THOMSON[4]) hat die DRUDEsche Formel $u = \frac{1}{2}\frac{e\lambda}{mV}$ zur Abschätzung von Ionengrößen benützt. Diesen Ansätzen haftet der durch die eingangs erwähnte Vernachlässigung der Bewegungspersistenz bedingte Mangel an, so daß sie mit einiger Berechtigung nur auf Teilchen angewendet werden können, die klein sind gegen die Molekel, also auf freie Elektronen, für welche sie ja zunächst gemacht wurden. Auch da aber gebietet die starke Abhängigkeit des Zahlenkoeffizienten von der Art der Mittelwertbildung Vorsicht. Die freie Weglänge eines Elektrons in einem Gase ist, falls der Wirkungsquerschnitt der Molekel beim Zusammenstoß mit dem Elektron dem gastheoretischen Querschnitt gleichgesetzt werden kann, nach der Beziehung: Weglänge eines Teilchens von mittlerer Geschwindigkeit V gleich $\frac{V}{n\pi s^2\sqrt{V^2 + W^2}}$, das $4\sqrt{2}$-fache der freien Weglänge einer Molekel, da in diesem Falle $V \gg W$ ist. Da aber der Wirkungsquerschnitt

---

[1]) E. RIECKE, Wied. Ann. Bd. 66, S. 376. 1898.
[2]) P. DRUDE, Ann. d. Phys. (4) Bd. 1, S. 575. 1900.
[3]) P. LANGEVIN, Ann. chim. phys. (7) Bd. 28, S. 289. 1903.
[4]) J. J. THOMSON, Conduction of Electricity in Gases, 2. Aufl., S. 74.

(s. Ziff. 44) eine komplizierte Funktion der Elektronengeschwindigkeit ist, so kann diese einfache Berechnungsweise nicht allgemein angewendet werden.

38. LENARDS Theorie[1]). Der erste, der die Persistenz der Bewegung berücksichtigte, war LENARD[2]), der schon im Jahre 1900 einen auf ein weites Intervall von Teilchengrößen anwendbaren Ausdruck für die Ionenbeweglichkeit aufgestellt und in späteren Arbeiten zum Teil gemeinsam mit D. WEICK und H. F. MAYER immer weiter ausgebaut hat[3]). In seiner Arbeit vom Jahre 1900 über die Elektrizitätszerstreuung in ultraviolett durchstrahlter Luft gibt LENARD folgende Berechnung der Beweglichkeit eines geladenen Teilchens (Träger) in einem Gase. „Jeder Träger wird Zusammenstößen mit den Molekülen der Luft ausgesetzt sein. Wir nehmen an, daß in Hinsicht der durch einen solchen Zusammenstoß bewirkten mittleren Geschwindigkeitsänderung Träger und Luftmoleküle als kugelförmige Massen m und M betrachtet werden können, die nur zentrale Kräfte aufeinander ausüben. Ist dann der augenblickliche Wert der Wanderungsgeschwindigkeit des betrachteten Trägers unmittelbar vor einem Zusammenstoß v, so findet man durch Anwendung des Prinzips vom Schwerpunkt und des der lebendigen Kraft die nach dem Stoße übrigbleibende Geschwindigkeitskomponente in Richtung von v, d. i. in Richtung des vorhandenen elektrischen Feldes im Mittel für alle vorkommenden Arten des Zusammenstoßes $= \dfrac{vm}{(m+M)}$"[4]). Die Verminderung der augenblicklichen Wanderungsgeschwindigkeit v des Trägers durch einen Zusammenstoß ist daher im Mittel $\dfrac{vM}{(m+M)}$. Im Falle des stationären Zustandes wird dieser Geschwindigkeitsverlust ausgeglichen durch die zwischen je zwei Zusammenstößen stattfindende Beschleunigung des Trägers im elektrischen Felde $\mathfrak{E}$ infolge seiner elektrischen Ladung e, so daß ist

$$\frac{e}{m}\mathfrak{E}\frac{\lambda}{V} = v\frac{M}{m+M},$$

wo λ die mittlere freie Weglänge, V die mittlere Geschwindigkeit der Molekularbewegung des Trägers ist, welch letztere groß gegen die Wanderungsgeschwindigkeit v und derselben superponiert angenommen wird[5]). Die beobachtete Wanderungsgeschwindigkeit w ist die mittlere Geschwindigkeit der gleichförmig beschleunigten Bewegung des Trägers zwischen zwei Zusammenstößen

$$w = v\frac{m}{m+M} + \frac{e}{2m}\mathfrak{E}\frac{\lambda}{V},$$

oder mit dem aus der vorhergehenden Gleichung folgenden Werte von v

$$w = \frac{\lambda}{V}e\mathfrak{E}\left(\frac{1}{M} + \frac{1}{2m}\right).$$

Nun ist die mittlere freie Weglänge λ einer in geringer Menge in einem Gase vorhandenen fremden Molekülgattung, als welche wir die Träger ansehen, gleich $\dfrac{V}{n\pi s^2 \sqrt{V^2 + W^2}}$, wo W die mittlere molekulare Geschwindigkeit des Gases,

---

[1]) Eine Übersicht über die Untersuchungen LENARDS und eine Kritik anderer Beweglichkeitstheorien gibt H. F. MAYER, Jahrb. d. Radioakt. Bd. 18, S. 201. 1922.
[2]) P. LENARD, Ann. d. Phys. (4) Bd. 3, S. 298. 1900..
[3]) P. LENARD, Ann. d. Phys. (4) Bd. 60, S. 329. 1919; Bd. 61, S. 665. 1920.
[4]) Diese Berechnung findet sich durchgeführt bei H. F. MAYER, Ann. d. Phys. Bd. 62, S. 358. 1920.
[5]) Die LENARDschen Bezeichnungen sind zum Teil abgeändert, um sie mit den sonst im vorliegenden benutzten Symbolen in Übereinstimmung zu bringen.

n die Zahl der Moleküle in der Volumeinheit und $s = r + R$ die Summe der mittleren Radien von Träger und Molekül ist[1]). Dies benutzt, wird die Wanderungsgeschwindigkeit

$$w = \frac{e\mathfrak{E}}{n\pi s^2 \sqrt{V^2 + W^2}} \left(\frac{1}{M} + \frac{1}{2m} \right).$$

Sei (a) die Masse der Träger m klein gegen die Masse der Gasmoleküle M, so wird bei Einführung der Gasdichte $\varrho = nM$

a) $\quad w_a = \dfrac{1}{2\pi} \dfrac{e\mathfrak{E}}{\varrho s^2 W} \sqrt{\dfrac{M}{m}};$

sei (b) $m = M$, so wird

b) $\quad w_b = \dfrac{3}{2\pi\sqrt{2}} \dfrac{e\mathfrak{E}}{\varrho s^2 W};$

sei endlich (c) m groß gegen M, so ist

c) $\quad w_c = \dfrac{1}{\pi} \dfrac{e\mathfrak{E}}{\varrho s^2 W}.$"

Im weiteren Verlaufe seiner Untersuchung (1919) berücksichtigt LENARD auch die Ungleichheiten der einzelnen Geschwindigkeiten und Weglängen und findet, daß zu der oben angegebenen Formel noch der Faktor

$$\Omega_\mu = \frac{8(1-\mu)}{\pi(1+\mu)} + \frac{2\mu}{1+\mu}$$

zu treten hat. Hier ist $\mu = \dfrac{m}{m+M}$. Auch der Einfluß der Bewegung der Gasmolekel auf die Geschwindigkeitsverluste des Teilchens bei den Zusammenstößen wird von LENARD ermittelt, und unter ihrer Berücksichtigung ergibt sich der vollständige Ausdruck

$$w = \frac{e\mathfrak{E}}{\pi\varrho s^2 W} \cdot \left\{ \frac{3(1+\mu)}{2\sqrt{\mu}(3+\mu)} \cdot \Omega_\mu \right\}.$$

Der Klammerausdruck nimmt für verschiedene Werte von μ folgende Werte an:

μ	$w / \dfrac{e\mathfrak{E}}{\pi \varrho s^2 W}$	Entspricht etwa folgenden Trägerarten
0	∞	—
0,00002	284,5	freie Elektronen in N_2
0,0003	73,5	,, ,, ,, H_2
0,5	1,38	monomolekulare Ionen
0,7	1,046	—
0,9	0,837	normale Gasionen
1,0	0,750	grobe Partikel

39. Verschiedene Annahmen über die Stöße; Anschluß an die hydrodynamische Theorie. Bisher war die Rechnung unter der Annahme elastischer Stöße zwischen den kugelförmig gedachten Teilchen durchgeführt worden. LENARD hat aber auch (1919—1920) andere Stoßansätze durchgeführt, und zwar betrachtet er außer dem Falle A (elastische Stöße, soviel wie spiegelnde Reflexion) noch die folgenden:

---

[1]) J. C. MAXWELL, Phil. Mag. (4) Bd. 19, S. 29. 1860.

B. Diffuse Reflexion: die auf das Teilchen auftreffenden Gasmolekel werden so zurückgeworfen, „daß jede Richtung des Fortgehens innerhalb der vom getroffenen Oberflächenelement nach außen gerichteten Halbkugel gleich wahrscheinlich ist".

C. Aufnahme der Gasmolekeln in die Partikeloberfläche und späterer Wiederaustritt bei rotierendem oder gut wärmedurchlässigem Partikel: jede Austrittsrichtung ist gleich wahrscheinlich.

D. Senkrechtes Abdampfen der Molekel bei nichtrotierendem Partikel. Es ergeben sich folgende Ausdrücke für die Beweglichkeiten:

Fall A und C: $\quad w_A = w_C = \dfrac{e\mathfrak{E}}{\pi \varrho s^2 W} \cdot \dfrac{3}{3+\mu} \left(\dfrac{4}{\pi} \dfrac{1-\mu}{\sqrt{\mu}} + \sqrt{\mu} \right)$,

Fall B: $\quad w_B = \dfrac{e\mathfrak{E}}{\pi \varrho s^2 W} \cdot \dfrac{3}{3+\mu} \left(\dfrac{4}{\pi} \dfrac{1-\mu}{\sqrt{\mu}} + \dfrac{4\mu - 1}{4\sqrt{\mu}} \right)$,

Fall D: $\quad w_D = \dfrac{e\mathfrak{E}}{\pi \varrho s^2 W} \cdot \dfrac{3}{3+\mu} \left(\dfrac{4}{\pi} \dfrac{1-\mu}{\sqrt{\mu}} + \dfrac{10\mu - 4}{10\sqrt{\mu}} \right)$.

Für große Partikel ($\mu = 1$) gehen die Ausdrücke über in

$$w_A = w_C = \dfrac{3}{4} \dfrac{e\mathfrak{E}}{\pi \varrho R^2 W}, \quad w_B = \dfrac{9}{16} \dfrac{e\mathfrak{E}}{\pi \varrho R^2 W}, \quad w_D = \dfrac{3}{5} \dfrac{e\mathfrak{E}}{\pi \varrho R^2 W}, \quad \text{wo } R \text{ der}$$

Partikelradius ist. Der Ausdruck W_A wurde schon von LANGEVIN 1905 und von CUNNINGHAM 1910 erhalten. Auf Veranlassung von R. A. MILLIKAN hat P. S. EPSTEIN[1]) die Beweglichkeit kleiner Kugeln in einem Gas berechnet, für den Fall, daß die Kugeln groß gegen die Molekeln sind, und gelangt zu denselben Ausdrücken wie LENARD. Er macht aber darauf aufmerksam, daß die Fälle B und D mit dem zweiten Hauptsatze unvereinbar sind[2]), setzt deshalb die Bedingung für die diffuse Relexion anders an und findet, je nachdem die Geschwindigkeitsverteilung der reflektierten Molekel der Temperatur des Gases, der Temperatur der nichtleitenden Kugel oder der der vollkommen leitenden Kugel entspricht, den Zahlenfaktor von

$$\dfrac{e\mathfrak{E}}{\pi \varrho R^2 W} \quad \text{zu} \quad \dfrac{9}{13}, \quad \dfrac{1}{\dfrac{4}{3\pi} + \dfrac{3}{16}} \quad \text{und} \quad \dfrac{3}{4 + \dfrac{1}{2}\pi}.$$

LENARD sucht auch den Anschluß an die hydrodynamische Theorie der Bewegung im widerstehenden Mittel (STOKES-CUNNINGHAM) und diskutiert die Grenze, bis zu der mit wachsendem Teilchenradius seine Formel noch gültig sein kann. Sie wird ihrer gaskinetischen Herleitung entsprechend nur so lange gelten, als die Bewegung der Gasmolekel, von den direkten Zusammenstößen abgesehen, von der Bewegung des Teilchens nicht gestört wird, und dies ist, wie LENARD bemerkt, der Fall, solange der Teilchenradius R kleiner ist als die mittlere freie Weglänge der Gasmolekel λ, also $R < \lambda$. Andererseits setzt LENARD als Grenze für die Gültigkeit der hydrodynamischen Ausdrücke für die Beweglichkeit $R > d$, wo d der mittlere Abstand der Molekel ist. Da in Gasen $\lambda > d$ ist, so gibt es ein Intervall der Radien, in welchem beide Ausdrücke gelten und daher übereinstimmende Werte liefern müssen. Setzt man in der STOKES-CUNNINGHAMschen Formel $w = \dfrac{e\mathfrak{E}}{6\pi\eta R}\left(1 + A\dfrac{\lambda}{R}\right)$ den Reibungskoeffizienten $\eta = 0{,}31 \varrho W \lambda$

---

[1]) P. S. EPSTEIN, Phys. Rev. (2) Bd. 23, S. 710. 1924.
[2]) Vgl. auch R. A. MILLIKAN, Phys. Rev. (2) Bd. 22, S. 1. 1923.

und $A = 1,5$ für spiegelnde Reflexion nach Mc Keehan, so wird für großes $\frac{\lambda}{R}$ $w = 0,81 \frac{eE}{\pi \varrho R^2 W}$, in guter Übereinstimmung mit W_A für große Teilchen. Lenard gibt folgende Tabelle 9, in welcher die Beweglichkeiten von Teilchen mit Radius R angegeben sind, berechnet nach seiner Formel und nach Stokes-Cunningham, wo $A = 1,4$ gesetzt ist; letzterer Wert bringt den Zahlenkoeffizient

Tabelle 9.
Abhängigkeit der Beweglichkeit von der Teilchengröße nach Lenard.

Partikelradius in 10^{-8} cm	Art der Teilchen	Gaskinetisch		Hydrodynamisch	
		$\frac{w_A}{K}$	u	$\frac{w_A}{K}$	u
0	freies Elektron	$6,7 \cdot 10^{15}$	$10,6 \cdot 10^3$	∞	∞
1,5	Luftmolekel	$8,4 \cdot 10^{12}$	$13,4$	$18,0 \cdot 10^{12}$	$28,6$
10		$3,1 \cdot 10^{11}$	$0,49$	$3,9 \cdot 10^{10}$	$0,62$
20		$8,9 \cdot 10^{10}$	$0,14$	$9,9 \cdot 10^{10}$	$0,16$
50		$1,6 \cdot 10^{10}$	$0,025$	$1,6 \cdot 10^{10}$	$0,025$
100	ultramikroskopisch	$0,40 \cdot 10^{10}$	$0,0064$	$0,42 \cdot 10^{10}$	$0,0067$
500		$1,7 \cdot 10^8$	$2,7 \cdot 10^{-4}$	$2,1 \cdot 10^8$	$3,3 \cdot 10^{-4}$
1 000		$4,2 \cdot 10^7$	$6,7 \cdot 10^{-5}$	$6,7 \cdot 10^7$	$10,6 \cdot 10^{-5}$
10 000		$4,2 \cdot 10^5$	$6,7 \cdot 10^{-7}$	$3,2 \cdot 10^6$	$5,1 \cdot 10^{-6}$

der Ausdrücke für w_A in Übereinstimmung. Zu den von Lenard angegebenen Kraftbeweglichkeiten $\frac{w}{K}$ sind auch die durch Multiplikation mit $\frac{4,77 \cdot 10^{-10}}{300} = 1,59 \cdot 10^{-12}$ erhaltenen Voltbeweglichkeiten u in die Tabelle eingetragen. Die fettgedruckten Werte fallen in den Gültigkeitsbereich der betreffenden Formel. Nach Millikans (l. c.) neuesten Messungen an Öltröpfchen ist allerdings für großes $\frac{\lambda}{R}$ $A = 1,15$ zu setzen, wodurch sich die berechneten Beweglichkeiten etwas erniedrigen. Die Frage des Wiederstandsgesetzes kleiner Kugeln wird im Zusammenhange mit der Bestimmung des Elementarquantums behandelt.

Nach Lenard haben auch P. Langevin, J. J. Thomson und J. S. Townsend die Persistenz der Bewegung berücksichtigt. Langevins Theorie wird unter Ziff. 40 besprochen. J. J. Thomson[1]) fügt zu der früher benützten Formel $u = \frac{e\lambda}{mV}$ den Faktor $p\sqrt{\frac{m}{M}}$, wo p ein unbekannter Zahlenkoeffizient ist. In Unkenntnis dieses Faktors kann die Formel numerisch nicht geprüft werden. Townsend[2]) findet, von derselben Beziehung ausgehend, für Ionen, die groß sind im Vergleich zu den Gasmolekeln, unter Berücksichtigung der Persistenz der Bewegung

$$u = \frac{e\lambda}{MV}.$$

40. Berücksichtigung elektrostatischer Kräfte zwischen Ion und Gasmolekel. Langevin[3]) hat nach dem Vorgange Maxwells die beim Stoß zwischen Ionen und Molekeln übertragene Bewegungsgröße unter Berücksichtigung der Geschwindigkeitsverteilung und anziehender Kräfte zwischen Ionen und Molekeln berechnet, wobei allerdings nicht berücksichtigt ist, daß die Bewegung

---

[1]) J. J. Thomson, Proc. Cambridge Phil. Soc. Bd. 15, S. 275. 1909.
[2]) J. S. Townsend, Proc. Roy. Soc. London (A) Bd. 86, S. 197. 1912; s. auch Phil. Mag. (6) Bd. 44, S. 384. 1922.
[3]) P. Langevin, Ann. chim. phys. (8) Bd. 5, S. 245. 1905; siehe auch H. R. Hassé, Phil. Mag. (7) 1, 139, 1926.

Ziff. 40. Kinetische Theorie der Ionenkonstanten.

im Felde zwischen zwei Stößen eine gleichförmig beschleunigte ist, und gewinnt daraus einen Ausdruck für die Beweglichkeit unter der Annahme, das Ion wirke derart auf eine neutrale Molekel wie eine Ladung im Mittelpunkte des Ions auf eine dielektrische Kugel von der Größe der Molekel. Die Anziehungskraft ist dann in erster Annäherung $= \frac{K-1}{2\pi n} \frac{e^2}{r^5}$, wo K die Dielektrizitätskonstante des Gases und n die Zahl der Molekel im Kubikzentimeter bedeutet. Die Beweglichkeit schreibt LANGEVIN in der Form

$$u = \frac{3}{16Y} \frac{\sqrt{\frac{M+m}{M}}}{\sqrt{(K-1)\varrho}},$$

wo Y eine Funktion von

$$\nu = \sqrt{\frac{(K-1)e^2}{8\pi p s^4}}$$

ist. Diese Funktion bzw. den Ausdruck $\frac{3}{16Y}$ gibt LANGEVIN in Kurvenform als Funktion von ν (Abb. 14).

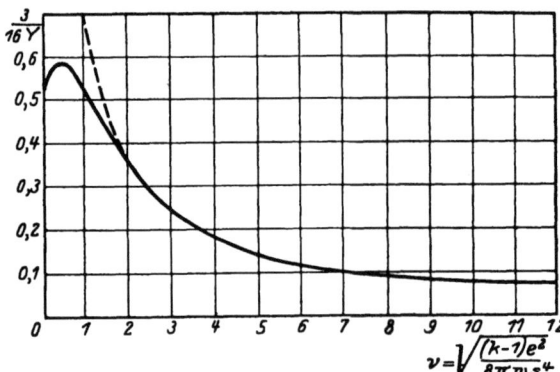

Abb. 14. Zu LANGEVINS Theorie der Ionenbeweglichkeit.

Wenn die Anziehung zu vernachlässigen ist, was sicher für große Teilchen gilt, so wird $\frac{3}{16Y} = \frac{3\nu}{4}$ und nach entsprechender Umformung

$$u = \frac{3}{4\pi} \frac{e}{\varrho s^2 W} \frac{1}{\sqrt{\mu}}.$$

Die von LANGEVIN nicht in geschlossener Form erhaltene Funktion Y konnte REINGANUM[1]) in vollkommener Übereinstimmung mit LANGEVINS Kurve darstellen durch

$$\frac{3}{16Y} = \frac{3\nu}{4\left(1 + 1{,}485\,\nu \cdot 10^{-\frac{0{,}5253}{\nu}}\right)},$$

so daß wird

$$u = \frac{3e\sqrt{\frac{\pi(M+m)}{hMm}}}{8 \cdot ns^2\left(1 + 1{,}485\,\nu \cdot 10^{-\frac{0{,}5253}{\nu}}\right)}, \quad \text{wo } h = \frac{n}{2p}.$$

Während alle bisher besprochenen Theorien, wie weiter unten noch besprochen werden wird, zu große Beweglichkeiten ergeben, falls man die Ionen als einzelne Gasmolekel betrachtet, hat E. M. WELLISCH ebenfalls unter Berücksichtigung der elektrostatischen Anziehung zwischen Ion und Molekel eine Beweglichkeitsformel entwickelt, die unter der Annahme monomolekularer Ionen überraschend gute Übereinstimmung mit den beobachteten Werten liefert. WELLISCH[2]) setzt die elektrostatische Anziehung ebenso an wie LANGEVIN, berechnet die Verkürzung der freien Weglänge durch diese Kraft nach den Sätzen

---
[1]) M. REINGANUM, Phys. ZS. Bd. 12, S. 575. 666. 1911.
[2]) E. M. WELLISCH, Phil. Trans. (A) Bd. 209, S. 249. 1909.

der Zentralbewegung und setzt den so gefundenen Wert der Weglänge in die LANGEVINsche Formel $u = \dfrac{e\lambda}{mV}$ ein. Unter Einführung des Koeffizienten der inneren Reibung η des Gases gelangt er zu der Beziehung

$$u = \frac{A\eta}{\varrho_1 p} 4\sqrt{2} \left(\frac{m}{M}\right)^{\frac{1}{2}} \left(1 + \frac{M}{m}\right)^{-\frac{1}{2}} \left(1 + \frac{s_1}{s}\right)^{-2} \left\{1 + \frac{4(K-1)e^2}{\pi n m \overline{c^2}(s+s_1)^4}\right\},$$

wo s, s_1 Molekel- bzw. Ionendurchmesser und ϱ_1 die Dichte des Gases bei 0° und 760 mm, $\overline{c^2}$ das mittlere Geschwindigkeitsquadrat der Gasmolekel und A das von TOWNSEND für die Gasionen bestimmte Produkt ne ist (Ziff. 45).
Ist $m = M$, so wird

$$u = \frac{A\eta}{\varrho_1 p}\left\{1 + \frac{(K-1)e^2}{4\pi\varrho c^2 s^4}\right\}.$$

Die folgende Tabelle zeigt, daß diese Formel für Gase befriedigende Übereinstimmung mit der Erfahrung, für manche Dämpfe aber zu niedrige Werte liefert.

Tabelle 10. Prüfung der WELLISCHschen Gleichung für Ionenbeweglichkeit.

Gas	u ber.	u_1 beob.	u_2 beob.	Gas	u ber.	u_1 beob.	u_2 beob.
Luft	1,25	1,36	1,87	N_2O	0,81	0,82	0,90
H_2	6,32	6,70	7,95	NH_3	0,21	0,74	0,80
CO	1,16	1,10	1,14	C_3H_6O	0,19	0,34	0,27
N_2	1,31	im Mittel 1,6		C_2H_5Cl	0,11	0,33	0,31
O_2	1,25	1,36	1,80	$C_4H_{10}O$	0,24	0,29	0,31
CO_2	0,87	0,81	0,85	CCl_4	0,20	0,30	0,31

Trotz dieser zum Teil sehr befriedigenden Resultate ist, wie schon REINGANUM bemerkt hat, die Theorie von WELLISCH nicht stichhaltig. Die Verwendung der Formel $u = \dfrac{e\lambda}{mV}$ ist zu verwerfen, da sie die Persistenz der Bewegung nicht berücksichtigt, und so gibt denn auch die Theorie von WELLISCH eine sehr große Abhängigkeit der Beweglichkeit von der Ionenmasse, gegen welche die Beobachtungen an schweren Ionen (radioaktive Restatome, Ionen schwerer Dämpfe in einem leichten Gase) sprechen.

J. J. THOMSON[1]) geht aus vom Diffusionskoeffizienten, wie er von MAXWELL unter Annahme von Kräften prop. $\dfrac{1}{r^5}$ zwischen den Molekeln berechnet worden ist, und erhält unter Berücksichtigung anziehender Kräfte zwischen Ion und Molekel den Ausdruck

$$D = \frac{1}{2h}\sqrt{\frac{m+M}{m}}\sqrt{\frac{8\pi n}{e^2(\mu - 1)}}\frac{1}{A\nu_2},$$

wo μ der statt der Dielektrizitätskonstante eingeführte Brechungskoeffizient des Gases, $A = 2{,}659$, $h = \dfrac{n}{2p}$, n die Zahl der Molekel im Kubikzentimeter bei Atm.-Druck p, ν_2 diese Zahl bei dem jeweils herrschenden Drucke bedeutet. Mittels der TOWNSENDschen Beziehung $u = D\dfrac{ne}{p}$ ergibt sich daraus

$$u = \sqrt{\frac{m+M}{mM}}\sqrt{\frac{8\pi n}{\mu - 1}}\frac{1}{A\nu_2}.$$

---

[1]) J. J. THOMSON, Proc. Cambridge Phil. Soc. Bd. 15, S. 375. 1909.

Dem THOMSONschen Vorgange folgt R. D. KLEEMAN[1]), nur nimmt er die Molekel (Radius a) als vollkommen elektrisch leitend an und setzt dementsprechend die Kraft zwischen Ion und Molekel $\frac{2e^2a^3}{r^5}$ und gelangt unter der Annahme, das Atomvolumen sei proportional $\sqrt{M}$ zu der Formel $u = \frac{K}{\varrho}\left\{\frac{M(M+m)}{m}\right\}^{\frac{1}{4}}$, wo K eine Konstante ist. Auch hier können nur funktionelle Beziehungen, nicht numerische geprüft werden. Das Hauptgewicht der Arbeit KLEEMANS liegt übrigens nicht in dieser Formel, sondern in der Erörterung der Veränderungen der als mehr oder weniger instabile Molekelkomplexe angesehenen Ionen, deren Dissoziation und Wiederbildung auf Grund des chemischen Massenwirkungsgesetzes behandelt werden; dies ist in einfacherer Weise schon früher von O. W. RICHARDSON[2]) geschehen.

K. PRZIBRAM[3]) hat die durch die elektrostatische Anziehung verkleinerte freie Weglänge bzw. den scheinbar vergrößerten Ionenradius, wie die Rechnung von WELLISCH sie ergibt, nicht in jene anfechtbare Formel $u = \frac{e\lambda}{mV}$ eingesetzt, sondern zunächst in den von STEFAN abgeleiteten Ausdruck für den Diffusionskoeffizienten eines Gases in einem anderen Gase, und hat wieder mittels der TOWNSENDschen Beziehung die Beweglichkeit berechnet. Er erhält

$$u = \frac{e\sqrt{\left(1+\frac{m}{M}\right)2p}}{4p\sqrt{\pi\varrho}s^2\left(1+\frac{(K-1)e^2}{4\pi\varrho W^2 s^4}\right)}.$$

Der Vergleich mit der Erfahrung zeigt, daß auch diese Formel trotz der Anziehungskräfte zu große Werte liefert, wenn die Ionen wirklich monomolekular sein sollen.

Auf ganz anderem Wege zieht auch W. SUTHERLAND[4]) die Anziehung zwischen Ion und Molekel in Betracht. Er geht hierbei aus von seiner bekannten Theorie der inneren Reibung, die eine Veränderlichkeit des Molekelradius mit der Temperatur fordert, und gelangt zu einem Ausdruck $u = \frac{A'\vartheta^{\frac{1}{2}}}{1+\frac{C'}{\vartheta}}$, wo ϑ die absolute Temperatur und A' und C' Konstanten sind. Die Messungen von PHILLIPS bei verschiedenen Temperaturen können durch diese Formel gut dargestellt werden und ermöglichen die Bestimmung der Konstanten A' und C' ($A' = 0,222$, $C' = 509,6$ für positive und $A' = 0,222$, $C' = 333,3$ für negative Ionen in Luft). Um die Ergebnisse dieser Theorie mit der Annahme monomolekularer Ionen zu vereinbaren, muß SUTHERLAND annehmen, daß die Reibung des Ions im Gase durch seine elektrische Ladung 8,6mal vergrößert erscheint. Eine theoretische Begründung hierfür wird nicht gegeben, vielmehr diese Reibungsvergrößerung postuliert, um die Annahme monomolekularer Ionen zu ermöglichen.

41. Theorie von LOEB. J. J. THOMSON[5]) hat das Verhältnis der Weglänge des Ions zu der einer Molekel unter Berücksichtigung der elektrostatischen An-

---
[1]) R. D. KLEEMAN, Phys. ZS. Bd. 12, S. 900. 1911.
[2]) O. W. RICHARDSON, Phil. Mag. (6) Bd. 10, S. 242. 1905.
[3]) K. PRZIBRAM, Phys. ZS. Bd. 13, S. 545. 1912.
[4]) W. SUTHERLAND, Phil. Mag. (6) Bd. 18, S. 341. 1909; Bd. 19, S. 817. 1910.
[5]) J. J. THOMSON, Phil. Mag. Bd. 47, S. 342. 1924.

ziehung berechnet zu

$$\frac{\lambda'}{\lambda} = \frac{1}{2,2 \left(\dfrac{2k}{s^4 \dfrac{Mm}{M+m} V^2} \right)^{\frac{1}{2}}},$$

V ist hier die mittlere Relativgeschwindigkeit des Ions gegen die Gasmolekel, k die Konstante des Kraftgesetzes: Kraft $= \dfrac{k}{r^5}$. Macht man den LANGEVINschen Ansatz für die Kraft, so ist $k = \dfrac{(K-1)e^2}{2\pi n_0}$, wo n_0 die Zahl der Molekel pro Kubikzentimeter bei $0°$ und 760 mm ist, wenn K unter diesen Bedingungen bestimmt ist.

L. B. LOEB[1]) führt den so erhaltenen Ausdruck für die freie Weglänge λ' in LANGEVINS Formel von 1905 ein, die unter Vernachlässigung der Anziehung und unter Berücksichtigung des Unterschiedes von W und $\sqrt{\overline{W^2}}$, $W = \sqrt{\dfrac{8}{3\pi}} \sqrt{\overline{W^2}}$, geschrieben werden kann

$$u = 0,815 \frac{e}{M} \frac{\lambda'}{\sqrt{\overline{W^2}}} \sqrt{\frac{M+m}{m}},$$

und erhält so

$$u = 0,815 \frac{e\lambda}{m\sqrt{\overline{W^2}}} \frac{\sqrt{\dfrac{M+m}{m}}}{2,2 \left\{ \dfrac{(K-1)e^2}{\pi n s^4 M \overline{W^2}} \right\}^{\frac{1}{4}}}.$$

Setzt man

$$\lambda = \frac{1}{\pi n s^2} \,^2), \quad n = \frac{n_0 p}{760} \quad \text{und} \quad M = M_0 \mu,$$

wo μ die Masse eines Wasserstoffatoms und M_0 das Molekulargewicht des Gases ist und ferner $m = bM$, so wird

$$u = \frac{0,104 \sqrt{\dfrac{1+b}{b}}}{\dfrac{p}{760} \sqrt{(K-1)M_0}}.$$

Das Merkwürdige an dieser Theorie ist, daß sie die Beweglichkeit vom Radius des Ions unabhängig und von seiner Masse nur nach Maßgabe des Faktors $\sqrt{\dfrac{1+b}{b}}$ abhängig macht, der nur zwischen den Werten 1,41 für monomolekulare Ionen ($b = 1$) bis 1 für große Komplexe variiert. Die Anwendung auf Teilchen, die wesentlich kleiner als die Molekeln sind, also auf freie Elektronen, hält LOEB selbst nicht für zulässig. LOEB hat nach seiner Formel die Beweglichkeiten für eine Reihe von Gasen und Dämpfen unter der nicht stark ins Gewicht fallenden Annahme $b = 1$ berechnet und gibt in folgender Tabelle 11 den Vergleich mit der Erfahrung, und zwar zieht er die für positive Ionen gemessenen Werte heran.

Während die Übereinstimmung in einigen Fällen eine gute ist, z. B. H_2, CO, ist der berechnete Wert in He und noch mehr in Argon zu hoch, in SO_2 und Chlor-

---
[1]) L. B. LOEB, Phil. Mag. Bd. 48, S. 446. 1924.
[2]) Siehe die Berichtigung LOEBS, Phil. Mag. Bd. 49, S. 517. 1925.

Tabelle 11. Berechnung der Beweglichkeit nach LOEB.

Gas	M_0	$(K-1)10^4$	u ber.	u_1 beob.	$u_1\sqrt{M_0}$	$u_1\sqrt{(K-1)M_0}\cdot 10^2$
H_2	2	2,73	6,27	6,02	8,5	14,1
He	4	0,74	8,50	5,09	10,2	8,7
A	40	1,0	2,32	1,37	8,6	8,6$_5$
Luft	28,8	5,9	1,12	1,37—1,6	7,25—8,6	17,6—21
NH_3	17	77,0	0,41	0,74—0,52	3,05—2,14	26,7—18,8
CO_2	44	9,6	0,72	0,81	5,4	16,6
CO	28	6,9	1,04	1,10	5,8	15,4
SO_2	64	90,5	0,20	0,44	3,5	33,5
N_2O	44	10,7	0,68	0,82	5,45	17,9
C_2H_5OH . . .	46	94,0	0,23	0,34	2,3	22,5
CCl_4	154	42,0	0,18	0,30	3,7	24,1
C_2H_5Cl . . .	65,5	155,0	0,14	0,33	2,67	33,2
$C_4H_{10}O$ . . .	74,0	74,2	0,20	0,24	2,07	17,8

äthyl aber nicht einmal die Hälfte des Gemessenen. Bedenkt man, daß die sicher unrichtige Theorie von WELLISCH auch vielfach gute Übereinstimmung gibt, so muß dies zur Vorsicht mahnen. Nimmt man b größer als 1, also Molekelkomplexe an, so verschlechtert sich im allgemeinen die Übereinstimmung weiter[1]).

42. LENARDS Kritik an den Beweglichkeitstheorien. LENARD hat in seinen oben zitierten Abhandlungen die Beweglichkeitstheorien anderer Autoren eingehend und z. T. sehr scharf kritisiert. Seine Kritik richtet sich, abgesehen von der mangelhaften Berücksichtigung der molekularen Ungleichheiten der Geschwindigkeiten und freien Weglängen in manchen der angeführten Theorien, insbesondere gegen zwei Punkte: die Berechnung der Beweglichkeit aus dem Diffusionskoeffizienten, also gegen die TOWNSENDsche Beziehung, und gegen die Einführung der elektrostatischen Anziehungskräfte zwischen Ion und Molekel. Was den ersten Punkt betrifft, weist LENARD darauf hin, daß Diffusion und Bewegung im elektrischen Felde nicht ganz gleichartige Vorgänge sind, da bei der Diffusion die Bewegung der Teilchen zwischen zwei Stößen eine gleichförmige, bei der Wanderung im elektrischen Felde aber eine gleichförmig beschleunigte ist. Unter Berücksichtigung dieses Umstandes findet man, daß die nach der TOWNSENDschen Beziehung aus dem Diffusionskoeffizienten berechneten Beweglichkeiten noch mit $\frac{1+\mu}{2}$ zu multiplizieren sind. Für große Teilchen fällt diese Korrektur fort.

Was den zweiten Punkt betrifft, so leugnet LENARD die Berechtigung, Anziehungskräfte zwischen Ion und Molekel anzunehmen, und stützt seine Stellungnahme insbesondere auf die Erfahrungen über Absorption von Kathodenstrahlen in Gasen. Die Messungen LENARDS und seiner Mitarbeiter schienen darauf zu deuten, daß der Wirkungsquerschnitt der Molekel gegenüber freien Elektronen mit abnehmender Elektronengeschwindigkeit sich einem konstanten Werte nähert, der mit dem gaskinetischen Querschnitte identisch ist. Die neueren Untersuchungen der LENARD-Schule (C. RAMSAUER, H. F. MAYER), von anderer Seite bestätigt und ergänzt, ergeben aber einen weit komplizierteren Befund[2]). Mit abnehmender Elektronengeschwindigkeit geht im Falle der Edelgase der

---

[1]) L. B. LOEB hat in einer neueren Arbeit (Proc. Nat. Acad. Amer. Bd. 11, S. 428, 1925) auf die Ergänzungsbedürftigkeit seiner Theorie hingewiesen; siehe ferner Proc. Nat. Acad. Amer. Bd. 12, S. 42, 1926.
[2]) Vgl. den zusammenfassenden Bericht von R. MINKOWSKI und H. SPONER in den Ergebn. d. exakt. Naturwissensch. Bd. 3, S. 67. 1924.

Wirkungsquerschnitt durch ein Maximum, das ein Vielfaches des gaskinetischen beträgt, bei den kleinsten untersuchten Geschwindigkeiten nimmt er aber wieder ab und sinkt weit unter den gaskinetischen Querschnitt herab; die Atome werden so gut wie vollständig durchlässig. In Stickstoff und Wasserstoff steigt der Wirkungsquerschnitt auf etwa das $1\frac{1}{2}$fache bzw. das 4fache des gaskinetischen, und auch hier sind wenigstens Andeutungen vorhanden, daß er bei den kleinsten Geschwindigkeiten wieder fällt. Hieraus wird man wohl den Schluß zu ziehen haben, daß der bei gewissen Geschwindigkeiten zufällig mit dem Wirkungsquerschnitte zusammenfallende gaskinetische Querschnitt für die Elektronen überhaupt bedeutungslos ist und nicht zur Beurteilung der Frage, ob die Anziehungskräfte in Betracht zu ziehen sind, verwendet werden kann. Im Falle der normalen Gasionen hat man es auch nicht mit freien, sondern mit an Molekel gebundenen Elektronen zu tun, und es wird wohl schwer fallen, sich vorzustellen, eine geladene Molekel übe auf eine ungeladene, jedoch verschiebliche positive und negative Ladungen enthaltende Molekel keine elektrostatischen Kräfte aus. Allerdings wird man nach dem heutigen Stande der Kenntnisse über Atomdynamik nicht ohne weiteres die Berechnung der Kräfte nach der klassischen Theorie als zutreffend betrachten können, geradezu ablehnen kann man sie aber wohl nicht. Eine vollständige Lösung der Probleme der Ionenbewegung wird wohl erst auf Grund brauchbarer Molekelmodelle und weiterer Erfahrungen über den als durch Quantenregeln beherrscht anzusehenden Energieaustausch zwischen Ionen und Molekeln möglich sein.

43. Prüfung der Theorien an der Erfahrung. a) Druck. Solange das Ion als unveränderlich angesehen werden kann, ergeben alle angeführten Formeln für die Beweglichkeit die von der Erfahrung in weiten Grenzen gegebene Beziehung u prop. $\frac{1}{p}$. Die Abweichung von diesem Gesetze im Falle negativer Ionen bei niedrigen Drucken kann gedeutet werden als zeitweiliges Freibleiben von Elektronen.

b) Temperatur. Unveränderlichkeit des Ions vorausgesetzt, verlangen fast alle Theorien umgekehrte Proportionalität der Beweglichkeit mit der Quadratwurzel aus der absoluten Temperatur, da W prop. $\sqrt{\vartheta}$. Die Experimente stimmen darin überein, daß für Temperaturen über 0° die Beweglichkeit sich nur wenig mit der Temperatur ändert. ERIKSON findet bei höheren Temperaturen eine Abnahme mit steigender Temperatur, die mit der Proportionalität mit $\frac{1}{\sqrt{\vartheta}}$ vereinbar wäre. Bei niedrigen Temperaturen nimmt aber die Beweglichkeit nach allen Beobachtungen übereinstimmend mit sinkender Temperatur ab, ein Verhalten, das nur durch eine Veränderung des Ions selbst gedeutet werden kann. LOEBS Theorie fordert Unabhängigkeit der Beweglichkeit von der Temperatur; dieser Autor hält ERIKSONS Messungen bei hohen Temperaturen mit seiner Theorie für vereinbar.

c) Molekulargewicht des Gases. W. KAUFMANN[1]) hatte auf Grund der ersten Beweglichkeitsmessungen erkannt, daß die Beweglichkeit in erster Annäherung der Quadratwurzel aus dem Molekulargewichte des Gases umgekehrt proportional ist, eine Beziehung, die — ebenfalls als erste Näherung — von der kinetischen Theorie gefordert wird; man betrachte etwa den Ausdruck ϱW in der LENARDschen Formel. Es geht daraus hervor, daß bei den normalen Ionen die Summe s aus Molekel- und Ionenradius von Gas zu Gas nicht stark

---

[1]) W. KAUFMANN, Phys. ZS. Bd. 1, S. 22. 1899.

variiert. Die späteren Messungen, insbesondere die Einbeziehung der Dämpfe, haben aber ergeben, daß dies nicht allgemein gelten kann.

d) **Dielektrizitätskonstante.** Bei Berücksichtigung der elektrostatischen Anziehung zwischen Ion und Molekel tritt noch die Abhängigkeit von $K-1$ hinzu, die nach der LOEBschen Formel sogar gleichwertig wird mit der Abhängigkeit vom Molekulargewicht; LOEB findet die Beziehung u prop. $\dfrac{1}{\sqrt{(K-1)M_0}}$ besser erfüllt als die Beziehung u prop. $\dfrac{1}{\sqrt{M_0}}$. Die Zahlen der zwei letzten Spalten der Tabelle 11, Ziff. 41, die auf Grund der von LOEB gegebenen Daten berechnet worden sind, zeigen aber, daß weder die eine noch die andere Beziehung dem ganzen Beobachtungsmaterial gerecht wird; weder $u\sqrt{M_0}$ noch $u\sqrt{(K-1)M_0}$ kann als konstant betrachtet werden. Es sind also noch andere Variable in Betracht zu ziehen, in erster Linie wohl der Ionenradius.

e) **Ionenradius.** Daß die LOEBsche Theorie die beobachteten Werte der Beweglichkeit nicht richtig wiedergibt, ist schon bemerkt worden. Bei allen anderen Theorien tritt der Radius des Ions ein, und ohne über diesen eine Annahme zu machen, läßt sich ein Vergleich mit der Erfahrung nicht durchführen. Die Annahme, Ion = Molekel, führt nicht zum Ziele, da die einzige Theorie, die unter diesen Umständen die beobachteten Beweglichkeitswerte befriedigend wiedergibt, nämlich die von WELLISCH, prinzipiell unrichtig ist und auch in anderer Beziehung (starke Massenabhängigkeit der Beweglichkeit) zu Widersprüchen mit der Erfahrung führt. Außer den hier genannten Theorien von LOEB und WELLISCH führen alle Theorien zu einem Ionenradius, der größer ist als der Molekelradius. Erörterungen über die Ionengröße folgen im Kapitel über die unmittelbaren Eigenschaften der Ionen.

f) **Ionenladung.** Die Theorie verlangt für große Ionen in Übereinstimmung mit der Erfahrung an mikroskopischen Teilchen Proportionalität von Beweglichkeit und Ionenladung. Für kleine (normale) Gasionen liegen nur die Versuche von FRANCK und WESTPHAL vor, nach welchen die Beweglichkeit zweifach geladener Ionen derjenigen einfach geladener praktisch gleich ist. Die LENARDsche Theorie muß zur Deutung dieses Befundes annehmen, die Größe des Ionenkomplexes (s^2) wachse mit Vergrößerung der Ladung[1]). Die Theorien von J. J. THOMSON (Ziff. 40), und von LOEB geben unmittelbar Unabhängigkeit der Beweglichkeit von der Ladung. LANGEVINS Theorie fordert dies nur für verschwindenden Ionenradius.

44. Gasgemische. Je nach der Theorie, von der ausgegangen wird, und je nach dem Grade der Mittelwertbildung gelangt man zu verschiedenen Formeln für die Beweglichkeit in Gasgemischen. Solch eine Formel ist angegeben worden von J. J. THOMSON[2])

$$u_{12} = \frac{2{,}659}{n_1 \sqrt{\dfrac{mM_1}{m+M_1}} \sqrt{\dfrac{\mu_1-1}{8\pi n}} + n_2 \sqrt{\dfrac{mM_2}{m+M_2}} \sqrt{\dfrac{\mu_2-1}{8\pi_1 n}}}.$$

Es ist n die Zahl der Molekel im Kubikzentimeter Gas bei Atmosphärendruck, μ_1 und μ_2 die Brechungsquotienten der beiden Gase bei diesem Drucke, n_1 und n_2 die Zahl der Molekel der beiden Gase im Kubikzentimeter, m die Ionenmasse, M_1 und M_2 die Masse der Molekel der beiden Gase.

---

[1]) Ähnlich der Kompensation einer Ladungszunahme an Teilchen in Wasser durch vermehrte Hydratation; G. v. HEVESY, Jahrb. d. Radioakt. Bd. 11, S. 419. 1914; Bd. 13, S. 271. 1916.

[2]) J. J. THOMSON, Proc. Cambridge Phil. Soc. Bd. 15, S. 375. 1909.

ALTBERG[1]) leitet aus der LENARDschen Theorie die Mischungsformel ab

$$u_{12} = \frac{e}{\pi V} \frac{1}{n_1 s_1^2 \sqrt{\frac{m+M_1}{M_1}} + n_2 s_2^2 \sqrt{\frac{m+M_2}{M_2}}} \left\{ \frac{n_1 s_1^2 \sqrt{\frac{m+M_2}{M_1}} + n_2 s_2^2 \sqrt{\frac{m+M_1}{M_2}}}{n_1 s_1^2 \sqrt{M_1(m+M_2)} + n_2 s_2^2 \sqrt{M_2(m+M_1)}} + \frac{1}{2m} \right\}.$$

V ist die Molekulargeschwindigkeit des Ions.

PRZIBRAM[2]) setzt $u_{12} = \dfrac{A}{p \sqrt{M_{12} s_{12}^2}}$, berechnet M_{12} und s_{12} nach der Mischungsformel

$$M_{12} = \frac{p_1 M_1 + p_2 M_2}{p_1 + p_2}, \quad s_{12}^2 = \frac{p_1 s_1^2 + p_2 s_2^2}{p_1 + p_2},$$

Tabelle 12. Ionenbeweglichkeit in Gasgemischen.
Luft-CO_2-Gemisch; Messungen von A. BLANC.
Gesamtdruck 760 mm Hg.

Negative Ionen			Positive Ionen		
Partialdruck Luft %	u beob.	u ber.	Partialdruck Luft %	u beob.	u ber.
100	2,00	—	100	1,27	—
91,3	1,92	1,86	84,1	1,20	1,18
80,7	1,78	1,73	58,1	1,06	1,05
71,1	1,65	1,59	40,1	0,96	0,97
51,7	1,39	1,39	16,1	0,90	0,88
45,9	1,37	1,35	0	0,83	—
32,4	1,29	1,25			
20,1	1,16	1,15			
0	1,03	—			

H_2-Jodäthyl-Gemisch; Messungen von E. M. WELLISCH.

Partialdruck in mm		Gesamtdruck	Positive Ionen	
CH_3J	H_2		u beob.	u ber.
70	59	129	2,52	2,88
70	183	253	2,18	2,80
70	315	385	2,06	2,56
70	687	757	2,00	2,04
51	16	67	3,8	3,86
51	61	112	3,51	3,98
51	334	385	3,00	3,18
51	714	765	2,65	2,34
25	85	110	5,90	7,5
25	360	385	4,00	4,88
25	732	763	3,50	3,49
12	373	385	5,95	6,88
12	751	763	4,45	4,42
6	379	385	9,50	8,85
6	757	763	5,20	5,23
0	760	760	**6,7**	
760	0	760	**0,25**	

---

[1] W. ALTBERG, Ann. d. Phys. (4) Bd. 37, S. 849. 1912.
[2] K. PRZIBRAM, Phys. ZS. Bd. 13, S. 545. 1912.

wo p_1, p_2 die Partialdrucke sind und s_1^2 und s_2^2 durch die Beweglichkeiten u_1, u_2 in den Komponenten ausgedrückt werden können, und findet schließlich

$$u_{12} = \frac{p\sqrt{p_1 + p_2}\, u_1 u_2 \sqrt{M_1 M_2}}{\sqrt{M_1 p_1 + M_2 p_2}\,(p_1 u_2 \sqrt{M_2} + p_2 u_1 \sqrt{M_1})}.$$

Vorstehender Vergleich (Tab. 12) mit den Messungen von BLANC und WELLISCH zeigt, inwieweit die hier benützte Mittelwertbildung genügt. G. ROTHGIESSER[1]) findet eine allerdings nur grobe Übereinstimmung dieser Formel und ihren Messungen in $CO_2 : H_2$-Gemischen.

b) Diffusionskoeffizient und Wiedervereinigung.

45. Diffusion. Die TOWNSENDsche Beziehung. Der Diffusionskoeffizient ist durch die TOWNSENDsche Beziehung $u = \frac{ne}{p} D$ mit der Beweglichkeit verknüpft. Diese Beziehung läßt sich am einfachsten auf folgende Weise ableiten: Ist n_1 die Zahl der Ionen pro Kubikzentimeter, $\frac{dn_1}{dx}$ das Konzentrationsgefälle, so gehen pro Sekunde $D \frac{dn_1}{dx}$ Ionen durch die Querschnittseinheit. Dies ist gleichbedeutend mit einer Bewegung jedes einzelnen Ions mit der Geschwindigkeit $\frac{1}{n_1} D \frac{dn_1}{dx}$ in der X-Richtung. Durch Einführung eines Partialdruckes der Ionen p_1 kann man diesen Ausdruck auch schreiben $\frac{1}{p_1} D \frac{dp_1}{dx}$. Nun ist aber $\frac{dp_1}{dx}$ die Kraft auf die Ionen in der Volumseinheit, $\frac{D}{p_1}$ also die Geschwindigkeit unter der Kraft 1. Andererseits ist u die Geschwindigkeit eines Ions im Felde 1, die Kraft auf ein Ion mit der Ladung e ist dann gleich e. Die Kraft auf die Ionen im Kubikzentimeter $= n_1 e$ oder die Geschwindigkeit unter der Kraft 1 auf die Ionen in der Volumseinheit $= \frac{u}{n_1 e}$. Es ist also $\frac{u}{n_1 e} = \frac{D}{p_1}$ oder $u = \frac{n_1 e D}{p_1}$, wo statt $\frac{n_1}{p_1}$ die universelle Konstante $\frac{n}{p}$ gesetzt werden kann, wenn n die Zahl der Gasmolekel im Kubikzentimeter beim Drucke p ist. Nach LENARD tritt allerdings zu D noch der Faktor $\frac{1+\mu}{2}$ hinzu. Jedem Ausdrucke für die Beweglichkeit entspricht demnach auch ein Ausdruck für den Diffusionskoeffizienten. Häufig ist umgekehrt die Beweglichkeit aus dem gaskinetisch berechneten Diffusionskoeffizienten berechnet worden.

46. Wiedervereinigung. LANGEVIN[2]) berechnet die Zahl der Ionen eines Zeichens, die infolge der Anziehung durch ein Ion des anderen Vorzeichens durch eine dieses Ion umschließende Kugelfläche gehen, und findet sie unabhängig vom Radius a dieser Fläche, sofern a groß ist gegen die freie Weglänge des Ions und klein gegen den mittleren Abstand der Ionen, $= 4\pi(u_1 + u_2) e n_1$. Er schließt hieraus, daß $4\pi(u_1 + u_2) e$ einen Grenzwert für den Wiedervereinigungskoeffizienten bedeutet, der erreicht wird, wenn jeder Zusammenstoß zweier Ionen entgegengesetzten Vorzeichens zur Wiedervereinigung führt. Der beobachtete Wert von α zeigt aber, daß im allgemeinen nur ein Bruchteil (einige Zehntel) der Stöße zur Wiedervereinigung führt, der durch LANGEVINS Koeffizienten ε

---
[1]) G. ROTHGIESSER, Diss. Freiburg i. B. 1913.
[2]) P. LANGEVIN, Ann. chim. phys. (7) Bd. 28, S. 433. 1903.

gegeben ist. TOWNSEND[1]) weist darauf hin, daß nach LANGEVINS Theorie kein Grund hierfür einzusehen ist, und daß LANGEVIN den Einfluß der Diffusion vernachlässigt hat. TOWNSEND berücksichtigt die Diffusion und findet jene durch eine Kugelfläche um ein Ion hindurchgehende Zahl der Ionen nicht mehr unabhängig vom Radius a dieser Fläche. Jenseits von $a = 10^{-4}$ cm macht sich gegenüber der Molekularbewegung des Ions das Feld überhaupt nicht bemerkbar, wohl aber bei $a = 10^{-5}$ cm, und für $a = 10^{-6}$ cm ist die Zahl der hindurchgehenden Ionen etwa 70 mal so groß, als wenn die Anziehung nicht bestände. Die Diffusion ist nach TOWNSEND die Ursache, daß nicht alle nach LANGEVIN berechneten Zusammenstöße, d. h. Durchgänge durch eine Kugelfläche von beliebigem Radius um das Ion zur Wiedervereinigung führen. Bei hohen Drucken tritt der Einfluß der Diffusion zurück, und $\frac{\alpha}{e}$ nähert sich merklich dem Werte $4\pi(u_1 + u_2)$, LANGEVINS Koeffizient ε nähert sich der Einheit, wie folgende Messungsergebnisse LANGEVINS zeigen:

Tabelle 13. Änderung des LANGEVINschen Koeffizienten ε mit dem Druck.

Luft		CO_2	
p	ε	p	ε
152 mm	0,01	135 mm	0,01
375 ,,	0,06	352 ,,	0,13
760 ,,	0,27	550 ,,	0,27
1550 ,,	0,62	758 ,,	0,51
2320 ,,	0,80	1560 ,,	0,95
5 Atm.	0,9	2380 ,,	0,97

Einsetzung dieser Werte in $\frac{\alpha}{e} = 4\pi(u_1 + u_2)\varepsilon$ und Berücksichtigung von u prop. $\frac{1}{p}$ zeigt, daß bei hohen Drucken im Gegensatze zum Verhalten bei Drucken unter einer Atmosphäre α mit wachsendem Drucke abnimmt.

O. W. RICHARDSON[2]) stellt, um die Änderung von ε mit dem Drucke theoretisch zu deuten, folgende Überlegung an: Ein mit einer gewissen Geschwindigkeit durch die LANGEVINsche Kugelfläche hindurchgehendes Ion wird im allgemeinen keine geschlossene Bahn um das Ion im Zentrum der Kugelfläche beschreiben, sondern es wird nach den Gesetzen der Zentralbewegung nach Durchlaufen eines Perihels wieder aus der Kugelfläche heraustreten und sich ins Unendliche entfernen. Findet aber im Innern jener Fläche ein Zusammenstoß des Ions mit einer Molekel statt, so wird dadurch seine kinetische Energie vermindert und die Bildung einer geschlossenen Bahn um das andere Ion (Wiedervereinigung) begünstigt werden können[3]). RICHARDSON berechnet die Wahrscheinlichkeit dafür, daß 1, 2, 3 usw. Stöße eines Ions in der Kugelfläche vom Radius r stattfinden als Funktion des Kugelradius bzw. des Quotienten $x = \frac{r}{\lambda}$, wo λ die mittlere freie Weglänge des Ions, also dem Drucke proportional ist. Die Wahrscheinlichkeiten sind

$$1 + \frac{e^{-2x} - 1}{2x}; \quad \left(1 + \frac{e^{-2x} - 1}{2x}\right)(1 - e^{-x}); \quad \left(1 + \frac{e^{-2x} - 1}{2x}\right)(1 - e^{-x})^2; \quad \text{usw.}$$

---
[1]) J. S. TOWNSEND, Electricity in Gases. S. 206f. 1915.
[2]) O. W. RICHARDSON, Phil. Mag. (6) Bd. 10, S. 242. 1905.
[3]) Diese sowie die weiter unten besprochenen analogen Betrachtungen J. J. THOMSONS über Wiedervereinigung und Komplexbildung werden sich wohl unschwer auch in die Sprache der Quantentheorie übertragen lassen; man vgl. die „Dreierstöße" in den Überlegungen von M. BORN und J. FRANCK über die Bildung von Molekeln, ZS. f. Phys. Bd. 31, S. 411. 1925.

Durch diese Wahrscheinlichkeiten soll LANGEVINS Koeffizient ε, der Bruchteil der in die Kugelfläche eintretenden Ionen, die zur Wiedervereinigung gelangen, dargestellt werden. Der Vergleich mit LANGEVINS Bestimmungen zeigt, daß die Druckabhängigkeit von ε richtig wiedergegeben wird, wenn alle Ionen, die 4 Stöße erleiden, zur Wiedervereinigung gelangen, ferner die meisten, die 3 Stöße, und etwa $\frac{1}{6}$ derjenigen, die nur 2 Stöße erleiden.

Von ähnlichen Anschauungen wie RICHARDSON ist J. J. THOMSON[1]) ausgegangen. In einer neueren Arbeit[2]) gibt er eine sehr eingehende Theorie der Wiedervereinigung. Die Wiedervereinigung wird als Problem der Zentralbewegung aufgefaßt. Befinden sich zwei Ionen entgegengesetzten Vorzeichens in der Entfernung d voneinander, so tritt Wiedervereinigung, d. h. die Bildung einer geschlossenen Bahn nur dann ein, wenn die kinetische Energie der beiden Ionen kleiner ist als $\frac{e^2}{d}$. Setzt man die mittlere kinetische Energie der Ionen gleich der der Gasmolekel, also $= \beta\vartheta$, wo $\beta = \frac{3}{2}R$ ist, so kann jene Bedingung für die Wiedervereinigung geschrieben werden $\beta\vartheta < \frac{e^2}{d}$. Es können im Abstande d befindliche Ionen aber auch bei größerer kinetischer Energie zur Vereinigung gelangen, nämlich dann, wenn sie innerhalb von d durch einen Zusammenstoß mit einer Gasmolekel eine Erniedrigung der kinetischen Energie erfahren; der Stoß mit einer Molekel soll genügen, um die kinetische Energie auf den Mittelwert herabzusetzen. Es ist also jeder Stoß eines Ions mit einer Molekel, der im Abstande $r < \frac{e^2}{\beta\vartheta}$ vom anderen Ion stattfindet, wirksam, die Trennung der Ionen zu verhindern. Die Zahl dieser Stöße ergibt sich zu

$$\pi d^2 n_1 n_2 \{U_1^2 + U_2^2\}^{\frac{1}{2}} \left[1 - \frac{\lambda_1}{2d}\left(1 - e^{-\frac{2d}{\lambda_1}}\right) + 1 - \frac{\lambda_2}{2d}\left(1 - e^{-\frac{2d}{\lambda_2}}\right) \right],$$

wo $d = \frac{e^2}{\beta\vartheta}$, n_1 und n_2 die beiden Ionendichten, λ_1 und λ_2 die freien Weglängen beider Ionen, U_1^2 und U_2^2 ihre mittleren molekularen Geschwindigkeitsquadrate sind, und α ist gleich diesem Ausdrucke dividiert durch $n_1 n_2$. Ist $\frac{d}{\lambda}$ klein, also der Druck klein, so ist

$$\alpha = 2\pi (U_1^2 + U_2^2)^{\frac{1}{2}} d^3 \left(\frac{1}{\lambda_1} + \frac{1}{\lambda_2}\right),$$

ist $\frac{d}{\lambda}$ und daher der Druck groß, so ist

$$\alpha = 2\pi (U_1^2 + U_2^2)^{\frac{1}{2}} d^2;$$

demnach ist α für große Drucke unabhängig vom Druck, für kleine dem Drucke proportional wegen $\frac{1}{\lambda}$ prop. p. Die Theorie stimmt also mit dem experimentellen Befund bei mäßigen Drucken, gibt aber nicht die von LANGEVIN beobachtete Abnahme von α bei sehr hohen Drucken (vgl. Ziff. 33 u. d. Ziff. oben). α ergibt sich nach dieser Theorie als proportional $\vartheta^{-\frac{5}{2}}$ bei niedrigen und $\vartheta^{-\frac{3}{2}}$ bei hohen Drucken. Die Messungen ergeben in der Tat starke Abnahme von α mit wachsender Temperatur. Zur strengen Prüfung der Abhängigkeit reicht aber die Zuverlässigkeit des Beobachtungsmaterials kaum aus. Numerisch berechnet THOMSON α bei 0° und Atmosphärendruck für Sauerstoff unter der Annahme, die mittlere Geschwindigkeit und Weglänge des Ions seien gleich der der Molekel, zu $1{,}96 \cdot 10^{-6}$

---
[1]) J. J. THOMSON, Conduction of Electricity through Gases, 2. Aufl. 1906, S. 24.
[2]) J. J. THOMSON, Phil. Mag. Bd. 47, S. 337. 1924.

in befriedigender Übereinstimmung mit dem gemessenen Werte $1,6 \cdot 10^{-6}$. Er bemerkt hierzu, daß wahrscheinlich eine Fehlerkompensation stattfindet, indem λ für das Ion wahrscheinlich infolge der elektrostatischen Anziehung kleiner ist als für eine Molekel, seine Geschwindigkeit aber, wenn es ein Molekelkomplex ist, ebenfalls kleiner als die der Molekel anzunehmen ist. THOMSON berechnet bei dieser Gelegenheit den Einfluß der Anziehung eines Ions auf eine neutrale Molekel unter der Annahme, diese Kraft sei der 5. Potenz des Abstandes umgekehrt proportional, und gelangt für die freie Weglänge λ_1 des Ions zu dem Ausdruck

$$\lambda_1 = \frac{\lambda}{2,2 \left(\frac{2k}{s^4} \frac{Mm}{M+m} \cdot V^2 \right)^{\frac{1}{4}}},$$

wo λ die freie Weglänge der Molekel, k der Koeffizient des Kraftgesetzes $\frac{k}{r^5}$ und V die mittlere Relativgeschwindigkeit der Teilchen ist.

E. Die unmittelbaren Eigenschaften der Ionen.
a) Die Ladung der Ionen.

47. Vergleich mit dem einwertigen elektrolytischen Ion nach TOWNSEND. Die Versuche zur direkten Bestimmung des elektrischen Elementarquantums, die, mit den Untersuchungen der Cambridger Schule beginnend, schließlich zur Präzisionsmessung MILLIKANS geführt haben, wurde in Kapitel 1 besprochen. Hier soll nur die Frage erörtert werden, ob die normalen Gasionen ein Elementarquantum oder mehrere tragen.

Die TOWNSENDsche Beziehung bietet einen von der direkten Ladungsmessung unabhängigen Weg, dies zu entscheiden. Nach dieser Beziehung ist $ne = \frac{u}{D}p$, wo n die Anzahl der Molekel eines Gases im Kubikzentimeter beim Drucke p ist. Wird $p = 10^6$ gesetzt und u auf ein Feld von 1 Volt bezogen, so ist $ne = 3 \cdot 10^8 \cdot \frac{u}{D}$.

Bei der elektrolytischen Wasserstoffabscheidung geben 9650 e. m. E. 1 Grammion, also $1 g = \frac{1}{2}$ Mol. Wasserstoff; sein Volumen bei Atmosphärendruck ist 11200 cm³ bei 0° oder 11810 bei 15°. 1 cm³ wird also durch $\frac{9650}{11810} = 0,817$ e. m. E. oder $2,451 \cdot 10^{10}$ e. s. E. abgeschieden. Diese Zahl ist die Ladung eines Ions, multipliziert mit der Anzahl der Ionen im Kubikzentimeter. Da aber die Volumeinheit Wasserstoff nur halb soviel Molekel enthält als Atome (elektrolytische Ionen), so ist ne in diesem Falle gleich $\frac{2,451 \cdot 10^{10}}{2} = 1,225 \cdot 10^{10}$. TOWNSEND hat zuerst aus den von ihm bestimmten Werten der Diffusionskoeffizienten und den ZELENYschen Beweglichkeitswerten ne für die Gasionen bestimmt und folgende Zahlen mal 10^{10} gefunden:

Tabelle 14. Zur Bestimmung der Ionenladung aus Diffusion und Beweglichkeit.

Gas	Trocken		Feucht	
	+	−	+	−
Luft	1,45	1,31	1,28	1,29
O_2	1,63	1,36	1,34	1,27
CO_2	0,99	0,93	1,01	0,87
H_2	1,63	1,25	1,24	1,18

Später hat Townsend[1]) nach der Ziff. 28 besprochenen Methode direkt das Verhältnis $\frac{u}{D}$, also auch ne bestimmt und für negative Ionen, die entweder durch Röntgenstrahlen oder durch Licht erzeugt wurden, folgende Werte mal 10^{10} bei Drucken von 3 bis 25 mm Hg erhalten: Luft 1,23, Sauerstoff 1,23, Wasserstoff 1,24 und Kohlendioxyd 1,23. Für die positiven, durch an blanken Metallflächen erzeugte sekundäre Röntgenstrahlen gebildeten Ionen ergab sich für die obengenannten Gase $ne \cdot 10^{-10} = 1{,}26, 1{,}24, 1{,}26, 1{,}32$. C. E. Haselfoot[2]) erhielt mit Becquerel-Strahlen ähnliche Werte. Alle diese Beobachtungen deuten darauf hin, daß die Ladung der überwiegenden Mehrzahl der Gasionen gleich ist der Ladung des einwertigen elektrolytischen Ions ($ne = 1{,}225 \cdot 10^{10}$), also gleich einem Elementarquantum.

Merkwürdigerweise traten bei den Versuchen mit positiven Ionen beträchtlich höhere Werte von ne auf, wenn die Metallplatte, auf die die primären Röntgenstrahlen auffielen, nicht blank war. Eine mit Vaselin überzogene Platte gab z. B. in Luft 2,03, Sauerstoff 1,71, Wasserstoff 1,84, Kohlendioxyd 1,55, so daß einem beträchtlichen Teil der Ionen eine mehrfache Ladung zugeschrieben werden muß. Bei tiefen Drucken und hohen Feldstärken versagt die Townsendsche Methode der ne-Bestimmung für die negativen Ionen, da dann die Elektronen frei bleiben und eine kinetische Energie erlangen, die jene der Gasmolekel weit übersteigen kann. Die Methode bietet da gerade ein Mittel, das Verhalten der Elektronen zu untersuchen.

48. Die Versuche von Franck und Westphal. Franck und Westphal[3]) haben den Diffusionskoeffizienten nach der Townsendschen, die Beweglichkeiten nach einer Modifikation der Zelenyschen Methode gemessen und erhielten bei Ionisation durch Röntgenstrahlen für die negativen Ionen Werte von ne, die wieder mit dem Wert für das einwertige elektrolytische Ion übereinstimmten, für die positiven jedoch um etwa 12% höhere Werte. Ein gewisser Prozentsatz der positiven Ionen muß also auch hier als doppelt geladen angenommen werden. Die Beweglichkeitsmessungen ergaben auch für die positiven Ionen nur eine einheitliche Beweglichkeit; die Beweglichkeit der einfach und doppelt geladenen Ionen muß also einander gleich sein. Aus der Townsendschen Beziehung folgt dann aber, daß der Diffusionskoeffizient für die doppelt geladenen Ionen nur halb so groß sein kann wie für die einfach geladenen. Dadurch wurde es Franck und Westphal möglich, eine fraktionierte Diffusion der Ionen vorzunehmen. Durch ein engmaschiges Drahtnetz müssen wegen der geringeren Diffusionsverluste mehr doppelt geladene Ionen hindurchgehen als einfach geladene, der nach dem Durchgang durch ein solches Netz bestimmte Diffusionskoeffizient muß kleiner sein als der ohne Netz gemessene. Diesen Effekt zeigen folgende Zahlen:

Ohne Drahtnetz . . . . $D = 0{,}029$
Mit einem Drahtnetz 0,020
Mit drei Drahtnetzen 0,0175

Die Zahl der doppelt geladenen Ionen wird zu 9% aller Ionen geschätzt. Mit α-, β- und γ-Strahlen werden wieder nur normale ne-Werte erhalten.

Das Auftreten doppelter Ladungen an normalen positiven Ionen steht nicht im Widerspruch mit dem in Ziff. 35 Gesagten über die Unmöglichkeit

---

[1]) J. S. Townsend, Proc. Roy. Soc. London (A) Bd. 80, S. 207, 1908; Bd. 81, S. 464. 1908; Bd. 85, S. 25. 1911.
[2]) C. E. Haselfoot, Proc. Roy. Soc. London (A) Bd. 82, S. 18. 1909; Bd. 87, S. 350. 1912.
[3]) J. Franck u. W. Westphal, Verh. d. D. Phys. Ges. Bd. 11, S. 146, 276. 1909.

mehrfacher Ladungen selbst an wesentlich größeren Teilchen. Dort handelt es sich um die Anlagerung weiterer Ionen, hier können jedoch durch den Ionisierungsprozeß ohne weiteres zwei Elektronen abgespalten werden[1]). Demnach wäre es erklärlich, daß doppelt geladene negative Ionen nicht auftreten.

49. Millikans Versuche. Millikan und seine Mitarbeiter[2]) haben die Öltröpfchenmethode zur Beantwortung der Frage nach der Valenz der Gasionen verwendet. Ein kleines Tröpfchen wird im Millikanschen Kondensator durch ein elektrisches Feld in Schwebe gehalten; hierauf wird eine Schicht des Gases unterhalb des Tröpfchens kurzdauernd ionisiert und die Ladungsänderung des Tröpfchens beobachtet. Bei Ionisierung durch Röntgenstrahlen verschiedener Härte, durch β- und γ-Strahlen, ergeben sich im allgemeinen Änderungen um nur 1 Elementarquantum. Bei Ionisierung durch sekundäre Röntgenstrahlen einer mit Öl beschmierten Metallplatte — zum Vergleiche mit Townsends Versuchen — wurden 3 mal unter 84 positiven Ladungsänderungen anscheinend doppelt geladene Ionen gefangen. Es könnte sich aber hier auch um rasch hintereinander stattfindendes Auffangen zweier einfach geladener Ionen gehandelt haben. Ausgedehnte Versuchsreihen mit α-Strahlen, die, um die Ionendichte zu vermindern, bei niedrigen Gasdrucken ausgeführt wurden, lieferten in Luft, CO_2, CCl_4, CH_3J und C_2H_3Hg unter 2900 Ladungsänderungen nur 5 Änderungen um 2 Elementarquanten. Unter allen vielfach variierten Versuchsumständen sind also fast alle, wenn nicht überhaupt alle Gasionen einfach geladen. Eine stichhaltige Erklärung für den höheren Prozentsatz doppelt geladener positiver Ionen bei den Versuchen von Townsend und Franck und Westphal mit Röntgenstrahlen scheint noch nicht vorzuliegen. Einen höheren Prozentsatz — bis zu 15% — doppelt geladener Ionen erhielt T. R. Wilkins[3]) nach der Millikanschen Methode mit α-Strahlen im Helium.

50. Große Ionen. Die obigen Erörterungen beziehen sich auf normale Gasionen, die für die meisten Zwecke als durchwegs einfach geladen betrachtet werden können. Die großen, langsam beweglichen Ionen könnten sich aber anders verhalten. Eine Anwendung der Townsendschen Beziehung auf diese scheint noch nicht vorzuliegen, hingegen tragen ultramikroskopisch sichtbare Teilchen, wie die direkte Beobachtung ergibt, schon häufig vielfache Ladungen, und da ein kontinuierlicher Übergang von solchen Teilchen zu den nicht mehr sichtbaren langsamen Ionen besteht, so wäre die Frage experimentell zu entscheiden, wie groß ein Ion werden muß, um mehr als eine Ladung aufzunehmen. Theoretisch läßt sie sich teilweise auf Grund der Betrachtungen von Millikan beantworten. Da die mittlere kinetische Energie einer Gasmolekel bei Zimmertemperatur $5{,}7 \cdot 10^{-14}$ Erg ist, so kann eine zweite Ladung nur aufgenommen werden, solange $\dfrac{e^2}{r} < 5{,}7 \cdot 10^{-4}$ ist, also $r > \dfrac{e^2}{5{,}7 \cdot 10^{-14}}$ oder $r > 4 \cdot 10^{-6}$ cm.

Sonach wären auch für große Ionen, solange sie amikroskopisch sind, wohl keine durch Anlagerung erlangten höheren Ladungen zu erwarten (Grenze der ultramikroskopischen Sichtbarkeit nach Zigmondy für Gold in Rubinglas $3 \cdot 10^{-7}$ cm Radius, bei geringeren optischen Differenzen entsprechend höher); damit ist

---

[1]) Da Townsend auch in Wasserstoff höher geladene positive Ionen gefunden hat, müßte auf Grund obiger Überlegung geschlossen werden, daß diese Ionen nicht dem Wasserstoff, sondern einer Verunreinigung entstammen, denn ein H_2-Molekel, die beide Elektronen verliert, ist kaum denkbar.
[2]) R. A. Millikan u. H. Fletcher, Phil. Mag. (6) Bd. 21, S. 753. 1911; Millikan, V. H. Gottschalk u. M. J. Kelly, Phys. Rev. (2) Bd. 15, S. 157. 1920.
[3]) T. R. Wilkins, Phys. Rev. (2) Bd. 17, S. 404. 1921.

aber nicht gesagt, daß die großen Kerne bei ihrer Bildung (chemische Prozesse usw.) nicht schon höhere Ladungen mitbekommen könnten[1]).

b) Radius und Masse.

51. Einfaches Molekelion oder Molekelhaufen? Die Tatsache, daß der Diffusionskoeffizient der normalen Gasionen von der Größenordnung des Diffusionskoeffizienten hochmolekularer Dämpfe in Luft ist (z. B. Amylisobutyrat in Luft, $0°$, $D = 0,0423$), legte von Anfang an die Annahme nahe, die Gasionen seien nicht einzelne elektrisch geladene Molekel, sondern Molekelkomplexe (englisch „cluster"), die sich um einzelne elektrisch geladene Teilchen bilden. Dieselbe Folgerung konnte auch aus dem Vergleiche der gemessenen Beweglichkeitswerte mit den theoretischen Formeln gezogen werden. Die unter Ziff. 37 bis 39 besprochenen Theorien geben, wenn man die beobachteten Beweglichkeitswerte zur Berechnung des Ionenradius benützt, durchwegs Werte, die größer sind als der Molekelradius. Aber auch bei Berücksichtigung der elektrostatischen Anziehung zwischen Ionen und Molekel, welche die theoretischen Beweglichkeitswerte herabsetzt, ergeben sich nach LANGEVIN u. a. noch immer Ionenradien, die kleine Vielfache des Molekelradius sind. So schätzt LANGEVIN auf Grund seiner Theorie den Radius der positiven Ionen in Luft gleich dem dreifachen, den der negativen gleich dem doppelten des Molekelradius.

Gegen die Annahme von Molekelkomplexen wendet sich die Theorie von WELLISCH, die für monomolekulare Ionen die beobachteten Beweglichkeiten ergibt. Auch SUTHERLAND nimmt solche einfache Ionen an. Da aber die Theorie von WELLISCH als nicht stichhaltig befunden worden ist und die von SUTHERLAND eine theoretisch wie experimentell nicht genügend begründete gewaltige Erhöhung der Reibung im Gase durch das elektrische Feld des Ions einführt, so kann der aus diesen Theorien bezogene Schluß auf die einfache Natur der Gasionen nicht als bindend anerkannt werden.

Eine dritte Ansicht des Problems bietet die Theorie von LOEB. Da nach dieser Theorie (Ziff. 41) die Beweglichkeit von den unmittelbaren Eigenschaften des Ions bis auf eine geringe Abhängigkeit von der Masse, die nach LOEB nicht sicher die Fehlergrenze der Messungen in dem hier in Betracht kommenden Intervall übersteigt, ganz unabhängig ist, wäre es durch Beweglichkeitsmessungen überhaupt nicht möglich, die Natur der Gasionen zu ergründen. Allein, da LOEBS Theorie für die Beweglichkeiten numerische Werte liefert, die mit der Erfahrung nur der Größenordnung nach übereinstimmen, so besteht keine Gewähr dafür, daß hier der Einfluß der elektrostatischen Anziehung zwischen Ion und Molekel, der eben in der Theorie eine Größenänderung des Ions gerade kompensiert, richtig in Rechnung gesetzt ist. Gegen die Bildung von Komplexen spricht die Theorie von LOEB auf keinen Fall. Sie benützt ja die von J. J. THOMSON berechnete Verkürzung der freien Weglänge durch die elektrostatische Anziehung, und THOMSON selbst bemerkt, daß die Bedingung für eine wesentliche Verkürzung der Weglänge dieselbe ist wie die für Komplexbildung. Es muß auch bemerkt werden, daß die Grenze zwischen einem mehr oder weniger instabilen Molekelkomplex und einer nur scheinbaren Vergrößerung durch Anziehung keine ganz scharfe ist[2]).

---

[1]) Die großen Ionen der Atmosphäre tragen nach J. J. NOLAN, R. K. BOYLAN und G. P. LACHY (Nature Bd. 115, S. 589. 1925) einfache Ladung; aus der auszugsweisen Veröffentlichung geht aber nicht hervor, ob es sich um eine experimentelle Bestimmung handelt. Vgl. auch W. BUSSE, Ann. d. Phys. (4) Bd. 76, S. 493. 1925.

[2]) Neue Messungen in HCl-Luftgemischen deutet LOEB (Proc. Nat. Acad. Amer. Bd. 12, S. 35, 42. 1926) durch die Annahme labiler Komplexe.

Bei dieser Sachlage wird es wohl am zweckmäßigsten sein, die nach der LENARDschen Theorie, als der am vollständigsten ausgebauten, berechneten Ionenradien zu akzeptieren mit dem Vorbehalte, daß die von dieser Theorie vernachlässigte elektrostatische Anziehung zwischen Ion und Molekel eine die Radien verkleinernde Korrektur bedingen bzw. dazu führen könnte, diese Radien überhaupt nur als „scheinbare" Radien zu betrachten. Eine Ungenauigkeit haftet der Radienbestimmung schon deswegen an, weil die Theorie stets ein kugelförmiges Ion voraussetzt, während weder die wahre Gestalt der Molekel noch die der hypothetischen Molekelkomplexe bekannt ist.

In folgender Tabelle sind für Luft die zu verschiedenen Ionenradien gehörigen Beweglichkeitswerte bezogen auf 1 Volt ausgerechnet, wobei über den nach LENARD zum Ausdrucke $\dfrac{e}{\pi \varrho W s^2}$ hinzutretenden Faktor zwei verschiedene Annahmen gemacht wurden. Jener Faktor ist nämlich (s. Ziff. 38) eine Funktion von $\mu = \dfrac{m}{m+M}$, und da dieser Faktor durch den (scheinbaren) Ionenradius nicht eindeutig definiert ist, so ist eine ergänzende Annahme nötig. In Tabelle 15 sind die Radien der ersten Reihe unter der Annahme eines Mittelwertes für den LENARDschen Faktor $= 1{,}0$ berechnet, die der zweiten unter der Annahme, die Masse m des Ions sei dem Kubus seines Radius proportional.

Tabelle 15.
Berechnung der Ionenbeweglichkeit nach LENARD.

Ionenradius · 10⁸	Beweglichkeit, berechnet	
	mit Faktor 1,0	mit m prop. r^3
1,5	9,8	13,4
2	7,2	7,5
3	4,35	3,7
4	2,90	2,32
5	2,10	1,62
6	1,57	1,19
7	1,22	0,91
8	0,99	0,74
9	0,80	0,60
10	0,67	0,50

Sonach wäre in Luft der Radius der positiven Ionen (über die negativen wird weiter unten gesprochen werden) zwischen 5 und $7 \cdot 10^{-8}$ cm oder etwa das 3—5 fache des Molekelradius. LANGEVIN hat, wie schon bemerkt, für die positiven Ionen den 3fachen Molekelradius gefunden. Auf ähnliche Weise findet man für die positiven Ionen in Wasserstoff, wenn der LENARDsche Faktor $= 1$ genommen wird, den Ionenradius etwa $2{,}4 \cdot 10^{-8}$, d. i. gleich dem doppelten Molekelradius $1{,}2 \cdot 10^{-8}$, in Helium $6{,}5 \cdot 10^{-8}$, etwa das 7fache des Molekelradius $0{,}95 \cdot 10^{-8}$, in CO_2 $8 \cdot 10^{-8}$, das 5fache des Molekelradius $1{,}6 \cdot 10^{-8}$.

H. A. ERIKSONS Ansichten über die Größe der Ionen s. Ziff. 53 und 58.

52. Die Masse der Ionen. Über die Masse der Ionen läßt sich auf Grund von Beweglichkeitsmessungen bei höheren Drucken nicht viel aussagen, da nach den einwandfreiesten Theorien in Übereinstimmung mit der Erfahrung die Beweglichkeit nur sehr wenig von der Masse des Ions abhängt. Wesentlich von der Masse abhängig ist die Ablenkung eines Ionenstromes durch ein Magnetfeld. Diese erlangt aber praktisch meßbare Beträge erst bei niedrigen Drucken, und demgemäß liegen Massenbestimmungen von Ionen gebildet durch Ionisatoren, wie sie bei den Beweglichkeitsmessungen bei höheren Drucken verwendet werden, nur bei niedrigen Drucken vor. Die negativen Ionen sind dann vorwiegend Elektronen, über die positiven Ionen liegen einige wenige Angaben vor. W. DUANE[1]) bestimmte die magnetische Feldstärke, die erforderlich ist, um den Strom durch einen Plattenkondensator, zwischen dessen Platten das verdünnte Gas durch

---
[1]) W. DUANE, C. R., Bd. 153, S. 336. 1911.

α-Strahlen ionisiert wird, durch Zurückbiegen der Ionenbahnen zu unterdrücken, und schließt aus seinen Beobachtungen, daß die positiven Ionen teils H-Kerne, teils O_2- und N_2-Molekel mit 1 oder 2 Elementarquanten sind. H. D. SMYTH[1]) ionisiert Gase bei niedrigen Drucken durch Glühelektronen, die durch ein elektrisches Feld, dessen Stärke variiert wird, beschleunigt werden, und schickt die so erzeugten Ionen in eine Art einfachen Massenspektrographen. Für Wasserstoff wird festgestellt, daß die Ionisation durch Elektronen von ca. 17 Volt Geschwindigkeit zur Bildung von einfach geladenen Wasserstoffmolekeln, also H_2^+, führt; bei höherer Spannung treten je nach Anordnung des Feldes und je nach dem Drucke ein größerer oder kleinerer Bruchteil von H^+ und H_3^+ auf. In Stickstoff ergeben sich folgende kritische Potentiale mit den entsprechenden Ionen:

Kritisches Potential	Beobachtete Ionen	Deutung ihrer Bildung
16,9 Volt	N_2^+	$N_2 \to N_2^+ + e$
24,1 „	N^{++}	$N_2 \to N^{++} + N + 2e$ oder $N^{++} + N^- + e$
27,7 „	N^+	$N_2 \to N^+ + N^+ + 2e$

Es scheint hieraus hervorzugehen, daß jenes Produkt, welches bei steigender Energie des Ionisators zunächst gebildet wird, die einfach geladene Molekel ist, daß aber bei energischer Ionisierung auch Dissoziation der Molekel und höhere Ladungen auftreten[2]). Von Komplexbildung ist bei diesen Versuchen bei niedrigen Drucken nichts zu merken[3]). Es wäre sehr wichtig, eine Methode auszuarbeiten, die gleichzeitig Ionenbeweglichkeiten nach den üblichen Methoden zu messen und die Masse derselben Ionen bei demselben Drucke nach Art der eben besprochenen Versuche zu bestimmen gestattete.

53. Der polare Unterschied der Ionen. Das auffallendste Ergebnis der ersten Beweglichkeitsmessungen ZELENYS, das immer wieder bestätigt worden ist, ist der Unterschied in der Beweglichkeit der Ionen von entgegengesetztem Vorzeichen. Der Unterschied — die größere Beweglichkeit der negativen Ionen — ist sehr auffallend bei den „permanenten" Gasen, er ist gering bei CO_2, wo ein geringer Feuchtigkeitszusatz das Verhältnis sogar umkehren kann, er ist ebenfalls klein und nicht immer dem Sinne nach feststellbar bei den Dämpfen. Die Komplextheorie der Gasionen kann dieser Tatsache durch die Annahme einer Abhängigkeit der Komplexgröße vom Vorzeichen der Ladung gerecht werden. Das positive Ion müßte sich sonach im allgemeinen mit einem größeren Komplex umgeben als das negative (vgl. die Schätzung von LANGEVIN); in feuchtem CO_2 und im stark elektronegativen Chlor (J. FRANCK) wäre das umgekehrte der Fall[4]). Eine andere Deutungsmöglichkeit, welche beiden Theorien, der Theorie des komplexen wie der des einfachen Ions offen steht, ist die, daß das Elektron zeitweilig das negative Ion verläßt und längere oder kürzere Zeit frei bleibt, ehe es sich wieder an eine Molekel oder einen Molekelkomplex anlagert. Die Frage der Elektronenanlagerung wird im folgenden Absatz behandelt.

Eine eigenartige Deutung, die sich auf die neueren Anschauungen über Atomstruktur stützt, hat K. L. YEN[5]) versucht. Die Elektronenhüllen einzelner Atome oder Molekel üben abstoßende Kräfte aufeinander aus. Von den Gasionen, die als einfache Molekel angesehen werden, besitzt das positive ein Elektron

---

[1]) H. D. SMYTH, Nature Bd. 111, S. 810. 1923; Bd. 114, S. 124. 1924; Proc. Roy. Soc. London (A) Bd. 102, S. 283. 1922; Bd. 104, S. 121. 1923. Phys. Rev. (2) Bd. 25, S. 452. 1925.
[2]) Vgl. hierzu auch die Beobachtungen von F. L. MOHLER, Phys. Rev. (2) Bd. 26, S. 614. 1925; T. R. HOGNESS und E. G. LUNN, Phys. Rev. (2) Bd. 26, S. 44, 786. 1925.
[3]) Bezüglich der Erfahrungen an positiven Strahlen s. ds. Handb. XXIV.
[4]) Nach LOEB auch in HCl (Proc. Nat. Acad. Amer. Bd. 12, S. 35, 1926).
[5]) KIA LOK YEN, Phys. Rev. (2) Bd. 11, S. 337. 1918.

zu wenig in der Hülle, das negative ein Elektron zu viel. Jene abstoßenden Kräfte auf die neutralen Molekel sollen dann im Falle des positiven Ions etwas kleiner, im Falle des negativen Ions etwas größer sein; der kleineren Abstoßungskraft soll aber eine kleinere freie Weglänge, dieser eine kleinere Beweglichkeit entsprechen.

Nach ERIKSON (vgl. Ziff. 58) wären die negativen Ionen monomolekular, die (gealterten) positiven bimolekular und die Beweglichkeiten überhaupt nur von der Anzahl der Molekel, aus denen das Ion besteht, abhängig[1]), doch liegt diesen Annahmen keine durchgeführte Theorie zugrunde.

54. Größenänderung der Ionen. Da der Primärprozeß der Ionisierung eines Gases nach allen vorliegenden Erfahrungen in der Abspaltung eines Elektrons von einer Molekel oder einem Atom besteht, so sind die zunächst gebildeten Ionen negative Elektronen und positive Molekel- oder Atomionen. Da aber die Beweglichkeits- und Diffusionsmessungen ergeben, daß in vielen reinen Gasen und allen Gasen, die nicht besonders gereinigt sind, auch die negativen Ionen molekulare Dimensionen aufweisen, die normalen Ionen nach den meisten und erprobtesten Theorien aus Molekelkomplexen bestehen müssen und ferner in vielen Fällen auch noch weit größere, langsame Ionen entstehen, so erheben sich drei die Größenänderung der Ionen betreffende Fragen: 1. wie erfolgt die Anlagerung der Elektronen an die Molekeln des Gases; 2. wie bildet sich ein Molekelkomplex um die einfachen Molekel- oder Atomionen; 3. wie entstehen die „großen" Ionen?

55. Freie Elektronen in einem Gase. Dieser Fall, bei dem der Begriff der Beweglichkeit seine einfache Bedeutung verliert, da die Beweglichkeit hier von der Feldstärke wesentlich abhängt, greift über in das Kapitel Durchgang von Korpuskularstrahlen durch die Materie und kann hier nur flüchtig gestreift werden.

Für die Geschwindigkeit eines Elektrons in einem Gase hat LENARD[2]) die Formel abgeleitet $u = \frac{1}{2\pi \varrho r^2 W} \sqrt{\frac{M}{m}}$, wenn die mittlere kinetische Energie der ungeordneten Bewegung des Elektrons gleich der der Gasmolekel ist (gastheoretische Geschwindigkeit des Elektrons). Da aber in Gasen, in denen die Elektronen frei bleiben, elastische Zusammenstöße stattfinden, das Elektron also die dem Felde entnommene Energie über eine ganze Reihe von freien Weglängen integriert, wobei auch die weitgehende Durchlässigkeit der Atome für die Elektronen in Betracht kommt, so wächst im Felde seine ungeordnete Geschwindigkeit über den Mittelwert für die Molekel, und LENARD berücksichtigt dies durch Einführung des Faktors a in den Nenner des obigen Ausdruckes, der das Verhältnis der tatsächlichen mittleren Geschwindigkeit des Elektrons zum gastheoretischen Wert dieser Geschwindigkeit ist.

Das Anwachsen der kinetischen Energie der Elektronen im Felde über den gastheoretischen Wert hat zuerst TOWNSEND festgestellt. Die Versuche von FRANCK und G. HERTZ haben dann auf das unmittelbarste das Auftreten elastischer Stöße nachgewiesen. G. HERTZ[3]) berechnet die Energiezunahme und demnach auch die ungeordnete Geschwindigkeit v eines im elektrischen Felde wandernden Elektrons unter Berücksichtigung kleiner Energieverluste bei den Zusammenstößen mit den Molekeln und hieraus mittels der Gleichung $w = \frac{e\lambda}{mv}\mathfrak{E}$ auch die Wanderungs-

---
[1]) H. A. ERIKSON, Phys. Rev. (2) Bd. 25, S. 111. 1925, über eine Ausnahme hiervon bei H_2 siehe ERIKSON, Phys. Rev. (2) Bd. 26, S. 465. 1925.
[2]) P. LENARD, Ann. d. Phys. Bd. 3, S. 298. 1900.
[3]) G. HERTZ, Verh. d. D. Phys. Ges. Bd. 19, S. 268. 1917; Phys. ZS, Bd. 26, S. 868. 1925.

geschwindigkeit im elektrischen Feld, die gleich $\sqrt{\lambda \dfrac{e}{m} \mathfrak{E}} \cdot \sqrt[4]{\dfrac{k}{2}}$ gefunden wird, wo k der bei einem Stoß verlorengehende Bruchteil der kinetischen Energie des Elektrons ist. Die Wanderungsgeschwindigkeit ist also der Quadratwurzel der Feldstärke proportional, woraus am deutlichsten das Versagen des Beweglichkeitsbegriffes zu erkennen ist. Theorien der freien Elektronenbewegung in Gasen sind auch von H. A. WILSON[1]) und von K. T. COMPTON[2]) entwickelt worden. H. A. WILSON betrachtet die Bewegung eines Elektrons in einem Gase, dessen Molekel aus positiven Kernen umgeben von kugelförmigen Elektronenschalen vom Radius R gebildet sind. Unter Benutzung von TOWNSENDS Formel für die Geschwindigkeit eines Elektrons unter Einführung eines Persistenzfaktors der Bewegung findet er $w = \dfrac{0,815\, \mathfrak{E} e \lambda}{m V(1 - \cos\Phi)}$, wo Φ der Winkel ist, um den die Bahn des Elektrons durch das Feld im Atom abgelenkt wird. Für $\dfrac{1}{1 - \cos\Phi}$ findet WILSON den Ausdruck $\dfrac{x^2 (x - 2)^2}{2\{x(2-x) + (x-1)^2 \log(x-1)^2\}}$ wo $x = \dfrac{R \cdot 2T}{E e}$, T die ursprüngliche lebendige Kraft des Elektrons, E die Kernladung ist. Die Theorie vermag die Resultate TOWNSENDS für N_2 und H_2 wenigstens qualitativ wiederzugeben, weniger die für Argon.

COMPTON findet die „Beweglichkeit" eines Elektrons

$$u = \dfrac{0,815\,\lambda e}{\left[me\Omega + 2me\left(\dfrac{\Omega^2}{4} + W^2\right)^{\frac{1}{2}}\right]^{\frac{1}{2}}},$$

wo $e\Omega$ die mittlere kinetische Energie der Gasmolekel, eW die eines Elektrons, falls von der Bewegung der Molekel beim Stoße abgesehen wird, λ die mittlere freie Weglänge des Elektrons ist.

H. B. WAHLIN[3]) findet seine Messungsergebnisse in N_2 bei Atmosphärendruck bei niedrigen Feldstärken durch COMPTONS Gleichung hinreichend wiedergegeben. Die empirischen Formeln von LOEB s. Ziff. 22.

56. Die Anlagerung der Elektronen an Gasmolekel. Der Übergang der negativen Molionen in Elektronen und der umgekehrte Vorgang läßt sich in Luft und anderen Gasen bei Verminderung bzw. Erhöhung des Gasdruckes beobachten als Abweichung vom Gesetze $u\,p =$ konst. Die Anlagerung eines Elektrons an eine Molekel entspricht dem, was LENARD als echte Absorption bezeichnet und beim Durchgang von Kathodenstrahlen beobachtet hat[4]).

Die Neigung des Elektrons, sich an die Molekel eines Gases anzulegen, also negative Molionen zu bilden, bezeichnet man nach FRANCK als die Elektronenaffinität des Gases. Ihr quantitatives Maß ist die Arbeit, welche zur Abspaltung des Elektrons vom negativen Molekelion bzw. Atomion erforderlich ist [vgl. K. FAJANS[5])]. Die Elektronenaffinität ist klein, wenn auch nicht gleich Null[6]) für die Edelgase und reinen Stickstoff, in denen auch bei Atmosphärendruck

---

[1]) H. A. WILSON, Proc. Roy. Soc. London Bd. 103, S. 53. 1923.
[2]) K. T. COMPTON, Phys. Rev. (2) Bd. 21, S. 717. 1923.
[3]) H. B. WAHLIN, Phys. Rev. Bd. 23, S. 169. 1924.
[4]) P. LENARD, Ann. d. Phys. Bd. 8, S. 149. 1902; Bd. 12, S. 449, 714. 1903; Quantitatives über Kathodenstrahlen, 1918.
[5]) K. FAJANS, Verh. d. D. Phys. Ges. Bd. 21, S. 714. 1919.
[6]) R. DÖPEL (Ann. d. Phys. Bd. 76, S. 1. 1925) hat in den Kanalstrahlen negativ geladene Heliumatome nachgewiesen.

die Elektronen freibleiben. Sie ist ebenfalls klein in Wasserstoff. Die Elektronenaffinität der elektronegativen Gase schätzt FRANCK aus der Menge des betreffenden Gases, die zu einem Edelgase zugesetzt werden muß, um normale Beweglichkeitswerte der negativen Ionen zu liefern und stellt so die Reihe nach steigender Elektronenaffinität auf: Sauerstoff, Stickoxyd, Wasserdampf, Chlor. Ein Kennzeichen der Elektronenaffinität liefert auch der Wert des Verhältnisses $\frac{\mathfrak{E}}{p}$, bei welchem die Ionengeschwindigkeit rascher als proportional zu wachsen beginnt. Nach LATTEY ergibt sich auf diesem Wege die Reihe Wasserstoff, Luft, Kohlendioxyd, Wasserdampf; nach KOVARIK dagegen wären Luft und Kohlendioxyd zu vertauschen. In eine ähnliche Reihe lassen sich die Gase in bezug auf die Größe des Energieverlustes beim Zusammenstoß eines Elektrons mit einer Molekel anordnen, die von J. FRANCK und G. HERTZ[1]) direkt bestimmt worden ist. Der Verlust ist verschwindend gering in He, merklich größer in H_2 und bedeutend in O_2. Über die Quantenbeziehungen bei derartigen Zusammenstößen wird an anderer Stelle gesprochen.

57. Theorien der Elektronenanlagerung. Hier sollen nur noch zwei Theorien angeführt werden, die, ohne auf diese Quantenbeziehungen einzugehen, die mittleren Geschwindigkeiten berechnen lassen, welche beobachtet werden, wenn teils freie Elektronen, teils negative Molionen vorhanden sind.

LENARD[2]) hat die Geschwindigkeit $\omega_{\varrho\xi}$ für den Fall berechnet, daß ein Elektron längs ϱ freien Weglängen reflektiert, während ξ freien Weglängen aber an eine Molekel gebunden wandert, ein Problem, das mit der Umladung bei Korpuskularstrahlen nahe zusammenhängt, und findet

$$\omega_{\varrho\xi} = \frac{\omega_{\text{frei, gasth.}} \cdot \frac{\varrho}{r^2 a_{1\varrho}^2}\sqrt{\frac{m}{M}} + \omega_{\text{abs.}}\sqrt{\frac{\mu}{s^2}}\left[\xi - 1 + \frac{1}{4}\frac{1-\mu}{1+\mu} - 2\mu^2\frac{1-\mu^{(\xi-1)}}{1-\mu^2}\right]}{\frac{\varrho}{r^2 a_{1\varrho}}\sqrt{\frac{m}{M}} + \left(\xi - \frac{1}{2}\right)\frac{\sqrt{\mu}}{s^2}}.$$

Hier bedeutet $\omega_{\text{frei, gasth.}}$ die Geschwindigkeit freier Elektronen, deren mittlere kinetische Energie gleich der der Molekel ist, $\omega_{\text{abs.}}$ die Geschwindigkeit eines monomolekularen Ions, r den Molekelradius, $a_{1\varrho}$ das Verhältnis der mittleren Molekulargeschwindigkeit des Elektrons zu seiner gastheoretischen Geschwindigkeit. Außer auf Flammen (s. daselbst) wendet LENARD diese Formel auch auf die Messungen FRANCKS in Stickstoff und Argon an. Im Hinblick auf die Zahl der Unbekannten ϱ, ξ, a müssen gewisse ergänzende Annahmen gemacht werden, und LENARD gelangt zu dem Schlusse, daß FRANCKS Beweglichkeitswerte erklärt werden können unter der Annahme, die Elektronen legen ebensoviel Weglängen im freien wie im absorbierten Zustande zurück. Indessen haben LOEB und WAHLIN weit größere Beweglichkeiten in Stickstoff usf. erhalten, die sogar den Wert übersteigen, den LENARDS Formel für dauernd freie Elektronen liefert.

Eine relativ einfache Theorie der Elektronenanlagerung hat J. J. THOMSON[3]) entwickelt. Er nimmt an, daß unter je n Stößen zwischen Elektron und Molekel einer zur Anlagerung des Elektrons führt. Die Wahrscheinlichkeit, daß ein Elektron sich auf der Strecke x anlagert, ist dann $e^{-\frac{ax}{n\lambda}}$, wo λ seine freie Weg-

---

[1]) J. FRANCK u. G. HERTZ, Phys. ZS. Bd. 17, S. 433. 1916. Quantitative Angaben über die Energieverluste s. G. HERTZ, Verh. d. D. Phys. Ges. Bd. 19, S. 268. 1917.
[2]) P. LENARD, Ann. d. Phys. Bd. 40, S. 393. 1913; Bd. 41, S. 53. 1913.
[3]) J. J. THOMSON, Phil. Mag. (6) Bd. 30, S. 321. 1915. Über die freie Lebensdauer eines Elektrons s. auch J. J. THOMSON, Phil. Mag. (6) Bd. 47, S. 360. 1924.

länge und $a = \dfrac{V}{u_\varepsilon X}$ ist. (V mittlere molekulare Geschwindigkeit des Elektrons, u_ε seine Beweglichkeit, X die Feldstärke.) Mit Hilfe dieses Ausdruckes berechnet THOMSON die Ladung Q, die eine Kondensatorplatte in der Zeit T erhält, wenn an der anderen im Plattenabstand d zu Beginn von T momentan N Elektronen gebildet werden, als Funktion der Spannung und findet, $Q = N e\, e^{-\dfrac{\alpha(d - u_2 X T)}{n\lambda\left(1 - \dfrac{u_2}{u_\varepsilon}\right)}}$, wo u_2 die Beweglichkeit des Molions ist.

Diese Gleichung hat LOEB[1]) auf seine Messungen angewendet, findet sie hinreichend erfüllt und bestimmt auf diesem Wege n, die Zahl der Stöße, die das Elektron erleiden muß, um sich an eine Molekel anzulagern. Die Werte von n schwanken stark. LOEB[2]) und WAHLIN[3]) geben u. a. folgende Werte:

Tabelle 16.
Zahl n der Stöße eines Elektrons bis zur Anlagerung.

Gas	n
N_2	∞
H_2	∞
CO	1,0 bis $6,0 \cdot 10^7$
NH_3	0,7 „ $1,6 \cdot 10^7$
CO_2	2,3 „ $4,3 \cdot 10^6$
N_2O	0,8 „ $6,4 \cdot 10^5$
Luft	0,7 „ $6,4 \cdot 10^4$
O_2	1,4 „ $5,7 \cdot 10^3$
Cl_2	weniger als $2,1 \cdot 10^3$

Auch hier erkennt man die FRANCKsche Reihe der Elektronenaffinität. Von seiten TOWNSENDS sind allerdings gegen diese Versuche und ihre Deutung Bedenken erhoben worden, und zwar einerseits gegen die Wechselfeldmethode LOEBS, bei welcher die Elektronen zeitweilig nur verschwindenden Feldstärken unterliegen und anderseits gegen THOMSONS Annahme eines konstanten n [4]).

Schließlich sei noch einer abweichenden Auffassung von E. M. WELLISCH[5]) gedacht. WELLISCH findet bei Messungen nach der FRANCKschen Methode zwei Beweglichkeitswerte: einen, der normalen Ionen entspricht und bis $1/_7$ mm herab dem Druck umgekehrt proportional ist, und einen höheren, freien Elektronen zuzuschreibenden. Er schließt hieraus, daß man es bei den Abweichungen vom Gesetze $u\,p = $ konst. nicht mit einem Abwechseln von freien und gebundenen Elektronen zu tun hat, sondern mit einem von den Versuchsumständen abhängenden Prozentsatz dauernd freier Elektronen und negativer Molionen, derart, daß der erste Augenblick der Entstehung schon darüber entscheiden soll, ob das Elektron dauernd freibleibt oder sich in ein Molion verwandelt. Dies wird dahin gedeutet, daß zur Anlagerung eine gewisse kinetische Energie des Elektrons erforderlich sein soll, die es nur im Augenblicke der Ionisierung besitzt. Lagert es sich hier nicht gleich an, so soll es dauernd frei bleiben. Allein LOEB[6]) findet bei Erzeugung der negativen Ionen durch Ultraviolettbestrahlung der einen Platte des Meßkondensator selbst keine Spur der von WELLISCH beobachteten

---

[1]) L. B. LOEB, Proc. Nat. Acad. Amer. Bd. 7, S. 5. 1921.
[2]) L. B. LOEB, Phil. Mag. (6) Bd. 43, S. 229. 1922.
[3]) H. B. WAHLIN, Phys. Rev. (2) Bd. 19, S. 173. 1922.
[4]) Vgl. V. A. BAILY, Phil. Mag. (6) Bd. 46, S. 213. 1923.
[5]) E. M. WELLISCH, Sill. Journ. (4) Bd. 39, S. 583. 1915; Bd. 43, S. 1. 1917; Phys. Rev. (2) Bd. 6, S. 53. 1915; Nature Bd. 95, S. 230. 1915.
[6]) L. B. LOEB, Phys. Rev. (2) Bd. 17, S. 89. 1921.

zwei verschiedenen Beweglichkeiten und schließt hieraus, daß sie bei WELLISCH dadurch zustande gekommen sind, daß ein Teil der im Vorkondensator gebildeten Elektronen sich schon hier am Molekel angelagert haben, während die, die frei in den Meßkondensator eintreten konnten, keine Gelegenheit zur Anlagerung mehr hatten.

58. Bildung von Komplexen; das „Altern" der Ionen. Da die Möglichkeit in Betracht gezogen werden muß, daß die Bildung eines Molekelkomplexes um ein einfaches Molekelion eine meßbare Zeit erfordert, ist wiederholt nach einem zeitlichen Anwachsen der Ionen, das sich nach der Theorie des komplexen Ions in einer Verminderung der Beweglichkeit zu erkennen geben müßte, gesucht worden. Hier sind zunächst Untersuchungen der Lenard-Schule zu nennen. A. BECKER[1]) fand bei Messungen im Zylinderkondensator bei hinreichend großen Strömungsgeschwindigkeiten in Luft bei Atmosphärendruck, die sorgfältig kältegereinigt war, Beweglichkeiten bis hinauf zu 5,9 cm. Das positive Ion erreicht nach diesen Versuchen in 2 Sek. eine konstante Größe; für die negativen Ionen wurde innerhalb 10 Sek. eine Abnahme der Beweglichkeit von 2,1 auf 1,6 cm beobachtet. Aus der Langsamkeit des Vorganges schließt LENARD[2]), daß für die Anlagerung nicht so sehr die Molekel der Luft, als die noch vorhandenen Spuren anderer Substanzen in Betracht kommen. BECKER läßt jedoch die Möglichkeit offen, daß die hohen Beweglichkeiten durch Diffusion vorgetäuscht sein könnten. W. ALTBERG[3]) verwendet die Netzkondensatormethode von ZELENY und findet hohe Beweglichkeiten, die er nach der LENARDschen Formel monomolekularen Ionen zuschreibt. Indessen ist diese Methode nicht geeignet zur Beobachtung sehr „junger" Ionen, und es kann die Vermutung nicht von der Hand gewiesen werden, daß auch hier die Beweglichkeitswerte, abgesehen von einer Korrektur wegen ungleicher Geschwindigkeitsverteilung im Gasstrome, die PIENKOWSKY[4]) bei Wiederholung der Messungen ALTBERGS berücksichtigt hat, infolge Diffusion zu hoch erscheinen.

WAHLIN[5]) verwendet die FRANCKsche Wechselfeldmethode (1800 bis 3600 Perioden) und α-Strahlen als Ionisator. Mit einem Hilfsfeld von 1,5 Volt ergibt sich für positive Ionen in Luft normale Beweglichkeit, mit einem Hilfsfeld über 3 Volt steigt die Beweglichkeit auf 1,8 cm. In letzterem Falle erreichen die Ionen die Meßkammer vor Beendung des Alterungsprozesses, dessen Dauer auf $1/75$ bis $1/120$ Sek. geschätzt wird. Es muß hier noch dahingestellt bleiben, ob die Resultate nicht durch eine gegenseitige Beeinflussung der Felder in Hilfs- und Meßkondensator gefälscht sind (Durchgriff, vgl. LOEB, Ziff. 13).

Zu ganz eigenartigen Resultaten ist H. A. ERIKSON[6]) mit der Ziff. 11 beschriebenen Methode gelangt. Er findet, daß das positive Ion zu Beginn seiner Laufbahn dieselbe Beweglichkeit hat wie das normale negative Ion und erst nach $1/50$ Sek. seine normale kleinere Beweglichkeit annimmt. Abb. 15a gibt Beispiele der Kurven, die ERIKSON bei Messung der Aufladegeschwindigkeit des Elektrometers als Funktion des Abstandes FD (Abb. 4) für Ionen beider Vorzeichen von zwei verschiedenen Altern erhält. Bei Steigerung der Strömungsgeschwindigkeiten und Feldstärken erhält ERIKSON sogar gleichzeitig zwei Maxima in den Kurven für die positiven Ionen, entsprechend dem gleichzeitigen

---

[1]) A. BECKER, Ann. d. Phys. (4) Bd. 36, S. 209. 1911.
[2]) P. LENARD, Ann. d. Phys. Bd. 41, S. 93. 1913.
[3]) W. ALTBERG, Ann. d. Phys. Bd. 37, S. 849. 1912.
[4]) ST. PIENKOWSKY, s. P. LENARD, zitiert auf S. 92.
[5]) H. B. WAHLIN, Phys. Rev. (2) Bd. 20, S. 267. 1922.
[6]) H. A. ERIKSON, Phys. Rev. (2) Bd. 17, S. 421. 1921; Bd. 18, S. 100. 1921; Bd. 20, S. 117. 1922; Bd. 21, S. 720. 1923; Bd. 23, S. 110. 1924; Bd. 24, S. 502. 1924. Bd. 26, S. 465, 1925; siehe auch A. M. TYNDALL und G. C. GRINDLEY, Nature Bd. 117, S. 180. 1926.

Vorhandensein von Ionen der zwei verschiedenen Typen (Abb. 15b). ERIKSON meint, daß der den negativen und den frisch gebildeten positiven Ionen gemeinsame Beweglichkeitswert den monomolekularen Ionen entspricht, die kleinere Beweglichkeit der älteren (normalen) positiven Ionen aber einem bimolekularen Komplex. In ähnlicher Weise deutet ERIKSON die zwei von ihm mit den Restatomen des Actinium erhaltenen Beweglichkeiten (Ziff. 23 c) als den einatomigen AcA und AcB, bzw. einem dreiatomigen Komplex AcB + 1 Molekel Luft zukommend[1]). WAHLIN[2]) findet nach der FRANCKschen Wechselfeldmethode bei der Ionisierung mit α-Strahlen in reinem Helium für die positiven Ionen eine Erhöhung der Beweglichkeit mit wachsender Feldstärke im Ionisationsraume und überdies zwei Beweglichkeiten, die durch einen allerdings nicht sehr scharfen Knick in der Stromspannungskurve angedeutet sind. So findet er bei einem

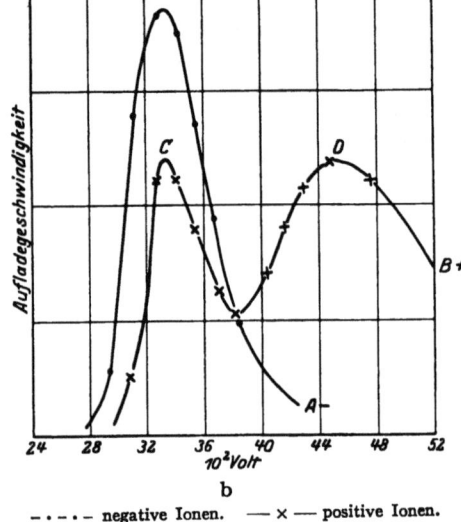

Abb. 15. Das Altern der positiven Ionen nach ERIKSON.

Hilfsfeld von 18 Volt (junge Ionen) die zwei Werte 8,7 und 13,3 cm, bei einem Hilfsfeld von 1,5 Volt (gealterte Ionen) die zwei Werte 5,13 und 7,17 cm. In einer späteren Arbeit findet WAHLIN[3]) auch in Luft positive Ionen verschiedener Beweglichkeit aus angedeuteten Knicken in den nach der Wechselfeldmethode aufgenommenen Stromspannungskurven, nämlich die Beweglichkeiten 1,89, 1,57, 1,35, 1,20, 1,10, 0,970, die zum Teil mit ERIKSONS und NOLANS Messungen übereinstimmen; es gilt aber wohl auch hier das unter Ziff. 22 über NOLANS Messungen Gesagte. LOEB[4]) findet in Ätherdampf eine allerdings recht geringe Abnahme der Beweglichkeit der positiven Ionen in den ersten 0,03 Sek.

Auf Änderung der Ionengröße der positiven Ionen deuten auch die Beweglichkeitsmessungen von J. FRANCK im Felde der Spitzenentladung und die von TODD bei niedrigen Drucken.

Alles in allem sind aber die Erfahrungen über das Altern der Ionen noch recht dürftig. Von einer Prüfung der Theorien der Komplexbildung, wie etwa

---

[1]) In einer neuen Arbeit (Phys. Rev. (2) Bd. 26, S. 629. 1925) sucht jedoch ERIKSON diesen Befund und einen ähnlichen mit Ra- und Th-Induktionen erhaltenen auf einfach und doppelt geladene Teilchen zurückzuführen.
[2]) H. B. WAHLIN, Proc. Nat. Acad. Amer. Bd. 10, S. 475. 1924.
[3]) H. B. WAHLIN, Phil. Mag. Bd. 49, S. 566. 1925.
[4]) L. B. LOEB, Proc. Nat. Acad. Amer. Bd. 11, S. 428. 1925.

der Theorie von KLEEMAN, kann noch keine Rede sein. Hier seien nur noch die Betrachtungen J. J. THOMSONS[1]) angeführt über die Größe, die ein Molekelkomplex um ein Ion überhaupt erreichen kann. THOMSON betrachtet Ion und Molekel als leitende Kugeln und wendet den von MAXWELL abgeleiteten Ausdruck für die Anziehung zwischen einer geladenen und einer ungeladenen leitenden Kugel an. Solange die potentielle Energie dieser Anziehung größer als die kinetische Energie der Molekularbewegung ist, kann der Komplex Ion-Molekel bestehen bleiben. So ergibt sich eine Grenze für die Anlagerungsmöglichkeit weiterer Molekel. Ist der Molekelradius $= 10^{-8}$ cm, so kann nach dieser Berechnung der Ionenradius (Radius des Komplexes) bei 0° zwar den doppelten, aber nicht mehr den dreifachen Molekelradius übersteigen. Ist der Molekelradius 10^{-7}, so kann der Ionenradius nicht einmal den doppelten Molekelradius übersteigen. Da die ganze Berechnung nur eine erste Näherung darstellt, kann hierin kein Widerspruch mit den LENARDschen Radien erblickt werden. Aus dieser Betrachtungsweise folgt auch ohne weiteres, daß der Komplex bei höherer Temperatur zerfallen muß.

In einer neueren Arbeit betrachtet THOMSON[2]) die Komplexbildung in Analogie mit der Wiedervereinigung. An Stelle der Anziehung zwischen den entgegengesetzt geladenen Ionen tritt die Anziehung zwischen der geladenen und einer ungeladenen, als leitende Kugel vom Radius b betrachteten Molekel, d. i. der Ausdruck $-\dfrac{2e^2 b^3}{r^5}$. Der kritische Abstand d (s. Ziff. 46) ist in diesem Falle nur etwa ein Hundertstel des kritischen Abstandes bei der Wiedervereinigung; da aber die Molekel so viel dichter gelagert sind als die Ionen, kommt es bei Atmosphärendruck und Ionisierungen, die 10^{13} Ionen im Kubikzentimeter nicht übersteigen, eher zur Anlagerung eines Ions an eine neutrale Molekel als an ein Ion vom anderen Vorzeichen.

Die Lebensdauer eines Molekelions bis zur Komplexbildung in Luft bei Atmosphärendruck ist nach THOMSON nur von der Größenordnung 10^{-8} Sek. und wächst erst bei 0,76 mm auf 10^{-2} Sek. an. Danach wären Alterungserscheinungen bei Atmosphärendruck kaum zu erwarten.

Da der Prozeß der Komplexbildung noch recht wenig aufgeklärt ist, so läßt sich auch noch keine quantitative Deutung des Einflusses von Dampfspuren auf die Beweglichkeit in Gasen geben. Sicher scheint nur, daß die Kräfte, welche auch sonst zur Bildung von Molekelkomplexen führen (Assoziation), hier mitspielen.

59. Die Bildung großer Ionen. Kann somit die Frage der Bildung normaler Komplexionen bzw. des Alterns der kleinen Ionen noch keineswegs als sicher beantwortet gelten, so ist die Bildung der großen (langsamen) Ionen, insbesondere durch die Untersuchungen von DE BROGLIE und von LENARD und seinen Mitarbeitern wohl als aufgeklärt zu betrachten (vgl. Ziff. 24). Die großen Ionen entstehen nur da, wo im Gase irgendwelche größeren Kerne vorhanden sind oder gleichzeitig mit den normalen Ionen erzeugt werden; die großen Ionen sind nichts anderes als derartige Kerne, an die sich normale Ionen angelagert haben. Das wiederholt beobachtete Altern der großen Ionen (Abnahme der Beweglichkeit mit der Zeit) beruht hauptsächlich auf der Anlagerung an immer größere Kerne bzw. auf der Kondensation von Wasserdampf und anderen Dämpfen auf den hygroskopischen Kernen (vgl. insbesondere POLLOCK). Bei sehr großen Ionen, die mehrere Elementarquanten tragen könnten, käme auch eine Abnahme der Ladung in Betracht.

---

[1]) J. J. THOMSON, Conduction of Electricity through Gases, 2. Aufl. S. 26ff.
[2]) J. J. THOMSON, Phil. Mag. Bd. 47, S. 352. 1924.

F. Mechanische und thermodynamische Effekte.

a) Der Ionenwind.

60. Beobachtung und Messung. Der „elektrische Wind" der Spitzenentladung ist eine altbekannte Erscheinung. Seine ionentheoretische Deutung ist von CHATTOCK gegeben und zur Messung der Ionenbeweglichkeit benutzt worden (Ziff. 16). Der erste, der ähnliche Strömungen bei einer unselbständigen Entladung erhielt, war ZELENY[1]). Er ließ zwischen den vertikalen Platten eines Luftkondensators feine Fäden von Salmiaknebel herabsinken und ionisierte das Gas zwischen den Platten mittels Röntgenstrahlen. Wurde Spannung an den Kondensator gelegt, so konnte eine Ablenkung der Nebelfäden beobachtet werden. Daß diese Ablenkung wenigstens nicht ausschließlich durch die Aufladung der Nebelteilchen verursacht ist, geht daraus hervor, daß ZELENY den Versuch mit gleichem Erfolge mit Kohlensäurefäden, die nach der Schlierenmethode sichtbar gemacht wurden, wiederholen konnte. Die Ablenkung erfolgte

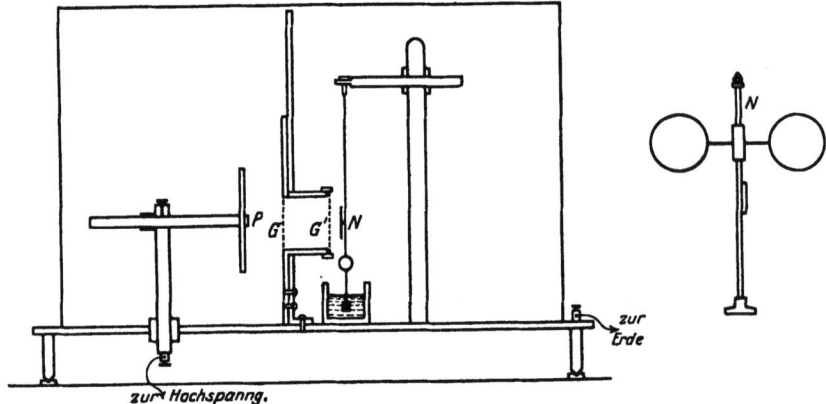

Abb. 16. Ionenwinddruckapparat nach HESS.

stets von Stellen starker zu Stellen schwacher Ionisierung. Ähnliche Strömungserscheinungen hat K. PRZIBRAM[2]) mit α-Strahlen und Röntgenstrahlen beobachtet. Quantitative Messungen dieser Erscheinung hat zuerst S. RATNER[3]) angestellt, und zwar erst mit Becquerel-Strahlen, später mit Ionisierung durch einen Glühdraht. Der Druck des Windes wurde mittels eines nach Art einer Drehwage aufgehängten Aluminiumflügels gemessen. RATNER fand, daß der Wind unter sonst gleichen Bedingungen für positive Ionen stärker ist als für negative, daß die auf die Drehwage ausgeübte Kraft annähernd der Ionisation und der Distanz zwischen den Kondensatorplatten proportional und eine sehr komplizierte Funktion der elektrischen Feldstärke ist, derart, daß sogar bei Steigerung derselben eine Umkehrung der Windrichtung eintreten kann. H. GREINACHER[4]) gibt im Anschlusse an CHATTOCK und ZELENY Versuche zur Demonstration dieser Strömungen an.

Am eingehendsten ist die Erscheinung von V. F. HESS[5]) untersucht worden, der für den ganzen Erscheinungskomplex die Bezeichnung Ionenwind eingeführt

---

[1]) J. ZELENY, Proc. Cambridge Phil. Soc. Bd. 10, S. 14. 1898.
[2]) K. PRZIBRAM, Wiener Ber. (IIa) Bd. 121, S. 225. 1912; Elster-Geitel-Festschrift 1915, S. 221.
[3]) S. RATNER, C. R. Bd. 158, S. 565. 1914; Phil. Mag. (6) Bd. 32, S. 441. 1916.
[4]) H. GREINACHER, Phys. ZS. Bd. 19, S. 188. 1918.
[5]) V. F. HESS, Wiener Ber. (IIa) Bd. 128, S. 1029. 1919; Bd. 129, S. 565. 1920.

hat. Sein dem RATNERschen ähnlicher Apparat ist in Abb. 16 dargestellt. Bei P befindet sich ein Poloniumpräparat, G_1 und G_2 sind Netze, N ist die Drehwage, die daneben von vorn gesehen abgebildet ist.

61. Theorie und Vergleich mit der Erfahrung. Ein im elektrischen Felde in einem Gase wanderndes Ion erfährt einen Reibungswiderstand, durch den es zu einer konstanten Endgeschwindigkeit kommt. Dieser Reibung entspricht im molekular-kinetischen Bilde eine Übertragung von Bewegungsgröße vom Ion auf die Gasmolekel. Hieraus ergibt sich eine Strömung des Gases als Ganzes in der Richtung der Ionenbewegung, die sich entweder dynamisch als Wind oder statisch als Drucksteigerung in Richtung der Ionenbewegung zu erkennen gibt. CHATTOCK hat für den Fall des Spitzenstromes die Beziehung abgeleitet $P = \dfrac{i}{u} d$, wo P der Überdruck im Abstand d von der Spitze, i die Stromdichte und u die Beweglichkeit der Ionen ist. Es ist nämlich, wenn ϱ die Dichte der Elektrizität und w die Geschwindigkeit des Ions im Felde ist, $i = \varrho \cdot w$, und die Kraft, die auf das Gas ausgeübt wird, ist $P = d\varrho \cdot X$ (im homogenen Felde), daher $P = di \dfrac{X}{w}$, und da $\dfrac{w}{X} = u$, ergibt sich obige Gleichung. Diese Beziehung gilt in jedem Fall der Oberflächenionisierung, wenn also nur Ionen eines Vorzeichens in das Feld gelangen, und wie er außer bei der Spitzenentladung durch RATNER mittels des Glühdrahtes und durch HESS mittels eines bis auf 1 mm Reichweite abgeschirmtes Poloniumpräparat realisiert worden ist. HESS findet für den Druck auf den Flügel der Drehwage unter Benutzung der EIFFELschen Winddruckformel den Ausdruck $P = \dfrac{i \cdot d}{3{,}5\, u}$.

Sind Ionen beider Vorzeichen im Felde vorhanden, so ist der resultierende Ionenwind eine Differenzwirkung. Bei ungleichförmiger Verteilung der Ionisierung ergibt sich ohne weiteres die experimentell gefundene Tatsache der Bewegung von Stellen stärkerer zu solchen schwächerer Ionisierung. Da im allgemeinen die Beweglichkeit der Ionen beider Vorzeichen verschieden ist, so ergibt sich aber auch bei gleichförmiger Volumionisation ein Wind in der Richtung der Bewegung der langsameren, positiven Ionen. Für diesen Fall sind von GREINACHER und von HESS Formeln entwickelt worden.

Da der Winddruck der Beweglichkeit umgekehrt proportional ist, liefern etwa vorhandene langsame Ionen den größeren Anteil des Winddruckes. HESS hat die Formeln für den Fall des Vorhandenseins von Ionen verschiedener Beweglichkeit verallgemeinert und gelangt zu einer Methode, den Prozentgehalt an langsamen Ionen zu schätzen. Bei seinen Versuchen, die mit starken Poloniumpräparaten ausgeführt wurden, waren etwa 2 bis 3% der pro Sek. erzeugten Ionen langsame Ionen, die mehr als 99% des beobachteten Winddruckes liefern. Für den Fall der Oberflächenionisation ist die lineare Abhängigkeit des Winddruckes von der durchlaufenen Distanz genau bestätigt, ebenso die Proportionalität mit dem Strom. Insbesondere decken sich die durch Strommessung und aus dem Winddrucke ermittelten Sättigungskurven. Winddruckmessungen in verschiedenen Gasen ergeben Beweglichkeiten, die sich untereinander so verhalten wie die normalen Beweglichkeiten in diesen Gasen. Staub, Wasserdampf, Chloroformdampf usw. erhöhen den Winddruck entsprechend der Herabsetzung der Beweglichkeit. Trotz des Überwiegens des Einflusses der langsamen Ionen bei diesen Versuchen ist der Ionenwind in allen untersuchten Fällen stets größer für die positiven Ionen; es sind also auch unter den langsamen Ionen die positiven im Mittel weniger beweglich als die negativen.

b) Kondensation von Dämpfen an Ionen.

62. C. T. R. Wilsons Methode. Bezüglich der Kondensation von Dämpfen an Kernen kann auf die Berichte von H. Gerdien[1]) und K. Przibram[2]) verwiesen werden, woselbst die Literatur bis 1911 so ziemlich vollständig berücksichtigt ist. Hier soll nur die Kondensation in ionisierten Gasen kurz behandelt werden, die als Hilfsmittel zur e-Bestimmung (J. J. Thomson, H. A. Wilson) sowie zur Sichtbarmachung der Bahnen ionisierender Strahlungen (C. T. R. Wilson) für die Atomphysik von grundlegender Bedeutung geworden ist. Die neueren Beobachtungen sind durchwegs nach der mehr oder weniger modifizierten Methode von C. T. R. Wilson ausgeführt, deren Wesen an der Hand der nebenstehenden Abb. 17 erläutert werde[3]). Z_1 und Z_2 sind zwei oben zugeschmolzene, leicht ineinander gleitende Glaszylinder, S ein Kautschukpfropfen, durch den das Rohr R in das Innere von Z_2 führt und bei Öffnung des Ventiles V Kommunikation mit der Vakuumflasche F herstellt. Durch den Hahn H_1 kann wieder Luft bis zum Atmosphärendruck eingelassen werden. Das verstellbare Quecksilberniveau N läßt im Raume über Z_2 einen beliebigen, am Manometer M abzulesenden Unterdruck herstellen. Die Dichtung zwischen Z_1 und Z_2 wird durch Wasser besorgt, das gleichzeitig den Luftraum über Z_2 mit Feuchtigkeit gesättigt erhält. Es wird zunächst bei geschlossenem H_1 das Ventil V einen Augenblick geöffnet, wodurch Z_2 luftdicht auf S aufgedrückt wird.

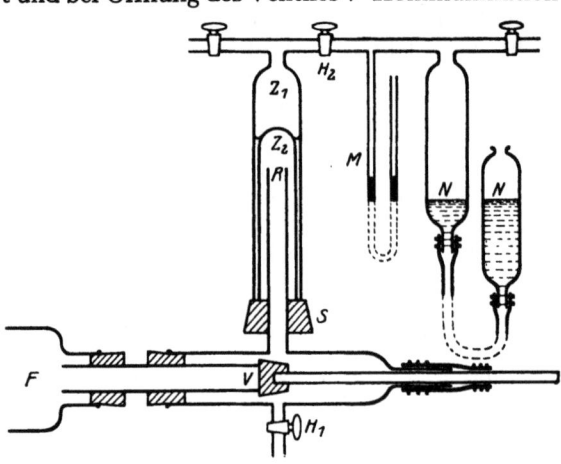

Abb. 17. C. T. R. Wilsons Expansionsapparat.

Hierauf wird mittels N der gewünschte Druck b_1 hergestellt und H_2 geschlossen. Bei Öffnung von H_1 steigt Z_2 so lange in die Höhe, bis im Raume zwischen Z_1 und Z_2 wieder angenähert Atmosphärendruck b herrscht. Schließt man H_1 und öffnet das Ventil V, so wird Z_2 plötzlich herabgezogen, und der Druck über Z_2 sinkt vom Atmosphärendruck b auf den Wert b_1. Die „Expansion", das Verhältnis von Anfangs- zum Endvolumen $\dfrac{v_2}{v_1}$ ist dann gegeben durch $\dfrac{b-p_1}{b_1-p_1}$, wo p_1 der Sättigungsdruck

---

[1]) H. Gerdien, Jahrb. d. Radioakt. Bd. 1, S. 24. 1904.
[2]) K. Przibram, Jahrb. d. Radioakt. Bd. 8, S. 285. 1911. Zur Ergänzung dienen folgende Angaben: L. Andrén, Zählung und Messung der komplexen Moleküle einiger Dämpfe nach der neuen Kondensationstheorie. Ann. d. Phys. (4) Bd. 52, S. 1. 1917; E. Besson, Sur la dissymétrie des ions positifs et négatifs relativement à la condensation de la vapeur d'eau. C. R. Bd. 153, S. 250, 408. 1911; Bd. 154, S. 342. 1912; Bd. 155, S. 711. 1912; C. Leibfried, Neue Untersuchungen des Einflusses von Röntgenstrahlen auf die Kondensation des Wasserdampfes und ein Versuch die Dampfstrahlmethode quantitativ auszugestalten. Diss. Marburg 1914; P. Lenard, Probleme komplexer Moleküle. III. Heidelb. Ber. 1914, 29. Abh.; G. Quincke, Ionenwolken in feuchter, expandierter Luft. Verh. d. D. Phys. Ges. Bd. 16, S. 421. 1914; F. Strieder, Über den Einfluß der Röntgenstrahlen auf die Kondensation des Wasserdampfes nach Versuchen von C. Leibfried und O. Conrad. Ann. d. Phys. (4) Bd. 46, S. 987. 1915.
[3]) Die Modifikation der Wilsonschen Apparate zur Sichtbarmachung der einzelnen Strahlenbahnen s. ds. Handb. Bd. XXIV.

des Wasserdampfes bei der Beobachtungstemperatur ist. Die Übersättigung nach der Expansion ist gegeben durch $S = \dfrac{p_1 v_1 \vartheta_2}{p_2 v_2 \vartheta_2}$, wo ϑ_2 die tiefste bei der adiabatischen Expansion erreichte Temperatur $\vartheta_2 = \vartheta_1 \left(\dfrac{v_1}{v_2}\right)^{\varkappa-1}$ und p_2 der Sättigungsdruck bei dieser Temperatur ist.

Beginnt man die Versuche mit kleinen Expansionen, so erhält man zunächst im Raume über Z_2 Kondensation auf Staub und anderen großen Kernen. Durch einige Expansionen können diese groben Kerne beseitigt werden, und dann

Tabelle 17. Kondensation von Dämpfen an Ionen.

Dampf	Beobachter	Grenzexpansion für		Nebelgrenze	Grenzübersättigung für Ionen	Grenzübersättigung, berechnet	
		negat. Ionen	posit. Ionen			nach J. J. Thomson mit $e = 4{,}77 \cdot 10^{-10}$	aus Dampfionenradius
Wasser	W.[1])	1,25	1,31	1,38	4,2	4,2	3,77
„	D.[2])	1,29	—	1,42	—	—	—
„	P.[3])	1,26	1,31	1,37	—	—	—
„	L.[4])	1,25	—	—	—	—	—
„	A.[5])	1,245	—	1,397	—	—	—
Methylalkohol	D.	—	1,32	1,42	—	—	—
„	P.	1,306	1,251	1,38	2,3	2,41	2,30
„	L.	—	—	—	(3,1)	—	—
Äthylalkohol	D.	—	1,20	1,25	—	—	—
„	P.	1,200	1,175	1,25	2,3	1,92	1,80
„	A.	—	1,145	1,19	—	—	—
Propylalkohol	P.	1,201	1,178	1,237	3,1	2,95	2,45
i-Butylalkohol	P.	1,214	1,198	1,260	3,7	4,51	3,59
i-Amylalkohol	P.	1,233	1,218	1,293	5,5	6,57	3,63
„	L.	—	1,182	—	4,0	—	—
Amylalk. tertiär	P.	1,307	1,271	1,354	—	—	—
Heptylalkohol	P.	1,306	1,269	1,362	—	—	—
Ameisensäure	L.	—	1,782	—	25,1	—	—
Essigsäure	„	—	1,441	—	9,3	7,16	10,3
Propionsäure	„	—	1,343	—	9,4	—	—
Buttersäure	„	—	1,380	—	15,0	—	—
i-Buttersäure	„	—	1,360	—	13,0	—	—
i-Valeriansäure	„	—	1,220	—	—	—	—
Äthylazetat	„	—	1,486	—	8,9 (6,5)	5,84	3,81
Methylbutyrat	„	—	1,334	—	5,3	—	—
Methyl-i-butyrat	„	—	1,347	—	5,2	—	—
Propylazetat	„	—	1,310	—	5,0	8,36	5,16
Äthylpropionat	„	—	1,410	—	7,8	—	—
Chloroform	P.	1,598	1,528	—	3,0	—	—
Jodäthyl	„	1,530	1,484	—	—	—	—
Azeton	„	2,009		—	—	—	—
Benzol	D.	1,53		1,78	—	—	—
„	P.	1,64		—	—	—	—
„	A.	1,50		1,74	—	—	—
Chlorbenzol	D.	1,48		1,60	—	—	—
Chlorkohlenstoff	„	1,89		—	—	—	—
Schwefelkohlenstoff	„	1,05		1,08	—	—	—
	P.	1,02		—	—	—	—

---

[1]) C. T. R. WILSON.
[2]) F. DONNAN, Phil. Mag. Bd. 3, S. 305. 1900.
[3]) K. PRZIBRAM, Wiener Ber. (IIa) Bd. 115, S. 23. 1906.
[4]) T. A. LABY, Phil. Trans. (A) Bd. 208, S. 445. 1908.
[5]) L. ANDRÉN, Ann. d. Phys. (4) Bd. 52, S. 1. 1917.

bleibt jede sichtbare Kondensation aus, bis $\frac{v_2}{v_1}$ auf 1,25 ($S = 4,2$) gesteigert wird: nun tritt ein schütterer Regen auf, der bei künstlicher Ionisation der Luft in dichten Nebel übergeht und, wie C. T. R. WILSON gezeigt hat, durch Kondensation auf den negativen Ionen zustande kommt. Oberhalb $\frac{v_2}{v_1} = 1,31$ ($S = 6$) wirken auch die positiven Ionen, wobei aber nach ANDRÉN schon unelektrische Kerne mitgefangen werden, und oberhalb $\frac{v_2}{v_1} = 1,38$ ($S = 8$) tritt dichter Nebel auch ohne Ionisation ein, hier wirken also kleine ungeladene Kerne, welche stets in der Luft und anderen Gasen enthalten sind. Bei anderen Dämpfen — es wurden bisher nur organische Dämpfe untersucht — beginnt die Kondensation an den positiven Ionen bei kleinerer Expansion als an den negativen. Die Tabelle 17 enthält die bisher bestimmten Grenzexpansionen für negative und positive Ionen und die Nebelgrenze (nebelförmige Kondensation ohne Ionisation) sowie die Grenzübersättigung für die wirksamere Ionenart (für Wasser die negativen Ionen, sonst die positiven).

63. Theorie der Kondensation. Die zur Kondensation an einem elektrisch ungeladenen Kern vom Radius r erforderliche Übersättigung ist gegeben durch die Lord KELVINsche Gleichung

$$\sigma R \vartheta \ln \frac{P}{p} = \frac{2\alpha}{r}.$$

Es ist σ die Dichte der Flüssigkeit, R die Gaskonstante bezogen auf die Masseneinheit des Dampfes, ϑ die absolute Temperatur, P der Sättigungsdruck an einer Oberfläche vom Krümmungsradius r, p Sättigungsdruck an der ebenen Oberfläche und α die Oberflächenspannung der betreffenden Flüssigkeit. Den Einfluß einer Änderung der Oberflächenspannung mit abnehmendem Radius hat J. J. THOMSON berücksichtigt; es tritt zur rechten Seite der KELVINschen Gleichung noch das Glied $+\frac{d\alpha}{dr}$ hinzu.

Ist der Kern geladen (Ladung e), so führt die rein thermodynamische Betrachtung zu der Gleichung

$$\sigma R \vartheta \ln \frac{P}{p} = \frac{2\alpha}{r} - \frac{e^2}{8\pi r^4},$$

welche J. J. THOMSON für die Kondensation an Ionen abgeleitet hat[1]). In der folgenden Abb. 18 ist für Wasserdampf die Übersättigung $S = \frac{P}{p}$ als Funktion des Radius r aufgetragen, unter der Voraussetzung $e = 4{,}77 \cdot 10^{-10}$ s. E. und für $e = 0$. Während für ungeladene Kerne die zur Kondensation erforderliche Übersättigung mit abnehmendem Radius ständig wächst, hat sie für geladene Kerne nach der J. J. THOMSONschen Gleichung ein Maximum $S_{\max}$ bei einem Radius von etwa $6 \cdot 10^{-8}$ cm $\left(r_{\max} = \sqrt[3]{\frac{e^2}{4\pi\alpha}}\right)$, nimmt dann wieder ab, so daß ein Tröpfchen von etwa $4 \cdot 10^{-8}$ $\left(r_1 = \sqrt[3]{\frac{e^2}{16\pi\alpha}}\right)$ schon mit einer ebenen Ober-

---

[1]) J. J. THOMSON, Anwendungen der Dynamik auf Physik und Chemie. Leipzig 1890.

fläche im Dampfgleichgewicht ist $\left(\frac{P}{p}=1\right)$ und kleinere Tröpfchen automatisch zu dieser Größe anwachsen müssen, da der Sättigungsdruck an ihrer Oberfläche schon kleiner ist als an der ebenen Oberfläche $\left(\frac{P}{p}<1\right)$. Die Grenzübersättigung im ionisierten Gase ist nach THOMSON jene maximale Übersättigung S_{max}, da nach ihrer Überschreitung die Tröpfchen automatisch bis zu sichtbarer Größe anwachsen müssen. Die mit dem jetzt akzeptierten e-Wert berechneten S_{max} sind in der Tabelle 17, 7. Spalte, eingetragen. Die Übereinstimmung ist im großen ganzen befriedigend und wesentlich besser als bei Berechnung mit den älteren, niedrigeren e-Werten. LOEB[1]) hat darauf hingewiesen, daß diese Theorie keine besonderen Annahmen über die Natur der Ionen erfordert, da es genügt, daß ein zufällig gebildetes, an sich instabiles Tröpfchen ein Ion durch Adsorption aufnimmt, um bei Überschreitung von S_{max} bis zur Sichtbarkeit anwachsen zu können.

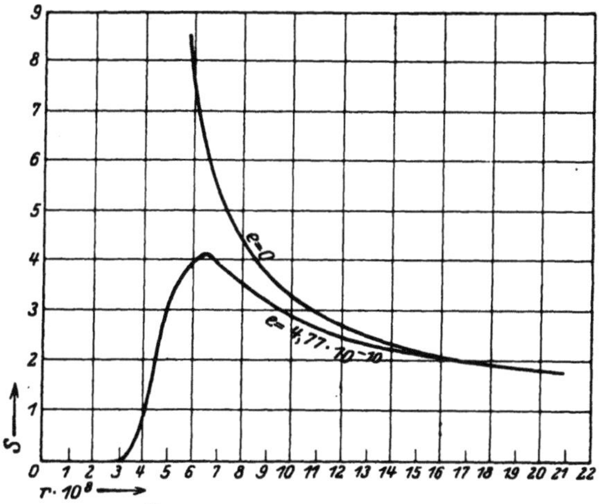

Die verschiedene Wirksamkeit der Ionen der beiden Vorzeichen sucht THOMSON[2]) durch die Wirkung von Doppelschichten an den Tröpfchen zu erklären, die verschieden ausfällt, je nachdem die Innenbelegung dasselbe oder das entgegengesetzte Vorzeichen hat wie die Ladung des Kernes, doch läßt sich diese Deutung nicht ohne weiteres mit den sonstigen Erfahrungen über Oberflächenschichten in Einklang bringen.

Abb. 18. Übersättigung S als Funktion des Tröpfchenradius r.

K. PRZIBRAM[3]) hat die größere Wirksamkeit der negativen Ionen für die Kondensation des Wasserdampfes und der positiven für die der organischen Dämpfe mit der kleineren Beweglichkeit der negativen Ionen im Wasserdampf und der positiven in den organischen Dämpfen in Zusammenhang gebracht durch die Annahme, die Kondensation in der mit Dampf gesättigten Luft erfolge zuerst an den größten Ionen des Dampfes, die sich nach der Theorie der veränderlichen Molekelkomplexe zeitweilig auch in der mit dem betreffenden Dampfe gesättigten Luft bilden werden (nach LENARD und ANDRÉN entstammen die wirksamen Kerne ausschließlich dem Dampfe). Man kann die Größe dieser Ionen aus Beweglichkeitsmessungen im reinen Dampfe nach der LENARDschen Formel berechnen und in den THOMSONschen Ausdruck für die Übersättigung einführen. Die Ionenradien in den Dämpfen sind von der Größenordnung 10^{-7} cm, und für solche ist der Einfluß der Ladung, worauf LENARD[4]) mit Recht aufmerksam gemacht hat, recht gering (s. Abb. 18); er kann daher ruhig weg-

---

[1]) L. B. LOEB, Journ. Frankl. Inst., Dez. 1917, zitiert in Phil. Mag. Bd. 48, S. 455. 1924.
[2]) J. J. THOMSON, Conduction of Electricity through Gases, 2. Aufl. 1906. S. 186.
[3]) K. PRZIBRAM, Wiener Ber. (IIa) Bd. 117, S. 665. 1908; Bd. 118, S. 331. 1909.
[4]) P. LENARD, Heidelb. Ber. 1914, 29. Abh., S. 51 u. f.

gelassen werden, was die Rückkehr zur Lord KELVINschen Formel bedeutet. So wurden die in der Tabelle 17, Spalte 8, eingetragenen Übersättigungen unter Benutzung der neuesten Werte für die Molekelradien berechnet. Die Übereinstimmung ist in einigen Fällen besser, in anderen schlechter als bei der THOMSONschen Berechnungsweise; zu einer Entscheidung reicht das Zahlenmaterial demnach noch nicht aus. Einsetzung der Radien der Luftionen statt der Dampfionen liefert viel zu hohe Werte. In der annähernden Übereinstimmung der beobachteten Übersättigungen mit der nach LENARD aus der Ionenbeweglichkeit im Dampfe berechneten kann eine Bestätigung dieser Formel zur Berechnung der Ionenradien erblickt werden. Doch könnte die Übereinstimmung auch daher rühren, daß bei der Kondensation die in LENARDS Theorie der Beweglichkeit vernachlässigten Anziehungskräfte im gleichen Maße mitwirken wie bei der Verkleinerung der Beweglichkeiten. Die Frage der Kondensation wäre damit nur weiter zurückgeführt auf die Frage nach der verschiedenen Ionengröße überhaupt.

LENARD hat sich in seinen umfassenden Untersuchungen über „Probleme komplexer Moleküle" mit der herrschenden Theorie der Kondensation an Ionen auseinandergesetzt. Er bemängelt an ihr, daß die Ladung, die durch ein einziges Elektron repräsentiert wird, wie eine Oberflächenladung des Tröpfchens behandelt wird, und weist darauf hin, daß für Kerne, wie sie in ionisierten Gasen vorhanden sind, der Einfluß der Ladung überhaupt sehr gering ist, so daß die beobachteten Übersättigungen nicht zur Prüfung dieses Einflusses herangezogen werden können. Die von LENARD auf Grund seiner Anschauungen über die Konstitution der Oberflächenschicht von Flüssigkeiten entwickelte Theorie der Kondensation gibt für die Abhängigkeit der Übersättigung vom Radius einen ähnlichen Verlauf wie die THOMSONsche, läßt aber wegen Unkenntnis der maßgebenden Faktoren (Prozentsatz der „nichtverdampfbaren" Molekeln) keine streng quantitative Prüfung zu. Bezüglich der Oberflächenspannung fordert sie die Einsetzung eines höheren Wertes als den an der Flüssigkeit im großen bestimmten.

Eine vollständige molekularkinetische Theorie der Kondensation an Ionen, welche zugleich die Bildung der Molekelkomplexe selbst sowie den Einfluß von Dämpfen auf die Beweglichkeit umfassen müßte, fehlt bisher.

Kapitel 5.

Größe und Bau der Moleküle.
Mit 12 Abbildungen.

Abschnitt A bis E von K. F. HERZFELD, München.

Abschnitt F bis G von H. G. GRIMM, Würzburg.

A. Allgemeines.

1. Die Entwicklung des Molekülbegriffs. Die alte Korpuskulartheorie der Materie hat zwischen Atom und Molekül nicht unterschieden. Für sie bestanden die Stoffe aus unteilbaren harten Körperchen, den Atomen. Die Unterscheidung wurde erst nötig, als sich zeigte, daß man die Konstanz der Gewichtsverhältnisse beim Eintritt chemischer Verbindungen durch die Annahme erklären konnte, daß sich Atome der verschiedenen Elemente miteinander verbänden; hingegen zeigte die Untersuchung der Volumverhältnisse sich verbindender Gase zwar auch ganzzahlige Verhältnisse, aber solche, die mit den Gewichtsverhältnissen nicht identisch waren, sondern um kleine ganzzahlige Faktoren von letzteren abwichen. So mußte man unterscheiden zwischen den Atomen, welche die Bausteine für die chemischen Verbindungen sind und deren relative Anzahl bei der Vereinigung die Gewichtsverhältnisse der sich verbindenden Elemente bestimmt, und den Molekülen, welche für die Volumverhältnisse im Gas maßgebend sind. Diese Auffassung wird in dem Satz von AVOGADRO zusammengefaßt, nach welchem bei gegebener Temperatur für den Druck eines idealen Gases nur die Zahl der Moleküle in einem bestimmten Volumen maßgebend ist, unabhängig von deren Natur.

Dieses Resultat läßt sich kinetisch ableiten, wenn man die Moleküle als Systeme auffaßt, die einander während des größten Teiles ihrer Bewegung nicht beeinflussen, sondern unabhängig voneinander (bei Abwesenheit äußerer Kräfte in geraden Linien) fliegen und nur während kurzdauernder Stöße in Berührung miteinander sind. Unter diesen Annahmen ergibt sich tatsächlich der Druck als proportional der Zahl der Moleküle pro Volumeinheit. Hierbei geht als wesentlicher Ansatz ein, daß die Wahrscheinlichkeit für den Aufenthalt eines bestimmten Moleküls in einem gegebenen Volumelement der Größe dieses Volumelementes proportional und unabhängig davon ist, ob noch andere Moleküle ebenfalls im gleichen Volumelement enthalten sind. Dann ergibt sich nämlich die Wahrscheinlichkeit für den Aufenthalt von N Molekülen im Volumen v zu v^N und die Entropie in ihrer Abhängigkeit vom Volumen nach dem BOLTZMANNschen Prinzip zu

$$S = k \ln W + \text{konst.} = kN \ln v + \text{konst.}, \qquad (1)$$

woraus sofort der Druck zu

$$p = T \frac{\partial S}{\partial v} = \frac{N}{N_L} \frac{RT}{v} \qquad (2)$$

folgt. Hierin bedeutet N_L die LOSCHMIDTsche Zahl.

So ist der Druck zwar proportional zur Zahl der sich unabhängig voneinander bewegenden Teilchen, der Moleküle, dagegen unabhängig davon, wieviel Atome zu einem Molekül vereinigt sind, denn diese Atome sind durch so starke Kräfte aneinander geheftet, daß sie zu gemeinsamer Bewegung gezwungen sind; d. h. wenn eines von ihnen in dem betrachteten (verhältnismäßig großen) Raumteil enthalten ist, dann sind fast immer alle anderen Atome desselben Moleküls auch darin enthalten.

2. Berücksichtigung der gegenseitigen Einwirkung. Die genaue Untersuchung hat nun gelehrt, daß die Moleküle nicht durch starre Körper in gewöhnlichem Sinne idealisiert werden dürfen, welche nur bei unmittelbarer Berührung, dann aber sehr stark aufeinander einwirken. In Wirklichkeit gehen von jedem solchen Molekül Kräfte aus, welche allerdings mit der Entfernung verhältnismäßig schnell abnehmen, aber genau genommen, nirgends ganz verschwinden, außer höchstens auf ausgezeichneten Flächen. Infolgedessen wirken zwei Moleküle prinzipiell immer aufeinander ein, wenn man auch praktisch bei höherer Temperatur von dieser Einwirkung absehen darf (wenn nämlich die kinetische Energie groß ist gegen die wechselseitige potentielle). Damit ist der prinzipielle Gegensatz zwischen den Atomen, die durch Kräfte zu einem Molekül verbunden sind, und den voneinander unabhängigen Molekülen geschwunden; denn auch diese sind durch Kräfte, die allerdings schwächer sind, aneinander gebunden. Demnach ist auch jetzt nicht mehr die Anwesenheit eines Moleküls in einem bestimmten Raumteil unabhängig von der Anwesenheit anderer Moleküle im selben Raum, was sich in dem abweichenden Verhalten realer Gase von der Gleichung (2), Ziff. 1, die nur für ideale gilt, äußert. Es ist der Druck nicht mehr proportional der Zahl der Moleküle. Praktisch kann man aber mit steigender Verdünnung die Verhältnisse der idealen Gase beliebig annähern, d. h. die Moleküle so weit voneinander entfernen, daß man ihre gegenseitige Einwirkung vernachlässigen und so noch immer die Moleküldefinition von Ziff. 1 anwenden darf. Schwieriger werden die Verhältnisse, wenn man zu Flüssigkeiten übergeht, d. h. das Gas so weit verdichtet, daß es sich kondensiert. Hier liegen nämlich diejenigen Gebilde, die wir im Gas als Moleküle bezeichnet haben, so nahe beieinander, daß sie dauernd merkliche Kräfte aufeinander ausüben; die gegenseitige potentielle Energie ist sogar größer als die kinetische, wenn auch durchaus von derselben Größenordnung. Auch die Entfernungen zwischen Atomen, die verschiedenen Molekülen angehören, ist nicht oder nicht viel größer als die Entfernung zwischen zwei Atomen desselben Moleküls. Dementsprechend wird man die Bewegung der einzelnen Moleküle in der Flüssigkeit nicht mehr als unabhängig voneinander ansehen dürfen. Trotzdem wird es im allgemeinen zweckmäßig sein, bei denjenigen Substanzen, die bei gewöhnlicher Temperatur flüssig sind, von der Existenz von Molekülen zu sprechen, denn im allgemeinen wird die Energie, die nötig ist, um ein solches Gebilde aus der Flüssigkeit zu entfernen, klein gegen die Energie sein, die nötig ist, um ein Atom aus dem Molekülverband zu reißen. So ist z. B. die Energie, die man verbraucht, um ein Molekül Benzol aus dem flüssigen Benzol zu entfernen, d. h. die Verdampfungswärme des Benzols, etwa gleich $\frac{8}{N_L}$ Cal, wo N_L die LOSCHMIDTsche Zahl ist, hingegen die Arbeit, die zum Losreißen eines Wasserstoffatoms aus dem Benzolmolekül nötig ist

$\frac{87}{N_L}$ Cal. Den hier geschilderten Verhältnissen entsprechend, haben auch die Chemiker bei den im Laboratorium gebräuchlichen Flüssigkeiten stets von Molekülen gesprochen. Über die Frage aber, wieviel Atome zu einem solchen Molekül gehören, welche bei Gasen ohne weiteres mit Hilfe der Gasgleichung entschieden werden kann, läßt sich hier häufig keine eindeutige Antwort geben. Einfacher ist die Lage bei verdünnten Lösungen, in denen selbständige Teile der gelösten Substanz sich unabhängig voneinander bewegen. Diese kann man ohne weiteres als Moleküle bezeichnen, denn infolge ihrer Unabhängigkeit voneinander kann man die Überlegungen, die zur Gasgleichung führten, unverändert auf sie anwenden und so ihre Zahl bestimmen. Die Bewegung dieser Moleküle ist aber nur unabhängig von der Bewegung anderer gelöster Moleküle, nicht unabhängig von der Bewegung der Teilchen des Lösungsmittels. Dementsprechend ist es eine der umstrittensten Fragen der physikalischen Chemie, wieweit man das Lösungsmittel noch zum gelösten Molekül zu rechnen hat (s. Ziff. 20).

Endlich gibt es aber auch Flüssigkeiten, bei welchen die Verdampfungswärme in ihrer Größe mit den Wärmetönungen vergleichbar ist, welche bei chemischer Verbindung auftreten. Wieweit es zweckmäßig ist, in einem solchen Fall noch von bestimmten Molekülen in der Flüssigkeit zu reden, muß dahingestellt bleiben und wird in der nächsten Ziffer erörtert werden.

3. Moleküle in Kristallen. Gehen wir nun zum festen Zustand über, so können wir von einer unabhängigen Bewegung der Moleküle im allgemeinen überhaupt nicht mehr sprechen, denn hier ist jedes Molekül mit dem anderen so eng gekoppelt, daß die Bewegung durch den ganzen einheitlichen Kristall hindurchgeht. Im allgemeinen kann man gar nicht ohne weiteres unterscheiden, inwieweit sich das Molekül als Ganzes bewegt. Damit ist das Kriterium, von dem wir ausgegangen waren, hinfällig geworden. Trotzdem ist es in vielen Fällen, besonders bei organischen Körpern, noch zweckmäßig, von einem Molekül im Kristall insofern zu sprechen, als das Losreißen dieses Gebildes aus dem Kristall wesentlich leichter erfolgt als das Losreißen eines Atoms aus diesem Molekül, ganz analog, wie wir es bei Flüssigkeit besprochen haben; so ist z. B. die Verdampfungswärme pro Molekül von kristallisiertem Benzol $\frac{10{,}67}{N_L}$ Cal. Dagegen ist besonders bei anorganischen Substanzen der am Schluß von Ziff. 2 erwähnte Fall häufig, in welchem der Molekülbegriff auch diese letzte charakteristische Eigenschaft verliert. Die Verdampfungswärme von einem NaCl-Molekül aus dem Steinsalzkristall beträgt $\frac{44}{N_L}$ Cal, hingegen die Arbeit, die nötig ist, um das dampfförmige NaCl-Molekül in die Ionen zu zerreißen, $\frac{134{,}4}{N_L}$ Cal. Hier sind also die Kräfte, die die Bestandteile des Moleküls (Atome oder Ionen) zusammenhalten, nicht wesentlich größer als die Kräfte, die den Kristall zusammenhalten.

Nun zeigt die Röntgenuntersuchung tatsächlich, daß auch rein geometrisch die Molekülgrenze im Kristallverband verwischt wird. Bei den erwähnten organischen Kristallen kann man, worauf wir gleich zurückkommen, eine Gruppierung der Atome zu bestimmten Molekülen noch erkennen, wenn auch hier die Abstände zwischen Atomen verschiedener Moleküle manchmal ebenso klein sind als die zwischen Atomen desselben Moleküls (vgl. beim Naphthalin die C- und H-Atome verschiedener Moleküle). Beim Steinsalzkristall hingegen ist die Vereinigung zu Molekülen im Gitter vollkommen verschwunden. Jedes Natriumion ist von sechs ganz gleichberechtigten Chlorionen umgeben und umgekehrt. Wir können uns in Gedanken den Aufbau eines Steinsalzkristalles aus Molekülen etwa so vorstellen, daß wir von Molekülen ausgehen, die im Dampf zuerst weit voneinander entfernt sind, dann ist ein bestimmtes Natriumion mit einem bestimmten ihm benachbarten Chlorion verbunden und diese beiden üben aufeinander starke Kräfte aus, viel stärkere als zwei Moleküle aufeinander. Wenn wir nun die Moleküle einander nähern, so wachsen die Kräfte zwischen den Molekülen immer mehr an, und wenn sie einen mit den zwischenatomaren Kräften vergleichbaren Betrag erreicht haben, dann wird ein bestimmtes Natriumion nicht nur von dem ursprünglich zu ihm gehörigen Chlorion, sondern auch von den zu anderen Molekülen gehörigen merkbar angezogen werden. Dadurch wird es aber von seinem ursprünglichen Partner weg- und zu den andern hingezogen. So wird der Zustand erreicht, in welchem die Bindung des Natriumions an das ursprünglich zu ihm gehörende Chlorion nicht mehr stärker ist als an diejenigen Chlorionen, die ursprünglich zu anderen Molekülen gehörten, und damit hört natürlich auch die geometrische Zugehörigkeit, d. h. die stärkere Annäherung an ein bestimmtes Chlorion, auf.

Rein geometrisch können wir daher bei sehr vielen Gittern, besonders salzartiger Verbindungen (Ionengitter), aber auch bei anderen (Atomgitter, z. B. AlN, SiC), im Kristallverband nicht ein bestimmtes Teilchen mit einem anderen zu einem festen Molekül verbinden, da alle gleich fest miteinander verbunden sind. Wenn wir den Molekülbegriff im vorher erwähnten Sinn hier überhaupt noch anwenden wollen, dann müssen wir das ganze Gitter als ein Molekül auffassen, denn nur das Ganze läßt sich unabhängig bewegen und ist durch wesentlich schwächere Kräfte mit seiner Umgebung verknüpft, als es die „chemischen" Kräfte sind. In der nächsten Ziffer soll besprochen werden, wieweit sich trotzdem auch hier, wenn auch in anderem Sinn, ein Molekül definieren läßt.

4. Das Molekül als chemischer Begriff. Unabhängig von den Bewegungsverhältnissen, wie sie sich im AVOGADROschen Satz ausdrücken, hat sich der Molekülbegriff in der Lehre von den chemischen Verbindungen eingebürgert. Das in Ziff. 1 erwähnte Gesetz der multiplen Proportionen läßt sich ja am leichtesten so deuten, daß beim Vorgang der chemischen Vereinigung mehrere Atome zu einem einheitlichen Gebilde, dem chemischen Molekül der Verbindung, zusammentreten. Hierbei war es nötig, den Begriff der Valenz oder Wertigkeit einzuführen, der angab, mit wie vielen Atomen niedrigster Wertigkeit (z. B. H, Cl) sich das betreffende Atom verbinden kann. Diese Tatsachen wurden durch den sog. Valenzstrich symbolisiert. Jedes Atom trägt dann je nach seiner Wertigkeit einen oder mehrere solcher Valenzstriche, die als einfachste Darstellung der gerichtet gedachten chemischen Anziehungskräfte aufzufassen sind. Bei der Verbindungsbildung greifen dann je zwei solcher Valenzstriche ineinander. Solange irgendwo noch ein freier Valenzstrich vorhanden ist, kann ein weiteres Atom angelagert werden. Nach dieser Auffassung ist ein Molekül ein Komplex von Atomen, in dem die Valenzen abgesättigt sind, so daß keine (einseitig) freien Valenzstriche nach außen stehen.

Diese Auffassung des chemischen Moleküls hat sich bis zum Beginn des 20. Jahrhunderts als durchaus ausreichend erwiesen. Man hat mit ihr die Vorstellung verbunden, daß das Molekül im wesentlichen, z. B. auch im Kristall, erhalten bleibt; das war bei der Vorstellung des Valenzstriches als gerichtete Einzelkraft auch durchaus sachgemäß. Die Kräfte hingegen, welche erfahrungsgemäß auch die so definierten Moleküle noch aufeinander ausüben und die z. B. für die Kondensation eines Gases verantwortlich sind, hat man ihrem Wesen nach von den chemischen Kräften, die sich im Valenzstrich ausdrücken, vollständig getrennt. Nun zeigte aber besonders zu Ende des 19. Jahrhunderts die rein chemische Erfahrung, daß auch Moleküle, die nach der Valenzvorstellung in sich abgeschlossen und abgesättigt sein sollten, sich untereinander zu sog. Molekülverbindungen zusammenschließen können. Dies führte zur Aufstellung des Begriffes der Valenzzersplitterung und der Nebenvalenzen (WERNER). Die Entwicklung der letzten Jahre hat dann dazu geführt, daß man die Strichvalenzauffassung nur für eine beschränkte Anzahl von Verbindungen beibehält, nämlich für diejenigen, bei denen tatsächlich der Zusammenhalt des Moleküls in sich wesentlich stärker ist als die Kräfte zwischen den Molekülen. Für Verbindungen, wie es das Steinsalz hingegen ist, haben wir durch KOSSEL[1]) gelernt, daß wenigstens im Kristallverband der Begriff des unzerteilten gerichteten Valenzstriches als Einzelkraft keine Bedeutung hat. Die Tatsache, daß Natrium und Chlor einwertig sind, heißt nur, daß im Steinsalzkristall als solchem gleich viel Natrium- und Chlorionen enthalten sind, während die Kräfte, die diese beiden Bestandteile aneinanderknüpfen, mindestens Würfelsymmetrie haben und nicht etwa einseitig gerichtet sind.

Trotzdem kann man aber im Zusammenhang mit diesem chemischen Begriff des Moleküls im Kristallgitter jetzt ein solches definieren. Denn aus dem Gesetz der multiplen Proportionen folgt, daß in einem großen Kristall die Atomzahlen der verschiedenen Elemente in einfachen ganzzahligen Verhältnissen stehen. Dann ergibt sich aus dem Begriff der Homogenität des Kristalls, daß dieser sich rein geometrisch in miteinander kongruente Parallelepipede (Elementarbereiche) teilen läßt, deren jeder ein oder mehrere chemische Moleküle enthält. Hier soll unter chemischem Molekül das einfachste Gebilde verstanden werden, das sich aus den Atomen der Bestandteile in jenem Zahlenverhältnis aufbauen läßt, wie es die stöchiometrische Bildungsgleichung vorschreibt. Diesen Elementarbereich oder evtl. auch einen Teil davon kann man dann als chemisches Molekül im Kristall auffassen. Im Fall des Natriumchlorids wäre das je ein (bzw. je drei) Natrium- und Chlorion, aber diese Einteilung des Kristalls in Elementarbereiche ist nicht eindeutig. Zwar ist die Größe der Bereiche eindeutig festgelegt (und damit die Zahl der Atome, die hineinfallen), nicht aber die Zuordnung individueller Atome zum selben Bereich, wie man es gerade am Beispiel des Steinsalzes sieht. Dieser Mangel an Eindeutigkeit im rein Geometrischen entspricht der vorhin erwähnten Symmetrie der Kräfte. In Fällen, wo die Verdampfungswärme klein gegenüber den inneratomaren Kräften ist (kristallisierte organische Körper), liegen auch die geometrischen Verhältnisse so, daß sich auch die Einteilung eindeutig durchführen läßt (Molekülgitter)[2]).

5. Das Molekül als starre Kugel und als Zentrum eines Kraftfeldes. Selbst wenn wir zulassen, daß die Moleküle aufeinander schon in größerer Entfernung Anziehungskräfte ausüben, könnten wir doch noch dieselben in erster Annäherung als harte Körper im gleichen Sinne auffassen, wie wir es an großen Stücken gewöhnlicher fester Körper sehen. Dann wäre die Größe und Form eines solchen Moleküls vollkommen eindeutig bestimmt durch seine Oberfläche. Eine Reihe von Tatsachen zeigt aber, daß diese Auffassung, die in den verschiedensten Gebieten der Physik, und zwar zeitlich unabhängig voneinander als erste Annäherung zur Darstellung der Erscheinungen benutzt wurde, nicht ausreicht. Am deutlichsten sieht man dies am Falle der kristallisierten Substanzen. Diese kann man in erster Annäherung als aus festen dicht gepackten Molekülen aufgebaut darstellen; dann müßten dieselben aber unzusammendrückbar sein[3]).

---

[1]) W. KOSSEL, Ann. d. Phys. Bd. 49, S. 229. 1916.
[2]) A. REIS, ZS. f. Phys. Bd. 1, S. 204; Bd. 2, S. 57. 1920; ZS. f. Elektrochem. Bd. 26, S. 412. 1920; K. WEISSENBERG, ZS. f. Phys. Bd. 34, S. 406. 420. 433. 1925; O. HERZOG u. K. WEISSENBERG, Kolloid-ZS. Bd. 37, S. 23. 1925.
[3]) T. BERGMANN, 1773; HAUY, 1783; s. P. GROTH, Naturwissensch. Bd. 13, S. 61. 1925.

Nun kann man aber erfahrungsgemäß durch gesteigerten Druck auch das Volumen der Kristalle verkleinern und muß dies dann entweder so deuten, daß man die Moleküle selbst als zusammendrückbar ansieht[1]), oder so, daß sie im Normalzustand einander nicht direkt berühren, sondern durch ein Feld von Abstoßungskräften wie durch ein elastisches Polster in bestimmtem Abstand voneinander gehalten werden. Diese letztere Auffassung folgt als die allein sachgemäße aus den modernen Anschauungen über den Atombau, die in ds. Handb. Bd. XXIII dargestellt sind. Danach ist das Gebilde, das wir als Atom bezeichnen und gegenüber normalen Einwirkungen als undurchdringlich ansehen, in Wirklichkeit nur zum kleinsten Teil von solchen Gebilden erfüllt, die wir im normalen Sprachgebrauch als Materie bezeichnen. Der Rest des Atomraumes ist leer. Es herrschen aber dort starke Kraftfelder, welche von diesen Kernen und Elektronen ausgehen. Diese Kraftfelder sind es, welche im allgemeinen den anderen Elektronen und Kernen, seien sie nun frei oder selbst wieder zu solchen komplizierten Gebilden (Atomen oder Molekülen) zusammengeschlossen, das Eindringen verwehren.

Diesem Bild entsprechend werden wir auch das Molekül, das ja aus Atomen zusammengesetzt ist, als nur zum kleinsten Teil von „materiellen" Gebilden (Kernen und Elektronen) erfüllt ansehen müssen. Das, was das Molekül als einen unter gewöhnlichen Umständen undurchdringlichen Körper anzusehen erlaubt, ist das Kraftfeld, welches, von den kleinen Elementarbausteinen ausgehend, auf andere, seien es einfache (Elektronen oder Kerne), seien es zusammengesetzte (Atome, Moleküle) Gebilde, Abstoßungswirkungen ausübt. So ist die Frage nach der Größe und der Form des Moleküls, die vom Standpunkt der Auffassung desselben als starrer Körper durch die Angabe einer bestimmten Oberfläche erledigt sein würde, wesentlich komplizierter geworden. Wir müssen jetzt nämlich zwei Fragen beantworten: Erstens müssen wir Angaben über den räumlichen Verlauf des Kraftfeldes machen; zweitens müssen wir daraus auf die Lage und Natur der Träger dieses Kraftfeldes zurückschließen und so gleichzeitig die Frage nach dem Bau der Moleküle anschneiden.

6. Allgemeines über die Natur der Abstoßungskräfte. Bei der geschilderten Sachlage würde man von vornherein erwarten, daß die Angabe einer Größe oder Form des Moleküls auch nur in erster Annäherung nicht zulässig sei. Denn die Entfernung, auf die sich irgendein fremdes Gebilde, das wir im folgenden den Probekörper nennen wollen, dem untersuchten Molekül nähern kann, ist einfach der Abstand, in welchem dieser Probekörper durch die Abstoßungskräfte zur Umkehr gezwungen wird bzw. zur Ruhe kommt. Diese Entfernung hängt aber erstens von der kinetischen Energie ab, mit der der Probekörper heranfliegt — größere Energie ergibt größere Annäherungsmöglichkeit — bzw. bei statischer Annäherung hängt sie von den wirkenden äußeren Kräften ab, mit denen der Probekörper an das untersuchte Molekül angepreßt wird. Zweitens sind die Abstoßungskräfte nicht von dem Kraftfeld des untersuchten Moleküls allein bestimmt, sondern auch von der Natur des Probekörpers, so daß man je nach der Art der Untersuchung eines Moleküls eine verschiedene „Größe" desselben erhalten sollte. Tatsächlich sind diese Unterschiede auch vorhanden, aber in verhältnismäßig kleinem Umfang. Das hat seinen Grund darin, daß die Abstoßungskräfte bei steigender Annäherung sehr schnell zunehmen, so daß eine innerhalb der z. B. durch Temperatursteigerung erreichbaren Grenzen bleibende Änderung der kinetischen Energie für die erreichte kleinste Entfernung wenig ausmacht.

---

[1]) Z. B.: TH. W. RICHARDS u. E. P. R. SAERENS, Journ. Am. Chem. Soc. Bd. 46, S. 949. 1924.

Man hat schon seit dem 18. Jahrhundert (z. B. BOSKOVICH 1763) daraus, daß einerseits ein fester Körper in sich zusammenhält, andererseits bei Volumverkleinerung Widerstand leistet, folgenden Schluß gezogen. Auf große Entfernungen müssen Anziehungskräfte wirksam sein, welche die Bestandteile des festen Körpers überhaupt aneinanderketten. Dann folgt eine Entfernung, wo die Kräfte Null sind und daher eine Ruhelage möglich ist, während bei weiterer Annäherung Abstoßung eintritt. Wenn wir daher die Gesamtkraft in einen anziehenden und einen abstoßenden Anteil zerlegen, so muß der letztere mit der Entfernung schneller abnehmen als der erstere und darum bei kleineren Entfernungen überwiegen, bei großen zurücktreten. Der einfachste Ansatz, den man daher für die gegenseitige potentielle Energie machen kann, die zwei Moleküle im Abstand r besitzen, ist

$$w = -\frac{A'}{r^m} + \frac{B'}{r^n} \qquad n > m. \tag{1}$$

Der erste negative Summand bedeutet darin die potentielle Energie der Anziehung, die auf große Entfernung allein überwiegt, der zweite die potentielle Energie der Abstoßung. Dabei können die Konstanten A' und B' noch von der Natur der beiden Moleküle und von ihrer gegenseitigen Orientierung abhängen. Die Kraft zwischen den beiden Molekülen ist durch

$$P = -\frac{\partial w}{\partial r} = -\frac{mA'}{r^{m+1}} + \frac{nB'}{r^{n+1}} \tag{2}$$

gegeben, die Ruhelage durch das Verschwinden dieser Kraft (Maximum der potentiellen Energie)

$$0 = \left(\frac{\partial w}{\partial r}\right)_{r=r_0} = \frac{mA'}{r_0^{m+1}} - \frac{nB'}{r_0^{n+1}} = \frac{mA'}{r_0^{m+1}}\left(1 - \frac{nB'}{mA'}\frac{1}{r_0^{n-m}}\right); \tag{3}$$

$$r_0^{n-m} = \frac{nB'}{mA'}. \tag{4}$$

Den allgemeinen Verlauf einer solchen Funktion w stellt Abb. 1 dar.

Unsere Aufgabe besteht nun darin, dieses Feld möglichst genau abzutasten. Wäre Kugelsymmetrie des Moleküls vorhanden, so müßte die Bestimmung der vier Konstanten A', B', n und m hinreichen. Im allgemeinen werden diese aber noch vom Winkel abhängen, der von der untersuchten Richtung und gewissen Hauptachsen des Moleküls eingeschlossen wird.

Was die Natur des Feldes betrifft, so kommen praktisch nur elektrostatische Wirkungen in dem Sinn in Frage, daß sich das Feld aus einem Potential ableitet, welches sich additiv aus Anteilen zusammensetzen läßt, deren jeder von einer Ladung nach der Formel

$$\varphi_\iota = \frac{e_\iota}{r_\iota}, \tag{5}$$

wie sie dem COULOMBschen Gesetz entspricht, herrührt. Alle anderen Wirkungen (elektromagnetische oder Gravitationswirkungen) sind zu schwach; für die Annahme unbekannter Kräfte besteht aber vorderhand keinerlei Grund, und man kann, wie

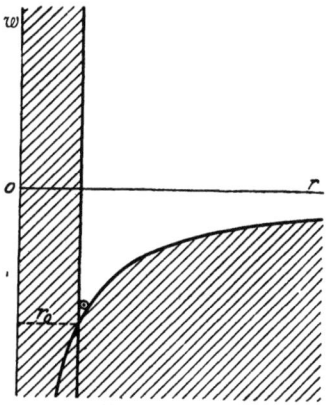

Abb. 1. Zur Veranschaulichung der gegenseitigen Überlagerung von Anziehung und Abstoßung.

$$w = -\frac{e^2}{r} + \frac{\beta}{r^n}.$$

es besonders KOSSEL betont hat, hoffen, daß sich auch die bisher noch nicht im einzelnen analysierten Wirkungen in der angedeuteten Weise zerlegen lassen. Die resultierende Kraft aber folgt infolge des aus zahlreichen Ladungen zusammengesetzten Baues des Moleküls bzw. Atoms nicht dem einfachen COULOMBschen Gesetz, wie es in den Ziff. 39 bis 44 noch näher ausgeführt werden wird.

Würde es uns gelingen, das Feld in jedem Augenblick genau auszumessen, so würde die Berechnung des Ortes und der Ladung seiner Träger ohne weiteres sich aus den Gesetzen der Elektrostatik ergeben. In Wirklichkeit können wir aber bloß einen zeitlichen Mittelwert dieses Feldes bestimmen, und infolgedessen sind die Rückschlüsse auf die Anordnung bzw. Bewegung der Ladungsträger nicht so eindeutig.

Die Abstoßungskräfte, von denen wir in dieser Ziffer gesprochen haben, sind ihrer Natur nach die gleichen für Moleküle, Atome und Ionen. Infolgedessen werden die Methoden, die wir zu ihrer Bestimmung benutzen müssen und im folgenden besprechen werden, sich auf diese drei Kategorien gleichmäßig beziehen.

B. Methoden zur Bestimmung der Größe und des Baues der Moleküle.

7. Allgemeine Übersicht über die Untersuchungsmethoden. Man kann die Methoden, aus denen wir schließen, bis zu welcher kleinsten Entfernung sich ein Probekörper dem untersuchten Molekül nähern kann, in folgende drei Gruppen einteilen.

Die erste untersucht, wieviel Platz das Molekül dem Probekörper wegnimmt. Hierbei kann es sich um eine mehr statische Annäherung des Probekörpers handeln, wie bei den Kristallen (Ziff. 9) oder den dünnen Häuten auf Flüssigkeiten (Ziff. 29 bis 34), oder es kann sich um eine Annäherung des Probekörpers handeln, für welche seine kinetische Energie wesentlich ist, wie bei Gasen. Die Flüssigkeiten stehen zwischen diesen beiden Fällen in der Mitte.

In der zweiten Gruppe lenkt man seine Aufmerksamkeit auf die Richtungsänderung, welche der heranfliegende Probekörper bei der Annäherung an das untersuchte Molekül erfährt.

Die dritte Gruppe endlich schließt die (im allgemeinen statisch bestimmte) kleinste Entfernung zwischen Molekül- und Probekörper aus indirekten Wirkungen, z. B. der Stärke der Bindung zwischen beiden. Dann muß das Kraftgesetz allerdings bekannt sein.

Wenn man in der ersten Gruppe die kleinste Entfernung in Abhängigkeit von der äußeren Kraft bzw. der kinetischen Energie untersucht, kann man weiter Schlüsse auf die wirkenden Kräfte ziehen. Die gleiche Möglichkeit liefert in der zweiten Gruppe die genauere Untersuchung der Größe der Richtungsänderung (praktisch noch nicht durchgeführt) und die Temperaturabhängigkeit.

In der dritten Gruppe endlich ist, wie schon erwähnt, keine getrennte Feststellung über Größe des Moleküls und Art der Kräfte direkt möglich.

a) Volummethoden.

8. Der Gitterabstand in Kristallen. Wie schon in Ziff. 5 erwähnt, kann man sich den Kristall in erster Näherung aus aneinandergelegten harten Molekülen aufgebaut denken. Der Abstand der Mittelpunkte zweier Moleküle, welcher entweder gleich dem Gitterabstand oder kleiner ist, ist dann durch die Größe und Form der Moleküle bedingt. (Was wir hier für Moleküle sagen, gilt dann entsprechend auch für Atome und Ionen.) Denkt man sich die Moleküle als Kugeln, dann ist der Abstand der Molekülmittelpunkte der sich berührenden Kugeln gleich der Summe ihrer Radien, und man kann diese Größe ohne weiteres aus dem Molekularvolumen berechnen, wenn man nur noch das Gitter kennt. Für ein einfaches kubisches Gitter z. B. sind die nächst benachbarten Moleküle diejenigen, die auf einer Würfelkante sitzen. Jedem Elementarbereich ist ein Gitterpunkt zuzuordnen; dementsprechend enthält ein Mol[1]) der Substanz N_L Elementarbereiche und folglich ist das Molekularvolumen

$$V = N_L a^3; \quad a = 1{,}182 \cdot 10^{-8} \sqrt[3]{V} \text{ cm}. \quad (1)$$

Man kann also ohne weiteres aus V den Gitterabstand a und damit die Summe der beiden Radien berechnen. Beim raumzentrierten kubischen Gitter liegen die nächstbenachbarten Moleküle im Eckpunkt und im Mittelpunkt, ihr Abstand r_{min} beträgt $\frac{\sqrt{3}}{2} a$. Zum Elementarbereich gehören zwei Gitterpunkte (ein Eckpunkt und der Mittelpunkt), folglich ist $V = \frac{1}{2} N_L a^3$ und daher

$$a = 1{,}488 \cdot 10^{-8} \sqrt[3]{V} \text{ cm}, \quad r_{min} = 1{,}289 \cdot 10^{-8} \sqrt[3]{V} \text{ cm}.$$

Im flächenzentrierten kubischen Gitter endlich ist der Abstand der beiden nächstbenachbarten Atome die halbe Flächendiagonale $r_{min} = \frac{1}{2}\sqrt{2}\,a$, im Elementarbereich liegen vier Gitterpunkte, und daher wird

$$V = \tfrac{1}{4} N_L a^3, \quad a = 1{,}875 \cdot 10^{-8} \sqrt[3]{V} \text{ cm}, \quad r_{min} = 1{,}325 \cdot 10^{-8} \sqrt[3]{V} \text{ cm}.$$

Als Beispiele für einige so berechnete Abstände benachbarter Teilchen sei folgende Tabelle angeführt[2]):

Substanz	Ar kondensiert	Cu	Ag	Diamant	NaCl	RbJ
Abstand zwischen	Ar–Ar	Cu–Cu	Ag–Ag	C–C	Na–Cl	Rb–J
Größe des Abstandes in 10^{-8} cm	3,83	2,55	2,87	1,53	2,814	3,654

Könnten wir nun die Kristalle wirklich als aus starren Gebilden aufgebaut denken, dann wäre der Durchmesser ein für allemal fest und müßte sich bei verschiedenen Kombinationen z. B. Na in NaCl und NaJ, immer wieder finden. Diese „BRAGGsche Regel" ist aber nur in Annäherung erfüllt, wie in Ziff. 29 näher ausgeführt werden wird. Formal kann man ja sagen, daß die „Wirkungssphären" der Teilchen einander berühren, man hat dann aber unter Wirkungssphäre eben den Raum zu verstehen, in welchem sich das Kraftfeld erstreckt, und zwar bis zu einer Stelle, die auch noch von dem anderen Partner abhängt. Diese Wirkungssphären sind also auch noch durch den letzteren bestimmt.

Nach der allgemeinen Auffassung sind die Gitterabstände im Kristall definiert durch die Kräfte zwischen den Bestandteilen. Für die gesamte potentielle Energie des Kristalles hat man anzusetzen

$$W = -\frac{1}{2}\sum_s \sum_l \frac{A'_{sl}}{r^m_{sl}} + \frac{1}{2}\sum \frac{B'_{sl}}{r^n_{sl}}, \quad (2)$$

---

[1]) Für Ionen- oder Atomgitter, in denen also die Gitterpunkte mit verschiedenen Teilchen besetzt sind, gelten die angegebenen Formeln dann für die Radiensummen verschiedner Teilchen, wenn man die Gitterstruktur nur nach den Gitterpunkten ohne Rücksicht auf ihre Natur beurteilt, unter Gitterabstand also den Abstand zum nächsten, evtl. ungleichnamigen Ion in der Achsenrichtung versteht, und das Molekularvolumen nicht auf ein Mol Salz, sondern auf diejenige Menge bezieht, in der im ganzen N_L Teilchen vorhanden sind.

[2]) Ar nach F. SIMON u. CL. v. SIMSON, ZS. f. Phys. Bd. 25, S. 160. 1924, die anderen nach LANDOLT-BÖRNSTEIN.

wobei die Summation über jede Kombination je zweier Gitterpunkte zu erstrecken ist. Man kann dann den Ausdruck (2) folgendermaßen umschreiben

$$W = -\frac{A}{r^m} + \frac{B}{r^n}, \qquad (3)$$

wo jetzt r der Abstand zwischen zwei bestimmten benachbarten Teilen ist und die Faktoren

$$A = \frac{1}{2}\sum_s\sum_l A'_{sl}\left(\frac{r}{r_{sl}}\right)^m, \qquad B = \frac{1}{2}\sum_s\sum_l B'_{sl}\left(\frac{r}{r_{sl}}\right)^n \qquad (4)$$

nur mehr vom Gittertypus und der Natur der Bestandteile, nicht mehr von dem Gitterabstand selbst abhängen, sondern bei homogener Volumverkleinerung ungeändert bleiben. (Eine Kompression wird aber nur bei einfacheren Gittertypen eine homogene Volumänderung bedeuten.) Der Gitterabstand ist dann definiert durch

$$\left(\frac{dW}{dr}\right)_{r=r_0} = \frac{Am}{r_0^{m+1}} - \frac{Bn}{r_0^{n+1}} = \frac{Am}{r_0^{m+1}}\left(1 - \frac{Bn}{Am}\frac{1}{r_0^{n-m}}\right) = 0, \qquad (5)$$

$$r_0^{n-m} = \frac{Bn}{Am}. \qquad (6)$$

Hierbei ist mit GRÜNEISEN[1]) vorausgesetzt, daß nur die nicht zu weit entfernten Teilchen des Kristalls aufeinander einwirken, sei es, daß die Kräfte schnell genug mit der Entfernung abnehmen, sei es, daß die Wirkungen weit entfernter Teilchen einander kompensieren (wie im Fall abwechselnd positiver und negativer Ladungen).

Die potentielle Energie des ganzen Kristalls im statischen Gleichgewicht, die Gitterenergie, d. h. die Arbeit, die man leisten muß, um den Kristall in seine Bestandteile zu zerlegen und diese unendlich weit voneinander zu entfernen und zur Ruhe zu bringen, ist durch (3) gegeben, welche Formel sich bei Eliminierung von B folgendermaßen schreiben läßt:

$$W = -\frac{A}{r_0^m}\left(1 - \frac{m}{n}\right). \qquad (7)$$

Für den Fall eines Elementes, dessen Gitter aus Atomen aufgebaut ist, z. B. ein Metall oder Diamant, ist diese Größe gleich der Verdampfungswärme beim absoluten Nullpunkt, für einfache Salze läßt sie sich aus experimentellen Daten mittels des BORNschen Kreisprozesses (s. ds. Handb. IX) berechnen. Bisher haben wir nur von dem Gitterabstand unter dem äußeren Druck Null gesprochen. Wenn der Druck den Betrag p hat, so ist die gesamte potentielle Energie, die in der Ruhelage ein Minimum sein muß, gegeben durch

$$W' = W_{\text{pot}} + pV. \qquad (8)$$

Der Gitterabstand ergibt sich also bei kleinen Drucken aus

$$\frac{\partial W'}{\partial r} = \frac{\partial W_{\text{pot}}}{\partial r} + p\frac{\partial V}{\partial r} = 0. \qquad (9)$$

Definiert man r so, daß $r^3 N_L = V$ ist, so wird

$$p = -\frac{1}{3r^2}\frac{\partial w_{\text{pot}}}{\partial r}. \qquad (9')$$

---

[1]) E. GRÜNEISEN. Ann. d. Phys. Bd. 39, S. 257. 1912.

Die Kompressibilität für $T = 0$, $p = 0$ wird[1])

$$\chi_0 = -\frac{1}{V}\frac{\partial V}{\partial p} = +\frac{9r_0}{\left(\dfrac{\partial^2 w_{\text{pot}}}{\partial r^2}\right)} = \frac{9r_0^{m+3}}{Am(n-m)}, \qquad (10)$$

ihre Änderung mit dem Druck

$$27\frac{1}{\chi_0}\left(\frac{\partial \chi}{\partial p}\right)_{p=0} = \chi_0^2\frac{\partial^3 w_{\text{pot}}}{\partial r^3} - 9\chi_0 = -\frac{9r_0^{m+3}}{Am(n-m)}(n+m+12). \qquad (11)$$

Wenn man nun experimentell folgende Größen bestimmt: Gitterabstand, Gitterenergie, Kompressibilität für kleinen Druck und die Änderung der Kompressibilität mit dem Druck, dann hat man für die vier Größen A, B, n und m folgende vier Gleichungen:

$$\frac{1}{\chi_0^2}\frac{\partial \chi}{\partial p} = -\frac{n+m+12}{27}, \qquad (12')$$

$$\frac{\chi_0}{r_0^3}w_{\text{pot}}^0 = -\frac{9}{nm}, \qquad (12'')$$

$$w_{\text{pot}}^0 = -A\frac{1}{r_0^m}\frac{n-m}{n}, \qquad (12''')$$

$$r_0^{n-m} = \frac{n}{m}\frac{B}{A}, \qquad (12'''')$$

vorausgesetzt, daß die zweigliedrige Formel (3) tatsächlich die potentielle Energie darstellt. Für Elemente sind die zugehörigen Rechnungen noch nicht durchgeführt. Bei binären Salzen, wie Steinsalz, kann man dagegen die Anziehungskräfte theoretisch berechnen, indem man mit KOSSEL annimmt, daß sie nur von den Gesamtladungen der in den Gitterpunkten sitzenden Ionen herrühren. Zwischen zwei Ionen ist die Kraft dann durch $\dfrac{e^2}{r^2}$ gegeben, die Summation über alle Ionen des Gitters erfordert größere mathematische Hilfsmittel[2]) (s. Ziff. 37).

Die potentielle Energie, die von den Anziehungskräften herrührt, ergibt sich dann zu

$$W_1 = N_L\,\alpha\,\frac{e^2}{r},$$

wo α, die sog. MADELUNGsche Konstante, nur vom Gittertypus abhängt und beim gewöhnlichen kubischen Gitter (Steinsalztypus) bei unserer Definition der Gitterkonstanten $= 1{,}742$ ist. Hiermit ist m und A bestimmt, es fehlen nur noch die Konstanten B und n, zu deren Bestimmung die beiden Gleichungen (1) und (10) ausreichen.

9. Die VAN DER WAALSsche Volumkorrektur. In der VAN DER WAALSschen Theorie wird der Einfluß der Moleküleigenschaften auf die Zustandsgleichung dadurch berücksichtigt, daß man die Moleküle als starre Körper idealisiert, die aufeinander Anziehungskräfte ausüben, und diese beiden Tatsachen getrennt berücksichtigt. Jede von ihnen beeinflußt die Zustandsgleichung dadurch, daß die bei der Ableitung von Gleichung (1), Ziff. 1, gemachte Annahme nicht

---

[1]) M. BORN u. A. LANDÉ, Verh. d. D. Phys. Ges. Bd. 20, S. 210. 1918; J. C. SLATER, Phys. Rev. Bd. 23, S. 488. 1924.
[2]) E. MADELUNG, Phys. ZS. Bd. 19, S. 524. 1918.

mehr gilt, nach welcher die Wahrscheinlichkeit für den Aufenthalt eines Moleküls in einem bestimmten Raumteil unabhängig davon ist, ob schon ein anderes Molekül darin enthalten ist; der Einfluß des Eigenvolumens besteht darin, daß es Teile des Raumelementes anderen Molekülen unzugänglich macht, der Einfluß der Anziehungskräfte darin, daß sie die Nähe anderer Moleküle begünstigen.

Der Einfluß des Eigenvolumens läßt sich am leichtesten berechnen, wenn man die Moleküle als Kugeln betrachtet. Dann ist die geringste Entfernung, auf die zwei Moleküle sich einander nähern können, gleich der Summe ihrer beiden Radien. Man kann dies so darstellen, daß man sich um den Mittelpunkt des einen von ihnen eine Kugel geschlagen denkt, deren Radius gleich der Summe der beiden Molekülradien ist, die sog. Deckungssphäre. Der Mittelpunkt des zweiten Moleküls kann dann nur bis an diese Deckungssphäre herankommen. Sind die beiden Moleküle gleich groß, dann ist der Radius der Deckungssphäre gleich dem doppelten des Molekülradius. Der Raum nun, der unzugänglich gemacht wird, ist demnach für den Mittelpunkt des einen Moleküls gleich dem Volumen dieser Deckungssphäre, d. h. gleich dem Achtfachen des Einzelvolumens eines Moleküls. Danach würde in einem größeren Volumelement das Achtfache der Summe aller Eigenvolumina der darin enthaltenen Moleküle unzugänglich sein. Diese Größe ist aber noch durch 2 zu dividieren, da man sonst die Moleküle doppelt zählt. Es ist ja bei der obigen Betrachtung immer ein Molekül als mit einer Deckungssphäre umgeben, das andere als punktförmig angesehen. Vom freien Volumen der Zustandsgleichung für ein Mol ist demnach die Größe

$$b = 4N_L \frac{4\pi}{3} \cdot r^3 \qquad [r = 0{,}462 \cdot 10^{-8} \sqrt[3]{b}\,\text{cm}] \qquad (1)$$

abzuziehen, die Zustandsgleichung lautet also

$$p(V - b) = RT.$$

Doch gilt dies nur für verdünnte Gase, wenn nämlich gegenseitige Überschneidungen von Deckungssphären (d. h. gleichzeitiges Zusammentreffen von mindestens drei Molekülen) vernachlässigt werden können. Bei nichtkugelförmigen Molekülen müßte man je nach ihrer Form eine entsprechende Größe als mittlere Deckungssphäre definieren, da der kleinste erreichbare Abstand von der gegenseitigen Orientierung beim Stoß abhängt.

10. Die VAN DER WAALSsche Druckkorrektur. Zur Berücksichtigung der Anziehungskräfte schlagen wir abweichend von VAN DER WAALS, dessen Annahmen unseren heutigen Kenntnissen nicht mehr entsprechen, mit DEBYE[1]) und KEESOM[2]) folgenden Weg ein:

Um jedes Molekül denken wir uns ein Feld von Anziehungskräften, so daß zwei Moleküle, die im Abstand r voneinander sind, gegeneinander eine potentielle Energie $w(r)$ haben, die bei Anziehungskräften negativ ist und evtl. noch von der gegenseitigen Orientierung abhängen kann. Um die mittlere Zusatzenergie zu berechnen, welche das Gas infolge dieser Anziehungskräfte hat, müssen wir die Häufigkeit berechnen, mit welcher bestimmte Energiewerte auftreten, die zugehörigen Energiewerte mit dieser Häufigkeit multiplizieren und dann über alle Energiewerte summieren. Um die Rechnung nicht zu kompliziert werden zu lassen, berücksichtigen wir, daß die Reichweite der Anziehungskräfte verhältnismäßig klein ist, und nehmen das Gas wieder als so verdünnt an, daß für die mittleren Abstände der Moleküle die gegenseitige potentielle Energie vernachlässigbar klein wird (d. h. klein gegen kT); dann hat jedes Molekül um sich

---

[1]) P. DEBYE, Phys. ZS. Bd. 21, S. 178, 1920.
[2]) W. H. KEESOM, Comm. Leiden 1912—1914, Nr. 24a, b, 25, 26; 1915—1916, 39a, b, c; Phys. ZS. Bd. 22, S. 129, 643. 1921; Bd. 23, S. 225. 1922.

eine Art „Wirkungssphäre" von der Art, daß nur dann die gegenseitige potentielle Energie einen berücksichtigungswerten Betrag annimmt, wenn der Mittelpunkt eines fremden Moleküls innerhalb derselben ist. Der Radius r_a dieser Wirkungssphäre soll klein gegen den mittleren Abstand der Moleküle sein, ist aber natürlich keine scharf definierte Größe; je tiefer die Temperatur, auf desto größere Entfernungen hin machen sich die Anziehungskräfte bemerkbar. Die Fälle, in welchen mehr als zwei Moleküle aufeinander einwirken, werden vernachlässigt. Die Häufigkeit, mit der sich der Mittelpunkt eines fremden Moleküls in einem Volumelement dv der Wirkungssphäre mit der potentiellen Energie $w(r)$ befindet, wäre in Abwesenheit von Anziehungskräften gleich $\frac{dv}{V}$, bei Anwesenheit derselben ist sie nach dem BOLTZMANNschen Satz gleich

$$d\mathbf{W} = \frac{e^{-\frac{w(r)}{kT}} dv}{V - V_0 + \int e^{-\frac{w}{kT}} dv}, \tag{1}$$

wo V_0 im Nenner gleich der Summe der Volumina aller Wirkungssphären gleich $N_L \frac{4\pi}{3} r_a^3$ gesetzt ist, $V - V_0$ demnach das freie Volumen ist. Im Nenner kann man bei genügender Verdünnung V schreiben. Für die mittlere Zusatzenergie des ganzen Gases ergibt sich demnach der Ausdruck

$$\overline{W} = \frac{N_L^2}{V} \int w(r) e^{-\frac{w(r)}{kT}} dv. \tag{2}$$

Die e-Potenz in diesem Ausdruck bedeutet eine „Schwarmbildung" der Moleküle. Ist die Temperatur so hoch, daß die potentielle Energie der Anziehungskräfte klein gegen die kinetische ist, dann kann die e-Potenz durch 1 ersetzt werden, d. h. dann hält sich ein fremdes Molekül innerhalb der Wirkungssphäre ebenso oft auf, als es sich in einem gleich großen freien Volumelement aufhalten würde, und die mittlere potentielle Energie des Gases ist durch

$$\overline{W} = \frac{N_L^2}{V} \int w(r) dv \tag{3}$$

gegeben, wobei also das V im Nenner nur dadurch hereinkommt, daß mit steigendem Volumen die Moleküle sich immer seltener im gegenseitigen Wirkungsbereiche befinden. Die Natur der Kräfte hat nur einen Einfluß auf die in der VAN DER WAALSschen Theorie mit a bezeichnete Größe $N_L^2 \int w(r) dv$. Sinkt die Temperatur, so muß man die e-Potenz beibehalten, also die Schwarmbildung berücksichtigen. Im allgemeinen wird man eine Reihenentwicklung vornehmen, und bei höherer Temperatur kann man mit den ersten beiden Gliedern abbrechen. Die Formel lautet allgemein:

$$\overline{W} = \frac{N_L^2}{V} \left[\int w(r) dv - \frac{1}{kT} \int w^2 dv + \frac{1}{2(kT)^2} \int w^3 dv + \cdots \right].$$

Aus $\overline{W}$ erhält man rein thermodynamisch die Zustandsgleichung, s. Ziff. 12:

$$\frac{pV}{RT} = 1 + \frac{N_L^2}{V} \left[\frac{1}{kT} \int w \, dv - \frac{1}{(kT)^2} \int w^2 dv + \cdots + \frac{b}{N_L^2} \right]. \tag{4}$$

Man kann also aus den aufeinanderfolgenden Koeffizienten von $\frac{1}{T}$ in dieser

Reihenentwicklung des „zweiten Virialkoeffizienten" (KAMERLINGH ONNES) demnach auf das Kraftgesetz schließen. Wenn die Kraft kugelsymmetrisch verteilt ist, ist der Schluß sogar eindeutig. Wenn die Kräfte von der gegenseitigen Orientierung der Moleküle noch abhängen, so ist das Integral (2), (3) auch über alle möglichen gegenseitigen Orientierungen zu erstrecken.

11. Ableitung von a und b aus der Erfahrung. Leider läßt sich, wie in den Bänden über Wärme noch näher ausgeführt wird, nicht unmittelbar aus den Messungen b und a entnehmen. Wäre die VAN DER WAALSsche Gleichung vollkommen richtig, d. h. wäre b und a von Temperatur und Volumen unabhängig, dann wäre es ohne weiteres möglich, sei es aus dem Verlauf der Isothermen, sei es aus dem Verlauf der Isobaren, die beiden Größen zu entnehmen. In Wirklichkeit stimmt die Gleichung aber nur für verdünnte Gase genau, entwickelt man sie aber dann nach Potenzen von $\frac{1}{V}$, so nimmt sie folgende Gestalt an:

$$pV = RT\left[1 + \left(b - \frac{a}{RT}\right)\frac{1}{V} + \frac{b^2}{V^2} + \cdots\right].$$

Man kann daher b und a aus dieser Gleichung nur dann getrennt berechnen, wenn man entweder die Temperaturabhängigkeit dieser beiden Größen schon kennt oder bis zu den quadratischen Gliedern in V geht. Den ersteren Weg hat KEESOM[1]) eingeschlagen, indem er über die Kräfte bestimmte Annahmen machte (s. Ziff. 43), b als temperaturunabhängig annahm und dann die Reihenentwicklung [(4), Ziff. 11] durchführte. DEBYE[2]) hat hiergegen mit Recht eingewandt, daß bei so genauer Rechnung die Annahme der starren Kugeln eine zu weitgehende Extrapolation sei. Die demgemäß verbesserte Rechnung wird in Ziff. 12 besprochen.

Man kann weiterhin auch b und a aus den kritischen Daten berechnen. Nach der VAN DER WAALSschen Formel sollte ja b gleich $\frac{1}{3}$ des kritischen Volumens, a gleich dem kritischen Druck × 3 mal (kritisches Volumen)² sein. Leider ist das kritische Volumen nicht leicht zu messen und seine Berechnung aus kritischem Druck und kritischer Temperatur, die nach der VAN DER WAALSschen Beziehung

$$V_k = \frac{3}{8}\frac{RT_k}{p_k}$$

möglich sein sollte, ergibt bei vielen Stoffen ein um den Faktor $\frac{4\cdot 5}{3\cdot 8}$ zu großes Resultat. Bei denjenigen Stoffen, bei denen keine direkte Bestimmung des kritischen Volumens vorliegt, ist es daher zweifelhaft, ob man

$$b = \frac{1}{8}\frac{RT_k}{p_k}$$

setzen soll; bei sehr tief siedenden Stoffen ist die Abweichung noch größer als oben erwähnt.

12. Temperaturabhängigkeit von b. Die Abweichungen, die wir in der vorigen Nummer besprochen haben, zeigen sich an manchen Gasen besonders stark, am Helium schon in verdünntem Zustand. Wenn man nämlich die Zustandsgleichung nur bis zu Größen von der Ordnung $\frac{1}{V}$ entwickelt, also in der Form

$$\frac{pV}{RT} = 1 + \frac{1}{V}\left(b - \frac{a}{RT}\right)$$

---
[1]) W. H. KEESOM, Comm. Leiden 1912—1913, Nr. 24a, b, 25, 26; 1915—1916, Nr. 39a, b, c; Phys. ZS. Bd. 22, S. 129, 643. 1921; Bd. 23, S. 225. 1922.
[2]) P. DEBYE, Phys. ZS. Bd. 22, 302, 1921.

schreibt, so sieht man, daß für temperaturunabhängiges b der zweite Virialkoeffizient mit steigender Temperatur stets zunehmen muß; ist a von der Temperatur unabhängig, so folgt dies sofort, macht sich die Schwarmbildung bemerkbar, so muß diese Zunahme noch stärker sein, denn bei sinkender Temperatur werden infolge der e-Potenz gerade die Stellen mit starken Anziehungskräften häufiger aufgesucht. Der Betrag der mittleren potentiellen Energie wächst daher mit sinkender Temperatur, d. h. mit steigender Temperatur nimmt a ab, um sich einem konstanten Grenzwert $N_L^2 \int w\, dv$ zu nähern. Nun zeigt das Experiment[1]), daß der zweite Virialkoeffizient bei den erwähnten Gasen ein Maximum zeigt. Das bedeutet demnach, daß b ebenfalls mit steigender Temperatur abnehmen muß. Man kann dies formal so deuten, daß beim Zusammenstoß schnellerer Moleküle ihre elastische Oberfläche stärker eingedrückt wird, oder einfacher, daß an Stelle der starren Oberfläche ein Feld von Abstoßungskräften zu treten hat, in welches fremde Moleküle desto tiefer eindringen können, je größer ihre Geschwindigkeit ist.

ZWICKY[2]) verzichtet daher auf die getrennte Berücksichtigung des Eigenvolumens und nimmt zur gegenseitigen potentiellen Energie noch Abstoßungskräfte hinzu. Er schreibt dann die Gesamtenergie in der Form $w_p = -\dfrac{A}{r^m} + \dfrac{B'}{r^n}$. Der zweite Virialkoeffizient heißt dann ganz allgemein

$$B = -\frac{N_L}{2}\int \left(e^{-\frac{w_p}{RT}} - 1\right) dv\, d\omega,$$

wo $d\omega$ den Raumwinkel bedeutet. Man führt nun den Abstand d_0, in welchem zwei ruhende Moleküle im Gleichgewicht sind[3]), definiert durch $\left(\dfrac{dw_p}{dr}\right)_{r=d_0} = 0$, ein und schreibt

$$B = \frac{N_L}{2}\left[\iint\int_0^{d_0}\left(1 - e^{-\frac{w_p}{RT}}\right)r^2\, dr\, d\omega + \iint\int_{d_0}^{\infty}\left(1 - e^{-\frac{w_p}{RT}}\right)r^2\, dr\, d\omega\right]$$

$$= b\left\{1 - \frac{3}{4\pi d_0^3}\iint\int_0^{d_0} e^{-\frac{w_p}{RT}} r^2\, dr\, d\omega + \frac{3}{4\pi d_0^3}\sum_1^{\infty} s\frac{(-1)^{s-1}}{s!}\left(\frac{1}{RT}\right)^s \iint\int_{d_0}^{\infty} w^s r^2\, dr\, d\omega\right\}.$$

Nun kann man eine neue Variable $\eta = \dfrac{r}{d_0}$ einführen (d_0 kann vom Winkel abhängen, wenn dies A und B' tun; dann ist

$$b = \frac{2\pi}{3}N_L \overline{d_0^3} = \frac{1}{2}N_L \iint\int_0^{d_0} r^2\, dr\, d\omega$$

und erhält

$$b\left\{1 - \frac{N_L}{2b}\iint\int_0^1 e^{-\frac{A}{d_0^m}\left(\frac{1}{\eta^m} - \frac{m}{n}\frac{1}{\eta^n}\right)} \eta^2\, d\eta + \frac{N_L}{2b}\sum_1^{\infty} s\frac{(-1)^{s-1}}{s!}\left(\frac{1}{RT}\right)^s \int_1^{\infty}\left(\frac{1}{\eta^m} - \frac{m}{n}\frac{1}{\eta^n}\right)^s \eta^2\, d\eta \int \frac{A^s}{d_0^{ms}}\, d\right.$$

---

[1]) H. KAMERLINGH ONNES, Comm. Leiden 1907. Nr. 102; L. HOLBORN u. J. OTTO, ZS. f. Phys. Bd. 23, S. 77. 1924.
[2]) F. ZWICKY, Phys. ZS. Bd. 22, S. 449. 1921.
[3]) ZWICKY benutzt statt dessen die Entfernung, in welcher ein aus unendlicher Entfernung kommendes Molekül umkehrt ($w = 0$), die für die innere Reibung maßgebend und $\dfrac{m}{n}d_0$ ist.

18. Volumina in Flüssigkeiten. Die Berechnung des Molekülvolumens aus dem Molekularvolumen einer Flüssigkeit gehört zu den ältesten Methoden. Loschmidt[1]) hat sie in Verbindung mit der in Ziff. 16 zu besprechenden Formel für die innere Reibung als erster zur Bestimmung der nach ihm benannten Zahl der Moleküle im Mol angewandt. Der exakten Verwertung des Volumens der Flüssigkeiten steht aber als Schwierigkeit der Mangel einer genügenden kinetischen Theorie derselben entgegen. Während beim idealen Gas der äußere Druck vollständig von den Stößen der Moleküle, d. h. von ihrer kinetischen Energie getragen wird, bei festen Körpern und tiefen Temperaturen hingegen vollkommen von der gegenseitigen potentiellen Energie der Moleküle, d. h. im wesentlichen von deren Abstoßungskräften, also von der elastischen Energie wie bei einer Feder, nehmen die Flüssigkeiten eine Mittelstellung ein. Es fehlt noch an einer Theorie, die, mit der Erfahrung übereinstimmend, gestatten würde, anzugeben, welcher Anteil des Druckes bei einem bestimmten Volumen auf kinetische, welcher auf potentielle Energie zurückzuführen ist. Zwar macht die van der Waalssche Zustandsgleichung in ihrer weitesten Anwendung diesen Anspruch. Würde sie der Erfahrung genau entsprechen, so könnte man aus dem Volumen der Flüssigkeiten ohne weiteres die Größe der Moleküle ermitteln, aber die Übertragung auf Flüssigkeiten weit unter dem kritischen Punkt ist aus zwei Gründen unmöglich:

Erstens werden bei ihrer Ableitung, auch wenn man die Annahme vollkommen harter Kugeln zuläßt, mathematische Vernachlässigungen gemacht, die bei so großen Dichten nicht mehr zulässig sind. Es würde ja als Grenzvolumen für tiefe Temperaturen $V = b$ aus ihr folgen, d. h. ein Volumen gleich dem vierfachen Molekularvolumen, während der Vorstellung harter Kugeln eine Erfüllung des Raumes durch dichteste Kugelpackung, d. h. $V = \frac{1}{4 \cdot 0{,}74} b$, entsprechen würde. Hierin ist 0,74 die Raumerfüllung der dichtesten Kugelpackung, d. h. $\frac{1 - 0{,}74}{0{,}74}$ ist das Verhältnis der Zwischenräume zu dem wirklich von den Kugeln eingenommenen Raum[2]).

Die zweite Schwierigkeit besteht darin, daß man eben bei so großer Annäherung die Moleküle nicht mehr als harte Kugeln auffassen darf, und daß die Entfernung, die sie im Mittel dann einnehmen, in sehr weitgehendem Maß von der Temperatur abhängen wird im Gegensatz zu dem Verhalten der Kristalle, bei welchen die Ruhelage beim absoluten Nullpunkt und damit im wesentlichen auch der mittlere Abstand bei höherer Temperatur nur durch die Kräfte zwischen den Teilchen bestimmt wird, während die Temperaturbewegung nur die Schwingungsamplitude um die mittlere Ruhelage bestimmt und den Abstand bei höheren Temperaturen nur in zweiter Annäherung verändert.

Trotzdem kann man auch bei Flüssigkeiten versuchen, das wahre Volumen der Moleküle aus der Formel

$$\frac{4\pi}{3} r^3 = 0{,}74 \frac{V}{N_L} \tag{1}$$

angenähert zu berechnen, wird aber hierzu Volumina benutzen, die bei möglichst tiefen Temperaturen gemessen sind.

Mit größerer Sicherheit als die absoluten Größen der Moleküle wird man relative Größen von Stoffen berechnen können, die in ihren Eigenschaften ähnlich sind. Am sichersten ist es hierbei, Stoffe zu benutzen, die dem Gesetz der korrespondierenden Zustände gehorchen. Wenn man dann ihre Molekular-

---

[1]) J. Loschmidt, Wiener Ber. Bd. 52, S. 395. 1865.
[2]) S. z. B. R. Lorenz, Raumerfüllung und Ionenbeweglichkeit. Leipzig 1922.

volumina bei korrespondierenden Temperaturen und Drucken vergleicht, dann sind diese korrespondierende Volumina und daher dasselbe Vielfache des wahren Volumens eines Moleküls.

Bei nicht sehr großen Drucken ist der Einfluß des Druckes klein, so daß häufig der Vergleich bei korrespondierenden Temperaturen genügt. Solche sind in Annäherung der Schmelz- und der Siedepunkt. Dementsprechend sind auch die Volumina bei diesen Punkten, wie HERZ und LORENZ[1]) gezeigt haben, bei sehr vielen Stoffen der gleiche Bruchteil des kritischen Volumens. Wenn man für V_k wieder $3b$ schreibt, so findet LORENZ am Siedepunkt $V = 1,13 b$ für Ar, O_2, N_2, CO_2 und viele organische Stoffe, am Schmelzpunkt für Brom, CS_2 und eine Reihe organischer Stoffe $V = 0,96 b$ mit im allgemeinen 10% Schwankungen.

b) Reibung.

14. Durchgang von Elektronen durch Gase. Unter den Methoden, welche die Größe der Moleküle mit Hilfe der Richtungsänderung von Probekörpern, die auf die Moleküle zufliegen, zu bestimmen suchen, ist die gedanklich einfachste diejenige, welche auf dem Durchgang von Elektronen durch Gase beruht und von LENARD[2]) begründet wurde.

Denken wir uns einen Kathodenstrahl, der durch ein Gas durchgeht, so läßt sich leicht untersuchen, wieviel Elektronen nach dem Durchlaufen einer Strecke x unbeeinflußt weitergegangen sind. Ist $\alpha\, dx$ die Wahrscheinlichkeit einer Beeinflussung eines Elektrons auf der Strecke dx, so ist die Zahl der noch unbeeinflußten Elektronen durch

$$N = N_0 e^{-\alpha x} \tag{1}$$

gegeben. Wären die Moleküle harte Kugeln, an denen die Elektronen reflektiert werden, so wäre α gleich dem Bruchteil der Oberfläche einer Schicht von der Dicke dx, welcher durch den Querschnitt der Moleküle abgedeckt wird, d. h. in einem verdünnten Gas

$$\frac{1}{\alpha} = \frac{V}{N_L \pi r^2}. \tag{2}$$

Die Elektronen, die auf eine solche harte Kugel auftreffen würden, würden sehr stark aus ihrer Bahn abgelenkt. Man würde dann von der Auffassung der starren Kugel aus erwarten, daß solche Elektronen, die auf das Molekül selbst auftreffen, entweder reflektiert werden oder evtl. auch kleben bleiben, während die anderen unbeeinflußt weiterfliegen. Vom Standpunkt des Kraftfeldes aus dagegen wird man eine von der Geschwindigkeit des Elektrons abhängige Ablenkung erwarten müssen, die desto größer wird, je näher die ungestörte Bahn des Elektrons am Molekülmittelpunkt vorbeikäme. Aus der Verteilung der Ablenkungen könnte man ebenso, wie es bei schnellen Elektronen geschieht (vgl. ds. Handb. XXIV), auf das Kraftfeld schließen, doch ist das bisher nicht geschehen. Bisher hat man nur untersucht, ob das Elektron überhaupt merklich abgelenkt wird, d. h. aus dem nahe parallelen ursprünglichen Strahl ausscheidet oder nicht (es ist tatsächlich bemerkenswert, daß kleine Ablenkungen offenbar bei langsamen Elektronen selten sind). So ergibt sich ein mittlerer absorbierender Querschnitt und damit ein mittlerer Molekülradius (das Molekül als kugel-

---

[1]) R. LORENZ, ZS. f. angew. Chem. Bd. 94, S. 240. 1916; W. HERZ, ebenda Bd. 94, S. 1. 1916; Bd. 95, S. 253. 1916.
[2]) P. LENARD, Ann. d. Phys. Bd. 12, S. 714. 1903; J. FRANK u. G. HERTZ, Verh. d. D. Phys. Ges. Bd. 15, S. 373. 1913; C. RAMSAUER, Ann. d. Phys. Bd. 64, S. 513; Bd. 66, S. 546. 1921.

förmig gedacht), der von der Geschwindigkeit abhängt. LENARD hat nun gezeigt, daß für schnelle Elektronen der Absorptionskoeffizient α sehr klein ist, viel kleiner, als man unter Benutzung des sonst bekannten Molekülradius berechnen würde. Er hat daraus den Schluß gezogen, daß man die Moleküle nicht als undurchdringliche starre Kugeln auffassen darf, und so die Grundlage zu dem heutigen Atommodell gelegt. Während die bei schnellen Elektronen vorliegenden Verhältnisse im wesentlichen für die Eigenschaften des Atom- (oder Molekül-) Inneren charakteristisch sind, sind im allgemeinen gegenüber langsamen Elektronen (von wenigen Volt) die Atome tatsächlich undurchlässig.

Beim Durchgang von Elektronen durch Edelgase tritt die Eigentümlichkeit auf, daß der absorbierende Querschnitt für ganz langsame Elektronen besonders klein ist, d. h. daß diese scheinbar ungestört durch das Atom durchgehen können. Eine befriedigende Deutung dieser Tatsache steht noch aus (s. ds. Handb. XXIV).

15. Ablenkung von Atomstrahlen. Die Übertragung der LENARDschen Überlegungen auf fliegende Atome ist von BORN[1]) vorgenommen worden. An Stelle des Kathodenstrahls tritt dabei ein Molekularstrahl, wie ihn zuerst DUNOYER[2]) hergestellt hat, nachdem ANTHONY[3]) auf seine Möglichkeit hingewiesen hatte. Man denke sich zwei Räume durch eine Platte mit einem feinen Loch getrennt. In dem einen, dem „Ofen", werde durch Erhitzen eines festen Metalls Dampf von so kleiner Dichte erzeugt, daß die freie Weglänge groß gegen die Öffnung in der Trennungswand sei. Im anderen, dem Beobachtungsraum, sei der Druck so niedrig, daß praktisch überhaupt keine Zusammenstöße vorkommen. Dann fliegen die Moleküle, die in dem Ofenraum auf die Öffnung treffen, geradlinig weiter in den Beobachtungsraum bis an dessen Wand, wo sie bei genügender Kühlung festgehalten werden. Ersetzt man die einzelne freie Öffnung durch hintereinandergeschaltete Blenden, so wird aus dem eben beschriebenen weiten Büschel (Öffnungswinkel 2π) von geradlinig fliegenden Molekülen ein nahezu paralleler Strahl von solchen (Molekularstrahl) ausgeblendet; die in ihm fliegenden Moleküle kondensieren sich dann an der (gekühlten) Wand. Ihre Zahl kann durch Bestimmung der kondensierten Schicht (z. B. durch Ausmessung ihrer Fläche und ihrer Dicke) erfolgen. Bringt man in die Bahn des Strahls mehrere Auffangeplatten in verschiedener Entfernung an, aber so, daß sie sich nicht gegenseitig verdecken, so wird infolge der Divergenz des Strahls die Dichte der Schicht im Strahl und damit die Dicke mit steigender Entfernung abnehmen. Läßt man jetzt ein wenig Gas zu (so viel, daß die Entfernung zwischen den Auffangeplatten eine bis einige Weglängen beträgt), so wird die Dicke des Niederschlags auf den weiter entfernten Auffangeplatten stärker abnehmen, weil die Moleküle auf dem längeren Weg öfter zusammenstoßen können (Formel 1, Ziff. 14).

Bei dieser Ausführung des Apparats besteht die Schwierigkeit in der Justierung der Auffangeplatten, von denen z. B. je vier mit ihren Ecken je einen Quadranten des Strahlquerschnittes auffangen. Eine Verbesserung bildet die Ausführungsform von BIELZ[4]), in welcher die verschiedenen Auffangeplatten abwechselnd (mittels einer von außen magnetisch drehbaren Vorrichtung) in die Bahn des Molekularstrahls gebracht werden, so daß sein ganzer Querschnitt auf jede von ihnen fällt. Die Auffangeplatten sind hierbei in einer wendeltreppenförmigen Anordnung auf einer zum Molekularstrahl parallelen Achse aufgesetzt. Die Dicke des Metall-

---

[1]) M. BORN u. E. BORMANN, Phys. ZS. Bd. 21, S. 578. 1920.
[2]) L. DUNOYER, C. R. Bd. 152, S. 592. 1911; Le Radium Bd. 10, S. 400. 1913.
[3]) W. A. ANTHONY, Trans. Amer. Inst. El. Eng. Bd. 11, S. 142. 1894; s. auch W. GERLACH, Ergebn. d. exakt. Naturwissensch. Bd. 3, S. 182. Berlin 1924.
[4]) F. BIELZ, Diss. Göttingen 1924. ZS. f Phys. Bd. 32, S. 81. 1925.

niederschlags wird (bei Ag) interferometrisch gemessen, nachdem die Silberschicht in AgJ verwandelt ist, um sie durchsichtig zu machen.

16. Die gegenseitige Ablenkung von Gasmolekülen bedingt die Existenz der „freien Weglänge". Ihre strenge Definition läßt sich genau an Formel (1), Ziff. 14, anschließen, indem man $\Lambda = \frac{1}{\alpha}$ setzt. Sie ist die Strecke, die ein Gasmolekül im Mittel durchfliegen kann, ohne merklich abgelenkt zu werden. Während aber bei den in Ziff. 14 besprochenen Fällen die freie Weglänge von der Geschwindigkeit des Strahls unabhängig war, wenn die Moleküle als harte Kugeln vorausgesetzt wurden, und nur dann davon abhängig, wenn ein schnelleres Molekül sich dem getroffenen mehr nähern konnte als ein langsames, hängt die freie Weglänge von der Geschwindigkeit merklich ab, sobald die Geschwindigkeit der getroffenen Moleküle und der Moleküle im Strahl von vergleichbarer Größe ist. Wenn wir nicht von der freien Weglänge eines Molekülstrahls, sondern von der freien Weglänge in einem Gas reden, das nahezu dem MAXWELLschen Geschwindigkeitsverteilungsgesetz gehorcht, ergibt sich dagegen die freie Weglänge wieder als unabhängig von der mittleren Geschwindigkeit zu

$$\Lambda = \frac{V}{N_L} \frac{1}{\pi \sqrt{2} (2r)^2}. \tag{1}$$

Die freie Weglänge kann man nicht direkt bestimmen. Sie ist aber maßgebend für alle diejenigen Erscheinungen in einem Gas, welche auf dem Transport irgendeiner Größe durch die ungeordnete Molekularbewegung beruhen, also bei der inneren Reibung (Transport von Bewegungsgröße), bei der Wärmeleitung (Transport von Energie) und bei der Diffusion (Transport von Materie). Am einfachsten liegen die Verhältnisse bei der inneren Reibung, weil hier nur die Masse der Moleküle maßgebend ist, während bei der Wärmeleitung auch die inneren Schwingungen bzw. die Rotation der Moleküle in Betracht kommt und es nicht von vornherein feststeht, wie diese sich an der Leitung beteiligen (für einatomige Gase fällt diese Komplikation weg, dann unterscheidet sich aber der Wärmeleitungskoeffizient von dem Reibungskoeffizienten nur durch den Faktor $2{,}522 \frac{C_v}{M}$). Über die Diffusion wird später gesprochen. Die innere Reibung zu berechnen, hat bedeutende mathematische Schwierigkeiten geboten, die aber jetzt überwunden sind, wenn man die Annahme macht, die Moleküle seien kugelsymmetrisch[1]). Für starre Moleküle findet man dann:

$$\eta = \frac{5}{16} 1{,}016 \sqrt{\frac{MRT}{\pi}} \frac{1}{N_L} \frac{1}{4r^2} = \sqrt{M\frac{273}{T}} 5{,}353\, p\, \Lambda, \tag{2}$$

p in Atmosphären, η in abs. Einheiten, Λ in Zentimetern.

17. Abhängigkeit der freien Weglänge von der Temperatur. Die Annahme starrer Moleküle würde nach Formel 2, Ziff. 16, eine innere Reibung proportional $\sqrt{T}$ ergeben, weil die Transportgeschwindigkeit proportional $\sqrt{T}$ wächst und alle anderen Größen sich nicht ändern. Die Erfahrung ergibt aber eine stärkere Zunahme von η mit der Temperatur, d. h. eine Zunahme der freien Weglänge mit der Temperatur.

Diese Erscheinung kann man auf zwei Arten deuten, die sich qualitativ folgendermaßen darstellen lassen. Entweder man nimmt an, daß die „wahre

---

[1]) D. ENSKOG, Phys. ZS. Bd. 12, S. 56, 533. 1911; Diss. Upsala 1917; Ark. f. Mat., Astron. och Fys. Bd. 16, Nr. 16. 1921; S. CHAPMAN, Phil. Trans. Bd. 211, S. 433. 1912; Bd. 216, S. 279. 1916; Bd. 217, S. 115. 1917.

Molekülgröße" die freie Weglänge bei sehr hoher Temperatur bestimmt und bei tiefer der Querschnitt des Moleküls vergrößert erscheint, d. h. man rechnet mit starren Molekülen, von denen Anziehungskräfte ausgehen, die bei tiefer Temperatur das vorbeifliegende Molekül schon auf größere Entfernung hin ablenken können. Das ist im wesentlichen der Standpunkt von SUTHERLAND[1]). Oder man nimmt an, daß die wahre Molekülgröße sich bei tiefen Temperaturen äußert, und daß bei hohen Temperaturen die schnellen Moleküle tiefer in das Kraftfeld eindringen können, d. h. man faßt die Moleküle als Zentren von abstoßenden Kräften auf. Das hat zuerst MAXWELL[2]) getan unter der Annahme einer Kraft $\sim \dfrac{1}{r^5}$.

Die SUTHERLANDsche Annahme führt zu folgendem temperaturabhängigen Faktor, der rechts in Formel 1, Ziff. 16, hinzukommt:

$$\frac{1}{1+\dfrac{C}{T}}. \tag{1}$$

Der ursprüngliche Gedankengang seiner Ableitung war folgender: Als für die freie Weglänge maßgebend werden nur wirkliche Zusammenstöße angesehen, während bloße Ablenkungen durch die Anziehungskräfte nicht mitgerechnet werden. Sie ändern zwar die Richtung, würden also bei einer Untersuchung eines Molekularstrahls mitzuzählen sein, bei der inneren Reibung aber kommt es auf den Geschwindigkeitsausgleich zwischen den Molekülen an, und hier wird dieser letztere bei solchen Molekülen, die nicht direkt aufeinanderstoßen, nicht in Betracht gezogen. Man hat demnach zu untersuchen, welches der größte Abstand der ursprünglichen Bahn des fliegenden Moleküls vom Mittelpunkt des zu treffenden sein darf, damit die Anziehungskräfte das vorbeifliegende Molekül noch auf eine solche Entfernung heranzuholen vermögen, daß ein Zusammenstoß erfolgt. Man erhält so den wirksamen Radius des Moleküls, der größer ist als der wahre. Eine genauere Ableitung der Formel haben ENSKOG und CHAPMAN gegeben, indem sie bei ihrer Untersuchung der inneren Reibung gleich von vornherein die entsprechenden Annahmen über die Kräfte machten. Es ergibt sich dann als temperaturabhängiger Faktor der Formel eine nach Potenzen von $\dfrac{1}{T}$ fortschreitende Reihenentwicklung, deren erstes Glied mit (1) übereinstimmt, während die folgenden Glieder nicht berechnet worden sind.

REINGANUM[3]) hat für diese Reihenentwicklung den Ansatz $e^{\frac{c}{T}}$ gemacht, der für hohe Temperaturen natürlich mit (1) übereinstimmt. Die Bedeutung der SUTHERLANDschen Konstanten C ist nach ENSKOG

$$C = \frac{217}{615} \frac{\delta}{k} \frac{A}{d^m} \tag{2}$$

mit $\delta =$ 0,7011 0,6355 0,5868 0,5165 0,4667
für $m =$ 2   3   4   6   8,

wenn die potentielle Energie zwischen zwei Molekülen im Abstand r durch $w_p = -\dfrac{A}{r^m}$ gegeben ist. Will man nun aus der inneren Reibung die Molekülgrößen

---

[1]) W. SUTHERLAND, Phil. Mag. (5) Bd. 36, S. 507. 1893.
[2]) CL. MAXWELL, Phil. Mag. (4) Bd. 32, S. 390. 1866; Bd. 35, S. 129, 185. 1868; s. auch L. BOLTZMANN, Vorlesungen über Gastheorie Bd. I, S. 153. Leipzig 1896.
[3]) M. REINGANUM, Phys. ZS. Bd. 2, S. 241. 1901.

berechnen, so hat man zuerst aus der Temperaturabhängigkeit die SUTHERLANDsche Konstante zu bestimmen; dann folgt der Moleküldurchmesser nach (2), Ziff. 16, und (1), Ziff. 17, zu

$$d^2 = 4{,}561 \cdot 10^{-20} \frac{\sqrt{M}}{\eta_{273}} \cdot \frac{1}{1 + \dfrac{C}{273{,}1}}. \qquad (3)$$

Wenn man den Moleculardurchmesser und den Exponenten des Kraftgesetzes kennt, läßt sich dann aus C nach Formel (2) die Konstante A berechnen, die für die Stärke der Kraft maßgebend ist.

Ersetzt man dagegen mit MAXWELL die endliche Größe der Moleküle durch ein Abstoßungsgesetz von der Form $w_p = \dfrac{B}{r^n}$, so lautet die Formel für die innere Reibung folgendermaßen:

$$\eta = \frac{15}{16} \sqrt{\frac{MRT}{\pi} \frac{1}{N_L}} \frac{1}{\alpha \, \Gamma\!\left(3 - \dfrac{2}{n}\right)} \left(\frac{2kT}{nB}\right)^{\frac{2}{n}}. \qquad (3)$$

Hierin hängt α vom Exponenten des Abstoßungsgesetzes ab, aber scheinbar nicht sehr stark, denn es ist für

$$n = 4, \quad \alpha = 0{,}654, \quad n = \infty, \quad \alpha = 0{,}5,$$

Γ ist die Gammafunktion.

Im allgemeinen läßt sich die Abhängigkeit der inneren Reibung von der Temperatur durch Formel (2), Ziff. 16 und (1), Ziff. 17, gut darstellen. Bei Gasen aber, die man zu sehr tiefen Temperaturen abkühlen kann — das sind gerade solche, bei denen die zur Ableitung von (1) vorausgesetzten Anziehungskräfte besonders schwach sind — erfolgt die Abnahme von η mit abnehmender Temperatur langsamer als (1) entspricht. Das tritt besonders für He, H_2 und O_2 hervor; wie die folgenden Tabellen zeigen, ist hier bei He die Darstellung durch (3) ausgezeichnet, während sie bei H_2 nach der umgekehrten Richtung abweicht wie (1)[1]). Man wird

Tabelle 1.
Abhängigkeit der inneren Reibung von Wasserstoff von der Temperatur.

T	H_2 [2])		
	$\dfrac{\eta_T}{\eta_{273}}$ gem.	$\dfrac{\eta_T}{\eta_{273}}$ nach (1) mit $C = 71{,}7$	$\dfrac{\eta_T}{\eta_{273}}$ mit $\dfrac{2}{n} = 0{,}685$
575,1	1,626	1,631	1,665
455,5	1,419	1,413	1,421
372,3	1,237	1,236	1,238
273,1	1	1	1
194,6	0,793; 0,796; 0,790; 0,788	0,780	0,793
81,5	0,451; 0,449; 0,430; 0,434	0,369	0,438
21,0	0,121; 0,109	0,079	0,173
15,4	0,067	0,053	0,140

---

[1]) H. KAMERLINGH ONNES, C. DORSMAN u. S. WEBER, Comm. Leiden 1913, Nr. 134a; H. KAMERLINGH ONNES u. S. WEBER, ebenda 1913, Nr. 134b. Hier sind etwas andere Zahlen gewählt.

[2]) Messungen von P. BREITENBACH, Ann. d. Phys. Bd. 5, S. 166. 1901; H. KAMERLINGH ONNES u. S. WEBER, Proc. Amsterdam Bd. 15, S. 1386, 1396, 1399. 1530. 1913; H. VOGEL, Ann. d. Phys. Bd. 43, S. 1235. 1914; P. GÜNTHER, Berl. Ber. 1920, S. 720; ferner früher W. KOPSCH, Diss. Halle 1909; E. VÖLKER, Diss. Halle 1910. Die Messungen von BREITENBACH sind auf die von VOGEL bei 273° umgerechnet.

Tabelle 2.
Abhängigkeit der inneren Reibung von Helium von der Temperatur.

T	He [1] $\frac{\eta_T}{\eta_{273}}$ gem.	$\frac{\eta_T}{\eta_{273}}$ ber. nach (1) mit $C = 78{,}2$	$\frac{\eta_T}{\eta_{273}}$ ber. nach (3) mit $\frac{2}{n} = 0{,}6565$
456,8	1,421	1,419	1,402
372,9	1,239	1,241	1,227
288,1	1,038	1,039	1,036
273,1	1	1	1
194,6	0,802; 0,804; 0,797	0,773	0,801
81,6	0,481; 0,459; 0,468	0,354	0,453
21	0,185; 0,184	0,073	0,185

daher hier wahrscheinlich Anziehungs- und Abstoßungskräfte, eine Vereinigung der zu (1) und (3) führenden Gedanken, benutzen müssen, doch liegen die Formeln noch nicht vor.

Die Ableitung von ENSKOG bezieht sich auf einatomige, kugelförmige, nicht rotierende Moleküle. Die Rotation hat CHAPMAN[2]) zu berücksichtigen versucht, indem er die Moleküle als rauhe Kugeln annahm, deren Minimalabstand beim Stoß $\left(\text{und zwar nach einem komplizierten Gesetz } r = A\sqrt{1 + \frac{b}{v^{2s}}}\right)$ von der Relativgeschwindigkeit in der Zentralrichtung abhängen sollte.

Die Abhängigkeit der Größe η von T ist wieder nahe durch

$$\eta = \eta_0 \left(\frac{T}{T_0}\right)^n$$

darstellbar.

18. Form der Moleküle, aus der inneren Reibung erschlossen. Schon O. E. Meyer[3]) hatte aus den ihm damals vorliegenden Daten geschlossen, daß der mittlere Querschnitt, welcher sich nach Formel (3), Ziff. 17, aus der inneren Reibung ergibt, bei organischen Molekülen eine additive Größe ist, d. h. sich aus Beiträgen einzelner Atomgruppen durch Summation aufbauen läßt. Nun ist das Volumen jedenfalls bei organischen Molekülen aus dem der Bestandteile additiv berechenbar. Hätte das Molekül etwa die Form einer Kugel oder eines Würfels, so müßte der Querschnitt zur Potenz $\tfrac{2}{3}$ additiv sein. O. E. MEYER hat daher geschlossen, daß diese Moleküle im wesentlichen eben gebaut seien. Wenn man kleinere Gebilde in einer Ebene aneinandersetzt, so ist natürlich sowohl das Volumen als auch die Fläche additiv, während die Dicke des Gebildes unverändert bleibt. Für ein solches scheibchenförmiges Molekül, dessen Dicke klein gegen die Querdimensionen des Scheibchens oder bei stäbchenförmiger Anordnung klein gegen die Länge des Stäbchens ist, kann man dann in erster Annäherung so rechnen, als ob der mittlere Querschnitt bei allen beliebigen Orientierungen die Hälfte der Fläche des Scheibchens bzw. bei stäbchenförmiger Anordnung die Hälfte des mittleren Längsschnittes des Stäbchens wäre.

Tatsächlich ist diese stäbchenförmige Anordnung von Kohlenwasserstoffen bzw. vielleicht auch die scheibchenförmige Gestalt des Benzolrings durch Über-

---

[1]) H. VOGEL, Ann. d. Phys. Bd. 43, S. 1235. 1914; J. F. SCHIERLOH, Diss. Halle 1908; K. SCHMITT, Diss. Halle 1909; ferner die in der vorigen Anm. genannte Arbeit von K. ONNES u. S. WEBER.
[2]) S. CHAPMAN u. W. HAINSWORTH, Phil. Mag. Bd. 48, S. 593. 1924.
[3]) O. E. MEYER, Kinetische Theorie der Gase, 2. Aufl., S. 303. Breslau 1899; s. auch E. MACK jr., Journ. Amer. Chem. Soc. Bd. 47, S. 2468. 1925.

legungen aus der organischen Chemie, aber auch durch die in Ziff. 29 bis 34 zu besprechenden Resultate höchstwahrscheinlich.

Die Zahlen O. E. MEYERS allerdings sind heute nicht mehr beweisend, da er die inneren Reibungen bei Zimmertemperatur benutzt. Man muß diese wegen der Verkürzung der freien Weglängen durch Anziehungskräfte (Ziff. 17) korrigieren. Im folgenden ist dies für eine Reihe von Stoffen geschehen, bei welchen sich in den Tabellen von LANDOLDT-BÖRNSTEIN, 5. Aufl., die SUTHERLANDsche Konstante C findet. Allerdings hat SCHUMANN[1]) außerdem noch die inneren Reibungen verschiedener Gase bei höheren Temperaturen gemessen. Doch sind die meisten dieser Stoffe (z. B. Isobutylazetat) für unsere Zwecke nicht zu benutzen, weil die innere Reibung bei ihnen sehr nahe proportional $T^{\frac{3}{2}}$ ansteigt, was $C = \infty$ ergibt, so daß eine Extrapolation des mittleren scheinbaren Querschnitts auf unendlich hohe Temperatur unmöglich ist. Es gelang nur, für Propylazetat die Rechnung durchzuführen, das von SCHUMANN gemessen ist, doch mußten hierbei die Messungen bei 15° und 77,5° benutzt werden, welche $C = 1050$ ergaben. Die Benutzung von 15° und 100° würde zu $C = 6480$ führen. Hier ist die innere Reibung schon nahe proportional $T^{\frac{3}{2}}$. Ferner wurde noch aus den Messungen von OBERMAYER[2]) für Äthylchlorid bei den Temperaturen 16,4° und 157,3° die Konstante C zu 474 bestimmt, während die Messung von 53,5° mit 16,4° kombiniert $C = 245$ und damit den in der Tabelle 3 eingeklammerten Querschnitt ergibt. Endlich sind Methan[3]) (RANKINE und SMITH) sowie Äthan[4]) neu berechnet worden.

In der folgenden Tabelle 3 stehen nach dem Namen und der Formel die innere Reibung in absoluten Einheiten und in Klammern die Celsius-Temperatur, auf welche sich die Zahl bezieht. Dann folgt die SUTHERLANDsche Konstante C, hierauf die damit berechnete Korrektur $1 + \dfrac{C}{T}$, aus der man den Einfluß eines Fehlers in C ersehen kann. Endlich folgt der mittlere Querschnitt. Dieser ist aus der Formel (3), Ziff. 17, so gewonnen, daß er gleich

$$\bar{o} = \frac{\pi d^2}{4} = \frac{\pi}{4} 4{,}561 \cdot 10^{-20} \frac{\sqrt{M}}{\eta_{273}} \frac{1}{1 + \dfrac{C}{273{,}1}} = 3{,}58 \cdot 10^{-20} \frac{\sqrt{M}}{\eta_{273}} \frac{1}{1 + \dfrac{C}{273{,}1}} \quad (1)$$

gesetzt wurde, als ob man in der für kugelförmige Moleküle streng abgeleiteten Formel einfach den Querschnitt der Kugel durch den mittleren Querschnitt des stäbchen- oder scheibchenförmigen Moleküls ersetzen dürfte.

Wir sehen, daß tatsächlich jede neue CH_2-Gruppe eine Vergrößerung der mittleren Fläche um $2{,}1 \cdot 10^{-16}$ cm^2 bedingt. Dagegen nehmen die beiden im Äthylen vereinigten CH_2-Gruppen einen viel größeren Raum ein. Auch der Querschnitt des Äthans ist wesentlich höher, als man es erwarten würde; wenn man von der Fläche des Butans die Fläche von zwei CH_2-Gruppen abzieht, erhält man nämlich $15{,}10 - 4{,}2 = 10{,}9$ statt $15{,}9$.

Bei einfachen anorganischen Molekülen hat RANKINE[5]) die von uns im vorhergehenden erwähnte Annahme gemacht, daß die Formel (1) auch für nicht kugelförmige Moleküle gültig bleibt. Er versucht den mittleren Querschnitt mit

---

[1]) O. SCHUMANN, Wied. Ann. Bd. 23, S. 353. 1884.
[2]) A. v. OBERMAYER, Wiener Ber. (IIa) Bd. 71, S. 281. 1875.
[3]) A. O. RANKINE u. C. J. SMITH, Phil. Mag. Bd. 42, S. 601, 612. 1923.
[4]) H. VOGEL, Ann. d. Phys. Bd. 43, S. 1235. 1914.
[5]) A. O. RANKINE, Proc. Roy. Soc. London (A) Bd. 98, S. 360. 1921; Bd. 99, S. 331. 1921; Phil. Mag. Bd. 40, S. 516. 1920; Nature Bd. 108, S. 590. 1921.

Bewegkichkeit gelöster Teilchen in Flüssigkeiten.

Tabelle 3.
Querschnitte organischer Moleküle, berechnet aus der inneren Reibung.

Molekül	$\eta \cdot 10^7$	C	$1 + \dfrac{C}{T}$	Mittlere Fläche in 10^{-16} cm²	Differenz pro CH₂ in 10^{-16} cm²
Methan CH₄	1035 (0°)	197	1,723	8,04	
Äthan CH₃–CH₃	855 (0°)	119	1,436	15,86	
Butan CH₃–CH₂–CH₂–CH₃	1092 (100°)	349	1,935	15,10	} 2,05
Isopentan CH₃–CH–CH₂–CH₃ | \ \ \ \ \ \ \ \ \ \ \ \ \ \ \ \ \ \ CH₃	885,1 (100°)	500	2,34	17,15	
Äthylen CH₂=CH₂	961,3 (0°)	226	1,826	10,81	
Benzol	930,2 (100°)	700	2,875	13,83	
Methylchlorid CH₃–Cl	988,6 (0°)	454	2,662	9,67	} 2,27 (7,28)
Äthylchlorid CH₃–CH₂–Cl	941 (16,4°)	474	2,635	11,94	
		245	1,846	(16,95)	
Methylazetat CH₃–OOC–CH₃	1015 (100°)	660	2,77	12,80	} 2,20
Äthylazetat CH₃–CH₂–OOC–CH₃	954,6 (100°)	650	2,74	15,01	
Propylazetat CH₃–CH₂–CH₂–OOC–CH₃	743 (15°)	1050	4,64	17,11	} 2,10
Äthylalkohol CH₃–CH₂–OH	1090 (100°)	525	2,41	12,57	

bestimmten Annahmen über das Molekülmodell zu berechnen. So nimmt er an, daß man für zweiatomige Elemente das Molekül als Ellipsoid ansehen kann, dessen Volumen gleich dem doppelten Volumen des entsprechenden Edelgasatoms ist, während die Abstände der Atommittelpunkte gleich dem entsprechenden Ionenabstand im Kristall gesetzt werden. Auch setzt er z. B. das Volumen des Methans nahe gleich dem des Kaliumions.

19. Definition der Beweglichkeit gelöster Teilchen in Flüssigkeiten. Wenn auf Moleküle oder Ionen, die in einer Flüssigkeit gelöst sind, äußere Kräfte einwirken, so lassen sich nur Bewegungen beobachten, deren Geschwindigkeit proportional der Kraft ist; denn die am Anfang vorhandene Beschleunigungsperiode ist unbeobachtbar kurz; bei hohen Geschwindigkeiten muß allerdings ein Widerstand auftreten, der schneller wächst als proportional der Geschwindigkeit, doch haben sich so starke Kräfte noch nicht herstellen lassen[1]). Die Beweglichkeit B ist dann definiert durch

$$\text{Geschwindigkeit} = B \cdot P. \qquad (1)$$

Auf Ionen kann man am einfachsten elektrische Kräfte einwirken lassen, auf neutrale Moleküle dagegen das Gefälle des osmotischen Druckes, welches sich so verhält, wie eine wirkliche Kraft auf ein abgegrenztes Volumelement wirken würde; d. h. wenn irgendwo ein Konzentrationsgefälle von der Stärke $-\dfrac{\partial c}{\partial x}$ herrscht, so läßt sich ein dazu gehöriges Gefälle des osmotischen Druckes $-\dfrac{\partial p}{\partial c}\dfrac{\partial c}{\partial x}$ definieren. Dieses wirkt im Mittel auf die in einem Volumelement dv enthaltenen Ionen so, als ob das Volumelement dv von beweglichen halbdurchlässigen Wänden umschlossen wäre und nur reines Lösungsmittel enthielte.

---
[1]) M. WIEN, Phys. ZS. Bd. 23, S. 399. 1922.

Dann würde es sich unter dem Einfluß des Druckgefälles bewegen; ebenso bewegen sich die in diesem Volumelement befindlichen Ionen; sie erhalten demnach eine Geschwindigkeit, welche durch

$$-B\frac{V}{N_L}\frac{\partial p}{\partial x} \tag{2}$$

definiert ist. Dabei läßt sich nach EINSTEIN[1]) leicht nachweisen, daß die Beweglichkeit hier die gleiche ist wie unter dem Einfluß einer wirklichen Kraft; dies folgt nämlich aus der Betrachtung von solchen Fällen, in welchen unter dem Einfluß einer äußeren Kraft ein stationäres Diffusionsgefälle entsteht, wobei das Gleichgewicht nach der Barometerformel berechenbar ist. Der Vergleich von 1 und 2 mit der bekannten Formel für die Stärke des Diffusionsstromes im stationären Zustand

$$-D\frac{\partial c}{\partial x}$$

liefert den Zusammenhang zwischen der Beweglichkeit B und der Diffusionskonstante D

$$D = B\frac{RT}{N_L}, \tag{3}$$

wenn die Lösung so verdünnt ist, daß der osmotische Druck der Gasgleichung genügt. Wir beschränken uns hier auf neutrale Moleküle und verweisen für die Ionen auf den Artikel über Elektrizitätsleitung in Elektrolyten in Bd. XIII ds. Handbs. Als neutrale Moleküle kommen faktisch nur organische Moleküle in verschiedenen Lösungsmitteln und Metallatome in Quecksilber in Betracht, deren Beweglichkeit demnach aus der Diffusionsgeschwindigkeit bestimmt werden kann.

20. Zusammenhang der Beweglichkeit mit molekularen Größen. Bei der Verwertung der Messungsresultate macht sich der Mangel einer strengen Theorie der Flüssigkeiten sehr scharf bemerkbar. In fluiden Stoffen ist nämlich das Gesetz der Beweglichkeit fremder Teilchen ein ganz anderes, je nachdem, ob die Teilchen groß oder klein sind. Sind die Teilchen groß gegen die molekulare Struktur der Flüssigkeit, so läßt sich das Problem hydrodynamisch behandeln. Der Widerstand der reibenden Flüssigkeiten gegen die Bewegung kommt dann so zustande, daß der bewegte Körper die an ihm ganz oder teilweise (Gleitungskoeffizient ε) haftende Flüssigkeit an seiner Oberfläche mitnimmt, dadurch kommt die Flüssigkeit in einem mit der Entfernung von der Oberfläche abnehmendem Maß in Bewegung. Diese nach außen hin abnehmende Bewegung, d. h. die Reibung der gegeneinander bewegten Flüssigkeitsschichten, ist es, die Wärme erzeugt und Energie verzehrt. Für die Beweglichkeit ergibt sich im Falle einer Kugel die verallgemeinerte STOKESsche Formel:

$$B = \frac{1}{6\pi\eta r}\frac{1+3\frac{\varepsilon}{r}}{1+2\frac{\varepsilon}{r}}, \tag{1}$$

in der η die innere Reibung der Flüssigkeit bedeutet. Bei vollkommenem Haften an der Oberfläche ($\varepsilon = 0$) spielen somit nur die Eigenschaften der Flüssigkeit eine Rolle. Demnach muß für ein gegebenes gelöstes Teilchen, sobald man es als große Kugel behandeln kann, an dem die Flüssigkeit haftet, sich der Einfluß einer Temperaturänderung und einer Änderung des Lösungsmittels im wesent-

---

[1]) A. EINSTEIN, Ann. d. Phys. Bd. 19, S. 289. 1906.

lichen in η ausdrücken. Gerade die Tatsache, daß KOLRAUSCH[1]) den Temperaturkoeffizienten der Beweglichkeit bei Ionen nahe gleich dem Temperaturkoeffizienten der inneren Reibung des Wassers fand, hat ihn zu dem Schluß veranlaßt, daß der Reibungswiderstand von der Reibung von Wasser am Wasser herrühre. Die direkte Anwendung der STOKESschen Formel auf gelöste Teilchen hat zuerst JÄGER[2]) vorgenommen, um daraus ihren Durchmesser zu bestimmen, und zwar ebenfalls bei Ionen. Unabhängig davon hat EINSTEIN[3]) die Formel auf Zuckermoleküle angewandt. Wenn man prüfen will, ob tatsächlich der Temperatureinfluß sich auf η beschränkt, so berechnet man am bequemsten aus (3), Ziff. 19, und (1), Ziff. 20, den „Radius" r der Kugel nach der Formel

$$r = 5{,}388 \cdot 10^{-8} \frac{T}{D\eta}, \quad D \text{ in cm}^2/\text{Tag}. \tag{2}$$

Dies hat COHEN[4]) zur Auswertung seiner Präzisionsmessungen der Diffusion von Tetrabromäthan in Tetrachloräthan durchgeführt und findet folgendes:

$T =$	273,1	283,1	288,1	298,1	308,1	323,1
$\eta =$	0,026557	0,021471	0,019524	0,016374	0,013985	0,011326
$r =$	$2{,}15_2$	$2{,}15_4$	$2{,}16_4$	$2{,}17_1$	$2{,}18_6$	$2{,}21_3 \cdot 10^{-8}$ cm

Das bedeutet also, daß die Zunahme der Beweglichkeit zwischen 0 und 50° um den Faktor 2,34 nur um 3% hinter der Zunahme von η zurückbleibt.

Die Abhängigkeit der Beweglichkeit vom Lösungsmittel hat für Ionen WALDEN[5]) im ausgedehntesten Maße untersucht. Er findet bei einer Variation der inneren Reibung des Lösungsmittels im Verhältnis von 1:7 den berechneten Radius des (großen) Ions innerhalb 5% konstant. Nur bei Wasser und kleinen Ionen ist die Beweglichkeit derselben größer, als es der Formel 1 entspricht. Bei organischen Substanzen hat DUMMER[6]) die Untersuchung durchgeführt, indem er sie in Lösung diffundieren ließ; hierbei diente eine Substanz, die das eine Mal gelöst worden war, das andere Mal als Lösungsmittel. Seine Ergebnisse zeigt folgende Tabelle[7]):

Nitrobenzol
- in Äthylbenzoat $\eta = 0{,}0228$, $r = 1{,}38$
- in Methylalkohol $\eta = 0{,}00657$, $r = 1{,}83$
- Äthylazetat $\eta = 0{,}00463$, $r = 2{,}06$
- Azeton $\eta = 0{,}00352$, $r = 2{,}05$

Azeton
- in Äthylbenzoat $\eta = 0{,}0243$, $r = 0{,}9$
- in Nitrobenzol $\eta = 0{,}0214$, $r = 1{,}1$
- Methylalkohol $\eta = 0{,}00633$, $r = 1{,}3$

r in Å E.

Es ergibt sich demnach der Radius nicht als ganz konstant, sondern scheinbar größer, je größer das Molekül des Lösungsmittels ist. Tatsächlich stimmen die bei der Ableitung der STOKESschen Formel gemachten Voraussetzungen nicht mit den tatsächlichen Verhältnissen überein, denn man kann die gelösten Moleküle nicht als so groß ansehen, daß die Struktur des Lösungsmittels dagegen ver-

---

[1]) F. KOHLRAUSCH, Wied. Ann. Bd. 6, S. 143. 1879; Berl. Ber. 1901, S. 1026; 1902. S. 572; ZS. f. Elektrochem. Bd. 14, S. 129. 1908.
[2]) G. JÄGER, Wiener Ber. Bd. 108, S. 59. 1899.
[3]) A. EINSTEIN, Ann. d. Phys. Bd. 19, S. 289. 1906; Bd. 34, S. 591. 1911; ZS. f. Kolloidchem. Bd. 27, S. 134. 1920; s. auch M. BANCELIN, C. R. Bd. 152, S. 1382. 1911.
[4]) E. COHEN u. H. R. BRUINS, ZS. f. phys. Chem. Bd. 103, S. 404. 1923.
[5]) P. WALDEN, ZS. f. phys. Chem. Bd. 55, S. 207. 1906; Bd. 78, S. 257. 1912; ZS. f. anorg. Chem. Bd. 113, S. 85, 113. 1920; Elektrochemie nichtwässeriger Lösungen. Leipzig 1924.
[6]) E. DUMMER, ZS. f. anorg. Chem. Bd. 109, S. 31. 1919.
[7]) Die Temperatur wird für jede Messung anders.

schwindet. Für die Ableitung der STOKESschen Formel ist es nämlich wesentlich, daß die Geschwindigkeit der Flüssigkeit von der Oberfläche der Kugel nach außen hin so langsam abnimmt, daß dieser Abfall über einige Molekularabstände des Lösungsmittels vernachlässigbar ist, so daß also z. B. die Geschwindigkeit der Kugeloberfläche selbst und die Geschwindigkeit der nächsten und übernächsten anliegenden Molekularschicht als gleich angesehen werden können (Gleitung 0). Hingegen ist bei Teilchen, die mit den Abständen benachbarter Molekularschichten des Lösungsmittels vergleichbar sind, das nicht mehr richtig; wenn man also auch annehmen würde, daß die Nachbarmoleküle des Lösungsmittels mit dem gelösten verbunden sind, so weiß man dann doch nicht, welche Bedeutung dem Radius r zukommt, ob er etwa bis zum Mittelpunkt oder bis zum äußeren Rand der anhaftenden Moleküle zu erstrecken ist. Streng ist er nur definiert als der Radius, den eine Kugel haben müßte, um in einem kontinuierlichen Lösungsmittel von der inneren Reibung η dieselbe Beweglichkeit zu besitzen wie das gelöste Molekül. Infolge dieser Schwierigkeiten hat LENARD[1]) die Meinung vertreten, daß für gelöste Teilchen in Flüssigkeiten eine auf gastheoretischem Weg abgeleitete Formel zu treten hätte, welche die Form hat

$$B = \frac{3}{d'^2 \pi \varrho_2} \sqrt{\frac{m_1 + m_2}{RT}} \cdot \frac{m_1 + \frac{m_2}{4\pi}}{4m_1 + 3m_2} \sqrt{\frac{m_2 \pi}{m_1}} \, \psi, \qquad (3)$$

wo $d' = \frac{d_1 + d_2}{2}$ ist und der Index 1 sich auf den gelösten Stoff, 2 auf das Lösungsmittel bezieht und ψ den „Freiraumfaktor" $\frac{V-b}{V}$ darstellt. Seine Ableitung ist strenge für den von ihm vorausgesetzten Fall, daß die Lösungsmittelmoleküle als harte Kugeln aufgefaßt werden können, die aufeinander nur bei direkter Berührung Energie übertragen. Diese Annahme scheint aber in Flüssigkeiten nicht zulässig zu sein.

Die gleiche Überlegung, wie wir sie bei organischen Molekülen besprochen haben, hat LORENZ[2]) auf die von WOGAU[3]) untersuchte Diffusion von Metallen in Quecksilber angewandt. Die von ihm berechneten Radien finden sich in der folgenden Tabelle:

Li	Na	K	Rb	Cs
1,64	1,69	2,10	2,31	2,36 · 10^{-8}cm

Schwierig ist hier die Frage nach der Natur der wandernden Gebilde. Es könnten (wie LORENZ annimmt) dies tatsächlich Metallatome sein, es könnten Quecksilberverbindungen sein, wobei SMITH[4]) als solche die quecksilberreichsten im festen Zustand bekannten annimmt, weil sich nur dann die Metalle der Haupt- und Nebenreihen in eine einzige Reihenfolge nach dem Atomgewicht ordnen lassen. Es könnten auch drittens Ionen sein. Daß in Amalgamen die Metalle wenigstens zum Teil ionisiert sind, folgt aus den Versuchen von LEWIS[5]) und KREMANN[6]).

Während demnach für verhältnismäßig kleine Moleküle die Anwendung der STOKESschen Formel zweifelhaft ist, kann man sie mit Sicherheit für große

---

[1]) P. LENARD, Ann. d. Phys. Bd. 61, S. 665. 1920.
[2]) R. LORENZ, ZS. f. Phys. Bd. 2, S. 175. 1920.
[3]) M. v. WOGAU, Ann. d. Phys. Bd. 23, S. 345. 1907.
[4]) GR. MC SMITH, ZS. f. anorg. Chem. Bd. 58, S. 381. 1908; Bd. 88, S. 161. 1914.
[5]) G. N. LEWIS, E. A. ADAMS u. E. H. LANMAN, Journ. Amer. Chem. Soc. Bd. 37, S. 2656. 1915; s. auch F. SKAUPY, ZS. f. Elektrochem. Bd. 28, S. 23. 1922.
[6]) L. KREMANN und zahlreiche Mitarbeiter, Wiener Monatshefte 1923—1925.

Kolloidteilchen benutzen, wie dies zuerst HERZOG[1]) durchgeführt hat. Hier kann sie auch zur ungefähren Molekulargewichtsbestimmung dienen, da man bei solchen Teilchen nahe dieselbe Dichte annehmen kann wie beim massiven Material. Wenn sich nämlich 1 g der Substanz von der Dichte ϱ in N Moleküle teilt, so hat deren jedes einen Radius von der Größe

$$r = \sqrt[3]{\frac{3}{4\pi} \frac{1}{\varrho N}}$$

und demnach eine Beweglichkeit

$$B = \frac{1}{6\pi\eta} \sqrt[3]{\frac{4\pi}{3} \varrho N}$$

und das Molekulargewicht ist $\frac{1}{N}$.

21. Erhöhung der inneren Reibung von Lösungen. EINSTEIN[2]) hat den Einfluß einer gelösten Substanz auf die innere Reibung der Lösung durch folgende Überlegung zu bestimmen gesucht: Er denkt sich im Volumen V eines kontinuierlich gedachten Lösungsmittels N starre Kugeln, jede mit dem Volumen v_0, deren Abstand voneinander groß gegen ihren Radius sein soll. Wenn nun diese Flüssigkeit sich mit einem konstanten Geschwindigkeitsgefälle bewegt, z. B. in einer Strömung parallel der x-Achse, wobei die Strömungsgeschwindigkeit proportional z ist, so wird in der Umgebung jeder Kugel die Strömung etwas geändert. Denken wir uns nämlich für einen Augenblick die Kugel durch Flüssigkeit ersetzt, so würden die verschiedenen Schichten dieser Flüssigkeit verschiedene Geschwindigkeit haben, die kleinste am unteren Pol des von der Kugeloberfläche umschlossenen Raumes, die größte am oberen; die Flüssigkeitsteilchen, die in einem gegebenen Moment die Kugeln bilden, würden also sofort auseinandergezerrt werden. Die starre Kugel nun macht diese Bewegung natürlich nicht mit. Ihr Äquator wird zwar etwa die Geschwindigkeit haben, wie sie die Flüssigkeit in seiner Höhe hat. Dagegen wird die Flüssigkeit in der Höhe des oberen Pols schneller, die in der Höhe des unteren langsamer strömen. Durch diese starre Verbindung weit entfernter Schichten wird mehr Bewegungsgröße übertragen. Die Rechnung wird dann so durchgeführt, daß man hydrodynamisch die Bewegung der Flüssigkeit in der Umgebung der Kugeln berechnet und daraus auf die entwickelte Reibungswärme schließt. So ergibt sich als innere Reibung dieser „Lösung"

$$\eta = \eta_0 \left(1 + \frac{10\pi}{3} \frac{N}{V} r^3\right). \tag{1}$$

Mit Hilfe dieser Formel läßt sich also das Volumen der suspendierten Kugel berechnen. BANCELIN[3]) hat die Formel bei kolloidalen Lösungen bestätigt gefunden. Die Übertragung auf Moleküle, deren Größe diejenige der Lösungsmittelmoleküle nicht weit übertragt, ist wieder durchaus zweifelhaft; hätten sie die gleiche Größe, so müßte ja die innere Reibung der Lösung in Widerspruch zu Formel (1) in die des Lösungsmittels übergehen. EINSTEIN hat aus seiner Formel den Radius des gelösten Zuckermoleküls zu $5,09 \cdot 10^{-8}$ cm berechnet. Die Auswertung der zahlreichen Messungen über innere Reibung von Lösungen nach dieser Formel ist noch nicht erfolgt.

---

[1]) R. O. HERZOG, ZS. f. Elektrochem. Bd. 16, S. 1003. 1910.
[2]) A. EINSTEIN, Ann. d. Phys. Bd. 19, S. 289. 1906; ZS. f. Kolloidchem. Bd. 27, S. 137. 1920.
[3]) J. BANCELIN, C. R. Bd. 152, S. 1382. 1911

22. Innere Reibung bei reinen Flüssigkeiten.

Die Theorie der inneren Reibung von Flüssigkeiten läßt sich, ebenso wie bisher jede Theorie der Flüssigkeiten, nur mit sehr starken Idealisierungen durchführen. JÄGER[1] hat als einfachstes Modell die Vorstellung der idealen Flüssigkeit entwickelt, in welcher die Moleküle als vollkommen harte Kugeln angesehen werden, deren Anziehungskräfte so langsam mit der Entfernung abnehmen, daß diese Abnahme über einige Moleküldurchmesser hinweg klein ist, so daß man von Schwarmbildung absehen kann. In Wirklichkeit sind beide Annahmen nicht zulässig, wie wir schon besprochen haben, aber es sind die einzigen, unter denen sich überhaupt irgendeine Rechnung durchführen ließ. In einer strömenden Flüssigkeit, bei welcher die Geschwindigkeit sich senkrecht zur Strömungsrichtung ändert, ist dann für den Transport von Bewegungsgröße in dieser Richtung senkrecht zur Strömung, also für die Reibungskraft, derselbe Transportmechanismus maßgebend wie in Gasen. Es bringen die Moleküle, die aus schnelleren Flüssigkeitsschichten stammen, die dort herrschende Geschwindigkeit in die langsameren Schichten mit und suchen diese so zu beschleunigen. Genau wie bei Gasen ist die übermittelte Kraft gegeben durch

$$\eta \frac{\partial \mathfrak{v}_x}{\partial z} = Z \cdot m \frac{\partial \mathfrak{v}_x}{\partial z} \Lambda, \tag{1}$$

wobei Z die Zahl der auftreffenden Moleküle, Λ die Strecke ist, über welche ein Molekül die Bewegungsgröße transportiert. Der Unterschied gegen das Gas besteht nur darin, daß man Z und Λ anders berechnen muß. Zur Berechnung von Z in der idealen Flüssigkeit geht JÄGER so vor: Die Stärke eines einzelnen Stoßes ist in der Flüssigkeit dieselbe wie im Gas, nämlich $m\overline{\mathfrak{v}^2} = 3kT$. Das Verhältnis des wirklichen thermischen Druckes in der Flüssigkeit zu dem Druck, der herrschen würde, wenn bei der gegebenen Dichte sich die Flüssigkeit wie ein ideales Gas verhielte, ist demnach gleich dem Verhältnis der Zahl der Stöße in diesen beiden Fällen. Man kann demnach Z berechnen, wenn man den thermischen Druck kennt. Man erhält also folgenden Zusammenhang zwischen dem thermischen Druck p_t, Λ und η:

$$\eta = m \Lambda Z = m \Lambda \frac{\varrho N_L}{M} \frac{1}{3} \sqrt{\frac{RT}{2M\pi}} \cdot \frac{p_t}{\varrho RT} = \frac{p_t}{3\sqrt{2RTM\pi}} \Lambda. \tag{2}$$

Es ist nun noch der thermische Druck zu berechnen. Dieser ist gleich dem äußeren Druck plus dem Kohäsionsdruck. Bei der aus starren Kugeln aufgebauten Flüssigkeit hängt der Kohäsionsdruck (bzw. die potentielle Energie) nur vom Volumen, nicht explizite von der Temperatur ab, wenn man Schwarmbildung ausschließt und annimmt, die Kräfte seien temperaturunabhängig. Dann rührt die Temperaturabhängigkeit des äußeren Druckes bei konstantem Volumen nur vom thermischen Druck her, dieser aber ist proportional der Temperatur. Also

$$\left(\frac{\partial p}{\partial T}\right)_v = \left(\frac{\partial p_t}{\partial T}\right)_v.$$

Ferner drücken wir aus, daß p_t proportional T ist:

$$p_t = T \left(\frac{\partial p_t}{\partial T}\right)_v.$$

---

[1] G. JÄGER, Wiener Ber. Bd. 111, S. 697. 1902.

Also unter Benutzung einer bekannten thermodynamischen Formel

$$p_t = -T \frac{\left(\frac{\partial v}{\partial T}\right)_p}{\left(\frac{\partial v}{\partial p}\right)_T}. \tag{3}$$

Nun ist noch der Zusammenhang zwischen $\varLambda$ und dem Kugeldurchmesser zu klären. Bei einer so dichten Packung, daß die Kugeln sich nahe berühren, ist die Strecke $\varLambda$, um welche zwischen zwei Stößen die Bewegungsgröße fortschreitet, nur zum kleinsten, hier vernachlässigten Teil durch die Bewegung des Mittelpunktes der gestoßenen Kugel bedingt, zum größten Teil dadurch, daß der neue Stoß gegen eine andere Stelle der Kugeloberfläche erfolgt als der erste. $\varLambda$ ist also der Mittelwert des Abstandes der beiden Stoßstellen oder der Mittelwert der Sehnenlänge in einer Kugel oder $\frac{d}{2}$. Gleichung (3) gibt für Quecksilber $p_t = 13\,000$ Atm. (0° C), daraus folgt $\frac{d}{2} = 10^{-8}$ cm.

c) Energetische Methoden.

23. Reine feste Körper. Der Zusammenhang der bei Kristallen vorkommenden Kräfte mit dem bei der Bildung des Kristalls auftretenden Wärmetönungen (Gitterenergie bei polaren Salzen, Verdampfungswärme bei in Dampf und in festem Körper einatomigen Elementen, besonders Metallen oder Edelgasen) ist schon in Ziff. 9 erörtert worden. Für solche Stoffe, bei welchen die Kräfte, die von den Bausteinen aufeinander ausgeübt werden, nicht durch dazwischenliegende Teilchen abgeschirmt werden, wie es bei den polaren Salzen mit ihren abwechselnd positiven und negativen Ladungen der Fall ist, sondern bei welchen die endliche Energie eines großen Kristalls durch den schnellen Abfall der Einzelkraft möglich wird, läßt sich eine untere Grenze für den Exponenten m im Gesetz der Abnahme der anziehenden potentiellen Energie mit der Entfernung geben. Die Überlegung beruht auf einer interessanten Bemerkung, welche KLEEMAN[1]) gemacht hat. Wenn man nämlich zwei größere Körper etwa in 10 cm Entfernung einander gegenüberstellt, so läßt sich die von der Gravitation herrührende Anziehungskraft messen und hat sich als unabhängig von der Natur der Körper ergeben. Daraus folgt, daß die von der Molekularanziehung herrührenden Kräfte in dieser Entfernung nicht mehr merklich sind. Es sei nun etwa ein Kupferkristall betrachtet, dann ist durch Formel (7), Ziff. 9, die potentielle Energie zwischen zwei Atomen gegeben. Wir können annehmen, daß nur die zwölf unmittelbaren Nachbarn merklich auf ein Atom einwirken. Die gesamte Arbeit beim Entfernen aller Atome auf unendliche Entfernung, d. h. die Verdampfungswärme gerechnet auf ein Molekül, ist demnach

$$-W = \frac{12}{2} \frac{A'}{r_0^m}\left(1 - \frac{m}{n}\right) = 6 \frac{A'}{(3{,}13 \cdot 10^{-8})^m}\left(1 - \frac{m}{n}\right) = \frac{70{,}6\,k\,\text{cal}}{N_L} = 4{,}87 \cdot 10^{-12}\,\text{Erg}.$$

Andererseits ist auf 10 cm Entfernung die Anziehungskraft zwischen zwei Kupferatomen klein gegen die entsprechende Gravitationswirkung, d. h.

$$\frac{m A'}{10^{m+1}} < \frac{7{,}36 \cdot 10^{-52}}{10^2} \cdot \frac{\text{Erg}}{\text{cm}}.$$

---

[1]) R. D. KLEEMAN, Phil. Mag. (6) Bd. 20, S. 665. 1910.

Daraus folgt:
$$\frac{nm}{n-m}\frac{1}{6}(3{,}13\cdot 10^{-9})^m < 1{,}51\cdot 10^{-41}$$

oder, wenn $\dfrac{nm}{n-m}\dfrac{1}{6}$ von der Größenordnung 1 ist, $m > 4{,}8$.

Einen seinerzeit viel beachteten Versuch, Wärmewirkungen mit der wahren Größe von Molekülen zu verknüpfen, hat LINDEMANN[1]) angestellt. Er hat angenommen, daß das Schmelzen eines festen Körpers erfolgt, wenn die Schwingungsamplituden so groß geworden sind, daß die Oberflächen der Moleküle zusammenstoßen. Setzt man nach der klassischen Theorie die kinetische Energie im Moment des Maximalausschlages nach jeder Richtung $= kT$, so ergibt sich die Amplitude zu

$$x_s = \sqrt{2\frac{kT}{m}\frac{1}{2\pi\nu}} = \sqrt{\frac{2RT}{M}\frac{1}{2\pi\nu}}. \tag{1}$$

s bezieht sich dabei auf den Schmelzpunkt. Empirisch erhält man für viele Metalle, wenn man ein kubisch flächenzentriertes Raumgitter annimmt, für $r_{\min} = \dfrac{a}{\sqrt{2}}$:

$$r_{\min} = \frac{2{,}06\cdot 10^{12}}{\sqrt[3]{2N_L}}\sqrt{\frac{T_s}{M}\frac{1}{V}}. \tag{2}$$

Durch Division bekommt man hieraus
$$\frac{x_s}{r_{\min}} = 0{,}106.$$

Nach der LINDEMANNschen Deutung würde das also heißen, daß bei einer Amplitude, die gleich 0,106 des Abstandes nächstbenachbarter Atome ist, Zusammenstoß erfolgt, oder daß von dem Zwischenraum zwischen zwei Atomen der Bruchteil 0,79 von den Atomkugeln eingenommen ist. Entsprechend gilt für die Alkalihalogenide (Steinsalztypus)

$$x_s = \frac{4{,}23\cdot 10^{12}}{\sqrt[3]{2N_L}}\sqrt{\frac{T_s}{M}\frac{1}{V}} \qquad \frac{x_s}{a} = 0{,}502. \tag{3}$$

Bei dieser Auffassung wird aber nicht deutlich, warum bei tiefer Temperatur überhaupt die Atomoberflächen einander nicht berühren. Die empirischen Formeln (2) und (3) werden wahrscheinlich eher auf einem Zusammenhang der Energie $\dfrac{m}{2}(2\pi\nu)a^2$ mit der Schmelzwärme beruhen und daher den Charakter der TROUTONschen Regel $\dfrac{\text{Schmelzwärme}}{T} = \text{konst.}$ haben.

24. Kräfte in Flüssigkeiten, allgemeine Überlegung. Sehr zahlreiche Arbeiten beschäftigen sich damit, aus dem Verhalten der Flüssigkeiten die zwischen ihren Molekülen herrschenden Anziehungskräfte zu erschließen. Der Gedankengang, der diesen Untersuchungen zugrunde liegt, ist folgender (wenn er auch nicht bei allen Autoren in voller Klarheit formuliert wird):

1. Die kinetische und die innere (intramolekulare) Energie des Moleküls ist im Gaszustand und in dem flüssigen Zustand dieselbe. Für die kinetische Energie folgt das aus dem Gleichverteilungssatz, der bei mittleren Temperaturen mit genügender Genauigkeit gilt. Für die innere Energie kann man es bei solchen

---
[1]) F. A. LINDEMANN, Phys. ZS. Bd. 11, S. 609. 1910.

Flüssigkeiten, bei welchen die Kräfte zwischen den Molekülen verhältnismäßig klein gegen diejenigen sind, die innerhalb der Moleküle wirken, d. h. bei Flüssigkeiten mit nicht zu hohem Siedepunkt, als sehr wahrscheinlich betrachten. Infolgedessen ist die Differenz der Energien zwischen der Flüssigkeit und dem Dampf derselben Temperatur und sehr geringer Dichte gleich der potentiellen Energie der Moleküle in der Flüssigkeit. Diese Differenz ist gleich der inneren Verdampfungswärme der Flüssigkeit bei der gegebenen Temperatur, vermehrt um die Arbeit, welche bei Temperaturen, die nicht genügend weit unterhalb der kritischen sind, noch dem Dampf bei der irreversiblen isothermen Ausdehnung vom Sättigungszustand bis zu genügender Verdünnung zugeführt werden muß.

2. Um aus dieser potentiellen Energie der Moleküle auf das Kraftgesetz zwischen ihnen schließen zu können, wird nun so gerechnet, als ob die Moleküle in jedem Moment in der Ruhelage wären, d. h. ein ruhendes Gitter bilden würden. Die Abhängigkeit der potentiellen Energie von der Entfernung der ruhend gedachten Moleküle voneinander bestimmt man dann aus der Änderung der Verdampfungswärme mit steigender Temperatur. Hierbei ändert sich nämlich das Volumen der Flüssigkeit im starken Maße, und diese Volumänderung macht man dann allein für die Änderung der Verdampfungswärme verantwortlich.

Während wir die unter 1. angeführten Grundsätze als richtig anerkennen können, gilt das für 2. nicht. Zwar ist tatsächlich die Verdampfungswärme als durch die potentielle Energie der Moleküle bedingt anzusehen, aber infolge ihrer Wärmebewegung sind die Moleküle in einem gegebenen Moment nicht in Ruhelagen. Wenn wir auch die kinetische Energie dieser Wärmebewegung als gleich im Dampf und in der Flüssigkeit ansetzen dürfen, so daß sie aus der Verdampfungswärme herausfällt, so bedingt sie doch, daß die Moleküle aus den Ruhelagen, in welchen die potentielle Energie den beim gegebenen Volumen kleinstmöglichen Wert hätte, herausschwingen und in Gebiete eindringen, in welchen die potentielle Energie größer ist. In der Verdampfungswärme steht demnach außer der im Grundsatz 2. erwähnten potentiellen Energie in der Ruhelage $-W_0$ ein Beitrag, der von den Abweichungen der Moleküle aus der Ruhelage herrührt.

Würden wir bei dem vorgegebenen Volumen V die Flüssigkeit (durch Unterkühlung) auf den absoluten Nullpunkt abkühlen, dann würden die Moleküle tatsächlich in den Ruhelagen sein, und die Verdampfungswärme wäre gleich $-W_0$ (abgesehen von der Korrektur für die Energie des Dampfes). Im allgemeinen aber müßen wir für die innere Verdampfungswärme beim Volumen V und der Temperatur T folgendermaßen schreiben:

$$L_i(V) = -W_0(V) - \int_0^T (C_v^{(l)} - C_v^{(D)}) dT + W_0', \qquad (1)$$

wobei W_0' die erwähnte Korrektur für den Dampf ist. Leider läßt sich W_0 im allgemeinen nicht präzis berechnen, weil sowohl C_v für die Flüssigkeit als auch für den Dampf mit viel zu geringer Genauigkeit bekannt ist. Immerhin macht bei 200° und einem Betrag von 3 cal pro Grad für diese Differenz das Korrekturglied schon 1300 cal aus, also immerhin etwa $\frac{1}{6}$ der üblicherweise vorkommenden Verdampfungswärmen. Wenn man demnach W_0 in seiner Abhängigkeit vom Volumen genau berechnen wollte, müßte man außer den Verdampfungswärmen auch noch die spezifischen Wärmen, und zwar nicht nur auf einer Kurve konstanten Druckes, sondern innerhalb des ganzen in Betracht kommenden Volum- und Temperaturbereiches bei unabhängiger Änderung dieser beiden Größen kennen.

25. Statistische Begründung des Vorangehenden. Wir wollen nun ganz kurz den statistischen Sinn der vorangehenden Bemerkungen und zugleich damit der in Ziff. 13 erwähnten Unterschiede im Ursprung des Druckes bei festen und fluiden Körpern angeben. Es ist allgemein die freie Energie eines Mols[1])

$$F = W_0(V) - RT \ln \tilde{v} + \text{nur von } T \text{ abhängigen Summanden.} \qquad (1)$$

Hierin bedeutet W_0 die vom Volumen abhängige potentielle Energie beim absoluten Nullpunkt, wo sich die Moleküle in Ruhelage befinden, $\tilde{v}$ das mittlere der Bewegung des Moleküls zur Verfügung stehende Volumen. Es ist definiert durch

$$\tilde{v}^N = \iint\limits_N \int e^{-\frac{U}{RT}} dx_1 dy_1 dz_1 \cdots dx_N dy_N dz_N, \qquad (2)$$

wo U die gegenseitige potentielle Energie in irgendeiner momentanen Lage $(x_1 \cdots z_N)$, vermindert um W_0, ist. Der Druck berechnet sich hieraus nach

$$p = -\frac{\partial F}{\partial V} = -\frac{\partial W_0}{\partial V} + RT \frac{\partial \ln \tilde{v}}{\partial V}. \qquad (3)$$

Beim idealen und beim VAN DER WAALSschen Gas ist nun der erste Summand Null, die Energie beim absoluten Nullpunkt vom Volumen unabhängig. Der Druck wird vollständig durch den zweiten Summanden geliefert. Wir erinnern dabei nochmals daran, daß nach Ziff. 10 beim VAN DER WAALSschen Gas die Volumabhängigkeit der VAN DER WAALSschen Druckkorrektur $\frac{a}{V^2}$ nichts über die Art der Kräfte aussagt. Das liegt gerade daran, daß sie nicht durch den Summanden $-\frac{\partial W_0}{\partial V}$ zustande kommt. Bei festen Körpern und tiefer Temperatur dagegen ist wesentlich der erste Summand für die Volumabhängigkeit der potentiellen Energie maßgebend. Darum konnten wir dort (Ziff. 9) aus der Kompressibilität bzw. der Verdampfungswärme (Gitterenergie) ohne weiteres auf die Kräfte schließen. Wie sich bei Flüssigkeiten der Anteil der beiden Summanden verhält, darüber fehlt zur Zeit jede genauere Untersuchung.

Nur qualitativ läßt sich sagen: die Erfahrung zeigt, daß der Druckkoeffizient

$$\left(\frac{\partial p}{\partial V}\right)_T = -\frac{\partial^2 W_0}{\partial V^2} + RT \frac{\partial^2 \ln \tilde{v}}{\partial V^2}$$

groß ist, ebenso die Änderung des Druckes mit der Temperatur bei konstantem Volumen

$$\left(\frac{\partial p}{\partial T}\right)_v = R \frac{\partial}{\partial T}\left(T \frac{\partial \ln \tilde{v}}{\partial V}\right) = R \frac{\partial \ln \tilde{v}}{\partial V} + RT \frac{\partial^2 \ln \tilde{v}}{\partial V \partial T}.$$

Letztere Gleichung bedeutet zweifellos, daß $\tilde{v}$ sehr stark vom Volumen abhängig ist.

Für die Änderung der Verdampfungswärme mit steigendem Volumen und steigender Temperatur bei konstantem Druck, welche für Ziff. 26 von Bedeutung ist, ist dann die Größe

$$C_p - C_p^{\text{gas}} = \left(\frac{\partial W_0}{\partial V} - RT^2 \frac{\partial^2 \ln \tilde{v}}{\partial V \partial T}\right)\left(\frac{dV}{dT}\right)_p - R\frac{\partial}{\partial T} T^2 \left(\frac{\partial \ln \tilde{v}}{\partial T}\right)_v - R$$

maßgebend; um aus ihr die Abhängigkeit von W_0 allein berechnen zu können, müßte man daher die Größe $\ln \tilde{v}$ als Funktion von V und T ermitteln können. Die in (1) noch vorkommenden von T abhängigen Summanden heben sich gegen entsprechende Größen des Gases weg.

---
[1]) Siehe z. B. MÜLLER-POUILLET, Lehrb. d. Physik, 11. Aufl., Bd. III, 2, S. 150, 262. Braunschweig 1925.

26. Kurze Besprechung der vorliegenden Untersuchungen.

Es sollen hier nur einzelne der in Ziff. 24 erwähnten Arbeiten behandelt werden. Ein großer Teil[1]) von ihnen schließt aus der VAN DER WAALSschen Druckkorrektur auf Kräfte zwischen den Molekülen, die nach dem Gesetz $\frac{a''}{r^4}$ wirken, indem die potentielle Energie zu $\frac{a'}{r^3} = \frac{a}{V}$ angesetzt wird. In Wirklichkeit dagegen hat die VAN DER WAALSsche Korrektur in ihrer Abhängigkeit vom Volumen keinen Zusammenhang mit dem Kraftgesetz, soweit es sich um verdünnte Gase handelt. Bei Flüssigkeiten hingegen spielt das Kraftgesetz in die Abhängigkeit vom Volumen wohl hinein, aber hier stellt die VAN DER WAALSsche Formel den Sachverhalt auch gar nicht im einzelnen dar.

So sei z. B. die Untersuchung von SCHAMES[2]) erwähnt, der wegen des nicht genauen Zutreffens der VAN DER WAALSschen Beziehung bei Flüssigkeiten für das Kraftgesetz eine Reihenentwicklung ansetzt. Er verbessert außerdem die übliche Berechnung der Energie durch Berücksichtigung der Temperaturabhängigkeit von a in korrekter thermodynamischer Weise.

MILLS[3]) hat in einer Reihe von Arbeiten gezeigt, daß die innere Verdampfungswärme zahlreicher Flüssigkeiten als Funktion der Temperatur sich gut durch die Formel darstellen läßt:

$$L_i = \text{konst.}(\sqrt[3]{\varrho_l} - \sqrt[3]{\varrho_D}). \tag{4}$$

Hierin ist ϱ_l die Dichte der Flüssigkeit, ϱ_D die des Dampfes. Die Differenzbildung, die in entsprechender Weise auch bei den anderen Arbeiten vorgenommen wird, entspricht der in Ziff. 24 erwähnten Korrektur der Verdampfungswärme auf unendliche Verdünnung des Dampfes, indem der Subtrahend die dem Dampf bei der Ausdehnung noch zuzuführende Energie darstellt.

Aus seiner Formel schließt MILLS auf ein Kraftgesetz $\frac{1}{r^2}$ wie das NEWTONsche, muß aber, um endliche Anziehungen für unendlich große Massen (oder Unabhängigkeit der Verdampfungswärme von der absoluten Menge) zu bekommen, annehmen, daß nicht wie beim NEWTONschen oder COULOMBschen Gesetz die Anziehung auf weiter außenliegende Moleküle ebenfalls wirkt, sondern daß eine Art Abschirmung eintritt.

Der Schluß auf das Anziehungsgesetz ist wie erwähnt nicht erlaubt. Trotzdem ist es bemerkenswert, daß (4) experimentell bestätigt wird, wie aus der Konstanz der in der folgenden Tabelle 4 eingetragenen Größe $\frac{L_i}{\sqrt[3]{\varrho_l} - \sqrt[3]{\varrho_D}}$ hervorgeht.

Tabelle 4. Abhängigkeit der Verdampfungswärme von der Dichte.

	0°	60°	100°	150°	200°	230°
Normalhexan	103,6	102,4	103,1	102,7	102,7	98,0
Äthylalkohol	232,8	243,6	244,8	241,1	230,0	223,0
Schwefeldioxyd	86,8	83,0	87,5	94,2	—	—

Die Verdampfungswärme selbst ändert sich dabei z. B. in der ersten Zeile von 7,28 bis 1,01 kcal/Mol.

---

[1]) Z. B.: W. SUTHERLAND, Phil. Mag. (6) Bd. 17, S. 657. 1909.
[2]) L. SCHAMES, ZS. f. Phys. Bd. 1, S. 376. 1920; Bd. 3, S. 255. 1920.
[3]) J. E. MILLS, Journ. phys. chem. 1906—1910. Zusammengefaßt in Phil. Mag. (6) Bd. 20, S. 629. 1910; Bd. 22, S. 84. 1911.

TYRER[1]) hat gegen die Methode Einwände erhoben. Er versucht folgende, hier etwas vereinfachte, Überlegung. Es sei bei so tiefen Temperaturen, daß man den Dampf als ideal auffassen kann, die innere Verdampfungswärme als potentielle Energie der Moleküle in Ruhelagen durch die Formel gegeben

$$L_i = \frac{a'}{V^{\frac{m}{3}}}.$$

Dann ist die Arbeit bei der Ausdehnung durch Temperaturerhöhung unter konstantem Druck gleich

$$C_p - C_v = \frac{m}{3} \cdot \frac{a'}{V^{\frac{m}{3}+1}} \frac{dV}{dT} = \frac{m}{3} L_i \frac{1}{V} \frac{dV}{dT}.$$

Tatsächlich scheint diese Methode aussichtsreich zu sein, nur müssen die Formeln verbessert werden. Man hat als Endziel die Berechnung von $\frac{\partial W_0}{\partial V}$. Beim Ansatz der potentiellen Energie W_0 wird man dann aber gleich die Moleküle nicht als starre Kugeln behandeln, sondern noch Abstoßungskräfte ansetzen. Eine kurze Rechnung liefert dann

$$\frac{mn}{9V^2} \int_0^T \frac{\partial V}{\partial T} dT \infty \frac{\frac{\partial W_0}{\partial V}}{W_0} = \frac{\frac{\partial L_i}{\partial V} - \int_0^T \frac{\partial C_v}{\partial V} dT}{L_i - \int_0^T C_v dT} = \frac{C_p - C_v - \frac{\partial V}{\partial T}\left(\int_0^T \frac{\partial C_v}{\partial V} dT + p\right)}{\frac{\partial V}{\partial T}\left(L_i - \int_0^T C_v dT\right)}.$$

Die Auswertung dieser Formel ist deshalb verhältnismäßig einfach, weil die rechts zugefügten Korrekturglieder nicht sehr groß sind. $C_p - C_v$ ist nämlich nach SCHULZE etwa $= 10$ cal/Grad Mol., $\frac{\partial V}{\partial T}$ ist bei Zimmertemperatur für Quecksilber etwa $V \cdot 1,8 \cdot 10^{-4}$, $\frac{\partial C_v}{\partial V} \infty \frac{30}{V}$, so daß das Korrekturglied etwa 1,5 cal/Grad beträgt, wobei es wahrscheinlich deshalb noch zu groß angesetzt ist, weil bis zum absoluten Nullpunkt herab $\frac{\partial C}{\partial V}$ konstant gesetzt wurde. Ähnlich hat JÄRVINEN[2]) gerechnet, indem er $C_p - \frac{3}{2} R = \frac{\partial W_0}{\partial V} \cdot \frac{\partial V}{\partial T}$ setzt.

Mit dem gleichen Problem der Berechnung der Anziehungskräfte beschäftigen sich auch zahlreiche Untersuchungen von KLEEMAN[3]), die allerdings teilweise zur nächsten Ziffer gehören sollten, aber des Zusammenhanges halber schon hier behandelt werden. Er denkt sich ebenfalls die Flüssigkeit als einfaches kubisches Gitter, dessen einzelne Punkte aufeinander Anziehungskräfte ausüben, wobei die Kraft $P(r)$ gesetzt wird. Dann berechnet er erstens die potentielle Energie aller anderen Moleküle auf ein einzelnes, d. h. die Verdampfungswärme, zweitens berechnet er diejenige Arbeit, die man pro Flächeneinheit leisten muß, wenn man eine sehr große Flüssigkeitsmasse entzweischneidet und die beiden Hälften

---

[1]) D. TYRER, Phil. Mag. (6) Bd. 23, S. 101. 1912.
[2]) K. K. JÄRVINEN, ZS. f. phys. Chem. Bd. 93, S. 737. 1919; Bd. 96, S. 367. 1920.
[3]) R. D. KLEEMAN, Phil. Mag. (6) Bd. 18, S. 491. 1909; Bd. 19, S. 783. 1910; Bd. 20, S. 229, 665, 901, 905. 1910; Bd. 21, S. 83. 1911; Bd. 22, S. 566, 1911; Bd. 23, S. 656. 1911.

voneinander entfernt, d. h. die Oberflächenspannung, genauer die Oberflächenenergie pro Flächeneinheit. Man findet dann folgende Formel

$$L_T = 2r_T \int_0^\infty d\xi \left\{ \sum_{l=1}^{l=\infty} \sum_{m=-\infty}^{m=\infty} \sum_{n=-\infty}^{n=\infty} + 4 \left(\sum_{m=1}^{m=\infty} \sum_{n=1}^{n=\infty} \right)_{l=0} + \left(\sum_{m=1}^{m=\infty} \right)_{l=n=0} \right\}$$
$$\cdot P\left(r_T \sqrt{(\xi+l)^2 + m^2 + n^2}\right) \frac{\xi + l}{\sqrt{(\xi+l)^2 + m^2 + n^2}}.$$

Hier ist r_T der Gitterabstand bei $T°$, l, m, n Gitterindizes. Nun wird geschlossen, daß nach dem Gesetz der korrespondierenden Zustände ε nur von $\frac{r_T}{r_k}$, und $\frac{T}{T_k}$ abhängen kann. Ferner kann man schreiben

$$r_T = \frac{r_T^5}{r_T^4} \sim \varrho_T^{\frac{4}{3}} \cdot r_T^5,$$

also

$$L_T = 2 \left(\frac{N_L}{M}\right)^{\frac{4}{3}} \varrho^{\frac{4}{3}} \cdot r_T^5 \int_0^\infty \cdots$$

Bei endlicher Dampfdichte hat man die Differenz der entsprechenden Größen für Flüssigkeit und Dampf zu nehmen. Aus dem Vergleich mit der Erfahrung hatte er dann geschlossen, daß

$$\frac{L_T}{\varrho_l^{\frac{4}{3}} - \varrho_D^{\frac{4}{3}}}$$

konstant sei, daß man also in Annäherung die universelle Funktion

$$r_T^5 P\left(\frac{r_T}{r_k}, \frac{T}{T_k}\right)$$

durch eine Konstante ersetzen könne, so daß man $m = 4$ zu setzen hätte, obgleich er sich bewußt ist, daß das mit den Überlegungen der Ziff. 23 in Widerspruch steht. Diesen Widerspruch denkt er etwa durch eine gegenseitige Abschirmung der Moleküle gehoben. In seinen weiteren Arbeiten betont er aber dann, daß man bei der vorliegenden Art der Untersuchung, in welcher eine Volumänderung nur durch Temperaturänderung hervorgebracht wird, nicht eindeutig auf ein bestimmtes Kraftgesetz schließen könne, wenn man eine explizite Abhängigkeit der Funktion ε von der Temperatur zuläßt. Nur wenn man die explizite Abhängigkeit vorschreibt, dann muß die gesamte übrige Veränderung der Verdampfungswärme durch die Dichteänderung gegeben sein und dann läßt sich ein Kraftgesetz erschließen. Im übrigen zeigt er, daß die Formeln

$$\frac{L}{\varrho_l^2 - \varrho_D^2} = A_1, \qquad \frac{L}{\varrho_l^{\frac{5}{3}} - \varrho_D^{\frac{5}{3}}} = A_2$$

die Versuche auch gut wiedergeben, wenn auch nicht so gut wie die Formel von MILLS.

Er versucht übrigens für eine größere Zahl organischer Moleküle die Anziehungskonstanten als Quadrat einer für das betreffende Molekül charakteristischen Größe darzustellen, die sich selbst wieder additiv aus Beiträgen der einzelnen Atome berechnet. Bei solchen nicht sehr verschiedenen organischen Molekülen erscheint das auch ganz plausibel. Ferner setzt er nach TRAUBE diese Beiträge als proportional der Wurzel aus dem Atomgewicht an. Er setzt demnach $P \sim \left(\sum \sqrt{m}\right)^2$, die Resultate stimmen erträglich.

27. Oberflächenenergie. Stefan hat zuerst darauf aufmerksam gemacht, daß die Arbeit, die nötig ist, um ein Molekül aus dem Inneren einer Flüssigkeit bis zur Oberfläche zu bringen, gleich der halben Verdampfungswärme ist, also gleich der halben Arbeit, die nötig wäre, um es ganz aus der Flüssigkeit zu entfernen. Man macht sich das am einfachsten so klar: Man denke sich ein bestimmtes Molekül im Innern der Flüssigkeit markiert. Nun schneide man die Flüssigkeit so auseinander, daß die Trennungsfläche eben ist und durch den Mittelpunkt des Moleküls ginge, das Molekül bleibt aber natürlich ganz bei der einen Hälfte der Flüssigkeit. Wenn nun die andere Hälfte entfernt wird, so sieht man klar, daß die Arbeit, die hierbei gegen die Anziehung des hervorgehobenen Moleküls auf die entfernte Flüssigkeitshälfte geleistet werden muß, ebenso groß ist wie die Arbeit, die noch geleistet werden müßte, wenn man das Molekül von der daran haftenden Flüssigkeitshälfte ganz entfernen würde. Man findet demnach die Oberflächenspannung gleich der Zahl der Moleküle in der Oberfläche mal der halben Verdampfungswärme eines Moleküls und kann demnach das Verhältnis der Zahl der Moleküle in der Oberfläche zur Gesamtzahl der Moleküle berechnen. Insofern kann man daher aus diesem Vergleich eine Angabe über die Moleküldimensionen machen; genauere Überlegung zeigt aber, daß es sich hier in Wirklichkeit um eine Berechnung der LOSCHMIDTschen Zahl und erst indirekt um eine Berechnung der Moleküldimensionen aus ihr und aus dem Molekularvolumen handelt, so daß sich dabei nichts Wesentliches gegenüber Ziff. 3 ergibt. Zudem ist bei der Ableitung die Annahme gemacht, daß die Flüssigkeit mit unveränderter Dichte bis zu einer scharfen Grenze geht, was in Wirklichkeit auch nicht der Wahrheit entspricht. Eine weitere Verfeinerung hat JÄGER[1]) vorgenommen, indem er die Anziehungswirkung auf die tieferliegenden Molekülschichten mit in Betracht zieht. Er erhält folgende Formel:

$$\frac{\text{Oberflächenenergie}}{\text{Verdampfungswärme}} = \frac{s \sum_{1}^{\infty} \frac{1}{s^{m-3}}}{s \sum_{1}^{\infty} \frac{1}{s^{m-2}}} \cdot \frac{\varrho}{M} \frac{d}{2}, \qquad (1)$$

hierbei konvergiert die obere Reihe nur für $m > 4$.

Zuletzt hat SIRK[2]) versucht, auf Grund der Rechnungen von DEBYE über den Charakter der VAN DER WAALSschen Kräfte Moleküldimensionen aus dem Vergleich von Verdampfungswärme und Oberflächenspannung zu finden. Wenn man den Kern der Rechnungsweise herauszuarbeiten versucht, so ergibt sich folgendes: Es sei die (mittlere) potentielle Energie zwischen zwei Molekülen durch

$$\overline{w} = \frac{A}{r^m} \qquad (2)$$

gegeben, dann resultiert im mäßig verdichteten Gas eine VAN DER WAALSsche Druckkorrektur gleich

$$a = N_L^2 \int_{d_0}^{\infty} \frac{A}{r^m} 4\pi r^2 dr = N_L^2 \frac{4\pi A}{m-3} \frac{1}{d_0^{m-3}}. \qquad (3)$$

---

[1]) G. JÄGER, Wiener Ber. Bd. 122, S. 969. 1913.
[2]) H. SIRK, Phys. ZS. Bd. 25, S. 545. 1924; ZS. f. phys. Chem. Bd. 114, S. 114. 1925; P. DEBYE, Phys. ZS. Bd. 21, S. 178. 1920.

Ferner denke man sich eine im Mittel gleichmäßig verteilte Flüssigkeit, deren Dichte bis zur Oberfläche konstant ist. Dann wird diese auf ein Molekül in der Entfernung x ein Potential von folgender Größe ausüben:

$$\left.\begin{aligned} x > d \quad & w_{\text{außen}} = \frac{2\pi A N_L}{V} \frac{1}{m-2} \frac{1}{m-3} \frac{1}{x^{m-3}}, \\ -d < x < d \quad & w_{\text{Kapillarschicht}} = \frac{2\pi A N_L}{V} \frac{1}{d^{m-3}} \left(\frac{1}{m-3} - \frac{1}{m-2} \frac{x}{d} \right), \\ x < -d \quad & w_{\text{innen}} = \frac{4\pi A N_L}{V} \frac{1}{d^{m-3}} \frac{1}{m-3} \left[1 + \frac{1}{2(m-2)} \left(\frac{d}{x}\right)^{m-3} \right]. \end{aligned}\right\} \quad (4)$$

Hierin bedeutet d den Moleküldurchmesser. Die in der Oberfläche befindliche Energie, d. h. für $T = 0$ die Oberflächenspannung, ist nun für 1 cm²

$$\sigma = \frac{N_L}{V} \left\{ \int_{-d}^{0} (w_{\text{Kapillarschicht}} - w_{x=-\infty}) \, dx + \int_{-\infty}^{-d} (w_{\text{innen}} - w_{x=-\infty}) \, dx \right\},$$

also

$$\sigma = \frac{N_L^2}{V^2} \frac{2\pi A}{d^{m-4}} \frac{1}{m-3} \left\{ 1 - \frac{m-3}{2(m-2)} + \frac{1}{(m-2)(m-4)} \right\} = \frac{N_L^2}{V^2} \frac{\pi A}{d^{m-4}} \frac{1}{m-4}. \quad (5)$$

Daraus folgt

$$\frac{\sigma}{a} = \frac{d}{4V^2} \frac{m-3}{m-4}. \quad (6)$$

Nun ist nach der VAN DER WAALSschen Gleichung $\frac{a}{b} = \frac{27}{8} R T_k$.

Die Erfahrung zeigt aber, daß der Zahlenkoeffizient nicht richtig ist. Wir wollen im allgemeinen

$$\frac{a}{b} = \beta R T_k \quad (7)$$

setzen; für den absoluten Nullpunkt gilt demnach mit $b = \frac{2\pi}{3} d^3 N_L$

$$\sigma_0 = \frac{\pi}{6} \frac{d^4}{V_0^2} \beta \frac{m-3}{m-4} R T_k N_L. \quad (8)$$

Denkt man sich die Flüssigkeit dort als tetraedrische dichteste Kugelpackung, so ist

$$V_0 = \frac{N_L}{\sqrt{2}} d^3, \quad (9)$$

demnach ergibt sich

$$\sigma_0 = \frac{\pi}{3} \frac{R}{\sqrt[3]{2 N_L}} \beta \frac{m-3}{m-4} \frac{T_k}{V_0^{\frac{2}{3}}}. \quad (10)$$

Nun gilt die empirische Formel (Gesetz von EÖTVÖS)

$$\sigma_0 = \frac{2,1 \, T_k}{V_0^{\frac{2}{3}}} \frac{\text{Erg}}{\text{cm}^2}. \quad (11)$$

Der Vergleich mit (10) liefert demnach $\beta \frac{m-3}{m-4} = 2{,}57$. Wenn man m kennt, kann man hieraus den Koeffizienten β berechnen. Für $m = 5$ wäre er 1,285, für $m = \infty$ wäre er 2,57. Die Annahmen von DEBYE (Ziff. 44) führen zu $m = 8$ und demnach zu $\beta = 2{,}06$. (Die Beobachtungen der Zustandsgleichung würden im allgemeinen zu 2,67 führen.)

Nachdem so die Formel für die Oberflächenspannung zur Festlegung des Koeffizienten β in (7) geführt hat, kann man aus der kritischen Temperatur T_k und aus a die VAN DER WAALSsche Größe b und somit d berechnen. a wird dabei aus der Verdampfungswärme unter der Voraussetzung entnommen, daß gilt:

$$\text{Verdampfungswärme} = \frac{a}{V}.$$

28. Hydratationswärme von Ionen in Lösungen. Daß die Lösungswärme von Salzen in Wasser klein gegen die Gitterenergie ist, hat nach FAJANS[1]) seinen Grund darin, daß der größte Teil der Energiemenge, die zum Zerreißen des Gitters nötig ist, von den Anziehungskräften der Wassermoleküle auf die Ionen geliefert wird. Man kann diese „Hydratationswärme" aus der Gleichung bestimmen:

$$\left.\begin{array}{l}\text{Summe der Hydratationswärme beider Ionen}\\ = \text{Gitterenergie plus Lösungswärme.}\end{array}\right\} \quad (1)$$

Zwar liefert diese Formel nur die Summe für beide Ionen, aber man kann unter plausiblen Annahmen hieraus die Einzelwerte bekommen. Sie sind in der folgenden Tabelle angegeben:

H^+	Na^+	K^+	Rb^+	Cs^+	Ag^+	F^-	Cl^-	Br^-	J^-	Mg^{++}	Ca^{++}	Zn^{++}
247	94	75	70	64	104	123	84	73	64	459	349	512 kcal

Eine modellmäßige Deutung dieser Größe hat BORN[2]) versucht; als wirkende Anziehungskräfte setzt er nur die von der Gesamtladung der Ionen herrührenden elektrischen Felder an; die Ionen behandelt er als starre Kugeln vom Radius r. Dann wäre die gesamte potentielle Energie des elektrostatischen Feldes $= \frac{e^2}{2r}$. Taucht man eine solche elektrisch geladene Kugel in ein kontinuierliches Medium von der Dielektrizitätskonstante ε, so wird die Energie auf den εten Teil herabgesetzt. Die Energiedifferenz ist demnach gleich der Hydratationswärme in dem betreffenden Lösungsmittel berechnet auf ein Mol

$$W_H = N_L \frac{e^2 Z^2}{2r}\left(1 - \frac{1}{\varepsilon}\right) = 1{,}64 \cdot 10^{-6} \frac{Z^2}{r} \text{ kcal}. \quad (2)$$

Man findet hiernach folgende Werte für r in 10^{-8} cm:

Na^+	K^+	Rb^+	Cs^+	Ag^+	Cl^-	Br^-	J^-	Mg^{++}	Ca^{++}
1,74	2,18	2,34	2,57	1,58	1,95	2,24	2,57	1,43	1,89

Die Deutung dieser Werte ist allerdings nicht einfach, denn man darf das Wasser in seiner Wirkung auf die Ionen nicht als kontinuierliches Medium ansehen. Es kommt hinzu, daß in der Umgebung des Ions so starke Felder herrschen, daß die Dielektrizitätskonstante des Wassers hierdurch wesentlich verkleinert wird, denn die letztere beruht zum großen Teil auf einer Parallelrichtung von Dipolen, wobei ein Sättigungsgebiet erreicht wird. SCHMICK[3]) hat das zu berücksichtigen versucht. Weiter kommt aber noch ein Beitrag hinzu, der von der Verdichtung des Wassers in der Nähe der Ionen herrührt. Unveröffentlichte Berechnungen des Verfassers zeigen in Annäherung, daß dieser Anteil die Verminderung der Hydratationswärme infolge der Verkleinerung von ε beinahe kompensiert, so daß die BORNschen Zahlen zu Recht bestehen bleiben. Über r läßt sich nur sagen, daß es derjenige Radius wäre, den eine Kugel haben müßte, damit sie in einer

---
[1]) K. FAJANS, Verh. d. D. Phys. Ges. Bd. 21, S. 549, 709. 1919.
[2]) M. BORN, ZS. f. Phys. Bd. 1, S. 45. 1920.
[3]) H. SCHMICK, ZS. f. Phys. Bd. 24, S. 56. 1924.

kontinuierlich gedachten Flüssigkeit, die unmittelbar bis an ihre Oberfläche heranreicht, die gleiche Hydratationswärme gibt wie das wirkliche Ion (s. die ähnliche Formulierung in Ziff. 20). Jedenfalls erklärt Formel (2) den von NERNST und THOMSON hervorgehobenen Einfluß von ε.

Eine weitere Methode, Ionenradien zu schätzen, sei hier noch kurz erwähnt. Im Anschluß an die von SUTHERLAND[1]), MILLNER[2]) und BJERRUM[3]) vertretene Auffassung, nach welcher die starken Elektrolyten stets vollständig dissoziiert sind, haben DEBYE und HÜCKEL[4]) eine Theorie über deren Verhalten entwickelt, nach welcher diejenigen Erscheinungen, die man früher als unvollständige Dissoziation (Molekülbildung) gedeutet hat, dadurch erklärt werden, daß jedes Ion infolge seiner Anziehungskräfte um sich einen Hof entgegengesetzt geladener Ionen ansammelt (Schwarmbildung entsprechend der in Ziff. 10 besprochenen). Für die genaue Berechnung dieser Schwarmbildung, die bei konzentrierteren Lösungen von Einfluß ist, ist die Berücksichtigung der Minimalentfernung nötig, auf welche sich zwei Ionen einander nähern können. Man kann dann umgekehrt aus den Messungen (Gefrierpunktserniedrigung) diese Größe zurückberechnen. Der Einfluß dieser Entfernung ist aber kein sehr großer, so daß umgekehrt ihre Berechnung nicht sehr genau erfolgen kann. Näheres s. ds. Handb. Bd. X.

d) Dünne Schichten.

29. Allgemeine Übersicht und Experimentelle Anordnung. Die Untersuchung dünnster Schichten ist schon früh unternommen worden, da man hieraus auf die Teilbarkeitsgrenze der Materie zu schließen hoffte. Hierbei ist die Dicke dieser Schichten entweder durch direkte optische Bestimmung (Messung von Interferenzstreifenverschiebungen) oder dadurch bestimmt worden, daß man das Gewicht einer solchen dünnsten Schicht pro Flächeneinheit gemessen und dann daraus deren Dicke unter der Annahme berechnet hat, daß die Dichte der Schicht die gleiche ist wie die des massiven Materials. Beträgt das Gewicht von 1 cm² G, die Dichte ϱ, so ist die Dicke $\delta = \dfrac{G}{\varrho}$. Diese Untersuchungen haben an Interesse verloren, seit wir viel genauere Methoden zur Bestimmung der LOSCHMIDTschen Zahl kennen. Für die Literatur, die sich mit der Untersuchung von Oberflächenhäuten auf Flüssigkeiten beschäftigt, sei auf die Arbeit von K. T. FISCHER[5]) hingewiesen. Die festen Schichten (z. B. von Metallen) haben Interesse für die Frage, ob sich ein Material in zusammenhängender Schicht oder in einzelnen Kristallen abscheidet. Diese Frage gehört aber nicht hierher, es sei nur erwähnt, daß man z. B. eine 1 Molekül dicke Schicht von Oxyden auf Metall optisch noch nachweisen kann[6]).

A. POCKELS[7]) und RAYLEIGH[8]) haben zuerst gezeigt, daß eine bestimmte Menge Fett die Oberflächenspannung vom Wasser erst dann beeinflußt, wenn

---

[1]) W. SUTHERLAND, Phil. Mag. Bd. 14, S. 1. 1907.
[2]) S. R. MILNER, Phil. Mag. Bd. 23, S. 551. 1912; Bd. 25, S. 743. 1913.
[3]) N. BJERRUM, Proc. Int. Congr. Appl. Chem., London 1909; ZS. f. Elektrochem. Bd. 24, S. 321. 1918; ZS. f. anorg. Chem. Bd. 109, S. 275. 1920; ZS. f. phys. Chem. Bd. 104, S. 406. 1923.
[4]) P. DEBYE u. E. HÜCKEL, Phys. ZS. Bd. 24, S. 185, 305. 1923; P. DEBYE, ebenda Bd. 25, S. 97. 1924; E. HÜCKEL, Fortschr. d. exakt. Naturwissensch. III, 199. Berlin 1924; Phys. ZS. Bd. 26, S. 93. 1925.
[5]) K. T. FISCHER, Wied. Ann. Bd. 68, S. 414. 1899.
[6]) J. KÖNIGSBERGER u. W. J. MÜLLER, Phys. ZS. Bd. 6, S. 847, 849. 1905; O. WIENER, Wied. Ann. Bd. 31, S. 629. 1887; J. ESTERMANN, ZS. f. phys. Chem. Bd. 106, S. 403. 1923.
[7]) A. POCKELS, Nature Bd. 43, S. 437. 1891.
[8]) Lord RAYLEIGH, Phil. Mag. (5) Bd. 48, S. 321. 1899.

die eingenommene Fläche nicht zu groß ist. RAYLEIGH hat dies so erklärt, daß bei zu großer Oberfläche nur einzelne Schollen der fremden Substanz auf dem Wasser schwimmen, erst bei einer bestimmten Minimalfläche sind diese Schollen zu einer zusammenhängenden Schicht zusammengeschoben. Die Untersuchung in dieser Richtung ist dann von besonders MARCELIN[1]), DEVAUX[2]), LABROUSTE[3]) weitergeführt worden. Das Verständnis der Resultate verdankt man im wesentlichen den neuesten Untersuchungen von LANGMUIR[4]) und HARKINS[5]).

Als Versuchsgefäß dient eine flache Schale, die sehr sauber gereinigt sein muß. Diese füllt man mit Wasser. Die Oberfläche des Wassers reinigt man durch Abstreifen, in dem man die Schmutzschicht auf einer Seite sammelt und dann entweder entfernt oder durch einen in das Wasser gesenkten Glasstreifen abschließt. Auch bei mehrmaligem Abstreifen gelingt es nicht, die Oberfläche vollkommen sauber zu bekommen. Die zurückbleibende Schicht nimmt stets bei neuerlichem Zusammenschieben wieder einige Prozent der Oberfläche ein. Wenn man das Wasser einige Zeit stehenläßt, so sammelt sich aus der Luft sehr bald wieder eine neue Schicht an. Zur Abgrenzung bestimmter Teile der Oberfläche dienen Streifen aus Glas oder Metall, die, mit ihren Rändern auf dem Trog aufliegend, in das Wasser gesenkt werden. Dieselben müssen evtl. mit Paraffin überzogen werden, da Wasser das Metall benetzen und an ihm aufsteigen würde. Die Streifen schließen nicht direkt an die Trogwand an, sondern man läßt, um sie leicht beweglich zu machen, einen Zwischenraum von etwa 2 mm. Den Durchtritt der Oberflächenhaut durch diesen Zwischenraum nach außen verhindert man dadurch, daß man durch eine spitz ausgezogene Röhre einen schwachen Luftstrom gegen die Oberfläche bläst. Auf die freigemachte Oberfläche bringt man nun die zu untersuchende Substanz, und zwar am zweckmäßigsten so, daß man sich eine Lösung der Substanz in einem leicht verdampfenden Lösungsmittel (z. B. Benzin) von bekannter Konzentration (z. B. 1:1000) herstellt, eine bestimmte Menge (z. B. durch Auszählen der Tropfenzahl aus einer Kapillarpipette) auf die Oberfläche bringt und nun wartet, bis das Lösungsmittel verdampft ist.

Eine einfache qualitative Untersuchung kann man nun nach DEVAUX und MARCELIN so vornehmen, daß man das aufgebrachte Fett durch Blasen an einer Seite des Troges zusammentreibt und auf den reinen Teil der Wasseroberfläche dann etwas Talg streut. Durch das Blasen wird derselbe auf dem Wasser vorwärts getrieben, macht aber an der sonst unsichtbaren Grenze der Fettschicht halt und gestattet so deren Ausmessung. Quantitative Messungen kann man nach LANGMUIR so anstellen, daß man als einen Begrenzungsstreifen der reinen Oberfläche einen paraffinierten Papierstreifen nimmt, der an einem Wagebalken befestigt ist. Die Fettschicht befindet sich dann zwischen diesem Streifen und einem zweiten, der mit der Hand verschoben wird. Schiebt man mit dem letzteren die Fettschicht auf den Wagenstreifen zu, so wirkt auf die Wage keine Kraft, solange auf dem Wasser unzusammenhängende Inseln schwimmen. Sobald aber die Fläche so klein geworden ist, daß eine einheitliche Schicht dieselbe bedeckt, so erfährt der Streifen eine Kraft, die man durch Auflegen von Gewichten auf

---

[1]) A. MARCELIN, Ann. d. phys. Bd. 1, S. 19. 1914; C. R. Bd. 173, S. 38. 1921.
[2]) H. DEVAUX, Journ. des phys. et le Radium (4) Bd. 3, S. 450. 1904.
[3]) H. LABROUSTE, Ann. d. phys. Bd. 14, S. 164. 1920.
[4]) J. LANGMUIR, Journ. Amer. Chem. Soc. Bd. 39, S. 1848. 1917.
[5]) W. D. HARKINS, F. E. BROWN u. E. C. H. DAVIES, Journ. Amer. Chem. Soc. Bd. 39, S. 354. 1917; W. D. HARKINS, E. C. H. DAVIES u. G. L. CLARK, ebenda Bd. 39, S. 541. 1917; W. D. HARKINS u. H. H. KING, ebenda Bd. 41, S. 970. 1919; W. D. HARKINS, G. L. CLARK u. L. E. ROBERTS, ebenda Bd. 42, S. 700. 1920; W. D. HARKINS u. Y. C. CHENG, ebenda Bd. 43, S. 35. 1921; W. D. HARKINS u. L. E. ROBERTS, ebenda Bd. 44, S. 653. 1922.

die am andern Ende des Wagebalkens hängende Schale messen kann. Die so gemessene Kraft ist gleich der Differenz der Oberflächenspannung von reinem Wasser gegenüber der Oberflächenspannung einer mit dem Fett bedeckten Wasseroberfläche:

30. Die experimentellen Resultate über die Größe der Schicht und ihre Deutung. Wie schon erwähnt, hatte RAYLEIGH bei einer bestimmten Flächengröße das erste Auftreten von Widerstand gegen weiteres Zusammenschieben gefunden. Die Berechnung der Dicke dieser Oberfläche hatte ihn zu dem Schluß geführt, daß es sich hier um monomolekulare Schichten handelt. Versucht man die Oberfläche weiter zu verkleinern, so steigt der Widerstand und somit die aufzuwendende Kraft stark an; bei weiterer Verkleinerung verhalten sich die verschiedenen Substanzen verschieden. Bei den von RAYLEIGH und MARCELIN untersuchten öligen Stoffen (Olivenöl, Ölsäure) wird bei der halben Größe der erstgenannten Oberfläche der Widerstand wieder konstant, in anderen Fällen erfolgt dies schon wesentlich früher. Die Autoren hatten gemeint, daß es sich hier um bimolekulare Schichten handle, doch ist die richtige Deutung wahrscheinlich eine andere, wie ADAM[1]) gezeigt hat. Die Schichten können entweder fest oder flüssig sein. Man kann das daran unterscheiden, daß auf flüssigen Schichten von außen aufgebrachte Staub- oder Talkteilchen leicht beweglich sind, während auf festen Schichten diese unbeweglich liegen. Wenn man feste Schichten genügend stark zusammendrückt, so weit, daß, wie vorhin erwähnt, die Kraft konstant wird, so erfolgt offenbar ein Bruch derselben, und es schieben sich mehrere Schichten wie Packeis übereinander. Es werden dann auf den Schichten die Bruchlinien sichtbar. Die Kraft, bei der dieser Bruch eintritt, ist nicht genau definiert, hängt vielleicht nach ADAM von zufällig vorhandenen Verunreinigungen ab, an denen der Bruch erfolgt. Bei flüssigen Schichten treten dagegen bei weiterer Kompression kleine Tröpfchen auf, die man nach DEVAUX bei indirekter Beleuchtung funkeln sieht und die bei weiterem Zusammenschieben in ihrer Größe wachsen, während die eigentliche Schichtdicke unverändert bleibt.

Ob die Schicht flüssig ist oder fest ist, hängt nach LABROUSTE im wesentlichen von der Temperatur ab. Das Schmelzen findet unterhalb des Schmelzpunktes der massiven Substanz statt, hierbei wächst die eingenommene Fläche. Bei der von ADAM untersuchten Palmitinsäure $C_{15}H_{31}COOH$ hängt der Schmelzpunkt von dem Säuregrad des Wassers ab. Ist die Konzentration der Wasserstoffionen 10^{-3}, so schmilzt die Schicht bei 25°, ist sie 10^{-8}, so schmilzt sie bei 50°.

Nach LANGMUIR kann es auch vorkommen, daß eine anfangs flüssige Schicht bei genügender Kompression fest wird. Die Kurve, welche die Abhängigkeit der Kraft (Oberflächenspannung pro cm^2) von der Flächengröße darstellt, ist für den flüssigen Zustand weniger steil als für den festen, d. h. die Kompressibilität ist im festen Zustand kleiner. Berechnet man nach ADAM die Kompressibilität als die relative Flächenverkleinerung der Schicht für die Einheit des Druckes, wobei dieser Druck durch die von außen ausgeübte Kraft dividiert durch den vertikalen Querschnitt der Schicht gegeben ist und dieser vertikale Querschnitt aus der Dicke der Schicht bestimmt werden muß (s. Ziff. 29), so findet man bei Palimitinsäure die Kompressibilität etwa $\frac{2}{9}$ derjenigen der massiven Substanz.

31. Die Überlegungen von LANGMUIR und HARKINS über die Bedingungen für die Bildung von Oberflächenhäuten. LANGMUIR sowohl wie HARKINS gehen etwa von folgender Überlegung aus. Für die Löslichkeit einer Substanz ist im wesentlichen die Lösungswärme maßgebend, die von den Anziehungs-

---
[1]) N. K. ADAM, Proc. Roy. Soc. London (A) Bd. 99, S. 336. 1921.

kräften zwischen den Molekülen bedingt ist. Ist die Lösungswärme groß und positiv, so wird im allgemeinen auch die Löslichkeit groß sein. Die Arbeit, die bei der Auflösung eines Moleküls B in einem Lösungsmittel A geleistet werden kann, setzt sich aus folgenden drei Bestandteilen zusammen: Erstens müssen die Moleküle von A auseinandergedrängt werden, um Platz für das Molekül B zu schaffen. Zweitens muß das Molekül B von den umgebenden Molekülen B losgerissen werden, drittens wird die Energie frei, die von der Anziehung der Moleküle A auf das Molekül B herrührt. Damit die Lösungswärme positiv ist, muß der letztgenannte Anteil die beiden ersten überwiegen. Nun zeigt es sich, daß einfache Kohlenwasserstoffe, z. B. Hexan C_6H_{14}, in Wasser nicht merklich lösbar sind. Hier ist also die Kraft, die das Hexanmolekül an die Wassermoleküle kettet, zu klein, um die Widerstände zu überwinden. Hierbei kommt es hauptsächlich auf die Trennung der Wassermoleküle voneinander an, nicht so sehr auf die Trennung der Hexanmoleküle voneinander, denn auch das gasförmige Methan CH_4, bei dem diese letzteren Kräfte wegfallen, ist in Wasser nur sehr wenig löslich. Sobald man aber in einen Kohlenwasserstoff mit nicht zu langer Kette eine Hydroxylgruppe einführt, ist der dann entstehende Alkohol in Wasser leicht löslich, d. h. die Anziehungskräfte zwischen der OH-Gruppe und dem Wasser reichen aus, um die Wassermoleküle genügend auseinander zu schieben, damit auch der Kohlenwasserstoffrest in das Wasser eintreten kann. Verlängert man aber nun die Kette durch Anhängen weiterer CH_2-Gruppen, d. h. geht man zu höheren homologen Alkoholen über, so nimmt die Löslichkeit ab und hört allmählich ganz auf. Die durch die Anziehungskräfte frei gewordene Energie reicht nicht mehr aus, um so viele Wassermoleküle voneinander zu trennen, daß die langen Kohlenstoffketten noch im Wasser Platz finden. Dasselbe, was wir hier für die Hydroxylgruppe und die Alkohole ausgeführt haben, gilt auch für andere „aktive" Gruppen, so vor allem für die charakteristische Karboxylgruppe COOH der Säuren und viele andere.

Bringt man nun solche nicht mehr merklich löslichen Alkohole oder Säuren auf das Wasser, dann wird man erwarten müssen, daß zwar ihre aktive Gruppe vom Wasser scharf angezogen wird, daß aber diese Wirkung eben nicht mehr hinreicht, um das ganze Molekül hinter dieser Gruppe her ins Wasser zu ziehen. Es wird also nur die aktive Gruppe und evtl. ein kurzer Teil der anhängenden Kette in das Wasser gezogen werden, während die restliche Kette von der Oberfläche wegsteht. Das heißt, man wird erwarten, daß diese Stoffe, auf Wasser aufgebracht, eine monomolekulare Schicht bilden, aber keine dickere, denn bei der kurzen Reichweite der Molekularkräfte würde das Wasser auf die Hydroxylgruppen der zweiten Schicht nicht mehr wirken, dieselben würden nur von den nach außen stehenden Kohlenwasserstoffresten der ersten Schicht beeinflußt werden, und zwar mit ebenso starken Kräften, wie sie innerhalb einer größeren Menge des reinen aufgebrachten Stoffes wirken. Diese Kräfte sind aber schwach gegenüber den vom Wasser bei unmittelbarer Nachbarschaft ausgehenden; wenn daher die freie Wasserfläche genügend groß ist, würde sich eine künstlich hergestellte dickere Schicht so lange vergrößern, bis sie monomolekular geworden ist.

Tatsächlich gehören die in den früheren Ziffern genannten Stoffe, mit denen RAYLEIGH, DEVAUX, MARCELIN usw. gearbeitet haben, zu den hier genannten, z. B. Ölsäure mit ihrer Doppelbindung neben der OH-Gruppe. Hingegen würde ein gesättigter Kohlenwasserstoff wie Paraffin, der keine aktive Gruppe enthält, sich auf Wasser nicht ausbreiten, sondern als Tropfen liegen bleiben.

32. Anordnung der Moleküle in dünnen Häuten, erschlossen aus der Größe zusammenhängender Schichten. LANGMUIR hat die in der vorhergehenden Ziffer dargestellten Überlegungen durch die Berechnung der Fläche wesentlich

Dünne Schichten.

gestützt, welche ein Molekül in einer zusammenhängenden dünnen Schicht einnimmt. Das experimentelle Verfahren ist das in Ziff. 28 beschriebene, die von einem Molekül eingenommene Fläche O berechnet sich aus derjenigen Fläche o, bei welcher zuerst merkbarer Widerstand gegen weiteres Zusammenschieben eintritt, nach der Formel:

$$O = \frac{oM}{GN_L},$$

wobei G das Gewicht der Schicht, M das Molekulargewicht bedeutet.

Die Dicke der Schicht läßt sich dann hieraus unter der Annahme berechnen, daß die Dichte gleich ist der Dichte der massiven Substanz. Die Resultate finden sich in folgender Tabelle, in welcher die erste Spalte den Namen der Substanz, die zweite die chemische Formel, die dritte den Querschnitt eines

Tabelle 5. Dünne Schichten auf Wasser.

Substanz	Chemische Formel	O in 10^{-16} cm²	$\sqrt{O}$ in 10^{-8} cm	Länge in 10^{-8} cm	Länge pro C-Atom	O bei Würfeln
Palmitinsäure	$CH_3(CH_2)_{14}-C(=O)-OH$	21	4,6	24,0	1,5	7,91
Stearinsäure	$CH_3(CH_2)_{16}-C(=O)-OH$	22	4,7	25	1,39	7,93
Myrizylsäure	$CH_3(CH_2)_{29}-C(=O)-OH$	25	5,0	31	1,20	
Cetylpalmitat	$CH_3(CH_2)_{15}-O-C(=O)-(CH_2)_{14}-CH_3$	23	4,8	41	2,56	
Cetylalkohol	$CH_3(CH_2)_{15}-OH$	21				
Myrizylalkohol	$CH_3(CH_2)_{29}-OH$	27	5,2	41,0	4,31	
Tristearin	$CH_3(CH_2)_{16}-C(=O)-O-CH_2$ $CH_3(CH_2)_{16}-C(=O)-O-CH$ $CH_3(CH_2)_{16}-C(=O)-O-CH_2$	66	8,1	25,0	1,32	11,90
Erucasäure	$CH_3-(CH_2)_7\,{}^H_H{>}C=C-(CH_2)_{11}-C(=O)-OH$	44				
Ölsäure	$CH_3-(CH_2)_7\,{}^H_H{>}C=C-(CH_2)_7-C(=O)-OH$	46	6,8	11,2	0,69	8,0
Triolein	$CH_3-(CH_2)_7\,{}^H_H{>}C=C-(CH_2)_7-C(=O)-O-CH_2$ $CH_3-(CH_2)_7\,{}^H_H{>}C=C-(CH_2)_7-C(=O)-O-CH$ $CH_3-(CH_2)_7\,{}^H_H{>}C=C-(CH_2)_7-C(=O)-O-CH_2$	126	11,2	13,0	0,72	11,66

Moleküls, die vierte die Wurzel daraus, welche ein Maß für die Querdimensionen des Moleküls ist, enthält. Die fünfte Spalte gibt die Dicke der Schicht, d. h. wenn die Deutung stimmt, die Länge der senkrecht auf der Wasseroberfläche stehenden Kohlenstoffkette, die sechste diese Länge dividiert durch die Anzahl der Kohlenstoffatome; die letzte Spalte endlich gibt denjenigen Querschnitt eines Moleküls, der sich bei würfelförmiger Gestalt der Moleküle aus dem Molekularvolumen nach der Formel $\sqrt[3]{\frac{M}{\varrho N_L}}$ ergeben würde.

Nach Tabelle 5 zeigen zuerst die einfachen Säuren und Alkohole den gleichen Querschnitt von $23 \cdot 10^{-16}$ cm^2 pro Molekül, unabhängig von der Anzahl der Kohlenstoffatome. Das läßt sich nur so deuten, daß es sich hier in Übereinstimmung mit den Vorstellungen der organischen Chemie um ein langgestrecktes Molekül handelt, dessen Länge beim weiteren Anhängen von CH$_2$-Gruppen wächst, ohne daß sich der Querschnitt verändert. Diese Moleküle müssen dann parallel zueinander und senkrecht auf der Wasseroberfläche die Oberflächenhaut bilden. Wäre das Molekül kompakt gebaut oder lägen die Moleküle in allen möglichen Richtungen, so müßte die eingenommene Fläche mit der Kohlenstoffanzahl wachsen, wie es die letzte Spalte lehrt. Man wird daher die Größe $23 \cdot 10^{-16}$ als den Querschnitt der Wirkungssphäre einer CH$_2$-Gruppe anzusehen haben (evtl. auch als den Querschnitt der OH-Gruppe). Sehr gut paßt dazu, daß der Querschnitt des Tristearins, bei welchem drei solcher Ketten vorhanden sind, den dreifachen Wert hat, während die Länge der Ketten genau den gleichen Wert hat wie bei der einfachen Stearinsäure. Das an der anderen Seite der aktiven —COO-Gruppen sitzende Radikal C$_3$H$_5$ ist so klein, daß es offenbar mit ins Wasser hineingezogen wird. Was die Absolutwerte der Kettenlänge betrifft, so ist der Vertikalabstand zweier Kohlenstoffatome kleiner als der kürzeste Abstand zweier C-Atome im Diamant, der $1{,}52 \cdot 10^{-8}$ cm beträgt. LANGMUIR schließt daraus, daß die Kette nicht gerade, sondern zickzackförmig entsprechend den tetraedrisch angeordneten Valenzen ist, so daß der wahre Abstand demjenigen im Diamant gleich ist. Dafür spricht wohl auch die von FAJANS[1]) nachgewiesene Gleichheit der Bindungsenergien zwischen zwei Kohlenstoffatomen im Diamant und in aliphatischen Molekülen. Bemerkenswert ist, daß das Cetylpalmitat, trotzdem seine aktive Gruppe in der Mitte zwischen zwei langen Kohlenstoffketten ist, doch nur denselben Querschnitt hat wie die einfachen Säuren. LANGMUIR deutet das so, daß er annimmt, die beiden Ketten lägen parallel nebeneinander, seien aber im Vergleich mit einer einzelnen zusammengedrückt und verlängert. Daß die eingenommene Fläche auch von äußeren Umständen abhängt, sieht man daran, daß sie stark mit der Temperatur ansteigt; die Zahl 23 bezieht sich auf das Intervall zwischen 4° und 16°, bei 35° ist die eingenommene Fläche 37, bei 40° ist sie 52, bei 45° sogar $95 \cdot 10^{-16}$ cm^2. Ganz klar liegen hier die Verhältnisse noch nicht.

Weiter ist bemerkenswert, daß die ungesättigten Säuren, die also neben der aktiven Karboxylgruppe noch eine aktive doppelte Bindung tragen, eine wesentlich größere Fläche einnehmen, was wohl so zu deuten ist, daß beide aktive Gruppen im Wasser liegen und das Molekül dadurch eine abgeknickte Form hat, wenn man es in einer Schicht zusammenpreßt. Die in Ziff. 29 erwähnte Tatsache, daß man mit steigendem Druck die eingenommene Fläche wesentlich verkleinern kann, bezieht sich gerade auf solche Substanzen mit mehreren aktiven Gruppen und bedeutet wahrscheinlich, daß mit steigendem Druck die schwächeren aktiven Gruppen allmählich aus dem Wasser herausgerissen

---

[1]) K. FAJANS, Ber. D. Chem. Ges. Bd. 53, S. 643. 1920; Bd. 55, S. 2826. 1923.

und das Molekül aufgerichtet wird. Säuren mit drei doppelten Bindungen nehmen noch wesentlich mehr Raum ein. Ein Molekül Rizinussäure beansprucht eine Fläche von $110 \cdot 10^{-16}$ cm^2, die berechnete Schichtdicke beträgt nur $4{,}7 \cdot 10^{-8}$ cm, d. h. dieses Molekül wird durch seine vier aktiven Gruppen flach in die Wasseroberfläche gepreßt.

Die hier besprochenen Substanzen haben so lange Ketten, daß sie nicht mehr in Wasser löslich sind. Die Anfangsglieder der Alkohol- und Säurereihe sind leicht löslich, werden aber merkbar in der Oberfläche adsorbiert. Man kann bei nicht sehr hohen Konzentrationen der Lösung Sättigung der adsorbierten Menge erzielen. Nimmt man an, daß hierbei eine einzige Molekülschicht in der Oberfläche liegt, so läßt sich die vom Molekül eingenommene Fläche berechnen. Man findet so z. B.:

	O	d	Länge
Buttersäure CH$_3$—CH$_2$—CH$_2$—COOH	$35{,}9 \cdot 10^{-16}$	$6 \cdot 10^{-8}$ cm	—
Phenol ⬡OH	$34{,}0 \cdot 10^{-16}$	—	$4{,}3 \cdot 10^{-8}$
Anilin ⬡NH$_2$	$37{,}0 \cdot 10^{-16}$	—	$4 \cdot 10^{-8}$

Die beiden letzteren liegen also flach.

33. Schlüsse aus der Änderung der Oberflächenspannung. HARKINS hat mit seinen Mitarbeitern Schlüsse der gleichen Art aus der Änderung der Oberflächenspannung von Wasser durch fremde Substanzen gezogen. Hierbei kann er auch diejenigen Stoffe mit einschließen, die noch merkbar löslich in Wasser sind. Er mißt die Oberflächenspannung zwischen den gegenseitig gesättigten Lösungen, z. B. eines höheren Alkohols in Wasser und von Wasser in diesem höheren Alkohol. Hierbei ergibt sich ebenfalls die starke Wirkung der aktiven Gruppen auf das Wasser ziemlich, wenn auch nicht ganz unabhängig von der Länge der daranhängenden Kohlenstoffkette. Für die Oberflächenspannung ist nämlich auch die gegenseitige Einwirkung der Kohlenstoffketten von (schwachem) Einfluß. Mit dieser Oberflächenspannung der Substanz gegen Wasser vergleicht er nun die Oberflächenspannung der reinen Substanz. In der reinen organischen Flüssigkeit wird man annehmen, daß die

Tabelle 6. Oberflächenspannung, bedingt durch aktive Gruppen.

	Stoff und chemische Formel.	S	
Gesättigte Kohlenwasserstoffe	CH$_3$—CH—CH$_2$—CH$_3$ Isopentan ... mit CH$_3$ Seitengruppe	36,88	
	CH$_3$—CH$_2$—CH$_2$—CH$_2$—CH$_2$—CH$_3$ Hexan	41,22	35 bis 40
	Zyklohexan (CH$_2$—CH$_2$—CH$_2$ / CH$_2$—CH$_2$—CH$_2$)	38,48	
	CH$_3$—(CH$_2$)$_6$—CH$_3$ Oktan	45,96	
Doppelbindung Oktylen	CH$_3$—CH$_2$=CH—CH=CH—CH=CH—CH$_3$	72,9	
Chloride	unpolar Tetrachlorkohlenstoff CCl$_4$	48,2	
	polar Chloroform HCCl$_3$	72,9	
Alkohole	Methylalkohol CH$_3$OH	löslich, > 95,2	
	Äthylalkohol C$_2$H$_5$OH		
	Isubutylalkohol C$_4$H$_9$OH	94,3	
	Isoamylalkohol C$_5$H$_{11}$OH	98,5	
Säuren	Ameisensäure HCOOH	110,1	93 bis 110
	Essigsäure CH$_3$COOH	100,4	
	Isovaleriansäure C$_4$H$_9$COOH	95,4	
	Kaprylsäure C$_7$H$_{15}$COOH	93,7	

aktiven Gruppen im wesentlichen nach innen gezogen sind, daß demnach die Oberfläche der Flüssigkeit gegen ihren Dampf hauptsächlich durch die inaktiven CH_2-Gruppen gebildet ist und daher für die verschiedenen Flüssigkeiten nicht sehr verschieden. Seine Resultate zeigt Tabelle 6. Die darin eingetragenen Zahlen bedeuten die Größe: S = Oberflächenspannung Wasser gegen Luft + Oberflächenspannung Stoff gegen Luft − Oberflächenspannung Wasser gegen Stoff.

Ferner sei noch kurz erwähnt, daß LANGMUIR aus der Zahl der Moleküle, die bei gelösten Alkoholen in der Oberfläche adsorbiert werden, den Schluß zieht, daß die Adsorptionswärme pro CH_2-Gruppe um etwa 625 cal pro Mol wächst.

34. Röntgenuntersuchungen. Endlich sind eine Gruppe von Untersuchungen zu besprechen, die sich mit der röntgenographischen Strukturbestimmung von solchen Molekülen befassen, bei denen die Chemie lange Ketten aneinanderhängender Kohlenstoffatome erwarten läßt, also solcher Moleküle, wie sie bei der Bildung von Oberflächenhäuten eine Rolle spielen. Außer Arbeiten von DE BROGLIE[1]) und PIPER[2]) liegen besonders solche aus dem BRAGGschen Laboratorium vor[3]). Die Substanzen kristallisieren auf Glas in schönen parallelen Schichten. Die Röntgenaufnahme liefert den Abstand der Röntgenperioden, d. h. derjenigen parallelen Schichten, in denen sich die Atomanordnung wiederholt. Dabei zeigt sich, daß in einer Richtung die Länge systematisch mit der Zahl der C-Atome wächst, während zwei andere Dimensionen praktisch unverändert bleiben. Man wird daher annehmen dürfen, daß ein oder mehrere Moleküle in einem (wohl schiefwinkligen) langgestreckten Prisma angeordnet sind, dessen Länge der erwähnten großen Periode proportional ist, während die beiden anderen Dimensionen den konstanten Querschnitt dieses Prismas geben. Wir stellen in Tabelle 7 einige Messungen nebeneinander:

Tabelle 7.
Röntgenaufnahme homologer organischer Verbindungen.

Säuren	AE.			
Essigsäure CH_3COOH	6,66 ⎫ 2,99 ⎬ 7,94 = 4·1,98		4,09	3,65
Buttersäure $CH_3-(CH_2)_2COOH$	9,65 ⎭ 4,95 ⎫		4,09	3,65
Hexansäure $(CH_3)-(CH_2)_4COOH$	14,6 ⎬ 4,4 = 2·2,2		4,14	3,65
Oktansäure $(CH_3)-(CH_2)_6COOH$	19 ⎭ 15,7 = 8·1,96		4,14	3,65
Palmitinsäure $(CH_3)(CH_2)_{14}COOH$	34,7 ⎬ 4 = 2·2,0		4,08	3,65
Stearin $(CH_3)(CH_2)_{16}COOH$	38,7 ⎭		4,05	3,62

Ester	AE.			
Methylpalmitat $(CH_3)(CH_2)_{14}COOCH_3$	22 ⎫ 1,2		4,07	3,72
Äthylpalmitat $(CH_3)(CH_2)_{14}COOCH_2CH_3$	23,2 ⎬ 17,5 = 13·1,35		4,07	3,67
Cetylpalmitat $CH_3(CH_2)_{14}COO(CH_2)_{14}CH_3$	40,7 ⎭		4,05	3,69

---

[1]) L. DE BROGLIE, C. R. Bd. 176, S. 738. 1923.
[2]) S. H. PIPER u. E. N. GRINDLEY, Proc. Phys. Soc. London. Bd. 35, S. 269. 1923.
[3]) A. MÜLLER, Journ. Chem. Soc. London Bd. 123, S. 2043. 1923; G. SHEARER, ebenda S. 3152; A. MÜLLER u. G. SHEARER, ebenda S. 3156; R. E. GIBBS, ebenda Bd. 125, S. 2622. 1924; W. B. SAVILLE u. G. SHEARER, ebenda Bd. 127, S. 591. 1925; A. MÜLLER u. W. B. SAVILLE, ebenda S. 599.

Man wird also jedenfalls die Dimensionen 4,08 und 3,7 dem Querschnitt zuordnen. Die „Länge" wächst dann bei den Säuren (ausgenommen die Anfangsglieder) für je zwei (CH_2)-Gruppen pro Molekül um 4 AE, bei den Estern um $\sim 2,4$. Daraus wird man schließen, daß die „Zelle" bei den Säuren zwei (in einer Linie liegende, mit den aktiven OH-Gruppen aneinandergebundene) Moleküle enthält, bei den Estern dagegen nur eine, da hier die endständige inaktive CH_3-Gruppe kein weiteres Molekül bindet. Tatsächlich sind die „Längen" bei den Säuren wesentlich größer als die aus den LANGMUIRschen dünnen Schichten berechneten, während sie bei den Estern übereinstimmen.

Die Säuren mit ungerader Zahl von C-Atomen verhalten sich anders und bilden eine Reihe für sich. Interessant sind die Ketone. Hier läßt sich für die Formel $CH_3(CH_2)_n-CO-(CH_2)_m CH_3$ und gegen die Formel $\begin{matrix}CH_3-(CH_2)_n\\CH_3-(CH_2)_m\end{matrix}\rangle CO$ ententscheiden, da die „Länge" proportional mit der Gesamtzahl C-Atome wächst und von der Stelle, wo die CO-Gruppe liegt, unabhängig ist. Eine Ausnahme bilden solche Ketone, wo die Endgruppe $-CO-CH_3$ ist. Sie haben die doppelte „Länge", als man erwarten sollte, d. h. es entstehen Doppelmoleküle; die CH_3-Gruppe ist so kurz, daß sie die Aktivität der CO-Gruppe nicht abschirmt, wie wir das schon in Ziff. 32 gesehen haben.

Was nun die Deutung betrifft, so wäre die Größe der Röntgenperiode mit der Moleküllänge identisch, wenn das Molekül senkrecht auf der Schichtebene steht[1]). Die Autoren diskutieren, daß man bei der Aneinanderfügung tetraedrischer Valenzen mit einem Atomabstand von 1,52 AE. zwischen zwei C-Atomen je nach der Anordnung verschiedene Längenzuwächse erhält. Bei zickzackförmiger Anordnung in einer Ebene wächst die Länge für je zwei CH_2-Gruppen um $2\times 1,22$, bei einer schraubenförmigen Anordnung um $2\times 1,12$ AE, bei folgender ebener Anordnung

um je 2×1 AE. Die Autoren schließen auf das Vorkommen der letzten beiden Ketten. Neuere Versuche mit einheitlichen Kristallen scheinen aber zu zeigen, daß die Moleküle (wie beim Naphthalin; s. Ziff. 59) gegen die Spaltebenen geneigt sind.

35. Flüssige Kristalle. Die genauere Untersuchung der flüssigen Kristalle hat gezeigt, daß in ihnen die Moleküle mit einer ausgezeichneten Achse einander parallel gerichtet sind, während die Orientierung der anderen Achsen freisteht, d. h. die Molekülanordnung hat „Faserstruktur" (ds. Handb. XXIV). An der Oberfläche dieser flüssigen Kristalle wird den Molekülen durch die Umgebung, sei diese nun eine isotrope Flüssigkeit oder eine Glasunterlage oder feste Kristalle, eine bestimmte Anordnung aufgezwungen, die von der im Innern abweicht und so in den flüssigen Kristallen einen gewissen Spannungszustand hervorruft[2]). Die Erscheinungen in den flüssigen Kristallen, besonders an ihren Oberflächen, treten daher in nahe Analogie zu den in den vorigen Ziffern besprochenen Orientierungen länggestreckter Moleküle mit aktiven Gruppen (z. B. Fettsäuren, Estern usw.) auf Wasseroberflächen. Daß für die flüssigen Kristalle im wesentlichen geometrische Verhältnisse am Molekül maßgebend sind, sieht man auch daraus, daß eine einheitliche kristalline Flüssigkeit beim Strömen durch Kapillarrohre mit ihrer

---
[1]) Anm. bei der Korr.: siehe jedoch R. W. G. WYCKOFF, F. L. HUNT u. H. E. MERVIN, Sci. Bd. 61, S. 613. 1925.
[2]) Siehe z. B. C. W. OSEEN, Kungl. Svensk. Vet. Akad. Handl. Bd. 61, Nr. 16. 1921; Bd. 63, Nr. 1. 1921; Bd. 63, Nr. 12. 1922; Ark. f. Mat., Astron. och Fys. Bd. 18, Nr. 4. 1923.

Achse senkrecht zur Strömungsrichtung orientiert wird[1]). Während LEHMANN[2], der die Ansicht, daß es auf die Orientierung der Moleküle ankäme, zuerst vertreten hatte, der Meinung war, die Moleküle in den flüssigen Kristallen hätten Blättchenform und seien so angeordnet, daß die Hauptachse senkrecht auf der Blättchenebene stehe, hat sich jetzt, besonders gestützt auf die Untersuchungen von VORLÄNDER[3]), die Auffassung durchgesetzt, daß die Moleküle möglichst langgestreckt sein müßten; dafür sprechen auch die Oberflächenerscheinungen. Häufig sind es ja dieselben Substanzgruppen, welche beide Erscheinungen hervorrufen. VORLÄNDER hat durch systematische Untersuchung von mehr als 2000 Substanzen gezeigt, daß möglichst geradlinig gestaltete Moleküle günstig sind. Jede Verzweigung in einer langen Kohlenstoffkette schwächt die Fähigkeit zur Bildung kristallinisch flüssiger Phasen. Die Forderung der Geradlinigkeit geht so weit, daß sie sich in einer Verschiedenheit dieser Fähigkeit für Ketten mit einer geraden oder einer ungeraden Zahl von Kohlenstoffatomen äußert. Faßt man nämlich die Valenzen als tetraedrisch am Kohlenstoffatom angeordnet auf, so muß man (s. Ziff. 32, 34) eine Kohlenstoffkette als zickzackförmig gebaut ansehen. Bei einer ungeraden Zahl Kohlenstoffatome ist nun die Kette eher als winkelförmig, bei einer geraden Anzahl als geradlinig aufzufassen.

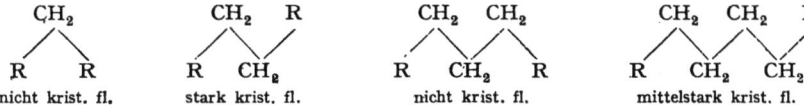

nicht krist. fl.   stark krist. fl.   nicht krist. fl.   mittelstark krist. fl.

Hier bedeutet R die Gruppe Aryl—CH=N—C_6H_4—. Besonders günstig sind Ketten von Benzolringen, während nebeneinanderliegende Benzolringe nicht kristallinisch flüssig sind, wohl aber sehr schön ausgebildete feste Kristalle geben.

Neben diesen rein geometrischen Verhältnissen spielen auch energetische (aktive Gruppen) eine Rolle. So sind besonders Salze (Dipolcharakter!) sehr zur Bildung flüssiger Kristalle befähigt, stärker als Säuren, und diese wieder stärker als Ester. Bei langen Ketten muß aber nicht die ganze Kette als Dipol wirken, es können z. B. zwei entgegengesetztliegende Dipolgruppen, die sich nach außen kompensieren, symmetrisch eingebaut sein, ohne daß die Wirkung vermindert wird. Offenbar legen sich die benachbarten Moleküle so eng aneinander, daß die Kompensation eines Dipols durch den weiter entfernten entgegengesetztliegenden nicht stört. Nach VORLÄNDER kann die Fähigkeit, kristallinisch flüssige Phasen zu bilden (gemessen z. B. durch das Temperaturintervall, in dem diese letzteren beständig sind), direkt als Anzeichen für die mehr oder weniger gestreckte Form, für die Abwesenheit von Seitenketten u. dgl. angesehen werden.

C. Größe der Moleküle und Natur der Kräfte. Resultate.

a) Größe der Moleküle.

36a. Größe einatomiger Moleküle. Wir stellen in Tabelle 8 die Resultate für den Durchmesser einiger einatomiger Moleküle zusammen. Die erste Zeile enthält das Symbol, die folgenden die nach den verschiedenen Methoden er-

---

[1]) O. LEHMANN, Ann. d. Phys. Bd. 19, S. 408. 1906; Bd. 44, S. 117. 1914; Bd. 56, S. 328. 1918.
[2]) O. LEHMANN, Ann. d. Phys. Bd. 2, S. 668. 1900; Bd. 20, S. 65. 1906; dagegen Bd. 12, S. 319. 1903.
[3]) D. VORLÄNDER, zusammengefaßt in „Chemische Kristallographie der Flüssigkeiten". Leipzig 1924.

haltenen Durchmesser, ausgedrückt in $A\,E$ (10^{-8} cm). Unter 1. finden sich die Zahlen berechnet aus der inneren Reibung nach der Formel

$$d^2 = 4{,}561 \cdot 10^{-20} \frac{\sqrt{M}}{\eta_{273}} \cdot \frac{1}{1 + \dfrac{C}{273{,}1}} \text{ cm}^2, \tag{1}$$

wobei C die SUTHERLANDsche Konstante ist und der Zahlenkoeffizient nach ENSKOG gegeben ist. Unter 2. fintet man die aus dem VAN DER WAALSschen b nach der Gleichung

$$d = 0{,}9234 \cdot 10^{-8} \sqrt[3]{b} \text{ cm} \tag{2}$$

gefundenen Werte. Da aber, wie erwähnt (Ziff. 27), infolge der nicht genauen Gültigkeit der VAN DER WAALSschen Gleichung der Wert von b nicht eindeutig festgelegt ist, so ist b der Reihe nach gleich $\dfrac{1}{8}\dfrac{R T_k}{p_k}$ und $V_\text{krit}/3$ gesetzt; Die Zahlen der dritten Zeile unter 2. geben die aus der korrigierten Zustandsgleichung nach ZWICKY für sehr langsam bewegte Moleküle gefundenen Werte. Nummer 3 enthält die Durchmesser, welche aus dem Molekularvolumen im flüssigen Zustand folgen würden, wenn die Raumerfüllung die dichtest mögliche wäre (tetraedrische dichteste Kugelpackung)

$$d = 1{,}326 \cdot 10^{-8} \sqrt[3]{\frac{M}{\varrho}} \text{ cm}. \tag{3}$$

Als Dichte ist die größte gemessene, d. h. diejenige bei der tiefsten Temperatur eingesetzt. Die Temperatur ist beigefügt.

Nummer 4 enthält den Durchmesser, der sich bei einander berührenden Kugeln aus dem Gitter des kristallisierten Stoffes ergeben würde. Leider ist nur Argon gemessen[1]. Zum Vergleich enthalten die nächsten Zeilen folgende Daten: Nummer 5 den Abstand der nächstbenachbarten Ionen in demjenigen Alkalihalogenid, dessen beide Ionen denselben Bau haben wie das entsprechende Edelgas, also bei Neon NaFl, bei Argon KCl, bei Krypton RbBr. (CsJ hat ein anderes Gitter.) Es ist nämlich sowohl das Na^+ als auch das F^- mit dem neutralen Ne-Atom gleichgebaut, nur ist das Na^+ etwas kleiner, das F^- etwas größer als letzteres. Bei sich direkt berührenden Kugeln (Wirkungssphären) wäre der Abstand der Mittelpunkte gleich dem arithmetrischen Mittel der beiden Durchmesser. Tatsächlich haben wir infolge der stärkeren Anziehungskräfte in den polar gebauten Salzen eine größere Annäherung zu erwarten als bei den neutralen Atomen. Unter Helium ist in Klammern der Ionenabstand für LiH gesetzt[2], das, polar gebaut[3], zwei heliumähnliche Ionen Li^+, H^- enthält. Ferner sind unter Nummer 6 diejenigen scheinbaren Durchmesser angeführt, welche sich für die entsprechenden Ionen aus ihrer Beweglichkeit in wässerigen Lösungen ergeben. Endlich sind in den letzten drei Zeilen noch einige Daten für die Halogenwasserstoffe angegeben. Die Halogenwasserstoffe kann man sich nämlich wahrscheinlich so aufgebaut denken, daß man sich in das betreffende negative Halogenion einen Wasserstoffkern eingelagert denkt; dieser wird vermutlich auf die äußere Größe wenig Einfluß haben. Man findet in Nummer 7 die aus der Gleichung (2) berechneten Durchmesser, in Nummer 8 den Abstand zweier Molekülmittelpunkte im kubisch flächenzentrierten Gitter des kondensierten HCl[4], in Nummer 9 die aus dem flüssigen Zustand berechneten Durchmesser.

---

[1]) F. SIMON u. CL. v. SIMSON, ZS. f. Phys. Bd. 25, S. 160. 1924.
[2]) J. M. BIJVOET u. A. KARSSEN, Proc. Amsterdam Bd. 25, S. 27. 1922.
[3]) W. NERNST u. K. MOERS, ZS. f. Elektrochem. Bd. 26, S. 323. 1920.
[4]) F. SIMON u. CL. v. SIMSON, ZS. f. Phys. Bd. 21, S. 168. 1924.

Tabelle 8.
Durchmesser der Edelgase und edelgasähnlichen Gebilde (Wirkungssphären) in AE.

Methode	Ziff.	He	Ne	Ar	Kr	X
1. Innere Reibung	16,17	1,88	2,36	2,97	3,23	3,54
2. Aus dem VAN DER WAALSschen b . .	27	2,71 2,52 2,78	2,43 — —	3,00 2,92 2,42	3,22 — —	3,21 3,10 —
3. Aus dem Molekularvolumen im flüssigen Zustand bei $T°$ abs.	27	4,00 (1,6°)	—	4,04 (84°)	4,48 (127°)	4,43 (171°)
4. Aus dem Gitterabstand im kristallisierten Zustand	8	—	—	3,84	—	—
Ionen in Alkalihalogeniden:		LiH	NaF	KCl	RbBr	CsJ
5. Ionenabstand	8	2,05	2,322	3,140	3,441	93,4
6. Beweglichkeit der Ionen in wässeriger Lösung	19	Li$^+$ 2,26	Na$^+$ 1,74	K$^+$ 1,17	Rb$^+$ 1,12	Cs$^+$ 1,11
				Cl$^-$ 1,15	Br$^-$ 1,12	J$^-$ 1,13
Ionen in Halogenwasserstoffen:			HF	HCl	HBr	HJ
7. Aus $b = \dfrac{RT^k}{8 p_k}$	27	—	—	1,590	—	—
8. Abstand benachbarter Molekülmittelpunkte im Gitter des kondensierten Gases	8	—	—	3,89	—	—
9. Aus dem Molekularvolumen im flüssigen Zustand bei $T°$	27	—	3,61 (268°)	4,16 (190°)	4,44 (204°)	4,74 (237°)

Die zur Rechnung benutzten Zahlen sind hierbei aus LANDOLT-BÖRNSTEIN, 5. Auflage, Berlin 1923, entnommen. Im folgenden geben wir dann noch Zahlen für den Durchgang langsamer Elektronen in Abhängigkeit von ihrer Geschwindigkeit, wobei der scheinbare Durchmesser sich aus dem Absorptionskoeffizienten folgendermaßen berechnet. Ist $J = J_0 e^{-\alpha p x}$, p in Millimeter Hg, x in Zentimeter, so ist der „absorbierende Querschnitt" $29,8 \cdot \alpha \, 10^{-18}$ cm^2, aus dem der Durchmesser zu $6{,}16 \cdot 10^{-9} \sqrt{\alpha}$ cm folgt.

Tabelle 9.
Scheinbarer Durchmesser in 10^{-8} cm beim Durchgang von Elektronen.

Elektronen-Energie in Volt	0,5	1	4	14	27	36
He	—	2,99[2])	3,20[2])	2,70[2])	1,97[2])	1,91[2])
Ne	—	2,01[2])	2,21[2])	2,48[2])	2,55[2])	2,42[2])
Ar	0,57[1])	0,67[1]), 1,56[2])	1,97[1]), 3,63[2])	6,28[2])	4,68[2])	4,50[2])

36b. Mehratomige Moleküle. In der Tabelle 10 finden sich die Durchmesser mehratomiger Moleküle mit wenigen Atomen. Dieselben sind so behandelt, als ob sie kugelförmig wären. Die Anordnung entspricht der Tabelle 8.

---

[1]) J. TOWNSEND u. V. A. BAILEY, Phil. Mag. (6) Bd. 43, S. 592. 1922; Bd. 44, S. 1033. 1922.
[2]) K. RAMSAUER, Phys. ZS. Bd. 21, S. 576. 1920; Bd. 22, S. 613. 1921; Ann. d. Phys. Bd. 64, S. 513. 1921; Bd. 66, S. 546. 1921; H. F. MAYER, Ann. d. Phys. Bd. 64, S. 451. 1921.

Tabelle 10. Durchmesser mehratomiger Moleküle in 10^{-8} cm.

	H_2	N_2	O_2	HCl	CO	CO_2	CH_4
d aus η	2,39	3,13	2,96	—	3,22	3,39	3,205
d aus b {b aus p_k, T_k	2,81	3,18	3,00	3,25	3,22	3,29	3,23
{b aus V_k	2,50	2,86	2,45	2,85	2,86	2,92	2,96
d aus dem Molekularvolumen in flüssig. Zustand bei $T°$	3,94 (15°)	4,23 (71°)	3,88 (46°)	4,18 (190°)	4,25 (68°)	4,60 (239°)	—
Molekülabstand im Kristall	—	—	—	3,888[1])	—	3,920[2])	—

Im folgenden werden noch die Größen für einige organische Moleküle gegeben. Die Querschnitte, die sich aus der inneren Reibung ergeben, findet man in Ziff. 18. Hier hat eine Durchmesserberechnung, als ob das Molekül kugelförmig wäre, keinen Sinn. In der ersten Spalte stehen Namen und Formel der Verbindung, in der zweiten und dritten das Volumen eines Moleküls in 10^{-24} cm³, berechnet aus $\dfrac{b}{4N_L}$. Hierbei ist in der zweiten Spalte b aus p_k, T_k, in der dritten aus Molekulargewicht und kritischer Dichte berechnet. Die Zahlen sind aus LANDOLT-BÖRNSTEIN entnommen, unter jeder steht der Autor, dessen Messungsresultate benutzt sind, wobei für die genaueren Zitate auf die erwähnten Tabellen verwiesen wird. Die letzten Spalten sind folgendermaßen gewonnen: In Ziff. 18 ist auf eine scheibchen- oder stäbchenförmige Gestalt der Moleküle geschlossen worden. Dann muß man erwarten, daß die Dicke für alle Moleküle nahezu gleich ist. Es sind daher in den letzten beiden Spalten die Molekülvolumina von Spalte 2 und 3 durch den doppelten mittleren Querschnitt O von Tab. 3 (der ja gleich der Fläche des Scheibchens bzw. dem Längsschnitt des Stäbchens sein soll) dividiert.

Tabelle 11. Dimensionen organischer Moleküle.

Stoff	Volumen eines Moleküls in 10^{-24} cm³		Dicke des Moleküls in 10^{-8} cm	
	b aus p_k, T_k	b aus V_k	Vol. aus p_k, T_k	Vol. aus V_k
Äthylalkohol CH_3CH_2OH	34,7	22,97 YOUNG	1,38	0,912
Äthylazetat $CH_3CH_2OOCCH_3$	58,45	38,02 YOUNG	1,95	1,27
Äthylen $CH_2=CH_2$	24,6 CARDOSO u. ARNI	18,4 CAILLETET u. MATHIAS	1,14	0,85
Benzol C_6H_6	49,7	34,4 YOUNG	1,80	1,24

Diese Dicken stimmen mit den in Ziff. 32 erwähnten Abständen zwischen zwei C-Atomen ganz gut überein.

b) Die Anziehungskräfte in Kristallen.

37. Salzkristalle. Bei den streng polar gebauten Salzen, als deren extreme Vertreter die Alkalihalogenide gelten können, sitzen in den Gitterpunkten Ionen,

---

[1]) F. SIMON u. CL. v. SIMSON, ZS. f. Phys. Bd. 21, S. 168. 1924.
[2]) J. DE SMEDT u. W. H. KEESOM, Proc. Amsterdam Bd. 27, S. 839. 1924; H. MARK u. E. POHLAND, ZS. f. Krist. Bd. 61, S. 293. 1925.

die abwechselnd entgegengesetzt geladen sind. Als Anziehungskräfte kommen daher in erster Linie die COULOMBschen zwischen diesen Überschußladungen in Betracht. Sie ergeben als Potential des ganzen Gitters auf ein bestimmtes Ion einen Ausdruck von der Form $\varphi = \dfrac{\alpha e^2}{r_0}$, wo r_0 irgendeine Dimension im Gitter und α charakteristisch für den betreffenden Gittertypus ist. Die Berechnung dieser Konstanten α findet man in ds. Handb. Bd. XXIV. Nach außen hin kompensieren sich infolge der guten Durchmischung entgegengesetzter Ladungen deren Wirkungen so stark, daß das Potential sehr schnell, nämlich nach dem Gesetz $e^{-\frac{r}{r_0}A}$ in größeren Entfernungen abnimmt. Wieweit zu diesen Kräften noch andere Anziehungskräfte hinzugenommen werden müssen, wird ebenfalls in Bd. XXIV besprochen.

In formal etwas anderer Weise als es diese von BORN[1]) und MADELUNG[2]) zuerst konsequent durchgeführte Auffassung tut, stellt J. J. THOMSON und seine Schülerin WOODWARD[3]) die Kräfte dar. Während man nach der ersten Auffassung das Kaliumion, das aus dem Kaliumatom durch Abgabe seines Valenzelektrons, also durch Abbau bis zur Argonschale, entstanden ist, und das Chlorion, das durch Aufnahme dieses Elektrons in seine ursprünglich nur 7 Elektronen enthaltende Argonschale diese vervollständigt hat, als Ganzes behandelt, setzen die zuletzt genannten Forscher in die Gitterpunkte einerseits das Kaliumion, andererseits das Chlorion nur mit seinen zwei ersten Schalen, während sie die durch Aufnahme des Kaliumvalenzelektrons auf die Zahl 8 gebrachten äußeren Chlorelektronen als Würfel behandeln, der den Chlorrest umgibt; sie ermitteln dessen Größe durch ebensolche Gleichgewichtsbetrachtungen, wie den Abstand der Ionen (Ziff. 6). Um stabile Gleichgewichtslagen zu erzielen, müssen sie dabei zwischen den Atomresten und den Elektronen noch Abstoßungskräfte einführen, die sie in der Form $\dfrac{e^2 Z_1 Z_1}{r^3} c$ ansetzen. Da hierbei 3 Konstanten zur Verfügung stehen (nämlich die Koeffizienten c der Abstoßungskräfte zwischen den Elektronen und dem Anionenrest, zwischen den Elektronen und dem Kation und zwischen dem Anionrest und Kation) gelingt es, aus den Gitterabständen und der Kompressibilität widerspruchsfrei die Konstanten zu ermitteln.

38. Metallkristalle. HABER[4]) hat versucht, die Auffassung durchzuführen, daß die zahlreichen Metalle, die ein flächenzentriertes Gitter bilden, in Wirklichkeit ebenso aufgebaut seien wie die Salze vom Natriumchloridtypus, in welchem die Kationen sowohl als die Anionen ein solches flächenzentriertes Gitter bilden. An Stelle der Anionen sollen im Metall Elektronen (die Valenzelektronen) treten, an Stelle der Kationen der positive Atomrest. Formal läßt sich dann auf ein Metall der gleiche Ansatz von Ziff. 6 und 37 anwenden wie auf diese Salze. Aus den Kompressibilitäten, die allerdings nicht an Einkristallen, sondern an dem gewöhnlichen mikrokristallinen Material gemessen sind, versucht HABER den Exponenten der Abstoßungsfunktion n zu berechnen. Tabelle 12 ist mit seinen Zahlen berechnet.

---

[1]) M. BORN u. A. LANDÉ, Berl. Ber. 1918, S. 1048; Verh. d. D. Phys. Ges. Bd. 20, S. 210. 1918; M. BORN, ebenda Bd. 20, S. 230. 1918; Bd. 21, S. 13. 1919. Weitere Literatur in Bd. XXIV.

[2]) E. MADELUNG, Phys. ZS. Bd. 19, S. 524. 1918; früher schon bei APPELL.

[3]) J. J. THOMSON, Phil. Mag. Bd. 43, S. 721. 1922; Bd. 44, S. 657. 1922; J. WOODWARD, ebenda Bd. 45, S. 882. 1923.

[4]) F. HABER, Verh. d. D. Phys. Ges. Bd. 13, S. 1128. 1911; Berl. Ber. 1919, S. 506, 990.

Tabelle 12.
Abstoßungskräfte und Gitterenergie in Metallkristallen nach HABER.

	Li	Na	K	Rb	Cs	Cu	Ag	Fl
n aus der Kompressibilität	2,44	2,90	3,18	3,64	3,62	8,0	9,0	7,0
Aus n berechnete „Gitterenergie"	6,51	5,69	5,04	5,02	4,68	11,73	10,50	8,56
Gefundene „Gitterenergie" = Verdampfungs- + Ionisierungswärme	—	5,87	5,13	4,88	4,56	10,69	10,17	8,71 · 10^{12} Erg/Mol

THOMSON (l. c.) hat, scheinbar ohne die HABERschen Untersuchungen zu kennen, ähnliche Vorstellungen entwickelt. Er untersucht, wie man etwa bei einwertigen Metallen um die Atomreste ein Gitter von gleichviel Elektronen so legen kann, daß kubische Symmetrie herauskommt. Neben anderen ergibt sich dabei auch die HABERsche Anordnung. Die Abstoßungskraft zwischen Elektron und Rest setzt er wieder $\frac{e^2}{r^3}c$, legt also den Exponenten fest. Er benutzt die Kompressibilitäten, um zwischen den verschiedenen denkbaren Werten des Koeffizienten α der Anziehungskräfte, d. h. zwischen den verschiedenen Gitteranordnungen der Elektronen, zu entscheiden und findet nur bei der HABERschen für α Übereinstimmung mit der Erfahrung:

	Li	Na	N	Rb	Cs	
χ_{exp}	0,114	0,065	0,032	0,025	0,016	$\cdot 10^{12}$.
χ_{ber}	0,14	0,068	0,03	0,022	0,016	

Das hängt damit zusammen, daß umgekehrt HABER den Exponenten der Abstoßungskräfte nahezu drei gefunden hat. Nach außen hin würde die Anziehungsenergie wieder proportional $e^{-\frac{r}{r_0}A}$ abnehmen.

Diese Auffassung scheint aber daran zu scheitern, daß die röntgenographische Untersuchung von Lithiummetall durch DEBYE und SCHERRER[1]) nichts von der Anwesenheit einzelner Elektronen an den verlangten Stellen hat erkennen lassen. Ferner kommt hinzu, daß eine stabile Ruhelage der Elektronen an den erwähnten Punkten unerklärlich wäre.

Wir müssen daher die Frage nach der Natur der Anziehungskräfte in Metallkristallen vollkommen offen lassen. Es mag ein Hinweis auf die Möglichkeit genügen, daß die Valenzelektronen mehrere Atomreste gemeinsam umlaufen[2]).

GRÜNEISEN[3]) hat seinerzeit, formal geleitet durch die Analogie mit dem VAN DER WAALSschen Ansatz, die potentielle Energie der Anziehung in Metallen proportional $\infty \frac{1}{r^3} \infty \frac{1}{V}$ gesetzt, ohne sich auf eine Erklärung über deren Natur einzulassen. FRENKEL[4]) hat versucht, die Anziehungskräfte in (flüssigen) Metallen dadurch zu erklären, daß er die Atome als vollkommen durchdringlich auffaßt. Betrachtet man ein Atom als bestehend aus positivem Kern und umlaufenden Elektronen, die man im Mittel durch eine gleichmäßig negativ geladene Vollkugel von der Größe des Atoms ersetzt (also eine Art Umkehrung des alten THOMSONschen Modells), so haben nur diejenigen Atome, die teilweise einander überlappen, eine gegenseitige potentielle Energie.

---
[1]) Unveröffentlicht. Nach F. HABER, Berl. Ber. 1919, S. 990.
[2]) C. A. KNORR, ZS. f. anorg. Chem. Bd. 129; S. 109. 1923; W. NERNST, ZS. f. angew. Chem. Bd. 36, S. 453. 1923. S. auch J. FRENKEL, ZS. f. Phys. Bd. 29, S. 214. 1924.
[3]) E. GRÜNEISEN, Ann. d. Phys. Bd. 39, S. 257. 1912.
[4]) J. FRENKEL, Phil. Mag. Bd. 33, S. 297. 1917.

Es wäre heute vielleicht auf Grund des experimentellen Materials möglich, aus der Kombination von Verdampfungswärme, Kompressibilität und Änderung der Kompressibilität mit dem Druck einzeln die Exponenten der Anziehungs- und Abstoßungskräfte zu finden (s. Ziff. 8).

c) Formales über die elektrischen Kräfte zwischen neutralen Gebilden.

39. Das Potential eines neutralen Gebildes. Kräfte von der Größenordnung, wie sie für uns in Frage kommen, können weder durch die Gravitation noch durch die vernünftigerweise zu erwartenden magnetischen Felder geliefert werden, wie eine leichte Überschlagsrechnung zeigt. Wenn man daher nicht Kräfte ganz unbekannter Natur einführen will, so ist man gezwungen, alle Wirkungen auf elektrostatische Kräfte zurückzuführen, wie besonders KOSSEL[1]) betont hat (s. a. Ziff. 6). Als elektrostatische Kräfte sollen dabei diejenigen bezeichnet werden, welche von einem elektrostatischen Potential allein ableitbar sind, d. h. solche, die sich additiv aus COULOMBschen Anziehungs- bzw. Abstoßungskräften zwischen Elementarladungen zusammensetzen lassen, wobei keinerlei Aussage darüber gemacht wird, ob sich diese Ladungen in Ruhe oder Bewegung befinden; soweit sie sich in Bewegung befinden, sollen letztere aber nur insofern Einfluß haben, als sich die gegenseitigen Lagen mit der Zeit ändern, während ein expliziter Einfluß der Geschwindigkeit und der Beschleunigung (magnetische oder Strahlungskräfte) vernachlässigbar sein soll.

Für ein beliebiges Gebilde, das aus Ladungen von der Größe e_i aufgebaut ist, läßt sich dann das Potential folgendermaßen darstellen[2]). Man wähle einen beliebigen Punkt des Moleküls als Nullpunkt. Der Ort, an dem man das Potential berechnen will, habe die Koordinaten $x_0 y_0 z_0$, die Ladung i die Koordinaten $x_i y_i z_i$. Hierbei muß der Abstand $r_i = \sqrt{x_i^2 + y_i^2 + z_i^2}$ klein sein gegen $r_0 = \sqrt{x_0^2 + y_0^2 + z_0^2}$. Dann ergibt sich

$$\left.\begin{aligned}\varphi &= \frac{1}{r}\sum e_i + \frac{1}{r^2}\left[\frac{x_0}{r}\sum e_i x_i + \frac{y_0}{r}\sum e_i y_i + \frac{z_0}{r}\sum e_i z_i\right] \\ &+ \frac{1}{r^3}\left[\frac{1}{2}\left(\frac{3x_0^2}{r^2}-1\right)\sum e_i x_i^2 + \frac{1}{2}\left(\frac{3y_0^2}{r^2}-1\right)\sum e_i y_i^2 + \frac{1}{2}\left(\frac{3z_0^2}{r^2}-1\right)\sum e_i z_i^2\right. \\ &+ \left.\frac{3x_0 y_0}{r^2}\sum e_i x_i y_i + \frac{3 y_0 z_0}{r^2}\sum e_i y_i z_i + \frac{3 z_0 x_0}{r^2}\sum e_i z_i x_i\right] + \frac{1}{r^4}\Big[\ldots\end{aligned}\right\} \quad (1)$$

Die einzelnen Summanden dieses Ausdruckes lassen sich als hervorgebracht durch „Pole" verschiedener Ordnung deuten. Hierbei messen die Koeffizienten

$$p_{abc} = \sum_i e_i x_i^a y_i^b z_i^c \qquad (2)$$

die Stärke des betreffenden Pols der Ordnung $a+b+c$, während die Ausdrücke

$$\frac{x_0}{r} = r^2 \frac{\partial}{\partial x}\frac{1}{r} = P_1[\cos(xr)]\ldots$$

$$\frac{1}{2}\left(\frac{3x_0^2}{r^2}-1\right) = \frac{1}{2}r^3 \frac{\partial^2}{\partial x^2}\frac{1}{r} = P_2^0[\cos(xr)]\ldots$$

$$\frac{3z_0 y_0}{r^2} = r^3 \frac{\partial^2}{\partial z \partial y}\frac{1}{r} = P_2^1[\cos(zr)]\cos\left(y, \sqrt{x^2+y^2}\right)$$

---
[1]) Z. B.: W. KOSSEL, Valenzkräfte und Röntgenspektren, 2. Aufl., Berlin 1924.
[2]) Z. B.: P. DEBYE, Phys. ZS. Bd. 21, S. 180. 1920.

Kugelfunktionen der gleichen Ordnung sind wie der Pol. Der Faktor von p_{abc} heißt allgemein

$$\frac{1}{a!\,b!\,c!}\frac{\partial^{a+b+c}}{\partial x^a\,\partial y^b\,\partial z^c}\frac{1}{r} \quad \text{und ist proportional} \quad \frac{1}{r}\frac{1}{r^{a+b+c}}.$$

Der erste Summand in 1 rührt von der gesamten in einem Punkt vereinigt gedachten Überschußladung her, die einen einfachen Pol von der Größe $\sum e_i$ darstellt. Dieser liefert um sich ein kugelsymmetrisches Feld, dessen Potential mit $\frac{1}{r}$ abnimmt. In einem neutralen Gebilde, in dem $\sum e_i = 0$ ist, fällt dieser Summand weg. Der nächste Summand stellt das Potential eines Dipols dar. Dessen Stärke berechnet man, indem man den Schwerpunkt der negativen Ladungen und der positiven Ladungen für sich aufsucht. Denkt man sich diese beiden Ladungen in dem jeweiligen Schwerpunkt vereinigt, so entsteht ein Dipol, dessen Richtung durch die Verbindungslinie der beiden Schwerpunkte, dessen Größe durch das Produkt von Ladung und Abstand der beiden Schwerpunkte gegeben ist. Man kann dieses Moment als Vektor in der Form darstellen:

$$\mathfrak{p}_x = \sum e_i x_i, \qquad \mathfrak{p}_y = \sum e_i y_i, \qquad \mathfrak{p}_z = \sum e_i z_i.$$

Er erzeugt um sich ein Potential, das durch

$$\mathfrak{p}_1 = |\mathfrak{p}|\frac{1}{r}P_1(\cos\vartheta) = |\mathfrak{p}|\frac{1}{r}\cos\vartheta = |\mathfrak{p}|\frac{\partial}{\partial \mathfrak{s}_\mathfrak{p}}\left(\frac{1}{r}\right)$$

gegeben ist, wobei als Achse der Kugelfunktion die Richtung des Vektors $\mathfrak{p}$ bzw. $\mathfrak{s}$ dient.

Fallen die Schwerpunkte von positiver und negativer Ladung zusammen, d. h. ist das Dipolmoment Null, so beginnt die Reihenentwicklung mit dem Glied $\frac{1}{r^3}$. Die entsprechende Ladungsanordnung nennt man einen Quadrupol. Man kann ihn sich auf zwei verschiedene Arten aus zwei Dipolen erzeugt denken, die man so aneinander lagert, daß sich ihre Momente kompensieren. Man kann die beiden Dipole entweder in eine Gerade mit gleichem Pol aneinanderlegen, oder man kann sie parallel zueinander, aber in entgegengesetzter Richtung legen, so daß ihre Pole ein Rechteck bilden. Diese beiden Entstehungsweisen macht man sich noch besser klar, wenn man die Kugelfunktionen bzw. das durch sie dargestellte Feld statt mit Hilfe der LEGENDREschen Ausdrücke als Differentialquotienten von $\frac{1}{r}$ schreibt. Dann entsteht das Feld des Dipols von der Länge z_1 als Differenz der Felder zweier einfacher Pole nach der Formel

$$e z_1 \frac{\partial}{\partial z}\frac{1}{r} = e z_1 \frac{z_0}{r^3},$$

das Feld des Quadrupols als Differenz der Felder zweier Dipole, die entweder mit ihren Längenachsen (Z-Achsen) aneinandergelegt werden können

$$z_1 \frac{\partial}{\partial z}\left(e z_1 \frac{\partial}{\partial z}\frac{1}{r}\right) = e z_1^2 \left(\frac{3 z_0^2}{r^2} - 1\right)\frac{1}{r^3}$$

oder in der X-Richtung verschoben parallel nebeneinander

$$x_1 \frac{\partial}{\partial x}\left(e z_1 \frac{\partial}{\partial z}\frac{1}{r}\right) = 3 e x_1 z_1 \frac{x_0 z_0}{r^5}.$$

Wie wir den Dipol durch sein Moment charakterisiert haben, das ein Vektor war, so ist der Quadrupol durch „elektrische Trägheits- und Deviationsmomente"

$$\Theta_{xx} = \sum e_i x_i^2, \qquad \Theta_{yy} = \sum e_i y_i^2, \qquad \Theta_{zz} = \sum e_i z_i^2,$$
$$\Theta_{yz} = \sum e_i y_i z_i, \qquad \Theta_{zx} = \sum e_i z_i x_i, \qquad \Theta_{xy} = \sum e_i x_i y_i,$$

zu charakterisieren, die einen Tensor bilden. Wenn man die Achsen geeignet legt, kann man die Deviationsmomente Θ_{xy}, Θ_{yz}, Θ_{zx} zum Verschwinden bringen. Werden dann die Hauptträgheitsmomente einander gleich $\Theta_{xx} = \Theta_{yy} = \Theta_{zz}$, so verschwindet das Glied mit $\frac{1}{r^3}$, man hat eine Anordnung noch höherer Symmetrie, einen höheren Pol.

Wenn man ohne lange Rechnung wissen will, was für ein Feld einer bestimmten Ladungsanordnung zukommt, so ist für große Entfernungen natürlich das erste Glied der Reihenentwicklung maßgebend, dessen Koeffizient nicht verschwindet. Im allgemeinen ist sogar der erste Koeffizient so groß, daß auch in nicht allzu großer Nähe das erste Glied überwiegend maßgebend ist. Nur bei ganz speziellen Anordnungen kann sich das ändern. Will man nun wissen, welches das erste Glied mit nicht verschwindendem Koeffizienten ist, d. h. von welcher Ordnung der Pol ist, der der betreffenden Ladungsverteilung entspricht, so ist hierfür die Symmetrie dieser Ladungsverteilung maßgebend. Man kann nämlich jeder Kugelfunktion auf der Kugeloberfläche eine bestimmte Symmetrie zuschreiben, die durch die Verteilung ihrer Werte bestimmt ist. Das erste Glied der Reihenentwicklung ist das mit derjenigen Kugelfunktion, welche dieselbe Symmetrie hat wie die Ladungsverteilung, während die folgenden höhere Symmetrie haben.

Der ersten Kugelfunktion (dem Dipol) entspricht eine Teilung der Kugeloberfläche in zwei polar-verschiedene Hälften (Fehlen eines Symmetriezentrums). Bei der zweiten Kugelfunktion sind diese beiden Hälften gleich (Symmetriezentrum). Dieser Symmetrie entspricht eine Quadrupolanordnung oder eine ringförmige Ladung mit entgegengesetzt geladenem Mittelpunkt. Der dritten Kugelfunktion $\left(\text{Potential} \infty \frac{1}{r^4} = \frac{1}{r^{1+3}}\right)$ entspricht Tetraedersymmetrie, d. h. vier gleiche Teile auf der Kugeloberfläche. Endlich der nächsten Kugelfunktion $\left(\frac{1}{r^5} = \frac{1}{r^{1+4}}\right)$ Würfel- oder Oktaedersymmetrie mit acht gleichberechtigten Oktanten.

Wenn keine Überschußladungen vorhanden sind, dann ist es für das elektrostatische Potential charakteristisch, daß sein Mittelwert auf einer Kugeloberfläche, d. h. sein Mittelwert genommen über alle Richtungen, verschwindet; dasselbe gilt auch für die Feldstärke in der Richtung des Radiusvektors. Das hat seinen mathematischen Grund darin, daß jede Kugelfunktion (außer der nullten, die = 1 ist) bei der Integration über die Kugeloberfläche Null gibt. Physikalisch liegt das daran, daß die elektrischen Kraftlinien nur auf Ladungen beginnen oder endigen können. Es können daher aus dem von einer Kugel eingeschlossenen Raum nur dann im ganzen Kraftlinien austreten, wenn in dieser Kugel eine Überschußladung vorhanden ist. Wenn die Gesamtladung Null ist, d. h. ebensoviel positive als negative Ladungen in dieser Kugel vorhanden sind, dann müssen alle Kraftlinien, die von den positiven Ladungen ausgehen, wieder zu den negativen Ladungen in die Kugel zurückkehren, so daß die Feldstärke auf der Kugeloberfläche im Mittel ebenso oft positiv wie negativ ist (nach außen wie nach innen gerichtet ist). Die Verteilung der Ladungen im Innern hat nur Einfluß darauf, wie die Stellen aus- oder eintretender Kraftlinien über die Kugeloberfläche verteilt sind. Je besser die Vermischung positiver und negativer Ladungen im Innern der Kugel, d. h. je symmetrischer die Verteilung der Ladungen ist, desto weniger weit greifen die Kraftlinien nach außen, weil der Abstand zwischen ihrem Ausgangs- und Endpunkt desto kleiner ist, und desto häufiger wechseln auf der Kugeloberfläche Stellen austretender mit solchen eintretender Kraftlinien ab (steigende Symmetrie der Kugelfunktion).

So kommt es, daß bei steigender Symmetrie der Ladungsverteilung, d. h. steigender Ordnung des Pols die Kompensation immer besser wird, das Potential immer schneller nach außen abnimmt. Der extremste (bei atomistischem Aufbau der Ladungen aus Elektronen allerdings nicht realisierbare) Fall wäre der der Kugelsymmetrie, d. h. die positive Ladung als Punkt in der Mitte, die gleichgroße negative als Kugelschale ringsherum. Diese Verteilung stellt einen Pol unendlich hoher Ordnung dar, das Potential ist bis an die Kugelschale heran Null und springt dann plötzlich auf einen unendlichen (Kugelladung unendlich!) Wert, wie es der Formel $\lim_{n=\infty} \frac{a}{r^n}$ entspricht.

40. Wirkung zweier neutraler Gebilde aufeinander[1]). Für die Berechnung der potentiellen Energie zweier Gebilde aufeinander benutzt man zweckmäßigerweise die Formel (1) der vorigen Ziffer. Man setzt die Wirkung eines Gebildes A auf ein anderes B als Summe der Wirkungen von A auf die einzelnen Bestandteile B an. Diese entwickelt man dann nach den Abweichungen der Lagen der Bestandteile von B von dessen Mittelpunkt. So ergibt sich

$$U_p = -\sum \frac{p_{abc}\, p'_{a'b'c'}}{a!\, b!\, c!\, a'!\, b'!\, c'!} \frac{\partial^{a+a'+b+b'+c+c'}}{\partial x^{a+a'} \partial y^{b+b'} \partial z^{c+c'}} \frac{1}{r}. \tag{1}$$

Hierbei bedeuten p und p' die entsprechenden Momente der Einzelatome, $\frac{1}{a!\, b!\, c!\, a'!\, b'!\, c'!} \frac{\partial^{a+a'+b+b'+c+c'}}{\partial x^{a+a'} \partial y^{b+b'} \partial z^{c+c'}} \frac{1}{r}$ eine Kugelfunktion der Ordnung $a+a'+b+b'+c+c'$ mal $\left(\frac{1}{r}\right)^{a+a'+b+b'+c+c'+1}$. Während also Dipole, Quadrupole, Tetraeder, Würfel auf einen Pol eine potentielle Energie $\sim \frac{1}{r^{1+1}}, \frac{1}{r^{1+2}}, \frac{1}{r^{1+3}}, \frac{1}{r^{1+4}}$ ausüben, üben Dipole auf Dipole, Quadrupole, Tetraeder, Würfel eine solche proportional $\frac{1}{r^{1+1+1}}, \frac{1}{r^{1+1+2}}, \frac{1}{r^{1+1+3}}, \frac{1}{r^{1+1+4}}$, Quadrupole auf Quadrupole, Tetraeder, Würfel eine solche $\sim \frac{1}{r^{1+2+2}}, \frac{1}{r^{1+2+3}}, \frac{1}{r^{1+2+4}}, \ldots$, Würfel auf Würfel eine solche $\sim \frac{1}{r^{1+4+4}} = \frac{1}{r^9}$ aus. Für die Berechnung von Zahlenwerten ist bei bewegten Elektronen zu mitteln, und zwar bei unabhängiger Bewegung der Elektronen benachbarter Atome für beide getrennt, $\overline{p_{abc}} \cdot \overline{p'_{a'b'c'}}$, bei Phasenbeziehungen zwischen beiden gemeinsam $\overline{p_{abc} \cdot p'_{a'b'c'}}$.

Hierbei kann es vorkommen, daß in diesen beiden Fällen die Ordnung des Pols sich ändert. Es seien z. B. zwei rotierende Dipole gegeben, etwa zwei Elektronen, die auf Kreisbahnen in parallelen Ebenen umlaufen. Dann ist

$$\mathfrak{p}_x = |\mathfrak{p}|\cos\omega t, \quad \mathfrak{p}_y = |\mathfrak{p}|\sin\omega t; \quad \mathfrak{p}'_x = |\mathfrak{p}'|\cos(\omega' t + \delta), \quad \mathfrak{p}'_y = |\mathfrak{p}|\sin(\omega' t + \delta).$$

---

[1]) M. BORN u. A. LANDÉ, Berl. Ber. 1918, S. 1048; M. BORN, Verh. d. D. Phys. Ges. Bd. 20, S. 210. 1918; K. FAJANS u. K. F. HERZFELD, ZS. f. Phys. Bd. 2, S. 309. 1920; A. SMEKAL, ebenda Bd. 1, S. 309. 1920; T. RELLA, ebenda Bd. 3, S. 157. 1920; A. LANDÉ ebenda Bd. 4, S. 410. 1921; Bd. 6, S. 10. 1921; H. THIRRING, ebenda Bd. 4, S. 1. 1921; H. SCHWENDENWEIN, ebenda Bd. 4, S. 75. 1921; J. FRENKEL, ebenda Bd. 25, S. 1. 1924; Bd. 30, S. 50. 1924.

Mittelt man jedes Atom für sich, so resultiert $\bar{\mathfrak{p}} = 0$, $\bar{\mathfrak{p}}' = 0$, d. h. im Mittel wirkt jedes Atom nur durch seine über den ganzen Kreis „verschmierte" Ladung, also als Kreisring mit entgegengesetzt geladenem Mittelpunkt, und dieser hat die Symmetrie eines Quadrupols, ein Potential $\sim \frac{1}{r^{1+2}}$; die gegenseitige potentielle Energie der beiden Atome ist $\sim \frac{1}{r^{1+2+2}} = \frac{1}{r^5}$. Ist aber $\omega = \omega'$, so daß der Phasenunterschied zwischen den Elektronen konstant ist, so mittelt man gemeinsam

$$\overline{\mathfrak{p}_x \mathfrak{p}'_x} = \overline{\mathfrak{p}_y \mathfrak{p}'_y} = |\mathfrak{p}||\mathfrak{p}'|\tfrac{1}{2}\cos\delta, \qquad \overline{\mathfrak{p}_x \mathfrak{p}'_y} = -\overline{\mathfrak{p}_y \mathfrak{p}'_x} = |\mathfrak{p}||\mathfrak{p}'|\tfrac{1}{2}\sin\delta;$$

man erhält also die potentielle Energie $\sim \frac{1}{r^{1+1+1}}$, da es sich hier stets um Dipole handelt, die einen festen Winkel δ miteinander bilden.

Für die $\frac{\partial^{a+b+c}}{\partial x^a \partial y^b \partial z^c} \frac{1}{r}$ gelten folgende Werte, wo $\cos\varphi = \frac{x}{r}$ ist und die entsprechenden Vertauschungen von a mit b und c leicht vorgenommen werden können.

$a = 2$, $b = c = 0$, $\frac{1}{r^3}(-1 + 3\cos^2\varphi)$,

$a = 4$, $b = c = 0$, $\frac{1}{r^5} 3 (3 - 30\cos^2\varphi + 35\cos^4\varphi)$,

$a = 6$, $b = c = 0$, $\frac{1}{r^7} 45 (-5 + 105\cos^2\varphi - 315\cos^4\varphi + 231\cos^6\varphi)$,

$a = 8$, $b = c = 0$, $\frac{1}{r^9} 105 (105 - 3780\cos^2\varphi + 20790\cos^4\varphi - 36036\cos^6\varphi + 19305\cos^8\varphi)$,

$a = 10$, $b = c = 0$, $\frac{1}{r^{11}} 945 (-945 + 51975\cos^2\varphi - 450450\cos^4\varphi + 1351350\cos^6\varphi - 1640925\cos^8\varphi + 692835\cos^{10}\varphi)$.

Ferner gilt (LAPLACEsche Gleichung)

$$\frac{\partial^{a+b+c}}{\partial x^a \partial y^b \partial z^c}\frac{1}{r} + \frac{\partial^{a+b+c}}{\partial x^{a-2}\partial y^{b+2}\partial c}\frac{1}{r} + \frac{\partial^{a+b+c}}{\partial x^{a-2}\partial y^b \partial z^{c+2}}\frac{1}{r} = 0.$$

Mit Hilfe dieser Gleichungen gelingt in einfacheren Fällen die direkte Auswertung. Es folgen hier einige explizite Formeln:

a) Zwei Ringe der Ladung 1 mit den Radien a_1 und a_2 und den Winkeln der Normalen ϑ_1 und ϑ_2 gegen die Verbindungslinie

$$\frac{U_p}{e^2} = -\frac{1}{4r^3}[a_1^2(3\cos^2\vartheta_1 - 1) + a_2^2(3\cos^2\vartheta_2 - 1)].$$

b) Zwei gleiche Tetraederatome, deren Kernverbindungslinie die Richtungskosinus α, β, γ hat und die so liegen, daß die zweizähligen Achsen derselben parallel den Koordinatenachsen liegen und um 90° gegeneinander verdreht sind. Es wird mit $a^2 = \xi^2 + \eta^2 + \zeta^2$

$$\frac{U_p}{e^2} = -720\frac{a^6}{r^7}\frac{\xi_1\eta_1\zeta_1\xi_1'\eta_1'\zeta_1'}{a^6}[30 - 105(\alpha^4 + \beta^4 + \gamma^4) + 77(\alpha^6 + \beta^6 + \gamma^6)]$$
$$- 105\frac{a^7}{r^8}\left\{\left(3 - 5\frac{\xi_1^4 + \eta_1^4 + \zeta_1^4}{a^4}\right)\frac{\xi_1'\eta_1'\zeta_1'}{a^3} - \left(3 - 5\frac{\xi_1'^4 + \eta_1'^4 + \zeta_1'^4}{a^4}\right)\frac{\xi_1\eta_1\zeta_1}{a^3}\right\}$$
$$\cdot \alpha\beta\gamma[5 - 11(\alpha^4 + \beta^4 + \gamma^4)] + \cdots$$

Den Index 1 kann man ohne weiteres mit den anderen Indizes bei dieser Symmetrie vertauschen. Bei parallelen (nicht um 90° verdrehten) Modellen sind die gestrichenen und ungestrichenen Größen identisch, das zweite Glied $\left(\dfrac{1}{r^8}\right)$ fällt weg.

c) Parallele Würfel mit der Kantenlänge a_1 und a_2

$$\frac{U_p}{e^2} = -\frac{1}{r^9}\frac{10395}{1024}[-5 + 30(\alpha^4+\beta^4+\gamma^4) - 208(\alpha^6+\beta^6+\gamma^6) + 195(\alpha^4+\beta^4+\gamma^4)^2]$$

$$a_1^4 a_2^4 \left(3 - \frac{80}{9}\frac{\xi_1^4+\eta_1^4+\zeta_1^4}{a_1^4}\right)\left(3 - \frac{80}{9}\frac{\xi_2^4+\eta_2^4+\zeta_2^4}{a_2^4}\right).$$

Hierin sind ξ, η, ζ die Absolutwerte der momentanen Koordinaten eines Elektrons, bezogen auf den Mittelpunkt des Atoms. Die Elektronen sind dabei nicht als dauernd in Ruhe vorausgesetzt. Es ist nur verlangt, daß das Atom in jedem Augenblick Tetraeder bzw. Würfelsymmetrie hat. Ruhen die Elektronen in den Tetraederecken, so ist in der Formel für die Tetraeder

$$\frac{\xi_1}{a} = \frac{\xi_1'}{a} = \frac{\eta_1}{a} = \cdots = \sqrt{3},$$

ruhen sie in den Würfelecken, so ist in der Würfelformel

$$\frac{\xi_1}{a_1} = \frac{\eta_1}{a_1} = \cdots = \frac{\xi_2}{a_2} = \frac{\eta_2}{a_2} \cdots = \frac{1}{2}.$$

d) Ferner sind noch die Energien zweier Atome berechnet, in denen je 4 Elektronen so umlaufen, daß die Bahnnormalen ein reguläres Tetraeder bilden (LANDÉsches Modell, Rechnungen von SCHWENDENWEIN und FRENKEL). Infolge der Zweiseitigkeit dieser Achsen (die Umlaufrichtung spielt bei der Mittelbildung keine Rolle) hat das Atom Würfelsymmetrie; zwei solche parallele Atome mit einer Würfelkante parallel zur Kernverbindungslinie ergeben

$$\frac{U_p}{e^2} = \frac{3840}{2956}\frac{\overline{a_1^4}\,\overline{a_2^4}}{r^9},$$

wo $\overline{a_1^4}$ den Zeitmittelwert des Elektronenabstandes vom eigenen Kern bedeutet.

41. Zweite Näherung. Bisher haben wir ausdrücklich die Bewegung der Ladungen (Elektronen) nur insoweit einbezogen, als sie die Abstände zeitlich variabel machten und daher eine Mittelbildung erforderten. Wenn wir nun auf die direkte Rückwirkung der Bewegung auf die Kräfte eingehen wollen, so ist eine Anwendung der „Störungsrechnung" erforderlich[1]).

Wenn zwei Gebilde gegeben sind, deren Energie, sobald sie voneinander sehr weit entfernt sind, H_0' und H_0'' (als Funktion der Quantenzahlen) beträgt, so besteht die „erste Näherung" darin, daß man hierzu die gegenseitige potentielle Energie H_1 addiert, gemittelt über die Lagen, die die Ladungen in der ungestörten Bewegung einnehmen. $\overline{H_1}$ ist also gerade die im vorhergehenden berechnete elektrostatische Energie.

Die nächste Näherung, die von der Veränderung der Bewegung im Innern des Atoms durch die Anwesenheit des anderen herrührt, erhält man folgendermaßen: Man entwickle die „elektrostatische Energie" nach FOURIER mit den Wirkungsvariablen der ungestörten Bewegung

$$H_1 = \overline{H_1} + \sum_{\tau_1'\ldots\tau_j'}\sum_{\tau_1''\ldots\tau_j''} A_{\tau_1'\ldots\tau_j'\,\tau_1''\ldots\tau_j''}\, e^{2\pi i(\tau_1'w_1'+\cdots+\tau_j'w_j'+\tau_1''w_1''+\cdots+\tau_j''w_j'')}. \tag{1}$$

---
[1]) Siehe z. B. M. BORN, Vorlesungen über Atommechanik I, S. 291. Berlin 1925.

$w_k = v_k t + \delta_k$, wobei das Glied, in dem alle τ und τ' gleichzeitig 0 sind, als $\overline{H}_1$ vorausgenommen ist. Dann wird, wenn l irgendeinen der eingestrichenen oder zweigestrichenen Indizes $1 \ldots j \, 1 \ldots j'$ bedeutet

$$\overline{H}_2 = \sum_{\tau'} \sum_{\tau''} \frac{A_{\tau_1' \ldots \tau_j' \tau_1'' \ldots \tau_j''} A_{-\tau_1' \ldots -\tau_j' -\tau_1'' \ldots -\tau_j''}}{(\tau_1' \nu_1' + \cdots \tau_j' \nu_j' + \tau_1'' \nu_1'' + \cdots \tau_j'' \nu_j'')}$$

$$\left\{ \sum_l \tau_l \frac{\partial}{\partial J_l} \left[\tfrac{1}{2} \ln (\tau_1' \nu_1' + \cdots \tau_j' \nu_j' + \tau_1'' \nu_1'' + \cdots \tau_j'' \nu_j'') - \ln A_{-\tau_1' \ldots -\tau_j' -\tau_1'' \ldots -\tau_j''} \right] \right\}. \quad (2)$$

Hier ist J_l der zum Index l gehörige Impuls (ein- oder zweigestrichen).

Eventuell kann durch die gegenseitige Einwirkung noch eine Festlegung der Phasen erfolgen.

Als Beispiel sei die Einwirkung einer ruhenden Ladung (Koordinaten ($z = r \cos\vartheta$, $x = r \sin\vartheta$, $y = 0$) auf eine andere Ladung gegeben, die im festen Abstand r_0 einen Kern in der x, y-Ebene umkreist. Dann ist

$$H_0' = -\frac{e^2}{r_0} + \frac{m}{2} 4\pi^2 r_0^2 \nu^2 = -\frac{e^2}{r_0} + \frac{J}{2} \cdot \nu = -\frac{e^2}{r_0} + \frac{J^2}{8\pi^2 m r_0^2}, \quad \nu = \frac{\partial H_0'}{\partial J} = \frac{J}{4\pi^2 m r_0^2}.$$

H_0'' kann null gesetzt werden. Die gegenseitige elektrostatische Energie ist

$$H_1 = -\frac{e^2 r_0}{r^2} \sin\vartheta \cos 2\pi \nu t = -\frac{e^2 r_0}{2 r^2} \sin\vartheta \, (e^{2\pi i \nu t} + e^{-2\pi i \nu t}).$$

Der Mittelwert $\overline{H}_1$ dieses einem rotierenden Dipol entsprechenden Wechselfeldes ist Null, das mittlere elektrostatische Feld entspricht einem Kreisring mit entgegengesetzter Ladung in der Mitte (Quadrupol)

Es ist demnach

$$A_1 = A_{-1} = -\frac{e^2 r_0}{2} \frac{\sin\vartheta}{r^2}, \quad \tau = \pm 1,$$

$$\overline{H}_2 = 2 \frac{A_1^2}{\nu} \left(\frac{1}{2} \frac{\partial}{\partial J} \ln \nu - \frac{\partial}{\partial J} \ln A \right) = \frac{e^4}{8\pi^2 m \nu^2} \frac{1}{r^4}.$$

Für $\sin\vartheta = 0$, d. h. in der Achse des Atoms, muß man in der Entwicklung von H_1 weitergehen.

Ein anderes Beispiel seien zwei Dipole, die im Abstand r_0 voneinander auf der X-Achse sitzen und nur in dieser schwingen können (Ausschlag x_1, x_2)

$$H = \frac{1}{2m}(p_1^2 + p_2^2) + \frac{m}{2} 4\pi^2 \nu_1^2 x_1^2 + \frac{m}{2} 4\pi^2 \nu_2^2 x_2^2$$

$$+ \left\{ \frac{e^2}{r_0} + \frac{e^2}{r_0 + x_1 + x_2} - \frac{e^2}{r_0 + x_1} - \frac{e^2}{r_0 + x_2} \right\},$$

$$H_0 = \frac{p_1^2}{2m} + \frac{m}{2} 4\pi^2 \nu_1^2 x_1^2 + \frac{p_2^2}{2m} + \frac{m}{2} 4\pi^2 \nu_2^2 x_2^2,$$

$$H_1 = \frac{2 e^2 x_1 x_2}{r_0^3}.$$

Die ungestörte Bewegung hat die Wirkungsvariablen

$$p_1 = \sqrt{2\nu_1 m J_1} \cos w_1, \quad x_1 = \sqrt{\frac{J_1}{m 2\pi^2 \nu_1}} \sin w_1, \quad w_1 = 2\pi\nu_1 t + \delta_1,$$

$$p_2 = \sqrt{2\nu_2 m J_2} \cos w_2, \quad x_2 = \sqrt{\frac{J_2}{m 2\pi^2 \nu_2}} \sin w_2, \quad w_2 = 2\pi\nu_2 t + \delta_2.$$

Daraus folgt $\overline{H}_1 = 0$

$$H_1 = \frac{2e^2}{r_0^3} \sqrt{\frac{J_1 J_2}{m^2 \nu_1 \nu_2}} \frac{1}{8\pi^2} \{e^{2\pi i(\nu_1+\nu_2)t} - e^{2\pi i(\nu_1-\nu_2)t} - e^{-2\pi i(\nu_1-\nu_2)t} + e^{-2\pi i(\nu_1+\nu_2)t}\}$$

$$A_{1,1} = -A_{-1,1} = A_{-1,-1} = -A_{1,-1} = \frac{2e^2}{r_0^3} \frac{1}{8\pi^2} \sqrt{\frac{J_1 J_2}{m^2 \nu_1 \nu_2}},$$

$$H_2 = \frac{A_{1,1}^2}{\nu_1+\nu_2} \left\{\left(\frac{\partial}{\partial J_1} + \frac{\partial}{\partial J_2}\right)\left[\frac{1}{2}\ln(\nu_1+\nu_2) - \ln A_{1,1}\right]\right\} + \frac{A_{1,-1}^2}{\nu_1-\nu_2}$$

$$\left\{\left(\frac{\partial}{\partial J_1} - \frac{\partial}{\partial J_2}\right)\left[\frac{1}{2}\ln(\nu_1-\nu_2) - \ln A_{1,-1}\right]\right\} = \frac{e^2}{2\pi^2 m r_0^3} \frac{1}{\nu_1^2 - \nu_2^2}\left\{\frac{J_1}{\nu_1} - \frac{J_2}{\nu_2}\right\}.$$

d) Die Anziehungskräfte.

42. Richteffekt und Induktionseffekt. Wie wir im vorhergehenden gesehen haben, ist die elektrische Kraft, die ein gleichmäßig rotierendes Molekül bei Mittelung über alle Orientierungen in einem bestimmten Punkt erzeugt, Null. Wenn wir daher die Existenz von Anziehungskräften zwischen zwei Gasmolekülen erklären wollen, dürfen wir die Bewegung der elektrischen Ladung in beiden Molekülen nicht als unabhängig voneinander ansehen. Diese gegenseitige Beeinflussung kann in zweierlei Arten geschehen, wenn auch diese beiden Arten vielleicht nicht immer prinzipiell voneinander trennbar sind. Es kann nämlich die Orientierung bzw. Drehbewegung des ganzen Moleküls durch die Anwesenheit des anderen beeinflußt sein, oder es können nur die Bewegungen der elektrischen Ladungen im Molekül geändert werden. Den ersten Einfluß wollen wir als Richteffekt, den zweiten als Induktionseffekt bezeichnen. Der Richteffekt ist temperaturabhängig, weil die Drehbewegung der Moleküle es ist, dagegen der Induktionseffekt nicht, da das Verhalten der elektrischen Ladungen im Molekül bei nicht zu hoher Temperatur nicht von dieser abhängt. Im folgenden soll zuerst die Theorie dieser beiden Erscheinungen entwickelt werden. In beiden Fällen wird das Molekül als Träger eines elektrischen Feldes aufgefaßt, wie wir das im vorhergehenden besprochen haben. Die allgemeinen Verhältnisse sind dann unabhängig davon, ob dieses Feld des ungestörten Moleküls ein Dipol oder ein Quadrupolfeld ist.

43. Der Richteffekt. Wenn wir Anziehungskräfte dadurch erklären wollen, daß die Molekülbewegung durch die Anwesenheit eines anderen Moleküls beeinflußt wird, so müssen wir das folgendermaßen machen. Bei unabhängiger Bewegung der beiden Moleküle kommen ebenso lange Zeit Lagen vor, in denen gegenseitige Anziehung herrscht, wie solche mit Abstoßung. Wenn Anziehung im ganzen herauskommen soll, so müssen die Lagen mit Anziehung häufiger sein oder längere Zeit beibehalten werden als die anderen. Nun bedeutet Anziehung eine kleinere potentielle Energie als Abstoßung. Nach dem BOLTZMANNschen $e^{-\frac{w_p}{RT}}$-Satz ist daher tatsächlich zu erwarten, daß die Lagen, in welchen Anziehung herrscht, häufiger vorkommen. Allerdings verschwindet der Häufigkeitsunterschied mit steigender Temperatur immer mehr, weil dann die kinetische Energie, welche die gleichmäßige Verteilung hervorruft, leichter die Wirkung der Anziehungskräfte überwiegen kann. Bei sehr tiefer Temperatur wäre fast vollständige Parallelrichtung aller Moleküle zu erwarten, die allerdings vielleicht mit dem Gaszustand nicht vereinbar ist (Kristallisation). Wenn wir nun ein Gas betrachten, so werden nur die Moleküle, die voneinander nicht zu weit entfernt sind, einander merklich in ihrer Richtung beeinflussen. Von dem in Ziff. 10 besprochenen „Schwarmeffekt" in bezug auf die Lagen der Mittelpunkte wollen wir dabei absehen. Die Moleküle, die eine solche Orientierung haben, daß sie Anziehung geben, werden im Überschuß sein, so daß im ganzen negative potentielle Energie resultiert. Hierbei hat man sich allerdings vor einem Trugschluß zu hüten, den für den analogen Fall des äußeren elektrischen Feldes PAULI[1]) aufgeklärt hat, der aber in einer anderen Form schon viel älter ist. Hier hat JÄGER[2]) die richtige Antwort gegeben. Wenn wir als Bild zweier Moleküle (z. B. Dipolmoleküle) etwa zwei Magnetnadeln betrachten, die nahe benachbart voneinander rotieren, so werden sie sich in den Lagen, in denen Anziehung herrscht, rascher bewegen als in den Lagen mit Abstoßung, so daß bei diesen im Mittel sogar Abstoßung herauskommt, da sie länger in den Lagen mit Abstoßung sind. Der Überschuß der Richtungen mit Anziehung kommt durch diejenigen Moleküle zustande, die eine so kleine Rotationsgeschwindigkeit besitzen, daß sie nicht entgegen den Anziehungskräften umschlagen (sich vollständig herumdrehen) können. Diese pendeln dauernd um die Anziehungslagen, bis sie durch einen Stoß genügend Energie bekommen, um die Drehung aufnehmen zu können. Sie sind es also, welche den Überschuß der Anziehungen hervorrufen.

Qualitativ haben die Annahme von Dipolfeldern zur Erklärung der Kohäsionskräfte schon REINGANUM und SUTHERLAND[3]) gemacht und auch die Notwendigkeit des Richteffekts qualitativ eingesehen. Die quantitative Durchführung der Rechnungen für die Anwendung auf Gase (VAN DER WAALSsche Kräfte) hat man KEESOM[4]) mit einer Reihe von Mitarbeitern zu verdanken. Der Gang seiner Rechnung ist folgender. Er betrachtet die Moleküle als starre undurchdringliche Kugeln mit einem Dipol- oder Quadrupolfeld bestimmter Stärke. Dann wird die gegenseitige potentielle Energie zweier Moleküle als Funktion ihres Abstandes und ihrer gegenseitigen Orientierung berechnet. Wäre diese Energie nicht vorhanden, so wären alle gegenseitigen Orientierungen gleich häufig, bzw. wenn man die üblichen Winkel gegen ein festes Koordinatensystem einführt, wäre die Wahrscheinlichkeit einer bestimmten Orientierung proportional $\sin\vartheta_1 d\vartheta_1 d\chi_1 \sin\vartheta_2 d\vartheta_2 d\chi_2$. Die Wahrscheinlichkeit, daß der Abstand der Molekülmittelpunkte zwischen r und $r+dr$ liegt, wäre proportional $r^2 dr$, sobald r größer ist als der Radius der Deckungssphäre d (Summe der Molekülradien). Infolge der Anwesenheit der Anziehungskräfte ist diese Wahrscheinlichkeit noch mit $e^{-\frac{w(r,\vartheta_1,\vartheta_2,\chi_1,\chi_2)}{kT}}$ zu multiplizieren. Man erhält daher für das sog. Zustandsintegral (s. auch Ziff. 25) eines Molekülpaars, das für die

---
[1]) W. PAULI, ZS. f. Phys. Bd. 6, S. 319. 1921.
[2]) G. JÄGER, Wiener Ber. Bd. 112, S. 309. 1903; Bd. 113, S. 1289. 1904.
[3]) M. REINGANUM, Phys. ZS. Bd. 2, S. 241. 1901; Ann. d. Phys. Bd. 10, S. 334. 1903; W. SUTHERLAND, Phil. Mag. (6) Bd. 4, S. 625. 1902; J. D. VAN DER WAALS JR., Proc. Amsterdam Bd. 11, S. 132, 315. 1908.
[4]) W. H. KEESOM, Comm. Leiden, Suppl. Nr. 24a, 24b, 25, 26. 1912; Nr. 39a, 39b. 1915; W. H. KEESOM u. C. VAN LEEUWEN, ebenda Nr. 39c. 1916; auch Proc. Amsterdam Bd. 15, S. 240. 1912; Bd. 15, S. 256. 417, 643. 1913; Bd. 18, S. 636, 868, 1568. 1916; Bd. 24, S. 162. 1922; Phys. ZS. Bd. 22, S. 129, 643. 1921; Bd. 23, S. 225. 1922.

Ziff. 43.   Die Anziehungskräfte.   449

freie Energie maßgebend ist, abgesehen von den auf die kinetische Energie bezüglichen, hier gleichgültigen Faktoren, folgenden Ausdruck:

$$e^{-\frac{2f}{kT}} = \int e^{-\frac{w}{kT}} \sin\vartheta_1 d\vartheta_1 d\chi_1 \sin\vartheta_2 d\vartheta_2 d\chi_2 4\pi r^2 dr \cdot V. \tag{1}$$

Dieser wird nun sowohl für Dipol- als für Quadrupolmoleküle durch Reihenentwicklung der e-Potenz berechnet und ergibt für den Summanden f', der zur freien Energie des idealen Gases hinzutritt, bei Quadrupolen

$$e^{-\frac{f'_v}{kT}} = 1 - \frac{b}{V} + 2\frac{b}{V}\left\{\frac{3}{5}\frac{\Theta^4}{d^{10}}\left(\frac{1}{kT}\right)^2 - \frac{18}{245}\frac{\Theta^6}{d^{15}}\left(\frac{1}{kT}\right)^3 + \frac{213}{1369}\frac{\Theta^8}{d^{20}}\left(\frac{1}{kT}\right)^4\cdots\right\}. \tag{2}$$

Für Dipole lautet die entsprechende Formel

$$e^{-\frac{f'_v}{kT}} = 1 - \frac{b}{V} + \frac{b}{V}\left\{\frac{1}{3}\frac{\mathfrak{p}^4}{d^6}\left(\frac{1}{kT}\right)^2 + \frac{1}{75}\frac{\mathfrak{p}^6}{d^{12}}\left(\frac{1}{kT}\right)^4 + \frac{29}{55125}\frac{\mathfrak{p}^{12}}{d^{18}}\left(\frac{1}{kT}\right)^6 + \cdots\right\}. \tag{2'}$$

Die mittlere gegenseitige Energie zweier Moleküle im Abstand r beträgt bei Quadrupolen

$$-\overline{w}_p = \frac{28}{5}\frac{\Theta^4}{r^{10}}\left(\frac{1}{kT}\right)^2 - \frac{432}{245}\frac{\Theta^6}{r^{15}}\left(\frac{1}{kT}\right)^3 + \frac{187552}{34225}\frac{\Theta^8}{d^{20}}\left(\frac{1}{kT}\right)^4 + \cdots, \tag{3}$$

bei Dipolen

$$-\overline{w}_p = \frac{2}{3}\frac{\mathfrak{p}^4}{r^6}\frac{1}{kT} + \frac{382}{225}\frac{\mathfrak{p}^6}{r^{12}}\left(\frac{1}{kT}\right)^2 + \cdots. \tag{3'}$$

Die augenblickliche gegenseitige Energie ist dagegen $\frac{1}{r^5}$ bzw. $\frac{1}{r^3}$, aber ihrem Vorzeichen nach von der gegenseitigen Orientierung abhängig und fällt bei der Zeitmittelbildung zum größten Teil weg.

Der zweite Virialkoeffizient (Ziff. 12) wird für Quadrupole

$$B = b\left\{1 - 1{,}0667\left(\frac{3}{4}\frac{\Theta^2}{d^5}\frac{1}{kT}\right)^2 \\ + 0{,}1741\left(\frac{3}{4}\frac{\Theta^2}{d^5}\frac{1}{kT}\right)^3 \\ - 0{,}4738\left(\frac{3}{4}\frac{\Theta^2}{d^5}\frac{1}{kT}\right)^4 + \cdots\right\} \tag{4}$$

für Dipole

$$B = b\left\{1 - \frac{1}{3}\left(\frac{\mathfrak{p}^2}{d^3}\frac{1}{kT}\right)^2 \\ - \frac{1}{75}\left(\frac{\mathfrak{p}^2}{d^3}\frac{1}{kT}\right)^4 \\ - \frac{29}{55125}\left(\frac{\mathfrak{p}^2}{d^3}\frac{1}{kT}\right)^6 - \cdots\right\}. \tag{4'}$$

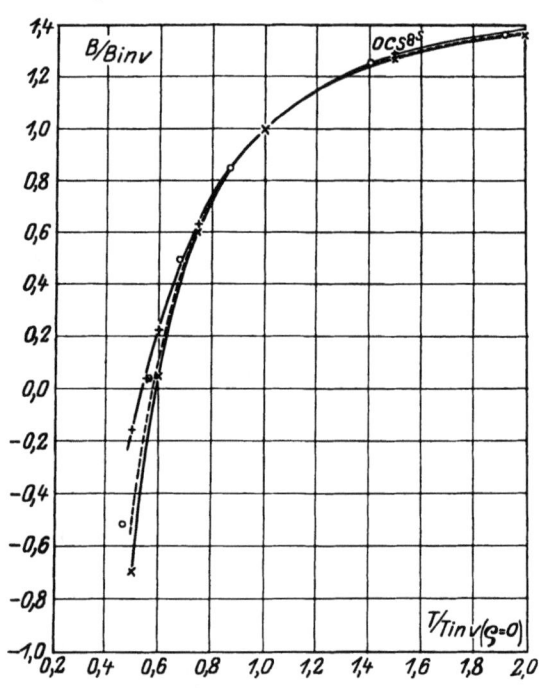

Abb. 2. Temperaturabhängigkeit des zweiten Virialkoeffizienten von Wasserstoff.

o = Wasserstoff   × = Dipole (ber.)
+ = Quadrupole (ber.)   - - - = Clausius-Berthelot (ber.)
S bedeutet Messung von J. C. SCHALKWIJK, Leid. Comm. 78, S. 22; OCS eine solche von H. KAMMERLINGH ONNES, C. A. CROMMELIN und E. J. SMID, ebenda 146 b. 1915.

Da B die Form $b - \dfrac{a}{kT}$ hat, beginnt die Entwicklung von a mit einem Summanden, der proportional $\dfrac{1}{T}$ ist, denn mit steigender Temperatur verschwindet der Richteffekt und damit die VAN DER WAALSschen Kräfte. Tatsächlich werden auch in der BERTHELOTschen Zustandsgleichung die VAN DER WAALSschen Kräfte proportional $\dfrac{1}{T}$ angesetzt (Abb. 2).

Wenn man nur das erste Glied der Reihenentwicklung beibehält, so kann man zwischen Dipol und Quadrupolgasen nicht unterscheiden, dagegen ist bei tieferen Temperaturen, wo die weiteren Glieder eine wesentliche Rolle spielen, die Temperaturabhängigkeit für beide verschieden, und KEESOM hat bei der Anwendung seiner Formeln auf den Wasserstoff gezeigt, daß dessen Verhalten gut mit der Quadrupol-, dagegen nicht mit der Dipolformel stimmt. KEESOM hat auch den dritten Virialkoeffizienten ermittelt. DEBYE[1]) hat gegen die Rechnung von KEESOM eingewandt, daß es bei einer so weitgehenden Reihenentwicklung eine unberechtigte Idealisierung sei, die Moleküle als starr zu bezeichnen.

Bei der Rotation haben wir Quanteneffekte vernachlässigt, was bei genügend hoher Temperatur erlaubt ist.

44. Der Induktionseffekt. Bei einatomigem Gase kommt bei normaler Temperatur der Richteffekt nicht in Frage, da dieser darauf beruht, daß die relative Häufigkeit verschiedener Rotationszustände durch die gegenseitige potentielle Energie verschoben wird. Bei einatomigen Gasen ist aber das Trägheitsmoment so klein, d. h. es sind die Rotationsquantensprünge so groß, daß bei nicht abnorm hoher Temperatur deren Moleküle stets nur im untersten Rotationszustand vorliegen. Diesem entspricht aber schon eine so hohe kinetische Energie, daß der Fall des Pendels um eine Lage größter Anziehung ausgeschlossen ist. Um dennoch Anziehung zu bekommen, hat DEBYE[1]) zur Erklärung eine Verschiebung der elektrischen Ladungen im Molekül herangezogen, die synchron mit der Rotation des anderen Moleküls, aber unbeeinflußt durch die Rotation des eigenen Moleküls erfolgt.

Wenn ein Molekül A, das ein starres Feld trägt, in der Nähe eines anderen Moleküls B, das ebenfalls ein elektrisches Feld besitzt, vorbeirotiert, so wird in diesem Molekül B außer seinem ursprünglichen Feld noch ein weiteres durch Verschiebung von Ladungen induziert. Die Wirkung des ursprünglichen Feldes von A auf das ursprüngliche Feld von B hebt sich im Mittel heraus, dagegen erfolgt die Induktion so, daß immer dann, wenn positiv geladene Teile von A sich dem Molekül B nähern, dessen negativ geladene Bestandteile angenähert, dessen positiv geladene weggeschoben werden und umgekehrt, so daß die Wirkung des ursprünglichen Feldes von A auf die Induktion in B stets anziehend ist. Ebenso erzeugt das ursprüngliche Feld von B in dem vorbeirotierenden Molekül A eine Ladungsverschiebung, die stets Anziehung ergibt. Wenn man die Feldstärke, die vom Molekül A im Mittelpunkt des Moleküls B erzeugt wird, als angenähert homogen voraussetzt, so ist die erzeugte Polarisation von B gleich

$$\mathfrak{p} = \alpha \mathfrak{E} \qquad (1)$$

wo $4\pi\alpha$ die „Molekularpolarisation" bzw. die auf unendlich lange Wellen extrapolierte Molekularrefraktion bedeutet. Sie ist klassisch durch

$$\alpha = \frac{1}{4\pi^2} \sum \frac{N_L e^2}{m_i v_i^2} \qquad (2)$$

---
[1]) P. DEBYE, Phys. ZS. Bd. 21, S. 178. 1920.

gegeben, wo die ν_i die Eigenschwingungen der Bestandteile sind. Bei dem Ansatz sind quasielastische Kräfte, d. h. konstante Polarisierbarkeit α oder Polarisation proportional dem äußeren Feld, vorausgesetzt. Dieser Polarisation entspricht eine elektrische Arbeitsleistung des äußeren Feldes $\mathfrak{p}\mathfrak{E} = \alpha\mathfrak{E}^2$, davon ist die in das Molekül hineingesteckte quasielastische Arbeit $\dfrac{\mathfrak{p}^2}{2\alpha} = \dfrac{\alpha\mathfrak{E}^2}{2}$ abzuziehen, folglich ist die potentielle Energie

$$w_p = \frac{\alpha}{2}\mathfrak{E}^2 \qquad (3)$$

oder zwischen zwei Molekülen im Mittel

$$\overline{w} = \frac{\alpha}{2}\overline{\mathfrak{E}^2}. \qquad (4)$$

DEBYE hat die Rechnung für Quadrupolmoleküle durchgeführt. Dort nimmt das Potential eines Moleküls nach außen mit $\dfrac{1}{r^3}$, die Feldstärke daher mit $\dfrac{1}{r^4}$ und demnach die potentielle Energie (4) mit $\dfrac{1}{r^8}$ ab. Man kann das auch noch anders überlegen. Die potentielle Energie zwischen dem ursprünglichen Quadrupol und dem im anderen Molekül induzierten Dipol geht nach Ziff. 40 mit

$$\frac{1}{r^{1+2+1}} = \frac{1}{r^4}.$$

Da aber die Stärke des induzierten Dipols proportional $\dfrac{1}{r^4}$ ist, resultiert $\dfrac{1}{r^8}$. Die genauere Rechnung ergibt als mittlere potentielle Energie eines Moleküls

$$\overline{w}_p = \frac{\alpha}{2}\frac{12\pi}{5}\frac{N_L}{V}\frac{\overline{\Theta}_{el}^2}{d^5}, \qquad (5)$$

$$\overline{\Theta}_{el}^2 = \Theta_{xx}^2 + \Theta_{yy}^2 + \Theta_{zz}^2 - (\Theta_{xx}\Theta_{yy} + \Theta_{yy}\Theta_{zz} + \Theta_{zz}\Theta_{xx}), \qquad (6)$$

wobei die Größen Θ die elektrischen Hauptträgheitsmomente (Ziff. 39) sind. Nach Ziff. 11 kann man nun hieraus die VAN DER WAALSsche Anziehung a berechnen und findet

$$a = \frac{6\pi}{5}N_L^2\alpha\frac{\overline{\Theta}_{el}^2}{d^5}. \qquad (7)$$

Die Oberflächenspannung ergibt sich zu

$$\sigma = \frac{3\pi}{8}\alpha\frac{N_L^2}{V^2}\frac{\overline{\Theta}_{el}^2}{d^4}. \qquad (8)$$

FALKENHAGEN[1]) hat die entsprechende Rechnung für Dipolgase gemacht, sie führt zu

$$a = \frac{8\pi}{3}N_L^2\alpha\frac{\mathfrak{p}^2}{d^3}.$$

45. Verhältnis der beiden Effekte zueinander und Prüfung an der Erfahrung. Beide Wirkungen, sowohl die des Richt- als auch die des Induktionseffektes nehmen, wie es in Ziff. 23 gefordert wurde, stärker als mit der fünften Potenz der

---

[1]) H. FALKENHAGEN, Phys. ZS. Bd. 23, S. 87. 1922.

Entfernung ab, sind daher beide mit der dort aufgestellten Forderung verträglich. Bei einatomigen Gasen kommt nur der Induktionseffekt in Betracht. Er ist temperaturunabhängig. Die Temperaturabhängigkeit von a muß daher hier vollständig auf die Schwarmbildung (Ziff. 11) geschoben werden (s. auch S. 453). DEBYE hat seine Formel in zweierlei Weise geprüft. Erstens kann man aus dem VAN DER WAALSschen a die Größe des elektrischen Trägheitsmomentes entnehmen, wenn man d, den kleinsten Abstand zweier Moleküle, aus der inneren Reibung bestimmt. Dann muß man eine Größenordnung von etwa

$$e \cdot d^2 \sim 5 \cdot 10^{-10} \cdot (10^{-8})^2 \sim 5 \cdot 10^{-26}$$

erhalten. In der folgenden Tabelle finden sich die so berechneten Größen in der dritten Spalte. Ferner kann man aus diesen Zahlen das SUTHERLANDsche C berechnen, was in der nächsten Spalte geschehen ist. Es ist nämlich nach Ziff. 17

$$C = \frac{217}{615} \frac{\delta}{k} \frac{3\overline{\Theta}_{el}^2}{d^3} \alpha, \text{ nach Ziff. 44 } a = \frac{6\pi}{5} N_L^2 \alpha \frac{\overline{\Theta}_{el}^2}{d^5} = \frac{9}{10} \frac{4\pi}{3} N_L \alpha \cdot \frac{N_L \overline{\Theta}_{el}^2}{d^5}. \text{ Hierin}$$

ist $\frac{4\pi}{3} N_L \alpha$ die Molekularrefraktion für sehr langsame Schwingungen. Die Größe

$$\frac{1230}{217} \pi R N_L d^3 \frac{C}{a} = 8{,}99 \cdot 10^{32} d^3 \frac{C}{a} = 5\delta \tag{1}$$

ist demnach eine Konstante, welche für $m = 8$ den Wert $= 2{,}33$ haben soll. Hätte das Anziehungsgesetz einen anderen Exponenten als $m = 8$, so hätte C die Form

$$\frac{217}{615} \frac{\delta}{k} \frac{A}{d^m}, \qquad a = \frac{2\pi}{m-3} N_L^2 \frac{A}{d^{m-3}},$$

demnach würde die rechte Seite von (1) $= (m-3)\delta$ sein, wobei δ noch von m abhängt. Die rechte Seite von (1) hat für

$$m = 4, \quad 6, \quad 8$$
den Wert $0{,}59, \quad 1{,}54, \quad 2{,}33.$

Die folgende Tabelle zeigt die experimentellen Resultate, hierin ist C aus den Tabellen von LANDOLT-BÖRNSTEIN, 5. Aufl., entnommen, a ebendaher und durch Multiplikation mit $1{,}0133 \cdot 10^6 \cdot 22390^2$ auf absolute Einheiten umgerechnet. Die Molekularrefraktion ist für die zweiatomigen Gase ebenfalls aus LANDOLT-BÖRNSTEIN, für die einatomigen aus FAJANS und JOOS[1]) entnommen. Der Moleculardurchmesser d entstammt den Messungen der inneren Reibung (Ziff. 3).

Tabelle 13.
Prüfung der DEBYEschen Theorie der Anziehungskräfte am Verhältnis der SUTHERLANDschen Konstanten C zur VAN DER WAALSschen Konstante a.

Gas	C	a in 10^{12} g/cm^5/sec^{-1}	d in 10^{-8} cm	$(m-3)\delta$	$\frac{4\pi}{3} N_L \alpha$	Θ in 10^{-26} (est. Einh.)^2/cm^2
He	70 bis 80	0,0345	1,88	12,1 bis 13,8	0,50	1,7
Ne	56	0,214	2,36	3,09	1,00	5,36
Ar	142 bis 170	1,36	2,97	2,45 bis 2,94	4,20	11,8
Kr	188	2,34	3,23	2,48	6,37	15,4
X	252	4,14	3,54	2,42	10,47	20,1
H_2	91	0,247	2,39	4,52	2,075	4,13
N_2	118	1,40	2,96	1,96	4,42	11,5
O_2	136	1,40	3,13	2,68	4,02	13,9

---

[1]) K. FAJANS u. C. JOOS, ZS. f. Phys. Bd. 23, S. 20. 1924.

Wir sehen zuerst, daß die elektrischen Trägheitsmomente der letzten Spalte durchaus in die erwartete Größenordnung fallen. Wenn wir die vierte Spalte betrachten, in welcher die für die Anziehungspotenz charakteristischen Zahlen stehen und hierbei zuerst die Edelgase ins Auge fassen, dann sehen wir, daß außer für He die Werte durchaus in der Nähe der für $m = 8$ gültigen Zahl 2,33 liegen, mit Ausnahme von Ne sogar überraschend nahe. Nur He gibt viel zu hohe Werte, aber nach Ziff. 17 ist hier die SUTHERLANDsche Formel zur Darstellung der Temperaturabhängigkeit überhaupt nicht geeignet. Allerdings ist hierzu noch zu sagen, daß die Zahlenwerte der a aus den Messungen so berechnet sind, als ob die VAN DER WAALSsche Formel richtig wäre. Ersetzt man sie durch die empirische mittlere Zustandsgleichung von KAMERLINGH ONNES, so ist nach DEBYE[1]) diejenige Größe, die dem temperaturunabhängigen Bestandteil von a entspricht, 0,540mal so groß zu wählen. Dadurch wird aber dann $(m-3)\delta \sim 1,35$ und fällt dadurch etwa in den Wertbereich von $m = 6$; offenbar darf man dann auch für C keinen temperaturunabhängigen Ausdruck ansetzen, so daß das Verhältnis $\dfrac{C}{a}$ durch die Tabelle wohl nahe richtig gegeben wird.

DEBYE hat in seine Tabelle auch die zweiatomigen Gase aufgenommen[1]). KEESOM weist aber darauf hin, daß man bei diesen auch den Richteffekt berücksichtigen muß. Zwar bleibt bei sehr hoher Temperatur nur der Induktionseffekt übrig. Bei normaler Temperatur aber ist der Richteffekt überwiegend. Setzt man für $O_2 \ \dfrac{\Theta^2}{d^5} = 7{,}61 \cdot 10^{-4}$, so ist das Verhältnis der Beiträge von Induktions- zum Richteffekt $4{,}47 \cdot T \cdot 10^{-4}$ bei so hohen Temperaturen, daß das erste Glied der Reihen genügt. Beim Richteffekt von Quadrupolen nimmt die Energie der Anziehung im Mittel mit r^{10} ab, das Verhältnis (1) $(m-3)\delta$ sollte sich daher zu $> 2{,}33$ ergeben, was zwar bei H_2 und O_2, aber nicht bei N_2 stimmt. Vielleicht sind hier die Temperaturen noch nicht hoch genug, so daß die im vorhergehenden besprochenen Verhältnisse Einfluß haben. KEESOM und FALKENHAGEN haben weiterhin Richteffekt und Induktionseffekt nebst Schwarmbildung berücksichtigt. Sie finden unter der Annahme starrer Kugeln für das Moment von H_2, O_2, N_2

Tabelle 14.
Elektrische Trägheitsmomente zweiatomiger Gase.

Effekt	H$_2$	N$_2$	O$_2$
Richt- + Induktionseffekt . . .	$1{,}10 \cdot 10^{-26}$	—	—
Richteffekt allein	$1{,}17 \cdot 10^{-26}$	$3{,}86 \cdot 10^{-26}$	$3{,}55 \cdot 10^{-26}$

Wenn wir annehmen, daß die Polarisierbarkeit des Moleküls nicht nach allen Richtungen gleichmäßig ist, so müssen wir natürlich auch für die Polarisierbarkeit über die Orientierungen mitteln. Bei tiefen Temperaturen wird auch der Induktionseffekt bei mehratomigen Molekülen zur Bevorzugung bestimmter Richtungen Anlaß geben, nämlich beim erregenden Molekül derjenigen des stärksten Feldes, beim induzierten Molekül derjenigen größter Polarisierbarkeit.

e) Die Abstoßungskräfte.

46. Empirisches über die Natur der Abstoßungskräfte. Wir hatten im vorhergehenden gesehen, daß die Anziehungskräfte zwischen neutralen Molekülen mit der Entfernung schneller als $\dfrac{1}{r^8}$ (bzw. für Dipolgase $\dfrac{1}{r^6}$) abnehmen.

---
[1]) S. auch H. FALKENHAGEN, ZS. f. Phys. Bd. 23, S. 87. 1922.

Wenn wir daher für das Potential der Abstoßungskräfte einen Ansatz von der Form $-\dfrac{A}{r^m}+\dfrac{B}{r^n}$ machen, so muß n größer als 8 (bzw. 6) sein. Aus den in Ziff. 38 besprochenen Rechnungen würde allerdings folgen, daß bei Metallen das n der Abstoßungskräfte manchmal kleiner ist (bei Alkalimetallen etwa 3, bei Schwermetallen allerdings 8 bis 9), aber die dort gemachte Annahme über die Anziehungskräfte ist unhaltbar. Eine Auswertung der Messungen nach Ziff. 10 ist noch nicht erfolgt[1]).

Bei einfachen binären Salzen hingegen, in welchen wir die Anziehungskräfte allein auf die COULOMBschen Anziehungen zwischen den Ionenladungen zurückführen können, haben sich zuerst die Schlüsse auf n streng ziehen lassen (BORN und LANDÉ). Man findet aus der gemessenen Kompressibilität und dem gemessenen Gitterabstand folgende Tabelle:

Tabelle 15.
Exponent des Abstoßungsgliedes im Potential, erschlossen aus der Kompressibilität (und deren Änderung mit dem Druck).

Stoff	n			
	F	Cl	Br	J
Li	5,9 (14,3)	8,0 (11,9)	8,7 (12,8)	—
Na	—	9,1 (9,8)	9,5 (9,5)	—
K	7,9 (8,9)	9,7 (6,5)	10,0 (7,1)	10,5 (6,8)
Rb	—	—	10,0 (6,2)	11,0 (6,8)

BORN hat daraus auf einen Durchschnittswert von 9 geschlossen (mit Ausnahme der Lithiumsalze). Die Abhängigkeit der Kompressibilität vom Druck stimmt aber nicht mit dem einfachen Energieansatz überein. Berechnet man nämlich n nach (12′), Ziff. 8, so erhält man die eingeklammerten Zahlen. In den nach Formel (12‴), Ziff. 8, berechneten Gitterenergien kommen kleine individuelle Unterschiede der n-Werte nicht merkbar zum Ausdruck, denn das Glied mit $\dfrac{1}{n}$ beträgt bei $n=9:12\%$, folglich bedeutet eine Änderung des n um 10% nur eine Änderung der Gitterenergie um $1,2\%$. Dagegen folgt die Unzulänglichkeit von (12‴), Ziff. 10, auch aus der Gitterenergie von anderen Salzen, deren Betrag den durch die COULOMBschen Anziehungskräfte allein bedingten Wert $\dfrac{N_L\alpha e^2}{r}$ übersteigt und daher die Anwesenheit anderer Anziehungskräfte neben den von den Gesamtladungen herrührenden COULOMBschen erfordert [Deformationsenergie nach FAJANS[2]); Näheres s. ds. Handb. Bd. XXIV]. Bei Gasen läßt sich bisher nur in zwei Fällen etwas über die Abstoßungskräfte aussagen, was über den Ersatz derselben durch das Modell starrer Kugeln hinausgeht.

Der erste Fall betrifft die Zustandsgleichung der Edelgase. Hier hat, wie in Ziff. 12 erwähnt, ZWICKY[3]) gezeigt, daß das Auftreten eines Maximums in der Temperaturabhängigkeit des zweiten Virialkoeffizienten nur dadurch zu erklären ist, daß die Raumerfüllung der Moleküle bzw. das VAN DER WAALSsche b mit steigender Temperatur abnimmt. Die Rechnung wird so geführt, wie es in Ziff. 12 angedeutet ist. Für die Energie der Anziehungskräfte, die ja hier vom Induktionseffekt (Ziff. 42) herrühren, wird $\dfrac{3\alpha\,\overline{\Theta^2}}{r^8}$ geschrieben, für die ganze potentielle Energie zwischen zwei Molekülen also

$$w=-\dfrac{3\alpha\,\overline{\Theta^2}}{d_0^8}\left[\left(\dfrac{d_0}{r}\right)^8-\dfrac{8}{n}\left(\dfrac{d_0}{r}\right)^n\right],$$

---
[1]) J. C. SLATER, Phys. Rev. Bd. 23, S. 488. 1924.
[2]) K. FAJANS, Naturwissensch. Bd. 11, S. 165. 1923.
[3]) F. ZWICKY, Phys. ZS. Bd. 22, S. 449. 1921.

und verschiedene Werte von n untersucht. Hierin bedeutet d_0 den Gleichgewichtsabstand zweier Heliumatome. Es zeigt sich, daß für n der Wert 9 die Temperaturabhängigkeit am besten darstellt. 10 gibt schon schlechtere Werte. Die Formel, welche nach der graphischen Darstellung des Integrals dasselbe angenähert wiedergibt, lautet dann, wenn $T_0 = \dfrac{3\alpha \overline{\Theta}^2}{(\frac{9}{8} d_0)^8}$,

$$B = b\frac{512}{729}\left\{1 - \frac{3T}{2(T_0 + 2T)} - 0{,}1002\frac{T_0}{T} + 0{,}006\left(\frac{T_0}{T}\right)^2 + 0{,}009\left(\frac{T_0}{T}\right)^3\right\}.$$

Die Anpassung an die Messungen von KAMERLINGH ONNES[1]) ergibt für die eingehenden Konstanten $T_0 = 217{,}5$, $d_0 = 3{,}13 \cdot 10^{-8}$ cm, $\Theta = 1{,}32 \cdot 10^{-26}$. Die Messungen sind von HOLBORN und OTTO[2]) zu höheren Temperaturen ausgedehnt worden. Den Vergleich der Formeln mit den Messungen zeigt die folgende Tabelle[3]):

Tabelle 16.
Abhängigkeit des zweiten Virialkoeffizienten von Helium von der Temperatur.

T	= 56,5	90,3	169,5	273,1	293,1	373,4	473,1	573,1	373,1
B_{gem}	= 10,4	11,9	12,15	11,48	11,16 / 11,4	11,0 / 11,25	10,96	10,4	10,05
b	= 86	84,5	[89	89	89,7 / 91,6= / 1,025·89,2	92,4 / 94,3= / 1,025·92	95,9= / 1,025·93,5	94,3= / 1,026·92	94,0= / 1,025·91,7

Auch bei anderen Gasen (Neon, Argon) hat HOLBORN das Maximum gefunden.

Zweitens hatten wir in Ziff. 17 gezeigt, daß die Temperaturabhängigkeit der inneren Reibung von dem Verlauf des Kraftfeldes in der Umgebung des Moleküls abhängt. Im allgemeinen ist die Anziehung so stark, daß sie das Kraftfeld im wesentlichen bestimmt und man die Abstoßung durch das Verhalten starrer Kugeln idealisieren kann, d. h. für die Temperaturabhängigkeit der inneren Reibung gilt die SUTHERLANDsche Formel. Nur bei denjenigen Gasen, bei welchen die Anziehungskräfte besonders schwach sind, die also einen sehr tiefen Siedepunkt haben, besonders bei Helium, bestimmen die Abstoßungskräfte schon wesentlich das Kraftfeld mit. Dementsprechend war zur Darstellung der inneren Reibung des Heliums eine Formel besser geeignet, welche die Wirkung zweier Moleküle aufeinander durch eine potentielle Energie $+\dfrac{B}{r^n}$ wiedergab. Aus den Zahlen von Ziff. 17 würde für He $n = 3{,}05$, also wesentlich kleiner als 9, folgen, für H_2 $n = 2{,}92$. Es wäre erwünscht, eine Formel abzuleiten, die das Verhalten der inneren Reibung bei Molekülen wiedergibt, zwischen welchen eine potentielle Energie von der Form $-\dfrac{A}{r^m} + \dfrac{B}{r^n}$ herrscht.

47. Theoretisches über die Natur der Abstoßungskräfte. BORN hatte in seiner ersten Arbeit die Abstoßungskräfte rein statisch zu deuten versucht, d. h. er hatte angenommen, daß die potentielle Energie der Abstoßung durch das erste positive Glied der Reihenentwicklung (1), Ziff. 40, gegeben sei. Aus $n = 9$ bei den Alkalihalogeniden, bei welchen man die geometrische Struktur der Ionenoberfläche bei Kation und Anion als gleich ansehen kann (Edelgasschale), hatte er geschlossen, daß

---

[1]) H. KAMERLINGH ONNES, Comm. Leiden 1907, Nr. 102.
[2]) L. HOLBORN u. J. OTTO, ZS. f. Phys. Bd. 23, S. 77. 1924.
[3]) Wenn zwei Zahlen untereinanderstehen, ist die obere der unter [1]), die andere der unter [2]) zitierten Arbeit entnommen. Da sich die Messungen im Mittel um den Faktor 1,025 unterscheiden, wurde dieser zum Vergleich bei dem nach HOLBORN berechneten b herausgehoben.

es sich um die Wirkung zweier Gebilde von Würfelsymmetrie aufeinander handle ($n = 9 = 1 + 4 + 4$).

Nun kann man zunächst ein solches Ion, bei dem ja unmittelbar aus $n = 9$ nach dieser Deutung nur die Symmetrie erschlossen werden kann, als Würfel mit 8 ruhenden Elektronen an den 8 Würfelecken und einem achtfach positiv geladenen Kern in der Mitte idealisieren. Hierbei werden nur die 8 Elektronen der äußersten Schale als wirkungsvoll angenommen, während die übrigen Schalen mit dem Kern vereinigt gedacht sind, da die Wirkung proportional der vierten Potenz des Radius ist.

Tatsächlich üben solche Würfel, wenn sie Seite an Seite nebeneinander gestellt werden, Abstoßungskräfte aufeinander aus, deren Größe man nach den in Ziff. 40 gegebenen Methoden berechnen kann. FAJANS und HERZFELD[1]) haben diese Rechnung für Alkalihalogenide ausgeführt und finden als potentielle Energie pro Ionenpaar im Na—Cl-Typus

$$w_p = -\frac{1,742\,e^2}{r} - \frac{14}{9}\,12,37\,e^2\,\frac{a_+^4 - a_-^4}{r^5} + \frac{32}{3}\,e^2\,\frac{a_+^6 - a_-^6}{r^7} + \frac{14}{9}\,2647,4\,\frac{e^2}{r^9}\,a_+^4\,a_-^4$$
$$+ \frac{14}{9}\,\frac{e^2}{r^9}\,\{70,34\,a_+^8 + 60,92\,a_-^8\},$$

wobei das 2., 3. und 5. Glied von der Wirkung des Neutralkubus (8 Elektronen und 8 Ladungen in der Mitte) auf die positive oder negative Überschußladung des anderen Ions herrührt. Das Minimum dieser Größe gibt dann den Gitterabstand. Man kann umgekehrt aus einer Reihe gegebener Gitterabstände die wahren Größen der Ionen so zu bestimmen versuchen, daß die Formel diese Gitterabstände wiedergibt. So haben FAJANS und HERZFELD aus den Gitterabständen von NaCl, NaBr, NaJ, KBr, KCl, KJ und RbBr die Würfelgrößen der Ionen von Na, K und Rb sowie der Halogene ausgerechnet, und GRIMM[2]) hat diese Rechnungen dann auf die Oxyde und Sulfide der Erdalkalien ausgedehnt. Das Resultat zeigt folgende Tabelle:

Tabelle 17. Ionengrößen.
Würfelseite des Ions in AE.

Mg^{++}	Ca^{++}	Sr^{++}	Ba^{++}
0,39	0,67	0,87	1,07
Na^+	K^+	Rb^+	Cs^+
0,517	0,794	0,914	1,07?
F^-	Cl^-	Br^-	J^-
0,75	0,953	1,021	1,122
O^{--}			
0,89			

Wenn die Größe der beiden Ionen nicht zu verschieden ist, läßt sich die Formel für den Gitterabstand bei den Alkalihalogeniden gut durch die Interpolationsformel wiedergeben: $r = 2,285\,a_- + 1,212\,a_+$.

SCHWENDENWEIN hat die gleichen Rechnungen für das LANDÉsche Modell (Ziff. 40) ausgeführt; da bei gleicher mittlerer Größe dessen Feld wesentlich besser ausgeglichen ist, so ist zur Erzielung der gleichen Abstoßungswirkung eine Erhöhung der Ionengröße erforderlich, und es ergeben sich demnach die Ionen etwa um den Faktor 1,2 größer. FRENKEL endlich hat, wie in Ziff. 40 schon erwähnt, jedes Elektron eine Ellipse beschreiben lassen.

---

[1]) K. FAJANS u. K. F. HERZFELD, ZS. f. Phys. Bd. 2, S. 309. 1920.
[2]) H. G. GRIMM, ZS. f. phys. Chem. Bd. 98, S. 353. 1921.

Die ganze statische Auffassung der Abstoßungskräfte leidet aber daran, daß nach Ziff. 39 Abstoßung nur in ganz bestimmten Lagen eintritt, während es ebenso viele gibt, wo sich die Gebilde anziehen. Im Falle der Würfel wäre das die Stellung Ecke gegen Seite. Nach dem BOLTZMANNschen Prinzip sollte nun, wenn überhaupt irgendeine Stellung ausgezeichnet ist, es gerade die letztere sein (tatsächlich haben wir ja gerade durch die Auszeichnung der Richtungen mit Anziehung in Ziff. 43 einen Teil der VAN DER WAALSschen Anziehung erklärt).

Allgemein liegt die Schwierigkeit darin, daß zwei aus ruhenden Ladungen aufgebaute Gebilde überhaupt keine stabile Ruhelage unter dem Einfluß ihrer gegenseitigen Kräfte haben können, weil eine Funktion (in diesem Fall die gegenseitige potentielle Energie), welche der LAPLACEschen Differentialgleichung genügt, nirgends im Endlichen ein Minimum haben kann.

48. Berücksichtigung der gegenseitigen Beeinflussung der Bewegung der Ladungen. DEBYE hat, um eine nach allen Richtungen wirkende Abstoßung zu bekommen, als erster den in Ziff. 41 besprochenen Einfluß der Elektronenbewegung in dem einen Molekül auf die Elektronenbewegung im anderen in Betracht gezogen. Qualitativ läßt sich folgendermaßen klarmachen, wann es sich hierbei tatsächlich um eine Abstoßung handelt. Wir müssen zwei mechanisch wesentlich verschiedene Fälle unterscheiden:

a) Es ist keinerlei Entartung in der Bewegung des einzelnen Atoms vorhanden. Beispiel: ein an einer festen Stange um eine feste Achse umlaufendes Atom (Hantelmodell mit fester Rotationsrichtung). Hierbei soll auch die von BORN sog. zufällige Entartung, die darin besteht, daß die beiden Gebilde von Natur aus „zufällig" gleiche Umlaufszahl haben, vorderhand ausgeschlossen sein. Dann sieht man ohne weiteres ein, daß die beiden Elektronen in derjenigen gegenseitigen Lage, in welcher sie sich gegenseitig anziehen, besonders schnell rotieren werden, in den Lagen mit Abstoßung dagegen langsamer. Im Zeitmittel sind sie daher länger in Lagen mit Abstoßung, so daß im Zeitmittel Abstoßung herauskommt. Ein besonders einfaches Beispiel hierfür ist das in Ziff. 41 als erstes behandelte, nämlich ein Wasserstoffatom im Felde einer festgehaltenen negativen Ladung, wobei dieses besonders schnell läuft, wenn der Radiusvektor auf die Ladung hinzeigt. Tatsächlich ist die dort berechnete Zusatzenergie positiv, entsprechend einer Abstoßung.

Im Fall zufällig gleicher Umdrehungsgeschwindigkeiten zweier Gebilde sind solche Phasenbeziehungen möglich, daß diese von den wechselnden Feldern herrührenden Abstoßungskräfte verschwinden, z. B. bei zwei gleichen Wasserstoffatomen, die in parallelen Ebenen senkrecht zur Kernverbindungslinie in gleicher Phase umlaufen. Allerdings ist dafür in diesem speziellen Fall die konstante (statische) Kraft zwischen ihnen abstoßend. Ob dies auch in komplizierteren Fällen so ist, ist unbekannt.

Die allgemeine Formel für diesen Fall liefert (2) Ziff. 41. Es wäre immer dann Abstoßung vorhanden, wenn $\bar{H}_2$ stets positiv wäre. Nun ist im allgemeinen $\frac{1}{A}\frac{\partial A}{\partial J}$ sowohl als $\frac{1}{\nu}\frac{\partial \nu}{\partial J}$ positiv, so daß $\frac{\partial \frac{1}{2}\ln\nu - \ln A}{\partial J}$ positiv sein wird, wenn das erstere Glied größer als das letztere ist. Ferner ist $\sum \tau_j \nu_j$ stets positiv, da die Summe nur über solche Kombinationen zu erstrecken ist, daß diese Größe positiv ist. Dagegen kommen bei mehreren Arten von Indizes auch einzelne negative Werte τ_j vor, trotzdem $\sum \tau_j \nu_j$ stets positiv ist, so daß hier $\bar{H}_2 > 0$ nicht allgemein richtig ist. Es müßte, wie das zweite durchgeführte Beispiel zeigt, durch irgendeine in der Natur des unangeregten Ions liegende Bedingung dies erzwungen werden.

b) **Ein oder mehrere Freiheitsgrade sind entartet.** DEBYE[1]) hat gerade ein solches Beispiel behandelt, nämlich das Verhalten eines freibeweglichen Elektrons im Felde eines Wasserstoffatoms mit Kreisbahn. Hier wird die Bewegung des Elektrons im wesentlichen durch das störende Wechselfeld beherrscht, und man muß in der Näherung etwas weiter gehen. DEBYE benutzt nicht die formale Störungsrechnung, sondern geht folgendermaßen vor: Das fremde Elektron sitze auf der Achse des Wasserstoffatoms; er vernachlässigt die Rückwirkung der Bewegung des Elektrons auf die Bewegung des Wasserstoffatoms und berücksichtigt nur die umgekehrte Wirkung. Dann zeigt er aus der Bewegungsgleichung

$$m\ddot{x} = \mathfrak{K} = e\mathfrak{E}(t, x)$$

und der Potentialeigenschaft des elektrischen Feldes, daß im Mittel

$$\overline{\mathfrak{K}} = -e\,\text{grad}\,\frac{\overline{(x\mathfrak{E})}}{2},$$

wenn $\overline{\mathfrak{E}(x)}$ für festes x gleich Null ist. Nun folgt andererseits aus dem Energiesatz, daß

$$\overline{m\dot{x}^2} = e\overline{(x\mathfrak{E})}$$

ist. Demnach ist $e\overline{(x\mathfrak{E})}$ stets positiv und daher die Kraft abstoßend, und zwar in diesem Spezialfall proportional $\frac{1}{r^7}$.

D. Lage der Atomkerne im Molekül.

a) Kurzer Abriß der allgemeinen Theorie der Dreh- und Schwingungsbewegung in Gasmolekülen.

49. Reine Rotation zweiatomiger Moleküle. Wir denken uns ein Molekül, bestehend aus zwei Atomen a und b, deren Masse als wesentlich in den Kernen konzentriert gedacht wird. Dieses Molekül verhält sich also mechanisch so wie ein gewichtsloser Stab von der Länge d mit zwei Massenpunkten, den Kernen, an den Enden. Die kräftefreie Drehbewegung eines solchen Stabes besteht in einer Rotation um eine durch die Anfangsbedingungen bestimmte, für die weitere Bewegung aber im Raume feste Achse senkrecht zur Verbindungslinie der Kerne, die durch den Schwerpunkt geht. Die Energie einer solchen Drehbewegung mit der Winkelgeschwindigkeit $\dot{\varphi}$ ist

$$\varepsilon_{\text{kin}} = \tfrac{1}{2}(m_a d_a^2 + m_b d_b^2)\dot{\varphi}^2 = \tfrac{1}{2}\Theta_m \dot{\varphi}^2 \tag{1}$$

$$m_a d_a = m_b d_b, \quad d_a + d_b = d,$$

wo

$$\Theta_{\text{mech.}} = m_a d_a^2 + m_b d_b^2 = \frac{m_a m_b}{m_a + m_b} d^2 \tag{2}$$

das Trägheitsmoment des Moleküls ist. Dieses ist fest vorgegeben, wenn die Stablänge, d. h. der Abstand der Kerne, durch Anziehungs- und Abstoßungskräfte zwischen den Atomen festgelegt ist, die von der Rotationsbewegung unabhängig sind. Im allgemeinen sind die beiden Atome durch Kräfte aneinander gebunden, welche für kleine Abweichungen aus der Gleichgewichtslage als quasielastisch angesehen werden können und demnach gleich $\mathfrak{K}_x = -\dfrac{m_a m_b}{m_a + m_b}(2\pi\nu_0)^2(d - d_0)$

---

[1]) P. DEBYE, Phys. ZS. Bd. 22, S. 302. 1921.

sind, wo ν_0 die Schwingungszahl der gegenseitigen Oszillation der beiden Atome bedeutet. Infolge der Zentrifugalkräfte wird der Abstand und damit das Trägheitsmoment des Moleküls mit steigender Umdrehungszahl steigen:

$$\frac{m_a m_b}{m_a + m_b} (2\pi\nu_0)^2 (d - d_0) = \frac{m_a m_b}{m_a + m_b} d\dot{\varphi}^2, \quad \frac{d - d_0}{d} = \frac{\dot{\varphi}^2}{(2\pi\nu_0)^2}. \tag{3}$$

Die Drehbewegung ist durch die Größe ihres Drehimpulses

$$p_\varphi = \Theta_{\text{mech.}} \dot{\varphi} \tag{4}$$

charakterisiert. Dieser Drehimpuls ist nun quantenmäßig festgelegt[1])

$$p_\varphi = m \frac{h}{2\pi}. \tag{5}$$

Die Quantenstufen der Energie werden demnach

$$\varepsilon_{\text{rot}_m} = \frac{1}{2} \frac{p_\varphi^2}{\Theta_{\text{mech.}}} = \frac{h^2}{8\pi^2 \Theta_{\text{mech.}}} m^2. \tag{6}$$

Jeder solchen Energiestufe entspricht ein „Quantengewicht" von der Größe $2m + 1$. Dies leitet man so ab, daß man die Bewegung in einem Richtfelde vor sich gehen läßt; dann sind quantenmäßig auch für die Projektionen des Drehimpulses auf die Feldrichtung nur ganzzahlige Vielfache von $\frac{h}{2\pi}$ erlaubt; da diese Projektion zwischen $-\frac{mh}{2\pi}$ und $+\frac{mh}{2\pi}$ liegen muß, ergibt sich die mögliche Zahl der Richtungen als $2m + 1$.

Die zur Berechnung des thermodynamischen Verhaltens geeignetste Größe, die Zustandssumme, durch welche sich auch der von der Rotation herrührende Anteil der freien Energie F_{rot} bestimmt, ist dann

$$e^{-\frac{F_{\text{rot.}}}{RT}} = \sum_m g_m e^{-\frac{\varepsilon_m}{kT}} = \sum (2m + 1) e^{-\frac{\varepsilon_1 m^2}{kT}}. \tag{7}$$

Für hohe Temperaturen kann man die Summation durch eine Integration ersetzen und erhält[2])

$$e^{-\frac{F_{\text{rot.}}}{RT}} = \int 2m\, dm\, e^{-\frac{\varepsilon_1 m^2}{kT}} = \frac{kT}{\varepsilon_1} = \frac{8\pi^2 \Theta_{\text{mech.}} kT}{h^2}. \tag{8}$$

Dieser Ausdruck setzt sich aus zwei Faktoren zusammen, von denen der eine, 4π, den Bereich aller möglichen Orientierungen mißt, welche die Achse des Moleküls einnehmen kann. Hierbei hat man dieser Achse auch einen Richtungssinn beizulegen, so daß eine Drehung um 180° nicht zu einer identischen Lage führt. Allerdings gilt dies nur, wenn das Molekül aus zwei verschiedenen Atomen aufgebaut ist oder der Richtungssinn sonst irgendwie, z. B. durch ein magnetisches Moment (Ziff. 63) ausgezeichnet ist. Andernfalls ist der für verschiedene Orientierungen zur Verfügung stehende Bereich nicht gleich der ganzen, sondern

---

[1]) Die hier auftretenden Quantenzahlen m und n haben nichts mit den gleichbezeichneten Exponenten von r in der potentiellen Energie zu tun.

[2]) Ableitungen der Formeln bei O. SACKUR, Nernst-Festschrift 1912, S. 405; Ann. d. Phys. Bd. 40, S. 67. 1913; H. TETRODE, Ann. d. Phys. Bd. 38, S. 434; Bd. 39, S. 255. 1912; Proc. Amsterdam Bd. 17, S. 1167. 1915; O. STERN, Ann. d. Phys. Bd. 44, S. 497. 1914; K. F. HERZFELD, Phys. ZS. Bd. 22, S. 187. 1921; A. SCHAMES, ebenda Bd. 21, S. 38, 158. 1920; J. K. SYRKIN, ZS. f. Phys. Bd. 24, S. 355. 1924; J. PARTINGTON, Phil. Mag. (6) Bd. 44, S. 988. 1922; P. EHRENFEST u. V. TRKAL, Ann. d. Phys. Bd. 65, S. 609. 1921.

nur der halben Kugeloberfläche und demnach (8) durch die Symmetriezahl $s = 2$ zu dividieren.

Der andere Faktor $\frac{2\pi \Theta kT}{h^2}$ rührt von der Integration über den „Raum des Drehimpulses" her, ist demnach durch die kinetische Energie bedingt.

Man kann die Zerlegung von (8) auch anders vornehmen, indem man schreibt

$$\frac{\sqrt{8\pi^2 \Theta kT}}{h} \frac{\sqrt{8\pi^2 \Theta kT}}{h}.$$

Jeder der beiden Faktoren rührt dann von einem Freiheitsgrad, d. h. von der Rotation um eine der beiden aufeinander und auf der Figurenachse senkrecht stehenden Achsen her.

Dementsprechend lautet bei genügend hoher Temperatur der Ausdruck für das Phasenintegral, das der Rotation eines mehratomigen Moleküls zukommt

$$e^{-\frac{F_{rot.}}{RT}} = \frac{\sqrt{8\pi^2 \Theta_1 kT}}{h} \frac{\sqrt{8\pi^2 \Theta_2 kT}}{h} \frac{\sqrt{8\pi^2 \Theta_3 kT}}{h}.$$

Jeder der drei Faktoren entspricht der Rotation um eine der drei Hauptträgheitsachsen mit den Hauptträgheitsmomenten Θ_1, Θ_2, Θ_3.

50. Überlagerung einer Schwingung[1]). Die Atome eines Moleküls können nicht nur sich als starre Hantel drehen, sondern wie schon in Ziff. 49 erwähnt, gegeneinander schwingen. Wäre die Kraft genau quasielastisch, so wäre die Energie der Schwingung durch

$$\varepsilon_s = nh\nu, \qquad (1)$$

gegeben. Da aber die Amplituden auch schon bei der ersten möglichen Quantenstufe verhältnismäßig groß sind, muß man die Abweichungen vom quasielastischen Gesetz in Rechnung ziehen (unharmonischer Oszillator). Für die Energie desselben ergibt sich dann

$$\varepsilon_s = nh\nu_0 \{1 - \mathfrak{u} n\} \qquad (2)$$

$\mathfrak{u}$ ist dabei eine kleine Zahl. Setzt man die potentielle Energie

$$\frac{\overline{m}}{2}(2\pi\nu_0)^2 (d-d_0)^2 + a(d-d_0)^3 + b(d-d_0)^4, \qquad (3)$$

so ist

$$\mathfrak{u} = \frac{3h\nu_0}{2(2\pi\nu_0)^4 \overline{m}^2} \left\{ \frac{5}{2} \frac{a^2}{(2\pi\nu_0)^2 \overline{m}} - b \right\}. \qquad (4)$$

Setzt man dagegen die Energie

$$-\frac{e^2}{d} + \frac{e^2}{d_0} + \frac{\beta}{d^2} + \frac{\gamma}{d^3} = \text{konst.} - \frac{e^2\alpha}{d} + \frac{e^2\alpha d_0}{2d^2} + a(d-d_0)^3 + b(d-d_0)^4, \qquad (3a)$$

---

[1]) A. KRATZER, ZS. f. Phys. Bd. 3, S. 289. 1920. Für die im folgenden dargestellte Theorie der Bandenspektren sind die wichtigsten Arbeiten: N. BJERRUM, Nernst-Festschrift 1912; K. SCHWARZSCHILD, Berl. Ber. 1916, S. 564; A. EUCKEN, Verh. d. D. Phys. Ges. Bd. 15, S. 1159. 1913; Jahrb. d. Radioakt. Bd. 16, S. 361. 1920; T. HEURLINGER, Phys. ZS. Bd. 20, S. 188. 1919; Diss. Lund 1918; W. LENZ, Verh. d. D. Phys. Ges. Bd. 21, S. 632. 1919; A. KRATZER, ZS. f. Phys. Bd. 16, S. 353. 1923; Bd. 30, S. 298. 1924; Ann. d. Phys. Bd. 67, S. 127. 1922; Bd. 71, S. 72. 1924; Münchener Ber. 1922, S. 107; Ergebn. d. exakt. Naturwissensch. I, S. 315. 1922; Enzykl. d. math. Wissensch. V, 26a; H. KRAMERS, ZS. f. Phys. Bd. 13, S. 343. 1923; H. KRAMERS u. W. PAULI, ebenda Bd. 13, S. 351. 1923; M. BORN u. E. HÜCKEL, Phys. ZS. Bd. 24, S. 1. 1923; M. BORN u. W. HEISENBERG, Ann. d. Phys. Bd. 74, S. 1. 1924; R. MECKE, Phys. ZS. Bd. 26, S. 217. 1925.

so ist mit
$$(2\pi\nu_0)^2 = \frac{1}{\Theta_{\text{mech.}}} \frac{e^2\alpha}{d_0},$$

$$\mathfrak{u} = \frac{3}{2} \frac{h\nu_0}{(2\pi\nu_0)^2 \Theta} \left\{1 + 5\frac{a d_0}{(2\pi\nu_0)^2 \overline{m}} + \frac{5}{2}\frac{a^2 d_0^2}{(2\pi\nu_0)^4 \overline{m}^2} + b\frac{d_0^2}{(2\pi\nu_0)^2 \overline{m}}\right\}. \quad (4a)$$

Findet gleichzeitig Drehung und Schwingung statt, so sind diese beiden Bewegungen nicht unabhängig voneinander. Erstens wirkt die Schwingung auf die Drehung dadurch ein, daß während der Schwingung sich das Trägheitsmoment periodisch ändert. Zweitens wirkt die Drehung auf die Schwingung dadurch ein, daß, wie schon in Ziff. 49 erwähnt, infolge der Zentrifugalkraft mit steigender Drehgeschwindigkeit der Atomabstand steigt und damit bei unharmonischer Bindung sich die Frequenz ändert. Als Energie eines gleichzeitig schwingenden und rotierenden zweiatomigen Moleküls ergibt sich

$$\left.\begin{array}{l}\varepsilon_{sr} = nh\nu_0\{1 - \mathfrak{u}n\} \\ + \dfrac{h^2}{8\pi^2\Theta} m^2 \left\{1 - 3\dfrac{h}{4\pi^2\nu_0\Theta}n\left(1 + \dfrac{2a d_0}{(2\pi\nu_0)^2 \overline{m}} + \cdots\right) - \dfrac{h^2}{16\pi^4\nu_0^2\Theta^2} m^2\right\}.\end{array}\right\} \quad (5)$$

Hierbei ist das Trägheitsmoment Θ für den schwingungslosen Zustand $n = 0$ zu nehmen.

Ist außerdem ein Elektron angeregt, so hängen die Größen a, b, d_0 (also auch $\mathfrak{u}$) sowie Θ in unbekannter Weise von der Anregung ab und erhalten demnach einen Index. Ferner kommt zu (5) noch die Elektronenenergie $\varepsilon_{el} = h\nu_{el}$ hinzu; hierbei wäre ν_{el} die Frequenz, die ausgestrahlt würde, wenn beim Übergang des Elektrons sowohl die Kernschwingungszahl n als auch die Rotationsquantenzahl $m = 0$ bliebe.

51. Vorhandensein eines Elektronenmomentes. Es sei ein beliebiges Molekül gegeben, dessen 3 Haupttr255gheitsmomente Θ_1, Θ_2, Θ_3 seien. Der gesamte Drehimpuls setzt sich aus den Impulsen um die 3 Hauptträgheitsachsen

$$m_1\frac{h}{2\pi}, \quad m_2\frac{h}{2\pi}, \quad m_3\frac{h}{2\pi}$$

nach der Formel zusammen

$$m^2 \frac{h^2}{4\pi^2} = (m_1^2 + m_2^2 + m_3^2)\frac{h^2}{4\pi^2}. \quad (1)$$

Jede dieser drei Komponenten setzt sich wieder aus dem Elektronendrehimpuls und dem Impuls der Kernbewegung zusammen. Nun habe das Molekül einen Elektronendrehimpuls, dessen Komponenten nach den Achsen

$$m_{E_1}\frac{h}{2\pi}, \quad m_{E_2}\frac{h}{2\pi}, \quad m_{E_3}\frac{h}{2\pi}$$

sein sollen. Für den Drehimpuls, der von der Kernbewegung herrührt, bleibt daher übrig

$$(m_1 - m_{E_1})\frac{h}{2\pi}, \quad (m_2 - m_{E_2})\frac{h}{2\pi}, \quad (m_3 - m_{E_3})\frac{h}{2\pi}.$$

Demnach ist die gesamte Rotations- und Elektronenenergie

$$\left.\begin{array}{l}\varepsilon_{\text{rot., El}} = \dfrac{1}{2}\dfrac{1}{\Theta_1}\dfrac{h^2}{4\pi^2}(m_1 - m_{E_1})^2 + \dfrac{1}{2}\dfrac{1}{\Theta_2}\dfrac{h^2}{4\pi^2}(m_2 - m_{E_2})^2 \\ + \dfrac{1}{2}\dfrac{1}{\Theta_3}\dfrac{h^2}{4\pi^2}(m_3 - m_{E_3})^2 + \varepsilon_{\text{El}}.\end{array}\right\} \quad (2)$$

Hierbei brauchen m_1, m_2, m_3 nicht ganzzahlig zu sein, sondern nur m. Entsprechendes gilt wahrscheinlich auch für m_E.

Als einfachsten Fall wollen wir wieder ein zweiatomiges Molekül betrachten. Für dieses sind zwei Hauptträgheitsmomente gleich $\Theta_1 = \Theta_2$, während für das dritte Hauptträgheitsmoment Θ_3 um die Figurenachse nur die Elektronenbewegung in Betracht kommt, d. h. es ist $m_3 = m_{E_3}$. Ferner können wir die Achse 1 mit dem gesamten Impuls zusammenfallen lassen ($m_2 = 0$) und wollen annehmen, daß auch die Achse des Elektronenimpulses in die Ebene fällt, die durch Gesamtimpuls und Figurenachse hindurchgeht ($m_{E_2} = 0$). Dann geht (2) über in

$$\varepsilon_{\text{rot., El}} = \frac{1}{2\Theta} \frac{h^2}{4\pi^2} \left\{ \sqrt{m^2 - m_{E_3}^2} - m_{E_1} \right\}^2 + \varepsilon_{\text{El}}, \qquad (2')$$

da nach (1) $m_1^2 = m^2 - m_{E_3}^2$ ist. Der allgemeine Termausdruck, der sich aus der Energie durch Division mit h ergibt, lautet demnach

$$\begin{aligned}\frac{\varepsilon_{\text{schw. rot, El}}}{h} &= \frac{\varepsilon_{\text{El}}}{h} + n\nu_0\{1 - \mathfrak{u}\, n\} \\ &+ \frac{h}{8\pi^2 \Theta}\left[1 - 3\mathfrak{u}\left(1 + \frac{2\,a\,d_0}{(2\pi\nu_0)^2 m}\right)n\right]\left\{\sqrt{m^2 - m_{E_3}^2} - m_{E_1}\right\}^2 \\ &- \mathfrak{u}^2 \frac{h}{8\pi^2 \Theta}\left\{\sqrt{m^2 - m_{E_3}^2} - m_{E_1}\right\}^4 = \frac{\varepsilon_{\text{El}}}{h} + n\nu_0\{1 - \mathfrak{u}\,n\} \\ &+ B(n)\left\{\sqrt{m^2 - m_{E_3}^2} - m_{E_1}\right\}^2 + \cdots .\end{aligned} \qquad (3)$$

Ferner tritt zu (3) noch ein Summand

$$\delta \left\{ \sqrt{m^2 - m_{E_3}^2} - m_{E_1} \right\},$$

der von der Rückwirkung der Rotation auf die Elektronenbewegung herrührt, aber oft sehr klein ist. Für $m \gg m_{E_3}$ kann man (3) entwickeln und erhält

$$\frac{\varepsilon_{\text{schw. rot, El}}}{h} = \frac{\varepsilon_{\text{El}}}{h} + n\nu_0\{1 - \mathfrak{u}\,n\} + B(n)\left\{(m - m_{E_1})^2 + \frac{m_{E_1} m_{E_3}^2}{m} - m_{E_3}^2\right\} + \ldots \quad (3')$$

Es kommt nun vor, daß mehrere solche Terme zusammengehören, d. h. wie man sich in Analogie zu den Linienspektren ausdrückt, der Term kann vielfach sein. Dies kann erstens dadurch eintreten, daß zu einem bestimmten Wert von n (Schwingungsquantenzahl), n_E (Gesamtquantenzahl der Elektronenbewegung) und m (Gesamtquantenzahl der Rotation) die beiden Werte $\pm m_{E_1}$ gehören, d. h. es kann die Rotation der Elektronen im gleichen oder im entgegengesetzten Sinn erfolgen wie die Rotation des ganzen Moleküls. Ist dabei zufällig m_{E_3} Null, d. h. kein Elektronenimpuls um die Figurenachse vorhanden und $m_{E_1} = \pm\frac{1}{2}$ — was allerdings mit den gewöhnlichen Quantenregeln unvereinbar erscheint, aber in Wirklichkeit häufiger auftritt — so fällt das energiereichere Niveau $m_{E_1} = +\frac{1}{2}$ des Terms mit der Rotationsquantenzahl m mit dem energieärmeren Niveau $m_{E_1} = -\frac{1}{2}$ des Terms mit der Rotationsquantenzahl $m+1$ zusammen, da $m+1-\frac{1}{2} = m+\frac{1}{2}$ ist. Erst in den Gliedern, die in m von der 4. Potenz sind, zeigen sich Abweichungen, wenn $\delta \neq 0$ ist. Sonst läßt sich die Trennung der Terme höchstens mit Hilfe der Auswahlregeln (Ziff. 52) durchführen.

Außer dieser Möglichkeit, welche Dubletts liefert, können aber auch andere Werte von m_{E_1} auftreten, z. B. neben $\pm\frac{1}{2}$ auch $\pm\frac{1}{4}$. Es kann aber zweitens auch dadurch auftreten, daß der Elektronenanteil ε_{El} in mehrere Terme aufgespalten ist wie bei gewöhnlichen Spektraltermen.

52. Auswahlregeln. Aus den Termen berechnet man die Frequenzen der Bandenlinien als Differenz der Energie von Anfangs- und Endterm dividiert durch h. Man darf aber nicht beliebige Anfangs- und Endterme kombinieren. Maßgebend für die hierfür geltenden Auswahlregeln ist das Korrespondenzprinzip[1]). Dieses bringt die Stärke einer Linie in Zusammenhang mit der mechanischen Bewegung des (strahlenden oder absorbierenden) Systems. Der mechanische Zustand unserer Molekeln wird durch mehrere Bewegungskomponenten bestimmt, denen folgende Quantenzahlen und Frequenzen zugehören: Als erstes kommt die Bewegung der Elektronen in Betracht. Zu ihr gehören die Quantenzahlen des Elektronendrehimpulses m_E und weitere Quantenzahlen, über die wir nichts Näheres wissen und die für den Anteil ε_{El} in Ziff. 51 charakteristisch sind. Zu ihnen gehören Elektronenumlaufsfrequenzen ω_{El}, über die wir auch nichts Näheres sagen können. Zweitens tritt die Kernschwingung auf, deren Quantenzahl n ist und zu der die Frequenz $\omega_{Sch.} = \nu_0$ gehört.

Drittens haben wir die Bewegung, die den Gesamtimpuls des Moleküls mit der Quantenzahl m bedingt und die entweder eine einfache Rotation des Moleküls um die Richtung des Gesamtimpulses darstellt (wenn nämlich auch der Elektronenimpuls in diese Richtung fällt) oder eine Präzession der Molekülachse um diese Richtung. Dieser Bewegung entspricht die Umlaufsfrequenz $\omega_{rot.}$. Nun hat man nach dem Korrespondenzprinzip die Bewegung in eine vielfache Fourier-Reihe nach den Frequenzen ω_{El}, $\omega_{Sch.}$, $\omega_{rot.}$ zu entwickeln. Hierbei möge das Glied $e^{2\pi i (s_1 \omega_{El} + s_2 \omega_{Sch.} + s_3 \omega_{rot.})t}$ den Koeffizienten $C_{s_1 s_2 s_3}$ haben. Dann behauptet das Korrespondenzprinzip, daß $C^2_{s_1 s_2 s_3}$ ein Maß für die Intensität derjenigen Linie ist, die beim Übergang

$$m_{El\,a} - m_{El\,e} = s_1, \qquad n_a - n_e = s_2, \qquad m_a - m_e = s_3 \qquad (1)$$

(a Anfangszustand, e Endzustand) ausgesandt wird.

Da wir über die Elektronenbewegung nichts wissen, können wir auch über die Abhängigkeit der Koeffizienten der Fourier-Entwicklung von der Nummer s_1 der Oberschwingung der Elektronengrundfrequenz ω_{El} nichts aussagen, d. h. wir kennen noch keine Auswahlregeln für die Elektronenübergänge. Das ist vorderhand auch noch ohne praktische Bedeutung, da diese nur das Auftreten der Bandensysteme (Ziff. 53) regeln und hierüber das experimentelle Material noch sehr dürftig ist.

Wäre die Kernschwingung harmonisch, d. h. die Kräfte streng quasielastisch, so würde nur die Grundschwingung, d. h. das Fourier-Glied mit $s_2 = \pm 1$ auftreten. Demnach wäre nur der Übergang $n_a - n_e = \Delta n = \pm 1$ möglich. Da aber in Wirklichkeit die Kräfte nicht streng quasielastisch sind, sondern die Entwicklung der Energie nach den Elongationen auch höhere als quadratische Glieder aufweist (Ziff. 50), so treten auch höhere Oberschwingungen in der Kernbewegung auf, d. h. in der Fourier-Entwicklung Summanden mit allen möglichen Werten von s_2. Demnach können alle möglichen Sprünge Δn in der Kernschwingungsquantenzahl n vorkommen, so daß der unharmonische Oszillator alle Frequenzen $\frac{s_2 h \nu}{h} = s_2 \nu$, nicht nur wie der PLANCKsche harmonische $\frac{1 h \nu}{h} = \nu$, aussendet.

In bezug auf die Rotationsquantenzahl m sind zwei Fälle zu unterscheiden:

a) Wenn kein Elektronenimpuls vorhanden ist oder wenn dieser (bei zweiatomigen Molekülen) senkrecht auf der Figurenachse steht und daher mit der Richtung des Gesamtimpulses zusammenfällt, so überlagert sich einfach eine

---
[1]) N. BOHR, Kopenh. Akad. 8 R, IV, I. 1918; ZS. f. Phys. Bd. 13, S. 117. 1923; A. SOMMERFELD, Atombau und Spektrallinien, 4. Aufl., S. 328. Braunschweig 1924; E. BUCHWALD, Das Korrespondenzprinzip, Samml. Vieweg, Braunschweig 1923.

gleichmäßige Rotation $\omega_{\text{rot.}}$ über die anderen Bewegungen, d. h. es ist die Fourier-Reihe, welche die Bewegungen im Molekül von einem Koordinatensystem aus beschreibt, das die Rotation $\omega_{\text{rot.}}$ mitmacht, einfach mit einem Faktor $e^{2\pi i \omega_{\text{rot.}} t}$ bzw. $e^{-2\pi i \omega_{\text{rot.}} t}$ zu multiplizieren. Es tritt demnach in jedem Glied der Summe ein Exponent $\pm 2\pi i t \cdot \omega_{\text{rot.}}$, aber keine Vielfachen davon auf. Demnach kann in diesen Fällen die Rotationsquantenzahl sich nur um ± 1 ändern, $m_a - m_e = \varDelta m = \pm 1$.

b) Wenn die Richtung des Elektronenimpulses nicht mit der des Gesamtimpulses zusammenfällt oder wenn es sich um mehr als zweiatomige Moleküle handelt, so bleibt nur ein Teil der vorigen Behauptung bestehen. Im Fall a) war nämlich die Bewegung eben und fand vollständig in der auf die Impulsrichtung senkrechten Ebene statt. Jetzt ist die Elektronenbewegung gegen die Richtung des Gesamtimpulses geneigt. Man zerlegt nun die Bewegung der Ladungen in Komponenten $\perp$ und $\parallel$ zum Gesamtimpuls. Für die Komponente der Gesamtbewegung, welche in die Ebene senkrecht auf den Gesamtimpuls fällt, bleibt das unverändert, was wir in a) gesagt haben; alle Fourier-Glieder enthalten den Faktor $e^{\pm 2\pi i \omega_{\text{rot.}} t}$. Ihm entspricht die mögliche Impulsänderung $\varDelta m = \pm 1$. Aber die Bewegung hat jetzt auch eine Komponente in der Richtung des Drehimpulses, und diese Komponente ist von der Drehung des Gesamtmoleküls mit der Geschwindigkeit $\omega_{\text{rot.}}$ vollkommen unabhängig. Die entsprechende Reihenentwicklung enthält daher überhaupt keinen Faktor $e^{\pm 2\pi i \omega_{\text{rot.}} t}$. Dieser Tatsache entspricht es, daß jetzt auch eine Änderung der Bewegung möglich ist, bei welcher sich nur die Elektronen- und Schwingungsquantenzahlen, nicht aber die Rotationsquantenzahl m ändert: $\varDelta m = 0$.

53. Die Frequenzen der Bandenlinien. Man kann die Bandenlinien in Teilanordnungen zusammenfassen, die man „Zweige" nennt. In einem bestimmten Zweig haben alle Linien die gleiche Änderung $\varDelta m$ der Rotationsquantenzahl gemeinsam (ebenso auch die gleichen Anfangs- und Endquantenzahlen für Elektronenbewegung m_E und Kernschwingung n_a, n_e) und unterscheiden sich durch die fortschreitende Größe m_a des Ausgangszustandes. Für $\varDelta m = m_e - m_a = +1$ erhält man den positiven Zweig, für $\varDelta m = 0$ den Nullzweig, für $\varDelta m = -1$ den negativen Zweig (HEURLINGER), wobei sich e und a auf den Absorptionsvorgang beziehen. Für die weitere Diskussion ist es zweckmäßig, folgende Fälle zu unterscheiden:

a) es ändert sich nur die Rotationsquantenzahl, die Bandenformel heißt dann

$$\nu = B(n)\left[(m + 1 - m_{E_1})^2 - (m - m_E)^2\right] = + B(n)(2m - 2m_E + 1). \quad (1)$$

Die betreffenden Banden liegen weit im Ultrarot, heißen Rotationsbanden und bestehen, wie Formel (1) zeigt, im wesentlichen aus äquidistanten Linien, wenn kein Elektronenimpuls in der Figurenachse vorhanden ist.

Solche Banden sind bei Wasserdampf, HCl und Quecksilberdampf bekannt, entsprechen im letzteren Falle wohl HgH. Da Wasser dreiatomig ist, liegen hier nicht die eben geschilderten einfachen Verhältnisse vor, und die Analyse der Banden ist noch nicht eindeutig vollzogen.

b) Die Elektronenquantenzahl ändert sich nicht, wohl aber die Schwingungsquantenzahl. Für zweiatomige Moleküle ohne Elektronenimpuls um die Figurenachse gilt

$$\nu = \nu_0 (n_e - n_a)\left[1 - \mathfrak{u}(n_e + n_a)\right] \pm \frac{h}{8\pi^2 \Theta}(2m - 2m_E \pm 1) \ldots \quad (2)$$

Diese Banden liegen im kurzwelligen Ultrarot und heißen Rotationsschwingungsbanden. Sie bestehen aus nahezu äquidistanten Linien, doch ändert sich der Abstand mit zunehmendem m etwas infolge des hier nicht hingeschriebenen quadratischen Gliedes.

Ziff. 54.   Theorie der Dreh- und Schwingungsbewegung in Gasmolekülen.

c) Es findet auch ein Elektronenübergang statt. Dann liegen die Banden im sichtbaren oder ultravioletten Gebiet. Die Frequenzformel heißt jetzt bei verschwindendem Impuls um die Figurenachse:

$$\left.\begin{array}{l}\nu = \nu_{El} + \nu_{0a}(n_e - n_a) + n_e(\nu_{0e} - \nu_{0a}) - \mathfrak{u}\,\nu_{0e}n_e^2 + \mathfrak{u}_a\nu_{0a}n_a^2 \\ + B_e(n_e)(1 - 2m_{Ee} + m_{Ee}^2) - B_a(n_a)m_{Ea}^2 + 2\{B_a(n_a)(1 - m_{Ee} + m_{Ea}) \\ + [B_e(n_e) - B_a(n_a)](1 - m_{Ee})\}m + [B_e(n_e) - B_a(n_a)]m^2\end{array}\right\} (3)$$

für den positiven Zweig,

$$\left.\begin{array}{l}\nu = \nu_{El} + \nu_{0a}(n_e - n_a) + n_e(\nu_{0e} - \nu_{0a}) - \mathfrak{u}_e\nu_{0e}n_e^2 + \mathfrak{u}_a\nu_{0a}n_a^2 \\ + B_e(n_e)(1 + 2m_{Ee} + m_{Ee}^2) - B_a(n_a)m_{Ea}^2 + 2\{B_a(n_a)(-1 - m_{Ee} + m_{Ea}) \\ + [B_e(n_e) - B_a(n_a)](-1 - m_{Ee})\}m + [B_e(n_e) - B_{(a)}(n_a)]m^2\end{array}\right\} (3')$$

für den negativen Zweig entsprechend der DESLANDRESschen Bandenformel. Hierbei ist im allgemeinen

$$B > [B_a(n_a) - B_e(n_e)].$$

Die beiden Zweige faßt man als Teilbande zusammen. Verschiedene Teilbanden, die demselben Elektronenübergang und derselben Änderung der Kernschwingungsquantenzahl $n_e - n_a = \Delta n$ aber verschiedenen n_a entsprechen, nennt man eine Bandenfolge. Entsprechende Linien einer Bandengruppe haben Wellenlängenunterschiede von der Form

$$\Delta \nu \sim n_e(\nu_{0e} - \nu_{0a}),$$

sie unterscheiden sich also dadurch, daß ihre Ausgangs- (und die davon stets um Δn verschiedene End-) Quantenzahl der Schwingung verschieden ist. Zusammengehörige Banden einer Gruppe sind es, die manchmal den kannellierten Eindruck eines Bandenspektrums hervorrufen. Verschiedene Bandengruppen, die dem gleichen Elektronenübergang entsprechen, sich aber durch die verschiedene Größe des Sprunges in der Kernschwingungsquantenzahl $\Delta n = n_e - n_a$ unterscheiden, nennt man ein Bandensystem. Die Frequenzunterschiede der Bandengruppen eines Bandensystems ist von der Größenordnung

$$\Delta \nu = \nu_{0a}(n_e - n_a).$$

Ist ein Elektronenimpulsmoment um die Figurenachse vorhanden oder ist das Molekül mehratomig, so werden die Formeln komplizierter. Für höhere Werte von m, bei denen man die Entwicklung (3'), Ziff. 51, anwenden kann, finden wir für den $\dfrac{\text{positiven}}{\text{negativen}}$ Zweig

$$\left.\begin{array}{l}\nu = \text{Term (3) [bzw. (3')] Ziff. 53} - B_e(n_e)m_{E_1e}^2 + B_a(n_a)m_{E_1a}^2 + B_e(n_e)\dfrac{m_{E_2e}m_{E_1e}^2}{m \pm 1} \\ - B_a(n_a)\dfrac{m_{E_2a}m_{E_1a}^2}{m}\end{array}\right\} (4)$$

für den Nullzweig

$$\left.\begin{array}{l}\nu = \nu_{Ee} + \nu_{0a}(n_e - n_a) + n_e(\nu_{0e} - \nu_{0a}) - \mathfrak{u}_e\nu_{0e}n_e^2 + \mathfrak{u}_a\nu_{0a}n_a^2 \\ + B_e(n_e)(m_{E_1e}^2 - m_{E_2e}^2) - B_a(n_a)(m_{E_1a}^2 - m_{E_2a}^{2\prime}) - 2[B_e(n_e)m_{E_1e} \\ - B_a(n_a)m_{E_1a}]m + [B_e(n_e) - B_a(n_a)]m^2 + \cdots\end{array}\right\} (5)$$

54. Schlüsse aus den Bandenspektren, Analyse der Bandenspektren. Aus den Bandenspektren kann man erstens das Trägheitsmoment entnehmen, zweitens Schlüsse auf den Elektronenimpuls des Moleküls ziehen.

a) **Rotationsspektren.** Aus dem Linienabstand kann man ohne weiteres das Trägheitsmoment entnehmen, denn es ist

$$\Delta \nu = 2 B(n_0) = \frac{h^2}{4\pi^2 \Theta_0}. \tag{1}$$

b) **Rotationsschwingungsspektren.** Wenn die Linien auch bei kleinem m nahe äquidistant sind, so folgt daraus die Abwesenheit eines Elektronenimpulses in der Figurenachse. Zur Kenntnis des Elektronenimpulses senkrecht zur Figurenachse ist es nötig, zu wissen, welche Größe $m - m_{E_1}$ jeder Linie zuzuordnen ist. Wenn nur eine einzige Bande ausgemessen ist, so muß man dies aus dem eventuellen Fehlen von Linien in der Bandenmitte zu erschließen suchen. Bei den Halogenwasserstoffen z. B. fehlt die mittlere Linie und nur diese. Würde man, wie dies KRATZER zuerst tat, das Ausfallen durch die Abwesenheit des rotationslosen Zustandes zu erklären suchen, so hätte man das Ausfallen von zwei Linien zu erwarten, nämlich der Linie $0 \to 1$ des positiven Zweiges und der Linie $1 \to 0$ des negativen Zweiges. Da nur eine Linie fehlt, muß man halbzahlig numerieren und kann dies in dreierlei Weise deuten. Entweder man sagt: der Gesamtimpuls ist halbzahlig, m_{E_1} Null, und der Gesamtimpuls kann nicht von $-\tfrac{1}{2}$ zu $+\tfrac{1}{2}$ umspringen, was eben nur eine fehlende Linie gibt. Oder man sagt, der Gesamtimpuls sei ganzzahlig und größer als 0, der Elektronenimpuls halbzahlig und nie dem Gesamtimpuls entgegengerichtet. Dann wird der positive Zweig nach Ziff. 53 Formel (2)

$$\nu = \nu_0 (n_e - n_a) [1 - \mathfrak{u}(n_e + n_a)] + \frac{h^2}{8\pi^2 \Theta} + \frac{h^2}{4\pi^2 \Theta}\left(m - \frac{1}{2}\right),$$

mit $\quad m = 1\,(1 \to 2),\, 2\,(2 \to 3)\,$ usw.,

d. h. der letzte Summand

$$\frac{h^2}{4\pi^2 \Theta} \frac{1}{2}, \quad \frac{h^2}{4\pi^2 \Theta} \frac{3}{2} \quad \text{usw.}$$

Der negative Zweig wird

$$\nu = \nu_0 (n_e - n_a) [1 - \mathfrak{u}(n_e - n_a)] + \frac{h^2}{8\pi^2 \Theta} - \frac{h^2}{4\pi^2 \Theta}\left(m - \frac{1}{2}\right),$$

mit $\quad m = 2\,(2 \to 1),\, 3,\, (3 \to 2)\,$ usw.,

d. h., der letzte Summand

$$-\frac{h^2}{4\pi^2 \Theta} \frac{3}{2}, \quad -\frac{h^2}{4\pi^2 \Theta} \frac{5}{2}.$$

Es fehlt der Summand

$$-\frac{h^2}{4\pi^2 \Theta} \frac{1}{2}, \quad \text{der } 0 \to 1 \text{ oder } 1 \to 0 \text{ entspräche.}$$

Oder man kann drittens auch zulassen, daß der halbzahlige Elektronenimpuls in die Richtung des Gesamtimpulses oder entgegengesetzt fällt (KRATZER), also m_{E_1} ist $\pm\tfrac{1}{2}$; dann ist, wie wir das am Ende von Ziff. 52 besprochen haben, jede Linie in Wirklichkeit ein sehr enges Dublett (das bei den Cyanbanden beobachtet ist), hervorgerufen durch die beiden Anteile

$$m + 1 - \tfrac{1}{2} \to m - \tfrac{1}{2}; \quad m + \tfrac{1}{2} \to m - 1 + \tfrac{1}{2}.$$

Es fehlen dann die Übergänge

$$0 + 1 + \tfrac{1}{2} \to 0 + \tfrac{1}{2}, \quad 0 + 1 - \tfrac{1}{2} \to 0 - \tfrac{1}{2},$$
$$0 - \tfrac{1}{2} \to 0 + 1 - \tfrac{1}{2}, \quad 0 + \tfrac{1}{2} \to 0 + 1 + \tfrac{1}{2}.$$

von diesen würden die beiden mittleren die fehlende Linie ergeben, während der erste die eine Dublettkomponente der Linie liefern sollte, welche der fehlenden Linie vorangeht ($-B\tfrac{3}{2}$), der letzte die eine Dublettkomponente der Linie, welche der fehlenden Linie folgt ($B\tfrac{1}{2}$). Diese beiden letztgenannten Linien haben daher von ihren zwei Dublettkomponenten nur eine, nämlich $2 - \tfrac{1}{2} \to 1 - \tfrac{1}{2}$, bzw. $1 - \tfrac{1}{2} \to 2 - \tfrac{1}{2}$, was sich aber nur durch verminderte Intensität kundgibt. Doch hat hiergegen KEMBLE[1]) Einwände erhoben, die sich vermeiden lassen, wenn man $m = 0$ zuläßt und nur das Umspringen von $m - m_E$ von $-\tfrac{1}{2}$ nach $+\tfrac{1}{2}$ und umgekehrt verbietet.

Verschwindet das Elektronenimpulsmoment nicht, so wird die Formel wesentlich komplizierter.

c) Im Sichtbaren ist die richtige Termnumerierung sehr viel schwieriger. Sie gelingt nur dadurch, daß man eine Reihe von Kombinationsrelationen, sei es zwischen den Zweigen derselben Teilbande, sei es zwischen den Teilbanden einer Gruppe, anwendet, d. h. die verschiedenen Linien so lange kombiniert, bis die geforderten Relationen erfüllt sind. Welche das im einzelnen sind, muß etwa bei KRATZER nachgelesen werden.

Sind damit die Termformeln bekannt, dann kann man wieder den Elektronenimpuls aus den Größen m_{E_1}, m_{E_2} erschließen. Allerdings ist hier noch nicht bei allen untersuchten Banden die eindeutige Ableitung der ausfallenden Linien auf diese Weise gelungen. Die Schwierigkeit besteht darin, daß man auch dann, wenn kein Elektronenimpuls in der Figurenachse vorhanden ist ($m_{E_2} = 0$), noch zu wenig darüber weiß, wie die in Anfangs- und Endzustand verschiedenen Elektronenimpulse m_{E_1} zu kombinieren sind. Bisher scheint es, als ob diese stets rationale Brüche ($\pm \tfrac{1}{2}, \pm \tfrac{1}{4}$) wären, wie KRATZER[2]) vermutet.

Auch bei sichtbaren Banden läßt sich aus dem Linienabstand

$$\varDelta \nu = \frac{h^2}{4\pi^2 \Theta}$$

das Trägheitsmoment eindeutig berechnen, vorausgesetzt, daß nicht eine Mehrfachheit der Terme zu Zweifeln Anlaß gibt. So können z. B. zwei Zweige mit $m_{E_1} = \tfrac{1}{4}, \tfrac{1}{2}$ irrtümlich als ein Zweig mit dem doppelten Trägheitsmoment gedeutet werden. Zur genauen Berechnung des Trägheitsmomentes wäre allerdings die Kenntnis der Abhängigkeit von $B(n)$ von n nötig, doch handelt es sich hier um eine meist bedeutungslose Korrektur.

Für die Festlegung des Trägheitsmomentes, d. h. der Größe B, ist es im Gegensatz zu den Rotations- und Rotationsschwingungsbanden nötig, die Numerierung der Linien zu kennen, denn eine Änderung der Numerierung bei festgelegten Wellenlängen läßt zwar den Koeffizienten des in m quadratischen Gliedes ungeändert, beeinflußt aber den uns interessierenden Koeffizienten des linearen Gliedes.

Dann ist $\log \Theta = \log \dfrac{h}{4\pi^2 c B} = 0{,}742 - 39 - \log B$ (B in cm^{-1}).

55. Der Isotopeneffekt. In manchen Fällen, in denen ein Bandenspektrum beobachtet wird, ohne daß man von vornherein weiß, welches Molekül der Träger dieses Spektrums ist, gelingt es, aus dem Trägheitsmoment auf diesen Träger Schlüsse zu ziehen[3]).

---

[1]) E. C. KEMBLE, Phys. Rev. Bd. 25, S. 1. 1925, s. dagegen G. H. DIEKE, ZS. f. Phys. Bd. 33, S. 161. 1925.
[2]) A. KRATZER, Enzykl. d. math. Wissensch. V, 27, Leipzig 1925.
[3]) R. MULLIKEN, Nature Bd. 113, S. 423, 489, 820. 1924; Bd. 114, S. 349. 1925; Phys. Rev. Bd. 25, S. 119; Bd. 26, S. 1. 1925; s. auch Naturwissensch. Bd. 12, S. 584, 812. 1924.

Aus den Astonschen Untersuchungen ist bekannt, daß viele Elemente ein Gemisch von Isotopen mit ganzzahligen Atomgewichten bilden. Wenn nun zwei solche isotope Atome A' und A'' mit irgendeinem fremden Atom B Moleküle $A'B$ und $A''B$ bilden, so unterscheiden sich diese beiden Moleküle nur durch die Massen der Atome A, während der Abstand AB und auch die Elektronenbewegung im Molekül die gleiche ist — etwaige Abweichungen liegen unter der Grenze der jetzt erreichbaren Meßgenauigkeit.

Infolgedessen wird der Elektronenanteil in von solchen isotopen Molekülen ausgesandten Bandenspektren der gleiche sein. Dagegen ist die Kernschwingungszahl verschieden; denn die Kräfte, welche die Atome A' und B bzw. A'', B aneinanderbinden, sind gleich, die Massen aber verschieden. Da für die Schwingungszahl die relative Masse $\dfrac{M_A M_B}{M_A + M_B}$ maßgebend ist, so stehen die Kernschwingungszahlen im Verhältnis

$$\frac{\nu'}{\nu''} = \sqrt{\frac{M_A''}{M_A'} \frac{M_A' + M_B}{M_A'' + M_B}}, \tag{1}$$

und daher wird ein zweiatomiges Gas, in welchem die eine Atomart aus zwei Isotopen besteht, je ein von jedem Isotop herrührendes Bandenspektrum haben. Die korrespondierenden Schwingungszahlen unterscheiden sich um

$$\Delta \nu \sim \nu' \left(1 - \sqrt{\frac{M_A'}{M_A''} \frac{M_A'' + M_B}{M_A' + M_B}}\right) \sim \nu' \frac{M_B}{2 M_A''} \frac{M_A'' - M_A'}{M_A' + M_B}. \tag{2}$$

Auch der Rotationsanteil[1]) wird infolge der Verschiedenheit der Massen und daher der Trägheitsmomente verschieden sein. Entsprechende Rotationsanteile stehen daher im Verhältnis

$$\frac{M_A''}{M_A'} \frac{M_A' + M_B}{M_A'' + M_B} = 1 + \frac{M_B}{M_A'} \frac{M_A' - M_A''}{M_A' + M_B}.$$

Doch ist diese Aufspaltung zu klein, um mit Sicherheit beobachtbar zu sein. Der vorhin erwähnte Effekt der Masse auf die Kernschwingung bewirkt demnach, daß bei HCl, in welchem Chloratome mit dem Atomgewicht 35 und 37 vorkommen, die Linien der Rotationsschwingungsbanden Dubletts mit konstantem Frequenzabstand sein müssen. Dies war schon vorher von Imes[2]) beobachtet und ist gleichzeitig durch Loomis[3]) und Kratzer[4]) als Isotopeneffekt erklärt worden.

Zur Unterscheidung der Träger ist dieser Effekt von Mulliken[5]) verwendet worden. Das Spektrum, welches Borverbindungen in Gegenwart von Stickstoff und etwas Sauerstoff geben, zeigt in jeder Bandengruppe 4 nahe beieinanderliegende Banden, deren Kanten — der Abstand Kante—Nullinie ist in allen vier Banden praktisch gleich — durch folgende Formel gegeben ist:

$$\nu = \begin{Bmatrix} 23652{,}2 \\ 23526{,}0 \end{Bmatrix} + 1285{,}6\, n_e - 11{,}7\, n_e^2 - 1926{,}8\, n_a + 12{,}21\, n_a^2,$$

$$\nu = \begin{Bmatrix} 23652{,}2 + 9{,}4 \\ 23526{,}0 + 9{,}4 \end{Bmatrix} + 1247{,}9\, n_e - 10{,}6\, n_e^2 - 1873{,}2\, n_a + 11{,}68\, n_a^2.$$

---

[1]) S. auch A. E. Haas, ZS. f. Phys. Bd. 4, S. 68. 1921.
[2]) E. S. Imes, Astrophys. Journ. Bd. 50, S. 251. 1919.
[3]) F. W. Loomis, Astrophys. Journ. Bd. 52, S. 248. 1920.
[4]) A. Kratzer, ZS. f. Phys. Bd. 3, S. 460. 1920; Bd. 4, S. 476. 1921.
[5]) S. Fußnote 3, S. 467.

Ziff. 56.   Theorie der Dreh- und Schwingungsbewegung in Gasmolekülen.   469

Je zwei zusammengehörige Banden, deren Elektronenanteile durch Klammern verbunden sind, gehören zur Feinstruktur eines und desselben doppelten Elektronentermes. Die beiden Gruppen von je zwei Banden aber, die etwas verschiedene Koeffizienten der Schwingungsquantenzahlen haben, werden den beiden bei Bor vorhandenen Isotopen mit den Atomgewichten 10 und 11 zugeschrieben. Nun ist zu entscheiden, ob es sich um BO oder um BN handelt. Hierüber gibt folgende Tabelle Auskunft.

Tafel 18. Isotopeneffekt bei Borbanden.

Gefunden für das Verhältnis der Koeffizienten von n_e, n_a, n_e^2, n_a^2	$n_e : \dfrac{1285{,}6}{1247{,}9} = 1{,}0302$ $n_a : \dfrac{1926{,}8}{1873{,}2} = 1{,}0286$	$n_e^2 : \dfrac{11{,}7}{10{,}6} = 1{,}104$ $n_a^2 : \dfrac{12{,}21}{11{,}68} = 1{,}045$
Im Mittel	1,0291 ± 0,0004	1,066 ± 0,010
Theoretisch BO (n_e oder n_a)	1,0292	1,0593
„ BN (n_e oder n_a)	1,0276	1,0560

Bei der Mittelbildung ist berücksichtigt, daß noch eine andere entsprechende Bandengruppe vorhanden ist. Aus der Übereinstimmung schließt Mulliken auf BO als Träger.

Nun ist noch unerklärlich, daß die Elektronenterme bei den beiden isotopen Molekülen nicht übereinstimmen sollten, sondern eine konstante Differenz von 9,4 haben. Mulliken verweist darauf, daß die Ersetzung von n durch $n + \tfrac{1}{2}$ diese Differenz auf 2,2 reduziert, was durch Ungenauigkeiten erklärbar ist.

56. Lage des Intensitätsmaximums[1]). Die ultraroten Banden zeigen in der Mitte ein Minimum der Intensität. Dann steigt nach beiden Seiten die Stärke der Linien an, um nach außen wieder abzuklingen. Ähnlich liegen die Verhältnisse bei den sichtbaren Banden, nur ist hier infolge des Umbiegens der Linienfolge (quadratischer Summand) das nicht auf den ersten Blick sichtbar.

Die Art des Intensitätsabfalls erinnert sofort an die Gestalt des Maxwellschen Geschwindigkeitsverteilungsgesetzes.

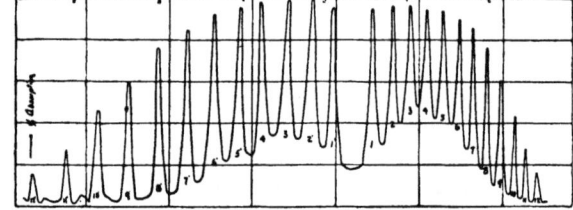

Abb. 3. Rotationsschwingungsbande von HCl bei 3,46 μ.

Die Zahl der Moleküle, die die Rotationsquantenzahl m haben und daher als Ausgangspunkt für die Übergänge $m \to m + 1$ und $m \to m - 1$ dienen können, ist daher proportional

$$(2m + 1)\, e^{-\frac{h^2}{8\pi^2 k \Theta T}(m - m_{E_1})^2} . \tag{1}$$

Dieser Ausdruck gibt aber noch nicht die Intensität der Linien selbst, da hierfür noch die Übergangswahrscheinlichkeit maßgebend ist. Die verschiedenen Theorien geben als relative Intensität der Linien einer Rotationsschwingungsbande oder einer sichtbaren Bande

$$(m + \alpha)\, e^{-\frac{h^2}{8\pi^2 k \Theta T}(m - m_{E_1})^2} , \tag{2}$$

---

[1]) Zuerst Lord Rayleigh, Phil. Mag. (5) Bd. 34, S. 407. 1892; dann N. Bjerrum, Verh. d. D. Phys. Ges. Bd. 16, S. 640. 1914.

wobei α je nach der Theorie[1]) verschieden ist, z. B. = $\frac{1}{2}$ oder = 0. Für die Stelle, für welche das Maximum der Intensität auftritt, findet man daher

$$\log(m+\alpha)(m-m_{E_1}) = \log\frac{4\pi^2 k \Theta T}{h^2} = 38{,}10 + \log\Theta + \log T \qquad (3)$$

bzw. bei $T = 293°$

$$\log(m+\alpha)(m-m_{E_1}) = 40{,}57 + \log\Theta. \qquad (4)$$

In der klassischen Theorie sind entsprechende Formeln entwickelt worden. Dort ist nämlich die Rotationsenergie

$$4\pi^2 \frac{\Theta(\nu-\nu_0)^2}{2}$$

und dementsprechend das Intensitätsmaximum bei der Frequenz

$$4\pi^2(\nu-\nu_0)^2 = \frac{kT}{\Theta}. \qquad (5)$$

Für so große m, daß wir daneben α und m_{E_1} vernachlässigen können, fallen (3) und (5) zusammen. Wenn $\log\Theta$ von der Größenordnung $-38{,}8$ ist, wie dies bei Nichtwasserstoffverbindungen der Fall ist, wird bei Zimmertemperatur das Produkt $(m+\alpha)(m-m_{E_1})$ von der Größenordnung 60, d. h. m etwa 7 bis 8. Die Unkenntnis von α und m_{E_1}, die $\frac{1}{2}$ bis $\frac{3}{4}$ sind, können daher in Θ einen Fehler von 5 bis 10% ausmachen. Bei Wasserstoffverbindungen ist Θ wesentlich kleiner. So ergibt sich für HCl $(m+\alpha)(m-m_{E_1})$ zu etwa 10. In Wirklichkeit liegt aber das Maximum nach IMES zwischen der dritten und vierten Linie, d. h. zwischen den Übergängen $2 \to 3$ und $3 \to 4$ (mit $m_{E_1} = \frac{1}{2}$), so daß man experimentell einen Wert zwischen $3 \cdot \frac{3}{2} = 4{,}5$ und $4 \cdot \frac{5}{2} = 10$ findet. (Auf der anderen Seite befindet sich das Maximum zwischen $4 \to 3$ und $3 \to 2$, also das Produkt zwischen $4 \cdot \frac{7}{2} = 14$ und $3 \cdot \frac{5}{2} = 7{,}5$.) 4,5 würde ein etwa nur halb so großes Trägheitsmoment wie 10 entsprechen, so daß die nach dieser Methode bestimmten Werte des Trägheitsmomentes noch etwas unsicher erscheinen.

b) Schlüsse auf Anordnung und Abstand der Kerne aus thermischen Daten.

57. Anordnung der Kerne erschlossen aus der spezifischen Wärme bei normaler Temperatur. Bei normaler Temperatur ist nach Formel (8), Ziff. 49, der Rotationsanteil der freien Energie eines zweiatomigen Moleküls, d. h. eines solchen, bei welchem nur Drehung um zwei aufeinander senkrechte Achsen vorkommt,

$$-\frac{F_{\text{rot.}}}{RT} = \ln T + \ln\frac{8\pi^2 \Theta_{\text{mech.}} k}{h^2}.$$

Die spezifische Wärme, die auf die Drehung entfällt, berechnet sich hieraus nach der allgemeinen thermodynamischen Formel

$$\frac{C_{\text{rot.}}}{R} = -\frac{\partial}{\partial T}T^2\frac{\partial}{\partial T}\left(\frac{F_{\text{rot.}}}{T}\right) = 1$$

zu $2\dfrac{R}{2} = R$. Der Faktor 1 ist an das Auftreten von T^1 in der Formel für das Zustandsintegral geknüpft, und dieses rührt wieder davon her, daß das Gewicht eines

---
[1]) R. H. FOWLER, Phil. Mag. Bd. 49, S. 1272. 1925; E. C. KEMBLE, Phys. Rev. Bd. 25, S. 1. 1925; H. HÖNL u. F. LONDON, ZS. f. Phys. Bd. 33, S. 803. 1925.

Ziff. 57. Anordnung und Abstand der Kerne aus thermischen Daten. 471

Quantenzustandes (größenordnungsmäßig) proportional m steigt, daß also die Zahl der Lagen, die zu einem bestimmten Drehimpuls gehören, proportional m steigt, was damit zusammenhängt, daß die Mannigfaltigkeit der möglichen Lagen sich nur in einer Dimension (der geographischen Breite) ändert. Für mehratomige Moleküle dagegen ist die freie Energie bei hohen Temperaturen[1])

$$e^{-\frac{F_{rot.}}{RT}} = \frac{\sqrt{8\pi^2 \Theta_1 kT} \sqrt{8\pi^2 \Theta_2 kT} \sqrt{8\pi^2 \Theta_3 kT}}{h^3 s},$$

also das Zustandsintegral proportional $T^{\frac{3}{2}}$, die spezifische Wärme der Rotation daher $3\frac{R}{2}$. Das liegt daran, daß das Quantengewicht eines bestimmten Drehimpulses proportional m^2 steigt, und das rührt wieder davon her, daß jetzt eine Quantenzahl mehr zur Verfügung steht. Aus der spezifischen Wärme der Rotation eines Gases kann man demnach ablesen, ob sich alle Atome in einer Geraden anordnen oder nicht. So ist die spezifische Wärme von Sauerstoff bei konstantem Druck z. B. 6,989, bei konstantem Volumen also $C_v = 5,003$, demnach der Rotationsanteil 2,024 ∞R, wie bei einem zweiatomigen Gas selbstverständlich. Bei Wasserdampf ist (100°) $C_p = 8,32$, $C_v = C_p - 1,986 = 6,33$, demnach der Rotationsanteil $6,33 - 2,79 = 3,54$, folglich sind die beiden Wasserstoffatome nicht in einer Linie mit dem Sauerstoffatom.

Bei der Auswertung von experimentellen Werten sind jedoch zwei Punkte zu beachten. Erstens muß man die Messungen auf den idealen Gaszustand reduzieren. Bei Gasen, deren Dichte genügend klein ist, kann dies[2]) mit Hilfe irgendeiner annähernd gültigen Zustandsgleichung, z. B. der BERTHELOTschen, erfolgen (s. ds. Handb. X). Die Abweichungen vom Verhalten eines idealen Gases bewirken eine Vergrößerung von C, so z. B. findet sich bei H_2O und 150° bei 0,5 Atm. $C_p = 8,37$, bei 4 Atm. $C_p = 9,34$. Zweitens ist zu beachten, daß nach der Reduktion auf den idealen Gaszustand und der Subtraktion des Translationsanteils $3\frac{R}{2}$ außer dem Rotationsanteil evtl. auch schon ein Anteil der Schwingungen an der spezifischen Wärme zurückbleiben kann. Das ist z. B. der Fall bei Bromdampf, wo sich $C_p = 8,84$, also $C_p - R - \frac{3}{2}R = 3,94$ ergibt. Dies läßt sich nur so entscheiden, daß man die Temperaturabhängigkeit der spezifischen Wärme untersucht. Während der Rotationsanteil von der Temperatur unabhängig ist, nimmt der Anteil der Schwingungen mit steigender Temperatur zu, weil man bei normaler Temperatur stets noch in einem Gebiet ist, in welchem die Schwingung noch nicht den klassischen Wert R pro Freiheitsgrad zur spezifischen Wärme beiträgt. Wenn es sich um ein einfaches Molekül handelt, in welchem nur eine Schwingung (wenigstens bei normaler Temperatur) sich bemerkbar macht, so kann man aus der Temperaturabhängigkeit der spezifischen Wärme mit Hilfe der PLANCKschen Formel die Schwingungszahl berechnen, daraus den Betrag der spezifischen Wärme finden, der bei gegebener Temperatur vorhanden ist, und durch seine Subtraktion den reinen Rotationsanteil erhalten. Dieses Verfahren ist aber nicht immer eindeutig, weil bei mehratomigen Molekülen auch mehr als eine Schwingung auftritt. So ist bei CO_2 und 0°

$$C_p = 8,80 = \frac{8,89}{2} R.$$

---

[1]) Es ist hier noch durch eine in Ziff. 59. näher zu besprechende Symmetriezahl s dividiert.
[2]) F. SIMON, ZS. f. Phys. Bd. 15, S. 312. 1923; A. EUCKEN, E. KARWAT u. F. FRIED, ebenda Bd. 29, S. 1. 1924.

Deutet man dies als spezifische Wärme einer räumlichen Anordnung, so ist zu zerlegen $\tfrac{5}{2}R + \tfrac{3}{2}R + 0{,}44\,R$. Deutet man es als hervorgerufen durch lineare Atomanordnung, so muß man $\tfrac{5}{2}R + \tfrac{2}{2}R + 0{,}94\,R$ schreiben. Den Temperaturverlauf bei höheren Temperaturen kann man in beiden Fällen gut darstellen. Aus dem Vergleich der chemischen Konstanten mit dem Verlauf der Bandenspektra (s. Ziff. 56, 59, 61) schließt EUCKEN[1]) auf geradlinige Molekülform.

58. Temperaturabhängigkeit der Rotationswärme. Solange die spezifische Wärme der Rotation konstant ist, d. h. solange man die Zustandssumme durch ein Integral ersetzen kann, lassen sich nur allgemeine Schlüsse auf die Form des Moleküls ziehen. Mehr kann man erst dann erfahren, wenn die Temperatur so tief ist, daß der Ersatz durch Integrale nicht mehr gestattet ist. Hierfür darf $\dfrac{h^2}{8\pi\Theta}$ gegen kT nicht zu klein sein. Ein so kleines Trägheitsmoment besitzt nur Wasserstoff, bei welchem es EUCKEN[2]) gelungen ist, eine Abnahme der spezifischen Wärme bei tiefer Temperatur auf den Wert $C_v = \tfrac{3}{2}R$, wie er bei einatomigen Gasen gilt, festzustellen. Abb. 4 gibt die experimentelle Kurve wieder. Ihre Darstellung durch eine Formel

$$e^{-\frac{F_{\text{rot.}}}{RT}} = \sum g_m e^{-\frac{\varepsilon_m}{kT}} \qquad C_{\text{rot.}} = -R\frac{\partial}{\partial T}T^2\frac{\partial}{\partial T}\left(\frac{F_{\text{rot.}}}{T}\right) \tag{1}$$

ist bisher nicht eindeutig gelungen. Nach den bisher besprochenen Prinzipien sollte man für die Energiestufen das Gesetz $\varepsilon_m = m^2\dfrac{h^2}{8\pi\Theta} = m^2\varepsilon_1$, für die Gewichte $g_m = 2m + 1$ erwarten. Wenn die Impulsrichtung senkrecht auf das Feld ausgeschlossen wäre, so könnte die Gewichtsformel auch $g = 2m$ heißen. Wenn endlich die beiden Rotationsrichtungen nur als eine zu zählen wären, so würde beim Auftreten der senkrechten Richtung $g_m = m + 1$, bei ihrer Abwesenheit $g = m$ zu setzen sein, welch letzterer Ausdruck dieselbe spezifische Wärme liefert wie $g = 2m$, da für dieselbe nur die relative Zunahme der Zustandssumme (logarithmische Differentiation!) maßgebend ist. REICHE[3]) hat alle diese vier Möglichkeiten durchdiskutiert, wobei man immer noch unterscheiden muß, ob der vollkommen rotationslose Zustand ($m = 0$) auftritt oder nicht. Am besten paßt sich $g = 2m$ unter Ausschluß der Null der Erfahrung an. In den Fällen $g = 2m + 1,\ m = 0,1\ldots;\ g = m + 1,\ m = 0,1,\ldots;\ g = 2m + 1,$ und

$$\varepsilon_m = \left(m + \frac{1}{2}\right)^2 \frac{h^2}{8\pi^2\Theta}, \quad m = 0,1,\ldots$$

ergibt sich für die spezifische Wärme ein Maximum, nach dessen Erreichung diese erst zum klassischen Wert R abfällt. Das Trägheitsmoment des Wasserstoffs, bei welchem sich die Kurve der gemessenen am besten anschließt, ist natürlich je nach der getroffenen Wahl verschieden. Für den Fall $g = 2m, m > 0$ findet REICHE $\Theta = 2{,}095 \cdot 10^{-41}\,\text{g/cm}^2$, woraus sich der Abstand der beiden H-Kerne zu $0{,}506 \cdot 10^{-8}\,\text{cm}$ ergibt. KEMBLE und VAN VLECK[4]) haben die Rechnungen zu höherer Temperatur ausgedehnt, indem sie die dann auftretende Schwingungsenergie die Ecken eines Oktaeders, Abstand vom Mittelpunkt 1,83. Dazwischen bilden

---

[1]) A. EUCKEN, ZS. f. phys. Chem. Bd. 100, S. 159. 1922.
[2]) A. EUCKEN, Berl. Ber. 1912, S. 148.
[3]) F. REICHE, Ann. d. Phys. Bd. 58, S. 657. 1919.
[4]) E. C. KEMBLE u. J. H. VAN VLECK, Phys. Rev. Bd. 21, S. 653. 1923.

Ziff. 58.   Anordnung nnd Abstand der Kerne aus thermischen Daten.   473

des Moleküls mit in Betracht zogen und auch die Rückwirkung dieser auf die Rotation, wie wir es in Ziff. 50 besprochen haben. Sie finden $\Theta = 1{,}975 \cdot 10^{-41}$, Kernabstand $0{,}488 \cdot 10^{-8}$.

Die eben erwähnten Kurven schließen sich im allgemeinen den Messungen ganz gut an, wie Abb. 4 zeigt (strichlierte Kurven). Nur ein Punkt bei 196° abs. liegt wesentlich tiefer als die berechneten Kurven. Gerade dieser Punkt ist aber durch doppelte Messung [Eucken und Scheel u. Heuse[1])] gesichert. Um die Anpassung zu verbessern, hat Tolman[2]) im Anschluß an die in Ziff. 51

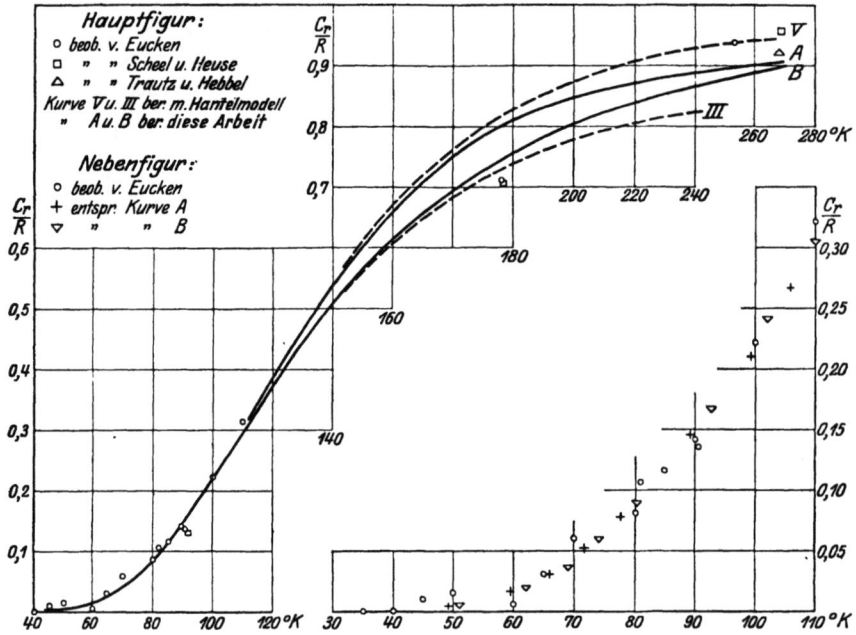

Abb. 4. Rotationswärme des Wasserstoffgases nach verschiedenen Theorien.

erwähnten Untersuchungen die Formel für die Energiestufen abgeändert zu

$$\varepsilon_m = \left(m - \frac{1}{2}\right)^2 \frac{h^2}{8\pi\Theta}, \quad g_m = 2m, \quad m = 1, 2, 3,$$

d. h. die Quantenzahlen halbzahlig gewählt. Hierdurch wird die Anpassung an die gefundene Kurve noch etwas besser, das zugehörige Trägheitsmoment wird $\Theta = 1{,}387 \cdot 10^{-41}$, der Kernabstand $0{,}412 \cdot 10^{-8}$ cm.

Unabhängig von ihm hat auch Schrödinger[3]) dieselbe Annahme gemacht; er ist nur insofern über ihn hinausgegangen, als er, auf den rationell begründeten und von Tolman beibehaltenen Ansatz $g = 2m$ verzichtend, die Gewichte von vornherein freiläßt und sie so zu bestimmen sucht, daß der Anschluß der Kurve sich möglichst eng ergibt. Schreibt man dann die freie Energie (d. h. ihren Rotationsanteil) nach Formel (1) hin, so findet man den besten Anschluß an die Erfahrung mit $g_1 = 1$, $g_2 = 2$, $g_3 = 4$; zur Bestimmung der folgenden Koeffizien-

---

[1]) K. Scheel u. W. Heuse, Ann. d. Phys. Bd. 40, S. 473. 1913; W. Escher, ebenda Bd. 42, S. 761. 1913.
[2]) R. C. Tolman, Phys. Rev. Bd. 22, S. 470. 1923.
[3]) E. Schrödinger, ZS. f. Phys. Bd. 30, S. 341. 1924.

ten reicht die Genauigkeit nicht aus, nur müssen sie, um für hohe Temperaturen den klassischen Wert zu geben, für große m nahe proportional m sein. Die sich so ergebende Kurve ist in Abb. 4A ausgezogen eingetragen, das Trägheitsmoment wird $\Theta = 1{,}43 \cdot 10^{-41}$, der Kernabstand $0{,}418 \cdot 10^{-8}$ cm. In der Kurve B ist $g_1 : g_3 : g_3 = 4 : 7 : 17$ gewählt

59. Chemische Konstante. Wenn man weiß, ob es sich um ein linear gebautes Molekül (z. B. ein zweiatomiges oder ein mehratomiges, dessen Atome alle in gerader Linie angeordnet sind) handelt oder nicht, lassen sich weitere Größenverhältnisse aus dem Absolutwert der freien Energie gewinnen.

In einem Temperaturbereich, in welchem zwar die Rotationswärme schon ihren klassischen Wert hat, der Anteil der Schwingung aber noch vernachlässigt werden kann, ergibt sich die freie Energie, jetzt unter Hinzunahme des translatorischen Anteils, zu

$$e^{-\frac{F_p}{RT}} = \frac{V}{N_L} \frac{\sqrt{2\pi m k T}^3}{h^3} \frac{8\pi^2 \Theta}{h^2 s} kT = \frac{\sqrt{2\pi m}^3 (kT)^{\frac{5}{2}}}{p h^3} \frac{8\pi^2 \Theta}{h^2 s} kT \quad (1)$$

$$-\frac{F_p}{RT} = -\ln p + \frac{5}{2}\ln T + \ln \frac{(2\pi m)^{\frac{3}{2}} k^{\frac{5}{2}}}{h^3} + \ln \frac{8\pi^2 \Theta k}{hs} = -\ln p + \frac{C_p}{R}\ln T + j\,2{,}303. \quad (2)$$

Die Größe j nennt man die chemische Konstante. Sie setzt sich aus einem nur von der fortschreitenden Bewegung des Moleküls herrührenden Anteil

$$j_{\text{transl.}} = \log \frac{(2\pi m)^{\frac{3}{2}} k^{\frac{5}{2}}}{h^3} = -1{,}587 + \frac{3}{2}\log M \quad (3)$$

(wenn p in Atmosph. gemessen ist) und einem nur von der Drehbewegung herrührenden Anteil

$$j_{\text{rot.}} = \log \frac{8\pi^2 \Theta k}{h^2 s} = 38{,}40 + \log \frac{\Theta}{s} \quad (4)$$

zusammen.

In der letzten Formel ist s die sog. Symmetriezahl des Moleküls[1]). Diese gibt an, wieviel untereinander identische Lagen das Molekül annehmen kann. Damit ist folgendes gemeint: Wenn wir uns einen individuellen Punkt des Moleküls bezeichnet denken und dem Molekül alle möglichen Orientierungen erteilen, so beschreibt der hervorgehobene Punkt eine Kugeloberfläche [Raumwinkel 4π, daher rührt der Faktor 4π in $8\pi^2 \Theta$, der andere Faktor 2π gehört wie beim translatorischen Anteil zu k]. Es kann aber vorkommen, daß mehrere so (d. h. wenn ein bestimmter Punkt künstlich hervorgehoben ist) definierte Orientierungen untereinander identisch sind. Die Zahl dieser identischen Orientierungen nennt man Symmetriezahl s. Wenn wir z. B. ein Molekül aus zwei gleichen Atomen haben, so sind je zwei Orientierungen, die durch eine Drehung um 180° auseinander hervorgehen, identisch, $s = 2$; bei einem Tetraedermolekül wie CH_4 ist die Symmetriezahl 12 usw.

Wenn man nun die chemische Konstante eines zweiatomigen Gases hat, so gewinnt man aus ihr durch Subtraktion von

$$j_{\text{transl.}} = -1{,}587 + \frac{3}{2}\log M \quad (5)$$

den Rotationsanteil und findet aus ihm, wenn man die Symmetriezahl kennt, das Trägheitsmoment zu

$$\log \Theta = j_{\text{rot.}} - 38{,}40 + \log s \quad (6)$$

---

[1]) P. EHRENFEST u. V. TRKAL, Ann. d. Phys. Bd. 65, S. 609. 1921; W. SCHOTTKY, Phys. ZS. Bd. 22, S. 1. 1921; Bd. 23, S. 9, 448. 1922.

Ziff. 60.   Anordnung und Abstand der Kerne aus thermischen Daten.   475

oder den Kernabstand d' zu

$$\left.\begin{array}{l}\log d' = \dfrac{1}{2}\log\Theta + \dfrac{1}{2}\log\dfrac{M_1+M_2}{M_1 M_2} + 11{,}891 \\[1ex] = \dfrac{1}{2} j_{\text{rot.}} + \dfrac{1}{2}\log s \,\dfrac{M_1+M_2}{M_1 M_2} - 7{,}31\,.\end{array}\right\} \qquad (7)$$

Für mehratomige Gase lauten die entsprechenden Formeln, wieder unter Vernachlässigung der Schwingung,

$$e^{-\frac{F_p}{RT}} = \frac{V}{N_L} \frac{\sqrt{2\pi m kT}^3}{h^3} \frac{(8\pi^2 \overline{\Theta} kT)^{\frac{3}{2}}}{h^3 s} \qquad (8)$$

$$j_{\text{rot.}} = 57{,}60 + \frac{3}{2}\log\frac{\overline{\Theta}}{s},$$

wobei $\overline{\Theta} = \sqrt[3]{\Theta_1 \Theta_2 \Theta_3}$ das geometrische Mittel aus den Hauptträgheitsmomenten ist.

Was die Gewinnung der Absolutwerte der chemischen Konstanten betrifft, so beruht sie darauf, daß diese Größe maßgebend für das Gleichgewicht ist. Im Sublimationsgleichgewicht ist die freie Energie von einem Mol des festen Körpers gleich der von einem Mol des Gases. Die freie Energie von einem Mol des festen Körpers läßt sich nun berechnen, wenn dessen spezifische Wärme bis $T = 0$ bekannt ist und für die Entropie beim absoluten Nullpunkt nach dem NERNSTschen Wärmetheorem Null gesetzt wird. Sie ist

$$-\frac{F_p}{RT} = -\frac{U_0}{RT} + \int_0^T \frac{dT}{RT^2}\int_0^T C_p\,dT - \frac{pV}{RT}. \qquad (9)$$

Nach EUCKEN[1]) ist es allerdings zweifelhaft, ob die übliche Extrapolation der spezifischen Wärme gerechtfertigt ist bzw. ob man zu (9) nicht noch einen Summanden $+\ln s'$ hinzuzufügen hat.

Wenn demnach bei gegebener Temperatur die freie Energie des festen Körpers berechnet ist, ist auch die mit ihr zahlengleiche des damit im Gleichgewicht befindlichen Dampfes bekannt; mißt man jetzt den Dampfdruck p und den Energieunterschied $-U_0$ gegen den festen Körper für $T = 0$ (Verdampfungswärme beim absoluten Nullpunkt), so läßt sich die chemische Konstante berechnen. Ganz analog gestaltet sich die Berechnung aus Gasgleichgewichten, hierbei ist immer die Gültigkeit des NERNSTschen Theorems vorausgesetzt. Die Resultate findet man in Ziff. 62.

c) Röntgenmessungen.

60. Kernabstände in Molekülgittern nach Röntgenaufnahmen. Wir stellen hier einige der bisher bestimmten typischen Molekülgitter zusammen, soweit man hieraus Schlüsse auf den Bau des Moleküls ziehen kann.

α) **Anorganische Moleküle.** Kohlensäure CO_2: Das Molekül ist geradlinig, das Kohlenstoffatom in der Mitte[2]), Abstand zwischen C und O 1,05 AE.[3]) oder 1,58 AE.[4]). Die letztere Zahl stimmt besser mit dem Abstand überein, den man aus dem Atomabstand im Diamanten 1,50 und dem Abstand C—O in der CO_3-Gruppe 1,39 erwarten sollte.

---

[1]) A. EUCKEN u. F. FRIED, ZS. f. Phys. Bd. 29, S. 36. 1924; s. auch F. SIMON, ebenda Bd. 31, S. 224. 1925; A. EUCKEN u. F. FRIED, ebenda Bd. 32, S. 150. 1925.
[2]) S. dagegen W. HEISENBERG, ZS. f. Phys. Bd. 26, S. 196. 1924.
[3]) J. DE SMEDT u. W. H. KEESOM, Proc. Amsterdam Bd. 27, Nr. 5/6. 1924.
[4]) H. MARK u. E. POHLAND, ZS. f. Krist. Bd. 61, S. 293. 1925.

Stickstoffoxydul[1]) N_2O: geradlinig, O in der Mitte, Abstand N—O 1,15 AE.
Zinntetrajodid[2])[3]) SnJ_4. Die 4 Jodatome tetraedrisch um das Zinnatom gruppiert, Abstand Sn-J 2,63, Abstand zwischen 2 J-Atomen 4,21.
Kohlenstofftetrajodid[4]) CJ_4: dieselbe Anordnung, Abstand C—J 2,2 bis 2,5.
Kohlenstofftetrabromid[4]) CBr_4, in zwei Modifikationen: Die kubische ebenso wie CJ_4, Abstand C—Br 2,1 bis 2,4. Die monokline hat Doppelmolekülbildung.

β) Organische Moleküle. Da die hier auftretenden Atome verhältnismäßig wenig Elektronen haben und von nicht sehr verschiedener Ordnungszahl sind, lassen sich ihre Lagen in den meisten Fällen nicht aus dem Röntgenbild allein festlegen. Hier dienen als Hilfsmittel: Bei hochsymmetrischen Kristallen ist die Lage der Atome durch die Symmetrie schon sehr weitgehend eingeschränkt, und man kommt mit Zuhilfenahme von einigen chemischen Erfahrungen (über Gleichberechtigung verschiedener Atome im Molekül usw.) aus. Bei komplizierter gebauten und im allgemeinen weniger symmetrischen Kristallen muß man noch andere Annahmen hinzuziehen, die besonders von BRAGG und seinen Schülern ausgebildet worden sind. Sie stützen sich besonders darauf, daß Flächen, die eine besonders große Spaltbarkeit zeigen, glatt zwischen den einzelnen Molekülen durchgehen müssen, ferner auf die Abstände zwischen den Atomen, die sich nach der von BRAGG mit Vorliebe benutzten Vorstellung harter, sich berührender Kugeln ergeben. Diese Vorstellung, welche bei anorganischen heteropolaren Verbindungen nur mit grober Annäherung zutreffende Resultate liefert, ist bei organischen Verbindungen mit großer Wahrscheinlichkeit als gültig anzusehen. Der Abstand zwischen zwei Atomen hängt nur von der Bindung zwischen diesen beiden ab, die stets die gleiche ist (natürlich mit Ausnahmen der Unterschiede zwischen C—C, C=C, C≡C). Das kann man daraus erkennen, daß die Energie der Bindung zwischen zwei Atomen in allen organischen Verbindungen die gleiche ist, ja sogar gleich zwischen zwei C-Atomen in aliphatischen Kohlenwasserstoffen und im Diamant[5]). Dies allein ermöglicht ja die Verbrennungswärme additiv zu berechnen[6]). Infolge der beschränkten Kombinationsmöglichkeit verschiedener Atome genügt diese Einschränkung. W. H. BRAGG benutzt als Abstand zwischen C—C 1,54, C—O 1,42 bzw. bei „Ketonsauerstoff" 1,38, C—N 1, Größe der OH-Gruppe 2,5. Die Lage der Wasserstoffatome ist röntgenoskopisch nicht feststellbar.

BRAGG[7]) selbst hat die Gitter von Naphthalin und Anthrazen bestimmt. Die Kristalle dieser Substanzen sind bekanntlich dünne Platten. Es zeigt sich, daß man auch die Moleküle dieser Stoffe als dünne Platten ansehen kann, wie es auch der chemischen Formel entspricht. Doch liegen die Moleküle nicht in der Ebene der Schuppen, sondern nahezu senkrecht dazu, wenn auch etwas geneigt. Der Abstand aufeinander folgender Gitterebenen wächst beim Anthrazen um 2,5 AE. gegenüber Naphthalin, d. h. um etwa so viel, als der Größe eines Sechserringes im Graphit entspricht.

Die Lage der Atome hat sich direkt nur bei wenigen Substanzen feststellen lassen: Hexamethylentetramin[8])[9]) $C_6H_{12}N_4$. Die 6 Kohlenstoffatome bilden

---

[1]) H. MARK u. E. POHLAND, ZS. f. Krist. Bd. 61, S. 293. 1925.
[2]) R. G. DICKINSON, Journ. Amer. Chem. Soc. Bd. 45, S. 958. 1923.
[3]) H. MARK u. K. WEISSENBERG, ZS. f. Phys. Bd. 16, S. 1. 1923.
[4]) H. MARK, Chem. Ber. Bd. 57, S. 1820. 1924.
[5]) K. FAJANS, Chem. Ber. Bd. 55, S. 2826. 1922.
[6]) Siehe z. B. J. THOMSEN, Thermochem. Untersuchungen IV, Leipzig 1886.
[7]) W. H. BRAGG, Proc. Phys. Soc., London, Bd. 35, S. 167. 1924.
[8]) H. MARK u. K. WEISSENBERG, ZS. f. Phys. Bd. 16, S. 1. 1923; R. G. DICKINSON u. A. L. RAYMOND, Journ. Amer. Chem. Soc. Bd. 45, S. 22. 1923.
[9]) H. W. GONELL u. H. MARK, ZS. f. phys. Chem. Bd. 107, S. 181. 1923.

die 4 Stickstoffatome die Ecken eines Tetraeders, Abstand eines Stickstoffatoms vom Molekülmittelpunkt 1,58, Abstand C—N 1,48. Weinsäure[1]), optisch aktiv und razemisch. HOOC—CH(OH)—CH(OH)—COOH. Die vier Kohlenstoffatome besetzen jede zweite Ecke eines rhombischen Parallelepipeds, gegenseitiger Abstand 1,54. Die einzelnen Moleküle sind durch ihre OH-Gruppen aneinander gebunden. In der razemischen Säure liegen abwechselnd Paare von links- und rechtsdrehenden Molekülen. Der Molekülabstand ist in der aktiven Säure etwas größer als in der inaktiven.

Ferner sind noch untersucht: Harnstoff[2]) $CO(NH_2)_2$ (Abstand zweier N-Atome 2 AE.), Oxalsäure[3]) HOOC—COOH, Metaldehyd[4]) $(CH_3CHO)_4$, Triphenylmethan[5]) $(C_6H_5)_3CH$, Bernsteinsäure[6]) HOOC—CH_2—CH_2—COOH; Bernsteinsäureanhydrid[6]) $\begin{matrix}CH_2CO\\CH_2CO\end{matrix}\rangle O$, Succinimid[6]) $\begin{matrix}CH_2CO\\CH_2CO\end{matrix}\rangle NH$, Kalciumformiat[7]) $Ca(OOCH)_2$, Berylliumazetat[8]) $Be(OOC\cdot CH_2)_3$ und Berylliumpropionat[8]) $Be(OOCCH_2CH_3)_2$, endlich einige nur teilweise bestimmte Stoffe[5])[9]). Bemerkenswert ist Pentaerythrit $C(CH_2OH)_4$, in welchem die $4(CH_2OH)$-Gruppen in einer Ebene liegen, statt tetraedrisch angeordnet zu sein.

d) Modellberechnungen und Resultate.

61. Theoretische Berechnung von Moleküldimensionen. Die Größe der freien Dampfmoleküle von Alkalihalogeniden hat zuerst REIS[10]) aus dem Gitter dieser Stoffe unter der Annahme zu berechnen versucht, daß Anziehungs- und Abstoßungskräfte zwischen zwei Ionen im Molekül die gleichen seien wie im festen Satz. Er setzt also als Gleichgewichtsbedingung (s. Ziff. 8)

$$\frac{d}{dr}\left(\frac{e^2}{r} + \frac{B'}{r^9}\right) = 0 \qquad (1)$$

und findet den Abstand im Molekül natürlich kleiner als im Gitter. Infolge der einseitigen Beanspruchung ist aber zu erwarten, daß im Molekül Deformationen sich stärker geltend machen als im Gitter[11])[12]).

BORN und seine Schüler[13])[14])[15]) haben den Versuch gemacht, durch diesen Gedanken die quantitative Modellberechnung zu ermöglichen, indem zur Cou-

---

[1]) W. T. ASTBURY, Proc. Roy. Soc. London (A) Bd. 102, S. 506. 1923; Bd. 104, S. 219. 1923.
[2]) H. MARK u. K. WEISSENBERG, ZS. f. Phys. Bd. 16, S. 1. 1923; R. G. DICKINSON u. A. L. RAYMOND, Journ. Amer. Chem. Soc. Bd. 45, S. 22. 1923.
[3]) H. HOFFMANN u. H. MARK, ZS. f. phys. Chem. Bd. 111, S. 321. 1924.
[4]) O. HASSEL u. H. MARK, ZS. f. phys. Chem. Bd. 111, S. 357. 1924.
[5]) K. BECKER u. H. ROSE, ZS. f. Phys. Bd. 14, S. 369. 1923; Bd. 17, S. 351. 1923; K. BECKER, ebenda Bd. 24, S. 651. 1924; H. MARK u. K. WEISSENBERG, ebenda Bd. 17, S. 347. 1923; Bd. 24, S. 68. 1924; K. BECKER u. W. JANCKE, ZS. f. phys. Chem. Bd. 99, S. 242, 267. 1921.
[6]) K. YARDLEY, Proc. Roy. Soc. London (A) Bd. 105, S. 451. 1924.
[7]) K. YARDLEY, Min. Mag. Bd. 20, Nr. 108, S. 290. 1925.
[8]) W. H. BRAGG u. G. T. MORGAN, Proc. Roy. Soc. London (A) Bd. 104, S. 437. 1923.
[9]) H. MARK, Chem. Ber. Bd. 57, S. 1820. 1924.
[10]) A. REIS, ZS. f. Phys. Bd. 1, S. 294. 1920; ZS. f. Elektrochem. Bd. 26, S. 408, 507. 1920.
[11]) A. REIS, l. c.; F. HABER, Verh. d. D. Phys. Ges. Bd. 21, S. 750. 1919; K. FAJANS, Naturwissensch. Bd. 11, S. 165. 1923; ZS. f. Krist. Bd. 61, S. 18. 1925.
[12]) K. FAJANS u. G. JOOS, ZS. f. Phys. Bd. 23, S. 1. 1924.
[13]) M. BORN u. W. HEISENBERG, ZS. f. Phys. Bd. 23, S. 388. 1924; s. dagegen E. SCHRÖDINGER, Ann. d. Phys. Bd. 77, S. 43. 1925.
[14]) W. HEISENBERG, ZS. f. Phys. Bd. 26, S. 196. 1924; H. KORNFELD, ebenda Bd. 26, S. 205. 1924.
[15]) F. HUND, ZS. f. Phys. Bd. 31, S. 81. 1925; Bd. 32, S. 1. 1925.

LOMBschen Anziehungsenergie noch die der induzierten Dipole hinzugenommen wird. Hierzu wird diese so angesetzt, als sei das elektrische Feld homogen. Die Deformierbarkeit wird aus gewissen Spektraleigenschaften[1]) der betreffenden Atome entnommen, aber auch an den Molekularrefraktionen[2]) geprüft. Die Ionen werden als isotrop angenommen.

Die genauere Rechnung ergibt dann, daß die stabile Gestalt für eine H_2O-Molekel ein gleichschenkliges Dreieck mit dem O^{--}-Ion an der Spitze ist. Hierbei findet man zwei Formen als möglich, wobei Polarisierbarkeit und Abstoßung so angenommen sind, daß das elektrische Moment und ein Abstand richtig herauskommt:

Spitze Form: Abstand O—H 1,03; Abstand H—H 1,09 AE.
Stumpfe ,,   ,,   ,, 1,01;   ,,   ,, 1,65 ,,

In einer weiteren Arbeit wird der Potentialverlauf in der Nähe des Halogenions aus den ultraroten Bandenspektren der Wasserstoffhalogenide (Ziff. 54) und der Polarisierbarkeit abgeleitet und dadurch die Rechnung verfeinert. Die Übertragung vom einwertigen F^--Ion auf das zweiwertige O^{--}-Ion bedingt allerdings die Einführung einer erst empirisch zu bestimmenden Konstanten.

Außer H_2O werden H_2S, H_3N sowie Ionen wie OH^- sowie Moleküle von der Art NaOH betrachtet.

62. Resultate für das Trägheitsmoment. In der folgenden Tabelle ist für zweiatomige Moleküle das Trägheitsmoment und der zugehörige Kernabstand angegeben. Und zwar ist diese Größe zuerst aus der Dampfdruckkurve bestimmt; hierzu sind die Rechnungen und Messungen von EUCKEN[3]) und seinen Mitarbeitern benutzt. Allerdings ist Θ nur bis auf den Faktor s (Symmetriezahl) bestimmt, der Atomabstand d' daher bis auf den Faktor $\sqrt{s}$. In der nächsten Spalte stehen die Trägheitsmomente und Atomabstände, aus der Feinstruktur von Bandenspektren berechnet, in der folgenden die aus der Lage der Maximalintensität ultraroter Banden bestimmten. Die Zahlen sind aus einer Zusammenstellung von EUCKEN[4]) entnommen, die Banden sind nicht aufgelöst, es wurde daher die klassische Formel (5) Ziff. 56 benutzt, die nicht genaue Werte gibt.

Tabelle 19. Trägheitsmomente zweiatomiger Gasmoleküle.

Gas	Dampfdruckkurve		Feinstruktur		Maximalintensität	
	Θ in 10^{-40}	d' in AE.	Θ in 10^{-40}	d' in AE.	Θ in 10^{-40}	d' in AE.
H_2	$0{,}1\,s$	$0{,}347\sqrt{s}$	—	—	—	—
N_2	$(2{,}82 \pm 0{,}34)s$	$(0{,}828 \pm 0{,}05)\sqrt{s}$	3,59	0,556[5])	—	—
O_2	$(5{,}43 \pm 0{,}6)s$	$(1{,}49 \pm 0{,}09)\sqrt{s}$	9,5	0,846[6])	—	—
NO	$(5{,}50 \pm 0{,}77)s$	$(1{,}57 \pm 0{,}11)\sqrt{s}$	—	—	—	—
CO	$(3{,}06 \pm 0{,}49)s$	$(0{,}91 \pm 0{,}07)\sqrt{s}$	17,83	1,25[7])	14,7	1,13
HCl	$(3{,}98 \pm 0{,}40)s$	$(1{,}54 \pm 0{,}03)\sqrt{s}$	2,634	1,25[8])	—	—

---

[1]) M. BORN u. W. HEISENBERG, ZS. f. Phys. Bd. 23, S. 388. 1924; s. dagegen E. SCHRÖDINGER, Ann. d. Phys. Bd. 77, S. 43. 1925.
[2]) K. FAJANS u. G. JOOS, ZS. f. Phys. Bd. 23, S. 1. 1924.
[3]) A. EUCKEN, E. KARWAT u. F. FRIED, ZS. f. Phys. Bd. 29, S. 1. 1924.
[4]) A. EUCKEN, Jahrb. d. Radioakt. Bd. 16, S. 361. 1920.
[5]) G. H. DIEKE, ZS. f. Phys. Bd. 31, S. 326. 1925.
[6]) T. HEURLINGER, Diss. Lund 1918.
[7]) E. HULTHÉN, Ann. d. Phys. Bd. 71, S. 41. 1923.
[8]) Ursprünglich bei A. KRATZER, ZS. f. Phys. Bd. 3, S. 289. 1920. Hier neu berechnet nach den von KRATZER, Enzykl. d. Math. V, 26a neu angegebenen Werten $(m - \frac{1}{2})$.

Bei Wasserstoff lassen sich noch aus der Temperaturabhängigkeit der spezifischen Wärme der Rotation weitere Werte angeben, die von der zugrunde gelegten Theorie abhängen und in Ziff. 58 zu finden sind. Optisch läßt sich keine sichere Angabe machen, da das Viellinienspektrum noch nicht gedeutet ist[1]).

Einige Angaben sollen nun zeigen, wie weit die Anregung das Trägheitsmoment ändert:

Tabelle 20.
Abhängigkeit des Trägheitsmoments von der Anregung der Elektronen (aus Bandenspektren, Θ in 10^{-40}).

	N	CO	S_2[1])	
unangeregt	3,59	17,83	12,6	($d' = 0{,}70$ AE.)
angeregt	3,33	14,23	13,8	($d' = 0{,}73$ AE.).

Es ist bemerkenswert, daß Θ in angeregten Molekülen größer oder kleiner sein kann als in unangeregten[2]). Endlich sind noch einige Zahlen für dreiatomige Moleküle zusammengestellt:

Für CO_2 ergibt sich aus der Dampfdruckkurve, wenn man das Molekül als geraden Stab ansieht[3]), nach EUCKEN

$$\Theta = (41{,}7 \pm 6{,}2) \cdot 10^{-40}.$$

BARKER[4]) ist auf Grund der Bandenspektren ebenfalls zu einer linearen Anordnung gekommen, er findet aus der Wellenlänge des Intensitätsmaximums der ultraroten Bande bei $2{,}7\,\mu$

$$\Theta = 50{,}1 \cdot 10^{-40}.$$

Endlich gibt auch die Kristallstruktur fester Kohlensäure eine stabförmige Gestalt, mit einem Abstand der beiden O-Atome vom zentralen C-Atom von $1{,}59$ AE.[5]), was einem Trägheitsmoment $\Theta = 133 \cdot 10^{-40}$ entspricht. Dagegen finden KEESOM und DE SMEDT $1{,}05$ AE., was $\Theta = 58 \cdot 10^{-40}$ ergibt.

Für H_2O sind die Spektren noch nicht eindeutig entwirrt[6]). Doch scheinen entsprechend den 3 Trägheitsmomenten $3\,B$-Werte $17{,}1$; $23{,}1$; $56{,}8$ cm^{-1} aufzutreten. Diesen würde

$$\Theta_1 = 3{,}30, \quad \Theta_2 = 2{,}39, \quad \Theta_3 = 0{,}97 \cdot 10^{-40}$$

entsprechen, mit einem mittleren

$$\overline{\Theta} = \sqrt[3]{\Theta_1 \Theta_2 \Theta_3} = 1{,}97 \cdot 10^{-40}.$$

Aus der Dampfdruckkurve folgt nach EUCKEN $\overline{\Theta} = (1{,}29 \pm 0{,}06) \cdot 10^{-40}$.

Endlich sei noch CH_4 erwähnt. Dieses hat wohl Tetraedersymmetrie, $\Theta_1 = \Theta_2 = \Theta_3$. Die Dampfdruckkurve ergibt mit der Symmetriezahl 12 $\overline{\Theta} = 4{,}39 \cdot 10^{-40}$. Das bedeutet einen Abstand zweier H-Atome (Tetraederseite) $= 1{,}63$ AE., einen Abstand C—H $= 1{,}00$ AE.

Die Analyse der Bandenspektra[7]) ergibt $\overline{\Theta} = 5{,}6 \cdot 10^{-40}$, Abstand zweier H-Atome $1{,}85$, Abstand C—H $1{,}13$ AE.

---

[1]) V. HENRI u. M. C. TEVES, Nature Bd. 114, S. 894. 1924.
[2]) Siehe R. S. MULLIKEN, Phys. Rev. Bd. 26, S. 1. 1925.
[3]) A. EUCKEN, ZS. f. phys. Chem. Bd. 100, S. 159. 1922.
[4]) E. F. BARKER, Astrophys. Journ. Bd. 55, S. 391. 1922.
[5]) H. MARK u. E. POHLAND, ZS. f. Krist. Bd. 61, S. 293. 1925; W. H. KEESOM u. J. DE SMEDT, Versl. Akad. Amsterdam Bd. 33, S. 571. 1924.
[6]) N. BJERRUM, Nernst-Festschrift 1912, S. 90; A. EUCKEN, Verh. d. D. Phys. Ges. Bd. 15, S. 1159. 1913; Jahrb. d. Radioakt. Bd. 16, S. 361. 1920; H. WITT, ZS. f. Phys. Bd. 28, S. 249. 1924.
[7]) J. P. COOLEY, Phys. Rev. Bd. 21, S. 376. 1921.

Es sei noch erwähnt, daß die Bandenspektra die Existenz zahlreicher Moleküle kennen lehren, welche die gewöhnliche Chemie nicht kennt (BO, CH, CuH, HgH) oder nur als sehr unstabil betrachtet (CN, CaCl). Ja sogar die Trägheitsmomente (Atomabstände) dieser Gebilde lassen sich bestimmen.

E. Aussagen über den Bau der Elektronenhüllen.
a) Drehimpuls der Elektronen.

63. Paramagnetismus. Nach der LANGEVINschen Theorie[1]) des Magnetismus sind diejenigen, und nur diejenigen Gebilde paramagnetisch, die auch bei Abwesenheit eines äußeren Feldes ein magnetisches Moment haben. Das magnetische Moment berechnet sich nach der klassischen Theorie folgendermaßen:

$$\mathfrak{m} = -\frac{1}{2c}\sum_i e_i[\mathfrak{v}_i\,\mathfrak{r}_i], \qquad (1)$$

wo $\mathfrak{r}_i$ den Abstand der Ladung e_i (elektrostatisch gemessen) von einem beliebig gewählten Punkt des Moleküls und $\mathfrak{v}_i$ ihre Geschwindigkeit ist, beides vektoriell aufgefaßt. Man kann das Gesamtmoment des Moleküls additiv aus den Einzelmomenten der einzelnen Elektronenbahnen zusammensetzen

$$\mathfrak{m} = \sum \mathfrak{m}_i, \qquad \mathfrak{m}_i = -\frac{e_i}{2c}[\mathfrak{v}_i\,\mathfrak{r}_i]. \qquad (2)$$

Da es sich um vektorielle Additionen handelt, können die einzelnen Glieder dieser Summe sich gegenseitig kompensieren und so das resultierende Moment Null ergeben. Ein solches Gebilde ist diamagnetisch (weiteres s. Ziff. 73). Wenn man die Kerne als ruhend auffassen kann (das ist z. B. bei Atomen der Fall, bei welchen der eine schwere Kern fast unbeweglich ist), dann sind alle Ladungen gleich und man kann schreiben

$$\mathfrak{m} = -\frac{e}{2c}\sum[\mathfrak{v}_i\,\mathfrak{r}_i]. \qquad (3)$$

Es sind aber in diesem Fall auch alle bewegten Massen gleich, so daß sich der mechanische Drehimpuls zu

$$\mathfrak{p} = \sum \mathfrak{p}_i, \qquad \mathfrak{p}_i = +m_i[\mathfrak{r}_i\,\mathfrak{v}_i], \qquad \mathfrak{p} = -m\sum[\mathfrak{v}_i\,\mathfrak{r}_i], \qquad (4)$$

$$\frac{\mathfrak{m}}{\mathfrak{p}} = \frac{e}{2mc} \qquad (5)$$

ergibt. Mit anderen Worten: diamagnetisch sind Atome ohne Drehimpuls, paramagnetisch Atome mit Drehimpuls, und zwar so, daß das Verhältnis vom mechanischen zum magnetischen Moment universell ist. Nach der Quantentheorie kann der mechanische Drehimpuls nur ganze Vielfache von $\frac{h}{2\pi}$ betragen, folglich müßte das magnetische Moment eines Atoms ganze Vielfache einer bestimmten Einheit, des BOHRschen Magnetons $\frac{e}{2c}\frac{h}{2\pi}$ sein. Die Erfahrung aber zeigt, daß die Verhältnisse nicht ganz so einfach liegen, da zu (5) noch der „LANDÉsche g-Faktor" hinzutritt, der sich aus den Quantenzahlen des Zustandes rational berechnen läßt[2]). Über den Zusammenhang zwischen den magnetischen

---

[1]) P. LANGEVIN, Ann. de chim. et phys. Bd. 5, S. 70. 1905; s. auch P. DEBYE in Handbuch der Radiologie VI, Leipzig 1925.
[2]) A. LANDÉ, ZS. f. Phys. Bd. 5, S. 231. 1921; A. SOMMERFELD, Atombau und Spektrallinien, 4. Aufl., Kap. 8, § 3, 4, Braunschweig 1924.

Erfahrungen und den spektroskopischen Aussagen über die Quantenzahlen des betreffenden Zustandes sehe man SOMMERFELD l. c.

Bei Molekülen rotieren die Kerne mit, infolgedessen ist der Zusammenhang nicht mehr ganz so einfach anzugeben. Im allgemeinen wird man aber aus Symmetriegründen annehmen können, daß die infolge der Temperaturbewegung des Moleküls als Ganzes vorhandene Rotation kein resultierendes magnetisches Moment ergibt, d. h. daß für diesen Geschwindigkeitsanteil im Mittel

$$\sum e_i [\mathfrak{v}_{i\,\text{rot}} \mathfrak{r}_i] = 0$$

ist. Das folgt auch aus der Gültigkeit der CURIEschen Formel für die paramagnetische molare Susreplibilität

$$\chi = \frac{C}{T} = N_L \frac{\mathfrak{m}^2}{kT} \alpha, \tag{6}$$

in welcher das T im Nenner daher rührt, daß die Wärmebewegung die Parallelrichtung der Moleküle zu verhindern strebt. Das magnetische Moment ist dagegen temperaturunabhängig angenommen. Würde ein merklicher Beitrag der Molekülrotation zum magnetischen Moment vorhanden sein, so müßte dieser etwa proportional T sein und daher die Temperaturabhängigkeit durch $\dfrac{(a+bT)^2}{T}$ gegeben sein.

Man kann daher auch bei Molekülen aus dem Vorhandensein von Paramagnetismus, d. h. dem Vorhandensein eines magnetischen Momentes auf die Existenz eines Elektronendrehimpulses auch für das ruhende Molekül schließen. Von mehratomigen Gasen sind nur O_2, NO und NO_2 paramagnetisch gefunden, die anderen bekannten mehratomigen Gase, auch die Sauerstoffverbindungen, sind diamagnetisch (dabei ist natürlich zu erwarten, daß die Dämpfe solcher Salze, die im festen Zustand paramagnetisch sind, ebenfalls paramagnetisch sein werden, hier ist aber der Paramagnetismus durch ein Ion bedingt, nicht durch den Molekülverband. Beispiel: Kobalt- oder Eisensalze). Das Sauerstoffion ist diamagnetisch, ebenso H_2O oder die OH-Gruppe.

Den Paramagnetismus bei NO und NO_2 führt LEWIS[1] darauf zurück, daß diese Moleküle eine ungerade Elektronenzahl enthalten (infolge der Anwesenheit von N), er meint, daß alle die — nur selten auftretenden — Moleküle mit ungeraden Elektronenzahlen einen Elektronenimpuls haben werden. Die Ursache des Paramagnetismus bei O_2 ist unbekannt, zumal die nächsten Homologen S, Se, Te diamagnetisch sind. Sie sind zwar nur in festem und flüssigem Zustand untersucht, aber O_2 ist auch in diesen Zuständen paramagnetisch.

Infolge einer gewissen Unsicherheit in bezug auf den Zahlenfaktor[2] α in (6) kann man aus der Suszeptibilität nicht eindeutig die Magnetonenzahl zurückrechnen. Wendet man die bei Atomen bewährte Quantelungsformel auch bei Molekülen an, so hätte das NO ein Magneton, das O_2 deren zwei.

64. Bandenspektra. Nach der vorhergehenden Ziffer sollten von den häufiger vorkommenden Gasmolekülen nur O_2, NO und NO_2 im unangeregten Zustand ein Elektronenimpulsmoment haben, alle anderen, die sich diamagnetisch erwiesen haben, nicht, so insbesondere N_2, CO, die Halogenwasserstoffe HF, HCl, HJ. Andererseits haben wir schon in Ziff. 51 und 54 erwähnt, daß sich die Bandenspektra nie mit ganzzahligen $(m - m_{E_1})$-Werten darstellen lassen; bei den Halogenwasserstoffen sind sie halbzahlig. Man muß daher entweder

---

[1] G. N. LEWIS, Chem. Rev. Bd. 1, S. 231. 1925.
[2] W. PAULI, Phys. ZS. Bd. 21, S. 615. 1920; W. GERLACH, ebenda Bd. 24, S. 275. 1923; P. EPSTEIN, Science Nr. 57, S. 1479. 1923; A. SOMMERFELD, ZS. f. Phys. Bd. 19, S. 221. 1923.

annehmen, daß kein Elektronenimpulsmoment vorliegt (Diamagnetismus), $m_{E1} = 0$ ist und der Gesamtimpuls m halbzahlig, oder man wählt m ganzzahlig, $m_{E1} \neq 0 = \frac{1}{2}$ und muß diesen Elektronenimpuls als magnetisch unwirksam ansehen, etwa durch die Annahme, daß er sich stets senkrecht auf das äußere Magnetfeld einrichtet[1]). Im folgenden soll die letztere Terminologie gewählt werden.

a) Moleküle ohne Impuls in der Figurenachse, $m_{E3} = 0$

HF, HCl, HBr, CN, N_2, CuH, $m_{E1} = \frac{1}{2}$,

ZnH, CdH, HgH $m_{E1} = 0, \frac{1}{4}, \frac{1}{2}$,

CO, N_2 $m_{E1} = \frac{1}{2}$ oder $m_{E1} = \frac{1}{4}, \frac{3}{4}$[2]);

b) Moleküle mit Impuls in der Figurenachse

CH $m_{E3} = \frac{1}{2}$, $m_{E3} = 1$, $m_{E3} < 1$?

O_2 (atmosphärische Sauerstoffbanden).

b) Die dielektrischen Eigenschaften von Dipolsubstanzen.

65. Theorie der Stoffe mit sehr hoher Dielektrizitätskonstante. Eine Reihe von Stoffen, wie z. B. Wasser, Alkohol, Glyzerin, haben eine sehr hohe Dielektrizitätskonstante (50—100), dagegen Lichtwellen gegenüber nur einen mäßigen Brechungsindex (Wasser z. B. 1,33). Das muß darauf zurückzuführen sein, daß die statische Dielektrizitätskonstante durch solche Polarisationseffekte bedingt ist, die den schnellen Lichtschwingungen nicht nachkommen können. Dieselbe Gruppe von Stoffen zeigt noch andere Anomalien. Während bei allen anderen Stoffen die Molekularrefraktion $\frac{n^2-1}{n^2+2}\frac{M}{\varrho}$ und die ihr entsprechende statische Größe, die Molekularpolarisation[3]) $\frac{\varepsilon-1}{\varepsilon+2}\frac{M}{\varrho}$, fast temperaturunabhängig ist, weil dies für die Polarisation des einzelnen Teilchens gilt und der Einfluß der Dichte eliminiert ist, nimmt bei der ebengenannten Stoffgruppe die Molekularpolarisation mit steigender Temperatur stark ab. Ferner zeigen diese Stoffe häufig starke Assoziation.

DEBYE[4]) hat alle diese Eigentümlichkeiten folgendermaßen erklärt. Während bei den „normalen" Stoffen die Polarisation des Moleküls in einem elektrischen Feld durch innere Verschiebungen von Ladungen allein hervorgerufen wird und demnach temperaturunabhängig ist, sollen die obengenannten Stoffe auch ohne Feld ein festes elektrisches Dipolmoment $\mathfrak{p}$ haben. Dieses kommt in Abwesenheit eines Feldes nach außen nicht zur Wirkung, weil die Dipolachsen infolge der Wärmebewegung nach allen Richtungen gleichmäßig verteilt sind. Sobald man aber ein elektrisches Feld einschaltet, hängt die potentielle Energie von dem Winkel zwischen Feld und Dipolachse ab; infolgedessen nehmen nach dem BOLTZMANNschen Prinzip die Moleküle häufiger solche Lagen ein, in welchen die potentielle Energie möglichst klein ist, d. h. diejenigen, in die das elektrische Feld sie zu drehen bestrebt ist. Diese Gleichrichtung erfolgt in desto höherem Maß, je kleiner die kinetische Energie der Rotation

---

[1]) A. LANDÉ, ZS. f. Phys. Bd. 19, S. 113. 1923, Anm. 3.
[2]) T. HEURLINGER, Diss. Lund 1918; G. H. DIEKE, ZS. f. Phys. Bd. 31, S. 326. 1925; A. KRATZER, Enzykl. d. math. Wissensch. V, 26a.
[3]) L. EBERT, ZS. f. phys. Chem. Bd. 113, S. 1. 1924.
[4]) P. DEBYE, Phys. ZS. Bd. 13, S. 97. 1912; s. auch P. DEBYE in Handbuch der Radiologie VI, Leipzig 1925.

Ziff. 65.   Die dielektrischen Eigenschaften von Dipolsubstanzen.

ist, welche eine gleichmäßige Verteilung zu bewirken sucht, d. h. je tiefer die Temperatur ist (s. Ziff. 42 ff.). Bei normalen elektrischen Feldern ist der Mittelwert von $\cos \vartheta$ sehr klein, d. h. die Polarisation ist sehr weit von der bei vollständiger Parallelrichtung eintretenden Sättigung entfernt. Wenn man nicht sehr hohe Feldstärken anwendet, ist die Polarisation proportional der Feldstärke. Die Rechnung erfolgt ganz so wie im magnetischen Fall (Ziff. 63); man erhält für den Anteil der Molekularpolarisation, der von der Richtung herrührt,

$$\frac{\varepsilon-1}{\varepsilon+2}\frac{M}{\varrho} = \frac{4\pi}{3} N_L \frac{1}{3} \frac{\mathfrak{p}^2}{RT}. \tag{1}$$

PAULI[1]) hat darauf hingewiesen, daß man auch hier wie im magnetischen Fall die Quantentheorie berücksichtigen muß, welche nicht alle Lagen zuläßt, wenigstens bei Gasen. Für zweiatomige Gase findet PAULI die Formel

$$\frac{\varepsilon-1}{\varepsilon+2}\frac{M}{\varrho} = \frac{4\pi}{3} N_L 1{,}5367 \frac{\mathfrak{p}^2}{RT}. \tag{2}$$

Für mehratomige Gase oder für zweiatomige mit Elektronendrehimpuls tritt ein anderer Zahlenfaktor ($> \frac{1}{3}$) auf[2]).

Die Gesamtpolarisation setzt sich aus dem Anteil zusammen, der von der Parallelrichtung der festen Dipole herrührt, und aus dem Anteil, der von der Verschiebung der Ladungen im Inneren des Moleküls stammt, ganz ähnlich, wie die VAN DER WAALSschen Kräfte teilweise durch den Richteffekt (der proportional $\frac{1}{T}$ ist) und teilweise durch den Induktionseffekt (temperaturunabhängig) bedingt sind:

$$\frac{\varepsilon-1}{\varepsilon+2}\frac{M}{\varrho} = \frac{4\pi}{3} N_L \left\{ \frac{e^2}{4\pi^2 \nu_0^2 \overline{m}} + \alpha \frac{N_1}{N_L} \frac{\mathfrak{p}^2}{kT} \right\}, \tag{3}$$

wo der Zahlenfaktor α klassisch $\frac{1}{3}$, nach PAULI $1{,}5367$ ist. Hierbei muß die Zahl der Dipole N_1 nicht gleich der Zahl der Gesamtmoleküle sein. $\overline{m}$ bedeutet die Elektronenmasse.

GANS[3]) hat versucht, die Überlegung noch folgendermaßen zu verbessern: In der „erregenden Kraft", die auf ein Teilchen wirkt, ist außer der äußeren Feldstärke noch die mittlere Wirkung der umgebenden Teilchen berücksichtigt, die im Mittel eine Polarisation $4\pi \mathfrak{P}$ geben und daher im Mittel eine LORENTZsche Zusatzkraft $\frac{4\pi}{3} \mathfrak{P}$ verursachen. In jedem Augenblick aber wird ein schnell nach Größe und Richtung wechselndes Feld vorhanden sein, dessen Stärke wesentlich höher ist als die des Dauerfeldes. Ist das wechselnde Feld so schwach, daß man noch weit von der Sättigung bleibt, d. h. daß seine Polarisationswirkung proportional der Feldstärke ist, so hebt sich diese Polarisationswirkung im Mittel fort, da auch der Mittelwert der Feldstärke Null ist. Das ist bei genügend hoher Temperatur der Fall. Bei tieferer Temperatur aber wird die Sättigung schon bei kleineren Feldern erreicht, so daß sich die vom wechselnden Feld erzeugte Polarisation nicht einfach additiv über die vom konstanten Feld erzeugte lagert und bei der Mittelbildung ihr Anteil nicht verschwindet.

---

[1]) W. PAULI JUN., ZS. f. Phys. Bd. 6, S. 319. 1921.
[2]) H. J. KRAMERS u. W. PAULI, ZS. f. Phys. Bd. 13, S. 353. 1923.
[3]) R. GANS, Ann. d. Phys. Bd. 50, S. 163. 1916; Bd. 64, S. 481. 1921.

GANS findet

$$\frac{\varepsilon-1}{\varepsilon+2}\frac{M}{\varrho} = \frac{4\pi}{3}N_L\left\{\frac{e^2}{4\pi^2 v_0^2 \overline{m}} + \frac{N_1}{3N_L}\frac{\mathfrak{p}^2}{kT}\cdot\Phi(\tau)\right\},$$

$$\tau = \frac{3kT}{4N_1\mathfrak{p}^2}\sqrt{\frac{d^3 M N_1}{\pi\varrho}}\sqrt{1-\frac{N_1 e^4 \varrho}{6\pi^3 v_0^4 \overline{m}^2 d^3 M}},$$

(4)

wo Φ eine Funktion ist, die für große τ

$$\Phi \infty 1 - \frac{1}{6\tau^2}\ldots \quad \text{für kleine} \quad \Phi \infty \frac{4\tau}{\sqrt{\pi}}\left(1 - \frac{\tau\sqrt{\pi}}{2} + \frac{1}{60}\pi^4\tau^4\ldots\right) \quad \text{wird}.$$

Gegen die Art, wie GANS die Funktion ableitet, sind von DEBYE[1]) Einwände erhoben worden, die aber GANS[2]) nur für mittlere, nicht für tiefe Temperaturen als berechtigt anerkennt.

66. Bestimmung des Dipolmomentes. a) bei Gasen. Um das Dipolmoment bei Gasen zu bestimmen, muß man demnach die Temperaturunabhängigkeit der Dielektrizitätskonstanten untersuchen. Trägt man diese letztere gegen $\frac{1}{T}$ auf, so muß sich eine gerade Linie ergeben. Man kann hier, wo $\varepsilon - 1$ gegen 1 klein ist, die Molekularpolarisation nämlich durch $\frac{\varepsilon-1}{3}\frac{M}{\varrho}$ ersetzen. Den Anteil der Ladungsverschieblichkeit findet man gleich dem auf der Ordinate abgeschnittenen Stück, das Dipolmoment aus der Neigung $\operatorname{tg}\varphi$ der Geraden $\varepsilon - 1$ gegen $\frac{1}{T}$ zu

$$|\mathfrak{p}| = \sqrt{\left(\operatorname{tg}\varphi\cdot\frac{M}{\varrho}\frac{k}{4\pi N_1}\frac{1}{\alpha}\right)}.$$

In manchen Fällen kommt es vor, daß die Kurve bei tiefen Temperaturen umbiegt. Das ist dann auf eine Verminderung der Zahl der Dipole zurückzuführen, welche auf Assoziation beruht, d. h. darauf, daß sich mehrere Dipole, sei es zu astatischen Gebilden vereinigen (z. B. dadurch, daß sich je zwei Dipole in entgegengesetzter Richtung aneinanderlagern oder je drei Dipole zu einem Dreieck), sei es zu Gebilden, deren Dipolmoment größer ist als das ihrer Bestandteile und die demnach die Polarisation steigern. Ein solcher Effekt ist z. B. beim Wasserdampf[3]) gefunden worden, wo er sich ganz gut durch die Annahme einer Vereinigung von zwei Wassermolekülen zu einem Gebilde mit zwei parallel und gleich gerichteten Dipolen darstellen läßt. Die übrigen Methoden sind die gleichen wie bei Flüssigkeiten und werden daher dort besprochen.

b) Bestimmung von Dipolmomenten in Flüssigkeiten. Bei Flüssigkeiten läßt sich im allgemeinen die Trennung mit Hilfe der Temperaturabhängigkeit nicht durchführen, weil hier gerade infolge der starken und weitreichenden Dipolkräfte die Assoziationen sehr groß sind und auch stark von der Temperatur abhängen, so daß die Temperaturabhängigkeit der Molekularpolarisation auch wesentlich durch die Temperaturabhängigkeit von N_1 (3) Ziff. 65 bedingt ist. Wie einflußreich die Assoziationen sind, kann man aus folgendem ersehen: Versucht man die Dielektrizitätskonstante des flüssigen Wassers aus dem Induktionsanteil und demjenigen Dipolmoment, welches die Untersuchung des

---

[1]) P. DEBYE, Handbuch der Radiologie VI, S. 623.
[2]) R. GANS, ZS. f. Phys. Bd. 9, S. 168. Anm. 1922.
[3]) M. JONA, Phys. ZS. Bd. 20, S. 17. 1919.

Ziff. 66.   Die dielektrischen Eigenschaften von Dipolsubstanzen.   485

Wasserdampfes ergeben hat, zu berechnen, so gelangt man dann zum richtigen Resultat, wenn man annimmt, daß etwa $7/10$ aller Moleküle ihre Dipolmomente gegenseitig kompensieren und nur $3/10$ aller Dipolmomente übrigbleiben.

Man muß daher hier versuchen, andere Methoden aufzufinden.

Eine solche Methode zur Trennung von Dipolglied und Induktionsglied ist die Untersuchung mit sehr hohen Feldstärken, wobei sich eine Abnahme der Dielektrizitätskonstante infolge Annäherung an die Sättigung ergeben muß. Aus dieser Abnahme läßt sich dann p bestimmen, wenn man annimmt, daß der Induktionseffekt auch dann genau proportional der Feldstärke bleibt, d. h. die Kräfte innerhalb des Moleküls genau quasielastisch sind. Doch ist die Messung hier sehr schwierig, hauptsächlich stört Eigenleitfähigkeit. In dem einzigen Fall, in welchem sie HERWEG[1]) gelungen ist (flüssiger Äthyläther), scheint sie in guter Übereinstimmung mit der Theorie zu stehen.

Endlich kann man sehr verdünnte Lösungen von Dipolflüssigkeiten in anderen untersuchen, da in solchen die Assoziation verschwinden wird[2]). Nach EBERT[3]) kann man ferner die Molekularpolarisation des kristallisierten Stoffes mit der der Flüssigkeit vergleichen. Im Kristall sind die Moleküle nicht drehbar, dagegen kann man die Verschieblichkeit der Ladungen als unverändert annehmen. Wenn man also die Molekularpolarisation des Kristalls von der der Flüssigkeit abzieht, bleibt nur der Anteil des Richteffektes übrig. So ist bei flüssigem Wasser die Molekularpolarisation 17,5, bei Eis 9,5. Leider sind die Molekularpolarisationen fester Stoffe nur in geringer Zahl gemessen.

Man kann ferner versuchen, den Anteil an der statischen Polarisation, der von solchen Vorgängen herrührt, die bei schnellen Wechselfeldern sich nicht mehr dem Feld anpassen können, dadurch zu bestimmen, daß man von der Gesamtpolarisation den Elektronenanteil abzieht, wie dies zuerst SMYTH in mehreren Arbeiten durchgeführt hat[4]). Diesen letzteren findet man durch Extrapolation der optisch bestimmten Molekularrefraktion auf unendlich lange Wellen, denn die letztere stammt fast ausschließlich von Elektronen her. Aber die so erhaltene Restpolarisation rührt nach EBERT nicht allein von der Drehung fester Dipole her, sondern auch von der Verschiebung schwerer, als Ganzes geladener Komplexe, seien dies nun Kerne, Ionen oder „Radikale". Dieser letztere Anteil ist auch in festem Zustand vorhanden und nimmt bei steigender Atomzahl im Molekül zu. So hatten wir vorher für die Molekularpolarisation des Eises 9,5 angegeben, während der (optisch bestimmte) Elektronenanteil nur 3,7 beträgt, so daß also 5,8 auf diesen Verschiebungsanteil entfallen. Bei Rohrzucker beträgt die Molekularpolarisation in festem Kristall 93,8, der Elektronenanteil 69; demnach ist bei diesem großen Molekül der Verschiebungsanteil der schweren Bestandteile schon beinahe 25; im Gegensatz dazu ist er bei Methan CH_4 0,6. Für größere Dipolmoleküle ist, wie wir gesehen haben, der Verschiebungsanteil von derselben Größenordnung wie der Anteil des Richteffektes. Aus diesem Grunde sind die ins einzelne gehenden Schlüsse, welche SMYTH[5]) auf den inneren Bau der Moleküle ohne die Trennung der beiden Anteile zieht, also indem er den ganzen Beitrag langsam beweglicher Ladungen als Richteffekt deutet, in ihren Einzelheiten wohl noch nicht genügend begründet.

---

[1]) J. HERWEG u. A. PÖTZSCH, ZS. f. Phys. Bd. 8, S. 1. 1922.
[2]) P. DEBYE in Handbuch der Radiologie VI, Leipzig 1925; L. LANGE, ZS. f. Phys. Bd. 33, S. 169. 1925.
[3]) L. EBERT, ZS. f. phys. Chem. Bd. 113, S. 1. 1924; Bd. 114, S. 430. 1925.
[4]) CH. P. SMYTH, Phil. Mag. (6) Bd. 45, S. 849. 1923; Journ. Amer. Chem. Soc. Bd. 46, S. 2152. 1924.
[5]) CH. P. SMYTH, Phil. Mag. (6) Bd. 45, S. 849. 1923; Journ. Amer. Chem. Soc. Bd. 46, S. 2151. 1924.

67. Resultate für die Dipolmomente.

Qualitativ kann man sagen, daß eine polare Gruppe im allgemeinen das Molekül zu einem Dipol macht[1]). Daß eine solche polare Gruppe Anlaß zu besonders starken Kräften gibt, hatten wir ja schon in den Ziff. 29 bis 34 (Oberflächenhäute, flüssige Kristalle, abnormal hohe a) gesehen. Man würde erwarten, daß das Dipolmoment eines organischen Moleküls mit einer bestimmten aktiven Gruppe nur von dieser abhängt, da in organischen Molekülen die Nachbargruppen die Eigenschaften einer bestimmten Gruppe wenig beeinflussen, wie aus der Additivität der Verbrennungswärmen, Brechungsindizes usw. hervorgeht. In Wirklichkeit zeigt sich aber mit steigender Länge der Kohlenstoffkette in homologen Reihen, z. B. bei Alkoholen eine Zunahme der Molekularpolarisation. EBERT deutet dies zwanglos dahin, daß hier so wie beim Wasser die Molekularpolarisation durch Assoziation mehrerer Dipole vermindert ist, und daß diese Assoziation mit steigender Größe des Moleküls zurückgeht, weil dann die assoziierende Kraft des Dipols relativ weniger ausmacht. Doch kann man dabei auch an eine Induktionswirkung des Dipols auf den Molekülrest denken[2]). Wenn man mehrere polare Gruppen im selben Molekül hat, so hängt es von der Symmetrie der Verteilung ab, ob hierdurch eine Vergrößerung oder durch Kompensation eine Schwächung des Gesamtdipolmomentes entsteht. Während Chloroform $CHCl_3$ ein wenn auch kleines Moment hat, wird

Tabelle 21. Elektrische Dipolmomente.

Methode und Autor	Substanz	Aggregatzustand	Dipolmoment in 10^{-18} el. stat. Einh. cm	Dipollänge in 10^{-8} cm
A^3)	HCl	Gas	2,15	0,454
A^4)			1,034	0,218
E^5)			1,48	0,312
B^6)		Gas und flüssig	1,096; 1,054; 1,075	0,231; 0,222; 0,227
A^4)	HBr	Gas	0,788	0,165
A^4)	HJ	Gas	0,382	0,081
A^7)	H_2O	Gas	1,87	0,392
A^8)		(145°)	2,35	0,492
C		Gas — fest 0°	1,84	0,385
A^3)			1,87	0,392
A^7)	SO_2	Gas	1,76	0,368
E^5)			1,83	0,383
A^9)			1,60	0,335
A^7)	NH_3	Gas	1,53	0,320
A^3)	CO_2	Gas	0,142	0,030
A^3)	CO	Gas	0,1180	0,025
D^{10})	Äthyläther $C_2H_5OC_2H_5$	flüssig	1,20	0,251
B^{11})			1,40	0,393
F^9)			1,27	0,266

[1]) P. WALDEN, ZS. f. phys. Chem. Bd. 70, S. 569. 1910.
[2]) J. J. THOMSON, Phil. Mag. (6) Bd. 46, S. 497. 1923; s. auch SMYTH, Phil. Mag. (6) Bd. 45, S. 849. 1923.
[3]) H. WEIGT, Phys. ZS. Bd. 22, S. 643. 1921; s. auch H. FALKENHAGEN, ebenda Bd. 23, S. 87. 1922.
[4]) C. T. ZAHN, Phys. Rev. Bd. 24, S. 400. 1924.
[5]) O. E. FRIVOLD u. O. HASSEL, Phys. ZS. Bd. 24, S. 82. 1923; O. E. FRIVOLD, ebenda Bd. 22, S. 603. 1921.
[6]) CH. P. SMYTH, Journ. Amer. Chem. Soc. Bd. 47, S. 1894. 1925.
[7]) M. JONA, Phys. ZS. Bd. 20, S. 14. 1919.
[8]) K. BAEDEKER, ZS. f. phys. Chem. Bd. 36, S. 315. 1901.
[9]) P. LERTES, ZS. f. Phys. Bd. 6, S. 56, 257. 1921.
[10]) J. HERWEG u. A. PÖTZSCH, ZS. f. Phys. Bd. 8, S. 1. 1922.
[11]) H. ISNARDI u. R. GANS, Phys. ZS. Bd. 22, S. 230. 1921; H. ISNARDI, ZS. f. Phys. Bd. 9, S. 165. 1922.

dieses durch Ersatz des einen Wasserstoffatoms durch ein weiteres Cl-Atom, wobei der Tetrachlorkohlenstoff CCl_4 mit tetraedrischen Molekülen entsteht, zum Verschwinden gebracht. Was die Auswertung der Messungsresultate zur Berechnung von Dipolmomenten betrifft, so ist diese bei Gasen von der Kenntnis des Zahlenfaktors α in Ziff. 65 abhängig. Die in Tab. 21 angegebenen Zahlen sind mit dem klassischen Wert $1/3$ gerechnet. Wie erwähnt, ist dieser für zweiatomige Moleküle ohne Elektronenimpuls durch 1,54 zu ersetzen, für andere Moleküle durch bisher noch nicht berechnete Zahlenwerte größer als $1/3$. Dementsprechend sind die unten angegebenen Momente bzw. Abstände der Ladung mit $\sqrt{\dfrac{1}{4,6101}} = 0,466$ bzw. allgemein mit $\sqrt{\dfrac{1}{3\alpha}}$ zu multiplizieren.

In Tabelle 21 bedeutet A Bestimmung aus der Temperaturabhängigkeit der Dielektrizitätskonstante im gasförmigen Zustand; B die gleiche Bestimmung mit Hilfe der GANSschen Theorie der Flüssigkeiten, wobei auf Assoziationsänderung nicht Rücksicht genommen ist; C Bestimmung aus der Differenz der Polarisationen im Gas und im festen Zustand; D Bestimmung aus der Abhängigkeit der statischen Dielektrizitätskonstante von der Feldstärke; E unterscheidet sich von A nur dadurch, daß die direkte Messung der Dielektrizitätskonstanten durch eine Messung der damit proportionalen Elektrostriktion ersetzt wird. Bei F endlich wirkt ein elektrisches Drehfeld auf eine kugelförmige Flüssigkeitsmasse ein, deren Bewegung untersucht wird.

68. Abstand der Hydroxylgruppen bei mehrbasischen Säuren. Es ist eine bekannte Tatsache, daß bei solchen Säuren, welche mehr als ein Wasserstoffion abgeben können, also mehrwertige Ionen bilden können, die erste Dissoziation wesentlich leichter vor sich geht als die folgenden. Bei den im allgemeinen starken anorganischen Säuren ist das nicht ganz so auffallend wie bei den schwachen organischen Säuren, wo der Unterschied zwischen der ersten und zweiten Dissoziation sehr groß ist. Wir wollen als einfachsten Fall den einer zweibasischen Säure behandeln, bei welcher die beiden Wasserstoffatome von vornherein gleichberechtigt sind, z. B. Bernsteinsäure

$$HO-\overset{\overset{\displaystyle O}{\|}}{C}-CH_2-CH_2-\overset{\overset{\displaystyle O}{\|}}{C}-OH.$$

Nun ist, wie schon WEGSCHEIDER[1]) gezeigt hat, auch dann, wenn die Abdissoziation des einen Wasserstoffatoms auf das andere gar keinen direkten Einfluß hat, zu erwarten, daß die Dissoziationskonstante für die erste Dissoziation viermal so groß ist wie für die zweite.

Wenn nämlich die beiden Wasserstoffionen in der Säure gleichberechtigt sind, so ist die Wahrscheinlichkeit der Abdissoziation in der undissoziierten Säure mit ihren beiden möglichen Dissoziationsstellen doppelt so hoch als in dem einwertigen Ion

$$-{}^+O-\overset{\overset{\displaystyle O}{\|}}{C}-CH_2-CH_2-\overset{\overset{\displaystyle O}{\|}}{C}-OH,$$

welches nur mehr eine solche enthält. Außerdem aber ist die Wahrscheinlichkeit der Wiedervereinigung eines Wasserstoffions beim zweiwertigen Ion

$$-{}^+O-\overset{\overset{\displaystyle O}{\|}}{C}-CH_2-CH_2-\overset{\overset{\displaystyle O}{\|}}{C}-O^+-,$$

---

[1]) R. WEGSCHEIDER, Wiener Monatshefte Bd. 16, S. 153. 1895; Bd. 23, S. 599. 1902; E. Q. ADAMS, Journ. Amer. Chem. Soc. Bd. 38, S. 1503. 1916.

das zwei Anlagerungsstellen hat, doppelt so groß als beim einwertigen Ion. Das würde also das Verhältnis der Dissoziationskonstante K_1 der ersten Dissoziation zu der der zweiten K_2 von $1:2 \cdot 2 = 1:4$ ergeben. Ist dieses Verhältnis aber größer, so muß, wie BJERRUM[1]) hervorgehoben hat, dies auf einer direkten Verminderung der Abdissoziation des zweiten Wasserstoffions beruhen, die dadurch hervorgebracht wird, daß an der ersten Stelle schon eine positive Ladung sitzt. Wenn der Abstand zwischen den beiden Gruppen r_0 ist, so hat man bei der Entfernung des zweiten Wasserstoffions außer der Arbeit gegen die Anziehung der eigenen Gruppe, die dieselbe ist wie in dem Fall, daß das andere Wasserstoffion noch nicht abgespalten ist, auch noch die Arbeit gegen die elektrostatische Anziehung der zweiten positiven Ladung zu leisten. Diese setzt BJERRUM $\dfrac{e^2}{\varepsilon r_0}$, wo unter ε die Dielektrizitätskonstante des Wassers zu verstehen ist. Das kann natürlich nur eine erste Näherung sein. Es ergibt sich so

$$\log K_2 = \log \frac{K_1}{4} - \frac{e^2}{\varepsilon k T r_0} 0{,}4343 = \log \frac{K_1}{4} - \frac{3{,}1 \cdot 10^{-8}}{r_0} \quad (T = 293).$$

Aus dieser Gleichung kann man dann die Abstände der beiden OH-Gruppen berechnen. Als Beispiel mögen folgende Zahlen (nach BJERRUM) dienen:

Tabelle 22.
Abstände der Hydroxylgruppen in zweibasischen organischen Säuren nach BJERRUM.
Abstandszunahme pro CH_2-Gruppe.

	r_0 in AE	
Oxalsäure HOOC—COOH	1,33	
Malonsäure HOOC—CH_2—COOH	2,35	1,45
Bernsteinsäure HOOC—CH_2—CH_2—COOH	3,8	
Glutarsäure HOOC—CH_2—CH_2—CH_2—COOH	5,3	1,5

Eventuell kommt aber noch eine (schwache) Wirkung durch die Kette hindurch in Betracht. BJERRUM hat auch kompliziertere Fälle behandelt.

c) Asymmetrie der Elektronenhüllen.

69. Asymmetrie der Elektronenhüllen, erschlossen aus der Lichtzerstreuung. Wenn auf einen isotropen Oszillator eine linear polarisierte Lichtwelle auffällt, so schwingt der Oszillator so, daß sein Ausschlag in die Richtung des elektrischen Feldes der Lichtwelle fällt. Er strahlt demnach in der Richtung des elektrischen Vektors der Primärwelle gar nicht, senkrecht dazu ist die Strahlung vollständig polarisiert so wie die primäre. Das ändert sich, wenn der Resonator nicht isotrop ist; dann ist sein elektrisches Moment nicht mehr parallel dem elektrischen Vektor des Primärstrahles und daher wird auch in der Richtung des primären Vektors Licht ausgestrahlt; in den anderen Richtungen ist die Polarisationsebene des gestreuten Lichtes nicht mehr parallel zu der des primären. Formelmäßig stellt sich das Resultat folgendermaßen dar[2]). Es habe die Polarisierbarkeit des Moleküls Tensorcharakter, d. h. es sei möglich, drei aufeinander senkrechte, mit dem Molekül fest verbundene Achsen $x'\, y'\, z'$ einzuführen, so daß die potentielle Energie des Resonators durch

$$\varepsilon_p = \frac{m}{2} 4\pi^2 (\nu_{x'}^2 x'^2 + \nu_{y'}^2 y'^2 + \nu_{z'}^2 z'^2) \tag{1}$$

---

[1]) N. BJERRUM, ZS. f. phys. Chem. Bd. 106, S. 219. 1923.
[2]) Die Darstellung nach P. DEBYE, Handbuch der Radiologie VI, Leipzig 1923.

gegeben sei. Dem Ausschlag $x'\,y'\,z'$ entspreche ein elektrisches Moment mit den Komponenten

$$\mathfrak{p}_{x'} = p_1 e x', \quad \mathfrak{p}_{y'} = p_2 e y', \quad \mathfrak{p}_{z'} = p_3 e z'. \tag{2}$$

Die p sind hierbei „Elektronenzahlen". Fällt dann linear polarisiertes Licht in der z-Richtung auf, dessen elektrischer Vektor in der x-Richtung schwingt, so ergibt sich als Intensität für das in der y-Richtung gestreute Licht

$$S_x = \frac{1}{2}\frac{e^4}{m^2}\frac{\nu^4}{8\pi c^3}\frac{1}{r^2}\left(\frac{p_1 \cos^2 xx'}{\nu_1^2 - \nu^2} + \frac{p_2 \cos^2 xy'}{(\nu_2^2 - \nu^2)} + \frac{p_3 \cos^2 xz'}{(\nu_3^2 - \nu^2)}\right)^2 \mathfrak{E}_x^2$$

$$S_z = \frac{1}{2}\frac{e^4}{m^2}\frac{\nu^4}{8\pi c^3}\frac{1}{r^2}\left(\frac{p_1 \cos zx' \cos xx'}{(\nu_1^2 - \nu^2)} + \frac{p_2 \cos zy' \cos xy'}{(\nu_2^2 - \nu^2)} + \frac{p_3 \cos zz' \cos xz'}{(\nu_3^2 - \nu^2)}\right)^2 \mathfrak{E}_x^2,$$

wobei die Indizes an S die Schwingungsrichtung angeben und für die Strahlung in der x-Richtung entsprechende Formeln gelten. Nach Mittelbildung über alle Orientierungen des Moleküls gegenüber der Primärwelle findet man für das Verhältnis des parallel zur Strahlrichtung des Primärlichtes schwingenden Anteils zum senkrecht darauf schwingenden bei Beleuchtung mit natürlichem Licht und Beobachtung senkrecht zur Primärstrahlrichtung, also z. B. in der y-Achse

$$\frac{S_z}{S_x} = \frac{3}{5}\frac{\left\{\left(\frac{p_1}{\nu_1^2-\nu^2}-\frac{p_2}{\nu_2^2-\nu^2}\right)^2 + \left(\frac{p_2}{\nu_2^2-\nu^2}-\frac{p_3}{\nu_3^2-\nu^2}\right)^2 + \left(\frac{p_3}{\nu_3^2-\nu^2}-\frac{p_1}{\nu_1^2-\nu^2}\right)^2\right\}}{\left(\frac{p_1}{\nu_1^2-\nu^2}+\frac{p_2}{\nu_2^2-\nu^2}+\frac{p_3}{\nu_3^2-\nu^2}\right)^2 + \frac{7}{10}\left\{\left(\frac{p_1}{\nu_1^2-\nu^2}-\frac{p_3}{\nu_2^2-\nu^2}\right)^2 + \left(\frac{p_2}{\nu_2^2-\nu^2}-\frac{p_3}{\nu_3^2-\nu^2}\right)^2 + \left(\frac{p_3}{\nu_3^2-\nu^2}-\frac{p_1}{\nu_1^2-\nu^2}\right)^2\right\}}.$$

Hierbei läßt sich

$$\frac{p_1}{\nu_1^2 - \nu^2} + \frac{p_2}{\nu_2^2 - \nu^2} + \frac{p_3}{\nu_3^2 - \nu^2} \quad \text{durch} \quad \frac{2\pi m}{e^2 N_L}\frac{M}{\varrho}(n-1)$$

ersetzen. Für isotrope Moleküle fällt der Ausdruck in { } im Nenner weg. Unsere Formeln gelten nur in Gasen.

Die direkte Beobachtung des in Gasen zerstreuten Lichtes im Laboratorium ist CABANNES[1]), SMOLUCHOWSKI[2]) und STRUTT[3]) sowie GANS[4]) gelungen. Entsprechend der Theorie ist die gestreute Strahlung bei einem sehr symmetrischen Atom wie Argon vollständig polarisiert. Die bei mehratomigem Molekül gefundenen Polarisationsgrade zeigt die folgende Tabelle.

Tabelle 23. Depolarisation des an Gasmolekülen gestreuten Lichtes.

	$\frac{S_z}{S_y}$		$\frac{S_z}{S_y}$		$\frac{S_z}{S_y}$
He	0,42!	N_2	0,037	CO_2	0,098
Ar	0,00	O_2	0,064	N_2O	0,122
Ne	<0,01	CO	0,017	C_6H_6	0,06
H_2	0,022	NO	0,026	C_2H_2	0,12

In Flüssigkeiten ist die Erscheinung komplizierter, weil es hier nicht gestattet ist, die Wirkung eines Moleküls mit der Zahl der Moleküle zu multiplizieren.

---

[1]) J. CABANNES, C. R. Bd. 160, S. 62. 1915; Journ. de phys. et le Radium Bd. 1, S. 129. 1920; Bd. 3, S. 429. 1922; Ann. de phys. Bd. 15, S. 1. 1921.
[2]) M. v. SMOLUCHOWSKI, Bull. Acad. Krakau 1916, S. 218.
[3]) R. J. STRUTT, Proc. Roy. Soc. London (A) Bd. 94, S. 453. 1918; Bd. 95, S. 155. 1918; Bd. 97, S. 435. 1920; Bd. 98, S. 57. 1920.
[4]) R. GANS, Ann. d. Phys. Bd. 65, S. 97. 1924; Bd. 62, S. 331. 1920.

Die Theorie hierfür ist von BORN[1]) und GANS[2]) entwickelt worden, Beobachtungen haben GANS und ISNARDI[3]) angestrebt.

70. Theorie des Kerreffekts. 1875 fand KERR[4]), daß durchsichtige Flüssigkeiten oder Gase in starken elektrischen Feldern doppelbrechend werden. Wenn der Lichtstrahl in der z-Richtung sich fortpflanzt, so ist der Brechungsindex verschieden, je nachdem die Schwingungsrichtung in der x-Achse (Richtung des elektrischen Feldes) oder in der y-Achse liegt. Die Differenz ist proportional dem Quadrate der Feldstärke. Man nennt die Größe

$$B = \frac{n_x - n_y}{\lambda \mathfrak{E}^2} \tag{1}$$

die Kerrkonstante. Die Theorien dieser Erscheinung kann man zusammenfassend folgendermaßen darstellen[5]): Der Brechungsindex einer Substanz ist durch die Dispersionsgleichung bestimmt

$$\frac{n^2 - 1}{n^2 + 2} = \frac{\varrho}{M} \sum \frac{A_i}{\nu_{0_i}^2 - \nu^2}, \qquad A_i = \frac{1}{3\pi} N_L \frac{p_i}{3} \frac{e^2}{m_i}, \tag{2}$$

welche gilt, wenn man weit genug von den Absorptionsstreifen entfernt ist. Der Nenner 3 rührt daher, daß nur ein Drittel jeder Elektronenart in der Richtung der äußeren Feldstärke schwingen kann. Hierbei liegen aber die beobachtbaren Absorptionsstreifen für von 1 merklich verschiedenem Brechungsindex nicht an den Stellen ν_{0_i}. $\nu = \nu_{0_i}$ gibt die Absorptionsstreifen des isolierten Moleküls[6]). In einem anisotropen Medium gilt die Gleichung für jede Hauptachse für sich, es ist dann eben A_i und ν_{0_i} in verschiedenen Richtungen verschieden, während in isotropen Flüssigkeiten auch die A_i, ν_{0_i} nach allen Richtungen gleich sind. Die Wirkung des elektrischen Feldes beruht dann darauf, daß die Stärke der Absorptionsstreifen (d. h. A_i) oder die Lage der Absorptionsstreifen (d. h. ν_{0_i} bzw. A_i und ν_{0_i}) durch den Einfluß des äußeren Feldes für verschiedene Richtungen des Lichtvektors verschieden wird. Die Theorien des Kerreffektes unterscheiden sich im wesentlichen durch die Annahme, die sie über diesen letzteren Effekt machen. Die starke Temperaturabhängigkeit des Kerreffektes hat heute fast allgemein zur Annahme der Theorie von LANGEVIN[7]), evtl. mit einer von BORN[8]) vorgenommenen Ergänzung, geführt, nach welcher sich im elektrischen Feld nicht die Lage, sondern nur die Intensität der Absorptionsstreifen ändert, wobei diese Änderung durch eine teilweise Parallelrichtung der Moleküle im elektrischen Feld hervorgerufen wird.

Wir wollen nun als einfachste Annahme die machen, daß das Tensorellipsoid, welches die Abhängigkeit der Polarisierbarkeit von der Richtung darstellt, Rotationssymmetrie habe, d. h. in einer Richtung betrage die Eigenschwingungszahl $\nu_{z'} = \nu_{01}$, in allen darauf senkrechten $\nu_{x'} = \nu_{y'} = \nu_{02}$. Ohne Feld sind die Achsen der Moleküle regellos verteilt. Man kann dies roh so ausdrücken, daß ein Drittel der Moleküle ihre x'-Achsen, ein Drittel ihre y'-Achsen und ein Drittel

---

[1]) M. BORN, Verh. d. D. Phys. Ges. Bd. 19, S. 243. 1917; Bd. 20, S. 16. 1918.
[2]) R. GANS, Ann. d. Phys. Bd. 65, S. 97, 1924; Bd. 62, S. 331. 1920.
[3]) R. GANS u. H. ISNARDI, ZS. f. Phys. Bd. 22, S. 230. 1921.
[4]) J. KERR, Phil. Mag. (4) Bd. 50, S. 337, 446. 1875; weitere Literatur bis 1908 bei W. VOIGT, Magneto- und Elektrooptik. Leipzig 1908.
[5]) Die Darstellung nach K. F. HERZFELD, Ann. d. Phys. Bd. 69, S. 369. 1922.
[6]) Vgl. P. P. EWALD, Ann. d. Phys. Bd. 49, S. 31. 1916; G. R. LIVENS, Phil. Mag. (6) Bd. 24, S. 623. 1912; R. A. HOUSTOUN, Phys. ZS. Bd. 14, S. 424. 1913. Bei nichtisolierten Molekülen verschiebt sich der Absorptionsstreifen wegen der elektrischen Koppelung.
[7]) P. LANGEVIN, Le Radium, Bd. 7, S. 249. 1910.
[8]) M. BORN, Ann. d. Phys. Bd. 55, S. 177. 1918.

ihre z'-Achsen in einer bestimmten Richtung haben, welche z. B. mit der Schwingungsrichtung des Primärstrahls übereinstimmt. Es sind daher zwei Absorptionsstreifen vorhanden, die den Eigenschwingungen ν_{01} und ν_{02} entsprechen und deren Intensitäten (für verdünntes Gas) im Verhältnis 1:2 (entsprechend $\frac{1}{3}:\frac{2}{3}$) stehen.

Das Feld wirkt nun richtend, und infolgedessen unterscheidet sich das Verhältnis der Intensitäten der beiden Absorptionsstreifen für die zwei Polarisationsrichtungen des Primärstrahles untereinander und vom feldlosen Fall.

Wenn im Feld die Zähler in Formel (2) für einen in der x- bzw. y-Richtung schwingenden Strahl die Werte $A_{1x} + \Delta A_{1x}$, $A_{2x} + \Delta A_{2x}$ bzw. $A_{1y} + \Delta A_{1y}$, $A_{2y} + \Delta A_{2y}$ haben, so gilt

$$6n\frac{n_x - n_0}{(n^2 + 2)^2} = \frac{\Delta A_{1x}}{\nu_{01}^2 - \nu^2} + \frac{\Delta A_{2x}}{\nu_{02}^2 - \nu^2}, \\ 6n\frac{n_y - n_0}{(n^2 + 2)^2} = \frac{\Delta A_{1y}}{\nu_{01}^2 - \nu^2} + \frac{\Delta A_{2y}}{\nu_{02}^2 - \nu^2}. \quad (3)$$

Da die Gesamtzahl der schwingungsfähigen Gebilde sich nicht ändert, so ist

$$\frac{1}{p_1}\Delta A_{1x} = -\frac{1}{p_2}\Delta A_{2x}, \qquad \frac{1}{p_1}\Delta A_{1y} = -\frac{1}{p_2}\Delta A_{2y},$$

$$6n\frac{n_x - n_0}{(n^2 + 2)^2} = -\Delta A_{1x}\left\{\frac{1}{\nu_{01}^2 - \nu^2} - \frac{\frac{p_2}{p_1}}{\nu_{02}^2 - \nu^2}\right\} = -\Delta A_{1x}\frac{2\nu_0(\nu_{02} - \nu_{01})}{(\nu_0^2 - \nu^2)^2},$$

wenn

$$\nu_0 = \frac{\nu_{02} + \nu_{01}}{2}$$

gesetzt und angenommen wird, daß die beiden Absorptionsstreifen nahe beieinander liegen, ferner daß $p_1 = p_2$ ist. Dann kann man unter Berücksichtigung von (2) schreiben

$$n_0(n_x - n_0) \sim -\tfrac{1}{3}\nu_0(\nu_{02} - \nu_{01})\frac{\Delta A_{1x}}{(A_1 + A_2)^2}(n^2 - 1)^2$$

(HAVELOCKsche Dispersionsformel). Ebenso gilt der entsprechende Ausdruck für $n_y - n_0$. Ferner folgt

$$\frac{n_x - n_0}{n_y - n_0} = \frac{\Delta A_{1x}}{\Delta A_{1y}}. \quad (4)$$

Wir haben nun noch nach der Ursache und Größe der Parallelrichtung im Felde zu fragen. Nach der ursprünglichen LANGEVINschen Theorie wird die Richtung durch die Anisotropie des Moleküls selbst bewirkt. Infolge der nach verschiedenen Richtungen verschiedenen Polarisierbarkeit hat das Molekül bei verschiedenen Orientierungen gegen das äußere Feld verschieden große zu $\mathfrak{E}^2$ proportionale Energien

$$\frac{e^2}{8\pi^2 m}\frac{p_i}{\nu_{0_i}^2}\mathfrak{E}^2\left(\frac{\varepsilon + 2}{3}\right)^2.$$

Die Moleküle werden sich nach dem BOLTZMANNschen Satz besonders in diejenigen Richtungen einstellen, in welchen die potentielle Energie am kleinsten ist, d. h. in die Richtungen größter Polarisierbarkeit $\left(\text{größten } \dfrac{p_i}{\nu_i}\right)$. Für die erreichbaren Felder und nicht zu tiefe Temperaturen ist der Richteffekt dann proportional

$$\frac{e^2}{8\pi^2 m kT}\left(\frac{\varepsilon+2}{3}\right)^2 \mathfrak{E}^2 \left(\frac{p_1}{\nu_{01}^2} - \frac{p_2}{\nu_{02}^2}\right)$$

und demnach

$$\frac{\Delta A_{1x}}{A_{1x}}\frac{\varrho}{M} = \frac{(\varepsilon+2)^2}{270} \mathfrak{E}^2 \frac{e^2}{\pi^2 m kT}\left(\frac{p_1}{\nu_{01}^2} - \frac{p_2}{\nu_{02}^2}\right) = \frac{(\varepsilon+2)^2}{30\pi}\frac{\mathfrak{E}^2}{RT}\left(\frac{A_1}{\nu_{01}^2} - \frac{A_2}{2\nu_{02}^2}\right). \quad (5)$$

Mit diesen Annahmen müßte die Kerrkonstante stets negativ sein, weil sich die „weichere Bindung" (z. B. $\nu_{01} < \nu_{02}$) in die Feldrichtung einstellt und die elektrostatisch weichere Bindung nach der klassischen Theorie den Absorptionsstreifen mit der kleineren Frequenz hervorruft, so daß für einen in der Richtung des Feldes schwingenden Lichtstrahl der rötere Streifen verstärkt und demnach der Brechungsindex erhöht wird (beide Absorptionsstreifen liegen bei den in Betracht kommenden Substanzen weit im Ultraviolett).

Aber die in (5) auftretenden Größen A_i und ν_{0_i} müssen nicht mit den optisch wirksamen, gleichbezeichneten Größen des Ausdrucks (2) identisch sein. Wie in Ziff. 66 hervorgehoben wurde, haben die meisten Stoffe noch ultrarote Eigenschwingungen, die sich im Brechungsindex nicht äußern. Für den Richteffekt im elektrostatischen Feld kommen sie aber in Frage. Es tritt dann an Stelle von (5)

$$\Delta A_{1x\,\text{opt.}} = \frac{(\varepsilon+2)^2}{30\pi}\frac{\mathfrak{E}^2}{RT}\left\{\left(\sum\frac{A_{1\,\text{ultrarot}}}{\nu_{01\,\text{ultrarot}}^2} + \frac{A_{1\,\text{opt.}}}{\nu_{01\,\text{opt.}}^2}\right) - \frac{1}{2}\left(\sum\frac{A_{2\,\text{ultrarot}}}{\nu_{02\,\text{ultrarot}}^2} + \frac{A_{2\,\text{opt.}}}{\nu_{02\,\text{opt.}}^2}\right)\right\}. \quad (5a)$$

Wenn der Ausdruck in { } das entgegengesetzte Vorzeichen hat wie der Klammerausdruck in (5) — das bedeutet, daß infolge Überwiegens optisch unwirksamer, „weicherer" Bindung die Achse, die optisch „härter" ist, elektrostatisch „weicher" ist —, so kann auch nach dieser Theorie eine positive Kerrkonstante auftreten.

BORN zieht außerdem in Betracht, daß die untersuchte Substanz einen festen Dipol tragen kann. Dann ist der Richteffekt häufig zum überwiegenden Teil durch diesen bestimmt. Nun könnte man meinen, daß dann dieser Richteffekt nicht proportional dem Quadrat der Feldstärke, sondern proportional der Feldstärke selbst sein müßte. Tatsächlich ist aber proportional der Feldstärke nur der Überschuß derjenigen Dipole, die ihr positives Ende der negativen Kondensatorplatte, die das Feld erzeugt, zukehren, über diejenigen, die dieser Platte ihr negatives Ende zukehren. Für die Intensität des Absorptionsstreifens kommt aber dieser „polare" Effekt nicht in Betracht, denn hier ist nur maßgebend, welche Moleküle ihre z'-Richtung in die Feldrichtung kehren, unabhängig davon, ob diese z'-Richtung (z. B. bei horizontal gestellten Kondensatorplatten) nach aufwärts oder nach abwärts gerichtet ist. Der Überschuß derjenigen Moleküle aber, deren z'-Achsen in der x-Richtung liegen, über diejenigen, deren z'-Achsen in der y- oder z-Richtung liegen, ist proportional dem Quadrat der Feldstärke. Anders formuliert: Für die polaren oder vektoriellen Wirkungen (die sich in der elektrischen oder magnetischen Polarisation äußern) kommt es auf $\frac{\mathfrak{p}\mathfrak{E}}{kT}$ an, für die uns hier interessierende tensorielle Wirkung auf $\frac{\mathfrak{p}^2\mathfrak{E}^2}{(kT)^2}$. Es ergibt sich als Änderung der Intensität

$$\frac{\Delta A_{1x}}{A_1 + A_2} = \frac{1}{15}\frac{\mathfrak{p}^2(\varepsilon+2)^2}{9}\left(\frac{\mathfrak{E}}{kT}\right)^2. \quad (6)$$

In beiden Fällen ist

$$\frac{n_x - n_0}{n_y - n_0} = \frac{\Delta A_{1x}}{\Delta A_{1y}} = -2, \qquad (7)$$

da die zur Feldrichtung hingedrehten z'-Achsen in gleicher Zahl der x- und y-Richtung entnommen werden und die der z-Richtung, in welcher der Lichtstrahl fortschreitet, entnommenen die Absorption nicht beeinflussen.

GANS[1]) hat dann die Theorie des Richteffektes in ähnlicher Weise zu verfeinern gesucht, wie wir das schon in Ziff. 65 dargestellt haben. Bei Gasen geht seine Formel natürlich in die übliche über. Endlich hat LUNDBLAD[2]) angenommen, daß nicht die Intensitäten oder die Lagen derjenigen Absorptionsstreifen, die dem isolierten Molekül zukommen, geändert werden, sondern nur der Zusammenhang zwischen diesen und den in kompakter Masse beobachtbaren Absorptionsstreifen, d. h. er nimmt an, daß der Zusammenhang zwischen äußerer und erregender Kraft ein anderer ist als der durch den LORENTZschen Ansatz gegebene $\mathfrak{E} + \frac{4\pi}{3}\mathfrak{P}$. Das hat zur Folge, daß die rechte Seite von Gleichung (2) (bis auf den Nenner 3) im Felde unverändert bleibt, dagegen an Stelle von $n^2 + 2$ auf der linken Seite ein vom Feld abhängiger Ausdruck tritt. Da aber für verdünnte Gase der Nenner auf der linken Seite ohne weiteres 3 gesetzt werden kann, aber auch bei Gasen Kerreffekt gefunden[3]) worden ist, so kann die LUNDBLADsche Theorie jedenfalls den Kerreffekt nicht vollständig erklären.

Zusammenzufassend läßt sich sagen, daß für das Zustandekommen des Kerreffekts eine Anisotropie der optisch wirksamen Resonatoren nötig ist, d. h. (in einer auch für die Quantentheorie gültigen Formulierung): das Molekül muß nach verschiedenen Seiten verschiedene Frequenzen aussenden können. Diese Anisotropie, die sich im massiven Körper für gewöhnlich bei der gleichmäßigen Verteilung der Molekülachsen nicht bemerkbar macht, gibt sich bei Einschaltung eines Feldes infolge der dann eintretenden teilweisen Parallelrichtung zu erkennen. Für diese Parallelrichtung können maßgebend sein: I. die optisch anisotropen Resonatoren selbst, II. andere optisch wirkungslose (ultrarote) anisotrope Resonatoren, III. feste Dipole. (I) kann nur negativen Kerreffekt geben, (II) und (III) positiven und negativen. (I) und (II) geben eine Kerrkonstante proportional $\frac{1}{T}$ [Formel (3) und (5)], (III) gibt eine Temperaturabhängigkeit proportional $\frac{1}{T^2}$ [Formel (5a)].

71. Experimentelles über den Kerreffekt. Experimentell sind die obigen Fragen noch nicht geklärt[4]). Das experimentelle Material, das besonders reichlich von LEISER[5]) gegeben worden ist, läßt folgende Schlüsse ziehen: Bei Kohlenwasserstoffen (Pentan usw., Benzolderivate) ist die Kerrkonstante klein und positiv ($6-100 \cdot 10^{-9}$). Die Kleinheit deutet auf die Abwesenheit von Dipolen, das positive Vorzeichen darauf, daß die Richtung im wesentlichen durch ultrarote Resonatoren besorgt wird. Wir haben auch gesehen (Ziff. 66), daß bei diesen Stoffen der Beitrag von optisch unwirksamen Schwingungen zur Di-

---

[1]) R. GANS, Ann. d. Phys. Bd. 64, S. 481. 1921.
[2]) R. LUNDBLAD, Diss. Uppsalla 1920.
[3]) G. SZIVESSY, ZS. f. Phys. Bd. 26, S. 323. 1924.
[4]) D. BERGHOLM, Ann. d. Phys. Bd. 51, S. 414. 1916; ZS. f. Phys. Bd. 8, S. 68. 1921; G. SZIVESSY, ZS. f. Phys. Bd. 2, S. 30. 1920; N. LYON u. F. WOLFRAM, Ann. d. Phys. Bd. 63, S. 739. 1920; N. LYON, ZS. f. Phys. Bd. 8, S. 64. 1921.
[5]) R. LEISER, Elektr. Doppelbrechung der Kohlenstoffverbindungen. Abh. d. Bunsen-Ges. Nr. 4. Halle 1910.

elektrizitätskonstante sehr beträchtlich ist. Sehr viel größere positive Werte zeigen solche Kohlenwasserstoffe, bei welchen ein Wasserstoffatom durch ein Halogen ersetzt ist, die also Dipole haben, während das Molekül auch optisch merklich anisotrop ist, wie die Benzol- und Toluolhalogenide, dann die Methylhalogenide und ihre Homologen. Sie geben eine Kerrkonstante von 8 bis $30 \cdot 10^{-7}$. Ersetzt man aber im Methan nicht nur ein, sondern alle 4 Wasserstoffatome durch Chlor, so ist infolge der Symmetrie (s. Ziff. 67) der Dipolcharakter und wohl auch fast vollständig die optische Anisotropie geschwunden, und die Kerrkonstante nimmt den Wert 10^{-8} an. Noch stärker als die Einführung eines Halogenatoms wirkt die Einführung einer Nitrogruppe NO_2 in einem Kohlenwasserstoff. Nitrobenzol und Nitrotoluol sind die Stoffe mit den größten bekannten Kerrkonstanten von etwa $2-4 \cdot 10^{-5}$. Hier ist zweifellos der Dipolcharakter am stärksten ausgedrückt. In der Mitte zwischen den genannten stehen dann Säuren [die teilweise sehr kleine Kerrkonstanten haben; offenbar ist hier der Dipol durch Deformation[1]) sehr klein], Alkohole, bei denen die Kerrkonstante häufig negativ ist, Äther und Ester. Um das große vorhandene Material im einzelnen diskutieren zu können, müßte man eben getrennt die Größe des Richteffektes und die Größe der optischen Anisotropie behandeln. Man müßte daher für die auf den Kerreffekt hin untersuchten Substanzen zuerst nach den in Ziff. 66 beschriebenen Methoden die Dipolgröße bzw. den Einfluß der ultraroten Eigenschwingungen ermitteln. Allerdings läßt sich hierbei die Anisotropie der letzteren nicht ohne weiteres finden, es sei denn, man würde in einheitlichen Kristallen die Richtungsabhängigkeit der Dielektrizitätskonstante bestimmen, was bei organischen Stoffen noch gar nicht geschehen ist. Die optische Anisotropie ließe sich aus der Beobachtung der zerstreuten Strahlung (am besten beim Dampf) feststellen. Aus der Kombination der Größen muß sich dann das Verhalten der Kerrkonstante deuten lassen.

d) Schlüsse auf die Größe der Elektronenhülle aus optischen und magnetischen Daten.

72. Molekularrefraktion. Die sog. Molekularrefraktion $\dfrac{n^2-1}{n^2+2}\dfrac{M}{\varrho}$ ist, durch die LOSCHMIDTsche Zahl N_L dividiert, ein Maß für die Polarisation $\dfrac{\mathfrak{p}}{\mathfrak{E}}$, welche ein einzelnes Molekül unbeeinflußt durch andere im elektrischen Felde 1 erleidet, und zwar ist sie $\dfrac{4\pi}{3}\dfrac{\mathfrak{p}}{\mathfrak{E}}$. Hierbei hat man die mit gewöhnlichem Licht gemessene Molekularrefraktion auf unendlich lange Wellen zu extrapolieren. Tut man dies mit Hilfe optischer Daten, so erhält man dabei, wie schon in Ziff. 66 besprochen, nur denjenigen Anteil, welchen im statischen Fall die Verschiebung der Elektronen liefern würde. Richteffekte und Verschiebungen schwerer Komplexe als Ganzes, welche bei direkter statischer Messung mitbestimmt würden, äußern sich in den optisch bestimmten Werten nicht.

Eine der ersten Theorien über den Bau der Dielektrika, die Theorie von CLAUSIUS[2])-MOSSOTTI[3]), hat angenommen, die Moleküle der Dielektrika seien im Vakuum eingebettete, vollkommen leitende Kugeln vom Radius r. Solche Kugeln liefern eine Polarisation von der Größe

$$\mathfrak{p} = r^3 \mathfrak{E}. \tag{1}$$

---

[1]) K. FAJANS, Naturwissensch. Bd. 11, S. 165. 1923.
[2]) R. CLAUSIUS, Mechan. Wärmetheorie Bd. 2, S. 64. Breslau 1879.
[3]) O. F. MOSSOTTI, Mem. Soc. Ital. Bd. 14, S. 49. 1850.

Ziff. 73. Größe der Elektronenhülle aus optischen und magnetischen Daten.

Ein nach der CLAUSIUS-MOSSOTTIschen Theorie gebautes Dielektrikum hätte demnach eine Refraktion

$$\frac{n^2-1}{n^2+2} = \frac{\frac{4\pi}{3} r^3 N_L}{\frac{M}{\varrho}}. \tag{2}$$

Die auf der rechten Seite stehende Größe ist das Verhältnis des wahren Volumens der Moleküle zu dem im ganzen eingenommenen Raum, die sog. Raumerfüllung. Wir können heute dieses CLAUSIUS-MOSSOTTIsche Bild nicht mehr als unseren Anschauungen entsprechend bezeichnen. Es ist aber bemerkenswert, daß sich nach Formel (2) ganz vernünftige Zahlenwerte ergeben. So ist[1]) beim kritischen Punkt das Molekularvolumen $3b$, also $3 \cdot 4 = 12$ mal so groß als das wahre Volumen der Moleküle, die Raumerfüllung also $1/12$. Demnach sollte auch die Refraktion aller Stoffe beim kritischen Punkt $1/12$ sein. Einige Beispiele zeigt folgende Tabelle:

An Versuchen, für diese Tatsache eine den heutigen Theorien angepaßte Erklärung zu geben, hat es nicht gefehlt. So hat KELVIN[2]) für sein Atommodell, welches aus einer gleichmäßig positiv geladenen Kugel mit z. B. einem Elektron besteht, folgendes gezeigt: Die Direktionskraft, welche auf das Elektron wirkt,

Tabelle 24.
Molekularrefraktion am kritischen Punkt.

$\left(\dfrac{n^2-1}{n^2+2}\right)_k$	H_2	O_2
	$\dfrac{1}{29,3}$	$\dfrac{1}{18,4}$

ist proportional der elektrischen Dichte der Kugel. Da die Gesamtladung vorgegeben ist, ist die Direktionskraft demnach umgekehrt proportional dem Volumen der Kugel. Die Polarisierbarkeit ist umgekehrt proportional der Direktionskraft und daher direkt proportional dem Volumen, und zwar ergibt sich ein Zahlenfaktor, der mit (2) übereinstimmt. WASASTJERNA[3]) hat ähnliche Rechnungen beim BOHRschen Wasserstoffatommodell ausgeführt. Er berechnet die Dielektrizitätskonstante eines solchen (hier sind die anderen anfangs erwähnten Anteile nicht vorhanden) und zeigt, daß die Molekularpolarisation dividiert durch N_L gleich dem Volumen einer Kugel ist, welche der kreisförmigen Elektronenbahn umschrieben ist. Auch für kompliziertere Bahntypen hat er Näherungsrechnungen versucht.

Man kann qualitativ verstehen, daß die Festigkeit der Bindung, für deren reziproken Wert die Molekularrefraktion ein Maß ist, mit steigendem Atomradius abnimmt, ohne aber noch einen quantitativen Zusammenhang allgemein angeben zu können. Anders liegt das bei organischen Molekülen[4]), wo eine Gruppe an die andere angebaut wird, ohne daß sich die Nachbarn stören, wenn man von feineren Einflüssen absieht. Daraus folgt, daß sich sowohl die Volumina als auch die Molekularrefraktionen additiv aus den Beiträgen der Gruppen zusammensetzen und daher nahe einander proportional sind.

73. Diamagnetismus. Nach der LANGEVINschen Theorie[5]) ist der Diamagnetismus durch den Induktionsstrom hervorgerufen, der beim Einschalten des Magnetfeldes innerhalb des Atoms oder Moleküls entsteht und nach der LENZschen Regel so gerichtet ist, daß er das Magnetfeld im Inneren schwächt und daher im Äußeren verstärkt. Für die Rechnung im einzelnen ist zu unter-

---

[1]) PH. A. GUYE, C. R. Bd. 110, S. 141. 1890; Arch. de Gen. (3) Bd. 23, S. 197, 204. 1890; C. SMITH, Proc. Roy. Soc. London (A) Bd. 87, S. 366. 1912.
[2]) Lord KELVIN, Phil. Mag. Bd. 3, S. 257. 1902.
[3]) JARL A. WASASTJERNA, Öfversigt Finska Vetensk.-Soc. Förh. Bd. 63 A, S. 4. 1920/21; ZS. f. phys. Chem. Bd. 101, S. 193. 1922.
[4]) Siehe z. B. F. EISENLOHR, Spektrochemie organ. Verbindungen Stuttgart 1912.
[5]) P. LANGEVIN, Ann. de phys. Bd. 5, S. 70. 1905.

scheiden, ob das Gebilde nur einen schweren positiven Kern hat (Atom oder Ion) oder mehrere (Molekül).

α) **Atome.** Bei Atomen äußert sich der Induktionsstrom in der Weise, daß das ganze Gebilde um die Achse des Magnetfeldes eine Rotation mit der Winkelgeschwindigkeit

$$\omega = -\frac{e}{2mc}\mathfrak{H}$$

bekommt, ohne sonst sich in seinen Bewegungen zu ändern (Larmorpräzession). Ein Elektron, das einen konstanten Abstand r von der Drehachse hätte, würde einen Kreisstrom vom Radius r und der Stärke $e \cdot \frac{\omega}{2\pi}$ äquivalent sein, also einem Elementarmagneten vom Moment $\frac{er^2}{2}\omega$. Die Wirkungen aller Elektronen addieren sich. Mittelt man die Lagen des ganzen Atoms über alle möglichen Orientierungen — dabei ist vorausgesetzt, daß alle Orientierungen gleich häufig sind, also keine Quantelung vorkommt — so ergibt sich für die molekulare Suszeptibilität

$$-\chi = \frac{N_L e^2}{6\pi mc^2}\sum o_s \quad \text{oder} \quad \sum o_s = 1{,}103 \cdot 10^{-10}\chi, \tag{1}$$

wo die Größen o_s die von der einzelnen Elektronenbahn umschlossene Flächen sind. Aus dieser Formel kann man auch umgekehrt die Flächen der Elektronenbahnen berechnen. PAULI[1]) hat diese Rechnung für Edelgase versucht, ist aber infolge der damals vorliegenden falschen Messungen zu viel zu großen Werten gekommen, die mit dem Atommodell unvereinbar sind. Die neuen Messungen[2]) haben es dann JOOS[3]) und CABRERA[4]) gestattet, die Berechnung wieder aufzunehmen. Bei der Berechnung der Größen der Elektronenbahnen gehen sie folgendermaßen vor. Bei Helium, wo nur zwei gleiche Elektronen vorhanden sind, ist kein Zweifel möglich. Bei Neon wird dann der Beitrag der K-Schale zum magnetischen Moment abgezogen, der sich durch Multiplikation mit $\left(\frac{Z_{\text{He}}}{Z}\right)^2$ aus dem Heliumwert berechnet, wo Z die Kernladungszahl ist. Entsprechend wird in den höheren Atomen die Neonschale usw. berücksichtigt. Dieselbe Rechnung kann man auch auf die Ionen übertragen, wobei noch eine Annahme zur Aufspaltung der am ganzen Salz gemessenen Werte gemacht werden muß. Wären die Bahnen kreisförmig, so würden sich für die Radien folgende Zahlen ergeben:

Tabelle 25.
Mittlere Radien der äußeren Schale in AE, berechnet aus dem Diamagnetismus.

N---	O--	F-	He 0,57 Ne	Na+	Mg++
0,70	0,65	0,55	0,54	0,43	0,39
P---	S--	Cl-	Ar	K+	Ca++
1,37	1,13	0,98	0,85	0,76	0,69
			Kr 1,03		
			Xe 1,44		

Man vergleiche diese Zahlen mit denen von Ziff. 46.

---
[1]) W. PAULI, ZS. f. Phys. Bd. 2, S. 201. 1920.
[2]) L. G. HECTOR, Phys. Rev. Bd. 24, S. 418. 1924.
[3]) G. JOOS, ZS. f. Phys. Bd. 32, S. 835. 1925.
[4]) B. CABRERA, An. d. l. Soc. Esp. de Fis. y Quim. Bd. 23, S. 172. 1925.

β) **Moleküle.** Bei Molekülen mit mehreren Kernen kann das ganze Atom keine gleichmäßige Larmorpräzession annehmen. Der einfachste Fall wäre der, daß man die Kerne als feststehend (bzw. durch das Magnetfeld unbeeinflußt) und die Elektronen in Bahnen laufend ansieht, welche sowohl in Größe als in Lage gegenüber den Kernen unverändert bleiben. Durch das Magnetfeld wird dann nur die Geschwindigkeit der Elektronen in diesen Bahnen geändert. Als grobes Modell einer solchen Bahn kann etwa eine feste Drahtschlinge dienen. Auch dann ist der Induktionsstoß und damit die magnetische Wirkung proportional dem Magnetfeld und die letztere steigt im allgemeinen mit zunehmenden Dimensionen der Schlinge. Sie hängt aber dann auch von den Formen derselben ab und läßt sich im allgemeinen Fall nicht in einfacher Form hinschreiben. Im Falle einer kreisförmigen Bahn wird bei Mittelung über alle Orientierungen dieser Kreisbahn die Suszeptibilität

$$-\chi = \frac{N_L e^2}{12\pi m c^2} \sum o_s, \qquad (2)$$

also halb so groß wie nach (1), was daher rührt, daß bei festen Drahtschlingen solche, deren Ebene parallel dem Feld steht, durch deren Ebene also keine Kraftlinien durchtreten, keinen Beitrag liefern, während bewegliche (Elektronenbahnen) auch hier die Larmorpräzession annehmen und so magnetische Effekte geben. LANGEVIN hatte (2) allgemein benutzt, während (1) von PAULI abgeleitet ist. Den Unterschied hat A. GLASER[1]) bemerkt.

Für organische Moleküle hat CABRERA[2]) die Größen $\sum o_s$ berechnet, doch sei nochmals hervorgehoben, daß im Gegensatz zu (1) diese Formel Kreisbahnen voraussetzt.

e) Schlüsse auf die Größe der Elektronenhülle aus den Kraftwirkungen nach außen.

74. Verbreiterung von Spektrallinien. Es ist den Spektroskopikern schon lange bekannt, daß durch Zusatz desselben oder auch fremder Gase die Breite der Spektrallinien sowohl in Absorption als in Emission erhöht wird. Nach der klassischen Theorie von LORENTZ[3]) hatte man das so erklärt, daß die vermehrte Stoßzahl die harmonische Schwingung eines leuchtenden oder absorbierenden Atoms häufiger unterbricht und so die Dämpfungskonstante vergrößert oder mit anderen Worten die Homogenität des Lichtes verkleinert, so daß im Spektralapparat die Breite der Linie größer wird. Allerdings ergab sich die Wirkung etwa 30—50fach so groß, als man dies nach der Zahl der gaskinetischen Stöße erwarten sollte[4]).

Um zu einer Erklärung vom Standpunkt der Quantentheorie zu gelangen, hat zuerst STARK[5]), dann ausführlich DEBYE und HOLTSMARK[6]) die Tatsache herangezogen, daß durch elektrische Felder die Wellenlänge von Spektrallinien geändert wird (Starkeffekt). In der Umgebung jedes absorbierenden Atoms sind nun infolge der Anwesenheit der anderen Moleküle schnell wechselnde, verhältnismäßig sehr hohe elektrische Felder stets vorhanden, so daß in einem gegebenen Moment bei einer großen Zahl absorbierender Atome die Feldstärken, in welchen

---

[1]) A. GLASER, Diss. München 1924.
[2]) B. CABRERA, Journ. chim. phys. Bd. 16, S. 490. 1918.
[3]) Z. B.: H. A. LORENTZ, Theory of Electrons, Leipzig 1909, S. 141, 306.
[4]) CH. FÜCHTBAUER u. SCHELL, Phys. ZS. Bd. 14, S. 1164. 1913; CH. FÜCHTBAUER u. W. HOFMANN, Ann. d. Phys. Bd. 43, S, 96. 1914.
[5]) J. STARK, Elektrische Spektralanalyse chemischer Atome, Leipzig 1914.
[6]) J. HOLTSMARK, Ann. d. Phys. Bd. 58, S. 577. 1919; Phys. ZS. Bd. 25, S. 73. 1924.

sich die gerade absorbierenden Atome befinden, alle möglichen Werte haben werden und sich demnach auch die Wellenlängen innerhalb eines kontinuierlichen Bereiches verteilen. Am häufigsten ist die Feldstärke Null vorhanden (unverschobene Linie oder Mitte der verbreiterten Linie). Je höher die Feldstärke, desto seltener tritt sie auf, d. h. die verbreiterte Linie wird nach außen hin schwächer. Als Maß für die Breite der Linie kann diejenige Entfernung von der Mitte dienen, in welcher die Intensität auf die Hälfte gefallen ist (Halbwertsbreite). Diese Halbwertsbreite ist proportional dem mittleren Betrag der Feldstärke. Wie sich dieser mittlere Betrag der Feldstärke mit steigender Dichte des fremden Gases ändert, hängt nun davon ab, wie das von einem der zugesetzten Moleküle herrührende Feld mit der Entfernung abnimmt. Es ist nämlich der mittlere Abstand zweier Moleküle proportional $\frac{1}{p^{\frac{1}{3}}}$ (p Gasdruck). Nun ist

bei Ionen die Feldstärke proportional $\frac{1}{r^2}$ also $p^{\frac{2}{3}}$

„ Dipolen „ „ „ $\frac{1}{r^3}$ „ p

„ Quadrupolen „ „ „ $\frac{1}{r^4}$ „ $p^{\frac{4}{3}}$.

So könnte man aus der Abhängigkeit der Halbwertsbreite von der Dichte des verbreiternden Gases auf das von den anderen Molekülen herrührende Feld nach Charakter und auch Stärke schließen, das letztere, wenn man außerdem die Größe des Starkeffekts an der untersuchten Linie für eine gegebene Feldstärke kennt.

HOLTSMARK hat versucht, die Linienverbreiterung von Cs-Linien durch N_2 (als Quadrupol aufgefaßt) darzustellen, und kommt zu $\Theta_{El} = 8,6 \cdot 10^{-26}$ est. E. Ferner hat er die Änderung der Breite von H_α mit dem Druck in guter Übereinstimmung mit den Messungen wiedergeben können.

Im allgemeinen sind aber die Untersuchungen in Emission, besonders im Lichtbogen, deshalb für den vorliegenden Zweck nicht gut verwendbar, weil hier die Ionenfelder überwiegen, ohne daß die Konzentration der Ionen bekannt wäre. HOLTSMARK und TRUMPY[1]) haben gezeigt, daß im Lichtbogen die Serienlinien von Li proportional ihrem Starkeffekt aufgespalten werden, dasselbe gilt für Ag, Cu, M. Die so berechneten mittleren Beträge der Feldstärke sind 8000—50000 $\frac{\text{Volt}}{\text{cm}}$; sie müssen im wesentlichen durch Ionen bedingt sein, da Stickstoffmoleküle nur etwa 750 $\frac{\text{Volt}}{\text{cm}}$ liefern würden.

Leider läßt sich in sehr vielen, und zwar gerade den bestuntersuchten Fällen von Absorptionslinien, diese Theorie nicht anwenden, weil die betreffenden Linien im homogenen Feld überhaupt keinen Starkeffekt geben, wie z. B. die Quecksilberlinie 2536. Nun könnten diese Linien vielleicht im unhomogenen Feld einen solchen geben, doch tritt dann der Differentialquotient der Feldstärke nach der Entfernung auf, d. h. man hätte bei Quadrupolen eine Abhängigkeit proportional $\frac{1}{r^5} \infty p^{\frac{5}{3}}$ zu erwarten[2]), während tatsächlich die Verbreiterung proportional der Dichte gefunden wird[3]).

---

[1]) J. HOLTSMARK u. B. TRUMPY, ZS. f. Phys. Bd. 31, S. 803. 1925.
[2]) O. STERN, Phys. ZS. Bd. 23, S. 476. 1922.
[3]) CH. FÜCHTBAUER u. G. JOOS, Phys. ZS. Bd. 21, S. 694. 1920; Bd. 23, S. 73. 1922.

75. Andere Methoden, die auf die Größe des Elektronengebäudes schließen lassen. Wir stellen hier kurz noch die schon behandelten Methoden zusammen, die aus Kraftwirkungen auf die Größe des Elektronengebäudes schließen lassen:

a) Dipol- oder Quadrupolfeld: Aus der Zustandsgleichung wird das a berechnet. Aus der Temperaturabhängigkeit dieser Größe kann man auf Dipol- oder Quadrupolfeld schließen und die Größe des Moments berechnen, das dann wieder auf das Elektronengebäude zu schließen gestattet (Ziff. 42—46).

Die gleichen Schlüsse kann man aus der Oberflächenenergie (Ziff. 27) und aus der Temperaturabhängigkeit der inneren Reibung (Ziff. 17, 45) ziehen.

b) Abstoßungswirkung. Aus der Kompressibilität fester Salze (Ziff. 10, 47), der Zustandsgleichung der Gase (46), in manchen Fällen aus der inneren Reibung (Ziff. 17) läßt sich das Abstoßungskraftgesetz erschließen. Wenn man die statische Deutung der Abstoßungskräfte annimmt, kann man aus ihr die Größe der Elektronenhülle berechnen (Ziff. 48).

F. Molekularvolumen, Ionengröße und Ordnungszahl.

a) Einleitung.

76. Molekularvolumen und Ionengröße. In den vorausgehenden Abschnitten sind von K. F. HERZFELD die Methoden zur Berechnung der Größe von Molekülen, Atomen und Ionen aus Volumen- und Abstandsmessungen besprochen worden. Im vorliegenden Abschnitt soll der Zusammenhang zwischen dem Molekularvolumen (und einigen anderen physikalischen Eigenschaften) und den Ionengrößen etwas eingehender besprochen und zur Berechnung einer Anzahl von Ionenradien benutzt werden. Die gewonnenen Daten sollen sodann in ihrem Zusammenhang mit der Ordnungszahl dargestellt werden.

Das Bestreben, aus den Molekularvolumina von Verbindungen etwas über die Volumenverhältnisse der Einzelatome oder über ihre „Wirkungssphären" zu erfahren, findet man schon in den älteren Arbeiten von KOPP[1]), SCHRÖDER[2]) u. a., und auch die bekannte Kurve der Atomvolumina von L. MEYER, die in Kap. 5 G u. Kap. 6 behandelt wird, dürfte vielfach als Ausdruck für den Gang der Größen der Einzelatome aufgefaßt worden sein. KOPP und SCHRÖDER nahmen an, daß die Volumina der Stoffe sich additiv aus denen ihrer Bestandteile zusammensetzen. Nimmt man jedoch, wie das meistens geschieht, als Bausteine der Stoffe Atome an, die sich wie starre Kugeln verhalten und sich bis zur Berührung einander nähern können, dann gilt diese Additivität nur für amorphe Körper, in denen die Teilchen regellos gelagert sind, nicht aber für kristallisierte. Bei Kristallen, die man sich aus dicht gepackten Kugeln aufgebaut denkt, gilt die Additivität der Volumina nicht, wie die folgende einfache Überlegung[3]) zeigt. Kombiniert man nämlich die „Atomkugeln" 1, 2, 3 und 4 mit den Radien a_1, a_2, a_3, a_4 zu den Verbindungen $1+2$, $1+4$ und durch Ersatz von 1 durch 3 zu $3+2$ und $3+4$, dann sind die Abstände r der Atommittelpunkte dieser Verbindungen durch folgende Beziehungen gegeben:

$$r_{12} = a_1 + a_2; \quad r_{14} = a_1 + a_4; \quad r_{32} = a_3 + a_2; \quad r_{34} = a_3 + a_4.$$

Durch paarweise Subtraktion folgt:

$$r_{12} - r_{32} = r_{14} - r_{34} = a_1 - a_3; \quad r_{12} - r_{14} = r_{32} - r_{34} = a_2 - a_4. \tag{1}$$

---
[1]) H. KOPP, Ber. d. Naturf. 1840, S. 59.
[2]) H. SCHRÖDER, Ber. d. Naturf. 1840, S. 61.
[3]) K. F. HERZFELD, Kinetische Theorie der Wärme, S. 219. Braunschweig 1925.

Aus (1) ergibt sich also, daß in dichten Packungen aus starren Kugeln die Abstände additiv sind und nicht die Volumina[1]).

Zur Prüfung der Frage, ob die Annahme des Aufbaues der Kristalle aus starren Kugeln berechtigt ist, d. h. ob die Gleichungen (1) gelten, sind in Tabelle 26

Tabelle 26.
Ionenabstände der Alkalihalogenide mit NaCl-Gitter in 10^{-8} cm.

	F	Δ	Cl	Δ	Br	Δ	J
Li	2,019	0,548	2,567	0,178	2,745	0,262	3,007
Δ	0,291	—	0,249	—	0,237	—	0,225
Na	2,310	0,506	2,816	0,166	2,982	0,250	3,232
Δ	0,354	—	0,324	—	0,312	—	0,295
K	2,664	0,476	3,140	0,154	3,294	0,233	3,527
Δ	—	—	0,151	—	0,147	—	0,141
Rb	—	—	3,291	0,150	3,441	0,227	3,668

die Abstände benachbarter entgegengesetzt geladener Ionen in denjenigen Alkalihalogeniden zusammengestellt, die im NaCl-Gitter kristallisieren; sie sind aus den von BAXTER und WALLACE[2]) ausgeführten Präzisionsmessungen der Dichte mit dem Ausdruck

$$r = 0{,}938 \cdot V \cdot 10^{-8} \text{ cm}$$

berechnet, worin V das Molekularvolumen bedeutet. Diese Werte stimmen durchweg gut mit den von DAVEY, OTT u. a.[3]) ausgeführten röntgenometrischen Abstandsmessungen überein. Die Tabelle zeigt nun, daß die Differenzen Δ der einzelnen Ionenabstände in den Vertikal- und in den Horizontalreihen nicht konstant sind, sondern mit steigender Ionengröße abnehmen; die Differenzen schwanken unter sich bis zu 25%, in bezug auf die Gitterabstände jedoch nur um einige Prozent. Die Abweichungen von der Additivität sind gesetzmäßig und lassen sich durch lineare Gleichungen von der Form

$$\begin{aligned} a_{M_1 X} &= \alpha\, a_{M_2 X} + \beta \\ a_{M X_1} &= \alpha'\, a_{M X_2} + \beta' \end{aligned} \quad (2)$$

wiedergeben, in denen M ein Alkalimetall, X ein Halogen, α, α', β, β' Konstanten bedeuten[4]). Tabelle 26 beweist also, daß die von (1) geforderte Additivität nur in erster Näherung gilt und daß die Atome nicht streng als starre Kugeln bzw. als Gebilde mit konstanter Wirkungssphäre aufgefaßt werden dürfen.

Begnügt man sich mit dieser Näherung an die Additivität, dann kann man mit W. L. BRAGG[5]) versuchen, aus den Ionenabständen die Radien der starren Kugeln zu berechnen, die als Kristallbausteine angenommen werden, denn dann muß gelten:

z. B.
$$\begin{aligned} r_{12} &= a_1 + a_2, \\ r_{\text{NaCl}} &= a_{\text{Na}} + a_{\text{Cl}}. \end{aligned} \quad (3)$$

Es ist einleuchtend, daß man aus (3) durch beliebige Wahl eines Wertes mit Hilfe der Ionenabstände der Tabelle 26 die „Radien" der übrigen Ionen berechnen

---

[1]) Eine Additivität der Volumina in Kristallen gilt nur, wenn man mit W. BARLOW und W. J. POPE (Trans. Chem. Soc. Bd. 89, S. 1675. 1906; Bd. 91, S. 1150. 1907) annimmt, daß die Bausteine der Kristalle aus unzusammendrückbaren, aber deformierbaren Atomen bestehen, die in dichtester Packung den Kristall aufbauen. BARLOW und POPE haben mit dieser Annahme versucht, die geometrischen Verhältnisse der Kristalle aus dem Bau der Atome und Moleküle zu verstehen.
[2]) G. P. BAXTER, Amer. Chem. Journ. Bd. 31, S. 558. 1904; BAXTER u. WALLACE, Journ. Amer. Chem. Soc. Bd. 38, S. 259. 1916.
[3]) W. P. DAVEY, Phys. Rev. Bd. 21, S. 143. 1923; H. OTT, ZS. f. Phys. Bd. 24, S. 209. 1923.
[4]) K. FAJANS u. H. GRIMM, ZS. f. Phys. Bd. 2, S. 299. 1920.
[5]) W. L. BRAGG, Phil. Mag. Bd. 40, S. 169. 1920.

kann, die in der Tabelle vorkommen; diese Zahlen haben aber keinerlei physikalische Bedeutung. Auch die von BRAGG angegebenen Atomdurchmesser entbehren nach eigener Angabe einer solchen; sie sollten nur die Aufklärung unbekannter Kristallstrukturen mit Hilfe dicht gepackter, verschieden dimensionierter Kugeln erleichtern. Da die BRAGGschen Zahlen in der neueren Literatur über Kristallstrukturen eine erhebliche Rolle spielen und so benutzt werden, als ob es sich um Größen mit physikalischer Bedeutung handelt, erscheint es nötig, den Weg, auf dem BRAGG zu seinen Absolutwerten gelangt, kritisch zu beleuchten[1]). In Tabelle 27 ist der Reihe nach die BRAGGsche Berechnungsweise und die Art der Prüfung seiner Zahlen angegeben. Man sieht, daß zwischen in

Tabelle 27.
Berechnung von „Atomdurchmessern" in 10^{-8} cm nach W. L. BRAGG.

Ausgangsstoffe	Experimentell bestimmter nächster Atomabstand r	Schlußweise auf den Radius a
Metallisches Fe . .	Fe — Fe = 2,47	$2\,a_{Fe} = r_{Fe}$; $a_{Fe} = 1,24$
Pyrit FeS$_2$	Fe — S = 2,26	$a_{Fe} + a_S = r_{FeS}$; $a_S = 1,02$
Zinkblende ZnS . .	Zn — S = 2,35	$a_{Zn} + a_S = r_{ZnS}$; $a_S = 1,32$
Rotzinkerz ZnO . .	Zn — O = 1,97	$a_O = r_{ZnO} - a_{Zn} = 0,65$
CaO	Ca — O = 2,40	$a_{Ca} = r_{CaO} - a_O = 1,75$
NaNO$_3$	N — O = 1,30	$a_N = r_{NO} - a_O = 0,65$
CaCO$_3$	Na — O = 2,33 Ca — O = 2,30	$a_{Na} \infty\, a_{Ca} = 1,75$
CaF$_2$	Ca — F = 2,34	$a_F \infty\, a_O = 0,65$
CaO	Ca — O = 2,30	
Diamant [C] . . .	C — C = 1,54	$a_C = \frac{1}{2} r_{CC} = 0,77$
Prüfung:		
Kalzit CaCO$_3$ . . .	C — O = 1,47	$a_C + a_O = 0,77 + 0,65 = 1,42$ statt 1,47
„ „ . . .	Ca — O = 2,30	$a_{Ca} + a_O = 1,75 + 0,65 = 2,40$
Siderit FeCO$_3$ . . .	Fe — O = 2,04	$a_{Fe} = r_{FeO} - a_O = 1,39$ } statt 1,24
Magnetit Fe$_3$O$_4$ . .	Fe — O = 2,00	$a_{Fe} = r_{FeO} - a_O = 1,35$
		BRAGG verwirft daraufhin $r_{Fe} = 1,24$ und setzt statt dessen $r_{Fe} = 1,40$

metallischer Bindung befindlichen Atomen (Fe), wahrscheinlich elektrostatisch gebundenen Ionen (Fe^{++}, Zn^{++} usw.), nicht polar gebundenen Atomen (S in FeS$_2$, C in Diamant) nicht unterschieden wird, was ganz unzulässig ist. Es ist daher nur natürlich, wenn die Prüfung bei Fe aus Metall und FeCO$_3$, bei O aus CaCO$_3$ und CaO nicht gut ausfällt. Die Rechnungen BRAGGS ergeben zudem Widersprüche gegen die Modellvorstellungen, was BRAGG selbst hervorhob. So erscheinen Alkaliionen viel größer als die gleichgebauten Halogenionen, z. B. Na$^+$ größer als F$^-$, ferner Ca^{++} größer als S^{--}. Da die Werte für Na$^+$ bzw. Ca^{++} jeder Bedeutung entbehren und beliebig anders gewählt werden könnten, entfällt auch die vermeintliche Analogie der von BRAGG gezeichneten Atomradienkurve mit der L. MEYERschen Atomvolumkurve (vgl. Kap. 6). Wie eng begrenzt übrigens die Gültigkeit der BRAGGschen Additivitätsregel (3) ist, zeigt sich schon, wenn man die Atomabstände von Verbindungen mit Ionen gleicher Ladung, aber verschiedener Zahl von Außenelektronen vergleicht, z. B. Na- und Ag-Halogenide, die mit Ausnahme von AgJ im NaCl-Gitter kristallisieren. Die Δ-Werte sind dann nicht konstant, sondern wechseln sogar das Vorzeichen:

---
[1]) Vgl. auch R. W. G. WYCKOFF, The structure of crystals. New York 1924. Dort wird auf S. 400—402 festgestellt, daß die aus den BRAGGschen „Radien" berechneten Gitterabstände mit den experimentellen sehr oft nicht übereinstimmen.

	F	Cl	Br	J
Na	2,31	2,82	2,98	3,23
Δ	− 0,15	0,05	0,09	0,41
Ag	2,46	2,77	2,89	2,82

Auf Grund der heute vorliegenden Ergebnisse der Kristallstrukturanalyse und der vorhandenen Kenntnisse über den Bau der Atome und über die verschiedenen Arten der chemischen Bindung lassen sich folgende allgemeine Sätze für den Vergleich der Volumverhältnisse chemischer Verbindungen aufstellen:

Bei den Molekularvolumina kristallisierter Verbindungen ist zu unterscheiden zwischen solchen, die aus Ionen aufgebaut sind (Ionengitter), solchen, die aus Atomen (Atomgitter) und ferner solchen, die aus in sich abgeschlossenen Molekülen aufgebaut sind (Molekülgitter). (Vgl. Ziff. 3 u. 4.) Der Vergleich der Molekularvolumina von Kristallen, die aus gleichartig gebundenen Bausteinen, z. B. aus Ionen, aufgebaut sind, ist nur zulässig, wenn

a) die stöchiometrische Formel gleich ist,
b) der Kristallgittertypus gleich ist,
c) der Bau der vergleichbaren Ionen, definiert durch die Zahl der in der äußeren Schale befindlichen Elektronen, gleich ist.

Beim Vergleich der Molekularvolumina flüssiger Substanzen, z. B. der flüssigen Halogene beim Siedepunkt, ist zu berücksichtigen, daß die Volumina durch innermolekulare und zwischenmolekulare Kräfte bedingt werden, die in ganz verschiedener Weise von der Größe der Einzelatome abhängen, was in Ziff. 87 näher besprochen wird.

b) Berechnung und Schätzung von Ionengrößen.

77. Ionen der 1. und 7. Gruppe mit 8 Außenelektronen. In Ziff. 47 wurde bereits von K. F. HERZFELD gezeigt, in welcher Weise nach der Kristallgittertheorie von BORN und LANDÉ[1]) die Ionenabstände r binärer Verbindungen vom NaCl-Typus mit den Radien a und k der das Gitter aufbauenden Anionen und Kationen zusammenhängen. Dabei sind die Radien definiert als Radien der Kugeln, die den in erster Näherung als würfelförmig angenommenen Elektronenhüllen umschrieben sind. FAJANS und HERZFELD[2]) haben die Gleichung auf S. 456 aufgelöst und gefunden, daß innerhalb bestimmter Grenzen von a/k bzw. r/k für Alkalihalogenide vom NaCl-Typus die lineare Gleichung gilt:

$$r = 2,2854\,a + 1,2124\,k, \quad (3,3 < r/k < 4,8) \qquad (4)$$

FAJANS und HERZFELD machten nun über das Verhältnis der Radien von Cl⁻ und K⁺ eine Annahme, wobei sie aus Modellvorstellungen entnahmen, daß Cl⁻ größer als K⁺ sein muß, da bei Cl⁻ die gleiche Elektronenhülle unter der Wirkung einer niedrigeren Kernladung steht als bei K⁺. Sie fanden, daß mit der Annahme

$$\frac{a_{Cl}}{k_K} = 1,20,$$

die Daten der Tabelle 26 mit Gleichung (4) und einer dazugehörigen Korrekturtabelle am besten wiedergegeben werden konnten, und berechneten die in Tabelle 32 mit aufgeführten Radien von Na⁺, K⁺, Rb⁺; F⁻, Cl⁻, Br⁻, J⁻. Da die Salze CsCl, CsBr, CsJ nicht im Kochsalzgitter kristallisieren, sondern das kubisch-raumzentrierte Gitter haben, ist Gleichung (4) auf sie nicht anwendbar. Man kann jedoch den Cs-Radius angenähert aus den Volumverhältnissen der

---
[1]) M. BORN u. A. LANDÉ, Berl. Ber. 1918, S 1048. Weitere Literatur Ziff. 40.
[2]) K. FAJANS u. K. F. HERZFELD, ZS. f. Phys. Bd. 2, S. 309. 1920.

gleichstrukturierten Sulfate, Perchlorate, Permanganate[1]) usw. von K, Rb, Cs schätzen, wenn man annimmt, daß auch bei diesen komplizierteren Verbindungen eine lineare Beziehung zwischen Ionenabstand, bzw. topischen Parametern[2]) und Ionengröße existiert. Die Schätzungen ergeben im Mittel $k_{Cs} = 1{,}06$ Å. CsF kristallisiert im Kochsalzgitter, setzt man seinen Ionenabstand in (4) ein, so erhält man für k_{Cs} 1,12, einen Wert, der mit allen anderen Daten unverträglich ist und der einstweilen nicht benutzt wird.

Für die Richtigkeit der Zahlen von FAJANS und HERZFELD liegt ein direkter Beweis nicht vor. Die Tatsache jedoch, daß man durch Interpolation aus den Zahlen von FAJANS und HERZFELD für die Radien der Edelgase Daten gewinnt, die in linearem Zusammenhang mit solchen Funktionen verschiedener Eigenschaften der Edelgase stehen, welche die Dimension einer Länge haben (siehe Abb. 5), spricht dafür, daß man es in diesen „Radien" tatsächlich mit Parametern zu tun hat, denen eine fundamentale Bedeutung zukommt. Die von N. BOHR und H. A. KRAMERS[3]) geschätzten Radien sind alle 20 bis 25% größer, zeigen aber etwa die gleiche Abstufung.

78. Ionen der 2. und 6. Gruppe mit 8 Außenelektronen. Durch lineare Extrapolation aus den Radien der Alkali- und Halogenionen erhält man zunächst Werte für die Radien von O^{--}, S^{--}, Se^{--}, Te^{--}; Mg^{++}, Ca^{++}, Sr^{++}, Ba^{++}, die nach einer einfachen Überlegung am Atommodell untere Grenzen sein müssen. Für k_{Ba} findet man so als untere Grenze 1,03 Å, während die obere durch den Radius von Cs = 1,06 Å gegeben ist, da $k_{Ba} < k_{Cs}$ sein muß. Überträgt man nun die Rechnung von FAJANS und HERZFELD auf binäre Verbindungen mit zweiwertigen Ionen vom Typus des CaO, so erhält man mit H. GRIMM und H. WASSERMANN[4]) die Näherungsgleichung

$$r = 1{,}913\,a + 1{,}025\,k, \qquad (5)$$

deren Gültigkeit sich auf die Grenzen $2{,}6 < r/k < 4{,}6$ beschränkt. In dieser Gleichung kommt der Einfluß der höheren Ionenladung bei den Verbindungen mit zweiwertigen Ionen in den kleineren Konstanten gegenüber (4) zum Ausdruck, so daß bei gleichen Werten von a und k ein kleinerer Gitterabstand resultiert. Dies beruht darauf, daß die Erhöhung der Ladung in der Hauptsache die Anziehung verstärkt. In den Gleichungen (4) und (5) zeigen die Konstanten α und β fast das gleiche Verhältnis $\alpha/\beta = 1{,}88$ bzw. 1,87, was besagt, daß der

Tabelle 28. Ionenabstände in 10^{-8} cm. NaCl-Gitter.

	O	Δ	S	Δ	Se	Δ	Te
Mg	2,110	0,429	2,539	—	—	—	—
Δ	0,274	—	0,304	—	—	—	—
Ca	2,384	0,459	2,843	0,114	2,957	—	—
Δ	0,168	—	0,143	—	0,160	—	—
Sr	2,552	0,434	2,986[5])	0,131	3,117	0,15	3,27[6])
Δ	0,196	—	0,206	—	0,191	—	—
Ba	2,748	0,444	3,192[5])	0,116	3,308	—	—

---

[1]) TUTTON, Proc. Roy. Soc. London (A) Bd. 79, S. 370. 1907; ZS. f. Krist. Bd. 44, S. 113. 1908.
[2]) Topische Parameter oder topische Achsen sind die Längen der Kanten eines Parallelepipeds, dessen Volumen gleich dem Molekularvolumen der betreffenden Substanz ist und dessen Kanten den kristallographischen Achsen der Substanz parallel und proportional sind. Die topischen Parameter werden mit χ, ψ und ω bezeichnet. Siehe auch P. GROTH, Elemente der phys. und chem. Krist., S. 278, 1921.
[3]) H. A. KRAMERS, Naturwissensch. Bd. 11, S. 550. 1923.
[4]) Vgl. H. G. GRIMM, ZS. f. phys. Chem. Bd. 98, S. 370. 1921; H. G. GRIMM und H. WOLFF, ebenda Bd. 119, S. 254. 1926.
[5]) Aus Dichtebestimmungen.   [6]) Geschätzt aus PbTe.

Anionenradius in beiden Fällen den Gitterabstand etwa 1,9 mal stärker beeinflußt als der Kationenradius[1]).

Durch Einsetzen der in Tabelle 28 enthaltenen Ionenabstände und verschiedener Werte für k_{Ba} zwischen 1,03 und 1,06 in Gleichung (5) findet man dann, daß man mit $k_{Ba} = 1{,}06$ Ionenradien erhält, die den ermittelten Grenzwerten am besten gerecht werden. Diese sind in Tabelle 32 aufgeführt.

79. Die Größen der Edelgasatome. Schätzung der Abschirmungskonstanten.
Die Radien der Edelgasatome grenzt man ebenfalls zunächst durch lineare Interpolation ein. Um Zahlenwerte zu bekommen, die sich den ein- und zweiwertigen Ionen gut anschließen, wird angenommen, daß man die Größenverhältnisse der nichtwasserstoffähnlichen Atome mit räumlich gegeneinander geneigten komplizierten Elektronenbahnen, mit denen wir es hier zu tun haben, durch eine Formel

$$a = a' \frac{n^2}{Z-s} \qquad (6)$$

wiedergeben kann, die der BOHRschen Formel[2])

$$a = a_H \frac{n^2}{Z-s} \qquad (6a)$$

für wasserstoffähnliche Atome mit Elektronenringen entspricht. Hierin bedeuten a den Radius der Kugel, die der Elektronenhülle umschrieben ist, a_H den Wasserstoffradius, a' eine Konstante, n die Hauptquantenzahl, Z die Kernladung und s die Abschirmungskonstante; durch diese wird der Betrag angegeben, um welchen die Anziehung der Elektronen durch die Kernladung infolge ihrer gegenseitigen Abstoßung verringert wird. Setzt man die Ausgangsdaten von FAJANS und HERZFELD (Ziff. 47) und die entsprechenden Z-Werte für Cl$^-$ und K$^+$ in (6) ein, so erhält man $a' = 1{,}06$; $s = 7{,}0$. Benutzt man diesen Wert für a' (der $\infty \, 2a_H$ ist) und die Radien der übrigen Alkali- und Halogenionen, so erhält man die folgenden s-Werte:

Na	2,8	F	3,3
K	7,0	Cl	7,0
R	18,5	Br	18,4
Cs	30,0	J	29,4

Die leidliche Übereinstimmung der nebeneinanderstehenden s-Werte spricht dafür, daß die Gleichsetzung von a' in allen Perioden angenähert zulässig ist. Die erhaltenen s-Werte zeigen einen auffälligen Parallelismus im Gang mit den aus röntgenspektroskopischen Daten zu gewinnenden Abschirmungskonstanten, die in Tabelle 29 als s_r aufgeführt sind. Diese s_r-Werte schätzte G. WENTZEL[3])

Tabelle 29. Abschirmungskonstanten[4]).

	s_r	Zuwachs von s_r pro Elektron	s	Zuwachs von s pro Elektron
Ne	4,8		3,0	
		0,7—0,8		0,5
Ar	9,9—10,8		7,0	
		0,6—0,7		0,6
Kr	22,5		18,4	
				0,6
X	—	—	29,7	
				0,8
Em	—	—	54,6	

---

[1]) Vgl. FAJANS u. HERZFELD, ZS. f. Phys. Bd. 2, S. 318. 1920.
[2]) Vgl. A. SOMMERFELD, Atombau und Spektrallinien, 3. Aufl. S. 89.
[3]) Privatmitteilung.
[4]) H. G. GRIMM und H. WOLFF, ZS. f. phys. Chem. Bd. 119, Tab. 1. 1926.

durch Extrapolation aus den bei A. SOMMERFELD[1]) zusammengestellten Abschirmungskonstanten der Edelgase. Aus Tabelle 29 sieht man, daß sowohl bei den s-Werten als auch bei den s_r-Werten der durchschnittliche Zuwachs pro Elektron in roher Annäherung etwa 0,5 bis 0,8 beträgt. Dies steht in Übereinstimmung mit einer Angabe von TURNER[2]), der aus röntgenspektroskopischen Daten berechnete, daß bei Entfernung des ersten Elektrons aus der L-Schale eines Atoms die Abschirmung für das zweite sich um 0,62 verringert, und daß sich bei Entfernung des zweiten die Abschirmungskonstante für das dritte Elektron um 0,65 Einheiten verringert. Daraus folgt, daß man in (6) in roher Annäherung bei höheren Z setzen kann:

$$Z - s = Z_{\text{eff}} \sim Z - 0{,}6 E,$$

worin E die Anzahl der Elektronen im Ion bedeutet. Um nun die Größe eines Edelgases, z. B. von Ar, zu berechnen, setzt man in (6) die gewonnenen Zahlenwerte ein und erhält:

$$a_{\text{Ar}} = \frac{9 \cdot 1{,}06}{18 - 7{,}0} = 0{,}86_6$$

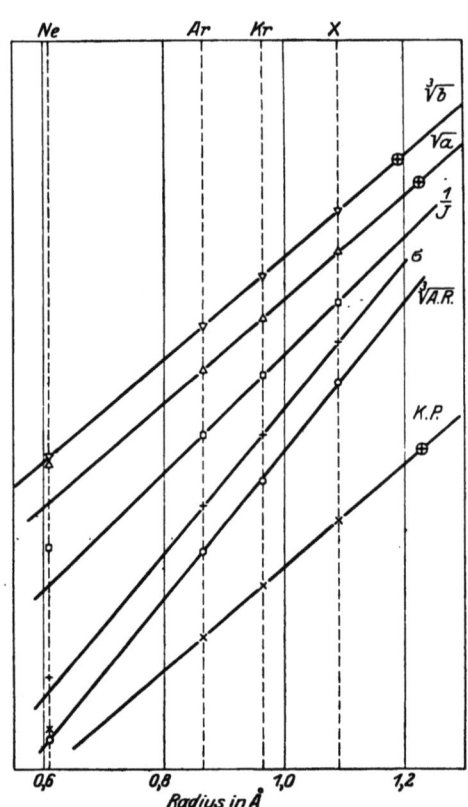

Abb. 5. Zusammenhang von Atomgrößen und physikalischen Eigenschaften von Edelgasen.

Zeichenerklärung:
▽ $\sqrt[3]{b}$ □ $1/J$ ○ $\sqrt[3]{A.R.}$
△ $\sqrt{a}$ + σ × $K.P.$
⊕ Extrapolierte Werte.

gegen $0{,}87_4$ bei linearer Interpolation. Wie schon erwähnt wurde, stehen die so gewonnenen Radien der Edelgase in annähernd linearem Zusammenhang mit einer Reihe von physikalischen Größen, wenn man von letzteren Funktionen nimmt, die die Dimension einer Länge haben. So wachsen die Ionenradien, wie Abb. 5 zeigt, angenähert[3]) proportional mit den 3. Wurzeln aus der Atomrefraktion $A.R.$, den 3. Wurzeln aus der VAN DER WAALSschen Volumkorrektur b, den Quadratwurzeln aus der VAN DER WAALSschen Druckkorrektur a und dem scheinbaren Atomdurchmesser σ, der sich aus der Zähigkeit berechnen läßt. Auch die den Verdampfungswärmen proportionalen Siedepunkte $K.P.$ stehen in linearer Abhängigkeit von der Atomgröße; dies beruht offenbar darauf, daß die die Verdampfungswärme bestimmenden zwischenatomaren Kräfte nach DEBYE[4]) auf einen Influenzeffekt zurückzuführen sind, der durch gegenseitige Deformation der Elektronenhüllen entsteht und mit der Atomgröße wächst. Bemerkenswert ist auch, daß die Arbeiten J zur Ablösung eines Elektrons in ebenso charakte-

---

[1]) R. SOMMERFELD, Atombau und Spektrallinien, 4. Aufl., S. 550, Braunschweig 1924.
[2]) L. A. TURNER, Phys. Rev. Bd. 26, S. 143. 1925.
[3]) Bei den Kurven für $\sqrt{a}$, $1/J$ und $K.P.$ fällt der Ne-Wert etwas heraus.
[4]) P. DEBYE, Phys. ZS. Bd. 21, S. 178. 1920. Vgl. Ziff. 44.

ristischer Weise abfallen, wie die Atomradien ansteigen (in Abb. 5 sind die reziproken I-Werte eingezeichnet).

Aus den linearen Beziehungen zwischen Edelgasradien und ihren Siedepunkten bzw. $\sqrt{a}$ und $\sqrt[3]{b}$-Werten läßt sich der Radius des Em-Atoms zu $1{,}22_7$; $1{,}22_7$; $1{,}19_1$, Mittel $1{,}22$ schätzen. Dieser Mittelwert ergibt mit (6) die Abschirmungskonstante $s_{Em} \sim 54{,}6$, die in Tabelle 29 mit aufgeführt ist.

80. Ionen der 3. Gruppe mit 8 Außenelektronen. Die Radien der Ionen von Al, Sc, Y, La wurden wie die der Edelgase mit (6) geschätzt. Sie zeigen einen ähnlichen Gang wie die Gitterabstände der von V. M. GOLDSCHMIDT, BARTH und LUNDE[1]) gemessenen Oxyde:

	Radius	Gitterabstände der M_2O_3
Sc	0,681	9,79
Δ	0,146	0,81
Y	0,827	10,60
Δ	0,177	(0,9)
La	1,004	(11,5)

81. Ionen der seltenen Erden. Die umfassenden Untersuchungen V. M. GOLDSCHMIDTS und seiner Mitarbeiter über die Sesquioxyde der seltenen Erden, deren Ergebnisse in Tabelle 30 enthalten sind, ermöglichen auch die Schätzung der Ionenradien dieser Elemente. Wir nehmen wieder an, daß für jede Gruppe gleichstruierter Kristalle, ähnlich wie bei den binären Verbindungen, Näherungsgleichungen der Form

$$r = \alpha a + \beta k$$

gelten, in denen αa für jede Gruppe gleichstruierter Oxyde konstant ist, so daß wir Proportionalität zwischen Gitterabständen und Kationenradien haben; es gilt:

$$r = \beta k + \text{konst.} \tag{7}$$

Tabelle 30.
Die Gitterabstände der Oxyde nach V. M. GOLDSCHMIDT und die Ionengrößen der seltenen Erden.

Ordnungszahl	Element	Typus A hexagonal		Typus B Kristallsystem unsicher	Typus C Kubisch	Berechnete Ionenradien
		a	c			
21	Sc	—	—	—	9,79	$0{,}68_1$
39	Y	—	—	—	10,60	$0{,}82_7$
57	La	3,945	6,151	—	(11,5)	$1{,}00_4$
58	Ce	3,880	6,057	—	—	$0{,}93_9$
59	Pr	3,851	5,996	—	—	$0{,}91_0$
60	Nd	3,841	6,009	$1{,}046\, r_{Gd}$	—	$0{,}90_0$
62	Sm	—	—	$1{,}013\, r_{Gd}$	10,85	$0{,}87_2$
63	Eu	—	—	—	10,84	$0{,}87_1$
64	Gd	—	—	r_{Gd}	10,79	$0{,}86_1$
65	Tb	—	—	—	10,70	$0{,}84_5$
66	Dy	—	—	—	10,63	$0{,}83_2$
67	Ho	—	—	—	10,58	$0{,}82_3$
68	Er	—	—	—	10,54	$0{,}81_6$
69	Tu	—	—	—	10,52	$0{,}81_2$
70	Yb	—	—	—	10,39	$0{,}78_9$
71	Cp	—	—	—	10,37	$0{,}78_5$

---

[1]) V. M. GOLDSCHMIDT, F. ULRICH, T. BARTH u. G. LUNDE, Det norske Vidensk. Akad. i Oslo, Skr. I, M.-N. Kl., 1925, Nr. 5 und 7.

Derartige Gleichungen darf man außer für die Oxyde der seltenen Erden auch für gleichstrukturierte Oxyde von Sc, Y, La benutzen, da bei beiden Gattungen dreiwertiger Ionen die Zahl der Außenelektronen gleich 8 und damit das in (7) mit β berücksichtigte Abstoßungspotential gleich ist.

Eine der zur Berechnung der Radien k_E der seltenen Erdionen benutzten Gleichungen lautet:

$$k_E = (k_Y - k_{Sc}) \frac{r_E - r_{Sc}}{r_Y - r_{Sc}} + k_{Sc} = 0{,}180\, r_E - 1{,}084, \qquad (8)$$

sie gilt für die in Tabelle 30 aufgeführten Oxyde, die im kubischen Typus C kristallisieren. Die mit den Angaben der Tabelle 30 berechneten Radien konnten zum Teil auch aus den von v. HEVESY[1]) bestimmten Molekularvolumen der Oktohydrosulfate der seltenen Erden in befriedigender Übereinstimmung berechnet werden.

82. Ionen mit 18 Außenelektronen. Neben den Ionen vom Edelgastypus sind die Ionen mit 18 Elektronen in der äußeren Schale vom Typus des Ag^+, Cd^{++} usw. von Bedeutung[2]). Die Berechnungsweise von FAJANS und HERZFELD (l. c.) kann auf binäre Verbindungen dieser Elemente, etwa AgCl, CdO usw. nicht übertragen werden, da das Abstoßungspotential eines Ions mit 18 Außenelektronen unbekannt ist, außerdem nach K. FAJANS[3]) bei diesen Ionen besonders starke Deformationen der Elektronenhüllen der mit ihnen verbundenen Anionen auftreten, die in unübersehbarer Weise den Ionenabstand verändern und nicht erlauben, wie bei den Alkalihalogeniden mit starren Ionen zu rechnen. Für die Größen dieser Ionen der sog. „Nebenreihen" des periodischen Systems lassen sich nur Grenzen angeben und Schätzungen mit Hilfe von (6) ausführen, auf die hier nicht eingegangen werden kann[4]).

83. „Übergangsionen". Über die Reihenfolge der Ionengrößen der Triadenelemente und ihrer Vorgänger etwas auszusagen, ist schwierig, da bei diesen Ionen, z. B. bei Ti^{++}, V^{++}, Cr^{++}, Mn^{++}, Fe^{++}, Co^{++}, Ni^{++}, Cu^{++} sowohl die Kernladung als auch die Elektronenzahl schrittweise um 1 wächst. Da aber s in Gleichung (6) langsamer wächst als Z, so ist nach dem Modell wahrscheinlich, daß die Größen dieser Ionen mit Z langsam fallen; dafür spricht auch der Abfall der Molekularvolumina gleichstruierter Substanzen, von denen in Tabelle 31 Beispiele aufgeführt sind.

84. Weitere Ionengrößen. Die Reihenfolge der noch nicht berechenbaren Ionengrößen ist zum Teil aus der Reihenfolge physikalischer Daten, z. B. der Molvolumina, der Molrefraktionen, der Ionisierungsspannungen usw., zu entnehmen, doch hat man hierbei die in Ziff. 76 erwähnten Regeln zu berücksichtigen.

In Tabelle 31 sind die Molekularvolumina einiger kristallisierter Verbindungen zusammengestellt[5]), welche bisher noch nicht besprochene Elemente enthalten. Da es sehr zweifelhaft ist, ob bei höherwertigen Elementen noch isolierte Ionen vorliegen, handelt es sich hier möglicherweise um den Gang der Größen der Atomrümpfe, die sich unter den Bindungselektronen befinden.

In Tabelle 32 sind die berechneten bzw. mit (6) geschätzten Ionenradien nebst Differenzen Δ zusammengestellt. Man sieht, daß die Δ-Werte in den

---

[1]) v. HEVESY, ZS. f. anorg. Chem. Bd. 147, S. 217. Bd. 150, S. 68. 1925.
[2]) W. KOSSEL, Ann. d. Phys. Bd. 49, S. 229. 1916; H. G. GRIMM, ZS. f. phys. Chem. Bd. 98, S. 378. 1921; Bd. 101, S. 410. 1922.
[3]) K. FAJANS, Naturwissensch. Bd. 11, S. 165. 1923; K. FAJANS u. G. JOOS, ZS. f. Phys. Bd. 23, S. 1. 1924; M. BORN u. W. HEISENBERG, ZS. f. Phys. Bd. 23, S. 388. 1924; W. HEISENBERG, ebenda Bd. 26, S. 196. 1924.
[4]) Vgl. H. G. GRIMM u. H. WOLFF, ZS. f. phys. Chem. Bd. 119, S. 254. 1926.
[5]) P. GROTH, Chem. Kristallographie Bd. I u. II; P. NIGGLI, ZS. f. Krist. Bd. 56, S. 12. 1921.

Tabelle 31. Molekularvolumina in ccm.

Gruppe des per. Syst.	Zahl der Außenelektronen	Beispiel (M bedeutet das variierte Element)	Reihenfolge der Molekularvolumina	Reihenfolge der Größe der Ionen bzw. der Atomrümpfe
V	8	$Pb_4(MO_4)_3 \cdot PbCl$	P 191; V 205,9	$P^V < V^V$
VI	8	Na_2MO_4	S 53,1; Cr 59,2	$S^{VI} < Cr^{VI}$
VI	8	$PbMO_4$	Mo 52,8—53,9; W 55,3	$Mo^{VI} < W^{VI}$
VII	8	KMO_4	Cl 54,9; Mn 58,5	$Cl^{VII} < Mn^{VII}$
IV	18	MO_2	Sn 20,9; Pb 27,9	$Sn^{IV} < Pb^{IV}$
V	18 + 2	M_2O_3	As 47,7; Sb 51,8; Bi 54,5?	As < Sb < Bi (?)
	13 bis 16	$Rb_2M(SO_4)_2 \cdot 6 H_2O$	Ni 204,92; Co 207,28; Fe 209,22; Mn 213,66	$Ni^{++} < Co^{++} < Fe^{++} < Mn^{++}$

Tabelle 32. Ionenradien in 10^{-8} cm. [Schätzungen[1])].

VI	Δ	VII	Δ	0	Δ	I	Δ	II	Δ	III	Δ	IV
O^{--} 0,94	0,20	F^- 0,74	0,13	Ne 0,61	0,09	Na^+ 0,52	0,08	Mg^{++} 0,44	0,04	Al^{+++} 0,40	0,04	Si^{4+} 0,36
$\triangle$ 0,12		0,21		0,26		0,27		0,28		0,28		0,28
S^{--} 1,06	0,11	Cl^- 0,95	0,08	Ar 0,87	0,08	K^+ 0,79	0,07	Ca^{++} 0,72	0,04	Sc^{+++} 0,68	0,04	Ti^{4+} 0,64
$\triangle$ 0,03		0,07		0,09		0,12		0,15		0,15		0,15
Se^{--} 1,09	0,07	Br^- 1,02	0,06	Kr 0,96	0,05	Rb^+ 0,91	0,04	Sr^{++} 0,87	0,04	Y^{+++} 0,83	0,04	Zr^{4+} 0,79
$\triangle$ 0,06		0,10		0,13		0,15		0,19		0,17		0,19
Te^{--} 1,15	0,02	J^- 1,12	0,03	X 1,09	-0,03	Cs^+ 1,06	0,00	Ba^{++} 1,06	0,06	La^{+++} 1,00	0,02	Ce^{4+} 0,98
$\triangle$				0,13				0,08				0,08
				Em 1,22				Ra^{++} 1,14				Th^{4+} 1,06
						Cu^+ 0,60	0,04	Zn^{++} 0,56	0,03	Ga^{+++} 0,53		
						0,14		0,15		0,15		
						Ag^+ 0,74	0,03	Cd^{++} 0,71	0,03	In^{+++} 0,68		
						0,03		0,04		0,05		
						Au^+ 0,77	0,02	Hg^{++} 0,75	0,03	Tl^{+-+} 0,73		

Horizontal- wie in den Vertikalreihen einen regelmäßigen Gang zeigen, daß dieser jedoch bei Ba^{++} gestört erscheint. Diese Unstimmigkeit, nämlich daß der Radius von Ba^{++} nicht kleiner erscheint als der von Cs^+, kann an der Unsicherheit der Messungen über die Ionenabstände der Tabelle 28 der Substanzen vom Typus des CaO liegen, kann aber auch eine Folge davon sein, daß die den Gitterrechnungen von BORN und LANDÉ, FAJANS und HERZFELD zugrunde gelegten Annahmen eben nur in erster Näherung die wirklichen Verhältnisse darstellen. (Vgl. Ziff. 47).

c) Ionengrößen und Ordnungszahl.

85. Die Kurven der Ionengrößen. Der Inhalt der Tabelle 32 ist in Abb. 6 veranschaulicht, in der die ermittelten Radien gegen die Kernladung Z der Ionen aufgetragen sind[2]). Man erhält ein Diagramm, das nur noch entfernte Ähnlichkeit mit der Atomvolumkurve von L. MEYER hat, die in Ziff. 87 u. 88 besprochen wird. Die charakteristischen Züge der Kurve der Ionengrößen sind etwa folgende:

---
[1]) Die Größen der Ionen der seltenen Erden sind in Tab. 30 aufgeführt.
[2]) H. G. GRIMM, ZS. f. phys. Chem. Bd. 98, S. 390. 1921.

Die Radien der Ionen vom Edelgastypus mit 8 Außenelektronen liegen auf einer Schar von abfallenden Kurvenstücken, die in Abb. 6 mit den in der Röntgenspektroskopie üblichen Niveaubezeichnungen L, M, N, O, P versehen sind. Diese Bezeichnungen entsprechen den jeweils äußeren Elektronengruppen mit den Hauptquantenzahlen 2, 3, 4, 5, 6, die zugleich die Periodennummern darstellen. Der Abfall der Kurven wird mit wachsender Periodenziffer immer flacher. Das obere Ende der Kurven ist von den zweifach negativ geladenen Ionen O^{--}, S^{--}, Se^{--}, Te^{--} besetzt, deren Existenz experimentell sichergestellt ist. Die früher angenommenen Ionen der 5. und 4. Gruppe, z. B. N^{---} und C^{4-} sind, wie aus energetischen Überlegungen folgt, als solche nicht existenzfähig, sondern nur in Verbindungen, z. B. mit H-Kernen, die die Elektronenhülle weitgehend kontrahieren. Das Ion N^{---} konnte auch in festen Körpern wie AlN nicht gefunden werden, für das H. OTT[1]) ein Atomgitter feststellte. Die L-Kurve

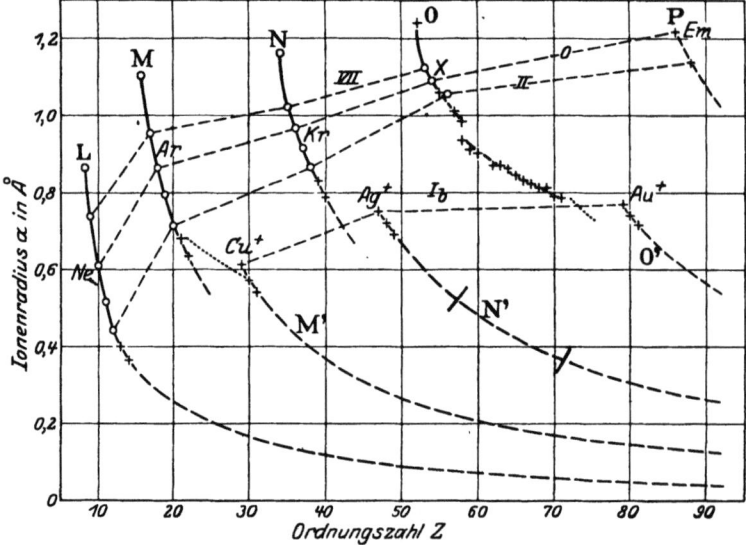

Abb. 6. Die Kurven der Ionengrößen. o berechnete Werte, + geschätzte Werte. Die Striche auf der N'-Kurve deuten die Stellen an, bei denen Diskontinuitäten zu erwarten sind.

ist nach unten mit Benutzung von Gleichung (6) gestrichelt fortgeführt, um schematisch anzudeuten, daß die Kontraktion der Elektronenhülle mit wachsendem Z regelmäßig fortschreitet. Als experimenteller Beweis für den Abfall der Radien mit Z ist das gleichzeitige Anwachsen der Ablösearbeit für ein Elektron anzusehen, welche sich aus den röntgenspektroskopischen Daten berechnen läßt[2]); in Abb. 12 sind die reziproken Werte der Ablösearbeiten von einer Reihe von Ionen gegen Z aufgetragen, um diesen Abfall zu zeigen. Einen dem Abfall der Radien entsprechenden Gang zeigen auch die durch die LORENTZ-LORENZ'sche Gleichung definierten Ionenrefraktionen, die von WASASTJERNA[3]), FAJANS und JOOS[4]), BORN und HEISENBERG[5]) berechnet worden sind. Sie ergeben beim Auftragen ihrer 3. Wurzeln gegen Z ein ähnliches Bild wie Abb. 6.

---

[1]) H. OTT, ZS. f. Phys. Bd. 22, S. 201. 1924.
[2]) N. BOHR u. V. COSTER, ZS. f. Phys. Bd. 12, S. 342. 1923.
[3]) J. A. WASASTJERNA, ZS. f. phys. Chem. Bd. 101, S. 193. 1922.
[4]) K. FAJANS u. G. JOOS, ZS. f. Phys. Bd. 23, S. 1. 1924.
[5]) M. BORN u. W. HEISENBERG, ZS. f. Phys. Bd. 23, S. 384. 1924; Bd. 26, S. 196. 1924.

Im M-Niveau findet nach BOHR bekanntlich die Umbildung der 8-Schale des Ar in die 18-Schale statt, die zuerst im Cu^+-Ion abgeschlossen vorliegt. Die M-Kurve ist daher nur bis zum Mn^{VII} fortgeführt, ohne damit jedoch die Existenz des freien Mn^{7+} behaupten zu wollen, sie wird in gewisser Weise von der M'-Kurve fortgesetzt, die mit Cu^+ beginnt. Im N-Niveau findet die Umbildung der 8-Schale des Kr zur 18-Schale des Ag^+ statt, die dann von Ce^{3+} ab im Innern zu einer Gruppe von 32 Elektronen umgebildet wird, die erstmalig im Cp^{3+} vorliegt. Die N-Kurve ist schematisch bis Ru^{VIII} angedeutet; es folgt die mit Ag^+ beginnende N'-Kurve, über deren weiteren Verlauf nur gesagt werden kann, daß sich die bekannten Knicke[1]), die im Verlauf der Frequenzen der charakteristischen Röntgenspektren bei Umgruppierungen auftreten, auch als kleine Diskontinuitäten im weiteren Verlauf der Radien bemerkbar machen werden. Die O-Kurve führt von den X-ähnlichen Ionen über die seltenen Erden zu den nur schematisch angedeuteten Ionen Hf^{4+} bis Os^{VIII}, dann folgt die Umbildung der äußeren 8-Schale zur 18-Schale, die mit Au^+ beginnt; die Größen dieser Ionen sind durch die O'-Kurve angedeutet. Die Ionen der Elemente der Nebenreihen mit 18 Elektronen in der äußeren Schale sind sehr wahrscheinlich kleiner als die Ionen derselben Periode mit 8 Elektronen, z. B. $k_{Cu^+} < k_{K^+}$. Die genauere relative Lage der Kurvenstücke M', N', O', zu den der Kurven M, N, O bleibt jedoch unsicher. Sie sind mit letzteren durch die Ionen der Triadenelemente und ihrer Vorgänger zu verbinden, so z. B. durch die in Abb. 6 angedeutete Reihe Ti^{++}, V^{++}, Cr^{++}, Mn^{++}, Fe^{++}, Co^{++}, Ni^{++}, Cu^{++}.

Als besonders wichtiger Zug der Abb. 6 ist die gegenseitige Lage der Kurvenstücke L bis P, M' bis O' hervorzuheben. Durch diese wird nämlich die Abstufung der Ionengrößen innerhalb der gleichen Gruppe des periodischen Systems bestimmt, z. B. der Gang der Radien von F^-, Cl^-, Br^-, J^-. In der Chemie und in den Nachbarwissenschaften spielt gerade der Vergleich der Eigenschaften der sog. „homologen" Elemente und ihrer Verbindungen eine hervorragende Rolle, hinter der der Vergleich der in derselben Periode nebeneinander stehenden Elemente (außer bei den Triadenelementen und den seltenen Erden) ganz zurücktritt. In Abb. 6 sind die Größen homologer Ionen, und zwar der Halogene, Edelgase, Erdalkalien und von Cu^+, Ag^+, Au^+, durch die Kurvenzüge VII, 0, II und Ib, verbunden, deren Bezeichnungen den Gruppennummern entsprechen. Man sieht dann, daß diese Kurven einen charakteristischen Anstieg zeigen, der bei den edelgasähnlichen Ionen an 2 Stellen, bei den Ionen Cu^+, Ag^+, Au^+ an einer Stelle eine besondere Verlangsamung erfährt. Da dieser Anstieg in Abb. 6 durch die ungleichen Abszissenabstände (8, 18, 32) verzerrt ist, sind in Abb. 7 die Radien der Edelgase und von Cu^+, Ag^+, Au^+ gegen die Periodenziffer in gleichen Abständen aufgetragen. Man sieht aus Abb. 6 und 7, daß auf den erheblichen Anstieg der Ionengröße vom Ne-ähnlichen zum Ar-ähnlichen Ion stets ein geringerer Zuwachs vom Ar- zum Kr-ähnlichen Ion erfolgt, während beim Übergang vom Kr- zum X-ähnlichen ein mittlerer Anstieg stattfindet, der bei dem weiteren Anstieg vom X zur Em etwa gleich bleibt. Allgemeiner kann man sagen, daß etwa gilt:

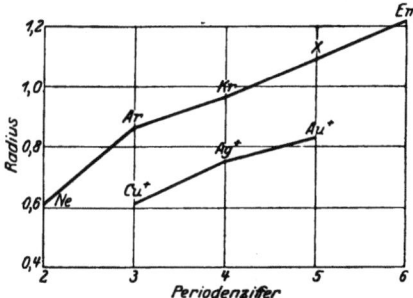

Abb. 7. Abstufung der Größen homologer Ionen. (Au^+ ist sehr unsicher).

$$(a_{Ar} - a_{Ne}) > (a_X - a_{Kr}) \sim (a_{Em} - a_x) > (a_{Kr} - a_{Ar}), \qquad (9)$$

[1]) N. BOHR u. V. COSTFR, ZS. f. Phys. Bd. 12, S. 342. 1923.

worin der Index das Edelgas bezeichnet, dessen Konfiguration dem betreffenden Ion zukommt. Diese Abstufung der Ionenradien ist am ausgeprägtesten bei den Elementen der 6. Gruppe, sie ist bei den Edelgasen schon weniger ausgeprägt und nimmt weiter mit steigender Gruppennummer ab. Für die Ionen der Nebenreihen gilt entsprechend:

$$(a_{Ag^+} - a_{Cu^+}) > (a_{Au^+} - a_{Ag^+}). \tag{10}$$

Als bemerkenswerte Einzelheit heben wir noch den Gang der vierwertigen Ionen in Abb. 6 hervor, der sich in dem Molekularvolumen der Dioxyde MO_2 widerspiegelt, die nach v. HEVESY folgenden Gang haben:

TiO_2	ZrO_2	CeO_2	HfO_2	ThO_2
19	21,6	24	21,9	26,7

Man sieht also, daß das Molekularvolumen von HfO_2 erheblich kleiner ist als das von CeO_2 und annähernd gleich dem von ZrO_2, eine Erscheinung, die V. M. GOLDSCHMIDT l. c. und G. v. HEVESY (l. c.) mit Recht mit dem Auftreten der seltenen Erden in Zusammenhang bringen und mit weiterem Material belegen. Mit (6) und Abb. 6 kann man einsehen[1]), daß der Abfall der Größe von Ce^{4+} zu Hf^{4+} in Parallele zu stellen ist mit dem Abfall von K^+ zu Cu^+, von Rb^+ zu Ag^+.

In Bd. XXIV ds. Handb. wird gezeigt, daß die charakteristische Abstufung der Ionenradien sich bei vielen physikalischen und chemischen Eigenschaften, und zwar nicht nur von aus Ionen aufgebauten Verbindungen, sondern auch bei nichtpolar gebauten Molekülen und selbst bei den Elementen wiederfindet. Man muß daher bei einer Reihe von Eigenschaften die Ionengröße als ausschlaggebenden Faktor ansehen.

86. Der Gang der Ionengrößen und das BOHRsche Atommodell. Wir versuchen nun, die geschilderten Hauptzüge der Abb. 6 wenigstens qualitativ mit Hilfe des BOHRschen Atommodells zu verstehen und benutzen zur Diskussion wieder:

$$a = \frac{a' n^2}{Z - s}. \tag{11}$$

Der Abfall gleichgebauter Ionen mit wachsendem Z ist ohne weiteres verständlich, da n, a' und s als konstant anzunehmen sind. Den verschieden steilen Abfall der Kurven L bis O diskutieren wir an dem verschiedenen Abfall vom Halogen- zum Alkaliion, den schon FAJANS und HERZFELD (l. c.) mit der steigenden Elektronenzahl in Verbindung brachten:

$$\frac{a_F}{k_{Na}} = 1{,}43; \quad \frac{a_{Cl}}{k_K} = 1{,}20; \quad \frac{a_{Br}}{k_{Rb}} = 1{,}12; \quad \frac{a_J}{k_{Cs}} = 1{,}06.$$

Aus Formel (11) folgt nun für Ionen der gleichen Periode mit gleicher A.El.-Zahl:

$$\frac{a_X}{k_M} = \frac{Z_M - s}{Z_X - s} = \frac{Z_M - s}{Z_M - 2 - s}, \tag{12}$$

worin X ein Halogenion, M ein Alkaliion bedeutet. Man erkennt, daß mit wachsendem Z der relative Unterschied der wachsenden Kernladungen $Z_{eff} = Z - s$ von Anion und Kation sich immer weniger bemerkbar macht, das Verhältnis der Radien also abnehmen muß, wie es die Zahlen zeigen.

Der oben erwähnte Abfall vom K^+ zum Cu^+, vom Rb^+ zum Ag^+ oder allgemein vom Ion der Hauptreihe zum gleichgeladenen Ion der Nebenreihe in derselben Periode ist nach (11) wahrscheinlich, da bei diesen Ionen n konstant bleibt, $Z_{eff} = Z - s$ aber wächst, und zwar weil Z rascher als s zunimmt (Ziff. 79).

---
[1]) Näheres vgl. H. G. GRIMM, ZS. f. phys. Chem. 1926. Im Druck.

Um die charakteristische Abstufung der Ionen [Abb. 7, Formeln (9, 10)] qualitativ zu verstehen, betrachten wir den Gang der 3 Faktoren, die in (11) die Radien bestimmen, den Gang von n^2, Z und s. n^2 und s steigen von Schale zu Schale sprungweise, während Z von Element zu Element um eine Einheit wächst. Vernachlässigt man zunächst s und trägt nur die Funktion n^2/Z gegen Z auf, dann erhält man den unteren Teil der Abb. 8. Die Bedeutung von n^2/Z ist nach

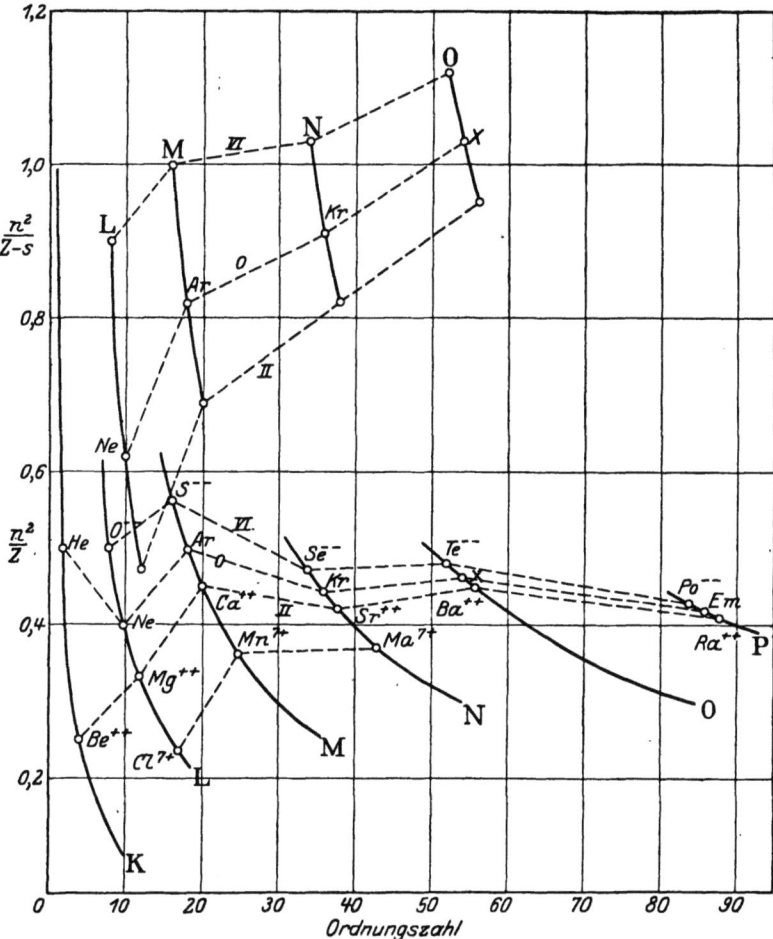

Abb. 8. Abhängigkeit der Ionengröße von Quantenzahl, Kernladung und Abschirmungszahl.

Formel (6a) die, daß dadurch in Einheiten des Wasserstoffradius a_H, der Radius von wasserstoffähnlichen Ionen mit der Kernladung Z und mit 1 Elektron auf einer n-quantigen Bahn angegeben wird. Die Abb. 8 zeigt bereits verwandte Züge mit den Kurven der Ionengrößen (Abb. 6), wenigstens was den verschiedenen Abfall der Kurvenstücke anlangt; die charakteristische Abstufung dagegen gemäß (9) wird naturgemäß noch nicht wiedergegeben. Erst durch eine geeignete gegenseitige Verschiebung der Kurvenstücke, die man durch Berücksichtigung der oben ermittelten s-Werte (Tab. 29) erreicht, gelangt man zum oberen Teil der Abb. 8, in dem die Funktion $n^2/Z-s$ gegen Z aufgetragen ist. Daß die so erhaltenen Kurven den tatsächlichen Verhältnissen weitgehend gerecht werden, beweist nichts Neues, da ja die s-Werte rückwärts aus den Ionenradien ermittelt wurden. Es ist aber bemerkenswert, daß man mit den in Tabelle 29 aufgeführten Abschirmungskonstanten s_r, die aus röntgenspektroskopischen Daten gewonnen sind, ebenfalls Ionenradien berechnen kann, die wenigstens teilweise eine angenähert richtige Abstufung zeigen. Man sieht dies in Abb. 9, in der die Funktion $n^2/Z - s_r$ für einige Ionen aufgezeichnet ist, wobei für s_r von Ar beide Grenzwerte benutzt wurden.

Eine genauere Untersuchung, durch welche Züge des Atombaus die in Abb. 7 hervortretende Abstufung der Ionenradien bestimmt wird, führt zu der Feststellung, daß der Anstieg der Größen homologer Ionen verlangsamt erscheint, wenn im Atom die Auffüllung einer Elektronenschale stattfindet. Das gilt z. B. für die Ionen Cl$^-$ und Br$^-$, K$^+$, Rb$^+$ und Cs$^+$, das gilt besonders für die Ionen der Elemente vor und hinter den seltenen Erden z. B. für Zr und Hf, Mo und W, Ag und Au, deren Ähnlichkeit GOLDSCHMIDT als Folge der bei den seltenen Erden stattfindenden „Lauthanidenkontraktion" bezeichnet.

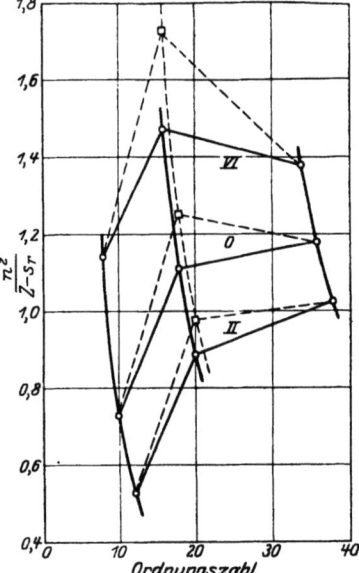

Abb. 9. Teilweise Wiedergabe des Ganges der Ionengrößen unter Benutzung röntgenspektroskopischer Daten.

G. Atomvolumen und Atomgröße.

87. Die Kurve der Atomvolumina. Das Atomvolumen V eines Elementes ist definiert durch den Quotienten aus dem Gewicht A eines g-Atoms und der Dichte d des Elementes in kondensiertem, möglichst kristallisiertem Zustand:

$$V = A/d \text{ ccm.}$$

V gibt also den von einem g-Atom eingenommenen Raum in Kubikzentimetern an. Trägt man diese Größe gegen die Ordnungszahl Z auf und verbindet die benachbarten Punkte, so erhält man die bekannte Atomvolumkurve von LOTHAR MEYER, die in Kap. 6 von F. PANETH besprochen und abgebildet wird.

Die tiefere physikalische Bedeutung der Kurve ist noch nicht bekannt, doch liegen Ansätze von A. SOMMERFELD[1]) und W. KOSSEL[2]) vor, durch die die abfallenden wie aufsteigenden Äste der Kurve mit Atommodellvorstellungen verknüpft werden.

Zunächst ist hervorzuheben, daß die Kurve mit dem Verlauf der Größen isolierter Elementatome fast nichts zu tun hat, und daß viele Züge des Ganges der wahren Größen der gasförmigen Einzelatome völlig verdeckt sind. Um Klarheit darüber zu gewinnen, was die Grammatomvolumkurve besagt, muß zunächst ermittelt werden, durch welche Faktoren das Volumen kondensierter Elemente bestimmt wird. Dieses hängt erstens von der räumlichen Verteilung der Atomschwerpunkte und zweitens von den Atomabständen ab. Es ist also

---

[1]) A. SOMMERFELD, Atombau usw., IV. Aufl. S. 177.
[2]) W. KOSSEL, ZS. f. Phys. Bd. 1, S. 395. 1920; ZS. f. Elektrochem. Bd. 26, S. 322. Anm. 1920.

zu fragen, durch welche Züge im Bau des Einzelatoms die räumliche Verteilung und die Atomabstände bestimmt werden. Die Frage nach dem Zusammenhang einer bestimmten räumlichen Verteilung mit dem Atombau, z. B. die Frage, warum Na im kubisch-raumzentrierten, Cu dagegen im kubisch-flächenzentrierten Gitter kristallisiert, ist noch ungelöst und muß beiseite gelassen werden. Die Frage dagegen, wie der Gitterabstand vom Atombau abhängt, ist gleichbedeutend mit der Frage, wie die zwischen den Atomen wirkenden Kräfte vom Bau des Einzelatoms abhängen.

Wir betrachten zur Erläuterung der Verhältnisse den Gang der Atomvolumina oder besser der Atomabstände (die einander auch in polymorphen Modifikationen nahestehen), und einiger anderer Eigenschaften der Elemente der 2. und 3. Periode, die in Tab. 33 zusammengestellt sind[1]). In jeder Periode stehen

Tabelle 33. Eigenschaften der Elemente der 2. und 3. Periode.

	Li	Be	B	C	N	O	F	Ne
Atomvolumen in ccm	13,0	4,90	6,26	3,42 Diam. 5,4 Graph.	17,5*)	14,3*)	17,1*)	16,8*)
Atomabstand in 10^{-8} cm	3,03	2,24	—	1,45—1,53	—	—	—	—
Schmelzpunkt abs.	453	1551	2500—2600	∞ 3800	63	54	50	—
Siedepunkt abs.	∞1700	—	—	∞ 4200	77	90	86	27
Sublimationswärme in kcal.	(50)	—	—	150	0,8	0,9	—	(0,6)
Ionisierungsspannung in Volt	5,36	—	8,0	9,9—12**)	11,8**)	13,56	17,6**)	21,5

	Na	Mg	Al	Si	P	S	Cl	Ar
Atomvolumen in ccm	23,7	14,0	10,0	12,0	20,9*)	17,7*)	22,4*)	33*)
Atomabstand in 10^{-8} cm	3,72	3,58	2,88	2,33	—	—	—	3,84
Schmelzpunkt abs.	371	923	931	1680	317	402	172	84
Siedepunkt abs.	1150	∞1400	∞ 2300	1500—1600	560	717	239	87
Sublimationswärme in kcal.	26	43,1	—	—	—	11,9	3,2	1,8
Ionisierungsspannung in Volt	19,6	13,15	16,8	—	—	9,70	7,59	6,50

*) Beim K.P.   **) Interpoliert.

am Anfang Metalle, deren Volumina und Atomabstände von Li bis Be und von Na bis Al sinken, deren Schmelzpunkte und Sublimationswärmen, die wir als Maß der zwischenatomaren Kräfte benutzen, steigen. Mit wachsendem Z und wachsender Zahl von Außenelektronen nimmt also die Bindungsfestigkeit zu, der Atomabstand dagegen ab. SOMMERFELD (l. c.) hat dieses Fallen der Atomvolumina durch folgende Betrachtung verständlich zu machen versucht: Bei den neutralen Atomen Na, Mg, Al befinden sich außerhalb der Ne-Schale 1, 2, 3 Valenzelektronen im Feld von Atomresten mit den Überschußladungen 1, 2, 3. Die Zunahme der anziehenden Überschußladung überwiegt bei weitem die Zunahme der gegenseitigen Abstoßung der Valenzelektronen und bewirkt, daß die Bahndimensionen der letzteren von Na zu Al abfallen. Bei diesem Erklärungsversuch muß man natürlich im Auge behalten, daß man über das Wesen der metallischen Bindung und über den Anteil der Valenzelektronen an dieser Bindung nichts Sicheres weiß, und daß man nicht übersieht, in welcher Weise der Abfall der Größe der Einzelatome sich in den Kristallgittern der Metalle auswirkt. Man kann nur konstatieren, daß dem aus Modellvorstellungen zu ent-

---
[1]) Die Daten sind großenteils den Tabellen von LANDOLT-BÖRNSTEIN entnommen.

nehmenden Abfall der Atomgrößen im Periodenanfang eine Abnahme des Abstandes der verbundenen Atome parallel läuft. Bei den Elementen der Nebenreihen versagen die Modellvorstellungen jedoch völlig (s. unten). Vom 5. Element ab setzt in beiden Perioden ein Eigenschaftssprung ein, der besonders groß ist zwischen dem kristallisierten, hochschmelzenden Diamanten und dem zweiatomigen Gas Stickstoff. Die physikalischen Daten von N_2, O_2, F_2, die jetzt folgen, zeigen keinen regelmäßigen Gang und erheblich vergrößerte Volumina, denen niedrige Sublimationswärmen bzw. Siedepunkte, d. h. geringe zwischenmolekulare Kräfte, entsprechen. Der Anstieg der Volumina der Elemente der 5. bis 7. Gruppe des periodischen Systems hängt, worauf KOSSEL[1]) zuerst hin wies, damit zusammen, daß das Volumen bei den Metalloiden durch 2 Faktoren bestimmt ist, nämlich erstens durch die zwischen den verbundenen Atomen wirksamen Kräfte und zweitens durch die zwischen den Molekülen wirkenden Kräfte. Erstere sind erfahrungsgemäß meist erheblich größer als letztere, wie man aus Tabelle 34 sieht, in der die Dissoziationswärmen als Maß der zwischenatomaren Kräfte und die Verdampfungswärmen als Maß der zwischenmolekularen Kräfte aufgeführt sind. Die innermolekularen Abstände der Reihe $N \equiv N$,

Tabelle 34. **Verdampfungswärmen λ und Dissoziationswärmen D in kcal/g-Atom.**

	Cl_2	Br_2	J_2	H_2	N_2	O_2
λ	2,39	3,48	5,33	0,115	0,68	0,82
D	27	23	18	40—50	150—180	108

$O = O$, $F - F$ nehmen sehr wahrscheinlich zu, da die Bindungsfestigkeit stark abnimmt; die zwischenmolekularen Kräfte haben keinen regelmäßigen Gang, wie die Siedepunkte bzw. Verdampfungswärmen zeigen, und bewirken offenbar, daß auch die Atomvolumina unregelmäßig ansteigen, denn bei N und O, bei P und S, selbst noch bei Ge und As ist der Volumenanstieg unterbrochen (s. Abb. 1, S. 523). Der weitere Anstieg vom Halogen zum Edelgas (außer bei Ne) ist die Folge der weiteren Abnahme der zwischenmolekularen bzw. zwischenatomaren Kräfte, die hier wesensgleich und auf den bereits erwähnten DEBYEschen[2]) Influenzeffekt zurückzuführen sind. Da das Ar-Atom eine erheblich kleinere Elektronenhülle haben muß als das zweiatomige Chlormolekül, ist die Verschieblichkeit dieser Hülle und damit auch die Verdampfungswärme des Ar kleiner als die des Cl_2, sein Gramm-Atomvolumen also größer. Der Anstieg des Atomvolumens vom Edelgas zum Alkalimetall besagt nur, daß trotz des starken Anwachsens der Sublimationswärmen, z. B. von Ne $\sim$ 0,6 kcal, auf Na = 26 kcal, der Ansatz von Elektronen in einer neuen Schale nicht verdeckt wird. Bei He und Li tritt ein solches Verdecken tatsächlich ein, da He mit 21 bis 33 ccm ein viel größeres Atomvolumen als Li mit 13 ccm hat.

Wir betrachten jetzt den Abfall der Atomvolumina in einer großen Periode, z. B. von K zum Cu. Der Abfall vom K zum Ca ist ebenso zu verstehen wie der bereits beschriebene vom Na zum Mg, und der weitere Abfall vom Ti bis Ni ist relativ verständlich, wenn man z. B. mit SWINNE[3]) bei diesen Metallen konstante Valenzelektronenzahl 2 annimmt, während der darunterliegende Atomrest seine Größe schrittweise mit steigendem Z verringert (s. Ziff. 86). Ganz unverständlich bleibt jedoch die Lage des Minimums der großen Perioden, da z. B. für die

---
[1]) W. KOSSEL, ZS. f. Elektrochem., Bd. 26, S. 322. 1920.
[2]) P. DEBYE, Phys. ZS. Bd. 21, S. 178. 1920.
[3]) R. SWINNE, ZS. f. Elektrochem. Bd. 31, S. 417. 1925.

Metalle Cu, Zn, Ga, Ge der tatsächliche Anstieg der Atomvolumina den oben für Na, Mg, Al angestellten Überlegungen am Modell zuwiderläuft.

Vergleicht man nun die Atomvolumina **homologer**, d. h. in der gleichen **Gruppe und Untergruppe** des periodischen Systems stehender Elemente, so sieht man im allgemeinen Anstieg mit Z, z. B. von Li bis Cs, von Be bis Ra, doch gibt es auch Ausnahmen: z. B. He 33,0, Ne 17; Pd 9,28, Pt 9,12 ccm. Der Anstieg der Atomvolumina der homologen Metalle erscheint plausibel, denn a) nehmen die Größen der Atomreste zu, wie wir aus der Abnahme der Ionisierungsarbeiten entnehmen können (Abb. 12), und b) nehmen die zwischenatomaren Kräfte, wie die Sublimationswärmen in Tabelle 35 zeigen, ab; beide Faktoren bewirken Abstandsvergrößerung.

Tabelle 35.
Sublimationswärmen und Ionisierungsarbeiten von Metallen.

	Sublimationswärme S in kcal	Ionisierungsspannung J in Volt		Sublimationswärme S in kcal	Ionisierungsspannung J in Volt
Li	(50)	5,36			
Na	26	5,12	Mg	(43)	7,61
K	23	4,32	Ca	(35)	6,09
Rb	21	4,16	Sr	(35)	5,67
Cs	20	3,88	Ba	(35)	5,19

Der Anstieg der Volumina der Edelgase (außer He) ist weniger selbstverständlich. Bei den Edelgasen wachsen die Atomradien mit Z, was abstandsvergrößernd wirkt, gleichzeitig wachsen aber auch die zwischenatomaren Kräfte mit den Radien, was abstandsverringernd wirkt. Beide Faktoren überlagern sich und erzeugen ein Minimum zwischen He und Ar beim Ne. Erst vom Ne ab überwiegt der Anstieg der wahren Atomgrößen. Eine entsprechende Überlegung gilt für die Volumina flüssiger Metalloide beim Siedepunkt, z. B. der Halogene. Die wahren Molekülgrößen wachsen, das zeigt z. B. die Zunahme der Molekularrefraktionen und die Abnahme der Dissoziationsarbeiten; die Gramm-Atomvolumina aber müssen mit der Molekülgröße zunehmen, da die Abstoßung der Elektronenhüllen wächst. Dieser Volumzunahme wirkt nun entgegen, daß auch die zwischen den Molekülen wirkenden Kräfte zunehmen; man sieht das aus dem Anstieg der Verdampfungswärmen (Tab. 34), der auf der Zunahme des DEBYEschen Influenzeffektes mit steigender Molekülgröße beruht. Die Tatsache des Anstiegs der Molekularvolumina der flüssigen Elemente von F_2 zu J_2 besagt somit nur, daß das volumvergrößernde Anwachsen der Atom- und Molekülgrößen das gleichzeitige Sinken der zwischenmolekularen Abstände überdecken muß, wie das in Abb. 10 schematisch dargestellt ist.

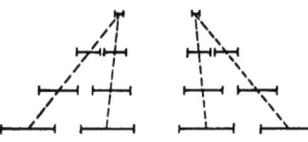

Abb. 10. Abhängigkeit der Volumina flüssiger Edelgase und homologer Metalloide vom Gang der zwischenatomaren und der zwischenmolekularen Kräfte.

Besonders bemerkenswert ist, daß der Anstieg der Atomvolumina **homologer Elemente** in einer ganz ähnlichen Weise erfolgt wie der Anstieg der Größen homologer Ionen. Um das zu zeigen, sind in Abb. 11 die dritten Wurzeln der Atomvolumina bestimmter Elemente in gleichen Abszissenabständen gegen die Periodenziffer aufgetragen, ähnlich wie die Ionenradien der Abb. 7. Man erkennt, daß die für Edelgase und edelgasähnliche Ionen aufgestellte Ungleichung (9) auch für die Halogene und andere Metalloidmoleküle gilt, d. h. daß der Gang der Ionen-

Ziff. 87. Die Kurve der Atomvolumina. 517

größen dem Gang der Größen der zu Molekülen verbundenen Metalloidatome sehr ähnlich sein muß. Auch für die Metalle gilt eine (9) entsprechende Ungleichung, was um so auffälliger ist, als bei diesen bereits der Aufbau der nächsthöheren Edelgasschale begonnen hat. So befindet sich z. B. beim Na das Valenzelektron auf einer 3_{11}-Bahn, die den Anfang der Ar-Schale bildet. Trotzdem liegt der starke Anstieg der Atomvolumina wie zwischen Ne und Ar bei ihren Nachbarn, zwischen Na und K. Es bedeutet dies, daß die Dimensionen der Valenzelektronenbahnen der Metalle weitgehend durch die Größe des Atomrumpfs bestimmt werden, was auch aus spektroskopischen Daten gefolgert wurde[1]). Wie bei den Ionen, beobachtet man auch bei den Elementen eine Verlangsamung des Anstieges der Atomvolumina, wenn im Atom Umordnungen stattfinden und zugleich der Anstieg von Z von 8 auf 18 springt, z. B. zwischen K und Rb, zwischen Cl_2 und Br_2. Der zweite Sprung im Anstieg von Z von 18 auf 32 Einheiten tritt besonders hervor, wenn man mit GOLDSCHMIDT und v. HEVESY die Volumverhältnisse, ferner die Ionisierungsarbeiten J-homologer Elemente vergleicht, die vor und nach den seltenen Erden stehen. Man sieht in Tabelle 36, daß der sonst überall bei homologen Elementen zu beobachtende Volumanstieg bzw. Abfall der Ionisierungsarbeit mit wachsender Ordnungszahl bei einigen Elementen umgekehrten Gang zeigt.

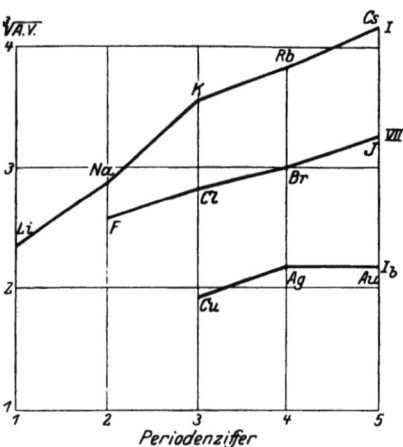

Abb. 11. Gang der Atomvolumina homologer Elemente.

Tabelle 36.
Eigenschaften von Elementen, die vor und hinter den seltenen Erden stehen.

	Zr	Hf	Nb	Ta	Mo	W	Ru	Os	Rh	Ir	Pd	Pt
Atomvolumen ccm	14,2	15,6	11,1	10,9	9,40	9,65	8,30	8,48	8,50	8,63	9,28	9,12
Atomabstand in 10^{-8} cm .	—	—	—	—	2,72	2,74	2,64	2,67	2,70	2,69	2,79	2,76
Ionisierungsspannung in Volt. . .	—	—	—	—	—	—	—	—	—	—	—	—

	Ag	Au	Cd	Hg	In	Tl	Sn	Pb	Sb	Bi	Ba	Ra
Atomvolumen ccm	10,26	10,21	13,0	14,1	15,8	17,3	16,3	18,27	18,3	21,3	39	—
Atomabstand in 10^{-8} cm .	2,87	2,88	2,96	3,02	3,23	—	2,37—2,80	3,48	3,10	3,28	—	—
Ionisierungsspannung in Volt. . .	7,54	9,19	8,95	10,38	5,76	6,08	—	—	9	8,0	5,19	5,32

Zusammenfassend läßt sich sagen, daß die Grammatomvolumkurve durchaus nicht den Gang der Größen der Einzelatome widerspiegelt, sondern zum Ausdruck bringt, in welcher Weise sich die zwischen den Atomen wirkenden

---
[1]) F. HUND, ZS. f. Phys. Bd. 22, S. 405. 1924.

Kräfte mit steigender Valenzelektronenzahl ändern. Es gelten dafür folgende Sätze:

1. Wenn die Zahl der Außenelektronen bei den Elementen an den Periodenanfängen von 1 bis 3 steigt, dann sinkt meistens das Atomvolumen bei diesen Elementen, die den Anfang der sog. absteigenden Äste bilden. Bei diesen Elementen dürfte der Gang der Atomvolumina dem der wahren Atomgrößen entsprechen.

2. Wenn die Zahl der Außenelektronen 5 bis 7 beträgt, dann bilden sich mehratomige Moleküle, deren Molekularvolumina von innermolekularen und zwischenmolekularen Kräften abhängen. Da letztere meistens gering sind, sind die „Atomvolumina" der Metalloide der 5. bis 7. Gruppe größer als die der Elemente der vorangehenden Gruppen; es bilden sich die sog. aufsteigenden Äste der Nichtmetalle. Der unregelmäßige Volumanstieg derselben wird fortgesetzt durch die Edelgase (außer Ne), deren großes Volumen auf den besonders geringen zwischenatomaren Kräften beruht.

3. Die Maxima der Atomvolumina liegen bei den Alkalimetallen (außer Li) und sind die Folge des Auftretens von Elektronen der nächsthöheren Quantenzahl. Bei den Metallen Cu, Ag, Au kommt das Auftreten solcher Elektronen jedoch keineswegs in den Atomvolumina zum Ausdruck, da diese Elemente die Minima der Atomvolumkurve einnehmen. Diese Tatsache ist ebenso unverständlich wie der Volumanstieg der auf Cu, Ag, Au folgenden Metalle.

4. Der Volumanstieg der homologen Elemente der gleichen Gruppe zeigt eine auffallende Ähnlichkeit mit dem der entsprechenden Ionen.

88. Der Gang der Größen der Einzelatome. Die Kenntnis des Ganges der wahren Atomgrößen wäre von besonderem Interesse, da man dann feststellen könnte, wieweit die Kurve der Atomvolumina den Gang der Atomgrößen wiedergibt. Die Größen der isolierten Elementatome sind in einigen Fällen berechnet worden[1]; das Material reicht aber bei weitem nicht aus, um den Gang der Atomgrößen durch das periodische System zu verfolgen. Wir benutzen daher zur Orientierung über den Gang der Atomgrößen die Ablösearbeiten[2], die erforderlich sind, um die leichtest ablösbaren Elektronen aus dem Atomverband zu reißen. Diese Größe ist für viele Atome aus Stoßionisationsmessungen bzw. aus optischen und röntgenspektroskopischen Messungen zu entnehmen; die hier benutzten Daten sind nach einem Bericht von COMPTON und MOHLER[3] zusammengestellt. Die Ionisierungsarbeit J fällt im allgemeinen mit wachsender Atomgröße. Trägt man daher zum Vergleich mit den Kurven der Abb. 6 und mit der Kurve der Atomvolumina (Abb. 1, S. 523) die reziproken J-Werte gegen die Ordnungszahl auf, dann erhält man in Abb. 12 wahrscheinlich ein ungefähres Bild des Ganges unverbundener Atome. Die Kurven der Abb. 12 zeigen einen ähnlichen Verlauf wie die der Ionengrößen in Abb. 6; sie sind durch die in der Röntgenspektroskopie üblichen Niveaubezeichnungen markiert. Man erkennt eine Reihe von abfallenden Kurvenstücken K, L_I bis Q_I, die den Elementen der 1. bis 7. Periode entsprechen und deren Abfall mit wachsender Periodenziffer abnimmt. Die oberen Enden werden wie bei der Kurve der Atomvolumina von den Alkalimetallen, und zwar hier einschließlich Li, eingenommen, dann folgt Abfall zum Erdalkalimetall; bei den Elementen B,

---

[1] F. HUND, ZS. f. Phys. Bd. 22.
[2] H. G. GRIMM, ZS. f. phys. Chem. 1926. 10. Mittlg. im Druck. Siehe hierzu auch A. S. EVE, Nature Bd. 107, S. 552. 1921; M. M. SAHA, ebenda S. 682.
[3] K. T. COMPTON u. F. L. MOHLER, Critical Potentials. Bull. Nat. Res. Counc. 1924. Bd. 9, Nr. 48.

Al, Ga, In, Tl der 3. Gruppe beginnt dann nach STONER[1]) eine neue Untergruppe mit n_{21}-Elektronen, die sich hier deutlich, in bezug auf die Atomgröße vielleicht stark übertrieben, als obere Enden einer zweiten Schar von abfallenden Kurvenstücken L_{II} bis P_{II} heraushebt. Das Auftreten der nächsten Untergruppen mit n_{22}-Bahnen, die nach STONER beim Stickstoff und seinen Homologen beginnen, erkennt man an dem Auftreten der Kurvenstücke L_{III} bis O_{III}; diese enthalten in ihrem unteren Teil die reziproken Ablösearbeiten der Edelgase und der Metallionen. So entsprechen z. B. die 2 Punkte für Na auf der M_I- und auf

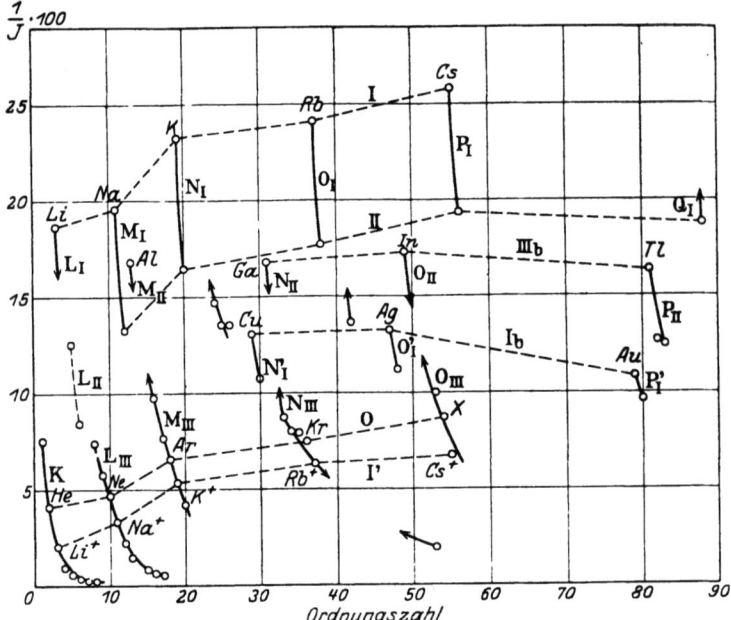

Abb. 12. Abhängigkeit der reziproken Ionisierungsarbeit von der Ordnungszahl.

der L_{III}-Kurve der Ablösung des 3_{11}- und eines 2_{22}-Elektrons. Die Elemente der Nebenreihen Cu, Ag, Au usw. treten als obere Enden eigener Kurvenstücke N_I bis P_I auf.

Um den Anstieg der Atomgrößen innerhalb derselben Gruppe des periodischen Systems zu verfolgen, sind in Abb. 12 die $\frac{1}{J}$-Werte der Alkalimetalle, der Erdalkalimetalle, der Edelgase, der Alkaliionen, von Cu, Ag, Au und von Ga, In, Tl durch die mit den Gruppennummern versehenen Kurvenzüge verbunden. Diese Kurvenzüge zeigen bemerkenswerte Ähnlichkeit mit den entsprechenden Kurven der Abb. 6, 7 und 11. Diese Ähnlichkeit ist ein Hinweis dafür, daß sich der Gang der wahren Atomgrößen auch noch im Gang der physikalischen Eigenschaften kondensierter Elemente wiederfindet.

---

[1]) E. C. STONER, Phil. Mag. Bd. 48, S. 719. 1924.

Kapitel 6.

Das natürliche System der chemischen Elemente.

Von

FRITZ PANETH, Berlin.

Mit 12 Abbildungen.

1. Begrenzung des Stoffes. Im Rahmen eines Handbuchs der Physik kann es sich bei der Besprechung des natürlichen Systems der chemischen Elemente nicht darum handeln, die Fülle der chemischen Tatsachen zu bringen, die zur Aufstellung des Systems geführt haben und durch dieses ihre übersichtliche Ordnung erfahren; eine solche Darstellung bildet bekanntlich seit Jahrzehnten einen umfangreichen Teil des Lehrstoffs der anorganischen Chemie. Während aber die Chemie sich im wesentlichen mit der Ausarbeitung dieser überraschend leistungsfähigen Systematik begnügen mußte, ist es der physikalischen Forschung der letzten Jahre gelungen, in weitgehendem Maße die Gründe für die hier zutage tretenden Gesetzmäßigkeiten aufzuklären, und darin liegt das Interesse, das das System der Elemente für die Physik bietet. Es dürfte sich darum empfehlen, an dieser Stelle in der Weise eine Auswahl aus dem Stoff zu treffen, daß wir von den experimentellen Ergebnissen jene herausgreifen, die für die theoretische Erkenntnis des natürlichen Systems in erster Linie maßgebend waren, und daran anschließend die Deutung der experimentellen Ergebnisse vom Standpunkt des RUTHERFORD-BOHRschen Atommodells besprechen.

a) Periodische und nichtperiodische Eigenschaften im natürlichen System der Elemente.

2. Die Ordnungszahlen der chemischen Elemente. Unter dem natürlichen System der Elemente versteht man die Gruppierung der chemischen Elemente nach ihren „Ordnungszahlen". Die Ordnungszahl eines Elementes ist im allgemeinen gleich der Nummer des Platzes, den es erhält, wenn man sämtliche Elemente nach steigender Größe ihrer Verbindungsgewichte aneinanderreiht. Doch hat man schon bei der Aufstellung des natürlichen Systems bemerkt, daß man, um die chemischen Regelmäßigkeiten nicht zu stören, bestimmte Plätze für noch unbekannte Elemente reservieren und bei drei Paaren benachbarter Elemente eine Umstellung in der Weise vornehmen muß, daß das Element mit dem höheren Verbindungsgewicht die niedrigere Ordnungszahl erhält. Man kam so zu folgender Zuordnung der chemischen Elemente zu den Ordnungszahlen 1 bis 92; diese Zuordnung liegt sämtlichen — untereinander oft sehr verschiedenartigen — Darstellungen des natürlichen Systems zugrunde.

Man erkennt, daß die Elemente Argon (Ordnungszahl 18), Kobalt (27) und Tellur (52) in der Reihe der Elemente früher angesetzt sind, als der Größe

Tabelle 1.
Zuordnung der chemischen Elemente zu den Ordnungszahlen 1 bis 92.

Ordnungszahl	Element	Symbol	Verbindungs-Gewicht	Ordnungszahl	Element	Symbol	Verbindungs-gewicht
1	Wasserstoff	H	1,008	47	Silber	Ag	107,88
2	Helium	He	4,00	48	Cadmium	Cd	112,4
3	Lithium	Li	6,94	49	Indium	In	114,8
4	Beryllium	Be	9,02	50	Zinn	Sn	118,7
5	Bor	B	10,82	51	Antimon	Sb	121,8
6	Kohlenstoff	C	12,00	52	Tellur	Te	127,5
7	Stickstoff	N	14,008	53	Jod	J	126,92
8	Sauerstoff	O	16,000	54	Xenon	X	130,2
9	Fluor	F	19,00	55	Cäsium	Cs	132,8
10	Neon	Ne	20,2	56	Barium	Ba	137,4
11	Natrium	Na	23,00	57	Lanthan	La	138,9
12	Magnesium	Mg	24,32	58	Cer	Ce	140,2
13	Aluminium	Al	26,97	59	Praseodym	Pr	140,9
14	Silicium	Si	28,06	60	Neodym	Nd	144,3
15	Phosphor	P	31,04	61	—	—	—
16	Schwefel	S	32,07	62	Samarium	Sm	150,4
17	Chlor	Cl	35,46	63	Europium	Eu	152,0
18	Argon	Ar	39,88	64	Gadolinium	Gd	157,3
19	Kalium	K	39,10	65	Terbium	Tb	159,2
20	Calcium	Ca	40,07	66	Dysprosium	Dy	162,5
21	Scandium	Sc	45,10	67	Holmium	Ho	163,5
22	Titan	Ti	48,1	68	Erbium	Er	167,7
23	Vanadium	V	51,0	69	Thulium	Tu	169,4
24	Chrom	Cr	52,01	70	Ytterbium	Yb	173,5
25	Mangan	Mn	54,93	71	Cassiopeium	Cp	175,0
26	Eisen	Fe	55,84	72	Hafnium	Hf	178,6
27	Kobalt	Co	58,97	73	Tantal	Ta	181,5
28	Nickel	Ni	58,68	74	Wolfram	W	184,0
29	Kupfer	Cu	63,57	75	Rhenium	Re	—
30	Zink	Zn	65,37	76	Osmium	Os	190,9
31	Gallium	Ga	69,72	77	Iridium	Ir	193,1
32	Germanium	Ge	72,60	78	Platin	Pt	195,2
33	Arsen	As	74,96	79	Gold	Au	197,2
34	Selen	Se	79,2	80	Quecksilber	Hg	200,6
35	Brom	Br	79,92	81	Thallium	Tl	204,4
36	Krypton	Kr	82,9	82	Blei	Pb	207,2
37	Rubidium	Rb	85,5	83	Wismut	Bi	209,0
38	Strontium	Sr	87,6	84	Polonium	Po	210
39	Yttrium	Y	89,0	85	—	—	—
40	Zirkonium	Zr	91,2	86	Emanation	Em	222
41	Niobium	Nb	93,5	87	—	—	—
42	Molybdän	Mo	96,0	88	Radium	Ra	226,0
43	Masurium	Ma	—	89	Actinium	Ac	—
44	Ruthenium	Ru	101,7	90	Thorium	Th	232,1
45	Rhodium	Rh	102,9	91	Protactinium	Pa	—
46	Palladium	Pd	106,7	92	Uran	U	238,2

ihrer Verbindungsgewichte entspricht, und daß die Plätze 61, 85 und 87 unbesetzt gelassen sind. Es sei ferner darauf aufmerksam gemacht, daß im Beginn der Reihe — vom Wasserstoff abgesehen — auf die Ordnungszahlen immer Elemente entfallen, deren Verbindungsgewicht rund das Doppelte der Ordnungszahl ist; vom Elemente 20 angefangen aber kommen auf die durch die Ordnungszahlen gegebenen Plätze Elemente zu stehen, deren Verbindungsgewicht sich in immer steigendem Maße über das Doppelte der Ordnungszahl erhebt.

3. Die Atomvolumenkurve.. Das natürliche System der chemischen Elemente wird oft auch das „periodische System" genannt, weil sich bei der Gruppierung der Elemente nach den Ordnungszahlen ergibt, daß fast alle

Eigenschaften der Elemente in einer mehr oder weniger ausgeprägten Weise periodisch wiederkehren. Am deutlichsten zeigt dies die Kurve der Atomvolumina, die in Abb. 1 wiedergegeben ist. In dieser Abbildung sind auf der Abszisse die Elemente in der Reihenfolge ihrer Ordnungszahlen aufgetragen und auf der Ordinate die Atomvolumina (= Quotienten aus Atomgewicht und spezifischem Gewicht jedes Elements); hierbei ergibt sich ein charakteristischer Kurvenzug, der aus mehreren aneinandergereihten, kettenlinienartigen Kurven besteht[1]). Nun läßt sich von fast allen chemischen und physikalischen Eigenschaften zeigen, daß sie bei den Elementen, die auf analogen Stellen — den „aufsteigenden" oder „absteigenden" Ästen, Maxima oder Minima — der Atomvolumenkurve liegen, periodisch wiederkehren. Jede dieser Eigenschaften, zu denen u. a. Valenz, Flüchtigkeit, Schmelzbarkeit, Dehnbarkeit, Kompressibilität, elektrische und thermische Leitfähigkeit gehört, gibt also, als Ordinate gegen die Ordnungszahlen als Abszisse aufgetragen, ein Kurvenbild, das der Atomvolumenkurve ähnlich ist. Die einzige wichtige seit jeher betrachtete Eigenschaft, welche keinerlei periodische Funktion der Ordnungszahl ist, ist die spezifische Wärme. Da diese — nach dem Gesetz von DULONG und PETIT — in grober Annäherung dem Verbindungsgewicht umgekehrt proportional ist, würde sie, in obigem Diagramm eingetragen, eine hyperbelartige Kurve ergeben. Der reziproke Wert der spezifischen Wärme — die Temperaturerhöhung pro zugeführte Wärmemenge — würde annähernd als Gerade erscheinen.

4. Die charakteristische Röntgenstrahlung der Elemente. Eine Funktion, welche die Bedingung einer linearen Abhängigkeit von den Ordnungszahlen viel exakter erfüllt als der reziproke Wert der spezifischen Wärme, wurde von MOSELEY[2]) in der charakteristischen Röntgenstrahlung (s. Kap. 2A) aufgefunden. Die Quadratwurzel aus der Schwingungszahl einer charakteristischen Röntgenlinie ändert sich fast genau linear mit der Ordnungszahl des chemischen Elements. Abb. 1 läßt dies für die K_α-, L_α- und M_α-Linie erkennen. Wenn man auf der Abszisse die Elemente nicht in den Abständen ihrer Ordnungszahlen aufträgt, welche von einem Element zum nächsten stets um dieselbe Größe zunehmen, sondern in Abständen, die den gebrochenen Werten der Verbindungsgewichte entsprechen, so zeigen die Kurven der Röntgenlinien unsystematische Abweichungen von den Geraden; dies beweist die Überlegenheit der Ordnungszahl als Einteilungsprinzip über das Verbindungsgewicht und läßt eine tiefe physikalische Bedeutung der Ordnungszahl vermuten (s. Ziff. 28).

Die charakteristische Röntgenstrahlung ist in demselben Diagramm eingezeichnet worden wie das Atomvolumen, um den scharfen Gegensatz zwischen einer typisch linearen und einer typisch periodischen Funktion der Ordnungszahl hervortreten zu lassen.

5. Die Anzahl der chemischen Elemente. Erst die Auffindung der im vorigen Abschnitt erwähnten linearen Gesetzmäßigkeit gestattete es, die Anzahl der im System der Elemente unbesetzt zu lassenden Ordnungszahlen mit Sicherheit anzugeben. Wie aus der Abb. 1 ersichtlich ist, bleibt die Kontinuität der Geraden nur dadurch gewahrt, daß die Plätze mit den Ordnungszahlen 61, 85 und 87 bei der Auftragung der 89 heute bekannten Elemente übersprungen sind. Die Gesamtzahl der von Wasserstoff bis Uran vorhandenen Elementstellen

---

[1]) Die übliche Methode, die einzelnen Punkte durch eine Kurve zu verbinden, trägt zur Anschaulichkeit bei, doch darf darüber nicht vergessen werden, daß es sich hier nicht um eine stetige Funktion handelt. Gerade die Existenz einer begrenzten Anzahl chemischer Elemente mit sprungweise sich ändernden Eigenschaften ist für die Chemie wesentlich. (Vgl. dazu D. MENDELEJEFF, Grundlagen der Chemie, S. 685, Anm. 10. St. Petersburg 1891; M. PLANCK, Thermodynamik, 4. Aufl., S. 22, Anm. 1. Leipzig 1913.)

[2]) H. G. J. MOSELEY, Phil. Mag. Bd. 26, S. 1024. 1913; Bd. 27, S. 703. 1914.

Ziff. 5. Periodische und nichtperiodische Eigenschaften. 523

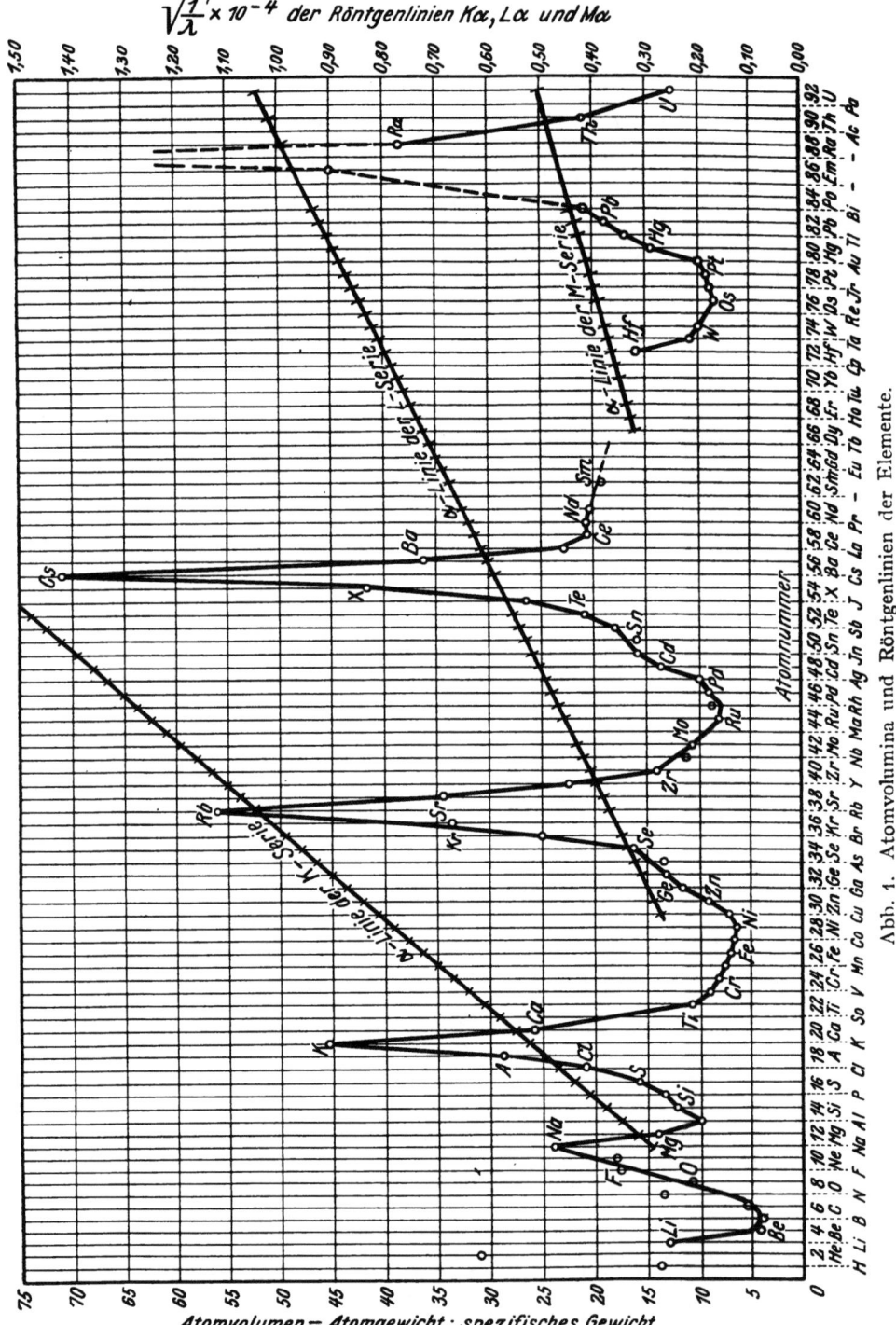

Abb. 1. Atomvolumina und Röntgenlinien der Elemente.

beträgt demnach 92. Zur Zeit der Aufstellung dieses „linearen Systems der Elemente" mußten noch drei weitere Plätze — 43, 72 und 75 — freigelassen werden. Aber da man eben auf Grund dieser Gesetzmäßigkeit die Lage der charakteristischen Röntgenlinien auch der fehlenden Elemente kennt und die Entstehung der Röntgenspektren durch die Anwesenheit fremder Stoffe im allgemeinen nicht gestört wird, ist die systematische Suche nach neuen Elementen viel einfacher als früher, als man nur auf die analytisch-chemischen Reaktionen angewiesen war; tatsächlich wurden von den sechs fehlenden Elementen die zuletzt erwähnten drei bereits mit Hilfe der Röntgenspektroskopie entdeckt. Während bei dem einen von ihnen, dem Element 72 („Hafnium"), auch die Reindarstellung und Untersuchung der chemischen Eigenschaften bereits gelungen ist[1]), kann von den Elementen 43 („Masurium") und 75 („Rhenium") bis heute nur ihre Existenz auf Grund der aufgefundenen charakteristischen Röntgenlinien als gesichert gelten[2]). Von den heute noch fehlenden 3 Elementen sei hervorgehoben, daß sie sämtlich ungerade Ordnungszahlen haben (s. dazu Ziff. 21).

6. Tabellarische Darstellungen des natürlichen Systems der Elemente. Langperiodiges und kurzperiodiges System. Die periodische Wiederkehr der physikalischen und chemischen Eigenschaften, die in der Atomvolumenkurve und den verwandten Kurven (s. oben unter Ziff. 3) zum Ausdruck kommt, läßt es als besonders zweckmäßig erscheinen, bei der tabellarischen Darstellung die Reihe der Elemente immer nach Abschluß einer Periode abzubrechen und die nächste Periode darunter zu schreiben. Man erhält so ein Schema, in dem die untereinanderstehenden Elemente einander in fast allen Eigenschaften ähnlich sind. Da die Felder einer solchen Tabelle in gleichen Abständen aufeinanderfolgen, war dieses Verfahren schon zu MENDELEJEFFS Zeit — allerdings ohne daß dies ausgesprochen wurde — gleichbedeutend mit der Ersetzung der unregelmäßig verteilten Verbindungsgewichte, welche den Kurvenzeichnungen zugrunde gelegt wurden, durch die ganzzahligen Ordnungszahlen[3]). Der Nutzen dieser strengeren Systematik zeigte sich besonders in der Möglichkeit, auch schon aus der Tabelle in ähnlicher Weise die Existenz von Lücken im System der Elemente vorauszusagen wie später aus der Untersuchung der Röntgenspektren; da freilich die Formulierung der Tabelle im Gebiet der seltenen Erden nicht ohne Willkür möglich war, blieb in diesen Reihen die Zahl der noch fehlenden Elemente unbestimmt, und erst MOSELEY konnte mit Hilfe des linearen Systems hier definitive Angaben machen.

Die tabellarische Darstellung des Systems der Elemente kann in zwei verschiedenen Schreibweisen erfolgen, die wir als die „langperiodige" und „kurzperiodige" bezeichnen wollen. Wenn man die Atomvolumenkurve in Tabellenform überträgt, indem man mit jedem Maximum der Kurve eine neue Zeile der Tabelle beginnen läßt, kommt man zu dem langperiodigen System, wie es in Tabelle 2 wiedergegeben ist. Als maßgebend für die Zeilenlänge sind hier die langen Perioden der Atomvolumenkurve, welche je 18 Elemente besitzen, gewählt. Die 8 Elemente, welche jede der vorausgehenden kurzen Perioden enthält, sowie die 2 Elemente der ersten Periode, sind nach chemischen Gesichtspunkten[4]) in die entsprechenden Felder darüber eingeordnet, während

---

[1]) Siehe die Monographie von G. v. HEVESY, Danske Vidensk. Selskab, Math.-fysiske Medd. VI, 7 (1925).
[2]) W. NODDACK, J. TACKE u. O. BERG, Naturwissensch. Bd. 13, S. 567. 1925.
[3]) Ausdrücklich empfohlen wurde die Einführung der Ordnungszahlen als unabhängige Veränderliche zuerst durch G. R. RYDBERG, ZS. f. anorg. Chem. Bd. 14, S. 66, 94. 1897.
[4]) Siehe F. PANETH, ZS. f. angew. Chem. Bd. 36, S. 407. 1923; Bd. 37, S. 421. 1924; Chem. Ber. Bd. 58, S. 1138, 1160. 1925; P. PFEIFFER, ZS. f. angew. Chem. Bd. 37, S. 41. 1924.

Tabelle 2. Langperiodiges System.

Periode	|	|	|	|	|	|	|	|	Gruppe	|	|	|	|	|	|	|	|
	1	2	3	4	5	6	7	8	9	10	11	12	13	14	15	16	17	18
I																	1 H 1,008	2 He 4,00
II	3 Li 6,94	4 Be 9,02											5 B 10,82	6 C 12,00	7 N 14,008	8 O 16,000	9 F 19,00	10 Ne 20,2
III	11 Na 23,00	12 Mg 24,32											13 Al 26,97	14 Si 28,06	15 P 31,04	16 S 32,07	17 Cl 35,46	18 Ar 39,88
IV	19 K 39,10	20 Ca 40,07	21 Sc 45,10	22 Ti 48,1	23 V 51,0	24 Cr 52,0	25 Mn 54,93	26 Fe 55,84	27 Co 58,97	28 Ni 58,68	29 Cu 63,57	30 Zn 65,37	31 Ga 69,72	32 Ge 72,60	33 As 74,96	34 Se 79,2	35 Br 79,92	36 Kr 82,9
V	37 Rb 85,5	38 Sr 87,6	39 Y 89,0	40 Zr 91,2	41 Nb 93,5	42 Mo 96,0	43 Ma —	44 Ru 101,7	45 Rh 102,9	46 Pd 106,7	47 Ag 107,88	48 Cd 112,4	49 In 114,8	50 Sn 118,7	51 Sb 121,8	52 Te 127,5	53 J 126,92	54 X 130,2
VI	55 Cs 132,8	56 Ba 137,4	57—71 Seltene Erden*	72 Hf 178,6	73 Ta 181,5	74 W 184,0	75 Re —	76 Os 190,9	77 Ir 193,1	78 Pt 195,2	79 Au 197,2	80 Hg 200,6	81 Tl 204,4	82 Pb 207,2	83 Bi 209,0	84 Po 210	85 —	86 Em 222
VII	87 — —	88 Ra 228,9	89 Ac —	90 Th 232,1	91 Pa —	92 U 238,2												

* Seltene Erden

VI	57 La 139,0	58 Ce 140,2	59 Pr 140,9	60 Nd 144,3	61 —	62 Sm 150,4	63 Eu 152,0	64 Gd 157,3	65 Tb 159,2	66 Dy 162,5	67 Ho 163,5	68 Er 167,7	69 Tu 169,4	70 Yb 173,5	71 Cp 175,0
57—71															

in der — 32 Elemente umfassenden — sechsten Periode den 15 seltenen Erden ein einziger Platz zugewiesen ist. Selbstverständlich haben die freien Felder, die sich so notwendig in den kurzen Perioden finden, nicht die Bedeutung, daß hier noch die Entdeckung von Elementen zu erwarten wäre — die Ordnungszahlen weisen ja keine Lücke auf —, sondern sie lassen nur den Mangel der 10 Elemente vom „Übergangstypus" in den kurzen Perioden erkennen. Manche Autoren ziehen es übrigens vor, die Felder für die Elemente der kleinen Perioden breiter zu zeichnen oder enger zusammenzurücken, so daß keine freien Felder entstehen; dadurch geht aber die scharfe Zuordnung der Elemente der kurzen Perioden zu ihren nächsten Verwandten in den langen Perioden verloren, und es wird dann nötig, durch Striche oder eine schräge Feldereinteilung auf die Verwandtschaftsverhältnisse hinzuweisen. Durch Gabelung der Striche, die von den Elementen der beiden ersten Perioden ausgehen, kann man die entfernteren chemischen Beziehungen, welche sonst nur das kurzperiodige System hervortreten läßt, auch im langperiodigen zur Darstellung bringen (vgl. Abb. 12 in Ziff. 33). Auch das Mittel mehrfarbiger Kolorierung wurde dazu bereits herangezogen[1]). Was andererseits die Zusammendrängung der seltenen Erden auf ein einziges Feld betrifft, so ist dies natürlich nicht so zu verstehen, als ob nicht jede von ihnen ein selbständiges chemisches Element mit eigener Ordnungszahl wäre, sondern trägt nur dem Umstand Rechnung, daß sie alle in ihrem chemischen Charakter einander äußerst ähnlich und mit den darüberstehenden Elementen der beiden langen Perioden, dem Skandium und Yttrium, nahe verwandt sind (vgl. Ziff. 33). Wenn man jeder seltenen Erde ein eigenes Feld zuordnet, wird die Tabelle sehr auseinandergezogen und weist in allen Perioden, außer der sechsten, viele freie Felder auf; auch solche Darstellungen sind aber öfters benutzt worden[2]).

Man erkennt aus diesen Erörterungen, wieviel Varianten auch noch innerhalb der langperiodigen Schreibweise der Tabelle möglich sind; wir halten aber die von uns gegebene in der Mehrzahl der Fälle für die zweckmäßigste. Die zweite, prinzipiell andersartige Schreibweise des natürlichen Systems liegt in dem sog. kurzperiodigen System vor (s. Tab. 3). In dieser Tabelle ist die Länge der beiden kurzen Perioden — 8 Elemente — als Zeilenlänge angenommen; die großen Perioden werden in der Mitte unterteilt, so daß jede zwei Zeilen ausfüllt (mit drei statt eines Elementes am Ende der ersten Zeile). Die Berechtigung zu dieser Unterteilung der großen Perioden liefert die altbekannte Tatsache, daß manche Eigenschaften der Elemente — in erster Linie die Valenz und der elektrochemische Charakter — in den großen Perioden eine sog. „doppelte Periodizität" aufweisen, d. h. zweimal dieselben Werte durchlaufen; da andere Eigenschaften aber — wie etwa das Atomvolumen und die Flüchtigkeit — nur einfach periodisch sind, ähneln die Elemente der beiden Hälften einer großen Periode einander nur in gewissen Beziehungen, und man trägt dem dadurch Rechnung, daß man sie nicht genau untereinanderschreibt. Jede vertikale Gruppe zerfällt demnach in zwei Untergruppen, die in unserer Tabelle mit a und b bezeichnet sind[3]). Für die Einordnung der Elemente der beiden kurzen Perioden (II und III) in die Untergruppen a und b sind natürlich wiederum che-

---
[1]) A. v. Antropoff. Verlag Koehler & Volckmar A.-G. und Co., Leipzig.
[2]) Z. B. von A. Werner, Chem. Ber. Bd. 38, S. 914. 1905.
[3]) A. v. Antropoff (ZS. f. angew. Chem. Bd. 37, S. 217 u. 695. 1924) hat den zweckmäßigen Vorschlag gemacht, die Edelgase statt als nullte Gruppe als Untergruppe b der achten Gruppe zu bezeichnen. Wenn wir ihm darin folgen, wollen wir den Edelgasen aber keine Achtwertigkeit zuschreiben (vgl. ZS. f. angew. Chem. Bd. 37, S. 421. 1924), sondern — ebenso wie im langperiodigen System — nur die Gruppen systematisch numerieren. Bekanntlich sind die chemischen Gründe für eine Achtwertigkeit auch bei den drei Triaden der achten Gruppe sehr spärlich.

Tabelle 3. Kurzperiodiges System.

Periode	Gruppe I a	Gruppe I b	Gruppe II a	Gruppe II b	Gruppe III a	Gruppe III b	Gruppe IV a	Gruppe IV b	Gruppe V a	Gruppe V b	Gruppe VI a	Gruppe VI b	Gruppe VII a	Gruppe VII b	Gruppe VIII a	Gruppe VIII a	Gruppe VIII a	Gruppe VIII b
I														1 H 1,008				2 He 4,00
II	3 Li 6,94		4 Be 9,02		5 B 10,82		6 C 12,00		7 N 14,008		8 O 16,000			9 F 19,00				10 Ne 20,2
III	11 Na 23,00		12 Mg 24,32		13 Al 26,97		14 Si 28,6		15 P 31,04		16 S 32,07			17 Cl 35,46				18 Ar 39,88
IV	19 K 39,10	29 Cu 63,57	20 Ca 40,07	30 Zn 65,37	21 Sc 45,10	31 Ga 69,72	22 Ti 48,1	32 Ge 72,60	23 V 51,0	33 As 74,96	24 Cr 52,0	34 Se 79,2	25 Mn 54,93	35 Br 79,92	26 Fe 55,84	27 Co 58,97	28 Ni 58,68	36 Kr 82,9
V	37 Rb 85,5	47 Ag 107,88	38 Sr 87,6	48 Cd 112,4	39 Y 89,0	49 Jn 114,8	40 Zr 91,2	50 Sn 118,7	41 Nb 93,5	51 Sb 121,8	42 Mo 96,0	52 Te 127,5	43 Ma —	53 J 126,92	44 Ru 101,7	45 Rh 102,9	46 Pd 106,7	54 X 130,2
VI	55 Cs 132,8	79 Au 197,2	56 Ba 137,4	80 Hg 200,6	57 bis 71 Seltene Erden *	81 Tl 204,4	72 Hf 178,6	82 Pb 207,2	73 Ta 181,5	83 Bi 209,0	74 W 184,0	84 Po 210	75 Re —	85 — —	76 Os 190,9	77 Jr 193,1	78 Pt 195,2	86 Em 222
VII	87 —		88 Ra 226,0		89 Ac —		90 Th 232,1		91 Pa —		92 U 238,2							

* Seltene Erden

VI 57—71	57 La 138,9	58 Ce 140,2	59 Pr 140,9	60 Nd 144,3	61 — —	62 Sm 150,4	63 Eu 152,0	64 Gd 157,3	65 Tb 159,2	66 Dy 162,5	67 Ho 163,5	68 Er 167,7	69 Tu 169,4	70 Yb 173,5	71 Cp 175,0

mische Gesichtspunkte maßgebend; die 4 letzten Elemente in jeder der kurzen Perioden gehören zweifellos in die Untergruppen b, die ersten (Lithium und Natrium) in die Untergruppe a. Bei den übrigen werden verschiedene Ansichten vertreten — z. B. Mittelstellung zwischen a und b — und ihre Zuordnung ist bis zu einem gewissen Grade willkürlich. Wir haben hier dieselben Entscheidungen wie im langperiodigen System getroffen. Über die Frage der Unterbringung der seltenen Erden gilt dasselbe, was beim langperiodigen System bereits ausgeführt wurde; es sei nur noch hinzugefügt, daß man sie im kurzperiodigen System häufig auch unter Aufgabe der Feldeinteilung in zwei Zeilen der Tabelle untergebracht hat, was aber den Nachteil mit sich bringt, daß dann die strenge Zugehörigkeit der Elemente der vorausgehenden Perioden zu den Vertikalgruppen der späteren Perioden nicht mehr so deutlich wird.

Das kurzperiodige System ist naturgemäß zur Einprägung der chemischen Valenzverhältnisse sehr empfehlenswert, da es ihnen ja in erster Linie seine Aufstellung verdankt; es wurde von MENDELEJEFF mit Vorliebe verwendet und dominiert auch noch heute in der chemischen Literatur. Für die meisten physikalischen Betrachtungen — namentlich das Verständnis des periodischen Systems vom Standpunkt des Atombaues — und auch für viele chemische Erörterungen ist das langperiodige aber vorzuziehen (s. dazu Ziff. 30 bis 33).

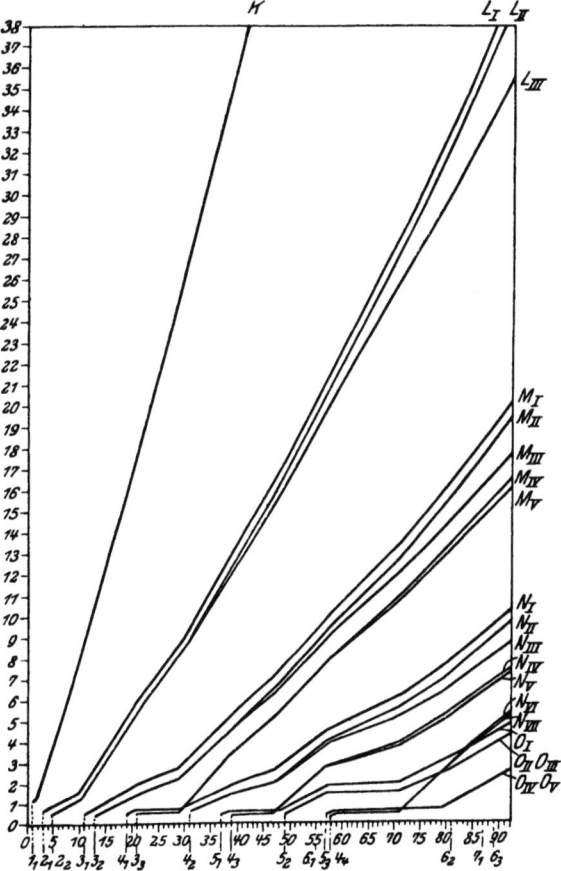

Abb. 2. Röntgenlinien der K- bis O-Serie in Abhängigkeit von der Ordnungszahl der Elemente.

Die Tabellen des periodischen Systems ermöglichen uns, auch über den chemischen Charakter der noch fehlenden Elemente Aussagen zu machen; das lineare System ist dazu nicht imstande, da in ihm die periodische Wiederkehr der chemischen Eigenschaften nicht zum Ausdruck kommt. Wir erkennen, daß das Element 61 eine seltene Erde, 85 das schwerste Halogen und 87 das schwerste Alkalimetall sein muß. Ob jenseits des Urans noch Elemente zu erwarten sind, darüber gibt weder die Tabelle noch das lineare System Auskunft.

7. Andeutung einer Periodizität in der charakteristischen Röntgenstrahlung. Die Verfeinerung der Röntgenspektrographie, namentlich durch SIEGBAHN und seine Schüler, hat gezeigt, daß die in Ziff. 4 erwähnte Geradlinigkeit der Kurven der charakteristischen Röntgenstrahlung nur in erster Annäherung gilt. In der M-Serie und noch deutlicher in der N- und O-Serie zeigen die Kurven Knickpunkte, wie Abb. 2 erkennen läßt. (Als Ordinaten sind hier nicht wie in Abb. 1 die Wurzeln aus den Frequenzen der Röntgenlinien, sondern die Wurzeln einer damit nahe verwandten Größe, der Termwerte [s. dieses Handbuch Bd. XXIII], aufgetragen.) Besonders wichtig ist, daß die Knickpunkte zusammenfallen mit dem Beginn und Ende bestimmter Elementfolgen, die auch nach ihren chemischen Eigenschaften als eng zueinander gehörig erkannt worden waren, wie etwa 21 Skandium bis 29 Kupfer, 39 Yttrium bis 47 Silber oder 57 Lanthan bis 71 Cassiopeium. Während in den kleinen Perioden und an den entsprechenden Stellen der großen (s. die Tab. 2 des langperiodigen Systems) der chemische Charakter sich beim Fortschreiten von einem Element zum horizontal benachbarten wesentlich ändert, gehören die genannten Elemente einer ,,Übergangsreihe"[1]) an, wo beim Weiterschreiten in horizontaler Richtung keine starke Änderung des allgemeinen Charakters der Elemente wahrnehmbar ist; in besonders hohem Maße gilt dies Konstantbleiben des chemischen Charakters von der Gruppe der seltenen Erden (57 bis 71). Gerade diese Elementfolgen sind es nun auch, bei denen die Kurven der Abb. 2 einen verlangsamten Anstieg zeigen. Während sich also zunächst die chemischen Eigenschaften in den Röntgenspektren überhaupt nicht auszuprägen schienen, ist durch diese Abweichungen von der Linearität ein enger Zusammenhang zwischen den Röntgenspektren und den allgemeinen verwandtschaftlichen Beziehungen der Elemente, die sich im natürlichen System ausdrücken, zutage getreten.

b) Die Isotopie.

8. Isotopie der Radioelemente. Zur Zeit der Aufstellung der chemischen Atomtheorie hielt man die Unzerlegbarkeit der chemischen Elemente für einen Beweis, daß sie nur aus einer Art von Atomen aufgebaut seien. Daß dieser Schluß trügerisch war, zeigte sich zuerst bei der chemischen Untersuchung der radioaktiven Substanzen; denn so verschiedene Stoffe wie etwa das β-strahlende — und sich in Radium E verwandelnde — Radium D und das gewöhnliche inaktive Blei konnten, wenn sie einmal miteinander gemischt waren, trotz vielfacher Bemühungen nicht voneinander getrennt, ja nicht einmal ihr Konzentrationsverhältnis in merklichem Maße verschoben werden. Ein Gemisch dieser beiden sicherlich voneinander verschiedenen Atomarten war also ebensowenig zerlegbar wie ein chemisches Element. Solche Substanzen, die ihrem chemischen Verhalten nach daher auf ,,denselben Platz" im natürlichen System gehörten, nannte man ,,Isotope". Folgende Tabelle 4 gibt eine Übersicht über die bei den Radioelementen festgestellten isotopen Atomarten; der Beweis für ihre Isotopie wurde teils empirisch durch Feststellung ihrer völligen chemischen Untrennbarkeit geführt, teils stützt er sich auf die bei den Radioelementen ausnahmslos bestätigte ,,Verschiebungsregel" (s. Ziff. 25), nach welcher innerhalb einer Umwandlungsreihe durch Aufeinanderfolge von einer α- und zwei β-Umwandlungen — in beliebiger Reihenfolge — ein isotopes Radioelement entsteht.

Man erkennt aus Tabelle 4, daß in einzelnen Fällen, wie beim Blei oder Polonium, nicht weniger als sieben Atomarten, die sich durch ihre radioaktiven Eigenschaften (s. diesen Band Kap. 3) und durch ihre Atomgewichte wesentlich voneinander unterscheiden, im chemischen Sinn praktisch identisch sind. Die Atomgewichtsdifferenzen betragen bis zu acht Einheiten.

---

[1]) Dieser Ausdruck findet sich bereits bei D. MENDELEJEFF, Ann. d. Chem. 8. Supplementband, S. 133, 146. 1872; s. auch J. D. MAIN SMITH, Chemistry and atomic structure, S. 72. London 1924.

Tabelle 4. Isotopie der Radioelemente[1]).

Ordnungszahl	Name des Elementes	Symbol	Verbindungsgewicht	Name der Atomart	Atomgewicht
81	Thallium	Tl	204,4		
				Actinium C''	(206)
				Thorium C''	208
				Radium C''.	210
82	Blei	Pb	207,2		
				Radium G (Uranblei) . .	206
				Actinium D	(206)
				Thorium D (Thorblei) . .	208
				Radium D	210
				Actinium B	(210)
				Thorium B	212
				Radium B	214
83	Wismut	Bi	209,0	Wismut	209
				Radium E	210
				Actinium C	(210)
				Thorium C	212
				Radium C	214
84	Polonium	Po	210	Polonium (Radium F) . .	210
				Actinium C'	(210)
				Thorium C'.	212
				Radium C'	214
				Actinium A	(214)
				Thorium A	216
				Radium A	218
85	—	—	—		
86	Emanation	Em	222	Radium-Emanation . . .	222
				Actinium-Emanation . .	(218)
				Thorium-Emanation . . .	220
87		—	—		
88	Radium	Ra	226,0	Radium	226,0
				Actinium X	(222)
				Thorium X	224
				Mesothorium 1	228
89	Actinium	Ac	—	Actinium	(226)
				Mesothorium 2	228
90	Thorium	Th	232,1	Thorium	232
				Radioactinium	(226)
				Radiothorium	228
				Ionium	230
				Uran Y	(230)
				Uran X_1	234
91	Protactinium . . .	—	—	Protactinium	(230)
				Uran X_2	234
				Uran Z	234
92	Uran	U	238,2	Uran II	234
				Uran I	238

9. Isotopie der inaktiven Elemente. Daß auch inaktive Elemente aus mehr als einer Atomart bestehen können, wurde zuerst von J. J. THOMSON durch Kanalstrahlanalyse beim Neon und später in exakterer Weise von ASTON mit Hilfe seines Massenspektrographen bei einer großen Zahl von Elementen gezeigt (s. diesen Band Kap. 2A). Die isotopen Atomarten eines Elementes unterscheiden sich hier ausschließlich durch ihre Atomgewichte, deren Differenz ebenso wie bei den radioaktiven Atomarten bis zu acht Einheiten betragen kann. Die Resultate bei den bisher untersuchten Elementen sind aus folgender Tabelle 5 ersichtlich.

---

[1]) Wenn bei einem Element, z. B. Blei, keine Atomart in derselben Zeile angeführt ist, so bedeutet das, daß wir über die atomistische Zusammensetzung des inaktiven Elementes noch nichts wissen. Die eingeklammerten Zahlen sind zweifelhaft.

Tabelle 5. Atomistische Zusammensetzung der gewöhnlichen Elemente[1].

Ordnungszahl	Name des Elements	Symbol	Verbindungsgewicht	Atomgewichte
1	Wasserstoff	H	1,008	1,008
2	Helium	He	4,00	4
3	Lithium	Li	6,94	6b, 7a
4	Beryllium	Be	9,02	9
5	Bor	B	10,82	10b, 11a
6	Kohlenstoff	C	12,00	12
7	Stickstoff	N	14,008	14
8	Sauerstoff	O	16,000	16
9	Fluor	F	19,00	19
10	Neon	Ne	20,2	20a, (21), 22b
11	Natrium	Na	23,00	23
12	Magnesium	Mg	24,32	24a, 25b, 26c
13	Aluminium	Al	26,97	27
14	Silicium	Si	28,06	28a, 29b, 30c
15	Phosphor	P	31,04	31
16	Schwefel	S	32,07	32
17	Chlor	Cl	35,46	35a, 37b
18	Argon	Ar	39,88	36b, 40a
19	Kalium	K	39,10	39a, 41b
20	Calcium	Ca	40,07	40a, 44b
21	Scandium	Sc	45,10	45
22	Titan	Ti	48,1	48, (50)
23	Vanadium	V	51,0	51
24	Chrom	Cr	52,01	52
25	Mangan	Mn	54,93	55
26	Eisen	Fe	55,84	54b, 56a
27	Kobalt	Co	58,97	59
28	Nickel	Ni	58,68	58a, 60b
29	Kupfer	Cu	63,57	63a, 65b
30	Zink	Zn	65,37	64a, 66b, 68c, 70d
31	Gallium	Ga	69,72	69a, 71b
32	Germanium	Ge	72,60	70c, 72b, 74a
33	Arsen	As	74,96	75
34	Selen	Se	79,2	74f, 76c, 77e, 78b, 80a, 82d
35	Brom	Br	79,92	79a, 81b
36	Krypton	Kr	82,9	78f, 80e, 82c, 83d, 84a, 86b
37	Rubidium	Rb	85,5	85a, 87b
38	Strontium	Sr	87,6	86b, 88a
39	Yttrium	Y	89,0	89
40	Zirkonium	Zr	91,2	90a, 92c, 94b, (96)
47	Silber	Ag	107,88	107a, 109b [116f
48	Cadmium	Cd	112,4	110c, 111e, 112b, 113d, 114a,
49	Indium	In	114,8	115
50	Zinn	Sn	118,7	116c, 117f, 118b, 119e, 120a, (121), 122g, 124d
51	Antimon	Sb	121,8	121a, 123b
52	Tellur	Te	127,5	126b, 128a, 130a
53	Jod	J	126,92	127
54	Xenon	X	130,2	124, 126, 128, 129a, 130, 131c, 132b, 134d, 136e
55	Caesium	Cs	132,8	133
56	Barium	Ba	137,4	(136b), 138a
57	Lanthan	La	138,9	139
58	Cerium	Ce	140,2	140a, 142b
59	Praseodym	Pr	140,9	141
60	Neodym	Nd	144,3	142, 144, (145), 146 [204f
80	Quecksilber	Hg	200,6	198d, 199c, 200b, 201e, 202a,
83	Wismut	Bi	209,0	209

[1] Die Buchstaben-Indizes geben die relative Beteiligung der betreffenden Atomart in dem natürlich vorkommenden Mischelement an (a = stärkste, b = schwächere Komponente usw.). Die eingeklammerten Zahlen sind zweifelhaft.

10. Definition des chemischen Elementes. Reinelemente und Mischelemente.

Wie aus der Tabelle 5 hervorgeht, trifft die alte Annahme von DALTON, daß ein chemisches Element nur aus einer ganz bestimmten Atomart bestehe, für einen Teil der Elemente, z. B. Kohlenstoff, Stickstoff und Sauerstoff, tatsächlich das Richtige. Andere aber, und zwar die Mehrzahl der bisher untersuchten und daher wahrscheinlich auch die Mehrzahl aller Elemente, besteht aus mehr als einer Atomart. Die Vermutung, die sich zuerst auf Grund der chemischen Untrennbarkeit verschiedener radioaktiver Substanzen ergeben hatte (s. Ziff. 8), daß chemische Unzerlegbarkeit eines Stoffes kein Beweis für seine atomistische Einheitlichkeit sei, ist demnach durch die Untersuchungen von ASTON völlig bestätigt worden. Dadurch haben sich unsere theoretischen Ansichten vom Wesen eines chemischen Elementes stark verändert, nachdem man über 100 Jahre lang die von DALTON gegebene Grundlage der Atomistik (Zahl der Atome = die Zahl der chemischen Elemente) für sicher angesehen hatte. Aber daß diese lange Zeit hindurch der komplexe Charakter, den so viele Elemente besitzen, von den Chemikern völlig übersehen werden konnte und erst durch Forschungen aufgedeckt worden ist, welche der Chemie so fern stehen wie die Kanalstrahluntersuchungen, dieser Umstand zeigt bereits, wie gering die praktische Bedeutung dieser Erkenntnis für die Chemie ist. Die Systematik der Chemie — das natürliche System — muß daher nach wie vor auf dem Begriff des chemischen Elementes aufgebaut werden. Da nun die chemischen Elemente nach unseren heutigen Vorstellungen nicht mehr schlechthin unzerlegbar sind — eine Trennung der in ihnen vorhandenen Atomarten und dadurch eine Zerlegung in verschiedenartige Stoffe ist im Prinzip (und bis zu einem gewissen Grade auch praktisch, s. Ziff. 16 ff.) möglich, — so dürfen wir die Definition des Elementbegriffes nicht mehr auf die völlige Unzerlegbarkeit stützen. Man definiert heute zweckmäßig folgendermaßen: **Ein chemisches Element ist ein Stoff, der durch kein chemisches Verfahren in einfachere zerlegt werden kann.** Denn gerade die chemische Unzerlegbarkeit der Elemente, die für alle praktischen Zwecke Geltung behält, ist der Grund, warum diese Stoffe als beharrend in allem chemischen Wechsel betrachtet werden können und daher den Namen der chemischen „Elemente" mit Recht führen. Für andere als chemische Versuche stellen dieselben Stoffe nicht notwendig etwas Unzerlegbares dar; durch gewisse physikalische Kunstgriffe läßt sich eine Entmischung der isotopen Atomarten (s. Ziff. 18 u. 19), durch andere eine Zertrümmerung der Atome (s. Ziff. 26) bewerkstelligen; da beiderlei Vorgänge sich aber nicht in der Chemie abspielen, kann diese — in doppeltem Sinne vorhandene — Zusammengesetztheit der Elemente in dem ganzen ungeheuren Gebiet der praktischen Chemie vernachlässigt werden.

In theoretischer Hinsicht aber nehmen natürlich die Elemente, welche nur aus einer Atomart bestehen, demnach weder durch chemische noch durch physikalische Mittel entmischt werden können, eine Sonderstellung gegenüber den anderen Elementen ein, welche aus mehr als einer Atomart aufgebaut sind und nur betreffs der chemischen Unzerlegbarkeit in denselben Rang gehören. Man trägt dem Rechnung, indem man die Unterscheidung zwischen Reinelementen und Mischelementen einführt, entsprechend den Definitionen: „**Ein Reinelement ist ein Element, das nur aus einer Art von Atomen besteht,**" und: „**Ein Mischelement ist ein Element, das aus mehreren Arten von Atomen besteht.**" Ein Reinelement ist demnach im thermodynamischen Sinn ein einheitlicher Stoff, ein Mischelement nicht. Da wir aber sowohl Mischelemente wie Reinelemente als chemische Elemente betrachten, so sehen wir, daß uns die Notwendigkeit, die chemische Systematik trotz Entdeckung der Isotopie zu bewahren, dazu gezwungen hat, den chemischen Elementbegriff vom thermodynamischen Stoffbegriff loszulösen. **Die Glieder des natürlichen Systems der Elemente sind die chemisch unzerlegbaren, aber thermodynamisch meist nicht einheitlichen Stoffe.**

Im Gebiet der Radioelemente, bei denen — zum Unterschied von den gewöhnlichen Elementen — die isotopen Atomarten getrennt in der Natur vorkommen, ist es üblich, die langlebigste Art, an der die chemischen Eigenschaften am besten beobachtet werden können, im natürlichen System anzuführen; also etwa als Element 90 das Reinelement Thorium und nicht Uran X (s. Tab. 4). Zu speziellen Zwecken werden gelegentlich auch sämtliche Arten der Radioelemente in den Tabellen des Systems aufgeführt.

11. Ganzzahligkeit der Atomgewichte. Die wichtigste Tatsache, die sich neben dem komplexen Charakter vieler Elemente aus Tabelle 5 ersehen läßt, ist die Ganzzahligkeit aller Atomgewichte, wenn sie in der üblichen Weise auf $O = 16,000$ bezogen werden; nur der Wasserstoff macht eine Ausnahme. Die Verbindungsgewichte, welche sich bei der chemischen Analyse ergeben, sind Mittelwerte aus den Gewichten der in dem betreffenden Element vorhandenen Atomarten und stellen daher oft gebrochene Zahlen dar[1]). Bei Reinelementen ist das Verbindungsgewicht notwendig gleich dem Gewicht ihrer einzigen Atomart und daher ganzzahlig; aus einer Abweichung des Verbindungsgewichtes von der Ganzzahligkeit können wir nach den bisherigen Erfahrungen daher stets schließen, daß das betreffende Element ein Mischelement ist; umgekehrt darf natürlich nicht aus der Ganzzahligkeit auf ein Reinelement geschlossen werden, da der Mittelwert mehrerer Atomarten auch ganzzahlig sein kann. Dieser letztere Fall ist praktisch beim Mischelement Brom verwirklicht, welches aus den Atomarten 79 und 81 etwa in gleichem Verhältnis besteht, so daß sein Verbindungsgewicht fast genau 80 ist.

Die Genauigkeit, mit der die „Regel der ganzen Zahlen" bisher bei den Atomgewichten geprüft wurde, ist allerdings noch nicht sehr hoch; der Fehler kann in den meisten Fällen etwa 1 Promille des Gewichts betragen und sich daher bei den schweren Atomen schon in Einheiten der ersten Dezimale bemerkbar machen. Bei den leichten Elementen ist die Ganzzahligkeit aber bis zur zweiten oder dritten Dezimale gesichert. Um so auffallender ist die Ausnahmestellung, die der Wasserstoff einnimmt, der gegenüber der Einheit der Atomgewichte fast um 1% zu schwer erscheint. Der nächstliegende Gedanke seit Bekanntwerden der Isotopie war natürlich, daß der Mangel an Ganzzahligkeit im Verhältnis Wasserstoff zu Sauerstoff auf der Isotopie des einen oder beider Elemente beruhe; nachdem aber schon früher durch Diffusionsversuche bewiesen worden war, daß beide Stoffe Reinelemente sind[2]), hat ASTON noch durch besonders sorgfältige Versuche mit positiven Strahlen gezeigt, daß die Abweichung von der Ganzzahligkeit tatsächlich den einzelnen Atomen des Wasserstoffs zukommt (s. dazu Ziff. 34).

Geringere Abweichungen von der Regel der ganzen Zahlen finden sich übrigens auch bei anderen Elementen als Wasserstoff. So sind die Atomarten des Zinns zwar untereinander stets um ganze Zahlen im Gewicht verschieden, scheinen aber gegen die Skala der anderen Elemente um 2 bis 3 Promille zurück-

---

[1]) Für die aus den chemischen Analysen ermittelten Werte ist der ausschließliche Gebrauch des Wortes „Verbindungsgewicht" zu empfehlen, während „Atomgewicht" das Gewicht der einzelnen Atome bezeichnet. Über die verschiedene Bedeutung, in der bisher der Ausdruck „Verbindungsgewicht" gebraucht worden ist, siehe F. PANETH, ZS. f. physik. Chemie. Bd. 92, S. 677. 1917. K. FAJANS, Radioaktivität usw. S. 127, 4. Aufl., Braunschweig 1922.

[2]) O. STERN und M. VOLMER, Ann. d. Phys. Bd. 59, S. 225 (1919).

zubleiben[1]). Ferner gab das eine Isotop des Eisens statt des ganzzahligen Wertes 56 nur den Wert 55,94, und die beiden Lithiumisotope statt 7 und 6 etwa 7,006 und 6,008; auch beim Lithium ist anscheinend wie beim Zinn die Ganzzahligkeit der beiden Isotope untereinander gewahrt. Die genauere Untersuchung dieser sehr interessanten Abweichungen mit einem Massenspektrographen von größerer Dispersion ist von ASTON bereits in Angriff genommen[2]).

12. Isobare. Da alle Atomgewichte praktisch ganzzahlig sind und viele Elemente eine beträchtliche Anzahl von Atomarten besitzen, muß man erwarten, daß gelegentlich die Atome verschiedener Elemente dasselbe Gewicht zeigen. Dies ist tatsächlich in einigen Fällen beobachtet worden. Solche Atome verschiedener Elemente, welche dasselbe Gewicht haben, werden Isobare genannt — während man unter Isotopen bekanntlich (s. Ziff. 8 u. 9) Atome desselben Elementes von verschiedenem Gewicht (oder verschiedenen radioaktiven Eigenschaften) versteht. Folgendes Diagramm (Abb. 3) zeigt, in welcher Weise

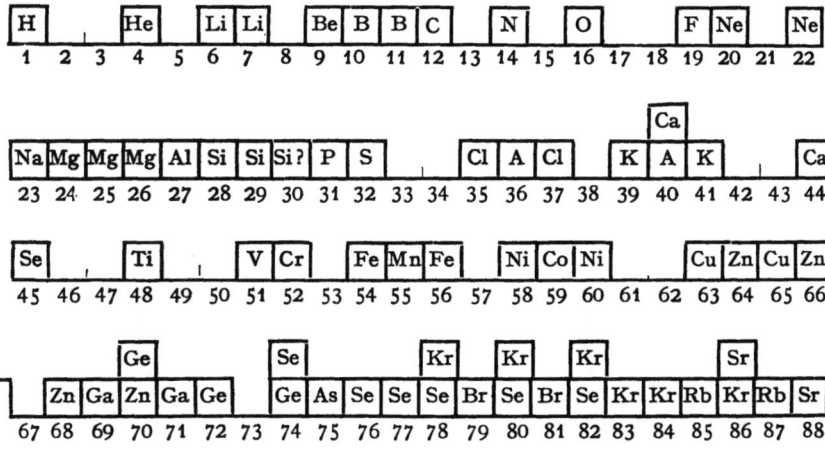

Abb. 3. Verteilung der Atomarten auf die Atomgewichte 1 bis 88.

die Atomarten der ersten 38 Elemente sich auf die Gewichte 1 bis 88 verteilen. Man erkennt, daß im allgemeinen die Tendenz besteht, daß die Atome verschiedener Elemente in ihren Gewichten nicht zusammenfallen; man vergleiche etwa die künstliche Verschränkung der Elemente zwischen den Atomgewichten 54 und 66. Isobare sind verhältnismäßig selten; abgesehen von den in der Abb. 3 dargestellten sieben Fällen ist nur ein weiterer bei Zinn und Xenon, die beide u. a. Atome vom Gewicht 124 besitzen, aufgefunden worden. Alle acht Fälle von Isobarie fügen sich folgenden Regeln[3]): Isobare kommen nur bei geradzahligen Atomgewichten vor; es fallen höchstens die Atome von zwei Elementen zusammen; diese beiden Elemente haben stets gerade Ordnungszahlen, welche sich um zwei Einheiten unterscheiden. Bei dem Paar Argon-Calcium ist noch besonders bemerkenswert, daß gerade die häufigeren Atomarten dieser beiden Elemente isobar sind, und daß diese selbst relativ häufig sind (s. Ziff. 21 u. 22).

13. Das Mengenverhältnis der Isotope. In der Tabelle 5 ist die Reihenfolge, in der die Atomarten eines Elementes, nach ihren Mengen geordnet, darin vertreten sind, durch Buchstaben kenntlich gemacht. Man sieht, daß bald die

---

[1]) F. W. ASTON, Isotopes, 2. Aufl., S. 120f. London 1924.
[2]) S. a. I. L. COSTA, Ann. de Phys. (10) Bd. 4, S. 425. 1925.
[3]) F. W. ASTON, l. c. S. 134.

schwerere und bald die leichtere Atomart überwiegt, und es ist noch nicht gelungen, hier einfache Gesetzmäßigkeiten aufzufinden (s. aber unter Ziff. 22). Die große Zahl der Atomarten mancher Elemente und ihr anscheinend beliebiges Mischungsverhältnis muß es uns heute fast als wunderbarer erscheinen lassen, daß die Verbindungsgewichte der natürlich vorkommenden Mischelemente im allgemeinen mit der Ordnungszahl ansteigen, als daß in den erwähnten drei Fällen (s. Ziff. 2) eine Ausnahme von dieser Regel stattfindet. Folgende Abb. 4, welche die Isotope von benachbarten Halogenen, Edelgasen und Alkalimetallen darstellt, wird dies noch anschaulicher machen. Die Isotope der Halogene sind durch weiße Felder, die der Edelgase durch gestreifte und die der Alkalimetalle durch schwarze kenntlich gemacht, wobei die Höhe der Felder die relative Menge der betreffenden Atomart im natürlich vorkommenden Mischelement angibt. Man erkennt aus dem verschiedenartigen Anblick der vier Diagramme sofort, daß keinerlei Regelmäßigkeit innerhalb der Gruppen vorhanden ist; die Zahl der Isotope nimmt bei den Edelgasen mit steigendem Atomgewicht zu, während

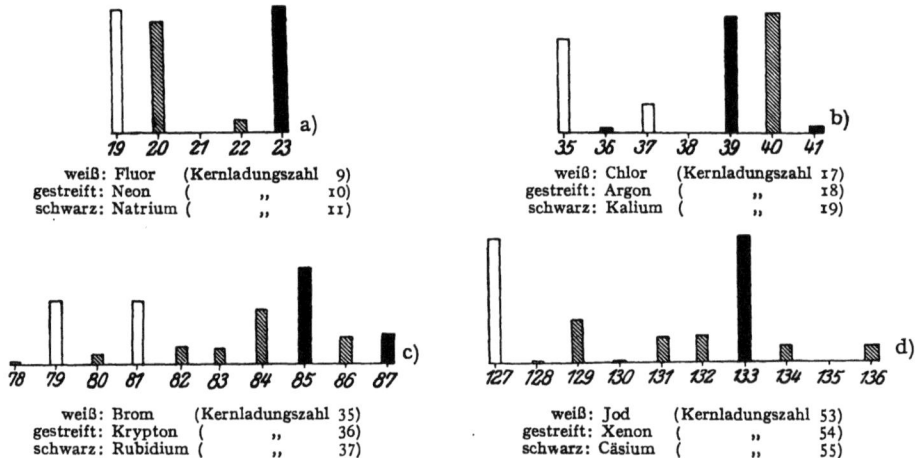

Abb. 4. Atomgewichte und Mengenverhältnis der Isotope der Halogene (weiß), Edelgase (gestreift) und Alkalimetalle (schwarz).

das schwerste Halogen und schwerste Alkalimetall Reinelemente sind. Man sieht ferner, daß die Anomalie in der Stellung Argon-Kalium darauf beruht, daß beim Argon die schwerere Atomart weitaus überwiegt, beim Kalium dagegen die leichtere. Wären die Mengen der Atomarten in beiden Fällen gleichmäßig verteilt, dann käme Kalium auch nach dem Verbindungsgewicht, nicht nur nach der Ordnungszahl, nach Argon zu stehen. Ebenso sind auch beim Nickel zwei Atomarten nachgewiesen worden, und zwar ist die Atomart 58 stärker vertreten als die Atomart 60; wäre das Umgekehrte der Fall, dann würde Nickel ein Verbindungsgewicht größer als Kobalt besitzen, also auch keine Ausnahme im natürlichen System mehr sein.

c) Trennung von Isotopen.

14. Schwierigkeiten der Trennung. Als die ersten Versuche, Isotope zu trennen, sind die Bemühungen der Chemiker anzusehen, gewisse Paare von Radioelementen, wie etwa Radium und Mesothorium, Thorium und Ionium oder Radium D und Blei, voneinander zu scheiden. Sie verliefen sämtlich negativ und führten eben dadurch zur Aufstellung des Begriffes der Isotopie (s. Ziff. 8).

Ein viel weiteres Arbeitsfeld ergab sich nach Feststellung der Erscheinung der Isotopie bei den gewöhnlichen Elementen (s. Ziff. 9), da hier zum erstenmal ganz beliebige Mengen des Versuchsmaterials zur Verfügung standen und auch keinerlei zeitliche Beschränkung der angewendeten Verfahren wegen spontanen Zerfalls mehr in Betracht kam. Daß eine Trennung auch hier nicht leicht sein könne, ging schon daraus hervor, daß bei keinem der Mischelemente unter den gewöhnlichen Elementen trotz der außerordentlich mannigfaltigen Versuchsbedingungen, denen sie bei Gelegenheit vieler physikalischer und chemischer Untersuchungen schon unterworfen worden waren, eine auch nur partielle Entmischung aufgefallen war. Doch waren vor Entdeckung der Isotopie ja keine systematischen Versuche in dieser Richtung angestellt worden, und eine genaue Prüfung der Bedingungen, unter denen Isotope getrennt werden können, war, abgesehen vom theoretischen Interesse, auch deshalb nötig, weil wichtige Konstanten, wie z. B. die Atomgewichte oder die Dichte des Quecksilbers, durch eine solche Trennung in sehr störender Weise beeinflußt werden konnten.

15. Scheinbare Trennung von Isotopen. Bevor wir im folgenden die Versuche zur Isotopentrennung besprechen, sei vorausgeschickt, daß wir das Gelingen einer solchen Trennung nur dann annehmen dürfen, wenn die Isotope zu Beginn des Versuches in völlig gleichmäßiger Vermischung vorlagen. Bei den isotopen Atomarten der natürlich vorkommenden Elemente ist diese Bedingung stets erfüllt (s. Ziff. 23), nicht aber bei den isotopen radioaktiven Substanzen. So ist das aus Mineralien gewonnene Radiothor stets von dem isotopen Thorium begleitet; man kann es aber auch thorfrei darstellen, wenn man seine unmittelbare Muttersubstanz, das Mesothor, vom Thor abtrennt und die Neubildung des Radiothor aus dem Mesothor abwartet. In analoger Weise lassen sich alle isotopen Radioelemente in getrenntem Zustand erhalten, wenn ihre Muttersubstanzen voneinander trennbar sind und ihre Nachbildung nicht allzu lange Zeit in Anspruch nimmt. Es ist aber klar, daß man in diesen Fällen, welche sich auf die verschiedene Abstammung der Isotope gründen, nicht von einer Isotopentrennung reden darf, da die Trennung ja nur ihre — nicht isotopen — Muttersubstanzen betrifft. Etwas anders liegen jene Fälle, wo durch die Verschiedenheit der Lebensdauer zweier gemischter Isotope die Gewinnung des einen in reinem Zustand möglich wird. Dies trifft etwa bei dem aktiven Niederschlag, der aus atmosphärischer Luft gesammelt wird, zu; er enthält zunächst die beiden Isotope Radium B und Thorium B, nach einem Tag aber praktisch nur mehr Thorium B, da das Radium B inzwischen abgestorben ist. Hier wird man deshalb nicht von einer Isotopentrennung reden, weil das eine Isotop überhaupt verschwindet.

Nun gibt es aber auch weniger übersichtliche Fälle, wo eine Trennung vermischter radioaktiver Isotope scheinbar wirklich gelungen ist. So wurde, um nur einen Fall zu erwähnen, beobachtet, daß das Verhältnis Thorium B : Thorium C gegenüber dem Verhältnis Radium B : Radium C steigt, wenn diese vier Elemente gleichzeitig von Eisenhydroxyd adsorbiert werden[1]; es müssen also entweder die beiden isotopen B-Produkte oder die gleichfalls isotopen C-Produkte in verschiedenem Maße adsorbiert worden sein. Wenn wir hier trotzdem nicht von einer Isotopentrennung im eigentlichen Sinne reden dürfen, so liegt der Grund darin, daß die Bedingung der völlig gleichmäßigen Vermischung vor Beginn des Versuches offenbar nicht erfüllt war. Die B- und namentlich die C-Produkte haben eine große Neigung, mit den Eigenschaften kolloider Teilchen in Lösung zu gehen, und der Betrag des kolloiden und des molekulardispersen Anteils hängt von der Dauer der Einwirkung des Lösungsmittels ab. Wegen der ver-

---

[1] J. A. CRANSTON u. R. HUTTON, Journ. Chem. Soc. Bd. 121, S. 2843. 1922; Bd. 123, S. 1318. 1923.

schiedenen Halbwertszeiten war diese Einwirkungsdauer bei den Thor- und bei den Radiumprodukten nicht gleich, und da die Adsorption bei kolloiden Teilchen immer wesentlich kräftiger ist als bei molekulardispersen, dürfen wir uns über die Verschiebung des Konzentrationsverhältnisses durch die Adsorption nicht wundern. Dieser etwas spezielle Fall einer scheinbaren Isotopentrennung — dem sich noch manche ähnliche anreihen ließen — wurde deshalb näher diskutiert, weil er zeigt, wie genau man die Bedingung beachten muß, daß die Isotope zunächst einmal völlig gleichmäßig vermischt sind. Auch bei der Verwendung der Radioelemente als Indikatoren (s. diesen Band Kap. 3 C) kann man zu ganz falschen Ergebnissen kommen, wenn man nicht streng darauf achtet, daß die Vermischung mit dem Indikator in molekulardisperser Lösung oder in flüssigem oder in gasförmigem Zustand erfolgt.

16. Trennungsmethoden auf Grund der Massenunterschiede. Da Isotope, wie durch viele Versuche festgestellt worden ist, in den chemischen Eigenschaften und in den meisten physikalischen Eigenschaften praktisch völlig gleich sind, müssen die üblichen Methoden zur Stofftrennung, welche sich auf Verschiedenheiten in der Löslichkeit, im Dampfdruck oder dergleichen stützen, notwendig versagen. In ihrer Masse weisen Isotope aber recht beträchtliche Unterschiede, bis zu 4%, auf, und diese Massenverschiedenheit hat man vielfach zur Trennung auszunutzen versucht[1]). Wir wollen zunächst die wenigen erfolgreichen Verfahren besprechen und dann noch kurz auf jene hinweisen, welche bisher bei der Prüfung versagt haben oder überhaupt nur aus theoretischen Überlegungen heraus empfohlen, aber noch nicht praktisch erprobt worden sind.

17. Trennung durch die Methode der positiven Strahlen. Der Massenspektrograph von ASTON und, in weniger vollkommener Weise, die älteren Kanalstrahlapparate, ermöglichen die Erkennung der Isotope durch ihre Trennung. Sie arbeiten insofern ganz ideal, als hier nicht nur wie bei den besten der anderen Verfahren die Isotope in ihrem Mischungsverhältnis etwas verschoben, sondern wirklich in sauberer Weise getrennt werden; die Mengen, die man auf diesem Wege erhält, sind allerdings äußerst gering. Immerhin scheint es nicht unmöglich, bis zur Größenordnung von Kubikmillimetern der reinen isotopen Bestandteile eines Gases zu kommen[2]). Alle anderen Verfahren arbeiten mit bedeutend größeren Mengen, der Grad der Trennung ist aber ein viel geringerer.

18. Trennung durch ideale Destillation. Die erste Methode, welche in wägbaren Mengen eine partielle Isotopentrennung erzielte, ist die von BROENSTED und HEVESY ausgeführte „ideale Destillation"[3]). Sie beruht auf folgender Erwägung.

Wenn eine Flüssigkeit im Gleichgewicht mit ihrem gesättigten Dampf steht, so prallen in der Zeiteinheit eine gewisse Anzahl Dampfmoleküle auf die Oberfläche der Flüssigkeit auf und bleiben hier haften; diese Zahl muß gleich sein der Zahl der Moleküle, die innerhalb derselben Zeit aus der Flüssigkeit in den Dampfraum übertreten. Die Geschwindigkeit dieses kinetischen Austausches hängt von der mittleren Geschwindigkeit der Dampfmoleküle — und ebenso auch der Moleküle in der Flüssigkeit — ab. Von zwei Isotopen wird daher das leichtere (von der Masse m_1) sich in regerem Austausch befinden als das schwerere (von der Masse m_2). Da mv^2 nach den Gesetzen der kinetischen Theorie (s. dieses Handbuch, Bd. IX) konstant sein muß, werden sich die Geschwindigkeiten ver-

---

[1]) Jene Isotope, welche — wie etwa Uran Y und Ionium oder Uran Z und Uran X_2 (s. Tabelle 4) — nicht nur chemisch gleich, sondern auch von gleicher Masse sind, müssen als völlig untrennbar gelten.
[2]) F. W. ASTON, Isotopes, 2. Aufl., S. 170. London 1924.
[3]) J. N. BRÖNSTED u. G. v. HEVESY, ZS. f. phys. Chem. Bd. 99, S. 189. 1921.

halten wie die Wurzeln aus den Massen; daher werden in der Zeiteinheit von dem leichteren Isotop $\sqrt{\frac{m_2}{m_1}}$ mal mehr Moleküle als von dem schwereren aus der Oberfläche in den Dampfraum übertreten und umgekehrt aus dem Dampfraum kondensiert werden. Bei der gewöhnlichen Destillation ist die Zahl der Moleküle, die im Destillat kondensiert werden, nur ein kleiner Bruchteil der Zahl der Moleküle, die während der gleichen Zeit zwischen Flüssigkeit und Dampf ausgetauscht werden. Obwohl also von dem leichteren Isotop pro Zeiteinheit mehr Moleküle aus der Flüssigkeit austreten, reichert es sich doch nicht im Destillat an, da auch umgekehrt aus dem Dampfraum mehr Moleküle des leichteren Isotops sich kondensieren; die mittlere Zusammensetzung des Dampfes ist dieselbe wie die der Flüssigkeit. Sowie man aber den Prozeß irreversibel leitet, indem man verhindert, daß die aus der Flüssigkeit ausgetretenen Moleküle wieder zurückgeworfen werden, kann man das leichtere Isotop im Destillat konzentrieren. Denn wenn alle Moleküle, die die Flüssigkeit verlassen haben, festgehalten werden, ehe sie durch Zusammenstöße mit anderen Molekülen ihre Richtung umkehren, muß das Verhältnis, in dem die isotopen Molekülarten in dem Destillat stehen, gleich sein ihrem Verhältnis in der Flüssigkeit, multipliziert mit dem Verhältnis ihrer mittleren Geschwindigkeiten. Von dem leichteren Isotop wird also

$$\frac{c_1}{c_2} = \sqrt{\frac{m_2}{m_1}}$$

mal mehr kondensiert werden als von dem schwereren. Obwohl also der Dampfdruck zweier Isotope ununterscheidbar gleich ist, gelingt es so unter Benutzung ihrer verschiedenen Verdampfungsgeschwindigkeit eine partielle Trennung zu erzielen. Durch Wiederholung dieser „idealen Destillation" kann ebenso wie bei anderen fraktionierten Destillationen der Grad der Trennung gesteigert werden.

Aus dem Gesagten ergibt sich, daß für die Durchführbarkeit der Methode verschiedene Bedingungen erfüllt sein müssen. Vor allem muß der Dampfdruck so niedrig gehalten werden, daß die Zusammenstöße der Moleküle untereinander, welche eine Reflexion in die Flüssigkeit bewirken, vernachlässigt werden können. Ferner muß die Fläche, auf die die verdampften Moleküle auftreffen, so beschaffen sein, daß auch hier keine Reflexion eintritt, sondern alle Moleküle festgehalten werden; dies geschieht am zweckmäßigsten dadurch, daß gegenüber der Flüssigkeitsoberfläche eine stark gekühlte Glasfläche angebracht wird. Schließlich muß dafür Sorge getragen werden, daß die Zusammensetzung der Flüssigkeitsoberfläche sich nicht gegenüber der des Flüssigkeitsinnern verändert; denn wenn kein genügend schneller Austausch zwischen Oberfläche und Innerem stattfindet, wird sich als Folge des Entweichens des leichteren Isotops das schwerere an der Oberfläche anreichern und dadurch eine weitere Anreicherung des leichteren im Dampfraum verhindern. Diese letzte Bedingung beschränkt die Anwendbarkeit der geschilderten Trennungsmethode auf Flüssigkeiten und macht sie für feste Körper unbrauchbar.

Den ersten Erfolg erzielten BRÖNSTED und HEVESY mit dem geschilderten Verfahren der idealen Destillation bei der partiellen Trennung der Quecksilberisotope. Die hierzu verwendete Apparatur ist an Abb. 5 ersichtlich. In den Zwischenraum H der beiden Glaswandungen eines DEWARschen Gefäßes wurden 300 ccm Quecksilber gebracht, hierauf der Zwischenraum hoch evakuiert und das Innere des Kolbens A mit flüssiger Luft gefüllt. Durch das Ölbad C wurde das Quecksilber auf etwa 45° erhitzt; sein Dampfdruck betrug ungefähr 0,01 mm und die pro Stunde und qcm Oberfläche verdampfende Menge etwa 0,35 ccm. Dieses verdampfende Quecksilber fror an der Glaswand des Kolbens A

fest. Nachdem etwa ein Viertel der Quecksilbermenge in dieser Weise übergegangen war, wurde unterbrochen und zunächst das zurückgebliebene — schwerere — Quecksilber durch Öffnen des Hahnes D in das evakuierte Gefäß E gebracht und dann durch den Hahn G aus dem Apparat ausfließen gelassen. Sodann wurde durch Entfernen der flüssigen Luft das an A haftende Quecksilber auftauen gelassen und auf demselben Wege wie der Destillierrückstand aus dem Apparat entnommen. Durch wiederholte Ausführung dieses Prozesses gelang es, eine Ausgangsmenge von 2700 ccm Quecksilber in eine Anzahl von Fraktionen zu zerlegen, die teils ein größeres, teils ein geringeres spezifisches Gewicht hatten als normales Quecksilber. Die schwerste Fraktion (0,2 ccm) zeigte eine Dichte von 1,00023 (auf normales Hg = 1 bezogen), die leichteste Fraktion (ebenfalls 0,2 ccm) eine Dichte von 0,99974; der Dichteunterschied des schwersten und leichtesten Quecksilbers betrug demnach etwa $1/2\ ^0/_{00}$. Die Leitfähigkeit der beiden Proben, auf gleiche Volumina bezogen, war ununterscheidbar gleich[1]), dagegen waren die Verbindungsgewichte erwartungsgemäß um fast 0,1 Einheit verschieden; die schwerste Fraktion zeigte ein Verbindungsgewicht von 200,632, die leichteste eines von 200,564[2]), während das Verbindungsgewicht von gewöhnlichem Quecksilber 200,61 ist[3]).

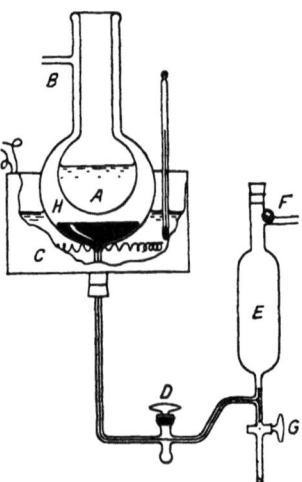

Abb. 5. Apparat zur Trennung der Quecksilberisotope durch „ideale Destillation".

Nach demselben Verfahren ist es BRÖNSTED und HEVESY auch gelungen, die Chlorisotope partiell zu trennen[4]); hierzu wurde die ideale Destillation von HCl in 7 normaler wäßriger Lösung verwendet. Der Unterschied im Verbindungsgewicht der beiden Chlorfraktionen betrug etwas mehr als zwei Einheiten der zweiten Dezimalstelle, entsprechend einer Verschiebung des Mischungsverhältnisses der beiden Isotope Cl_{35} und Cl_{37} um rund 6%.

Die ideale Destillation von Quecksilber wurde später mit ähnlichem Erfolg auch von HARKINS und seinen Mitarbeitern ausgeführt[5]). EGERTON und LEE geben an, daß sie auch bei Zink zu einer partiellen Isotopentrennung führte[6]), dagegen konnte bei Blei von BRÖNSTED und HEVESY, die versucht haben, durch Destillation des Chlorids eine Trennung zu bewirken, bisher kein Erfolg erzielt werden[7]).

19. Trennung durch Effusion. Wenn man ein Gemisch zweier isotoper Dampfarten durch eine enge Öffnung ausströmen läßt, so wird das leichtere Isotop (von der Masse m_1) infolge seiner größeren Molekulargeschwindigkeit öfter an die Öffnung gelangen als das schwerere (von der Masse m_2), und daher wird die Wahrscheinlichkeit seines Durchtritts im Verhältnis $\dfrac{m_2}{m_1}$ größer sein (s. dieses Handbuch, Bd. IX). Wenn nun dafür Sorge getragen ist, daß die Moleküle jenseits der Öffnung festgehalten und dadurch am Zurückströmen verhindert

---

[1]) W. JÄGER und H. v. STEINWEHR, ZS. f. Phys. Bd. 7, S. 111. 1921.
[2]) O. HÖNIGSCHMID u. L. BIRCKENBACH, Chem. Ber. Bd. 56, S. 1219. 1923.
[3]) O. HÖNIGSCHMID, L. BIRCKENBACH u. M. STEINHEIL, Chem. Ber. Bd. 56, S. 1212. 1923.
[4]) J. N. BRÖNSTED u. G. v. HEVESY, Nature Bd. 107, S. 619. 1921.
[5]) R. S. MULLIKEN u. W. D. HARKINS J. Amer. Chem. Soc. Bd. 44, S, 37. 1922. R. S. MULLIKEN, ebenda Bd. 44, S. 2387, 1922; W. D. HARKINS u. S. L. MADORSKY, ebenda Bd. 45, S. 591. 1923.
[6]) A. C. EGERTON, u. W. B. LEE, Proc. Roy. Soc. London (A) Bd. 103, S. 499. 1923.
[7]) Vgl. O. HÖNIGSCHMID u. M. STEINHEIL, Chem. Ber. Bd. 56, S. 1831. 1923.

werden, so wird auch bei dieser Methode im idealen Falle das leichtere Isotop im Kondensat im Verhältnis $\sqrt{\dfrac{m_2}{m_1}}$ angereichert werden.

ASTON hat im Jahre 1913 versucht, die beiden Neonisotope dadurch zu trennen, daß er sie bei geringem Druck durch poröse Tonröhren strömen ließ[1]). Er erhielt eine sehr geringe, aber wahrscheinlich reelle Verschiebung des Konzentrationsverhältnisses; die Dichte der zwei Gasfraktionen betrug, auf $O_2 = 32$ bezogen, 20,15 und 20,28. Als er bei einer Wiederholung des Versuches den Druck erhöhte, blieb der Effekt der Anreicherung aus[2]), was theoretisch ganz verständlich ist.

Das erste sichere Ergebnis mit einer analogen Methode erzielten BRÖNSTED und HEVESY[3]). Der verwendete Apparat ist in Abb. 6 dargestellt. Das Quecksilber strömte aus dem mittels einer Glühlampe D erwärmten Raum A in einen durch Eis gekühlten Raum C; hierbei hatte ein Bruchteil des strömenden Quecksilbers Gelegenheit, durch die Löcher des Platinbleches E in den ebenfalls eisgekühlten Raum B zu gelangen. (Die Platinfolie vom Durchmesser 2 cm enthielt 1000 Löcher vom Durchmesser 0,15 mm.) Das in B erhaltene Quecksilber hatte eine Dichte, die um $1,3 \cdot 10^{-5}$ kleiner war als die des gewöhnlichen.

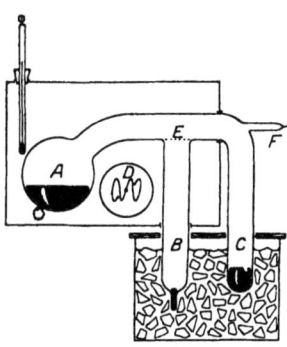

Abb. 6. Apparat zur Trennung der Quecksilberisotope durch Effusion.

Schon früher hatte HARKINS nach einer ähnlichen Methode gearbeitet und eine Trennung der Chlorisotope als wahrscheinlich bezeichnet[4]); sie wurde von ihm und seinen Mitarbeitern später noch in vielfacher Ausführung und zum Teil in sehr großen und komplizierten Apparaten auf Chlor und Quecksilber angewendet, ohne daß die Resultate dem entsprechend sehr viel besser geworden wären[5]). Jedenfalls scheint die Methode der idealen Destillation der Effusionsmethode praktisch wesentlich überlegen zu sein.

Die von KOHLWEILER[6]) behauptete Trennung der Jodisotope bei der Diffusion durch poröse Platten ist, abgesehen von anderen experimentellen Bedenken, durch das Resultat von ASTON, daß Jod keine Isotope in nachweisbarer Menge hat, als falsch erwiesen.

20. Andere Versuche zur Isotopentrennung. Abgesehen von den drei erwähnten Methoden, deren Wirksamkeit bereits experimentell erwiesen worden ist, wurden auf Grund theoretischer Überlegungen auch noch verschiedene andere Verfahren versucht, ohne aber bisher zu Erfolgen zu führen. So wurde vielfach die Diffusion in wässerigen Lösungen herangezogen, z. B. um die beiden isotopen Uranarten[7]) zu trennen. Doch wird bei der Diffusion in Flüssigkeiten der Vorteil der größeren Moleculargeschwindigkeit, den das

---

[1]) F. W. ASTON, Phil. Mag. Bd. 39, S. 449. 1920; Isotopes, 2. Aufl., S. 41, London 1924.
[2]) F. W. ASTON, Isotopes, 2. Aufl., S. 43, London 1924.
[3]) J. N. BRÖNSTED u. G. v. HEVESY, ZS. f. phys. Chem. Bd. 99, S. 189. 1921.
[4]) W. D. HARKINS u. R. E. HALL, Journ. Amer. Chem. Soc. Bd. 38, S. 53. 1916; W. D. HARKINS u. C. E. BROEKER, Nature Bd. 105, S. 230. 1920.
[5]) W. D. HARKINS u. A. HAYES, Journ. Amer. Chem. Soc. Bd. 43, S. 1803. 1921; R. S. MULLIKEN, ebenda Bd. 45, S. 1592. 1923.
[6]) E. KOHLWEILER, ZS. f. phys. Chem. Bd. 95, S. 95. 1920.
[7]) G. v. HEVESY u. L. v. PUTNOKY, Phys. ZS. Bd. 14, S. 63. 1913; H. LACHS, M. NADRATOWSKA u. L. WERTENSTEIN, C. r. de la Soc. d. Sciences de Varsovie Bd. 9, S. 670. 1917.

leichtere Isotop hat, durch die vielen Zusammenstöße mit den Flüssigkeitsmolekülen — bei denen es auch leichter seine Richtung verliert — wieder wettgemacht; auch kann in wässeriger Lösung der Unterschied in den Massen — und daher auch den Beweglichkeiten — der isotopen Partikel durch den Effekt der Hydratation wesentlich verringert sein[1]). Tatsächlich konnte niemals ein merkliches Vorauseilen des leichteren Isotops beobachtet werden. Dasselbe gilt für die Ionenbeweglichkeit in Lösungen[2]).

Eine spontane Trennung der Isotope in den natürlich vorkommenden Mischelementen könnte man als Folge der Einwirkung des Gravitationsfeldes der Erde erwarten. Ebenso wie die leichteren Gase der Atmosphäre sich in den höheren Schichten gegenüber den schwereren angereichert finden, ist auch anzunehmen, daß das Verhältnis der beiden Neonisotope in größeren Höhen zugunsten des leichteren Isotops verschoben ist; in 10 km Höhe sollten statt 21% $Neon_{20}$ und 9% $Neon_{22}$ bereits 92% $Neon_{20}$ und nur 8% $Neon_{22}$ vorhanden sein[3]). Doch ist eine solche Verschiebung der atomistischen Zusammensetzung nur unter der Voraussetzung zu erwarten, daß die Verteilung sich streng nach den Diffusionsgesetzen im Schwerefeld ausbilden kann ohne Störung durch Konvektionsströme; diese spielen aber in Wirklichkeit innerhalb der Atmosphäre eine ausschlaggebende Rolle. Ähnliche Betrachtungen gelten für die Abhängigkeit des Isotopenverhältnisses in Mischelementen von der Meerestiefe. NaCl aus der tiefsten Stelle des Weltmeeres — rund 10 km — sollte um so viel reicher an Cl_{37} als an Cl_{35} sein, daß das Verbindungsgewicht des darin enthaltenen Chlors 35,6 statt 35,46 betragen müßte[4]). Aber auch hier sind so starke Störungen der Gravitationsverteilung durch Meeresströmungen zu erwarten, daß der Effekt nicht einmal qualitativ nachgewiesen werden konnte.

Im Prinzip dieselben Wirkungen wie durch die Kräfte des Schwerefeldes müßten sich auch durch Zentrifugalkräfte erzielen lassen. Eine Umdrehungsgeschwindigkeit von 1 km/sk. entspricht einer Höhendifferenz von etwa 40 km. Es ist noch nicht möglich gewesen, Zentrifugen von solcher Leistungsfähigkeit zu bauen und zugleich die durch Konvektionen zu befürchtenden Störungen so völlig auszuschließen, daß eine Entmischung von Isotopen mit ihnen möglich gewesen wäre[5]).

Statt wie in den unter Ziff. 18 und 19 erwähnten Methoden die Teilchen größerer Geschwindigkeit festzufrieren, ist öfters auch vorgeschlagen worden, sie durch chemische Reaktionen zu binden und dadurch den leichteren Anteil anzureichern. Hier sollte also die verschiedene chemische Reaktionsgeschwindigkeit der isotopen Atomarten zur Trennung benutzt werden. So ließ man einen Strom von HCl über eine Wasseroberfläche streichen, in der Erwartung, daß die leichtere HCl-Art stärker absorbiert werden würde; es konnte aber kein Effekt nachgewiesen werden. Auch die Vereinigung mit NH_3 erfolgte bei beiden HCl-Arten praktisch gleich schnell[6]). Der ebenfalls vorgeschlagene Versuch[7]), einen Bruchteil eines Chlorstromes bei sehr geringem Druck durch Silberbleche binden zu lassen, wurde noch nicht ausgeführt.

---

[1]) G. v. Hevesy, Phys. Z. Bd. 14. S. 1202. 1913.
[2]) J. Kendall u. E. D. Crittenden, Proc. Nat. Acad. Bd. 9. S. 75. 1923; E. Murmann, Österr. Chem. Z. Bd. 26, S. 14. 1923.
[3]) F. A. Lindemann u. F. W. Aston, Phil. Mag. Bd. 37, S. 523. 1919; E. W. Aston, Isotopes, 2. Aufl. S. 163. London 1924.
[4]) s. G. v. Hevesy u. F. Paneth, Lehrbuch der Radioaktivität S. 120. Leipzig 1923.
[5]) I. Joly u. I. H. I. Poole, Phil. Mag. Bd. 39, S. 372. 1920; R. S. Mulliken, J. Amer. Chem. Soc. Bd. 44, S. 1033. 1922.
[6]) E. B. Ludlam, Proc. Cambridge Phil. Soc. Bd. 21, S. 45. 1922/1923.
[7]) J. N. Brönsted u. G. v. Hevesy, ZS. f. phys. Chem. Bd. 99, S. 189. 1921.

Alle Versuche, durch gewöhnliche — nicht „ideale" — Destillation Isotope zu trennen, sind ebenso fehlgeschlagen wie die rein chemischen oder elektrochemischen Trennungsversuche. So konnte Neon nicht durch fraktionierte Kondensation an gekühlter Kohle[1]), HCl nicht durch Fraktionieren an Kohle von höherer Temperatur[2]) entmischt werden. Mehr Aussicht schien ein neues Verfahren der Diffusion gegen einen Gasstrom zu bieten, doch war auch dessen Leistungsfähigkeit nur zur Trennung merklich verschiedener Gase, nicht zur Isotopentrennung ausreichend[3]). Die Verwendung der sog. „thermischen Diffusion" zur Trennung von Isotopen ist zwar vorgeschlagen[4]), aber noch nicht geprüft worden. Eine spezielle photochemische Methode, die die verschiedene Lichtabsorption der Chlormoleküle aus Cl_{35} und aus Cl_{37} ausnützen wollte, hat sich bisher praktisch als nicht brauchbar erwiesen[5]).

d) Häufigkeit der Elemente und Atomarten.

21. Die irdische und kosmische Häufigkeit der Elemente. Die 89 heute bekannten chemischen Elemente sind in äußerst verschiedenen Mengen aufgefunden worden. Während manche Elemente, wie etwa O und Si, einen wesentlichen Bestandteil ganzer Gebirgsmassen ausmachen, sind andere, wie etwa Gallium und manche der seltenen Erden, bisher nur in Mengen von wenigen Grammen gewonnen worden. Hierbei muß aber beachtet werden, daß die chemische Analyse nur über das Vorkommen auf der Erdkruste etwas aussagen kann, da auch die tiefsten Bohrlöcher nur einen verschwindend kleinen Bruchteil des Erdinnern erschließen. Es wäre also zunächst denkbar, daß das Mengenverhältnis im Erdinnern und daher auch das Gesamtverhältnis der Elemente ein ganz anderes ist. In den letzten Jahren ist es aber, namentlich durch Überlegungen von TAMMANN[6]), V. M. GOLDSCHMIDT[7]), WASHINGTON[8]) und anderen gelungen, indirekt auf Grund physikalisch-chemischer Prinzipien auch etwas über die Zusammensetzung des Erdinnern auszusagen. Bei einzelnen Elementen, wie etwa den seltenen Platinmetallen, ist es danach nicht nur möglich, sondern durchaus wahrscheinlich, daß sie im metallischen Erdkern viel häufiger als in der silikatischen Kruste sind; bei anderen seltenen Elementen, etwa Gallium oder den seltenen Erden, müssen wir aber vermuten, daß sie im Erdinnern in noch geringerer Konzentration vorkommen als in den uns zugänglichen Teilen der Erde. Die großen Unterschiede im Mengenverhältnis, die die chemische Analyse der Erdkruste enthüllt hat, würden daher höchstens in einzelnen Fällen durch eine genauere Kenntnis der Zusammensetzung des ganzen Erdkörpers verschwinden. Dieser Schluß scheint um so berechtigter, als auch das wenige kosmische Material, das in Form der Meteorite der chemischen Analyse zugänglich geworden ist, ein Mengenverhältnis der Elemente zeigt, wie es der Erdkörper nach unserer heutigen Auffassung hat. Auch in Meteoriten ist Eisen stets

---

[1]) F. W. ASTON, Isotopes, 2. Aufl., S. 39, London 1924.
[2]) JITSUSABURA SAMESHIMA, KAZNO AIHARA u. FOSHIAKI SHIRAI, Journ. chem. soc. Jap. Bd. 43. 1922.
[3]) G. HERTZ, ZS. f. Phys. Bd. 19, S. 35. 1923.
[4]) S. CHAPMAN, Phil. Mag. Bd. 38, S. 182. 1919; R. S. MULLIKEN, Journ. Amer. Chem. Soc. Bd. 44, S. 1033. 1922.
[5]) T. R. MERTON u. H. HARTLEY, Nature Bd. 105, S. 104. 1921. H. HARTLEY, A. O. PONDER, E. J. BOWEN u. T. R. MERTON, Phil. Mag. Bd. 43, S. 430. 1922.
[6]) G. TAMMANN, ZS. f. anorg. Chem. Bd. 131, S. 96. 1923; Bd. 134, S. 269. 1924.
[7]) V. M. GOLDSCHMIDT u. Mitarbeiter, ZS. f. Elektrochem. Bd. 28, S. 411. 1922; Skrifter Kristiania 1922, Nr. 11; 1923, Nr. 3; 1924, Nr. 4 u. 5; 1925, Nr. 5 u. 7.
[8]) S. WASHINGTON, Journ. Washington Acad. Bd. 14, S. 435. 1924; Amer. Journ. of Science Bd. 9, S. 351. 1925.

ungefähr 10mal so häufig als Nickel und dieses wieder stark im Überschuß gegenüber Kobalt usw.

Zur Ergänzung der geringen Kunde, die uns die Meteorite bringen und die sich vermutlich auf unser Sonnensystem beschränkt, hat man vielfach versucht, aus Spektralbeobachtungen der Gestirne etwas über die Verteilung der Elemente in den Fixsternen zu erfahren. Gerade die genauere Kenntnis der Bedeutung der Anregungsbedingungen für das Auftreten von Spektrallinien hat aber den Wert der in früheren Jahrzehnten gezogenen Schlüsse stark herabgesetzt, und wir müssen heute zugeben, daß wir wohl oft qualitativ die Anwesenheit, selten aber die Abwesenheit eines Elementes in einem Stern behaupten können, und daß auch bei den sicher vorhandenen Elementen die Schlüsse auf ihr Mengenverhältnis sehr gewagt sind. Auch für die Spektralerscheinungen kommt ja nur eine äußerst dünne Hülle der Gestirne in Betracht.

Immerhin läßt das Material der Erdkruste und Meteorite einige allgemeine Regelmäßigkeiten in der Häufigkeit der chemischen Elemente erkennen. So sind die Elemente mit niederer Ordnungszahl durchschnittlich in viel größeren Mengen vorhanden; fast das gesamte Material der Erdkruste und der Meteorite ist aus Elementen mit der Ordnungszahl 1 bis 29 aufgebaut, wie Tabelle 6 erkennen läßt[1]).

Tabelle 6.
Prozentgehalt der Erdkruste und Meteorite an Elementen niederer Ordnungszahl.

	Elemente mit der Ordnungszahl	
	1 bis 29	30 bis 92
Lithosphäre	99,85	0,15
Steinmeteorite	99,98	0,02
Eisenmeteorite	100	0

Auch die ersten 29 Elemente sind aber keineswegs in vergleichbaren Mengen vertreten; allein fünf von ihnen machen bereits 96% des Meteoritenmaterials aus. In der folgenden Tabelle 7 ist neben der prozentischen Beteiligung dieser fünf Elemente auch angegeben, welchen Anteil die jeweilig häufigste Atomart besitzt[2]); man erkennt daraus, daß die fünf häufigsten Atomarten schon über 90% des Gesamtmaterials ausmachen. Besonders erwähnenswert ist, daß die Atomgewichte dieser fünf Atomarten ganzzahlige Vielfache von 4, dem Atomgewicht des Heliums, sind und — mit Ausnahme des Fe_{56} — das Doppelte der Ordnungszahlen betragen.

Manche Meteorite geben uns wahrscheinlich bessere Auskunft über die ursprüngliche Zusammensetzung der Weltmaterie als die Erdkruste, weil bei dieser die Entmischung des Erdballes noch in Rechnung gesetzt werden muß[3]). Auch liegt bei der Berechnung der Häufigkeit der Elemente in der Erdkruste eine

Tabelle 7.
Prozentgehalt der Meteorite an den fünf häufigsten Elementen und Atomarten.

Element	Ordnungszahl	Menge des Elements in Atomprozenten	Wichtigste (resp. einzige) Atomart	Menge der Atomart in Atomprozenten
O	8	53,16	O_{16}	53,16
Mg	12	13,15	Mg_{24}	9,86
Si	14	15,35	Si_{28}	13,82
S	16	1,46	S_{32}	1,46
Fe	26	12,79	Fe_{56}	12,28
		95,91		90,58

[1]) Nach W. D. Harkins, Journ. Amer. Chem. Soc. Bd. 39. S. 856, 870. 1917.
[2]) Nach W. D. Harkins, Phil. Mag. Bd. 42, S. 305. 1921.
[3]) W. D. Harkins, Phil. Mag. Bd. 42, S. 305. 1921; V. M. Goldschmidt, Die Naturwissensch. Bd. 10, S. 918. 1922.

große Schwierigkeit darin, daß die Annahmen über die Verbreitung der einzelnen analysierten Gesteine recht unsicher sind; das allgemeine Ergebnis über die häufigsten Elemente ist aber dem bei Meteoriten gewonnenen sehr ähnlich.

Wenn wir nicht nur die häufigsten Elemente berücksichtigen, sondern die Verbreitung aller Elemente im periodischen System ins Auge fassen, so ergibt sich eine andere sehr ausgeprägte Gesetzmäßigkeit, auf die zuerst HARKINS hingewiesen hat[1]). Die Elemente mit gerader Ordnungszahl sind anscheinend im ganzen System häufiger als die benachbarten Elemente mit ungerader Ordnungszahl. Für Steinmeteoriten veranschaulicht diese Erscheinung das folgende Diagramm (Abb. 7), welches die Elemente bis zur Ordnungszahl 29 umfaßt; man sieht, wie sich infolge des Zurückbleibens der Elemente von ungerader Ordnungszahl eine scharf ausgeprägte Periodizität von zwei ausbildet. Die obenerwähnten fünf häufigsten Elemente gehören sämtlich zu denen mit gerader Ordnungszahl.

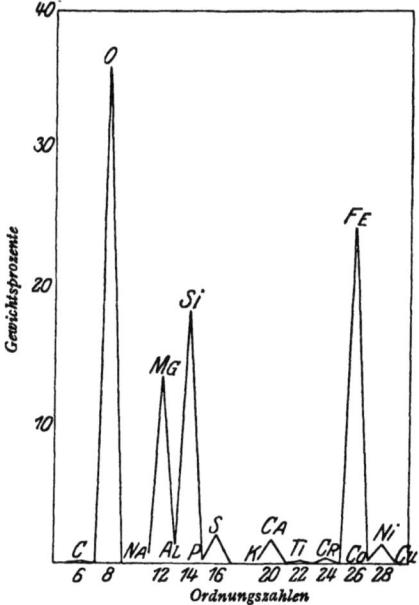

Abb. 7. Durchschnittliches Mengenverhältnis der Elemente in den Steinmeteoriten.

Auch unter den Elementen mit höherer Ordnungszahl als 29 scheint diese Regel zu gelten; so wurde sie bei den seltenen Erden durch HARKINS und V. M. GOLDSCHMIDT[2]) durchaus bestätigt gefunden. Und gerade in dieser Gruppe ist es besonders überzeugend, daß nicht etwa die chemische Entmischung der Weltmaterie zufällig unter den uns zugänglichen Elementen zu einer größeren Häufigkeit der geradzahligen geführt haben kann, da die seltenen Erden infolge ihrer außerordentlichen chemischen Ähnlichkeit bei der Entmischung des Erdballes an denselben Stellen angereichert worden sein müssen. Wir haben daher in der Regel von HARKINS über das quantitative Vorwiegen der Elemente mit gerader Ordnungszahl jedenfalls kein Zufallsergebnis unserer Analysen zu sehen. Auch daß die drei noch fehlenden Elemente ungerade Ordnungszahlen haben, paßt gut zu dieser Regel (vgl. Ziff. 5).

22. Die Häufigkeit der Atomarten. Schon im vorausgehenden Abschnitt wurde bei der Besprechung der fünf häufigsten Elemente angegeben, wie sich die Mengen ihrer Atomarten verhalten. ASTON hat diese Frage für die ersten 39 chemischen Elemente — also rund 99,8% der Materie der Lithosphäre — diskutiert und ist dabei zu bemerkenswerten Schlüssen gekommen. Folgendes Diagramm (Abb. 8) zeigt die relative Häufigkeit der Atomarten der ersten 39 Elemente. Auf der Abszisse ist das Atomgewicht, auf der Ordinate die Menge der betreffenden Atomart im Erdkörper aufgetragen; man beachte dabei, um sich eine richtige Vorstellung von den außerordentlichen Unterschieden in der Menge zu machen, daß die Ordinaten in logarithmischem Maße gezeichnet sind. Die Berechnung ist natürlich vielfach auf rohe Schätzungen gestützt, und so macht wohl auch die — unnötig stark vereinfachende — Annahme von ASTON,

---

[1]) W. D. HARKINS, Journ. Amer. Chem. Soc. Bd. 39, S. 856. 1917. Vgl. auch G. ODDO, ZS. f. anorg. Chem. Bd. 87, S. 253, 266. 1914.
[2]) V. M. GOLDSCHMIDT u. L. THOMASSEN, Videnskops. Skrifter. 1924, Nr. 5.

Ziff. 22.   Häufigkeit der Elemente und Atomarten.   545

daß der gesamte Erdkörper die Zusammensetzung der Lithosphäre habe, die Ergebnisse nicht wesentlich unsicherer. Die 41 Atomarten, die zu Elementen mit gerader Ordnungszahl gehören, sind durch O, die 28 von ungerader Ordnungszahl durch ● bezeichnet. Atomgewichte, denen keine bekannten Atomarten entsprechen, sind durch * hervorgehoben; viele von diesen gehören, wie Aston hervorhebt, der Reihe 2, 3, 5, 8, 13 usw. an. Isobare Atomarten erkennt man an einer Verzweigung der die einzelnen Atomgewichte verbindenden Kurve, wie sie zum erstenmal beim Atomgewicht 40 auftritt.

Das wichtigste Ergebnis dieses Vergleichs ist die in die Augen springende Tatsache, daß die Atomarten eines und desselben Elementes stets ungefähr in der gleichen Höhe eingetragen sind. Das heißt, daß das Mengenverhältnis, in dem die isotopen Atomarten eines Elementes zueinander stehen, sich stets in einem relativ engen Bereich hält, verglichen mit den gewaltigen Unterschieden, die die verschiedenen Elemente untereinander in ihrer Häufigkeit zeigen. Zum Beispiel kommen auf 1 Atom Cl_{37} nur rund 3 Atome Cl_{35} und auf 1 Atom Ga_{71} nur rund 2 Atome Ga_{69}; demgegenüber gibt es etwa 10^9 mal so viele Atome Chlor

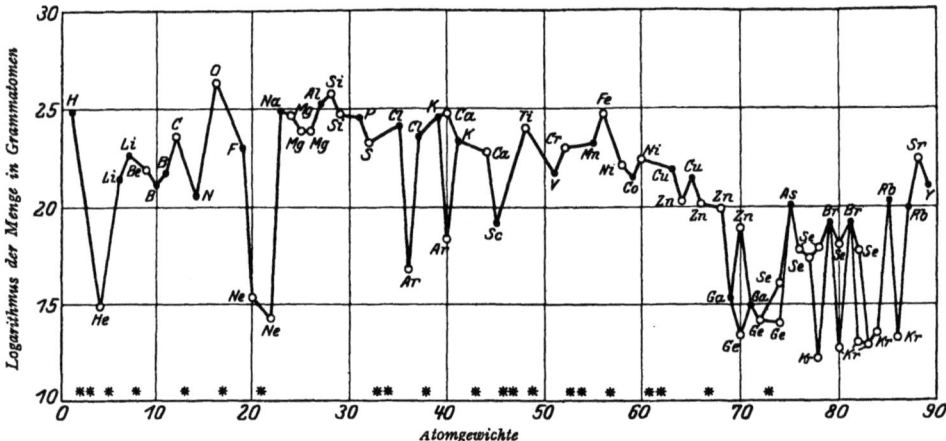

Abb. 8. Häufigkeit der Atomarten der ersten 39 Elemente.

als Atome Gallium auf unserer Erde. Mit einem gewissen Vorbehalt, der durch die vorläufig geringe Empfindlichkeit des Massenspektrographen bedingt ist, nimmt Aston an, daß Isotope in ihren Mengen nicht mehr als im Verhältnis 1:100 variieren; die im Diagramm eingetragenen Elemente aber variieren bereits in einem Bereich 10^{14}, und bei Einbeziehung noch schwererer Elemente werden die Unterschiede im Vorkommen noch größer. Für die Bildung verschiedener Atomarten eines Elementes muß demnach stets ungefähr die gleiche Wahrscheinlichkeit geherrscht haben, die für dieses Element charakteristisch ist und sich von der Wahrscheinlichkeit, die für sämtliche Atomarten eines anderen Elementes gilt, sehr stark unterscheiden kann.

Abgesehen von dieser Begrenzung der Häufigkeitsschwankungen der Atomarten auf einen relativ engen Bereich sind in ihrem Auftreten nur wenige Gesetzmäßigkeiten erkannt worden. Elemente mit ungerader Ordnungszahl haben durchschnittlich weniger Isotope als die mit gerader, und zwar sind bei ihnen nie mehr als zwei stabile Isotope gefunden worden (vgl. Tab. 5 in Ziff. 9); auch im Gebiet der instabilen Radioelemente ist die Anzahl der Isotope im Durchschnitt bei denen mit ungerader Ordnungszahl geringer (vgl. Tab. 4 in Ziff. 8). Welche der Atomarten am stärksten vertreten ist, unterliegt keiner einfachen

Regel (vgl. das unter Ziff. 13 Gesagte); doch ist im allgemeinen die Zahl der Atomarten eines Elementes, ihre Verteilung auf die verschiedenen Atomgewichte und ihr Mengenverhältnis derart, daß die sich daraus ergebenden Mittelwerte — die Verbindungsgewichte — regelmäßig mit der Ordnungszahl der Elemente ansteigen. Es kommen nur drei Ausnahmen von dieser allgemeinen Regel vor (s. Ziff. 2). Der Isotopenreichtum nimmt im großen und ganzen mit steigender Ordnungszahl zu, doch hat z. B. Jod keine Isotope, während Chlor und Brom solche besitzen.

23. Die Konstanz der Verbindungsgewichte. Da die Verbindungsgewichte der Mischelemente nur Mittelwerte sind, die sich aus den Gewichten und dem Mengenverhältnis der in ihnen vertretenen isotopen Atomarten ergeben, tritt die Frage auf, ob sie noch als Naturkonstanten betrachtet werden können. Diese Frage scheint ohne Rückhalt zu bejahen zu sein, wenn wir uns auf die gewöhnlichen inaktiven Elemente beschränken. Bei diesen hat man bisher nicht die geringsten Schwankungen des Verbindungsgewichtes feststellen können, auch wenn man Material von ganz verschiedenen Fundorten untersuchte. Kupfer[1]) und Chlor[2]) aus weit voneinander entfernten Lagerstätten, Eisen[3]), Nickel[4]), Silizium[5]) und Chlor[6]) aus irdischen Mineralien und aus Meteoriten, Quecksilber aus Mineralien sehr verschiedenen geologischen Alters und geographischen Vorkommens[7]) zeigten innerhalb der Fehlergrenzen vollständige Konstanz ihrer Verbindungsgewichte. Wir müssen daraus wohl schließen, daß vor Erstarrung des Sonnensystems die Atomarten der Elemente bereits gebildet waren und Gelegenheit zu vollständiger Vermischung hatten; die auch aus anderen Gründen wahrscheinliche Annahme eines feurig-flüssigen oder gasförmigen Anfangszustandes unseres Sonnensystems gibt bekanntlich für eine solche Möglichkeit Raum.

Im Rahmen dieser Vorstellung müssen wir erwarten, daß die Konstanz des Verbindungsgewichtes fehlt, wenn nach Erstarrung der Erdkruste eine Neubildung von Atomarten erfolgt ist. Dieser Fall ist bei den Radioelementen, und zwar ausschließlich bei ihnen, eingetreten. Das Blei, das sich im Lauf geologischer Zeiten in Uranmineralien bildete, hatte nicht oder nur unvollständig Gelegenheit, sich mit dem gewöhnlichen Blei zu vermischen, und dementsprechend finden wir hier ein Verbindungsgewicht, das wesentlich tiefer liegt; während gewöhnliches Blei ein Verbindungsgewicht von 207,1 hat, fand HÖNIGSCHMID 206,0 für reines Uranblei aus kristallisiertem Pecherz und 206,4 für das Gemisch von Uranblei und gewöhnlichem Blei, das aus Joachimsthaler Pechblende erhalten wird[8]). Entsprechend ist das Verbindungsgewicht des Thoriums aus Pechblende wegen Anwesenheit des neugebildeten Ioniums von 232,12 auf 231,51 erniedrigt[9]). Im Gegensatz zum „Uranblei" zeigt das „Thorblei" ein erhöhtes Verbindungsgewicht; der höchste bisher gefundene Wert[10]) beträgt 207,9. Diese Abweichungen bei Blei und Thorium radioaktiven Ursprungs

---

[1]) TH. W. RICHARDS, Amer. Chem. Journ. Bd. 10, S. 187. 1888.
[2]) E. GLEDITSCH u. M. B. SAMDAHL, C. R. Bd. 174, S. 746. 1922; E. GLEDITSCH, Journ. chim. phys. Bd. 21, S. 456. 1924.
[3]) G. P. BAXTER u. T. THORVALDSON, Journ. Amer. Chem. Soc. Bd. 33, S. 337. 1911.
[4]) G. P. BAXTER u. L. W. PARSONS, Journ. Amer. Chem. Soc. Bd. 43, S. 507. 1921; G. P. BAXTER u. F. A. HILTON, ebenda Bd. 45, S. 694. 1923.
[5]) F. M. JAEGER u. D. W. DYKSTRA, ZS. f. anorg. Chem. Bd. 143, S. 233. 1925.
[6]) W. D. HARKINS u. S. B. STONE, Proc. Nat. Acad. Bd. 11, S. 643. 1925. Siehe aber auch A. W. C. MENZIES, Nature Bd. 116, S. 643. 1925.
[7]) J. N. BRÖNSTED u. G. v. HEVESY, ZS. f. anorg. Chem. Bd. 124, S. 22. 1922.
[8]) O. HÖNIGSCHMID, ZS. f. Elektrochem. Bd. 20, S. 319. 1914; Wiener Ber. Bd. 123, S. 2407. 1914.
[9]) O. HÖNIGSCHMID, ZS. f. Elektrochem. Bd. 22, S. 18. 1916.
[10]) O. HÖNIGSCHMID, ZS. f. Elektrochem. Bd. 25, S. 91. 1919.

sind neben den durch künstliche Isotopentrennung bei Quecksilber, Chlor und Zink erzwungenen (s. Ziff. 18 u. 19) die einzigen Schwankungen des Verbindungsgewichtes, die bis heute festgestellt werden konnten. In allen anderen Fällen sind die Verbindungsgewichte der chemischen Elemente Naturkonstanten, die durch die Erkenntnis des komplexen Charakters der Mischelemente nichts von ihrer praktischen Bedeutung eingebüßt haben.

e) Natürlicher und künstlicher Atomzerfall.

24. Die Bausteine der chemischen Elemente. Das natürliche System der Elemente hat seit seiner Aufstellung — und trotz des Widerspruchs seines Entdeckers MENDELEJEFF — sehr dazu beigetragen, den durch die Entwicklung der qualitativen Atomistik stark in den Hintergrund gedrängten Gedanken einer Einheit der Materie dem Interesse der Chemiker wieder nahezubringen; denn es schien prinzipiell nicht möglich, die im natürlichen System zutage tretenden verwandtschaftlichen Beziehungen zwischen den Elementen anders zu deuten als auf Grundlage der Vorstellung, daß in sämtlichen Elementen die gleichen Bausteine in gesetzmäßig variierter Weise vorhanden seien. Damit war gleichzeitig auch das alchimistische Problem der Elementverwandlung wieder in den Bereich theoretischer Möglichkeit gerückt; doch erst die mit der Elektronentheorie und Radioaktivität einsetzende Entwicklung brachte nähere Aufschlüsse. Eines der wichtigsten Ergebnisse der Forschungen über die Kathodenstrahlen und verwandten Phänomene war der Nachweis, daß aus jeder Art Materie stets die gleichen negativen Elektrizitätsteilchen in Freiheit gesetzt werden können, daß also die **Elektronen** einen gemeinsamen Baustein aller chemischen Elemente darstellen. In den β-Strahlen der radioaktiven Stoffe begegnete man später denselben — praktisch masselosen — Bausteinen wieder. Ihnen gegenüber verrieten die α-strahlenden radioaktiven Substanzen zum erstenmal etwas über die materiellen Bausteine der Atome; die Identifizierung der α-Strahlen mit zweifach positiv geladenen Heliumatomen (s. diesen Band Kap. 2C) bewies, daß mindestens in den schweren radioaktiven Atomen als unmittelbare Bestandteile **Heliumpartikel** anzunehmen sind. Daß neben Helium auch noch **Wasserstoff** als Bruchstück von Atomen auftreten kann, zeigten schließlich die Versuche über künstliche Elementzertrümmerung (s. diesen Band Kap. 2E).

25. Die radioaktiven Zerfallsreihen. Die Entstehung von Helium aus α-strahlenden radioaktiven Substanzen war das erste völlig überzeugende Beispiel einer Elementverwandlung. Die RUTHERFORD-SODDYsche Theorie führte aber alle radioaktiven Prozesse, also auch die unter β-Strahlung vor sich gehenden, auf die spontane Verwandlung einer Atomart in eine andere zurück und nahm so viel verschiedene radioaktive Substanzen an, als verschiedenartige radioaktive Vorgänge festgestellt werden konnten. Die anfangs damit verbundene Annahme, daß diese verschiedenen radioaktiven Stoffe auch ebenso viele verschiedene chemische Elemente seien — die durch den Erfolg der chemischen Charakterisierung dreier von ihnen, des Radiums, der Radiumemanation und des Poloniums, besonders nahegelegt war —, führte zunächst zu Schwierigkeiten, da im natürlichen System nicht Plätze für über 30 neue chemische Elemente verfügbar waren. Die nähere chemische Untersuchung der Radioelemente zeigte einen Ausweg durch das unerwartete, aber vielfach bestätigte Resultat, daß gewisse Gruppen von Radioelementen chemisch überhaupt nicht voneinander zu unterscheiden sind. Infolgedessen machten zunächst STRÖMHOLM und SVEDBERG[1]) den Vor-

---

[1]) D. STRÖMHOLM u. T. SVEDBERG, ZS. f. anorg. Chem. Bd. 61, S. 338. 1909; Bd. 63, S. 197. 1909.

schlag, solche untrennbare Radioelemente an ein und derselben Stelle des natürlichen Systems einzuordnen. Dieser Gedanke wurde in umfassenderer Bedeutung und größerer Klarheit von SODDY[1]) im Jahre 1910 aufgenommen und später (1913) mit dem Fachwort „Isotopie" bezeichnet[2]) (s. Ziff. 8). SODDY[3]) gelang es auch als erstem, eine Beziehung zwischen der Art der radioaktiven Umwandlung und dem Platz des entstehenden Radioelementes im natürlichen System zu finden, indem er (1911) darauf hinwies, daß die Aussendung eines α-Teilchens in vielen Fällen zu einer Erniedrigung der Ordnungszahl des Elementes um 2 führt; diese „Verschiebungsregel für α-Strahlen" wurde 1913 von RUSSELL[4]) durch eine „Verschiebungsregel für β-Strahlen" ergänzt, die aber erst FAJANS[5]) und kurz darauf SODDY[6]) in ganz richtiger Form aussprach (s. Ziff. 8). Danach führt die Aussendung eines α-Teilchens stets zu einer Erniedrigung der Ordnungszahl um 2, die Aussendung eines β-Teilchens stets zu einer Erhöhung der Ordnungszahl um 1. Wenn in beliebiger Reihenfolge ein α-Teilchen und zwei β-Teilchen ausgesendet werden, muß sich wieder dieselbe Ordnungszahl, also ein isotopes Radioelement mit einem um vier Einheiten verringerten Atomgewicht, ergeben.

In welcher Weise sich infolge der Gültigkeit der beiden Verschiebungssätze die Elemente der Uran-Radium-Reihe in das natürliche System einordnen, ist in folgender Abb. 9 zur Darstellung gebracht, welche die VI. und VII. Periode des natürlichen Systems — und zwar in der kurzperiodigen Schreibweise, vgl. Tab. 3 — umfaßt. Die Abnahme des Atomgewichts um 4, die jede Aussendung eines α-Teilchens zur Folge hat, ist an der Atomgewichtsskala an der linken Seite der Tabelle zu erkennen.

In analoger Weise ist auch die Actinium- und Thoriumreihe in das natürliche System einzugliedern, worüber Näheres in dem Artikel über radioaktive Substanzen (s. diesen Band, Kap. 3 B) zu ersehen ist.

26. Atomzertrümmerung durch α-Strahlen. Neben der spontan verlaufenden und durch experimentelle Hilfsmittel nicht zu beeinflussenden radioaktiven Umwandlung ist noch eine andere Art der Elementverwandlung bekannt, nämlich die von RUTHERFORD[7]) aufgefundene Zertrümmerung der Atome mancher Elemente durch die α-Strahlen radioaktiver Substanzen. Das vom α-Teilchen zum Zerfall gebrachte Atom sendet dabei ein H-Teilchen aus, wie durch Ablenkungsversuche eindeutig bewiesen werden konnte. In welche Elemente die getroffenen Atome durch den Verlust des H-Teilchens übergehen, konnte dagegen bisher nicht sicher nachgewiesen werden. Wenn man annimmt, daß statt der herausgeschleuderten H-Teilchen die α-Teilchen im getroffenen Atomkern bleiben, müßte man erwarten, daß z. B. aus Stickstoff ein Element mit der Ordnungszahl 8 und dem Atomgewicht 17, also ein Isotop des gewöhnlichen Sauerstoffs entsteht. Doch sind diese Schlüsse noch ganz unsicher. Näheres über die Methoden zum Nachweis der Atomzertrümmerung und eine Übersicht über die bisher erzielten Ergebnisse s. in diesem Band Kap. 2 E.

Während RUTHERFORD und seine Mitarbeiter anfangs der Ansicht waren, daß nur ungeradzahlige Elemente zertrümmert werden könnten[8]), wurden zuerst

---

[1]) F. SODDY, Report of the Chem. Soc. Bd. 7, S. 256, 286. 1910.
[2]) F. SODDY, The Chemistry of the Radio-Elements, Part II, S. 5. London 1913.
[3]) F. SODDY, The Chemistry of the Radio-Elements, S. 29. London 1911.
[4]) A. S. RUSSELL, Chem. News Bd. 107, S. 49. 1913.
[5]) K. FAJANS, Phys. ZS. Bd. 14. S. 131 u. 136. 1913.
[6]) F. SODDY, Chem. News Bd. 107. S. 97. 1913.
[7]) E. RUTHERFORD, Phil. Mag. Bd. 37, S. 581. 1919.
[8]) E. RUTHERFORD u. J. CHADWICK, Phil. Mag. Bd. 44, S. 417. 1922.

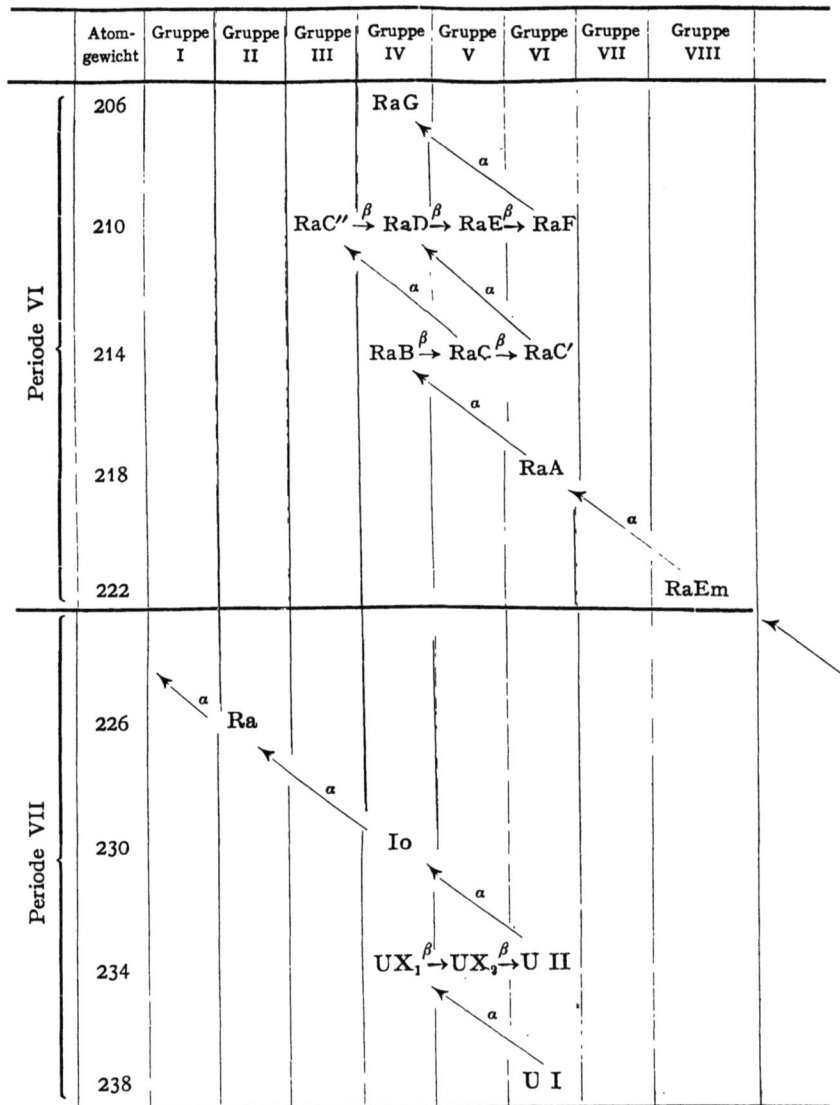

Abb. 9. Einordnung der Uran-Radium-Reihe in das natürliche System.

von KIRSCH und PETTERSSON[1]) und dann auch von RUTHERFORD und CHADWICK[2]) Fälle von Atomzertrümmerung bei gerader Ordnungszahl mitgeteilt. Immerhin scheinen die Elemente mit ungerader Ordnungszahl stärker zum Zerfall zu neigen; abgesehen davon, daß diese Erscheinung unter ihnen häufiger gefunden wurde, zeigt sich dies auch deutlich in der größeren Reichweite der von ihnen emittierten H-Teilchen. Man betrachte Abb. 10, bei der auf der Abszisse die Elemente ungerader Ordnungszahl mit schwarzen, die gerader Ordnungszahl mit weißen Feldern eingetragen sind, und die Höhe der Felder

---

[1]) G. KIRSCH u. H. PETTERSSON, Wiener Ber. Bd. 132, S. 229. 1923.
[2]) E. RUTHERFORD u. J. CHADWICK, Proc. Phys. Soc. London Bd. 36, S. 417. 1924.

ein Maß für die Reichweite der freiwerdenden H-Teilchen ist[1]). Die größere Instabilität, die die Elemente mit ungerader Ordnungszahl gegenüber dem Bombardement von α-Teilchen zeigen, ist jedenfalls in Beziehung zu setzen zu ihrer oben beschriebenen geringeren Häufigkeit des Vorkommens, die sich graphisch ganz ähnlich ausdrückt (vgl. Abb. 7 mit Abb. 10).

27. Versuche zur Elementverwandlung ohne radioaktive Energiezufuhr. Die im vorigen Abschnitt erwähnte Zertrümmerung von Atomen konnte bisher nur durch Bombardieren mit α-Teilchen hervorgebracht werden. Hierbei wird ein winziger Teil der Energie, die durch den spontan verlaufenden Zerfall des α-strahlenden Radioelements frei wird, dazu verwendet, um ein sonst stabiles Element zum Zerfall zu bringen, also gewissermaßen eine „induzierte Aktivität" hervorzurufen. Wenn wir demnach hier auch eine künstliche Elementverwandlung vor uns haben, so sind wir dabei doch stets an eine in viel stärkerem Maße vor sich gehende natürliche Elementverwandlung gebunden. Die vielen Versuche, durch Zufuhr anderer als radioaktiver Energie Elemente zu verwandeln, die nicht nur im alchemistischen Zeitalter, sondern auch in der neueren und neuesten

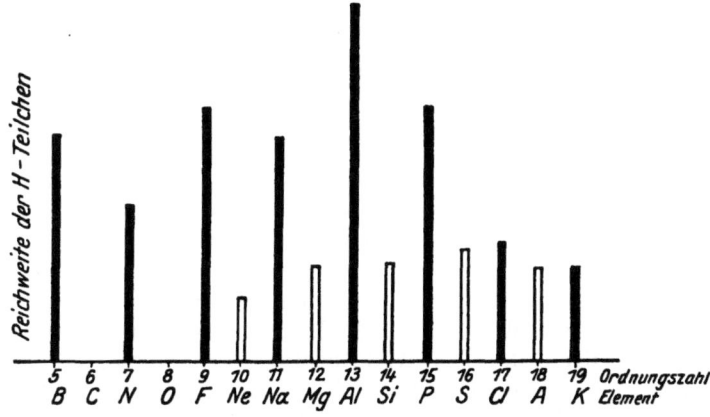

Abb. 10. Atomzertrümmerung durch α-Strahlen.

Zeit unternommen worden sind, haben bisher sämtlich negative oder sehr umstrittene Resultate ergeben.

So kann die Entstehung von Neon und Helium durch elektrische Entladungen, die von COLLIE und PATTERSON[2]) behauptet worden ist, durch die Versuche von STRUTT[3]), PIUTTI[4]) u. a. wohl als widerlegt gelten; dasselbe gilt von den Angaben J. J. THOMSONS[5]) über Entstehung von Helium beim Bombardieren von verschiedenen Salzen mit Kathodenstrahlen. Ganz kürzlich ist die Umwandlung von Quecksilber in Gold durch verhältnismäßig sehr geringe elektrische Energien behauptet worden[6]); auch hier scheinen aber unerwartete

---

[1]) Die Abbildung ist der zuletzt genannten Arbeit von RUTHERFORD u. CHADWICK entnommen. Eine graphische Darstellung, welche auch die Resultate von KIRSCH u. PETTERSSON berücksichtigt, s. in dem eben erschienenen Buch der beiden Autoren über Atomzertrümmerung S. 93. Leipzig 1926.

[2]) J. N. COLLIE u. H. S. PATTERSON, Journ. chem. soc. Bd. 103, S. 419. 1913; J. N. COLLIE, H. S. PATTERSON u. I. MASSON, Proc. Roy. Soc. London (A) Bd. 91, S. 30. 1915.

[3]) R. J. STRUTT, Proc. Roy. Soc. London (A) Bd. 89, S. 499. 1914.

[4]) A. PIUTTI, ZS. f. Elektrochem. Bd. 28, S. 452. 1922.

[5]) J. J. THOMSON, Proc. Roy. Soc. London (A) Bd. 101, S. 290. 1922; Rays of positive Electricity S. 122 (London 1913).

[6]) A. MIETHE u. H. STAMMREICH, Naturwissensch. Bd. 12, S. 597. 1924; H. NAGAOKA, ebenda Bd. 13. S. 682. 1925.

Schwierigkeiten im analytisch-chemischen Nachweis von Verunreinigungen die Erklärung zu bieten[1]). Die Angaben schließlich über eine analoge Umwandlung von Blei in Quecksilber[2]) sind analytisch-chemisch zu unbestimmt, um ernsthaft beachtet werden zu können, während der behaupteten Beschleunigung der Umwandlung von Uran[3]) überhaupt niemals ernsthafte Experimente zugrunde lagen[4]).

f) Deutung der experimentellen Ergebnisse vom Standpunkt des RUTHERFORD-BOHRschen Atommodells.

28. Die Ordnungszahl der chemischen Elemente als Kernladung der Atome. Welche Versuche und Überlegungen zur Aufstellung des RUTHERFORD-BOHRschen Atommodells geführt haben und in wie verschiedenen Gebieten der Physik es bereits seine hohe Leistungsfähigkeit bewiesen hat, wird in anderen Kapiteln dieses Handbuchs besprochen. An dieser Stelle soll nur hervorgehoben werden, in welcher Weise die moderne Atomtheorie zur Erklärung der Tatsachen des natürlichen Systems der Elemente, wie sie im Vorangehenden besprochen worden sind, herangezogen worden ist. Hierbei werden die Grundzüge des Atommodells als bekannt vorausgesetzt (s. ds. Bd. Kap. 2 A, außerdem Bd. XXIII).

Wie in Ziff. 4 erwähnt, haben sich die Ordnungszahlen als Einteilungsprinzip im natürlichen System den früher verwendeten Verbindungsgewichten überlegen gezeigt. Diese Ordnungszahlen hatten zunächst, etwa als Feldnummer im natürlichen System (vgl. Ziff. 6), keinerlei physikalischen Sinn, sondern gaben nur die Nummer an, die das Element erhielt, wenn man die gebrochenen Verbindungsgewichte aller Elemente auf die ganzen Zahlen der Zahlenreihe verteilte. (vgl. Ziff. 2). Wenn sich aber die Schwingungszahlen der charakteristischen Röntgenlinien regelmäßiger mit den Ordnungszahlen der chemischen Elemente änderten als mit ihren Verbindungsgewichten (s. Ziff. 4), so mußte diesen Ordnungszahlen auch eine physikalische Bedeutung zukommen. Nun ist gerade eine der Grundlagen der BOHRschen Atomtheorie die Annahme, daß die positive elektrische Ladung des Atomkerns von Element zu Element um eine Einheit zunimmt, genau wie die Ordnungszahl. MOSELEY zögerte daher nach Entdeckung der regelmäßigen Änderung der Röntgenspektren mit der Ordnungszahl keinen Augenblick, diese Ordnungszahl im Sinn der RUTHERFORD-BOHRschen Theorie als positive Ladung des Atomkerns zu interpretieren. Daß auch die chemischen Eigenschaften direkter von der Kernladung als vom Verbindungsgewicht bestimmt sind, zeigte sich darin, daß in jenen drei Fällen, wo die Anordnung der Elemente nach ihrem chemischen Charakter eine Abweichung von der Reihenfolge der Verbindungsgewichte erfordert hatte, auch die aus den Röntgenspektren zu erschließende Kernladung abweichend von der Reihenfolge der Verbindungsgewichte, aber im Einklang mit der chemischen Gruppierung stieg.

Die Gruppierung der Elemente im natürlichen System ist demnach ohne jede Ausnahme eine Ordnung nach der Reihenfolge ihrer Kernladungen. Dies gibt auch den Schlüssel für die Gültigkeit der **radioaktiven Verschiebungssätze** (s. Ziff. 25). Die Aussendung des zweifach positiv geladenen α-Teilchens muß zur Folge haben, daß der Kern zwei positive Ladungen verliert; das entstehende Element muß also um zwei Ordnungszahlen herabgesetzt sein. Die Aussendung des negativen β-Teilchens aus dem Kern erhöht dagegen den Über-

---
[1]) E. H. RIESENFELD u. W. HAASE, Naturwissensch. Bd. 13, S. 745. 1925; E. TIEDE, A. SCHLEEDE u. F. GOLDSCHMIDT, ebenda.
[2]) A. SMITS u. A. KARSSEN, Naturwissensch. Bd. 13, S. 699. 1925.
[3]) A. GASCHLER, Nature Bd. 116, S. 396. 1925.
[4]) O. HAHN u. L. MEITNER, Naturwissensch. Bd. 13, S. 907. 1925.

schuß der positiven über die negativen Ladungen im Kern um 1, und das entstehende Element muß von der nächsthöheren Ordnungszahl sein.

29. Die Erhaltung der Elemente. Kerneigenschaften und Elektroneneigenschaften. Nach den Vorstellungen der Atomtheorie treten bei den chemischen und den meisten physikalischen Prozessen nur die äußeren Elektronen eines Atoms ins Spiel, indem sie ihre Bahn ändern oder auch ganz abgetrennt werden; für die Erregung der charakteristischen Röntgenstrahlung der K-Serie sind die innersten Elektronen maßgebend; der Atomkern aber bleibt bei allen diesen Einwirkungen vollständig unberührt. Wenn etwa ein Metall in eine chemische Verbindung übergeführt wird, so werden die äußeren Elektronen der Metallatome nunmehr ganz andere Bahnen beschreiben als im elementaren Zustand, und die Metalleigenschaften sind dementsprechend vollständig verschwunden; Änderungen in den Elektronenbahnen sind aber immer auf mehr oder weniger einfache Weise reversibel, und so kann das Metall auch stets aus seiner Verbindung wieder zurückgewonnen werden. Die Frage, welche manchen Philosophen sogar erkenntniskritische Schwierigkeiten zu bieten schien, was unter der — scheinbar nur virtuellen — Erhaltung der Elemente in den chemischen Verbindungen zu denken sei, ist demnach im Sinn der modernen Atomtheorie als Erhaltung der Atomkerne zu verstehen; da durch die Unveränderlichkeit der Ladung der Atomkerne stets die Möglichkeit der Rückgewinnung der Elemente gegeben ist, haben wir hier die physikalische Erklärung für die Unzerstörbarkeit der chemischen Elemente.

Die meisten chemischen und physikalischen Eigenschaften, z. B. Volumen, elektrische Leitfähigkeit, Magnetismus usw., sind Elektroneneigenschaften, also dem Element nicht unveränderlich zu eigen. Als Kerneigenschaften, und daher dem Element in allen seinen Verbindungen unverlierbar anhaftend, sind nur Masse und Radioaktivität zu nennen. Die strenge Additivität der Masse und die vollständige Unabhängigkeit der Radioaktivität vom chemischen Verbindungszustand sind die Folge des unveränderten Fortbestehens der Atomkerne beim Eingehen und Lösen chemischer Verbindungen.

In den wenigen Fällen, wo wir eine Elementverwandlung beobachten, müssen wir annehmen, daß der Kern des Atoms in Mitleidenschaft gezogen wurde. Die außerordentliche Schwierigkeit, an den durch sein starkes elektrostatisches Feld geschützten Kern heranzukommen, erklärt das Versagen der meisten Versuche zur Elementverwandlung und den geringen, aber nachweisbaren Erfolg bei der Beschießung mittels der mit besonders hoher kinetischer Energie begabten α-Teilchen (s. Ziff. 26).

30. Der Bau der Elektronenhüllen. Die als „Elektroneneigenschaften" zusammengefaßten Eigenschaften der chemischen Elemente zeigen untereinander ein sehr verschiedenartiges Verhalten; manche, wie etwa die chemische Valenz, sind periodische Funktionen der Ordnungszahl (s. Ziff. 3), während die charakteristische Röntgenstrahlung sich praktisch linear mit der Ordnungszahl ändert (s. Ziff. 4). Nach der Atomtheorie liegt die Erklärung für diese Verschiedenheit darin, daß bei den chemischen Vorgängen nur die äußersten Elektronen ins Spiel kommen, deren Zahl und Anordnung sich mit steigender Kernladung periodisch ändert (s. Ziff. 31 bis 33), während die Röntgenspektren von den innersten Elektronen ausgesandt werden, die — bei gleichbleibender Zahl und Verteilung — der direkten Einwirkung der von Element zu Element regelmäßig ansteigenden Kernladung unterliegen. Doch nehmen, wie in Ziff. 7 ausgeführt, die Röntgenfrequenzen der N- und besonders der O-Serie, welche nicht von den allerinnersten, sondern von etwas weiter außen kreisenden Elektronen hervorgerufen werden, insofern eine Mittelstellung zwischen den nichtperiodischen und den

Ziff. 30. Deutung vom Standpunkt des Rutherford-Bohrschen Atommodells

Tabelle 8. Bahnen der Elektronen in den Atomen.

Schale	K	L	M	N	O	P	Q
n_k	1_1	$2_1\ 2_2$	$3_1\ 3_2\ 3_3$	$4_1\ 4_2\ 4_3\ 4_4$	$5_1\ 5_2\ 5_3\ 5_4\ 5_4$	$6_1\ 6_2\ 6_3\ 6_4\ 6_5\ 6_6$	$7_1\ 7_2$
1 H	1						
1 He	2						
3 Li	2	1					
4 Be	2	2					
5 B	2	2 1					
6 C	2	2 (2)					
— —	—	— —					
10 Ne	2	8					
11 Na	2	8	1				
12 Mg	2	8	2				
13 Al	2	8	2 1				
14 Si	2	8	2 (2)				
— —	—	—	— —				
18 A	2	8	8				
19 K	2	8	8	1			
20 Ca	2	8	8	2			
21 Sc	2	8	8 1	(2)			
22 Ti	2	8	8 2	(2)			
29 Cu	2	8	18	1			
30 Zn	2	8	18	2			
31 Ga	2	8	18	2 1			
— —	—	—	—	— —			
36 Kr	2	8	18	8			
37 Rb	2	8	18	8	1		
38 Sr	2	8	18	8	2		
39 Y	2	8	18	8 1	(2)		
40 Zr	2	8	18	8 2	(2)		
47 Ag	2	8	18	18	1		
48 Cd	2	8	18	18	2		
49 In	2	8	18	18	2 1		
— —	—	—	—	—	— —		
54 X	8	8	18	18	8		
55 Cs	2	8	18	18	8	1	
56 Ba	2	8	18	18	8	2	
57 La	2	8	18	18	8 1	(2)	
58 Ce	2	8	18	18 1	8 1	(2)	
59 Pr	2	8	18	18 2	8 1	(2)	
71 Cp	2	8	18	32	8 1	(2)	
72 Hf	2	8	18	32	8 2	(2)	
79 Au	2	8	18	32	18	1	
80 Hg	2	8	18	32	18	2	
81 Tl	2	8	18	32	18	2 1	
— —	—	—	—	—	— —	—	
86 Nt	2	8	18	32	18	8	
87 —	2	8	18	32	18	8	1
88 Ra	2	8	18	32	18	8	2
89 Ac	2	8	18	32	18	8 1	(2)
90 Th	2	8	18	32	18	8 2	(2)
— —	—	— —	— —	— —	— —	— —	— —
118 —	2	8	18	32	32	18	8

periodischen Funktionen der Ordnungszahl ein, als sie jene Stellen im natürlichen System, an denen die Übergangselemente liegen, als Knicke in dem Anstieg ihrer Termwerte bereits deutlich erkennen lassen (s. Abb. 2); wie weiter unten besprochen, treten gerade bei den Übergangselementen die neu aufgenommenen Elektronen besonders tief ins Atominnere ein.

In welcher Weise sich BOHR die allmähliche Auffüllung der Elektronenbahnen beim Fortschreiten in der Reihe der chemischen Elemente vorstellt, zeigt die Tabelle 8. Die Elektronen sind darin nicht mehr, wie in der ersten Fassung der Theorie, durch ihre Zugehörigkeit zu bestimmten ineinanderliegenden Schalen, sondern durch ihre Zugehörigkeit zu bestimmten Gruppen charakterisiert; wobei jede Gruppe gekennzeichnet ist durch die für die Form und Größe ihrer Bahn maßgebenden zwei Quantenzahlen, die Hauptquantenzahl n und die Nebenquantenzahl k. Man schreibt dies in der Form n_k und bezeichnet eine Bahn, für die die Hauptquantenzahl einen gegebenen Wert n hat, als eine n-quantige Bahn. n bestimmt die große Achse der Bahn und die Energie; k kann die Werte von 1 bis n annehmen; k/n gibt das Verhältnis der kleinen zur großen Achse der Ellipse wieder. In welcher Weise die Gestalt der Bahn eines rotierenden Elektrons im einfachsten Fall von diesen beiden Quantenzahlen abhängt, möge Abb. 11 erläutern, welche die stationären Bahnen im Wasserstoffatom wiedergibt. Man sieht, daß die Bahnen mit gleichem n und k Kreise sind und die Ellipsen um so langgestreckter werden, je kleiner k ist (Grenzfall $k = 1$). Bei den höheren Atomen haben wir es infolge der gegenseitigen Beeinflussung der Elektronen nur mehr angenähert mit Kreis- und Ellipsenbahnen zu tun.

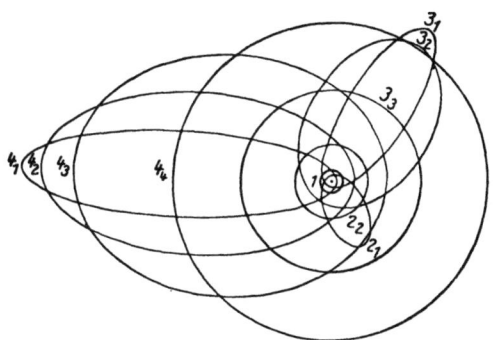

Abb. 11. Stationäre Bahnen des Elektrons im Wasserstoffatom.

Eine nähere Diskussion, durch welche Betrachtungen BOHR zur Aufstellung dieser Tabelle gekommen ist — die wir hier in der etwas modifizierten Form von BORN[1]) wiedergegeben haben —, bis zu welchem Grade ihre Ergebnisse als sicher gelten können und welche Änderungen gegenüber der BOHRschen Fassung von STONER, SOMMERFELD u. a. vorgeschlagen worden sind, findet man in ds. Handb. Bd. XXIII, Kap. 1. Für unsere Zwecke muß es genügen, im folgenden kurz zu besprechen, wieweit die BOHRsche Systematik der Elektronenbahnen geeignet ist, die verschiedene Länge der Perioden im natürlichen System, die Regelmäßigkeiten der Valenz, die Ähnlichkeiten der Übergangselemente untereinander, namentlich die der seltenen Erden usw., verständlich zu machen.

31. Die Erklärung der kurzen Perioden. Beim Wasserstoffatom ist die Bahn 1_1 am stabilsten, d. h. das eine Elektron im Wasserstoffatom wird aus jeder anderen stationären Bahn, in die es durch Anregung von außen gebracht worden ist, nach außerordentlich kurzer Zeit wieder in die 1_1-Bahn zurückkehren, worauf sich das Atom wieder im „Normalzustande" befindet.

Das Heliumatom zeigt insofern bereits recht komplizierte Verhältnisse, als neben dem stabilen Zustand („Parhelium") noch ein metastabiler Zustand („Orthohelium") bekannt ist, auf den wir hier nicht eingehen wollen. Für den

---

[1]) M. BORN, Vorlesungen über Atommechanik, S. 226. Berlin 1925.

Normalzustand des Heliumatoms („Parhelium") wird BOHR zu der Auffassung geführt, daß seine beiden Elektronen sich in 1_1-Bahnen bewegen, also (angenähert) Kreisbahnen, und daß deren Ebenen einen Winkel miteinander bilden. Das geschilderte Heliummodell ist durch große Symmetrie ausgezeichnet, worauf sich die chemische Inaktivität zurückführen läßt; die Abtrennungsarbeit für ein Elektron ist bei einem solchen Modell viel größer als beim Wasserstoffatom, doch ist es noch nicht gelungen, Bedingungen für die Elektronenbahnen zu finden, die eine befriedigende quantitative Übereinstimmung mit den experimentellen Werten ergeben würden. Wasserstoff und Helium bilden zusammen die erste Periode der chemischen Elemente, dadurch charakterisiert, daß im stabilen Endzustand nur einquantige Bahnen vorhanden sind.

In allen höheren Atomen ist als innerer Teil eine Anordnung von zwei um den Kern kreisenden Elektronen — die sog. „K-Schale" der Röntgenterminologie — anzunehmen, welche in der Form der Bahnen mit dem eben geschilderten Heliummodell übereinstimmt und nur mit steigender Kernladung immer kleiner wird. Es handelt sich nun darum, festzustellen, welche stabilen Endbahnen die übrigen Elektronen der höheren Atome, wenn sie von außen eingefangen werden, zuletzt annehmen müssen. Beim nächsthöheren Atom, dem Lithium, ist aus dem Spektrum zu ersehen, daß das dritte Elektron sich nicht mehr in einer mit den ersten beiden gleichberechtigten 1_1-Bahn bewegt, sondern im Normalzustand sich in einer 2_1-Bahn befindet. Seine Bindung ist etwa fünfmal loser als die Bindung der Elektronen in dem Heliumatom und mehr als zweimal loser als die des Elektrons im Wasserstoffatom: eine Erklärung für den viel stärker elektropositiven Charakter des Lithiums. Die atommechanischen Gründe, warum nicht drei Elektronen in 1_1-Bahnen kreisen können, sind unbekannt.

Nicht nur im Lithium, sondern auch in den folgenden Atomen müssen wir annehmen, daß sich das dritte Elektron in einer 2_1-Bahn bewegt. Dasselbe gilt vermutlich auch für das vierte Elektron, wodurch erklärt wird, daß Beryllium in Verbindung mit anderen Stoffen elektropositiv mit zwei Valenzen auftreten kann; beim Bor läuft das fünfte Elektron — das dritte der Valenzelektronen — vermutlich in einer 2_2-Bahn. Das vierte und fünfte Elektron sind in dem Modell ebenso wie das dritte viel loser gebunden als die ersten beiden; doch muß der elektropositive Charakter beim Beryllium und Bor schwächer ausgeprägt sein als beim Lithium, da die Elektronen der zweiquantigen Bahnen wegen des stärkeren Feldes, in dem sie sich bewegen (positive Kernladung beim Beryllium = 4, beim Bor = 5), fester gebunden sein müssen.

Beim Kohlenstoff würde der Chemiker und Kristallograph eine völlig gleichartige Anordnung der vier Valenzelektronen erwarten; doch machen es spektroskopische Gründe wahrscheinlicher, daß zwei von diesen eine 2_1- und zwei eine 2_2-Bahn beschreiben. Die folgenden drei Elemente, Stickstoff, Sauerstoff und Fluor sind in der Tabelle nicht eingetragen, da über die Verteilung ihrer Valenzelektronen nichts bekannt ist. Beim Neon sind auch spezielle Angaben darüber vermieden, wie sich die acht seit dem Helium hinzugekommenen Elektronen angeordnet haben; soviel kann aber als sicher gelten, daß sie sämtlich in zweiquantigen Bahnen kreisen, und zwar in einer durch besondere Stabilität ausgezeichneten Konfiguration, denn der träge Charakter des Edelgases Neon besagt offenbar, daß von ihm bei keiner chemischen Reaktion Elektronen abgegeben oder aufgenommen werden. Dagegen streben im Sinne der Valenztheorie von KOSSEL die dem Neon vorausgehenden und folgenden Elemente danach, durch Aufnahme resp. Abgabe von Elektronen dieselbe besonders ausgezeichnete „Achterschale" zu erreichen, was ihren elektronegativen resp. elektropositiven Charakter erklärt (Näheres s. ds. Handb. Bd. XXIII).

Mit dem Neon findet die „L-Schale" des Atombaues, und damit die zweite Periode des natürlichen Systems, ihren Abschluß; bezüglich der nun folgenden dritten Periode können wir uns kurz fassen, da die Verhältnisse denen der eben besprochenen zweiten sehr ähnlich sind. Das elfte Elektron wird, da die 2_1- und 2_2-Bahnen durch acht Elektronen offenbar ebenso voll besetzt sind wie die 1_1-Bahn durch zwei Elektronen, in einer Bahn von neuem Typus, einer 3_1-Bahn, gebunden werden; dieses Elektron muß loser gebunden sein als das zuletzt eingefangene Elektron im Lithiumatom: Natrium ist stärker positiv als Lithium. Das zwölfte, dreizehnte und vierzehnte Elektron ist ähnlich gebunden wie das vierte, fünfte und sechste, an Stelle der 2_1-Bahnen begegnen wir hier 3_1-Bahnen und an Stelle der 2_2-Bahnen 3_2-Bahnen. Im Argon müssen wir annehmen, daß — wie in der Tabelle dargestellt — die zehn innersten Elektronen sich in Bahnen von demselben Typus bewegen wie diejenigen des Neonatoms, und die acht letzten Elektronen auch ihrerseits eine äußerst stabile Konfiguration bilden, in welcher 3_1- und 3_2-Bahnen, aber noch keine 3_3-Bahnen vertreten sind (vorläufiger Abschluß der „M-Schale").

32. Die Erklärung der langen Perioden. Die besondere Leistungsfähigkeit der BOHRschen Entwicklungen zeigt sich am klarsten in den nun folgenden Perioden, weil sie ein Verständnis dafür eröffnen, daß nun an Stelle der achtgliedrigen Perioden solche von 18 bzw. 32 Gliedern treten müssen.

Das neunzehnte Elektron im Kalium ist in einer 4_1-Bahn anzunehmen, ebenso das neunzehnte und zwanzigste im Kalzium; es handelt sich um die leicht abtrennbaren Valenzelektronen der beiden Elemente, welche bekanntlich ihren tieferen Analogen Natrium und Magnesium sehr weitgehend gleichen. Die auf das Kalzium folgenden Elemente von höherer Kernladungszahl haben aber in der dritten Periode keine Analogen (vgl. Tabelle 2); ihre Eigenschaften ändern sich auffallend wenig mit steigender Platznummer, ja in der Eisentriade (Eisen, Kobalt, Nickel) ist ein fast völliges Gleichbleiben der chemischen Eigenschaften zu verzeichnen. Erst das Ende der vierten Periode zeigt wieder starke Ähnlichkeit mit den Endgliedern der dritten Periode.

Der Grund hierfür ist nach der BOHRschen Theorie darin zu suchen, daß vom Skandium angefangen die neu hinzukommenden Elektronen nicht, wie wir es bisher fanden, in einer außenliegenden Gruppe angelagert werden, sondern daß jetzt mit steigender Kernladung eine der inneren Elektronengruppen des Atoms noch vollständiger ausgebaut wird; statt in vierquantigen Bahnen werden die Elektronen in dreiquantigen gebunden. BOHR konnte zeigen, daß beim Skandium (Kernladung 21) eine 3_3-Bahn einer festeren Bindung des neunzehnten Elektrons entspricht als eine 4_1-Bahn. (Auch dieses Elektron ist aber noch lockerer gebunden als die ersten achtzehn Elektronen, woraus die Fähigkeit des Skandiums, dreiwertig aufzutreten, folgt.) Auch die nächsthöheren Elemente werden Elektronen in 3_3-Bahnen besitzen, und zwar ist es wahrscheinlich, daß dadurch auch die vorher „geschlossene" Konfiguration der acht Elektronen in den 3_1-Bahnen und 3_2-Bahnen „geöffnet" und hierdurch die Bindung weiterer Elektronen in Bahnen dieser Typen ermöglicht wird; so daß beim Kupfer (Kernladung 29) bereits achtzehn Elektronen in den 3_1-, 3_2- und 3_3-Bahnen sich bewegen — endgültiger Abschluß der „M-Schale" — und eines in einer 4_1-Bahn. Dies erklärt, warum Kupfer eine gewisse Neigung hat, einwertig aufzutreten; doch müssen wir aus seiner Fähigkeit, auch zweiwertige Ionen zu bilden, schließen, daß die Gruppe der Elektronen in den dreiquantigen Bahnen noch nicht jenen Grad von Festigkeit erlangt hat, wie etwa beim Zink (Kernladung 30), das nur mehr zweiwertig, nicht dreiwertig auftreten kann.

Ziff. 32.   Deutung vom Standpunkt des RUTHERFORD-BOHRschen Atommodells.

Das Wesentliche der Auffassung liegt also darin, daß an Stelle der Besetzung der 3_1- und 3_2-Bahnen mit acht Elektronen allmählich eine Besetzung der 3_1-, 3_2- und 3_3-Bahnen mit achtzehn Elektronen tritt — also an Stelle von acht dreiquantigen Bahnen achtzehn dreiquantige Bahnen — und jetzt erst bis zum Periodenende die Auffüllung von acht außen gelegenen vierquantigen Bahnen erfolgt; die Zahl der verfügbaren Plätze in der vierten Periode muß demnach, ganz im Einklang mit den bekannten Verhältnissen des periodischen Systems, 18 betragen. Besonders gestützt wird diese Anschauung, abgesehen von den spektroskopischen Befunden, auf die hier, wie erwähnt, nicht eingegangen werden kann, durch das fast gleiche und sehr niedrige Atomvolumen dieser Elemente — sie liegen bekanntlich in den breiten Minima der Perioden der Abb. 1 — und ferner durch die Tatsache, daß gerade diese Elemente, bei denen infolge des allmählichen Überganges von einer symmetrischen Konfiguration von acht Elektronen zu einer anderen symmetrischen Konfiguration von achtzehn Elektronen ein Mangel an Symmetrie im inneren Atombau (den dreiquantigen Bahnen) angenommen werden muß, eine Reihe auffallender Eigenschaften besitzen, die eben durch diese Asymmetrie erklärbar erscheinen. Der Paramagnetismus, ebenso wie die Farbe der Ionen dieser Elemente, wird von BOHR zurückgeführt auf die im sonst sehr symmetrischen inneren Bau der Atome vorhandene „Wunde, von deren Entstehung und Heilung wir beim Fortschreiten in der Reihe der Elemente Zeugen sind". Dieselben auffallenden Eigenschaften sind schon im Jahre 1920 von LADENBURG an Hand eines großen Materials diskutiert und auf das Auftreten einer „Zwischenschale" von leicht verschiebbaren Elektronen zurückgeführt worden; die BOHRsche Theorie führt nun zu einem Verständnis der ihr in formaler Beziehung bereits sehr nahe kommenden Auffassung von LADENBURG. Betrachten wir z. B. den Fall des Kupfers; als einwertiges Ion besitzt es noch die symmetrische Gruppe der achtzehn dreiquantigen Bahnen, als zweiwertiges Ion fehlt ihm ein Elektron im Innenbau. Ganz entsprechend ist das einwertige Kupro-Ion farblos, das zweiwertige Kupri-Ion gefärbt. Auch die Fähigkeit der gerade hier in Frage stehenden Elemente, Ionen verschiedener Wertigkeitsstufen bilden zu können — bis zum Skandium haben die Ionen konstante Elektrovalenz —, wird von BOHR mit der Möglichkeit von Übergangsprozessen zwischen den Elektronen im Innern der nicht durch Symmetrie gefestigten Elektronengruppen erklärt.

Die fünfte Periode denkt sich BOHR durchaus in Analogie zur vierten gebaut; hier wird das 37. und 38. Elektron (Rubidium und Strontium) in 5_1-Bahnen gebunden, dann aber wird die Elektronengruppe mit vierquantigen Bahnen weiter ausgebaut; analog wie dieser Ausbau in der vierten Periode beim Kupfer beendet ist, so ist es hier in der fünften Periode beim Silber zu einem vorläufigen Abschluß gebracht durch Auftreten einer symmetrischen Konfiguration von achtzehn Elektronen in Bahnen der Typen 4_1, 4_2 und 4_3. Das Valenzelektron des Silbers ist wie das des Rubidiums in einer 5_1-Bahn gebunden. Am Ende der fünften Periode, im Xenon (Kernladung 54) haben wir bereits acht Elektronen in 5_1- und 5_2-Bahnen.

Ein Blick auf die Tabelle wird auch verständlich machen, wie BOHR die Erklärung für die doppelte Anomalie in der sechsten Periode gibt, wo sowohl die seltenen Erden wie die Platinmetalle die Änderung des chemischen Charakters mit steigender Ordnungszahl verzögern. Der nachträgliche Ausbau findet bei der Ausbildung dieser Periode nicht nur in den fünfquantigen, sondern auch noch in den (bereits einmal vervollständigten) vierquantigen Bahnen statt; hier sind zwei „Wunden", die geschlossen werden müssen. Daß die sechste Periode 32 Plätze hat, ist nach BOHR so zu verstehen, daß die endgültig ausgebaute vierquantige Gruppe („N-Schale") zweiunddreißig Elektronen in ihren vier

Untergruppen enthält, statt wie früher achtzehn in drei Untergruppen (= Zunahme von vierzehn Elektronen) und die fünfquantige Gruppe („O-Schale") von acht auf achtzehn Elektronen ansteigt (= Zunahme von 10), während die sechsquantige Gruppe („P-Schale") in der Emanation die Anordnung von acht Elektronen in der 6_1- und 6_2-Gruppe zeigt (= Zunahme von 8). Um vom Xenon zur Emanation zu kommen, sind also $14 + 10 + 8 = 32$ Elektronen nötig.

Die große Ähnlichkeit der seltenen Erden untereinander wird demnach sehr einleuchtend dadurch erklärt, daß in diesem Gebiet des natürlichen Systems die neu hinzukommenden Elektronen in eine relativ sehr tiefgelegene Gruppe — die vierquantigen Bahnen — eintreten, die außenliegenden Valenzelektronen also keine merkliche Änderung erleiden, da ja die Unterschiede zwischen den einzelnen seltenen Erden in der drittäußersten Gruppe gelegen sind; auch die Farbe und der Magnetismus der seltenen Erden — die bekanntlich im Gegensatz zu der Einförmigkeit ihrer chemischen Eigenschaften sehr charakteristisch sind — findet in der oben angedeuteten Weise eine befriedigende Erklärung. Die Platinmetalle entsprechen der Stelle, wo die fünfquantigen Bahnen komplettiert werden.

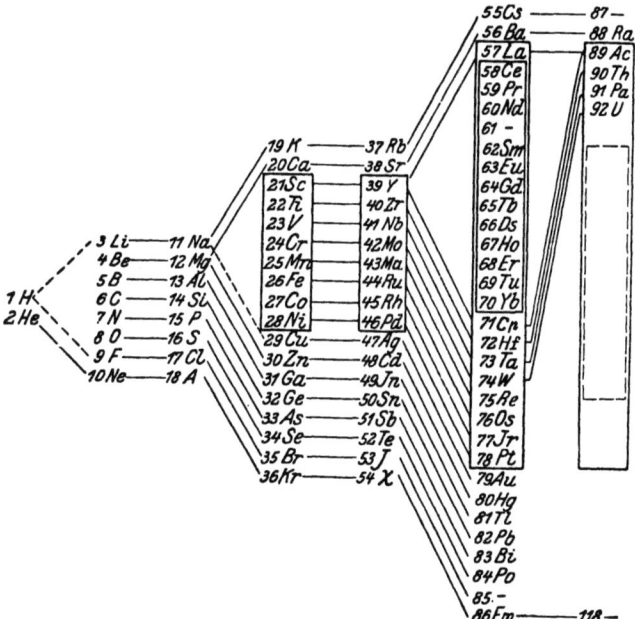

Abb. 12. Natürliches System der Elemente in Beziehung zum Atombau.

Der Anfang der siebenten Periode unterscheidet sich dadurch von der sechsten, daß in dem uns bekannten Stück keine Stoffe auftreten, die einander so ähnlich wären, wie die seltenen Erden; im übrigen bietet sie dasselbe Bild wie die fünfte Periode.

33. Tabelle des natürlichen Systems vom Standpunkt der BOHRschen Atomtheorie. Um die Verwandtschaftsbeziehungen zwischen den Elementen vom Standpunkt der entwickelten Theorie des Atombaues darzustellen, hat sich BOHR, im Anschluß an JULIUS THOMSEN[1]), des Schemas eines — vertikal geschriebenen — langperiodigen Systems mit Verbindungsstrichen (s. Ziff. 6) bedient, und darin immer jene Folgen von Elementen eingerahmt, in deren Atomen sich eine „innere" Elektronengruppe in einem Entwicklungsstadium befindet (s. Abb. 12). Die Einrahmung in der vierten Periode (21 Skandium bis 28 Nickel) deutet die oben besprochene endgültige Komplettierung der Gruppe von Elektronen in dreiquantigen Bahnen an; die Einrahmung in der fünften Periode (39 Yttrium bis 46 Palladium) entspricht der vorletzten Vervollständigung der Gruppe von vierquantigen Bahnen. Bei der sechsten Periode sind zwei Einrahmungen ineinander geschaltet; die innere (58 Zer bis 70 Ytterbium) weist auf die endgültige Komplettierung der Gruppe der vierquantigen Bahnen hin,

---
[1]) JULIUS THOMSEN, ZS. f. anorg. Chem. Bd. 9, S. 190. 1895.

die das fast völlige Stillstehen des chemischen Charakters beim Durchschreiten der Gruppe der seltenen Erden bewirkt; die äußere Umrahmung (57 Lanthan bis 78 Platin) bezeichnet das Gebiet, über welches sich der allmähliche Ausbau der fünfquantigen Bahnen erstreckt. Die Verbindungslinien zwischen den Elementen der verschiedenen Perioden sollen auf die vorhandene Analogie der chemischen und physikalischen Eigenschaften hinweisen; man beachte besonders, daß keine Verbindungslinien gezogen sind zwischen zwei Elementen, die eine ungleiche Stellung bezüglich ihrer Einrahmung einnehmen.

Es ist wichtig, im Auge zu behalten, daß die Einrahmungen nur die Elemente zusammenfassen, bei denen eine innere Elektronenschale im Ausbau begriffen ist, ohne Rücksicht auf Ähnlichkeiten in der Valenz, und daß für chemische Gruppierungen die Valenz maßgebender ist. So sind die seltenen Erden in erster Linie durch die Dreiwertigkeit verknüpft, die sich von Lanthan (57) bis zum Cassiopeium (71) erstreckt[1]). Da die N-Schale aber erst vom Cer (58) angefangen und nur bis zum Ytterbium (70) eine „Wunde" aufweist, geht auch die Einrahmung nur vom Element 58 bis zum Element 70; dies ist atomtheoretisch berechtigt und findet namentlich im spektroskopischen und magnetischen Verhalten eine Stütze, darf aber nicht dazu verleiten — wie es gelegentlich geschehen ist — Lanthan und Cassiopeium unter mißverständlicher Berufung auf BOHR nicht mehr zu den „seltenen Erden" zu rechnen. Wohl aber mußte beim Element 72, das zur Zeit der Aufstellung des BOHRschen Schemas noch unbekannt war, angenommen werden, daß es statt 3 bereits 4 Valenzelektronen besitzt, sich daher chemisch anders verhält als die seltenen Erden und mit dem Zirkon nahe verwandt ist. Diese Voraussage bildete den Anstoß zur Untersuchung von Zirkonmineralien mittels Röntgenspektroskopie und führte so zur Auffindung des Hafniums durch COSTER und v. HEVESY (s. Ziff. 5).

34. Die Ladung der Atomkerne; die Zahl der Kernelektronen. Aus den vorangegangenen Abschnitten ist ersichtlich, daß die Zahl und Anordnung der Elektronen nur von der positiven Ladung des Kerns abhängt. Wir müssen nach BOHR annehmen, daß ein Kern von einer bestimmten Ladung, wenn er zunächst auch von allen Elektronen entblößt ist, sich aus der Umgebung bis zur Neutralisierung der Kernladung Elektronen einfängt, die stets in denselben quantenmäßig bestimmten Bahnen kreisen und jene chemischen und physikalischen Eigenschaften hervorbringen, die wir an dem Element zu beobachten gewohnt sind. Ein solcher Vorgang des Einfangens von Elektronen geht tatsächlich vor sich, wenn die α-Strahlen ihre Geschwindigkeit so weit verlangsamt haben, daß sich Elektronen anlagern können (s. ds. Handb. Bd. XXIV); dadurch entstehen dann normale Heliumatome, in welchen jeder Kern von zwei Elektronen in 1_1-Bahnen umkreist wird (s. Ziff. 31). Die Kerne der höheren Atome kommen unter irdischen Verhältnissen wegen der starken Anziehung ihrer Ladung nicht frei von Elektronen vor, doch müssen wir annehmen, daß auch bei ihnen der Aufbau des Atoms von dem nackten Kern aus in derselben Weise möglich wäre.

Die positive Kernladung, von der in der geschilderten Weise das gesamte chemische und physikalische Verhalten des Elementes regiert wird, kommt dadurch zustande, daß im Kern die positiven Bausteine die negativen überwiegen. Daß auch negative Bausteine (Elektronen) im Kern vorhanden sind, zeigen besonders deutlich die unter primärer β-Strahlung zerfallenden radioaktiven Substanzen (s. Kap. 3). Als positive Bausteine sind experimentell α-Teilchen

---

[1]) Sogar die weit entfernt stehenden Elemente Skandium (21) und Yttrium (39) werden wegen der sehr ähnlichen Valenzverhältnisse meist noch zu den seltenen Erden gerechnet; die Elemente Lanthan bis Cassiopeium bezeichnet man dann als seltene Erden im engeren Sinn, oder als „Lanthangruppe", oder als „Lanthaniden" (V. M. GOLDSCHMIDT).

(Heliumkerne) und Protonen (Wasserstoffkerne) nachgewiesen (s. Ziff. 24); vermutlich sind die α-Teilchen aber nicht einfach, sondern selber aus vier Protonen und zwei Elektronen zusammengesetzt. Daß die Masse eines Heliumatoms (4,00) wesentlich geringer ist als die von vier Wasserstoffatomen (4 · 1,008 = 4,032), ist im Sinne der Relativitätstheorie wahrscheinlich so zu deuten, daß bei der Aggregation der vier Wasserstoffatome zu Helium unter Masseverlust große Energiemengen frei geworden sind („Packeffekt"); diese müßten bei der Zerlegung des Heliums wieder aufgewendet werden, und zwar läßt sich berechnen, daß dazu etwa dreimal so viel Energie erforderlich wäre, als sie ein α-Teilchen von Radium C besitzt. Dies erklärt, warum die künstliche Zertrümmerung der Heliumkerne bisher noch nicht gelungen ist und warum sie auch beim Zerfall der radioaktiven Atome intakt als α-Strahlen entweichen. Daß sie auch in leichteren Atomen als Bausteine vorhanden sind, wird dadurch wahrscheinlich gemacht, daß häufig die Gewichtsdifferenz der Atomarten auch leichter Elemente — und zwar im allgemeinen zweier nicht unmittelbar benachbarter (vgl. die Verschiebungsregel für α-Strahlen, Ziff. 25) — vier Einheiten beträgt; z. B. C = 12, O = 16, Ne = 20, Mg = 24, Si = 28, S = 32. Da aber zwischen unmittelbar aufeinanderfolgenden Elementen die Differenz oft nur 1 bzw. 3 ausmacht, müssen wir auch aus diesem Grunde neben Helium noch auf einen leichteren materiellen Bestandteil des Kerns zusammengesetzter Atome schließen, als welcher unter den uns bekannten Elementen nur Wasserstoff in Betracht kommen kann.

Wenn wir zur Vereinfachung der folgenden Betrachtungen die Zusammengesetztheit des Heliumkerns als sicher ansehen, also als letzte Bausteine nur Protonen und Elektronen annehmen, können wir die **Zahl der Kernelektronen** n aus dem Atomgewicht A und der Kernladung N nach der Gleichung

$$N = A - n$$

berechnen; denn beim Proton, dem einfach positiv geladenen H-Atom als Baustein, ist $A = 1 = N$, und bei den höheren Atomen bleibt die Kernladung um so viel hinter dem Atomgewicht zurück, als Kernelektronen zur Neutralisation der Ladung der Protonen vorhanden sind.

Beim Helium und den anschließenden Elementen bis etwa zur Kernladung 20 ist meist $N = \dfrac{A}{2}$ (s. Ziff. 2 und Tab. 5), also auch $n = \dfrac{A}{2}$. Die Kerne dieser Atome enthalten demnach halb so viel Elektronen als Protonen. Dieses **Verhältnis Kernelektronen zu Protonen** $\left(\dfrac{n}{A}\right)$ ist nie kleiner als 0,5 und steigt mit steigender Kernladung an, da bei den höheren Elementen das Atomgewicht mehr als das Doppelte der Kernladung beträgt. Beim Uran erreicht es den Maximalwert 0,61. Es gilt demnach $0,5 \leq \dfrac{n}{A} \leq 0,61$[1]).

Eine Durchmusterung der einzelnen Atomarten zeigt, daß n meist eine gerade Zahl ist, denn A und N sind meist entweder beide gerade oder ungerade Zahlen. Der HARKINSschen Regel, daß Atome mit gerader Ordnungszahl überwiegen (s. Ziff. 21), kann also die neue an die Seite gestellt werden, daß auch eine **gerade Anzahl von Kernelektronen häufiger ist als eine ungerade**. Diese Regel trifft unter den bisher untersuchten Fällen etwa 85 mal zu und versagt 13 mal; zu den — wegen der Häufigkeit der betreffenden Atomarten — wichtigsten Ausnahmen gehören Stickstoff, dessen einzige Atomart ungerade Kernladung (7)

---

[1]) Näheres siehe z. B. bei Mme PIERRE CURIE, L'isotopie et les éléments isotopes. Paris 1924. Vgl. auch W. KOSSEL, Phys. ZS. Bd. 20, S. 265. 1919.

und gerades Atomgewicht (14) hat, und Magnesium$_{(25)}$ und Silizium$_{(29)}$, welche Atomarten ungerades Gewicht trotz gerader Kernladung zeigen.

35. Isotope und Isobare. Protonen und Elektronen müssen im Kern in solcher Anzahl miteinander verbunden sein, daß als algebraische Summe die betreffende Kernladung herauskommt. Die Lösung dieser Aufgabe ist mathematisch auf unendlich viele Arten und auch physikalisch oft auf mehr als eine möglich, wie die Existenz der Isotope beweist. Isotope haben dieselbe Ordnungszahl, also dieselbe Kernladung; da sie — in der weit überwiegenden Zahl der Fälle — verschiedenes Gewicht haben, müssen wir im Sinn der Atomtheorie annehmen, daß der Kern des schwereren Isotops einen gewissen Mehrbetrag an Protonen enthält, deren Ladung aber nicht zur Geltung kommt, da sie durch die gleiche Zahl von Elektronen kompensiert ist. Daß darin der Unterschied zwischen den Isotopen liegt, zeigt sich besonders deutlich innerhalb einer und derselben radioaktiven Zerfallsreihe, wenn nach Aussendung eines α-Teilchens (= 4 Protonen und 2 Elektronen) und zweier β-Teilchen (= 2 Elektronen) ein Isotop auftritt (s. Ziff. 25).

Die Verschiedenheit der Isotope erstreckt sich fast immer auf die Masse und ist bei den inaktiven Elementen nur dann nachweisbar; im Gebiet der radioaktiven Elemente kennen wir aber auch vereinzelte Fälle — z. B. Uran Y und Ionium (s. Kap. 3) —, wo der Unterschied bloß im radioaktiven Verhalten liegt; so ist Uran Y β-strahlend und Ionium α-strahlend, während beide dieselbe Kernladung (90) und dasselbe Atomgewicht (230) besitzen. Allgemein müssen wir daher in der Sprache der Atomtheorie sagen: **Isotope sind Atome, die gleiche Kernladung und verschiedene Kernstruktur haben.**

Isobare haben dieselben Atomgewichte, also dieselbe Anzahl von Protonen; da sie aber verschiedene Kernladung haben, muß die Anzahl ihrer Kernelektronen verschieden sein. Auch hier werden die Verhältnisse in den radioaktiven Zerfallsreihen am deutlichsten. Durch Aussendung eines Kernelektrons als β-Teilchen geht z. B. das Radium D, eine Bleiart, in das isobare Radium E, eine Wismutart, über. Atomtheoretisch sind also **Isobare als Atome zu definieren, die die gleiche Anzahl von Protonen und verschiedene Anzahl von Kernelektronen besitzen.**

36. Atomtheoretische Definition des chemischen Elementes. Die oben (Ziff. 10) besprochene Definition des chemischen Elements ist für den praktischen Gebrauch wohl die zweckmäßigste, da sie sich auf jenes Merkmal stützt, welches den eigentlichen Grund für die Beibehaltung des chemischen Elementbegriffs auch in der heutigen Zeit bildet, nämlich die Unzerlegbarkeit durch chemische Verfahren. Sie ist aber insofern nicht ganz scharf, als die Unterscheidung zwischen chemischen und physikalischen Verfahren bis zu einem gewissen Grade willkürlich ist, und bietet auch den Nachteil, daß sie bei jener kleinen — und praktisch nicht sehr wichtigen — Gruppe von Stoffen, welche überhaupt keine chemischen Eigenschaften zeigen, den Edelgasen, naturgemäß nicht zur Entscheidung der Einheitlichkeit herangezogen werden kann.

Die Atomtheorie gestattet es uns, die Elementdefinition schärfer zu fassen, wenn wir uns dabei auch von dem eigentlichen chemischen Sinn des Begriffes weiter entfernen. Wir können ganz streng sagen: **Ein chemisches Element ist ein Stoff, dessen sämtliche Atome gleiche Kernladung haben.** Diese Definition ist zum Unterschied von der früheren, unmittelbar auf ein experimentelles Merkmal gestützten, mehr theoretisch; über die Art und Weise, wie in jedem einzelnen Fall die Einheitlichkeit der Kernladung festgestellt wird, ist in ihr nichts gesagt. Dies kann durch Bestimmung der Kernladung mit Hilfe der charakteristischen Röntgenstrahlung erfolgen; indirekter, aber meist einfacher und in vielen Fällen nicht weniger sicher, durch den Beweis der chemischen Unzerlegbarkeit; bei den Edelgasen durch die Unveränderlichkeit des Spektrums bei allen Fraktionierungsversuchen usw.

Die Begriffe des „Reinelements" und „Mischelements", die von keiner praktischen Bedeutung sind, sind schon oben (Ziff. 10) atomtheoretisch definiert worden.

37. Die Struktur und Stabilität der Kerne. Während die RUTHERFORD-BOHRsche Atomtheorie über den Bau der Elektronenhüllen bereits ziemlich viel aussagen kann, sind unsere Kenntnisse über den Aufbau der Kerne noch äußerst gering. Wenn man sie sich nur aus Elektronen und Protonen zusammengesetzt denkt (vgl. Ziff. 34), kommen als Strukturelemente in räumlicher Beziehung praktisch nur die Elektronen in Betracht, während gewichtsmäßig wiederum diese gegenüber den Protonen zu vernachlässigen sind und die Ladung natürlich bei beiden berücksichtigt werden muß. Man vergleiche folgende Zusammenstellung der Konstanten:

	Masse	Ladung	Radius
Proton	$1,6 \cdot 10^{-24}$ g	$+ 4,77 \cdot 10^{-10}$ El. stat. E.	$1,03 \cdot 10^{-16}$ cm
Elektron	$9 \cdot 10^{-28}$ g	$- 4,77 \cdot 10^{-10}$ El. stat. E.	$1,9 \cdot 10^{-13}$ cm

Die Gesamtzahl der Protonen und Elektronen läßt sich bei jedem Kern aus Atomgewicht und Ordnungszahl erkennen. Es ist aber sehr unwahrscheinlich, daß die Elektronen und Protonen unverbunden nebeneinander liegen; nicht nur die unter α-Strahlung zerfallenden radioaktiven Elemente, sondern wahrscheinlich auch die inaktiven enthalten als unmittelbare Bausteine Heliumkerne (s. Ziff. 34). Die Kerne überraschend vieler Atomarten, namentlich im Beginn des natürlichen Systems, lassen sich rein aus solchen Heliumkernen aufgebaut denken; es sind jene, deren Atomgewichte durch 4 teilbar sind, und deren Kernladungen halb so groß wie ihre Atomgewichte sind. Wenn zwar die erste, nicht aber die zweite Bedingung erfüllt ist — die Abweichung liegt immer in der Richtung zu niedriger Kernladung (s. Ziff. 2 u. 34) —, müssen wir neben den Heliumkernen noch Elektronen annehmen. Schließlich gibt es aber auch zahlreiche Atomarten, deren Gewichte nicht durch 4 teilbar sind; diese müssen einzelne Protonen enthalten.

Es sind von verschiedenen Seiten Versuche gemacht worden, nähere Vorstellungen darüber zu entwickeln, wieviel Heliumkerne und wieviel unverbundene Protonen und Elektronen die radioaktiven und inaktiven Elemente in ihrem Kern besitzen und wie die Anordnung dieser Teilchen ist. Im allgemeinen nimmt man so viel Heliumkerne als mathematisch möglich und nur den Rest der materiellen Bausteine als Protonen an. Jeder Heliumkern verbraucht zwei Kernelektronen; von den nicht in dieser Weise in Heliumkernen untergebrachten Kernelektronen ist es wahrscheinlich, daß sie — mindestens zum Teil — zu bestimmten Heliumkernen in so naher räumlicher Beziehung stehen, daß man sie mit ihnen zu „Neutralteilchen" (bestehend aus Helium^{++} und zwei Elektronen) zusammenfassen kann. Ähnliche Neutralteilchen kann man auch aus den einfach positiven Wasserstoffkernen und je einem Elektron gebildet denken. Durch solche Vorstellungen ist es LISE MEITNER[1]) gelungen, verschiedene Regelmäßigkeiten des radioaktiven Zerfalls verständlich zu machen; das häufige Aufeinanderfolgen zweier β-strahlender Substanzen auf eine α-strahlende ist nach ihr so zu verstehen, daß ein Neutralteilchen zuerst den Heliumkern verliert und daß die übrigbleibenden Elektronen dann so instabil sind, daß sie bald darauf in Form von β-Strahlen emittiert werden müssen. Die stets besonders kurze Lebensdauer

---

[1]) LISE MEITNER, ZS. f. Phys. Bd. 4, S. 146. 1921.

des zweiten β-Strahlers [STEFAN MEYER[1])] paßt gut zu dieser Hypothese. Betrachtungen über die Häufigkeit der Atomarten haben FAJANS[2]) dazu geführt, auch für die inaktiven Elemente einen ähnlichen „Instabilitätssatz" aufzustellen, nach welchem alle Atomarten, deren Kerne negative Elektronen enthalten, die keinem Neutralteil angehören, instabil sind. Die relative Seltenheit der Isobare (s. Ziff. 12) hängt jedenfalls mit dieser Regel zusammen.

Ähnlich wie jedes Atom aus einer äußeren Elektronenhülle und aus einem Kern besteht, ist wahrscheinlich auch im Kern selbst noch eine Unterscheidung zwischen seinen peripheren Teilen und dem „Kernrest" — in der englischen Literatur „core" genannt — notwendig. So hat RUTHERFORD die Hypothese aufgestellt, daß die H-Teilchen, welche durch α-Strahlen herausgeschossen werden können (s. Ziff. 26), schon vorher nur als „Trabanten" des Kernrestes vorhanden waren[3]). Ähnlich könnte man die stabilen Endprodukte der radioaktiven Zerfallsreihen als Kernreste ansehen, deren Trabanten im Lauf der radioaktiven Umwandlungen sämtlich ausgeschleudert worden sind. Von einer ganz anderen Seite her ist ASTON auch zu der Vermutung eines Kernrestes geführt worden; daß die Isotope des Zinns untereinander genau ganzzahlig sind, alle aber gegenüber der Skala der ganzzahligen Atomgewichte der anderen Elemente etwas zurückbleiben (s. Ziff. 11), möchte er so erklären, daß alle Zinnisotope einen Kernrest gemeinsam haben, der für den geringen Massedefekt verantwortlich ist[4]). Wenn man annehmen darf, daß ein solcher Kernrest gleichzeitig für die Stabilität des Atoms in erster Linie maßgebend ist, wäre es auch verständlich, warum in der Häufigkeit der Isotope eines und desselben Elementes nur relativ geringe Schwankungen möglich sind, verglichen mit den Schwankungen, welche die verschiedenen Elemente untereinander in ihrem Vorkommen zeigen (s. Ziff. 22). Die Annahme verschiedener „Kernniveaus" wird auch durch die Beziehungen der aus dem Kern kommenden β- und γ-Strahlen nahegelegt (s. Kap. 2D).

Trotz dieser und ähnlicher erfolgversprechender Versuche sind wir aber noch weit davon entfernt, Kernmodelle entwerfen zu können. Da uns noch gar nichts Sicheres über die Gültigkeit oder Ungültigkeit der physikalischen Gesetze in den verschwindend kleinen Dimensionen des Kernes bekannt ist, sind wir vorläufig auf die Feststellung von statistischen Regeln angewiesen, und wir kennen den Grund nicht, warum etwa die Elemente mit gerader Ordnungszahl beständiger sind als die mit ungerader (Ziff. 21 u. 26), warum die Isotope eines Elements sich voneinander maximal um einen Betrag von acht Protonen und nicht stärker unterscheiden können, oder warum Elemente mit ungerader Ordnungszahl höchstens zwei, Elemente mit gerader Ordnungszahl höchstens acht Isotope besitzen (Ziff. 9 u. 22). Wenn man einmal über die Kräfte, die den Zusammenhang der Kernbausteine bewirken, etwas wird aussagen können, dann wird wohl auch Licht in die noch völlig ungeklärte Frage der Genesis der inaktiven Elemente kommen: Ob sie als Fortsetzung der radioaktiven Zerfallsreihen durch Abbau entstanden sind oder ob sie bei der ursprünglichen Bildung der Materie aus Protonen und Elektronen in einem früheren Kondensationsstadium, als die schweren radioaktiven Atome, stehengeblieben sind. Die heutige Atomtheorie bietet hierfür noch keine Lösungen, doch hat sie bereits wesentlich zur Präzisierung dieser Fragen beigetragen, indem sie sie sämtlich als zur Physik des Kernes gehörig erkannt hat.

---

[1]) STEFAN MEYER, Wiener Ber. Bd. 124, S. 249. 1915.
[2]) K. FAJANS, Radioaktivität usw. S. 93. 4. Aufl. Braunschweig 1922.
[3]) E. RUTHERFORD u. J. CHADWICK, Phil. Mag. Bd. 42, S. 809. 1921.
[4]) F. W. ASTON, Isotopes S. 140 2. Aufl. London 1924.

Sachverzeichnis.

α-Strahlen, Ablenkbarkeit 113.
—, Atomgewicht 121.
— großer Reichweite 160.
— als Heliumkerne 113ff.
—, Ladung 8, 119.
—, Masse 120.
— ohne γ-Strahlen 139.
— photogr. Bahnen 92.
—, Reflexion 89, 163, 164, 167.
—, spez. Ladung 114.
—, Streuung 83ff.
—, Wesensgleichheit mit Helium 121, 123.
—, Zahl von Ra 207.
—, Zahl von Th und U 210.
—, Zahl von ThC 210.
Abklingungskurven, radioaktive 202ff.
Abkühlungszeit der Erde 295.
Ablenkungswinkel, wahrscheinlichster, bei α-Strahlen 83, 89.
Ablösungsarbeiten 132, 138, 518.
Abschirmungskonstante 504.
Absorbierender Querschnitt für langsame Elektronen 403.
Absorption, innere 142.
Absorptionsstreifen, Einfluß auf die Dispersion 490.
Abstoßungskräfte, Würfelatom 456.
Abzweigungsverhältnisse, radioaktive 206.
Actinium 260, 281.
— A 263.
— B 263.
— C 263. 264.
— D 264.
— X 262.
Actiniumemanation 262.
—, Messung 228.
—, Niederschlag 186, 263.
Actiniumreihe 221ff.
Actinon 262.
Acton 262.
Adsorption radioakt. Stoffe 287.
Alter der Erdkruste 290.
Anisotropie des Moleküls 493.
Anziehungskräfte in Kristallen 437.

ASTONscher Massenspektrograph 104.
Atomarten, Häufigkeit 544.
Atomdurchmesser 501ff.
Atomgewichte, Ganzzahligkeit 533.
—, Abweichung bei Wasserstoff 533.
Atomkerne, Abstände im Molekül 470, 475.
—, Aufbauformeln 128. 169.
—, β-Strahlen 130.
—, Kraftgesetze 126, 171ff.
—, Ladung 83ff.
—, Lage im Molekül 458.
—, Masse 101.
—, Niveaus 173f, 563.
—, Quantenübergänge 139.
—, Radius 85, 124, 127, 171ff.
—, Schwingungsquantenzahl 463f.
—, Schwingungszahl isotop. Mol. 468.
—, Stöße 157.
—, Struktur 124, 562.
—, Umordnung im 140.
—, Zerfall, Gesetzmäßigkeiten 127.
— —, künstlicher 146ff.
— —, radioaktiver 179ff.
Atommodell, THOMSON 83.
—, RUTHERFORD 84ff.
Atomstrahlen, Ablenkung von 403.
Atomvolumina 522.
—, homolog. Elem. 516.
—, Kurve 513, 523.
Atomzertrümmerung, Energieverhältnisse 126, 170ff.
—, Methoden 146ff.
—, Zusammenhänge mit period. Syst. 548ff.
Austauschreaktionen und Fällungsvorgänge 284.
Auswahlregeln 463.

β-Strahlen aus dem Kern 130.
—, Energie 131, 144.
— ohne γ-Strahlen 139.
—, primäre 129ff.
—, sekundäre 132.
—, Wärmewirkung 216.
—, Zahl 210.
β-Strahlspektrum, Beziehung zur γ-Strahlung 137.

β-Strahlenspektrum, kontinuierliches 130, 131.
—, Tabellen 133ff.
Bandenlinien, Frequenzen 464.
Bandenspektren, Analyse 465.
Bandensysteme 463.
Beweglichkeit gelöster Teilchen 409; s. auch Ionenbeweglichkeit.
Bleiwasserstoff 288.
BOHRsches Magneton 480.
BOLTZMANNsches Prinzip 386.
BRAGGsche Regel 394, 500.
BROWNsche Bewegung 39.

Charakteristische Röntgenstrahlung 93.
Chemische Elemente, Anzahl 522.
— —, Bausteine 547.
— —, Definition 532.
— — s. a. Elemente.
— Konstante 474.
Chlorisotope 540.
COULOMBsches Gesetz, Gültigkeitsgrenzen 126, 171.
Curie 223.

δ-Strahlen 211.
Dämpfungskonstante 497.
Deckungssphäre 397.
DEMPSTERs Methode der Massenbestimmung 110.
Deviationsmomente, elektr. 442.
Diamagnetismus 495.
Dielektrizitätskonstante, Temperaturabhängigkeit 484.
Diffusionskoeffizient der Ionen 335.
—, Tabellen 337, 338.
Diffusionskonstante 410.
Dipol, Potential 441.
Dipolmoleküle 449.
Dipolmomente 484, 486ff.
Dipolsubstanzen, dielektr. Eigenschaften 482ff.
Dispersionsformel, HAVELOCKsche 491.
Drehimpuls, mechanischer 480.

Drehimpuls, Quantengewicht 471.
Dualer Zerfall 270.
Dünne Schichten 425ff.

e/m für α-Strahlen 118.
— für Elektronen 41, 60.
— für H-Strahlen 157.
EIFFELsche Winddruckformel 380.
Elektrizität, atomistische Struktur 19.
Elektrizitätsleitung in Flammen 308.
Elektrizitätsträger 309.
Elektrizitätszerstreuung 307.
Elektromagn. Masse des Elektrons 47.
Elektron 3.
Elektronen, Anlagerung 373.
—, Affinität 373.
—, Bau der Hülle 480ff., 552.
—, Drehimpuls 461, 481.
— Erzeugung 44.
—, freie im Gas 372.
— im Kern 169, 559.
—, Ladung 5ff.
—, lichtelektrische 73.
—, Masse 41, 47, 61ff.
—, Moment 461.
—, Phasenbeziehungen 443, 445.
—, Radius 81.
—, Ruhemasse 76.
—, spez. Ladung 41.
—, Theorie 72.
—, Umlaufsfrequenz 463.
Elementarquant 5ff., 27.
Elemente, Definition 532, 561.
—, fehlende 528.
—, Elektroneneigenschaften 552.
—, Kerneigenschaften 552.
—, Tabelle 521.
—, Verteilungsgesetz, geochemisches 294.
—, Verwandlung 146ff.
—, Vorkommen 543, 544.
Eman 223.
Emanationen 249, 262, 268.
—, Aktivitätsanstieg 188.
Emanationseinheiten 223.
Emanationsmeßmethoden 224.
Emanierungsvermögen 252, 288.
Emilium 273.
Erdinneres, Zusammensetzung 542.
Erdkruste, Alter 290.
Erdrevolutionen 295.
EÖTVÖSsches Gesetz 423.
Explosionshypothese 175.
Exponentialgesetz des radioakt. Zerfall 180.

Fallgesetz von STOKES 13.
— kleinster Teilchen 29ff.
Fällungsregel 285.
Faraday-Konstante 4, 112.
Fester Körper, Schmelzen 416.
Flüssigkeiten, Verdampfungswärme 417.
—, Phasenvolumen 418.
Fontaktometer 226.

γ-Strahlen 129ff.
—, Absorptionsprozeß 132.
—, Eichung durch 229.
—, Energie 144.
—, monochromatische 133.
—, Niveauschemata 141.
—, Wärmewirkung 216.
—, Wellenlänge 137, 141.
—, Zahl 213.
γ-Strahlung, Absorptionstabellen 234.
— u. Höhenstrahlung 145.
Gasionen s. Ionen.
GAUSSsches Fehlergesetz 182.
GEIGER-NUTTALLsche Beziehung 125, 205.
Gesteine, Radium und Urangehalt 291ff.
Gitterabstand in Kristallen 393.
Glühelektronen 45, 53.

H-Satelliten 159.
H-Strahlen 147, 157.
—, Ausbeute an 165, 172.
—, Emissionsrichtung 176.
—, phot. Wirkung 168.
—, Reichweite 159.
—, Zahl 159.
Hafnium 524, 559.
Halbwertzeit 180.
HARKINsche Regel 544.
Häufigkeit der Atomarten 544, 545.
— der Elemente 542.
Hauptträgheitsmoment 451, 460.
Helium, Entdeckung 121.
— in Mineralien 121, 297.
Heliumkerne als Atombestand 169, 562.
—, Radius 125.
—, Zusammensetzung 560.
Heliummenge aus Radium 121ff., 209.
— in Mineralien 297.
Heliumquellen 298.
Hibernium 273.
Höhenstrahlung 145.

Indikatorenmethode 287.
Induktionseffekt 447, 450, 483.

Innere Absorption 142.
— Reibung 404.
— — bei Flüssigkeiten 414.
— — von Lösungen 413.
Ionen 307ff.
—, Abstände 500, 503.
—, Adsorption 346.
—, Altern von 345, 376.
—, artfremde 331.
—, Beweglichkeit 312ff.
—, Diffusion 335.
—, doppelt geladene 368.
—, Größe 502ff.
—, Größenänderung 372.
—, große 368, 378.
—, Hydratationswärme in Lösungen 424.
—, Kondensation von Dämpfen 382f.
—, Kräfte 354.
—, Ladung 5ff., 17, 366ff.
—, magn. Ablenkung 321.
—, Masse 369f.
—, mehrfache Ladung 367, 368.
—, polare Unterschiede 371.
—, Radius 369, 508.
—, Valenz 368.
— versch. Urspr. 333f.
—, Wiedervereinigung 340f.
Ionenbeweglichkeit 312ff.
—, Abhängigkeit vom Druck 325.
— — von der Feldstärke 327.
—, — vom Sättigungsgrad 327.
—, — von der Teilchengröße 354.
—, — von der Temperatur 326.
—, abnorm große 328.
—, abnorm kleine 332.
— aus Strom-Spannungskurven 321.
— in Gasgemischen 330.
—, Tabellen 323, 324, 354, 356, 359, 362, 370.
—, Theorie 349ff.
Ionendiffusion, Theorie 363ff.
Ionenkonstanten, kinetische Theorie 349ff.
Ionentheorie 308, 310.
Ionenwind 322, 379.
Ionenwolke 6.
Ionisation in Kolonnen 341.
Ionisierung 309ff.
Ionisierungsarbeit 518.
Ionium 243.
Ionometer 228.
Isobare 102, 534, 561, 563.
Isomorphismus bei Austauschreaktionen 284.
Isostatische Schicht 295.
Isotope 282, 561.

Isotope, Definition 529.
— gleicher Masse 537.
— höherer Ordnung 186.
—, Mengenverhältnis 535.
—, Tabellen 530, 531.
—, Trennung 535ff.
Isotopeneffekt bei Borbanden 469.
Isotopie 101, 529, 561.

Kalium, Radioaktivität 272.
Kanalstrahlenparabeln nach THOMSON 103.
Kathodenstrahlen, Geschwindigkeit 45.
Kerne s. Atomkerne.
Kernelektronen 169, 559.
Kerreffekt 490.
Konstante, chemische 474.
Konzentrationsschwankungen in radioakt. Lösungen 202.
Kräfte im Molekül 391.
Kraftgesetze in Kernnähe 171, 175.
Kristalle, Anziehungskräfte in 439.
—, flüssige 433.
—, Gitterenergien 439.
Kritische Daten 399.

Ladung des α-Teilchens 119ff.
— der Ionen 5ff., 366ff.
—, spezifische s. e/m.
—, Verhältnis zur Masse bei α-Strahlen 114ff.
—, — bei Atomtrümmern 157.
—, — bei Elektronen 41ff.
Langevinionen 334.
Lebensdauer, mittlere 180.
LENARDsches Fenster 51.
Lichtelektr. Auflagung 18.
— Effekt an ultramikr. Metallteilchen 28.
— Elektronen 73.
Lichtzerstreuung in Gasen 488.
LORENTZ-EINSTEINsche Theorie des Elektrons 72.
LOSCHMIDTsche Zahl 41, 112.
Mache-Einheit 223.

Magnetisches Moment 480.
Magneton 480.
Masse des α-Teilchens 120.
— des Elektrons 41, 47ff.
—, elektromagnetische 47.
—, longitudinale 47.
—, transversale 47.
Massenbestimmung von He und H_2 109.
Massenspektrum bei Atomzertrümmerung 157.
— nach ASTON 108.

Massenspektrum nach DEMPSTER 110.
Masurium 524.
Mc COYsche Zahl 223.
Mesothor 265ff., 281.
Mesothorpräparate, Gehaltsbestimmung 229ff.
Metallkristalle 438.
Meteorite 542.
MILLIKAN, Elementarquant 19ff.
Mineralien, Altersbestimmungen aus dem Bleigehalt 298.
—, — aus Heliumgehalt 297.
—, — aus pleochr. Höfen 303.
—, Wärmeentwicklung 292.
Mischelemente 532.
Molekularpolarisation 450, 482, 483.
Molekularrefraktion 450, 482, 494.
Molekularvolumen und Ionengröße 499.
Moleküle, Anisotropie 491.
—, chemischer Begriff 386, 389.
—, Dreh- und Schwingungsbewegung 458.
—, Durchmesser Tab. 436.
—, Größe 434, 477, 537.
—, komplexe 385.
—, Kräfte im — 391.
— in Kristallen 388.
—, Polarisierbarkeit 488.
—, Präzession der Achse 463.
—, Rotation 458.
—, Schwarmbildung 398.
—, Schwingungen der Atome im — 460.
—, Symmetriezahl 474.
—, Trägheitsmoment 458.
—, Wirkungssphäre 398.
Molekülgitter 390.
Molekülhaufen 369.
Molekülion 369.
Molekülkomplexe 369.
Molisierungskoeffizient 340.
Moment, magnetisches 480.
Monazitsand 284.
Monomolekulare Schichten 427.
MOSELEYsches Gesetz 97.

Natürliches System 520ff., Tab. 525, 527, 558.
Nebelmethode 6, 381.
Nebenvalenzen 390.
Neonisotope 540.
Niederschläge, aktive 186, 253ff.
Normale Triplets 58.
Normallösungen, radioaktive 223.

Oberflächenenergie 421, 422.
Oberflächenspannung 421.
Ordnungszahl 83ff., 520ff., 551.
—, Tabelle 521.

Packeffekt 560.
Parabelmethode zur Massebestimmung 102.
Paramagnetismus 480.
Pechblende 237, 279.
Periodische Eigenschaften im System der Elemente 520ff.
Phasenvolumen von Flüssigkeiten 418.
Pleochroitische Höfe 303.
POISSONsches Gesetz 182.
Polonium 256.
Poloniumeinheit 224.
Poloniumwasserstoff 281.
Protactinium 259, 281.
Protone 101, 169, 560.
— s. auch H-Strahlen.
PROUTsche Hypothese 101.

Quantengewicht 459.
Quantenübergänge im Kern 139.
Quadrupole 449.
—, Potential 441.
Quecksilberisotope, Trennung 538ff.
Querschnitt, absorbierender 402.

Radioactinium 261.
Radioaktive Mineralien 121.
— Restatome 332.
— Stoffe, s. Radioelemente.
— Tabellen 221, 273.
— Verschiebungssätze 551.
Radioaktives Gleichgewicht 184.
Radioaktiver Zerfall, Grundgesetz 179ff.
Radioaktivität 179ff.
—, Bedeutung für Erde 289ff.
—, — für chemische Untersuchungsmethoden 278ff.
—, Nachweis und Messung 222ff.
Radiochemie 287.
Radioelemente 235ff.
—, Adsorption 285.
—, Ausfällung 286.
—, Austauschreaktionen 284.
—, Fällungsregeln 285.
—, als Indicatoren 287ff., 537.
—, isotope 282ff., 548.
—, Nachweis 222ff., 278.
—, Vorkommen 235ff., 291.
—, Wärmewirkung 214ff.
Radiothor 267.
Radium 244ff.

Radium, Anstieg aus Uran 203.
—, chemische Eigensch. 247.
—, Darstellung techn. 245.
—, Einheit 223, 230.
—, Verhältnis zu Uran 247.
—, Vorkommen 235ff., 291.
—, Zerfall 248.
Radium A 254.
— B 254.
— C 205, 254.
— D 255.
— E 256.
— F 255.
— G 258.
Radiumemanation 249ff.
— im Gleichgew. m. Ra 210.
—, Löslichkeit 251.
—, Niederschlag 188, 253.
—, Zerfall 205, 252.
Radiumpräparate, Gehaltsbestimmung 229ff.
Radon 249.
Raumerfüllung der dichtesten Kugelpackung 401.
Reibung s. innere Reibung.
Reinelemente 532.
Restatome, radioaktive 332.
Restionisation 312.
Rhenium 524.
Richteffekt 447, 483.
Röntgenstrahlung, charakteristische 98ff., 522, 528.
Rotationsbanden 464.
Rotationsschwingungsbanden 464.
Rotationsspektren 466.
Rotationswärme, Temperaturabhängigkeit 472.
Rubidium, Radioaktivität 272.
Ruhemasse des Elektrons 76.
Rutherfordin 302.
Rydberg-Konstante des Wasserstoffspektrums 99.

Satellithypothese 174f.
Sättigungsstrom 309.
Schichten, dünne 425ff.
Schmelzen eines festen Körpers 416.
Schwankungen des Verbindungsgewichtes 547.
Schwankungsmessungen, integrale 193.
— durch Teilchenzählung 200.
Schwarmbildung 452.
SCHWEIDLERsche Schwankungen 182, 193.
Selbstdiffusion 288.
Sidotblenden 147.
Spektrallinien, Verbreiterung von 497.

Spektroskopische Bestimmung von $\frac{\varepsilon}{\mu}$ 60.
Spezifische Ladung: s. e/m.
Spitzenentladung 379.
Spitzenzähler 201.
Starkeffekt 497.
STOKESsches Gesetz 13, 27, 410.
Störungsrechnung 444.
Stoßdämpfung 497.
Stöße zweiter Art 143.
Streuelektronen 131.
Streuung von α-Strahlen 83ff.
— von β-Strahlen 96.
— von Kathoden- und Röntgenstrahlen 84.
Streuungsvermögen, Spezifisches 97.
Striktionskathodenstrahlen 51.
Strukturbestimmung von Molekülen 432.
Suszeptibilität, molekulare 496.
—, paramagnetische molare 481.
SUTHERLANDsche Konstante 405, 452.
Symmetriezahl 460, 474.
System der Elemente 520ff.
—, Tabellen 525, 527.
Szintillationen 9, 89, 146ff.
—, doppelte 208.
—, Photometrie 155.
—, Schirm 148.
—, Schwankungen 201.

Tabellen, radioaktive 273.
Tetraederatome, Potential 445.
Thermischer Druck 414.
Thor 265ff.
—, Einheit 223.
—, Isotopie 283.
—, Mineralien 301.
—, Muttersubstanz 221.
—, Vorkommen 290, 294.
—, Wärmewirkung 220.
— A 269.
— B 269.
— C 269.
— D 271.
— X 269.
Thorblei 301, 302.
Thoremanation 268.
—, Messung 228.
—, Niederschlag 186, 269.
Thorreihe 221, 264.
Thoriumuran 221, 303.
Thormineralien 239.
Thoron 268.
Träge Masse des Elektrons 47.
Trägheitsmoment, elektrisches 442, 453.

Trägheitsmoment von Gasmolekülen Tab. 478.
Triplets, normale 58.
Tropfenbildung an Ionen 381.

Übergangselemente 554.
Übergangsionen 507.
Umwandlungsfolgen, radioaktive 128, 186, 221, 274, 547.
Umwandlungstheorie 179ff.
Uran, Einheit 222.
—, Isotope 283, 306, 540.
—, Mineralien 236.
—, Radiumreihe 221, 549.
—, Verbreitung 235, 290ff.
—, Wärmewirkung 220.
Uran I 239.
Uran II 239.
Uran X 241.
— Y 242.
— Z 243.
Uranblei 300, 302.
Urangehalt der Zirkone 305.

Valenzstrich 389.
Valenzzersplitterung 390.
VAN DER WAALsche Korrekturen 396, 397.
Verbindungsgewichte 533, 546.
Verdampfungswärme, Abhängigkeit von Dichte 419.
—, innere einer Flüssigkeit 417.
Verschiebungsregel 529, 548.
Verzweigung der Zerfallsreihen 129, 185, 221, 255.
Vielfachstreuung bei α-Strahlen 88.
Virialkoeffizient, dritter 450.
—, zweiter 399, 449, 455.

Wasserstoffatom, Gewicht 80.
—, stationäre Bahnen 554.
Wasserstoffkerne 169.
— s. auch H-Strahlen.
Wasserstoffmolekül, dreiatomiges 109.
Wahrscheinlichster Ablenkungswinkel bei α-Strahlen 83.
Wärmehaushalt der Erde 290.
Wärmewirkung der β- und γ-Strahlen 143, 216.
—, radioakt. Mineralien 292.
— radioakt. Subst. 214ff. 290ff.
— von Uran u. Thor 220.
Wasserfallelektrizität 333.
Weglänge, freie 404.
WEHNELT-Strahlen 55.

Wellenlänge der γ-Strahlen 137, 141.
Wiedervereinigung, Theorie der 363ff.
Wiedervereinigungskoeffizient 340ff.
—, Tab. 344, 345.
Wilsons Nebel-Methode 381.
Wismutwasserstoff 288.
Würfelatom, Potential 444.

X_3-Teilchen 161.

Zeeman-Effekt 58.
Zerfall, dualer 129, 185, 221, 255, 270.
Zerfallskonstante, Definition 179.
—, Konstanz der 191.
—, Messung 202ff.
— u. Reichweite 125.
Zerfallskonstante, Zahlenwerte 274ff.
Zerfallsreihen, radioaktive 220, 547.
—, Tabellen 274.
Zerfallsstatistik 181.
Zerfallstheorie 139, 179ff.
Zerstreuung s. Streuung.
Zirkon, Urangehalt 305.

Verlag von Julius Springer in Berlin W 9

Handbuch der Physik

Inhaltsübersicht des Gesamtwerkes:

Band I: Geschichte der Physik — Vorlesungstechnik

Geschichte der Physik. Von Professor Dr. Edmund Hoppe, Göttingen.
Physikalische Literatur. Von Professor Dr. Karl Scheel, Berlin-Dahlem.
Unterricht und Forschung. Von Professor Dr. H. Timerding, Braunschweig.
Vorlesungstechnik. Von Dr. Anton Lambertz, Köln a. Rh., und Dr. R. Mecke, Bonn a. Rh.

Band II: Elementare Einheiten und ihre Messung

Einheiten, Dimensionen, Maßsysteme. Von Professor Dr. J. Wallot, Charlottenburg.
Längenmessung, Winkelmessung. Von Professor Dr. F. Göpel, Charlottenburg.
Massenmessung, Volumen und Dichtemessung. Von Dr. W. Felgentraeger, Charlottenburg.
Zeitmessung, Geschwindigkeitsmessung. Von Professor Dr. C. Cranz, Charlottenburg, Gen.-Ing. V. Ritter von Niesiolowski-Gawin, Wien, und Dipl.-Ing. W. Schmundt, Charlottenburg.
Erzeugung und Messung von Drucken. Von Dr. H. Ebert, Charlottenburg.
Schweremessungen. Von Dr.-Ing. A. Berroth, Potsdam.
Allgemeine physikalische Konstanten. Von Professor Dr. F. Henning und Professor Dr. W. Jaeger, Charlottenburg.

Band III: Mathematische Hilfsmittel in der Physik

Infinitesimalrechnung, Algebra. Von Dr. Adalbert Duschek, Wien.
Vektor- und Tensorrechnung. Von Dr. Theodor Radakovic, Wien.
Geometrie. Von Dr. Adalbert Duschek, Wien.
Funktionentheorie. Von Dr. Theodor Radakovic, Wien.
Spezielle Funktionen. Von Dr. Josef Lense, Wien.
Gewöhnliche Differentialgleichungen. Von Dr. Theodor Radakovic, Wien.
Partielle Differentialgleichungen. Von Dr. Josef Lense, Wien.
Variationsrechnung. Von Dr. Theodor Radakovic, Wien.
Differentialgeometrie. Von Dr. Adalbert Duschek, Wien.
Integralgleichungen, Potentialtheorie. Von Dr. Josef Lense, Wien.
Mathematische Statistik und Wahrscheinlichkeitsrechnung. Von Professor Dr. F. Zernike, Groningen.
Ausgleichsrechnung, Nomographie, Numerische Differentiation und Integration. Von Dr. Karl Mader, Wien.

Band IV: Allgemeine Grundlagen der Physik

Ziele und Wege der physikalischen Erkenntnis. Von Professor Dr. H. Reichenbach, Stuttgart.
Der Aufbau der theoretischen Physik. Von Professor Dr. H. Thirring, Wien.
Prinzipien der Statistik. Von Dr. O. Halpern, Wien.
Allgemeine Relativitätstheorie. Von Dr. G. Beck, Bern.
Der Bau des Kosmos. Von Dr. W. E. Bernheimer, Wien.

Band V: Grundlagen der Mechanik — Mechanik der Punkte und starren Körper

Axiome der Mechanik. Von Professor Dr. G. Hamel, Berlin.
Prinzipe der Dynamik. Von Dr. R. Weyrich, Brünn.
Geometrie der Bewegungen. Von Professor Dr. H. Alt, Dresden.
Geometrie der Kräfte und Massen. Von Professor Dr. C. B. Biezeno, Delft.
Mechanik der Massenpunkte. Von Professor Dr. R. Grammel, Stuttgart.
Störungstheorie. Von Dr. E. Fues, Zürich.
Kinetik der starren Körper. Von Professor Dr. M. Winkelmann, Jena.
Technische Anwendungen der Stereomechanik. Von Professor Dr.-Ing. Th. Pöschl, Prag.
Relativitätsmechanik. Von Dr. Otto Halpern, Wien.

Band VI: Mechanik der elastischen Körper

Physikalische Grundlagen der Elastomechanik. Von Professor Dr. Otto Föppl und Dr. Busemann, Braunschweig.
Mathematische Elastizitätstheorie. Von Professor Dr. E. Trefftz, Dresden.
Elastostatik. Von Professor Dr. O. Domke, Aachen.
Elastokinetik. Von Professor Dr. F. Pfeiffer, Stuttgart.
Theorie der Erdbebenwellen. Von Professor Dr. G. Angenheister, Göttingen.
Plastizität. Von Dr.-Ing. A. Nádái, Göttingen.

Band VII: Mechanik der flüssigen und gasförmigen Körper

Ideale Flüssigkeiten. Von Professor Dr. M. Lagally, Dresden.
Zähe Flüssigkeiten. Von Professor Dr. L. Hopf, Aachen.
Kapillarität. Von Dr. A. Gyemant, Charlottenburg.
Strömungen. Von Professor Dr. Ph. Forchheimer, Wien.
Tragflügel und hydraulische Maschinen. Von Dipl.-Ing. Dr. A. Betz, Göttingen.
Gasdynamik. Von Dr. J. Ackeret, Göttingen.

Band VIII: Akustik

Einleitung. Von Dr. Ferd. Trendelenburg, Berlin-Nikolassee.
Mathematische Darstellungen. Von Dr. H. Backhaus, Charlottenburg.
Schallerzeugung mit mechanischen Mitteln. Von Professor Dr. A. Kalähne, Danzig-Oliva.
Elektrische Schallsender. Von Dr. H. Lichte, Berlin-Schöneberg.
Thermodynamische Schallerzeugung. Von Dr. Johann Friese, Breslau.
Musikinstrumente. Von Professor Dr. C. V. Raman, Kalkutta.
Musikalische Tonsyteme. Von Professor Dr. E. von Hornbostel, Berlin-Steglitz.
Physik der Sprachklänge. Von Dr. Ferd. Trendelenburg, Berlin-Nikolassee.
Empfang, Messung und Umformung akustischer Energie. Von Dr. E. Lübcke, Berlin-Siemensstadt, Dr. H. Sell, Berlin-Siemensstadt, Dr. Ferd. Trendelenburg, Berlin-Nikolassee.
Das Gehör. Von Dr. E. Meyer, Berlin-Wilmersdorf.
Die Ausbreitung akustischer Schwingungsvorgänge. Von Dr. E. Lübcke, Berlin-Siemensstadt.
Raumakustik. Von Professor Dr. E. Michel, Hannover.

Verlag von Julius Springer in Berlin W 9

Band IX: Theorien der Wärme

Klassische Thermodynamik. Von Professor Dr. K. F. Herzfeld, München.
Der Nernstsche Wärmesatz. Von Dr. K. Bennewitz, Charlottenburg.
Molekulare und statistische Theorie der Wärme. Von Dr. A. Smekal, Wien.
Axiomatische Begriffe der Thermodynamik durch Caratheodory. Von Professor Dr. A. Landé, Tübingen.

Quantentheorie der molaren thermodynamischen Zustandsgrößen. Von Professor Dr. A. Byk, Charlottenburg.
Die kinetische Theorie der Gase und Flüssigkeiten. Von Professor Dr. G. Jäger, Wien.
Erzeugung von Wärme aus anderen Energieformen. Von Professor Dr. W. Jaeger, Charlottenburg.
Temperaturmessung. Von Professor Dr. F. Henning, Berlin-Lichterfelde.

Band X: Thermische Eigenschaften der Stoffe

Mit 207 Abbildungen. — 494 Seiten. — RM 35.40; gebunden RM 37.50

Zustand des festen Körpers. Von Professor Dr. E. Grüneisen, Charlottenburg.
Schmelzen, Erstarren, Sublimieren. Von Professor Dr. F. Körber, Düsseldorf.
Zustand der gasförmigen und flüssigen Körper. Von Professor Dr. J. D. van der Waals, Amsterdam.
Thermodynamik der Gemische. Von Professor Dr. Ph. Kohnstamm, Amsterdam.

Spezifische Wärme (theoretischer Teil). Von Professor Dr. E. Schrödinger, Zürich.
Spezifische Wärme (experimenteller Teil). Von Professor Dr. Karl Scheel, Berlin-Dahlem.
Die Bestimmung der freien Energie. Von Dr. F. Simon, Berlin.
Thermodynamik der Lösungen. Von Professor Dr. C. Drucker, Leipzig.

Band XI: Anwendung der Thermodynamik

Thermodynamik der Erzeugung des elektrischen Stromes. Von Professor Dr. W. Jaeger, Charlottenburg.
Wärmeleitung. Von Professor Dr. M. Jakob, Charlottenburg.
Thermodynamik der Atmosphäre. Von Professor Dr. A. Wegener, Graz.
Hygrometrie. Von Dr. M. Robitzsch, Lindenberg.
Thermodynamik der Gestirne. Von Professor Dr. E. Finlay Freundlich, Potsdam.

Thermodynamik des Lebensprozesses. Von Professor Dr. O. Meyerhof, Berlin-Dahlem.
Erzeugung tiefer Temperaturen und Gasverflüssigung. Von Dr. W. Meißner, Charlottenburg.
Erzeugung hoher Temperaturen. Von Dr. C. Müller, Charlottenburg.
Wärmeumsatz bei Maschinen. Von Professor Dr. K. Neumann, Hannover.

Band XII: Theorien der Elektrizität und des Magnetismus — Elektrostatik

Maxwell-Hertz'sche Theorie. Von Professor Dr. L. Flamm, Wien.
Elektronentheorie. Von Dr. Fritz Zerner, Wien.
Elektrodynamik bewegter Körper. Von Professor Dr. H. Thirring, Wien.
Das Elektron und die Ionen. Von Professor Dr. Edgar Meyer, Zürich.

Ladung und elektrostatisches Feld, Influenz. Von Professor Dr. F. Kottler, Wien.
Berechnung elektrostatischer Felder. Von Professor Dr. F. Kottler, Wien.
Dielektrika. Von Professor Dr. A. Güntherschulze, Charlottenburg.
Elektrostriktion. Von Professor Dr. F. Kottler, Wien.

Band XIII: Elektrizitätsbewegung in festen und flüssigen Körpern.

Leitfähigkeit der Metalle. Von Professor Dr. E. Grüneisen, Charlottenburg.
Berechnung von Strömungsfeldern. Von Professor Dr. F. Noether, Breslau.
Thermoelektrizität. Von Dr. Gerda Laski, Berlin.
Thermomagnetische und galvanomagnetische Erscheinungen. Von Professor Dr. W. Gerlach, Tübingen.
Austritt von Ionen und Elektronen aus glühenden Körpern. Von Dr. O. Halpern, Wien.
Lichtelektrische Erscheinungen. Von Professor Dr. B. Gudden, Göttingen.

Pyro- u. Piezoelektrizität. Von Dr. H. Falkenhagen, Köln.
Elektrolytische Leitung in festen Körpern. Von Professor Dr. G. von Hevesy, Kopenhagen.
Berührungs- und Reibungselektrizität. Von Professor Dr. A. Coehn, Göttingen.
Elektrizitätsleitung in Flüssigkeiten, Theorie der elektrolytischen Dissoziation, Elektrolyse. Von Dr. E. Baars, Marburg.
Elektrokinetik, Elektrokapillarität. Von Dr. G. Ettisch, Berlin-Dahlem.
Wasserfall-Elektrizität. Von Professor Dr. A. Coehn, Göttingen.

Band XIV: Elektrizitätsbewegung in Gasen

Unselbständige Entladung, Flammenleitung und reine Temperaturionisation. Von Dr. Hildegard Stücklen, Zürich.
Glimmentladung. Von Dr. R. Bär, Zürich.
Funkenentladung, stille Entladung. Von Professor Dr. E. Warburg, Charlottenburg.

Elektrische Figuren. Von Professor Dr. K. Przibram, Wien.
Lichtbogen. Von Professor Dr. A. Hagenbach, Basel.
Atmosphärische Elektrizität und Elektrizität im Weltraum. Von Professor Dr. G. Angenheister, Göttingen.

Band XV: Magnetismus — Elektromagnetisches Feld

Magnetostatik, Magnetische Felder von Strömen. Von Professor Dr. P. Hertz, Göttingen.
Berechnung spezieller magnetischer Felder. Von Professor Dr. P. Hertz, Göttingen.
Die magnetischen Eigenschaften der Körper. Von Professor Dr. E. Gumlich und Dr. W. Steinhaus, Charlottenburg.

Erd- und Sonnenmagnetismus. Von Professor Dr. G. Angenheister, Göttingen.
Elektromagnetische Induktion. Von Professor Dr. S. Valentiner, Clausthal.
Wechselströme. Von Dr. Rudolf Schmidt, Charlottenburg.
Elektrische Schwingungen. Von Dr. E. Alberti, Berlin.

Band XVI: Apparate und Meßmethoden für Elektrizität und Magnetismus

Die elektrischen Maßsysteme und Normalien. Von Professor Dr. W. Jaeger, Charlottenburg.
Auf Influenz und Reibungselektrizität beruhende Apparate und Geräte. Von Dr. G. Michel, Berlin.
Elemente, Normalelemente, Akkumulatoren. Von Professor Dr. H. von Steinwehr, Charlottenburg.
Auf der Induktion beruhende Apparate. Von Professor Dr. S. Valentiner, Clausthal.
Ventile, Gleichrichter, Verstärkerröhren, Relais. Von Professor Dr. A. Güntherschulze, Charlottenburg.
Telephon und Mikrophon. Von Dr. W. Meißner, Charlottenburg.
Schwingung und Dämpfung in Meßgeräten u. elektr. Stromkreisen. Von Professor Dr. W. Jaeger, Charlottenburg.

Elektrostatische Meßinstrumente. Von Professor Dr. F. Kottler, Wien.
Auf dem magnetischen Feld beruhende Meßinstrumente. Von Dr. Rudolf Schmidt und Professor Dr. A. Schering, Charlottenburg.
Auf dem thermischen Effekt beruhende Meßinstrumente. Von Professor Dr. A. Schering, Charlottenburg.
Auf elektrolytischer Wirkung beruhende Meßinstrumente. Von Dr. Rudolf Schmidt und Professor Dr. A. Güntherschulze, Charlottenburg.
Widerstände. Von Professor Dr. H. v. Steinwehr, Charlottenburg.

Verlag von Julius Springer in Berlin W 9

Selbstinduktionen und Kapazitäten. Von Professor Dr. Erich Giebe, Charlottenburg.
Meßwandler, Stromwandler, Spannungswandler. Von Professor Dr. A. Schering, Charlottenburg.
Allgemeines und Technisches über elektrische Messungen. Von Professor Dr. W. Jaeger, Charlottenburg.
Messung der Elektrizitätsmenge, des Stromes, der Leistung und der Arbeit. Von Dr. Rudolf Schmidt und Professor Dr. A. Schering, Charlottenburg.
Elektrometrie. Von Professor Dr. A. Schering, Charlottenburg.
Widerstandsmessungen. Von Professor Dr. H. v. Steinwehr, Charlottenburg.
Dielektrizitätskonstanten und dielektrische Verluste. Von Professor Dr. A. Schering, Charlottenburg.
Elektrochemische Messungen. Von Dr. E. Baars, Marburg.
Messung der magnetischen Eigenschaften der Körper, Herstellung und Ausmessung magnetischer Felder. Von Professor Dr. E. Gumlich, Charlottenburg.
Erdmagnetische Messungen. Von Professor Dr. G. Angenheister, Göttingen.

Band XVII: Elektrotechnik

Telegraphie und Telephonie auf Leitungen. Von Professor Dr. F. Breisig, Berlin-Dahlem.
Drahtlose Telegraphie und Telephonie. Von Professor Dr. F. Kiebitz, Berlin.
Röntgentechnik, Elektromedizin. Von Dr. H. Behnken, Charlottenburg.
Transformatoren und elektrische Maschinen. Von Dr. R. Vieweg u. Dipl.-Ing. V. Vieweg, Charlottenburg.
Technische Quecksilberdampf-Gleichrichter. Von Professor Dr. A. Güntherschulze, Charlottenburg.
Hochspannungstechnik. Von Professor Dr. W. Schumann, München.
Überspannungen und Überströme. Von Dr. A. Fraenckel, Charlottenburg.

Band XVIII: Geometrische Optik — Optische Konstanten — Optische Instrumente

Geometrische Optik. Von Dr. O. Eppenstein Jena, Dr. Hartinger, Jena, Professor Dr. F. Jentzsch, Berlin, Dr. W. Merté, Jena.
Spiegel aller Arten und daraus entstehende Instrumente, Prismen, Prismensätze usw. Von Dr. F. Löwe, Jena.
Fernrohre aller Art. Von Dr. O. Eppenstein, Jena.
Das photographische Objektiv, Das Auge und das Sehen,
Brillen. Von Professor Dr. M. v. Rohr, Jena.
Beleuchtungsapparate, Mikroskope, Lupen, Ultramikroskope. Von Dr. H. Boegehold, Jena.
Besondere optische Instrumente, soweit nicht anderwärts behandelt. Von Professor Dr. H. Konen, Bonn.
Optische Konstanten. Von Dr. H. Keßler, Jena, und Professor Dr. H. Konen, Bonn.

Band XIX: Herstellung und Messung des Lichtes

Natürliche und künstliche Lichtquellen.
1. Sonnenstrahlung. Von Professor Dr. H. Rosenberg, Tübingen. 2. Himmelsstrahlung. 3. Blitz, Nordlicht, atmosphärische Erscheinungen. Von Professor Dr. C. Jensen, Hamburg. 4. Übersicht über die kosmischen Lichtquellen. Von Professor Dr. J. Hopmann, Bonn. 5. Glühende Körper, insbesondere schwarze. Von Frl. Dr. E. Lax, Berlin, und Professor Dr. M. Pirani, Berlin-Wilmersdorf. 6. Bogenlicht, Funke. Von Professor Dr. H. Konen, Bonn, und Dr. R. Frerichs, Bonn. 7. Gasentladungen. Von Professor Dr. H. Konen, Bonn, und Dr. R. Frerichs, Bonn. 8. Röntgenstrahlen (Technisches, Art, Verteilung und Zusammensetzung). Von Dr. H. Behnken, Charlottenburg. 9. Luminescenzquellen. Von Professor Dr. P. Pringsheim, Berlin. 10. Flammen, chemische Prozesse. Von Professor Dr. H. Konen, Bonn, und Dr. R. Frerichs, Bonn.
Lichttechnik.
1. Allgemeines, wirtschaftliche Grundsätze, physiologische Gesichtspunkte, Stellung der Aufgabe. 2. Methoden zur Strahlungserzeugung, schwarze, nicht schwarze Körper, Luminescenz. 3. Historische Übersicht über die Entwicklung der Lichttechnik. 4. Gaslicht. 5. Elektrische Lichtquellen. 6. Luminescenzlampe, Gasentladungslampe. 7. Die Bewertung der elektrischen Lichtquellen. Von Frl. Dr. E. Lax, Berlin, und Professor Dr. M. Pirani, Berlin-Wilmersdorf. 8. Reflektoren. Von Dipl.-Ing. L. Schneider, Berlin.
Methoden der Untersuchung.
1. Photometrie. Von Professor Dr. E. Brodhun, Berlin-Grunewald. 2. Photographie. Von Professor Dr. J. Eggert, Berlin-Friedenau, und Dr. W. Rahts, Berlin. 3. Spectralphotometrie, Absorptionsphotometrie. Von Professor Dr. H. Ley, Münster i. W. 4. Colorimetrie. Von Dr. F. Löwe, Jena. 5. Energieverteilung, Gesamtenergie, Meßmethoden, Linienintensitäten. Von Dr. Th. Dreisch und Dr. R. Frerichs, Bonn. 6. Polarimetrie. Von Professor Dr. O. Schönrock, Berlin. 7. Wellenlängenmessungen. Von Professor Dr. H. Konen, Bonn. 8. Besondere Methoden: a) Ultrarot. Von Dr. G. Laski, Berlin. b) photographisch erreichbarer Teil. Von Professor Dr. H. Konen, Bonn. c) Röntgengebiet. Von Dr. H. Behnken, Charlottenburg. 9. Fortpflanzungsgeschwindigkeit des Lichtes. Von Professor Dr. H. Rosenberg, Tübingen. 10. Besondere Meßmethoden, elliptisches Licht, teilweise polarisiertes Licht. Von Professor Dr. G. Szivessy, Münster.

Band XX: Natur des Lichtes

Experimentelle Grundlagen und elementare Theorie.
1. Klassische und neuere Interferenzversuche und Interferenzapparate. a) Elementare Theorie derselben. 2. Beugungsversuche. a) Einfachste Beugungsversuche mit elementarer Theorie. b) Auf Beugung beruhende Instrumente und Anordnungen; genauere Theorie der einfachsten Versuche. Von Professor Dr. L. Grebe, Bonn. c) Die Beugung in den optischen Instrumenten in Beziehung zur Grenze des Auflösungsvermögens. Von Professor Dr. F. Jentzsch, Berlin. d) Andere Fälle von Beugung (Regenbogen, Halos); fein verteilte Substanzen. Von Dr. R. Mecke, Bonn. 3. Polarisation. a) Grundversuche über Erzeugung und Eigenschaften des polar. Lichtes, mit Ausschluß der Krystalloptik. b) Interferenz und Beugung des polar. Lichtes. Von Professor Dr. G. Szivessy, Münster. 4. Beziehung zu anderen Erscheinungen, in Übersicht: Zeemaneffekt, Kerreffekt, Doppelbrechung, magn. Drehung, Metallreflektion, Beziehungen zu lichtelektrischen Erscheinungen usw. elementar, nur in Übersicht. Von Professor Dr. H. Konen, Bonn.
5. Der Energietransport durch das Licht auf Grund der Versuche. a) Weißes Licht, seine Eigenschaften, schwarze Strahlung. Von Professor Dr. L. Grebe, Bonn. b) Gesetze der schwarzen Strahlung, Strahlung nichtschwarzer Körper. Von Professor Dr. L. Grebe, Bonn.
Lichttheorien.
1. Historische Übersicht. 2. Elektromagnetische Theorie. a) Grundsätzliches, Maxwell, Elektronentheorie, allgemeine Sätze. b) Grenzbedingungen. c) Anisotrope Medien. d) Strenge Theorie der Interferenz und Beugung mit Übersicht über die behandelten Fälle. e) Grundsätzliches über Reflektion, Brechung, Dispersion und Absorption. f) Metallreflektion. Von Professor Dr. Walter König, Gießen. 3. Beziehungen zur Thermodynamik. Allgemeine Sätze, Beziehungen zur Relativitätstheorie, Quanten und Korrespondenzprinzip. Vergleich mit Erfahrung. 4. Zusammenfassende Übersicht über den zeitigen Stand der Wellentheorie des Lichtes. Von Professor Dr. A. Landé, Tübingen.

Krystalloptik.
1. Optisches Verhalten der Krystalle, Wellenflächen, elementare Theorie. 2. Interferenz des polarisierten Lichtes. a) Ebene Wellen. b) Convergentes Licht. c) Rotationspolarisation. 3. Beziehungen zur Temperatur, Elastizität usw. 4. Feinere Theorie der Polarisationsapparate, Polariskope usw. Von Professor Dr. G. Szivessy, Münster. 5. Polarisation und chemische Konstitution. Von Professor Dr. H. Ley, Münster i. W. 6. Inhomogene Körper, technische Anwendungen. Künstliche Doppelbrechung. Von Professor Dr. Walter König, Gießen.

Band XXI: Licht und Materie

Absorption und Dispersion.
1. Absorption der festen Körper, abhängig vom Spektralbereich, Temperatur usw., Schwingungsrichtung, Magnetfeld, Körperfarben, Definitionen. Von Professor Dr. L. Grebe, Bonn. 2. Absorption der Lösungen und Flüssigkeiten. Einfluß von Aggregatzustand usw. 3. Absorption und Konstitution. Von Professor Dr. H. Ley, Münster i. W. 4. Absorption und Streuung der Gase. Übersicht. Von Dr. R. Mecke, Bonn. 5. Absorption und Streuung im Bereiche kurzer Wellen. Von Professor Dr. L. Grebe, Bonn. 6. Experimentelles über normale und anormale Dispersion. 7. Dispersionsformeln und Eigenwellenlängen. 8. Dispersionstheorie. Schlüsse aus Konstanten. Von Professor Dr. K. F. Herzfeld, München, und Dr. L. Wolf, Potsdam.

Emission.
1. Allgemeines, Beziehung von Emission und Absorption. Von Professor Dr. H. Konen, Bonn. 2. Emission fester Körper. Von Frl. Dr. E. Lax, Berlin, und Professor Dr. M. Pirani, Berlin-Wilmersdorf. 3. Linienspektra mit Einschluß der Röntgenspektra. a) Allgemeines. b) Charakter der Linien, Intensitätsverteilung, Verbreiterung, Umkehr, Feinstruktur. c) Konstanz und Veränderlichkeit der Wellenlängen. d) Bau der Spektra, historisch. Von Professor Dr. H. Konen, Bonn. e) Typen, Multiplets, Serien. f) Systematische Übersicht über die bekannten Linienspektren. Von Dr. R. Frerichs, Bonn. g) Röntgenspektra. Von Professor Dr. L. Grebe, Bonn. h) Zeemaneffekt, Starkeffekt. Von Professor Dr. A. Landé, Tübingen. Druckeffekt. Von Professor Dr. H. Konen, Bonn. i) Energiestufen, Anregung. Von Dr. P. Jordan, Göttingen. k) Intensitätsregeln. Von Dr. R. Frerichs, Bonn. 4. Molekülspektra. a) Allgemeines; b) Ultrarote Serien. c) Feinstruktur, Systematik, Kombinationen d) Einfluß des Magnetfeldes usw. e) Bandenspektra und chemische Konstitution. Von Dr. R. Mecke, Bonn. 5. Fluoreszenz und Phosphoreszenz. Übersicht 6. Andere Luminiszenzen. Von Professor Dr. P. Pringsheim, Berlin. 7. Fluoreszenz und chemische Konstitution. Von Professor Dr. H. Ley, Münster i. W. 8. Kontinuierliche Gasspektra. Von Professor Dr. L. Grebe, Bonn. 9. Spektralanalyse. a) Optische Gebiet. Von Dr. F. Löwe, Jena. b) Röntgengebiet Von Professor Dr. L. Grebe, Bonn. 10. Anwendung auf kosmische Fragen. Von Professor Dr. J. Hopmann, Bonn.

Band XXII: Elektronen — Atome — Moleküle

Elektronen. Von Professor Dr. W. Gerlach, Tübingen.
Atomkerne, Kernladung, Kernmasse. Von Dr. K. Philipp, Berlin-Dahlem. Das α-Teilchen als Heliumkern. Von Professor Dr. O. Hahn, Berlin-Dahlem. Kernstruktur. Von Professor Dr. Lise Meitner, Berlin-Dahlem. Atomzertrümmerungen. Von Dr. H. Pettersson, Göteborg, und Dr. G. Kirsch, Wien.
Radioaktivität. Der radioaktive Zerfall. Von Dr. W. Bothe, Charlottenburg. Die radioaktiven Stoffe. Von Professor Dr. St. Meyer, Wien. Die Bedeutung der Radioaktivität für chemische Untersuchungsmethoden. Die Bedeutung der Radioaktivität für d Geschichte der Erde. Von Professor Dr. O. Hahn, Berlin-Dahlem.
Die Ionen in Gasen. Von Professor Dr. K. Przibram, Wien.
Größe und Bau der Moleküle. Von Professor Dr. F. Herzfeld, München, und Professor Dr. G. Grimm, Würzburg.
Das natürliche System der chemischen Elemente. Von Professor Dr. F. Paneth, Berlin.

Band XXIII: Quanten

Quantentheorie. Von Dr. W. Pauli, Hamburg.
Methoden zur h-Bestimmung und ihre Ergebnisse. Von Professor Dr. R. Ladenburg, Berlin.
Absorption und Zerstreuung der Röntgenstrahlen. Von Dr. W. Bothe, Charlottenburg.
Das kontinuierliche Röntgenspektrum. Von Dr. H. Kulenkampff, München.
Anregung von Emission durch Einstrahlung. Von Professor Dr. P. Pringsheim, Berlin.
Photochemie. Von Dr. W. Noddack, Charlottenburg.
Anregung von Quantensprüngen durch Stöße. Von Professor Dr. J. Franck und Dr. P. Jordan, Göttingen.

Band XXIV: Negative und positive Strahlen — Zusammenhängende Materie

Durchgang von Elektronen durch Materie. Von Dr. W. Bothe, Charlottenburg.
Durchgang von Kanalstrahlen durch Materie. Von Professor Dr. E. Rüchardt, München, und Professor Dr. H. Baerwald, Darmstadt.
Durchgang von α-Strahlen durch Materie. Von Professor Dr. H. Geiger, Kiel.
Bau der zusammenhängenden Materie, Theoretische Grundlagen. Von Professor Dr. M. Born und A. Bollnow, Göttingen.
Aufbau der Kristalle. Von Professor Dr. P. P. Ewald, Stuttgart.
Atomaufbau und Chemie. Von Prof. Dr. H. G. Grimm, Würzburg.

MIX
Papier aus verantwortungsvollen Quellen
Paper from responsible sources
FSC® C105338

If you have any concerns about our products,
you can contact us on
ProductSafety@springernature.com

In case Publisher is established outside the EU,
the EU authorized representative is:
**Springer Nature Customer Service Center GmbH
Europaplatz 3, 69115 Heidelberg, Germany**

Printed by Libri Plureos GmbH
in Hamburg, Germany